Gottfried Hagen

Ein osmanischer Geograph bei der Arbeit

Entstehung und Gedankenwelt von Kātib Čelebis Ǧihānnümā

STUDIEN ZUR SPRACHE, GESCHICHTE UND KULTUR DER TÜRKVÖLKER

BAND 4

herausgegeben
von
György Hazai

KLAUS SCHWARZ VERLAG • BERLIN

STUDIEN ZUR SPRACHE, GESCHICHTE UND KULTUR DER TÜRKVÖLKER

BAND 4

Gottfried Hagen

Ein osmanischer Geograph bei der Arbeit
Entstehung und Gedankenwelt von Kātib Čelebis Ǧihānnümā

KLAUS SCHWARZ VERLAG • BERLIN • 2003

Bibliografische Information Der Deutschen Bibliothek
Die Deutsche Bibliothek verzeichnet diese Publikation in der Deutschen Nationalbibliografie; detaillierte bibliografische Daten sind im Internet über http://dnb.ddb.de abrufbar.

Klaus Schwarz Verlag GmbH, Postfach 4102 40, D-12112 Berlin
ISBN 3-87997-303-2
Druck: Akaprint, Budapest

ISBN 3-87997-303-2

Die gesamte Heilkunde oder die gesamte Zoologie oder die gesamte Altertumswissenschaft führen an sehr viele und verschiedene Objekte der Liebe heran, bis endlich ein aus fast unerforschlichen Wurzeln der Biographie heraufsteigender Eros sich auf eines oder einige derselben stürzt: die Karzinome, die Lepidopteren oder die Brakteaten. Es gehört dazu auch, daß normale Mitbürger nicht einmal wissen können, was das nun eigentlich sei.

Heimito von Doderer, Die Dämonen

DANKSAGUNG

Mit diesem Buch lege ich meine Dissertation, die ich im Jahre 1996 an der Freien Universität Berlin eingereicht und zunächst als Mikrofiche publiziert habe, in überarbeiter Form der Öffentlichkeit vor. Ich habe an dieser Stelle vielfachen Dank abzustatten. Dieser gilt an erster Stelle Frau Prof. Dr. Kellner-Heinkele, Berlin, die sich unter unkonventionellen Umständen auf dieses Dissertationsvorhaben eingelassen hat, die stets mit Rat und Tat zur Stelle war und mir gleichzeitig jede erdenkliche Freiheit bei der Gestaltung des Themas ließ. Dank schulde ich des weiteren Prof. Dr. Ulrich Haarmann, der das Zweitgutachten übernahm, und Prof. Dr. György Hazai, der mir nicht nur drängende Fragen großzügig beantwortete, sondern auch die Arbeit in die Reihe der Bibliotheca Orientalis Hungarica aufnahm.

Aus aller Welt habe ich von Gelehrten und Freunden wertvolles Material und wichtige Antworten bekommen. Mein Dank gilt Prof. Eleazar Birnbaum, Ernst Dilger, Prof. Dr. Armin Distler, Prof. Thomas D. Goodrich, Prof. Dr. Klaus Kreiser, Prof. Dr. Manfred Kropp, Prof. Dr. Paul Kunitzsch, Fikret Sarıcaoğlu, Dr. Sargut Şölçün, Lutz Walter. Interesse und freundliche Förderung hat mir auch Prof. Dr. Hartmut Bobzin in Erlangen zuteil werden lassen. Herrn Prof. Dr. Biesterfeldt habe ich etliche wichtige Anregungen zu danken, ebenso den Freunden und Kollegen am Erlanger Orientalischen Seminar, allen voran Dr. Marco Schoeller. Daß mir Dr. Valerij S. Rybalkin, Kiew, den für mich unentbehrlichen "Kračkovskij" schenkte, kann angesichts der Lage der Orientalistik in der Ukraine damals und heute kaum genug gewürdigt werden.

Bibliotheken in Berlin, München, Wien, Manchester, Oxford, Leiden und Istanbul haben mir freundlicherweise ihre Schätze zugänglich gemacht. Ein zweijähriges Stipendium der Freien Universität Berlin hat die Abfassung dieser Arbeit sehr gefördert.

Schließlich aber möchte ich an dieser Stelle meiner Frau danken, die mich in dieser Zeit vor viel mehr als nur Stilblüten und Rechtschreibfehlern bewahrte. Ohne ihre Berufstätigkeit hätte meiner langwierigen Arbeit zudem das materielle Fundament gefehlt. Dank möchte ich auch meinen Eltern abstatten, die an meiner Arbeit stets Anteil nahmen, und an denen ich etliche Thesen erproben konnte, und meinen Kindern, die meine Unansprechbarkeit bei gleichzeitiger Anwesenheit so lange und geduldig respektierten.

Jena, September 1997

Inhalt

III. Die Entwicklung des *Ǧihānnümā*. Die erste Fassung

IV. Die Entwicklung des *Ǧihānnümā*. Das Wiener Konzept

V. Die Entwicklung des *Ǧihānnümā*. Die zweite Fassung

IX. Die naturwissenschaftlichen Aspekte der Geographie

ABKÜRZUNGEN UND UMSCHRIFT

Werke der Sekundärliteratur werden in der vorliegenden Arbeit nach dem Autor und dem Erscheinungsjahr oder in Abkürzung zitiert und nach dieser Zitierform im Literaturverzeichnis eingeordnet. Quellenwerke in Originalsprachen werden dagegen nach dem Titel, häufig nach einem Kurztitel, zitiert. Übersetzungen von Quellen werden zur Sekundärliteratur gezählt. Bei Zitaten aus dem Koran folge ich, soweit nicht anders angegeben, der Übersetzung Rudi Parets (erstmals Stuttgart 1966).

Neben den gängigen Abkürzungen wissenschaftlicher Standardwerke (z.B. GOR, GOW), die im Literaturverzeichnis aufgeschlüsselt sind, werden die folgenden Abkürzungen für *Ğihānnümā*-Texte benutzt:

ĞD = *Ğihānnümā*, Druckausgabe durch İbrāhīm Müteferriqa, Istanbul 1732
IK = "Istanbuler Konzept", Topkapı, Revan Köşkü Nr. 1624, Teil 1
WK = "Wiener Konzept", Wien, ÖNB, cod. mxt. 389
W = Wien, ÖNB, cod. mxt. 762
W1= Wien, ÖNB, H.O. 191
W2 = Wien, ÖNB, cod. mxt. 826
B = Berlin, Staatsbibliothek SMPK, ms. or. fol. 4056
O = Oxford, Bodleian Library, Ms. Sale 67, Teil 2

Aus technischen Gründen werden Originalzitate in Transkription geboten. Wohl wissend, daß Widerspruchslosigkeit unerreichbar ist, habe ich mich dabei an den Regeln der DMG orientiert. Da der Stand der lautlichen Entwicklung des Türkischen im 17. Jhdt. nicht genau zu fixieren ist, war bei der Vokalisierung Willkür unvermeidlich. In diesem Fall habe ich mich für den älteren Lautstand entschieden. Titel arabischsprachiger Werke werden nach den Regeln des Arabischen in Pausa zitiert (*Kašf aẓ-ẓunūn*), Titel türkisch- und persischsprachiger Werke in der jeweiligen Aussprache mit Desinentialflexion (*Ḥabību s-siyar*, *Taqvīmü t-tevārīḫ*).

EINLEITUNG

Der Universalgelehrte Kātib Čelebi ist unbestritten eine der bekanntesten Gestalten der osmanischen Kultur im 17. Jahrhundert. Er verdankt seinen bis heute andauernden Ruhm seiner schier unglaublichen Belesenheit in allen Wissensgebieten seiner Zeit, wovon zahlreiche Werke aus seiner Feder Zeugnis ablegen. Außerdem hat er sich durch Denkschriften zu religösen und politischen Fragen den Ruf eines kritischen Beobachters seiner Zeit erworben. Seine Weltbeschreibung *Ǧihānnümā* hat die Bewunderung der Zeitgenossen und der Nachwelt auf sich gezogen.

Doch der Ruhm, den Kātib Čelebi genießt, ist nicht uneingeschränkt. In seiner Heimat gilt er — von wenigen Ausnahmen abgesehen — als großer Gelehrter. Als solcher ist er im bisher ausführlichsten Beitrag zu seinem Werk, der Festschrift der Türk Tarih Kurumu zu seinem 300. Todestag 1957, gewürdigt worden.[1] Der Tatsache, daß er vor der Epoche der "Verwestlichung" europäische Quellen erschloß, ist darin besondere Bedeutung beigemessen worden. Kātib Čelebi erscheint hier als Pionier einer Entwicklung, die die Türken aus ihren "orientalischen" Welt herauslöste und zu einem Teil Europas machte. Dagegen ist einerseits unmittelbar einzuwenden, daß Kātib Čelebi weder der erste noch der einzige war, der diesen Weg eingeschlagen hat. Unter denen, die ihm vorangingen, seien hier der Meister der maritimen Kartographie Pīrī Re'īs, der hochgeschätzte Historiker İbrāhīm Pečevī und der anonyme Autor der ersten Beschreibung Amerikas, *Tārīḫ-i Hind-i Ġarbī*, genannt. Zum anderen sind die Beiträge, die Kātib Čelebi einzelne Werke würdigen, teilweise recht oberflächlich.[2] Der Einfluß Europas auf Kātib Čelebi ist darin mehr behauptet als untersucht worden. Wie oft wird ihm nicht ein Gedanke nachgerühmt, den er pauschal aus einer Quelle übernommen hat!

Seit der Druckausgabe durch İbrāhīm Müteferriqa 1732 hat das *Ǧihānnümā* über zwei Jahrhunderte den Rang als "Hauptwerk der geographischen Literatur der Osmanen"[3] behauptet. Im Osmanischen Reich wie in Europa schätzte man seinen Quellenwert, denn wenn man auch wußte, daß vieles darin aus zweiter Hand stammte, so war es doch hier schneller und einfacher greifbar als in anderen Werken.[4] F. Taeschner, dessen Darstellung der osmanischen geographischen Literatur heute noch die Grundlage aller weiteren Forschung bildet, hat

[1] Kâtip Çelebi hakkında İncelemeler. TTK Yayınlarından VII. Seri, No. 33. Ankara 1957, nachgedruckt Ankara 1985. Darin besonders der grundlegende Beitrag Gökyay 1957a.

[2] Cf. z.B. die Kritik von Kütükoğlu 1957 an dem Beitrag von Selen in der erwähnten Festschrift (Selen 1957).

[3] Taeschner 1935.

[4] Cf. die Zitate bei Babinger 1919. 16.

sich fast ausschließlich für die positiven Fakten interessiert.[5] Konsequenterweise hat das Interesse von dieser Seite nachgelassen, als mehr und mehr der Quellen direkt erschlossen wurden.

Da das *Ǧihānnümā* formal in einer langen Tradition steht, andererseits kaum Informationen aus erster Hand enthält, ist es — nicht völlig zu Unrecht — in den Ruf der mangelnden Originalität gekommen, was dazu geführt hat, daß die moderne Forschung es weitgehend ignoriert hat. Während Werke wie Pīrī Re'īs' *Baḥrīye* sowie seine Weltkarte die Forschung kontinuierlich beschäftigen, während der monumentale Reisebericht Evliyā Čelebis zum wohl meistuntersuchten Werk der osmanischen Literatur geworden ist, ist seit der erwähnten Festschrift nur noch ein Beitrag über das *Ǧihānnümā* erschienen.[6]

Verdankt Kātib Čelebis seinen Ruf als Gelehrter in erster Linie der wahrhaft eindrucksvollen Menge des von ihm akkumulierten Wissens, so hat man bisher allenfalls im Ansatz versucht, sein Denken, sein Weltbild, seine Methode zu untersuchen. Wenn aber Kātib Čelebis Rang als Gelehrter, sein Ort und seine Bedeutung in der osmanischen Geistesgeschichte, wirklich fundiert bestimmt werden sollen, so wird gerade dieser Schritt vonnöten sein: Nicht zu fragen, was er wußte, sondern wie er dachte. Nur sein staatspolitisches Traktat *Düstūru l-ʿamel* und seine Abhandlung über religiöse Streitfragen *Mīzānu l-ḥaqq* haben in dieser Hinsicht gewisse Aufmerksamkeit gefunden, doch sind diese stets zu sehr isoliert, ohne Heranziehung von anderen Werken betrachtet worden.

In der vorliegenden Arbeit soll das *Ǧihānnümā* als die Hauptgrundlage eines solchen Versuches dienen. Es ist aus zwei Gründen unter Kātib Čelebis zahlreichen Werken dafür besonders geeignet. Zum einen läßt sich die Entstehung über den Zeitraum fast eines Jahrzehnts anhand mehrerer Fassungen, die teilweise im Autograph vorliegen, gut verfolgen. In der diachronischen Betrachtung soll besondere Aufmerksamkeit auf die Entwicklung des Konzepts der Geographie und auf eventuelle Veränderung der Methodik gerichtet werden. Wir können hier Kātib Čelebi nicht nur als Gelehrten, sondern geradezu als Lernenden beobachten. Unter diesem Aspekt gewinnt die Verwendung europäischer Werke wiederum an Bedeutung, die nicht von Anfang an, sondern erst in einer späteren Phase geschah. Die Frage, ob dieser Kontakt einen Wandel bei Kātib Čelebi auslöste, und welcher Art dieser gewesen sei, stand am Anfang meiner Beschäftigung mit dem *Ǧihānnümā*.

Der zweite Grund, der das *Ǧihānnümā* als Basis für unser Vorhaben prädestiniert, ist der besondere Charakter der Geographie. Als Wissenschaft mit einer spezifischen Methodik ist sie erst nach Kātib Čelebis Zeit in Europa etabli

---

[5] Taeschner 1923.

[6] Sarıcaoğlu 1991. Erst neuerdings erwacht das Interesse wieder. So arbeitet J.-L. Bacqué-Grammont an einer Untersuchung und Neuedition mehrerer Kapitel der Druckausgabe, in die er mich dankenswerterweise Einsicht nehmen ließ. Die Türk Tarih Kurumu bereitet eine Faksimile-Edition der Druckfassung vor.

ert worden. Hier ist als Pionier Bernhard Varenius (gest. 1650) und dann vor allem in späterer Zeit Alexander von Humboldt und Carl Ritter (beide gest. 1859) zu nennen. Die Geographie, in deren Tradition das *Ǧihānnümā* steht, speist sich aus mehreren ganz verschiedenen Quellen. Sie ist einerseits mit der Mathematik und Astronomie verknüpft, in gewissem Maße mit der Naturkunde, während die Beschreibung von Städten und politischen Gebilden den Geographen in die Historie hineinführt. Kein anderes Werk Kātib Čelebis, von dem Sonderfall seines bibliographischen Lexikons *Kašf aẓ-ẓunūn* abgesehen, vereint in enzyklopädischer Weise so viele verschiedene Wissenschaften. An keinem anderen lassen sich also so viele verschiedene Bereiche von Kātib Čelebis Denken untersuchen.

Der kompilative Charakter des Werkes wirft dabei insofern Probleme auf, als stets die Untersuchung der Quellen am Anfang jeder Analyse stehen muß, während es sich verbietet, wie bisher nicht selten geschehen, jeden Gedanken im Text unbesehen für Kātib Čelebi selbst in Anspruch zu nehmen. Aus dem Vergleich zwischen Vorlage und Text lassen sich jedoch wichtige indirekte Indizien gewinnen. Neben Kātib Čelebis Verdiensten innerhalb diverser Wissenschaften ist seine "Außenwirkung" zu untersuchen. Seine Werke lassen sich grob gliedern in Werke der Gelehrsamkeit wie *Kašf aẓ-ẓunūn* oder *Sullam al-vuṣūl* einerseits und seine politischen Traktate wie *Düstūru l-ʿamel* und *Mīzānu l-ḥaqq*, die über die Sphäre der Gelehrsamkeit hinaus in die Politik hinein wirken sollten. Es wird zu fragen sein, wo zwischen diesen Extremen das *Ǧihānnümā* angesiedelt ist. Kātib Čelebis geistiger Rang wird sich erst dann definitiv bestimmen lassen, wenn wir nicht nur seine Gedankenwelt kennen, sondern auch die seiner Zeitgenossen, seiner Vorläufer und seiner Nachfolger. Hier soll die vorliegende Arbeit auch weitere Untersuchungen anregen. Erst dann wird man sagen können, ob und in welcher Hinsicht er über diese hinausragt, ob er eine Ausnahmeerscheinung ist oder ein Repräsentant seiner Zeit, ob seine Bedeutung in seiner wissenschaftlichen Leistung besteht oder in seiner Persönlichkeit. Andererseits wird die Kenntnis seines Werkes und seiner Person auch zur Erhellung seines historischen Umfeldes sowie der nachfolgenden Generationen, auf die er eingewirkt hat, beitragen.

Unser Interesse gilt also nur in zweiter Linie den im *Ǧihānnümā* mitgeteilten Informationen als solchen. Sie sind für uns insofern wichtig, als unser erster Schritt sein muß, festzustellen, was er selbst wissen konnte. Danach ist zu fragen, nach welchen Gesichtspunkten Kātib Čelebi Informationen auswählt und organisiert, welche bewußten Maßstäbe und unbewußten Denkschemata dabei zum Tragen kommen. Das Ziel ist es, Kātib Čelebis "historischen Horizont" (Gadamer) kennenzulernen. Wenn Gadamer auch eingewandt hat, daß ein Studium eines Textes nur unter dem Aspekt, den Autor kennenzulernen, kein echtes "Verstehen" bedeute, so hat er doch deutlich gemacht, daß die Rekonstruktion des Horizontes des Autors eine notwendige Voraussetzung und ein "Phasenmoment im Vollzug des Verstehens" darstelle. Das Ziel der vorliegenden

Arbeit ist es, die Kluft zwischen dem heutigen Leser und Kātib Čelebis Werk, die oft naiv überdeckt wurde, sichtbar zu machen und damit für das Verstehen, die "Horizontverschmelzung", eine neue Grundlage zu schaffen.[7]

Damit begibt man sich jedoch in ein mit dem Vorwurf des "orientalism" vermintes Gelände. Die wesentlichen Punkte, die Edward Said in seiner klassischen Polemik gegen die westliche orientalistische Forschung aufs Korn genommen hat, sind — stark verkürzt — die folgenden: 1. Es wird ein fundamentaler Unterschied zwischen westlicher und östlicher Kultur gemacht, wobei die erstere als a priori überlegen dargestellt wird. 2. Abstraktionen, bevorzugt gestützt auf Texte eines als "klassisch" empfundenen Orients, gelten mehr als die direkte Anschauung der Realität. 3. Der Orient ist unwandelbar und nicht imstande, sich selbst zu definieren. Das Vokabular, das der Westen zu diesem Zweck geschaffen hat, gilt als "wissenschaftlich" und objektiv. 4. Im tiefsten Grunde ist der Orient stets eine Gefahr und muß daher kontrolliert werden.[8]

Der hermeneutische Ansatz, sich des eigenen Horizontes bewußt zu werden und ihn von dem des Textes klar zu unterscheiden, zieht einige dieser Vorwürfe geradezu auf sich, noch mehr die Tatsache, daß "orientalische" und europäische Wissenschaft gegenübergestellt sind. Dem ist entgegenzuhalten, daß diese Gegenüberstellung von Kātib Čelebi selbst empfunden wurde. Kātib Čelebi selbst hat Europa aufgrund des höheren Wissensstandes als überlegen empfunden. Daß Kātib Čelebi den ersten Schritt zur "Verwestlichung" getan habe, ist ein Gedanke Adnan-Adıvars. Wie weit dies der historischen Wahrheit entspricht, steht zu untersuchen, ob dies zu begrüßen ist, hängt vom politischen Standpunkt des Lesers ab.[9] Von unserer Seite sind Wertungen dagegen nach Kräften vermieden worden. Daß Kātib Čelebi einigen europäischen Zeitgenossen ebenso wie einigen seiner Landsleute in bestimmten Wissenschaften nachstand, wird im einzelnen zu belegen sein, ohne daß daraus irgendeine generelle Unterlegenheit gefolgert werden kann. Wenn häufiger von Fehlern oder mangelnden Kenntnissen Kātib Čelebis die Rede ist, so soll damit ebenfalls nicht die Inferiorität des Orients belegt werden. Vielmehr sind diese Fälle — im Gegensatz zu denen, in denen er erworbene Kenntnisse korrekt, d.h. unverändert wiedergibt — aus methodischer Sicht interessant, den Leitfehlern der Textkritik nicht unähnlich. Schließlich steht die Einzelperson Kātib Čelebi im Mittelpunkt unseres Interesses. Da versucht werden soll, ihn zu seiner Epoche in Beziehung zu setzen, verbietet sich eine vorschnelle Verallgemeinerung der über ihn gewonnenen Erkenntnisse von selbst. Den übrigen Kritikpunkten Saids muß an dieser Stelle nicht eigens entgegnet werden.

Aufbauend auf die oben skizzierten Überlegungen über das *Ǧihānnümā* als Basis für die vorliegende Arbeit ergibt sich eine dreiteilige Gliederung: In den

---

[7] Cf. Gadamer 1960. 286-90.
[8] Said 1978. 300f. et pass.
[9] Adnan-Adıvar 1948 mit dem programmatischen Titel "Garba açılan ilk pencere".

Kapiteln I und II wird der Rahmen umrissen, in dem das *Ǧihānnümā* entstand. Dies geschieht zum ersten durch eine umfassende Biographie, die Kātib Čelebi vor dem politischen Hintergrund der Zeit zeigt, zum zweiten durch einen Überblick über die geographische Literatur der Osmanen, in deren Tradition das *Ǧihānnümā* einzuordnen ist. Kapitel III—V befassen sich mit den wesentlichen Stadien der Textgeschichte. Hier sind als Ausgangsbasis Textbestand und Quellen festzustellen, bevor die Entwicklung des Konzepts der Geographie analysiert wird. In vier weiteren Kapiteln werden die wesentlichen Elemente von Kātib Čelebis Gedankenwelt herausgearbeitet. Im Gegensatz zu den Kapiteln III—V sind diese primär synchronisch angelegt. Nur in Einzelfällen kann hier noch diachronisch differenziert und eine Entwicklung verfolgt werden. Kapitel VI gilt der Interdependenz von Intention des Autors und Reaktion des "Publikums". Kapitel VII untersucht, gestützt auf die Autographen, Kātib Čelebis Arbeitsweise sowohl in äußerlicher als auch in methodischer Hinsicht. Die zwei wesentlichen Komplexe von Wissenschaften, die in die Geographie einfließen, sind — wie erwähnt — die Naturwissenschaften im modernen Sinne und die Geschichte. Kapitel VIII ist zunächst den explizit historischen Passagen des *Ǧihānnümā* gewidmet und arbeitet dann das zugrundeliegende Geschichtsbild heraus. Analog werden in Kapitel IX die mathematisch-astronomischen Passagen der Geographie einschließlich der Kartographie analysiert, bevor die Vorstellungen, die Kātib Čelebis Verständnis "natürlicher" Phänomene prägen, dargestellt werden.

Zusätzliche Materialien sind als Anhänge beigefügt. Anhang 1 bietet den wichtigsten bisher unerschlossenen Quellentext für die Biographie Kātib Čelebis. Anhang 2 enthält eine Synopsis der in den Autographen und der Druckausgabe enthaltenen Karten. Da das Ziel der vorliegenden Arbeit nicht die Vorbereitung einer kritischen Edition ist, habe ich nicht angestrebt, sämtliche vorhandenen Handschriften zu sichten. Dies wäre aus zeitlichen und materiellen Gründen nicht möglich gewesen. Zur Erforschung von Kātib Čelebis Arbeit und Gedankenwelt sind die Autographen die wichtigste Grundlage, zu denen andere Handschriften ergänzend hinzugezogen sind. Eine Liste aller in der Sekundärliteratur erwähnten Handschriften sowie eines großen Teils der Druckausgaben ist als Anhang 3 beigefügt.[10]

[10] Teile des Materials von Kapitel VIII habe ich bereits in einem Aufsatz verwandt (Hagen 1995-96). Aufschlüsse für einige Aspekte gibt auch mein Aufsatz "Katib Celebis Darstellung der *eyālet*s und *sanǧaq*s des Osmanischen Reiches", der in Archivum Ottomanicum erscheinen soll.

I

KĀTİB, ČELEBİ, ḤĀĞĞĪ, ḪALĪFE

BIOGRAPHISCHES

> Die Quellen aber [...] sind unerschöpflich, so daß jeder die tausendmal ausgebeuteten Bücher wieder lesen muß, weil sie jedem Leser und jedem Jahrhundert ein besonderes Antlitz weisen und auch jeder Altersstufe des einzelnen. [...] Es ist dies auch gar kein Unglück, sondern nur eine Folge des beständig lebendigen Verkehrs.
> Jacob Burckhardt: Weltgeschichtliche Betrachtungen

1. Vorbemerkung

Der größte Teil dessen, was wir über Kātib Čelebis Person wissen, stammt aus seinen eigenen Angaben, insbesondere seinen Autobiographien. Eine erste hat er in sein biographisches Lexikon *Sullam al-vuṣūl* aufgenommen,[1] eine zweite, wesentlich ausführlichere ist in seinem letzten Werk *Mīzānu l-ḥaqq* enthalten.[2] Die letztere ist die Grundlage so gut wie aller späteren Biographien, sei es in den osmanischen Quellen von ʿUšaqīzāde,[3] Šeyḫī,[4] Meḥmed ʿİzzetī,[5] İbrāhīm Müteferriqa,[6] sei es in der Orientalistik von Hammer-Purgstall[7] und Reinaud[8] bis Uzunçarşılı[9] und Gökyay.[10] In wenigen Fällen ist auch der erste Text hinzu-

---

[1] *Sullam al-vuṣūl* 272r. Eine Kopie dieses Textes, den er demnächst in Faksimile veröffentlichen wird, hat mir dankenswerterweise F. Sarıcaoğlu, Istanbul, zugänglich gemacht. Im folgenden wird nach der türkischen Übersetzung Gökyay 1968. 201f. zitiert.

[2] *Mīzānu l-ḥaqq* 129-45. Der Text bei Wickerhauser (1853. 159-67 arab. pag., Übersetzung 166-75) folgt einer ungenannten Handschrift und weicht — von Lesefehlern abgesehen — einige Male von der Druckausgabe ab.

[3] *Ẕeyl-i Šaqā'iq* p. 235-38, Nr. 158. Daß der 1664 geborene ʿUšaqīzāde, wie Gökyay 1957a. 11 und 1968. 4 behauptet, mit Kātib Čelebi befreundet gewesen sei, ist natürlich ein Irrtum. Über einige anonyme Verse hinaus enthält der Text nichts, was nicht aus *Mīzānu l-ḥaqq* stammt.

[4] Paraphrase bei Uğur 1986. 212ff., cf. auch Gökyay 1957a. 10f.

[5] Von ihm stammen die Aufzeichnungen auf dem Vorsatzblatt des Autographs der zweiten Fassung des *Ğihānnümā* (IK 1r). Aus persönlicher Kenntnis hat Meḥmed ʿİzzetī einige sehr wertvolle Bemerkungen angefügt (dazu Abschnitt 10).

[6] *Menāqıb-ı Kātib Čelebi*, im Vorwort der Druckausgabe von *Taqvīmü t-tevārīḫ*, 8'-10'.

[7] GOR VI, 46ff.

[8] Reinaud 1848, I, clxxi.

[9] OT III, ii, 539ff.

gezogen.[11] Einige wenige unabhängige, aber zweifelhafte Angaben sind darüberhinaus bei Šehrīzāde (gest. 1768) zu finden.[12] Von den einschlägigen Quellen anscheinend unabhängig und infolgedessen fehlerhaft bis zur Unbrauchbarkeit ist der Artikel bei Mitler.[13] Gökyay hat zusätzlich autobiographische Passagen aus der *Fezleke* mit herangezogen.

Da nun diese Quellen seit langem bekannt sind, bedarf es einer Begründung, wenn hier erneut eine Biographie versucht wird. Zunächst kann diese Darstellung durch die Einbeziehung einer weiteren Autobiographie im Wiener Konzept, die einige bislang unbekannte Details enthält, auf eine breitere Quellenbasis gestellt werden.[14] Zum zweiten sind die Selbstzeugnisse in der *Fezleke* von Gökyay nur für die äußeren Fakten herangezogen worden, nicht aber, um subjektive Ansichten Kātib Čelebis herauszuarbeiten.[15] Vor allem aber haben die bisherigen Biographen wenig mehr getan als die erwähnten Autobiographien auszuschreiben. Nur Birnbaums sehr persönlicher Artikel versucht auch dem Charakter und der intellektuellen Persönlichkeit gerecht zu werden.[16]

Mein Anliegen im ersten Kapitel ist es, die Geschichte dieses Lebens mehr mit der allgemeinen Geschichte der Epoche zu verknüpfen. An dieser Stelle ist eine methodologische Bemerkung angebracht. Kātib Čelebis eigene Aussagen beziehen sich eindeutig auf ihn selbst und bieten insofern die maximale wünschbare Gewißheit. Sich auf diese Angaben zu beschränken hieße jedoch, sich etlicher Erkenntnismöglichkeiten zu berauben. Die Lücken in diesen Selbstzeugnissen suche ich im folgenden durch eine Reihe von Vermutungen zu

---

[10] Am ausführlichsten in Gökyay 1957a, am verbreitetsten wohl seine Artikel EI 2 s.v. Kātib Chelebi und İA s.v. Kâtib Çelebi. Gökyay 1957a. 10f. nennt weitere Sekundärliteratur nach denselben Quellen. Gökyay 1982 bringt gegenüber 1957a und Gökyay 1968 nichts Neues. Spätere Werke Gökyays waren mir nicht zugänglich. Ich nenne sie hier, auch wenn sie inhaltlich kaum über die hier benutzten Schriften hinausgehen dürften: Kâtip Çelebi. Hayatı, Kişiliği ve Eserlerinden Seçmeler. Ankara (Türk İş Bankası Kültür Yayınları) 1988 (vermutlich eine Neuauflage von Gökyay 1982); Kâtip Çelebi. Ankara (Kültür ve Turizm Bakanlığı Yayınları) 1986. Cf. außerdem Özkırımlı in Türk Edebiyat Ansiklopedisi s.v. Kâtip Çelebi und Derin 1957. 4-5, 9. Die Biographie von Aḥmed Refīq 1932 war mir nicht zugänglich. Stärker auf das Werk als auf die Person zielt der Artikel von Yurdaydın in TT III, 255-61.

[11] Neben Adnan-Adıvar 1982. 137ff. und Gökyay 1957a ist hier die Einleitung zur Edition von *Kašf aẓ-ẓunūn* von Bilge und Yaltkaya zu nennen.

[12] In dessen *Tārīḫ-i Nevpeydā*, zitiert bei Brusalı (1911. 6, 30). Die einzige Handschrift dieses Werkes (GOW 295) war für Itzkowitz unauffindbar (Thomas 1972. 56f.), ist aber von Kütükoğlu benutzt worden. Sowohl Brusalı als auch Šehrīzāde stützen sich sonst ebenfalls auf *Mīzānu l-ḥaqq* (Kütükoğlu 1974. 2).

[13] 1988. 78ff.

[14] WK 4r, Transkription im Anhang 1, cf. auch Abb. 1.

[15] Leider konnte ich im Rahmen dieser Arbeit nur die Druckausgabe der *Fezleke* heranziehen, die nicht nur redaktionelle Eingriffe der Herausgeber enthält (Thomas 1972. 156, Anm. 12), sondern auch so viele Fehler, daß (jedenfalls für die Fakten) die Wiedergabe bei Naʿīmā der Druckausgabe vorzuziehen sei (Kütükoğlu 1979. 198f.).

[16] Birnbaum 1994a.

verringern. Diese Spekulation ist leicht dem Vorwurf der Unwissenschaftlichkeit ausgesetzt. Doch nach Demandt ist "zur Rekonstruktion der Historizität die Phantasie unabdingbar, Gewißheit unerreichbar und Subjektivität unüberwindbar".[17] "Der Historiker wie der Dichter vervollständigt die Faktenkenntnis mit Hilfe des Vorstellungsvermögens".[18] Sofern sich die Spekulation an den allgemeinen Kenntnissen der Zeit und den in den Selbstzeugnissen Kātib Čelebis vermittelten Fakten als Korrektiv orientiert, führt sie zu Hypothesen, die sich von den anerkannten Fakten nur im Grad der Gewißheit unterscheiden — denn in keinem Fall ist absolute Gewißheit zu erzielen — und ist insofern als Selbstzweck gerechtfertigt.

Demandts Anliegen im hier zitierten Traktat ist die bessere Erkenntnis einer historischen Situation durch die Erörterung der in ihr enthaltenen unverwirklichten Möglichkeiten. Seine "Konjekturalhistorie" beruht auf demselben methodischen Prinzip wie unsere Spekulation, und ebenso wie jene können unsere Vermutungen — dies ist ihre zweite Legitimation — dazu beitragen, dem Bild der Epoche und der Person Kātib Čelebis mehr Tiefenschärfe zu verleihen.

Im Rahmen dieser Darstellung von "Leben und Werken" habe ich gleichzeitig versucht, zu den einzelnen Werken mit Ausnahme des *Ǧihānnümā* die relevante Sekundärliteratur anzugeben und gegebenenfalls einige Interpretationen zu umreißen.

2. Elternhaus und Geburt

Wenig nur ist über Kātib Čelebis Eltern bekannt. Der Vater ʿAbdullāh wurde um 975 H. (beg. 8.7.1567) geboren[19] und durchlief eine Ausbildung in der Palastschule.[20] Traditionell erfolgte der Zugang zu dieser Laufbahn durch die *devširme*, die Knabenlese. Von den rekrutierten Knaben wurden jeweils die vielversprechendsten nicht zu Janitscharen bestimmt, sondern erhielten die Chance einer sorgfältigen Ausbildung, die ihnen theoretisch den Weg in höchste Ämter öffnete. Sie erfolgte in zahlreichen Stufen, an deren Ende — ursprünglich zu bestimmten Fristen, später überwiegend zu besonderen Anlässen wie etwa einer Thronbesteigung — eine "Promotion" (*čıqma*) stand, entweder zur nächsten Stufe der Ausbildung oder für die weniger Begabten die Abordnung zu einem entsprechend angesehenen Truppenteil.[21] ʿAbdullāh müßte danach die erste zwei- bis achtjährige Ausbildungsphase im İbrāhīm Paša Sarayı, im Ġalaṭasarayı oder in einem der Paläste von Edirne oder Manisa absolviert

[17] Demandt 1984. 51.
[18] Demandt 1984. 52.
[19] In *Sullam al-vuṣūl* heißt es, er sei bei seinem Tode etwa sechzig Jahre alt gewesen. Der Satz fehlt in Gökyay 1968. 203.
[20] WK 4r: *ḥarem-i hümāyūn*.
[21] Akkutay 1984. 59f.

haben.[22] Bei der anschließenden *čıqma* gelangten die weniger Qualifizierten zu den "vier Abteilungen" (*bölük-i erbaʿa*) der Pfortenkavallerie: *ulūfeğiyān-ı yemīn* bzw. *yesār*, *ġurebā-ı yemīn* bzw. *yesār*. Die anderen, anscheinend ʿAbdullāh mit ihnen, kamen nun in den Neuen Palast, etwa sechzig in das *küčük oda* und etwa hundert in das *büyük oda*.[23] Dort dauerte die Ausbildung regulär noch einmal etwa vier Jahre. Während die Besseren wiederum im Palastdienst in die Schatzkammer (*ḫazīne*) oder die Palastküche (*kiler*) aufrückten, wurden die übrigen den beiden angesehensten Abteilungen der Pfortenkavallerie zugeteilt.[24] Nicht zur höchsten, den *sipāhīs*, aber doch zur zweithöchsten, den *silāḥdārs*, wurde ʿAbdullāh am 29.1.1595 anläßlich der Thronbesteigung Meḥmeds III. kommandiert.[25]

Kam also Kātib Čelebis Vater aus der *devširme*? Sein Werdegang und sein Name ʿAbdullāh, bei Konvertiten besonders beliebt, sprechen dafür,[26] mehr noch die Tatsache, daß sein Vatersname nirgends überliefert ist. Dagegen spricht aber die Tatsache, daß auch ein Onkel Kātib Čelebis väterlicherseits und ein weiterer Verwandter in den Reihen des osmanischen Heeres dienten.[27] Sollte bei der Knabenlese regelwidrig ein Brüderpaar rekrutiert worden sein? Stammten die beiden aus einem islamischen Elternhaus und hatten auf anderem Wege Eingang in die Palastkarriere gefunden? Hatte ein Bruder den anderen in die Armee nachgeholt? Die Knabenlese war am Ende des 16. Jhdt. weitgehend irregulär durchgeführt worden.[28] Unter Murād III. hatte man sich gezwungen gesehen, erst die Reihen der Janitscharen, dann auch der Pfortenkavallerie durch Männer, die nicht von der *devširme* kamen, aufzufüllen. Doch diese Männer durchliefen auch nicht mehr die Palastschule.[29] Die Herkunft des Vaters kann also bei dieser Quellenlage nicht befriedigend geklärt werden, wenn mir auch die Herkunft aus der *devširme* am wahrscheinlichsten erscheint.

Die *silāḥdārs* waren, wie erwähnt, nach den *sipāhīs* die angesehenste Truppe der Pfortenkavallerie. Von einem anderen Truppenteil, etwa von den Janitscharen, zu ihnen versetzt zu werden, galt als Auszeichnung.[30] Ihr elitäres Wesen drückte sich etwa darin aus, daß sie in der Regel nur mit dem Sultan oder dem Großwesir ins Feld zogen.[31] Feuerwaffen waren unter ihnen lange Zeit we

---

[22] Akkutay 1984. 62f., Uzunçarşılı 1945. 300-307.
[23] EI 2 s.v. Ghulām IV, Uzunçarşılı 1945. 310.
[24] EI 2 s.v. Ghulām IV, Uzunçarşılı 1945. 310f. Auch von der Palastküche wurden die weniger Begabten zu den *silāḥdārs* abkommandiert (op. cit. 313ff.).
[25] WK 4r. Nach *Fez̤leke* I, 46 fanden die Promotionen am dritten Tag der (am 27.1. erfolgten) Thronbesteigung statt.
[26] Cf. Bombaci 1969. 364.
[27] *Sullam al-vuṣūl*, zit. in Gökyay 1968. 203.
[28] EI 2 s.v. Devshirme.
[29] OT III, ii. 274f., 278.
[30] Uzunçarşılı 1943-44. II, 138 et pass.
[31] Uzunçarşılı 1943-44. II, 181f.

nig angesehen.[32] Auf Feldzügen oblag es ihnen, für die Passierbarkeit der Wege zu sorgen, gemeinsam mit den *sipāhīs* das Zelt des Sultans bzw. des Großwesirs sowie die Kriegskasse zu bewachen und bei Belagerungen die Schanzgräben zu schützen. Außerdem führten sie die Ersatzpferde des Sultans. Auf dem Marsch war ihr Platz zur Linken des Sultans.[33] Bis auf die *ġurebā*-Truppen waren die Pfortenkavalleristen verpflichtet, pro fünf *aqče* ihres Soldes auf Feldzügen einen Berittenen zu stellen.[34]

Seit dem späten 16. Jhdt. befand sich die Truppe im Umbruch. Längst nicht mehr alle Mitglieder hatten wie ʿAbdullāh und wie einst generell üblich die Palastschule durchlaufen. Immer mehr kamen gleich nach der ersten Stufe der Palastausbildung zur Truppe, dazu kamen regelmäßig die Söhne der Angehörigen (*veledeš*) und schließlich auch Leute von außerhalb.[35] Von Exklusivität konnte nicht mehr die Rede sein, als *silāḥdār* und *sipāh bölügi* die tragenden Säulen der Pfortenreiterei wurden, deren jede so stark war wie die niedrigeren *bölük-i erbaʿa* zusammen. Ihre Truppenstärke betrug 1588 2930 Mann, 1597 schon 5000, 1609 gar 7683 Mann und wurde dann unter Murād IV. auf etwa 4500 Mann gesenkt.[36] Parallel zu diesem Wachstum sank die Disziplin. Revolten um angeblich oder tatsächlich ausstehenden Lohn waren an der Tagesordnung,[37] Unterschleif fand in großem Ausmaß statt.[38]

Da sie für ihre Reittiere zu sorgen hatten, lebte die Masse der Kavalleristen in der näheren Umgebung der Hauptstadt, später wurden sie auch entfernt in den Provinzen stationiert. Außer einem kleinen Kontingent, das an den *dīvān*-Tagen bei der Pforte Dienst tat, lebten in Istanbul selbst nur die Offiziere (*aġa*, *kethudā*, *čavuš*) und die Sekretäre (*kātib*).[39] Auch ʿAbdullāh lebte hier, denn er scheint nicht nur *silāḥdār*, sondern gleichzeitig *kātib* in einer Finanzkanzlei, der *Anaṭolı muḥāsebesi*, gewesen zu sein. Traditionell gehörten in Kriegs- wie in Friedenszeiten Schreiberdienste in den Finanz- und Divankanzleien wie auch das Eintreiben bestimmter Steuern zu den Verpflichtungen der *silāḥdār*s.[40]

Die Schreiberdienste dürften ʿAbdullāhs Anlagen entgegengekommen sein, denn sein Sohn schildert ihn als einen Mann, der nicht nur überaus fromm und gottesfürchtig war,[41] sondern auch den Wissenschaften zugetan, und "die Ver

[32] Uzunçarşılı 1943-44. II, 178.
[33] Uzunçarşılı 1943-44. II, 148f., 155.
[34] Uzunçarşılı 1943-44. II, 171.
[35] Uzunçarşılı 1943-44. II, 148.
[36] Zahlenangaben nach Uzunçarşılı 1943-44. II, 214f.
[37] Uzunçarşılı 1943-44. II, 196-209.
[38] Uzunçarşılı 1943-44. II, 190-94.
[39] Uzunçarşılı 1943-44. II, 185.
[40] Uzunçarşılı 1943-44. II, 156f.
[41] Nach WK 4r soll er die meiste Zeit im Gebet verbracht haben.

sammlungen der *šeyḫs* und Gelehrten besuchte".[42] Bei seinen späteren Studien beruft sich Kātib Čelebi ausdrücklich auf das Vermächtnis seines Vaters.[43]

Rund dreißig Jahre diente ʿAbdullāh bei den *silāḥdārs*. Ein weiterer Aufstieg von dort in höhere Ränge der militärischen Karriere war die Ausnahme, nur wenige brachten es bis zu einem *tīmār* in der Provinz.[44] ʿAbdullāh soll nach 1595 zahlreiche Feldzüge mitgemacht haben.[45] Hat er an dem noch bis 1603 andauernden Krieg gegen Habsburg teilgenommen? War er an der Bekämpfung der *ǧelālī*-Aufstände in Anatolien beteiligt? Es ist reizvoll sich vorzustellen, wie er später seinem wißbegierigen Sohn von seinen Eindrücken berichtete, doch gibt es dafür keine Zeugnisse. Sicher ist nur, daß er gemeinsam mit dem Sohn 1624/5 auf dem Zug gegen Abaza Ḥasan Paša, den aufständischen *beglerbeg* von Erzurum und 1625/6 bei dem mißlungenen Angriff auf Bagdad zugegen war. Er starb auf dem Rückzug von diesem Feldzug vermutlich Ende Juli 1626 in Mosul.[46]

Während bei den Janitscharen lange Zeit ein striktes Eheverbot galt, war es den *silāḥdārs* von jeher erlaubt, eine Familie zu gründen.[47] Auch ʿAbdullāh tat dies. Über seine Gattin, Kātib Čelebis Mutter, haben wir gar keine direkte Aussage. Es gibt jedoch einige Anhaltspunkte für ihre Herkunft. Als ʿAbdullāh starb, änderte sich Kātib Čelebis materielle Lage nicht wesentlich, doch nach dem Tod der Mutter 1045 H. (beg. 17.6.1635) konnte er über ein kleines Vermögen verfügen.[48] Angesichts des starren islamischen Erbrechts kann dieses Geld nicht vom Vater stammen, sondern muß zum Vermögen der Mutter gehört haben,[49] die also wohl aus wohlhabenden Kreisen kam. Da liegt es nahe, in diesem Zweig der Familie auch den reichen Kaufmann von nicht näher bezeichnetem Verwandtschaftsgrad zu suchen, dessen Erbschaft Kātib Čelebi 1047 (beg. 26.5. 1637) endgültig der materiellen Sorgen enthob.[50] Im Laufe des 17. Jahrhunderts bildete sich in Istanbul eine enge Verbindung von Janitscharen und Zünften heraus,[51] das aber noch nicht so weit erforscht zu sein scheint, daß unser spezieller Fall damit näher in Beziehung gesetzt und bewertet werden könnte. Handwerker und Kaufleute waren offenbar bestrebt, sich in den

---

[42] *Sullam al-vuṣūl*, zit. in Gökyay 1968. 202.
[43] WK 4r, *Mīzānu l-ḥaqq* 130.
[44] EI 2 s.v. Ghulām IV.
[45] *Sullam al-vuṣūl*, zit. in Gökyay 1968. 202.
[46] Die Ortsangabe Mosul Gökyay 1968. 203, die Datumsangabe nach den Quellen über diesen Feldzug (cf. Römer 1989. 132).
[47] Uzunçarşılı 1943-44. II, 162.
[48] *Mīzānu l-ḥaqq* 134, Nennung der Mutter nur WK 4r.
[49] Zum einen ist die Ehe keine Gütergemeinschaft (Bergsträßer 1935. 87), zum anderen hätte schon beim Tod des Vaters ein Anteil auf Kātib Čelebi entfallen müssen, während der Pflichtteil der Mutter nur 1/8 betrug (Bergsträßer 1935. 92, Schacht 1964. 169ff.).
[50] WK 4r, *Mīzānu l-ḥaqq* 134.
[51] Mantran 1962. 389-93.

Janitscharen-Truppen eintragen zu lassen und dadurch in den Genuß der damit verbundenen Privilegien zu kommen und entsprechenden Schutz zu genießen. Vor allem die Reichen waren daran beteiligt, und je größer ihr Vermögen, desto mehr strebten sie zu den prestigeträchtigen Truppenteilen. Ähnliche Entwicklungen sind auch in anderen osmanischen Städten zu beobachten.[52] Bei dieser Sachlage erscheint eine Heiratsverbindung zwischen einem Angehörigen der *silāḥdārs* und einer Frau aus einer reichen Kaufmannsfamilie in Istanbul zumindest denkbar, wenn auch ein positiver Beweis nicht erbracht werden kann.[53]

Kātib Čelebi bewohnte später ein Haus zwischen der Moschee des Eroberers und der Moschee Sultan Selīms.[54] Wohl möglich, daß dies das Haus seiner Eltern war, denn die Moschee des Mesīḥ Paša, die er in seiner Jugend besuchte, liegt ebenfalls in dieser Gegend.[55]

Muṣṭafā ibn ʿAbdullāh, nachmals als Kātib Čelebi oder als Ḥağğī Ḫalīfe bekannt, wurde, so hörte er es später von seiner Mutter, im Ẕū l-qaʿde des Jahres 1017 H. in Istanbul geboren.[56] Dieser Monat entspricht dem Zeitraum von 6.2. bis 7.3.1609. Zusätzlich sagt er an anderer Stelle, er sei *ʿUṭārid šerefinde* geboren, sodaß Merkur (*ʿUṭārid*) sein Stern sei.[57] Diese Angabe ist verwirrend. Wenn damit nur gemeint sein soll, daß Merkur sein Aszendent sei, so kann daraus zwar gefolgert werden, daß Kātib Čelebi am Morgen geboren wurde,[58] doch läßt sich das Datum nicht näher bestimmen. Doch warum hat Kātib Čelebi dann nicht den üblichen Ausdruck *ṭāliʿ* für den Aszendenten verwendet? In der Astrologie beherrscht — mit der Ausnahme von Sonne und Mond — jeder der beweglichen Himmelskörper zwei Sternzeichen. Das eine ist das Tageshaus, das andere das Nachthaus. In dieser Zeit ist der Planet besonders wirksam. Die höchste Wirksamkeit aber erreicht er im Punkt der Exaltation, mit dem terminus technicus als *šaraf* bezeichnet.[59] Doch diesen Punkt (15° virginis) hat Merkur im Jahr 1017 H. Anfang Oktober 1608 erreicht, sodaß diese Interpretation ausscheidet.[60]

---

[52] Raymond 1973-74. 660ff.

[53] Unter den Gewährsleuten Kātib Čelebis war auch ein Kaufmann, der offenbar mit Polen und Litauen Handel trieb (cf. WK 293r). Sollte auch er zur Familie gehören?

[54] 1655, cf. Ménage 1971. 421.

[55] *Sullam al-vuṣūl*, zit. in Gökyay 1968. 202.

[56] *Sullam al-vuṣūl*, zit. in Gökyay 1968. 202.

[57] WK 4r.

[58] Der Merkur steht stets in der Nähe der Sonne und geht also kurz vor oder kurz nach ihr auf.

[59] Ullmann 1972. 353f.

[60] Die Positionen der Himmelskörper nach Tuckerman 1964. Die Handschrift würde auch die Lesung *ʿUṭārid šarqında* zulassen, in der Bedeutung "als Merkur im Osten stand". Eine Morgensichtbarkeit des Merkur kann jedoch im fraglichen Zeitraum nicht stattgefunden haben, sodaß auch diese Deutung ausgeschlossen ist. Für astronomische Beratung bei der Deutung dieses Ausdrucks bin ich Prof. Dr. Paul Kunitzsch, München, und Ernst Dilger, Ulm, zu Dank verpflichtet.

Auch Meḥmed ʿİzzetī[61] hat die Stelle so verstanden, daß der Aszendent gemeint sei. Merkur wird von den Astrologen mit Hermes Trismegistos gleichgesetzt, der in der islamischen Literatur der Erfinder aller Künste und Wissenschaften ist.[62] Mit der Kunst des Schreibens ist er auch insofern verbunden, als Adam, der erste Mensch, den Gott das Alphabet lehrte, unter dem Aszendenten Merkur geschaffen wurde.[63] Am Ende der Biographie, die Meḥmed ʿİzzetī nach der Autobiographie Kātib Čelebis in *Mīzānu l-ḥaqq* auf das Vorsatzblatt eines *Ǧihānnümā*-Autographs schrieb, drückte er seine Verwunderung über die ungeheure Zahl von vollendeten und unvollendeten Schriften aus, die dieser hinterlassen habe. Der Text endet mit den Worten: "Nachdem ich diese Biographie hier niedergeschrieben hatte, sah ich in den Kladden des Verewigten seine Autobiographie, in der er sagt: 'Der Autor dieses Werkes wurde in der Regierungszeit Sultan Aḥmeds im Zeichen des Merkur (*ʿUṭārid šerefinde*) in Konstantinopel geboren. Sein Stern war also der Merkur.' Als ich dieses Umstands gewärtig wurde, fügte ich, um zu erklären, wie die oben erwähnte Vielzahl der Schriften auf den Aszendenten (*kevkeb-i ṭāliʿ*) zurückzuführen sei, noch diese ein zwei Zeilen an die Biographie an".[64]

3. *Silāḥdār* und *Kātib* Muṣṭafā

Nach festem Brauch im Osmanischen Reich traten die Söhne in den Beruf ihres Vaters ein.[65] Da den *silāḥdār*s die Verheiratung offiziell gestattet war, hatte die Pforte regulär auch dafür Sorge getragen, daß diese Söhne ihren Vätern nachfolgen konnten. Wenn der Sohn eines Pfortenkavalleristen so weit herangewachsen war, daß er ein Schwert führen konnte, konnte er als *veledeš* in dessen Korps eintreten, sofern Zeugen aus der Truppe bestätigten, daß es sich wirklich um einen leiblichen Sohn handelte. Die Männer, die aus der Palastschule kamen oder in Anerkennung ihrer Leistungen von den Janitscharen zur Kavallerie befördert worden waren, genossen das Privileg, daß sie von ihrem Gehalt dem Sohn einen Teil abtreten durften und selbst weiter dienen konnten, während die anderen ganz verzichten und ausscheiden mußten.[66] Dieser Vorgang ist gemeint, wenn Kātib Čelebi später schreibt, da sein Vater zur Armee gehört habe, sei auch er, dem alten Recht gemäß (*qānūn üzre*) dort eingetreten. Sein Vater habe ihm, als er vierzehn Jahre alt war, von seinem eigenen Sold zehn

---

[61] Über ihn Abschn. 7.
[62] Ullmann 1972. 371, 372.
[63] *Künhü l-aḫbār* I, 279f., zit. n. Schmidt 1993. 66.
[64] IK 1r. Meḥmed ʿİzzetī bezieht sich eindeutig auf die Autobiographie WK 4r. In *Mīzānu l-ḥaqq* 129 hat Kātib Čelebi zwar seine Neigung zum Studieren und Schreiben seinem Aszendenten zugeschrieben, diesen aber nicht genannt.
[65] Itzkowitz 1962. 91f., wo eigens auf Kātib Čelebi hingewiesen wird.
[66] Uzunçarşılı 1943-44. II, 162ff.

aqče gezahlt und ihn in die eigene Truppe eingeführt.[67] Muṣṭafā wurde gleichzeitig Aspirant in der Finanzkanzlei der *Anaṭolı muḥāsebesi*, in der ich aufgrund dieser Umstände auch den Vater vermute. Dies geschah im Jahre 1032 H. (beg. 5.11.1622, der Ẕū l-qaʿde beginnt am 27.8.1623).[68]

ʿAbdullāh hatte bereits viel früher begonnen, seinem Sohn eine solide traditionelle Ausbildung zu verschaffen. Vermutlich tat er dies, weil einerseits feststand, daß Muṣṭafā in seine Fußstapfen treten sollte, andererseits aber ihm die umfassende Schulung über den militärischen Bereich hinaus, die die Palastschule vermittelte, verschlossen bleiben mußte. Kātib Čelebi erinnert sich nicht genau, ob er fünf oder sechs Jahre alt war, als sein Vater für ihn den ersten Lehrer engagierte, bei dem er den Koran lesen und rezitieren lernen sollte. Doch er erinnert sich an den Namen İmām ʿĪsā Ḫalīfe von der Krim, an das Einführungswerk *Šürūṭu ṣ-ṣalāt*[69] und das Lehrgedicht über die Rezitation (*teǧvīd*) des Muḥammad b. Muḥammad al-Ǧazarī (gest. 833),[70] die er bei diesem neben dem Korantext studierte.[71] Ebenso erinnert er sich stolz an die erste Probe, die er von seiner Gelehrsamkeit geben kann, als er die erste Hälfte des Erlernten zwei Lehrern der Schule des Mesīḥ Paša auswendig vortrug.[72] Bei einem anderen Lehrer, İmām İlyās Ḫoǧa, begann er dann mit dem Studium der arabischen Grammatik (*taṣrīf wa-ʿawāmil*), bei dem angesehenen Kalligraphen Bögrü Aḥmed Čelebi erlernte er die Anfangsgründe der Schönschreibkunst.[73] Mehr hat er uns über seine ersten Studien nicht berichtet. Das nächste Datum in seiner Autobiographie bezieht sich auf seinen Eintritt bei den *silāḥdār*s und in die Kanzlei. So wissen wir nicht, ob er noch anderen Unterricht genoß oder andernfalls, warum dieser unterblieb, denn daß er sich acht Jahre lang auf dieses elementare Curriculum beschränken sollte, ist nicht wahrscheinlich.

Rumeli und *Anaṭolı muḥāsebesi* überwachten ursprünglich die Verwaltung der Stiftungen des Sultans und der Wesire in den jeweiligen Reichsteilen. In der *Rumeli muḥāsebesi* wurde außerdem das Aufkommen der Kopfsteuer (*ǧizye*) verwaltet, während die *Anaṭolı muḥāsebesi* daneben die Diplome für die von

---

[67] *Mīzānu l-ḥaqq* 129, WK 4r, *Sullam al-vuṣūl*, zit. in Gökyay 1968. 202.

[68] *Mīzānu l-ḥaqq* 129.

[69] Dieses Werk hat Kātib Čelebi in *Kašf aẓ-ẓunūn* nicht verzeichnet. Uzunçarşılı 1965 gibt keinen Aufschluß darüber, ob es an den *medrese*n in Gebrauch war. Jedenfalls aber gehörte es zum Lehrplan der Palastschule (Fisher/Fisher 1985 (1987). 78).

[70] *Kašf aẓ-ẓunūn* 1799f. s.v. al-Muqaddima al-Ǧazarīya. Aus der Zahl der existierenden Glossen und Kommentare, einige davon in Türkisch, zu schließen muß es ein Standardwerk gewesen sein.

[71] *Sullam al-vuṣūl*, zit. in Gökyay 1968. 202.

[72] Einen der beiden wird Nefeszāde genannt, doch kann er schwerlich, wie Gökyay 1957a. 4 annimmt, mit dem Nefeszāde identisch sein, dessen in *Fezleke* I, 194f. unter dem Jahr 1011 H. gedacht wird. Auch Gökyays Übersetzung loc. cit. wird dem Text nicht gerecht, während die Übersetzung Gökyay 1968. 202 korrekt ist. Ein anderer Nefeszāde, der seine Karriere 1049 begann (beg. 4.5.1639) und 1060 (beg. 1.4.1650) starb, wird bei ʿUšaqīzāde erwähnt, doch kann auch er nicht gemeint sein (*Ẕeyl-i Šaqā'iq* 166f., Nr. 105).

[73] *Sullam al-vuṣūl*, zit. in Gökyay 1968. 202.

den *beglerbeg*s vergebenen kleineren *tīmār*s ausstellte und den Sold der Festungsbesatzungen Anatoliens (mit Ausnahme von Erzurum) auszahlte.[74] Im 18. Jhdt. dagegen war sie außer für einige Stiftungen für die Auszahlung von Einnahmen aus Zöllen und Steuerpachten (*muqāṭaᶜa*) zuständig.[75] Von Muṣṭafās genauerer Tätigkeit in dieser Kanzlei wissen wir nichts.

Üblicherweise wurde ein Aspirant (*mulāzim*) zunächst informell einer Kanzlei zugeteilt, bis er irgendwann im Verlauf der Ausbildung offiziell als *šāgird* ins Register aufgenommen und einem ausgebildeten Schreiber zum Erlernen der notwendigen Fertigkeiten beigegeben wurde.[76] Kātib Čelebi bemerkt stolz, er habe den *ḫalīfe*, dem er beigegeben war, im Rechnen und in der *siyāqat*-Schrift in kurzer Zeit hinter sich gelassen.[77] Zu einem geradlinigen Aufstieg in der Kanzlei unter der Obhut des Vaters jedoch kam es nicht, denn schon ein Jahr später zog er erstmals ins Feld.

Es waren unruhige Zeiten. Immerhin war an der Grenze zum Habsburgerreich nach dem Friedensschluß von Zsitvatorok 1606 gespannte Ruhe eingetreten. Der 1612 geschlossene Friede mit Persien war brüchig, hielt aber noch. Die *ğelālī*-Aufstände in Anatolien waren von Quyuğı Murād Paša niedergeschlagen worden. Dieser hatte gleichzeitig die anhaltende Rivalität zwischen den Janitscharen und den *sekbān*-Truppen der Provinzen zugunsten der ersteren entschieden. Doch die Spannungen zwischen Zentrum und Peripherie dauerten an. Als nach dem unrühmlichen Zug gegen Polen 1620/21 Gerüchte umliefen, ᶜOs̱mān II. wolle sich der kampfschwachen und unruhigen Janitscharen entledigen und eine neue Armee aus den *sekbān*-Truppen aufbauen, kam es zu einem Janitscharenaufstand, in dessen Gefolge ᶜOs̱mān II. gestürzt und ermordet wurde. Die Empörung über das Sakrileg des Sultansmordes kam den anatolischen *sekbān*-Truppen zugute, als sie sich 1623 unter Abaza Meḥmed Paša, *beglerbeg* von Erzurum, erhoben, dem sich mehrere andere anschlossen und bald einen beträchtlichen Teil Kleinasiens beherrschten.[78] Im selben Jahr wurde der *beglerbeg* von Bagdad von einem ihm unterstellten Truppenführer gestürzt und getötet. Der Rebell, Bekr Ṣubašı, taktierte dann so plump zwischen dem Sultan und dem persischen Schah, daß er zwar von der Pforte die Anerkennung als *beglerbeg* erlangte, der Schah aber die ihm zuvor versprochene Übergabe von Bagdad 1623 mit Gewalt erzwang und Bekr töten ließ.[79]

---

[74] Uzunçarşılı 1947. 341.

[75] Uzunçarşılı 1947. 347. Nach Hammer 1815. 148 stellt sich das Bild noch einmal anders dar. Danach war diese Kanzlei vor allem mit dem Sold der stehenden Truppen und den Pensionen befaßt.

[76] Shinder 1973. 229.

[77] *Sullam al-vuṣūl*, zit. in Gökyay 1968. 202.

[78] TT III, 19ff., Matuz 1985. 167ff.

[79] OT III, i, 153-60. Zur Einordnung dieser Episode in den größeren Kontext der osmanisch-safawidischen Rivalitäten cf. Niewöhner-Eberhard 1975, besonders pp. 120ff. Leider ist Kātib Čelebis *Fez̲leke* nicht unter den in dieser Arbeit ausgewerteten zeitgenössischen Quellen.

Das Heer des Sultans zog zunächst gegen Abaza Meḥmed Paša aus, und mit ihm der mittlerweile fünfzehnjährige Muṣṭafā und sein Vater. Viele seiner Eindrücke hat Muṣṭafā später in seiner *Fez̲leke* verarbeitet. Über die Fakten hinaus sind seine Schilderungen ein bislang kaum erkanntes persönliches Dokument. Die Darstellung der vergeblichen Belagerung Bagdads ist bewußt subjektiv, als Augenzeugenbericht, gehalten.[80] Er ist sehr bestrebt, die Strapazen, die das Heer erdulden mußte, ins rechte Licht zu rücken,[81] während die erbauliche Lehre "Geteiltes Leid ist halbes Leid! Das alles ist von ihm bestimmt, der mächtig ist und Bescheid weiß"[82] nur in seiner Autobiographie erscheint.[83] Immer wieder verrät er in Details die Perspektive des Kavalleristen und auch des Kanzlisten. Über die eigene Abteilung hinaus identifiziert er sich so weit mit dem Heer, daß er nach der Katastrophe vor Bagdad eine Ehrenrettung versucht.[84] Mit den ständig revoltierenden Elementen der Pfortenreiterei dagegen hat er zweifellos nichts zu tun gehabt. Wir werden sehen, daß er sich, wenn der Konflikt kulminiert, auf der Seite des Sultans befindet.

Am 28.5.1624 setzte das Heer über die Meerengen, am 17.6. brach es von Üsküdar auf[85] und zog über Akşehir und Konya ostwärts, während ihm Abaza Meḥmed, der die Konfrontation suchte, von Sıvas entgegenzog. Am 8.9. abends trafen die Heere bei Kayseri aufeinander. Die Janitscharen faßten den Konflikt vornehmlich als einen zwischen ihnen und Abaza Meḥmeds *sekbān* auf, während sie den anderen Truppen des Sultans immer noch mißtrauten.[86] In ihrer Nervosität witterten sie sogleich Verrat, als der Großwesir Čerkes Meḥmed Paša an jenem Abend nicht den Gegenangriff befahl, und drangen auf ihn ein. Noch Jahrzehnte später klang Muṣṭafā, der zugegen war, das Klirren ihrer Lanzen im Ohr.[87] An der siegreichen Schlacht am darauffolgenden Tag nahm er als *silāḥdār* teil, und die Abneigung gegen die *sekbān*, die seine Truppe mit den Janitscharen teilte, prägt seine Ausdrucksweise. Da das Kampfgeschehen es mit sich brachte, daß seine Abteilung einige Zeit auf einer Anhöhe Stellung bezog, konnte er das Schlachtfeld gut überblicken. Erst gegen Ende konnte er selbst mit einigen hundert freiwilligen Reitern direkt ins Gefecht eingreifen.[88]

Nach der Schlacht wurde das Lager der Unterlegenen geplündert. Einige Abteilungen setzten Abaza Meḥmed eine Strecke weit nach, der sich nach Erzu-

[80] *Fez̲leke* II, 90. Sie sei jedoch kurzgefaßt (*iğmāl üzre*), denn ausführlich würde sie ein ganzes Buch füllen.

[81] *Fez̲leke* II, 90, 101, 125.

[82] *Al-balīyatu iḏā ʿammat ṭābat.* Der zweite Teil stammt aus Koran 6. 96 u.a.

[83] *Sullam al-vuṣūl* 271r, cf. Gökyay 1968. 202f.

[84] *Fez̲leke* II, 90.

[85] Danişmend 1947-55. III, 329, cf. *Fez̲leke* II, 54f.

[86] OT III, i, 152, *Fez̲leke* II, 54f. Zur Rivalität dieser Truppenteile und ihren grundstürzenden Folgen cf. İnalcık 1980.

[87] *Fez̲leke* II, 55.

[88] *Fez̲leke* II, 55.

rum zurückzog. Das Hauptheer folgte ihm bis Tercan. Doch inzwischen war der Winter nahe (*qāsım*-Tag am 7.11.1624) und keine Zeit mehr für militärische Aktionen. Abaza Meḥmed Paša unterwarf sich pro forma und wurde als *beglerbeg* von Erzurum wieder eingesetzt. Das Heer des Sultans erreichte im Dezember sein Winterquartier in Tokat, den *silāḥdār*s wurde das *eyālet* Qaraman als Winteraufenthalt zugewiesen.[89]

Da die Lage in Anatolien damit als bereinigt galt, konnte als nächstes die Rückgewinnung von Bagdad angestrebt werden, wofür noch im Winterquartier Vorbereitungen unternommen wurden. Der neue Großwesir Ḥāfıẓ Aḥmed Paša verließ schon Mitte Februar das Winterquartier. Ab dem 5.5.1625 sammelte sich das Heer in der Ebene von Çülek bei Diyarbakır. Von hier erging auch der Aufruf an die Pfortenreiterei, die Mitte Juni eintraf.[90] Erst nach der Hitze des Sommers, im September, begann der Marsch nach Bagdad, wo man am 11.11. 1625 ankam und am 13.11. die Belagerung eröffnete.[91]

Kātib Čelebis Bericht gibt die Stimmung lebendig wieder. Anfangs schildert er voll Eifer, welche Positionen die Truppen um die Stadt bezogen, lobt den Einsatz der Soldaten und die Großzügigkeit des Großwesirs. Der Tradition gemäß wurde die Reiterei abkommandiert, die Belagerungsgräben bei Nacht gegen Ausfälle zu sichern. Er hat auch die belagerte Stadt genau beobachtet, erwähnt die safawidischen Elitetruppen aus Mazandarān und schildert die Ausdauer der Bewohner, die "wie die Maulwürfe" die von den Osmanen gelegten Minen aufspürten und unschädlich machten und Breschen in der Stadtmauer umgehend mit Geflechten aus Palmzweigen ausbesserten.[92] Dieser Eifer des jungen *silāḥdār*s läßt im Laufe der Belagerung spürbar nach und reflektiert damit die lähmende Trostlosigkeit dieses unzureichend geplanten Unternehmens. Erst nach zwei Monaten sah der Großwesir ein, daß nur die vollständige Einschließung der Stadt zum Erfolg führen konnte. Am 72. Tag der Belagerung erst (21.1.1626) kam es zu einem ersten Sturmangriff, der schon gescheitert war, bevor die Reiterei zum Einsatz kam.[93] Erst mit Verspätung entschloß man sich, schwere Geschütze heranzubringen, und dann war für diese nie genug Pulver da.[94]

Die Belagerung zog sich also hin, und die Perser konnten sich Hoffnungen machen, die Stadt zu entsetzen. Die Nachricht, daß Schah ʿAbbās im Anmarsch sei und den Fluß Diyāla überschritten habe, wurde von den Eingeschlossenen

[89] *Fez̲leke* II, 65f.
[90] *Fez̲leke* II, 66.
[91] Danişmend 1947-55. III, 326-331, *Fez̲leke* II, 75. Cf. zum folgenden OT III, i, 155-163, wo die Darstellung großenteils auf Kātib Čelebis Bericht beruht.
[92] *Fez̲leke* II, 75.
[93] *Fez̲leke* II, 77.
[94] Römer 1989. 128.

mit einem Freudensalut begrüßt, "der die Welt erzittern ließ".[95] Von diesem Moment an befanden sich die Osmanen in der Defensive. Mühelos konnten die Perser ihnen den Nachschub sperren, der bisher den Tigris herabgekommen war. Die in der Umgebung weidenden Reit- und Tragtiere der Osmanen wurden systematisch weggefangen.[96] In dieser Lage unternahm eine tollkühne Gruppe den verzweifelten Versuch, die ganze Festung mit Erdpech in Brand zu stecken. Sie scheiterten, weil ihre Fackeln in der Nacht nur allzuleicht zu entdecken waren.[97] Am 7.6.1626 griffen die Perser das Lager an. Die hoffnungslose Lage der Osmanen wird daraus ersichtlich, daß sie sich nicht hinaus in die Ebene locken ließen, sondern um jeden Preis die Stellung in ihren Befestigungen hielten. Diese Schlacht beobachtete Muṣṭafā von einem hohen Turm des Lagers aus, vor dem die *silāḥdār*s rechts vom Großwesir Aufstellung genommen hatten, und sah die aus der belagerten Stadt abgefeuerten Geschosse über sich hinwegfliegen. Nur weil sich "durch Gottes Befehl ein Sandsturm erhob", der die Lage der osmanischen Truppen verbarg, war den Persern kein Erfolg beschieden.[98]

Mittlerweile war der Sommer gekommen, die Zelte der Soldaten waren in der Hitze brüchig geworden und rissen, viele Soldaten zogen es vor, in Erdhöhlen zu hausen, wo es kühler war. Die Preise für Grundnahrungsmittel stiegen.[99] Bisher hatten die Janitscharen alle Vorschläge des Großwesirs, die Belagerung aufzuheben, abgelehnt. Doch nun, gerade als der Schah nach seinem Mißerfolg Verhandlungen aufnahm, um Bagdad zu übergeben, erzwangen sie, da die Vorräte zu Ende gingen, die Umkehr. Sobald der Schah die Lage erkannte, widerrief er alle Zusagen, und die Osmanen traten nach acht Monaten ohne jeden Erfolg am 3.7.1626 den Rückzug in Richtung Mosul an.[100]

Der Rückzug war eine Qual ohnegleichen. Abgesehen von Gefechten mit nachsetzenden Persern[101] litten die geschwächten Soldaten unter der Hitze und unter Hunger. Als sich in Qızılḫān nicht die erhofften Vorräte fanden, ließen die Truppen alle Geschütze und alles schwere Gerät zurück und versuchten nur das nackte Leben zu retten. Die Preise für Gerste und Zwieback stiegen ins Astronomische.[102] Die erschöpften Lasttiere wurden ebenso verzehrt wie die ungenießbaren Früchte einer Art Steineiche. Viele Männer sollen tagelang nur von Was

---

[95] *Fez̲leke* II, 78.

[96] *Fez̲leke* II, 80.

[97] *Fez̲leke* II, 82. Aus der Rückschau hat Kātib Čelebi für ein solches Unterfangen nur Spott übrig.

[98] *Fez̲leke* II, 83f.

[99] So ein Augenzeuge in einem Privatbrief (Römer 1989. 129).

[100] *Fez̲leke* II, 87.

[101] Kātib Čelebi weiß nur von zwei leicht abgewehrten Angriffen auf das Heer, während der erwähnte Augenzeuge berichtet, zahllose Zurückgebliebene seien von den Persern verschleppt oder getötet worden (Römer 1989. 132).

[102] Ein *oqqa* Zwieback kostete über 800 *aqče*, zwei *oqqa* Gerste über 12.000 *aqče*. Diese Zahlen werden von anderen Quellen bestätigt (*Fez̲leke* II, 89f., Römer 1989. 129f.).

ser gelebt haben. “Am Fluß entlang, stolpernd und sich wieder aufrappelnd” erreichte man schließlich den Fluß Zāb und überquerte ihn mit Hilfe der letzten verbliebenen Pferde. Hier ließen schließlich frischer Proviant und Schaffleisch die Lebensgeister zurückkehren.[103]

Zwanzig Tage nach dem Aufbruch erreichten die Überlebenden Mosul (27. 7.1626).[104] Hier starb, vermutlich an den Folgen der Strapazen, Muṣṭafās Vater im Alter von etwa sechzig Jahren und wurde bei der großen Moschee begraben.[105] Als das Heer weiter nach Diyarbakır zog, starb — etwa einen Monat später — auch ein Onkel Muṣṭafās in Ğerāḫlu nahe Nuṣaibīn. Ein anderer Verwandter des Vaters nahm sich des Jungen an und brachte ihn nach Diyarbakır.[106]

Der Tod des Vaters bewirkte einen Knick in Muṣṭafās Schreiberkarriere. Offenbar war sein Posten in der *Anaṭolı muḥāsebesi* immer noch von seinem Vater abhängig gewesen. Nur so scheint mir erklärlich, daß er nun auf die Hilfe eines Freundes seines Vaters angewiesen war, um eine andere Stelle zu finden. Dieser Meḥmed Ḫalīfe brachte ihn als Lehrling im Soldbüro der Kavallerie (*süvārī muqābelesi*) unter.[107] Es ist anzunehmen, daß er auch diese Stelle als *veledeš* bei den *silāḥdār*s versah.[108] Üblicherweise arbeitete ein Lehrling einer Kanzlei, wenn er die erforderlichen Kenntnisse erworben hatte, weiter, bis er sich auf eine freiwerdende Schreiberstelle bewerben konnte. Für seinen weiteren Aufstieg waren Verwandtschaft, Patronage, Qualifikation und Fürsprache von Bedeutung. Dann wurde er Gehilfe (*ḫalīfe*) eines höheren Schreibers und konnte eventuell bis zum Obergehilfen (*serḫalīfe*) oder zum Kanzleichef (*ḫāğe*) aufrücken. Nur wer durch seine Herkunft prädestiniert war, konnte diese Stufen sehr schnell nehmen, dann in andere Kanzleien wechseln und in die höheren Ränge der Bürokratie aufsteigen.[109] Muṣṭafā dagegen, ohne alle Fürsprache und Patronage, hatte keine Aussicht auf einen solchen Aufstieg, wenn er auch die Kanzlei als den rechten Beruf für sich erachtete.[110]

Einstweilen ging jedoch der Feldzug weiter,[111] wobei es keinen Hinweis darauf gibt, daß Muṣṭafā noch einmal selbst an einem Gefecht teilnahm. In Eil

---

[103] *Fezleke* II, 90: *ʿasker bir miqdār gözin ačdı.*
[104] Römer 1989. 132.
[105] *Sullam al-vuṣūl* 271r, cf. Gökyay 1968. 203.
[106] *Sullam al-vuṣūl*, zit. in Gökyay 1968. 203.
[107] *Sullam al-vuṣūl*, zit. in Gökyay 1968. 203, WK 4r, während in *Mīzānu l-ḥaqq* 129 die übergeordnete Abteilung *bašmuqābele* genannt ist. Zur Funktion dieser Kanzlei Uzunçarşılı 1947. 347.
[108] Diese Verbindung von *seyfīye-* und *qalemīye-*Karriere wird auf anderem Niveau durch einen Janitscharen-Aga belegt, der zuerst *bašmuqābeleği* und dann *aġa* des *sipāh bölügi* gewesen war (*Fezleke* II, 95).
[109] Shinder 1973. 228ff., Beispiele auch bei Howard 1986.
[110] *Mīzānu l-ḥaqq* 129.
[111] Daß Kātib Čelebi in jenem Winter nach Istanbul zurückkehrte, wie Gökyay 1957a. 5 behauptet, ist weder belegt noch wahrscheinlich.

märschen zog man in das vom Sultan angewiesene Winterquartier Aleppo, nachdem die Provinztruppen entlassen worden waren.[112] Hierher kam im Frühjahr 1627 auch der neue Großwesir Ḫalīl Paša, der Bagdad nun endlich zurückgewinnen sollte. Doch als er mit dem Heer am 7.8.1627 Diyarbakır erreichte, hatte Abaza Meḥmed Paša in Erzurum erneut revoltiert, sodaß der Feldzug nun nach Norden dirigiert wurde, wofür die Jahreszeit denkbar ungeeignet war.[113] Anfang Muḥarrem 1037 (beg. 12.9.1627) traf man vor der Festung Erzurum ein und begann die Belagerung.[114] Sie zog sich siebzig Tage hin, bis in der Nacht des 16. Rabīᶜ II (26.12.1627) plötzlich starker Schneefall einsetzte.[115] Überstürzt zog sich das Heer in einem 25 Tage langen Marsch in das Winterquartier Tokat zurück. Auf diesem Marsch durch "weglose Täler und Berge" blieb Mensch und Tier oft nichts anderes übrig, als "sich auf den Hintern zu setzen und einem Schlitten gleich hinabzurutschen". Als die Soldaten einer hinter dem anderen an einem Fluß entlangzogen, stürzte ein Steilufer ein und riß einige ins Wasser. Viele seien zurückgeblieben, anderen Hände oder Füße erfroren. Viele starben in Tokat, als ihnen erfrorene Glieder amputiert werden mußten.[116]

Den nächsten Versuch, Abaza Meḥmed Paša zu disziplinieren, sollte der Großwesir Ḫüsrev Paša unternehmen, der am 1.6.1628 das Heer bei Tokat sammelte und am 23.7. in Richtung Sıvas marschierte.[117] Es gelang ihm durch eine großzügige Amnestie, zahlreiche Anhänger des Rebellen zum Überlaufen zu bewegen. Als klar war, wie groß Abaza Meḥmed Pašas Bedrängnis war, entschloß sich der Großwesir zum raschen Handeln, zog in Eilmärschen vor Erzurum und eröffnete am Abend des 6. Muḥarrem (4.9.1628) die Belagerung.[118] Abaza Meḥmed Paša hatte keine Chance und kapitulierte am 22. Muḥarrem (21.9. 1628). Er fand erneut Gnade und wurde zum *beglerbeg* von Bosnien ernannt.[119] Am 14. 10.1628 trat das Heer den Rückweg an. Aus Rücksicht auf die Soldaten, die seit dem Frühjahr 1624 im Feld standen, und auf die örtliche Bevölkerung lehnte der Großwesirs es ab, in Ankara zu überwintern, sondern zog nach Istanbul. Am 20. 12.1628, nach viereinhalb Jahren, traf Muṣṭafā, mittlerweile zwanzigjährig, in Üsküdar ein.[120]

---

[112] *Fezleke* II, 90.
[113] OT III, i, 164f.
[114] *Fezleke* II, 96, 100.
[115] *Fezleke* II, 100.
[116] *Fezleke* II, 100f. sagt Kātib Čelebi ausdrücklich, er habe mehrere Dinge dieser Art erlebt.
[117] *Fezleke* II, 101f.
[118] *Fezleke* II, 108f. In OT III, i, 167 ist als Datum der 15.9.1628 angegeben.
[119] OT III, i, 168.
[120] *Fezleke* II, 110f.

Istanbul wurde in jenen Jahren von einem heftigen religiösen Streit zerrissen. Der Ausgangspunkt war die uralte Konfrontation zwischen der strengen Orthodoxie und den Sufi-Orden. Daß sie nun wieder aufflammte, war zweifellos ein Symptom für das Krisenbewußtsein der Zeit, die durchwegs als Epoche des Verfalls empfunden wurde.[121] Im aktuellen Streit war der Exponent der ersteren Partei Qāḍīzāde Meḥmed Efendi, 1588 in Balikesir geboren, ein Enkelschüler von Birgevī Meḥmed Efendi, der sich durch einen "Katechismus" für breite Volksschichten als Verfechter einer widerspruchsfreien, strikt orthodoxen Lehre einen Namen gemacht hatte.[122] Als er aus der Provinz in die Hauptstadt kam, um dort seine Studien abzuschließen, hatte er sich zeitweise einem *šeyḫ* des Ḫalvetīye-Ordens angeschlossen, doch sein Wesen war unvereinbar mit dem mystischen Islam. Er kehrte dem Orden den Rücken und wurde bald zum erbitterten Gegner aller Sufis. Er wurde aufgrund seiner Beredtsamkeit Freitagsprediger an der Selīmīye-Moschee und damit Nachfolger von Birgevī Meḥmeds Sohn Fażlullāh.[123] Seit 1623 war er Freitagsprediger an der Bāyezīd-Moschee.[124] Sein exponiertester Gegner war der hochangesehene Ḫalvetīye-*šeyḫ* ʿAbdülmeğīd Sivasī Efendi, Abkömmling einer alten Ḫalvetīye-Familie, auf Einladung von Meḥmed III. in die Hauptstadt gekommen, gleichzeitig Vorsteher einer *tekke* seines Ordens und seit 1617 Freitagsprediger an der Sultan-Aḥmed-Moschee.[125] Als Qāḍīzāde 1631 Freitagsprediger an der Hagia Sophia wurde, lebten und predigten die beiden Kontrahenten gewissermaßen Tür an Tür.

Der Konflikt entzündete sich an dem Problem der "Neuerungen" (türk. *bidʿat*) in der Religion. So sehr die Zeit des Propheten von jeher als Vorbild galt, so wenig war zu leugnen, daß mit den Jahren zahlreiche neue Bräuche und Gewohnheiten Eingang in das religiöse und soziale Leben gefunden hatten. Von den Rechtsgelehrten waren diese Neuerungen teils gebilligt, teils geduldet und nur zu einem geringeren Teil verworfen worden. Qāḍīzāde dagegen stützte sich auf das Prophetenwort, nach dem alle Neuerung Häresie sei, alle Häresie Irrtum, und aller Irrtum in die Hölle führe, und verdammte jede Neuerung als per se sündhaft.[126] Insbesondere hatte er einen Katalog von etwa zwanzig Themen, die er immer wieder aufgriff. Darunter sind dogmatische Probleme, wie die Frage nach dem Glauben der Eltern des Propheten, eine Reihe von Bräuchen der volkstümlichen Religion wie die Wallfahrten zu Gräbern von Heiligen und vor allem die Praktiken der Sufi-Orden wie Tanz und Musik. Kātib Čelebi hat am Ende

[121] Cf. Itzkowitz 1972. 96.
[122] Über Birgevī (oder Birgili) Meḥmed Efendi cf. Zilfi 1986. 260.
[123] *Mīzānu l-ḥaqq* 84, Zilfi 1988. 132.
[124] Zilfi 1986. 251f.
[125] Zilfi 1986. 255f., OT III, i, 350.
[126] Zilfi 1986. 253, Zilfi 1988. 134.

seines Lebens, als er sich längst von Qāḍīzāde abgewandt hatte, alle strittigen Themen in seinem Werk *Mīzānu l-ḥaqq* erörtert.

Nicht die Themen waren neu in diesem Konflikt, sondern die Form. Denn Qāḍīzāde beschränkte sich nicht darauf, seine Überzeugung in gelehrten Zirkeln vorzutragen, sondern trug sie an die Öffentlichkeit. Aus dem Gebot, "das Gute zu empfehlen und das Falsche zu verbieten",[127] leitete er die strikte Verpflichtung her, die eigene Interpretation der Lehre allen anderen aufzunötigen. Er verstand es, mit seiner klaren und einfachen Lehre und seiner demagogischen Begabung eine große Anhängerschaft zu mobilisieren, die er vor allem gegen die Sufi-Orden aufhetzte. Beide Seiten nutzten die Predigten zu Beleidigungen des Gegners,[128] Störungen von Predigten und tätliche Angriffe waren häufig.[129] Es soll sogar jede Partei die Tötung von Angehörigen der anderen für erlaubt erklärt haben.[130]

Der Zufall wollte es, so berichtet Kātib Čelebi, daß er nach seiner Rückkehr aus dem Feld, zwanzig Jahre alt und in der Kanzlei vermutlich zeitlich, sicher intellektuell unterfordert, unter Qāḍīzādes Einfluß geriet. Qāḍīzāde pflegte sein Lebtag vier Tage in der Woche in einem *mesǧid* nahe seinem Haus Unterricht zu geben und die übrigen Tage zu predigen.[131] Als er in jenem Jahr in der Fatih-Moschee predigte, befand sich Muṣṭafā zufällig unter seinen Zuhörern. Die Wirkung dieser Predigt beschreibt er so: "Der Verewigte war redegewandt, seine Worte verfehlten ihre Wirkung nicht, und der Zuhörer wurde von seinen Worten unfehlbar ergriffen. Der größte Teil seiner Rede bezog sich darauf, die Menschen zum Erwerb von Wissen anzuregen und zum Streben nach Errettung aus der Unwissenheit zu ermuntern. In jenem Moment war es, als nähme er die Zügel der Gedanken in die Hand und lenkte sie auf und davon in die Gefilde des Strebens und Studierens". Da auch das Vermächtnis seines Vaters so gelautet hatte, machte er sich alsbald daran, die Kenntnisse insbesondere des Arabischen, die er vor Jahren erworben hatte, wieder aufzufrischen.[132] Er hat es später ausdrücklich Qāḍīzāde zugeschrieben, daß er sich den Wissenschaften widmete.[133] Da dieser Prediger und nicht Professor einer *medrese* war, hielt er seinen Unterricht in einem privaten *dersḫāne* ab.[134]

[127] Cf. Koran 3. 104, 110, 114; 7. 157; 9. 67, 71, 112; 22. 41; 31. 17.

[128] Beispiele in *Mīzānu l-ḥaqq* 132: Qāḍīzāde nannte die Sufis Bretttrampler und Pfeifenbläser und verhöhnte ihre Heiligen, die Sufis nannten jeden, der die Heiligen und ihren Weg leugnete, einen Ketzer und Heiden. Babinger 1921. 71 und Kissling 1952. 98 haben die Stelle so verstanden, daß Kātib Čelebi die Sufis mit diesen Worten belegt habe, was jedoch keinen Sinn ergibt.

[129] Zilfi 1986. 256.

[130] *Fez̲leke* II, 182.

[131] *Fez̲leke* II, 181, *Mīzānu l-ḥaqq* 127.

[132] *Mīzānu l-ḥaqq* 130.

[133] Im Nekrolog auf Qāḍīzāde *Fez̲leke* II, 181.

[134] Cf. *Mīzānu l-ḥaqq* 130.

Kißling hat als Qāḍīzādes "hervorstechendste Merkmale ... eine alles erträgliche Maß überragende orthodoxe Verstiegenheit und grenzenlose Bigotterie" genannt.[135] Das Bild, das Kātib Čelebi vermittelt, ist dagegen eigentümlich zwiespältig. Er rechnet Qāḍīzāde sein lebenslanges Bestreben sehr hoch an, die Menschen zur Suche nach Wissen anzuregen, und hält ihm umfassende Kenntnisse, scharfen Witz, Schlagfertigkeit und Überzeugungskraft zugute. Er habe damit viel Gutes gewirkt und zahlreiche Menschen "aus der Hölle der Unwissenheit errettet".[136] Andererseits sei sein Unterricht simpel, ja oberflächlich gewesen, und alle Fragen von philosophischem Gehalt habe er wegen mangelnder Vertrautheit damit mit billigen Sprüchen umgangen.[137] Darüberhinaus wirft er ihm Eitelkeit, Effekthascherei und Karrierestreben vor. Schließlich hatte er für die Unruhen, die aus Qāḍīzādes Umtrieben resultierten, keinerlei Verständnis.[138] Diese Kritik erfolgt jedoch erst aus der Rückschau. Zunächst scheint Muṣṭafā sich ganz auf die Studien bei Qāḍīzāde geworfen zu haben.

Er wurde jedoch schon bald wieder unterbrochen, als das Heer nach der Winterpause wieder auszog, um in einem erneuten Anlauf Bagdad von den Persern zurückzugewinnen, was umso aussichtsreicher erschien, als Schah ʿAbbās im Vorjahr gestorben und die Herrschaft seinem Sohn Ṣāfī Ḫān überlassen hatte.[139] Am 10.6.1629, nach einem halben Jahr Aufenthalt, setzte das Heer über die Meerengen nach Üsküdar über.[140] Sommerliche Regenfälle waren so heftig, daß einige Zelte fortgespült wurden, was im nachhinein als Omen für weitere Vorfälle dieser Art auf dem Feldzug interpretiert wurde. Am 9.7.1629 marschierte das Heer ab.[141] Über Konya, Aleppo, Diyarbakır ging es nach Mosul, wo man am 17.12.1629 ankam.[142] Doch der Winter war so regenreich, daß Tigris und Euphrat Hochwasser führten und jedes Vorgehen gegen Bagdad vorläufig unmöglich machten. In andauerndem Regen- und sogar Schneefall verfaulten die Zelte, und der Schlamm im Lager war so tief, daß die Soldaten von einem Zelt zum anderen ritten, anstatt zu gehen.[143]

Als das Frühjahr kam und das Hochwasser anhielt, entschloß sich der der Großwesir, zunächst die kurdischen Fürstentümer zu unterwerfen, die Mosul von Persien trennten und die er der Sympathie mit dem Schah verdächtigte. Am 28.1.1630 brach das Heer auf und marschierte nach Osten. Um die Gegend um

---

[135] Kissling 1953. 274 aus der Perspektive der Ḫalvetīye.

[136] *Feẕleke* II, 181.

[137] Kātib Čelebi gibt einige Beispiele davon (*Mīzānu l-ḥaqq* 131).

[138] Der Nekrolog *Feẕleke* II, 181f. stimmt mit *Mīzānu l-ḥaqq* 130-133 stellenweise wortwörtlich überein, ist aber ausführlicher und mit mehr Verständnis gefaßt.

[139] OT III, i, 168.

[140] Datum nach Danişmend. In *Feẕleke* II, 112 ist der 9. Ševvāl = 1.6. angegeben.

[141] Übereinstimmend mit Danişmend *Feẕleke* II, 112.

[142] *Feẕleke* II, 112-116.

[143] *Feẕleke* II, 116f. In Diyarbakır sollen in diesem Winter unerhörte Mengen Schnee gefallen sein (loc. cit.).

Šehrizor dauerhaft zu unterwerfen, ließ der Großwesir die von Sultan Süleymān errichtete Festung Gülʿanber wieder instandsetzen und legte eine Besatzung hinein. Kātib Čelebi hat dieses Unterfangen als reine Zeitverschwendung kritisiert, zumal die Soldaten "in ihrem Leben noch nie einen Stein auf den anderen gesetzt hatten", sodaß "die krumm und schief wie von Kindern beim Spiel gesetzten Steine, da sie kein Fundament hatten, sobald sie Manneshöhe erreicht hatten, beim ersten Regen wieder einstürzten".[144] Ein Teil des Heeres besetzte die am Weg nach Hamadān an einem Paß gelegene Festung Mihribān und verteidigte sie erfolgreich gegen das Heer des Schahs (6.5.1630).[145] Wenige Tage später rückte das Hauptheer nach und setzte dem Schah in Richtung Hamadān nach. Hier hat Kātib Čelebi in seine historische Schilderung ausnahmsweise Beschreibungen der Lokalitäten eingeschaltet, die er auch ins *Ǧihānnümā* aufgenommen hat, durchaus persönlich und voller Begeisterung über die Schönheiten jener Region. Detailliert hat er die Lage von Gülʿanber geschildert, nun würdigt er die Umgebung von Ḥasanābād, die "so lieblich" sei "wie das Tal von Kāǧıdḫāne" — von einem überzeugten Istanbuler höchstes Lob. Er hatte Gelegenheit, den Palast mit seinen teils mit einem besonders feinen Putz ausgekleideten, teils farbig ausgemalten Räumen mit Darstellungen von Schlachten und erotischen Szenen zu besichtigen, bevor die Bilder sämtlich von den plündernden Soldaten zerstört wurden.[146] Am 10.6.1630 erreichte das Heer Hamadān. Auch hier gefielen Muṣṭafā die schöne Lage mit den dichtbewachsenen Gärten, die vielfach prachtvoll verzierten Häuser und der Bazar in der Mitte der Stadt, wo sich vier Hauptstraßen treffen. Doch berichtet er dann ohne Bedauern, wie die Stadt, deren Bewohner geflohen waren, von den osmanischen Truppen zerstört und niedergebrannt wurde.[147] In der Absicht, den Schah bis Qazwīn zu verfolgen, ging es am 15.6.1630 weiter nach Darguzīn, das ebenfalls verwüstet wurde, obwohl die Einwohner Sunniten waren.[148] Da ein Angriff auf Qazwīn wegen der Wasserversorgung unterwegs problematisch und strategisch nicht sinnvoll war, entschloß man sich, umzukehren und auftragsgemäß Bagdad zu erobern.[149] Am 21.6. trat das Heer den Rückzug an.

Auf dem Weg nach Bagdad passierte das Heer einen Berg mit berühmten Felsreliefs, von Muṣṭafā als Berg von Bīsutūn bezeichnet.[150] Er ist jedoch einer in der geographischen Literatur nicht seltenen Verwechslung zum Opfer gefal

---

[144] *Fezleke* II, 119.

[145] *Fezleke* II, 120. Das Datum schwankt. Vermutlich ist hier statt 3. Ramażān 23. Ramażān (6.5.) zu lesen, da im folgenden der 24. als Tag nach der Schlacht bezeichnet wird. Danişmend gibt den 5.5. an.

[146] *Fezleke* II, 123.

[147] *Fezleke* II, 123. Nur im *Ǧihānnümā* erwähnt er die Moschee, die die Ṣafawiden verfallen ließen, während er in der *Fezleke* diese Möglichkeit antiiranischer Propaganda ausläßt.

[148] *Fezleke* II, 123f., ǦD 301.

[149] *Fezleke* II, 124.

[150] *Fezleke* II, 124, ǦD 303.

len, denn er beschreibt nicht das Siegesheiligtum des Dareios, das sich in einem Tal des Berges Bīsutūn befindet, sondern ein Heiligtum des Königs Pērōz in Tāq-i Bustān etwa 20 km westlich davon.[151] In der *Fezleke* hat er die Reliefs ganz populär gedeutet, als Darstellung von Ḫusrev und Šīrīn sowie des berittenen Rustam. Man hatte offenbar hier eine Episode des Epos von Ḫusraw und Šīrīn des Dichters Niẓāmī angesiedelt (in der allerdings als dritte Person nicht, wie Kātib Čelebi meint, der Rustam des Šāhnāme, sondern der Recke Ferhād erscheint). Diese Lokalisierung hat der Geograph Ḥamdallāh Mustaufī beanstandet,[152] und ihn bestätigend spricht Kātib Čelebi später im *Ǧihānnümā* nur von Figuren von zwei Königen und einem Reiter, "welcher Ḫusrev sein soll". Noch einmal hatte er kurz darauf Gelegenheit, alte Monumente zu besichtigen: Als das Heer am 24.8.1630 Qaṣr-i Šīrīn passierte, streifte er nachts durch die Ruinen des riesigen Palastes des Sasaniden Ḫusraw II.[153]

Im Gegensatz zu den früheren Feldzügen hat das Heer bislang — von den Regenfällen zu Beginn abgesehen — keine übermäßigen Entbehrungen erleiden müssen. Im Gegenteil, zeitweise brauchte man für ein Schaf nicht einmal zehn *aqče* zu bezahlen,[154] und nun, zur Erntezeit, mähten die Soldaten täglich vor ihrem Zelt ein wenig Getreide und mahlten es mit der Handmühle. Muṣṭafā konnte jedoch darüber klagen, daß Hufeisen, Kaffee, Fleisch und Zwieback rar und überteuert waren.[155]

Am 6.9.1630 kam das Heer nahe Bagdad am Tigris an, man baute eine Brücke, und als die für die Belagerung erforderlichen Kanonen per Schiff eingetroffen waren, rückten die Soldaten am Abend des 5.10. in die Belagerungsgräben ein und begannen eine lange und heftige Beschießung. Als bei einem Ausfall die Soldaten aus dem rückwärtigen Lager denen in den Gräben erst spät zur Hilfe kamen, befahl der Großwesir, das Lager direkt hinter die Gräben zu verlegen. Hier, in Reichweite der Geschütze der Festung, zogen es die Soldaten vor, sich Schutzhöhlen zu graben. Dennoch sollen viele von den Geschossen der Eingeschlossenen getötet worden sein. Die Schreiber führten die Soldabrechnungen tagsüber hinter den aufgestapelten Tierhäuten der Proviantflöße, während sie nachts in grabähnlichen Höhlen lagen.[156] Als die Kanonen von der Beschießung schon so ausgeleiert waren, daß eine Faust in die Zündlöcher paßte, war die Stadtmauer an vielen Stellen völlig zerstört und der Graben durch die Trümmer aufgefüllt. Doch beim Sturmangriff am 9.11.[157] sanken die Soldaten in diesen losen Trümmern ein und konnten von den Persern an den Breschen

---

[151] İA s.v. Bisütûn, Brentjes 1978. 125f., 249.
[152] *Nuzhatu l-qulūb* 192f.
[153] ǦD 303, cf. Brentjes 1978. 258f.
[154] *Fezleke* II, 117.
[155] *Fezleke* II, 125.
[156] *Fezleke* II, 129.
[157] Das Datum nach Danişmend, die Angabe *Fezleke* II, 129 kann nicht stimmen.

leicht abgewehrt werden. Am 20.11. wurde die Belagerung abgebrochen, das Heer zog sich nach Mosul zurück, wo es am 12.12. ankam.[158]

Sein Winterquartier nahm der Großwesir dann ab dem 22.1.1631 in Mardin, von wo aus er umfassende Vorbereitungen für einen erneuten Feldzug anordnete. Er forderte Geld für Zugtiere und als Sold sowie tatarische Hilfstruppen an. Während des Winters ließ er die Befestigungen von Mosul erneuern. Währenddessen brachten die Perser die kurdischen Gebiete unter ihre Kontrolle und eroberten nach dreimonatiger Belagerung Ḥilla.[159] Seit dem 5.6.1631 sammelte der Großwesir seine Truppen bei Koçhisar nahe Mardin, zog jedoch noch nicht gegen Bagdad, weil er auf die Tataren wartete. Weiteres Material und Truppen wurden in Mosul zusammengezogen.[160] Am 6.9. wurde die Wartezeit den Pfortentruppen zu lange. Sie verlangten, den Feldzug um ein Jahr zu verschieben und den Soldaten eine Ruhepause zu gönnen.[161] Der Großwesir gab nach: Am 24.9. wurden die Provinztruppen entlassen, und am 8.10. begaben sich die Pfortentruppen ins Winterlager Diyarbakır. Auf dem Weg dorthin trafen sie auf die Tataren, die schlecht ausgestattet, armselig gekleidet und ohne jede Kampfordnung auf Muṣṭafā den denkbar ungünstigsten Eindruck machten. Als stolzer Osmane bezweifelte er zudem, daß man ihrer überhaupt bedurfte.[162]

In Diyarbakır wurde der Reiterei das *eyālet* Tripolis als Winterquartier zugewiesen. Doch mittlerweile hatten sich in Istanbul der *šeyḫülislām* Zekeriyāzāde Yaḥyā Efendi mit den Notabeln und den Ältesten der *bölük*s zusammengefunden und den Beschluß erwirkt, daß die Truppen die Pause in Istanbul verbringen sollten. Eine entsprechende Aufforderung traf am 21.11.1631 in Diyarbakır ein, der die Truppen anscheinend umgehend Folge leisteten.[163] Es scheint, als habe Muṣṭafā mit ihnen die Hauptstadt erreicht.

Hatten die Pfortentruppen sich schon in Diyarbakır der Absetzung von Großwesir Ḫusrev Paša widersetzt, so wurden sie nun in der Hauptstadt zu einem wichtigen Faktor im Kampf zwischen Ḥāfıẓ Aḥmed Paša, dem früheren Großwesir und bevorzugten Kandidaten des jungen Murād IV., Ḫusrev Paša und dem machthungrigen Ṭopal Reǧeb Paša. Nachdem die anderen beiden in diesem Kampf umgekommen waren, versuchte Reǧeb Paša gar, mit Hilfe der *sipāh*s den Sultan zu stürzen. Doch Murād hatte ihn bereits durchschaut und ließ ihn am 12.5.1632 hinrichten.[164] Mit dem neuen Großwesir Ṭabanı Yaṣṣı Meḥmed Paša machte sich der Sultan daran, die Pfortenreiterei zu disziplinieren.

---

[158] *Fezleke* II, 129ff.

[159] *Fezleke* II, 132f.

[160] *Fezleke* II, 133f.

[161] *Fezleke* II, 138. Kātib Čelebis Behauptung, man habe fünf bis sechs Monate in Koçhisar gelegen, ist offenbar übertrieben, aber vielleicht ein Indiz für die erlittene Langeweile.

[162] *Fezleke* II, 138.

[163] *Fezleke* II, 138f.

[164] OT III, i, 177-188. Diese verwickelten Kämpfe sind bei Kātib Čelebi nur fragmentarisch wiedergegeben.

Gruppen der Pfortenreiterei hatten sich in den letzten Jahren weitgehend verselbständigt und in den Provinzen eigene Machtbasen aufgebaut.[165] Darüberhinaus profitierten sie von dem unter Sultan Süleymān eingeführten Usus, daß während der Feldzüge turnusmäßig 300 Männer aus ihren Reihen als sogenannte *mülāzim*s dem *dīvān* zugewiesen wurden. Ursprünglich dienten sie als Leibwache, doch da die Pfortenreiterei auch Verpflichtungen in den Finanzkanzleien hatte, wurden sie auch mit finanztechnischen Aufgaben wie der Erhebung der *ğizye*, der Verwaltung von *vaqf*s des Sultans und gewissen *muqāṭaᶜa*s betraut. Hier war vielfacher Mißbrauch eingerissen, da der Verkauf dieser Ämter hohe Gewinne brachte. *Mülāzim*-Dienste wurden inzwischen auch in Friedenszeiten vergeben, nicht mehr in dreijährigem Rhythmus, sondern halbjährlich und ohne Gewährleistungszahlung, was die Schatzkammer in völliges Chaos stürzte.[166] Zeitweise sollen nicht 300, sondern über 10.000 *mülāzims* registriert gewesen sein.[167] Erste Versuche, diesen Mißbrauch einzuschränken, waren von Ḫusrev Paša konterkariert worden.[168]

Mit der Vergabe der *mülāzemāt* war anscheinend auch der *kātib* Muṣṭafā befaßt, denn er hat diesen Vorgang ebenso wie die Zahltage der Reiterei in seinen Feldzugsberichten bis dahin regelmäßig erwähnt und diesbezügliche Erlasse zitiert. Schon am 25.4.1632 hatte es bei der Registrierung der *mülāzims* Konflikte zwischen älteren und neueren *sipāh*-Anführern gegeben.[169] Am 20. Ẕū l-qaᶜde 1041 (8.6.1632) versammelten sich die Angehörigen der Pfortenreiterei auf dem Hippodrom und verlangten, die *mülāzemāt* sofort zu vergeben, da sie nicht bis zum Jahresende warten könnten.[170] Dies war der Anlaß für das Eingreifen von Sultan und Großwesir. Der Sultan beraumte einen spontanen Rat (*ayaq dīvānı*) im Sinan Paşa Köşkü unterhalb des Topkapı Sarayı am Marmarameer an, an dem (kraft Amtes?) auch *kātib* Muṣṭafā teilnahm. Muṣṭafā begleitete auch die *bölük aġaları*, als sie sich zum Hippodrom begaben, um einige Wortführer der Revoltierenden zum Sultan zu geleiten. Um die eigentlichen Rädelsführer nicht auszuliefern, entsandten diese einige ihrer ältesten Mitglieder. Ihnen warf der Sultan in eindringlicher Rede mangelnde Loyalität und Verstoß gegen die von Sultan Süleymān erlassenen Gesetze vor.[171] Kātib Čelebi berichtet nicht, daß der Sultan von den solcherart in die Enge getriebenen *sipāh*s einen neuen Gefolgschaftseid erzwang,[172] sondern nur, was in seine Kompetenz

---

[165] OT III, i, 178f.

[166] Uzunçarşılı 1943-44. II, 157-160. Der diesbezügliche Erlaß *Fezleke* II, 91. Aus den folgenden Vorgängen entsteht der Eindruck, als seien auch sehr viel weiterreichende Kompetenzen vergeben worden.

[167] So ein Erlaß, der in *Fezleke* II, 144 zitiert wird.

[168] Uzunçarşılı 1943-44. II, 160.

[169] *Fezleke* II, 142.

[170] OT III, i, 187, *Fezleke* II, 143.

[171] *Fezleke* II, 143f.

[172] OT III, i, 188f.

fällt: daß von nun an wieder strikt nach dem *qānūn* nur 300 *mülāzim* bestellt würden, die keine anderen als die ursprünglich vorgesehen Funktionen erhalten sollten. Der darüber ergangene Erlaß ist in extenso zitiert.[173] Mit dem Gefolgschaftseid war eine Bresche in die Front der rebellischen Truppen geschlagen. Nun konnte der Sultan es wagen, in den folgenden Tagen alle jene, die noch die alten unberechtigten Forderungen erhoben, unbarmherzig hinrichten zu lassen, wodurch den Unruhen unter der Pfortenreiterei endlich ein Ende gemacht wurde, wie Kātib Čelebi nicht ohne Befriedigung vermerkt.[174] In seiner Schilderung des nächsten Feldzuges wird die Vergabe der *mülāzim*-Dienste nicht mehr erwähnt.

Muṣṭafās Kanzleidienste waren also in jener Zeit mit großen Ereignissen verknüpft. Doch gleichzeitig nutzte er seinen Aufenthalt in seiner Heimatstadt nach Kräften aus, um seine zuvor begonnenen Studien bei Qāḍīzāde Meḥmed Efendi fortzusetzen. Erst auf die Zeit nach dem Hamadān-Feldzug bezogen hat er auch berichtet, was er studierte, sodaß anzunehmen ist, er habe erst jetzt richtig damit begonnen. Ein Teil seiner Studien stimmte mit dem üblichen Curriculum der *medresen* überein. Welchen Korankommentar er in jener Zeit las, berichtet er nicht.[175] In der spekulativen Theologie (*kelām*) las man *al-Mawāqif* des ʿAḍudaddīn ʿAbdarraḥmān al-Īǧī mit dem Kommentar des ʿAlī b. Muḥammad al-Ǧurǧānī, der an den *medresen* bereits zum höchsten Niveau gehört hatte,[176] aber wegen der Abneigung der *ʿulemā* gegen alles, was nach Philosophie aussah, aus dem Lehrplan gestrichen war.[177] In der Jurisprudenz (*fiqh*) studierte Muṣṭafā die *Dürer* des Molla Ḫusrev, den Sultan Meḥmed II. als den Abū Ḥanīfa seiner Zeit gerühmt hatte. Auch dies war ein gängiges Lehrbuch, insbesondere mit dem Kommentar *Ġurer* desselben Autors.[178] Daneben las man aber auch al-Ġazzālīs *Iḥyāʾ ʿulūm ad-dīn*, was bei dem notorischen Mystik-Feind Qāḍīzāde umso auffallender ist, als dieses Werk die Strenge der Jurisprudenz mit dem religiösen Erlebnis des Sufitums verknüpfte, eine "Verbindung zwischen *medrese* und *tekke*" stiftete.[179] Während Qāḍīzāde Sufipraktiken wie den *samāʿ* verdammte, hat al-Ġazzālī dies ausdrücklich befürwortet.[180] Möglich immerhin, daß Qāḍīzāde sich nur einzelne Elemente des riesigen Werkes zu eigen machte. Die Tendenz, der Religion eine neue Rolle im gesellschaftlichen Leben zuzuweisen, indem man das gesamte tägliche Leben des Individuums daran orien

[173] *Fezleke* II, 144ff.

[174] *Fezleke* II, 146f, cf. OT III, i, 189.

[175] *Mīzānu l-ḥaqq* 131. An den *medresen* waren die Kommentare des az-Zamaḫšarī und des al-Baiḍāwī die Standardwerke (Uzunçarşılı 1965. 23).

[176] *Mīzānu l-ḥaqq* 131, cf. *Kašf aẓ-ẓunūn* 1891 s.v. Mawāqif, Uzunçarşılı 1965. 21, 26.

[177] So jedenfalls Kātib Čelebi in *Mīzānu l-ḥaqq* 10f.

[178] Uzunçarşılı 1965. 22, 229.

[179] İA s.v. Gazzâlî.

[180] Dazu Gribetz 1991 passim. Kātib Čelebi hat *samāʿ* später für meistenteils schädlich erklärt (*Mīzānu l-ḥaqq* 27f.).

tierte,[181] und al-Ġazzālīs Beharren auf der strikten Observanz der äußeren Formen der Glaubenspraxis dürfte zu Qāḍīzādes Lehre nicht im Widerspruch gestanden haben.[182] Kātib Čelebi hat das Werk zu den wichtigsten Büchern überhaupt gezählt: "Man hat sogar darüber gesagt: Wenn (alle) Bücher des Islams verlorengingen und nur *Iḥyā'* bliebe, so könnte ich der verlorenen entraten".[183] Ich kenne keinen Hinweis darauf, daß es an den osmanischen *medresen* gelehrt wurde.[184]

Schließlich wurde auch das Hauptwerk der Qāḍīzāde-Bewegung studiert, Birgevī Meḥmed Efendis *aṭ-Ṭarīqa al-muḥammedīya*. Birgevī hatte seine Lehre zum einen in der türkisch verfaßten *Risāle* für ein breites Publikum dargelegt, während er dieselben Themen in der *Ṭarīqa* in gelehrterer Form, mit zahlreichen Zitaten und in arabischer Sprache behandelt.[185]

Ein wichtiger Kontrahent Qāḍīzādes, Ǧerrāḥ Šeyḫi İbrāhīm Efendi, starb in jener Zeit, im Ševvāl 1042 (beg. 11.4.1633). Er hatte besonders bezüglich der supererogatorischen Gebete und der Eltern des Propheten Lehrmeinungen vertreten, die denen Qāḍīzādes entgegengesetzt waren.[186] Im folgenden Jahr erreichte die Konfrontation zwischen Qāḍīzāde und Sivasī Efendi ihren Höhepunkt, als beide nacheinander anläßlich des Geburtsfestes des Propheten im Jahre 1043 (16.10.1633) in der Sultan-Aḥmed-Moschee den Predigtstuhl bestiegen. Kātib Čelebis Bericht beruht sicher auf eigenem Erleben. Als erster sprach Sivasi Efendi. Seiner Rede fehlte es nicht an Spott und Hohn gegen Qāḍīzāde. Doch die Zuhörer reagierten unwillig. Danach sprach Qāḍīzāde, lang und beredt. Ausgehend von der Ermahnung "Gott befiehlt euch, anvertraute Güter ihren Eigentümern wieder auszuhändigen" (Koran 4. 58) predigte er seine Ethik, strikte Gerechtigkeit und die Verpflichtung, andere an Verbotenem zu hindern. Doch er ging noch weiter und zitierte eine Anekdote von Naṣreddīn Ḫoġa, der, als der kleinere seiner beiden Ochsen widerspenstig war, den großen prügelte, um vor dem kleinen ein Exempel zu statuieren. Dies war ein Aufruf zum Angriff auf die anwesenden hohen *ʿulemā*, unter denen es prompt unruhig wurde. Nur der anwesende *šeyḫülislām*, seinerseits kein Freund Qāḍīzādes, konnte seine Kollegen daran hindern, mit den Moscheesandalen auf den Prediger loszugehen und ihn vom Pult zu holen.[187]

Der anwesende Sultan zeigte sich von Qāḍīzādes Predigt sehr beeindruckt. Die anschließend angeordnete Zerstörung der Weinschenken in der Hauptstadt

---

181 Watt 1963.177.

182 Cf. Watt 1963. 176. Qāḍīzāde soll über diese Lektüre gesagt haben: Aus diesen Lektionen erfahren wir nur unser eigenes Wesen und unsere eigene Unzulänglichkeit (*Mīzānu l-ḥaqq* 84).

183 *Kašf aẓ-ẓunūn* 23 s.v. *Iḥyā' ʿulūm ad-dīn*.

184 *Kašf aẓ-ẓunūn* 23 s.v. *Iḥyā' ʿulūm ad-dīn* verzeichnet keinerlei populäre Bearbeitung, Kommentar oder Glosse aus osmanischer Zeit.

185 Zilfi 1986. 261.

186 *Fezleke* II, 153.

187 *Fezleke* II, 155, Zilfi 1988. 133-138.

führt Kātib Čelebi unmittelbar auf die Folge dieser Predigt zurück. Doch die Frage nach dem tatsächlichen Einfluß Qāḍīzādes auf die Politik und besonders dem ideologischen Faktor dabei ist schwieriger zu beantworten als es den Anschein hat. Sicher ist, daß Qāḍīzāde schon lange großen Respekt genoß. So soll er während der Unruhen 1622, die in der Folge zur Absetzung und Ermordung ʿOsmāns II. führten, Seite an Seite mit ausgewiesenen Sufi-Freunden wie Zekeriyāzāde Yaḥyā Efendi und Ebū Saʿīd Efendi[188] mit den Aufständischen verhandelt haben.[189] Qāḍīzāde befand sich offenbar schon vor seiner spektakulären Predigt häufig in der Nähe Murāds IV., z.B. bei jenem *dīvān* im Februar 1632, in dem rebellierende Truppen den jungen Murād zwangen, ihnen seinen hochgeschätzten Großwesir Ḥāfiẓ Aḥmed Paša auszuliefern.[190] Doch nicht nur die noch zu berichtende Episode von Qāḍīzādes Tod erweckt Zweifel, ob sich der Sultan Qāḍīzādes radikale Orthodoxie zu eigen gemacht hätte. Die bereits im Monat vor der erwähnten Predigt angeordnete Schließung der Kaffeehäuser in der Hauptstadt entsprach zwar einer Forderung Qāḍīzādes, doch war sie gleichzeitig für die innere Sicherheit von Bedeutung.[191] Außerdem hielt der Sultan seine schützende Hand immer noch über Sivasī Efendi und andere Orden, denen er sich verbunden fühlte.[192] Hier war sicher auch der Einfluß seiner mächtigen Mutter Kösem Sulṭān wirksam, die dem Ḫalvetīye-Orden sehr nahestand.[193] Doch möglicherweise benutzte Qāḍīzāde auch das Bestreben des jungen Sultans, sich von ihrem Einfluß freizumachen.[194]

Nur wenige Wochen später fanden Muṣṭafās Studien bei Qāḍīzāde ihr Ende, wiederum bedingt durch die politischen Ereignisse. Im Zuge des schwelenden Konfliktes zwischen Persien und den Osmanen hatten Truppen des Schah Van belagert. Schon am 21.9.1633 waren der *beglerbeg* von Anatolien mit den ersten Truppen ausgerückt, am 5.10. wurden in Istanbul die Roßschweife aufgepflanzt, und fieberhafte Vorbereitungen für einen großen Feldzug begannen. Am 15. setzten die ersten Truppen nach Üsküdar über, am 22. marschierten sie bereits ab. Eine Woche später, in İzmit, traf die Nachricht ein, daß die Perser von Van abgezogen waren. Daraufhin wurde anscheinend kurzfristig beschlossen, diesen Feldzug gegen Bagdad zu führen. Das Heer zog ins Winterlager in Aleppo (Ankunft 17.12.1633).[195]

---

188 Zu diesen s.u. Abschn. 7 u. 8.

189 *Fezleke* II, 13.

190 *Fezleke* II, 140.

191 OT III, i, 191f., cf. *Fezleke* II, 154f. Das Verbot erstreckte sich nicht auf andere Städte und war auch nicht das erste dieser Art.

192 Zilfi 1986. 257.

193 İA s.v. Kösem Sultan. Sie ließ beispielsweise 1639 die Türbe für Sivasī Efendi in Eyüp errichten (OT III, i, 350).

194 Diesen Eindruck erweckt Naʿīmā (cf. Thomas 1972. 106ff.).

195 *Fezleke* II, 157, cf. OT III, ii, 192.

Ist es Qāḍīzādes Einfluß zuzuschreiben, daß Muṣṭafā auf diesem Feldzug zum ersten Mal nicht nur an seine Pflichten im Heer dachte, sondern auch an die Pflichten, die sein Glaube ihm auferlegte? Er hat später den Eindruck erweckt, er habe diesen Feldzug nur mitgemacht, weil er ihn mit der Pilgerfahrt zu verbinden hoffte.[196] Vielleicht liegt es nur an den äußeren Umständen, vielleicht aber auch an Muṣṭafās nachlassendem Interesse, daß die Schilderung dieses Feldzuges im Vergleich zu den früheren so arm an persönlichen Beobachtungen ist. Außer einigen Verschiebungen auf hohen Ämtern und einer Revolte der Janitscharen scheint sich nichts Wesentliches ereignet zu haben.[197] Hingegen zog er persönlichen Gewinn daraus, indem er damals die Buchläden Aleppos durchstöberte, das traditionell die große Buchhandelsstadt des Vorderen Orients war. Was er hier an Buchtiteln und Werken kennenlernte, bildete später den Grundstock seines bibliographischen Lexikons *Kašf aẓ-ẓunūn*.[198]

Der geplante Aufbruch des Heeres war bereits nahe, als sich Muṣṭafā zur Pilgerfahrt aufmachte und zunächst nach Damaskus reiste. Die syrische Pilgerkarawane verließ Damaskus vermutlich um den 20. Ševvāl 1043 (19.4.1634).[199] Die Riten der Pilgerfahrt werden am 9. bis 13. Ẕū l-ḥiǧǧe vollführt, die in jenem Jahr auf den 6.-10.6. fallen. Nach einer wohl etwa einen Monat dauernden Rückreise dürfte Muṣṭafā ungefähr Mitte Juli wieder in Damaskus eingetroffen sein. Entsprechend den Intentionen seiner Autobiographien gibt er uns über ein so persönliches Unternehmen keine näheren Informationen, weder über Ereignisse unterwegs[200] noch gar über seine Gefühle an den heiligen Stätten.[201]

Inzwischen hatte das Heer sein Winterlager in Aleppo verlassen (18.5. 1634) und war nach Diyarbakır gezogen, wo es wie neun Jahre zuvor in der Ebene von Çülek lagerte, um die für einen Zug nach Mesopotamien günstige Jahreszeit abzuwarten und umfangreiche Vorbereitungen zu treffen.[202] Hier stieß Muṣṭafā wieder dazu. Diesen Feldzug wollte der Sultan persönlich anführen, was es seit den Tagen Sultan Süleymāns nur noch in Ausnahmefällen gegeben hatte.[203] Doch das Eintreffen des Sultans verzögerte sich durch Zwischenfälle an der Grenze zu Polen.[204] Mittlerweile hatte sich die Lage an

---

[196] *Mīzānu l-ḥaqq* 133: *ʿasker Ḥaleb qıšlasına gitmekle ḥaǧǧ-ı šerīfiñ niyetine tekrār sefere čıqub Ḥaleb'den Ḥiǧāz'a seferi müyesser oldı.* Diese Nuance fehlt in WK 4r.

[197] *Fez̲leke* II, 157f.

[198] *Mīzānu l-ḥaqq* 134.

[199] Ich orientiere mich bei diesen Daten an den Angaben ʿAbdurraḥmān Ḥibrīs, der zwei Jahre zuvor die Pilgerfahrt mit der syrischen Karawane mitgemacht hatte (*Menāsik-i mesālik* 125).

[200] Gerade in jenen Jahren war der Ḥiǧāz ein recht unruhiges Gebiet, und Angriffe der Beduinen auf Pilgerkarawanen und ähnliche Zwischenfälle waren nicht selten (Faroqhi 1990. 91f.).

[201] Das Itinerar der Pilgerwege WK 187v-188r enthält keine Angaben, die sich mit einiger Sicherheit Kātib Čelebi selbst zuschreiben lassen. Ein großer Teil muß dagegen aus anderen Quellen stammen.

[202] *Fez̲leke* II, 158.

[203] OT III, i, 194.

[204] *Fez̲leke* II, 160f., 163, Iorga 1908-13. III, 386ff.

der Ostgrenze geändert, sodaß Murād IV. den Feldzug gegen die strategisch wichtige Festung Erivan richten wollte. Als dieser Entschluß fiel, war die günstige Jahreszeit für diese Region bereits vorbei. Nach fünf Monaten und sechzehn Tagen Warten entließ der Großwesir die Provinztruppen und bezog sein Winterquartier in Diyarbakır am 29.11.1634.[205] Die endlose Zeit des Ausharrens verkürzte Muṣṭafā sich in diesem Winter — seinem neuen Interesse an den Wissenschaften entsprechend — in den Kreisen der Gelehrten von Diyarbakır.[206]

Am 23.3.1635 ließ der Großwesir in Diyarbakır die Roßschweife aufstecken, und am 21.5. zog das Heer in Richtung Erzurum, wo es mit dem von Istanbul kommenden Sultan zusammentreffen sollte.[207] Daß der Sultan selbst einen Feldzug anführte, war als deutliches Zeichen nach außen wie auch an die eigenen Gefolgsleute gedacht. Das Zusammentreffen des Sultans mit den Truppen des Großwesirs wurde aufwendig inszeniert und verfehlte seine Wirkung auf Muṣṭafā nicht. Der Wesir Silāḥdār Paša hatte den Sultan bereits in Bayburd empfangen und war ihm dann nach Erzurum vorausgeeilt. In Ilıca, einen Tagesmarsch vor Erzurum wurde der Sultan am 2.7. von den Wesiren, *qāḍī'asker*s und anderen Würdenträgern in festlicher Kleidung empfangen und zu seinem Zelt geleitet, wo der Großwesir vor den versammelten Truppen sich vor ihm niederwarf und ihm das Banner des Propheten überreichte. Am nächsten Tag säumte ein Spalier von Truppen die ganze Strecke bis Erzurum. Die ersten beiden Wegstunden wurden von der Pfortenreiterei eingenommen, hinter denen die Truppen der *beglerbeg*s standen, dann folgten die übrigen Truppen. Durch diesen Aufmarsch ritt der Sultan grüßend in die Stadt ein. Kātib Čelebi hebt besonders hervor, daß er in all den Jahren, die er selbst im Felde stand, nie einen solchen Aufmarsch erlebt habe.[208] Auch im folgenden ist an einem leichten Wechsel im Stil seines Berichtes, an der verstärkten Verwendung reimender Phrasen und hochklingender Wendungen zu bemerken,[209] daß die Anwesenheit des Sultans tatsächlich für den Chronisten wie wohl für die übrigen Soldaten ein Ereignis war.

Am 10.7. brach das Heer in Richtung Erivan auf, versah sich unterwegs noch mit Material für eine Belagerung, erreichte sein Ziel am 26.7. und rückte am Abend des 27. im Fackelschein in die Gräben ein.[210] In der Beschreibung

---

205 *Fezleke* II, 166.

206 *Mīzānu l-ḥaqq* 133.

207 *Fezleke* II, 167, 169.

208 *Fezleke* II, 170. Rückblickend fügt er allerdings hinzu, es sei auch auf diesem Feldzug kein weiterer zustandegekommen, da sich viele Soldaten in Angst vor der Strenge und Härte des Sultans ihrer Pflicht entzogen.

209 Es fällt z.B. sofort auf, daß Kātib Čelebi nur dort, wo von den Handlungen des Sultans die Rede ist, die Monatsnamen mit schmückenden Adjektiven versieht, wie Reğebü l-müreğğeb (*Fezleke* II, 164) oder Muḥarremü l-ḥarām (op. cit. 170).

210 Eine genaue Chronologie des Feldzugs liegt in einem offiziellen Feldzugstagebuch vor, das in einigen Details von Kātib Čelebis Angaben abweicht (Ünver 1952. 552-57).

der Belagerung legt Kātib Čelebi noch einmal jenen Eifer und jene Begeisterung an den Tag, die zuvor seine Schilderung der ersten Belagerung Bagdads ausgezeichnet hatten. Neben der Aufstellung der Truppen um die Festung werden vor allem die Bemühungen des Sultans, seine Männer zu höchstem Einsatz anzustacheln, ausführlich gewürdigt.[211] Die Stadt selbst und die Region scheinen ihn dagegen sehr viel weniger beeindruckt zu haben als jene Gegenden, die er auf dem Zug nach Hamadān zu Gesicht bekommen hatte.[212]

Die 12.000 Mann starke Besatzung von Erivan hatte angesichts der Übermacht vor ihren Mauern, die binnen einer Woche großenteils zerschossen waren, keine Chance. Am 7.8.1635 übergab der Kommandant Emīrgūneoğlı die Festung. Seine Leute durften — gegen den geltenden Brauch, wie Kātib Čelebi mißbilligend bemerkt — mit ihren Waffen abziehen, er selbst verblieb im Gefolge des Sultans.[213] Am darauffolgenden Freitag fand eine prachtvolle Zeremonie im Zelt des Sultans statt, bei der alle anwesenden Würdenträger, angeführt vom *šeyḫülislām* Yaḥyā Efendi, dem Sultan ihre Gratulation zur Eroberung darbrachten und seine Hand küßten.[214]

Nachdem die Festung repariert und eine Besatzung bestellt war, zog das Heer am 20.8. weiter in Richtung Tabrīz. Beim Überqueren des Aras geschah es, daß, obwohl der Fluß wenig Wasser führte, ein *ṣolaq* von der Strömung fortgerissen wurde und vom Sultan mit eigener Hand aus den Fluten gerettet wurde.[215] Von den weiteren Mühseligkeiten des Marsches, über die das offizielle Feldzugstagebuch Klage führt, hat sich Kātib Čelebi nicht geäußert.[216] Nachdem das Heer in Ḫoy einige Tage gerastet hatte, damit der Sultan eine Unpäßlichkeit auskurieren konnte, erreichte man am 12.9. Tabrīz, das von seinen Bewohnern verlassen worden war. Während Muṣṭafā von Ḫoy und Marand, die auf diesem Weg verwüstet wurden, nicht weiter Notiz genommen zu haben scheint, hat er sich Tabrīz genau angesehen und die vielen reichverzierten Häuser und den großen Basar, ganz besonders aber die ungeheuer fruchtbare und dicht bewachsene Umgebung bewundernd beschrieben.[217] Die Moschee des Uzun Ḥasan, die auch der Sultan eigens besichtigte, beschreibt er als Moschee nach Art der Istanbuler Sultansmoscheen und hebt eigens einen riesigen Onyxblock her

---

[211] *Fezleke* II, 171f.

[212] In der *Fezleke* fehlt jede Beschreibung, in ǦD 391f. ist sie ausgesprochen lakonisch gehalten.

[213] Er erhielt einen islamischen Namen, wurde kurzfristig *beglerbeg* von Aleppo und verbrachte dann den Rest seiner Tage in Istanbul (OT III, i, 197f.).

[214] *Fezleke* II, 174.

[215] *Fezleke* II, 175. Diesen Vorfall wird Kātib Čelebi später im *Ǧihānnümā* anführen, um diejenigen zu widerlegen, die behaupteten, wer den Aras durchschreite und dabei bis zum Gürtel naß werde, werde von Würmern geheilt. Sarkastisch kommentiert er, die Heilung geschehe wohl, indem der Kranke direkt ins Jenseits eingehe (ǦD 397).

[216] Dazu Ünver 1952. 565-76 pass.

[217] Die Beschreibungen von Ḫoy und Marand ǦD 385 bzw. 387 enthalten kein Wort aus eigenem Erleben.

vor, der dort aufgestellt sei. Er bemerkt voll Abscheu, daß die Ṣafaviden aus der Inschrift über dem Eingang die Namen der ersten drei Kalifen herausgemeißelt hatten. Die nahegelegene Moschee des Schah Tahmāsp wurde teilweise zerstört, die Moschee Uzun Ḥasans dagegen blieb, ebenso wie die von Kātib Čelebi wegen ihrer Kacheln bewunderten Moschee des Qaraqoyunlu-Herrschers Ǧihānšāh (heute Gök Mesǧid genannt), unbeschädigt.[218] Drei Tage lang bemühten sich die Soldaten, die Gärten zu verwüsten, dann steckten sie die Stadt in Brand und zogen ab.[219] Ein Vorstoß auf Ardabīl und Qazwīn wurde aus Rücksicht auf die Gesundheit des Sultans aufgeschoben. Um Anatolien zu inspizieren, wählte der Sultan für den Rückweg eine andere Route als die des Hinweges.[220] Der Weg führte das Heer über Salmās, Van und Bitlis nach Diyarbakır (21.10.1635). In Malatya kehrte der Großwesir um, um sich des Schutzes der Ostgrenze anzunehmen, Muṣṭafā aber setzte seinen Weg mit dem Sultan fort und erreichte am 19.12.1635 Istanbul.

Seinen Lehrer Qāḍīzāde hat Muṣṭafā nicht mehr angetroffen. Dieser war, obwohl nicht mehr jung, ebenso wie mancher andere hohe Würdenträger der *ᶜilmīye* mit dem Sultan im Frühjahr von Istanbul aufgebrochen, um in Erzurum zum Heer zu stoßen. In Konya soll es zu einem so bezeichnenden wie folgenschweren Zwischenfall gekommen sein. Als Feind jeglicher Mystik weigerte sich Qāḍīzāde nicht nur, das Heiligtum des Ǧelāluddīn Rūmī, des Ahnherrn der Mevlevīye, zu betreten, sondern versuchte auch andere vom Besuch abzuhalten. Der Sultan hingegen ließ eine *semāᶜ*-Zeremonie abhalten und befahl, auch Qāḍīzāde hinzuzuholen, "damit er die Freuden des *semāᶜ* erfahre". Als Qāḍīzāde sich sträubte, soll der Sultan gedroht haben, ihm die Beine brechen zu lassen oder — wohl noch schlimmer — ihn zum Koch des Derwischklosters zu machen. Daraufhin fand sich Qāḍīzāde zögernd am Eingang ein, wo der Sultan in seinem Zorn sich auf ihn stürzte und ihn vor die Brust stieß. Qāḍīzāde fiel unglücklich und brach sich tatsächlich ein Bein. Der Besuch des *semā'* blieb ihm erspart, doch er sah sich wegen der Verletzung gezwungen, den Troß zu verlassen und nach Istanbul zurückzukehren, wo er bald darauf starb.[221]

Von der Zeitspanne, die in diesem Abschnitt behandelt worden ist, hat Qāḍīzāde nur einen geringen Teil Einfluß auf den *kātib* Muṣṭafā gehabt. Wie sehr dieser sich seine Ansichten wirklich zu eigen machte, ist schwer zu sagen. Sicherlich hat er sich nicht erst, wie Babinger vermutete, wenige Monate vor sei

[218] Dies soll der Fürsprache Yaḥyā Efendis zu verdanken sein (İA s.v. Murād IV.).
[219] *Fezleke* II, 175 zu den militärischen Vorgängen, zur Beschreibung der Stadt ǦD 381.
[220] Ünver 1952. 547.
[221] Diese Anekdote, die Zilfi nicht beachtet hat, wird nur von Evliyā Čelebi überliefert (*Seyāḥatnāme* I, 388f.). Ich stelle in diesem Falle meine allgemeinen Vorbehalte gegen Evliyās Berichte zurück, da Evliyās Gewährsmann hier sein Lehrer Evliyā Efendi gewesen sein dürfte, der mit Qāḍīzāde nach Istanbul zurückkehrte und ebenfalls bald darauf starb (*Fezleke* II, 181ff.). Die Kenntnisse des Reisenden und Mystikfreundes Evliyā bezüglich Qāḍīzādes Herkunft und Vorgeschichte hingegen sind gering und verworren.

nem Tod von ihm losgesagt.[222] Seine Studien in den kommenden Jahren zeigen, daß er schon bald seinen Horizont über die von Qāḍīzāde gezogenen engen Grenzen hinaus erweiterte. Dennoch ist es gerechtfertigt, diesen Abschnitt nach Qāḍīzāde zu benennen, denn er hat dem Leben Muṣṭafās damals eine entscheidende Wendung gegeben. Obwohl er die meiste Zeit im Feld war, hatten sich Muṣṭafās Prioritäten verschoben: Die Wissenschaften waren, so scheint mir, schon in diesem Lebensabschnitt sein Hauptinteresse.

Es ist daher nur allzu verständlich, daß er in Zukunft keine Feldzüge mehr mitmachen wollte. Mit der Rückkehr aus Erivan ging auch in dieser Hinsicht ein Abschnitt seines Lebens zu Ende. Überblickt man diese Jahre im Feld, so erscheinen sie nicht nur relativ ereignisarm (Muṣṭafā hat eine einzige offene Feldschlacht bei Kayseri erlebt sowie einige Belagerungen), sondern auch fast völlig ergebnislos: Bagdad war immer noch in persischer Hand, Erivan wurde noch im selben Jahr von den Persern zurückerobert, und die Zerstörung von Städten wie Tabrīz und Hamadān hatte keine nachhaltigen Folgen. Diese Zeit war — wie es in *Mīzānu l-ḥaqq* anklingt — kein Gewinn für ihn.[223] In diesem Zusammenhang fällt auf, daß er in seiner Autobiographie für das *Ǧihānnümā* die Namen der Heerführer nachträglich gestrichen hat, bis auf den des Sultans selbst. In *Mīzānu l-ḥaqq* fehlen sie ebenfalls. Der Verlust dieser Jahre wird auch durch das, was er selbst an fremden Städten und Ländern sehen konnte, nicht aufgewogen. Als Geograph hat er stets schriftlichen Quellen mehr vertraut als der eigenen beschränkten Wahrnehmung. Außerhalb der erwähnten Beschreibungen kommt er nur sehr selten auf die eigenen Erfahrungen zu sprechen. So will er eine Höhle gesehen haben, aus der der Tigris entspringt, und widerspricht einer Quelle, die von einem Verbindungsfluß zwischen Euphrat und Tigris wissen will.[224] Über die anatolischen Städte, die er selbst teilweise mehrfach durchzog, hat er nichts niedergeschrieben.[225]

5. Studien

Muṣṭafā war 27 Jahre alt, als er nach Istanbul zurückkehrte, und er war fest entschlossen, seinem Leben eine neue Wendung zu geben, indem er sich ganz den Wissenschaften widmete, mit seinen eigenen Worten: indem er vom "kleinen *ǧihād* zum großen *ǧihād* zurückkehrte".[226] Es scheint, als habe er nunmehr eine

[222] Babinger 1921. 70f. nach *Mīzānu l-ḥaqq*.
[223] *Mīzānu l-ḥaqq* 133.
[224] Beides WK 22v.
[225] Fast alles, was er über die Städte, die er nachweislich besucht hat, in WK notiert, stammt aus schriftlichen Quellen, so wie auch seine eigenen Eindrücke von Tabrīz nur einen kleinen Teil des Kapitels ausmachen.
[226] Er bezieht sich dabei auf einen häufig zitierten Ausspruch des Propheten, in dem der kleinere *ǧihād* den Heiligen Kampf, der größere aber den Kampf gegen die eigene Sündhaftigkeit meint. Der Ausspruch ist in den autoritativen *ḥadīṯ*-Sammlungen nicht enthalten (Peters 1979. 118).

Möglichkeit erkannt, seinem Leben einen eigenen Sinn zu verleihen. Sein Vorhaben wurde ihm durch zwei rasch aufeinanderfolgende Erbschaften erleichtert. Etwa zur Zeit seiner Rückkehr aus Erivan starb seine Mutter. Wir haben bereits darauf hingewiesen, daß es wohl ihr eigenes Vermögen war, das nun ihm zufiel. Er wandte es ganz für Bücher auf.[227] Zwei Jahre später starb ein reicher Kaufmann aus seiner Verwandtschaft und hinterließ ihm den enormen Geldbetrag von mehreren hunderttausend *aqče*. Diese Erbschaft hat Kātib Čelebi als Segen und geradezu als Lohn für seine lauteren Absichten aufgefaßt.[228] Aus der Art, wie er sich im Wiener Konzept ausdrückt, ist zu erkennen, wie sehr die Freude über die Erbschaft das Bedauern über den Tod eines Verwandten überwiegt.

In der Tat konnte er nun seine privaten Lebensverhältnisse regeln. Er legte einen Betrag für Not- und Krankheitsfälle beiseite, setzte sein Haus instand,[229] und er heiratete.[230] Wir wissen auch von einem Sohn Kātib Čelebis, der aber — anscheinend etwa gleichzeitig mit einem von Kātib Čelebis begabtesten Schülern — schon 1057 (beg. 6.2.1647) starb. Andere Kinder sind nirgends erwähnt.[231]

Den größten Teil des ererbten Geldes aber, nämlich 300.000 *aqče*, gab er für Bücher aus. Er dürfte eine der größten privaten Bibliotheken seiner Zeit besessen haben. Als der *šeyḫülislām* Yaḥyā Efendi zu bezweifeln schien, ob Kātib Čelebi wirklich über tausend Bände historischer Werke besitze, soll er diesem am nächsten Tag zehn Maultierladungen mit Büchern vorgeführt und gesagt haben, an ungebundenen Büchern besitze er noch mehr. Diese Anekdote ist aber sicherlich übertrieben.[232]

Obwohl er nun materiell abgesichert war, lebte er auch weiterhin bescheiden und sparsam. An der zitierten Anekdote ist wohl glaubwürdig, daß er zahlreiche seiner Bücher nicht binden ließ. Eines seiner Bücher ist teilweise auf Papier geschrieben, das aus kleinen Zetteln — Makulatur oder Überreste seines Zettelkastens? — zusammengeklebt ist.[233] Andererseits nahm er an einem Vergnügen teil, für das viele seiner Zeitgenossen erhebliche Geldsummen aufwandten: Er züchtete Tulpen und Hyazinthen.[234] Es entsteht das Bild des zurückgezogen und beschaulich lebenden Gelehrten. Es werden Kātib Čelebi in den Notensammlungen des 19. und 20. Jhdts. zwar auch einige Musikstücke zuge

---

[227] Cf. WK 4r, *Mīzānu l-ḥaqq* 134. Wann der Erbfall eintrat, ist nicht genau gesagt, ebenso ist unklar, warum Muṣṭafā, wie er sagt, erst 1046 zum Lesen gekommen sei.

[228] WK 4r, *Mīzānu l-ḥaqq* 134.

[229] Zu Vermutungen über dieses Haus s.o. Abschn. 2.

[230] *Mīzānu l-ḥaqq* 134.

[231] *Mīzānu l-ḥaqq* 139f. Cf. Abschnitt 10 zu meiner Vermutung, daß Kātib Čelebi kinderlos starb.

[232] Sie wird von Šehrīzāde (st. 1768) berichtet (*Tārīḫ-i nevpeydā*, zit. n. Kütükoğlu 1974. 2).

[233] Birnbaum 1994b über *Sullam al-vuṣūl*.

[234] Gökyay 1957a. 15 nach ʿUbeydī, *Tezkire-i sükūfeğiyān*; Wurm 1971. 19, Aktepe 1952-56. Nr. 4, 88 nach Meḥmed b. Aḥmed, *Netā'iğü l-ezhār*.

schrieben, doch ist deren Authentizität mehr als zweifelhaft,[235] sodaß wir nicht wissen können, ob er auch selbst musizierte.

Die materielle Sicherheit und die geordneten häuslichen Verhältnisse hat Kātib Čelebi ausdrücklich als große Erleichterung bei seinen nun beginnenden Studien bezeichnet.[236] Er hat sich zunächst keineswegs jenen Themen und Wissenschaften zugewandt, zu denen ihn Qāḍīzāde angeleitet hatte. Stattdessen studierte er nun zuerst Chroniken und Biographien von Gelehrten und anderen großen Männern.[237] Abgesehen davon, daß dies eine persönliche Vorliebe seit seiner Jugend gewesen sein soll,[238] scheint mir die Erklärung plausibel, daß er bestrebt war, die Erlebnisse der letzten Jahre besser zu verstehen, insbesondere die beschämende Erfolglosigkeit der osmanischen Armee. Die Geschichtsschreibung hat in der islamischen Welt von jeher die Funktion gehabt, politisch und militärisch Handelnden Belehrung und Richtschnur zu sein. Kātib Čelebi hat nachträglich mehrmals Unternehmungen jener Zeit mit dem Hinweis kritisiert, der kommandierende Großwesir habe wohl die Geschichtsbücher nicht gelesen.[239] Seine 1051 H. arabisch verfaßte Dynastiengeschichte *Fadlakat aqwāl al-aḫyār* und das biographische Sammelwerk *Sullam al-vuṣūl* (1053 H.) dürften die direkte Frucht dieser Lektüre sein.

Als Murād IV. im Frühsommer 1638 (1047 H.) persönlich gegen Bagdad zog, entschuldigte sich Muëiafā unter Hinweis auf seine Studien. Erst aus den darauffolgenden Jahren lesen wir wieder von Unterricht, den er bei Professoren von *medrese*n hörte. Kürd Äbdulláh Efendi, zu dem er 1049 (beg. 4.5.1639) kam, hielt damals noch öffentliche Vorlesungen (*ders-i ¹ámm*) an der Hagia Sophia. 1054 (beg. 10.3.1644) wird er von Ùšaqīzáde mit einem 40-aqče-Posten verzeichnet. 1058 (beg. 27.1.1648) kam er an eine der Achter-*medrese*n und bekleidete dann bis zu seinem Tod im Reüeb 1064 (beg. 18.5.1654) weitere hohe Posten. Er verfaßte einen Randkommentar zum Korankommentar des Baiðāwī. Kátib Čelebi lobt seine Kenntnisse der traditionellen und den rationalen Wissenschaften, sagt aber nichts darüber, was er bei ihm studierte.[240] Vielleicht war seine Wertschätzung gar nicht so groß, denn im Vorwort von *Mīzānu l-èaqq* beklagt er den Niedergang der rationalen Wissenschaften in Istanbul und sagt: "Daher konnten Anfänger, die an der Peripherie in Kurdistan irgendwo ordnungsgemäß studiert hatten, nach Istanbul kommen und gewaltigen Hochmut zur Schau tragen".[241] Sollte er damit auf diesen Lehrer angespielt haben?

---

[235] Sanal 1957.

[236] *Mīzānu l-ḥaqq* 134.

[237] *Mīzānu l-ḥaqq* 134.

[238] ĞD 9, Zitat aus dem Vorwort von *Levāmiᶜu n-nūr*.

[239] Dazu im einzelnen Kap. VIII, Abschn. 5.

[240] *Zeyl-i Šaqā'iq* 191, Nr. 121, *Mīzānu l-ḥaqq* 135f.

[241] *Mīzānu l-ḥaqq* 11.

1050 (beg. 23.4.1640) hörte er die Lektionen von Keči Meḥmed Efendi, der damals an der Süleymānīye öffentliche Vorlesungen zum Korankommentar hielt und gleichzeitig *ḫoğa* im *küčük oda* des Palastes war.[242] Hier in der Palastschule war er erzogen worden, war zur Pfortenreiterei kommandiert worden, hatte aber die *ʿilmīye*-Laufbahn eingeschlagen. Mit den zwei genannten Ämtern begnügte er sich, lebte ganz für seinen Unterricht und genoß allgemeines Ansehen. Nur die letzten zwei Lebensjahre lehrte er an der neuen *medrese* des Muṣṭafā Paša. Er starb achtzigjährig am 1.6.1644. Er war berühmt für seine Kenntnis des Arabischen, im Korankommentar und im *ḥadīṯ*. In den rationalen Wissenschaften war er weniger bewandert.[243] Kātib Čelebi rechnet es ihm jedoch hoch an, daß er frei genug war, seine Unwissenheit zuzugeben.[244] Diese Fähigkeit gehört mit zu den Eigenschaften des idealen islamischen Gelehrten,[245] scheint aber rar gewesen zu sein. Vor allem bei dem eitlen Qāḍīzāde hatte Kātib Čelebi sie vermißt.

Im selben Jahr 1050 kam er auch zu Ermenaki Velī Efendi, den er als Schüler eines Aḥmed Ḥaidar as-Suhrānī bezeichnet.[246] Bei ihm studierte er das gängige Lehrbuch der *medresen* in arabischer Rhetorik, al-Ḫaṭīb ad-Dimašqīs *Talḫīṣ al-miftāḥ* betitelte Bearbeitung von as-Sakkākīs *Miftāḥ al-ʿulūm*,[247] die klassische Abhandlung as-Sağāwandīs über das Erbrechnen, genannt *as-Sirāğīya*[248] sowie das Anfängerwerk in Logik, *Šamsīya*, des Nağmaddīn ʿUmar b. ʿAlī al-Kātibī, eines Schülers des berühmten Naṣīraddīn Ṭūsī.[249]

1052 (beg. 1.4.1642) hörte er den Prediger Velī Efendi, einen Schüler des ägyptischen Gelehrten Ibrāhīm al-Laqānī (st. 1631). Bei ihm studierte er zwei Jahre lang *ḥadīṯ* nach Ibn Ḥağar al-ʿAsqalānīs *Nuḫbat al-fikar fī muṣṭalaḥ ahl al-aṯar* und Zainaddīn ʿAbdarraḥīm b. al-Ḥusain al-ʿIrāqīs *Alfīya*.[250] Er bezeichnet sich danach mit Stolz als Enkelschüler Ibrāhīm al-Laqānīs[251] und vermerkt, daß seine Überliefererketten über diesen lückenlos bis zum Propheten hinaufreichen.[252]

---

[242] Hier hat zu seinen Schülern auch Evliyā Čelebi gehört (İA s.v. Evliyā Çelebi).

[243] Nekrolog *Fezleke* II, 238, cf. *Ẕeyl-i Šaqā'iq* 126f., Nr. 84.

[244] *Mīzānu l-ḥaqq* 135f.

[245] Grunebaum 1963. 311f.

[246] *Mīzānu l-ḥaqq* 136, WK 4r. Dort ist als Thema der Studien nur die Logik genannt. Die folgenden genaueren Angaben stammen von Gökyay 1957a. 7 mit ungenauer Quellenangabe, vermutlich aus Kātib Čelebis Wissenschaftsanthologie *Ğāmiʿ al-mutūn*.

[247] Cf. Uzunçarşılı 1965. 21, 26. Zahllose Kommentare und Superkommentare verzeichnet *Kašf aẓ-ẓunūn* 473-479 s.v. Talḫīṣ al-miftāḥ.

[248] Cf. *Kašf aẓ-ẓunūn* 1248ff. s.v. Farā'iḍ as-Sağāwandī, Rebstock 1992. 202, Uzunçarşılı 1965. 30.

[249] Cf. *Kašf aẓ-ẓunūn* 1063f. s.v. *aš- Šamsīya*, Uzunçarşılı 1965. 21, 39f.

[250] *Mīzānu l-ḥaqq* 136, Identifizierung der Werke nach G. Lewis 1957. 153.

[251] *Fezleke* II, 136, cf. Gökyay 1957a. 7. Einen seiner drei Kommentare zu seinem theologischen Lehrgedicht *Ğawharat at-tawḥīd* verfaßte er für Qādīzāde Meḥmed (*Kašf aẓ-ẓunūn* 620 s.v.).

[252] *Mīzānu l-ḥaqq* 136.

Den meisten Einfluß hatte auf Muṣṭafā jedoch ein anderer Gelehrter, der als ʿAreğ Muṣṭafā Efendi bekannt war. Er stammte aus Bursa und hatte zunächst verschiedene *qāḍī*-Posten in der Provinz inne. 1048 kam er, bereits recht betagt, nach Istanbul, um sich als *müderris* zu betätigen. Kātib Čelebi erweckt mit seiner Formulierung in *Mīzānu l-ḥaqq* den Eindruck, er habe von diesem Jahr an Unterricht bei ihm genommen.[253] Vielleicht ist nur eine kurze Zeitspanne gemeint, denn ʿAreğ Muṣṭafā erhielt, als er das Examen als *müderris* abgelegt hatte, einen Posten in İznik und kam erst 1055 (beg. 27.2.1645) dank der Förderung des *šeyḫülislām* Muʿīd Aḥmed Efendi mit dem Rang des *ḫāriğ* wieder nach Istanbul.[254] In die Zeit von Ende 1055 bis Ende 1058 fällt auch Kātib Čelebis intensivste Studienzeit bei ihm.[255] Nach einigen weiteren Posten wurde er 1057 (beg. 6.2.1647) an eine der Achter-*medresen* berufen, dann 1058 an die Maḥmūd Paša-*medrese*. 1060 (beg. 4.1.1650) zog er sich in eine der Achter-*medresen* zurück, und widmete sich nur noch seinen Studien. Er starb am 13.3.1653 im Alter von über achtzig Jahren.[256]

Kātib Čelebi und ʿUšaqīzāde stimmen darin überein, daß ʿAreğ Muṣṭafā unter den *ʿulemā* seiner Zeit über die umfassendsten Kenntnisse sowohl in den rationalen Wissenschaften als auch in den traditionalen "islamischen" Wissenschaften verfügte. Er soll sich dieses enorme Wissen überwiegend als Autodidakt angeeignet haben und zeitlebens bestrebt gewesen sein, es weiter zu vervollkommnen, indem er sogar den Unterricht unterbrach, wenn er aus dem Buch eines Schülers eine wertvolle Glosse in sein eigenes Buch übertragen wollte. ʿAreğ Muṣṭafā konnte sehr schroff sein. ʿUšaqīzāde berichtet, sein Vater habe einst im Unterricht eine Frage an ʿAreğ Muṣṭafā gerichtet, dieser habe sie jedoch nicht beantworten wollen und den Studenten, als er insistierte, kurzerhand des Raumes verwiesen. In dem *kātib* Muṣṭafā dagegen fand er einen Geistesverwandten. Er bevorzugte ihn vor den anderen Schülern und pflegte jahrelang über den Unterricht hinaus freundschaftlichen Umgang mit ihm.[257]

Kātib Čelebi studierte bei ihm drei Jahre lang Korankommentar, sowohl das klassische Werk des al-Baiḍāwī, als auch ein Buch, das er als *Tavżīḥ* bezeichnet, ein Titel, den ich nicht verifizieren konnte.[258] Im Fach Spekulative Theologie befaßte man sich mit dem Werk eines Iṣfahānī, womit wohl Šamsad

---

[253] *Mīzānu l-ḥaqq* 135.

[254] So *Fezleke* II, 392, *Zeyl-i Šaqāʾiq* 180ff., Nr. 117. Muʿīd Aḥmed war von Dez. 1645 bis Apr. 1647 im Amt (OT III, ii, 466f.). In WK 4r nennt Kātib Čelebi ʿAreğ Muṣṭafā wie wir erst nach den anderen Lehrern.

[255] *Mīzānu l-ḥaqq* 138.

[256] Nekrolog *Fezleke* II, 392, cf. *Zeyl-i Šaqāʾiq* 180ff., Nr. 117.

[257] *Mīzānu l-ḥaqq* 135.

[258] Gemeinhin bezeichnet man so den Kommentar des ʿUbaidallāh b. Masʿūd al-Buḫārī zu seinem *uṣūl al-fiqh*-Buch *Tanqīḥ al-uṣūl* (Uzunçarşılı 1965. 28). Unter diesem Stichwort finden sich in *Kašf aẓ-ẓunūn* mehrere Kommentare und Glossen zu Werken des *ḥadīṯ* und *kalām*, doch keines zu einem Korankommentar.

dīn Maḥmūd al-Iṣfahānī gemeint ist, dessen Kommentare zu Naṣīraddīn Ṭūsīs *Tağrīd al-kalām* und vor allem zu al-Baiḍāwīs *Ṭawāliᶜ al-anwār* an den *medresen* zu den grundlegenden Werken gehörten.[259] An anderer Stelle nennt er außerdem im Fach der "Grundlagen der Jurisprudenz" (*uṣūl al-fiqh*) den Kommentar des ᶜAḍudaddīn al-Īğī zu Ibn Ḥāğibs *Muḫtaṣar al-muntahā*, der gekürzten Bearbeitung seines *Muntahā as-sūl*.[260] Darüberhinaus studierte Kātib Čelebi bei ᶜAreğ Muṣṭafā arabische Prosodie nach dem Werk des al-Andalusī.[261] Alle diese Werke gehörten zur normalen *ᶜilmīye*-Ausbildung.

Vor allem aber wurde er in zahlreiche Werke der exakten oder "rationalen" Wissenschaften eingeführt. Auch diese gehörten zum Curriculum der *medresen*, spielten aber tatsächlich nur eine untergeordnete Rolle. Hier ist zuerst zu Mufaḍḍal b. ᶜUmar al-Abharīs Kompendium der antiken Wissenschaften (Logik, Physik und Metaphysik) *Hidāyat al-ḥikma* der Kommentar des Qāḍī-Mīr zu nennen, der bis in unser Jahrhundert an den *medresen* in Gebrauch war.[262] Zur Logik gehört auch at-Taftāzānīs *Tahḏīb al-manṭiq wa l-kalām*, zu dem Kātib Čelebi einen nicht näher genannten Kommentar studierte.[263] Kātib Čelebi nennt in *Mīzānu l-ḥaqq* in diesem Zusammenhang außerdem al-Kātibīs *Šamsīya*. Außerdem spricht er, ohne jedoch ein bestimmtes Werk zu nennen, von der Kunst der Disputation (*ādāb al-baḥṯ*), die der Logik sachlich nahesteht.[264]

In der Geometrie und der Astronomie waren die Standardwerke die Kommentare des berühmten Astronomen und Mathematikers Qāḍīzāde Rūmī zu der Euklidbearbeitung as-Samarqandīs, *Aškāl at-ta'sīs*, beziehungsweise der knappen Abhandlung Čağmīnīs, *al-Mulaḫḫaṣ fī l-hai'a*.[265] Aus dem astronomischen Tafelwerk des Uluġ Beg, an dem Qāḍīzāde Rūmī ebenfalls mitgewirkt hatte, lernte Kātib Čelebi die Erstellung von Kalendern.[266]

Von den Informationen über den wissenschaftlichen Werdegang abgesehen, sind Kātib Čelebis Würdigungen seiner Lehrer auch von persönlichem Wert. Es ist wohl kein Zufall, daß er an ihnen besonders die Eigenschaften lobt, die wir unsererseits an ihm zu erkennen glauben. Wie Keči Meḥmed Efendi war er in Karrieredingen ohne Ehrgeiz, ob seine Bescheidenheit in wissenschaftlichen Fragen ebenfalls so weit ging, muß dahingestellt bleiben. Wohl kommt es vor,

---

259 Uzunçarşılı 1965. 21, 25f.

260 *Mīzānu l-ḥaqq* 138, cf. *Kašf aẓ-ẓunūn* 1853-57 s.v. Muntahā as-sūl, Uzunçarşılı 1965. 22.

261 *Mīzānu l-ḥaqq* 138, WK 4r, cf. G. Lewis, 154.

262 Diese Titel nach WK 4r, cf. *Kašf aẓ-ẓunūn* 2028ff. s.v. Hidāyat al-ḥikma, G. Lewis 1957. 154. Bei Uzunçarşılı 1965 ist das Werk nicht genannt.

263 *Mīzānu l-ḥaqq* 139. Keine Erwähnung bei Uzunçarşılı 1965. Nach İA s.v. Teftâzânî war besonders der erste Teil des Werkes über die Logik ein vielbenutztes Lehrbuch.

264 *Mīzānu l-ḥaqq* 139, *Kašf aẓ-ẓunūn* 38f. s.v. Dieses Thema scheint an *medresen* nicht behandelt worden zu sein.

265 *Mīzānu l-ḥaqq* 138, *Kašf aẓ-ẓunūn* 105 s.v. Aškāl at-ta'sīs fī l-handasa, 1819f. s.v. al-Mulaḫḫaṣ, Uzunçarşılı 1965. 20f.

266 *Mīzānu l-ḥaqq* 138. Zu allen drei Werken cf. Adnan-Adıvar 1982. 18f.

daß er seine Unkenntnis eingesteht, doch ist dies für ihn ein Quellenproblem, nicht eine Frage der Begabung.[267] Grundsätzlich hat er sich jedenfalls auf jedem Gebiet für kompetent gehalten. An ʿAreğ Muṣṭafā imponierte ihm gerade dies, die Beschlagenheit in ganz unterschiedlichen Bereichen, dazu der ungeminderte Wissensdurst bis ins hohe Alter sowie die selbständig betriebenen Studien über die Interessen der *medrese*n hinaus. Das soll nicht heißen, daß Kātib Čelebi absichtlich auf diese Parallelen hingewiesen hätte, sondern daß die Genannten einem Gelehrtenideal entsprachen, dem auch er selbst sich verpflichtet fühlte. Ein solches Gelehrtenideal hat Kātib Čelebi in allgemeiner Form im Vorwort von *Kašf aẓ-ẓunūn* dargestellt, stark an *Miftāḥ as-saʿāda* angelehnt. Züge wie der Verzicht auf Ämter und Ehren finden sich auch dort.[268] Auch im Schlußwort zu *Mīzānu l-ḥaqq* rät er jenen, die sich ernsthaft der Wissenschaft widmen wollen, von der *qāḍī*-Laufbahn oder ähnlichen Posten ab.[269]

In seiner Autobiographie in *Mīzānu l-ḥaqq* hat Kātib Čelebi nicht alle Lehrer genannt, die er im Laufe der Jahre hörte. Fariyaddīn Abū Riḍā Muḥammad al-Maʿarrī ist nur in *Sullam al-vuṣūl* erwähnt. Er kam 1057 (beg. 6.2.1647) nach Istanbul und wollte eigentlich am *ṣaḥn* lehren, wo er aber keine Stelle bekam. Er war besonders bewandert im Arabischen und in den Tradtionswissenschaften. Als Traditionarier führte er seine Überlieferungen über den berühmten Ibn Ḥağar al-ʿAsqalānī (st. 1449) auf den Propheten zurück. Kātib Čelebi besuchte seinen Unterricht und erhielt von ihm eine Liste seiner zahlreichen Werke zu Verwendung in *Kašf aẓ-ẓunūn*. Über seine weitere Laufbahn gibt Kātib Čelebi nur an, daß er *qāḍī* von Jerusalem wurde und in Kairo starb.[270]

Kātib Čelebi hat außerdem den Unterricht des nachmaligen *šeyḫülislām* ʿAbdürraḥīm Efendi besucht.[271] Dieser hatte nach seiner Lehrtätigkeit 1043 (1633/34) die *qāḍī*-Laufbahn eingeschlagen und war dann nochmals 1048-49 (1638/39), also zu Beginn von Kātib Čelebis Studienzeit, *müderris* an der *medrese* Sultan Aḥmeds gewesen. Vermutlich aber bezieht sich Kātib Čelebi auf mehr oder weniger privaten Unterricht, den ʿAbdürraḥīm Efendi sein Leben lang erteilt haben soll.[272]

Kātib Čelebi hat später die sinkende Qualität der *medrese*n-Ausbildung beklagt und als Beleg dafür besonders angeführt, daß die "philosophischen" Fächer seit dem Ende des 16. Jahrhunderts im immer stärker orthodox orientierten Lehrplan an den Rand gedrängt wurden. Unter diesen versteht er nicht nur die Philosophie im engeren Sinne, sondern alle antiken Wissenschaften einschließ

---

[267] Cf. ĞD 165 zur Geschichte Chinas.

[268] Cf. *Kašf aẓ-ẓunūn*, muqaddima, 43.

[269] *Mīzānu l-ḥaqq* 154.

[270] Gökyay 1968. 201 nach *Sullam al-vuṣūl* 235a. Es bleibt zu überprüfen, ob Kātib Čelebi dort noch mehr seiner Lehrer biographiert hat.

[271] *Mīzānu l-ḥaqq* 140.

[272] *Ẕeyl-i Šaqā'iq* 194f., Nr. 124.

lich der Astronomie, Arithmetik und Geometrie.[273] In Abweichung von der ursprünglichen, auf Meḥmed II. zurückgehenden Verbindung von "philosophischen Wissenschaften und Gesetzeswissenschaften" (*ḥikmet ve šerīʿat*) seien zum Beispiel *al-Mawāqif* des ʿAḍudaddīn ʿAbdarraḥmān al-Īǧī mit dem Kommentar des ʿAlī b. Muḥammad al-Ǧurǧānī aus dem Lehrplan verschwunden, die Kātib Čelebi noch bei Qāḍīzāde sudiert hatte. Es ist schwer festzustellen, wie weit diese Kritik zutrifft, in welchem Maße also der Unterricht, den er in diesen Fächern genoß, eine Ausnahme im üblichen Lehrbetrieb war. Daß er selbst gerade in diesen Gebieten selbst als Lehrer tätig wurde, scheint seine Einschätzung zu bestätigen.

Überblickt man die Liste der von Kātib Čelebi studierten Werke, so läßt sich feststellen, daß sie einen beträchtlichen Teil des an den *medrese*n üblichen Lehrstoffes umfaßt. Ein Vergleich zeigt, daß sein Bildungsgang im Umfang kaum hinter dem eines anderen großen Gelehrten, Ṭašköprüzāde Aḥmed Efendi, zurücksteht.[274] Es ist vermutet worden, daß Kātib Čelebi von den *ʿulemā* seiner Zeit nicht geachtet wurde, weil er keine reguläre Ausbildung hatte.[275] Dies beruht wohl vornehmlich auf dem Namen Kātib Čelebi, der seinem Träger zwar den Ehrentitel *čelebi* zuerkennt, ihn aber zugleich durch die Bezeichung *kātib* aus dem Kreise der "echten" Gelehrten auszugrenzen scheint. Es wird noch zu zeigen sein, daß Kātib Čelebi dennoch in diesen Kreisen hohes Ansehen genoß.

Einen großen Teil seines ungeheuren Wissens hat Kātib Čelebi aber außerhalb der *medrese*n im selbständigen Studium erworben. Bedingt durch den Zweck der Autobiographie in *Mīzānu l-ḥaqq* sind darin Themen, die nicht zum Curriculum der *medrese*n gehören, allenfalls gestreift. So erfahren wir, daß er während einer langwierigen Krankheit auf der Suche nach Heilung medizinische Werke ebenso konsultierte wie solche über Buchstabenmagie, Onomantik und sympathetische Eigenschaften.[276] Von seinem medizinischen Wissen zeugt die detailliert ausgeführte Analogie zwischen dem menschlichen Körper und einem Staatswesen, die sich durch sein Reformtraktat *Düstūru l-ʿamel* zieht.[277] Dahinter steht letztendlich Galens Lehre, vermittelt durch Ibn Sīnās *al-Qānūn fī ṭ-ṭibb*.[278]

Eher beiläufig erfahren wir hier auch, daß er durch den Kretakrieg zur Beschäftigung mit Kartographie und Geographie angeregt wurde und zunächst das Kartenzeichnen erlernte. Es wäre interessant zu erfahren, ob er diese Fähigkeiten von einem der professionellen Kartographen in Istanbul gelernt hat, von de

---

[273] Cf. Uzunçarşılı 1965. 21 nach *Kašf aẓ-ẓunūn* 680 s.v. ʿilm al-ḥikma, Adnan-Adıvar 1982.127 nach *Mīzānu l-ḥaqq* 10f.

[274] Dessen Autobiographie untersucht von Uzunçarşılı 1965. 40.

[275] Adnan-Adıvar 1982. 140, vermutlich danach Mantran 1988. 170.

[276] *Mīzānu l-ḥaqq* 139, cf. WK 4r.

[277] Zu diesem s.u.

[278] E. Rosenthal 1958. 229.

ren Tätigkeit so überaus wenig bekannt ist.[279] In den Jahren 1059 und 1060 hat er sich mit den *ʿulūm-ı ġarībe* befaßt, also mit den antiken Wissenschaften.[280]

Jedenfalls können wir uns Kātib Čelebi durchaus als ständig lesend und studierend vorstellen, wie er sich selbst dargestellt hat: "Wenn mich der Eifer packte, ein Buch zu lesen, so ließ ich die Kerze von Sonnenuntergang bis Sonnenaufgang brennen, ohne daß Ermüdung oder Überdruß aufkamen".[281] Man glaubt aus seinen Autographen zu erkennen, daß er manchmal auch bis tief in die Nacht und — entgegen seiner Darstellung — bis zur Erschöpfung geschrieben hat. Seine sonst so klare und energische Schrift wird zusehends zittriger, die Buchstaben kleiner, die Zeilen verrutschen. Schließlich sind einige Stellen kaum noch zu entziffern. Die zu einem späteren Zeitpunkt gemachten Marginalien dagegen sind wieder gleichmäßig und deutlich.[282]

Ein Bereich seiner Studien verdient es noch, hier hervorgehoben zu werden, da er Kātib Čelebi anscheinend tief geprägt hat. Neben den grundlegenden Werken der Gesetzesreligion hat er sich zu jener Zeit offensichtlich auch viele Schriften des mystischen Islam angeeignet, wie er es auch den eigenen und künftigen Studenten empfohlen hat.[283] Dem großen Mystiker Ibn al-ʿArabī, der von der Orthodoxie radikal abgelehnt wurde, hat er in *Mīzānu l-ḥaqq* ein ganzes Kapitel gewidmet, in dem er ihn mit distanzierter Hochachtung behandelt. Ohne sich seine Lehren ganz zu eigen zu machen, nimmt er ihn dezidiert gegen jene in Schutz, die ihn ablehnen, ohne ihn — wie Kātib Čelebi unterstellt — ganz verstanden zu haben.[284] Auch die "Philosophie der Erleuchtung" as-Suhrawardīs (hinger. 1191), *ḥikmat al-išrāq*, wurde von den Orthodoxen angegriffen, da sie mit dem Gesetz nicht vereinbar sei. Auch hier entgegnete Kātib Čelebi, daß der Kritiker diese Lehren nicht mit dem Gesetz in Einklang bringen könne, sei kein Beweis für die Unmöglichkeit. Der Grund sei allenfalls die Unfähigkeit des Kritikers.[285] Diese Philosophie hat Kātib Čelebi bald nach Beginn seiner regelmäßigen Studien in ihren Bann gezogen. In seiner ersten Autobiographie, 1643 geschrieben, bezeichnet er sich als "der Rechtsschule nach Ḥanafit, der Neigung nach Išrāqit".[286] Das Lehrgebäude dieser Philosophie, wenn denn von einem solchen gesprochen werden kann, wurde von as-Suhrawardī ausgearbeitet, doch vergleichbare Ansätze und Vorläufer reichen einerseits weit in den vorislamischen Orient, andererseits zu Pythagoras und Platon zurück.[287] Dieser griechi

[279] *Mīzānu l-ḥaqq* 138. Zu seinen diesbezüglichen Fähigkeiten s.u. Kap. IX.
[280] *Mīzānu l-ḥaqq* 141.
[281] *Mīzānu l-ḥaqq* 138.
[282] Z.B. IK 121r.
[283] *Mīzānu l-ḥaqq* 154f.
[284] *Mīzānu l-ḥaqq* 63-68.
[285] *Kašf aẓ-ẓunūn* 684f. s.v. ḥikmat al-išrāq. Die Kritik bezieht sich auf den wichtigsten Kommentar des Werkes von Quṭbaddīn Šīrāzī.
[286] *Sullam al-vuṣūl* 271r, zit.n. Gökyay 1957a. 15.
[287] EI 2 s.v. Ishrāḳ, Ishrāḳiyyūn.

schen Ursprünge ist sich auch Kātib Čelebi bewußt, wenn er Athen als die Hauptstadt der Philosophie würdigt. Hier bezeichnet er mit *meššā'īler* die Anhänger der aristotelischen, mit *išrāqīler* die der platonischen Philosophie.[288]

As-Suhrawardī hat sein Hauptwerk in fünf Abhandlungen unterteilt, die von den göttlichen Leuchten, von der Ordung des Seins, von der Art der göttlichen Tätigkeit, von den Arten der Körper sowie von Jenseits, Prophetie und Träumen handeln.[289] Kātib Čelebi scheint dagegen vor allem von der Erkenntnislehre beeindruckt, die in der Propädeutik des Werkes behandelt ist.[290] Nach Kātib Čelebi gibt es zwei Wege der Erkenntnis. Der der logischen Schlußfolgerungen (*an-naẓar wa l-istidlāl*) wird von zwei Gruppen beschritten: Die sich an einen Propheten und seine Lehre anschließen, sind die Theologen (*mutakallimūn*), die anderen die Peripatetiker. Der zweite Weg ist der der Läuterung und spirituellen Suche nach Gott. Wer ihn im Einklang mit dem Gesetz beschreitet, ist ein Sufi, wer es unabhängig davon tut, ein *išrāqī*. Diese Erkenntniswege laufen parallel und haben jeweils vier Stufen, doch entspricht die letzte Stufe des rationalen Weges erst der dritten Stufe des visionären Weges, der als einziger wirklich zur Anschauung Gottes führen kann.[291] Erkenntnisse, die auf dem einen Wege gewonnen werden, können solche des anderen zwar bestätigen, aber nicht widerlegen, da die Argumentationen grundsätzlich unvereinbar sind.[292]

In seinen wissenschaftlichen Werken hat Kātib Čelebi von diesen erkenntnistheoretischen Überlegungen, so weit ich sehe, keinen praktischen Gebrauch gemacht. Es verdient jedoch Beachtung, daß er der visionären, auf dem Wege der Askese gemachten Erkenntnis so viel Bedeutung zugestanden hat. Einige Fragen bleiben in diesem Zusammenhang leider offen. Wir wissen nichts darüber, wie verbreitet die Philosophie der Erleuchtung unter den Osmanen war.[293] War Kātib Čelebi der einzige, der sich zu ihr hingezogen fühlte, oder hat er Gefährten gehabt? Welche Verbindung besteht zu seinen Neigungen zur Astronomie? Bedeutende Astronomen haben as-Suhrawardīs Lehre nahegestanden. Der wichtigste darunter ist sicherlich Quṭbaddīn Šīrāzī (gest. 1311), der neben vielen wichtigen astronomischen Werken auch den bedeutendsten Kommentar zu Suhrawardīs *Ḥikmat al-išrāq* geschrieben hat.[294] Quṭbaddīn Šīrāzīs Lehrer Naṣīrad

---

[288] WK 86r-v.

[289] Nach der deutschen Paraphrase des Werkes Horten 1912.

[290] Horten 1912. 1-29.

[291] *Kašf aẓ-ẓunūn* 677 s.v. ʿilm al-ḥikma, nach Ǧurǧānīs *Šarḥ maṭāliʿ al-anwār* (in englischer Übersetzung in Nasr 1978. 20f.).

[292] *Mīzānu l-ḥaqq* 60-63 zu Thesen Ibn al-ʿArabīs. Es ist zu beachten, wie sehr Kātib Čelebi selbst hier in strikt logischer Weise argumentiert.

[293] H. Ritter hat 12 Handschriften des Werkes in Istanbuler Bibliotheken nachgewiesen, darunter etliche sehr alte (Ritter 1937. 275f.), doch sagt dies über die Rezeption zuwenig aus. Es fällt auf, daß die meisten Handschriften in der Bibliothek Aḥmeds III. im Saray enthalten sind.

[294] GAL II, 211, S II 296. Zu Kātib Čelebis Kenntnis von Šīrāzīs *at-Tuḥfa aš-šāhīya* cf. Kap. V,

dīn Ṭūsī hat neben einer astronomischen *at-Taḏkira an-Naṣīrīya* auch einen Avicenna-Kommentar verfaßt, der dieser Philosphie nahesteht.[295] Doch in welcher Weise sich eine solche Verbindung bei den Osmanen und speziell bei Kātib Čelebi ausgewirkt haben könnte, läßt sich nicht mehr nachvollziehen.

6. Kātib Čelebi als Lehrer

Von Anfang an versuchte Kātib Čelebi das im Unterricht an den *medrese*n erworbene Wissen an andere weiterzugeben. Als er auf zehn Jahre Studium zurückblicken konnte, hatte er auch schon fast zehn Jahre lang selbst unterrichtet. Er begann mit den Einführungen (*muqaddemāt*), wie er selbst bei Qāḍīzāde begonnen hatte.[296] Im unmittelbaren Zusammenhang mit seinem Unterricht im Korankommentar dürfte ein Werk stehen, von dem er 1052 täglich eine Seite zu Papier brachte.[297]

Gökyay (1957a. 85) rechnet dieses Buch als eigenständiges, aber nicht erhaltenes Werk. Doch Kātib Čelebis Formulierung im einzigen Beleg sowie die Sachlage legen die Auffassung nahe, daß er lediglich den Korankommentar des al-Baiḍāwī mit dem Randkommentar des Šeyḫzāde Muḥyiddīn Meḥmed in die Form eines *memzūǧ*-Kommentares brachte, in dem Haupttext und Kommentar beide vollständig enthalten sind (zu dieser und anderen Formen von Kommentaren cf. *Kašf aẓ-ẓunūn*, muqaddima, 37), und zwar nicht, wie sonst, durch Zeichen oder eine Linie voneinander abgesetzt, sondern in verschiedenen Farben geschrieben, wie dies Qara Kemāl in seinem Randkommentar zu Ṣadr aš-šarīʿas II. Kommentar zum *fiqh*-Werk seines Vaters, *Vīqāyat ar-riwāya fī masā'il al-hidāya*, getan hatte (cf. G. Lewis 1957. 153f., *Kašf aẓ-ẓunūn* 2021, 2023 s.v. Viqāyat ar-riwāya). Šeyḫzādes Randkommentar, der in verschiedenen Fassungen vorlag und acht Bände umfaßt haben soll, wird von Kātib Čelebi als beste Erläuterung zu al-Baiḍāwī bezeichnet (*Kašf aẓ-ẓunūn* 186-94 s.v. Anwār at-ta'wīl wa asrār at-tanzīl, 188).

Kātib Čelebi las mit seinen Schülern zunächst vor allem Werke, die auch zum Stoff der *medrese*n gehörten.[298] In der spekulativen Theologie waren dies at-Taftāzānīs *Maqāṣid* mit dem Kommentar desselben Autors,[299] in der Jurisprudenz die *Dürer* des Molla Ḫusrev, die Kātib Čelebi schon bei Qāḍīzāde kennengelernt hatte, und *Multaqā al-abḥur* des İbrāhīm al-Ḥalabī, eine späte Kompilation aus allerlei Standardwerken,[300] die im Laufe der nächsten Jahrhunderte

---

Abschn. 6, zum Nachweis des Kommentars zu *Ḥikmat al-išrāq* in Istanbuler Bibliotheken Ritter 1937. 276f.

[295] Auf diesen Kommentar zu Ibn Sīnā, der ebenfalls eine "östliche Logik" (*manṭiq al-mašriqīyīn*) geschrieben hat, wird von den Kommentatoren Suhrawardīs immer wieder verwiesen (Horten 1912 Index, cf. auch EI 2 s.v. Ishrāḳ, Ishrāḳiyyūn).

[296] *Mīzānu l-ḥaqq* 137.

[297] *Mīzānu l-ḥaqq* 136f.

[298] Die folgenden Titel nach *Mīzānu l-ḥaqq* 139, 141.

[299] *Kašf aẓ-ẓunūn* 1780f. s.v. Maqāṣid, Uzunçarşılı 1965. 26. Die Spekulation G. Lewis' (1957. 155), es könnte sich um ein Astrologie-Buch Mirim Čelebis handeln, halte ich für gegenstandslos.

[300] Kašf aẓ-ẓunūn 1814ff. s.v., Uzunçarşılı 1965. 22, Has 1988.

eine dominierende Stellung erlangte und noch im 19. Jahrhundert die osmanische *meğelle* beeinflußte.[301] Mit *Muḫtaṣar* könnte ebenfalls ein Werk des *fiqh* gemeint sein, Ibn Ḥāğibs *Muḫtaṣar al-muntahā*, doch war auch ein Lehrbuch der Rhetorik unter dieser Bezeichnung bekannt.[302] Mit Ğāmī ist wohl unter den zahlreichen Werken des persischen Dichters und Gelehrten der Kommentar zu einem Grammatikwerk, Ibn Ḥāğibs *Kāfiya*, gemeint, der bis in unser Jahrhundert an den türkischen *medresen* in Gebrauch war.[303] Da auch Qāḍīzāde Ğāmī gelehrt hatte,[304] kann es sich wohl nicht um eines der Werke handeln, die der Lehre Ibn al-ʿArabīs gewidmet sind.[305]

Es ist bemerkenswert, daß Kātib Čelebi überwiegend die Werke lehrte, die er selbst bei ʿAreğ Muṣṭafā studiert hatte. Das gilt für den Korankommentar des Baiḍāwī ebenso wie für *Muḫtaṣar al-muntahā*, wenn dies denn gemeint war. Vor allem aber gilt es für die Werke der antiken Wissenschaften, der Logik, Astronomie und Mathematik. Hier lehrte Kātib Čelebi nun seinerseits Qāḍī-Mīr,[306] Fanārī, die *Šamsīya*, das Erbrechnen. Im Jahre 1057 (beg. 6.2.1647) fand sich ein besonders interessierter Schüler ein, Mevlānā Meḥmed, Sohn von Aqḥiṣārī Aḥmed Rūmī.[307] Er hörte *Aškāl at-taʾsīs* sowie die Kalenderwissenschaften nach astronomischen Tafeln, vielleicht wiederum nach Uluġ Beg.[308] Außerdem verfaßte Kātib Čelebi für ihn einen *memzūğ*-Kommentar zu ʿAlī Qušğıs *Muḥammadīya*, einer berühmten mathematischen Abhandlung, für Meḥmed II. geschrieben.[309] Doch er starb anscheinend noch im selben Jahr, und der Kommentar blieb unvollendet liegen. Auch auf Bitten späterer Schüler hin war Kātib Čelebi nicht bereit, das Buch zu vollenden, zumal ihre Begabung hinter der des ersten Schülers zurückblieb.[310]

Eine Handschrift ist nicht bekannt. In *Sullam al-vuṣūl* 42r hat Kātib Čelebi sich noch etwas detaillierter über das Werk geäußert (Gökyay 1957a. 85).

---

[301] Kātib Čelebi sagt nichts über einen Lehrer, bei dem er dieses Werk studiert hätte. War er vielleicht selbst ein Pionier bei der Etablierung dieses Werkes? Zur Art der Verbreitung cf. die Überlegungen bei Has 1988. 395f.

[302] Uzunçarşılı 1965. 21f.

[303] *Kašf aẓ-ẓunūn* 1370-76 s.v. al-Kāfiya fī n-naḥw, v.a. 1372, İA s.v. Câmî, Uzunçarşılı 1965. 30. Die von G. Lewis (1957. 155) vorgeschlagene Lesung *Ğāmiʿ*, womit eine der autoritativen *ḥadīṯ*-Sammlungen gemeint wäre, ist damit überflüssig. Diese Lesung findet sich schon in Wickerhausers wenig zuverlässigem Text (1853. 163*).

[304] *Fezleke* II, 181.

[305] İA s.v. Câmî. Diese hatte Kātib Čelebi wohl im Sinn, als er den Autor rühmte als einen, der den spekulativen und den visionären Weg der Erkenntnis zu vereinigen wisse (*Mīzānu l-ḥaqq* 67).

[306] Außer dem genannten Kommentar zu al-Abharīs *Hidāyat al-ḥikma* wäre hier vielleicht auch an Ğām-i Gītīnumā zu denken, ein persisches Kompendium der philosophischen Wissenschaften (*Kašf aẓ-ẓunūn* 533 s.v.). Dieses Werk wird in *Mīzānu l-ḥaqq* 153 zitiert.

[307] Zusätzliche Informationen über diese beiden Personen sind mir nicht bekannt.

[308] *Mīzānu l-ḥaqq* 139.

[309] Adnan-Adıvar 1982. 49, *Kašf aẓ-ẓunūn* 889 s.v. ar-Risāla al-muḥammadīya.

[310] *Mīzānu l-ḥaqq* 139f.

Im Jahre 1059/60 (1649/50) griff Kātib Čelebi auf Qāḍīzāde Rūmīs Kommentar zu Čaġmīnīs *al-Mulaḫḫaṣ fī l-hai'a* zurück. Zusätzlich lehrte er ein weiteres Werk ʿAlī Qušǧıs, *ar-Risāla al-fatḥīya*, über Astronomie[311] sowie von Naṣīraddīn Ṭūsī *Bīst bāb fī maʿrifat al-usṭurlāb*[312] und *Sī faṣl* über Chronologie.[313] Aus welchen Büchern er damals Medizin, Mathematik und Philosophie lehrte, hat er leider nicht mitgeteilt.[314]

Zwei Schüler Kātib Čelebis sind noch namentlich bekannt. Der eine ist Muṣṭafā b. Yūsuf, von dem Adnan-Adıvar ein Arithmetik-Buch verzeichnet, das über die klassischen Grundlagen hinaus auch die *siyāqat*-Zahlen behandelt.[315] Der andere ist as-Sayyid al-Ḥusain al-ʿAbbāsī an-Nabhānī aus Aleppo, gest. das. 1095 (beg. 20.12.1683). Er wird gerühmt als in allen Wissenschaften beschlagen und hat eine Neubearbeitung eines Teils von *Kašf aẓ-ẓunūn* unter dem Titel *Taẕkār ǧāmiʿ al-āṯār* verfaßt.[316]

Zum Nutzen seiner Schüler hat Kātib Čelebi eine Art von Anthologie der Wissenschaften unter dem Titel *Ǧāmiʿ al-mutūn min ǧall al-funūn* verfaßt.

Es handelt sich um Auszüge und Kurzfassungen von dreißig wichtigen Werke aus allen Bereichen des *medresen*-Unterrichts (aufgezählt bei Gökyay 1957a. 86), beginnend mit den *muqaddemāt* und endend mit Astronomie und Mathematik. Formales Vorbild ist ʿAlī Qušǧıs *Maḥbūb al-ḥamā'il* (zu diesem cf. Ṭašköprüzāde, *as-Šaqāʾiq an-nuʿmānīya* 162 und *Kašf aẓ-ẓunūn* 1611 s.v.). Die Beherrschung der hier versammelten Texte soll jeden Lernenden zu einem angesehenen Gelehrten machen. Die zwei datierten Teile sind am 4.4.1644 bzw. im Jan. 1644 geschrieben. Wann die anderen entstanden, ist unklar, zumal die Reihenfolge der Niederschrift nicht der im Buch entspricht. Die einzige Handschrift, teilweise Autograph, ist Topkapı, Emanet Hazinesi Nr. 1763. Das Vorwort ist übersetzt in Gökyay 1968. 266f. Eine spätere Kurzfassung, die nur zwölf Texte umfaßt haben soll (*Kašf aẓ-ẓunūn* 572 s.v. Ǧāmiʿ al-mutūn), scheint nicht erhalten.

Im Gegensatz zu dem Unterricht der *medresen* hat Kātib Čelebi sich, wie aus den Titeln der von ihm gelehrten Werke wie auch aus denen in *Ǧāmiʿ al-mutūn* hervorgeht, ganz überwiegend auf die Hauptwerke gestützt und nur in seltenen Fällen Kommentare verwendet. Dies entspricht seiner Überzeugung, die er anläßlich einer Frage des *seyḫülislām* Yaḥyā Efendi nach seinem Unterricht dargelegt hat: "Es war meine Methode, jeden Komplex als Einheit anzugehen und im Begreifen der Gesamtheit sich die Grundlagen anzueignen".[317] Diese Grundla

---

[311] Nach Adnan-Adıvar 1982. 48f. handelt es sich um eine erweiterte Übersetzung seiner persisch verfaßten *Risāla fī l-hai'a*.

[312] *Kašf aẓ-ẓunūn* 264 s.v.

[313] *Kašf aẓ-ẓunūn* 1010 s.v. Dieses Werk wird i.a. als Buch über Astrologie bezeichnet (z.B. İA s.v. Tûsî).

[314] *Mīzānu l-ḥaqq* 141.

[315] Adnan-Adıvar 1982. 158. Der Titel lautet *Maʿdan al-asrār*. Handschriften sind nicht genannt.

[316] Yaltkaya im Vorwort zu *Kašf aẓ-ẓunūn*, 11f. über die Hs. Yenicami 815. Der Titel ist dort einmal als *Taẕkār al-ǧāmiʿ al-āṯār* und einmal als *at-Taẕkār al-ǧāmiʿ al-āṯār* angegeben.

[317] *Mīzānu l-ḥaqq* 137: Zīrā ādāb-ı faqīr her keṯrete ǧānib-i vaḥdetden duḫūl ve iḥāṭe-i küllīyāt ile

gen waren ihm das Wichtigste. Auf seiner rastlosen Suche nach immer neuen Wissensgebieten hielt er es für Zeitverschwendung, sich mit den kniffligen Detailfragen abzugeben, von denen die Kommentare und Superkommentare handelten.[318]

Die Summe von Kātib Čelebis Studien und Lehre stellt sein bibliographisches Lexikon *Kašf aẓ-ẓunūn ʿan asāmī l-kutub wa l-funūn* dar. Eine systematische Untersuchung, die vieles zum Lernen und Lehren Kātib Čelebis hervorbringen könnte, steht noch aus.

Das Werk besteht aus einer Einleitung, in der nach Ṭašköprüzādes *Miftāḥ as-saʿāda* und Ibn Ḫaldūns *Muqaddima* über die verschiedensten Aspekte der Gelehrsamkeit gehandelt wird, und einem Hauptteil, in dem etwa dreihundert Wissenschaften und 14.500 Buchtitel in einer einzigen durchgehenden alphabetischen Sequenz verzeichnet sind. Die Artikel über die Wissenschaften basieren großenteils wieder auf Ṭašköprüzāde, doch sind sie vielfach erweitert oder anders gegliedert. Zu jedem Buchtitel verzeichnet Kātib Čelebi, soweit möglich, Namen und Todesdatum des Autors, Thema des Werkes, die Sprache (falls nicht Arabisch), die Gliederung, die ersten Worte des Textes sowie Kommentare und Übersetzungen. Außerdem existieren Querverweise von Kurztiteln (Birnbaum 1994a. 151f.). Wie erwähnt, begann Kātib Čelebi schon 1043 in Aleppo mit dem Sammeln von Buchtiteln. Birnbaum hat glaubhaft gemacht, daß Kātib Čelebi zunächst mit einem Zettelkasten gearbeitet haben muß, bevor er sein Material in Buchform fixierte (1994b). Wann er damit begann, ist unbekannt. Die Kladde des zweiten Bandes (*ğīm-rā'*) wurde Ende Aug. 1639 beendet (cf. *Kašf aẓ-ẓunūn* 940). Wann er die Kladde ganz abschloß, ist unbekannt. Die Reinschrift des ersten Bandes (*alif-ṯā'*) wurde am 20.1.1652 beendet (cf. *Kašf aẓ-ẓunūn* 525). Unter dem Jahr 1063 (beg. 2.12.1652) notierte er in *Mīzānu l-ḥaqq* (142f.), die Reinschrift sei bis zum Buchstaben *ḥā'* gediehen. Das Reinschrift-Autograph (Topkapı, Revan K. 2059) endet im Artikel *durūs* (*Kašf aẓ-ẓunūn* 752). Von diesem Artikel bis zum Ende ist die Kladde erhalten (Carullah Veliyüddīn Nr. 1619).

Kašf aẓ-ẓunūn hat beträchtliches Interesse gefunden. Zusätzlich zu den Handschriften (GOW 198f., Derin 1957. 25f.) liegen mehrere Druckausgaben vor: Die Ausgabe Flügels, zusammen mit einer lateinischen Übersetzung, 7 Bde., Leipzig 1835-58 (nachgedruckt New York 1957), 2 Bde. Bulaq 1274 H., 2 Bde. Istanbul 1310-11 H. Verbindlich ist die auf dem Autograph beruhende Ausgabe Yaltkaya und Bilge, 2 Bde. Istanbul 1941-43.

Eine französische Übersetzung A. Gallands liegt als Manuskript vor (Wurm 1971. 85). Auf ihr beruht der bibliographische Teil von d'Herbelots *Bibliothèque Orientale* (erstmals Paris 1697) sowie Hammer 1804. Zu Fortsetzungen cf. Yaltkaya im Vorwort zu *Kašf aẓ-ẓunūn*, 12f., Reşidoğlu 1957. 32, GOW 198f. Die des Ḥanīfzāde ist in der Flügelschen Edition, die des Baġdādlı İsmāʿīl Paša als Fortsetzung der Edition von Bilge und Yaltkaya (Istanbul 1945-47) gedruckt.

Nach dem oben genannten Datum 1059/60 erfahren wir nichts mehr von Kātib Čelebis Lektionen. Nur einer Bemerkung, die sich auf das Jahr 1067 (beg. 20. 10.1656) bezieht, ist zu entnehmen, daß Kātib Čelebi bis in jene Zeit hinein

---

żabṭ-ı uṣūl idi. Die Stelle ist von Gökyay als Bekenntnis zu sufistischen Ansätzen verstanden worden (Gökyay 1972. 126, Anm. 420), von Adnan-Adıvar als Bekenntnis zur deduktiven Methode (1982. 134). Cf. auch den Ratschlag im Schlußwort von *Mīzānu l-ḥaqq* (153).

[318] *Mīzānu l-ḥaqq* 137f.

Schüler gehabt hat. In seinem Unterricht überwogen — offenbar je länger, je mehr — die rationalen Wissenschaften. Es ist bekannt, daß gegen diese seitens der Orthodoxie Vorbehalte bestanden.[319] Offenbar war auch Kātib Čelebi selbst nicht ganz wohl mit dieser einseitigen Ausrichtung. Am 24. Muḥarrem 1067 (12.11.1656) erschien ihm im Traum der Prophet — zum zweiten Mal in seinem Leben, wie er stolz hinzufügt. Auf seine Bitte, ihm einen Namen zu sagen, mit dem er sich befassen solle, erhielt er als Antwort die Aufforderung, sich mit dem Namen des Propheten zu befassen. Auf seiner Suche nach Gott, so versprach der Prophet, werde er ihm Helfer und Mittler sein. Mit einem gewissen Schuldbewußtsein räumt Kātib Čelebi ein, mit nur einem Flügel könne man nicht fliegen, und gelobt, sich künftig verstärkt der Lehre der Gesetzeswissenschaften zu widmen.[320] Dazu ist es jedoch nicht mehr gekommen.

7. Kātib Čelebi und die Istanbuler Gesellschaft: Zekeriyāzāde Yaḥyā Efendi

Neben seinen Studien und seiner Lehrtätigkeit war Kātib Čelebis eigentlicher Beruf wohl längst nur noch zweitrangig. Wie erwähnt, verfügte er spätestens nach dem Tod seiner Verwandten nicht mehr über die Protektion, deren es für einen zügigen Aufstieg in die höheren Ränge bedurft hätte. Als Murād IV. am 23.2.1638 erneut die Roßschweife aufstecken ließ, um zur Rückeroberung Bagdads auszuziehen,[321] entschuldigte er sich, um nicht mitziehen und seine Studien unterbrechen zu müssen. Er wurde als *ikinği ḫalīfe*, stellvertretender Schreibergehilfe, zum zurückbleibenden Teil seiner Kanzlei kommandiert.[322] Es scheint jedoch, daß dieser Rang nur temporär war, denn Kātib Čelebi sollte Jahre später nochmals zum *ikinği ḫalīfe* befördert werden.

In deutlichem Kontrast zu seiner inferioren beruflichen Stellung steht sein gesellschaftlicher Umgang. Jung, wißbegierig und begabt, aber noch durch keinerlei eigenes Werk ausgezeichnet, hat er dennoch Zugang zum damaligen *šeyḫülislām* Zekeriyāzāde Yaḥyā Efendi und seinem Kreis gefunden. Wann dies geschah, ist unbekannt. Yaḥyā Efendi war ebenso wie Kātib Čelebi auf dem Feldzug gegen Erivan dabeigewesen, was als solches nichts besagte, wenn nicht Kātib Čelebi ihn in seiner Schilderung mehrfach ausdrücklich erwähnte und generell in seiner Darstellung ein bis dahin nicht gekanntes Interesse für die Postenwechsel in der *ᶜilmīye* an den Tag legte. Mehr als eine Vermutung ist dies jedoch nicht.

---

[319] Näheres dazu Kap. IX, Abschn. 11.

[320] *Mīzānu l-ḥaqq* 145ff.

[321] *Fezleke* II, 192. Kātib Čelebi gibt als christliches Datum den 4.2. an.

[322] Diese Auffassung legt die Formulierung WK 4r nahe (cf. dazu Pakalın 1946-56 s.v. Mande). Ob regelmäßig nur ein Teil des Soldbüros die Feldzüge begleitete oder ob es sich bei diesem Vorgang um eine Ausnahme handelte, kann ich nicht beurteilen.

Yaḥyā Efendi war eine der bedeutendsten Persönlichkeiten seiner Zeit. Geboren im Ṣafar 969 (beg. 11.10. 1561) als Sohn des 1593 gestorbenen *šeyḫülislām* Zekeriyā Efendi, hatte er rasch die Ränge der *ʿilmīye* erklommen, war 1622-23 zum ersten Mal, 1625-32 zum zweiten Mal und 1634 wiederum *šeyḫülislām* geworden.[323] Schon diese außergewöhnlich lange Amtszeit weist auf seine Bedeutung und seinen Einfluß bei Murād IV. hin, dem er persönlich sehr nahe stand.[324] Nach dem Tode des Sultanslehrers Evliyā Meḥmed Efendi 1635 hatte er zeitweise auch dessen Stellung inne.[325] Wegen seiner Neigung zur Mystik war er oft genug von Qāḍīzādes Anhängern attackiert worden. Trotzdem war er es gewesen, der in dem Predigerwettstreit in der Sultan-Aḥmed-Moschee Qāḍīzāde vor dem Zorn der *ʿulemā* gerettet hatte. In seiner vielseitigen Bildung und seiner Toleranz muß er eine beeindruckende Persönlichkeit gewesen sein. Gleichzeitig war er ein Dichter von hohem Rang.[326] Als Gelehrter hat er außerdem ein Lehrgedicht über das Erbrechnen kommentiert.[327]

Yaḥyā Efendi war auch ein Förderer der Künste und hatte zahlreiche berühmte und interessante Persönlichkeiten um sich versammelt. So hatte er den 1635 verstorbenen Dichter und unerreichten Meister der *inšā*-Prosa, Meḥmed Nergisī, protegiert.[328] Bei ihm verkehrten die Dichter Muṣṭafā Nā'ilī, Meḥmed-i ʿAǧemī und Meḥmed ʿİṣmetī.[329] Auch der wegen seiner schönen Stimme bekannte charmante Unterhalter Evliyā Čelebi, der in jenen Jahren dabei war, seine Vaterstadt zu erkunden, fand sich regelmäßig bei Yaḥyā Efendi ein.[330] Erst in den darauffolgenden Jahren ist er auf Wanderschaft gezogen, die sein weiteres Leben ausfüllen sollte. Wie weit er und Kātib Čelebi, die künftigen Größen der osmanischen Geographie in jenem Jahrhundert, damals voneinander Notiz genommen haben, weiß man nicht.

Sein erstes Werk, *Faḏlakat aqwāl al-aḫyār*, hat Kātib Čelebi 1051 (beg. 12. 4.1641) Yaḥyā Efendi vorgelegt, der es offenbar billigte, denn er empfahl dem Autor, es ins Reine schreiben zu lassen und dem Sultan vorzulegen.[331] Doch Kātib Čelebi folgte dem Rat nicht, vielleicht weil dem Buch noch zwei Kapitel fehlten.

---

[323] Zu seiner Karriere kurz OT III, ii, 462-65, *Fezleke* II, 231f., ausführlich ʿUšaqīzāde, *Zeyl-i Šaqā'iq* 88-93, Nr. 50.
[324] Altunsu 1972. 62f.
[325] *Fezleke* II, 173.
[326] Dazu HOP III, 273-84, Bombaci 1969. 371.
[327] *Zeyl-i Šaqā'iq* 92, *Fezleke* II, 232.
[328] Cf. z.B. dessen *Esālībü l-mekātib* 221, 231, İA s.v. Nergisî, EI 2 s.v. Nergisī.
[329] Wurm 1971. 65f. Zu Nā'ilī HOP III, 304-7. Der von Wurm nicht identifizierte Meḥmed-i ʿAǧemī dürfte ʿAǧem Meḥmed Efendi sein, der im Muḥarrem 1068 (beg. 9.10.1657) als *qāḍī* von Ägypten starb und von ʿUšaqīzāde ausdrücklich zu Yaḥyā Efendis Kreis gezählt wird (*Zeyl-i Šaqā'iq* Nr. 155, 232ff.). Zu ʿİṣmetī s.u. Abschn. 9.
[330] *Seyāḥatnāme* I, 260f., İA s.v. Evliyā Çelebi.
[331] *Mīzānu l-ḥaqq* 136.

Die einzige Handschrift ist ein Reinschrift-Autograph, fertiggestellt im Juli 1642 (Ende Rabīʿ II 1052) (Türek 1957. 13). Es handelt sich im wesentlichen um eine Erweiterung der arabischen Dynastiengeschichte des Ǧenābī (gest. 1590, cf. GOW 108f.) von der Schöpfung bis zum Jahre 1000 H. (1592), im Zeitraum nach der *hiǧra* nach Jahrhunderten gegliedert. Ein separates Kapitel behandelt Aufständische von den Ḫāriǧiten bis zu den Ǧelālīs Anatoliens. Ein Namensregister erleichtert die Benutzung. Einleitung und Schluß enthalten systematische Ausführungen über Bedeutung und Zweck der Geschichtsschreibung, über das Weltgericht, über die geographischen Bedingungen der Geschichte und über Zeitrechnung. Eine vorgesehene Bibliographie und allgemeine Regeln für Geschichtsschreiber sind nicht ausgeführt. Das Buch wurde im 18. Jhdt. ins Türkische übersetzt und um einige geographische Zusätze erweitert (Orhonlu 1964. 116). Auch Šehrīzāde plante nach eigenen Angaben eine Übersetzung (Gökyay 1957a. 43 nach *Tārīḫ-i nevpeydā*).

Cf. *Kašf aẓ-ẓunūn* 291 s.v. Ta'rīḫ al-Ǧanābī, Ǧevdet 1921-22. 1786ff., Kütükoğlu 1974. 4, Gökyay 1957a. 40-43, Yinanç 1957.

Gelegentlich berichtet Kātib Čelebi außerdem, daß sich Yaḥyā Efendi teilnehmend nach seinem Unterricht erkundigte.[332] Daß dieser sich außerdem für den Umfang von Kātib Čelebis Bibliothek interessiert haben soll, wurde bereits erwähnt.

Ebenso wie aus den Dynastiengeschichten und Chroniken kompilierte Kātib Čelebi zu jener Zeit auch aus den Biographiensammlungen, die er zu Beginn seiner Studien las, ein neues Werk, *Sullam al-vuṣūl ila ṭabaqāt al-fuḥūl*.

Das Buch umfaßt überwiegend, aber nicht ausschließlich die Lebensbeschreibungen von Gelehrten von der Antike bis in seine Zeit und kann insofern als Autorenindex zu dem bereits in Arbeit befindlichen *Kašf aẓ-ẓunūn* verstanden werden. Es ist arabisch geschrieben und in drei Teile gegliedert: Der erste verzeichnet alphabetisch die Personen, die unter ihrem *ism* bekannt sind, jeweils mit einer kurzen Biographie (überwiegend nach Ṭašköprüzādes *as-Šaqā'iq an-nuʿmānīya* und Ibn Ḫallikāns *Wafayāt al-aʿyān*), der zweite — ebenfalls alphabetisch — diejenigen, die unter ihrem *laqab*, ihrer *kunyā* oder *nisba* bekannt sind. Hier sind die Artikel oft nur eine Zeile lang. Wichtigste Grundlage dieses Teils ist as-Suyūṭīs *Taḥrīr al-lubāb*. Hier finden sich auch zahlreiche Toponyme mit Aufzählung der aus dem betreffenden Ort stammenden Berühmtheiten. Diese beiden Teile schloß Kātib Čelebi in der *leyletü l-qadr* 1053 (Anf. Dezember 1643) ab (fol. 553r). Ein dritter Teil von wenigen Seiten, der verstreute Episoden aus dem Leben von Gelehrten enthält, wurde Ende Ẕū l-ḥiǧǧe 1058 (endet 14.1.1649) beendet (fol. 567v). Drei Jahre später begann Kātib Čelebi mit einer Reinschrift, die anscheinend über den Buchstaben *tā'* nicht hinausgekommen ist (*Mīzānu l-ḥaqq* 142). Die Handschrift Şehid Ali Paşa Nr. 1877 ist die Kladde des Autors, die noch viele Lücken enthält, in denen unter einem Stichwort nur Literaturangaben stehen (Birnbaum 1994b). Sonst ist nur eine Handschrift in Kairo bekannt (cf. GAL G II, 429).

Cf. Türek 1957, Gökyay 1957a. 57-61 mit ausführlicher Liste der zitierten Quellen, Ǧevdet 1921-22. 1803-6.

Yaḥyā Efendi begleitete den Sultan 1638 auf dessen ausdrückliche Anordnung hin auf dem Zug nach Bagdad. Berühmt ist ein Wettstreit in Versen, den er auf

[332] *Mīzānu l-ḥaqq* 137.

diesem Zug mit dem Sultan austrug.[333] Er blieb über Murāds IV. Tod hinaus im Amt, doch schwand sein Einfluß anscheinend in dem Maße, in dem der des berüchtigten Wunderheilers İbrāhīms I., der als Ǧinǧi Ḫoǧa bekannt war, stieg, ein Vorgang, den Yaḥyā Efendi Kātib Čelebi gegenüber besorgt kommentierte.[334] Yaḥyā Efendi starb im Februar 1644. Kātib Čelebi hat ihm einen überaus rühmenden Nachruf gewidmet, der in den Worten gipfelt, das Amt des höchsten *muftī* habe in Ebū s-Suʿūd Efendi seine Vollendung und in Yaḥyā Efendi seinen Abschluß erlangt.[335]

Sein Kreis jedoch löste sich nicht auf, sondern fand seinen neuen Mittelpunkt in seinem damals gerade achtzehnjährigen Neffen Meḥmed ʿİzzetī Efendi. Dieser war im Hause seines Onkels erzogen und in diese gelehrten und literarischen Kreise geradezu hineingewachsen. Er befand sich damals noch am Anfang seiner Karriere, die ihn 1057 (beg. 6.2.1647) an den *ṣaḥn* führte, von welchem Rang er zu den hohen *qāḍī*-Posten aufstieg. Bis zu seinem Tod 1091 (beg. 2.2.1680) war er dreimal *qāḍīʿasker* von Rumelien.[336] Schon in seiner Jugend schrieb er Gedichte. Von seiner Wißbegier, seinem Scharfsinn und seiner Bibliophilie werden spektakuläre Dinge berichtet. So soll er sich sogar daran gemacht haben, eine armenische Inschrift auf einem Astrolab zu entziffern, ohne mehr als die armenischen Schriftzeichen zu kennen. Da wir bei ihm später Werke aus Kātib Čelebis Nachlaß finden, ist anzunehmen, daß der Kontakt all die Jahre bis zu Kātib Čelebis Tod nicht abriß.[337] Meḥmed ʿİzzetī Efendi hat in einem dieser nachgelassenen Werke einige Bemerkungen über Kātib Čelebi notiert, die einzigen, die wir kennen. Er beschreibt ihn als strebsam, von angenehmer Natur, schweigsam und weise, beklagt aber, daß so viele seiner Werke unvollendet seien.[338]

Bei Meḥmed ʿİzzetī dürfte Kātib Čelebi wohl auch Ḥüseyn Hezārfenn begegnet sein, der zu den interessantesten Persönlichkeiten der zweiten Jahrhunderthälfte gehört, da er sowohl ein vielseitiger Gelehrter als auch ein wichtiger Katalysator zwischen hohen Kreisen seiner Gesellschaft und europäischen Gelehrten und Diplomaten wie Antoine Galland, de la Croix, Charles de Nointel und Luigi Ferdinando Marsili war.[339] Wann der bedeutende Geograph Ebū Bekr b. Behrām ed-Dimišqī zu Meḥmed ʿİzzetīs Kreis gestoßen ist, ist nicht zu ermitteln, doch ist nicht wahrscheinlich, daß Kātib Čelebi ihn noch selbst gekannt

[333] Neben HOP loc. cit. cf. dazu *Fez̲leke* II, 194f.

[334] *Fez̲leke* II, 229. Cf. İA s.v. İbrāhīm. Kātib Čelebi macht dessen zunehmende Rolle geradezu für den Kummer verantwortlich, dem Yaḥyā Efendi erlegen sein soll.

[335] *Fez̲leke* II, 231f.

[336] Wurm 1971. 66, *Z̲eyl-i Šaqā'iq* 482ff.

[337] Von einem Nachtrag zu *Kašf aẓ-ẓunūn*, den er verfaßt haben soll, hat sich bislang keine Handschrift gefunden (Wurm 1971. 69 nach Yaltkaya, Vorwort zu *Kašf aẓ-ẓunūn*, 12).

[338] IK 1r.

[339] Dazu die überaus verdienstvolle Arbeit von Wurm 1971.

hat. Sowohl Hezārfenn als auch Ebū Bekr werden in der Rezeption von Kātib Čelebis künftigen Werken eine bedeutende Rolle spielen.

Wichtig und bislang zuwenig beachtet scheint mir aber, daß sich solche Zirkel anscheinend nicht nur für Literatur und Wissenschaft interessierten, sondern auch eine politische Dimension hatten.[340] Leider existiert für unsere Epoche bislang keine prosopographische Studie, die die informellen Bindungen und Gruppenbildungen unter den politischen Entscheidungsträgern herausarbeiten könnte.[341] Einige Indizien, die zu Kātib Čelebis Biographie gehören, werden sich im folgenden finden. Damit wird sich auch das Bild des geruhsam lebenden Gelehrten Kātib Čelebi ein wenig relativieren.[342]

Es wurde bereits darauf hingewiesen, daß Yaḥyā Efendi zweifellos auch eine bedeutende Rolle in den politischen Entscheidungen seiner Zeit gespielt haben muß.[343] Immer wieder nahm er auch Einfluß auf die Ernennung des Großwesirs. Es ist nun auffallend, daß vor allem der Großwesir Kemānkeš Qara Muṣṭafā Paša mit Yaḥyā Efendi stets eng und vertrauensvoll zusammengewirkt haben soll.[344] Muṣṭafā Paša hatte sich auf dem Zug gegen Erivan erstmals als tatkräftiger Militär hervorgetan, indem er die Disziplin im Janitscharen-Korps wiederherstellte. 1638 wurde er während der Belagerung Bagdads zum Großwesir ernannt. 1644 erlag er den Intrigen seiner Gegner: İbrāhīm ließ ihn hinrichten. Während seiner Amtszeit hatte Kemānkeš Qara Muṣṭafā Paša in allen Teilen des Herrschaftsapparates versucht, eingerissene Mißstände abzustellen. Er führte Säuberungen der Pfortentruppen durch, revidierte die Soldbücher, ließ neue *taḥrīr*s der Steuerpflichtigen erstellen, bemühte sich, die Münzverschlechterungen zu korrigieren, das Budget auszugleichen und die Marktpreise

---

[340] Nicht nur die drei *šeyḫülislām*s, die Zilfi (1988. 113) als Ausnahmen nennt, sondern viele andere auch haben auf die eine oder andere Weise Einfluß auf die Politik genommen. Der politische Aspekt ist m.E. daher keine Entfremdung des Amtes, sondern gehört untrennbar dazu.

[341] Innerhalb der militärischen Hierarchie der Provinzgouverneure hat Metin Kunt die Bedeutung persönlicher Loyalitäten deutlich gemacht (Kunt 1983). Die Strukturen der *ʿilmīye* hat vor allem Zilfi untersucht (Zilfi 1988). Doch ein Querschnitt durch alle führenden Gruppen der osmanischen Gesellschaft existiert für unsere Zeit bislang nicht.

[342] Es wird sich im folgenden zeigen, daß Kātib Čelebis politisches Urteil und seine persönlichen Bindungen miteinander vielfach verflochten sind. Es ist daher vorschnell, ihn als Historiker aufgrund seiner "professional identity and … status-group affiliation" (Murphey 1993-94. 281) zu den Parteigängern der Bürokratie und des Palastes zu rechnen. Von einer "sweeping condemnation of the spiritual leaders" unter Sultan İbrāhīm, wie sie Murphey anhand einer kurzen Passage feststellen zu können glaubt (1993-94. 293), kann überhaupt nicht die Rede sein. Daß Kātib Čelebi, wie Murphey an anderer Stelle behauptet, "expresses in his autobiographical works (sic) unqualified praise and admiration for the leading teachers in the medreses of Istanbul of his time" (1989. 248), ist allerdings ebensowenig richtig.

[343] Cf. Abschnitt 4 zur Rückkehr der Pfortenreiterei in die Hauptstadt. Von einem überaus erfolgreichen Ratschlag militärischer Art während der Belagerung Bagdads 1938 berichtet ʿUšaqīzāde, *Ẕeyl-i Šaqāʾiq* 92.

[344] *Muṣṭafā Paša ile yek-dil ve yek-ǧihet idi*, wie Kātib Čelebi sagt (*Feẕleke* II, 231). Cf. auch OT III, ii, 463.

unter Kontrolle zu bekommen. Ihm fehlte es an Bildung (er soll illiterat gewesen sein), keineswegs aber an persönlichem Mut. Als er bei einem Brand, bereits als Großwesir, bei den Löscharbeiten mithalf, erlitt er schwere Brandwunden im Gesicht.[345]

Kātib Čelebi soll mit ihm nahe bekannt gewesen sein.[346] Mit seiner Rechtschaffenheit, Tatkraft, Selbstlosigkeit und seinem Mut war Kemānkeš Qara Muṣṭafā Paša für ihn geradezu das Muster eines Großwesirs. Wie Yaḥyā Efendi als Abschluß der Muftīs seiner Zeit, so stellte er Qara Muṣṭafā Paša als Abschluß der Reihe der bedeutenden Großwesire dar.[347] Es fällt auf, wie oft er dessen Machtvollkommenheit betont.[348]

Unter den Bekanntschaften Kātib Čelebis in den frühen Jahren ist Meḥmed b. Meḥmed aus Edirne zu nennen. Er stammte aus Edirne, war *kātib* im Divan, wechselte dann aber in die Gelehrtenlaufbahn über und war zuletzt *müderris* in Istanbul, wo er am 30.6.1640 starb.[349] Kātib Čelebi bemühte sich sehr, in den Besitz des Autographs von Meḥmed b. Meḥmeds Geschichtswerk *Nuḫbetü t-tevārīḫ* zu kommen, gab im Tausch dafür allerhand seltene Bücher und zeigte sich dann sehr enttäuscht, als sich die Neuerwerbung als simpler Auszug aus Ǧenābīs Dynastiengeschichte entpuppte.[350]

Unter den Gewährsleuten, die ihm ihr Wissen über die europäischen Provinzen des Reiches mitteilten, nennt Kātib Čelebi einen Gelehrten aus Vardar Yeñiğesi. Dies läßt an Vardarīzāde Meḥmed Efendi denken, einen Nachkommen des Helden Ġāzī Evrenos, 1594 aus seinem Geburtsort nach Istanbul übergesiedelt, 1042-43 (1632-33) *qāḍī* von Saloniki, dann stellungslos, 1050-51 (1640-41) *qāḍī* von Bursa, gestorben 1055 (beg. 25.6.1645).[351] Er wird als vielseitiger Gelehrter beschrieben, sodaß Kātib Čelebi möglicherweise auch bei ihm studiert hat. Vardarīzāde war mit der Gelehrtenfamilie der ʿUšaqīzāde verschwägert. Vielleicht hat Kātib Čelebi auch zu diesen Kontakt gehabt.[352]

---

[345] İA s.v. Mustafa Paša, Kemankeş, Kara.

[346] OT III, ii, 390.

[347] Zu beachten ist die Symmetrie, die in den aufeinanderfolgenden Nekrologen auf Yaḥyā Efendi und Kemānkeš Qara Muṣṭafā Paša in dieser Hinsicht besteht (*Feẕleke* II, 231ff.).

[348] *Feẕleke* II, 222, 225, 229.

[349] GOW 182f.

[350] *Kašf aẓ-ẓunūn* 1936 s.v. Nuḫbetü t-tevārīḫ. Diese Episode gehört vermutlich zur Vorgeschichte von *Faḏlakat aqwāl al-aḫyār*. Kātib Čelebi hatte sich wohl neues Material von diesem Werk erhofft.

[351] *Ẕeyl-i Šaqā'iq* 99ff., Nr. 58, cf. Majer 1978. 132, 134, İA s.v. Uşşâḳîzâde.

[352] Daß aber der Autor des *Ẕeyl-i Šaqā'iq* mit ihm befreundet war, wie Gökyay 1957a. 11 und İA s.v. Kâtib Çelebi behauptet, ist unmöglich, da dieser erst 1664 geboren wurde. Möglich ist jedoch, daß die Verse über Kātib Čelebi in *Ẕeyl-i Šaqā'iq* 235 von einem anderen Familienmitglied stammen, das ihn tatsächlich gekannt hat.

8. KĀTIB ČELEBI UND DIE ISTANBULER GESELLSCHAFT: DIE ḪOĞAZĀDES UND ʿABDÜRRAḤĪM EFENDI

Als Yaḥyā Efendi 1644 starb, wurde ein Mann aus einer ihm nahestehenden Familie zu seinem Nachfolger als *šeyḫülislām* berufen. Ḫoğazāde Ebū Saʿīd Efendi war ein Enkel des *šeyḫülislām* Ḫoğa Saʿdeddīn (1537-99), des berühmten Historikers und einflußreichen Lehrers Murāds III. und Meḥmeds III.[353] Er war der Schwiegervater Meḥmed ʿİzzetīs.[354] Er war kein Gelehrter, sondern ein politischer Mensch. 1644-45, 1651-52 und 1654-55 amtierte er als *šeyḫülislām*.[355] Er geriet 1655 in dem Aufstand gegen den Großwesir İbšir Paša zwischen die Fronten, entging nur knapp dem Tod und verbrachte die folgenden Jahre in der Verbannung.[356] Er ist auch als Dichter bekannt.[357] Sein Vetter Behāʾī Meḥmed Efendi gehörte als Dichter zu Meḥmed ʿİzzetīs Kreis, soll aber nicht den Rang Yaḥyā Efendis erreicht haben.[358] Als Gelehrter soll er auch nur mittelmäßig gewesen sein, doch seine Herkunft verbürgte ihm den Aufstieg in der *ʿilmīye*, der nur zeitweise von seinem Hang zu Tabakrauch und Rauschgift gebremst wurde.[359] Auch er sollte bis zum Amt des *šeyḫülislām* aufsteigen. Beide Vettern müssen von aufbrausendem, ja cholerischem Temperament gewesen sein.

Die Familie der "Ḫoğazādeler" gehörte zu den wichtigsten in den literarischen und gelehrten Kreisen Istanbuls. Von ihrem gesellschaftlichen Rang zeugt die Tatsache, daß eine Schwester Ebū Saʿīd Efendis eine Gattin Sultan ʿOs̱māns II. war.[360] Die Familie protegierte beispielsweise mehrere wichtige Historiker. In der vorangehenden Generation war dies — so weit aus den Quellen erkennbar — Ḥasanbegzāde Aḥmed Efendi gewesen, der eine Fortsetzung zu Saʿdeddīns berühmtem *Tāğu t-tevārīḫ* verfaßt hatte,[361] nun waren es — vermutlich nicht allein — Šāriḥülmenārzāde Aḥmed Efendi[362] und Veğīhī.[363] Die Familie besaß einen über Generationen angehäuften Schatz von Büchern und Kostbarkeiten, der jedoch bei den erwähnten Unruhen 1655 geplündert und in alle Winde zerstreut wurde.[364]

Daß Kātib Čelebi mit der Familie in Verbindung stand, bezeugt zunächst ein Hinweis in *Kašf aẓ-ẓunūn*. Saʿdeddīns *Tāğu t-tevārīḫ* endet mit der Herr

[353] İA s.v. Saʿd-ed-din. Ein provisorischer Stammbaum der Familie bei Thomas 1972. 157.
[354] Wurm 1971. 66.
[355] OT III, ii, 465f.
[356] OT III, i, 283-86.
[357] Altunsu 1972. 68.
[358] HOP III, 294ff.
[359] OT III, ii, 468ff.
[360] Altunsu 1972. 59.
[361] GOW 174, Baysun 1951-53, besonders p. 337-40.
[362] Thomas 1972. 136ff. Sein verschollenes Werk ist von Naʿīmā bevorzugt ausgewertet worden.
[363] OT III, ii, 469, Atsız 1977. CVI-CXIV. Veğīhī war zeitweise Siegelbewahrer des erwähnten Kemānkeš Qara Muṣṭafā Paša (op. cit. CXII).
[364] GOW 124 Anm. nach Naʿīmā.

schaft Selīms I., doch dort teilt Kātib Čelebi mit, daß er von einem Familienmitglied gehört habe, er habe es bis zu seiner eigenen Zeit fortgesetzt.[365] Von Behā'ī Efendi hat Kātib Čelebi eine kostbare Handschrift eines geographisch-historischen Werkes, *Tārīḫ-i Hind-i Ġarbī*, erhalten.[366] Behā'īs Marginalien darin zeigen, daß er keineswegs so ungelehrt war, wie das oben zitierte Urteil glauben machen will. Darin hat er z.B. seiner Sorge über den Niedergang der osmanischen Macht im Roten Meer Ausdruck verliehen,[367] doch beziehen sich die meisten Marginalien auf mathematische Geographie.[368] Als Kātib Čelebi ihn allerdings mit einigen *fetvās* zu kniffligen mathematisch-astronomischen Fragen auf die Probe stellte, versagte er. Nach seinem Tod 1654 beantwortete Kātib Čelebi die Fragen in einer kleinen Abhandlung, *İlhāmu l-muqaddes mine l-feyżi l-aqdes*, selbst.

Kātib Čelebi fragt darin 1. nach den Gebets- und Fastenzeiten nördlich des Polarkreises, 2. ob es geschehen könne, daß die Sonne im Westen aufgeht (da dies zu den Vorzeichen des jüngsten Tages gehörte, war es anscheinend ein beliebter Bestandteil von Schwurformeln), und 3. ob es einen Ort außer Mekka gebe, an dem alle Richtungen als *qıbla* gelten könnten. Die Probleme sind keineswegs originell, sondern stammen aus der juristischen und astronomischen Literatur. Im *Ǧihānnümā* ist einige Male darauf verwiesen. Gedruckt in Faksimile und Transkription (unter Aussparung eines arabischen Exkurses) in Šehsuvaroğlu 1957. Cf. außerdem Gökyay 1957a. 76f., zu Handschriften auch Derin 1957. 28. Zu Kātib Čelebis astronomischen Interessen s. Kap. IX, Abschn. 6.

Als Behā'ī Efendi 1649-51 und erneut von 1652 bis zu seinem Tod 1654 *šeyḫülislām* war, sah er sich mehrfach mit Fragen konfrontiert, die Kātib Čelebis einstiger Lehrer Qāḍīzāde aufgeworfen hatte. Zunächst ist hier ein *fetvā* zu nennen, das das Tabakrauchen für gesetzeskonform erklärt, nachdem Murād IV. es 1633 verboten hatte. Kātib Čelebi betont ausdrücklich, daß Behā'īs Entscheidung nicht durch seine eigene Sucht begründet war, sondern in der Überzeugung, daß ein solches Verbot nicht durchsetzbar sei und dem Gläubigen zuviel abverlan

---

365 *Kašf aẓ-ẓunūn* 269 s.v. Tāğu t-tevārīḫ.

366 Es handelt sich um die Handschrift Topkapı, Revan K. 1488. Daß sie einst Behā'ī Efendi gehört hat, war bekannt, daß sie durch Kātib Čelebis Hände gegangen ist, hat Wurm 1971. 65 bereits vermutet. Ich bin Prof. Goodrich dankbar, daß er mir seine Kopien der Handschrift zugänglich machte, um diese Frage zu überprüfen. Die Zusammenhänge zwischen diesem Werk und dem *Ǧihānnümā* werde ich an anderer Stelle behandeln. Hier ist nur noch wichtig, daß Kātib Čelebi in seinem Besitzervermerk Behā'ī Efendi als früheren *šeyḫülislām* nennt, aber nicht als *merḥūm* bezeichnet. Er muß die Handschrift also zu dessen Lebzeiten, zwischen dessen beiden Amtszeiten als *šeyḫülislām* übernommen haben. Der Besitzereintrag ist übersetzt bei Goodrich 1990. 349f., Marg. Nr. 1. In diesem ist sein Name getilgt, doch läßt sich der Text *eqallu l-ḫalīqe* zwanglos durch Muṣṭafā Ḫalīfe ergänzen, genauso wie sich Kātib Čelebi an anderer Stelle (ǦD 9) vorgestellt hat.

367 In Marg. 27 plädiert er für den Bau eines Suez-Kanals, von dem er sich die Belebung der Handelswege erhofft.

368 Cf. Goodrich 1990. 349-67, Marg. 5, 7, 8, 15, 21, 23, 24, 27, 31, 32, 55, 71 (zweifelhaft). Nr. 80 stammt m.E. von dem späteren Eigentümer Ebū Bekr ed-Dimišqī (s.u. Kap. VI, Abschn. 7).

ge,[369] dieselbe Linie der Argumentation, die sich Kātib Čelebi selbst zu eigen gemacht hatte.[370] Er erwähnt ein zweites *fetvā* Behā'īs nicht, in dem dieser einige Praktiken der Sufis, wie die Musik und den Tanz, für ungesetzlich erklärte. Dies war ein großer Triumph für die Qāḍīzāde-Anhänger, die das *fetvā* sofort einsetzten, um die Sufis weiter zu terrorisieren. Es spricht nicht für Behā'īs Weitblick, daß er — selbst keiner Sympathie für die Ultraorthodoxen verdächtig — diese Folgen nicht abgesehen hatte. Erst das Drängen eines *šeyḫs* der Ḫalvetīye und vor allem seines Vetters Ebū Saʿīd bewogen ihn dazu, sein *fetvā* formell zu widerrufen.[371]

Kātib Čelebi spricht von Behā'ī mit großer Wärme. Er hielt ihn für sehr begabt, doch seien seine Sucht und seine unsystematische Ausbildung schuld daran, daß er nicht zu den Größen seiner Zeit gehört habe. Das Urteil über das Rauchen rechnet er ihm so hoch an, daß er ihn für den größten *šeyḫülislām* nach ʿAbdürraḥīm Efendi erklärt.[372]

ʿAbdürraḥīm Efendi stammte aus Adana, wurde in Istanbul zunächst *mülāzim* bei Behā'īs Vater ʿAbdülʿazīz Efendi, dann bei diesem selbst, stieg 1042 zum *müderris* an der Süleymānīye auf, hatte danach verschiedene hohe *qāḍī*-Stellen inne und wurde 1647 *šeyḫülislām*.[373] Er war mit einer Enkelin Ḫoǧa Saʿdeddīns verheiratet.[374] Er gilt als schonungslos aufrichtig und schroff und soll viele Zeitgenossen verprellt haben.[375] Seine Karriere erlitt eine Zäsur, als er den Posten des *qāḍīʿasker* von Anatolien an den zwielichtigen Ǧinǧi Ḫoǧa verlor und im Zorn darüber den *šeyḫülislām* beleidigte.[376] Er war als Gelehrter ein Spezialist der Jurisprudenz und hat, wie erwähnt, zu allen Zeiten Unterricht erteilt, an dem auch Kātib Čelebi teilnahm.

Er spielte eine wichtige Rolle bei der Absetzung des geistesschwachen Sultans İbrāhīm 1648. Am Anfang dieser Ereignisse stand ein Aufruhr der Janitscharen-Agas, der zum Sturz des Großwesirs Aḥmed Paša und zur Einsetzung Ṣofu (Qoǧa) Meḥmed Pašas führte. Immerhin hatte ʿAbdürraḥīm Efendi die Aufrührer seiner Unterstützung versichert. Als diese übereinkamen, auch die Absetzung des Sultans zu fordern, gehörte ʿAbdürraḥīm Efendi zu der Delegation von *ʿulemā*, die das Einverständnis der Sultansmutter Kösem Sulṭan und die Herausgabe des Nachfolgers, des siebenjährigen Meḥmed IV., erwirkte. Der letzte

---

[369] *Mīzānu l-ḥaqq* 48.

[370] Von den zahllosen Hinrichtungen wegen des verbotenen Tabakgenusses spricht er *Mīzānu l-ḥaqq* 41f.

[371] Zilfi 1986. 259f. Kātib Čelebi übergeht die gesamte zweite Welle der Qāḍīzāde-Umtriebe, die mit dem Namen Usṭuvānī Meḥmed Efendis verbunden ist, in der *Fezleke* mit Stillschweigen. Nur eine wenig belangreiche Ermahnung des Sultans an Behā'ī Efendi ist *Fezleke* II, 391 mitgeteilt.

[372] *Mīzānu l-ḥaqq* 50.

[373] Seine Karriere in *Ẕeyl-i Šaqā'iq* 193-96, Nr. 124.

[374] Danišmend 1947-55. V, 124.

[375] OT III, ii, 467.

[376] *Ẕeyl-i Šaqā'iq* 194f.

Schritt, die Hinrichtung des inhaftierten İbrāhīm, soll allein auf Initiative ʿAbdürraḥīms und Ṣofu Meḥmed Pašas (und in deren Beisein) geschehen sein.[377] Das entscheidende *fetvā* hatte ʿAbdürraḥīm Efendi erteilt.[378]

ʿAbdürraḥīm Efendi griff nicht nur selbst in die Politik ein, sondern verfolgte das Geschehen über seinen Wirkungsbereich hinaus. Kātib Čelebi lud er bisweilen ein, um mit ihm gegenwärtige und frühere Ereignisse zu diskutieren, und verließ sich in diesen Dingen ganz auf seine Autorität.[379] Beispielsweise ließ er sich von ihm erklären, warum ein Verband der osmanischen Flotte 1057 über Chios nach Kreta lief, anstatt die in der Bucht von Nauplia eingeschlossene übrige Flotte zu entsetzen.[380] Andererseits hat er Kātib Čelebi seine Sicht der Entwicklung am Hofe unter Sultan İbrāhīm offen auseinandergesetzt. Dem schwachen Nachfolger Kemānkeš Qara Muṣṭafā Pašas gab er die Schuld, daß der Sultan vernünftigen Einflüssen immer weniger zugänglich war. Sulṭānzāde Meḥmed Paša habe es aus Angst um sein Leben nie gewagt, dem Sultan zu widersprechen.[381] Als dieser ihn danach befragte, flüchtete er in die Ausrede, dies gehe nicht an, denn der Sultan könne — als Kalif und als Schatten Gottes auf Erden — keine Fehler begehen. Künftig pflegte der Sultan jeden Widerspruch gegen seine unsinnigen Anordnungen unter Berufung auf diese Erklärung beiseite zu wischen. Kātib Čelebi schließt seine Wiedergabe des Gespräches mit dem Seufzer: "Wie sich die Dinge durch den Anstoß dieses Großwesirs entwickelten, weiß alle Welt".[382]

ʿAbdürraḥīm Efendi hat dank seines Interesses für Geschichte Kātib Čelebis Geschichtstabellen *Taqvīmü t-tevārīḫ* überaus wohlwollend aufgenommen, die dieser 1058/1648 innerhalb von zwei Monaten als eine Art Index aus *Faḏlakat aqwāl al-aḫyār* exzerpierte.[383]

> Dieses Werk ist teils türkisch, teils persisch verfaßt. Neben der chronologischen Übersicht enthält es Listen wichtiger osmanischer Funktionsträger wie Großwesir, *šeyḫülislām*, *qāḍīʿasker* und anderer. Das Schlußwort gibt wichtige Aufschlüsse für Kātib Čelebis Geschichtsverständnis (s.u. Kap. VIII). Es wurde von Naʿīmā in dessen geschichtstheoretischer Einleitung verwertet (Ǧevdet 1926-27. 1794, nicht erwähnt bei Thomas 1972). Kātib Čelebi hat verschiedene Ansätze gemacht, zuerst jeweils 50, dann 10, dann 5 Jahre auf einer Seite behandelt und zuletzt die Tabellenform ganz aufgegeben (*Kašf aẓ-ẓunūn* 469 s.v. Taqwīm at-tawārīḫ, auch *Taqvīmü t-tevārīḫ* 237).

---

377 OT III, i, 233-39, İA s.v. Kösem Sultan, İbrāhīm.

378 *Feẕleke* II, 327.

379 *Mīzānu l-ḥaqq* 140f.

380 *Feẕleke* II, 297. Diese Episode ist fehlerhaft übertragen in Gökyay 1957a. 35 Anm.

381 Er war übrigens auch eng mit Ǧinǧi Ḫoǧa verbunden (EI 2 s.v. Ḥusayn Djindji).

382 *Feẕleke* II, 293. In dieser Analyse stimmen die beiden auch mit der Mutter İbrāhīms, Kösem Sulṭān, überein. Zumindest Kātib Čelebi hat daher anscheinend ein gewisses Unbehagen gefühlt, als der Sultan selbst für die Mißstände verantwortlich gemacht und unter diesem Vorwand hingerichtet wurde, während das wahre Motiv die Furcht vor einer Gegenrevolte vor allem des Palastvolkes war (*Feẕleke* II, 326f.).

383 *Mīzānu l-ḥaqq* 140.

Die Tabellenform läßt an die historischen Abrisse in astronomischen Tafelwerken als Vorbild denken, etwa an al-Bīrūnīs *al-Qānūn al-masʿūdī*. Es sei an Kātib Čelebis Studien am Werk des Uluġ Beg erinnert. Im Unterschied zu *Faḏlakat aqwāl al-aḫyār* reicht *Taqvīmü t-tevārīḫ* bis zur Zeit seiner Abfassung. Es hat großen Anklang gefunden, und viele Eigentümer haben ihre Handschrift bis zu ihrer Zeit fortgesetzt (cf. Gökyay 1957a. 49ff.). Fortsetzungen wurden verfaßt von Ḥüseyn Hezārfenn (Wurm 1971. 85f.), Šeyḫī (GOW 268) und Süleymān b. Šamʿdānīzāde (GOW 306) sowie von İbrāhīm Müteferriqa. Nach diesem Vorbild entstand am Ende des 19. Jhdt. İbrāhīm Agāh Pašas *Veqāʾiʿ-i tārīḫīye* (GOW 399).

Als nützliches Hilfsmittel wurde es ins Italienische, ins Lateinische und ins Französische übersetzt (Gökbilgin 1957. 111, GOW 197). Mit den Fortsetzungen von Šeyḫī und İbrāhīm Müteferriqa hat das Buch als 12. Werk der Müteferriqa-Druckerei im Muḥarrem 1146 (beg. 14.6.1733) die Presse verlassen (Watson 1968. 44).

Zu Handschriften cf. Gökyay 1957a. 51ff., Derin 1957. 26f., GOW 197, Storey/Bregel' 1972.433ff. Zu einer arabischen Übersetzung GAL G II 428, zu einer persischen Storey/Bregel' 1972. 434f.

In dem Interesse für Geschichte und aktuelle Politik, wie wir es bei ʿAbdürraḥīm Efendi sehen, haben wir einen wichtigen Schlüssel für Kātib Čelebis historiographische Tätigkeit an der Hand. Die Geschichtsschreibung hat in der osmanischen Gesellschaft regelmäßig die Funktion, nicht nur über vergangene Ereignisse zu informieren, sondern auch Parallelen und Vorbilder, also Erklärungsmuster und Handlungsanweisungen für die Gegenwart zu liefern.[384] Dieser aktuelle Bezug darf gerade bei Kātib Čelebis historischen Werken nicht unterschätzt werden, zumal er in den späteren Werken immer deutlicher hervortritt.

Dank *Taqvīmü t-tevārīḫ* ging für Kātib Čelebi eine dreijährige Abwesenheit vom Dienst zu Ende. Nach zwanzig Dienstjahren hatte er 1645 einen Turnus als *ḫalīfe* beansprucht, wie dies üblich sei.[385] Doch der Obergehilfe bestand darauf, daß die Stellen auf Lebenszeit vergeben seien (und daher derzeit keine Stelle frei sei).[386] Dank seiner finanziellen Absicherung konnte Kātib Čelebi es sich leisten, mit einem "Gott befohlen" seinen Abschied zu nehmen. Nun also, 1648, setzte sich ʿAbdürraḥīm Efendi in Anerkennung von *Taqvīmü t-tevārīḫ* bei Ṣofu Meḥmed Paša dafür ein, daß Kātib Čelebi in der *süvārī muqābelesi* zum stellvertretenden Gehilfen (*ikinği ḫalīfe*) befördert wurde. ʿAbdürraḥīm Efendi betonte, daß Kātib Čelebi trotz seiner Verdienste nicht nach Rang und Ehre strebe — ein Urteil, das Kātib Čelebi angesichts des vorherrschenden Gelehrtenideals sicher gern hörte und zitierte. Gegen den Widerstand des Obergehilfen (*ḫalīfe*) erhielt Kātib Čelebi sein Ernennungsdiplom. In *Mīzānu l-ḥaqq* erklärt Kātib Čelebi befriedigt, seinen mißgünstigen Vorgesetzten habe alsbald das Verderben

---

[384] Für das *Ğihānnümā* wird dieses Motiv in Kap. VI und VIII analysiert.

[385] Es bliebe zu prüfen, ob es für eine solche Regelung andere Belege gibt.

[386] *Qayd-ı ḥayāt daʿvāsına yapıšaġaq* (*Mīzānu l-ḥaqq* 138). Ebenso versteht G. Lewis (1957. 143) die Stelle, während Gökyay übersetzt: "[kıdemimize göre sıra bize gelmemiş midir? deyip te] 'ölünceyedek gelmiyecek' davasına yapışınca ..." (1972. 116).

ereilt, er selbst aber habe sich fortan mit seinem Posten begnügt, da ihm hinreichender Lebensunterhalt sicher und Höheres zu verlangen nicht weise gewesen sei.[387] Doch dies ist eine moralisch geläuterte Sicht aus der Distanz mehrerer Jahre. Tatsächlich hat Kātib Čelebi sich durchaus mehr erhofft. Als den Obergehilfen das Verderben ereilte — er starb kurz nach Kātib Čelebis Rückkehr ins Amt —, hätte er Anspruch auf dessen Stelle gehabt. Vielleicht hatte Ṣofu Meḥmed Paša aber ʿAbdürraḥīms Darstellung von Kātib Čelebis Bescheidenheit allzu wörtlich genommen: Jedenfalls verkaufte er den Posten für 3000 *ġurūš* an einen Bewerber von außerhalb. Kātib Čelebi tröstete sich mit einem Koranzitat: Vielleicht ist euch etwas zuwider, während es gut für euch ist (2. 216). Doch die Sache muß sehr an ihm genagt haben. Als er nicht lange danach eine Autobiographie niederschrieb, berichtete er diesen Vorgang zunächst unpersönlich und distanziert, doch dann überkam ihn wohl noch einmal die Wut, er strich den Satz durch und nannte im neuen Anlauf den Verantwortlichen, den "Verräter an Religion und Herrscherhaus" Ṣofu Meḥmed Paša, beim Namen.[388] Ich bin sicher, daß auch das Kapitel über Bestechung in *Mīzānu l-ḥaqq* seine Entstehung diesem Erlebnis verdankt. Darin wird das Phänomen in verschiedenen Varianten betrachtet, die Bestechung, um ein Amt zu erlangen aber wird stets für ungesetzlich erklärt.[389] Schließlich kann diese Episode zwanglos erklären, warum Ṣofu Meḥmed Paša im Nekrolog von Kātib Čelebi so schlecht beurteilt wird, während er einige unbestreitbare Verdienste aufzuweisen hat, die von anderen Zeitgenossen auch honoriert werden.[390]

ʿAbdürraḥīm Efendi wurde Mitte 1649 auf Betreiben des Großwesirs Murād Paša abgesetzt und begab sich zunächst auf die Pilgerfahrt. Danach wurde er *qāḍī* von Jerusalem, durfte dann aber diesen Posten mit dem des *qāḍī* von Üsküdar vertauschen. Als er 1061 (beg. 25.12.1650) dort ankam, trug man ihm erneut das Amt des *šeyḫülislām* an (wohl als Nachfolger Qaračelebizāde ʿAbdülʿazīz Efendis), doch er soll abgelehnt haben: "Wir gehören nun zu den von Gott Ausgezeichneten und können uns in irdische Dinge nicht einmischen". Stattdessen nahm er die Stelle eines *qāḍī* von Belgrad an, wo er 1066 starb.[391] Nach einer anderen Auffassung ist er von seinen Gegnern mit dieser Bestallung aus der Hauptstadt entfernt worden.[392]

---

[387] Die ganze Episode findet sich in dieser Darstellung in *Mīzānu l-ḥaqq* 140f.
[388] WK 4r.
[389] *Mīzānu l-ḥaqq* 115-20.
[390] OT III, ii, 395ff. unter Berufung auf Veğīhī und Qaračelebizāde ʿAbdülʿazīz, cf. Kātib Čelebis Nekrolog in *Fezleke* II, 356, in dem auffallend pauschal auf zahlreiche falsche Maßnahmen verwiesen wird.
[391] *Zeyl-i Šaqā'iq* 195.
[392] *Zeyl-i Šaqā'iq* 195, Marginalie nach Qaračelebizāde. Derselben Ansicht ist Kātib Čelebi (*Fezleke* II, 377).

1652 erhielt das Reich noch einmal einen Großwesir, der über die von Kātib Čelebi für dieses Amt für unabdingbar erachteten Eigenschaften verfügte. Ṭarḫonğu (oder Ṣarı) Aḥmed Paša wird beschrieben als absolut integer, selbstlos, rastlos sich für das Wohl des Reiches einsetzend, und von schonungsloser Ehrlichkeit. Mit solchen Eigenschaften war es offensichtlich nicht leicht, Karriere zu machen. Sein Aufstieg war mehrmals unterbrochen. Nach den Unruhen von 1648 bewahrte ihn der *šeyḫülislām* ʿAbdürraḥīm Efendi vor der Hinrichtung und verschaffte ihm den Posten des *vālī* von Ägypten. 1651 abgesetzt und unter dem Vorwand fiskalischer Unregelmäßigkeiten vom Großwesir Gürğü Meḥmed Paša, der ihn als gefährlichen Rivalen erkannt hatte, mit dem Tode bedroht, wurde er durch den Einsatz des *qāḍīʿasker* von Anatolien (und nachmaligen *šeyḫülislām*) Ḫoğazāde Mesʿūd Efendi gerettet.[393] Mesʿūd Efendi gelang es, erst die *vālide* und dann auch den Sultan für seinen Schützling einzunehmen, der im Juni 1652 zum Großwesir bestellt wurde, und sich tatkräftig daranmachte, eine Reihe von Verbesserungen ins Werk zu setzen.[394]

Um die drängenden Probleme, d.h. die mangelnden Erfolge im Kretakrieg, die Schwäche der Flotte und das Defizit der Staatskasse zu bekämpfen, wurde am 17.2.1653 ein Staatsrat in den Gärten des Arsenals einberufen, an dem der Sultan, die *vālide*, der Großwesir Ṭarḫonğu Aḥmed Paša selbst, der *šeyḫülislām* (damals Behā'ī Efendi) und zahlreiche Notabeln teilnahmen.[395] Bezüglich der Finanzprobleme verständigte man sich darauf, eine Aufstellung aller Einnahmen und Ausgaben als Grundlage für Reformmaßnahmen erarbeiten zu lassen. Zu diesem Zweck und auf Befehl des Sultans versammelten sich am nächsten Tag die Schreiber des *dīvān* im Palast des *defterdār*s und beschlossen, in allen Kanzleien die Vorgänge von 1053, als unter Kemānkeš Qara Muṣṭafā Paša der Haushalt noch ausgeglichen war, bis 1062, dem letzten Haushaltsjahr, zusammenzustellen.

Naʿīmā, der diese Ereignisse beschrieben hat, hat den Eindruck erweckt, Kātib Čelebi habe bereits an der ersten Besprechung teilgenommen, was angesichts des Ranges der Übrigen nur durch Empfehlung und Protektion eines Teil

[393] Dieser ist nicht, wie der Name vermuten lassen könnte, mit Ebū Saʿīd und Behā'ī Efendi verwandt. Auch er war kein großer Gelehrter, sondern ging ganz im politischen Amt auf. Durch schnelle Auffassung und unbeschönigte Darstellung bestehender Mißstände sowie persönlichen Mut (ein Beispiel OT III, i, 293) erwarb er sich den Respekt und das Vertrauen der *vālide* und des Sultans Meḥmed IV. Sein Rat wurde in allen Angelegenheiten eingeholt. 1656 wurde er für kurze Zeit *šeyḫülislām*. Seine Versuche, seine Vorzugsstellung zu bewahren, schufen ihm zahlreiche Feinde. Unter dem falschen Verdacht, er bereite den Sturz des Sultans vor, wurde er 1656 in Bursa getötet (OT III, ii, 473ff., anschaulich *Ẕeyl-i Šaqā'iq* 197-204, Nr. 127).

[394] Seine Berufung geschah gegen den Widerstand von Ebū Saʿīd Efendi (OT III, 1, 260f.).

[395] Dieses Datum (19. Rabīʿ I 1063) nach OT III, i, 264. Naʿīmā gibt den 19. Rabīʿ II 1063 an, was aber mit der weiteren Chronologie nicht übereinstimmt.

nehmers geschehen sein konnte.[396] Seine Formulierung ist jedoch nicht ganz eindeutig. Daß Kātib Čelebi selbst diese Versammlung mit Stillschweigen übergeht und nur vom Befehl des Sultans und der Konferenz der Schreiber berichtet,[397] spricht m.E. eher dafür, daß er nur in dieser anwesend war, wie es seiner Stellung entsprach. Es gibt keinen Hinweis darauf, daß er mit Ṭarḫonğu Aḥmed Paša bekannt gewesen ist. Er hat jedoch sicher mit dessen Zielen sympathisiert und sich über die Auszüge aus den Büchern der *süvārī muqābelesi* hinaus mit dem Reformvorhaben beschäftigt, indem er eine Denkschrift mit dem Titel *Düstūru l-ʿamel li iṣlaḥi l-ḫalel* verfaßte, die die Mißstände untersucht und Möglichkeiten der Reform erörtert.

Dieses Werk zeichnet sich unter Kātib Čelebis Schriften dadurch aus, daß es als einziges einen "semi-philosophischen Überbau" (E. Rosenthal) hat, auf den die empirischen Fakten immer wieder bezogen werden. Dieser besteht aus der Analogie des Staates zum menschlichen Körper: Einerseits entsprechen danach bestimmte gesellschaftliche Gruppen und Institutionen den Körperflüssigkeiten und Organen, andererseits hat der Zyklus von Aufstieg, Stagnation und Niedergang eines Staates seine Parallele in Jugend, Reife und Alter des Menschen. Der letztere Aspekt ist eindeutig von Ibn Ḫaldūn inspiriert (Fındıkoğlu 1953, B. Lewis 1986), während der andere sich — ohne aktuellen Bezug — bei Dawwānī findet, einem Bearbeiter von Naṣīraddīn Ṭūsīs *Aḫlāq-i Naṣīrī*, der durch die Vermittlung von Qınalızāde ʿAlī bei den Osmanen bekannt war (E. Rosenthal 1958. 220, Fleischer 1983. 201). Im Bezug auf aktuelle Probleme liegt der Unterschied zur Fürstenspiegelliteratur, weswegen die von Fodor 1986 gezogene Traditionslinie für *Düstūru l-ʿamel* unzutreffend ist. Auch das Interesse an Ibn Ḫaldūn bezieht sich, wie Fleischer argumentiert, nicht auf dessen "Geschichtsphilosophie", sondern auf die Möglichkeit, mit dessen Modell die konkrete Situation anschaulich zu machen (1983. 200, cf. auch Kap. VIII, Abschn. 7).
Düstūru l-ʿamel steht in der Tradition der osmanischen "decline treatises" (cf. B. Lewis 1962a, zur Interdependenz der "decline treatises" Murphey 1979), unterscheidet sich von den meisten derselben aber dadurch, daß die Hauptschwäche nicht im Verfall des *tīmār*-Systems, sondern in der übergroßen Stärke der Pfortentruppen gesehen wird (Howard 1988. 72, cf. die Zahlenangaben Röhrborn 1973. 78). Deren Zahl zu reduzieren hat sich Ṭarḫonğu Aḥmed Paša bemüht (OT III, i, 286f.). Ein Rezept zur Abhilfe beschränkt sich auf die altbekannte Rückkehr zum *qānūn* und den verzweifelten Ruf nach einem starken "Mann des Schwertes", doch Kātib Čelebi läßt offen, ob selbst dieser mehr tun könnte als den Verfall kurzfristig aufzuhalten. *Düstūru l-ʿamel* hat sowohl auf Ḥüseyn Hezārfenn (cf. Anhegger 1951-53. 367f.) als auch auf Naʿīmā großen Einfluß gehabt (Thomas 1972. 73-78).
Cf. außerdem Aktepe 1957, Gökbilgin 1957, Gökyay 1957a. 82ff., zu Handschriften außerdem Derin 1957. 28f., GOW 201. Gedruckt im Anhang zu ʿAyn ʿAlī, *Qawānīn-i Āl-ı ʿOsmān*, Istanbul 1863, 119-140 (diese Ausgabe ist mit einem Vorwort von M.T. Gökbilgin nachgedruckt Istanbul 1979), in Fortsetzung in Taṣvīr-i efkār, Jg. 1280/1863, Nr. 122-127, deutsche Übersetzung Behrnauer 1847, moderne türkische Übersetzung Gökyay 1968. 153-161 und Can 1982.

---

[396] *Tārīḫ-i Naʿīmā* V, 277ff.
[397] *Fez̲leke* II, 384f.

Die gesammelten Angaben zum Budget wurden vom *defterdār* dem Großwesir übergeben, der sie dem Sultan unterbreitete, doch der Hof war zu den notwendigen Konsequenzen nicht bereit. Stattdessen betrieb man den Sturz des wegen seiner unpopulären Maßnahmen schnell verhaßten Großwesirs, der bald darauf, am 20.3.1653 entmachtet und getötet wurde.[398] Kātib Čelebis Denkschrift blieb in der Schublade, bis sich zwei Jahre später der *šeyḫülislām* Ṭulumǧuzāde (oder Ḥusamzāde) ʿAbdürraḥmān Efendi, der seinerzeit als *qāḍīʿasker* von Rumeli an der Beratung des Sultans und Ṭarḫonğu Aḥmed Pašas teilgenommen hatte, sie von ihm erbat und sie dem Sultan vorlegen ließ. Kātib Čelebi hat daran keine Erwartungen geknüpft, aber der Hoffnung Ausdruck gegeben, es werde eines Tages ein Sultan kommen, der seinen Vorschlägen gemäß handeln werde.[399]

Nach dem Gesagten muß also auch Ṭulumǧuzāde ʿAbdürraḥmān Efendi zu Kātib Čelebis Bekanntenkreis gerechnet werden. Unter den *šeyḫülislām*s der Epoche ist er der fünfte, den Kātib Čelebi selbst gekannt haben muß, während nur von zweien — Muʿīd Aḥmed und Qaračelebizāde ʿAbdülʿazīz — kein Kontakt überliefert ist. ʿAbdürraḥmān Efendi[400] stammte wie die meisten der hier Genannten aus einer Gelehrtenfamilie, doch genoß er im Gegensatz etwa zu den Nachfahren Ḫoğa Saʿdeddīns auch selbst einen Ruf als Gelehrter, insbesondere im Korankommentar. Sein Aufstieg durch die Ränge der *müderris* und *qāḍī*s vollzog sich kontinuierlich. 1656 wurde er als Kandidat der Janitscharen-Agas und der *vālide* gegen seinen Willen Nachfolger von Ebū Sʿaīd Efendi *šeyḫülislām*. Von seinen politischen Intentionen ist kein klares Bild zu gewinnen. Aus seinem Einsatz für *Düstūru l-ʿamel* darf man immerhin schließen, daß ihm die Bemühung um Reformen am Herzen lagen. Nach wenigen Monaten schon trat er nach einer durch Münzverschlechterung ausgelösten Revolte der Pfortentruppen zurück.[401] Kurzzeitig war er *qāḍī* von Jerusalem, dann zog er sich als Lehrer nach Ägypten zurück, wo er 1081 (beg. 21.5.1670) starb. Es scheint also, als habe er nicht an Amt und Einfluß gehangen. Dazu paßt neben seiner Befähigung als Gelehrter auch, daß er sich in Künsten auszeichnete, die meditative Qualität haben: im Bogenschießen und in der Kalligraphie. Auch im Reiten, Gewichtheben und im Ringen soll er ein Meister gewesen sein.[402]

Die Jahre nach 1650 sind die arbeitsreichsten, schöpferischsten in Kātib Čelebis kurzem Leben gewesen. Mehr oder weniger gleichzeitig hat er an einer ganzen Reihe von Werken gearbeitet, die in die unterschiedlichsten Wissensgebiete ausgreifen.

---

398 Dieses Datum *Fez̲leke* II, 385. Das Datum 30.3. in OT III, i, 266 halte ich für einen Irrtum.

399 *Fez̲leke* II, 385.

400 Von ʿUšaqīzāde wird er ʿAbdürraḥīm Efendi genannt (*Z̲eyl-i Šaqā'iq* 362ff., Nr. 255).

401 Nach anderen Quellen erzwangen die Truppen seine Absetzung, weil er dem Sultan geraten hatte, sich dem Druck der Aufständischen zu entziehen (OT III, i, 293). Sein Nachfolger wurde der erwähnte Ḫoğazāde Mesʿūd Efendi.

402 *Z̲eyl-i Šaqā'iq* 362ff., Nr. 255.

Da ist zunächst *Tuḥfetü l-aḫyār fī l-ḥikem ve l-emsāl ve l-aš'ār* zu nennen, ein Konversationslexikon im eigentlichen Sinne des Wortes.

Das Werk ist eine Blütenlese von interessanten, amüsanten und lehrreichen Texten in Arabisch, Türkisch und Persisch zu alphabetisch angeordneten Stichworten. Kātib Čelebi hat zwischen 1061 (beg. 25.12.1650) und 1063 (endet 21.11.1653) an einer Reinschrift gearbeitet, die bis zum Buchstaben *ḥā* gedieh und dann liegenblieb. Aus den vorhandenen Kladden und teilweise aus Eigenem wurde das Werk nach Kātib Čelebis Tod von Yazığızāde Meḥmed b. Aḥmed vervollständigt (Gökyay 1957a. 79ff.). Zu Handschriften loc. cit.

Im Zusammenhang mit *Sullam al-vuṣūl* steht eine Sammlung von allerhand lehrreichen Stückchen, die gleichsam als Nebenprodukt der biographischen Studien entstand. Sie trägt keinen eigenen Titel, sondern wird nach einem Ausdruck in der Einleitung *Dürer-i müntesire ve ġürer-i münteşire* genannt.

Es handelt sich eigentlich nicht um ein ausgearbeitetes Werk, sondern um eine unsystematische Kollektion zu bestimmten Themen. Vermutlich ist dies das Buch nach Art von Ġaffārīs *Nigāristān* (zu diesem EI 2 s.v. Ghaffārī), das in *Mīzānu l-ḥaqq* 144 unter dem Jahr 1065 erwähnt wird. Die einzige Handschrift Nuruosmaniye 4949 ist das Autograph. Cf. Gökyay 1957a. 81f.

1064/65 (22.11.1653-30.10.1655) will Kātib Čelebi eine Sammlung von kuriosen *fetvās* mit dem Titel *Raġm ar-raġīm bi s-sīn wa l-ġīm* zusammengetragen haben, die nach Şeyḫī für die *şeyḫülislāms* seiner Zeit bestimmt war.[403] Auch ein *Qānūnnāme* gibt er an, das er in jenen Jahren geschrieben habe. Handschriften beider Werke sind nicht bekannt.[404]

1648, noch zu Zeiten ʿAbdürraḥīm Efendis, hatte Kātib Čelebi begonnen, eine Universalgeographie mit dem Titel *Ǧihānnümā* zu kompilieren, nachdem ihn der Ausbruch des Krieges um Kreta erstmals zur Beschäftigung mit Geographie veranlaßt hatte. Trotz des großen Interesses, auf das das Werk stieß, hatte er es beiseitegelegt, als er die Unzulänglichkeit des Quellenmaterials für Europa erkannte.

Zur ersten Fassung des *Ǧihānnümā* s. Kap. III, zur Überarbeitung und Fortsetzung Kap. IV.

Um diesen Mangel auszugleichen, suchte Kātib Čelebi offenbar schon frühzeitig nach europäischen Quellen. So wußte er von einem Atlas des Abraham Ortelius im Besitz von Qaračelebizāde Maḥmūd Efendi, doch als dieser 1653 starb, gelang es ihm nicht, des Buches habhaft zu werden. Erst Jahre später scheint er es erhalten zu haben.[405] Dies deutet darauf hin, daß der Kontakt mit dieser Familie von bekannten *ʿulemā* wesentlich weniger eng war als mit den zuvor genannten. Es ist hier nicht zu bestimmen, ob diese Distanz eher persönlich oder

---

[403] *Veqā'iʿu l-fużalā*, zit. n. Gökyay 1957a. 85.
[404] *Mīzānu l-ḥaqq* 144, Gökyay 1957a. 84f., 54.
[405] Zu Ortelius' Atlas als Quelle für das *Ǧihānnümā* cf. Kap. V.

eher politisch begründet war. Bezüglich Qaračelebizāde Maḥmūd Efendi, der *qāḍīʿasker* von Rumelien und Anatolien gewesen ist, sei darauf verwiesen, daß er der Schwiegervater des mehrfach genannten Ǧinǧi Ḫoǧa war.[406] Als 1062/1652 Ebū Saʿīd Efendis Temperament mit ihm durchging und er einen *ʿālim* verprügelte, organisierte Maḥmūd Efendi den Protest, der zu Ebū Saʿīds Absetzung als *šeyḫülislām* führte.[407]

Sein Onkel Qaračelebizāde ʿAbdülʿazīz Efendi ist zweifellos die bedeutendere Gestalt. Er ist als Dichter, als Gelehrter und vor allem als Historiker hervorgetreten.[408] Sein Ziel, *šeyḫülislām* zu werden, hat er hartnäckig verfolgt und sich in den Ruf eines skrupellosen Intriganten gebracht. Er gehörte 1648 wie ʿAbdürraḥīm Efendi zu der Delegation, die mit Kösem Sulṭan über die Absetzung Sultan İbrāhīms verhandelte. Er wurde dafür — ohne Beispiel in der Geschichte — mit dem Rang eines *šeyḫülislām* belohnt,[409] bis er 1651 die Kompromittierung Behā'īs ausnutzte und den Posten tatsächlich errang. Verwickelt in Kösem Sulṭans Versuch, den jungen Meḥmed IV. durch einen anderen Prinzen (den späteren Süleymān II.) zu ersetzen, stürzte er wenige Monate später und starb 1657 in der Verbannung.[410]

Vermutlich kannte Kātib Čelebi bereits damals, als er sich um den Ortelius-Atlas bemühte, jenen Renegaten, der als *šeyḫ* Meḥmed İḫlāṣī bekannt ist und ein zum Islam konvertierter französischer Geistlicher gewesen sein soll.[411] Er machte Kātib Čelebi einige europäische Bücher zugänglich, die dieser seinerseits sofort für seine Landsleute zu erschließen strebte. Er muß jahrelang in engster Zusammenarbeit mit Kātib Čelebi mit den Übersetzungen beschäftigt gewesen sein. Die Übersetzung von Gerhard Mercators Atlas Minor (Arnheim 1621) mit dem Titel *Levāmiʿu n-nūr fī ẓulmat Aṭlas Minur*, begonnen Ende 1653, sollte helfen, die Lücken in seinem geographischen Werk zu schließen.

Zu dieser Übersetzung cf. Kap. V, Abschn. 1.

Auf dieser Basis entstand ab Ende 1654 die zweite Fassung des *Ǧihānnümā*.

Dazu cf. Kap. V.

Aus der Zusammenarbeit Meḥmed İḫlāṣīs mit Kātib Čelebi sind noch weitere Werke hervorgegangen. Schon längst hatte Kātib Čelebi eine verläßliche Geschichte Konstantinopels, die den zahllosen Überresten der vorosmanischen Zeit

---

[406] İA s.v. Mehmed IV.

[407] *Fezleke* II, 381f.

[408] EI 2 s.v. Ḳarachelebizāde. Zu seinen historischen Werken cf. außerdem GOW 204ff., Murphey 1993-4.

[409] So EI 2 s.v. Ḳarachelebizāde. Nach Murphey 1993-94. 290f. bestand die Belohnung für diesen Einsatz im Posten des *qāḍīʿasker* von Rumelien, während die Würde des *šeyḫülislām* ihm für sein Geschichtswerk zuerkannt wurde.

[410] OT III, i, 253-59.

[411] Zu dem wenigen, was über ihn bekannt ist, cf. Kap. VII, Abschn. 2.

Rechnung trug, als Desiderat bezeichnet.[412] Diesem Mangel wurde nun durch *Revnaqu s-salṭana* abgeholfen.[413]

Zugrunde liegt die *Historia rerum in Oriente gestarum ab exordio mundi et orbe condito ad nostra haec usque tempora*, Frankfurt 1587, ein Nachdruck des *Corpus universae historiae praesertim Byzantinae*, Paris 1567, der im Vergleich zum Originalwerk nicht nur die Werke von vier byzantinischen Chronisten enthält, sondern auch einen Anhang zur osmanischen Geschichte, gestützt auf mehrere europäische und ungenannte türkische Quellen. Die einzige Handschrift ist Konya, İzzet Koyunoğlu Ktb. Nr. 14032 (Kütükoğlu 1974. 8f., Gökyay 1957a. 56, Ménage 1963. 173f.). Ḥüseyn Hezārfenn war also nicht, wie Yerasimos angibt, der erste osmanische Autor, der christliche Quellen zur byzantinischen Geschichte heranzog (1990. 245, cf. Wurm 1971. 91f.).

Außerdem entstand 1065 (beg. 11.11.1654) die Übersetzung einer europäischen Weltchronik, die in *Mīzānu l-ḥaqq* einfach als *Tārīḫ-i firengī* bezeichnet ist.[414]

Die Textgrundlage ist hier das *Chronicon* des Johann Carion, erstmals 1532 deutsch erschienen. Es wurde bald ins Lateinische und Französische, Italienische, Tschechische und Spanische übersetzt, von Philipp Melanchthon (1497-1560) völlig umgearbeitet, von Caspar Peucer (1525-1602) fortgesetzt (Gökyay 1957a. 54f.). Kātib Čelebi benutzte eine Ausgabe Paris 1548 (B. Lewis 1982. 158). Es war eine beliebte Grundlage der protestantischen Propaganda in Europa (B. Lewis 1962. 184f., cf. auch Jahn 1969 zur Bedeutung von Carions Chronik in der Universalgeschichtsschreibung). Nach Aussage von Kātib Čelebis Vorwort handelt es sich um eine reine Arbeitsübersetzung ohne Rücksicht auf Stil und Ausdruck. Die einzige Handschrift ist mit dem vorigen Werk zusammengebunden (Konya, İzzet Koyunoğlu Ktb. Nr. 14031 (Kütükoğlu 1974. 8f.). Der Text wurde auszugsweise in Fortsetzungen abgedruckt in der Zeitung Taṣvīr-i efkār 1862-63 (Gökyay 1957a. 54).

Eine unmittelbare Nutzanwendung der aus diesen Büchern gewonnenen Kenntnisse sollte *İršādu l-ḥayārā ilā tārīḫi l-Yūnān ve r-Rūm ve n-Naṣārā* sein, das Kātib Čelebi im Januar 1655 begann. Es soll "die Muslime aus ihrem Schlaf der Unachtsamkeit aufwecken" und sie in ihrem Kampf gegen die übermächtigen Christen mit dem notwendigen Wissen versehen.[415]

Diese kurze Abhandlung enthält eine kurze Darstellung der christlichen Konfessionen, doch da sich Kātib Čelebi auf ältere Traktate konvertierter arabischer Christen stützt, erscheinen bei ihm nur die Jakobiten, Melkiten, und Nestorianer, nicht aber Katholiken und Protestanten. Danach folgt eine Erklärung der Herrschaftssysteme, der Herrschertitel und der geistlichen Ränge. Es folgen in den 9 Kapiteln des Hauptteils Abrisse der Geschichte — kaum mehr als Herrscherlisten — des Kirchenstaates, des Kaisertums, Frankreichs, Spaniens, Dänemarks, Transsylvaniens, Ungarns, Venedigs und Moldaviens. Hier bricht der Text unvermittelt ab. Nach Ménage könnte das Werk als Anhang zu *Düstūru l-ʿamel* gedacht gewesen sein. Es sei durch seine Trivialität ein Indikator für die Unkenntnis bezüglich Europas unter den Gelehrten der Zeit (1971.

[412] *Kašf aẓ-ẓunūn* 300 s.v. Ta'rīḫ Qusṭanṭīnīya.
[413] *Mīzānu l-ḥaqq* 143.
[414] *Mīzānu l-ḥaqq* 143.
[415] Ménage 1971. 421.

421ff.). Zu Handschriften loc. cit. Cf. Gökyay 1957a. 57, Aydın 1985, B. Lewis 1982. 135f.

Meḥmed İḫlāṣī ist der einzige Europäer, von dem wir sicher wissen, daß Kātib Čelebi mit ihm in Verbindung gestanden hat. Es wird berichtet, daß der niederländische Resident Lewinus Warner mit Kātib Čelebi befreundet gewesen sei.[416] Warner hatte in Leiden orientalische Sprachen studiert und war 1644 nach Istanbul gekommen, um Handschriften einzukaufen. Eigentlich wollte er nach einem kurzen Aufenthalt zurückkehren, um in Leiden eine Professur zu übernehmen, doch die Umstände wollten es, daß er in Istanbul blieb, wo er nacheinander mehreren Residenten mit seinen Kenntnissen des Landes und der Sprache zur Seite stand, bis er 1655 selbst als Resident bestellt wurde. Neben dem Arabischen, Persischen und Türkischen interessierte er sich besonders für die östlichen Kirchen. Er initiierte eine erste Übersetzung der Bibel ins Türkische durch den Pfortendolmetscher ʿAlī, der ursprünglich Albert Bobovsky hieß.[417] 1665 starb er in Istanbul.[418] Seine Sammlung von über 1000 orientalischen Handschriften vermachte er der Universität in Leiden.

Es ist wohl möglich, daß ein so begeisterter und kundiger Büchersammler wie Warner die Wege des Bibliophilen Kātib Čelebi gekreuzt hat, doch fehlt dafür ein definitiver Beweis. Bemerkenswert ist immerhin, daß Warner von der zweiten Fassung des *Ǧihānnümā* eine der frühesten Handschriften besessen hat.[419] Sicher ist jedenfalls, daß Warner nach Kātib Čelebis Tod Bücher aus dessen Bibliothek über einen Mittelsmann erstanden hat.[420] Ein anderer Anknüpfungspunkt könnte Kātib Čelebis *Tārīḫ-i firengī* sein, dem, wie erwähnt, ein dezidiert protestantisches Werk zugrundeliegt. Sofern das von Kātib Čelebi benutzte Exemplar, das damals immerhin schon ein Jahrhundert alt war, nicht längst zuvor auf unbekanntem Wege ins Osmanische Reich gelangt ist, kommt als Vorbesitzer auch ein Niederländer in Frage. Die Niederländer waren zu jener Zeit neben den Engländern die einzigen Protestanten, die offiziell in Istanbul vertreten waren, wenn auch nur in sehr geringer Zahl.[421]

Mit großer Wahrscheinlichkeit hat Kātib Čelebi zu anderen Europäern Kontakt gehabt. Dies legen Informationsbruchstücke schon in der ersten Fassung

---

[416] So Wurm 1971. 66 nach Uzluk 1954. IX. Uzluk gibt leider keinen Beleg für seine Behauptung. Auch de Groot kann nur vermuten, daß Warner zu türkischen Gelehrten Beziehungen hatte (de Groot 1986. 11ff.).

[417] Über ihn Wurm 1971. 14f. et pass.

[418] Zu Warners Biographie cf. Drewes 1970, zu seinem Grab de Groot 1973. 7.

[419] Cod. warn. 1109, cf. Anhang. Warner besaß außerdem eine Handschrift von *Tuḥfetü l-kibār* (Cod. warn. 825) und eine von *Taqvīmü t-tevārīḫ* (Cod. warn. 290, kopiert 1070, cf. GOW 197. 202). Zu diesen Handschriften auch de Groot 1980. 163.

[420] Cf. dazu Abschn. 10.

[421] Cf. Mantran 1962. 570-79, speziell 573f. Aus der Quelle des *Tārīḫ-i firengī* zu schließen, daß Kātib Čelebis Gewährsmann Meḥmed İḫlāṣī Protestant gewesen sei (B. Lewis 1962. 185), scheint mir vorschnell, zumal dieser auch eindeutig katholische Werke übersetzte (dazu Kap. V).

des *Ǧihānnümā* nahe, die europäisches Wissen verraten, schließlich auch die Tatsache, daß Kātib Čelebi Karten und Atlanten erwarb. Gewißheit ist darüber jedoch nicht zu erlangen. Der venezianische Kapitän Andrea Doria soll die Unterlegenheit der Christen im Kampf gegen die osmanischen Korsaren auf den Glauben zurückgeführt haben, daß ein Christ, der im Kampf falle, nicht ins Paradies gelange. Ein christlicher Geistlicher, den Kātib Čelebi darüber befragt haben will, hat diese Erklärung zurückgewiesen und auf Dorias mangelnde Bildung zurückgeführt.[422] Ob damit Meḥmed İḫlāṣī gemeint ist oder ein anderer Gewährsmann, ist unbekannt.

In jene überaus arbeitsreiche Zeit etwa ab 1653 gehört neben der bereits erwähnten astronomischen Abhandlung *İlhāmu l-muqāddes* ein besonders wichtiges Werk Kātib Čelebis, nämlich seine Chronik *Fez̲leke-i tevārīḫ*, die er parallel zu den Übersetzungsarbeiten abschnittsweise zu Papier brachte.[423]

Das Buch setzt ein, wo *Fad̲lakat aqwāl al-aḫyār* endet, mit dem Jahr 1000 H., das ohne jede eschatologische Bedeutung (cf. dazu Fleischer 1986. 244f., Glassen 1979) einfach als äußerlicher Einschnitt aufgefaßt ist. Anders als im Vorgängerwerk ist der Blick ganz auf das Osmanische Reich konzentriert und richtet sich nur gelegentlich nach Europa (zur Darstellung des 30jährigen Krieges B. Lewis 1982. 164). Formal handelt es sich um Annalen, wobei zu jedem Jahr nach den Ereignissen Nekrologe auf prominente Verstorbene angefügt sind. Diese Form ist in der arabischen Historiographie von Ibn al-Ǧauzī (gest. 1200) eingeführt worden und gilt dort als wichtige Neuerung (de Somogyi 1958. 379ff., wenig Beachtung bei Rosenthal 1968. 103), während sie bei den Osmanen wenig Anklang gefunden hat. Immerhin hat z.B. Muṣṭafā ʿĀlī Biographien am Ende der Herrschaftszeit jedes Sultans eingefügt (Schmidt 1991. 302-330).

Die annalistische Form dient wesensmäßig zur Vermittlung barer Fakten (Rosenthal 1968. 81ff.) und eignet sich daher für eine Kompilation. Thomas (1972. 135f.) hat die These aufgestellt, der *Fez̲leke* wie auch Naʿīmās Geschichtswerk liege eine Version eines *Tārīḫ-i sene-i elf* zugrunde, das im wesentlichen ein Auszug aus offiziellen Quellen sei (unter diesem Titel ist eine Handschrift der *Fez̲leke* in Manisa katalogisiert, cf. Süßheim 1909. 83). Tatsächlich soll Murād III. die Sammlung offizieller Berichte aus den Provinzen ab dem Jahre 1000 als Grundlage für ein Geschichtswerk befohlen haben (so Selanikī mit dem Datum Muḥarrem 1001, zit. bei Fleischer 1986. 244). Die betreffende Version sei, so Thomas, identisch mit Ḥasanbegzādes Chronik, erweitert durch zahlreiche andere Quellen. Abgesehen von der erwähnten Bezeichnung als *Tārīḫ-i sene-i elf* spricht jedoch m.E. nichts für diese Konstruktion gegenüber der einfacheren Annahme, Kātib Čelebi selbst habe außer Ḥasanbegzāde auch Pečevī, Meḥmed b. Meḥmed, Ṭopġılar Kātibi ʿAbdülqādir u.a. konsultiert. Die Quellen und Entlehnungen sind von Kütükoğlu 1974 im einzelnen festgestellt worden. Neben den entlehnten Passagen ist der Quellenwert für Kātib Čelebis Lebenszeit beträchtlich (Kütükoğlu 1974. 24, cf. auch Kütükoğlu 1979). Allerdings sind die letzten Jahre unvollständig ausgeführt. Im Jahre 1065 bricht der Text unvermittelt ab.

Nach der Vorrede hält das Werk die Mitte zwischen detaillierter und summarischer Darstellung und ist, im Gegensatz zu *Fad̲lakat aqwāl al-aḫyār*, türkisch geschrieben,

[422] *Tuḥfetü l-kibār* 48.

[423] *Mīzānu l-ḥaqq* 143. Die dortige Bezeichnung als "Übersetzung" von *Fad̲lakat aqwāl al-aḫyār* ist jedoch irreführend.

um ein größeres Publikum zu erreichen (die Vorrede, nur in wenigen Handschriften vorhanden, zit. in Kütükoğlu 1974. 12). Während die ältere Geschichte als Teil der Gelehrsamkeit arabisch abgehandelt werden kann, erfordert der Aktualitätsbezug der "Zeitgeschichte" die Verwendung des Türkischen (cf. dazu Murphey 1993-94. 279f.). Eine historiographische Studie steht noch aus, da Murphey 1993-94 sich nur auf einen kleinen Ausschnitt stützt und Kütükoğlu 1974 auf jede Interpretation seiner Ergebnisse verzichtet. Atsız' Eindruck (1977. XXXVIff.), Kātib Čelebi habe lediglich Berichte aneinandergereiht und jeglichen (kritischen) Kommentar gescheut, kann ich nicht teilen (cf. oben und Kap. VI, Abschn. 5).

Die Annalenform bietet sich für Fortsetzer an. Als solche haben sich ʿĪsāzāde (gest. 1750, zu ihm Strauß 1991) und Fındıqlılı Meḥmed Aġa, genannt Silāḥdār (gest. 1723), verstanden. Vor allem letzterer ist eine überaus detaillierte und wichtige Quelle (GOW 253f.). Daneben hat, wie erwähnt, Naʿīmā sehr viel Material mit der *Fezleke* gemeinsam, wenn auch nach Thomas (s.o.) nicht erwiesen ist, daß diese selbst und nicht eine gemeinsame Vorlage die Quelle ist. An der unprätentiösen Sprache hat sich ʿĪsāzāde ein Vorbild genommen (Strauß 1991. xxvi).

Das Autograph ist Istanbul, Atıf Efendi Nr. 1914, zu weiteren Handschriften Kütükoğlu 1974. 13, GOW 201, cf. auch Derin 1957. 27f. Gedruckt 2 Bde. Istanbul 1286/7 H. (mit redaktionellen Eingriffen der Herausgeber und voller Fehler), russische Teilübersetzung Papazjan 1973.

Neben dem sich ständig vergrößernden Finanzdefizit, das Kātib Čelebi in *Düstūru l-ʿamel* beschäftigte, war der Krieg um Kreta die zweite Hauptsorge der osmanischen Politik. Während die türkischen Landtruppen rasch den größten Teil der Insel erobern und dort eine relativ stabile Herrschaft etablieren konnten, waren ihre Erfolge immer wieder dadurch bedroht, daß die überlegene venezianische Flotte ihnen den Nachschub sperren konnte. Schon im ersten Kriegsjahr 1646 hatte Morosini versucht, die osmanische Flotte direkt am Ausgang der Dardanellen abzufangen und war lediglich an der ungünstigen Witterung gescheitert.[424] Am 26.6.1656 aber war das Wetter den Osmanen nicht mehr gewogen: Die zahlenmäßig weit unterlegenen Venezianer brachten den Osmanen am Ausgang der Dardanellen die schlimmste Niederlage nach Lepanto bei.[425] In den nächsten Wochen eroberten sie außerdem Tenedos und Lemnos und besaßen damit eine Basis, die ihnen die permanente Blockade der Meerenge oder gar den Angriff auf die Hauptstadt ermöglichte.[426] In Istanbul griff Panik um sich. Die Zuspitzung der Krise kam einer kleinen Gruppe am Hof zugute, die nun die Möglichkeit sah, ihren Mann in das Amt des Großwesirs zu bringen. Der bislang wenig bekannte, schon hochbetagte Köprülü Meḥmed Paša hatte schon dem bisherigen Großwesir Boynı Egri Meḥmed Paša zeitweise zu Seite gestanden und wurde nun, am 14.9.1656, sein Nachfolger.[427] Nach übereinstimmender Meinung der Zeitgenossen ist er es gewesen, der durch zielstrebiges Han

[424] Eickhoff 1970. 49-53.
[425] Eickhoff 1970. 135-139.
[426] OT III, i, 297f.
[427] OT III, i, 302-08.

deln und gnadenlose Härte den allgegenwärtigen Verfall des Reiches in den nächsten Jahren zum Stillstand brachte.

Es gibt keinen Hinweis darauf, daß Kātib Čelebi ihm jemals persönlich begegnet ist, noch auch darauf, daß er vor seinem Amtsantritt etwas von seinen politischen Qualitäten ahnte.[428] Doch er muß bald erkannt haben, daß Köprülü Meḥmed Paša das Zeug zu jenem "Mann des Schwertes" hatte, dem allein er in *Düstūru l-ʿamel* die Behebung der diagnostizierten Mißstände zugetraut hatte (darüber, ob diese Schrift in den entsprechenden Kreisen etwas zur Entscheidung für diesen Großwesir beigetragen hat, kann nur spekuliert werden). Seine zwei letzten Werke, die in der Zeit Köprülü Meḥmed Pašas entstanden, untersuchen die Symptome der Krise in weit ausgreifender historischer Perspektive, doch darf dies nicht darüber hinwegtäuschen, daß sie einem bestimmten historischen Moment angehören und in diesem politische Entscheidungen beeinflussen wollen.

Kātib Čelebi muß sich seit Jahren, vielleicht seit 1645, für alle Belange der Seefahrt interessiert haben. Im *Ǧihānnümā* zeigt er sich vertraut mit Seekarten und nautischer Literatur, aber auch mit Wetterregeln und anderen Erfahrungswerten. Darüberhinaus hat er sich mit der gesamten Organisation des Arsenals von den Finanzen bis hin zu den Schiffstypen befaßt. Diese Kenntnisse fließen nun in seine Abhandlung über die Seekriegszüge der Osmanen ein, betitelt *Tuḥfetü l-kibār fī esfāri l-biḥār* und verfaßt im Ṣafer 1067 (beg. 19.11.1656),[429] also wohl unter dem direkten Eindruck der venezianischen Flotte "ante portas".

Im Vorwort hebt Kātib Čelebi die Bedeutung der Seemacht für den Bestand des Reiches hervor. Diese Seemacht zu stärken durch das Beispiel der Seehelden von einst, sei der Sinn seines Werkes. Dementsprechend bildet den ersten Teil des Buches eine Geschichte der osmanischen Seekriege von den Anfängen bis zu der Niederlage von 1656. Der zweite Teil enthält eine systematische Darstellung des gesamten Flottenwesens: Eine Liste der *qapudan pašas*, eine Aufstellung der Truppen und des *eyālets* des *qapudan pašas*, der verschiedenen Schiffstypen, des Bedarfs des Arsenals, sowie vierzig Ratschläge zu Organisation und Taktik der Flotte. Die historische Perspektive mündet also in die aktuelle Krise und enthält gleichzeitig durch die Gegenüberstellung der alten intakten Ordnung und des gegenwärtigen Verfalls die Vorschläge zur Abhilfe. Die Rückkehr zum *qānūn* der goldenen Zeit ist, *Düstūru l-ʿamel* vergleichbar, das wesentliche Heilmittel, wenn auch ein "aufklärerischer" Ansatz im Plädoyer für die Verwendung neuester geographischer Kenntnisse und ihre Verbreitung unter den Kapitänen zu erkennen ist. Bezeichnenderweise aber fehlen in Kātib Čelebis Aufstellung der Schiffstypen die modernen Hochbordschiffe, auf denen die Überlegenheit der Europäer beruht: Sie sind im *qānūn* nicht vorgesehen. Im Schlußwort wird die Rückkehr zum *qānūn* noch einmal in allgemeiner Form auf der Basis quasi historischer Gesetzmäßigkeiten empfohlen (zu diesem Geschichtsbild cf. Kap. VIII).

Cf. zum Kontext der maritimen Literatur der Osmanen Orgun 1957, außerdem Gökyay 1957a. 45-48, dort auch zu Handschriften. Das Autograph ist Topkapı, Revan 1192 (cf.

[428] Dies, obwohl Köprülü Meḥmed Paša zum Gefolge des von Kātib Čelebi hochgeschätzten Kemānkeš Qara Muṣṭafā Paša gehört hatte (İA s.v. Köprülüler).

[429] *Mīzānu l-ḥaqq* 144.

Goodrich 1993. 132). Wegen seines Quellenwertes hat das Buch in Europa relativ großes Interesse gefunden: Engl. Teilübersetzung James Mitchell: The History of the maritim wars of the Turks ... London 1831; außerdem: History of the maritim wars of the Turks of Haji Khalfa, ... by J.C. ... London o.J.; Auszüge französisch in Journal Asiatique 10. 1827. 264ff., deutsch in der Einleitung zu *Baḥrīye* (transl. Kahle) XXXIV — XLVI. Zu ungedruckten Übersetzungen GOW 202. Druckausgabe Istanbul 1729 als zweites Produkt der Müteferriqa—Presse (Watson 1968. 437, cf. Toderini 1787. III, 25-34). Die Karten sind auch in der Druckausgabe des *Ǧihānnümā* enthalten. Erneut gedruckt Istanbul 1329 (mit den Zusätzen und Karten İbrāhīm Müteferriqas). Moderne türkische Fassung von Gökyay Istanbul 1973.

Die Tatsache, daß es sich ebenso um eine aktuelle Denkschrift handelt wie um ein gelehrtes Werk, wird dadurch unterstrichen, daß Kātib Čelebi dieses Werk dem Sultan unterbreitet haben will.[430] Dies wurde gefördert durch Empfehlungen der führenden *ʿulemā* der Zeit, die in der Ausgabe von 1329 im Anschluß an İbrāhīm Müteferriqas Vorrede abgedruckt sind, und die zwischen Šaʿbān 1067 (beg. 15.5.1657) und Kātib Čelebis Tod am 6.10.1657 geschrieben sein müssen.[431] Die Autoren sind der *šeyḫülislām*, die *qāḍīʿasker* von Anatolien und Rumelien sowie der Vorgänger des letzteren. Es ist anzunehmen, daß der Einsatz für Kātib Čelebis Werk nicht bei allen auf persönlicher Überzeugung, sondern teilweise auf Amtsverpflichtung beruhte. Die vier seien daher kurz betrachtet. Der *šeyḫülislām* ist Boluvī Muṣṭafā Efendi, der zeitweise zur näheren Umgebung Zekeriyāzāde Yaḥyā Efendis gehört und diesen auf dem Feldzug gegen Bagdad 1638 begleitet hatte. In den folgenden Jahren hatte er Karriere als *qāḍī* gemacht.[432] Zum *šeyḫülislām* war er auf ausdrücklichen Wunsch Köprülü Meḥmed Pašas bestellt worden und hat mit diesem einige Zeit eng zusammengearbeitet. Es scheint, als habe ihm der Krieg gegen Venedig besonders am Herzen gelegen, denn er widersetzte sich Köprülü Meḥmed Paša, als dieser den erfolgreichen *serdār* auf Kreta, Deli Ḥüseyn Paša, hinrichten lassen wollte, und drängte den Sultan, zunächst alle Energie in diesem Krieg einzusetzen, anstatt die Unruhen in Anatolien zu bekämpfen. Er fiel daher in Ungnade und wurde 1659 abgesetzt und verbannt.[433] Der *qāḍīʿasker* von Rumelien, Ṣunʿīzāde Meḥmed Efendi, ist in unserem Zusammenhang ohne besonderes Interesse. Er hatte eine reguläre Laufbahn hinter sich, die ihn 1662 bis ins Amt des *šeyḫülislām* führen sollte, dem er jedoch nicht gewachsen war.[434] Ebenso ist über seinen Vorgänger, Bosnavī Šaʿbān Efendi, nichts für uns Relevantes bekannt.[435] Der *qāḍīʿasker* von Anatolien hingegen ist jener Meḥmed ʿİṣmetī Efendi, dem Kātib

---

[430] *Tuḥfetü l-kibār* 2f.

[431] Das erste Datum ergibt sich aus den Amtszeiten der Genannten, von denen drei in diesem Monat ernannt wurden. In keinem der Texte gibt es einen Hinweis darauf, daß Kātib Čelebi schon verstorben gewesen sei.

[432] Zu diesem Teil seiner Karriere ʿUšaqīzāde, *Ẕeyl-i Šaqā'iq* Nr. 316, 418ff.

[433] OT III, ii, 476f.

[434] *Ẕeyl-i Šaqā'iq* Nr. 191, 282ff., OT III, ii, 478.

[435] Cf. *Ẕeyl-i Šaqā'iq* Nr. 207, 311ff.

Čelebi bereits im Kreise Yaḥyā Efendis und ʿİzzetī Efendis begegnet sein muß, wo er als Dichter angesehen war. Er hatte sich in jungen Jahren, als sein Fortkommen in der *ʿilmīye* behindert wurde, in ein Derwischkonvent zurückgezogen, war dann aber von Yaḥyā Efendi am Hof eingeführt und konnte Karriere machen. Unter Köprülüzāde Fāżıl Aḥmed Paša wurde er dreimal *qāḍīʿasker* von Rumelien. Er starb 1076 (beg. 14.7.1665).[436] Es scheint hier einmal mehr, daß Kātib Čelebis persönliche Bindungen und politische Ansichten miteinander verknüpft sind, doch können über die genaue Art dieser Verknüpfung auch hier keine endgültigen Aussagen getroffen werden.

Die erste Welle der Qāḍīzāde-Unruhen war 1635 nach dem Tod des wichtigsten Protagonisten abgeklungen. Daß die Bewegung in den darauffolgenden Jahren wenig in Erscheinung trat, mag zum einen mit dem Fehlen eines charismatischen Führers zusammenhängen, ist aber sicher auch der Politik der Sultans Murād IV. zuzuschreiben, der im Einklang mit Zekeriyāzāde Yaḥyā Efendi seine schützende Hand über die Derwisch-Konvente hielt.[437] Nach Yaḥyā Efendis Tod änderten sich die Bedingungen unter dem schwachen Sultan İbrāhīm. Sie erlaubten den Aufstieg von Usṭuvānī Meḥmed Efendi, der aus Syrien stammte, in Kairo studiert hatte und nach 1039 (beg. 21.8.1629) nach Istanbul gekommen war. Er bekannte sich zunächst zur ḥanbalitischen, dann zur šāfiʿitischen und schließlich zur ḥanafitischen Rechtsschule. Er wurde Prediger an der Sultan-Aḥmed-Moschee und 1655 an der Fatih-Moschee,[438] die zum "heimlichen Hauptquartier" der Qāḍīzāde-Anhänger wurde.[439]

Usṭuvānī Meḥmed Efendi konnte für seine Bewegung einige Erfolge verzeichnen. 1651 gestattete der Großwesir Melek Aḥmed Paša ihnen die Zerstörung einer *tekke* des Ḫalvetīye-Ordens, wenig später erklärte der *šeyḫülislām* Behā'ī Efendi in einem *fetvā* einige Riten der Sufis für widerrechtlich, und in den folgenden Jahren verbot der Sultan mehrere Schriften aus Ḫalvetīye-Kreisen, die versucht hatten, Birgevī Meḥmeds Lehren zu widerlegen.[440] Dies belegt zugleich den großen Einfluß Usṭuvānī Meḥmeds am Hof. Insbesondere unter den Palasttruppen war sein Anhang groß. Doch es gab nicht den erhofften Sieg auf der ganzen Linie. Die Zerstörung weiterer *tekke*s wurde von bewaffneten Anhängern der Sufis, darunter auch Janitscharen, verhindert, Behā'i Efendi widerrief auf Druck der Ḫalvetiye und seines Vetters Ebū Saʿīd Efendi sein *fetvā*, bevor es gegen die Sufis instrumentalisiert werden konnte, und die Ausein

[436] *Ẕeyl-i Šaqā'iq* Nr.195, 287-90. Er ist ein Enkel Birgili Meḥmed Efendis, des geistigen Ziehvaters der Qāḍīzāde-Bewegung, ohne daß er selbst für diese Sympathien gehabt zu haben scheint. Von seiner Tätigkeit als Dichter weiß ʿUšaqīzāde nichts.

[437] So Zilfi 1986. 258.

[438] *Ẕeyl-i Šaqā'iq* Nr. 443, 552f. Daß er den Zeitgenossen zwielichtig erschien, zeigt die Tatsache, daß Šāriḥülmenārzāde ihn verdächtigt, sich durch die Reise nach Istanbul der Sühne für eine Bluttat entzogen zu haben (*Ẕeyl-i Šaqā'iq* loc. cit.).

[439] Zilfi 1986. 258.

[440] Zilfi 1988. 142f., 145f.

andersetzung in Form gelehrter Schriften war sowieso nur ein Nebenkriegsschauplatz.[441] Als Istanbul nach der Niederlage der Flotte an den Dardanellen in kopfloser Aufregung war und Köprülü Meḥmed Paša zum Großwesir berufen wurde, versuchten die Qāḍīzāde-Anhänger, ihren Weizen zum Blühen zu bringen. Sie versammelten sich in Fatih und schmiedeten Pläne für einen bewaffneten Aufstand. Doch sie hatten den neuen Großwesir falsch eingeschätzt, der zwar beileibe kein Freund der Sufis war, aber die öffentliche Ordnung gerade in jenen Tagen über alles stellte. Sofort wurden die wichtigsten Anführer festgenommen und ins Exil nach Zypern geschickt, unter ihnen auch Usṭuvānī Meḥmed (14. Z̲ū l-ḥiğğe 1066/3.10.1656).[442] Die Unruhen fanden damit ein abruptes Ende.

Diese Ereignisse müssen der äußere Anlaß für Kātib Čelebi gewesen sein, eine Abhandlung über die gesamte Qāḍīzāde-Bewegung und den rechtlichen und politischen Umgang mit ihr abzufassen. Sie wurde um den 24. Muḥarrem 1067 (12.11.1656) begonnen und trägt den Titel *Mīzānu l-ḥaqq fī ḫtiyāri l-aḥaqq*.[443]

In der Einleitung führt Kātib Čelebi aus, daß die antiken Wissenschaften nicht nur mit den Gesetzeswissenschaften vereinbar, sondern sogar für deren Verständnis notwendig seien (dazu Kap. IX, Abschn. 11). Es folgen 21 Kapitel, von denen 18 den zwischen Qāḍīzāde Efendi und Sivasī Efendi strittigen Themen gewidmet sind, eines dem *rüšvet*, zwei der Vorgeschichte des aktuellen Konfliktes, nämlich den Kontroversen zwischen Birgevī Meḥmed und Ebū s-Suʿūd Efendi und zwischen Qāḍīzāde Efendi und Sivasī Efendi. In den 18 Kapiteln erörtert Kātib Čelebi die jeweiligen Positionen und legt schließlich die eigene dar. Diese ist nicht als mögliche, sondern rechtlich gesehen als richtige und prinzipiell verbindliche dargestellt und steht häufig der orthodoxen Position nahe. Gleichzeitig warnt Kātib Čelebi davor, diese rechtlichen Positionen politisch mit Gewalt durchzusetzen. Die Unruhen, die entstünden, wenn das Volk von seinen altüberlieferten Gebräuchen abgebracht würde, seien schädlicher als die fehlerhafte religiöse Praxis. Daher sei die Unterdrückung der Qāḍīzāde-Bewegung notwendig gewesen. In den Ratschlägen, die den Schluß des Werkes bilden, wird dem Sultan empfohlen, mehr auf die Wohlfahrt der Untertanen als auf die perfekte Befolgung der *šarīʿa* zu achten (cf. *Taqvīmü t-tevārīḫ* 247: Die Welt geht nicht durch Unglauben, sondern durch Ungerechtigkeit zugrunde). Ebenso sollen die Prediger sich auf die Grundlinien der religiösen Pflichten konzentrieren, eingewurzelte Gebräuche respektieren und alles vermeiden, was unter den unwissenden Massen Unruhe hervorrufen könnte.

Kātib Čelebi hat in der Einleitung die Entstehung unterschiedlicher Kulturen und Lebensformen historisch erklärt, doch der Verzicht auf die gewaltsame Durchsetzung einer bestimmten Praxis resultiert aus Überlegungen der Staatsräson, nicht aus der Anerkennung jener unterschiedlichen Traditionen als gleichberechtigt. Insofern ist es irreführend, *Mīzānu l-ḥaqq* als Dokument der Toleranz und der Liberalität darzustellen (Gökyay 1957a. 13, Gökbilgin 1971, ʿAlī Ğānib 1927, cf. auch Grunebaum 1962. 466f. über Kātib Čelebis "Kulturenfähigkeit"). Beachtlich ist vielmehr, daß der rechtlichen

---

[441] Zilfi 1988. 142f., 145f., cf. OT III, i, 350-64.

[442] Detaillierte Darstellung der Ereignisse *Silāḥdār Tārīḫi* I, 59.

[443] Zur Datierung cf. *Mīzānu l-ḥaqq* 145.

Norm eigenständige politische Maßstäbe entgegengesetzt werden, der Staat also nicht mehr nur der Umsetzung rechtlicher Vorgaben dienen soll.

Da Kātib Čelebi in allen Fragen seine eigene Position darstellt, muß er seine Kompetenz durch eine ausführliche Autobiographie legitimieren. Insofern ist es sein persönlichstes Werk, wenn es auch nicht, weil er kurz danach starb, in den Rang eines Vermächtnisses erhoben werden sollte. Für die Geistesgeschichte hat es allgemein anerkannten Quellenwert.

Cf. auch Adnan-Adıvar 1982. 140f., İpekten 1957, Gökyay 1957a. 87-90, zu Handschriften ebda., Derin 1957. 24f., GOW 202f., Druckausgaben ebda., englische Übersetzung G. Lewis 1957, moderne türkische Fassung Gökyay 1972.

Ein *fetvā* zugunsten von *Mīzānu l-ḥaqq* von einem *šeyḫülislām* ʿAbdürraḥīm Efendi, das in einer späten Handschrift des Werkes zitiert wird, muß aus chronologischen Gründen ein Irrtum oder eine Fälschung sein (Süleymanīye, Bagdatlı Vehbi Efendi 1747/760, zit. in Gökyay 1957a. 88).

Kātib Čelebi hat sich mit dem Werk wohl nicht nur Freunde gemacht. Während er aus politischen Erwägungen zur Bekämpfung der Qāḍīzādeliler riet, teilte er weitgehend ihre rechtlichen Positionen. Daß er Sufis und Orthodoxe in gleicher Weise für die Unruhen verantwortlich macht, wofür in der Tat wenig spricht, haben die Anhänger der Ḫalvetīye als Zumutung empfunden. Der ganze Groll spricht aus Meḥmed Naẓmīs *Hedīyetü l-iḫvān ve ʿibretü l-ḫullān* (verf. 1696/7), in dem sich der Autor gegen den selbsternannten Schiedsrichter Kātib Čelebi verwahrt.[444] Daß Kātib Čelebi Sivasī Efendi mit Qāḍīzāde auf eine Stufe stellt und ihm wie jenem profane Motive wie Ruhmsucht unterstellt, ist nicht nur ein berechtigter Grund zur Kritik, es zeigt zugleich, wie fern Kātib Čelebi den Sufis stand.[445] Dennoch scheint er vielen Osmanen mit seiner Interpretation der religiösen Praxis aus dem Herzen gesprochen zu haben. Nur so ist die große Zahl der Handschriften zu erklären.[446]

Auf politischer Ebene wiederholt sich in *Mīzānu l-ḥaqq* in gewisser Weise das Schema von *Düstūru l-ʿamel* und *Tuḥfetü l-kibār*: Eine umfassende systematische Betrachtung der Probleme, die in mehr oder weniger präzise Ratschläge zur Behebung einmündet. Und wie in *Düstūru l-ʿamel* rät Kātib Čelebi zu jenen Maßnahmen, die der amtierende Großwesir, mit dessen politischem Konzept er sympathisiert, bereits ergriffen hat. Es scheint, als empfehle sich Kātib Čelebi hier in diplomatischer Weise Köprülü Meḥmed Paša. Leicht versteckt findet sich außerdem eine weitere Annäherung an diesen. Kātib Čelebi erwähnt im Anschluß an seine Autobiographie in *Mīzānu l-ḥaqq* einen Traum, in dem ihm der Prophet gerüstet und im Gewand der *ġāzī*s erschien. Dies deutet Kātib Čelebi als Aufforderung, sich im *ǧihād* gegen die Venezianer stärker zu bemühen, da diese dabei seien, die Oberhand zu gewinnen und zwei Inseln besetzt hätten. Damit sind Tenedos und Lemnos gemeint. Damit ist klar, daß Kātib Čelebi in deren Rückeroberung ein vordringliches Ziel sah. Doch in jenem Traum erhielt

[444] Zit. in Gökyay 1957a. 12f.

[445] *Mīzānu l-ḥaqq* Kap. 21, pp. 125-29.

[446] Derin 1957. 24f. hat in Istanbul 52 Handschriften gezählt.

Kātib Čelebi auch den Befehl, sich mit dem Namen des Propheten zu befassen. Dies bringt er mit einer "kryptischen Bemerkung" am Ende von *Düstūru l-ʿamel* zusammen, die sich nun erfüllt habe.[447] Das kann nur heißen, daß Kātib Čelebi im amtierenden Großwesir jenen Mann des Schwertes sah, dessen Kommen er erhofft hatte, damit dieser dem Niedergang des Reiches Einhalt gebiete. Denn richtig trug ja Köprülü Meḥmed Paša den Namen des Propheten!

Es ist nicht bekannt, ob Kātib Čelebi tatsächlich, wie er vielleicht wünschte, das Ohr des Großwesirs gewann. Immerhin wurde ihm die Genugtuung zuteil, zu erfahren, daß die osmanische Flotte in einem forcierten Unternehmen und mit viel Glück die Dardanellenblockade durchbrach (17.7.1657) und bald darauf auch Tenedos zurückeroberte (31.8.1657).[448] Den 15. November, an dem auch Lemnos wieder an die Osmanen fiel, hat er nicht mehr erlebt.

10. Kātib Čelebis Tod

Über Datum und Umstände von Kātib Čelebis Tod gibt es zahlreiche verschiedene Angaben, die Gökyay zusammengestellt und verglichen hat.[449] Danach sind es eigentlich nur zwei Berichte, die nähere Beachtung verdienen. Der erste, eine Notiz von der Hand Meḥmed ʿİzzetī Efendis, findet sich auf dem Vorsatzblatt des *Ǧihānnümā*-Autographen und besagt: "Der Autor dieses Buches Muṣṭafā Čelebi, der unter den *ʿulemā* als Kātib Čelebi und bei den Schreibern unter dem Beinamen al-Ḥāǧǧ Ḫalīfe bekannt ist, starb am Ende des Jahres 1067 im Monat Ẕū l-ḥiǧǧe (Zusatz derselben Hand: am Samstag, dem 27.) am Morgen. Gott sei ihm gnädig. Die Umstände seines Todes: Am Tage bevor er starb, hatte er eine Menge rohe Melone gegessen. Am nächsten Morgen wohnte er seiner Frau bei,[450] dann vollzog er, weil es Sommer war, die Ganzwaschung (*ġusl*) mit kaltem Wasser. Als er seinen Morgenkaffee trinken wollte, befiel ihn Unwohlsein, die Kaffeetasse fiel ihm aus der Hand, und er starb unvorhergesehen. Zuvor hatte ihn Furcht befallen, und er hatte zu seiner Frau und seinen Dienern gesagt: 'Was haben wir doch für gegensätzliche Dinge getan. Gott bewahre uns vor Schaden! Niemals haben wir so etwas getan!' Gott sei ihm gnädig".[451]

Kātib Čelebis Todestag wäre damit der 6.10.1657.[452] Da er bis zu jenem Moment, von einer Krankheit während seiner Abwesenheit vom Kanzleidienst

[447] *Mīzānu l-ḥaqq* 129ff.

[448] OT III, i, 375-82, İA s.v. Köprülüler.

[449] 1957a. 9f.

[450] Diesen Teil hat Gökyay 1957a. 9 in falsch verstandener Pietät übergangen, weswegen seine Darstellung unlogisch erscheint.

[451] IK 1r. Meḥmed ʿİzzetī war bis zum Ṣafer 1066 *qāḍī* von Kairo gewesen und erhielt nach ʿUšaqīzāde (482ff.) das nächste Amt (*qāḍī* von Bursa) erst 1068. Er dürfte also zu jener Zeit in Istanbul gewesen sein. Die Notiz ist aber, wie wir sehen werden, erst anderthalb Jahre nach dem Ereignis geschrieben.

[452] In *Miʿyāru d-düvel ve misbāru l-milel* des Ḥasan Esīrī (gest. 1725) wird als Datum der 16. Ẕū l-ḥiǧǧe genannt, doch der in einer Handschrift zusätzlich angegebene Wochentag ist nicht korrekt

1645-48 abgesehen,[453] bei guter Gesundheit gewesen zu sein scheint, kommt als Ursache für seinen plötzlichen Tod als erstes ein Herzinfarkt in Frage.[454] Dies wird durch einen zweiten Bericht bestätigt, der sich allerdings in einer erst 1138 H. geschriebenen Handschrift von *Mīzānu l-ḥaqq* findet.[455] Dieser berichtet zunächst denselben Hergang,[456] doch mit einigen zusätzlichen Details. Danach habe Kātib Čelebi wegen der Melone über einen verdorbenen Magen und außerdem über Schmerzen in der Brust geklagt. Er habe einige Mittel eingenommen, doch dann sei ihm beim Kaffeetrinken die Tasse aus der Hand gefallen, und während er im Begriff war, medizinische Bücher zu konsultieren, sei er plötzlich gestorben. Wichtig ist der Schmerz in der Brust, wohl ein Angina pectoris-Anfall, der häufig auf einen Herzinfarkt hindeutet, während der verdorbene Magen, der Beischlaf, die Waschung und der Kaffee entgegen den Vermutungen der Zeitgenossen wohl keine Ursachen für den Tod waren.[457] Kātib Čelebi wurde im Istanbuler Stadtteil Vefa unterhalb der Zeyrek Kilise Camii, dem alten Pantokrator-Kloster, begraben. Er ist gerade fünfzig Jahre alt geworden.

Ob er außer dem bereits erwähnten Sohn, der noch in jungen Jahren starb, weitere Kinder hatte, ist nicht bekannt, doch nicht wahrscheinlich. Es sieht so aus, als sei seine Frau etwa anderthalb Jahre nach ihm gestorben und seine Bücherschätze versteigert worden, wie dies üblich war, wenn jemand ohne Erben verstarb.[458] Denn um die Mitte des Jahres 1069 (Frühjahr 1659) erstand Meḥmed ᶜİzzetī Efendi, den wir als großen Bibliophilen kennen, einen Teil davon, darunter auch — nach seiner Aussage — mehrere Autographen.[459] Dies waren das Autograph der zweiten Fassung des *Ğihānnümā* und das von *Levāmiᶜu n-nūr*,[460] sowie mit einer gewissen Verzögerung die letzte Redaktion der ersten Fassung des *Ğihānnümā*, das sogenannte Wiener Konzept.[461] Außerdem hat er die Handschrift von *Tārīḫ-i Hind-i Ġarbī* besessen, die Kātib Čelebi seinerzeit

---

(Gökyay 1957a. 10). Alle anderen Angaben, die Gökyay gefunden hat, sind von ihm zu Recht für nicht glaubwürdig befunden worden.

[453] *Mīzānu l-ḥaqq* 139.

[454] Dieser ist statistisch wesentlich häufiger als ein Schlaganfall oder eine Lungenembolie.

[455] Fatih Nr. 5335, fol. 44r, zit. in Gökyay 1957a. 10.

[456] Ich unterstelle, daß Gökyay dieselben Teile übergangen hat.

[457] Für die medizinische Deutung der Berichte bin ich Prof. Dr. Armin Distler, Berlin, zu Dank verpflichtet.

[458] Cf. EI 2 s.v. Mukhallefāt. Es bleibt zu überprüfen, ob sich ein Register seiner Hinterlassenschaften (*muḫallefāt defteri*) erhalten hat.

[459] IK 1r.

[460] Lt. Wurm 1971. 69 trägt die Handschrift einen Besitzervermerk eines Meḥmed ᶜArabī von 1069 H., doch dürfte dieser mit ᶜİzzetī identisch sein, sofern es sich nicht nur um ein Problem der Lesung handelt.

[461] Einige Sätze, die sich auf die darin enthaltene Autobiographie beziehen, hat Meḥmed ᶜİzzetī seinen Notizen in IK 1r später hinzugefügt.

von Behā'ī Efendi erhalten hatte.[462] Diese vier Handschriften sind später in den Besitz von Meḥmed ᶜİzzetīs Protégé Ebū Bekr b. Behrām ed-Dimišqī gelangt. Bei ihm finden wir außerdem das Autograph von *Faḏlakat aqwāl al-aḫyār*, sodaß anzunehmen ist, daß auch dieses durch die Hände von Meḥmed ᶜİzzetī gegangen ist.[463]

Auf welchem Wege Meḥmed ᶜİzzetī die Bücher erstand, ist nicht bekannt, doch der holländische Gesandte Lewinus Warner hat ebenfalls Bücher aus Kātib Čelebis Nachlaß erworben. Ein arabischer Brief eines Mittelsmannes Warners, Muḥammad al-ᶜUrḍī, hat sich erhalten. Darin berichtet er Warner von sechs Büchern, die er für ihn aus Kātib Čelebis Nachlaß erworben habe, und kündigt zwei weitere an, die ihm "die Auktionatoren" (*dallālūn*) versprochen hätten.[464] Die Tatsache, daß es zu einer Auktion kam, sowie die Tatsache, daß Meḥmed ᶜİzzetī seine Bücher erst Mitte 1069 erwarb, lassen sich m.E. zwanglos durch die Hypothese erklären, daß dieser Verkauf erst stattfand, als das letzte Mitglied der Familie, vermutlich Kātib Čelebis Frau, starb. Die meisten der in Muḥammad al-ᶜUrḍīs Brief genannten Titel sind tatsächlich im Legatum Warnerianum zu finden. Eine systematische Suche nach weiteren Werken aus Kātib Čelebis Besitz in Leiden scheint jedoch nicht stattgefunden zu haben.[465]

Kātib Čelebis Grab ist noch vorhanden. Heute ist es von der Zeyrek Kilise Camii durch den Atatürk Bulvarı getrennt.[466] Das Grab scheint bis zum 20. Jahrhundert sehr heruntergekommen gewesen zu sein, denn ᶜAlī Ġānib (Yöntem) mahnte in einem Artikel von 1927 an, es sei Zeit, die Grabstätte eines so bedeutenden Mannes würdig herzurichten.[467] Ein Bild noch im alten Zustand ist in der Vorrede zur Ausgabe von *Kašf aẓ-ẓunūn* von Bilge und Yaltkaya enthalten. 1948 hat Adnan-Adıvar den unwürdigen Zustand von Kātib Čelebis Grab beklagt.[468] 1953 wurde das Grab restauriert und eine moderne Inschrift angebracht.[469] Der Verbleib des originalen Grabsteines ist mir nicht bekannt.

---

[462] Auf den Kopien, die mir zur Verfügung stehen, ist der Besitzervermerk nur schwer lesbar. Sicher aber sind der *rasm* des Namens, ob er nun Meḥmed ᶜArabī oder Meḥmed ᶜİzzetī zu lesen ist, und das Jahr 1069 H.

[463] Zu Ebū Bekr cf. Kap. VI, Abschn. 7.

[464] Text und Übersetzung in Houtsma 1888. 108f.

[465] Nach Houtsma handelt es sich um codd. 695, 470, 733, 526, 873). Uzluk, der behauptet, Kātib Čelebi sei mit Warner befreundet gewesen, will "die von ihm aus dem Nachlaß erworbenen Bücher" durchgesehen haben, bezeichnet sie jedoch nicht näher. Wesentliche Dinge habe er darin nicht gefunden (Uzluk 1954. IX). Wesentlich wäre jedoch schon, den Bestand als solchen zu sichten.

[466] Plan bei Müller-Wiener 1977. 275.

[467] 1927. 463.

[468] Adnan-Adıvar 1948.

[469] Gökyay 1957a. 10. Bei Bayrak 1979 s.v. Kātib Čelebi ist als Jahr der Restaurierung 1952 angegeben.

II

DIE GEOGRAPHISCHE LEKTÜRE DER OSMANEN

Li-kulli ǧadīdin ladda.
Tārīḫ-i Hind-i Ġarbī

Der Himmel ist ein großes Buch über die göttliche Allmacht und Güte, (...) und die Sterne sind die goldenen Buchstaben in dem Buch. Aber es ist arabisch, man kann es nicht verstehen, wenn man keinen Dolmetscher hat. Wer aber einmal in diesem Buch lesen kann, in diesem Psalter, und liest darin, dem wird hernach die Zeit nimmer lang (...).
Johann Peter Hebel, Schatzkästlein des rheinischen Hausfreundes

Der Titel dieses Kapitels ist gewählt, um deutlich zu machen, daß der folgende Überblick nicht die grundlegenden Arbeiten Taeschners und Kračkovskijs auf dem Gebiet der osmanischen geographischen Literatur ersetzen soll.[1] Vor allem Taeschner hatte seine Untersuchung sehr einseitig auf die Nutzbarkeit dieses Schrifttums als Quelle für die historische Geographie ausgerichtet. Dieser Ansatz soll hier ebensowenig verfolgt werden wie die Frage nach dem Erkenntnisfortschritt im Sinne unserer modernen Auffassung von Wissenschaft. Stattdessen geht es darum, die Interessen des osmanischen Lesers an geographischen Stoffen näher zu untersuchen, um zu erkennen, in welche Tradition Kātib Čelebi mit seinem *Ǧihānnümā* eintrat und an was für Leser er sich wenden konnte. Die osmanische Kartographie und Kātib Čelebis Bedeutung in diesem Rahmen werden separat besprochen.[2]

1. Das arabische geographische Schrifttum zwischen Wissenschaft und Literatur

Die arabisch-islamische Literatur kennt keine geographische Wissenschaft in unserem Sinne. Was die heutige Sicht als arabische Geographie zusammenfaßt, setzt sich aus vielen Einzeldisziplinen zusammen, die aus ganz unterschiedlichen Interessen heraus entstanden, und greift gleichzeitig in etliche andere Wis

[1] Taeschner 1923, Kračkovskij 1957. Türkay 1959 enthält demgegenüber zwar einiges an zusätzlichem Material, aber keinen eigenen Grundgedanken.
[2] Kap. IX, Abschn. 3-5.

senschaftszweige hinüber.[3] Im wesentlichen handelt es sich um die folgenden Ursprünge:

— Unmittelbar durch die Übersetzungen antiker Autoren angeregt war die mathematische Geographie. Ausgehend von der Astronomie[4] stand dabei die Feststellung der geographischen Koordinaten der wichtigsten Städte und damit die Erarbeitung der Grundlagen einer Weltkarte im Mittelpunkt. Basis waren die Werke des Ptolemäus, aber auch einige andere, wie etwa das des Theon von Alexandria.[5] In dieses Genre, arabisch *ṣūrat al-arḍ* als Lehnübersetzung des griechischen geographia,[6] flossen sehr früh neben griechischen auch iranische und genuin islamische Elemente ein, die es zu einer überaus komplexen und heterogenen Literatur machten.[7]

— Die Verwaltungsliteratur entstand aus dem Erfordernis, der neu entstehenden Verwaltung des jungen Großreiches der ʿAbbasiden Richtlinien an die Hand zu geben. Bezeichnenderweise war der erste Autor in diesem Bereich, Ibn Ḫurdāḏbih, ein hoher Funktionär dieses Staates.[8] Das Bild der Erde erschließt sich hier durch das darübergespannte Wegenetz.

— Die enge Verbindung zwischen Geschichte und Geographie findet sich im Rahmen von enzyklopädischen Werken, allen voran bei al-Masʿūdī (st. 956), nicht aber, wohl bedingt durch den überaus eigenständigen Charakter der frühen islamischen Geschichtsschreibung, bei den großen Universalhistorikern jener Zeit.[9]

— Nur begrenzte Ausschnitte der Ökumene werden durch die Reiseberichte erfaßt, die schon aus früher Zeit aus den an die islamische Welt angrenzenden Gebieten vorliegen. Berichte von Kaufleuten und Gesandten informierten über Ost- und Zentralasien, Schwarzafrika und Europa.[10]

Die wissenschaftliche Tätigkeit der Araber akkumulierte Wissen (*ʿilm*) zum einen als Voraussetzung praktischen Handelns (*ʿamal*), zum anderen, um dieses Wissen dem Repertoire des gebildeten und gewandten Mannes einzugliedern

---

[3] Miquel 1973. 18.

[4] Innerhalb der "Enzyklopädie" der Iḫwān aṣ-Ṣafāʾ fand die Geographie daher ihren Platz nach Geometrie, Arithmetik und Astronomie und vor der Musik (Miquel 1973. 219), also als Erweiterung des Quadriviums der Artes liberales der Antike.

[5] Honigmann 1929. 112ff.

[6] Immer noch dieselbe Definition in *Kašf aẓ-ẓunūn* 590f. s.v. Ǧuġrāfiyā.

[7] Miquel 1973. 69-74.

[8] Miquel 1973. 87-93. Daß Ibn Ḫurdāḏbih Chef des Kurierdienstes war, scheint nicht gesichert, cf. Miquel 1973. 88, dagegen ohne Vorbehalt Kračkovskij 1957. 148.

[9] Cf. Miquel 1973. 239ff., zu al-Masʿūdī op. cit. 202-212. Welche Strömungen sich aus der Kombination dieser Elemente entwickelten, wie etwa die sog. *masālik wa l-mamālik*-Literatur (Miquel 1973. 267-330), oder welche kleineren Genres sich daneben später noch entwickelten, kann ich hier nicht nachzeichnen.

[10] Miquel 1973. 116-49. Hier wären Reiseberichte wie die anonymen *Aḫbār aṣ-Ṣīn wa l-Hind* oder der Gesandtschaftsbericht des Ibn Faḍlān zu nennen.

(*adab*).[11] Zwischen diesen beiden Polen der praktischen Nutzanwendung[12] und der Verwendung als Stoff für geistreiche Unterhaltung bewegt sich auch die Geographie. Fast jedes Werk steht mehr oder weniger unter dem Einfluß der Ideale des *adab*, sei es das des Ibn Ḫurdāḏbih,[13] des as-Saraḫsī[14] oder die Kartographie (*ṣūrat al-arḍ*) des al-Ḫuwārizmī.[15] Ausnahmen mögen allenfalls astronomisch-geographische Tafelwerke (*zīğ*) bilden. Ob mit der Literarisierung ein Verlust an Wissenschaftlichkeit oder gar des "Wertes" eines Werkes einhergeht, wie die moderne Forschung so oft anklingen läßt, kommt ganz auf die Interessen des Lesers an.

Von den oben genannten Gruppen der geographischen Literatur speist sich nur die letzte — im Idealfall — ganz aus der eigenen Anschauung des Autors. Der "Normalfall" hingegen sind Werke, die neben gewissen eigenen Teilen Entlehnungen aus älteren Werken enthalten. Da der *adab* ein bestimmtes Bildungsideal etablierte, entstanden nahezu zwangsläufig Werke, die das zu dessen Erlangung notwendige Wissen zu vereinigen suchten. Manche Autoren schufen ganze Enzyklopädien, in denen die Geographie im weitesten Sinne ein Bereich unter vielen war,[16] andere Werke umfaßten nur Teilbereiche dieser Bildung, wie etwa für die Geographie Ibn al-Faqīhs *Kitāb al-buldān.*[17] Typischerweise ist darin die Geographie ohne jeden Anspruch auf praktischen Nutzen, offen eklektisch und vor allem von dem Bemühen bestimmt, den Leser um jeden Preis zu interessieren.[18]

Ein solcher enzyklopädischer Anspruch kann nur innerhalb einer Buchwissenschaft eingelöst werden. Die moderne Wissenschaft hat unter den beiden Vorgehensweisen des islamischen Geographen, dem Erschließen neuer Informationen und dem Systematisieren der überlieferten, sich allzusehr auf die erste konzentriert und vernachlässigt, daß auch die Kompilation einen kreativen Akt sui generis darstellt.[19] Unter diesem Aspekt haben Augenzeugenberichte von Reisenden oder die außergeographischen Angaben der *masālik wa l-mamālik-*

[11] Rosenthal 1970. 247ff., 252-277, EI 2 s.v. Adab.

[12] Im zitierten Kontext bezieht sich dies allerdings auf die Umsetzung moralischer Lehren.

[13] In der zweiten Version seines Werkes kommen zu den "technischen" Angaben literarische Elemente. Daneben schrieb Ibn Ḫurdāḏbih, der das Ideal des gebildeten und gewandten Höflings und Funktionärs weitgehend erfüllte, zahlreiche andere Werke, die in den Bereich des reinen *adab* gehören (Kračkovskij 1957. 148).

[14] Miquel 1973. 79 nach al-Masʿūdī.

[15] Miquel 1973. 75.

[16] Exemplarisch hierfür Ibn Qutaibas *Adab al-kātib* (Miquel 1973. 59-68), später die großen Enzyklopädien der Mamlukenzeit, wie die Werke an-Nuwairīs, al-Qalqašandīs, Ibn Faḍlallāh al-ʿUmarīs.

[17] Cf. Miquel 1973. 153-189.

[18] Miquel 1973. 55.

[19] So auch Miquel 1973. 53. Dies gilt nur unter der Voraussetzung, daß der Autor nicht alles ihm verfügbare Material gedankenlos aneinanderreiht.

Literatur denselben Rang, den von Rohmaterial, das es in das Repertoire einzuverleiben gilt.[20]

Der Übergang der geographischen Information in den Bereich des Literarischen brachte eine gewisse Verengung der Themen mit sich. Nicht jedes Wissen eignete sich, um im Kreis der Höflinge der ʿAbbasiden damit zu glänzen. Der bestimmende Zeitgeschmack zeigte eine Vorliebe für Wunderdinge und Bizarrerien, die mirabilia (ar. *ʿağā'ib*).[21] Viele Angaben von beträchtlichem Quellenwert, die etwa in Reiseberichten zuerst überliefert sind, lassen sich in der geographischen Literatur über Jahrhunderte hinweg verfolgen: sie werden "literarisiert" und im Bestreben, die Leser immer neu zu faszinieren, immer weiter übertrieben und verfälscht. Aus diesem Grund sind Elemente volkstümlicher Reisefabeln in die geographische Literatur aufgenommen worden, während andererseits Motive aus Reiseberichten Eingang in die Volksliteratur gefunden haben.[22]

2. Die Kosmographie bei den Arabern

In den ersten Jahrhunderten der arabischen Literatur waren also die mirabilia bereits ein fester Bestandteil des geographischen Schrifttums. Anfänglich handelte es sich überwiegend um solche aus exotischen Ländern. Erst im 12. Jhdt. wurden auch die mirabilia der islamischen Welt systematisch gesammelt und bildeten die Grundlage einer eigenen Literaturgattung.[23] Ihr erster Vertreter ist der Spanier Abū Ḥāmid al-Ġarnāṭī (1080-1169). Er ist insofern mit Herodot verglichen worden, als er mit seinen Erzählungen nur auf die Unterhaltung seines Publikums abzielte.[24] Zu diesem Zweck berichtete Abū Ḥāmid nicht nur eigene Erlebnissen von seinen ausgedehnten Reisen, sondern auch Dinge, die er von Dritten hörte. So fanden auch Motive aus Sindbads Erzählungen den Weg solhe in die kosmographische Literatur, die ein Ǧāḥiẓ schon Jahrhunderte zuvor als unglaubwürdig bezeichnet hatte.[25] Doch neben die Unterhaltung tritt in Abū

---

[20] Miquel 1973. 357. Originalität war in diesem Zusammenhang kein Wert an sich, vielmehr konnte der Autor durch Übernahmen aus anderen seine Vertrautheit mit den Klassikern demonstrieren.

[21] Darunter fielen sowohl monumentale Gebäude, also Wunderdinge von Menschenhand, als auch außergewöhnliche Naturphänomene (EI 2, s.v. ʿAdjā'ib). Sie werden geradezu zu einem Fundament des *adab* (Miquel 1973. 121, 131).

[22] Eine Art von Fallstudie einer solchen Entwicklung hat Dubler für die Angaben über Ostasien angestellt (Dubler 1954). Ihm gebührt das Verdienst, diese Motive bis hinein in die volkstümliche Literatur weiterverfolgt zu haben. Ein anderes Beispiel ist das der Zahlenangaben bei Ibn Ḫurdāḏbih und Ibn al-Faqīh in Miquel 1973. 106 Anm. Die phantastischen Berichte Abū Ḥāmid al-Ġarnāṭīs sind in den ʿAntar-Roman eingedrungen (Norris 1994). Zu al-Qazwīnī s.u.

[23] EI 2, s.v. ʿAdjā'ib, s.v. Abū Ḥāmid al-Ghirnāṭī, Matveev/Kubbel' 1985. 11-20.

[24] Dubler 1953. 139.

[25] *Tuḥfat al-albāb* (Ferrand) 108f. Grunebaum 1963. 383-86 führt dies gegen al-Qazwīnī ins Feld, der die Episode von Abū Ḥāmid übernahm.

Ḥāmids *Tuḥfat al-albāb* das Generalthema der Erbauung: "Abū l-ʿAbbās sprach: Ich habe viele Dinge gesehen, doch kann ich sie nicht erzählen, da die meisten Menschen sie für Lüge halten würden. Da sprach der *šayḫ* Imām Abū Bakr: Das wird das gemeine und unwissende Volk sein. Doch die Verständigen und die Männer der Wissenschaft wissen das Mögliche vom Unmöglichen zu unterscheiden. Die Erwähnung von Wunderdingen der Schöpfung Gottes regt das Gespräch darüber an, um die Allmacht Gottes in den Wunderdingen der Schöpfung (*ʿaǧāʾib al-maḫlūqāt*) zu offenbaren".[26]

Im Werk Abū Ḥāmids sind diese mirabilia eingeordnet in die Schilderung dessen, was dieser vielgereiste Mann auf seinen Wanderungen sah oder sich berichten ließ. In einem weiteren Schritt erst wurden die *ʿaǧāʾib*, eigentlich der Inbegriff des Unregelmäßigen und Unklassifizierbaren,[27] systematisch geordnet zu einer Beschreibung des Kosmos, die Sphären des Himmels, die Elemente und ihre Reiche auf der Erde umfassend. Erste Ansätze, die Phänomene der Natur als unmittelbaren Beweis für die Größe Gottes zu beobachten und zu beschreiben, hatten bereits theologisch-mystische Werke im 9.-11. Jhdt. enthalten, die meist den Titel *Kitāb al-ʿaẓama* führten.[28] Ihre Erklärungsmuster waren ganz im Rahmen der islamischen Tradition geblieben. Zu dieser trat in der *ʿaǧāʾib*-Literatur die Fülle der antiken Naturkunde.[29] Das bekannteste Werk dieser Art sind die *ʿAǧāʾib al-maḫlūqāt wa ġarāʾib al-mawǧūdāt* des Zakarīyāʾ b. Muḥammad al-Qazwīnī (ca. 1203-1283). Im Persischen hatte al-Qazwīnī allerdings bereits Vorgänger gehabt. Muḥammad b. Maḥmūd-i Ṭūsī verfaßte zwischen 1175 und 1193 die älteste uns bekannte Kosmographie, die im Aufbau al-Qazwīnīs Werk weitgehend vorwegnimmt.[30] Der formale Rahmen wird von Radtke aus der arabischen Universalgeschichtsschreibung des 9.-10. Jhdts. hergeleitet.[31] Trotz dieser Vorbilder war es al-Qazwīnīs Werk, das in den darauffolgenden Jahrhunderten beständig studiert und bearbeitet wurde, während Ṭūsīs Kosmographie weitgehend unbeachtet blieb.

Implizit ist es auch al-Qazwīnīs Anliegen, in den Wundern der Schöpfung Gottes Allmacht zu belegen.[32] Diese stammen aus allen Feldern der Wissenschaft: Der Kosmograph "betätigt sich als Astronom, Geograph, Geologe, Mineraloge, Botaniker, Zoologe und Ethnologe".[33] Qazwīnī zog für sein Werk ein

[26] *Tuḥfat al-albāb* (Ferrand) 106. Neben dieser unzulänglichen Edition sind stets die Ergänzungen Tauer 1950 zu beachten.
[27] Miquel 1973. 162f.
[28] Heinen 1982. 39-52.
[29] Heinen 1994. 108f.
[30] Radtke 1987. Zu den von Radtke vermißten Quellenuntersuchungen sei auf Kračkovskij 1957. 324 verwiesen.
[31] Radtke 1987. 282.
[32] Die Schlüsselpassage der Einleitung ist in extenso zitiert in *Kašf aẓ-ẓunūn* 1127, s.v. ʿAǧāʾib al-maḫlūqāt.
[33] Kračkovskij 1957. 358.

breites Spektrum von Quellen heran,[34] doch angesichts seines Ziels, den Leser mit leicht faßlichen Stoffen zu belehren und zu unterhalten, und angesichts des Fehlens eigener Zutaten wurde seine eigentliche Leistung, die Systematisierung häufig verkannt.[35] Zudem tut sich die wissenschaftsgeschichtliche Forschung schwer mit einem Kosmosmodell, in dem beobachtete Phänomene und Erklärungen ebenso wie durch Autorität abgesicherte, nicht wahrnehmbare Phänomene gleichwertig in ein System eingeordnet werden.[36] Der Grad, in dem dies geschieht, ist aber offenbar von Autor zu Autor stark verschieden.

In der älteren abendländischen Geographie herrscht bis zum 19. Jhdt. eine klare Zweiteilung: einerseits die Erde als Naturkörper, andererseits die Erde als Wohnplatz des Menschen.[37] Eine ähnliche duale Auffassung spiegelt sich im Schaffen al-Qazwīnīs wider, wo zu *ᶜAǧā'ib al-maḫlūqāt*, das die Naturgeschichte zum Thema hat, als Komplement *Āṯār al-bilād* gehört, das die wundersamen Bauwerke versammelt.[38] Beide erfreuten sich größter Beliebtheit. Vor allem *ᶜAǧā'ib al-maḫlūqāt* wurde vom Autor selbst mehrfach überarbeitet und z.T. wesentlich erweitert. Es wurde mehrere Male ins Persische übersetzt.[39] Das Buch fand mehrere Nachahmer, unter denen hier wegen seiner Beliebtheit bei den Osmanen *Ḫarīdat al-ᶜaǧā'ib wa farīdat al-ġarā'ib* genannt sei. Es ist offenbar zu großen Teilen eine Bearbeitung von *Ǧāmiᶜ al-funūn wa salwat al-maḥzūn*, das Ibn Šabīb al-Ḥarrānī zugeschrieben wird,[40] geprägt von einem unbezähmbaren Interesse für alle Arten von Wundergeschichten, doch in geographischer Hinsicht völlig unzulänglich.[41] *Ḫarīdat al-ᶜaǧā'ib* ist etwa 1419 verfaßt, wurde aber später dem bekannten ägyptischen Gelehrten Abū Ḥafṣ ᶜUmar b. al-Wardī (st. 1349) zugeschrieben.[42]

---

[34] Es reicht vom *adab*-Klassiker Ǧāḥiẓ über den Reisenden Hārūn b. Yaḥyā bis zu dem Astronomen al-Bīrūni, cf. Kračkovskij 1957. 364.

[35] Wie denn Mangel an Originalität und eigenen Ideen gerade der kosmographischen Literatur häufig vorgeworfen wird, cf. EI 2 s.v. Djughrāfiyā, Kračkovskij 1957. 358ff.

[36] Dieses System bezeichnet Radtke (1992. 161f.) als "phantastischen Realismus". Zu einer Diskussion dieses Begriffs s. Kap. IX, Abschn. 9.

[37] Hettner 1927. 107.

[38] Entsprechend den beiden Gruppen von mirabilia, cf. EI 2 s.v. ᶜAdjā'ib.

[39] Kračkovskij 1957. 361f.

[40] EI 2 s.v. Ibn al-Wardī, Kračkovskij 1957. 490-3, zu al-Ḥarrānī op.cit. 384f.

[41] Kračkovskij 1957. 492, der sich dem vernichtenden Urteil Kātib Čelebis (*Kašf aẓ-ẓunūn* 701 s.v. Ḫarīdat al-ᶜAǧā'ib) anschließt.

[42] Zum gesamten Problem des Pseudo-Ibn al-Wardī cf. Sellheim 1976. 176-186.

Die Kosmographie fand nicht nur bei den Arabern und Persern, sondern auch bei den Osmanen lebhaftes und tiefes Interesse.[43] Sie stand bei diesen am Anfang der Beschäftigung mit Geographie und hat diese Vorrangstellung jahrhundertelang gewahrt. Das Werk des ᶜAlī b. ᶜAbdürraḥmān, das als das älteste der osmanischen geographischen Literatur gilt,[44] trägt den Titel *ᶜAǧā'ib al-maḫlūqāt*. Es ist gegliedert nach der Oberen und der Unteren Welt, den vier Elementen, Klimata, Ländern und Meeren,[45] enthält also auch einen im engeren Sinne geographischen Teil. Das Thema wird ganz von der religiös-mythologischen Seite angegangen.[46]

Besser bekannt sind die in ebendieser Tradition stehenden beiden Werke des Yazıǧıoǧlı Aḥmed, genannt Bīǧān (st. nach 1465).[47] Das erste, wiederum *ᶜAǧā'ib al-maḫlūqāt* genannt und 1453 verfaßt, ist ein "ganz kurzer türkischer Auszug" aus al-Qazwīnīs gleichnamigem Werk.[48] Demgegenüber konzeptionell erweitert ist *Dürr-i meknūn*, das zahlreiche religiöse Legenden mit einbezieht, wie denn unter den Quellen Korankommentare und *ḥadīṯ*-Sammlungen besonders genannt werden.[49] Aḥmed Bīǧān hat nach eigenem Bekunden in den 18 Kapiteln je tausend Gottesgaben versammelt, damit sich der Leser daran erbaue und Gottes Macht begreife.[50] Bezeichnend für die Loslösung der Kosmographie von der Geographie ist es, daß neben der "Topographie des Himmels und der Hölle " (Taeschner) Schöpfung und Weltuntergang sowie die Geschichte der Propheten, also die zeitliche Ausdehnung des Universums, in das Werk einbezogen sind. Abgesehen von diesem Thema ist die Darstellung der Kosmographie jedoch ganz statisch, die Dinge werden in ihrem Sein, nicht ihrem Werden

---

[43] Es wäre einmal zu klären, ob diese offenbare Anziehungskraft eines in sich logischen, geschlossenen Welterklärungsmodelles nicht die politische Fragmentarisierung der islamischen Welt und eine allgemeine, daraus resultierende Unsicherheit zur Voraussetzung hatte (cf. Heinen 1982. 23 über Suyūṭis "islamische Kosmologie").

[44] Die einzige (und unvollständige) Handschrift gehört ins 17. Jhdt. (Istanbul, Üniversite K., Yıldız 520). Die von Türkay für die Datierung herangezogene Stelle belegt, daß es abgefaßt wurde, als Edirne die Hauptstadt der Osmanen war. Den Abfassungszeitraum weiter auf die Jahre 1365-1370 einzuengen, will mir nicht einleuchten (cf. Türkay 1959. 8f.). Adnan-Adıvar hingegen datiert das Werk zwischen die Eroberung Edirnes und seiner Erklärung zur Hauptstadt (1982. 29).

[45] Türkay loc.cit. Von den Quellen nennt Türkay nur Ibn Ḥauqal, auf den aber eine solche Konzeption nicht zurückgehen kann.

[46] Türkay 1959. 9. Auch die durchgängige Darstellung in Frage und Antwort könnte aus der theologischen Literatur stammen.

[47] İA s.v. Yazıcı-oǧlu.

[48] Taeschner 1923. 37.

[49] Türkay 1959. 14, cf. Taeschner 1923. 38. Von diesen Legenden geben die Zitate in Sakaoǧlu 1991 einen ersten Eindruck, während die Interpretation unter Bezug auf die moderne Naturwissenschaft dort nicht hilfreich ist.

[50] Zit. in Sakaoǧlu 1991. 32.

beschrieben,[51] und da sich alles um Gott als den Schöpfer dreht, hat die menschliche Geschichte i.a. nur einen sehr untergeordneten Platz.

Die beiden Werke al-Qazwīnīs wurden kombiniert noch mehrfach ins Türkische übersetzt.[52] Erwähnung verdient die Übersetzung oder besser Neubearbeitung, die der eigenwillige Gelehrte Sürūrī Efendi für seinen Zögling Muṣṭafā, den Sohn Sultan Süleymāns, begann, aber nach dessen Hinrichtung (6.10.1553) unvollendet liegen ließ.[53] Aus der selben Zeit stammt die Kosmographie eines gewissen Ġiyāṯ ad-Dīn Ǧamšīd.[54] Wurde die erste Übersetzung der *Ḫarīdat al-ʿaǧāʾib* des Pseudo-Ibn al-Wardī bereits für Murād II. angefertigt,[55] so folgten im 16. Jhdt. weitere vier Übertragungen.[56] Eine so große Zahl von Übersetzungen weist darauf hin, daß es für diese Werke ein beträchtliches Publikum gab, dem die arabischen Originalwerke (oder auch die persischen Bearbeitungen) nicht zugänglich waren.[57] Es ist anzunehmen, daß diese Art der Weltbeschreibung in der volkstümlichen Religiosität Entsprechungen fand.[58]

Vermutlich in geringerem Maße religiös geprägt, aber mit der Gliederung in die Sphären, die vier Elemente und die ptolemäischen Klimata ganz dem Vorbild eines al-Qazwīnī verhaftet ist die Kosmographie des Muṣṭafā b. ʿAlī, *Tuḥfetü z-zamān ve ḫarīdetü l-avān*, verfaßt wohl zur Zeit Süleymāns. Unter ihren Quellen werden, wie stets, die *ʿAǧāʾib al-maḫlūqāt* al-Qazwīnīs erwähnt, auch die populäre Zoologie ad-Damīrīs (st. 1405), *Ḥayāt al-ḥayawān*.[59] Es verdient Beachtung, daß der Autor die astronomischen Kenntnisse, über die er als *muvaqqıt* an der Selīmīye-Moschee in Istanbul verfügte und die auf die weitverbreiteten Werke Čaġmīnīs und Qāḍīzāde Rūmīs zurückgehen, in sein Werk einfließen ließ.[60] Darauf dürfte Taeschners Urteil beruhen, dieses Buch wolle

[51] Cf. die Definitionen von *maḫlūqāt* bzw. *mawǧūdāt* in al-Qazwīnīs Einleitung, 5-13.

[52] Zum ersten Mal schon für Meḥmed I. (Adnan-Adıvar 1982. 28), cf. Taeschner 1923. 38f. Anm., Türkay 1959. 26f.

[53] İA s.v. Sürûrî, Adnan-Adıvar 1982. 110, Kappert 1976. 107-110.

[54] Türkay 1959. 28, ohne nähere Angaben zu Autor und Datum von Abfassung oder Übersetzung.

[55] GOW 15.

[56] Kračkovskij 1957. 591, cf. Taeschner 1923. 39, Adnan-Adıvar 1982. 111.

[57] Nichtsdestoweniger sind (ausweislich Türkay 1958) al-Qazwīnīs und Pseudo-Ibn al-Wardīs Werke unter den arabischen geographischen Büchern der Istanbuler Bibliotheken weitaus am stärksten vertreten.

[58] Leider verfügen wir für das Weltbild der breiteren Volksschichten nicht über unmittelbare Quellen. In Europa hat die Inquisition in ihren Akten bisweilen Reflexe davon bewahrt, die z.B. Ginzburg 1976 überaus erfolgreich benutzt hat.

[59] Türkay 1959. 19. Das Letztere, eine mirabilia-Sammlung aus dem Tierreich, wurde erstmals 1389/90 ins Türkische übersetzt, für Selīm I. ins Persische (Adnan-Adıvar 1982. 30, 113; Akyol 1940. 515: Selīm II. sicher irrtümlich, cf. *Kašf aẓ-ẓunūn* 697 s.v. Ḥayāt al-ḥayawān) und wurde, nach der Zahl der Handschriften zu urteilen, auch im Original viel gelesen (Türkay 1958 pass.).

[60] Türkay loc.cit. Zu Čaġmīnīs *al-Mulaḫḫaṣ fī l-hayʾa* schrieb Qāḍīzāde Rūmī einen Randkommentar, cf. *Kašf aẓ-ẓunūn* 1819 s.v. al-Mulaḫḫaṣ fī l-hayʾa.

“wissenschaftlich ernster genommen” sein.[61] Von dem Werk existiert eine Kurzfassung, *Tuḥfetü l-meğālis*, die lediglich die geographische Position von 100 wichtigen islamischen Städten und ihre Entfernung von Konstantinopel enthält. Ein ähnliches Werk ist das anonyme *Iᶜlāmü l-ᶜibād fī aᶜlāmü l-bilād*.[62]

Die empirische Astronomie war in den *medresen* zuhause, die Kosmographie dagegen, zumindest die mythologische, hatte ihre Wurzeln in den Derwischkonventen. Gleichzeitig gab es eine Strömung, die den Traditionen der antiken Naturkunde in der Kosmographie ein rein auf der islamischen Überlieferung basierendes, dezidiert traditionskonformes Kosmosmodell in der Tradition der *kutub al-ᶜaẓama* entgegensetzen wollte.[63] So scheinen Berührungen zwischen Geographie und Kosmographie wie bei Muṣṭafā b. ᶜAlī sehr selten zu sein.

Ganz in das Gebiet der mythologischen Kosmographie gehört eine kleine Abhandlung des berühmten Historikers Muṣṭafā ᶜĀlī (st. 1600), betitelt *Mir'ātü l-ᶜavālim*. Angeblich folgte Muṣṭafā ᶜĀlī damit den Interessen Sultan Murāds III.,[64] doch enthält auch sein Hauptwerk *Künhü l-aḫbār*, das auch sein persönlichstes ist, ein Kapitel zum selben Thema.[65]

Die Bedeutung der Kosmographie in Meḥmed ᶜĀšıqs großer Kompilation *Menāẓıru l-ᶜavālim* soll weiter unten separat behandelt werden. Hier gilt es zunächst festzuhalten, daß das Genre noch weit bis ins 17. Jhdt. blühte. So wurde ᶜO̱smān II. ein solches Buch — Bursalı Ḥüsāmeddīns *Mir'āt-ı kā'ināt ve ᶜağā'ibü l-maḫlūqāt* — gewidmet,[66] für Meḥmed IV. vollendete Meḥmed b. Meḥmed Rodosīzāde die erwähnte Bearbeitung der *ᶜAğā'ib al-maḫlūqāt*, die Sürūrī hatte liegenlassen.[67] Die letzte mir bekannte al-Qazwīnī-Übersetzung ist die des Ḫoğa Ḥüseyn b. Meḥmed b. Muṣṭafā für Ḥāğğī İsmāᶜīl Paša, vollendet

---

[61] Taeschner 1923. 46. Der Autor hatte sich auch mit Chronologie befaßt und eine Umrechnungstabelle von muslimischen und christlichen Monaten, Sonnen- und Mondjahren bis 945 H. verfaßt, die später bis 1000 H. fortgesetzt wurde (*Kašf aẓ-ẓunūn* 519 s.v. Taisīr al-kawākib as-samā'īya li-saᶜd ad-dawla as-sulaimānīya). Außerdem existiert von ihm eine Abhandlung über den Quadranten, *Risāle-i ğeyb-i āfāqī* oder *Risāle-i rubᶜ-ı müğeyyeb* (Sohrweide 1981. 164ff.).

[62] Nach Türkay 1959. 19f. (cf. Adnan-Adıvar 1982. 93) ist dies die Kurzfassung von *Tuḥfetü z-zamān*, während *Tuḥfetü l-meğālis* ein anderer Titel für das Hauptwerk sei. Dies ist jedoch mit den Beschreibungen bei Flügel II, 420f., Nr. 1274 und 438, Nr. 1287 nicht in Einklang zu bringen.

[63] Ihr bekanntester Exponent ist as-Suyūṭī (st. 1505) mit seiner *al-Hay'a as-saniya fī l-hay'at as-sunnīya*. Werke ähnlicher Tendenz entstanden im osmanischen Gebiet bis ins 17. Jhdt. (Heinen 1982. 7ff.).

[64] Fleischer 1986. 126. Cf. auch Taeschner 1923. 38.

[65] Cf. den folgenden Abschnitt.

[66] Flemming 1968. 247. Nr. 311, 312. Eine Kurzfassung des Werkes, *Muḫtaṣar mir'āt-ı kā'ināt ve ᶜağā'ibü l-maḫlūqāt*, das u.a. Motive aus dem Werk des ᶜAlī b. ᶜAbdürraḥmān aufnimmt, soll auch einige Städtebeschreibungen mit Karten (!) enthalten (Türkay 1959. 9, 43).

[67] Rodosīzāde, gest. 1701, ein Protegé von Merzifonlu Qara Muṣṭafā Paša (Wurm 1971. 58), Übersetzer von Ibn Ḫallikāns *Wafayāt al-aᶜyān* ins Türkische (GOW 177), blieb hinter Sürūrīs Leistung weit zurück (Adnan-Adıvar 1982. 136).

1698.[68] Handschriften kosmographischer Werke — oft üppig illustriert — wurden bis ins 19. Jhdt. angefertigt. Es ist hier jedoch zu betonen, daß der gesamte Komplex der osmanischen Kosmographien noch wenig erforscht ist. Welche Quellen abgesehen von den Werken al-Qazwīnīs darin eingegangen sind, wie sich die zahlreichen Übersetzungen und Bearbeitungen unterscheiden, wo originäre Beiträge der Bearbeiter vorliegen, ist nicht untersucht. Es wäre auch zu fragen, ob sich innerhalb des Genres zwischen mehr religiösen oder mehr "naturkundlichen" Interessen zeitlich oder nach der Herkunft der Autoren differenzieren läßt

Die Kosmographie hatte sich mindestens teilweise von der Entwicklung der "realen" Geographie losgelöst und war zu einem Teil der frommen Erbauungsliteratur geworden,[69] in der es auf die Wundergeschichten ankam: "Es ist eine herrliche Wissenschaft, in der die Seelen Erholung suchen", stellte Ṭaşköprüzāde ᶜİṣāmüddīn Aḥmed (st. 1561) fest und zitierte zahlreiche Beispiele, etwa von Rosen, auf deren Blütenblättern man geschrieben fand: "*Lā ilāha illā llāh*" u.a.m. Unter den Autoren bevorzugte er den Pseudo-Ibn al-Wardī, den er noch über al-Qazwīnī stellte.[70]

Für die "reale" Geographie hingegen interessierte sich ein Mann wie Ṭaşköprüzāde überhaupt nicht, wie sein Hinweis auf die berühmten Werke der Geographie enthüllt: Neben den beiden schon erwähnten Werken empfiehlt er noch *Nuzhat al-muštāq* des al-Idrīsī und *Taqwīm al-buldān* des Yāqūt (sic).[71] Von einem Anhänger dieser Richtung wie Kātib Čelebi wurde andererseits die mythologische Kosmographie zutiefst verachtet. Über *Ḫarīdat al-ᶜağā'ib* sagt er: "Der Mann gehört nicht zu den Geographen, und seine Darstellung [der Weltkarte] stimmt mit keiner anderen Zeichnung und Darstellung überein. Außerdem zitiert er phantastische Berichte und unmögliche Dinge, wie es die Philologen des Arabischen und die Belletristen stets tun, die sich nicht um die exakten Wissenschaften scheren. Dieses Buch zirkuliert unter den Beschränkten, wie er selbst einer war".[72] Die Kosmographie Muṣṭafā ᶜĀlīs (den er an anderer Stelle etwas verächtlich "den Dichter" nannte[73]) hielt er für indiskutabel: "Darin erwähnte er den Beginn der Schöpfung und was darüber gesagt wurde an Phantastereien und leerem Geschwätz, die ihren Ursprung in Ignoranz und Mangel

[68] Taeschner 1923. 144. Zum Gesamtkomplex der al-Qazwīnī-Übersetzungen cf. Streck in EI 1 s.v. Ḳazwīnī.

[69] Adnan-Adıvar distanziert sich von Taeschner, der die Kosmographie nichtsdestoweniger in die Darstellung der Geographie einbezieht (1982. 28f.).

[70] *Miftāḥ as-saᶜāda* I, 321f.

[71] *Miftāḥ as-saᶜāda* I, 322. Dies alles fällt unter die Rubrik *ᶜilm ḫavāṣṣ al-buldān*. Für andere Teilbereiche der Geographie, wie die Kenntnis der Wege und Entfernungen beschränkte sich Ṭaşköprüzāde auf die kürzestmögliche Definition (op.cit I, 320f.).

[72] *Kašf aẓ-ẓunūn* 701. s.v.

[73] Speziell *Kašf aẓ-ẓunūn* 1656 über ᶜĀlīs Adaption der Geschichte der Danišmendiden, *Mirqātü l-ǧihād* (dazu Fleischer 1986. 132f.).

an Verstand haben, sowie in der Unfähigkeit, (aus anderen Büchern) das Richtige zu übernehmen. Ebenso findet man (solches) Gefasel und Wortreichtum in *Künhü l-aḫbār*."[74]

Trotz solcher Kritik hat die Kosmographie nahezu für die gesamte osmanische geographische Literatur bis zum zweiten *Ǧihānnümā* den verbindlichen äußeren Rahmen geliefert, an den sich ein Autor hielt, auch wenn seine Interessen nicht mit denen eines al-Qazwīnī übereinstimmten. Dies gilt für den schon genannten *muvaqqıt* Muṣṭafā b. ʿAlī ebenso wie für die noch zu besprechenden *Tāriḫ-i Hind-i Ġarbī*, Sipāhīzāde und auch für die erste Fassung des *Ǧihānnümā*.

Bisweilen scheint das Interesse der Leser nicht so sehr dem wunderbaren Aufbau des Kosmos als den kuriosen Dingen als solchen gegolten zu haben, denn auch Abū Ḥāmid al-Ġarnāṭīs *Tuḥfat al-albāb* wurde in Istanbul im Original gern gelesen.[75] Kātib Čelebi kannte auch eine türkische Übersetzung, die den Stoff in eine neue Reihenfolge brachte, und die er dem erwähnten Sürūrī zuschrieb.[76]

Mußte sie auch in der Gunst des Publikums deutlich hinter der Kosmographie zurückstehen, so war doch auch die Universalgeographie in der Tradition des Ptolemäus nicht wenig vertreten. Besonders ihr letzter Repräsentant, Abū l-Fidā', wurde, nach der Anzahl der in Istanbul erhaltenen Handschriften zu urteilen, viel gelesen.[77] Etwa genauso beliebt wie das Original war danach die Bearbeitung von Sipāhīzāde Meḥmed b. ʿAlī (gest. 1588), betitelt *Auḍaḥ al-masālik ilā maʿrifat al-mamālik*. Diese enthielt ein Vorwort über die Oberen Welten nach Art einer Kosmographie, ordnete im Hauptteil den Stoff Abū l-Fidā's in alphabetischer Reihenfolge und ergänzte ihn um Material vor allem aus Yāqūt,[78] aber auch dem Pseudo-Ibn al-Wardī. Sie war auch in einer vom Autor angefertigten türkischen Übersetzung und Bearbeitung im Umlauf.[79] In einigen Handschriften sind bemerkenswerterweise Karten enthalten, die auf europäische Vor

---

[74] *Kašf aẓ-ẓunūn* 1649 s.v. Mir'ātu l-ʿavālim.

[75] Tauer 1950. 298 kennt 6 Handschriften in Istanbul.

[76] Notiz auf dem Titelblatt des Wiener Konzeptes. Es sei daran erinnert, daß diese Notiz wie der Artikel in *Kašf aẓ-ẓunūn* 1128f. s.v. ʿAǧā'ib al-maḫlūqāt Informationen zu Abū Ḥāmids Biographie enthält, die aus anderen Quellen und dem Text selbst nicht hervorgehen (Matveev/Kubbel' 1985. 13).

[77] Cf. Türkay 1958.

[78] So die Beschreibung in *Kašf aẓ-ẓunūn* 469 s.v. Taqwīm al-buldān, danach Taeschner 1923. 39. Die anderen bei Türkay 1959. 23 als Quellen genannten Titel sind die Quellen Abū l-Fidā's. Kātib Čelebis Angaben sind diesbezüglich jedoch mit Vorsicht aufzunehmen. Seine Charakterisierung von *Menāẓıru l-ʿavālim* als Übersetzung aus ad-Damīrīs *Ḥayāt al-ḥayawān* und ʿĀlīs *Mir'ātu l-ʿavālim* mit einigen eigenen Zutaten (ǦD 13) gibt ein völlig falsches Bild.

[79] Nach Götz 1979. 327f. ist die arabische Fassung 980 (beg. 15.5.1572) vollendet, während die älteste Handschrift bei Tauer 1933. 106f. das Datum 1. Muḥ. 977 (16.6.1569) trägt (cf. auch Karamustafa 1992. 221). Die türkische Fassung ist gekürzt und ist Qoğa Sinān Paša gewidmet (st. 1004/1596), cf. Götz loc. cit.

bilder zurückgehen.[80] Auch al-Idrīsīs *Nuzhat al-muštāq fī iḫtirāq al-āfāq* war in einigen Exemplaren in Istanbul verfügbar.[81] Die für Meḥmed II. angefertigte Übersetzung des Ptolemäus ins Arabische scheint dagegen nicht über den Palast hinausgedrungen zu sein. Außer den beiden Exemplaren für den Sultan sind keine weiteren Handschriften bekannt geworden, selbst ein so interessierter Mann wie Kātib Čelebi kannte sie nicht.[82]

Auf Veranlassung des einflußreichen Palastbeamten Ġażanfer Aġa, der auch Muṣṭafā ᶜĀlī protegierte, verfaßte der mehrfache *qāżīᶜasker* Meḥmed Šerīf mehrere Werke für Meḥmed III., darunter auch die Übersetzung eines arabischen *masālik al-mamālik*-Werkes, vermutlich des al-Iṣṭaḫrī.[83] Diese Tradition der arabischen Literatur blieb jedoch offenbar bei den Osmanen marginal.[84] Beliebt wiederum, aber ohne daß dies zu einer Übersetzung geführt hätte, waren die Lexika Yāqūts, sowohl *Muᶜǧam al-buldān*, in dem unter den geographischen Stichworten Wissen aus allen Bereichen von der Astronomie über die Geschichte bis zur Poesie gesammelt ist, als auch *al-Muštarik*, das vom philologischen Ansatz ausgeht.[85]

B. Şehsuvaroğlu hat eine kleine unbetitelte Schrift publiziert, die sich als 967 H. (beg. 3.10.1559) verfaßtes Werk eines Ḥāǧǧī Aḥmad aus Tunis ausgibt. Sie besteht aus einer Beschreibung der ganzen Welt, aus einer ungenannten europäischen Sprache übersetzt, aber angeblich auf arabischen und antiken Quellen beruhend.[86] Wenn die Angaben wahr wären, könnte dieses Werkchen beanspruchen, die erste Übersetzung eines europäischen geographischen Werkes ins Türkische zu sein. Es wäre zudem eine der ersten osmanischen Universalgeographien, und überhaupt die erste, die die Neue Welt einschließt. Es handelt sich jedoch um nichts anderes als den türkischen Begleittext jener in Holz geschnittenen Weltkarte, die 1795 in Venedig gefunden wurde und als "Karte des Ḥāǧǧī Aḥmad" bekannt ist. Doch diese ist längst als Werk einiger Venezianer für den türkischen Markt erkannt, wofür Ḥāǧǧī Aḥmad, wenn es ihn denn

---

[80] Karamustafa 1992. 221.

[81] Cf. Türkay 1958.

[82] Adnan-Adıvar 1982. 36, *Kašf aẓ-ẓunūn* 590f. s.v. ᶜilm ǧuġrāfiyā.

[83] Zum Autor Sohrweide 1976. In *Kašf aẓ-ẓunūn* 1664 s.v. al-masālik wa l-mamālik ist die Übersetzung nach dem Werk des Ibn Ḫurdāḏbih behandelt, in ĠD 13 gilt als Original al-Balḫīs Atlas, der heute längst verschollen ist. Aus den in *Kašf aẓ-ẓunūn* loc. cit mitgeteilten Anfängen hat Taeschner 1923. 39f. plausibel gemacht, daß es sich um eine Übersetzung von al-Iṣṭaḫrīs Bearbeitung des al-Balḫī handelt.

[84] Nach *Kašf aẓ-ẓunūn* loc. cit. hat Meḥmed Šerīf selbst die Unzulänglichkeit der Karten erkannt. Eine Handschrift der Übersetzung ist weder Taeschner noch Sohrweide bekannt.

[85] Kračkovskij 1957. 330-41, İA sv. Yakût Rûm i. Nachweis der Istanbuler Handschriften in Türkay 1958.

[86] Šehsuvaroğlu 1970.

überhaupt gegeben hat, nur als Camouflage diente.[87] Dieses übrigens recht dürftige Werk ist also nicht der osmanischen Literatur zuzurechnen.

4. Zwischen Geographie und Geschichte

Wenn die Weltgeschichte als Bericht des Wirkens Gottes begriffen wird, so versteht es sich ohne weiteres, daß ihre Darstellung mit dem Ursprung aller Dinge, mit der Schöpfung beginnen muß. Entsprechend finden wir schon beim großen Vorbild aller arabischen Geschichtsschreibung, bei aṭ-Ṭabarī, ein Modell des Kosmos entworfen.[88] Es entsteht ein Werktyp, der die Darstellung der Weltzeit mit der des Raumes verbindet und insofern mit den Imago-mundi-Chroniken des christlichen Mittelalters verglichen worden ist.[89] Auch in der osmanischen Geschichtsschreibung hat dieses Vorbild, direkt oder indirekt, nachgewirkt.[90] Die Bindung an die Universalgeschichte und innerhalb dieser an den annalistischen Typus[91] findet sich dort allerdings nicht mehr.

Zu den osmanischen Werken, die hier zu nennen wären, gehört die persische Weltchronik *Bahǧatu t-tavārīḫ* des Šükrüllāh b. Šihābüddīn Aḥmed (schrieb 1457).[92] Darin finden wir eine Kosmologie integriert, die sich so schon im Werk des ʿAlī b. ʿAbdürraḥmān findet.[93]

Aus *Bahǧatu t-tavārīḫ* wiederum entlehnte Muṣṭafā ʿĀlī (st. 1600) viel Material für die Kosmographie, die in seinem großen Geschichtswerk *Künhü l-aḫbār* enthalten ist. Sie bildet nach der berühmten Vorrede mit ihren geschichtstheoretischen Betrachtungen die Einleitung des Werkes und stellt gleichsam den Kosmos und in seinem Zentrum die Erde als Schauplatz der Geschichte vor. Der erste Abschnitt darin ist ganz der mythologischen Kosmographie gewidmet und dürfte wesentliche Parallelen zu *Mir'ātu l-ʿavālim* aufweisen.[94] Der eigentliche geographische Teil gliedert sich zunächst in Kapitel über die Meere, Seen, Flüsse, Inseln und Berge. Dabei war dem Autor die reale Geographie weitgehend

---

[87] Die grundlegende Erkenntnis stammt von Ménage 1958. Weitere Details über die Hersteller in Bellingeri/Vercellin 1985. Die von Şehsuvaroğlu publizierte Handschrift dürfte von einem Europäer stammen, da sie getreulich das haarsträubend fehlerhafte Türkisch des Holzschnitts wiedergibt (der übrigens wohl der älteste gedruckte osmanische Text ist). Auch Goodrich 1990. 14 scheint die Herkunft des Textes nicht bemerkt zu haben.

[88] Radtke 1992. 160-165. Dem Vorbild aṭ-Ṭabarīs folgten Ibn al-Ǧauzī, Ibn al-Aṯīr und Ibn Kaṯīr.

[89] Radtke 1992. 143f. Die Frage, ob es sich um eine Entlehnung oder eine naheliegende Parallele handelt, soll uns nicht beschäftigen.

[90] Eine gezielte Untersuchung dieser Frage steht noch aus. Zu den osmanischen Ṭabarī-Übersetzungen cf. GOW 66f. Anm.

[91] Radtke 1992. 163.

[92] GOW 19f., Storey/Bregel' 1972. 359f.

[93] Türkay 1959. 9, 15.

[94] Aus diesem Grund bezweifle ich, daß diese Form von "popular esotericism" (Fleischer 1986. 126) nur für Murād III. bestimmt war und nicht auch im Denken Muṣṭafā ʿĀlīs ihren Platz hatte. Es sei auch an die eschatologischen Erwartungen erinnert, die dieser an die Jahrtausendwende knüpfte (op.cit. 244f.).

gleichgültig, da er viele Flüsse unter verschiedenen Namen doppelt aufführte oder uralte Fehler weitertradierte.[95] Stattdessen stehen die mirabilia ganz im Vordergrund, worauf die Namen der dort zitierten Werke deutlich genug hinweisen.[96] Der länderkundliche Teil stellt zuerst die sieben Klimata vor, innerhalb derer die Städte alphabetisch angeordnet sind, worauf eine Darstellung von 24 Zonen folgt, nach denen die Werke der al-Balḫī-Schule gegliedert waren.[97] Dieser länderkundliche Teil beruht überwiegend auf *Taqwīm al-buldān* sowie Sipāhīzādes Bearbeitung desselben, außerdem auf einem Werk *Ṣuwar al-aqālim*.[98] Muṣṭafā ʿĀlīs Bemühungen um die Geographie waren von einem einseitigen Interesse für die mythologische Seite bestimmt und blieben ohne Einfluß auf die weitere Entwicklung.[99]

Die nach Dynastien gegliederte, am Ende des 16. Jhdts. arabisch geschriebene Universalgeschichte des Qaramānī Aḥmed b. Yūsuf enthält einen ausführlichen geographischen Teil.[100] Ein solcher war auch in Kātib Čelebis Dynastiengeschichte *Faḏlakat aqwāl al-aḫyār* vorgesehen, ist aber nicht ausgearbeitet. Im Anschluß an die Geschichte des 10. Jhdts. der Hiğra hatte er ein umfassendes kulturgeschichtliches Kapitel geplant, das neben den geographischen Grundlagen (Klimata, Entfernungen) auch die arabischen Stämme, Namenkunde u. dgl. behandeln sollte.[101] Der Kontext erinnert ein wenig an al-Masʿūdī, doch ist die Textgrundlage für eine weitere Interpretation einfach nicht vorhanden.[102]

Von Ǧelālzāde Muṣṭafās opus magnum *Ṭabaqātu l-memālik ve dereğātu l-mesālik* existiert nur der letzte Teil, die 30. *ṭabaqa*, die eine Geschichte der Herrschaft Sultan Süleymāns bis 1555 enthält. Darüberhinaus existiert lediglich

---

[95] Z.B. eine Verbindung des Schwarzen Meeres nach Norden zum Ozean nach Sürūrīs al-Qazwīnī-Bearbeitung (*Künhü l-aḫbār* I, 84). Von mangelnden Kenntnissen zeugt auch die Gleichsetzung von al-Idrīsī, dem Autor des Geographie-Klassikers *Nuzhat al-muštāq*, mit dem Propheten Idrīs (*Künhü l-aḫbār* I, 88, Kātib Čelebis Kommentar dazu ǦD 66).

[96] U.a. (Pseudo-)Ibn al-Wardī, eine i.a. Ibn al-Aṯīr zugeschriebene Kosmographie *Tuḥfat al-ʿağā'ib*, Ibrāhīm b. Waṣīf Šāhs *Kitāb al-ʿağā'ib*, *Dürr-i meknūn*. Eine vollständige Liste der Quellen bei Schmidt 1991. 23-31.

[97] EI 2 s.v. Djughrāfiyā. Muṣṭafā ʿĀlī hat die Zahl von 20 auf 24 erhöht (cf. Schmidt 1991. 291).

[98] Taeschner 1923. 47. Zu Taeschners Überlegung, ob es sich um al-Balḫī oder al-Iṣṭaḫrī handelte, sei darauf verwiesen, daß Muṣṭafā ʿĀlīs Gönner Ġażanfer Aġa das Werk des letzteren ins Türkische hatte übersetzen lassen. S.o. Abschn. 3.

[99] Taeschner 1923. 47.

[100] Yinanç 1957. 96.

[101] Ǧevdet 1926-1927. 1788, Türek 1957. 13.

[102] Cf. die Inhaltübersicht in Miquel 1973. 210. Nach Radtke 1992. 196 beruhen die Kosmosvorstellungen der "kulturhistorisch" — im Gegensatz zu "heilsgeschichtlich" — orientierten Geschichtsschreiber auf antiken Modellen, was hier zuträfe. Nach Miquel 1973. 212 ist die Einbeziehung der Geographie in al-Masʿūdīs Universalgeschichte nicht organisch, sondern eigentlich eine Digression im Interesse des *adab*, was für Kātib Čelebi ausgeschlossen werden kann.

die Inhaltsangabe der übrigen 29 *ṭabaqāt* im *fihrist* des Werkes.[103] Gehört die 30. *ṭabaqa* — im Gegensatz zu den zuvor genannten Universalgeschichten — zu einem spezifischen Typ der Zeitgeschichte,[104] so ist auch die Geographie in der übrigen 29 dezidiert gegenwartsorientiert. Statt der Schöpfung und dem Aufbau des Kosmos entwarf Ǧelālzāde Muṣṭafā eine Gesamtdarstellung des Osmanischen Reiches aus der Perspektive eines hohen Funktionärs: eine Art Staatshandbuch. Die Kapitel 1-6 sollten die Hierarchie der militärischen Befehlshaber und Institutionen beschreiben, Kap. 7. die Stadt Konstantinopel, Kap. 8-29 sollte jeweils einem *beglerbegilik* mit allen seinen *sanǧaq*s gewidmet sein.

Soweit sich aus dem *fihrist* ersehen läßt, werden diese territorialen Einheiten vom Autor primär als Komplex von Institutionen begriffen, die es zu verwalten und deren Funktionieren es zu sichern gilt. Zu mehreren Provinzen ist die Besprechung ihrer spezifischen Rechtsbücher (*qavānīn*) angekündigt.[105] Bei einer Stadt wie Konstantinopel kam es nicht so sehr auf die berühmten Moscheen und die byzantinischen Überreste an, auch wenn für diese je ein Abschnitt vorgesehen war. Wichtiger war die Versorgung dieses gewaltigen Organismus: Eigene Abschnitte sollten von Handel, Hafen, Märkten, Wasserversorgung, den Kasernen, Arsenal und der Geschützgießerei handeln.[106] Zwar wollte Ǧelālzāde Muṣṭafā die mirabilia Ägyptens nicht übergehen, doch daneben hob er auch die großen Häfen am Mittelmeer und am Roten Meer hervor. Mekka wird wie alle Orte unter der entsprechenden Provinz eingeordnet, auch wenn dann die religiöse Bedeutung Vorrang hat, doch schon Ǧidda wird wieder besonders als Handels- und Pilgerhafen angesprochen.[107]

Als ganz auf die Gegenwart des Autors bezogene Gesamtdarstellung des Osmanischen Reiches ist Ǧelālzādes Entwurf ohne Parallele in der osmanischen geographischen Literatur. Die umfassende Darstellung von historisch-politischen Fakten in anspruchsvollem literarischem Gewand erinnert an entsprechende Partien in den großen *adab*-Enzyklopädien des arabischen Mittelalters, von *kātib*s für *kātib*s verfaßt, ohne daß hier Überlegungen über eine direkte Beeinflussung angestellt werden sollen.

In den Grenzbereich zwischen Geschichte und Geographie gehören Geschichtswerke, die vom Thema her geeignet sind, geographische Informationen zu enthalten, wie etwa Darstellungen einzelner Feldzüge. Sie sollen hier nicht näher behandelt werden.

---

[103] *Ṭabaqātu l-memālik* 10b-20b. Nach dem *fihrist* einiger Handschriften hätten diese Teile in einem gesonderten Band folgen sollen (Kappert 1981. 12).

[104] Kappert 1981. 16-26.

[105] Z.B. zu Rumeli *Ṭabaqātu l-memālik* 13b.

[106] *Ṭabaqātu l-memālik* 12a-13b.

[107] Zu Mekka und Ǧidda 19a. Auch die schiitischen Heiligtümer des Irak werden besonders gewürdigt (19b).

5. ÜBER EINZELNE STÄDTE

Die zahlreichen Geschichten einzelner Städte, in denen naturgemäß auch Angaben geographischer Art zu finden sind, will ich an dieser Stelle nur kurz streifen, da sie nach Taeschners bislang unwidersprochenem Urteil "vielfach erheblich mehr der historischen als der geographischen Literatur, manchmal auch der Poesie" angehören.[108]

Ihren Anfang haben diese Stadtgeschichten bei den Osmanen in den zahlreichen *Tārīḫ-i Qosṭanṭinīye* oder *Tārīḫ-i Aya Ṣofya*, in denen Aufschluß über die vorosmanischen Denkmäler und ihre Geschichte gesucht wurde. Sie gehen oft auf byzantinische, aber auch auf arabische Autoren zurück.[109] Viele davon dienten weniger der Beschreibung der Stadt als der Deutung ihrer Geschichte unter mythologisch-eschatologischen Aspekten.[110]

In späterer Zeit wurden Stadtgeschichten auch für andere Städte verfaßt, etwa für Bursa, Damaskus oder Ägypten.[111] Speziell im Falle von Damaskus treffen sie sich mit der arabischen *faḍā'il*-Literatur, die ihre Anfänge in den ägyptischen Städtebeschreibungen (*ḫiṭaṭ*) hat, aber vor allem in Syrien eine eigene Tradition gebildet hat. Die darin gesammelten Vorzüge einer Stadt oder Region können ganz verschiedener Art sein. Dazu zählen Nennungen im Koran, oder Sympathiebeweise des Propheten, ein besonderer Rang als Wallfahrtsstätte oder als Festung im Glaubenskampf, die (religiösen) Tugenden der Bewohner oder eben auch geographische Eigentümlichkeiten.[112] Darin manifestierte sich zunächst u.a. die Konkurrenz der religiösen Zentren, die die fahrenden Gelehrten auf der Suche nach Wissen an sich ziehen wollten.[113] Doch gewann die Sammlung solcher *faḍā'il* dann im Syrien der Kreuzzugszeit als Propagandaliteratur und erneut im 14.-15. Jhdt. Bedeutung und wurde nach der Eroberung durch die Osmanen von diesen weiterbetrieben. Neben den *faḍā'il* Syriens nehmen, dem religiösen Grundcharakter nach, diejenigen der heiligen Städte Mekka, Medina und Jerusalem einen besonderen Platz ein.[114]

Unter den osmanischen Städtebeschreibungen nimmt die Darstellung Edirnes, *Enīsü l-müsāmirīn*, die ʿAbdürraḥmān Ḥibrī 1636 verfaßte, wegen ihrer Ausführlichkeit und ihres Quellenwertes einen besonderen Rang ein, den schon Kātib Čelebi klar erkannt hatte.[115] Es enthält sowohl eine überaus detaillierte topographische Beschreibung der Stadt, als auch eine umfassende Geschichte.

[108] Taeschner 1923. 45.
[109] Taeschner loc. cit., Kračkovskij 1957. 594f.
[110] Yerasimos 1990 passim.
[111] Cf. die Titel in *Kašf aẓ-ẓunūn* 1274-1278 passim.
[112] Gruber 1975. 55-78.
[113] Gellens 1990. 57.
[114] Kračkovskij 1957. 595.
[115] So *Kašf aẓ-ẓunūn* 198f. s.v. Enīsü l-müsāmirīn.

Dazu kommt die Nennung von Richtern und Poeten, sowie Anekdoten und Gedichte über die Stadt.[116]

Die Vorzüge einzelner Städte werden auch in der osmanischen Dichtung gewürdigt. Ein prominentes Beispiel ist das Lob Istanbuls im *Hevesnāme* des Ǧaʿfer Čelebi (st. 1515), in dem der Dichter dann ein galantes Abenteuer schildert.[117] In den *šehr-engīz* genannten Gedichten rühmen die Dichter die schönen Jünglinge einer Stadt und preisen zur Steigerung des Effektes auch die sonstigen Schönheiten.[118]

6. DIE EXOTISCHEN LÄNDER

Zu den elementaren Grundlagen, auf denen die geographische Literatur aller Völker aufbaut, gehört die Neugier, von fremden, andersartigen Städten, Ländern und Bräuchen zu hören. Berichte von Reisenden in geschäftlichen oder politischen Dingen waren das ideale Medium, diese Neugier einerseits zu befriedigen, andererseits weiter anzustacheln. Auch unter den Osmanen gab es Reisende, die ihre Eindrücke schriftlich fixierten und dem Publikum zugänglich machten, gab es Autoren, die schriftliche und mündliche Berichte sammelten und systematisierten.

Schon in der Frühzeit der arabischen Geographie hatte ein beträchtliches Interesse für Ostasien und China bestanden.[119] Auch in der osmanischen Literatur wird das Thema China, gemessen an den geringen politischen Kontakten und am Desinteresse etwa für Europa, relativ ausführlich behandelt. Da über ein *Tārīḫ-i Ḫatay* des berühmten Astronomen ʿAlī Qušǧı nichts Gewisses bekannt ist,[120] muß als das älteste Buch hierüber eine 1494/95 angefertigte türkische Übersetzung jenes Gesandtschaftsberichtes von Ġiyāsuddīn-i Naqqāš gelten, der im Auftrag des Timuriden Šāhruḫ 1420-22 nach China gereist war.[121]

Ein eigenständiges osmanisches Werk ist das 1516 in Persisch verfaßte *Ḫitaynāme*, eine umfassende Länderkunde Chinas, des ʿAlī Ekber.[122] Dieser war 1506 selbst in China gewesen, hatte in seiner Darstellung aber auch andere Wer

---

[116] Inhaltsübersicht in GOW 213, detaillierter Gökbilgin 1965, Berichtigungen zu beiden Kreiser 1975. 265-68. Auszüge des Werkes sind gedruckt im sog. *Tārīḫ-i Ǧevrī Čelebi*, 2 Bde., Istanbul 1291-92. Die topographischen Angaben sind bei Kreiser 1975 umfassend verwertet.

[117] Bombaci 1969. 344f. Die Beschreibung Istanbuls ist wiedergegeben bei Levend 1958. 68-94.

[118] Levend 1958 mit zahlreichen Beispielen. Cf. auch Boškov 1974.

[119] Miquel 1973. 116-126, zur weiteren Entwicklung Dubler 1954 pass.

[120] Zu den Spekulationen darüber cf. Kračkovskij 1957. 523. ʿAlī Qušǧū soll selbst in China gewesen sein (*Kašf aẓ-ẓunūn* 1314 s.v. Qānūnnāme-i Čīn wa Ḫatā).

[121] Béller-Hann 1987. 58. Der persische Text findet sich in unterschiedlicher Ausführlichkeit bei den großen persischen Historikern: ʿAbdurrazzāq (st. 1482), Ḥāfiẓ-i Abrū (st. 1430), Ḫwānd-Mīr (st. 1535/6), cf. Storey/Bregel' 1972. 824.

[122] Storey/Bregel' 1972. 1312f. (unter dem Titel *Tārīḫ-i Ḫitāy u Ḫutan*), Matuz 1968. 23f., cf. *Kašf aẓ-ẓunūn* 1314 s.v. Qānūnnāme-i Čīn wa Ḫatā. Es existiert neben einer ausführlichen auch eine stark verkürzte Übersetzung (Ünver 1957. 139, Ergänzungen bei Kütükoğlu 1957. 11f.).

ke herangezogen, darunter den erwähnten Gesandtschaftsbericht und die Aufzeichnungen eines Kaufmanns Süleymān.[123] Yih-Min Liu hat die Informationen ʿAlī Ekbers mit zeitgenössischen Quellen verglichen und einen hohen Grad an Übereinstimmung, aber auch signifikante Abweichungen festgestellt. Doch da er in seine Überlegungen weder die Zielrichtung des Werkes noch die Informationswege eines Fremden in China einbezieht, scheint die Folgerung, ʿAlī Ekber sei nicht selbst in China gewesen, nicht schlüssig. Unter Murād III. (reg. 1574-1595) wurde das Buch als *Qānūnnāme-i Čin u Ḫitay* ins Türkische übersetzt.[124]

Auf diesen beiden Werken basieren in der Folge nahezu sämtliche Beschreibungen Chinas bei den osmanischen Geographen.[125] Noch im 18. Jhdt. wurde der Bericht des Ġiyāṯuddīn-i Naqqāš von Küčük Čelebizāde ʿĀṣim (st. 1760) noch einmal — unter dem Titel *ʿAǧāʾibü l-leṭāʾif* — ins Türkische übersetzt,[126] die türkische Version von ʿAlī Ekbers Werk 1280/1863 in Istanbul gedruckt.[127] China wurde schließlich auch im Werk Seyfī Čelebis (st. 1583) behandelt,[128] das nicht auf eigener Anschauung, aber direkt auf Gewährsleuten beruht[129] und im weiteren mehr historisch als geographisch die Staaten Mittelasiens bis hin zum Iran sowie Indien beschreibt.

Der Reiz des Exotischen war einer der wesentlichen Gründe für das Interesse des osmanischen Lesers am Thema China.[130] Doch da die Texte zunächst ohne literarische Ambitionen geschrieben waren, vielmehr, bedingt durch die Interessenlage der Autoren bzw. Gewährsleute unter anderem dem Rechts- und Militärwesen viel Aufmerksamkeit widmeten, blieb auch für andere Interpretationen Raum. Béller-Hanns Hypothese, die Autoren könnten, gerade mit ihrer breiten Schilderung des vorbildlich geführten Rechtssystems, ihrem eigenen Land den Spiegel vorhalten wollen,[131] etwa wie es Tacitus der römischen Gesellschaft gegenüber in seiner "Germania" tat, wird durch einen direkten Vergleich, den der Übersetzer des *Qānūnnāme* zwischen den chinesischen und den

[123] Türkay 1959. 17 ohne Quellenangabe.

[124] Béller-Hann 1987. 58. Wieweit die türkische Übersetzungen Neuerungen enthält (vgl. z.B. Bezugnahme auf das Jahr 990 H. *Qānūnnāme* 23r) bleibt zu überprüfen. Bei Storey/Bregel' 1972. 1312f. wird sie als "ungenau" bezeichnet. Die Zuschreibung an Ḥüseyn Hezārfenn dort ist nicht richtig. Die Faksimileedition des persischen Textes von Fuad Sezgin und Eckhard Neubauer, Frankfurt/M. 1994, lag mir nicht vor.

[125] Bei Kātib Čelebi und Ebū Bekr b. Behrām ad-Dimišqī kommen europäische Quellen hinzu, Ḥüseyn Hezārfenn übernahm aus dem *Ǧihānnümā* (Wurm 1971. 97).

[126] Storey/Bregel' 1972. 1466, Béller-Hann 1987. 58, Kračkovskij 1957. 522.

[127] Kütükoğlu 1957. 12.

[128] Matuz 1968. 56-69.

[129] Matuz 1968. 26f.

[130] M.F. Köprülü, *ʿAǧāʾibü l-leṭāʾif*, in: Millī Tetebbuʿler Meǧmūʿası 1915/16. 361-368, zit. nach Béller-Hann 1987. 56.

[131] 1987. 64, offenbar unabhängig von den gleichlautenden Überlegungen bei Fleischer 1851. 217 und Kračkovskij 1957. 525.

osmanischen Verhältnissen zog,[132] zunächst bestätigt. Auch in der Art, wie ʿAlī Ekber die Kommodität und die Sicherheit des Reisens in China schildert, ist ein Unterton dieser Art spürbar.[133] Doch z.B. die chinesische Rechtspraxis war bereits in der arabischen Literatur über China vor 1258 ein fester Topos.[134] Béller-Hanns These hat aber insgesamt gegen sich, daß eine solche Staatskritik wohl kaum im Interessenbereich eines Kaufmanns wie ʿAlī Ekber sein konnte, zumal er in einer Zeit schrieb, als die Mängel der osmanischen Verwaltung und Gerichtsbarkeit noch beileibe nicht so eklatant waren. Das primäre Interesse am Fremdartigen, dem im übrigen auch Béller-Hann gewisses Gewicht zugesteht, schließt nicht aus, daß der Autor gelegentlich auf Mißstände in der eigenen Gesellschaft aufmerksam macht. Doch gemeinhin hat ein osmanischer Autor es nicht nötig gehabt, Kritik an den Zuständen seiner Zeit zu verklausulieren.[135]

Ḥüseyn Hezārfenn (st. 1686) hat in sein *Tenqīḥü t-tevārīḫ* ein Kapitel über China eingearbeitet, um dem Interesse Meḥmeds IV. entgegenzukommen.[136] Mit welchen Augen schließlich Küčük Čelebizādes Buch gelesen werden sollte, verrät bereits das *ʿağā'ib* im Titel.[137] Nichtsdestoweniger liegt ein Verdienst von Autoren wie ʿAlī Ekber darin, daß sie — unabhängig von didaktischen Motiven — ihre Leser anregten, die Zustände fremder Länder zu ihren eigenen Lebensumständen in Beziehung zu setzen.

Dem Titel nach würde man auch einen Reisebericht *ʿAğā'ibnāme-i Hindustān*[138] zu den unterhaltsamen Berichten aus exotischen Ländern rechnen, doch ist über den Inhalt nichts Näheres bekannt. Die Erzählung *Mir'ātu l-memālik* des Seydī ʿAlī Re'īs (verfaßt 1557), der sich nach einer völlig gescheiterten Flottenunternehmung in Indien auf dem Landweg bis auf osmanisches Gebiet durchschlagen mußte, konnte sich aufgrund des spannenden Themas, des fremden Ortes der Handlung wie der literarischen Fähigkeiten des Autors des Interesses sicher sein.[139] Das Buch enthält zahlreiche Gedichte des unter dem *maḫlaṣ* Kātib-i Rūmī bekannten Autors,[140] während der Wert für die wissenschaftliche Geographie als gering angesehen wird,[141] zumal weit mehr von den

[132] Zit. in Anhegger 1951-53. 365f.
[133] *Qānūnnāme* 28r-v et passim.
[134] Dubler 1954. 480, 503.
[135] Kafadar 1989. 132f.
[136] Wurm 1971. 95.
[137] Schließlich soll darauf hingewiesen werden, daß z.B. Seyfī Čelebis Werk wenig verbreitet war. Es sind nur zwei Hss. erhalten, Zitate in einschlägigen Werken Späterer nicht nachzuweisen (Matuz 1968. 24f.)
[138] Verfaßt unter Murād III., Türkay 1959. 32.
[139] Taeschner 1923. 43, Kračkovskij 1957. 574f.
[140] İA s.v. Seydī Ali Re'īs. Sie sind enthalten in der Ausgabe von Aḥmed Ğevdet, Istanbul 1313/1895, fehlen aber in Vambérys Übersetzung (cf. Vambéry 1899. x).
[141] Adnan-Adıvar 1982. 85f.

Fürstenhöfen der durchzogenen Länder sowie von Kuriosa als von den allgemeinen Lebensbedingungen die Rede ist.

Ich bin sicher, daß auch das osmanische Interesse an Ägypten von jener Lust am Geheimnisvollen und Exotischen herrührte.[142] Auch wenn das Land seit Selīm I. Teil des osmanischen Reiches war, so bot es doch mit den Pyramiden und dem Nil noch genug Themen für die Liebhaber von mirabilia.[143] Man denke allein an die Legenden, die sich von alters um die Quellen des Nils rankten,[144] jenes größten aller bekannten Flüsse, dessen Steigen und Fallen den Rhythmus des Lebens in Ägypten in einzigartiger Weise bestimmten.[145] Selīm I. scheint dieser Faszination selbst erlegen zu sein, da er sich in Kairo bevorzugt in einem *köšk* nahe dem Nilometer aufhielt.[146] Zudem wird berichtet, er habe im Verlaufe des Feldzuges nach Ägypten die berühmte Chronik des Ibn Ṭaġribirdī in die Hand bekommen und von dem Historiker und damaligen Heeresrichter von Anatolien, Kemālpašazāde, ins Türkische übersetzen lassen. Dieser übersetzte auf jeder Etappe einen Abschnitt, den er dann ins Reine schreiben ließ und dem Sultan vorlegte.[147]

Vielleicht inspirierte ähnliches Interesse auch die Übersetzung von al-Maqrīzīs *Ḫiṭaṭ*.[148] Nicht übersetzt, aber anscheinend viel gelesen wurde auch as-Suyūṭīs *Ḥusn al-muḥāḍara fī aḫbār Miṣr wa l-Qāhira*.[149] Von Interesse für die Geschichte Ägyptens zeugen mehrere Übersetzungen auch zu diesem Thema, darunter die Geschichte Ibrāhīm b. Waṣīf Šāhs, teilweise bis in die Zeit der

[142] Zur Rolle Ägyptens in der arabischen *ʿaǧāʾib*-Literatur cf. Miquel 1988. 99-105.

[143] Vorgreifend sei darauf hingewiesen, daß Kātib Čelebi im Entwurf des *Ǧihānnümā* zu Ägypten — neben einem Überblick über die Verwaltungsgliederung — zuerst die Beschreibung der Pyramiden und des Leuchtturms von Alexandria u.ä. ausgerechnet von Abū Ḥāmid al-Ġarnāṭī eintrug (WK 203v-205r).

[144] Zum Beispiel in *Tārīḫ-i Hind-i Ġarbī*: Goodrich 1990.125-129.

[145] Drei Abhandlungen zu diesem Thema allein in der Ayasofya-Bibliothek: Suyūṭīs *Kitāb fī bayān manbaʿ an-Nīl wa ziyādatih* (3398), anonym: *Nīl ar-rāʾid min an-Nīl az-zāʾid* (3528), anonym: *Risāla fī Nīl Miṣr* (3446), cf. Türkay 1958. 9, 12f.

[146] İA s.v. Selīm I.

[147] Ein Manuskript der Übersetzung ist nicht bekannt (EI 2, s.v. Kemāl Paša-zāde), doch abgesehen davon, daß Kātib Čelebi in *Kašf aẓ-ẓunūn* 1932 s.v. an-Nuǧūm az-zāhira fī mulūk Miṣr wa l-Qāhira den Anfang dieser Übersetzung mitteilt, scheint mir auch seine Schilderung der Entstehungsgeschichte zu lebensnah zu sein, als daß sie reine Erfindung sein könnte.

[148] Zu einer Übersetzung von al-Maqrīzīs *Ḫiṭaṭ Miṣr* von 969 cf. *Kašf aẓ-ẓunūn* 715f. s.v. Dieses Jahr trägt eine Übersetzung im British Museum, während die Übersetzung Paris Ms. turc. suppl. 216 im Jahre 967 H. für Sultan Süleymān angefertigt wurde (zu beiden cf. Blochet 1932-33. I, 266).

[149] Zu den Istanbuler Handschriften Türkay 1958. Das Werk vereinigt Züge der stark biographisch orientierten Stadtgeschichten, einer *adab*-Anthologie, und einige der *ḫiṭaṭ*-Literatur, doch das Ziel ist die Unterhaltung des Lesers (Kračkovskij 1957. 483f.). Auch ʿĀlī hat daraus geschöpft (Tietze 1975. 10).

Übersetzer fortgeführt,[150] oder Süheylīs Geschichte Ägyptens von den Anfängen bis 1628, die teilweise auf Ibn Zunbuls (st. 1553) *Fatḥ Miṣr* zurückgeht.[151] Auch Ǧelālzāde Ṣāliḥ Čelebi (ca. 1500-1565), der Bruder des berühmten Historikers, hat für sein *Tarīḫ-i ǧedīd-i Miṣr* ältere arabische Quellen, besonders al-Maqrīzīs *Ḫiṭaṭ* und zwei Werke as-Suyūṭīs verwendet.[152] Daß Ägypten für einen Osmanen eine fremde und exotische Welt war, zeigen schließlich die Beobachtungen Muṣṭafā ᶜĀlīs, die dieser 1599 in einem geistreich-unterhaltenden Werk mit dem Titel *Ḥālātu l-Qāhire mine l-ᶜādāti ẓ-ẓāhire* zusammenstellte.[153] Die Übersetzung von Ibn al-Ǧīᶜāns *at-Tuḥfa as-sanīya fī asmā' al-bilād al-miṣrīya* allerdings, eines Katasters aus der Zeit Qā'it Bays ohne jedes literarische Element, muß andere Gründe gehabt haben.[154]

Schließlich muß auch ein in der osmanischen Geographie einzigartiges Werk an dieser Stelle angeführt werden: *Tārīḫ-i Hind-i Ġarbī*, verfaßt von einem unbekannten Autor um 1580 und Murād III. gewidmet.[155] Schon als einziges osmanisches Werk über die Neue Welt hat es beträchtliche Aufmerksamkeit erhalten.[156] Man hat in dem Werk einen Ausdruck politischer Stimmungen und einen "anti-spanish animus" sehen wollen,[157] doch die Gesamterscheinung des Buches bestätigt m. E. mehr die Zuordnung zu den unterhaltsam-erbaulichen Werken. Dies gilt für die kosmographische Einleitung mit ihrer kurzen Darstellung der Planetensphären, Elemente und Klimata,[158] erst recht für die zahl

[150] GOW 121f. Bei İbrāhīm b. Waṣīf Šāh hatte schon der Pseudo-Ibn al-Wardī viel Material gefunden (Kračkovskij 1957. 385f.).

[151] GOW 56ff., 162, gedruckt von İbrāhīm Müteferriqa 1730 (Watson 1968. 438, Rohnström 1988. 130f., 137f.).

[152] Zu diesem noch unedierten Werk cf. Haarmann 1976. 188-191.

[153] Tietze 1975. 96-151. Diese gehören mehr in die Sphäre der Ethnologie als der Geographie. An welche literarischen arabischen Traditionen ᶜĀlī mit diesem Werk anknüpft, bleibt noch zu untersuchen. Neuartig ist jedenfalls die Abhandlung über die politischen und finanziellen Zustände der Provinzen im Anhang (Tietze 1975. 152-172, cf. auch Fleischer 1986. 182f.). Das Ganze daraufhin jedoch als halboffizielles Dokument zu bezeichnen (Soucek 1986. 266), hieße die literarischen Ambitionen zu verkennen.

[154] Unter dem Titel *Ẕikr-i aqālīm-i diyār-ı miṣrīye* (Taeschner 1923. 41 Anm., Flügel 1865-67. II, 432, Nr. 1280 zur Handschrift Wien cod. A.F. 88).

[155] Goodrich 1990. 19ff.

[156] Cf. Gildemeister 1888, Bonelli 1892, Rossi 1952, sowie Goodrich 1982, 1984a, 1987 bis zu seiner Monographie 1990. Goodrichs Feststellung, daß *Tārīḫ-i Hind-i Ġarbī* für 300 Jahre das einzige osmanische Buch über Amerika blieb, ist insofern irreführend, als der entsprechende Teil des *Ǧihānnümā* wegen Kātib Čelebis Tod nicht geschrieben wurde, während die Universalgeographie Ebū Bekr b. Behrāms ebenso wie die späteren Übersetzungen europäischer Geographien noch weitgehend unerforscht sind (zu Ebū Bekrs Amerika-Karte cf. aber die erstaunlichen Feststellungen von G. J. Halasi-Kun 1986).

[157] Murphey 1987-92. loc.cit. Dazu s.u. Abschn. 11.

[158] Dieses Kapitel bezieht ausnahmsweise (s.o.) auch astronomische Quellen mit ein, so Naṣīr-uddīn Ṭūsī und Qāḍīzāde Rūmī. Der Kommentar zum Werk des ersteren, über den sich Goodrich unschlüssig war (Goodrich 1990. 83, 94), dürfte der des Niẓāmuddīn al-Qummī an-Nisābūrī sein, cf. *Kašf aẓ-ẓunūn* 391f. s.v. at-Taḏkira an-nāṣirīya: *wa huwa šarḥun mašhūrun maqbūl.*

reichen "didactic anecdotes", mit denen die Beschreibung der wichtigsten Meere, Seen und Flüsse aufgelockert ist, und die den klassischen arabischen Autoren entnommen sind.[159] Vollends unangemessen für ein Buch mit geopolitischen Anregungen scheint mir die Einbeziehung des "parageographischen" Topos der Wāqwāq-Inseln.[160] Typisch für die mirabilia-Literatur ist dagegen der breite Raum, den das Buch den seltsamen Pflanzen und Tieren der Neuen Welt widmet. Die Wunderdinge werden in der Einleitung explizit angesprochen:

"Da ich nun über diese Dinge (die Neue Welt) Auskunft von den Kundigen erbat, lehrten sie mich merkwürdige Dinge und erstaunliche Verhältnisse (*ümūr-ı ġarībe ve aḥvāl-ı ʿaǧībe*), die die Allmacht Gottes, des Schöpfers bestätigen ..."[161] Auch wenn sich die Darstellung des neuen Kontinents vollständig in europäischen Quellen hat nachweisen lassen,[162] so muß das Buch doch dem osmanischen Leser als "Fabelbuch"[163] erschienen sein. Die Ausstattung mit Miniaturen weist es ebenfalls der unterhaltsamen Lektüre zu.[164]

7. Reiseberichte

Viele der Werke des vorangegangenen Abschnitts gehen auf Reiseberichte zurück. Das Charakteristikum der hier zu besprechenden Reisebeschreibungen ist es, daß ihr Stoff nicht nach geographiespezifischen Gesichtspunkten gegliedert ist, sondern nach dem zeitlichen Ablauf der Reise. Manche Reisebücher sind sehr knapp und nüchtern und sichtlich dazu bestimmt, den Nachfolgenden Informationen an die Hand zu geben. Dies gilt speziell für die Pilgerbücher, die die Beschreibung des Weges mit der Anleitung für die an den Heiligen Stätten zu vollziehenden Zeremonien verbinden. Eines der ältesten bekannten Beispiele sind die *Menāsik-i mesālik* des ʿAbdürraḥmān Ḥibrī, den wir schon als Verfasser einer Stadtgeschichte Edirnes kennen.[165]

Andere Reisebeschreibungen tragen dagegen einen ausgesprochen persönlichen Charakter, wenn auch diese Gattung unter den "first-person narratives" noch kaum berücksichtigt worden ist.[166] Hier ist der schon erwähnte Zug des

---

[159] Darunter neben anderen auch der bekannte Pseudo-Ibn al-Wardī, cf. Goodrich 1990 Index s.v. Dieser könnte auch die Quelle für den erwähnten Kommentar von *at-Taḏkira an-nāṣirīya* sein, cf. Sellheim 1976. 179.

[160] Goodrich 1990. 104-9. Zur dieser Einschätzung cf. Dubler 1954. 517 im Gegensatz zu Ferrand, der die Inseln zu lokalisieren versucht (EI 1 s.v. Wāq-wāq).

[161] Goodrich 1990. 74, *Tārīḫ-i Hind-i Ġarbī* (Müteferriqa) 2v. Natürlich ist auch diese Passage eine Pflichtübung und daher mit Vorsicht zu werten.

[162] Goodrich 1982, Goodrich 1990. 31-38.

[163] Babinger 1919. 14.

[164] Mit 19 erhaltenen Handschriften (abgesehen von der Druckausgabe İbrāhīm Müteferriqas 1730) scheint das Buch überaus beliebt gewesen zu sein.

[165] Cf. *Menāsik-i mesālik*, ed. İlgürel 1975, kurz dazu Kreiser 1975. 267f. Die bei Taeschner 1923. 72f. genannten Pilgerbücher stammen bis auf eines aus dem 18. Jhdt.

[166] Zu diesen Kafadar 1989.

Seydī ʿAlī Re'īs von Indien in die osmanische Kapitale zu nennen, ein Werk, das aber ausgesprochen literarischen Charakter hat.[167] Von schlichtem und persönlichem Stil sind die arabischen Aufzeichnungen Badraddīn b. Muḥammad al-Ġazzī, der wegen einer persönlichen Angelegenheit 1529 von Syrien nach Istanbul reiste und 1531 zurückkehrte.[168]

Den Charakter persönlicher Eindrücke trägt auch Quṭbaddīn al-Makkī an-Nahrawālīs *al-Fawā'id as-sanīya fī r-riḥla al-madanīya wa r-rūmīya*. Der Autor (gest. 1582), Sohn eines indischen Einwohners, lebte in Mekka und reiste von dort 1536 und 1557 nach Konstantinopel.[169] Seine Geschichte der osmanischen Eroberung des Yemen und seine Beschreibung Mekkas sind bekannt,[170] seine Reisebeschreibung scheint nur im Autograph in Istanbul erhalten zu sein und verdiente eine nähere Untersuchung.[171] Auf das vielleicht meistuntersuchte Werk der osmanischen Literatur, Evliyā Čelebis einzigartiges *Seyāḥatnāme*, will ich nur verweisen, da es außerhalb des hier zu besprechenden Zeitraumes fällt. Trotz des individuellen Charakters des Werkes ist zu bedenken, daß Evliyā auch andere Quellen benutzt und z.B. Meḥmed ʿĀšıqs Beschreibung der Meteoraklöster einfach in die erste Person transponiert und seinem Werk einverleibt hat.[172]

Feldzugsitinerare in Form von tagebuchähnlichen Aufzeichnungen sind offizielle Dokumente. Sie sind als solche präzis und sachlich, außer Gegebenheiten, die für den Weg und die Versorgung des Heeres von Betracht sein könnten, enthalten sie kaum topographische Informationen. Literarische Ambitionen fehlen ganz.[173] Auf einem Feldzugstagebuch aufbauend schuf der auch als Mathematiker beachtliche Maṭraqčı Naṣūḥ sein *Beyān-ı menāzil-i sefer-i ʿIrāqeyn*, ein einzigartiges Album, das jede auf dem Feldzug gegen Persien 1534-36 berührten Städte nicht nur beschreibt, sondern auch im Bild darstellt.[174] Diese Veduten sind teilweise nur schematisiert, enthalten jedoch genug realistische Ele-

[167] Cf. den vorhergehenden Abschnitt.

[168] Erhalten in einer Handschrift in Istanbul (Köprülü Mehmet Paşa Nr. 1390), teilweise übersetzt in Ekrem Kâmil 1937.

[169] Kračkovskij 1957. 666f.

[170] *Al-Barq al-yamānī fī l-fatḥ al-ʿuṯmānī* und *al-Iʿlām bi-aʿlām bayt Allāh al-ḥarām*, cf. EI 2 s.v. an-Nahrawālī.

[171] Hs. Veliyüddin 2440, cf. GAL S II, 515. Auszüge sind in türkischer Übersetzung von Ekrem Kâmil 1937 publiziert worden, die eine nähere Beschäftigung mit dem ganzen Werk lohnenswert erscheinen lassen.

[172] Prokosch 1987. 16 nach Kreutel.

[173] GOW 77 zu den Feldzugstagebüchern Süleymāns. Sie sind in Ferīdūn Aḥmeds *Münše'ātu s-selāṭīn* enthalten (Konkordanz für die beiden Ausgaben Ferīdūns bei Taeschner 1924-26. 20).

[174] Faksimile-Edition der einzigen Handschrift mit ausführlicher Einleitung Yurdaydın 1976. Ohne die geographische Einleitung über die sieben Klimata (nach Bīrūnī) findet sich der Text auch im *Süleymānnāme* desselben Autors, einer Weltgeschichte, die teilweise auf Naṣūḥs Ṭabarī übersetzung beruht und in einer Reihe von Fragmenten, die sich nur partiell überlappen, vorliegt (cf. Zusammenfassung von Yurdaydıns früheren Forschungen bei Taeschner 1965).

mente, um zu überprüfen, daß der Autor, der auch der Maler ist, den Feldzug in allen seinen Etappen mitgemacht haben muß. Wenn das Buch auch zahlreiche topographische Daten enthält, hat Yurdaydın mit Recht den Versuch Selens zurückgewiesen, diese Veduten als Karten aufzufassen und *Beyān-ı menāzil* als terrestrisches Komplement dem Seeatlas des Pīrī Re'īs gegenüberzustellen.[175] In der Tat fehlen den Bildern grundlegende Charakteristika von Karten: Orientierung, Projektion auf die Grundfläche, Maßstäblichkeit. Gemeinsam ist beiden Werken jedoch, daß mit ihnen die Geographie zum Betätigungsfeld für Maler und Miniaturisten wurde.[176] Naṣūḥ hat allerdings keine Schule gemacht, da sein reichilluminiertes Werk, das er dem Sultan präsentierte, Unikat geblieben ist.

8. Die Spezialliteratur

Begründet durch Immigranten aus Mittelasien und gefördert durch die osmanischen Herrscher konnte sich an den osmanischen *medresen* eine astronomische Wissenschaft etablieren, die zwar keine bedeutenden neuen Entdeckungen machte, aber immerhin das 15. und 16. Jhdt. lang auf der Höhe der islamischen Wissenschaft blieb.[177] Diese Tradition verfiel gegen Ende des 16. Jhdts.[178] Wie erwähnt, kannte die osmanische geographische Literatur kaum die in der Tradition des Ptolemäus stehende mathematisch-astronomische Universalgeographie. Von astronomischen Tafeln (*zīğ*) und Lehrbüchern, die reine Spezialwerke waren, nur für den Fachmann zu verstehen und zu würdigen, soll hier nicht die Rede sein.

Als Astronom ist auch Seydī ʿAlī Re'īs (st. 1562) hervorgetreten,[179] den wir bereits als Literaten und Autor eines Reiseberichtes kennen. Hier interessiert uns sein bedeutendes geographisches Werk die Rede sein, sein Seefahrtshandbuch für den Indischen Ozean, betitelt *Kitābu l-muḥīṭ fī ʿilmi l-eflāk ve l-ebḥur*. Es entstand aus dem unmittelbaren Bedürfnis, sich von den Kenntnissen der Lotsen des indischen Ozeans unabhängig zu machen. Grundlage waren neben mündlich tradierten Kenntnissen mehrere ältere Werke der arabischen maritimen Literatur.[180] Das Ergebnis war ein rein technisches Werk, das alle notwendigen Anweisungen zum Navigieren nach den Sternen, Angaben zu Schiffahrtsrouten und Monsunzeiten, Hinweise auf bestimmten

---

[175] Yurdaydın 1976. 31-48 pass.

[176] Zur Untersuchung des Werkes aus kunsthistorischer Sicht Rogers 1992. 235-45.

[177] Daß die neuen Erkenntnisse Kopernikus', Galileis und Keplers erst mit beträchtlicher Verspätung in den Orient gelangten, ist bekannt und soll hier nicht erörtert werden (cf. Kap. IX, Abschn. 6).

[178] Cf. die Klagen Qoči Begs und Kātib Čelebis, zit. bei Adnan-Adıvar 1982. 126f.

[179] Er verfaßte eine Schrift über astronomische Instrumente, *Risāle-i mir'āt-ı kā'ināt min ālāt-ı irtifāʿ*. Von der Exaktheit zeugt die Rekonstruktion eines dieser Instumente in Brice/Imber/ Lorch 1976. Auch übersetzte er die berühmte Abhandlung ʿAlī Qušğıs, *Fetḥīye*, ins Türkische (Adnan-Adıvar 1982. 88f.).

[180] Zu diesen Gaudefroy-Desmombynes 1912, Kračkovskij 1957. 554-69 pass.

Gefahren für die Schiffe, aber auch eine Einführung in die Zeitrechnung enthielt.[181]

Es ist ein Charakteristikum der osmanischen Seefahrtshandbücher (wie auch der Portulankarten), daß die uns erhaltenen Exemplare nicht die sind, die auf den Schiffen in Gebrauch waren. Diese waren vermutlich in der Ausstattung anspruchslos und wurden, wenn sie durch ein aktuelleres Werk ersetzt werden konnten, wohl als wertlos dem Verfall preisgegeben oder vernichtet.[182] Erhalten sind meist die kostbar verzierten Karten, die sich Interessierte oder Bibliophile anfertigen ließen, um sie unter ihre Schätze einzureihen.[183] Wenn also von Seydī ʿAlī Re'īs' *Muḥīṭ* nur wenige Exemplare erhalten sind, so sagt dies nichts über die Rezeption bei den Seeleuten aus. Es bestätigt nur, daß das Buch aufgrund seines rein praxisorientierten Charakters in den Kreisen der Gebildeten und Bibliophilen keinen Anklang fand.[184] Nur mit wenigen dürren Worten werden Elemente aufgenommen, die für das mirabilia-Publikum von Interesse sein könnten, ohne daß dadurch das Gesamtwerk für den nautischen Laien genießbarer würde.[185]

Ganz anders war dies im Falle des zweiten und berühmtesten osmanischen Seehandbuches, dem *Kitāb-i baḥrīye* des Pīrī Re'īs (hinger. 1552/53).[186] Dieses Werk war ursprünglich für den Gebrauch der im Mittelmeer operierenden Korsaren und Kapitäne der osmanischen Marine vorgesehen und enthielt die Beschreibung sämtlicher Küsten des Mittelmeeres, eingeteilt in etwa 130 kleine Abschnitte, denen jeweils eine Karte beigegeben war.[187] Ein knappes Vorwort drückte die Hoffnung des Autors aus, das 1521 fertiggestellte Buch Sultan Süleymān zu seiner Thronbesteigung präsentieren zu können.[188] 1524 reiste İbrāhīm Paša, der fähige Großwesir Sultan Süleymāns, zu Schiff nach Ägypten, und Pīrī Re'īs, dem Lotsen des Schiffes, gelang es, den Pascha für sein Werk zu interessieren. In einer erweiterten Fassung wurde das Buch 1526 dem Sultan vor

[181] Cf. Bittner/Tomaschek 1897 (Teilübersetzung), Bonelli 1894 (Teiledition), Hammer 1834-39 (Paraphrase).

[182] Kahle 1926. ix.

[183] Soucek 1971. 26. Beispiele für solche Karten Goodrich 1985, Goodrich 1986. Nach Brice/Imber/Lorch 1977 ist die Karte des Meḥmed Re'īs b. Menemenli eines der wenigen Exemplare, die tatsächlich im Gebrauch gewesen sind.

[184] Cf. Adnan-Adıvar 1982. 87. Dasselbe Phänomen könnte auch erklären, warum auch unter den Spezialwerken der arabischen Literatur diejenigen auf uns gekommen sind, die über das Fachspezifische hinaus Elemente des *adab* enthalten, wie Ibn Ḫurdāḏbihs *Kitāb al-masālik* oder Abū Yūsuf Yaʿqūbs *Kitāb al-ḫarāǧ* (dazu Miquel 1973. 87f.).

[185] Zum Goldland Bittner/Tomaschek 1897. 75f., Waq-Wāq-Inseln 74f., Goldinsel 91. Informationen über chinesische Gewürze und Porzellan sind für Kaufleute wichtig (op. cit. 61).

[186] İA s.v. Pīrī Re'īs.

[187] Zur Verwandtschaft dieser Karten mit den christlichen Portulankarten Soucek 1973a. 247ff.

[188] Baḥrīye (ed. Kahle) 1.

gelegt.[189] Es umfaßte nun 210 Kapitel mit Karten sowie eine lange Einleitung in Versen, die vermutlich nicht von Pīrī Re'īs stammt, sondern von einem gewissen Murādī.[190]

Im Gegensatz zum *Muḥīṭ* nun fand die *Baḥrīye* in beiden Fassungen starken Anklang bei den Lesern.[191] Nach dem oben Gesagten liegt die Annahme nahe, daß diese Hochschätzung ihren Grund nicht in der praktischen Bedeutung des Buches hatte. Wenn auch Kātib Čelebi versichert, das Buch sei — zu seiner Zeit, über 120 Jahre nach der Entstehung — das allgemeine Referenzwerk für die Schiffahrt im Mittelmeer,[192] so weist doch keines der erhaltenen Exemplare Spuren der Benutzung auf See auf.[193] In der Tat enthält die *Baḥrīye* von Anfang an mehr als die zum Segeln notwendigen Informationen. Teilweise ist sie eher der Bericht eines Reisenden, der seine Leser belehren und unterhalten will.[194] Dennoch ist das Buch, dessen Sachinformationen von großem Wert sind,[195] in stilistischer Hinsicht überaus anspruchslos.[196] Seine wesentliche Attraktivität lag darin, daß es ein Betätigungsfeld für die Buchkunst bot, die gerade in jenen Jahren im osmanischen Reich auf ihrem Höhepunkt stand.[197] Das Übergewicht der Illustrationen ging so weit, daß vereinzelt nur noch die Karten abgezeichnet wurden, während der Text weggelassen wurde.[198]

9. MEḤMED ᶜĀŠIQ: BIOGRAPHIE

Wenn an dieser Stelle von Meḥmed ᶜĀšıq b. ᶜÖmer b. Bāyezīd aus Trabzon und seinen *Menāẓıru l-ᶜavālim* weit ausführlicher die Rede ist als von den früheren Autoren, so zum einen, weil sein Werk unbestritten als Quelle für das *Ǧihān*

---

[189] Soucek 1973a. 243f. Diese Fassung liegt der Edition von Alpagot und Kurdoğlu (Istanbul 1935) zugrunde.

[190] So die These von Yurdaydın, cf. İA s.v. Pīrī Re'īs, Soucek 1973b. 131, auch Yurdaydın in TT II, 191-95. Cf. den Vermerk im Widmungsexemplar Topkapı, Hazine 642, zit. (mißverstanden) in van de Waal 1969. 83. Murādī ist als Dichter eines *Fetḥnāme-i Ḫayreddīn Paša* bekannt geworden (neben Yurdaydın op. cit. dazu GOW 79).

[191] Soucek 1973a. 244f. nennt 22 Hss. der ersten und 10 der zweiten Fassung.

[192] *Tuḥfetü l-kibār* 62.

[193] Goodrich 1993-94. 117.

[194] Soucek 1973b. 131. Dies gilt teilweise sogar für die erste Fassung mehr als für die zweite (op. cit. 132). Dies spricht gegen die in Soucek 1973a. 243 behauptete Dichotomie, nach der die erste Fassung tatsächlich für den Gebrauch der Seeleute bestimmt und nur die zweite als literarisches und ästhetisches Objekt vom gebildeten Publikum geschätzt worden sei. Immerhin enthielt auch die erste Fassung bisweilen anspruchsvolle Miniaturen (Kahle 1926. Tafel IV).

[195] Adnan-Adıvar 1982. 78-81, Taeschner 1923. 42, Kračkovskij 1957. 576-588.

[196] Cf. ǦD 12: *Gerek naẓmī gerek neṯrī qaba ṣaba gemiği lisānı üzredür.*

[197] Zu diesem Aspekt Rogers 1992. 231-35.

[198] Soucek 1971. 27, Soucek 1973a. 249-54. Eine Hs. des letzten Typs ist danach der sog. Seeatlas des Seyyid Nūḥ (Babinger 1955, Kissling 1966). Ein anderes Beispiel für die Betätigung von Miniaturisten in der Geographie ist das oben genannte Feldzugsitinerar des Matraqčı Naṣūḥ.

nümā von großer Bedeutung ist,[199] zum anderen aber, weil dieses Werk seit Taeschners erster Besprechung von der Forschung meist links liegengelassen wurde.[200] Die Untersuchung der *Menāẓıru l-ʿavālim* unter dem Aspekt ihrer Bedeutung für Kātib Čelebi hat jedoch gezeigt, daß dem Werk und dem Autor damit Unrecht geschieht.

Aus den persönlichen Passagen seines Buches läßt sich die Chronologie seines unsteten Lebens mit geringen Lücken rekonstruieren.[201] Sein Vater war seit etwa 980 (beg. 14.5.1572) *müderris* an der Ḫatunīye-Moschee in Trabzon (179v). Er selbst wurde — wohl zwischen 1555 und 1557 — in der *maḥalle* der Erṭoġdı-Moschee geboren[202] (180r). Dieses Viertel, aus dem sein Vater stammte, und wo er immer noch wohnte, als Meḥmed ʿĀšıq schrieb, betrachtete er zeit seines Lebens als sein Zuhause, auch wenn er im Stadtteil Ortaḥiṣar aufwuchs, aus dem seine Mutter stammte (179v).[203]

Seine anscheinend erste Reise machte Meḥmed ʿĀšıq 983 oder 984 (beg. 12.4.1575 bzw. 31.3.1576) nach Bayburt, um mit einigen Gefährten dort einen Asketen zu besuchen (164v).[204] Anfang Ṣafar 985 (ca. 20.4.1577) reiste er zu Schiff von Trabzon nach Konstantinopel. Was ihn dorthin zog, wissen wir nicht. Jedenfalls reiste er 986 (beg. 10.3.1578) von Konstantinopel in Richtung Edirne weiter (200v, 195r). Wegen Krankheit mußte er in Vize und Burgaz die Reise jeweils für längere Zeit unterbrechen und war erst zum Ḫıżr-Fest (6.5.1578) in Edirne (196r). Wegen seiner Krankheit konnte er nur eine Woche bleiben, zog dann weiter nach Yanbolu und Qızılaġač und kehrte dann über Babaeski und

[199] Zu den Einzelheiten Kap. III-V.

[200] GOW 138f. ganz nach Taeschner 1923. 48-56. Einzelne Anmerkungen dazu ohne ausführliches Studium des Textes Adnan-Adıvar 1982. 93f. und Kračkovskij 1957. 597-601. Ein Versuch von mir, Meḥmed ʿĀšıqs Wahrnehmungsweise auf seinen Reisen auf die Spur zu kommen, soll in den Akten des XII. CIÉPO-Kongresses (Prag, September 1996) erscheinen. Mahmut Ak, der zwei kurze Arbeiten über Meḥmed ʿĀšıq publiziert hat, hat eine Edition mit einer umfassenden Einleitung in Vorbereitung.

[201] Die Foliozahlen in Klammern beziehen sich im folgenden auf die von mir benutzte Handschrift Manchester, Bibliotheca Lindesiana No. 78. Entgegen der in Bibliotheca Lindesiana 1898. 244 ausgedrückten Vermutung (cf. GOW 139) handelt es sich nicht um das Autograph, das vielmehr in Istanbul, Halet Ef. 616 zu suchen ist (Türkay 1959. 25) und von Ak ediert werden soll. Der Irrtum ist auf den Umstand zurückzuführen, daß die Handschrift das vollständige Kolophon der Urschrift einschließlich der Jahreszahl 1006 H. enthält (341v).

[202] Ein neues Viertel außerhalb der Stadt. Anstelle eines *mesǧid* wurde 1577 eine Moschee erbaut (İA s.v. Trabzon).

[203] Meḥmed ʿĀšıqs Beschreibung seiner Vaterstadt ist in Lowrys Studie über Trabzon ausgewertet (Lowry 1981).

[204] Nach dieser Stelle und der Angabe, Meḥmed ʿĀšıq habe seine Heimat mit 20 Jahren verlassen (2v), errechnet Taeschner 1923. 50 das Geburtsjahr etwa 1555. Ich halte es wegen der Art der Reisen für möglich, daß sich die Angabe erst auf eine der beiden folgenden bezieht. Auffallend ist seine Unsicherheit bezüglich des Jahres, während er später regelmäßig Jahr und Monat zu nennen weiß, zu der er eine Stadt besucht hat. Sollte er auf den späteren Reisen ein Tagebuch geführt haben?

Çorlu wieder nach Konstantinopel zurück (195r), von wo er sich Mitte Reğeb 987 (ca. 7.9.1579) wieder nach Trabzon einschiffte.

988 (beg. 17.2.1580) reiste Meḥmed ᶜĀšıq von Trabzon über Bayburt nach Erzurum, um als Schreiber beim *qāḍī* von Erzurum tätig zu werden (164v), ein Beruf, der ihn bisweilen auch in die umliegenden Orte führte (67v). In Erzurum trat er in den Dienst von Maḥmūd Beg, dem Adoptivsohn des *beglerbeg* Meḥmed Paša, und folgte diesen beiden, als sie im Šaᶜbān 989 (beg. 21.8.1581) einen Transport von Geld und Proviant für die im Kaukasus gegen die Safaviden kämpfenden Truppen nach Tiflis brachten. Eine Etappe vor dem Ziel blieb der Nachtrab, bei dem sich Maḥmūd Beg befand, unachtsamerweise zurück und wurde prompt überfallen.[205] Maḥmūd Beg wurde getötet, Meḥmed ᶜĀšıq langte am 20. Ramażān in Tiflis an (18.10.1581) (66r-v). Nach dem Tode seines Dienstherren beschäftigungslos, griff er zu, als sich unmittelbar anschließend die Gelegenheit bot, mit einer kleinen Gruppe weiter nach Derbend zu ziehen, um dort zum Großwesir Özdemüroğlı ᶜOs̱mān Paša zu stoßen.[206] Nach fünf Tagen des Weges betrat der 42 Mann starke Trupp von Širvān aus das Gebiet von Šekī. Doch der Anführer und einzige Ortskundige war in Tiflis nicht informiert worden, daß der dortige *beg* Šāhmīr, obwohl Sunnit, zu den Safaviden übergegangen war. Er verheimlichte daher den Einheimischen Bestimmung und Ziel des Trupps nicht. Binnen zweier Tage hatten diese Šāhmīrs Truppen herbeigerufen, die den Trupp in den Ausläufern des Elburz abfingen. Fast alle wurden nach kurzer Gegenwehr gefangengenommen. Meḥmed ᶜĀšıq hatte das Glück, einem der Sieger zu gefallen und blieb daher am Leben, während die meisten seiner Gefährten getötet wurden (67v).

Nach zwei Monaten wurde Meḥmed ᶜĀšıq überraschend freigelassen, bekam einen Geleitbrief und sollte mit einer Karawane über Ganğa nach Erzurum geschickt werden. In einem Dorf wurde er von einem Sympathisanten der Osmanen angesprochen, und ließ sich nach anfänglichem Mißtrauen von diesem überzeugen, daß er auf seinem Wege durch Gebiete ziehen müßte, wo man seine Weiterreise niemals zulassen würde. Stattdessen bot man ihm an, ihn mit etwas Mundvorrat und Geld auszustatten und ihn von Ortskundigen nach Norden bis auf osmanisch kontrolliertes Gebiet expedieren zu lassen. Meḥmed ᶜĀšıq ließ sich darauf ein, überquerte im tiefsten Winter die verschneiten Ostausläufer des Kaukasus und gelangte Ende Zū l-ḥiğğe 989 (ca. 25.1.1582) zu Özdemüroğlı ᶜOs̱mān Paša nach Derbend (161r), der seine Abenteuer (oder den Bericht derselben) mit einem *tīmār* von 10.000 *aqče* honorierte (162v).

---

[205] Dieser Vorfall auch in Iorga 1908-13. III, 243.

[206] Meḥmed ᶜĀšıq gibt an anderer Stelle (58v) an, 990 (beg. 26.1.1582) in Tiflis gewesen zu sein. Dies widerspricht jedoch den sonst konsistenten Daten dieser Episode.

Offenbar blieb Meḥmed ᶜĀšıq in der näheren Umgebung ᶜOsmān Pašas.[207] Er begleitete ihn jedenfalls auf dem Rückzug der osmanischen Truppen in Richtung auf die Krim im Ševvāl 991[208] (beg. 18.10.1583). Er wurde unterwegs von ᶜOsmān Paša angelegentlich beauftragt, eine Exkursion zu unternehmen und für ihn einige Tscherkessensklaven zu besorgen. Die Exkursion war jedoch ein Mißerfolg, da die professionellen Sklavenhändler überall präsent und die Märkte leergefegt waren (194v). Ende 991 (ca. 13.1.1584) erreichte das Heer die Straße von Kertsch. Wegen des Eisgangs saß Meḥmed ᶜĀšıq 15-20 Tage in Taman fest, bis sich eine Gelegenheit zur Überfahrt bot, und gelangte Anfang 992 (beg. 14. 1.1584) nach Kaffa (203r).

Auf der Krim wurde das Heer in die Kämpfe zwischen dem aufrührerischen Meḥmed Girāy und seinem von der Pforte an seiner Stelle eingesetzten Bruder İslām Girāy verwickelt, ein Kampf, der schließlich durch die Flotte unter Qılığ ᶜAlī Paša entschieden wurde. Meḥmed ᶜĀšıq verließ Kaffa nach drei Monaten (203r), also im Frühjahr 1584, vielleicht mit dieser Flotte.[209]

Zunächst scheint Meḥmed ᶜĀšıq nun sein *tīmār* in Besitz genommen zu haben, das im Bezirk von Arım im *sanǧaq* Ǧanik lag (69r). Von Ǧanik aus begab er sich Anfang Zū l-ḥiǧǧe 992 (ca. 4.12.1584) nach Kastamonu (178r, 180v). Hier verbrachte Özdemüroġlı ᶜOsmān Paša, der einen neuen Feldzug nach Osten plante, den Winter.[210] Denselben Weg legte er noch einmal Ende Muḥarrem 993 (ca. 1.2.1585) zurück. Es scheint, als sei er damals seines Lehens wieder enthoben worden, denn beim zweiten Mal kehrte er nicht nach Ǧanik zurück, sondern wanderte weiter nach Konstantinopel. Aber auch hier kann er sich nicht lange aufgehalten haben, denn im selben Jahr 993 ging er von dort über İznik nach Bursa, wo er drei Monate blieb (45v, 181v) und sich seine Trübsal im "Neuen Thermalbad" vertrieb (59v). Dann machte er sich, offensichtlich in der Hoffnung, Anschluß an eine hochgestellte Persönlichkeit zu finden, auf den Weg zur Residenz des Kronprinzen, des späteren Sultans Meḥmed III., nach Manisa. Er erreichte ihn im Sommer (993/1585) am Bozdağ, wo die Prinzen und *sanǧaqbeg*s von Manisa ihre Sommerfrische zu verbringen pflegten (157r). Er unterbreitete dem späteren Sultan ein Gedicht und wurde dafür mit einem Schreiberposten im Divan belohnt (156r).

Im Sommer 994/1586 finden wir ihn noch am See von Birgi in der Nähe von Manisa (45v), doch muß er — kurz zuvor oder kurz darauf — den Dienst im Divan quittiert haben,[211] denn in jenem Jahr hielt er sich einen Monat in İz

[207] Es ist eine für den Biographen ungelegene Eigenschaft von Meḥmed ᶜĀšıqs Aufzeichnungen, daß nur Ortswechsel neue Informationen bringen.

[208] Meḥmed ᶜĀšıq gibt hier das Jahr 992 an, was sowohl mit den historischen Daten (Shaw 1976. 183) als auch mit seiner weiteren Chronologie im Widerspruch steht.

[209] Gefangennahme und Hinrichtung Meḥmed Girāys am 3.5.1584, Shaw 1976. 183.

[210] Fleischer 1986. 115f.

[211] Nach 156r hatte er diese Schreiberstelle 1 1/2 Jahre inne, doch paßt diese Angabe höchstens stark abgerundet in die gesamte Chronologie.

mir auf und schiffte sich dann vom nahegelegenen Urla aus nach Saloniki ein (157r). Noch 994 war er mehrere Monate in Serrai (Seyroz, 174r). Belegt sind für die folgenden Jahre Aufenthalte in vielen kleineren Orten und an zahlreichen der nordgriechischen Seen (174r, 46r-59v pass.). 996 (beg. 2.12.1587) begab er sich — anscheinend für längere Zeit — nach Saloniki (59v). Von hier reiste er 997 (beg. 20.11.1588) nach Konstantinopel (175v).

In jener Zeit scheint er sich Qınalızāde Ḥüseyn Efendi angeschlossen haben, der auf dem Balkan mehrere Posten als *qāḍī* innegehabt haben muß (176r), ein Sohn von Qınalızāde ʿAlī und Bruder von Qınalızāde Ḥasan.[212] Seit Ende Ramażān 997 (ca. 12.8.1589) besuchten die beiden zahlreiche Orte v.a. um Köstendil (176r-v), bis Meḥmed ʿĀšıq Ende 998 (ca. 29.10.1590) über Plovdiv und Edirne wieder nach Konstantinopel zurückkehrte (196r).

Meḥmed ʿĀšıqs Spur finden wir erst Anfang 1001 (beg. 8.10.1592) wieder. In jenem Jahr überprüfte er im Auftrage von Ṭašköprüzāde Kemāleddīn Meḥmed die Rechnungsbücher der Stiftungen von Saloniki (173r). Vielleicht war er schon im Reğeb 999 (April 1591) dorthin gekommen, als Ṭašköprüzāde sein Amt als *qāḍī* von Saloniki antrat. Sicher aber verließ er die Stadt, als Ṭašköprüzāde im Ğumādā II 1001 (beg. 3.2.1593) nach Üsküdar versetzt wurde,[213] denn er will Mitte 1001 (März/April 1593) die Strecke Saloniki-Konstantinopel zum zweiten Mal gegangen sein (175v).

Im Ẕū l-qaʿde 1001 (beg. 30.7.1593) bot sich Meḥmed ʿĀšıq die Möglichkeit zu einer Reise mit einem Kriegsschiff nach Ägypten. Im Ẕū l-ḥiğğe erreichte er Alexandria (91r) und reiste sofort per Schiff nach Kairo weiter, wo er Mitte des Monats eintraf (ca. 12.9.1593) (93v). Er beklagte sich, daß er kaum Zeit hatte, die Sehenswürdigkeiten zu studieren. Er kehrte tatsächlich schon Mitte Ṣafar 1002 (ca. 10.11.1593) nach Alexandria zurück, nur um dort auf besseres Wetter zu warten, bis Ende Rabīʿ I 1002 (ca. 22.1.1594) endlich sein Schiff nach Saloniki ging (91r).

Umgehend begab er sich nun wieder zu Qınalızāde Ḥüseyn Efendi (46v), der damals wohl in Qaraṭova im *sanğaq* Köstendil (176r) *qāḍī* war.[214] Als der Großwesir Sinān Paša Mitte Šaʿbān 1002 (ca. 6.5.1594) auf seinem Zug nach Ungarn durch Priština kam, schlossen sich die beiden ihm an (196r). Sie zogen mit nach Belgrad, müssen sich aber kurz vom Heer getrennt haben, denn sie trafen am 11.6.1594 erneut bei Osijek mit ihm zusammen (196v) und feierten das Fest des Fastenbrechens (20.6.1594) vor Mohács. Meḥmed ʿĀšıq selbst beteiligte sich an der Beschießung von Tata am 23. Ševvāl (11.7.), und nutzte die

[212] Zu den beiden letzteren cf. İA s.v. Kınalızāde.

[213] Cf. İA s.v. Ṭaşköprüzāde (5).

[214] Meḥmed ʿĀšıq will Ende 1002 erneut die Strecke Saloniki-Konstantinopel gegangen sein (175v). Doch da die folgende Episode durch historische Daten gesichert ist, muß es danach gewesen sein, sodaß wohl Ende 1003 gemeint ist.

erste Möglichkeit, die eroberte Festung zu besichtigen (26. Ševvāl), ebenso in Szt.-Marton (1. Ẕū l-qaʿde, 19.7.).

Nach einem Gefecht, das sich die Vorhut der osmanischen Truppen mit der Besatzung von Raab (Yanıq) lieferte (2. Ẕū l-qaʿde), inspizierten Meḥmed ʿĀšıq und Qınalızāde das Schlachtfeld. Die beiden erlebten noch einen tollkühnen Handstreich ihrer Truppen gegen das österreichische Lager gegenüber der Festung auf der Kleinen Schüttinsel am 8. Ẕū l-qaʿde (26.7.1594). Meḥmed ʿĀšıq und Qınalızāde waren gezwungen, sich am 20. Ẕū l-qaʿde auf den Rückweg nach Qaraṭova zu machen, während sich die Belagerung noch hinzog.[215] Der Heimweg führte über Stuhlweißenburg, dann — da die Draubrücke bei Osijek gesperrt war — über Sombor und Varadin nach Belgrad und folgte dann der Route des Hinweges. Ende Ẕū l-ḥiǧǧe 1002 (ca. 15.9.1594) trafen Meḥmed ʿĀšıq und Qınalızāde wieder in Qaraṭova ein.[216] Im Verlauf des Jahres 1003 verließ Meḥmed ʿĀšıq diesen Ort endgültig, begab sich nach Saloniki (46v) und reiste vermutlich Ende des Jahres nach Konstantinopel.[217]

Vielleicht machte er sich erneut Hoffnung auf eine Stellung bei Hofe. Der Prinz, dem er bereits in Manisa gedient hatte, hatte am 16. Ǧumādā II 1003 (27. 1.1595) als Meḥmed III. den Thron bestiegen. Zu diesem Anlaß wie auch zum ersten Feldzug des neuen Sultans gegen Habsburg, begonnen am 21.6.1596, dichtete er jeweils eine *qaṣīde*, die er später in sein großes Werk aufnahm.[218] Jedenfalls scheint er sich die nächsten Jahre in Konstantinopel aufgehalten zu haben, denn wir erfahren erst im Muḥarrem 1005 (beg. 25.8.1596) von einer neuen Reise. Zu diesem Zeitpunkt trat er eine Schiffsreise nach Beirut an (105r), auf der er den Entschluß faßte, seine Reiseabenteuer im Rahmen eines großen Werkes zu Papier zu bringen (2v). Von Beirut reiste er offenbar direkt nach Damaskus weiter, wo er wohl im Ṣafar eintraf (beg. 24.9.1596).[219] Mitte Ǧumādā I begann er hier, sein Buch niederzuschreiben (ca. 15.1.1597) (341v). Am 1. Šaʿbān (20.1.1597) mußte er die Arbeit aus ungenannten Gründen unterbrechen und nahm sie erst Anfang Muḥarrem 1006 (14.8.1597) wieder auf (341v). Am 5. Ṣafar (18.9.1597) war er beim Kapitel über Damaskus angelangt (107v), am 13.12.1597, nach seinen Angaben 148 Jahre, 10 Monate und 13 Tage nach der Eroberung, im Kapitel Konstantinopel (190v), und am 6. Ramażān 1006 konnte er sein großes Werk beenden (13.4.1598) (341v).

Wir erfahren nicht, was Meḥmed ʿĀšıq in Damaskus trieb,[220] sondern nur, daß er u.a. im Palast des *beglerbeg* verkehrte und dort etwa mit seiner Beschrei

[215] Nach Kātib Čelebi (WK 109r) ergab sich Raab am 3. Muḥarrem 1003 (19.9.1594).

[216] Zu dieser gesamten Episode fol. 196-198 pass.

[217] Wenn die obige Emendation des Datums Ende 1002 (175v) richtig war.

[218] *Menāẓıru l-ʿavālim* 2r, alle Daten nach İA s.v. Mehmed III.

[219] Im Ṣafar 1006 schrieb er, er sei nun ein volles Jahr in Damaskus (106v).

[220] Im Ševvāl 1004 (Juni 1596) war Ṭašköprüzāde Kemāleddīn *qāḍī* von Damaskus geworden. Er kann also Meḥmed ʿĀšıq dort erneut getroffen haben, bevor er nach Aleppo ging, wo er seit

bung der großherrlichen Sommerfrische am Berg von Birgi bei Manisa großen Erfolg hatte (69v). Sein opus magnum enthält eine Widmung an Sultan Meḥmed III., sodaß wir annehmen können, daß Meḥmed ᶜĀšıq es ihm bei seinem nächsten Aufenthalt in Konstantinopel vorlegen wollte. Wenn Kātib Čelebis Angabe richtig ist, daß er das Buch nur in der Rohfassung vollenden konnte, wird Meḥmed ᶜĀšıq wohl bald nach dem letzten Datum, das uns seine *Menāẓıru l-ᶜavālim* liefern, gestorben sein.[221]

Es scheint, als habe Meḥmed ᶜĀšıq keine höhere Ausbildung genossen. Wenn seine erste Reise nach Istanbul dem Zweck gedient haben sollte, dort an einer *medrese* zu studieren, so kann dieses Studium jedenfalls nicht weit gediehen sein. Nichtsdestoweniger war er ein hochgebildeter Mann. Er las Arabisch[222] und Persisch, dichtete in Persisch und Türkisch *qaṣīde*n und Chronogramme,[223] hatte in seiner Jugend auch Griechisch gelernt und schmückte sich mit einigen Brocken Koptisch.[224] Sein Werk zeugt von einer beträchtlichen Belesenheit. Zugleich war ihm eine echte Freude an leiblichen Genüssen eigen.[225] Ob seine eigenen Reisen speziell dem Sammeln von Informationen dienten,[226] oder einfach der Befriedigung einer in seinem Naturell angelegten Neugierde, oder aus alltäglicheren Motiven zustande kamen, wie dem Zwang, sich auf einer Schreiberstelle einen Lebensunterhalt zu verdienen,[227] will ich nicht entscheiden. Jedenfalls war er ein neugieriger und eifriger Beobachter, er hatte mit der Zeit viel erlebt und konnte diese Erlebnisse auch wirkungsvoll wiedergeben. Kurz, er war ein idealer Gesellschafter und wurde als solcher offenbar auch geschätzt, denn er verkehrte, wie berichtet, mit Özdemüroġlı ᶜOs̱mān Paša, bei den *beglerbeg*s von Erzurum und Šām, in der guten Gesellschaft am Hof in Manisa

---

Ševvāl 1005 dasselbe Amt bekleidete (İA s.v. Ṭaşköprüzāde (5)). Sollte dies der Grund für die Reise nach Damaskus gewesen sein?

[221] *Kašf aẓ-ẓunūn* 1833f. s.v. Menāẓıru l-ᶜavālim. Der Kommentar zu den *Šamā'il* des at-Tirmiḏī, der 1613 von einem Meḥmed ᶜĀšıq b. ᶜÖmer aus Trabzon verfaßt worden und in Edirne vorhanden sein soll (GOW 138 Anm.), stammt von einem anderen Autor (dazu Ak 1995).

[222] Bisweilen trifft man im Vergleich mit seinen arabischen Quellen auf arge Mißverständnisse (cf. die Benennung von arabischen Bergen *Menāẓıru l-ᶜavālim* 29v, *Taqwīm al-buldān* 21).

[223] Cf. Vorrede zu *Menāẓıru l-ᶜavālim*, 1v-3r. Beispiele von Chronogrammen zum Fall von Raab 197v.

[224] Zur Etymologie des Toponyms Ṭarābulus 98v, zum Koptischen 122r.

[225] Die zahllosen Bäder, die er im Verlauf seiner Wanderungen besucht hatte, waren ihm stets sehr wichtig, und er legte auf gute Ausstattung großen Wert. Das Bad von Amasra habe ihm durch Dreck und Kälte bald alle Hammams der Welt verleidet, schrieb er (57-58 pass.). Bei den Beschreibungen der nordgriechischen Seen nimmt die Qualität der Fischsorten den größten Raum ein.

[226] Taeschner 1923. 50.

[227] In seiner Vorrede klagte er über seine ungeordneten Lebensverhältnisse (2v). Kātib Čelebi bezeichnete ihn einmal als *qāḍī* (ǦD 14), doch dürfte auch er über Meḥmed ᶜĀšıqs Biographie nicht allzuviel gewußt haben.

und mit Angehörigen des "Hochadels" der osmanischen *ᶜulemā.*[228] Bis in die höchsten Sphären des Hofes scheint er jedoch nicht gedrungen zu sein. Diesen Aufstieg hätten wohl seine *Menāẓıru l-ᶜavālim* ihm eröffnen sollen.

10. MEḤMED ᶜĀŠIQ: *MENĀẒIRU L-ᶜAVĀLİM*

Von der äußeren Form her ist dieses Buch eine Kosmographie. Sie beschreibt im ersten *bāb* in 12 *menāẓır* die oberen Welten, d.h. die Schöpfung der oberen Welt, die Himmel und ihre Sphären, zitiert die berühmten *ḥadīṯe* über die bewohnte Welt, schildert den *sidre*-Baum, den Thron Gottes, die Engel, das Paradies, die Hölle und die Teufel und *ǧinn* (fol. 4-19). In den ersten 11 *menāẓır* des zweiten *bāb* geht es dann um die Schöpfung der unteren Welt, Mekka, die Gradeinteilung und die Maße der Erde, die sieben Klimata, die Gewässer samt der seltsamen Tiere darin, heiße und kalte Quellen, Berge und Wüsten (fol. 20-70). Den größten Teil des Werkes nimmt die zwölfte *manẓara* ein, die den Städten der bewohnten Welt gewidmet ist. Sie teilt sich in 7 *fatḥ*, deren jedes ein Klima behandelt (70-205). Es folgen weitere 6 *menāẓır* über die Duftstoffe, die Mineralien, die Pflanzen, die Tiere des Landes und des Meeres sowie zuletzt über den Menschen (205-339). Die *ḫātime* handelt vom Ende der Welt (340f.).[229]

Die kosmographische Form ist also das erste Charakteristikum. Das zweite ist die Form der Kompilation. War dies schon bei den früheren Werken deutlich, so ist es hier bewußt auf die Spitze getrieben. Meḥmed ᶜĀšıq scheute davor zurück, ein eigenes Werk zu verfassen, gab deshalb den alten Autoritäten den Vorrang[230] und begnügte sich damit, in den Rahmen seines Werkes nahezu alles einzufügen, was er finden konnte. Nach eigenen Angaben benutzte er regelmäßig:[231]

- *Muḫtaṣar mir'āt az-zamān* von Muḥ. b. Šāhānšāh,[232]
- *Masālik al-mamālik* des Ibn Ḫurdāḏbih,
- *Muḫtaṣar ta'rīḫ al-bašar* und *Taqwīm al-buldān* des Abū l-Fidā',[233]
- *ᶜAǧā'ib al-maḫlūqāt* und *Āṯār al-bilād* von al-Qazwīnī,
- *Nuḫbat ad-dahr fī ᶜaǧā'ib al-barr wa l-baḥr* des ad-Dimišqī,[234]

---

[228] Neben den erwähnten Namen Qınalızāde und Ṭašköprüzāde sei darauf hingewiesen, daß seine Beschreibung von Eger aus einem Brief stammt, den Meḥmed b. Saᶜdeddīn, der Sohn des Lehrers und Beraters Murāds III., an seine Brüder gerichtet hatte und den Meḥmed ᶜĀšıq (bei einem der Empfänger ?) in Damaskus zu Gesicht bekommen hatte (199r).

[229] Untersucht wurden für die vorliegende Arbeit nur die Teile, die für die Geographie relevant sein könnten.

[230] 2v, cf. Adnan-Adıvar 1982. 93f.

[231] Nach der Liste 2v.

[232] Eine Bearbeitung der großen Universalgeschichte von Sibṭ b. al-Ǧauzī.

[233] Zu Meḥmed ᶜĀšıqs Gebrauch des letzteren sehr detailliert Ak 1991, der mir aber dennoch die "Wissenschaftlichkeit" unangemessen hoch einzuschätzen scheint.

[234] Gest. 1327. Sein Werk ist eine Kosmographie in der Tradition al-Qazwīnīs, doch weniger originell (Kračkovskij 1957. 382f.).

- *Nuzhatu l-qulūb* von Ḥamdallāh Mustaūfī,[235]
- *Ḫarīdat al-ʿağāʾib* des Pseudo-Ibn al-Wardī, sowie für die Kapitel über den Menschen
- *Zubdat aṭ-ṭibb* von Ḫwārezmšāh.

Dazu kommen, vereinzelt im Text zitiert, beispielsweise die beiden Werke Yāqūts, *al-Muštarik* und *Muʿğam al-buldān*, Ibn ʿAsākirs Geschichte von Damaskus, für die osmanische Geschichte Ramażānzāde Küčük Nišānğı sowie zur korrekten Lesung von Toponymen al-Ğawharīs *Ṣiḥāḥ*, Ibn al-Aṯirs *Kitāb al-lubāb* und *Muzīl al-irtiyāb* des İbrāhīm al-Mauṣilī.[236] Die all diesen Büchern entnommenen Passagen stellte Meḥmed ʿĀšıq ohne Kommentar und Überleitung hintereinander,[237] sowohl einander widersprechende Einzelangaben als auch die einander ausschließenden Kosmosmodelle der “islamischen Kosmologie”, die eine scheibenförmige Erde voraussetzt,[238] und des Ptolemäus.

Es handelt sich also eigentlich um eine Art von kosmographischer Anthologie. Diese Form enthebt den Autor der Mühe, unter widersprüchlichen Informationen die richtige zu ermitteln.[239] Gleichzeitig wird von diesem Ansatz her die regelmäßige Nennung der Quellen verständlich.[240] Unter diesen nehmen die Klassiker der Kosmographie, zu denen neben den schon oft genannten hier noch ad-Dimišqī und Ḥamdallāh Mustaūfī kommen, den größten Raum ein. Die Form der Anthologie erlaubt jedoch die zwanglose Einbeziehung von Texten aus der ptolemäischen Tradition, namentlich aus *Taqwīm al-buldān* und gelegentlich aus dessen Bearbeitung von Sipāhīzāde. Dazu kommen die Teile, die entweder auf Meḥmed ʿĀšıqs persönlicher Anschauung oder auf seinen zeitgenössischen Gewährsmännern beruhten.[241]

---

[235] Gest. 1349. Auch seine Werk folgt al-Qazwīnī, enthält aber im geographischen Teil viel eigenes Material, das der Autor als hoher Finanzbeamter der Īlḫāniden sammeln konnte (Kračkovskij 1957. 396f.).

[236] Letzterer könnte auch nach *Taqwīm al-buldān* zitiert sein (cf. *Kašf aẓ-ẓunūn* 1660 s.v.). Bei zahlreichen anderen namentlich genannten Autoren ist es eindeutig, daß sie nach anderen, späteren zitiert werden (al-ʿUḏrī nach al-Qazwīnī oder al-Muhallabī nach *Taqwīm al-buldān*). Dies für die hier aufgezählten auszuschließen, liegt nicht im Bereich meiner Arbeit.

[237] Cf. den Abschnitt über Ankara in Taeschner 1950-55. 149ff.

[238] Radtke 1992. 165.

[239] Meḥmed ʿĀšıq kritisierte im Zusammenhang mit einem Irrtum in *Muḫtaṣar mirʾāt az-zamān*, daß alle alten Autoren nur nach dem Hörensagen nach christlichen Kaufleuten geschrieben hatten. Dies hatte ihn nicht gehindert, eben diese Autoren in extenso zu zitieren (192v).

[240] Natürlich ist dies auch gute wissenschaftliche Tradition (Taeschner 1923. 54). Diese Sorgfalt ist auch darin spürbar, daß Meḥmed ʿĀšıq sich bemühte, in Zweifelsfällen mehrere Handschriften desselben Werkes zu vergleichen, so 30v (zu *Taqwīm al-buldān*), 199r (zu *Āṯār al-bilād*).

[241] Z.B. Seeleute zum indischen Ozean (26v) oder Reisende zur Aussprache des Namens Lissabon (150r). Zur Quelle seiner Beschreibung von Eger s.o. Die Beschreibung von Tire in Westanatolien ließ er sich von einem Bekannten schriftlich geben (155r). Diese Informationen waren es, die Kātib Čelebi schätzte, während er manches andere als Phantastereien (*evhām*) bezeichnete (*Kašf aẓ-ẓunūn* 1833f. s.v. Menāẓıru l-ʿavālim). Ähnlich das Urteil von Taeschner (1923. 54f.) und Kračkovskij (1957. 599).

Neben Abschnitte, die nach unserer Annahme bevorzugt der unterhaltenden Erbauung des Publikums dienten, treten also andere, die von einer ernsthaften und streng wissenschaftlichen Beschäftigung mit der historischen und mathematischen Geographie herrühren.[242] Diese wie auch die penible philologische Erörterung der korrekten Vokalisierung und Aussprache von Ortsnamen[243] können nur ein Publikum ansprechen, das — zugespitzt formuliert — nicht nur etwas lesen, sondern etwas wissen wollte. Manche Erlebnisse Meḥmed ᶜĀšıqs können auch als spannende Geschichte gelesen werden, besonders die Geschichte seiner Gefangenschaft im Kaukasus oder des Feldzugs in Ungarn, wo er im Eifer des Glaubenskrieges aus seiner Reihung von topographischen Beschreibungen allmählich zu einer Art Feldzugstagebuch übergeht. Doch die Abschnitte, die er und seine Gewährsleute beisteuerten, haben als solche allenfalls geringen Unterhaltungswert, aber bieten umso mehr nützliches Wissen. Die Art der Information ist natürlich vom Blickwinkel dieser Gewährsleute bestimmt,[244] doch muß Meḥmed ᶜĀšıq auch mit einem Interesse seines Lesers für die reale Geographie gerechnet haben. Dies war die Voraussetzung dafür, daß die osmanischen Gebiete selbst in größerem Umfang zum Thema geographischer Erörterungen werden konnten. Daß dabei die Anthropogeographie im weitesten Sinne im Vordergrund steht, hat seinen Grund darin, daß sie von Gewährsleuten und Kompilator ein weit geringeres Maß an Abstraktion erfordert als physikalische oder mathematische Geographie.

Es ist bemerkt worden, daß von den jüngeren osmanischen Autoren nicht ein einziger zu Wort kommt. Kračkovskij hat dies als eine bewußte Rückbesinnung auf die alten Traditionen interpretiert, von der Absicht geleitet, die das alte Weltbild umstürzenden neuen Erkenntnisse abzuwehren.[245] Doch im Grunde konnte ein Pīrī Re'īs zu *Menāẓıru l-ᶜavālim* wenig beitragen, da die Städte bei ihm höchstens beiläufig abgehandelt werden.[246] Die *Menāẓıru l-ᶜavālim* leben ganz vom Text, während die *Baḥrīye* ja ihre Beliebtheit den Karten verdankte. *Muḥīṭ* ist, wie gezeigt, außerhalb der Kreise der Spezialisten kaum verbreitet ge

---

[242] Dies sind v.a. die Elemente aus *Taqwīm al-buldān*. Ausführlichere historische Exkurse sind selten (s.o. Abschn. 3) und bedürfen der Erklärung (108v zu Damaskus). Zur Mathematik s.u.

[243] Interessanterweise gab sich Meḥmed ᶜĀšıq alle Mühe, die Angaben der Philologen nach seinen eigenen Beobachtungen zu korrigieren. Ein besonders ausführliches Beispiel ist Sinob (178r), ein anderes die Korrektur von Aqšehr (nach Taqwīm al-buldān 382) in Aḫšehr "*türkmān lisānı üzre*" (153v).

[244] Wichtig für reisende Kaufleute waren die Angaben der Markttage, alle Reisenden interessierten sich für die Qualität der Bäder (dazu cf. den vorigen Abschnitt) oder Informationen, in welchen *ḫāns* kostenlose Mahlzeiten ausgegeben wurden (z.B. Rodosto 71v oder Burgaz 61v). Die Beschreibung der nordgriechischen Seen erinnert bisweilen an einen Reiseführer für Fischkenner (45-47 pass.).

[245] Kračkovskij 1957. 599.

[246] Ob die Beschreibung der Ägäisküste, die genauer und aktueller ist als *Taqwīm al-buldān*, dem die übrigen Küstenbeschreibungen des Mittelmeers entlehnt sind, mit der *Baḥrīye* in Verbindung gebracht werden kann, bleibt zu prüfen (30r-v).

wesen, und *Mir'ātu l-memālik* enthält nur wenige im eigentlichen Sinne geographische Angaben. Daß Meḥmed ᶜĀšıq *Tārīḫ-i Hind-i Ġarbī* gekannt haben muß, scheint mir nicht zwingend, da es erst 15 Jahre vor *Menāẓıru l-ᶜavālim* verfaßt worden ist.

Taeschner nannte Meḥmed ᶜĀšıqs Werk "die letzte orientalische Auflage des Ptolemäus".[247] Doch die Einschätzung, daß alle orientalische Geographie in gewisser Weise eine Bearbeitung des Ptolemäus sei, läßt außer acht, daß die Kosmographie ganz andere Wurzeln hat und vor allem, daß sie einen wichtigen Aspekt des Ptolemäus völlig ignoriert, nämlich die Beziehung zur Astronomie und Mathematik. Nicht nur die Einteilung der Ökumene in sieben Klimata, sondern auch die Angabe der geographischen Koordinaten zu möglichst allen Orten der Erde ist dabei ein integraler Bestandteil.[248] Meḥmed ᶜĀšıq hingegen hatte in dieser Hinsicht weder Interesse noch Kenntnisse.[249] Daß sich die tatsächlich letzte große Bearbeitung des Ptolemäus, Abū l-Fidā's *Taqwīm al-buldān*, großenteils in *Menāẓıru l-ᶜavālim* eingearbeitet findet,[250] ist kein Beweis für Taeschners Auffassung,[251] denn im selben Maße dürfte es auf den beiden Bücher al-Qazwīnīs oder auf *Nuzhatu l-qulūb* basieren. Alles in allem hätte für *Menāẓıru l-ᶜavālim* die Bezeichnung als letzte Bearbeitung al-Qazwīnīs mehr Berechtigung. Dies gilt in einem doppelten Sinn: Einerseits rein zeitlich, andererseits insofern, als der innere Zusammenhang, die Einordnung des Materials in eine konsistente Gesamtsicht des Kosmos, wie sie al-Qazwīnī auszeichnet, bei Meḥmed ᶜĀšıq durch die Einbeziehung einer Überfülle heterogenen Materials verlorengegangen ist. Das Interesse für die reale und gegenwartsbezogene (Anthropo-)Geographie hat eine Neubelebung erfahren, doch die Kosmographie ist damit als geographisches Genre eigentlich sinnlos geworden, auch

---

[247] 1923. 49.

[248] Cf. Honigmann 1929. 163.

[249] Er konnte schreiben, am Nordpol herrsche 6 Monate im Jahr Finsternis und Kälte, daher sei er unbewohnbar. Der Südpol hingegen sein unbewohnbar, da dort 6 Monate Sonnenglut und Hitze herrschten (71v). Cf. auch die Verwirrung um die Maße der Erde 23v-24r und manche Fehler bei den Koordinaten (30r zum Mittelmeer, cf. *Taqwīm al-buldān* 28f.). Geographische Koordinaten zu Städten gibt Meḥmed ᶜĀšıq nicht. Selbst mit den Himmelsrichtungen hatte er manchmal Schwierigkeiten: Galata liegt bei ihm östlich von Konstantinopel (193r).

[250] Nicht vollständig, wie Taeschner annahm. *Taqwīm al-buldān* ist beispielsweise nicht benutzt zu Britannien (32v) oder zum Nil (55r).

[251] Auch *Taqwīm al-buldān* unterscheidet sich in einem Punkt gravierend von seinem Vorbild: Die ptolemäischen Klimata werden zwar theoretisch erörtert, die Gliederung erfolgt dann aber nach den 28 "konventionellen Klimata", die sich von den *kišvar*s der iranischen Geographen herleiten. Meḥmed ᶜĀšıq hat beides kombiniert, indem er die Reihenfolge dieser 28 innerhalb der ptolemäischen Klimata anwandte. Welchen Vorteil er sich davon versprach, ist mir unklar.

wenn noch weitere Werke nach dem alten Vorbild verfaßt werden.[252] Sie dient hier nur noch als Rahmen einer Kollektion von Einzelinformationen.

11. Vom Nutzen der Geographie

Ich habe in den vorangegangenen Abschnitten zu zeigen versucht, daß die osmanische geographische Literatur, wie sie auf uns gekommen ist, im wesentlichen den Charakter einer "Salongeographie" trägt. Unabhängig davon, in welchem praktischen oder theoretisch-wissenschaftlichen Bereich sie ihre Wurzeln hatte, wurde sie von ihren Lesern meist als literarische Gattung und unter ästhetischen Aspekten aufgenommen und tradiert.[253] Dagegen werden in der Sekundärliteratur immer wieder in Anlehnung an die europäische Entwicklung Aspekte der praktischen Nutzbarkeit erörtert. Wie steht es nun genauer mit dem Bezug der geographischen Literatur zur politisch-strategischen Praxis?

Von dem samanidischen Wesir Ǧayhānī wird berichtet, er habe von Reisenden systematisch Informationen über fremde Länder erfragt, über ihre Straßen und Wege, ihre geographische Position, und dies in der Absicht, die Eroberung dieser Länder für die Samaniden zu ermöglichen.[254] Wie weit sich dies in seinem — verlorenen — geographischen Werk niederschlug, wissen wir nicht. Verschiedentlich ist zu lesen, auch die osmanische geographische Literatur diene ähnlichen Zwecken.[255] Doch die osmanischen Militärs verschafften sich ihre Kenntnisse eher durch Streifzüge, durch Verhör von Gefangenen, durch die Befragung von im Auftrag der Pforte Reisenden als durch die Lektüre von geographischen Werken.[256]

Die erste türkische Übersetzung von al-Qazwīnīs *ʿAǧāʾib al-maḫlūqāt* wurde für Meḥmed I. angefertigt, die von *Ḫarīdat al-ʿaǧāʾib* des Pseudo-Ibn al-Wardī für Murād II.[257] Einen unmittelbaren praktischen Nutzen hatten diese Werke nicht. Die kosmographische Literatur jener Zeit artikuliert eine ganz andere Beziehung zur politischen Macht. Die rasche Ausdehnung des Herrschaftsgebietes brachte es mit sich, daß der osmanische Staat den Schritt vom losen Personenverbandsstaat der *ġāzī*s zu einem straff zentralistischen Imperium voll

---

[252] Entgegen den Vermutungen Taeschners (1923.48) und Kračkovskijs (1957. 599) ist das Werk nicht extrem selten. Türkay 1959 nennt 10 Handschriften in Istanbul, dazu kommen je eine in Wien, Berlin und Manchester.

[253] Unter diesem Aspekt wird Kračkovskijs Kritik (1957. 547), die Diskrepanz zwischen Theorie und Praxis sei von jeher die prinzipielle Unzulänglichkeit der arabischen (und nach ihr der osmanischen) Geographie gewesen, weitgehend gegenstandslos.

[254] Nach al-Muqaddasī, zit. in Miquel 1973. 93 und Kračkovskij 1957. 219-26. Wichtig ist, daß diese Schlüsselpassage auch in extenso in *Kašf aẓ-ẓunūn* 1985 s.v. al-masālik wa l-mamālik wiedergegeben ist.

[255] Z.B. Akyol 1940. 514ff., zuletzt İhsanoğlu 1992a. 31f., die Gegenposition schon bei Taeschner 1923. 41.

[256] Cf. Ménage 1965, Vatin 1987.

[257] S.o. Abschn. 3.

ziehen mußte. Den ersten Anlauf machte Bāyezīd I.[258] Dabei sollte an die Stelle des Islam heterodox-sufischer Prägung, der bisher in der Umgebung der Sultane vorgeherrscht hatte, eine übergeordnete Art von Staatsräson treten. Sichtbarer Ausdruck waren die Versuche, dem Fiskus den Zugriff auf *vaqf*- und *mülk*-Ländereien zu ermöglichen. In der frühen osmanischen historischen Literatur, die der politischen Sinnkrise nach dem Ende Bāyezīds ihre Entstehung mit verdankt, ist die Kritik der einflußreichen sufischen Kreise an Bāyezids imperialen Ambitionen deutlich zu spüren.[259] In dieselbe Sphäre gehört die Kritik an der Neuauflage dieser Ambitonen unter Meḥmed II., wie sie sich chiffriert in der Darstellung der Hagia Sophia als fluchbeladenem Bau in Yazıǧıoǧlı Aḥmed Bīǧāns Kosmographie *Dürr-i meknūn* darstellt.[260]

Man hat das Aufblühen der geographischen Literatur im 16. Jhdt. als wachsendes Interesse an politisch-geographischen Gegebenheiten anderer Länder gedeutet und insofern mit den großen Eroberungen in Verbindung gebracht. Sogar die altertümlich-gelehrten *Menāẓıru l-ʿavālim* sind für eine solche Deutung herangezogen worden.[261] Ganz allgemein scheint mir Kračkovskijs These naheliegender, der die "arabische Renaissance" — denn um eine solche handelte es sich — des 16. Jhdts. aus dem neugewonnenen Zugang der Osmanen zu den Buchmärkten Ägyptens und Syriens, insbesondere Aleppos, erklärt.[262] Doch auch im Detail paßt das geopolitische Deutungsmuster nicht für die geographische Literatur der Osmanen.

Hess hat versucht, die *Baḥrīye* und speziell das Vorwort (ohne auf die verschiedene Autorschaft einzugehen), als Reflex der durch die portugiesischen Eroberungen im Indischen Ozean und im Roten Meer gewandelten Weltlage zu sehen. Doch die von ihm hergestellte Verknüpfung zwischen den im Buch fixierten Erkenntnissen, den Plänen der Pforte und den wirklich erfolgten Taten ist zu lose, als daß man tatsächlich auf eine politisch-militärische Intention des Autors schließen könnte.[263] Während im Vorwort der ersten Fassung noch davon die Rede ist, daß im Buch auch die zur Landung von Truppen geeigneten Küsten der Franken beschrieben seien,[264] fehlt ausgerechnet dieser Satz in der zweiten Fassung, die Hess für seine Interpretation in Anspruch nimmt.[265] Wenn

[258] Itzkowitz 1972. 18ff.
[259] İnalcık 1962. 155.
[260] Cf. die Deutung dieser Passage in Beziehung zu anderen Werken in Yerasimos 1990. 203f. et pass.
[261] Murphey 1989. 247.
[262] 1957. 592.
[263] Im Mittelmeer (Pīrī Re'īs' ureigenstes Feld) konnte der Genuese Andrea Doria von der osmanischen Fehleinschätzung der Lage profitieren und 1532 Koron erobern (Hess 1974. 27). Gleichzeitig waren die osmanischen Seestreitkräfte im Roten Meer nie stark genug, um der Portugiesen dort Herr zu werden (Hess 1974. 26f., 30). Diese Erfolglosigkeit kostete Pīrī Re'īs schließlich den Kopf.
[264] *Baḥrīye* (Kahle)1.
[265] *Baḥrīye* (Alpagut/Kurdoǧlu) 3ff.

Mantran in der Darstellung der andalusischen Küste den Ausdruck eines strategischen Interesses sieht, so ist dagegen einzuwenden, daß in der *Baḥrīye* die gesamte Mittelmeerküste in gleicher Weise dargestellt ist.[266] Ob nun muslimischer oder venezianischer Hafen, Pīrī Re'īs' Ton ist gleichbleibend leidenschaftslos und neutral.[267] Überhaupt hat es — anders als von Hess unterstellt wird — die osmanische Gesellschaft in ihrem Desinteresse versäumt, sich die besonderen Qualitäten eines Pīrī Re'īs zunutze zu machen.[268]

Ebenso kann ich der These, daß ʿAlī Ekber und andere, gleichsam befeuert vom Schwung der osmanischen Expansion unter Selīm I., die Staatsführung zu neuen Eroberungen anregen wollten, erst zustimmen, wenn die Belege dafür aus den Texten selbst und nicht nur aus der Gleichzeitigkeit mit anderen Eroberungen produziert werden. Hess hatte hierfür sowohl ʿAlī Ekber als auch Seyfī Čelebi in Anspruch genommen,[269] Matuz ließ dies nur für den ersteren gelten,[270] doch auch dessen Spektrum ist viel zu weit, als daß das *Ḫiṭaynāme* einem so eng beschränkten Zweck hätte dienen können.[271]
Auch in Bezug auf *Tārīḫ-i Hind-i Ġarbī* ist eine politische Deutung zu gewagt. Murphey verweist auf die politische Lage, die durch die spanischen und portugiesischen Entdeckungen entstanden war, und deutet das Buch als Leitlinie zur Wahrung osmanischer Interessen.[272] Die Aufforderung, die Portugiesen von ihren Flottenbasen im Roten Meer und in Indien zu vertreiben, hat schon Kātib Čelebi unter Hinweis auf die Fehlschläge unter Pīrī Re'īs und Seydī ʿAlī Re'īs als unrealistisch bezeichnet.[273]

Auch Goodrich hebt auf die politischen Implikationen ab und verweist insbesondere auf zwei Passagen, in denen der Autor seine Hoffnung ausdrückt, die soeben beschriebenen Gebiete möchten alsbald von den Osmanen für den Islam erobert werden.[274] Andererseits stehen eben diese Passagen in einem Kontext, wo der Abschluß der spanischen Eroberung referiert wird, und an einer solchen Stelle auf die Vergänglichkeit des Strebens der Ungläubigen und eine künftige osmanische Eroberung hinzuweisen, ist nicht mehr als eine osmanisch-islamische Pflichtübung.

[266] Mantran 1984.
[267] Soucek 1992. 275.
[268] Soucek 1994. 134f.
[269] Hess 1974. 20f. Seyfī Čelebis Werk, das nach Hess 1974. 25 "reflected the continental thrust in Asia of Ottoman expansion", enthält keinerlei geographische oder militärische Information, die einem potentiellen Eroberer von Nutzen sein könnte.
[270] 1968. 27.
[271] Dies zeigt schon der Ausschnitt Zenker 1861. Mit demselben Argument hatte sich Kračkovskij 1957. 522, 525 gegen die Vermutung von G. Jacob gewandt, daß ʿAlī Ekber von Sultan Selīm I. selbst nach China gesandt worden sei, um das Land zwecks späterer Eroberung auszuspionieren.
[272] Murphey 1997-92. 279.
[273] Goodrich 1990. 84ff., ĠD 90f. Meiner Ansicht nach sind diese und ähnliche Passagen mehr Schmeichelei für hochstehende Leser als Direktiven für politisches Handeln.
[274] Goodrich 1990. 5-9, 173, 253.

Daß geographische Kenntnisse für den politisch Handelnden von Nutzen, ja eine Notwendigkeit sein könnten, ist ein Gedanke, den im osmanischen Bereich m.W. erstmals Kātib Čelebi ausgesprochen hat.[275] Wie weit Kātib Čelebis Schaffen diesem selbstgestellten Anspruch gerecht wird, wird noch zu zeigen sein. Ein ungenannter Autor, der sich selbst als Übersetzer eines *Kitāb-ı Aṭlas* oder *Kitāb-ı ǧoġrafya* bezeichnete, und in dem Taeschner Ebū Bekr b. Behrām ed-Dimišqī vermutet, wurde 1683 beauftragt, in aller Eile eine Beschreibung Ungarns und Deutschlands zu liefern.[276] Falls der Auftraggeber, wie anzunehmen ist, Ebū Bekrs Gönner Qara Muṣṭafā Paša war, wäre dies der erste eindeutige Fall, in dem ein Werk der geographischen Literatur zu unmittelbarem praktischem Nutzen dienen sollte.

Ist damit die Politikferne der geographischen Literatur vor Kātib Čelebi zur Genüge belegt, so sei zusätzlich darauf verwiesen, daß auch die Staatsferne allgemein ein wichtiges Element ist. Einflußreiche Funktionäre des Hofes als Literaten und Geographen nach Art eines al-Ḫwārizmī, al-Kindī, as-Saraḫsī oder Ibn Ḫurdāḏbih[277] sind in der osmanischen Geschichte kaum bekannt. Ǧelālzāde Muṣṭafā hätte eine Ausnahme gebildet. Seydī ʿAlī Reʾīs ist ebenfalls kein typischer Fall, und Pīrī Reʾīs ist erst lange nach der Abfassung der *Baḥrīye* und keineswegs in Anerkennung dieser Leistung in höchste Positionen in der osmanischen Flotte gelangt. Ganz allgemein läßt sich sagen, daß es so gut wie keinen Austausch von Informationen zwischen der Bürokratie und Verwaltung einerseits und der Sphäre der Literatur andererseits gab.[278] Der zitierte Gesandtschaftsbericht des Ġiyāṯuddīn Naqqaš diente ursprünglich der Unterrichtung des Sultans Šāhruḫ zu rein praktischen Zwecken, wurde aber später ein Klassiker der geographischen Literatur. Ein vergleichbarer Fall ist mir für den hier zu betrachtenden Zeitraum aus dem Osmanischen Reich nicht bekannt, wo die Gesandtschaftsberichte (*sefāretnāme*) erst im späteren 17. Jhdt. aufkamen.[279]

12. Resümee

Der größte Teil der geographischen Lektüre der Osmanen hatte keinen direkten Bezug auf die Lebenswelt der Leser. Die Kosmographie bot ihnen im Rahmen einer geschlossenen Weltdeutung eine Fülle von teils naturgeschichtlichen, teils historisch-geographischen Einzelfakten. Auch denjenigen, die nicht — wie die mythologischen — "nur" durch Überlieferungsautorität gesichert, sondern mit

[275] ǦD 16f. nach dem Atlas Minor. Näheres Kap. VI.
[276] Taeschner 1926. 107.
[277] Miquel 1973. 84f.
[278] Die Denkschrift des ʿAyn ʿAlī (verf. 1607) über Provinzialverwaltung und Steueraufkommen kann nicht zur Geographie gerechnet werden. Sie gehört zu einem rein finanztechnischen Schrifttum, von dem es m.W. keinen Übergang in die Literatur gegeben hat.
[279] Taeschner 1923. 75-78.

bestimmten Orten und Zeiten verknüpft sind, ist ein sagenhafter und überzeitlicher Charakter eigen.

Auch Berichte aus exotischen Ländern wurden weitgehend im selben Sinne rezipiert, teilweise vielleicht auch gegen die Intentionen der Autoren. Trotzdem finden wir in diesen Berichten den Beginn des Gegenwartsbezuges dieses Schrifttums, eines Bezuges, der der ursprünglich mathematisch-empirisch und historisch ausgerichteten ptolemäischen Geographie, als deren letzter Vertreter Abū l-Fidā' zu nennen ist, im Verlauf der Jahrhunderte abhanden gekommen war.

Die Hinwendung zur Gegenwart des Lesers und zur Kenntnis seiner eigenen Welt vollzieht sich erstmals im Ansatz in Meḥmed ʿĀšıqs Werk. In Bezug auf einen kleineren Ausschnitt ist dies erschöpfend in Ḥibrīs *Enīs ül-müsāmirīn* geschehen. Dieser Bezug auf die Lebenswelt von Autor und Leser war in den Anfängen der arabischen Literatur durch die ursprüngliche Zweckgerichtetheit bestimmter Zweige der geographischen Literatur gewährleistet und verlor sich in der weiteren Entwicklung. Die Geographie bei den Osmanen dagegen ging den umgekehrten Weg.

III

DIE ENTWICKLUNG DES *ĞIHĀNNÜMĀ*

DIE ERSTE FASSUNG

> Die Lage des Erdkreises zu beschreiben unternehme ich, eine hindernisreiche und für eine elegante Darstellung ganz ungeeignete Arbeit, besteht sie doch fast nur aus Namen von Völkern und Stätten sowie deren recht komplizierter Anordnung (...). Trotzdem verdient sie es sicherlich, betrachtet und kennengelernt zu werden, und lohnt, wenn schon nicht durch die geistreiche Art des Autors, dann doch durch die Betrachtung an sich aufmerksamen Lesern die Mühe.
> Pomponius Mela: De chorographia libri tres I, 1 (Übersetzung nach K. Brodersen)

Nachdem in Kapitel II die geographische Literatur und Lektüre der Osmanen dargestellt wurde, soll vor diesem Hintergrund in den folgenden Kapiteln die Entwicklung des *Ğihānnümā* analysiert werden. Die Fragestellung zielt zum einen auf die Textgeschichte, die Taeschner in den wesentlichen Zügen dargestellt hat.[1] Danach sind zwei Fassungen (bei Taeschner "Rezensionen") zu unterscheiden. Dies wird insofern zu differenzieren sein, als innerhalb der ersten Fassung mehrere Redaktionen unterschieden werden können. An der Entwicklung des Textes ist der Wandel der geographischen Konzeption zu verfolgen.

1. DER VORENTWURF

Unter den wenigen seiner eigenen Werke, die Kātib Čelebi in *Kašf aẓ-ẓunūn* aufgeführt hat, ist auch das *Ğihānnümā*. Doch die Beschreibung dort befremdet zunächst: "Türkisch, über Geographie, vom Schreiber dieser Zeilen. Es ist ein in zwei Teile gegliedertes Werk, deren erster die Meere, ihre Abbildung und die Inseln betrifft, der zweite das Festland mit seinen Ländern, Flüssen, Bergen und

[1] Taeschner 1926. 99-103. Auf diesen Aufsatz Taeschners gehen alle nachfolgenden Darstellungen zurück, so Adnan-Adıvar 1982. 141-48, Gökyay 1957. 61ff., Sarıcaoğlu 1991. 121-24. Türkay 1959. 34f. zitiert Taeschner zwar, ignoriert aber seine Ergebnisse.

den Wegen in alphabetischer Reihenfolge. Es enthält auch die nach dem 9. Jahrhundert neu entdeckten Klimata."[2]

Dies kann sich auf keine der uns bekannten Texte beziehen. Eine hypothetische Erklärung ergibt sich, wenn wir die zeitliche Abfolge von *Kašf aẓ-ẓunūn* und *Ğihānnümā* betrachten. Die Reinschrift des entsprechenden Bandes (' bis ḫ) von *Kašf aẓ-ẓunūn* war 1653, die Rohfassung sogar schon 1639 beendet.[3] Etwa 1634 hatte Kātib Čelebi begonnen Material zu sammeln. In Einzelfällen hat er zwar noch später Nachträge gemacht,[4] doch fehlen zum Beispiel zahlreiche Werke in *Kašf aẓ-ẓunūn*, die Kātib Čelebi nachweislich für *Ğihānnümā* oder *Fezleke* benutzt hat.[5]

Im Zusammenhang mit dem Ausbruch des Kretakrieges 1645 hatte Kātib Čelebi sich erstmals mit Geographie und Kartographie beschäftigt[6] und vermutlich schon bald mit den Vorarbeiten zum *Ğihānnümā* begonnen. Als Abfassungsdatum nennt er im Vorwort der zweiten Fassung 1058 H. (beg. 27.1. 1648).[7] Der Zeitraum läßt sich sogar auf die erste Jahreshälfte eingrenzen, da das Kapitel über Üsküdar noch während der Regierung Sultan İbrāhīms zu Papier gebracht wurde.[8]

So nehme ich an, daß Kātib Čelebi das *Ğihānnümā* quasi im Vorgriff eingetragen hat, als er das Werk plante, vielleicht schon etliches Material an der Hand hatte, aber noch nicht mit der Ausarbeitung begonnen hatte.[9] Um so aufschlußreicher ist der kurze Abschnitt in Bezug auf Kātib Čelebis erste Pläne. Die Zweiteilung erinnert unmittelbar an das Werk Abū l-Fidā's, die alphabetische Anordnung an die Bearbeitung durch Sipāhīzāde, *Auḍaḥ al-masālik ilā maᶜrifat al-mamālik.*[10] Doch Kātib Čelebi hat bereits angesetzt, deren allzu starres Schema zu durchbrechen, indem er die Inseln im Zusammenhang mit den Meeren und die Flüsse und Berge im Zusammenhang mit den einzelnen Ländern behandeln wollte, eine Anordnung, von der er allerdings zunächst wieder abkam.[11]

---

[2] *Kašf aẓ-ẓunūn* 622f. s.v. Ğihānnümā.

[3] *Kašf aẓ-ẓunūn* 940.

[4] Z.B. den lateinischen Aristoteles-Kommentar 684 s.v. ᶜilm al-ḥikma.

[5] Z.B. *Baḥrīye* des Pīrī Re'īs.

[6] *Mīzānu l-ḥaqq* 137.

[7] Chronogramm ĞD 2. In *Mīzānu l-ḥaqq*, worauf Sarıcaoğlu 1991. 121 in diesem Zusammenhang verweist, ist kein Datum zu finden.

[8] Hier heißt es, die — heute Çinili Camii — genannte Moschee in Üsküdar sei von der Mutter des regierenden Sultans erbaut worden (O 328v). Sultan İbrāhīm wurde am 8.8.1648 abgesetzt. Kriegsereignisse des Jahres 1058/1648 sind in WK als Marginalie nachgetragen (WK 100v).

[9] *Taqvīmü t-tevārīḫ* hatte Kātib Čelebi 1648 in kürzester Zeit exzerpiert. Die verschiedenen Überarbeitungen sind in *Kašf aẓ-ẓunūn* erst am Rand nachgetragen (*Kašf aẓ-ẓunūn* 469 s.v.). Sein erstes Werk, *Faḏlakat aqwāl al-aḫyār*, ist in *Kašf aẓ-ẓunūn* überhaupt nicht enthalten.

[10] Die Beliebtheit der alphabetischen Anordnung soll in anderem Zusammenhang erörtert werden.

[11] Es gibt keinerlei Hinweis darauf, an welcher Stelle in der 1. Fassung die Berge hätten beschrieben werden sollen.

Die Einbeziehung von Karten der Meere und von Postwegen weist über den Umfang der Universalgeographie ptolemäischer Tradition hinaus[12] und belegt schon für diese Zeit Kātib Čelebis Streben nach einer neuen Art von Geographie durch die Vereinigung mehrerer Typen der traditionellen geographischen Literatur. In Hinsicht auf die angestrebte Vollständigkeit ist auch die geplante Beschreibung der Neuen Welt bedeutsam.

Man kann nur darüber spekulieren, ob es nicht neben dem uns überlieferten *Ǧihānnümā* ein weiteres, ausführlicheres wenigstens in Anfängen gegeben hat, das womöglich dem ursprünglichen Entwurf genauer entsprochen hätte. Jedenfalls verweist Kātib Čelebi zweimal in der ersten Fassung auf ein von ihm verfaßtes, ausführlicheres *Ǧihānnümā.*[13] Falls dieses Werk jedoch existiert hat, ist es sicher nicht weit gediehen[14] und jedenfalls nicht erhalten.

2. Die erste Fassung: Der geplante Aufbau

Die erste Fassung, wie sie heute vorliegt, ist ein Torso. Kātib Čelebi hat bei der Ausarbeitung die ersten Kapitel beiseite gelassen, und das Werk, als ihm die Mangelhaftigkeit seiner Quellen, insbesondere für die europäischen Länder zum Bewußtsein kam, abgebrochen.[15] Bezüglich des ursprünglich geplanten Umfangs und Aufbaus sind wir auf im Text enthaltene Hinweise angewiesen. Die so rekonstruierte Gesamtanlage unterscheidet sich nun fundamental von der des besprochenen Vorentwurfs.[16]

Danach war das Buch in Hauptkapitel, *ǧins* genannt, unterteilt, diese wiederum in *nevᶜ* oder *rükn* genannte Unterkapitel, die wieder in mehrere *faṣl* gegliedert waren.[17] Der Vergleich mit dem Aufbau bekannter Kosmographien legt folgende Gliederung nahe:

---

[12] Bei Abū l-Fidā' finden sich nur gelegentlich einige dürftige Angaben zu Wegen und Entfernungen, etwa zum Maġrib *Taqwīm al-buldān* 129.

[13] Cf. WK 15v: *baḥr-ı muḥīṭde qavl-ı iǧmālī budur ki Ǧihānnümā tafṣīlinden naql olındı*, und WK 18r: *tafṣīli deryā kitāblarında ve rāqimü l-ḥurūf ǧemᶜ etdügi Ǧihānnümā'dadur.* Beide Sätze finden sich wegen des lückenhaften Anfangs aller anderen Handschriften nur in WK. Sarıcaoğlus Erklärung, der diese Bemerkungen mit der Arbeit an der zweiten Fassung in Verbindung bringen möchte (1991. 126), kann ich nicht folgen.

[14] Nur in diesem Anfangskapitel über das Wasser sind solche Hinweise zu finden. Die Marginalie WK 253r *Ǧihānnümā'ya soñra naql olınaǧaq perākende fevā'iddür* bezieht sich auf Auszüge, die erst nach Abbruch der systematischen Arbeit an der ersten Fassung auf jenen Seiten notiert wurden und in die zweite übertragen werden sollten (so auch Sarıcaoğlu 1991. 127).

[15] In *Mīzānu l-ḥaqq* 143 heißt es im Zusammenhang mit der Übersetzung des Atlas Minor, die Kātib Čelebi nach anderhalb Jahren Arbeit am 20.7.1655 abschloß (cf. Ménage 1963. 430 Anm. 4, *Mīzānu l-ḥaqq* 143): *sābıqā ǧoġrāfyāda Ǧihānnümā nām bir kitāb ǧemᶜine šürūᶜ olınmıšdur*, was den Eindruck erweckt, als hätte die Arbeit daran bereits geraume Zeit gestockt.

[16] Erstaunlicherweise macht Sarıcaoğlu 1991. 122 keinen Versuch, diese Diskrepanz zu erklären.

[17] Etwas anders Taeschner 1926. 100, der nicht berücksichtigte, daß *nevᶜ* und *rükn* hier wohl synonym verwendet sind.

1. *ğins*: Die Oberen Welten
2. *ğins*: Die Unteren Welten
    1. *nev* : Die vier Elemente
        1. *faṣl*: Das Feuer
        2. *faṣl*: Die Luft
        3. *faṣl*: Das Wasser[18]
        4. *faṣl*: Die Erde[19]
        5. *faṣl*: Die Geographie[20]

Meḥmed ᶜĀšıqs *Menāẓıru l-ᶜavālim* enthalten darüberhinaus noch etliche Kapitel über den Menschen, die Tierwelt, Pflanzen, Mineralien etc. Eventuell sollten im *Ğihānnümā* das 2. und 3. *nevᶜ* diesen Themen gewidmet sein. Als 4. *nevᶜ* bzw. *rükn* war ein historischer Teil geplant, von dem Kātib Čelebi aber wohl selbst noch nicht genau wußte, ob er ihn nach Dynastien wie *Faḏlakat aqwāl al-aḫyār* oder annalistisch wie die türkische *Fez̲leke* gliedern wollte.[21]

3. Der Textbestand

Der Textbestand, soweit er in der ersten Fassung überliefert ist, umfaßt von dieser Gliederung nur die *faṣl* 3-5 des ersten *nevᶜ*, wobei hiervon wieder das letzte unvollständig ist.[22]

Das erste dieser *faṣl* enthält:

- eine Darstellung der Eigenschaften des Elements Wasser (WK 8v-9v),
- die Beschreibung des östlichen und westlichen Ozeans (WK 10v-15v) und
- der Meere: Persischer Golf, Rotes Meer, Mittelmeer, Ostsee, Schwarzes Meer, Kaspisches Meer (15v-18r);
- die Beschreibung der 38 wichtigsten Seen der Welt, beginnend mit dem Aralsee als dem größten und den Quellseen des Nils als den berühmtesten, danach von Tunis gegen den Uhrzeigersinn um das Mittelmeer herum bis zum Balkan fortschreitend (WK 18r-21r); zuletzt folgen
- die bekanntesten Flüsse: zunächst die vier "Paradiesesflüsse" Nil, Euphrat, Amudarya und Syrdarya, danach in wenig systematischer Reihenfolge der Orontes und die Flüsse Anatoliens, die Flüsse Rumeliens, Donau, Bug, Don und

---

[18] Cf. O 297r: *nevᶜ-i evvelden faṣl-ı s̲ālis̲ ᶜunṣur-ı ābdadur.*

[19] WK 28v: *ğins-i s̲ānīniñ nevᶜ-i evvelden faṣl-ı rābiᶜ ᶜunṣur-ı turāb beyānını ğāmiᶜdür.*

[20] B 15v-16r, WK 32r: *Rüknü l-evvel-i ğins-i s̲ānīsinde faṣl-ı ḫāmis ṣūretü l-arż ve šekl-i berr u baḥrdadur ki lisān-i yūnānda ğoġrāfya bundan ᶜibāret olub...*

[21] Cf. WK 43r *tafṣīl-i qıṣṣa Benī Hafṣ evāḫırında gelür*, was für die erstere, B 75v (zum Kosovo) *evā'il-i devlet-i ᶜos̲mānīyeden Ġāzī Ḫüdāvendigār ile fıraq-ı bī-pāyān-ı küffārıñ maḥall-ı kārzārıdur keyfīyeti rükn-i rābiᶜden vāqiᶜ olduġı senede inšā'allāhu teᶜālā beyān olınur*, was für die zweite Struktur spräche. Weitere Verweise auf ein Kapitel zur Geschichte O 366r (Eroberung Ungarns, nicht in der zweiten Redaktion) und WK 39v (Geschichte Spaniens nach 1492).

[22] Sarıcaoğlus Ansicht (1991. 123), es sei nicht möglich, den Anfang und den Schluß der ersten Fassung genau zu bestimmen, basiert auf der Annahme, WK sei die Urschrift dieser Fassung.

Wolga, Araxes, Kura, einige kleinere iranische Flüsse, Indus und Ganges, zwei nordafrikanische Flüsse, Tiber, Po und Rhône, einige spanische Flüsse und zuletzt der "Fluß von Peru" (WK 21r-28v).

In allen Handschriften der ersten Fassung ist dieses Kapitel lückenhaft. Sie gehen auf eine Urschrift zurück, in der aus unerfindlichen Gründen an einer Stelle zwei Blätter, an anderer ein Blatt verloren gegangen ist.[23] Nur im Reinschriftteil des Wiener Konzeptes sind diese Teile enthalten. Dort fehlt jedoch an anderer Stelle ein Blatt.[24]

Es folgt im nächsten *faṣl* die Beschreibung des Elementes Erde, die Abgrenzung der sieben ptolemäischen Klimata und ein Überblick über die Grundlagen der mathematischen Geographie (WK 28v-31v).

Das fünfte *faṣl* beginnt mit einer Definition der Geographie und einem Überblick über die Leistungen und Schwächen von Kātib Čelebis Vorgängern von Ptolemäus bis Abū l-Fidā' (WK 32r).
Im Zentrum des Kapitels steht eine in zwei Kreisen gezeichneten Weltkarte, zu welcher die anschließenden Länderbeschreibungen lediglich die Erläuterungen darstellen sollten.[25] Diese sind nicht nach den ptolemäischen Klimata, sondern nach den sogenannten *eqālīm-i ʿörfīye* gegliedert, entsprechend dem Vorbild von *Taqwīm al-buldān*, jedoch in anderer Reihenfolge:[26] Kātib Čelebi wollte zunächst die ptolemäische Ökumene beim Nullmeridian seiner Zeit im Westen beginnend nach Osten fortschreitend darstellen.[27] Entsprechend beschrieb er zunächst die Iberische Halbinsel (*iqlīmü l-Endelüs*, WK 33v-39v), dann Nordafrika bis zur Westgrenze Ägyptens (*iqlīmü l-Maġrib*, WK 39v-43v). Jedes dieser beiden Kapitel umfaßt die Abgrenzung des Klimas, die Beschreibung der wichtigsten Städte, eine Zusammenstellung wichtiger Wege und Entfernungen und eine Aufstellung der Dynastien, die in diesem Klima geherrscht hatten. Nach demselben Schema begann er mit Europa und Kleinasien (*iqlīm-i Rūm*[28]) als dem dritten Teil.

---

[23] Cf. Verzeichnis der Handschriften im Anhang.

[24] WK fol. 26 mit der Beschreibung einiger Flüsse. Da WK gleichsam ein Dreh- und Angelpunkt dieser Untersuchung und zugleich die bekannteste Handschrift ist, zudem durch Hammers Teilübersetzung wenigstens eine gewisse Verbreitung erfahren hat, wird i.a. nach dieser Handschrift zitiert.

[25] Für diese Karte ist in WK 32v-33r und in O 310v-311r Platz freigelassen. Zu anderen Handschriften, in denen diese Karte ausgeführt ist, cf. Anhang und Kapitel IX.

[26] Ob ihre Zahl bei Kātib Čelebi ebenfalls 28 betragen sollte, muß dahingestellt bleiben. In einem Schema der Klimata sind die 28 *eqālīm-i ʿörfīye* Abū l-Fidā's eingetragen, die Abgrenzung der einzelnen Klimata stimmt, wie das Beispiel *iqlīm-i Rūm* zeigt, nicht überein.

[27] WK 33v. Diese Progression von West nach Ost fand Kātib Čelebi beispielsweise bei Meḥmed ʿĀšıq, aber auch schon bei al-Idrīsī. Diese praktizierten dies jedoch nur innerhalb der einzelnen Klimata, was dazu führte, daß benachbarte Städte innerhalb des Buches an ganz verschiedenen Stellen besprochen wurden.

[28] In einem Kompromiß aus Abū l-Fidā', der darunter nur Kleinasien verstand, und Ibn al-ʿIbrīs *Ta'rīḫ muḫtaṣar ad-duwal*, wo damit Europa bezeichnet wird, definierte Kātib Čelebi Rūm als

Die Oxforder *Ǧihānnümā*-Handschrift enthält in ihrem zweiten Teil die erste Fassung des *Ǧihānnümā* in einem Text, der von den anderen mir bekannten abweicht. Die Abschrift, auf die dieser Text zurückgeht, wurde angefertigt, als der letzte Teil über das *iqlīm-i Rūm* noch in Arbeit war. Kātib Čelebi hatte nach der Definition von Rūm zunächst die drei Hauptstädte des Osmanischen Reiches Konstantinopel (Lücke in WK 44-54, O 320v-328v), Edirne (WK 54v-59b) und Bursa (WK 59v-61r) beschrieben, dann die rumelischen[29] Provinzen entlang der Hauptstraßen. Er folgte zunächst dem *ṣaġ qol* bis Silistre und bog dann donauaufwärts nach Westen ab bis Vidin. Entlang dem *orta qol* ging er bis Sofia und dann entlang dem *ṣol qol* bis Saloniki. Nach einem Bogen nach Norden bis Üsküb schritt er südlich fort bis zur Peloponnes und dann mehr oder weniger an der Adriaküste entlang nach Norden. Es folgen die bosnischen und zuletzt die ungarischen Gebiete, zuerst südlich und westlich der Donau, dann nördlich und östlich.

Vom Anfang bis zur Beschreibung der Peloponnes stimmt der Text dieser Handschrift noch mit dem der übrigen wie auch dem Reinschriftteil des Wiener Konzeptes inhaltlich überein.[30] In diesen Teilen beschränken sich die Unterschiede i.a. auf gelegentliche Abweichungen in der Wortwahl.[31] Vom *sanǧaq* Mora an jedoch sind die Darstellungen der einzelnen *sanǧaq*s meist auf den Hauptort[32] oder einige bedeutendere Orte[33] beschränkt, während die zugehörigen *qażā*s lediglich in einer Liste aufgezählt werden, entsprechend Kātib Čelebis Bemühung um Kürze.[34] Schwierigkeiten, adäquate Quellen ausfindig zu machen, mögen diese Bemühungen gefördert haben. Dies scheint mir die ursprüngliche Anlage dieses Kapitels, die erste Redaktion, gewesen zu sein. In der Handschrift O liegt sie nur noch teilweise vor, während die erste Hälfte bereits den Text der zweiten Redaktion aufweist.

Ich nehme an, daß die mittelbare Vorlage dieser Handschrift eine Kladde in der Art des autographischen Teils des Wiener Konzeptes war, in die der Autor

---

Europa abzüglich der bereits besprochenen Iberischen Halbinsel und zuzüglich Kleinasiens (O 320r).

[29] Rumeli bedeutet in diesem Zusammenhang im *Ǧihānnümā* die gesamte europäische Hälfte des Osmanischen Reiches (vgl. *ḫātime* von O 375v).

[30] Abgesehen natürlich von den zwei erwähnten Lücken im ersten *faṣl*, deren erste in fol. 298v Z.4, die zweite in fol. 300r zwischen Z. 9 und 10 fällt.

[31] Eine Ausnahme ist das Fehlen des Abschnitts Misivri fol. 335v (cf. WK 63r), das auf ein Schreiberversehen zurückgehen mag.

[32] So z.B. Qarlı Eli 359v, Yanya 360r, Delvine 360r, Avlonya 360r, Oḫri 361v, Pirzerin 361v, Požega 365v.

[33] So z.B. Qordos, Arḫos, Anabolu, Mizistre, Benefše, Qoron, Moton und Navarino zu Mora 357r; Ayamavra zu İnebaḫtı 359v; Durač zu Elbaṣan 360v; Olgun-Bar zu Iskenderīye 361r, Varadin zu Sirem 365v.

[34] Dazu s.u. und z.B O 361v zum *sanǧaq* Oḫri: *tevābiʿi bunlardur iǧmālen ẕikr olınur.*

immer wieder etwas einfügte, oder an der er etwas verbesserte. Diese Hypothese wird gestützt durch zahllose sinnentstellende Irrtümer in der Oxforder Handschrift, die sehr gut durch eine schnell und womöglich klein geschriebene Vorlage erklärt werden können, besonders wenn man sich Kātib Čelebis Handschrift vor Augen hält. Sehr häufig ist die Verwechslung der Buchstaben *v*, *r*, *z* und *d*,[35] aber auch gravierendere Fehler kommen vor.[36] Daß in den Artikeln über die Flüsse Aras und Kura Satzteile wiederholt sind, andere fehlen oder an der falschen Stelle eingesetzt sind, könnte auf eine ungebundene Kladde als Vorlage zurückzuführen sein, in der der Autor gestrichen und redigiert hat.[37] Auch das Durcheinander bei den Orten um Athen, also kurz vor dem Ende der bereits überarbeiteten Teile fällt in dieser Hinsicht auf.[38]

Die Abweichung des Ms. Oxford (2) von den anderen ist bislang unbemerkt geblieben,[39] weil die letzten Artikel Egri und Ḥatvan sowie die Schlußformel wieder dem Textbestand der zweiten Redaktion entsprechen, was zeigt, daß die Reihenfolge der Abfassung nicht der Reihenfolge im Text enspricht.

5. Die zweite Redaktion

Erst in einem weiteren Arbeitsgang nach Abschluß der ersten Redaktion hatte Kātib Čelebi offenbar begonnen, auch zu den *qażās* und *nāḥiyes* in der Liste bei jedem *sanǧaq* sowie zu weiteren Orten Material in seinen Entwurf einzuarbeiten. Dabei handelte es sich anscheinend nicht um neues, sondern um bisher nicht verwendetes Material.[40] Diese ausführlichere Version liegt dann in der ersten Hälfte von O (Teil 2) sowie, für das ganze Werk durchgeführt, in der zweiten Redaktion vor. Auch einige Korrekturen wurden bei dieser Überarbeitung angebracht.[41]

---

[35] Cf. O 360v *körfeziniñ ġalbe edüb*, was erst durch Vergleich mit WK (94v) enträtselt werden kann: *gerü firenk ġalbe edüb*.

[36] Z.B. O 362r *baʿdehü zamān murād olmaġla*, was in WK 98r lautet: *baʿde zamānin mürd olmaġla*. Diese Entstellung kann nicht, wie es bei zahlreichen anderen Fehlern der Fall ist, auf einen akustischen Irrtum beim Diktieren zurückgehen. Die große Zahl von Fehlern der letzteren Kategorie möchte ich daher einem späteren Kopiervorgang zuordnen. Durch wen aus "Pečüy" die Form "MĠRY" geworden ist (370v), obwohl der *żabṭ* daneben angegeben war, bleibe dahingestellt.

[37] Fol. 306r. Ausgerechnet diese Stelle fällt auf das in WK fehlende Blatt 26. Ebenso ist in das Konstantinopel-Kapitel, das in WK 45-54 fehlt, in O fol. 321 der Anfang des 5. *faṣl* hineingeraten, während ein anderes Blatt dieses Kapitels ausgelassen ist. Auf dieses Zusammentreffen kann ich mir keinen Reim machen.

[38] Artikel Athen fol. 354v, Beginn des unvollständigen Teiles 358v.

[39] Cf. Taeschner 1926. 101.

[40] Cf. etwa den Artikel Balyabadra in WK 92r. Darin sind Quellen verwendet (vermutlich Muṣṭafā b. ʿAlī sowie *Tāǧu t-tevārīḫ* I, 464), die Kātib Čelebi von Anfang an vorlagen. Dennoch ist in O 359r nur ein Stichwort vorhanden.

[41] Während Ayamavra in der ersten Redaktion zu İnebaḫtı gerechnet wird (s.o.), gehört es in der zweiten Redaktion zu Qarlı Eli (WK 93r). Die die Listen einleitenden Worte "*tevābiʿi bunlardur*"

Insgesamt werden im Kapitel Rumeli der ersten Fassung folgende *sanǧaq*s behandelt: 1. Vize (WK 61r), 2. Qırqkilise (WK 62r), 3. Silistre (WK 62v), 4. Nigbolu (WK 65r), 5. Vidin (WK 67v), 6. Čirmen (WK 68r), 7. Ṣofya (WK 68v), 8. Gelibolu (WK 71r), 9. Selanik (WK 76r), 10. Köstendil (WK 79v), 11. Üsküb (WK 81v), 12. Tırḥala (WK 83v), 13. Egriboz (WK 84v), 14. Mora (WK 87r), 15. İnebaḫtı (WK 92r), 16. Qarlı Eli (93r), 17. Yanya (WK 93v), 18. Delvine (WK 94v), 19. Avlonya (WK 94v), 20. Elbaṣan (WK 95v), 21. İskenderīye (WK 95v), 22. Oḫri (WK 96r), 23. Pirzerin (WK 96v), 24. Vülčitrin (WK 97r), 25. Duqagin (WK 97v), 26. Hersek (WK 98r), 27. Bosna (WK 98v), 28. Klis (WK 100r), 29. Qırqa (WK 100r), 30. İzvornik (WK 100v), 31. Alaǧaḥiṣār (WK 101r), 32. Semendire (WK 101v), 33. Sirem (WK 103v, B 82r[42]), 34. Požeġa (82v), 35. Mohač (83r), 36. Seksar (83v), 37. Ustolnī Belġrad (83v), 38. Budin (84v), 39. Esterġon (86r), 40. Sigetvar (86v), 41. Pečuy (87v), 42. Qopan (87v), 43. Šimonṭorna (88r), 44. Qanıža (88r), 45. Čırnıq (88v), 46. Yanıq (88v), 47. Ṭımıšvar (89v), 48. Morava (90r), 49. Bečkerek (90r), 50. Čanad (90r), 51. Segedin (90r), 52. Bač (90v), 53. Ṣonbor (90v), 54. Ṣolnoq (90v), 55. Egri (91r), 56. Ḥatvan (91v).

Von den von mir untersuchten Handschriften enthalten W, W1, W2, B, I und das Reinschriftfragment des Wiener Konzeptes diese Redaktion. Sie deckt keinen größeren Bereich ab als die erste, sondern weist lediglich für dasselbe Gebiet mehr Details auf. Für die rumelischen *sanǧaq*s bedeutet dies, daß, wie es auch im ersten Teil von O (Teil 2) der Fall war, zu jedem *qażā* und zu einigen *nāḥīye*s nicht nur der Name, sondern weitere Informationen genannt werden, auch wenn diese oft nicht über die Abgrenzung zu den benachbarten Orten oder eine flüchtige Beschreibung der Lage hinausgehen. Für die ungarischen Städte bedeutet dies ebenfalls die Erfassung einer größeren Anzahl von Orten, wenn auch nicht in dieser systematischen Form.[43]

6. Geplante Fortführung und Abbruch

Die Schlußformel der ersten Fassung liefert uns Aufschluß, wie das Werk nach dem Artikel Ḥatvan hätte weitergehen sollen: Es sollte Anatolien beschrieben werden, anschließend Venedig, der Vatikanstaat und Frankreich, die Kātib Čelebi allesamt noch zum *iqlīm-i Rūm* rechnete.[44] Vermutlich schon zuvor, direkt

fehlen in den Handschriften der zweiten Redaktion. Dies sowie die Tatsache, daß sich einige Ortsnamen in diesen Listen später nicht in WK finden, dürften jede Annahme widerlegen, es handelte sich um Kürzungen eines späteren Bearbeiters. Hiergegen spricht auch die allgemeine Qualität der Abschrift (s.u.).

[42] Da im folgenden die Reihenfolge in WK umgestellt ist, wird nun nach B zitiert.

[43] Zu diesem Problem der heterogenen Quellenbasis s.u.

[44] Vgl. B 91v: *min baᶜd Anaṭolu ǧānibini āḫır-ı ḥadd-ı Rūm'a varınǧa yazılub baᶜdehü Venedik ve Pāpā ve Farānsa vilāyetleri ḥadd-ı Rūm'da dāḫil olmaq üzere iǧmālen beyān olınduqdan ṣoñra dördünǧü iqlīm-i ᶜörfī olan ǧezā'ir-i biḥār-i ġarbīyeye šürūᶜ olınur.*

im Anschluß an die schon besprochenen Gebiete, hätten die nördlich der Donau gelegenen Provinzen Kili, Aqkermān und Özü besprochen werden sollen.[45] Als viertes Klima kündigte Kātib Čelebi schließlich die Inseln des westlichen Meeres an, was Großbritannien, Irland und Island meinte. Wie er den Rest des "bewohnten Viertels" der Welt weiter gliedern wollte, wissen wir nicht, denn zur Ausarbeitung dieses Teils, und gar zu Beschreibung der Neuen Welt, die sich daran anschließen sollte,[46] ist es nicht gekommen.

Kātib Čelebi schrieb später, es sei ihm der Mut gesunken und die Lust vergangen, sein *Ǧihānnümā* fertigzustellen, von dem die Vorrede und der erste Teil vorhanden waren, als er feststellte, daß er nur ein Tausendstel dessen darstellen konnte, was die Beschreibung dieser Inseln ausmachte, die doch mehrere Königreiche und Könige umfaßten. So habe er die Arbeit an dieser Stelle abgebrochen.[47]

In dieser fragmentarischen Form fand das *Ǧihānnümā* dennoch weite Verbreitung, wie die große Zahl der erhaltenen Handschriften erweist. Was Kātib Čelebi, der doch stets zögerte, ein Werk an die Öffentlichkeit zu geben, selbst wenn es vollendet war, dazu veranlaßte, den Torso des *Ǧihānnümā* ins Reine schreiben zu lassen, wissen wir nicht. Möglicherweise geschah es wie im Fall von *Kašf aẓ-ẓunūn*, daß er von Bekannten, die es bei ihm gesehen hatten, darum gebeten worden war.[48] Immerhin ist es offenkundig, daß diese "einzige systematische Geographie der osmanischen Länder"[49] von nun an auf ein beachtliches Interesse stieß.

7. Die Quellen: Das Element Wasser

Da die erste Fassung in sehr unterschiedliche Teile zerfällt, die entsprechend unterschiedliche Quellen haben, empfiehlt es sich, bei dieser Untersuchung kapitelweise und zunächst nur enumerativ vorzugehen.

Schon der Aufbau des ersten Kapitels verweist klar auf Abū l-Fidā's *Taqwīm al-buldān*.[50] Daß Kātib Čelebi dieses Werk wegen der exemplarischen Verbindung von mathematischer und historischer Geographie in übersichtlicher Darstellung besonders schätzte, geht eindeutig aus der Einleitung des Kapitels

---

[45] WK 64r, am Ende des *ṣol qol*, werden diese Provinzen für später angekündigt. Nach der von Kātib Čelebi selbst verfolgten Gliederung wäre die Einfügung an dieser Stelle logisch gewesen.
[46] Cf. WK 33v.
[47] Vorrede zur zweiten Fassung, ǦD 9. Von einer Vorrede ist in den Handschriften der ersten Fassung nichts erhalten.
[48] Cf. *Mīzānu l-ḥaqq* 142f., sofern es sich nicht um einen literarischen Topos handelt (cf. Kappert 1981. 12).
[49] Sarıcaoğlu 1991. 121.
[50] In der zweiten Fassung nimmt Kātib Čelebi auf eine Anmerkung Bezug, die sich nur im Leidener Codex von *Taqwīm al-buldān* findet (ǦD 267, *Taqwīm al-buldān* 332). Sollte es sich um sein Exemplar handeln?

Geographie hervor.[51] Auch die Zitierung von Abū l-Fidā's Einleitung in *Kašf aẓ-ẓunūn* ist sicher als Zustimmung zu den dort ausgeführten Ideen zu verstehen.[52] Für zahlreiche Passagen im hier zu besprechenden Teil hat *Taqwīm al-buldān* als alleinige Quelle gedient: Die detaillierten Beschreibungen des Küstenverlaufs des Roten Meeres, des Mittelmeeres, des Schwarzen und des Kaspischen Meeres sind hier entlehnt.[53] Bezeichnenderweise schließt sich Kātib Čelebi Abū l-Fidā's Urteil an, zum Chinesischen Meer lägen keine hinreichenden Quellen vor.[54] Offenbar hatte er zum diesbezüglichen Material Meḥmed ᶜĀšıqs kein rechtes Vertrauen.[55] Im Abschnitt Seen gehen die Beschreibungen der syrischen, afrikanischen und der iranischen auf *Taqwīm al-buldān* zurück, wobei die syrischen auch indirekt, aus *Menāẓıru l-ᶜavālim*, zitiert sein könnten.[56] Im Fall der Flüsse Nil, Euphrat, Helmand, Ǧayḥān, Ṣayḥān, Orontes, Aras, Kura, Guadalquivir und Mulūya liegt ebenfalls *Taqwīm al-buldān* zugrunde.[57]

In anderen Fällen hat eindeutig Meḥmed ᶜĀšıq als Quelle gedient. Dies gilt für Ṣayḥūn, Ǧayḥūn und die Flüsse Irans,[58] für einen Teil der Informationen zu Indus und Ganges,[59] besonders aber für die Seen und Flüsse Anatoliens und Rumeliens, wo dies wohl die einzige schriftliche Quelle war, die Kātib Čelebi zur Verfügung hatte.[60]

---

[51] WK 32r.

[52] *Kašf aẓ-ẓunūn* 468f. s.v. *Taqwīm al-buldān*. Die Stelle ist entsprechend auch in die Einleitung der zweiten Fassung übernommen, cf. ǦD 12.

[53] *Taqwīm al-buldān* 22-25, 27-34, 35ff. Ihm folgt im übrigen auch *Menāẓıru l-ᶜavālim* 26v-32v.

[54] *Taqwīm al-buldān* 21.

[55] Trotzdem übernahm Kātib Čelebi ganz grob Meḥmed ᶜĀšıqs Bescheibung der Siamesischen Halbinsel (WK 15r, *Menāẓıru l-ᶜavālim* 28v-29r).

[56] *Taqwīm al-buldān* 37-44 pass., *Menāẓıru l-ᶜavālim* 43r-44v. Für die afrikanischen und iranischen Seen greift Abū l-Fidā' auf Ibn Ḥauqal, Meḥmed ᶜĀšıq dagegen auf Ḥamdallāh Mustaufī zurück.

[57] Die ersten drei sind sicher direkt zitiert (Nil WK 21r, *Taqwīm al-buldān* 44f.; Euphrat WK 22r-22v, *Taqwīm al-buldān* 51ff., Helmand Ms. Oxford 306v, *Taqwīm al-buldān* 59). Zu den weiteren: Ǧayḥān und Ṣayḥān WK 24r-24v, *Taqwīm al-buldān* 49, *Menāẓıru l-ᶜavālim* 51r; Aras und Kura Ms. Oxford 305v, *Taqwīm al-buldān* 59f., *Menāẓıru l-ᶜavālim* 52r; Guadalquivir WK 27v, *Taqwīm al-buldān* 46f., *Menāẓıru l-ᶜavālim* 50r-50v; Mulūya WK 26r, *Taqwīm al-buldān* 46, *Menāẓıru l-ᶜavālim* 50v.

[58] Ṣayḥūn und Ǧayḥūn WK 23r-23v, *Menāẓıru l-ᶜavālim* 49r; Zāyinderūd, Safīdrūd, Zakān, Šāhrūd, Baštarkūh (nicht identifiziert) O 306r-306v, *Menāẓıru l-ᶜavālim* 51v.

[59] O 305v, *Menāẓıru l-ᶜavālim* 53r-55v.

[60] Unter den zahlreichen Seen Rumeliens hat Kātib Čelebi nur zum See von Kastoria (Kesrīye) Angaben, die über die Meḥmed ᶜĀšıqs hinausgehen. Aus *Menāẓıru l-ᶜavālim* stammen die Angaben zu den Seen von Ilgın und Küçük Çekmece und erste Version der Beschreibung des Sapanca Gölü (WK 19v, 20r, *Menāẓıru l-ᶜavālim* 45v). Zu letzterem hat Kātib Čelebi schon in der ersten Fassung eine eigene Beschreibung angefügt (WK 20r, Schreibermarginalie). Zu Sakarya und Kızıl Irmak cf. WK 24v, *Menāẓıru l-ᶜavālim* 50v.

Vor allem für die Meere hat Kātib Čelebi wichtige Zahlenangaben in *Tārīḫ-i Hind-i Ġarbī* gefunden.[61] Etliche der (insgesamt jedoch nur wenigen) "lehrreichen Anekdoten" hierzu[62] und zum Nil[63] sind hier ebenfalls entlehnt, außerdem sein Exkurs über eine See-Expedition Alexanders d. Gr.[64] Offenbar hatte Kātib Čelebi mehrere Handschriften zur Verfügung, denn eine seiner Anmerkungen zu dieser Alexander-Anekdote entnahm er einer Marginalie der Handschrift Topkapı, Revan Nr. 1488, die sich zeitweise in seinem Besitz befand.[65] Auch die in dieser Handschrift enthaltene Weltkarte hat er als Quelle benutzt.[66] Gleichzeitig erwähnte Kātib Čelebi eine Landverbindung zwischen der Alten und der Neuen Welt, die auf den "neueren Karten" zu finden sei. Eine solche findet sich nicht auf den Karten der erwähnten Handschrift, wohl aber auf einer Gastaldi-Karte von 1548, auf die die Karten der Handschriften Newberry und Istanbul Üniversitesi zurückgehen.[67] Auch die Entfernungen in der Beschreibung der Ozeane scheinen von einer Karte abgegriffen zu sein, denn die mehrfach auffallende Zahl von 880 *farsaḫ* entspricht 50°, wenn man die klassische Bestimmung des Längengrades 1° = 19 *farsaḫ* zugrundelegt.[68]

---

[61] Zahlenangaben, als deren Quelle im *Ġihānnümā* al-Masʿūdī oder al-Idrīsī angegeben sind, finden sich meist genauso in *Tārīḫ-ī Hind-i Ġarbī* wieder, so zum Persischen Golf WK 15v, zum Roten Meer WK 16r, zum Schwarzen Meer WK 17v, cf. Goodrich 1990. 101, 96, 112. al-Idrīsīs Angaben zum Kaspischen Meer (WK 18r) dagegen stehen in *Taqwīm al-buldān* 35 und *Menāẓıru l-ʿavālim* 32r.

[62] Beispielsweise die Erzählung von einer geplanten Kanalverbindung zwischen Mittelmeer und Rotem Meer (WK 16r, Goodrich 1990. 98 nach al-Masʿūdī), von einem einst bestehenden Damm am Bāb al-Mandab, durch dessen Zerstörung ein blühendes Königreich überflutet wurde und das Rote Meer entstand (WK 16r, Goodrich 1990. 97f. nach al-Qazwīnī), und von einer angeblichen unterirdischen Verbindung zwischen Kaspischem und Schwarzem Meer (WK 17v, Goodrich 1990. 118).

[63] Cf. Goodrich 1990. 125ff.

[64] WK 13r-v, Goodrich 1990. 120.

[65] Marg. 44, Goodrich 1990. 390. Diese Marginalie ist nicht, wie manche anderen, von Kātib Čelebi selbst. Im Besitzervermerk in der Handschrift ist der Name getilgt, doch lassen sich die letzten Worte *eqallu l-ḫalīqa* leicht durch *Ḥāǧǧī Ḫalīfe* ergänzen. Mit dieser Formel stellte sich Kātib Čelebi in der Einleitung zu *Levāmiʿü n-nūr* vor (zit. in ǦD). Da im Besitzervermerk der Vorbesitzer Behāʾī Meḥmed Efendi zwar als früherer *šeyḫülislām* bezeichnet ist, doch nicht als *merḥūm*, nehme ich an, daß die Handschrift zwischen 1651 und 1654 in Kātib Čelebis Besitz gelangt ist.

[66] Es handelt sich um Ms. Topkapı, Revan 1488. Einige von Kātib Čelebi in diesem Zusammenhang benutzte Toponyme finden sich nur auf der Karte, nicht im Text des Werkes, z.B. Yešil burnu statt — wie im Text — Qapo berde und Esperanča burnu (WK 13v, 14r). Daß Kātib Čelebis Vorstellung von der Gliederung der Weltmeere recht genau der Wirklichkeit entspricht und von allen nachweisbaren schriftlichen Quellen abweicht, spricht nur allgemein für eine aktuelle Karte als Quelle.

[67] Goodrich 1990. Abb. 10-12. Eine solche Verbindung ist schon in der *Baḥrīye* (Alpagot/Kurdoğlu) 49 erwähnt. Nach Goodrich 1993. 132 geht auch die Karte im Autograph von *Tuḥfetü l-kibār* (Topkapı, Revan 1192) auf die Newberry-Handschrift zurück.

[68] WK 13v, 14r. Bei so groben Angaben ist natürlich keine Identifizierung der Vorlage möglich.

In der von ihm benutzten Handschrift fand er zudem eine Weltkarte, nach der er offenbar teilweise den Küstenverlauf der Ozeane beschrieb.

Neben den drei genannten lassen sich für vereinzelte Informationen noch weitere Quellen nachweisen.

- Die einleitende Charakteristik des Elementes Wasser stammt von al-Qazwīnī.[69]

- Daß bei Baḥrain in der Tiefe des Persischen Golfes Süßwasser zu finden sei, will Kātib Čelebi bei Seydī ʿAlī Reīs gelesen haben.[70]

- Von der Schwierigkeit der Seefahrt im Roten Meer weiß beispielsweise al-Muqaddasī zu berichten.[71]

- Trotz des oben über das indirekte Zitieren von Zahlenangaben Gesagten muß Kātib Čelebi den Umfang des Aralsees direkt bei al-Masʿūdī gelesen haben.[72]

- Daß eine bestimmte Fischsorte im Vansee nur zwei Monate im Jahr gefangen würde, steht bei Yāqūt.[73]

- Die Beschreibung des Sees von Īḏāğ und die Angaben zum Steigen des Nils und zum Nilometer stimmen größtenteils mit al-Qazwīnīs *Āṯār al-bilād* überein.[74]

- Die Abschnitte zu Tunca und Meriç dürften auf Ḥibrīs *Enīsü l-musāmirīn* fußen.[75]

- Im Zusammenhang mit dem Verlauf der Wolga nimmt Kātib Čelebi einmal auf Ibn ʿArabšāh Bezug.[76]

Auf den Kriegszügen, die ihn mehrmals durch ganz Kleinasien führten, hatte Kātib Čelebi Gelegenheit, eigene Informationen zu sammeln. Die Quelle des Tigris will er selbst gesehen haben.[77] Einen in *Taqwīm al-buldān* beschriebenen Nebenfluß des Euphrat dagegen habe er trotz intensiver Suche nicht gefunden.[78] Mündliche Berichte von Mittelsmännern liegen vermutlich vor zum See von Kastoria, zur Lagune von Büyük Çekmece[79] und zum See von Beyşehir.[80]

---

[69] *ʿAǧāʾib al-maḫlūqāt* 101ff., WK 8v-9v.

[70] Zitiert als Seydī ʿAlīzāde, WK 15v (ebenso in der Bibliographie in ĞD 12). Cf. *Mirʾātu l-memālik* 18.

[71] WK 16r-16v, *Aḥsan at-taqāsīm* 12.

[72] WK 18v, *Murūğ aḏ-ḏahab* I, § 223. Die Zahl bezeichnet dort allerdings die Länge, nicht den Umfang des Sees.

[73] WK 19r, *Muʿğam al-buldān* I, 350f.

[74] *Āṯār al-bilād* 201, 175.

[75] WK 19v-20r, cf. unten zu Edirne. Kātib Čelebi bemängelt, daß Meḥmed ʿĀšıq diese Flüsse ins Schwarze Meer münden ließ (ĞD 66, *Menāẓıru l-ʿavālim* 54v).

[76] WK 25v. Ibn ʿArabšāhs Übersetzung der *Ğavāmiʿ al-ḥikāyāt* des ʿAufī soll wertvolle Informationen zu Nordosteuropa enthalten (Kračkovskij 1957. 326-29).

[77] WK 23r.

[78] WK 22v-23r, cf. *Taqwīm al-buldān* 51-58.

[79] Hier hat Kātib Čelebi zunächst Meḥmed ʿĀšıqs Verwechslung mit Küçük Çekmece wiederholt, später aber korrigiert (WK 20r, *Menāẓıru l-ʿavālim* 45v). Das Chronogramm auf die Fertigstellung der großen Brücke fehlt bei Meḥmed ʿĀšıq.

Ebenso geht anscheinend die Beschreibung der Seen von Akşehir, Eğirdir, Burdur, Birgi und İznik nicht auf schriftliche Quellen zurück.[81]

Schließlich muß hier auf einige Stellen verwiesen werden, denen allem Anschein nach eine europäische Quelle zugrundeliegt. Daß Kātib Čelebi schreiben konnte, bis auf die Theiß kämen alle großen Nebenflüsse der Donau von Süden, die Quellen von Arno und Tiber lägen dicht beeinander, ebenso die von Bug und Theiß, scheint mir zu präzis für eine islamische Quelle zu sein und am ehesten auf eine Karte europäischer Provenienz hinzudeuten.[82] Auch die Schreibung Taġu für den Fluß Tajo stützt diese Annahme.[83] Ebenso muß der Abschnitt über den *nehr-i Peru* sowie über den Seenreichtum der Neuen Welt,[84] die in *Tārīḫ-i Hind-i Ġarbī* nicht enthalten sind, aus einer europäischen Quelle stammen. Schließlich erwähnt Kātib Čelebi eine englische Expedition zur Erkundung der Nordostpassage aus dem Jahre 1010 H.,[85] was sich vielleicht auf Unternehmungen Henry Hudsons bezieht. Hier ist ein mündlicher Bericht eines Europäers, direkt oder indirekt, möglich.

8. Die Quellen: Die geographischen Kapitel, Andalus und Maġrib

Das kurze vierte *faṣl* über die Grundlagen der mathematischen Geographie und die Abgrenzung der sieben Klimata basiert nahezu vollständig auf dem entsprechenden Kapitel in *Tārīḫ-i Hind-i Ġarbī*, ist aber in einzelnen Teilen ausführlicher.[86] Die in *Tārīḫ-i Hind-i Ġarbī* gegebene Skizze der sieben Klimata ist ins *Ǧihānnümā* übernommen.[87]

Wie weit der Überblick über die bisherige Geographie am Anfang des fünften *faṣl* Kātib Čelebis eigenes Werk ist, ist schwer zu sagen, zumal er vielleicht nicht alle Autoren, die er hier erwähnt, selbst gelesen hatte. Die Charakteristik der Werke des Ptolemäus differiert beträchtlich von der in *Kašf aẓ-ẓunūn*, wo es noch heißt, die arabische Übersetzung sei offenbar verschollen.[88] Daß er seine neuen Kenntnisse späteren Autoren entlehnt hat, ist wesentlich wahrscheinli

[80] Kātib Čelebi bemerkte nicht, daß dieser mit dem See von Kıreli identisch ist (WK 19v).

[81] WK 19v-20r.

[82] WK 25r-28r. Vgl. etwa die Transkription Aqvāmort für Aigues-Mortes. Ob auch die "neueren Karten", aus denen Kātib Čelebi sein Wissen über die Nilquellen bezog, europäischer Herkunft waren, bleibt unklar. Cf. Kap. IV, Abschn. 4 zu späteren Belegen.

[83] WK 37v.

[84] WK 18r, 28v. Der Seenreichtum bezieht sich zudem sicherlich auf Nordamerika.

[85] WK 14r: *Deryā kitāblarında mesṭūr ve aṣḥāb-ı ǧoġrafyā beyninde meşhūrdur*. Der erste Teil dieses Satzes ist eine Standardfloskel, der zweite könnte auch mündliche Information meinen.

[86] Es ist bemerkenswert, daß ausgerechnet die Hs. Newberry, die Kātib Čelebi möglicherweise vorgelegen hat, an dieser Stelle stark verderbt ist (Goodrich 1990. 88 Anm.).

[87] Goodrich 1990. 80-94, Skizze in WK 31v.

[88] *Kašf aẓ-ẓunūn* I, 590f.: *wa lam yūǧad al-'ān ta'rībuhū*.

cher, als daß er inzwischen eine Übersetzung gesehen hatte.[89] Darauf, daß er bereits zu dieser Zeit Ibn Ḥauqal kannte, gibt es keinen Hinweis, ebensowenig in Bezug auf al-Idrīsī, doch war dieser bei den Osmanen populärer. Mit Sicherheit kannte er Abū Raiḥān (al-Bīrūnī), Yāqūt al-Ḥamawī und Abū l-Fidā'. Ismā'īl al-Mauṣilī ist eigentlich kein Geograph, sondern Autor eines Wörterbuches der Toponyme.[90]

Für die aufeinanderfolgenden Kapitel über die Iberische Halbinsel und Nordafrika hat erneut Abū l-Fidā' das Grundgerüst und einen Großteil der Angaben geliefert. Die Anordnung der Artikel ist exakt von ihm übernommen. Weitere Angaben, die in *Taqwīm al-buldān* nicht in der Tabelle, sondern verstreut im Text stehen, integrierte Kātib Čelebi in seine Artikel. Vor allem entlehnte er die geographischen Koordinaten größtenteils aus *Taqwīm al-buldān*. Daneben hat er regelmäßig Meḥmed ᶜĀšıq konsultiert.[91]

In einigen Fällen hat er diese Gliederung mit Informationen aus anderen Quellen ergänzt. Die Beschreibung der berühmten Moschee von Córdoba fand er in einer etwas unerwarteten Quelle, in *Tārīḫ-i Hind-i Ġarbī*.[92] Vermutlich

---

[89] Beispielsweise die arabische Übersetzung der Geographie für Meḥmed II., s.o. Kap. II Abschn. 3.

[90] Er wird von Meḥmed ᶜĀšıq häufig zitiert (s.o. II, 8), anscheinend nach *Taqwīm al-buldān* (cf. *Kašf aẓ-ẓunūn* 660 s.v. Muzīl al-irtiyāb). Vielleicht ist er identisch mit ᶜImādaddīn Ismāᶜīl b. Hibatallāh b. Bāṭīš, dem Autor einer Geschichte von Mosul (*Kašf aẓ-ẓunūn* 307 s.v. Ta'rīḫ Mawṣil), der nach Wüstenfeld 1842. 48 ein Lehrer b. Ḫallikāns war. In dessen *Wafayāt al-aᶜyān* ist er jedoch nicht zu finden.

[91] Nur für Lissabon war *Menāẓıru l-ᶜavālim* die alleinige Quelle (WK 34r, *Menāẓıru l-ᶜavālim* 150r). In anderen Fällen ist es sicher, daß zumindest *Taqwīm al-buldān* zugrundeliegt: ein Teil der Angaben zu Córdoba WK 35r, *Taqwīm al-buldān* 174f.; Murcia WK 38v, *Taqwīm al-buldān* 178f.; Tortosa WK 38v, *Taqwīm al-buldān* 180f., wo die Entfernungsangabe 10 Meilen statt 20 wie *Taqwīm al-buldān* und *Menāẓıru l-ᶜavālim* nur aus einer arabischen Quelle stammen kann; Sūs und Siğilmāsa WK 39v, *Taqwīm al-buldān* 131, 137; Marrākuš WK 40r, *Taqwīm al-buldān* 131-135; Fās WK 40r, *Taqwīm al-buldān* 123, 131ff.; Tilimsān WK 40v, *Taqwīm al-buldān* 137; ein Teil der Angaben zu Algier und Biğāya WK 41r-41v, *Taqwīm al-buldān* 125, 136f.; Tripolis 42v, wo ein in *Menāẓıru l-ᶜavālim* 99r falsch verstandener Satz aus *Taqwīm al-buldān* 147 richtig wiedergegeben ist. Taeschner hatte nach seiner Untersuchung des Artikels Ankara gefolgert, Kātib Čelebi hätte alles vorosmanische Material bei Meḥmed ᶜĀšıq entlehnt (Taeschner 1955. 155). Er übersah dabei, daß zumindest die Koordinaten bei Meḥmed ᶜĀšıq überhaupt fehlen, und direkt aus *Taqwīm al-buldān* stammen müssen.

Für einige Artikel hat Kātib Čelebi eindeutig beide Werke benutzt: für einige Angaben zu Granada WK 36r, *Taqwīm al-buldān* 167, *Menāẓıru l-ᶜavālim* 123v; Toledo WK 37v, *Taqwīm al-buldān* 176f. *Menāẓıru l-ᶜavālim* 150v-151r; und zu Qairawān WK 42r, *Taqwīm al-buldān* 144f., *Menāẓıru l-ᶜavālim* 98r.

In den folgenden Artikeln läßt sich nicht unterscheiden, welche dieser beiden Quellen zugrundeliegt: Badajoz WK 34v, *Taqwīm al-buldān* 172f., *Menāẓıru l-ᶜavālim* 150r; Jaen WK 37r, *Taqwīm al-buldān* 176f., *Menāẓıru l-ᶜavālim* 150v; Valencia WK 38r, *Taqwīm al-buldān* 178f., *Menāẓıru l-ᶜavālim* 151r; der Anfang des Artikels Tūnis WK 42r, *Taqwīm al-buldān* 122f., *Menāẓıru l-ᶜavālim* 98v.

[92] Goodrich 1990. 152, aus einer Episode, in der der spanische König die Expedition in die Neue Welt vom Gelingen der Eroberung Granadas abhängig macht, bei welcher Gelegenheit der Autor

angeregt durch Zitate in *Menāẓıru l-ʿavālim* zog er *Āṯār al-bilād* auch im Original heran.[93] Die Schilderung der Eroberung von Algier durch Ḫayreddīn und einige Daten zu Tunis heben sich durch ihre *ġāzī*-Rhetorik vom Rest des Kapitels stark ab und stammen sicher aus einem osmanischen Geschichtswerk.[94] Als Quelle für die (Volks)etymologie des Namens Qairawān gibt Kātib Čelebi Ibn Ḫallikān an.[95] Wo hingegen auf Ibn Saʿīd (al-Maġribī) verwiesen wird, handelt es sich sicher um mittelbare Zitate nach Abū l-Fidā'.[96]

Am Ende jedes Artikels führt Kātib Čelebi eine Liste von Orten an, die dieser Stadt untertan waren. Diese sind zum großen Teil in *Taqwīm al-buldān* zu finden, ein weiterer Teil in *Menāẓıru l-ʿavālim*. Ein geringer Teil konnte dort nicht nachgewiesen werden und stammt vielleicht von einer Karte.[97]

Bisher nicht zu identifizieren war ein als *Tārīḫ-i Ispanya* oder *Ispanya müverriḫi* mehrfach zitiertes Werk, das, da es Angaben zum Handel Spaniens mit der Neuen Welt enthält,[98] sicher europäischen Ursprungs war.[99]

Aus welcher Quelle die Itinerare am Ende der jeweiligen Kapitel stammen, konnte bisher nicht ermittelt werden. Für die Auflistung der im jeweiligen *iqlīm* einst und jetzt herrschenden Dynastien konnte Kātib Čelebi auf *Faḏlakat aqwāl al-aḫyār* zurückgreifen.

---

sich wehmütig an den einstigen Glanz des islamischen Westens erinnert. Die Beschreibung dürfte größtenteils aus al-Idrīsī stammen (cf. Jaubert 1836-40. II, 57-63) .

[93] Zu Toledo 366f. Die Eroberungslegende zu dieser Stadt ist schon bei Ibn Ḫurdāḏbih zu finden (cf. Miquel 1988. 22). Der auf *Āṯār al-bilād* zurückgehende Teil des Artikels Qairawān hingegen könnte auch aus *Menāẓıru l-ʿavālim* 98r zitiert sein.

[94] Zu denken wäre an *Ġazevāt-ı Ḫayreddīn Paša* des Sinān Čavuš, die für die entsprechenden Stellen in *Tuḥfetü l-kibār* (26-37 pass.) die Quelle waren (GOW 77f. nach GOR III, 690). Der geschilderte Ablauf der Kämpfe entspricht der Darstellung in *Ġazevāt-ı Ḫayreddīn Paša* überein (Yıldız 1993. 259, Text 77b-231a pass.), ist aber zu stark verkürzt, als daß andere Quellen ausgeschlossen werden könnten.

[95] WK 42r. Dessen *Wafayāt al-aʿyān* hatte Kātib Čelebi für seine Arbeit an *Sullam al-vuṣūl* konsultiert, cf. Gökyay 1957a. 59 Anm.

[96] Z.B. WK 40r.

[97] Durch eine solche Quelle würden sich auch manche geographischen Koordinaten erklären lassen, die im Vergleich zu den präzisen Angaben Abū l-Fidā's merkwürdig ungenau sind und in den klassischen Geographen und astronomischen Tafeln keine Entsprechung haben (cf. Kennedy 1987), etwa die Breite 35° für Malaga oder Länge 13°, Breite 35° für Murcia.

[98] In diesem Zusammenhang setzte Kātib Čelebi Badajoz mit dem Hafen Palos gleich (WK 34v).

[99] Zu folgenden Städten neben den anderen Quellen benutzt: Sevilla WK 34v, *Taqwīm al-buldān* 174f.; Malaga WK 35v, *Taqwīm al-buldān* loc.cit.; Granada WK 36r, *Taqwīm al-buldān* 167, *Menāẓıru l-ʿavālim* 123v; Almeria WK 38r, *Taqwīm al-buldān* 176f., *Menāẓıru l-ʿavālim* 123v. Die hieraus entnommene Beschreibung von Almeria ist überaus phantastisch: Die Stadt sei quadratisch angelegt, mit einer Burg an jeder Ecke und einer in der Mitte, mit 84 Toren, 3700 Türmen etc. Dies bezieht sich auf die Römerzeit und vermutlich nicht auf Almeria, sondern auf die größte Stadt jener Zeit, Mérida.

9. DIE QUELLEN: İQLĪM-İ RŪM

Dieses Kapitel, das den größten Teil der ersten Fassung ausmacht, beginnt mit einer Definition — auch im Sinne von Abgrenzung — von Rūm, die sich an *Taqwīm al-buldān* und *Tārīḫ muḫtaṣar ad-duwāl* des Ibn al-ʿIbrī orientiert.[100]

Es folgen die drei Hauptstädte des Osmanischen Reiches. Dabei beruht die Geschichte Konstantinopels vor den Osmanen wesentlich auf Ǧenābī,[101] ergänzt durch *Tārīḫ muḫtaṣar ad-duwāl*[102] und einige Jahreszahlen aus al-Bīrūnī,[103] die Beschreibung der Hagia Sophia ist nach *Tāğu t-tevārīḫ* dargestellt.[104] Die eigentliche Geschichte der Stadt dagegen dürfte wohl Kātib Čelebis eigenes Werk sein, abgesehen von Zahlenangaben wie der Höhe und Breite der Stadtmauer, der Zahl ihrer Türme[105] oder der geographischen Koordinaten.[106] Die Beschreibung Edirnes ist nach Kātib Čelebis eigenen Angaben aus Ḥibrīs *Enīsü l-musāmirīn* exzerpiert, und zwar aus den ersten sieben Kapiteln, vielleicht auch aus dem achten.[107] Das Kapitel Bursa stammt (ohne Nennung der Quelle) komplett aus *Menāẓıru l-ʿavālim*,[108] wobei Kātib Čelebi die Aufzählung der heißen Quellen und Bäder, denen Meḥmed ʿĀšıq ein eigenes Kapitel gewidmet hatte, in die Stadtbeschreibung integrierte.

Für die Beschreibung von Rumeli, Bosnien und den ungarischen Provinzen erstellte Kātib Čelebi zunächst eine Liste der *sanğaq*s, die er behandeln wollte, mit ihren jeweiligen *qażā*s, angeordnet nach deren Lage entlang der drei Hauptstraßen, die von Konstantinopel ausgehend den Balkan durchziehen. Dies hat in

[100] Dazu s.o.

[101] Dessen arabische Dynastiengeschichte bildete die Grundlage für *Faḏlakat aqwāl al-aḫyār*. Sie trägt eigentlich den Titel *Al-ʿaylam az-zāḫir fī aḥwāl al-awā'il wal-awāḫir*, ist aber unter der Bezeichnung *Tārīḫ-i Ǧenābī* geläufig und liegt auch in einer türkischen Übersetzung des Autors vor (GOW 109). Die phantastische Geschichte Konstantinopels, in der neben dem legendären Gründer Yānqo ibn Madyān Salomo, Alexander d. Gr., Byzantios, Konstantin u.a. eine Rolle spielen, ist nur in der türkischen gekürzten Fassung enthalten (Ms. Wien H.O. 9, fol. 141v-171r), nicht aber in der türkischen Vollfassung (Ms. Wien A.F. 12). Zum Gesamtkomplex dieser Legenden cf. Yerasimos 1990.

[102] Die Bedeutung dieser Dynastiengeschichte als Quelle für *Faḏlakat aqwāl al-aḫyār* wäre noch zu untersuchen.

[103] *Ta'rīḫ muḫtaṣar ad-duwal* 134, *al-Qānūn al-masʿūdī* I, 155, 161.

[104] I, 434-443, O 322r-324v.

[105] Diese stimmen mit den Angaben überein, die in *Nuzhatu l-qulūb* 275 nach Ibn Ḫurdāḏbih angeführt sind. In den heute bekannten Rezensionen von Ibn Ḫurdāḏbih sind andere Angaben zu finden, doch weist der Herausgeber De Goeje darauf hin, daß ausweislich der Zitate in anderen Autoren (darunter auch Ḥamdallāh Mustaufī) noch eine weitere, ausführlichere Rezension existiert haben muß (*K. al-masālik wa l-mamālik*, Vorwort xv).

[106] Die Berichtigung der verbreiteten Meinung, Konstantinopel läge im 6. Klima, während es mit 41° Breite ins 5. gehöre (W 36v), steht in *Tāğu t-tevārīḫ* I, 431.

[107] WK 54v-59v, speziell 55r. *Enīsü l-müsāmirīn* (Ms. İstanbul Üniversitesi T.Y. 451) 5b-6a, 3b, 5a-14a, 16a-17b, 14b-15a, 19b-20a, 22b-23a, 28b, 25a, 26b-28b. Einige Details sind in den bekannten Handschriften nicht nachgewiesen (Kreiser 1975. 270).

[108] 181r-181v.

der geographischen Literatur kein Vorbild, ansatzweise aber in *defters*.[109] In der ersten Redaktion hatte er sich — abgesehen von der Hauptstadt jedes *sanğaqs* — auf die Aufzählung der *qażās* beschränkt, in der zweiten gehören zu jedem davon die Aufzählung der angrenzenden Bezirke und die Entfernung von Konstantinopel:

> Dus qaşrı Vize sanğaġında bir qażādur. İstanbul'dan beš günde varılur. Ğevānibi Ḫatuneli, Qarinābād ve Aḫyolu qażālarıdur.[110]

Dies entspricht genau der Art der Angaben, die sich in einem Register aller *qāḍī*-Stellen von Rumeli aus dem Jahre 1078/1667-68 finden. Solche Register wurden von Zeit zu Zeit offenbar mit großem Aufwand erarbeitet.[111] Ich nehme an, daß Kātib Čelebi über einen seiner Bekannten aus der *ʿilmīye* Zugang zu einem solchen Register erhalten hat. Es umfaßte in etwa die damaligen *eyālets* Rumeli einschließlich der in diesem Bereich gelegenen Teile des *Qapudan eyāleti*, und Bosna. Zu den ungarischen *eyālets* ist die Information bruchstückhaft. Daß zwar Silistre darin aufgeführt ist, und zwar anscheinend als Sitz eines *beglerbeg* (d.h. von Özü), Aqkermān, Bender u.a. dagegen fehlen, kann entweder besagen, daß das Register schon recht veraltet war, oder daß es unvollständig war.[112]

Daß Kātib Čelebi sich eines *qāḍī*-Registers bedienen mußte, widerlegt jedenfalls Taeschners Annahme, er habe kraft seines Amtes in der Militärbürokratie Zugang zu Archivalien gehabt. Im Gegenteil ist das Fehlen jeglicher Art von Material über die osmanischen Gebiete für Kātib Čelebi offensichtlich ein Grund zur Klage gewesen.[113]

Nach eigenen Angaben machte sich Kātib Čelebi angesichts des Mangels an geographischen Quellen daran, für ihn relevante Angaben aus den Geschichtswerken zu exzerpieren,[114] die er dann in sein Grundgerüst einfügte, während er Material zu Orten, die in diesem nicht vorgesehen waren, beiseite ließ.[115] Für den Zeitraum bis 1512 benutzte er fast ausschließlich die unter den Osmanen beliebteste Darstellung jener Epoche, Ḫoğa Saʿdeddīns *Tāğu t-tevā*

---

[109] Cf. Gökbilgin 1956. 250.

[110] WK 62v. Ein *müğmel defter*, wie von Gökbilgin 1956 publiziert, enthielt diese Angaben allerdings nicht. Nicht detailliert genug ist auch die Darstellung in ʿAyn ʿAlīs *Qavānīn-i Āl-i ʿOs̱mān*.

[111] Özergin 1976.

[112] Wenn zur entsprechenden Zeit das *eyālet* Özü schon bestand, hätte Silistre nicht enthalten sein dürfen, falls nicht, vermißt man Bender und Aqkermān (cf. Birken 1976. 52f., 86f.).

[113] Taeschner 1923. 64. Noch Jahre später mußte sich Kātib Čelebi bezüglich der *sanğaqs* des *eyālets* Van mit den Angaben von ʿAyn ʿAlī und Ğelālzāde Muṣṭafā behelfen (ĞD 411). Zu Einzelangaben, die aus aktuellen Vorgängen stammen könnten, s.u.

[114] *Ḫātime* der ersten Fassung, O 375v.

[115] In den von Kātib Čelebi benutzten historischen und geographischen Werken sind immer wieder Orte erwähnt oder beschrieben, die er nicht im *Ğihānnümā* behandelt.

rīḫ.[116] Aus diesem übertrug er systematisch, wann und von wem ein Ort für die Osmanen erobert worden war:

> Gerü Aydos'dan Paravadi'ye ... bir günde varılur. ... Ḥiṣārını yediyüz seksen ṭoquzda Sulṭan Murāda ġāzī ümerāsından Timurṭaš Paša-oġlı Yaḥyā Beg fetḥ etmišdür.[117]

Knappe Angaben wie diese decken sich an zahlreichen Stellen mit denen in *Tāğu t-tevārīḫ*.[118] Sie würden jedoch nicht genug über die Quelle aussagen, wenn nicht mehrere der ausführlicheren Schilderungen von Eroberungen ebenfalls übereinstimmten:

> *Tāğu t-tevārīḫ* I, 91: (Evrenos Beg sā'ir-i ümera ile) Marulya qalᶜesine vardılar Marulya nām bir ʿavret ki ol qalᶜenüñ ḥākimesi idi Seyroz ḥākimiyle qarābeti olub andan istimdād ve imdādına istinād edüb ibtidā-yı ḥālde inqiyāddan imtināᶜ ve teslim-i qalᶜeden irtidāᶜ eyledi ve merdāne muḥārebeler edüb ser-furū etmedi zamān-ı muḥāṣara ve muḥārebe imtidād ve Seyroz ḥākiminden imdād iḥtimālı insidād bulıġaq ṣulḥa raġbet edüb māl-ı firavān ile teslīm-i ḥiṣār eyledi ḥālā ol ḥiṣār ʿAvretḥiṣārı demekle ištihār bulmıšdur.
>
> WK 78v: ʿAvretḥiṣārı: ... Sābıqā ol ḥiṣārıñ Marulya nām bir kāfire ʿavret begi olub yediyüz yetmiš beš senesinde Evrenos Beg varub ḥarb u qitāldan ṣoñra bir qač ay muḥāṣara ile almaġın ismine ʿAvretḥiṣārı denilmišdür.[119]

Einige Stellen, wo Kātib Čelebi eine andere Quelle angibt, dürften nach *Tāğu t-tevārīḫ* zitiert sein, so einige Verse von Lāmiʿī oder der Verweis auf die von anderen abweichende Chronologie bei Nešrī bezüglich der Eroberung Moras.[120] Die vergebliche Belagerung Belgrads i.J. 860 H. ist für den genannten Zeitraum der einzige ausführlichere Bericht, der aus einer anderen Quelle stammen muß. Was in *Tāğu t-tevārīḫ* an topographischen Angaben enthalten ist, hat Kātib Čelebi stets ignoriert.[121] Vielleicht erschien ihm ihr Wert gering, da sie durchweg

---

[116] GOW 124f.

[117] WK 63r.

[118] Gelibolu WK 71r/*Tāğu t-tevārīḫ* I, 55ff.; Maġalġara 71v/I, 57f.; Ipṣala 71v/I, 58; Čorlu 61v/I, 70; Dimeṭoqa 72v/I, 71f.; Vardar 79r/I, 74; Gümülğine 73r/I,74; Čirmen 68r/I, 83; Qızılaġač 68r/I84; Yanbolu 96v/I, 84; Ḫirebolu 71/I, 85; Köstendil 79v/I, 87f.; Fereğik 73r/I, 89; İnğegiz 61r/I, 89; Dırama 74v/I, 91; Qavala 74r/I, 91; Qaraferye 78r/I, 92; Nigbolu 65v/I, 94, 111f.; Silistre 63r/I, 93f.; Perlepe und Monastır 82r/I, 99; Ṭırnava 66r/I, 111; Šumnı 64v/I, 111; Selanik 76r/I, 140f., 344; Ṭırḫala 85v/I, 149; Atina 86v/I, 150 (daß Kātib Čelebi irrtümlich als Eroberer Timurṭaš Paša nennt, geht auf die etwas unklaren Bezüge in der Vorlage zurück); Yergögü 66v/I, 284; Alaġaḥiṣār 101v/I, 327; Gügerğinlik 67v/I, 341; Nova Bırda 67v/I, 362, 452; Balıbadra 92r/I, 464; Elbaṣan 95r/I, 509f.; İskenderīye 95v/I, 562-5; Qorun 90r/II, 102f.; Durač 95v/II, 113f. Ein Zitat nach "Šeyḫülislām Saʿdī Efendi" in diesem Artikel aber ist in *Tāğu t-tevārīḫ* nicht nachweisbar.

[119] Solche umfangreicheren Entlehnungen betreffen: Filibe WK 69r, *Tāğu t-tevārīḫ* I, 76; Ṣofya 68v/I, 102f.; Egriboz 85r/I, 513ff.; İnebaḫtı 92v/II, 92-5; Navarino 91v/II, 102f.; Ğisr-i Ergene 73r/I,339. Ein weiteres Indiz ist die Tatsache, daß Kātib Čelebi die Eroberung der Städte Leš, Gölbašı und Draġos nicht in den jeweiligen Artikeln nennt, sondern wie in *Tāğu t-tevārīḫ* unter İskenderīye zusammenfaßt.

[120] WK 91v nach *Tāğu t-tevārīḫ* II, 102f. bzw. WK 87v nach *Tāğu t-tevārīḫ* I, 388ff.

[121] *Tāğu t-tevārīḫ* I, 563 enthält mehr Informationen zu Leš, Draġos und Gölbašı als WK 96r.

von dem Bemühen zeugen, durch die Schilderung reicher Beute den Ruhm der *ġāzīs* zu mehren. Die Stadt Vize z.B., die nach der Beschreibung im *Ǧihānnümā* einen kargen Eindruck macht, ist in *Tāǧu t-tevārīḫ* als überaus reich beschrieben.[122]

Als Quellen genannt werden außerdem: zu Saloniki Ǧenābī,[123] zu İskenderīye in der ersten Redaktion *Aḫbār ad-duwal*.[124] Als Quelle ein Sonderfall ist ein *ġazel* des Tatarenkhans Ġāzī Girāy Ḫān.[125] Einzelne Angaben könnten auch aus *Hešt behešt* des İdrīs-i Bidlīsī stammen.[126]

Für die ungarischen Gebiete lieferte das *qāḍī*-Register nur noch unvollständige Angaben. Die Aufzählung der *qażās* ist bruchstückhaft, die systematische Erfassung der entsprechenden *sanǧaqs* fehlt ganz.[127] Stattdessen mußte Kātib Čelebi sich ganz überwiegend auf die Geschichtsschreibung verlassen. Diese lieferte ihm mit der Beschreibung der Feldzüge Sultan Süleymāns auch zahlreiche topographische Details.[128] Während er in den vorangehenden Abschnitten die historischen Angaben i.a. auf die Umstände der ersten Eroberung beschränkte, hat Kātib Čelebi zu zahlreichen Städten Ungarns die Ereignisse des sogenannten "Langen Türkenkrieges" 1593-1606 nachgetragen. Da er diese später noch einmal in der *Fezleke* behandelte, lassen sich durch Vergleich einige Hinweise auf die Quellen gewinnen.

Zahlreiche Stellen sind im *Ǧihānnümā* so verkürzt, daß sich nicht mehr definitiv sagen läßt, ob alle oder nur eine der Quellen der *Fezleke* zugrundeliegen.

---

[122] WK 61r, cf. *Tāǧu t-tevārīḫ* I, 86.

[123] WK 77r mit einer abenteuerlichen Volksetymologie des Namens Saloniki, die letztlich auf den byzantinischen Historiker Theophanes zurückgeht (cf. Canard 1926. 65). Topographische Angaben selbst sind bei Ǧenābī nicht zu finden, seine Berichte über die frühosmanischen Eroberungen sind i.a. zu knapp, als daß sie als Quelle gedient haben könnten.

[124] O 361r, entfallen in WK 95v. Von diesem Werk des Qaramānī Aḥmed b. Yūsuf, verfaßt 1007, existierte neben dem arabischen Original, das wiederum auf Ǧenābī basiert, eine türkische Übersetzung durch Qoǧa Ḥüseyn (GOW 142f., 186). Daß in *Kašf aẓ-ẓunūn* I, 86 nur das Originalwerk verzeichnet ist, läßt nicht den Schluß zu, Kātib Čelebi habe die Übersetzung nicht gekannt.

[125] Zur Qualität des Wassers in Ṣunbur: ... *aġı oldıġına Ġāzi Girāy Ḫān ġazeli delālet eder* (O 374r).

[126] In *Tāǧu t-tevārīḫ* sind nach dieser Quelle mehrfach offenkundig fabulöse Steuererträge bestimmter Gegenden genannt, 40000 Goldstücke aus Gölbašı (I, 563), 40 *yük aqče* aus Filibe (I, 77, auch WK 69r). Daher ist es denkbar, daß weitere Angaben derselben Art im *Ǧihānnümā*, wenn sie nicht in *Tāǧu t-tevārīḫ* nachweisbar sind, direkt aus *Hešt behešt* stammen (zu den Salinen von Aḥyolu WK 63r). Wahrscheinlicher aber ist ein Versehen Kātib Čelebis.

[127] Cf. die verwirrende Darstellung der Verwaltungsgliederung dieser Reichsteile.

[128] In diesem Zusammenhang ist nirgends ein Hinweis auf eine Quelle zu finden. Ǧelālzāde Muṣṭafās Chronik etwa, ein Standardwerk für diese Epoche, kann ausgeschlossen werden. Kātib Čelebis Kenntnisstand zu einigen ungarischen Städten bleibt noch hinter den wenigen Angaben bei Ǧelālzāde zurück. Vor allem weist ein Zettel mit Exzerpten daraus, der im Wiener Konzept mit eingebunden ist, daraufhin, daß Kātib Čelebi das Werk bei der Arbeit an der ersten Fassung nicht systematisch benutzt hatte.

Trotzdem sind einige zu identifizieren. An erster Stelle steht der von Kātib Čelebi besonders geschätzte İbrāhīm Pečevī.[129] Weitere Quellen für die *Fez̲leke* und wohl auch für die entsprechenden Teile im *Ǧihānnümā* sind Ḥasanbegzāde Aḥmed,[130] Meḥmed b. Meḥmed[131] und Muṣṭafā b. İbrāhīm, gen. Ṣāfī.[132] Übernahmen von Ṭopğılar Kātibi ʿAbdülqādir, wie sie in der *Fez̲leke* häufig sind,[133] ließen sich nicht sicher nachweisen. Einige wenige Stellen weichen von der Darstellung in *Fez̲leke* deutlich ab, so die Beschreibung der Festung Egri[134] und die Schilderung der Belagerung von Qanıža 1010 und Ḥatvan 1002.[135] Die Einnahme von Esterġon durch die Christen 1004 und die Belagerung von Budin 1011 sind mit anderem Akzent geschildert.[136] Für diese Teile dürfte also eine andere Quelle als die der *Fez̲leke* zugrundeliegen. Auffallenderweise sind einige Orte, die in jenem Krieg eine gewisse Rolle spielten, im *Ǧihānnümā* nicht berücksichtigt, etwa Párkany/Ǧigerdelen und Pest, das nur unter Budin kurz gestreift wird.[137]

---

[129] Auf ihn gehen in der *Fez̲leke* u.a. Abschnitte zu İstolnī Belġrad WK 105v, Višġrad WK 107v und zur Schlacht von Hačova (WK 111r: Ḥāǧāvā) zurück (*Fez̲leke* I, 148, 126, 90-93, cf. Kütükoğlu 1974. 23, 28), die mit der Darstellung im *Ǧihānnümā* übereinstimmen. Zu Pečevīs Rang unter den Quellen der *Fez̲leke* cf. Kütükoğlu 1974. 27-31 passim. Sein Werk ist in *Kašf aẓ-ẓunūn* nicht aufgeführt.

[130] Zu İstolnī Belġrad WK 105v, *Fez̲leke* I, 148; Schlacht von Hačova WK 111r, *Fez̲leke* I, 78-90; cf. Kütükoğlu 1974. 23, 28. Ḥasanbegzāde Aḥmed hatte als Sekretär von Ṣaṭırğı Meḥmed Paša an jenen Kriegen teilgenommen (GOW 174, İA s.v. Hasan-Beyzāde).

[131] Zu Papa WK 109v, *Fez̲leke* I, 39; zu Ḥatvan WK 111r, *Fez̲leke* I, 71; cf. Kütükoğlu 1974. 32f. Von Meḥmed b. Meḥmeds Teilnahme an den Feldzügen gegen Ungarn ist nichts bekannt (cf. auch GOW 182), doch wenn etwa die Beschreibung der Festung Egri, wie sie in der *Fez̲leke* wiedergegeben ist (I, 79f.), nicht auf eigener Anschauung beruht, so hatte er jedenfalls gute Gewährsleute, was sein Werk für Kātib Čelebi doch wertvoll machte. Ansonsten hielt Kātib Čelebi das Werk für unbedeutend (*Kašf aẓ-ẓunūn* 1936 s.v. Nuḫbetü t-tevārīḫ).

[132] Zu Budin WK 106v-107r; *Fez̲leke* I, 246, zu Vač WK 107v, *Fez̲leke* I, 247; zu Višġrad WK 107v, *Fez̲leke* I, 257f., cf. Kütükoğlu 1974. 35f.

[133] Kütükoğlu 1974. 33ff.

[134] Diese gehört im *Ǧihānnümā* sicher zur selben Quelle wie die Eroberungen Sultan Süleymāns, während sie in *Fez̲leke* I, 78f. von Meḥmed b. Meḥmed übernommen ist (Kütükoğlu 1974. 33).

[135] In *Fez̲leke* I, 166-170 (keine Angaben zur Quelle bei Kütükoğlu 1974, es sei jedoch auf Ḥasanbegzāde verwiesen, der an jenem Feldzug teilgenommen hat, op. cit. 18) endet die christliche Belagerung von Qanıža mit einer gewaltigen Befreiungsschlacht, während in WK 108v nur davon die Rede ist, daß die Belagerer durch den Wintereinbruch zum Aufgeben gezwungen waren (cf. auch Jorga 1908-13. III, 335). Die Schlacht um Ḥatvan 1002 endete keineswegs mit einem Sieg des osmanischen Entsatzheeres (so WK 111v, wo der Heerführer Sinān Paša heißt), vielmehr wurde die Stadt nach der Niederlage dieses Heeres durch die Standhaftigkeit der Bewohner gerettet (*Fez̲leke* I, 23; der Heerführer ist hier Sinānpašazāde Meḥmed).

[136] *Fez̲leke* I, 62-27 nach Pečevi, cf. Kütükoğlu 1974. 28, bzw. *Fez̲leke* I, 180-183.

[137] Übergangen wird zudem die Eroberung etlicher Städte durch die Österreicher, z.B. Višġrad und Ṭımıšvar 1004 (*Fez̲leke* I, 66f.), Polata 1007 (*Fez̲leke* I, 113). Andererseits ist der christliche Angriff auf Varadin 1006 (WK 104v) in *Fez̲leke* überhaupt nicht erwähnt.

Die Beschreibung und Eroberung İstolnī Belġrad und die Schilderung einer Wasserpumpe, die die Festung Esterġon mit Wasser versorgte, entlehnte Kātib Čelebi von Ǧelālzāde Muṣṭafā.[138]

Trotz des von Kātib Čelebi beklagten Quellenmangels für den Balkan können drei von ihm benutzte Werke im engeren Sinne als geographische angesprochen werden.[139] Von diesen hat er dementsprechend ausführlichen Gebrauch gemacht. Die erste läßt sich nur erschließen, dies jedoch mit einiger Sicherheit. Zu zwölf Städten nennt Kātib Čelebi die geographischen Koordinaten, die maximale und minimale Tageslänge, den *qıbla*-Winkel (d.h. den Winkel zwischen der Mittagslinie und der *qıbla*) und die Entfernung von Konstantinopel in gerader Linie.[140] Dies deutet auf *Tuḥfetü z-zamān ve ḫārīdetü l-āvān* des Muṣṭafā b. ʿAlī oder ein ähnliches Werk hin.[141]

Genauer läßt sich der Anteil von *Menāẓıru l-ʿavālim* bestimmen. Meḥmed ʿĀšıqs Wissen über Rumelien beschränkte sich ganz offensichtlich auf das, was er auf seinen Reisen und Feldzügen selbst gesehen hatte. Entsprechend unsystematisch ist der Umfang seiner Beschreibung. Kātib Čelebi übernahm davon nahezu alles und integrierte zudem häufig die Angaben aus Meḥmed ʿĀšıqs Kapitel über heiße Quellen und Bäder in die Ortsbeschreibungen.[142] In Ausnahmen hatte er offenbar anderes Material zur Verfügung, das er bevorzugte.[143]

---

[138] WK 105v, 107v nach *Ṭabaqātu l-memālik* 371a-372b bzw. 359a.

[139] Abgesehen von Abū l-Fidā', der nur noch einmal, zu Ṭırnava, zitiert wird (WK 66r, *Taqwīm al-buldān* 214f.).

[140] Şofya WK 68v, Filibe 69r, Gelibolu 71r, Miġalġara 71r, Seroz 75r, Selanik 76r, Üsküb 81v, Eġriboz 84v, Atina 86v, Balıbadra 92r, Belġrad 102r.

[141] Zum Werk und und den verschiedenen Fassungen cf. Kap. II, Abschn. 3. Welche Informationen Kātib Čelebi hier außerdem gefunden haben könnte, konnte in Ermangelung einer Textausgabe nicht überprüft werden, doch spricht die Menge der Entlehnungen zu vielen dieser Orte aus *Menāẓıru l-ʿavālim* (s.u.) nicht dafür, daß wesentlich mehr als diese Zahlen übernommen wurden.

[142] Diese "vielfache Abhängigkeit" (Taeschner) des *Ǧihānnümā* von *Menāẓıru l-ʿavālim* wurde zuerst von J.H. Mordtmann bemerkt (s.u.). Die Anzahl der Belege darf jedoch nicht darüber hinwegtäuschen, daß die Masse des Materials nicht allzugroß ist.

Im einzelnen sind die Beschreibungen der folgenden Orte übernommen: Vize WK 61r/*Menāẓıru l-ʿavālim* 195r; Corlu 61v/195r, Burġaz 61v/195r; Babaeskisi und Ḥafṣa 62r/195r; Şofya 68v/176v, 59v; Filibe 69r/196r; Yanbolu 69v/196r; Köstenğe 69v/59v; Rodosğuq 17v/176r; Aynağıq 72r/176r; Miġalġara 72r/176r; İpşala 72r/176r, 55r; Fereğik 73r/176r; Enoz 73v/176v; Gümülğine 73v, 176v; Urfan 74v/55r; Dırama 74v/173r; Seroz 75r-75v/173r; Selanik 76r-77v/173v; Sidreqapsı 78r/173v; Bešik, Timurḥiṣār, ʿAvretḥiṣār 78v/173v; Yeñiğe-i Vardar 79r/174v, 59v; Qaraferye 79r/176v; Köstendil 79v, 176r; Dubniğe 80r/176r, 59v; Ṭuyran 80r/176r; Ustrumğa 80v/176r, 59v; İštib, Qaratova 80v/176r; Üsküb 81v/176v; Ṭırḥala 83v/177r; Yeñišehir 83v/177r; Ġoloz 84r cf. *Menāẓıru l-ʿavālim* in Kreutel 1965. 47f.; Prištine 97r/*Menāẓıru l-ʿavālim* 196r; Mostar 98r/55r; Yaġodina 103r/196r; Mitrofča 103v/196r; Varadin 104r/196v; Ösek 104v/196v; Burnova, Baqša 105r/197r; Ṭuġna, Ǧanqurtaran 105v/197r; İstolnī Belġrad 105v/198v; Ǧavqa, Tata 106r/197r; Qumaran 106r/198v; Bäder von Budin 107v/60r; Samarton 109v/198r; Şunbur 110v/199r; Egri 111r/199r.

[143] Die Beschreibung Belġrads stammt aus einer anderen Quelle (WK 102v), ebenso die von Budin mit Ausnahme der Bäder (106v).

Schließlich konsultierte Kātib Čelebi zu den Küstenorten von den Dardanellen bis Dalmatien Pīrī Re'īs' *Baḥrīye*. In der Bibliographie der zweiten Fassung schrieb er, er habe zwei Fassungen gesehen, deren längere eine mehrere hundert Verse lange Einleitung und einige Einzelheiten enthalte, die in der kürzeren Fassung fehlten.[144] In der Tat hat er bereits hier beide Fassungen systematisch nebeneinander benutzt, was sich zeigen läßt, da nicht alle Informationen der kürzeren in der Langfassung der *Baḥrīye* enthalten sind.[145] Auch die Angaben der *Baḥrīye* wurden in Kātib Čelebis bereits vorhandenes Schema eingesetzt, wobei solche zu Orten, die in seinem Schema nicht vorgesehen waren, und seien sie in unseren Augen noch so präzise und passend, beiseite gelassen wurden.[146] Die nur für Seefahrer wichtigen Angaben über Untiefen, Landmarken und Wasserstellen ließ Kātib Čelebi stets beiseite, die Beschreibung der Segelwege und Häfen übernahm er bisweilen in verkürzter Form.[147]

10. Mündliche Berichte und Allgemeinwissen

Am Ende dieser Aufzählung von Quellen ist schließlich ein methodologischer Vorbehalt angebracht. In zahlreichen Fällen ist es gelungen, nachzuweisen, welcher Quellen sich Kātib Čelebi bedient hat. Für eine vielleicht ebensogroße Anzahl von Informationen ist es nicht gelungen. Sicher gibt es, vor allem in der Historiographie, noch Quellen aufzuspüren. Aber für die Gebiete des Osmanischen Reiches ist es offenkundig, daß Kātib Čelebi vieles verarbeitet hat, was ihm nähere oder fernere Bekannte erzählt haben, sei es beiläufig, sei es auf Nachfrage hin. Als Gewährsleute können in einigen Fällen Kaufleute vermutet werden, speziell wo es um Märkte und Messen geht, soweit die Quelle nicht *Menāẓıru l-ʿavālim* ist, wo dergleichen auch zu finden ist. Beispielsweise finde in Lesqofča im *sanǧaq* Alaǧaḥiṣār in jedem August ein großer Markt statt, ebenso in Bulvan.[148] Informationen solcher Art beziehen sich nur auf bestimmte Regionen v.a. Thessaliens und Makedoniens. Es sei darauf verwiesen, daß sich Kaufleute auch in Kātib Čelebis Verwandtschaft fanden. Darüberhinaus konnte

---

[144] ǦD 11f. Cf. die Beschreibung des Werkes bei Soucek 1973a. 243-47, 254.

[145] Selanik WK 76r/ *Baḥrīye* (Kahle = I), 16; Aynoroz WK 77v/I, 21f.; Egriboz WK 84v/I, 26f./*Baḥrīye* (Alpagot und Kurdoğlu = II), 119; Atina WK 86r/II, 278; Egine WK 86r/II, 278; Arḫos WK 88r/I, 92; Anabolu WK 88r/I, 92/II, 284f, 289; Benefše WK 89r/II, 295; Qorun WK 90r/I, 98; Motun WK 90v/II, 302f.; Anavarin WK 91r/I, 101/II, 307; Hulomiğ WK 92r/II, 309; İnebaḫtı WK 92v/I, 108/II, 314; Engili Qaṣrı WK 93v/II, 318; Mazarraq WK 94v/II, 334; Avlonya WK 94v/I, 117; Durač WK 95v/I, 118/II, 340; Olgun und Bar WK 96r/I, 119; Nova WK 98v/II, 346.

[146] Beispielsweise Ḫımārā im *sanǧaq* Yanya, *Baḥrīye* (Kahle) 117.

[147] Cf. etwa zu Qorun WK 90r.

[148] WK 101v, für Markt steht hier, bei Kātib Čelebi sonst völlig ungebräuchlich, das Wort *panāyīr*, aus gr. παναγυρι. Insbesondere läßt die Art der Information, die ganz anders ist als das von Faroqhi 1978 ausgewertete Archivmaterial, auf Berichte von Personen schließen, die direkte Kenntnisse hatten.

ein Interessierter sicher auch in *ḫān*s von Istanbul zahlreiche Informanten antreffen.[149]

Vor allem in *eyālet* Bosna nennt das *Ǧihānnümā* eine große Zahl von Orten, aber nur minimale Informationen dazu. Diese Orte sind so häufig dem falschen *sanǧaq* zugeordnet, daß anstelle historischer oder gar administrativer Quellen mündliche Berichte anzunehmen sind.[150] Da besonders in diesem Teil auch Wegbeschreibungen sehr häufig sind, kann man auch für diese Informationen an Kaufleute denken. Eine andere Möglichkeit könnten von Angehörigen von Truppen stammen, die seit 1647 in jenem Gebiet gegen venezianische Kräfte kämpften.[151]

In anderen Fälle waren die Gewährsmänner Leute, die aus der *ʿilmīye* in der Provinz nach Istanbul gelangten. Die Etymologie des Toponyms Vardar etwa will Kātib Čelebi von den Gelehrten dieses Ortes selbst gehört haben.[152] Kātib Čelebi, der mit fast allen *šeyḫülislām*s seiner Zeit verkehrte, dürfte sicher unter den stellungslosen *ʿulemā*, die in Hoffnung auf eine neue Bestallung den Amtssitz des *šeyḫülislām* umlagerten,[153] Gewährsleute auch aus anderen Gegenden gefunden haben.

Wer sich wundert, daß Kātib Čelebi aus manchen Klassikern der Geographie nur einzelne — und zum Teil stark verfremdete — Stellen übernahm,[154] kann darüber spekulieren, ob er diese Stellen tatsächlich selbst gelesen hat, um davon für sein Werk zu profitieren, ob es sich vielleicht um mittelbare Zitate aus bisher nicht nachprüfbaren späteren Quellen handelt oder ob diese Dinge vielleicht in den gelehrten Zirkeln zur Sprache kamen, in denen Kātib Čelebi verkehrte, wonach er sie aus dem Gedächtnis aufschrieb.

Gleichzeitig darf man m.E. nicht vergessen, daß ein Mann wie Kātib Čelebi zweifellos auch ein immenses Wissen im Kopf hatte. Natürlich hatte er dieses aus gewissen Quellen erworben, doch bisweilen scheint mir der direkte Nachweis einer Quelle nur durch Übereinstimmung der Information zu geradlinig gedacht. Wenn wir im *Ǧihānnümā* lesen, nach der Eroberung Belgrads 1521 seien Teile der Bevölkerung nach Konstantinopel deportiert und dort in einem Viertel angesiedelt worden, das seither *Belġrad maḥallesi* genannt würde, dürfen wir dann auf Ǧelālzāde Muṣṭafā als Quelle verweisen, wo dies beschrieben ist,[155] oder müssen wir nicht annehmen, daß Kātib Čelebi dies wußte, weil es unter

---

[149] Zu den Informations-Netzwerken der Kaufleute Faroqhi 1995. 86-89.

[150] Z.B. Novi (an der Una) zu Qırqa statt zum *sanǧaq* Bosna (WK 100r), Kluč zu Bosna statt zu Bihke (WK 99v); daß Qamenġrad zu Klis (statt zu Bihke) und gleichzeitig Bihke zu Bosna gehörten, ist unmöglich (99v, cf. Šabanović 1959, Karte neben p. 228).

[151] Eickhoff 1970. 89-94.

[152] WK 79r. Cf. Kap. I, Abschn. 7 zu Vardarīzāde Meḥmed Efendi. Weitere Belege liegen für Marginalien im Wiener Konzept vor (dazu s.u.).

[153] Zilfi 1988. 43f.

[154] S.o. Absch. 8.

[155] *Ṭabaqātu l-memālik* 63r. Cf. İA s.v. Belgrad.

historisch interessierten Istanbulern gleichsam zur Allgemeinbildung gehörte, die man eben nicht mehr mit einer Quelle verband? Ebenso ist es ein verbreiteter Topos geographischer Literatur, daß man das Steigen des Nils im Sommer dadurch erklärt, daß zu jener Zeit an den Quellen des Flusses auf der Südhalbkugel Winter herrsche.[156]

Bei einzelnen Angaben über Steuerpachten und Steuerinspektionen könnte es sich um Kenntnisse handeln, die Kātib Čelebi in seinem Kanzleialltag zufällig erworben hatte.[157] Wir dürfen wohl auch annehmen, daß Kātib Čelebi aus seinem Umgang mit zahlreichen Gelehrten über die Dotierung vieler *qāḍī*-Stellen in der Provinz Bescheid wußte.[158] Ebenso ist es sicher vergebens, eine schriftliche Quelle für den im Artikel Athen enthaltenen Absatz über die griechische Philosophie zu suchen, den Kātib Čelebi aus seiner eigenen philosophischen Bildung bestreiten konnte.[159] Diese Überlegungen können einen Teil der offenkundigen Ungereimtheiten des Textes erklären, das scheinbar Zufällige, Unsystematische und Unausgewogene. Vor allem jedoch sollen sie dem Bewußtsein dienen, wie komplex die Entstehung eines *Ǧihānnümā* war, und wie beschränkt unsere Möglichkeiten, die Arbeitsweise Kātib Čelebis im einzelnen nachzuvollziehen.

11. Die Theorie der Geographie

Bevor wir darangehen, den Platz des *Ǧihānnümā* in der osmanischen Geographie aus dem Werk selbst zu bestimmen, wollen wir sehen, welche theoretische Vorstellung Kātib Čelebi von der geographischen Wissenschaft hegte.

Im Kanon der antiken Wissenschaften, den auch die islamischen Autoren kennen, bilden die mathematischen Wissenschaften (*al-ᶜulūm ar-riyāḍīya*) das sog. quadrivium, bestehend aus Geometrie (*handasa*), Arithmetik (*ᶜilm al-ᶜidad*), Musik (*mūsīqa*) und Astronomie (*hai'a*). Die Geographie (*ǧuġrāfiyā*) bildete einen Teil der letzteren. In der Gesamtdarstellung der islamischen Wissen

[156] Cf. z.B. Marginalie Nr. 51 in *Tārīḫ-i Hind-i Ġarbī*, Goodrich 1990. 361, in der Einleitung der *Baḥrīye*, cf. Kahle 1926. xviii.

[157] Zu Steuerpachten in Avlonya WK 95r, İskenderīye 95v, Ġable 100r, zur Minenaufsicht im *sanǧaq* Üsküb 97r, 97v, mit Sicherheit der Bau der Palanke Quručešme nahe Belgrad (WK 103v marg.). Die Erträge der *muqātaᶜa*s von Usturġa im *sanǧaq* Elbaṣan kannte Kātib Čelebi aus mündlichen Berichten (Zettel neben WK 96r). Andere Angaben sind jedoch literarischer Art, z.B. von Meḥmed ᶜĀšıq (Minen bei Köstendil, WK 80r), oder *Tāǧu t-tevārīḫ* nach İdrīs Bitlīsī (die Erträge des Reisanbaus um Filibe, WK 69r).

[158] Solche Angaben beziehen sich mit zwei Ausnahmen auf Stellen mit Gehältern von 150 *aqče* aufwärts (Vize, Čorlu, Aydos, Ibrāhīl, Filibe, Avraša, Üsküb, Yeñišehr, Esedābād, Arqadya, Olundoruk, Belġrad, İmoġqa). Keinesfalls kann diese Liste vollständig sein.

[159] WK 86v. Bezeichnenderweise erwähnt Kātib Čelebi hier die *išrāqīyūn*, deren Tradition er sich ja selbst verpflichtet fühlte. Die Bedeutung Athens für die griechische Philosophie wird auch von allen Quellen Abū l-Fidā's angesprochen, i.e. al-Bīrūnī, Ibn Saᶜīd und Ibn Ḥauqal (*Taqwīm al-buldān* 210f.).

schaften, in Ṭašköprüzādes *Miftāḥ as-saᶜāda*, ist die Geographie in mehrere Einzeldisziplinen aufgeteilt, die alle innerhalb der theoretisch-philosophischen Wissenschaften (*al-ᶜulūm an-naẓarīya al-ḥikmīya*), zur Geometrie (*handasa*) als einem Zweig der Mathematik (*al-ᶜulūm ar-riyāḍīya*) gezählt werden.[160] Diese Disziplinen waren die Geographie im engeren Sinne (*ǧuġrāfiyā, ṣūrat al-arḍ*), die Nautik (*milāḥa*), die Kunde der Wege (*masālik al-buldān*) und Entfernungen (*al-barādī wa l-masāfāt*) sowie die Kunde von den Besonderheiten (oder den sympathetischen Eigenschaften) der Regionen (*ᶜilm ḫawāṣṣ al-aqālīm*).[161] Fast alle Kategorien der Einteilung Ṭašköprüzādes finden sich als Stichworte in *Kašf aẓ-ẓunūn*, doch durch die alphabetische Anordnung ist die hierarchische Gliederung verlorengegangen. Im Fall der Geographie ist Kātib Čelebi jedoch deutlich genug. Die Nautik, die bei ihm sowohl den Schiffbau als auch die Navigation umfaßt, bleibt separat.[162] Zu den übrigen Zweigen ist im Falle der Wege zwar ein Stichwort vorhanden, aber kein Artikel ausgearbeitet, im Falle der "Besonderheiten der Regionen", hinter denen sich speziell die mirabilia verbergen, ist nicht einmal das Stichwort vorhanden. Der Artikel *ᶜilm al-burud wa l-masāfāt* verweist diese Teildisziplin in die Gesamtheit der *ǧuġrāfiyā*, die damit zu einer komplexen Wissenschaft wird, die mehrere Einzelaspekte umfaßt.[163] Hier beginnt Kātib Čelebi mit der Definition Ṭašköprüzādes, die ganz auf die ptolemäische Tradition abzielt: "Hieraus erfährt man von den Gegebenheiten der sieben Klimata des bewohnten Viertels der Erdkugel, und von der (geographischen) Länge und Breite der Länder dort, und von der Anzahl ihrer Städte, Berge, Wüsten, Flüsse etc." Diese enge Konzeption wird erweitert durch die des Arztes Šeyḫ Dāvūd al-Anṭākī, der — ganz in der hippokratischen Tradition — den Zusammenhang zwischen den Eigentümlichkeiten einer Region und denen ihrer Bewohner hinzufügt.[164] Hat Kātib Čelebi hierbei noch speziell die Erweiterung des Blickwinkels über die sieben Klimata hinaus gewürdigt, so bezieht die nachfolgende Inhaltsangabe der ptolemäischen Geographie als eines exemplarischen Werkes das ganze Spektrum der klassischen Kosmographie ein. Zur physikalischen Geographie treten also Mineralogie, Tier- und Pflanzenkunde,

[160] Die Gliederung ist in *Kašf aẓ-ẓunūn* zitiert (*muqaddima*, 14-18), danach übersetzt bei Hammer 1804. 60-83.

[161] *Miftāḥ as-saᶜāda* I, 320ff., cf. oben II, 3.

[162] Kātib Čelebi weist extra darauf ihn, daß zu den Voraussetzungen die Astronomie und Zeitmessung gehören, *Kašf aẓ-ẓunūn* 1812 s.v. ᶜilm al-milāḥa.

[163] *Kašf aẓ-ẓunūn* 238 s.v.

[164] Die medizinische Enzyklopädie Šeyḫ Dāvūds enthielt in ihrem alphabetischen Teil auch das Stichwort Geographie wegen der vielfältigen Einwirkungen der Umgebung auf den Menschen (Adnan-Adıvar 1982. 117f., *Kašf aẓ-ẓunūn* 386f. s.v. Taḏkirat Šaiḫ Dāvūd al-Anṭākī).

Ethnologie, sowie eine Art von Wirtschaftsgeographie, im weitesten Sinne also die Anthropogeographie.[165]

12. Das *Ǧihānnümā* zwischen Kosmographie und Universalgeographie

Den universalen Anspruch seines Werkes hat Kātib Čelebi bereits im Titel ausgedrückt, den Taeschner glücklich mit "Kosmorama" übertragen hat.[166] Damit wird auf den legendären Spiegel auf dem Leuchtturm von Alexandria — *ǧām-ı ǧihānnümā* — angespielt, in dem man alles auf der Welt wie aus der Nähe sehen konnte. Dieser Spiegel ist erstmals, soweit ich sehe, bei Ibn Ḫurdāḏbih erwähnt,[167] jedoch nicht mit dieser Bezeichnung. Mit diesem Ausdruck ist er aber beschrieben im kosmographischen Teil von Muṣṭafā ᶜĀlīs Weltgeschichte.[168] Wenn Kātib Čelebi auch kein anderes Werk mit demselben Titel kannte, etwa Nešrīs Chronik,[169] so war doch der Bezug verständlich und geläufig. Nicht nur Muḥammad b. Muḥammad-i Ṭūsī hat seine Kosmographie einmal *ǧām-i gītīnumā* genannt,[170] auch Muṣṭafā ᶜĀlī hat seinen Fürstenspiegel *Nuṣḥatu s-selāṭin* als *āyine-i ǧihānnümā* bezeichnet.[171] Auch İbrāhīm Müteferriqa hat die Anspielung verstanden, wenn er im Schlußwort seiner Ausgabe von einem *mir'āt-ı ᶜālemnümā* spricht.[172]

Es steht dabei zwischen den beiden Traditionen der Weltbeschreibung, die die Osmanen aus der arabischen Tradition kannten.[173] Der geplante Aufbau des *Ǧihānnümā* war oben als der einer klassischen Kosmographie im Sinne eines Zakariyā al-Qazwīnī oder Meḥmed ᶜĀšıq rekonstruiert worden. Mit einer solchen Vielfalt an unterschiedlichen Aspekten sah Kātib Čelebi sich in der Tradition des — nach seiner Sicht — Urvaters der Geographie, Ptolemäus. Gleichzeitig fällt es auf, daß der Torso des *Ǧihānnümā* genau jenen Stoff umfaßt, den die Universalgeographie Abū l-Fidā's bietet, dessen Konzept sich so sehr von dem der Kosmographie unterscheidet.

Die Kosmographie umfaßt sämtliche Phänomene der Erde und des Kosmos und ordnet sie in eine Gesamtdarstellung ein. Diesem Genre scheint das Ein

[165] *Kašf aẓ-ẓunūn* 590f. s.v. ᶜilm ǧuġrāfiyā, zum ganzen Komplex auch Kračkovskij 1957. 609ff. Daß dies nicht der Ansatz des historischen Ptolemäus war, sondern offenbar eine Projektion späterer Zeiten, spielt hier keine Rolle.

[166] Taeschner 1935. 44. Weniger schön dagegen klingt Babingers "Weltenschau" oder "Weltenweiser" (GOW 199).

[167] *Kitāb al-masālik wa l-mamālik* 115.

[168] *Künhü l-aḫbār* I, 188.

[169] Kein Eintrag in *Kašf aẓ-ẓunūn*. In der persischen Literatur tritt der Titel erst später einige Male auf (cf. Storey/Bregel' 1972 Index s.v.)

[170] Radtke 1987. 280. Ich danke Herrn Prof. Dr. Radtke für diesen Hinweis. Auch Abharīs philosophisches Kompendium war *Ǧām-i Gītīnumā* betitelt (zitiert in *Mīzānu l-ḥaqq* 153).

[171] Fodor 1986. 218.

[172] ǦD 698.

[173] S.o. Abschn. 3.

gangskapitel (3. *faṣl*) "Wasser" insofern verpflichtet, als es ganz systematisch mit der Charakterisierung des Elements beginnt.[174] Doch die Klärung der Begriffe Meer, See, Fluß, Quelle und Theorien über deren Entstehung, die als Teile der Schöpfung wichtige Elemente der Kosmographie bilden,[175] sind im *Ǧihānnümā* kein Thema. Hier schließt sich unmittelbar die Beschreibung der Meere, Seen und Flüsse an. Dieser Teil ist nicht, wie die Kosmographie, analytisch, sondern rein deskriptiv. In diesem Ansatz wie im Material folgt Kātib Čelebi hier Abū l-Fidā', der für sein Teil erklärt hatte, eine nähere Darstellung der Elemente sei für sein Werk nicht angemessen.[176] In der Tat wirkt dieser erste Abschnitt wie ein Fremdkörper im Kontext des ganzen Kapitels, in dem die mathematische und physikalische Geometrie im Mittelpunkt steht. Die mirabilia, die Kātib Čelebi hier einbezieht, seien sie naturgeschichtlicher,[177] ethnographischer[178] oder historischer Art,[179] sind zu Digressionen herabgestuft, die den sonst übermäßig trockenen Text auflockern. Sie umfassen nur einen Bruchteil dessen, was Kātib Čelebi an Material zur Verfügung stand. Einige von ihnen sind zudem nur erwähnt, um kritisch durchleuchtet zu werden.[180] Pointiert formuliert wird die Welt also nicht so sehr als Manifestation göttlichen Wirkens aufgefaßt als vielmehr als Raum, den der Mensch zu durchmessen und zu erkunden hat.

Ein Kapitel wie das darauffolgende 4. *faṣl* über die mathematischen Grundlagen der Geographie und die ptolemäischen Klimata hat auch in einer Kosmographie seinen Platz, wenn auch wohl nicht in derselben Ausführlichkeit und wissenschaftlichen Exaktheit. Bezeichnend für Kātib Čelebis Konzept ist es, daß diese sieben Klimata zwar theoretisch erörtert werden, aber in der darauffolgenden Länderkunde eben nicht die Grundlage der Gliederung bilden. Sie sind in anderen Werken die Basis eines typisch kosmographisches Erklärungsmusters, da man durch den unterschiedlichen Einfallswinkel der Sonnenstrahlen den unterschiedlichen Charakter der Länder und danach den ihrer Bewohner begründete.[181] An ihre Stelle tritt im *Ǧihānnümā* die pragmatische Gliederung in die 28 *eqālīm-i ᶜörfīye* nach dem Vorbild Abū l-Fidā's, die sich nicht aus einer kosmischen Ordnung, sondern aus historischen und landschaftlichen Abgren

---

[174] Nach *ᶜAǧā'ib al-maḫlūqāt*, s.o. Abschn. 7.

[175] Cf. zu diesen Themen Miquel 1980. 115-121, 227-234.

[176] Abū l-Fidā' hatte die nähere Beschäftigung mit den Elementen abgelehnt mit der Begründung, dies gehöre mehr in die philosophischen Werke (*al-kutubu l-ḥikmīya*), *Taqwīm al-buldān* 19.

[177] Süßwasser in der Tiefe des Meeres bei Baḥrain (WK 15v), Treibsand am Ufer des Amudarya und zeitweiliges Versickern dieses Flusses (WK 23v).

[178] Z.B. Pilgern zum Ganges (WK 25v).

[179] Z.B. "Schatzhaus" Hülägüs auf einer Insel im Urmiasee, Staudamm von Ḥimṣ (WK 19r).

[180] Z.B. Steigen des Nils im Sommer (WK 21v), der gleichbleibende Pegel des Kaspischen Meeres, obwohl dieses keinen Abfluß hat (WK 17v), der legendäre Damm am heutigen Bāb al-Mandab (WK 16r).

[181] Miquel 1973. 16.

zungen herleitet. Kātib Čelebi verzichtet also darauf, hinter den Phänomenen nach Kausalitäten zu fragen. Dies trennt einmal mehr das *Ǧihānnümā* von der Kosmographie. Die erwähnte Hinterfragung mancher Wundergeschichten dient zwar der Kritik der Erklärungsmuster der alten Autoren, aber nicht der bewußten Suche nach einer eigenen, im modernen Sinne naturwissenschaftlichen Weltsicht.

Die Orientierung an *Taqwīm al-buldān* bezieht sich in der ersten Kapiteln des 5. *faṣl*, Andalus und Maġrib, auf die gewählte Gliederung ebenso wie auf die Auswahl des Stoffes. Kātib Čelebi folgt wie Abū l-Fidā' grundsätzlich der synthetischen Darstellung, die in der islamischen geographischen Literatur so häufig ist. Damit ist gemeint, daß ein geographischer Raum (etwa ein Klima) nicht als Einheit in seinen charakteristischen Eigenschaften beschrieben wird, sondern durch die Addition von Beschreibungen kleinerer Einheiten (Städte, Flüsse, Seen, Berge). Obwohl ihr Zusammenhang durch die Zuordnung zum selbem Raum bzw. Klima vorausgesetzt wird, wird nie explizit erörtert, worin die Gemeinsamkeit besteht.[182] Kātib Čelebi beschreibt nicht die Länder als Einheit, sondern eine Reihe von Städten gleichsam als Knotenpunkte eines Netzes.[183] Dazu kommen — nur als Aufzählung — jeweils einige Ortschaften um diese Städte. Zentrale Bestandteile jedes Artikels sind die korrekte Schreibung und Vokalisierung des Namens (*żabṭ*),[184] die Lage der Städte in der Landschaft, die Festung, allgemein das Stadtbild und vor allem — grundlegender Unterschied zur Kosmographie[185] — die Koordinaten, i.a. aus *Taqwīm al-buldān*. Erneut sind die Wunderdinge, soweit sie Erwähnung finden, vereinzelte Fremdkörper und dienen vor allem der Auflockerung.[186] Daß der historische Stand großenteils dem Abū l-Fidā's, also dem 14. Jhdt. entspricht, verleiht der Darstellung jenen ahistorischen Charakter, der sonst für die Kosmographie so typisch ist. Die Geschichte der iberischen Halbinsel wird nur gelegentlich gestreift, etwa wenn von der legendären Verheißung der Eroberung Toledos oder von der Vertreibung der Muslime nach dem Fall von Granada die Rede ist.[187]

---

[182] Ein Extremfall dieser Zersplitterung in kleinere Einheiten sind die alphabetisch angeordneten Werke von Yāqūts *Muʿǧam al-buldān* bis zu Sipāhīzādes Bearbeitung von *Taqwīm al-buldān*.

[183] Abgesehen davon, daß dieses Netz in *Taqwīm al-buldān* sehr viel feinere Maschen hat, da mehr Städte behandelt sind, enthält *Taqwīm al-buldān* auch noch eine — wenn auch uneinheitliche — Darstellung des jeweiligen Klimas als Ganzem.

[184] In der ersten Redaktion nur sporadisch angegeben, regelmäßig in der zweiten.

[185] Ein Sonderfall unter diesen ist *Nuzhatu l-qulūb*, das Kātib Čelebi aber für die erste Fassung noch nicht verwendet hat.

[186] Den Einfluß, den die jeweilige Verfügbarkeit von Quellen dabei gespielt hat, kann man schwer einschätzen. Die beiden auffallendsten dieser *ʿaǧā'ib*, die Beschreibung von Granada und Almeria, stammen aus nicht identifizierten Quellen.

[187] WK 37v-38r, 36r- 37r. Eine der wenigen aktuellen Angaben betrifft den Handel Sevillas mit der Neuen Welt (WK 34v) und die — aus *Tārīḫ-i Hind-i Ġarbī* übernommene — Klage, daß sich die Moschee von Córdoba in den Händen der Ungläubigen befinde (WK 35r, Goodrich 1990. 152).

Doch auch letzteres bleibt punktuell, anekdotisch, ohne daß Kātib Čelebi den Bogen zu einer Betrachtung der Gegenwart jener Gegenden schlüge. In der Dynastienliste am Schluß des Spanienkapitels spart er die Zeit nach 1492 ausdrücklich aus.

Eine historische Dimension erhalten erst wieder die Artikel über Städte, die im 16. Jhdt. von den Osmanen erobert wurden, d. h. Tunis und Tripolis. Im Falle Algiers, das bei Abū l-Fidā' nur am Rande erwähnt wird, muß die Geschichte der osmanischen Eroberung die Beschreibung ersetzen.[188]

Bei alledem ist Kātib Čelebis Ansatz eindeutig anthropogeographisch. Im modernen Sinne bedeutet dies, zu untersuchen, wie sich Mensch und Lebensraum gegenseitig bedingen. Zu dieser ursächlichen Verknüpfung ist Kātib Čelebi allerdings, wie alle anderen Geographen seiner Zeit, nicht vorgedrungen. Die Bezeichnung "anthropogeographisch" rechtfertigt sich insofern, als der geographische Raum nur dann von Interesse ist, wenn Siedlungen darin bestehen. Die menschenleere libysche Wüste zu beschreiben, hatte Kātib Čelebi abgelehnt.[189] Handelt es sich also nicht um die Beschreibung des Menschen in seiner Beziehung zum Raum, so doch eindeutig um die Beschreibung des Menschen im Raum.

Vergleicht man an dieser Stelle den Text mit den oben erwähnten theoretischen Überlegungen Kātib Čelebis, so fällt die Enge der hier zugrundeliegenden Konzeption ins Auge. Das Fehlen der naturgeschichtlichen Aspekte entspricht den Erwartungen, da diese regelmäßig separaten Teilen einer Kosmographie vorbehalten blieben. Doch auch von der Anthropogeographie im eigentlichen Sinne ist kaum etwas zu spüren. Die Schilderung der Städte ist, bedingt durch diverse Kürzungen, noch nüchterner — um nicht zu sagen lebloser — als in *Taqwīm al-buldān*. Von den Lebensumständen der Menschen jener Länder erfahren wir nur sehr wenig. Ganz im Sinne seiner Forderung, die Wege und Entfernungen in die Geographie einzubeziehen, schloß Kātib Čelebi an jedes Klima eine Aufstellung der wichtigsten Wegeverbindungen an.[190] Die Listen der Dynastien jedes Klimas, die er bequem aus seiner *Faḏlakat aqwāl al-aḫyār* übernehmen konnte, sind ohne Vorbild sowohl in der Kosmographie als auch in der Universalgeographie. Ob sie den als 4. *nevᶜ* geplanten historischen Teil ergänzen oder ersetzen sollten, wissen wir nicht. Auch ein solcher *nevᶜ* könnte kein Vorbild der klassischen geographischen Literatur für sich in Anspruch nehmen. Nur die Kosmographie des Ḥüsāmeddīn Brusevī (verfaßt für ᶜOsmān II.) hat

[188] WK 41r.

[189] WK 43r.

[190] Dergleichen findet sich auch bei Abū l-Fidā' nur gelegentlich, in einer ähnlichen Form wie im *Ǧihānnümā* aber, nämlich am Ende jedes der zehn Abschnitte eines ptolemäischen Klimas, beispielsweise in al-Idrīsīs *Nuzhat al-muštāq*.

einen kleinen historischen Teil enthalten.[191] Daneben wäre auf an-Nuwairīs (st. 1332) Enzyklopädie *Nihāyat al-arab fī funūn al-adab* zu verweisen, die nach den Teilen über den Himmel, die Erde, die Tiere, die Pflanzen und den Menschen den letzten Teil der Geschichte widmete.[192] Kātib Čelebi hat dieses Werk gekannt und in der zweiten Fassung einige Male zitiert, doch da mir die Edition nicht vorlag, kann ich über die unmittelbare Beeinflussung nichts näheres sagen.

Wie sehr die Diskrepanz von Theorie und Praxis von den Zwängen der Quellenlage bestimmt wird, demonstriert das Kapitel Rumeli. Hier konnte Kātib Čelebi nicht mehr auf die klassischen Autoren zurückgreifen, sondern war meistenteils auf Gewährsleute angewiesen. Entsprechend konnte er sein Bestreben, jeden Artikel mit den geographischen Koordinaten einzuleiten, nur noch in wenigen Fällen verwirklichen.[193] Umso ausführlicher sind die Angaben, die vom Blickwinkel der Gewährsleute, Reisenden und Kaufleuten von Bedeutung sind. Dies ist vor allem gleichsam die Infrastruktur, die ein Ort bot, Moscheen, Bäder, Hans und Märkte. Dazu kommen gelegentlich weitere Informationen zu besonderen klimatischen Bedingungen, zu Landwirtschaft, Bergbau und zu Steuererträgen als Beleg für die Wirtschaftskraft der Gegend. Kātib Čelebi hat in dieser Hinsicht offenbar nahezu alles Material eingearbeitet, das er in seinen Quellen, bei Meḥmed ʿĀšıq, Pīrī Reʾīs und anderen finden konnte.[194] Die Anthropogeographie kommt also nun völlig zu ihrem Recht, während die mathematische in den Hintergrund tritt.

Auch in diesem Kapitel bestand die Darstellung — in der ersten Redaktion — ursprünglich nur in einer Anzahl von Städten als Knotenpunkten eines großmaschigen Netzes. In der zweiten Redaktion ging Kātib Čelebi dann daran, dieses Netz bedeutend enger zu knüpfen und zahlreiche zwischen den Hauptorten liegende Dörfer und Städtchen nicht nur aufzuzählen, sondern wenigstens näher zu lokalisieren, möglichst auch zu beschreiben. Einen wichtigen Schritt über die Grenzen, die die Gliederung der ptolemäischen Tradition ihm setzte, vollzog er, indem er — wohl erst in der zweiten Redaktion — auch Berge mit einbezog. Dies geschah speziell, wenn ein Berg im näheren Bereich einer Stadt lag und in ihrem Leben von Bedeutung war, sei es als Lieferant von Lebensmitteln[195] oder als Sommerfrische.[196] Ebenso rechnete er verschiedentlich Inseln zur näheren Umgebung eines Ortes auf dem Festland.[197]

---

[191] Flemming 1968. 248.

[192] Kračkovskij 1957. 402-405, *Kašf aẓ-ẓunūn* 1985 s.v. Nihāyat al-arab.

[193] Cf. oben Abschn. 9 zu *Ḫarīdetü l-āvān* als Quelle.

[194] Eine — nicht signifikante — Ausnahme wäre etwa die Nennung der Moschee Bāyezīds I. in Qaraferye (*Menāẓıru l-ʿavālim* 177r), die in WK 79r fehlt. Meḥmed ʿĀšıqs regelmäßige Angaben zur Qualität des Wassers dagegen hat Kātib Čelebi meist ausgelassen.

[195] Vom Hortiatis bezog Saloniki bis in den Frühsommer hinein Eis (WK 76r, Marginalie schon zum Textbestand der Reinschrift gehörig).

[196] Zum Berg von Seroz WK 75v.

[197] Egriboz 84v-85v, Egine 86v

Trotz der Hinwendung zur Gegenwart ist die Darstellung statisch und vernachlässigt die zeitliche Dimension, sofern man darunter auch die Entwicklung politischer Gegebenheiten versteht. Die Gliederung innerhalb des *iqlīm-i Rūm* erfolgt nach rein geographischen Gesichtspunkten, während die politischen und administrativen Grenzen sekundär sind.[198] Der Leser erfährt zwar, wann ein Ort Teil des Osmanischen Reiches wurde und damit gleichsam aus dem Dunkel der Frühzeit gleichsam ins Licht der Geschichte trat, doch mit diesem Punkt auf dem Zeitstrahl — um im Bild der Dimension zu bleiben — hat es meist sein Bewenden. Nur in der Beschreibung Ungarns treten, wie erwähnt, die Ereignisse des Langen Türkenkrieges hinzu. Sie müssen wieder, wie im Falle Algiers, an die Stelle der eigentlichen Topographie treten, da die Quellenlage Informationen zu letzterer nicht ausreichend bot.

Bedingt durch die Unmittelbarkeit der Quellen findet sich nur selten eine unterhaltsame Abschweifung in diesem Teil des Textes. Die Informationen waren noch nicht durch vielfache Tradition zu literarischen Sujets geworden. Kātib Čelebi eliminierte zudem sorgfältig alle subjektiven Elemente aus Meḥmed ᶜĀšıqs Texten, wenn er sie übernahm, und bemühte sich um eine rein sachbezogene Darstellung.[199] Aber er ergriff auch die Gelegenheit, wenn sich unter den Eroberungsgeschichten einmal ein Thema mit anekdotischem Charakter bot.[200] Der Farbigkeit des Textes dient auch die relativ ausführliche Schilderung des Klosters bei Qaraṭova, in dem die Gräber der Stifter das Interesse der Reisenden fesselte,[201] und die Legende, die Knochen, die man bisweilen bei Zvornik in der Drina finde, gehörten den Geistern, die einst Salomo hier versenkt habe.[202] Eine literarische Auflockerung sind schließlich auch die Verse Lāmiᶜīs, die Kātib Čelebi zur Eroberung Navarinos zitiert,[203] doch um weitere Beispiele dieser Art, die vermutlich unschwer zu finden gewesen wären, scheint er sich nicht bemüht zu haben. Die Verse sind ein Einzelfall und ein Fremdkörper im Text geblieben.

---

[198] Die Stadt Split, die nie osmanisch war, wird unter dem *sanǧaq* Klis mit beschrieben (WK 100v). In den ungarischen Provinzen orientierte Kātib Čelebi sich an den Flüssen als natürlichen Grenzen und behandelte also etwa Titel, das zum *sanǧaq* Sirem gehörte, mit dem *eyālet* Ṭımıšvar, da es jenseits der Donau lag (WK 110v). Da der größte Teil des *sanǧaq*s Egriboz auf dem Festland gelegen war, hielt Kātib Čelebi es für sinnvoll, mit diesem Festlandsteil auch die Insel selbst im *iqlīm-i Rūm* (statt im *iqlīm-i ǧezāyir-i baḥr-ı ġarbī*) zu beschreiben, glaubte aber für diese Durchbrechung des Schemas dem Leser eine Erklärung schuldig zu sein (WK 85r).

[199] Besonders deutlich im Artikel Selanik (WK 76), auch später im Artikel Taman. Meḥmed ᶜĀšıq schrieb, er habe gesehen, wie Menschen ertranken, als sie versuchten, die zugefrorene Straße von Kertsch zu überqueren (179r). Kātib Čelebi formulierte, im Winter versuchten bisweilen Menschen, über das Eis der Straße von Kertsch zu gehen, doch viele kämen dabei ums Leben (229r).

[200] Cf. Eroberung von Sofia, WK 68v, von ᶜAvretḥiṣārı (s.o. Abschn. 9).

[201] 81r-v, nach Meḥmed ᶜĀšıq 69v. Ob es sich wirklich um die mumifizierten Körper handelte und nicht um steinerne Statuen, weiß ich nicht.

[202] WK 100v. Auch hier legt Kātib Čelebi Wert darauf, diese Tradition als Legende zu entlarven.

[203] WK 91v.

Insgesamt läßt sich an dieser Stelle resümieren, daß Kātib Čelebi zwar die kosmographische Form als Rahmen benutzen wollte, doch in der inhaltlichen Konzeption der geographischen Kapitel sich weniger an dieser Gattung als an der Universalgeographie Abū l-Fidā's orientierte. Gemäß seinen in *Kašf aẓ-ẓunūn* formulierten Überlegungen erweiterte er jedoch dessen Ansatz in mehrfacher Hinsicht. Die zahlreichen Einzelinformationen zum Leben auf dem Balkan, die er zusammentrug, machen immer noch den Quellenwert für den heutigen Leser wie den Reiz für die Zeitgenossen aus. Der Kosmographie gegenüber meint man fast ein gewisses Unbehagen zu spüren, da ihr umfassender Ansatz zwar vorbildlich war, die mirabilia aber vor dem kritischen Blick Kātib Čelebis oft nicht standhielten.

13. Kātib Čelebi über Istanbul

Im Werke jedes Geographen ist die Schilderung seiner Heimatstadt oder einer anderen Stadt, in der er sich lange aufgehalten hat, von besonderem Interesse. In *Menāẓıru l-ʿavālim* sind es die Städte Trabzon, Damaskus und Istanbul, die besonders ausführlich dargestellt sind. Von diesen Texten erwarten wir einerseits einen besonders hohen Quellenwert aufgrund der vertieften Kenntnisse des Autors, andererseits kann ein solcher Text anschaulich Zeugnis ablegen, wie es um die Fähigkeiten eines Geographen bestellt ist, eigene Beobachtungen zu machen und sie mit den Erkenntnissen aus anderen Quellen zu einem Ganzen zu gestalten. Unter diesen Prämissen schlägt der Leser mit Spannung das Kapitel über Konstantinopel im *Ǧihānnümā* auf.[204]

Wie in den Artikeln der vorigen Kapitel nähert sich Kātib Čelebi seinem Gegenstand über die Definitionen. Vorangestellt ist also die Bestimmung der richtigen Schreibung, mit den geographischen Koordinaten einschließlich der Länge des längsten und des kürzesten Tages, der Richtung der *qıbla* und der Entfernung von Mekka. Der nächste Schritt ist die Darstellung der Lage und des Umfanges. Damit ist Kātib Čelebi bei der Stadtmauer angelangt, Anknüpfungspunkt für einen umfangreichen Exkurs über Gründung, Geschichte und Namensgebung der Stadt. Sie ist, wie alles, was bei den Osmanen über die antike und byzantinische Geschichte bis zum 17. Jhdt. geschrieben wurde, weitgehend legendär[205] und spannt sich von den mehrfachen Gründungen durch Salomo, Yanqo b. Madyān, Byzas und Konstantin d.Gr. über die ersten Belagerungen der Muslime unter Sufyān b. ʿAuf und Maslama b. ʿAbdalmalik bis zur Eroberung

[204] Dieses Kapitel fehlt im Wiener Konzept (zu den Gründen s.u.). Da die von mir sonst regelmäßig benutzte Oxforder Handschrift in diesem Teil (321r-328v) auf eine lückenhafte Vorlage zurückgeht, habe ich als Ergänzung W 39v-46v herangezogen.

[205] Zu den Quellen s.o. Abschn. 9.

unter Meḥmed II. Die Aufzählung einiger späterer Reparaturen der Stadtmauer führen bis in Kātib Čelebis Gegenwart.[206]

Darauf folgt die eigentliche Beschreibung der Stadt. Sie beginnt mit einer Liste der Stadttore,[207] dann werden die großen Moscheen beschrieben. Unter diesen steht die Hagia Sophia natürlich an erster Stelle. Wieder fügt Kātib Čelebi einen Exkurs über die Namensgebung des Baues und seine Geschichte ein, der in Stil und Quellengrundlage der Stadtgeschichte entspricht. Die Sultansmoscheen folgen in chronologischer Reihenfolge, von der Meḥmeds II. bis zu der Aḥmeds I. Hier schildert Kātib Čelebi meistens nach eigener Anschauung, knapp und präzis,[208] charakterisiert in wenigen Worten die Art der Kuppelkonstruktion und zählt die zugehörigen Bauten wie *medresen*, Armenküchen etc. auf. Von den Moscheen der Wesire gibt er eine Liste.

Nach diesen islamischen Denkmälern geht es zurück zu den älteren, byzantinischen, nämlich zu den im 17. Jhdt. noch erhaltenen Säulen, i.e. der Arkadiussäule, der Konstantinssäule (Çemberlitaş), den beiden Obelisken auf dem Hippodrom und der Schlangensäule. An diese Säulen knüpfen sich verschiedene Überlieferungen. So soll auf der Arkadiussäule einst eine Bronzekuppel angebracht gewesen sein, die zu jeder Stunde von einer Figur angeschlagen wurde, sodaß man diesen Stundenschlag in der ganzen Stadt hören konnte. Die Auffassung der Schlangensäule als Talisman zur Schlangenabwehr referiert Kātib Čelebi mit gewisser Distanz. Nur gestreift werden schließlich einige ältere Großbauten wie der Kontoskalion-Hafen (Qadırġa Limanı), der Valens-Aquädukt und der zur Abwehr der Bulgaren auf der Höhe von Silivri vom Marmarameer bis zum Schwarzen Meer errichtete Schutzwall.

An dieser Stelle endet die Beschreibung von Konstantinopel selbst. Es folgen noch einige Vororte: Eyüp, Kağıthane, Kasımpaşa, Galata, Tophane und Üsküdar.

Es bleibt zu konstatieren, daß Kātib Čelebi eigentlich gar nicht die Stadt selbst beschrieb, sondern nur eine Anzahl ihrer wichtigsten Bauwerke. Die schiere Größe des Themas und die Ermangelung einer Einteilung in kleinere, überschaubare Einheiten verstellten ihm den Blick auf das, was er sich zur Aufgabe gemacht hatte. Das soziale, politische und wirtschaftliche Leben der Stadt schimmert nur in wenigen Bemerkungen durch.[209] Die Schilderung der Vororte

---

[206] W 40r-43r. Die letzten Erneuerungen danach unter Bayrām Paša 1044 H., cf. Müller-Wiener 1977. 295 nach GOR V, 654.

[207] O 322r. Diese Passage fehlt in den anderen Hss. Sonst stimmt der Textbestand, der in O ebenfalls schon zur zweiten Redaktion zählt, bis auf die erwähnten Lücken überein.

[208] Allenfalls die Feststellung, Medrese und Armenküche der Šehzāde-Moschee lägen südlich und östlich derselben (statt nördlich), könnte von Meḥmed ʿĀšıq beeinflußt sein, der dieselbe Angabe macht, und der hier und in anderen Fällen offenbar die *qıbla* als Südrichtung auffaßte (*Menāẓıru l-ʿavālim* 191v, cf. Müller-Wiener 1977. 479ff.).

[209] Beispielsweise heißt es, die Moschee Bāyezīds sei wegen ihrer Nähe zu den zahlreichen Bazaren vor allem am Nachmittag stets besonders belebt.

ist demgegenüber deutlich lebendiger, hier kommt in der Besoldung des *qāḍī* der Status zum Ausdruck,[210] die Profession und die Lage der Einwohner,[211] die Bedeutung des Ortes für die Hauptstadt[212] und ähnliches sorgen für Farbigkeit des Bildes. Bezeichnenderweise gilt dies für die kleinen Orte mehr als für die großen. Die Beschreibung von Galata konzentriert sich wieder auf die auffallenden Bauwerke, zu Üsküdar gibt es praktisch nur eine Aufzählung der Moscheen.[213]

Deutlich beobachten wir die Literarisierung des Stoffes. Die langen Passagen aus der Geschichte der Stadt enthalten zahlreiche anekdotenhafte Einzelgeschichten, dennoch ist Kātib Čelebis Darstellung, gemessen an der Überlieferung, aus der er schöpft, knapp und trocken. Literarisch ist beispielsweise seine Vorliebe für Chronogramme, die zu zahlreichen Bauwerken zitiert werden, darunter ein besonders kunstreiches zur Fertigstellung der Süleymanīye sowie die Verse auf der Türbe des Architekten Sinan. Literarisch ist die ganze Beschreibung der Stadtmauer, die nicht auf Kātib Čelebis eigener Beobachtung beruht,[214] sondern auf der Überlieferung bei Ibn Ḫurdāḏbih.[215] Die dort angegebene Zahl von 1225 Türmen ist viel zu hoch gegriffen.[216] Dies mußte nicht jedem Ortskundigen auffallen, wohl aber die Höhe von 70 Ellen, die völlig unrealistisch ist.[217] Auch die Beschreibungen der umliegenden Orte, namentlich Eyüp, Kağıthane und Tophane als Idyllen, unter deren Bäumen sich die feine Gesellschaft ergeht, zeugen von einem zugrundeliegenden Topos. Nicht um eine realistische Angabe der Größenordnungen, sondern nur um den rhetorischen Effekt kann es gehen, wenn Kātib Čelebi schreibt, die Vorstädte in je einem *fersaḫ* Entfernung seien jede so groß wie Damaskus oder Aleppo.

---

[210] Eyüp, Galata und Üsküdar hatten danach *mevlevīyet*s mit einer Besoldung von 500 *aqče*.

[211] Die meisten Einwohner von Kasımpaša arbeiten in den Werften. Die Einwohner von Üsküdar sind überwiegend arm.

[212] Tophane als Ort der Geschützgießerei, Kasımpaşa als Ort des Marinearsenals.

[213] Ob Kātib Čelebi selbst Üsküdar erkundet hat, oder nur nach dem Hörensagen referiert, geht aus dem Text nicht hervor.

[214] Auch sein auf "einige Anzeichen" gestützter Einwand gegen Ǧenābīs Theorie, die Stadt sei einst rundum von Meer umgeben gewesen und erst ein byzantinischer Kaiser habe die Landverbindung auf einer Seite aufschütten lassen, beweist das Gegenteil nicht.

[215] S.o. Abschn. 9. Im übrigen übernahm auch al-Maqrīzī in seiner berühmten Beschreibung Kairos aus älteren Büchern, was er selbst hätte beobachten können (Rosenthal 1947. 65).

[216] Nach Müller-Wiener 1977. 286, 311f. kann die Zahl, auch wenn man bei der Landmauer die Türme der Vormauer mitzählt, maximal 500 betragen haben.

[217] Die Zahl von 25 Toren, von denen sich 6 in der Landmauer, die übrigen in der Seemauer öffneten, kann ebenfalls nicht der Zahl der vorhandenen Tore entsprochen haben (die Landmauer hatte insgesamt 11 Tore, die Seemauern 50, cf. Müller-Wiener 1977. 286f., 310ff.). Auch diese Zahlen scheinen mir mehr rhetorischen Charakters zu sein.

Kātib Čelebis Bemühen um systematische Darstellung hat dazu geführt, daß das Kapitel durchgängig und überschaubar gegliedert ist.[218] Sein Streben nach Konzentration des Stoffes auf das Nötigste einerseits und der Verzicht auf die systematische Verarbeitung eigener Eindrücke und Erkenntnisse haben jedoch verhindert, daß ein lebendiges Bild der Stadt entstand. Auch Kātib Čelebi selbst scheint gefühlt zu haben, daß dies seinen Intentionen und den Erwartungen seiner Leser nicht entsprach, denn er schloß das Kapitel mit den Worten: "Wenn nun die erwähnte Stadt (*sevād*, i.e. Üsküdar) zu den Stadtteilen jener Stadt (*şehr*, i.e. Istanbul) gerechnet wird, so mag man daraus ermessen, welcherart die Beschreibung dieser Riesenstadt (*sevād-ı aᶜẓam*) zu sein hätte. Wie sehr man auch seiner Feder die Zügel schießen ließe, wäre es doch nicht möglich, dieses Ziel zu erreichen".[219] Während der weiteren Überarbeitung der ersten Fassung trennte Kātib Čelebi die Seiten mit dem Istanbul-Kapitel aus dem Wiener Konzept heraus. Offenbar beabsichtigte er, das Kapitel völlig neu zu schreiben, vermutlich auf der Grundlage der von ihm übersetzten Chronik der Stadt, einer Quelle, die er schon längst als dringendes Desiderat erkannt hatte.[220]

14. Der Wandel des Konzepts im Verlauf der Arbeit

Kātib Čelebi hat also versucht, sich im *Ǧihānnümā* wesentlich an der inhaltlichen Konzeption Abū l-Fidā's zu orientieren, aber damit auch Inhalte aus anderen Bereichen der geographischen Literatur und Material aus eigener Recherche zu verschmelzen. Das Ergebnis war ein recht heterogenes Werk, in dem die Abschnitte aus diesen verschiedenen Genres bisweilen kraß kontrastieren. Auf dieselbe Unausgewogenheit stößt, wer sich über den angestrebten Umfang des Werkes Gedanken macht.

Aus anderen Büchern Kātib Čelebis kennt man seinen Anspruch, in enzyklopädischer Vollständigkeit alles vorhandene Material einzubeziehen, beispielsweise in *Kašf aẓ-ẓunūn* und *Sullam al-vuṣūl*. Schon der oberflächlichste Vergleich mit *Taqwīm al-buldān* jedoch zeigt, daß er für das *Ǧihānnümā* aus dem dort vorhandenen Material in rigoroser Weise ausgewählt hat, indem er sowohl die Zahl der behandelten Gewässer als auch die Menge der diesbezüglichen Informationen reduzierte. Diese Kürzungen erfolgten sehr schematisch,[221]

[218] Dies gilt speziell im Vergleich mit dem Wust von Exzerpten und Eigenem, den Meḥmed ᶜĀšıq bietet (*Menāẓıru l-ᶜavālim* 185r-193v).

[219] O 328v.

[220] *Kašf aẓ-ẓunūn* 300 s.v. Tārīḫ Qusṭanṭinīya.

[221] Nur so, nicht durch fehlendes Material, kann ich mir die Auslassung von Dnjestr und Dnjepr erklären, während Wolga, Don und Bug beschrieben sind. Beim komplizierten Quellsystem des Nils beschränkte Kātib Čelebi sich auf die Darstellung des letzten und größten Quellsees (*buḥayre-i Kūrā*) und verzichtete auf die Beschreibung der beiden anderen Seen und der je fünf

sodaß bisweilen sogar Ungereimtheiten dadurch entstanden. Beispielsweise fehlt nach den Verweisen auf den Jordan beim See von Tiberias und beim Toten Meer der Abschnitt Jordan im Kapitel Flüsse. Auch aus *Menāẓıru l-ᶜavālim* hat Kātib Čelebi nur einen geringen Teil der Seen und Flüsse übernommen.[222] Eingangs des Abschnitts "Seen" erklärt Kātib Čelebi, nur die bedeutendsten davon würden beschrieben, da Vollständigkeit Langeweile zur Folge hätte.[223] Entsprechend kündigt er auch am Anfang des 5. *faṣl* an, die Städte der Alten Welt sollten summarisch (*iğmālen*) beschrieben werden.[224] Von den 34 Städten der iberischen Halbinsel in *Taqwīm al-buldān* finden wir im *Ğihānnümā* noch 15 wieder, von den 42 nordafrikanischen gar nur 9. Nur dem erst in osmanischer Zeit zu einiger Bedeutung gelangten Algier widmet Kātib Čelebi einen neuen Artikel.[225]

Die in diesen Teilen verfolgte Beschränkung auf das Notwendigste sollte zweifellos den Umfang des Gesamtwerkes in überschaubaren Grenzen halten. Der Plan eines knappen, konzisen Handbuches wird hier deutlich. Doch im nun folgenden Teil durchbrach Kātib Čelebi sein selbstgewähltes Schema. Hatte er in der ersten Redaktion noch die kleineren Orte jedes *sanğaq*s im europäischen Teil des Osmanischen Reiches nur aufgelistet, so schwoll die Menge des Materials immer mehr an, als er in der zweiten Redaktion nun auch diese Orte detaillierter zu beschreiben suchte. Von dem ursprünglichen Vorhaben, das Land summarisch zu beschreiben,[226] war Kātib Čelebi völlig abgekommen. Erscheinen die Kapitel über die westlichen Gebiete distanziert und unpersönlich, so ließ er sich nun offenbar von seinem direkten und persönlichen Interesse für die osmanischen Gebiete hinreißen, sie überproportional ausführlich zu behandeln.

Ähnlich unausgewogen erscheinen manche Einzelartikel, z.B. wenn bei der Beschreibung von Budin die Bäder mehr Raum einnehmen als der gesamte Rest der Stadt. Offenbar sind auch die existierenden Reinschriften aus einer unredigierten Kladde kopiert.[227] Andere Teile sind sichtlich flüchtig kompiliert und

---

Flüsse, die in dieselben münden sollten (cf. WK 18v, *Taqwīm al-buldān* 37f., 44ff.). Die Beispiele ließen sich leicht vermehren.

[222] Viele Artikel hieraus hat später Ebū Bekr b. Behrām auf den Rändern des Wiener Konzeptes nachgetragen (cf. WK 18ff.).

[223] WK 18r, natürlich auch ein literarischer Aspekt.

[224] WK 33v. Es sei hier an die Anlage der *Fezleke* erinnert, die laut Vorwort des Autors "zwischen summarischer und detaillierter Darstellung" einen Mittelweg finden sollte. Das Vorwort ist nur in wenigen Handschriften enthalten. Die Stelle lautet: .... *beyne t-tafṣil ve l-iğmāl ketb u taḥrīr ve ẓabṭ u taqrīrine šürūᶜ olındı* (zit. n. Kütükoğlu 1974. 12 Anm.).

[225] In *Taqwīm al-buldān* 136f. nur unter Biğāya erwähnt.

[226] Explizit O 361v: *tevābiᶜi bunlardur iğmālen ẕikr olınur*.

[227] In der 2. Redaktion stehen Informationen aus *Menāẓıru l-ᶜavālim* am Ende des Artikels, die dann in der 3. Redaktion (s.u. Kap. IV, Abschn. 2) in den Artikel verwoben sind (z.B. zu Yaġodina B 81r, WK 103r).

lassen eine einheltliche Überarbeitung vermissen.[228] Offenbar spiegelt sich hier die Unausgereiftheit des Konzeptes wider, die durch die Schwierigkeiten, adäquate Quellen aufzutreiben, noch verstärkt wurde. Anhand des Wiener Konzeptes wird ersichtlich werden, in welcher Weise Kātib Čelebi sein Werk zu verbessern hoffte.

[228] Verwirrenderweise schrieb Kātib Čelebi im Abschnitt See von Ṭabarīye, von dort flösse der Jordan ins *Lūṭ deñizi*, verwendet im diesbezüglichen Artikel jedoch nur die Bezeichnungen *buḥayre-i müntine* oder *buḥayre-i zaġr* (WK 18v). Krasser ist der Überfluß der Superlative im Kapitel Flüsse: Der Nil sei der größte Fluß der Welt (WK 21r), die Donau der größte Fluß nach dem Nil (25r), der *nehr-i Berber* genausogroß wie der Nil (27v) und schließlich der *nehr-i Peru* der größte Fluß von allen (28v). Auch die Wolga bezeichnete er als längsten Fluß der Welt (O 305v).

IV

DIE ENTWICKLUNG DES ĞIHĀNNÜMĀ

DAS WIENER KONZEPT

In seinem grundlegenden Aufsatz über "die Geschichte des Djihānnumā" hat Franz Taeschner die Entwicklung des Werkes erstmals in einiger Genauigkeit rekonstruiert und dabei auf die Wiener Handschrift Mxt. 389, bekannt als Wiener Konzept, verwiesen, der in dieser Entwicklung eine zentrale Rolle zukommt.[1] Sie bildet in zeitlicher, inhaltlicher und konzeptioneller Hinsicht den Übergang zwischen der ersten und der zweiten Fassung.

1. Die Handschrift

Diese Handschrift enthält die Überarbeitung und Fortsetzung der ersten Fassung des *Ğihānnümā*, also alle Arbeiten Kātib Čelebis an diesem Werk zwischen dem Abbruch der ersten Fassung, der nicht lange nach 1648 anzusetzen ist, und der Ausarbeitung der zweiten Fassung, die nach Kātib Čelebis eigenen Angaben im Ṣafar 1065 (Ende Dezember 1654) begann. Die Handschrift trägt auf der ersten Seite in roter Tinte die Bezeichnung "*Müsvedde-i Ğihānnümā fī fenn-i ğoġrāfyā*" und ist als solche ein Unikat.

Die Handschrift umfaßt

- ein Fragment einer von einem professionellen Schreiber hergestellten Abschrift der ersten Fassung (zweite Redaktion) (fol. 13-93).[2] Im Gegensatz zu allen anderen Handschriften ist der Anfang des Kapitels "Wasser" hier vollständig, nur im weiteren Verlauf fehlt ein Blatt (fol. 26), ebenso das Kapitel "Istanbul" (fol. 45-54).

- Das Reinschriftfragment bricht im *Eyālet* Qarlı Eli ab. Der Rest des Textes der ersten Fassung ist von Kātib Čelebis Hand ergänzt, dabei erneut redigiert und erweitert (fol. 94-111). Die *ḫātime* ist entfallen.

---

[1] Zit. als Taeschner 1926. Eine erste diesbezügliche Beschreibung der Handschrift in Taeschner 1923-26.

[2] Die abweichende Angabe fol. 15-85 bei Taeschner 1926. 100 beruht darauf, daß Taeschner die Foliierung der Bibliothek zugrundelegt, während ich grundsätzlich Kātib Čelebis eigene Blattzahlen verwende. Im Kapitel al-Andalus enthält die Handschrift auch denselben Typ von Karten wie die Gruppe I, C (cf. Anhang).

- Stattdessen schließt sich eine ungleichmäßig ausgearbeitete Fortsetzung der ersten Fassung an, die die Osthälfte des Osmanischen Reiches sowie einige europäische Länder und einen Artikel über Peru umfaßt (fol. 112-308).

- Dazu kommt eine neue Einleitung mit Zeichnungen sowie ein Inhaltsverzeichnis (fol. 1'-4', 1-10). Auch diese sind, wie die Fortsetzung, durchweg von Kātib Čelebis Hand. Von ihm stammen auch zahlreiche Marginalien zu allen Teilen des Textes.[3]

Neben den Angaben Taeschners und der Beschreibung Flügels[4] ist an dieser Stelle von Belang, daß allem Anschein nach Kātib Čelebi selbst nur einen Stapel loser Blätter in Händen gehabt hatte. So erklärt sich, daß speziell im letzten Teil die Qualität des Papiers mehrfach wechselt, zahlreiche Blätter vertauscht sind[5] und andere, wie Lücken in der Zählung zeigen, verlorengegangen sind. Einige Blattzahlen dagegen sind doppelt vergeben.

Die Handschrift, die sich zu Zeiten Hammers in der Sammlung seines Gönners, des Grafen Rzewusky, befand,[6] wurde offensichtlich neu gebunden. Dabei wurden die Marginalien zuweilen in Mitleidenschaft gezogen, sei es, daß beim Beschneiden des Buchblockes einige Buchstaben am Seitenrand mit abgeschnitten wurden, sei es, daß Marginalien auf den inneren Seitenrändern in den Seitenfalz gerieten. Das teilweise herausgeschnittene Blatt 45 wurde wieder vervollständigt, separate und im Format abweichende Zettel mit Notizen mit beigebunden. In diesem Zusammenhang wurde die gesamte Handschrift ohne Rücksicht auf die vorhandene Blattzählung neu foliiert.

2. Von der Reinschrift zur Kladde

Die Überarbeitung und Erweiterung der ersten Fassung, wie sie das Wiener Konzept widerspiegelt, erstreckte sich, sicherlich in wechselnder Intensität, über einen Zeitraum von vielen Jahren. Begonnen hat Kātib Čelebi sicher nicht lange nach 1648 und setzte die Arbeit teilweise noch nach dem Beginn der Niederschrift der zweiten Fassung Ende 1654 fort.[7] In der Einleitung zur zweiten Fassung berichtete Kātib Čelebi, er habe gehofft, den Atlas des Ortelius zu erhalten, doch dann stattdessen den Atlas Minor Mercators in die Hände bekommen und übersetzt. Erst später notierte er, er habe schließlich auch den Ortelius-Atlas in

[3] Daneben finden sich zahlreiche Marginalien eines späteren Bearbeiters, in dem Taeschner (1926. 104f.) sicherlich zu recht Ebū Bekr b. Behrām ed-Dimišqī vermutete.

[4] Flügel 1865-67. II, 434, Nr. 1282.

[5] Z.B. finden sich fol. 121-123 nun zwischen fol. 116 und 117.

[6] Hammer 1812. ix, cf. Taeschner 1923-26. 308.

[7] Chronogramm in ĞD 2.

die Hände bekommen.[8] Doch auch aus diesem sind Zitate in der Fortsetzung zu finden.

Gerade auf den Seiten des Reinschriftfragments der ersten Fassung lassen sich immer wieder mehrere "Schichten" der Bearbeitung ausmachen, wo sichtbar mehrere Marginalien nacheinander und im Bezug aufeinander angefügt sind. Es ist durchwegs zu trennen zwischen Korrekturen teils stilistischer, teils inhaltlicher Art einerseits und Ergänzungen, Erweiterungen und Nachträgen andererseits. Nur auf die letzteren, die für die weitere Entwicklung des *Ǧihān-nümā* von Interesse sind, soll zunächst das Augenmerk gerichtet werden.[9] Für eine zeitliche Einordnung der verschiedenen Marginalien gilt als Hypothese, daß eine Marginalie umso später angesetzt wird, je weiter sie sich vom ursprünglichen Textzusammenhang entfernt. Einige Anhaltspunkte gibt es auch für den Ansatz, daß ein Zusatz umso früher gemacht ist, je sorgfältiger er geschrieben ist, da sich Kātib Čelebi mit dem Fortschreiten der Arbeit sichtlich immer weniger um das Erscheinungsbild seiner Arbeit bekümmerte.

In einer ersten Phase der Überarbeitung ist Kātib Čelebi bemüht, den bisherigen Text weitestgehend zu bewahren und formuliert seine Ergänzungen daher so, daß sie sich von einem künftigen Kopisten bruchlos einfügen ließen. Dies bietet keine Schwierigkeiten, wo an die Stelle eines Stichworts nun ein ganzer Artikel tritt. Doch auch da, wo ein kurzer Artikel bereits vorhanden ist, versucht Kātib Čelebi, die Erweiterungen in dessen Satzbau und Gliederung einzupassen.[10] Manchmal schrieb er eine vollständige Neufassung an den Rand, die die alte Fassung ersetzen sollte.[11] Andere Beischriften behandeln neue Aspekte, so — im Zusammenhang mit den ptolemäischen Klimata — die Zuschreibung der Klimata an bestimmte Himmelskörper und ihre Charakteristika.[12] Ebenfalls zur Einfügung in die nächste Abschrift bestimmt sind einige Verszeilen aus einer *qaṣīde* Ġazālīs über den Nil.[13] Kātib Čelebi ersetzt einige interpretierende Passagen, die seiner Auffassung nicht mehr entsprachen, durch neue. Auch diese sind sorgfältig auf den alten Wortlaut, soweit er erhalten bleiben sollte, abgestimmt.[14]

---

[8] ǦD 9, IK 2v. Da im Gegensatz zu den anderen europäischen Werken der Ortelius-Atlas nicht in der Einleitung gewürdigt wird, glaube ich, daß diese Marginalie später geschrieben ist, obwohl sie mit *minhu* gezeichnet ist und also zum ursprünglichen Textbestand gehören könnte.

[9] Die anderen Marginalien und Korrekturen sollen im Kontext von Kātib Čelebis Arbeitsweise behandelt werden.

[10] Cf. WK 20r zum Volvi-See, ebenso die Artikel Badajoz 34v, Nachträge zu Granada 36r, Jaen 37r, Toledo 37v.

[11] Z.B. WK 20r zum Hagios-Vasilios-See, WK 34v-35r zu Sevilla, cf. auch 35r-35v zur Stadtmauer und zur Großen Moschee von Córdoba, ebenso 41v zu Biǧāya.

[12] WK 30v.

[13] WK 22r.

[14] Cf. seine Darstellung des Falles von Granada 1492 (WK 37r) und des fehlgeschlagenen Projektes eines Kanals zwischen dem Golf von İzmit und dem Sapanca Gölü (WK 20r).

Wenn Kātib Čelebi dann auf dem Rand des Werkes längere Textpassagen schreibt, die nicht an den vorhandenen Text angepaßt sind, heißt das, daß er nicht länger an älteren Wortlaut festhalten will. Vielmehr ist er bestrebt, den bisherigen Text zusammen mit dem der neuen Quelle — denn um eine solche handelt es sich meist — zu einer ganz neuen Fassung zu verarbeiten. Dabei bleibt zunächst offen, wieviel von dem neuen und alten Material tatsächlich zur Verwendung kommen würde.[15]

In eine letzte Arbeitsphase gehören m.E. Verweise. Diese beziehen sich einesteils auf die Übertragung von einzelnen Partien innerhalb des Werkes. So soll aus den Beschreibungen der nordgriechischen Seen alles, was sich auf Dörfer dort bezieht, in das Kapitel Rumeli, Abschnitt Saloniki übertragen werden.[16] Andernteils handelt es sich um Verweise auf weitere Literatur, teils mit (Seiten?) Zahl, teils mit Bezeichnung des Kapitels. Darunter sind geographische Werke islamischer und europäischer Provenienz ebenso wie Kātib Čelebis *Faḏlakat aqwāl al-aḫyār*, aus der die neuen historischen Abschnitte zu übernehmen waren.[17] Zuletzt finden sich auch Anweisungen, in welcher Reihenfolge die Artikel der Kladde in die zweite Fassung zu übertragen seien.[18]

Damit ist der Kreis geschlossen: Das Material für die erste Fassung des *Ǧihānnümā* wurde — vermutlich — zunächst in einer Kladde niedergeschrieben, dann in die Form einer Reinschrift gebracht. Die ersten Ergänzungen machten daraus wieder eine Kladde, aus der ein Abschreiber eine Reinschrift hätte herstellen können, durch die letzten wurde wieder eine reine Sammlung von Rohmaterial daraus.

So sehr sich innerhalb der Marginalien zeitlich differenzieren läßt, so wenig ist es möglich, diese Differenzierung für den gesamten Textbestand des Wiener Konzeptes durchzuführen, denn diese Überarbeitung der ersten Fassung läuft zeitlich parallel zu der dritten Redaktion der Kapitel über Ungarn und zur Arbeit an der Fortsetzung. Wenn also im folgenden die dritte Redaktion vom übrigen Text getrennt behandelt wird, so liegt dies an der Art der Redaktion.

3. Die 3. Redaktion: Bosnien und Ungarn

Der Reinschriftteil des Wiener Konzeptes endet mit fol. 93v im *sanǧaq* Qarlı Eli. Die folgenden gut 20 Blätter hat Kātib Čelebi offenbar aus dem Buch herausgetrennt und die darin enthaltenen Kapitel stattdessen neugeschrieben. Dabei ging es in den Albanien, Bosnien und Rumeli gewidmeten Teilen vor allem darum, zusätzliches Material zu verarbeiten. Der Textbestand der zweiten Re

[15] Zu dieser Art von Ergänzung zählen z.B. die Exzerpte auf dem Rand von WK 40v-43r aus Ibn Saʿīds *Kitab al-ǧuġrāfiyā* 137-147.

[16] WK 76r.

[17] Z.B. WK 172v Verweis auf *Nuzhatu l-qulūb* und *Ḥabību s-siyar*, 295r auf Ortelius, 39v auf *Levāmiʿu n-nūr*.

[18] WK 1r.

daktion wird um zahlreiche kurze Artikel erweitert,[19] manche älteren Artikel werden ergänzt.[20] Offenbar hatte Kātib Čelebi einen neuen Gewährsmann gefunden, der die Adriaküste und ihr Hinterland gut kannte. Etliche der älteren Artikel sind nun etwas kürzer, insbesondere wo von der Lage oder der Eroberung eines Ortes die Rede ist Die Unterschiede sind jedoch in diesem Bereich nur geringfügig, sodaß man darin nicht unbedingt eine bewußte Umarbeitung, sondern auch nur ein freieres Übertragen aus der alten Fassung sehen kann.[21] Eine eindeutige konzeptionelle Neuerung ist in diesen Passagen nur der Abschnitt über das *Eyālet* Bosna und seine *sanǧaq*s, das in der zweiten Redaktion noch nicht als eigene Einheit erschienen war.[22]

Im folgenden Kapitel über Ungarn dagegen ist eine grundsätzliche Veränderung zu spüren. Wie erinnerlich, war in diesem Teil der Unterschied zwischen den beiden ersten Redaktionen besonders deutlich ausgefallen. Als Beispiel mag der Abschnitt Mohač (Mohács) dienen, in dem in der ersten Redaktion nach der Lage und einer kurzen Schilderung der berühmten Schlacht (15.9.1526) eine Liste der zugehörigen neun *qażā*s folgt.[23] In der zweiten Redaktion sind zu acht dieser *qażā*s kurze Artikel dazugekommen,[24] während der Artikel über Mohács selbst nahezu unverändert übernommen wird.[25] Da Kātib Čelebi für jene Gebiete mit Ausnahme von *Menāẓıru l-ʿavālim* keine geographischen Quellen zur Verfügung hatte, hatte er umso ausgiebiger die historischen Quellen konsultiert. Hierbei hatte er nicht selten auch Einzelheiten des Kriegsverlaufs unter Sultan Süleymān und in den Jahren 1593-1603 gebracht und hatte dabei oft jene schwungvolle Rhetorik, der der Historiographie häufig eigen ist, aus seinen Quellen übernommen. Dadurch hatte sich dieser Teil in der 2. Redaktion deutlich vom übrigen Text abgehoben.

Diesen Unterschied suchte Kātib Čelebi nun zu nivellieren. Er ließ zum einen den Ablauf der Kämpfe regelmäßig weg, und beschränkte sich oft auf die Mitteilung, daß um jenen Ort in jenem Jahr überhaupt Kämpfe stattgefunden hatten. Zum anderen reduzierte er in der verbliebenen Partien die Details und

[19] Art. Abulaḫur WK 94r fehlt in B 70v, ebenso Usturġa und İstarova 95r/74r, Podġoriġe, Šibenik, Qotor, Pastrovič 96r/74v; aus 12 Orten im *sanǧaq* Hersek werden 28 (98r/76v); zu Bosna 12 zusätzliche Orte (99r/77v); 10 zu Klis (100r/78v), 20 Orte werden Qırqa neu zugeordnet (100v/78v), 2 zusätzliche Orte zu İzvornik (100v/78v), 2 zu Belgrad (103r/81r).

[20] Ergiri Qaṣrı WK 95r/B 73v; Pirzerin 96v//5v; Mostar 98r/76v, wo die Brücke bis dahin nur beiläufig erwähnt wurde, nun aber eine ausführliche Beschreibung eingefügt wird; Qırqa (100r/78v), das nun erst als eigener *sanǧaq* behandelt wird; İzvornik 100v/78v,

[21] Z.B. zu Avlona WK 94v/B 73v; Durač 95v/74r-v; Nova 98v/77r; Bosna 99r/77v; Alaǧaḥiṣār 101r/79r-v, Belgrad 101v/80v.

[22] WK 99r/B 77v.

[23] O 366r.

[24] O 83r. Das letzte *qażā*, die Palanke Ḥamza Beg, bleibt unerwähnt. Im Wiener Konzept finden wir sie im Kapitel Budin (WK 107v).

[25] Es fehlt nur der Verweis auf den historischen Teil, in dem die Schlacht offenbar genauer beschrieben werden sollte.

den rhetorischen Pomp, indem er etwa bei der Nennung des Sultans Süleymans die Formel *Ebū l-fütūḥāt ve l-maġāzī [Sulṭān Süleymān] Ġāzī* strich. Allgemein fand er auf diese Weise zu einer knappen und nüchternen Darstellung zurück:

> B 83r: merḥūm ve maġfūr Sulṭān Süleymān Ḫān ṭoquz yüz otuz iki ẕī l-qaʿdesiniñ yigirmisinde yedi qral ve iki yüz biñ kāfir ʿaskeri ile bu ṣaḥrāda ǧenk edüb iki sāʿatde Engürüs qralı Lauš ile niče biñ kāfir qılıčdan gečdi.
>
> WK 105r: merḥūm ve maġfūr Sulṭān Süleymān Ḫān ṭoquz yüz otuz iki ẕī l-qaʿdesiniñ yigirmisinde Hunġarya Duqası Evladis La'us ile bu ṣaḥrāda ǧenk edüb bozmušdur ve Hunġaryayı almıšdur mešhūr ġazādur.

Gleichzeitig erreichte Kātib Čelebi, daß die oben konstatierte Disproportioniertheit der 1. Fassung durch solche Kürzungen reduziert wurde.[26] Zu den Charakteristika dieser Überarbeitung, die so bereits die Kenntnis europäischer Quellen erkennen läßt, gehört die Umstellung von Namen und Titeln von der osmanischen auf die lateinische Terminologie.[27]

Den Kürzungen sind darüberhinaus jene Abschnitte zum Opfer gefallen, die dem Leser die Progression innerhalb der vom Autor gewählten Gliederung verdeutlichen sollten.[28] Auch die in den vorigen Redaktionen regelmäßig angegebenen Schreibungen der Ortsnamen sind nun entfallen. Die von jeher zum Grundbestand jeder Beschreibung gehörenden Angaben der Entfernung von der Hauptstadt sind aus dem Text herausgenommen und stehen nun — in Zahlen — am Rand. Bisweilen betrafen die Kürzungen auch Details, die Kātib Čelebi im nachhinein doch als erforderlich erachtete und sie später in einer Marginalie wieder hinzufügte.[29]

In einigen Fällen hielt Kātib Čelebi auch zusätzliche Informationen für erforderlich. Die Eroberung von Varadin wird erstmals in der 3. Redaktion erwähnt,[30] ganz neu ist der Artikel Qapošvar (Káposvar), der größtenteils der Eroberung gewidmet ist.[31] Weniger verwunderlich ist es, daß Kātib Čelebi auch neue topographische Informationen einarbeitete, so die neuen Artikel Polata und Val[32] und die Stichworte für die noch unausgeführten Artikel Fülek und No-

---

[26] Andere Belege für vergleichbare Korrekturen: Zu den Kämpfen um Budin 1011/1602 WK 106v, um Esterġon 107v, Sigetvar 108r, Yanıq (Raab) 109r, Egri (Eger) 111r.

[27] Cf. auch den Artikel Budin WK 106v.

[28] B 79r, 86v, 89v. Die geringfügige Umstellung einiger Artikel in WK hat die in diesen Bemerkungen bezeichnete Systematik nicht tangiert.

[29] WK 106r zur Lage von Tata. Eine Zeile, die in WK 106r als mit "*minhu*" gezeichnete Marginalie steht (dazu s. Kap. VII, Absch. 5), ist in B 82v im Text integriert, wobei unklar bleibt, ob dies die ursprüngliche Version war, oder ein Abschreiber trotz des "*minhu*" die ursprüngliche Marginalie in den Text eingefügt hat.

[30] WK 103v.

[31] WK 108v. Nachträge zum selben Thema gab es auch zu Vač (Vács) 107v.

[32] Wk 106r, 107v. Weitere Details z.B. zur Draubrücke von Ösek (Osijek) 105r und zur Lage von Čırnıq (Crnik) 109r.

ġrad.[33] Die älteren Artikel Tata und Sekčöy, die schon in den früheren Redaktionen stehen und teils auf historischen Quellen, teils auf *Menāẓıru l-ʿavālim* beruhen, hat Kātib Čelebi unverändert gelassen,[34] aber an anderer Stelle neue eingefügt, die wie alle diese topographischen Nachträge auf mündlichen Berichten basieren.[35] Kātib Čelebi hatte also zu jener Zeit den Überblick über seinen Text nicht mehr ganz gewahrt.

Die Eroberung von Varadin und Qapošvar dürfte aus einer bereits zuvor verwendeten Quelle stammen, ebenso der erweiterte Abschnitt über die Bäder von Budin.[36] Neues kommt allenfalls aus wenigen mündlichen Berichten. Die dargestellte Überarbeitung, die zu dieser 3. Redaktion führte, resultiert also wesentlich aus späteren Überlegungen Kātib Čelebis auf der Basis des größtenteils bereits bekannten Stoffes. Als Bruch mit einer älteren Tradition verdient dabei der Verzicht auf den *żabṭ* Erwähnung, als Schritt zu einer selbständigeren, weniger vom Stil der Quellen abhängigen Darstellung die Neufassung der historischen Partien. Der relativ geringe Gesamtumfang dieser Änderungen rechtfertigt es jedenfalls, diesen Teil als 3. Redaktion ohne weiteres noch zur ersten Fassung des *Ǧihānnümā* zu zählen.

4. Die Fortsetzung der ersten Fassung

Im Wiener Konzept schließt sich diese Fortsetzung nahtlos an die letzte Redaktion des Kapitels Ungarn an. Sie beginnt mit den kleinasiatischen Teilen des osmanischen Reiches, wie dies in der *ḫātime* der ersten Fassung angekündigt war, auch wenn diese in der eben besprochenenen letzten Redaktion entfallen war. Die Fortsetzung ist in sehr unterschiedlichem Maße ausgearbeitet und sollte im einzelnen Folgendes umfassen:[37]

Qapudan eyāleti: Biġa 112v, Qoġa Eli 113v;[38]
Eyālet Özü 114v;
Eyālet Kefe 115r;[39]

[33] WK 108v. Dies steht vielleicht im Zusammenhang mit der Arbeit an der *Fezleke*, wo beide I, 19ff. erwähnt sind.
[34] WK 106r, 105r.
[35] WK 109v, 107v.
[36] Letzteres in allen Redaktionen nach *Menāẓıru l-ʿavālim* 60r.
[37] In der folgenden Übersicht sind jene Teile, die zwar vorgesehen, aber nicht ausgeführt sind, mit einem Asteriskus* gekennzeichnet. In den übrigen Teilen schwankt der Grad der Ausarbeitung zwischen vereinzelten Notizen und einem durchformulierten Text. Ortsnamen bezeichnen hier i.a. den jeweiligen *sanǧaq*, auch wenn darunter weitere Orte beschrieben sind. Lücken in der Seitenzählung können in dieser Übersicht sowohl Fortsetzung des Textes der vorigen Seite als auch eine völlig leere Seite bedeuten. Die zahlreichen Ergänzungen Ebū Bekrs habe ich nicht berücksichtigt.
[38] Von den in Anatolien gelegenen *sanǧaq*s dieses *eyālet*s fehlt Ṣuġla.
[39] Die Krim wird erst fol. 227 behandelt.

Eyālet Anaṭolu: Germiyān 115v, Ṣaruḫān 116v, Aydın 117v, Qasṭamonu 118v, Ḫudāvendigār 119v, Bolu 120v, Menteše 122r, Anqara 122v,[40] Qaraḥiṣār 123r, Teke 123v, Kanqırı* 124r, Ḥamīd 124v, Sulṭān Önü 125v, Qarası 126r;
Eyālet Qaraman: Qonya 127v, Qayṣarīye 128r, Nigde 128v, Begšehri 129r, Qıršehri 129v, Aqšehr 130r, Aqserāy 130v;
Eyālet Qıbrıs: Lefqoša*, Maġusa*, Gerine*, Baf* 131v, İčel, Ṭarsus* 132r, ʿAlā'īye 132v;
Eyālet Šām: Dimašq 133v, Quds 134v, Ġazza 135v, Ṣafad 136r, Nablus*, ʿAğlūn* 136v, Lağğūn*, Tadmur* 137r, Ṣaidā und Bairūt*, Karak und Šaubak 137v;
Eyālet Ṭarābulus-ı Šām: Ṭarābulus 138v, Ḥamā, Ḥumṣ 139r, Salmīya*, Ğabla* 139v;
Eyālet Ḥalab: Ḥalab 140v, Adana* 141v, Kilis* 142r, Bireğik, Maʿarra 142v;
Eyālet Diyār Bakr: 144v-151r, von den 24 *sanğaqs* ist nur zu Nuṣaybīn 146r etwas eingetragen.
Eyālet Raqqa: Ruhā 152v, Ğamāsa*, Qābūr*, Deyr Raḥba 153r, Banī Rabīʿa*, Sürüğ*, Raqqa 153v;
Eyālet Qarṣ* 154v-155v;
Eyālet Čıldır* 156v-157r;
Eyālet Ṭrabzon 158v-159r;
Eyālet Erżurum: Erżurum 159v, Qaraḥiṣār-ı šarqī, Kiği*, İspir* 160r, Ḥınıs*, Malazgird* 160v;
Eyālet Sivas: Sivas 161v, Amasya, Bozavuq* 162v, Čorum, Divriği* 163r, Ğanik*, ʿArabkir* 163v;
Eyālet Van* 165v-167r;
Eyālet Mavṣil: Mavṣil 167v, Tikrīt 168r;
Eyālet Šehrizol* 169v: Nur zu Arbil 170v ist ein Satz eingetragen;
Kurdistan 170v-171r;[41]
Eyālet Baġdād: Baġdād 172v, Ḥilla*, Ğavāriz* 173v, Rumāhīya*, Qaraṭaġ* 174r, Dertenk*, Samāvāt 174v, Darna*, Dehbālā 175r, Vāsiṭ, Demürqapu* 175v; die Herrscher über Baġdād seit den ʿAbbasiden 176ar,[42] Gīlān* 176br, ʿAmādīya* 176bv, Wege von und nach Baġdād 177r;[43]
Eyālet Marʿaš: Marʿaš, Malaṭya 177v, ʿAyıntāb* 178r, Sumaysād*, Qarṣ 178v;
Iqlīm Ğazīrat al-ʿArab:[44] Ḥiğāz, Mekka 181av-183av, Medīna 182r, Nağd 183v-184r, Ḥaḍramaut, Ẓofar, Mahra 184v, Soqoṭra 185r, Baḥrain* 186r;
Südirakische Städte 186v;
Syrische Wüste* 187r;

[40] Dieser Teil ist, mit vollständiger Transkription, untersucht in Taeschner 1955.
[41] Dieser Teil durchbricht die bisherige Gliederung nach Provinzen.
[42] Die Blattnummer ist doppelt vergeben.
[43] Vereinzelt sind bereits zuvor Itinerare vorhanden, doch von weit geringerem Umfang.
[44] Gliederung nicht mehr nach Provinzen.

Stationen der Pilgerfahrt von Syrien 187v, von Ägypten 188r;
Yamāma 194v;
Wege der arabischen Halbinsel 197v, im Yemen 198r;
Ägypten: allgemeines 200v-202r, Pyramiden u.ä. 203v-205v;
Ḥabaš 210v-214r;
Krim und die Tatarei 227r-230r;
verschiedene Notizen zu iranischen Provinzen, großenteils gestrichen 230v, 254, 253, 245, 252;[45]
Ǧezā'ir-i baḥr-ı Rūm: Rodos 270v,[46] Girid, İleki, İnğirlü, Ḫarke 271r, Sičilya* 271v;
Memālik-i Talya: 275v-276r;
Belgien, Frankreich, Spanien, Schweiz, Großbritannien: 279v-292r;
Polonya, Leh: 293r-293v;
Memālik-i Mosqu: 295v;
Memālik-i Qazaq: 296v-297r;
Memālik-i Transilvanya yaʿnī Erdel: 297v;
Memālik-i Eflaq: 298v-300r;
Memālik-i Boġdan: 300v;
Peru: 308v.

5. Die Quellenlage

Die Überarbeitung der ersten Fassung sowie die Fortsetzung beruhen zu einem Teil auf denselben Quellen wie der ursprüngliche Text. Unter den schriftlichen Quellen tritt *Taqwīm al-buldān* in den Hintergrund. Er wird vor allem im Kapitel über Andalusien und den Maġrib herangezogen,[47] sowie ganz sporadisch in der Fortsetzung.[48] Dagegen hat Kātib Čelebi nun von einer der Quellen Abū l-Fidā's, Ibn Saʿīd al-Maġribīs *Kitāb al-ǧuġrāfiyā*,[49] ausführlichen Gebrauch gemacht. Es handelt sich um eine Weltbeschreibung, gegliedert nach den sieben ptolemäischen Klimata, deren jedes in zehn Teile zerfällt. Die Informationen zur Anthropogeographie sind zu manchen Gebieten zahlreich, zu anderen

[45] Nur die hier genannten Blätter sind — in dieser Reihenfolge — vorhanden.

[46] Danach eingelegter Zettel mit Blattnummer 268: Salṭanat-ı Mosqu.

[47] Algeciras WK 35r/*Taqwīm al-buldān* 172r, Sevilla 35r/165ff., Córdoba 35v/47, Toledo 38r/167f., sowie einige nachgetragene Details zu anderen Städten.

[48] Grenzen Syriens WK 134v/*Taqwīm al-buldān* 225, Gewässer von Damaskus 134v/230, Ḥilwān 175r/306f., Orte der arabischen Halbinsel 182v-183r/86-101 pass., Rom 275v/199.

[49] St. vermutlich1275, nach anderen 1286. Zur Biographie cf. Kropp 1982. 9-17. Das *Kitāb al-ǧuġrāfiyā* ist eines der originellen Werke dieses überaus produktiven Literaten und Reisenden (Kropp. 1982. 18). Eine Kurzfassung des Werkes ist das *Kitāb basṭ al-arḍ fī ṭūlihā wa l-ʿarḍ*, doch scheinen auch noch andere Redaktionen zu existieren (cf. Kračkovskij 1957. 355f., *Kitāb al-ǧuġrāfiyā*, Vorwort, 24ff.).

dagegen sehr rar, durchgängig sind dagegen die Koordinaten und Distanzen angegeben.[50]

Aus *Menāẓıru l-ʿavālim* hat Kātib Čelebi zahlreiche zusätzliche Informationen vor allem zu den Gewässern des Balkans nachgetragen,[51] zu den Kapiteln Andalusien und Maġrib nur einige Details.[52] Zu den Gebieten des Balkans handelt es sich zum einen wiederum um zusätzliche Einzelheiten,[53] zum anderen um Flüsse und Berge, die nun häufiger in den länderkundlichen Teil einbezogen werden.[54] Für die anatolischen Gebiete ist *Menāẓıru l-ʿavālim* meist die einzige schriftliche Quelle, vereinzelt ist es auch da benutzt, wo es nur andere schriftliche Quellen wiedergibt.[55] Inzwischen war Kātib Čelebi auch Ḥamdallāh Mustaufīs (st. ca. 1350) *Nuzhatu l-qulūb* zugänglich geworden, das er zuvor nur aus den Zitaten bei Meḥmed ʿĀšıq kannte. Der Form nach dem Genre der Kosmographie zugehörig, ist dieses Werk durch die Beschreibung Irans, die den größten Teil des der Geographie gewidmeten Kapitels einnimmt, von besonderem Quellenwert, da der Autor hier auf seine spezifischen Kenntnisse als hoher

[50] Auf den Rändern des Kapitels Maġrib findet sich die Übersetzung fast des ganzen auf die nordafrikanische Küste bezüglichen Abschnitts, i.e. Teil 1-3 des vierten Klimas, WK 40v-43r/*Kitāb al-ǧuġrāfiyā* 137-147. Im weiteren Verlauf der Arbeit übernahm Kātib Čelebi hieraus auch die Teile über die mesopotamischen Städte und einiges über Südarabien: Nuṣaybīn, Mardin 146r/156f., Ḥarrān, Ra's al-ʿAyn 152v/156, Deyr Raḥba, Tadmor 153r/155f., Raqqa 153v/155, Mauṣil, Sinǧār 167v/157, Ǧabal Ǧawdī 168r/172, Tikrīt 168r/157f., Arbil 170r/158, Baġdād 172v/158f., Sümpfe des ʿIraq, Madā'in 173r/159, Anbār 173r/155, Sümpfe von Kūfa 173r/ 156, Wāsiṭ 175v/156, Zabīd, ʿAdan, Ṣanʿā', Ġibla 183v/ 100f., Ḥaḍramaut, Ẓofar, Mirbāṭ, Ra's al-Ǧamǧama 184v/101f., Soqoṭra 185r/102, Baṣra, Ubulla, ʿAbbādān 186v/159.

[51] Zu den Nachweisen s. Kap. III, Abschn. 7.

[52] Zu Sevilla WK 35r/*Menāẓıru l-ʿavālim* 122v, Madīnat az-Zahrā' 35v/122r, Toledo 37v/150v.

[53] Z.B. zu Bädern bei Saloniki WK 77r/*Menāẓıru l-ʿavālim* 59v, Bišek, Timurḥiṣār 78v/59v, Köstendil 79v/59v, Dubniġe 80r/59v.

[54] Zur Maritsa WK 72v/*Menāẓıru l-ʿavālim* 55r, Qaraṣu 74r/55r, Fluß von Urfan 74v/55r, Berg von Seroz 75r/69r-v, Berg von Saloniki 76r/69v, Seen bei Saloniki 77v, 78r/*Menāẓıru l-ʿavālim* 46v, Yeñiġe-i Vardar 79r/55r, 69r, Berge um Qaraṭova und Köstendil 80r,81r/69v-70r, Morava 97r/55r.

[55] Zu folgenden Orten benutzt: Biġa WK 113r/*Menāẓıru l-ʿavālim* 59r, Gebze 113v/181r, Sapanǧa 114r/181r, Kütahya 115r/ 181v-182r, 59r, Maġnisa und Umgebung 116v-117r/156v-157r, 59r, Tire und Umgebung 117v/155v-156r, Buzṭaġ 118r/68r-v, Vurla 118r/157r, Birgi und Umgebung 155v-156r, 68v, İzmir 118r/157v, Qasṭamonu 118v/178r, Berg von Ǧanik 118v/69r, Berg von Sinob 119r/69r, Ṭašköprü, Buyabad 119r/180v, Sinob, Samsun 119r/178v, Bolu 120v/180v-181r, Amaṣra 121r/180v, Bemerkung zu Qaraḥiṣār 123r/155r, Isparta 124v/155v, Bad von Eskišehr 125v/59v, Qonya 127v/154r, Qayṣarīye 128r/154r-v, Aqšehr 130r/153r, Bad von Ilġın 130r/59r, Aqserāy 131r/154v, ʿAlā'īye 132v/153v, Dimašq 134v/105r-108v, Bäder von Ṭabarīya, Ḥaṣṣīṣa 135r/58r-59r, Ṭrabzon 158v-159r/178v-179v, 67v-68v, Giresun, Bafra 159r/180v, Erżurum 159v/58v, 67v, Sivas 161v/155r, Ṭoqad 162r/155r, Amasya 163r/177v-178r, Niksār 163r/157v, Elbistān 177v/69r, Malaṭya 177v/154v-155r, Ḥiǧāz 181av/75v, Mahra 184v/74v, Temrük 228v/194v, Taman 229r/178v-179r, Bilād-ı Čerkes 229v/194v, Semend 230r/194v-195r.

Finanzbeamter zurückgreifen konnte.[56] Kātib Čelebi konsultierte es bevorzugt für diese Gebiete.[57]

Abū Ḥāmid al-Ġirnāṭī war schon bei Meḥmed ʿĀšıq verschiedentlich zu Wort gekommen, vermutlich nach Qazwīnī zitiert, für den er eine wichtige Quelle war. Kātib Čelebi hat Abū Ḥāmids *Tuḥfat al-albāb* jedoch in dieser Arbeitsphase direkt herangezogen, vielleicht in einer türkischen Bearbeitung.[58]

Kātib Čelebi leitete seine Darstellung der syrischen *eyālet*s mit einer Übersicht über die Ränge der dortigen militärischen und zivilen Würdenträger ein, wie sie in der Mamlukenzeit geherrscht hatten. Auch die damals gültige Verwaltungsgliederung bezog er mit ein. Die Quelle dafür war zweifellos eine Geschichte der Mamluken, die — nach den Ähnlichkeiten zu urteilen — auf derselben Quelle basiert wie Qalqašandīs *Ṣubḥ al-aʿšā*, doch das spezielle Werk konnte nicht ermittelt werden.[59]

Eine weitere Quelle, die Kātib Čelebi erst neu erschließen konnte, war das *Kitāb al-masālik wa l-mamālik* des Ibn Ḫurdāḏbih (schrieb 846-885). Dies ist eines der ersten Werke dieses Genres, weitgehend ein Routenbuch der islamischen Welt, nur selten geographisch und thematisch darüber hinausgehend.[60] Daraus entnahm Kātib Čelebi Angaben über die Steuerleistung bestimmter Gebiete.[61]

---

[56] Kračkovskij 1957. 396f., Krawulsky 1978. 18-30.

[57] Zu Tigris und Nebenflüssen WK 23r/*Nuzhatu l-qulūb* 214f., 219f., Ǧayḥūn und Ṣayḥūn 23v/213f, 217, Nehr-i Šāš 24r/217, Kurdistan 170v-171r/107ff., Fläche und Steuerertrag des Irak 172v/28ff., Kūfa 173r/37f., Arqalūdīya 178r/98f., zu den Straßen von und nach Bagdad 188r/164-189, Nehr-i Ǧurǧān 254v/214, Kūh-i Zar 252v/195. Zu zwei kosmologischen Marginalien WK 30v s.u.

[58] Cf. Kap. II, Absch. 3. Notgedrungen muß ich hier auf den arabischen Text Ferrands verweisen. Entlehnt sind als Ergänzung zum Bestand der ersten Fassung der Krake WK 10v/*Tuḥfat al-albāb* 96f., und die Siebenschläferhöhle, die Abū Ḥāmid bei Lūša bei Granada lokalisiert 37r/120f., in der Fortsetzung zum Ḥaurān 134r/79, Tall ʿAqarqūf 173r/79, Tāq-ı Kisrā 173r/80, Pyramiden, Qaṣr Firʿaun 203v/74-78, Aḫmīm 204v/77, ʿAyn Šams 204v/73f., Leuchtturm von Alexandria 205r/70ff.

[59] *Ṣubḥ al-aʿšā* IV pass. In der Bibliographie der zweiten Fassung ist als einziges nicht universales Werk Ḫalīl b. Šāhīn aẓ-Ẓāhirīs (gest. 1468) *Zubdat kašf al-mamālik* genannt (ĞD 13), ein mamlukisches Verwaltungshandbuch (Kračkovskij 1957. 461-64), doch für die hier in Rede stehenden Teile kann es als Quelle ausgeschlossen werden. Daß das von Qalqašandī vielbenutzte Werk Ibn Faḍlallāh al-ʿUmarīs, *Masālik al-abṣār fī mamālik al-amṣār,* zugrundeliegt, ist unwahrscheinlich, da in Kātib Čelebis Quelle selbst auf ein anderes Buch Ibn Faḍlallāhs, *at-Taʿrīf bi-muṣṭalaḥ aš-šarīf*, verwiesen ist. *Masālik al-abṣār* war mir nicht zugänglich.

[60] Kračkovskij 1957. 147-50.

[61] Steuern von Damaskus WK 134v/*Kitāb al-masālik wa l-mamālik* 77, Ḥimṣ 139r/76 (300.000 statt 340.000 dīnār), Aleppo und den syrischen Grenzgebieten WK 140v/75, von Diyār Bakr 144v/95 (zu Diyār Rabīʿa), Mauṣil 167v/94, Baġdād 172v/14f., Ahwāz 172v/42, Baṣra 172v/59 (die Zahl dort gibt die *ṣadaqāt* an, nicht den *ḫarāǧ*), Ägypten 200v/83f. (allerdings anscheinend aus einer anderen Rezension stammend), Ḫurāsān 269v/34f., Ṭuḫāristān 255v/35. Ibn Ḫurdāḏbihs Werk ist in *Kašf aẓ-ẓunūn* 1665 s.v. Masālik al-mamālik nachgetragen, die Art der Beschreibung weist darauf hin, daß Kātib Čelebi es wirklich selbst gesehen hat.

Des weiteren sind noch einige Quellen zu nennen, die Kātib Čelebi nur vereinzelt benutzte. Darunter ist, in der ersten Fassung vielfach zitiert, die *Baḥrīye*.[62] Vereinzelt bezieht sich Kātib Čelebi auf ein *Melik-i Dānismend tārīḫi*.[63] Zwei kurze Exzerpte sind mit der Quellenangabe *Künhü l-aḫbār* versehen.[64] Zweimal nennt Kātib Čelebi außerdem Quṭbaddīn al-Makkī an-Nahrawālī als Quelle.[65] Ǧelālzāde Qoǧa Nišanǧı zitiert er beiläufig zur Verwaltung Ägyptens[66] sowie zu einigen Eroberungen zur See.[67] Außerdem liegt nach Blatt 107 ein Zettel, auf dem er aus dieser Quelle das Itinerar des osmanischen Feldzugs gegen Sopron und des anschließenden Rückzugs durch die Steiermark 1532 exzerpiert hatte. Hinweise gibt es schließlich auch auf die Benutzung von Sipāhīzādes Werk.[68]

Es ist schwer zu entscheiden, welcher Anteil in der Beschreibung der Heiligen Stätten des Ḥiǧāz tatsächlich auf Kātib Čelebis eigene Anschauung zurückgeht. Die Schilderung der Bauarbeiten an der Kaʿba, nachdem dort 1611 schwere Altersschäden entdeckt worden waren, ist aus Muṣṭafā b. İbrāhīm Ṣāfīs *Zubdetü t-tevārīḫ* entnommen.[69] Die Beschreibung der Pilgerwege von Damaskus und von Ägypten nach Mekka dürfte aus einem Pilgerbuch stammen, das nach einigen Daten im Text wohl in der zweiten Hälfte des 16. Jhdts. anzusetzen ist und wohl durch etliche Einzelinformationen aus mündlichen Quellen, eventuell auch aus Kātib Čelebis eigenen Erfahrungen, ergänzt ist.[70]

---

[62] Zu Neapel WK 272r/*Baḥrīye* (Alpagot/Kurdoğlu) 549, Civitavecchia 276r/553.

[63] Zu Sivas 161v, Ṭoqad 162r. Vielleicht das Werk des ʿĀrif ʿAlī (verfaßt ca.1360) vielleicht aber auch zitiert nach dessen Bearbeitung durch Muṣṭafā ʿĀlī, *Mirqātü l-ǧihād* (zu beiden Werken cf. Fleischer 1986. 132f., *Kašf aẓ-ẓunūn* 1656 s.v. Mirqātü l-ǧihād).

[64] WK 173r zu den Sümpfen des ʿIraq, 205v zum Nil (Künhü l-aḫbār I, 105f.).

[65] Zu Damaskus ist es seine Riḥla (WK 134r), d.h. *al-Fawāʾid as-sanīya fi r-riḥla al-madanīya wa r-rūmīya*, zum Weg zwischen Mekka und Medina WK 197v ist eventuell auch an seine Beschreibung Mekkas zu denken (Kračkovskij 1957. 163, 666f.).

[66] 200v. Allerdings teilt Ǧelālzāde nicht Ägypten in 12 Provinzen, sondern die entsprechende *ṭabaqa* in 12 *dereǧāt* (*Ṭabaqātu l-memālik* 18b).

[67] Zu drei Inseln, die während des Feldzuges gegen Rhodos 928 erobert wurden WK 271r/*Ṭabaqātu l-memālik* 78a-b, 88b, 91a, 92b. Eroberung eines Āštiyā genannten Ortes in Italien durch Ṭurġud Reʾīs WK 276r/*Ṭabaqātu l-memālik* 477a. Die Schreibung Peštiye in *Tuḥfetü l-kibār* 69 käme Kapperts hypothetischer Identifizierung mit Bastia auf Korsika näher, doch muß der Ort nach der Aussage Kātib Čelebis wie nach dem historischen Verlauf an der Adria liegen.

[68] Die Beschreibung İzniqs stimmt weitgehend mit Meḥmed ʿĀšıqs Zitaten aus Sipāhīzāde überein, ist aber in Einzelheiten ausführlicher (WK 113v/*Menāẓıru l-ʿavālim* 181v).

[69] WK 181v, zit. in Crane 1987. 57f., auch Faroqhi 1990. 129ff. Zum Autor Kap.. III, Abschn. 9. Die Angaben zu den Kosten der Hülle des Gebäudes kommen jedoch aus einer anderen Quelle. Sie korrespondieren nicht mit den Daten bei Shaw 1962 zu den ägyptischen Aufwendungen für die Heiligen Stätten. Keine entsprechenden Angaben bei Faroqhi 1990.

[70] Hier wäre eventuell wieder an Quṭbaddīn an-Nahrawālī zu denken. Die syrische Route unterscheidet sich nur in Details von derjenigen Ḥibrīs 1632 (*Menāsikü l-mesālik*) und Evliyā Čelebis 1672 (*Seyāḥatnāme* IX, 566-606).

Zu Edirne wollte Kātib Čelebi die Informationen Ḥibrīs durch eine Episode aus der *Ḥikāye-i Bešīr Čelebi* ergänzen, den auch Ḥibrī bereits benutzt hatte.[71]

Hatte er in der ersten Fassung die Erzählung von der See-Expedition Alexanders d.Gr. mit *Tārīḫ-i Hind-i Ġarbī* am Kaspischen Meer angesiedelt, so machte er sich nun die Einwände aus Qāḍīzāde Rūmīs Kommentar zu Čaġmīnīs *al-Mulaḫḫaṣ fī l-hai'a* zu eigen.[72]

Neben Quellentexten benutzte Kātib Čelebi zweifellos auch Karten, doch liegen nur zwei direkte Hinweise darauf vor. Ob es sich dabei um dieselben Karten handelt, die er schon für die vorigen Redaktionen verwendet hatte, ist nicht zu entscheiden.[73]

Für die Überarbeitung und die Fortsetzung hat Kātib Čelebi schließlich erneut offizielle Dokumente benutzt. Die Übersicht über den Inhalt zeigt bereits, daß die Fortsetzung weitgehend der Einteilung der asiatischen Provinzen folgte. Zu jedem *eyālet* sind die zugehörigen *sanǧaq*s angegeben, meist auch zu Beginn der Beschreibung eines jeden *sanǧaq*s die *qażā*s einschließlich einer Zahl, die wohl die Besoldung des *qāḍī* angibt. Diese Daten sind auch für den Bereich der ersten Fassung nachgetragen. Der historische Stand der *sanǧaq*-Gliederung ist der kurz vor 1600, also jener Zeit, in der der letzte große Zensus stattfand.[74] Die *qāḍī*-Gehälter sind im Vergleich mit denen von 1667/8 so viel niedriger, daß ich annehme, daß die Liste vor dem großen Preisanstieg von 1586 erstellt wurde.[75]

Ein Register von der Art des für die erste Fassung benutzten scheint Kātib Čelebi nun nicht vorgelegen zu haben. Angaben über die jeweils benachbarten *qażā*s fehlen oft, die der Entfernung von Istanbul immer. Stattdessen ist bisweilen die Zahl der zu einem *qażā* gehörigen Dörfer angegeben. Das Material scheint für die kleinasiatischen Provinzen immer noch detaillierter gewesen zu sein als für die syrischen und irakischen, während für Ägypten und Arabien an

---

[71] Zettel zwischen WK 58v und 59r, Kreiser 1975. 271.

[72] WK 13v mit Angabe der Quelle. Aus welcher Quelle Qāḍīzāde Rūmī (gest. 1412) seinerseits die Erzählung kannte, die der Autor von *Tārīḫ-i Hind-i Ġarbī* aus dem Pseudo-Ibn al-Wardī entlehnt hatte (geschrieben um 1419), ist mir nicht bekannt.

[73] Zu den Nebenflüssen des Euphrat WK 22v. Nach WK 14r ist auf den neueren Karten eine Landverbindung zwischen Europa und Nordamerika eingezeichnet, nachdem eine englische Expedition auf der Suche nach einer Nordostpassage keine Durchfahrt fand. Von dieser Landverbindung war bereits in der ersten Fassung die Rede, doch die Erwähnung der Expedition geht über das hinaus, was die dort angenommene Quelle bietet.

[74] EI 2 s.v. Daftar-i Khāḳānī. Auf denselben Quellen dürfte die Darstellung bei ʿAyn ʿAlī basieren, von dem Kātib Čelebi aber in einigen Fällen abweicht. Die Datierung ergibt sich durch Vergleich mit den Angaben bei Birken 1976, die jedoch gerade für diese Zeit i.a. aus erzählenden Quellen stammen und mit Vorsicht aufzunehmen sind. Eine eingehende Untersuchung der Verwaltungsgliederung nach Kātib Čelebi werde ich separat in Archivum Ottomanicum publizieren.

[75] Cf. die Preisindizes bei Barkan 1975, v.a. Graphik 1, p. 15. Vergleichsangaben bei Özergin 1976.

scheinend nichts entsprechendes vorlag.[76] An einigen Stellen scheint Kātib Čelebi aus einem Steuerregister, vielleicht einem *defter-i ʿavārıż*, die Zahl der Haushalte exzerpiert zu haben.[77] Die diesem zugrundeliegende Verwaltungsgliederung deckt sich jedoch keineswegs mit dem *qāḍī*-Register.[78]

Aus seinem Kanzleialltag kannte Kātib Čelebi wohl den Vorgang um Planung und Finanzierung des Neubaus der Palanke Quručešme nahe Belgrad 1638.[79] Aus dem Umkreis der Kanzlei stammten wohl auch seine Kenntnisse über die Stärke, Dienstränge und Besoldung der Besatzung von Eger[80] und den Aufwand für die Voyvodas von Erdel, Eflaq und Boġdan. In diesem Zusammenhang wird auch Klage über die Auspressung der Provinzen und die daraus resultierende Entvölkerung geführt.[81] Für die von Kātib Čelebi angeführten Itinerare vermutete Taeschner schriftliche Regelungen für Post- und Kurierreiter als Quelle.[82]

Für die Kapitel Rumeli, Bosnien und Ungarn der ersten Fassung sowie vor allem für die anatolischen Gebiete kommen zahlreiche mündliche Berichte neu dazu, deren Herkunft und Zusammengehörigkeit nicht näher zu ergründen sind.[83] Daß Kaufleute unter den Gewährsleuten sind, wird bestätigt durch den Artikel Wilna, in dem nicht nur die dort gängigen Währungen, sondern auch die Wechselkurse genannt sind.[84] Auf eine solche Quelle deuten auch zahlreiche wirtschaftsgeschichtlich wichtige Angaben zu den kleinasiatischen Provinzen hin. Auch eine Notiz wie die auf dem Titelblatt, die von der ersten Weltumsegelung handelt, könnte auf einen mündlichen Bericht zurückgehen.[85] Die Darstellung der mesopotamischen Flüsse ist nun völlig überarbeitet und basiert offenbar auf einem Augenzeugen, vielleicht auch auf Kātib Čelebis Augenschein.[86] Auch die nachgetragenen Einzelheiten zum Verlauf von Kızılırmak und Yeşilır

---

[76] Nach B. Lewis 1951. 145 sind die irakischen Provinzen wegen des dort vorherrschenden Typus des *sāliyāne-sanǧaq*s in den *ṭapu defterleri* nur unvollkommen erfaßt, Arabien und Ägypten gar nicht.

[77] Zu Ṣaruḫan 166v und Aydın 117v. Nach Kātib Čelebi waren in Ḥimṣ 4400 Haushalte im *defter-i ʿavāriż* verzeichnet, während die Steuerlast tatsächlich von nur 1000 Haushalten aufgebracht wurde (WK 139r). Den Hinweis auf nicht näher bestimmte *defātir-i ʿoṣmānīye* WK 118r entnahm Kātib Čelebi allerdings *Menāẓıru l-ʿavālim* 69v.

[78] Zu Aydın sind z.B. 12 *qażā*s aufgezählt. Zu diesen schrieb Kātib Čelebi nachträglich die Zahl der Haushalte dazu und fügte in der gleichen Art noch einmal 17 Bezirke dazu (WK 117v).

[79] WK 103v.

[80] WK 111r.

[81] WK 298r, 300v.

[82] Taeschner 1924-26, I. 32ff.

[83] Expliziter Hinweis auf eine mündliche Quelle WK 101r, wo eine Marginalie zum Verlauf der Drina endet mit "*...mesmūʿ oldı*", einziger Fall der Nennung des Gewährsmannes auf einem Zettel neben WK 96r (ein gewisser Oḫrili ʿAbdülʿazīz Efendi).

[84] WK 293v.

[85] WK 1'r.

[86] Zwei der Nebenflüsse sind darin nach den *sanǧaq*s bezeichnet, die sie durchfließen, und die nur für das 17. Jhdt. belegt sind (WK 22v, 23r).

mak könnte Kātib Čelebi auf einem der Feldzüge, die er begleitete, in Erfahrung gebracht haben.[87] Schließlich ist das Itinerar vom Feldzug Murāds IV. nach Bagdad, an dem Kātib Čelebi jedoch nicht teilgenommen hatte, von allen parallelen Berichten unabhängig.[88]

Im Artikel Ankara berief sich Kātib Čelebi auf seine Übersetzungen aus europäischen historischen und geographischen Werken.[89] Daneben finden wir in Marginalien Verweise auf Kātib Čelebis Übersetzung des Atlas Minor, *Levāmiᶜu n-nūr*,[90] und auf Ortelius' Theatrum Orbis Terrarum.[91] In größerem Umfang jedoch hat er nur ein europäisches Werk ausgewertet, das demnach wohl das erste gewesen ist, das er kennengelernt hat. Bei diesem Werk handelte es sich um "Philippi Cluverii Introductionis in Universam Geographiam tam Veteram quam Novam Libri VI",[92] erstmals erschienen in Leiden 1624. Dieses Büchlein, das noch ganz auf dem geozentrischen Weltbild basiert, blieb in Deutschland "ein Jahrhundert lang das vorherrschende Lehrbuch an den gelehrten Schulen". Es erlebte zahllose Auflagen und wurde ins Deutsche und Französische übersetzt.[93]

In der Fortsetzung der ersten Fassung hat er daraus eine Reihe von Länderbeschreibungen übertragen. Vollständig sind die Kapitel der Introductio über Belgien und Flandern,[94] Frankreich[95] und die Schweiz,[96] Spanien[97] sowie die Britischen Inseln.[98] In der langen Aufstellung der germanischen Stämme, die allein durch die Transkription zahlloser Gentilitia dem osmanischen Leser erhebliche Probleme bereitet haben dürfte, brach Kātib Čelebi allerdings unvermittelt ab[99] und verzichtete damit auf die Übersetzung der Darstellung der deutschen Länder, die bei Cluverius das ganze Liber III einnimmt. Die von Cluverius entlehnte neue Einleitung soll gesondert behandelt werden.[100]

Einige der eindeutig aus europäischen Quellen entlehnten Abschnitte, etwa der über Peru 308v oder über Rußland 270r-v, haben sich in den bekannten

---

[87] WK 24v.
[88] Taeschner 1924-26. I, 32.
[89] Taeschner 1950-55. 152.
[90] Z.B. WK 39v.
[91] WK 295r.
[92] Eine kurze Inhaltsübersicht mit der Angabe des Erscheinungsdatums 1635 WK 1'r, nach der entsprechenden Stelle in der Druckausgabe Taeschner 1923. 59.
[93] Günther 1904. 159. Zu Kātib Čelebis europäischen Quellen im Zusammenhang cf. Kap. V, Abschn. 4.
[94] Introductio 85-94/WK 279v-281r.
[95] Introductio 65-82/WK 283v-286r, 289r-290r, fortgesetzt auf einem Zettel neben 290r.
[96] Introductio 82-85/WK Zettel neben 290r. Eindeutig wurden diese beiden Abschnitte nach den Abschnitten Spanien und Britische Inseln geschrieben, was Kātib Čelebi in Platznot brachte.
[97] Introductio 47-61/WK 286v-288v.
[98] Introductio 95-106/WK 290v-292r.
[99] Liber III, Cap. ii, 110-113.
[100] S.u. Abschn. 7.

Quellen nicht nachweisen lassen. Daß Kātib Čelebi im Lauf der Jahre mehr europäische Bücher gesehen hat, als für uns unmittelbar greifbar ist, zeigt auch sein Exemplar von *Tārīḫ-i Hind-i Ġarbī*, auf dessen Vorsatzblatt er ein vollständiges Inhaltverzeichnis des dritten Bandes von Ramusios Delle Navigationi et Viaggi (Venedig 1606) notierte,[101] aus dem bisher keine weiteren Zitate nachweisbar sind.

6. Konstanten und Neuerungen der Länder- und Städtekunde

Rückschlüsse auf Kātib Čelebis geographisches Konzept dürfen aus dem skizzierten Material, wie es sich in den Marginalien und der Fortsetzung darbietet, nur mit Vorsicht gezogen werden. Vieles von dem, was er zusammentrug, wäre wohl allenfalls in Bruchstücken in einer Fassung letzter Hand zu finden gewesen. Die Heranziehung der Quellen unterlag etlichen Zufälligkeiten. Wann Kātib Čelebi ein Buch in die Hand bekommen würde, war nicht vorhersehbar. Vorhandene Quellen wertete er nicht vollständig aus.[102] Wortgetreue Exzerpte sind Rohmaterial und geben keinen Aufschluß über Kātib Čelebis Konzept. Einzelne Partien der ersten Fassung sind sprachlich redigiert, in anderen bleiben die von uns konstatierten Unstimmigkeiten fortbestehen.[103] In einer Passage stellt Kātib Čelebi alte Überlieferungen in Frage,[104] in anderen Fällen übernimmt er selbst offenbar völlig unkritisch ältere Wundergeschichten oder sammelt zeitgebundene Daten, ohne sie in ihren Kontext zu stellen.[105]

a) Literarisches

In der ganzen Fortsetzung fehlen die Angaben zur Orthographie und Vokalisierung der Ortsnamen, wie dies schon in der dritten Redaktion des Ungarn-Kapitels zu beobachten war: Das Erbe der philologischen Geographie ist entfallen.[106] Literarisierend sind noch einige eingestreute Verse, deren Zahl jedoch so gering ist, daß sie das Buch nicht prägen können. Es handelt sich zum einen um

---

[101] Goodrich 1990. 350f.

[102] Die Auszüge aus Ibn Saʿīd betreffen nur begrenzte Gebiete, während anderes, anscheinend ebenso brauchbares Material unberücksichtigt blieb. Beispiele dieser Art ließen sich leicht vermehren.

[103] Cf. Kap. III, Abschn. 14.

[104] Die berühmte See-Expedition Alexanders d.Gr. war nach islamischer Überlieferung einem fremden Schiff begegnet, von dessen Mannschaft sie eine Person übernahm. Gegen die Annahme, dieses Schiff könnte aus Amerika gekommen sein, wandte Kātib Čelebi ein, dort habe man noch zu Kolumbus' Zeiten keine großen Schiffe gekannt (WK 13r, zur Quelle des Arguments cf. Goodrich 1990. 360, Marg. 44).

[105] Zu den mirabilia s.u., die Auszüge zur mamlukischen Ordnung Syriens sind völlig ohne Hinweis zitiert, daß dieser Zustand nicht mehr bestand. Zum Problem der veralteten Steuerangaben s.u.

[106] Zu deren Thematik am Beispiel Yāqūts cf. Kračkovskij 1957. 337f.

Verse aus einer *qaṣīde* Ġazālīs über den Nil,[107] zum anderen um ein Chronogramm Ğevrīs zur Erbauung eines Ḫan nahe Nikopolis.[108] Die mirabilia nehmen dagegen immer noch einen beachtlichen Platz ein und stehen im Kapitel Ägyten ganz im Vordergrund.[109] Von Bedeutung ist in diesem Zusammenhang, daß auch Wunderdinge aus dem Tierreich[110] und stark religiös tingierte Legenden dazukommen.[111] In abgeschwächter Form gehören zu den mirabilia auch die Ruinen Kleinasiens und gewisse landschaftliche Besonderheiten,[112] für die ein geradezu touristisches Interesse geäußert wird.[113] Von hier ist es nur noch ein Schritt zur Aufzählung der zahlreichen Pilgerstätten und Gräber alter und neuer Heiliger, die gewissermaßen das religiöse Pendant zu den profanen mirabilia darstellen.[114]

b) Kosmographie und mathematische Geographie

Während so die unterhaltsamen und erbaulichen Digressionen zunahmen, brach Kātib Čelebi seinen Ansatz, neue-alte kosmographische Elemente einzubeziehen, nach wenigen Zeilen wieder ab.[115] Die Angabe der Koordinaten, in den früheren Redaktionen ein wichtiges Element, ist in der Fortsetzung nur in den

---

107 WK 23r. Zum Dichter (1466-1535) cf. HOP III, 36-40 und v.a. İA s.v. Gazâli.

108 WK 65v zum Jahr 1052. Zum Dichter (ein Meister des Chronogramms, st. 1654) cf. HOP III, 297-301.

109 Zu den Nachweisen der Übernahme aus *Tuḥfat al-albāb* s.o. Ein anderes Beispiel sind die mirabilia von Toledo, große Brücke, der "Regenstein" und ein Talisman (WK 37v nach *Menāẓıru l-ʿavālim* 150v aus *Āṯār al-bilād* 366f.).

110 Die Beschreibung eines Kraken WK 10v nach *Tuḥfat al-albāb*. Die Erwähnung einer trächtigen Mauleselin, die Meḥmed ʿĀšıq in Urla gesehen hatte, war Kātib Čelebi so wichtig, daß er sie (am Rand) notierte, noch bevor er die Beschreibung des Ortes selbst kopierte (WK 118r, *Menāẓıru l-ʿavālim* 157r).

111 Die Siebenschläferlegende aus *Tuḥfat al-albāb*, ein Baum in Mahra, unter dessen Wurzel in den heiligen Monaten ein Fluß entspringt WK 184v (nach *Menāẓıru l-ʿavālim* 74v aus *Āṯār al-bilād*), der Brunnen Bi'r ʿĪsā in Maṭarīya bei Kairo WK 206v. Die Lokalisierung des koranischen Ğabal Raqīm (18. 9) in Kleinasien (*Menāẓıru l-ʿavālim* 69r nach Ibn al-Wardī) wollte Kātib Čelebi offenbar nicht nachvollziehen.

112 Ruinen bei Maġnisa WK 116v, Aqḥiṣār 117r, İzmir 118r, zum Erġiš Ṭaġı (Erciyes Dağ) 128r, Elbistan 177r.

113 In eine Höhle bei Silifke, in der ein See liegt, kann man, wenn man Lichter mitnimmt, hinabsteigen (132r), wer eine bestimmte *maqṣūra* in der Omayyadenmoschee in Damaskus besuchen will, muß sich vom eigens dafür zuständigen Wächter aufschließen lassen (133v nach *Menāẓıru l-ʿavālim*).

114 Miquel 1988. 51f. Folgende mögen — neben den zahllosen Heiligtümern Syriens und Palästinas — als Beispiele genügen: das Grab Naṣreddīn Ḫoġas in Aqšehr (130r), die Gräber Šeyḫ Edebalıs und Šihābuddīn Suhrawardīs in Eskišehr (125v), die Geburtsstätte Seyyid Baṭṭāl Ġāzīs in Malaṭya (177v).

115 Die Marginalien WK 30v, die von dem Einfluß der Planeten auf die Klimata und von deren generellen Charakter handeln, sind nur für das erste und zweite Klima ausgeführt. Sie stimmen mit den Zitaten aus *Nuzhatu l-qulūb* bei Meḥmed ʿĀšıq überein, sind jedoch ausführlicher, sodaß sie wohl direkt aus *Nuzhatu l-qulūb* entnommen sind.

Passagen aus Ibn Saʿīd enthalten. Die Zahlen sind von Kātib Čelebi auf ganze oder halbe Grad gerundet.[116]

c) Erweiterung des Stoffes

Ohne über wesentliche neue Quellen zu verfügen, beschloß Kātib Čelebi im Laufe der Überarbeitung, eine ganze Reihe von Einzelartikeln der ersten Fassung neu und ausführlicher zu fassen. Erste Beispiele dafür sind die nordgriechischen Seen, zu denen er bislang nur die rein topographischen Angaben aus *Menāẓıru l-ʿavālim* entlehnt hatte.[117] Noch deutlicher wird sein Ziel bei der Überarbeitung des Andalusien-Kapitels. Hier kommen erstens einige neue Artikel dazu,[118] zweitens tritt nach jeder der großen Städte an die Stelle der Liste, die die Namen der zugehörigen Orten enthält, die kurze Beschreibung dieser Orte.[119] Es handelt sich also um eine Erweiterung wie jene, die im Kapitel Rumeli den Übergang von der ersten zur zweiten Redaktion markierte. Des weiteren kommen zu einigen Städten noch Einzelheiten dazu. Dabei verschiebt sich der Schwerpunkt der Darstellung hin zu den großen Städten, namentlich Sevilla, Toledo und Granada, deren Beschreibung erweitert und präzisiert wird, während die Artikel der kleineren (z.B. Tortosa, Valencia, Murcia) unverändert bleiben. Die Disproportioniertheit, die wir besonders für die zweite Redaktion feststellen konnten, wird dadurch teilweise ausgeglichen.

Der Vorgang der Erweiterung war im Kapitel Rumeli mit der zweiten Redaktion noch nicht abgeschlossen, wie zahlreiche Marginalien zeigen, doch ist hier der Ausgangspunkt neues, noch unbekanntes Material.[120] Die parallele intensivere Nutzung der bekannten Quellen — d.h. speziell Meḥmed ʿĀšıqs — hatte einen anderen Aspekt.

d) Ganzheitlichkeit

Bei den Nachträgen aus *Menāẓıru l-ʿavālim* schritt Kātib Čelebi auf dem Weg, den er in der zweiten Redaktion erstmals eingeschlagen hatte, konsequent fort und integrierte die Beschreibung von Flüssen, Seen und Bergen in den städtekundlichen Teil.[121] Die künstliche, vermutlich auf Ptolemäus selbst zurückgehende und von bedeutenden arabischen Geographen — Abū l-Fidāʾ ebenso wie Qazwīnī — angewandte Zergliederung nach den Elementen wird damit ansatzweise rückgängig gemacht. Kātib Čelebi ging dabei nicht so weit, den dem

[116] Dazu Kap. IX, Abschn. 2.
[117] Cf. die Beispiele oben III B 4.
[118] Algeciras und Merida 34v.
[119] Zu Badajoz 34v, Sevilla 35r, Córdoba 35v, Málaga 35v, Toledo 38r.
[120] Nachgetragene Artikel zu kleineren Orten aus nicht näher bestimmbaren Quellen 64r, 98r, 98v, 100r, 100v.
[121] Der erste Berg, der Hortiatis bei Saloniki ist noch eine "*minhu*"-Marginalie des Schreibers (Wk 76v). Zu den Belegen aus *Menāẓıru l-ʿavālim* cf. Absch. 5, andere Beispiele: İskenderīye 96r, Māt 96v, Višġrad 98v, Qaraṭaġ 98v, Qırqa 100r, Böğürdelen 101r, Save 103r.

Element Wasser gewidmeten Teil zu zerschlagen und die einzelnen Artikel wieder in die Länderkunde einzupassen, doch wo sich ein Berg oder ein Gewässer eindeutig einer Stadt zuordnen lassen, werden sie auch mit dieser Stadt zusammen besprochen. Damit entspricht die Darstellung dem Gesamteindruck, den ein Ort dem Reisenden bietet, und wie ihn auch viele Gewährsleute Kātib Čelebis und Meḥmed ʿĀšıqs wiedergeben.[122] Diese Neuerung ist auch in der Fortsetzung erst nachträglich eingeführt, sodaß auch dort Beschreibungen von Bergen i.a. am Rand stehen.[123] Sie bezieht sich meist auf kleinere Gewässer, doch ist auch eine Notiz über den Nil im Entwurf des Ägyptenkapitels und nicht neben dem Nil-Artikel der ersten Fassung festgehalten.[124]

Eine neue Stufe dieser Entwicklung zeigt das Kapitel Boġdan, das ganz systematisch mit einigen Sätzen zu den politischen Verhältnissen beginnt. Im folgenden erweist sich jedoch der Mangel an Quellen. Die Aufzählung der Städte scheint auf einem Itinerar zu beruhen, die einzelnen Beschreibungen sind nie länger als einen Satz. Am Ende folgt noch die Beschreibung der vier wichtigsten Flüsse.[125]

e) Anthropogeographie

Die Vertiefung der Darstellung und das Bemühen um eine ganzheitlichere Erfassung einer Region gingen bei Kātib Čelebi Hand in Hand mit einer Hinwendung zur Anthropogeographie.[126] Wir sehen, daß er in den Marginalien zum Kapitel Andalus Material bevorzugt zu wirtschaftsgeographischen Aspekten nachtrug, das er zuvor bei Abū l-Fidā' nicht berücksichtigt hatte.[127] Viele willkommene Angaben dieser Art fand er in Ibn Saʿīds Beschreibung der nordafrikanischen Küste.[128] In den auf mündlichen Berichten beruhenden Kapiteln Rumeli und Anatolien ist diese Thematik aufgrund der Eigenart der Quellen vorherrschend, doch tat Kātib Čelebi ein übriges, indem er z.B. sämtliche Bäder und Heilquellen, denen in *Menāẓıru l-ʿavālim* ein eigenes Kapitel gewidmet war, wieder in die Städtekunde einfügte.[129] Als Reflex des Interesses an den Bedürf

[122] Meḥmed ʿĀšıq hatte — das alte Schema gewissermaßen von der anderen Seite durchbrechend — einige Dörfer zusammen mit den Seen besprochen, an denen sie lagen. An diesen Stellen notierte Kātib Čelebi sich nun einen Querverweis, um diese Passagen in den länderkundlichen Teil zu übertragen (WK 20r, 20v).

[123] Beispiele WK 121r, 128r, 159r et pass.

[124] WK 205v nach *Künhü l-aḫbār*.

[125] WK 300v-301r.

[126] Ein gutes Beispiel ist die Beschreibung İzniks, in der der See und seine Rolle für die Wirtschaft der Stadt ebenso wie die berühmte Fayence-Herstellung erwähnt wird (113v).

[127] Z.B. Seidenweberei von Almeria 38v, Ackerbau bei Jaen 37r, Export von Früchten aus Málaga 35r.

[128] WK 40v-43r.

[129] Zu Seroz 75r, Bišek und Demürḥiṣār 78v, Köstendil 79v, Ṭuylān 80v, jeweils nach *Menāẓıru l-ʿavālim* 59v. Daß Kātib Čelebi sich dabei nicht nur von Meḥmed ʿĀšıq leiten ließ, zeigt die Marginalie zum Bad von Köprü 162v, die sich auf die Zeit nach 1060 bezieht.

nissen von Reisenden und Kaufleuten sind auch die Routen und Wegebeschreibungen aufzufassen, die in der ersten Fassung bereits ansatzweise vorhanden waren, aber nun ausführlicher sind.[130] Kātib Čelebis Erwägungen über Art und Umfang des zu übernehmenden Materials waren offenbar nicht abgeschlossen, denn bei der Auswahl ging er nicht konsequent vor.[131]

f) Politik und Verwaltung

Wenn Kātib Čelebi den Menschen in seiner Konzeption immer mehr in den Mittelpunkt rückte, war es nur ein kleiner Schritt, den Blick auch auf die Ordnung der Menschen zu richten, auf die Politik. Er hat seiner Darstellung der osmanischen Gebiete keine allgemeine Übersicht über das osmanische Staatswesen beigegeben, denn die Kenntnis dessen konnte er bei seinen Lesern wohl voraussetzen. Doch es schien ihm nun von Bedeutung, mitzuteilen, in welcher Weise jeder von ihm beschriebene Ort in dieses Staatswesen eingefügt war. In den früheren Teilen Maġrib und Rumeli trug er daher die administrative Einteilung der besprochenen Gebiete am Rand nach,[132] in der Fortsetzung wird sie zum wichtigsten Gliederungsprinzip, das nur an wenigen Stellen durchbrochen wird[133] und die Gliederung nach geographischen Gesichtspunkten der früheren Teile verdrängt.[134] Es fällt jedoch auf, daß er oft nicht wußte, welcher Provinz ein Ort zuzuordnen war.[135] Im Kapitel Ägypten ist die politische Gliederung unmittelbar mit der Exposition des Gebietes verwoben.

Wieviel Aufmerksamkeit Kātib Čelebi der politischen Ordnung der nichtosmanischen Gebiete schenken wollte, ist schwer zu sagen. Sicher gehört dazu der Auszug aus einer unbekannten Quelle, der das politische System der Republik Ragusa beschreibt.[136] Zur Geschichte Spaniens nach der Reconquista vertröste

---

[130] In der Fortsetzung 115v, 123v, 126r, 144r, 164r, 177r, 180ff., 197r, 293v, 300r.

[131] Angaben zum Handel von Tire übernahm er aus *Menāẓıru l-ʿavālim* (155r, WK 117v) nicht, ein *ḫāṣṣ* des Sultans in Nordgriechenland überging er, das *ḫāṣṣ* des Großwesirs dagegen erwähnte er (WK 20 nach *Menāẓıru l-ʿavālim* 46r, 46v).

[132] Am Beginn jedes *eyālet*s eine Liste der zugehörigen *sanǧaq*s oder *qażā*s: 41v zu Algier, 42r zu Tunis, 42v zu Tripolis, 61r zu Rumeli, 99r zu Bosnien, 106r zu Buda. Außerdem fügte Kātib Čelebi, wo die Reihenfolge der *sanǧaq*s der Zuordnung widersprach, am Rand noch einmal bei jedem *sanǧaq* hinzu: "zu … gehörig".

[133] Etwa durch die Einfügung einer territorialen Einheit "Kurdistan" aus *Nuzhatu l-qulūb*, WK 170v-171r.

[134] Kātib Čelebi wollte mit den auf dem kleinasiatischen Festland gelegenen *sanǧaq*s der Provinz Zypern auch die auf der Insel selbst beschreiben.

[135] Wir finden Sinop unter Bolu (119r) und unter Trabzon (159v), Samsun (199v) unter Bolu und unter Ǧanik im *eyālet* Erzurum (163v), Ǧanik selbst unter Kastamonu (118v) und als eigenes *sanǧaq* im *eyālet* Erzurum (163v), Singār unter Mosul (167v) und unter Diyarbakır (148r). Teilweise können diese Irrtümer dadurch erklärt werden, daß Kātib Čelebi diese Orte eintrug, als er die Verwaltungsgliederung aus den offiziellen Quellen schon exzerpiert und diese selbst zur Klärung von Zweifelsfällen nicht mehr zur Hand hatte.

[136] WK 98v. Interessant ist die Beschreibung der Wahl des Oberhauptes durch eine Art von Lossystem, das entfernt an die tatsächliche Abstimmung durch das Einwerfen von Kugeln in unter-

te er den Leser auf spätere Teile des Buches. Über die vorosmanischen, i.e. mamlukischen Verwaltung Syriens sammelte er Material, doch scheint dies ein später Ansatz zu sein, da für die entsprechenden Exzerpte zu Damaskus, Aleppo und Tripolis ursprünglich kein Platz auf der Seite vorgesehen war.[137]

g) Geschichte

Nach dem bisher Gesagten verwundert es nicht, daß auch die Geschichte in diesem Stadium des Werkes wichtiger wird. Die Geschichte der größeren Einheiten war schon in der ersten Fassung in einer etwas schematischen Weise behandelt worden, indem Kātib Čelebi am Ende der Kapitel Andalus und Maġrib jeweils eine Liste der in den entsprechenden Gebiet herrschenden Dynastien anhängte. Solche Dynastienlisten finden sich zu den übrigen Kapiteln am Rand.[138] Dabei sind jedoch nicht zu allen Namen Verweise auf *Faḏlakat aqwāl al-aḫyār* gegeben, sodaß wir annehmen müssen, daß Kātib Čelebi nicht immer auf schon an anderer Stelle gesammeltes Material würde zurückgreifen können. Eine Variante dieser Aufstellungen ist eine Liste sämtlicher Herrscher über Bagdad nach den ʿAbbāsiden, bis hin zu Murād IV.[139] Diese stimmt in der Anlage bereits mit ganz den entsprechenden Partien der zweiten Fassung überein. Durch die Angabe von Steuererträgen versuchte Kātib Čelebi, die einstige Größe und den Reichtum bestimmter Gebiete zu veranschaulichen. Obwohl Zahlenangaben auch in der arabischen Verwaltungsliteratur häufig nur rhetorischen Wert haben, sind sie hier anscheinend für bare Münze genommen.[140]

Neben dieser Geschichte der großen Räume kam im Kapitel Ungarn bereits die Geschichte als Lokalgeschichte zu Wort. Dieser Ansatz ist nun — vereinzelt, unsystematisch — auf andere Bereiche ausgedehnt. Immer wieder trägt Kātib Čelebi zu bestimmten Orten Einzelereignisse nach. Neben Material, das er vielleicht aus seiner Arbeit an der *Fezleke* kannte,[141] ist darunter besonders die Schilderung zu beachten, wie die letzten Muslime nach der Eroberung Granadas aus Spanien vertrieben wurden.[142] Zur Lokalgeschichte im weiteren Sinne können schließlich auch Angaben über bedeutende Persönlichkeiten einer

schiedliche Abteilungen der Wahlurne erinnert. Wenn die angegebene Abgabenlast der Stadt (10.000 Goldstücke) als historische Angabe aufzufassen ist, ist die Quelle sehr alt, denn das entspräche dem Stand der Jahre 1471-1478 (Frejdenberg 1989. 103f.).

[137] 136r, 138v, 140v. Der erste und umfangreichste dieser Texte ist offenbar erst ein später Fund, denn er nimmt den Raum ein, der für die Beschreibung von Ṣafad freigelassen war.

[138] Die Herrscher von Rūm WK 43v, 134v zu Syrien und Palästina, 167v zu Mosul, 172r zu Bagdad, 181v zum Ḥiǧāz, 183v zum Naǧd, 252v zu Ḫorāsān.

[139] WK 176ar.

[140] Cf. Miquel 1973. 106 Anm.

[141] Z.B zu Yergögü 1003-4 H. WK 66v, Eroberung von Klis 1007 (*Fezleke* I, 70: 1004) und erneuter Verlust an Venedig1058 WK 100r.

[142] WK 37r.

Stadt gerechnet werden, seien es nun Dichter, Heilige, Philosophen oder bedeutende Herrscher.[143]

h) Indices

Eine Neuheit, soweit mir ersichtlich, ist Kātib Čelebis Bestreben, den Lesern innerhalb der einzelnen Kapitel das Auffinden bestimmter Stichworte zu erleichtern, indem er am Beginn jedes Kapitels eine alphabetisch geordnete Liste der im Folgenden behandelten Städte einfügte. Kātib Čelebi hatte ja im Vorentwurf geplant, das gesamte Material alphabetisch anzuordnen. Offenbar um einen größeren Zusammenhang unter der zahllosen Einzelartikeln zu wahren, hatte er von diesem Vorhaben wieder Abstand genommen und griff nun zu diesem Ausweg, um den Vorteil der alphabetischen Anordnung wenigstens in gewissem Maße zu retten.

7. Die Abkehr von der Kosmographie

Der vorliegende Textbestand der ersten Fassung mit allen Redaktionen und Erweiterungen gibt keinen Hinweis darauf, ob Kātib Čelebi jemals ernsthaft an den übrigen Teilen der Kosmographie, die er ursprünglich geplant hatte, gearbeitet hat. Es ist möglich, daß er dieses Gesamtkonzept schon in einem frühen Stadium der Arbeit aufgab. Mit der ersten intensiven Bekanntschaft mit einem zeitgenössischen europäischen Werk fand diese frühere Planung definitiv ein Ende.

In der erwähnten Introductio des Cluverius hatte Kātib Čelebi neben der Beschreibung europäischer Länder besonders die systematische Einleitung interessiert. Auf der ersten Blättern des Wiener Konzeptes (1v-6v) hielt er eine weitgehend getreue Übersetzung der ersten Kapitel der "Introductio" fest, sodaß sie eine eigene, neue Einleitung bildeten, die inhaltlich das vierte *faṣl* der ersten Fassung und den Beginn des 5. *faṣl* ersetzen. Es sind aus dem Liber I: Cap. i: Quid Geographia, & quid Globus seu Orbis Terrae; Cap. ii: De Globi partibus et Circulis; Cap. iii: De quatuor Maioribus Circulis;[144] Cap. iv: De quatuor Minoribus Circulis;[145] cap vi: De Parallelis et climatibus;[146] cap vii: De Globi in CCCLX partibus sectione; item de ambitu terrae, & de longitudine et latitudine

[143] Neben den Belegen in Abschnitt a) s. z.B. noch WK 115v zum Grab des Dichters Šeyḫī in Kütahya und als einziges ausführlicheres Beispiel den Exkurs über die griechische Philosophie am Rand von WK 86r zum Stichwort Athen. Von Herrscherpersönlichkeiten sind die Gräber Nuraddīn Zangīs und Saladins erwähnt (WK 134r, v)

[144] Die vier Großkreise sind: Meridian, Äquator, Horizont und Zodiakus.

[145] Die kleineren Kreise sind die Wendekreise und die Polarkreise.

[146] WK 4r und 4v ist Platz für die entsprechende Tabelle Introductio 24ff., die vom Äquator bis zum Polarkreis 24 Klimata definiert, freigelassen. Sie ist in ĠD nach p. 51 als Tafel beigegeben und auch in *Tārīḫ-i Hind-i Ġarbī* (Müteferriqa) enthalten (abgedruckt in Goodrich 1990. 344).

eius; Cap. viii: De quatuor Mundi regionibus, & de ventu;[147] Cap. ix: De locorum mensuris.[148] Die neue Einleitung bedeutet nichts anderes als die Abkehr von der Form der Kosmographie, die bisher in der Universaleographie — und darüberhinaus — den verbindlichen Rahmen abgegeben hatte. Damit ist das Wiener Konzept definitiv nicht mehr die Rohfassung eines bereits konzipierten Buches, sondern nur noch eine Materialsammlung für ein ganz neu und anders zu entwerfenden Werkes.

Daß Kātib Čelebi nicht blind exzerpierte, sondern einem Konzept folgte, zeigt die Tatsache, daß das Cap. v De Zonis ausgelassen ist, da diese Einteilung der Erdoberfläche in fünf Zonen, durch die Polarkreise und die Wendekreise abgegrenzt, für ihn ohne Belang war. Einzelne Sätze, die ihn offenbar nicht interessierten, z.B. zu Etymologien von Namen wie Asia, strich er später. Am Rand von fol. 6v (Cap. ix) steht als Vergleich ein Abschnitt aus dem fol. 4v übersetzten Cap. vii, dem Abschnitt über Längenmaße aus Cluverius stellte er einen Vergleich orientalischer Längenmaße gegenüber.[149]

Die nächsten drei Kapitel der Introductio, Cap. x: De Oceano, eiusque partibus, Cap. xi: De Magnis Sinibus Oceani, Cap. xii: De Mari Interno, hielt Kātib Čelebi als zusätzliches Material auf den Rändern der entsprechenden Kapitel des Wiener Konzeptes fest,[150] Cap xiii: De Navigatione Oceani ist etwas zusammenhanglos an die neue Einleitung angehängt.[151] Eine konzeptionelle Neuerung sind dagegen die Teile, die die Einteilung der Erdoberfläche in Kontinente und die nähere Beschreibung dieser Kontinente als ganzer zum Gegenstand haben. Sie sollten sich vermutlich an die vorigen Teile der Einleitung unmittelbar anschließen. Cap. xiv: Summa totius orbis Divisio[152] paßt noch auf WK 8r, während 8v-9v die alte Einleitung des 3. faṣl über das Element Wasser steht. Die Beschreibung Europas[153] ist WK 9v unmittelbar nach dem Ende dieses Abschnittes niedergeschrieben, diejenige Afrikas findet sich fol. 1r,[154] die Asiens als Marginalie 1v-2r,[155] die Amerikas 2v-3v.[156] Die Beschreibung des fünften Kontinents Magellanica setzte Kātib Čelebi dann wieder ans Ende des

[147] Vier der fünf der Introductio als Tafeln beigegebenen Windrosen sind WK 5v-6r sorgfältig nachgezeichnet.

[148] In der mir vorliegenden Ausgabe Leiden 1629 p. 9-19, 20-32.

[149] Nach *Nuzhatu l-qulūb* 163ff.

[150] Introductio 32-35/WK 13r-14r; 35-37/14v-15r, 37-40/16v-17v.

[151] Introductio 40ff./WK 7v.

[152] Introductio 42-45.

[153] Introductio, Liber II, Cap. i: Summa Europae Descriptio, 45ff. Der letzte Teil, der den Umriß Europas nach Strabo mit einer Tiersilhouette oder nach späteren mit einer sitzenden Frauengestalt vergleicht, fehlt.

[154] Lilber VI, Cap. i: Summa Africae Descriptio, 318f.

[155] Liber V, Cap. i: Summa Asiae Descriptio, 261f.

[156] Liber VI, Cap. xi: Summa Americae Descriptio, 340-343, Cap. xii: America Septentrionalis sive Mexicana (nur der erste Abschnitt) 344, Cap. xiii: America meridionalis sive Peruviana 348f.

Kapitels, fol. 10r.[157] Diesem dürren Kapitel fügte er einige Sätze an, die Seydī ʿAlī Reīs über das "Goldland", also eigentlich Südamerika, geschrieben hatte.[158] Aus derselben Quelle zeichnete er auch eine weitere Windrose ab.[159]

Mit dieser Einleitung hat die Gliederung der Erdoberfläche in fünf Kontinente — Australien war noch nicht entdeckt — erstmals Einzug in die Geographie des islamischen Kulturraumes gehalten. Die Gliederung der alten Welt in die drei Kontinente Asien, Afrika und Europa ist — nach der Aufteilung der Erde unter die Söhne Noahs (Genesis Kap. 10) — in der europäischen mittelalterlichen Kosmographie gang und gäbe, in der islamischen Geographie jedoch nur episodisch erwähnt und nie zu einem eigenen Gliederung verwendet worden.[160] Diese Gliederung in dieser Form seinem Buch voranzustellen, war ebenfalls Kātib Čelebis eigene Konzeption, die sich auch in der zweiten Fassung niederschlagen sollte.

8. Biographie, Widmung, Bibliographie

Zuletzt, vermutlich schon während der Übersetzung des Atlas Minor, vielleicht erst während der Arbeit an der zweiten Fassung, benutzte Kātib Čelebi das Wiener Konzept, um darauf einige weitere Partien für die Vorrede des neuen Werkes zu entwerfen, Partien, die unter der Bezeichnung "Formelles" zusammengefaßt werden können. Auf dem Rand von WK 4r und den Raum, der auf dieser Seite für die Klimatabelle freigelassen war, mit einnehmend, schrieb Kātib Čelebi seinen Lebenslauf nieder. Das hohe Niveau der mittelalterlichen Wissenschaft hatte häufig Autoren bewogen, ihren persönlichen Standpunkt, ihr Denken und Empfinden darzulegen. Häufiger noch stellten sie die äußeren Daten ihres Lebens dar, um sich bekannt zu machen und ihre Absichten und Handlungen zu legitimieren.[161] Die typische arabische Gelehrtenbiographie enthält vorrangig Angaben zur Abstammung und zum Bildungsgang einschließlich der zu diesem Zweck unternommenen Reisen.[162] Bei Kātib Čelebis Lebenslauf verhält es sich nicht anders, allenfalls kommen einige Angaben zu seinen persönlichen Lebensumständen hinzu.[163]

Die Autobiographie, die Kātib Čelebi in *Sullam al-vuṣūl* einschloß, hat ihr Vorbild insofern, als es in der biographischen Literatur durchaus üblich war, daß der Autor eines solchen Werkes sich an passender Stelle selbst verzeichne

---

[157] Liber VI, Cap. xv: Magellanica, 351.
[158] Im *Muḥīṭ*, cf. Bittner/Tomaschek 1897. 75f.
[159] Die Windrose WK 4'v (die vier unfoliierten Blätter am Anfang von WK werden im folgenden als fol. 1'-4' bezeichnet) ist durch den Vergleich mit der ausführlichen Analyse in Bittner 1896. 27-30 zweifelsfrei als aus von Seydī ʿAlī Reīs entlehnt erwiesen.
[160] Miquel 1975. 60.
[161] Rosenthal 1937. 3.
[162] Rosenthal 1937. 21.
[163] Cf. Teil I und vollständigen Text im Anhang.

te.[164] In *Mīzānu l-ḥaqq* schließlich waren die Themen so heiß umstritten, daß er ausführlich darlegen mußte, woher ihm das Recht zukam, sich in die Debatte einzumischen. Doch im Wiener Konzept zeigt sich bei näherem Hinsehen, daß kaum etwas in diesem Text geeignet ist, Kātib Čelebi als Geographen auszuweisen. Das Studium entsprechender Werke kommt in der fragmentarischen *medrese*-Ausbildung, die er sich angeeignet hatte, nicht vor. Die Feldzüge, die er begleitete, sind zwar erwähnt, doch mehr, um ihn als treuen Diener seines Staates zu zeigen, als um auf seine Erfahrungen hinzuweisen. Aus diesen Gründen wohl hat Kātib Čelebi in der zweiten Fassung auf eine Autobiographie verzichtet.

In diesem Lebenslauf nennt Kātib Čelebi neben heute bekannten Werken wie *Kašf aẓ-ẓunūn* auch eine unbestimmte Zahl von Büchern über wundersame Künste, Magie und Medizin, Buchstaben- und Zahlenmystik. Von diesen Künsten zeugen auch die Bruchstücke einer Widmung an Sultan Meḥmed IV. auf fol. 5r, in der Kātib Čelebi versuchte, aus der Tatsache, daß dieser Herrscher der vierte seines Namens und der 18. seiner Dynastie war, ein möglichst gutes Omen herauszulesen. Näheres ist angesichts der Verwirrung und den vielen Streichungen in diesen Passagen nicht herauszubringen. Auch dieser Teil hat in der zweiten Fassung keine Verwendung gefunden.

Auf dem Titelblatt des Wiener Konzepts 1'r sowie auf fol. 1r hat Kātib Čelebi eine Reihe von Buchtiteln notiert. Zu einigen davon, z.B. zu Cluverius' Introductio, übersetzt als muqaddime, zu *Nuzhatu l-qulūb* und zu *Tuḥfat al-albāb* sind weitere Bemerkungen hinzugefügt, die im Stil und teilweise auch im Wortlaut mit den Artikeln in *Kašf aẓ-ẓunūn* übereinstimmen. Wir haben es also mit einem weiteren formellen Teil in Ansätzen zu tun, mit einer Bibliographie. Die erwähnten Werke sind, ebenso wie etliche andere, tatsächlich unter dem Quellen,[165] bei anderen dürfte es sich allerdings um Titel handeln, die Kātib Čelebi rasch festhielt, um diesen Büchern später nachzugehen.[166] Wieder andere Titel haben wenig oder gar nichts mit Geographie zu tun.[167] Um genauer zu klären, welche Funktion eine solche Bibliographie im Kontext des Gesamtwerkes hatte, ist es daher sinnvoller, die Bibliographie der zweiten Fassung näher zu untersuchen.

Wie erwähnt, wurden die letzten dieser Eintragungen in der Wiener Handschrift vermutlich gemacht, als Kātib Čelebi bereits damit beschäftigt war, das *Ǧihānnümā* völlig neu anzupacken. Hinweise auf die Übersetzung des Atlas Minor, *Levāmiᶜu n-nūr*, die zur Grundlage der zweiten Fassung werden sollte, finden sich bereits in einigen Marginalien, woraus zu schließen ist, daß Kātib Čele

[164] Kātib Čelebi selbst wies auf diese Vorbilder hin, cf. Text in Seçmeler 202f.

[165] Z.B. *Kitāb al-masālik wa l-mamālik* des Ibn Ḫurdāḏbih, *Menāẓıru l-ᶜavālim* (irrtümlich als *Mir'ātu l-ᶜavālim* zitiert).

[166] Z.B. *Risāle-i Malikšāhīye*, eine der Quellen von *Nuzhatu l-qulūb*.

[167] Z.B. Bīrūnis *al-Āṯār al-bāqiya* oder Wāqidīs *Ṭabaqāt aṣ-ṣaḥāba wa t-tābiᶜīn*.

bi trotz des Neubeginns sein altes Werk nicht verwerfen, sondern das darin enthaltene Material in der zweiten Fassung wieder verwerten wollte.

V

DIE ENTWICKLUNG DES *ǦIHĀNNÜMĀ*

DIE ZWEITE FASSUNG

1. LEVĀMIᶜU N-NŪR

Kātib Čelebi hatte von seinem Projekt einer Universalgeographie Abstand genommen und die erste Fassung nicht weiter ausgearbeitet, als er die Unzulänglichkeit seiner Quellen in Bezug auf Europa erkannt hatte.[1] Sollte das Werk nicht ganz und gar liegen bleiben, war es nur natürlich, daß Kātib Čelebi sich um den Zugang zu besseren, und das hieß in seinem Fall: europäischen Geographiebüchern bemühte. Er wußte von einem Ortelius-Atlas im Besitz von Qaračelebizāde Maḥmūd Efendi, doch gelang es ihm zunächst nicht, dieses Buches nach Maḥmūd Efendis Tod im Ẕū l-qaᶜde 1063 (beg. 23.9.1653)[2] habhaft zu werden. Stattdessen konnte er jedoch bald darauf den Atlas Minor des Gerhard Mercator (in der von Jodocus Hondius bearbeiteten Ausgabe Arnheim 1621) erwerben. Mit Hilfe eines französischen Renegaten, der sowohl die erforderlichen Sprach- als auch die Fachkenntnisse mitbrachte, machte er sich Mitte Muḥarrem 1064/ca. 6.12.1653 an die Übersetzung dieses Buches, um darauf die Neufassung seines *Ǧihānnümā* aufzubauen.[3]

Diese Übersetzung ist kein eigenständiges Werk oder eine Bearbeitung, wie die vielen Qazwīnī-Übertragungen der osmanischen Literatur, sondern nur eine Wiedergabe des Mercator-Hondius'schen Textes, allerdings mit einer kurzen Einleitung, in der Kātib Čelebi auf diesen Umstand ausdrücklich hinweist. Damit entschuldigt er auch, daß darin über Gebühr von Dingen die Rede ist, die bei muslimischen Lesern Anstoß erregen könnten. Unrichtigkeiten wurden zunächst unverändert übertragen, allenfalls in Marginalien richtiggestellt.[4] Die Numerierung der Kapitel, nach der Kātib Čelebi im *Ǧihānnümā* mehrfach zitiert, ist sein Zusatz.[5]

---

[1] ǦD 9.
[2] *Ẕeyl-i Šaqā'iq* 174.
[3] Diese Entstehungsgeschichte ist ebenso wie das Vorwort der Übersetzung in der Vorrede der zweiten Fassung enthalten (ǦD 9ff.).
[4] Gökyay 1957a. 75.
[5] Z.B. ǦD 67.2 ein Verweis auf das 49. Kapitel von *Levāmiᶜu n-nūr*.

Die Arbeit an der Übersetzung war allem Anschein nach überaus mühsam und zog sich hin bis zum 25. Ramażān 1065 (30.7.1655)[6]. Sie wird ergänzt durch einen Auszug aus Ortelius, nämlich dessen Liste namhafter Kartographen, die im Vorspann des Theatrum Orbis Terrarum enthalten ist, mit etwa 200 Namen, sowie einige Erläuterungen geographischer Begriffe.[7] Im Anschluß an die Übersetzung machte sich Kātib Čelebi an die Übertragung der Legenden der Karten, die im Autograph allerdings meist unvollendet geblieben sind.[8]

Der uneigenständige Charakter dieses Werkes war kein Hindernis für die weitere Verbreitung, denn anscheinend genoß häufig die getreue Übermittlung von Wissen kein geringeres Ansehen als ein originelles und damit subjektives Werk. Außer dem Autograph Nuruosmaniye 2998 werden folgende Handschriften genannt:

- Köprülüzade Fazıl Ahmed Paşa 178
- Millet K. 2
- Muradmolla, Hamid-i Evvel 988
- Süleymaniye, Esad Ef. 2042, 2043
- Topkapı, Revan K. 1632, 1637
- Topkapı, Bağdat K. 336
- Üniversite K., T.Y. 123, T.Y. 2350[9]
- Üniversite K., T.Y. 6610[10]
- Üniversite K., T.Y. 4654[11]

Noch vor Abschluß der Übersetzung, genauer Anfang Ṣafar 1065/beg. 11. 12.1654, begann Kātib Čelebi mit der Ausarbeitung der Neufassung des *Ǧihānnümā.*[12] Kātib Čelebi selbst hat in der Vorrede derselben als Beginn der Arbeit nach wie vor das Jahr 1648 angegeben,[13] was besagt, daß er beide Fassungen als Teile desselben Werkes betrachtete. Der neue Ansatz ist von Taeschner in seiner grundlegenden Untersuchung zu Recht als "vom ersten Entwurf in der

---

[6] *Ḫātime* des Autographs Nuruosmaniye 2998 fol. 423v, zit. n. Ménage 1971. 429f.

[7] Ǧevdet 1926-27. 1764, Taeschner 1926. 102 Anm.

[8] Ménage 1971. 429f. Nach Taeschner 1931. 492 ist die Übersetzung unvollständig und umfaßt nur etwa zwei Drittel des Atlas Minor. Diese Behauptung könnte am leichtesten durch Augenschein überprüft werden, was mir jedoch nicht möglich war. Aber Taeschner hat sich offenbar durch die Angabe ǦD 11 verwirren lassen, daß Kātib Čelebi die zweite Fassung begann, als die Übersetzung bis zur Seite 438 (von 683) des Originals gediehen war, und nicht beachtet, daß die Arbeit daran danach noch acht Monate dauerte. Die von Kātib Čelebi im *Ǧihannümā* verwerteten Kapitel über Ostasien sind jedenfalls erst im letzten Drittel enthalten.

[9] Die bisher genannten nach Türkay 1958.

[10] Derin 1957. 28 zusätzlich zu einigen der zuvor genannten. Taeschner 1926. 102f. warnt, daß häufig Unklarheit besteht, ob eine Handschrift *Levāmiʿu n-nūr* oder die zweite Fassung des *Ǧihānnümā* enthält. Insofern sind Türkays und Derins Angaben mit Vorsicht zu verwenden. Die Handschrift Üniversite T.Y. 2350 ist von Sarıcaoğlu benutzt worden (1995. 14).

[11] Taeschner 1931. 492.

[12] ǦD 11, etwas abweichend *Mīzānu l-ḥaqq* 143.

[13] ǦD 2.

Anlage grundverschieden" bezeichnet worden,[14] weswegen wir hier von der "zweiten Fassung des *Ǧihānnümā*" sprechen.

2. DIE TEXTGRUNDLAGE

Von dieser zweiten Fassung ist Kātib Čelebis Autograph erhalten, der erste Teil der Handschrift Topkapı, Revan K. 1624, fol. 1-159,[15] im Folgenden mit IK (Istanbuler Konzept) bezeichnet. An diesem Text hat Kātib Čelebi offenbar bis zuletzt gearbeitet, denn er bricht mitten in einem Artikel ab. Er ist als Reinschrift konzipiert, klar und relativ sorgfältig geschrieben, doch in Kātib Čelebis charakteristischem Duktus. Die Handschrift enthält zahlreiche Skizzen und Karten, die jedoch — vor allem in den späteren Teilen — nur unvollkommen ausgeführt sind. Der sehr breite Rand, den Kātib Čelebi vorsah,[16] könnte darauf hindeuten, daß er von vornherein Platz für Nachträge und Verbesserungen lassen wollte. In der Tat hat er von dieser Möglichkeit der Korrektur vielfachen Gebrauch gemacht.[17]

Haben sich im Falle der ersten Fassung die Marginalien von einem zumindest vorläufig abgeschlossenen Text klar trennen lassen, so ist ein Versuch dazu bei diesem Text aussichtslos. An zahlreichen Stellen ist zu erkennen, daß die Marginalien ganz kurz nach und in unmittelbarem Zusammenhang mit der ersten Niederschrift entstanden sind, andere im Verlauf der Arbeit an späteren Kapiteln. Doch solange sich die Entstehungszeit von Text und Nachträgen sich nicht durchgängig trennen läßt, ist es nur möglich, den gesamten Textbestand dieser Handschrift als eine geschlossene Fassung ohne weitere Differenzierung zu untersuchen. Ausgangspunkt ist dabei das Autograph, doch wird i.a. nach der Seitenzahl der Druckausgabe zitiert, da diese leichter zugänglich ist.[18]

Diese Zitierweise bietet sich umso mehr an, als das Autograph auch İbrāhīm Müteferriqa bei der Erstellung der Druckfassung vorlag.[19] Es sind den Setzern zwar, wie den Kopisten ihrer Zeit auch, vor allem bei Eigennamen zahllose Fehler, insbesondere bei der Punktierung, unterlaufen, doch ist der Drucktext sonst von allen redigierenden Eingriffen frei, die bei den Drucken des 19. Jhdts. so häufig sind.[20]

[14] Taeschner 1926. 103.

[15] Erstmals erkannt von Taeschner 1931. 492.

[16] Format des Bandes 38 x 26 cm, Schriftspiegel aber nur 26 x 11,5 (Derin 1957. 28).

[17] Kātib Čelebi kündigte an, er werde die Herrscher von Čin am Rand nachtragen, falls er entsprechender Informationen habhaft würde. Dazu ist es in diesem Fall nicht gekommen (ǦD 165).

[18] Zumal da die Türk Tarih Kurumu nach Mitteilung von F. Sarıcaoğlu eine Faksimileausgabe plant.

[19] Dies ergibt sich nicht nur aus dem Textbestand, sondern auch aus den Aussagen İbrāhīms ǦD 3' (unpaginiertes Vorwort des Herausgebers), 422.

[20] Thomas' Urteil, von allen Istanbuler Drucken seien die Müteferriqa-Drucke die zuverlässigsten, findet hier seine Bestätigung (1972. 135).

Da Kātib Čelebi durch den Tod mitten aus dem Schaffen gerissen wurde, ist es überaus unwahrscheinlich, daß, wie bei der ersten Fassung, mehrere Redaktionen des Textes existieren. Alle Handschriften enden wie Kātib Čelebis Hand im Autograph, oder enthalten darüberhinaus den Text der Ergänzungen, die Kātib Čelebis "Nachfolger" Ebū Bekr b. Behrām ed-Dimišqī dem Autograph anfügte. IK kann somit als Urschrift aller vorhandenen Handschriften der zweiten Fassung angenommen werden.

3. Der Textbestand

Die zweite Fassung des *Ǧihānnümā* umfaßt die folgenden Kapitel:[21]

[21] Seitenzahlen der Druckausgabe. Die Einschübe İbrāhīm Müteferriqas, deren längster über zwanzig Seiten lang ist, werden nicht berücksichtigt. Die folgenden Kapitelüberschriften sind von mir so gewählt, daß sie den tatsächlichen Inhalt möglichst exakt umreißen.

Es gibt nur wenige Hinweise, wie über diesen Textbestand hinaus der Gesamtaufbau dieser Fassung aussehen sollte. Kātib Čelebi betrachtete mit dem Kapitel Daġistān die Beschreibung des östlichen und nördlichen Asien als abgeschlossen und kündigte an, er werde sich nun dem an Europa angrenzenden Osmanischen Reich zuwenden, das die übrigen Gebiete Asiens umfaßte. Dabei sollte jedem *eyālet* ein eigenes Kapitel gewidmet sein.[22] Vermutlich sollte sich daran die Beschreibung der europäischen Reichsteile anschließen. In welcher Reihenfolge dann das übrige Europa, Afrika und die Neue Welt behandelt werden sollten, wissen wir nicht.

All diese Kapitel sollten im Gesamtwerk nur den ersten Hauptteil bilden. In der Vorrede hatte Kātib Čelebi angekündigt, der erste Teil (dort *qısm*, im Text später *bāb* genannt), werde diverse Kapitel umfassen, während der zweite Teil alphabetisch entsprechend dem Register der Regionen angeordnet sein werde.[23] Dieses Register, letzter Teil der Einleitung (s.o.), umfaßt nicht alle Toponyme, die im Text vorkommen, nicht einmal alle, denen ein eigener Abschnitt gewidmet ist, sondern nur die Regionen, in Europa hinab bis auf die Ebene der Kleinstaaten, im osmanischen Reich bis auf die Ebene der *sanǧaq*s, im Iran bis zu den großen Städten.

Sollten diese alphabetisch angeordneten Partien etwa noch einmal denselben Stoff umfassen wie die Kapitel des ersten Hauptteils? Das ist kaum denkbar. Sollten sie nur ein Register darstellen? Welchem Zweck dient dann die alphabetische Liste in der Einleitung? Man weiß es nicht. Die Unsicherheit über Kātib Čelebis diesbezügliche Absichten spricht auch aus İbrāhīm Müteferriqas Bemerkungen im Anschluß an die Vorrede.[24]

4. Die Erschließung europäischer Quellen

Kātib Čelebi verdankt seinen Ruhm als Wissenschaftler nicht zum wenigsten der Tatsache, daß er nicht nur die Unzulänglichkeit der älteren islamischen Literatur erkannte, sondern sich konsequent und tatkräftig daran machte, die Wissenlücken mit Hilfe neuerer europäischer Literatur zu schließen. Von der (momentanen) Überlegenheit der Europäer hatte er ja schon in der ersten ersten Fassung gesprochen.[25] In seiner vorurteilsfreien Art, sich diesen Quellen zu nähern, scheint er dem Diktum Ibn Ḫaldūns zu folgen, die Erkenntnisse in den

[22] ǦD 410.
[23] ǦD 2.
[24] ǦD 2.
[25] WK 33r.

exakten Wissenschaften seien nicht auf ein Volk beschränkt, sondern gleichermaßen bei allen vorhanden.[26] Kātib Čelebi anerkannte die Überlegenheit der Europäer auch nur für bestimmte Gebiete, nämlich für Europa und die im 16. Jhdt. neu entdeckten Regionen, während er in anderen die islamischen Quellen höher schätzte.[27] In der Kartographie dagegen ging er so weit, den *İslām mühendisleri* die *müte'aḫḫırīn* gegenüberzustellen, sodaß islamisch geradezu als Synonym für alt erscheint.[28]

Bevor wir in den nächsten Kapiteln untersuchen, in welchem Maße Kātib Čelebi diese europäischen sowie die islamischen Quellen verwendet hat, ist es angebracht, die Bedeutung dieser Werke in der europäischen Geographie zu betrachten.

Der Urvater der Erdbeschreibung ist Strabon aus Amaseia (gest. 19 oder 23/24 n.Chr.). Anstelle der ptolemäischen, mathematisch-astronomisch ausgerichteten Geographie liefert er eine unterhaltsam-bildende mit einer Fülle historischen Materials. Seine Grundidee, alles Bekannte und Wissenswerte über die Welt zusammenzutragen, hat die ganze europäische Literatur bis weit in die Neuzeit hinein geprägt. Im Zeitalter der Entdeckungen wurden zwar viele neue Erkenntnisse hinzugewonnen und konnten alte Irrtümer korrigiert werden, doch blieb die Grundidee der Erdbeschreibung immer noch dieselbe.[29] Die Begründung der Geographie als moderner Wissenschaft, die die Aufgabe habe, "Tatsachen festzustellen und die ursächlichen Zusammenhänge zwischen diesen zu erkunden und zu erforschen", wird erst Bernhard Varenius (1621-1650) zugeschrieben, dessen Wirksamkeit nicht mehr in den hier zu betrachtenden Zeitraum fällt.[30]

War die Erdbeschreibung zu der Zeit, als Kātib Čelebis Quellen entstanden, noch in der Nachahmung antiker Vorbilder befangen, so erlebte die Kartographie seit der Renaissance einen beachtlichen Aufschwung. Die Voraussetzung dafür war die Wiederentdeckung der ptolemäischen Geographie (erste lateinische Übersetzung 1406), sowie die systematische Verbesserung ihrer Koordinatensammlung. Mit der Erfindung des Buchdrucks erlebte die Geographie des Ptolemäus mit ihren mehr oder weniger aktualisierten Weltkarten weite Verbreitung durch zahllose Auflagen im 16. Jhdt.[31] Gleichzeitig entstanden, gefördert durch neue mathematische Kenntnisse und Vermessungsmethoden wie durch politische Interessen, großmaßstäbliche Regionalkarten. Alle diese wurden, teilweise noch in handschriftlicher Form, meist aber als Druck, von tüchti

---

[26] *Muqāddimā*, Buch I, Kap. 6, p. 379, zitiert in *Kašf aẓ-ẓunūn* 678 s.v. ʿilm al-ḥikma.
[27] Cf. die Bemerkung, Sind sei in den übersetzten Werken mit ein bis zwei Worten abgehandelt, da die Autoren von diesen Regionen nichts wüßten, ĞD 231.
[28] ĞD 57.
[29] James 1972. 120.
[30] Schmithüsen 1970. 119f.
[31] Bagrow/Skelton 1963. 109-119.

gen Verlegern gesammelt und in Buchform mit einiger Erläuterungen zusammengefaßt: So entstanden die ersten Atlanten.

In diesem Kontext sind mehrere von Kātib Čelebis Quellen zu sehen. Gerhard Mercator (1512-94), zweifellos nach dem Umfang der Entlehnungen der wichtigste darunter, erwarb sich seinen Ruhm als Kartograph vor allem durch eine neuartige Kartenprojektion.[32] Er hatte so große Achtung vor den Daten des Ptolemäus, daß er sich nur schwer überwinden konnte, dessen alten Fehler bei der Länge des Mittelmeeres zu korrigieren.[33] Nichtsdestoweniger ist es seine Weltkarte von 1578, die die ptolemäische endgültig verdrängte.[34] Außerdem publizierte Mercator 1585 (postumer Nachtrag 1595) eine Sammlung von Karten, die als erste den Namen Atlas trug. Er war unter den Kartographen und Verlegern seiner Zeit einer der wenigen, die sich bemühten, die Fülle der Vorlagen kritisch zu sichten, doch bewährte sich dieser Scharfblick vor allem in den gut bekannten Regionen, während er bei der Behandlung der Nordpolarregion, Afrikas und Asiens Angaben aus Ptolemäus, andere alte Karten und einige Produkte seiner Phantasie mischte.[35] Seine Druckplatten wurden nach seinem Tod von Jodocus Hondius übernommen, der nicht nur den umfangreichen und großformatigen "Atlas sive Cosmographicae Meditationes de Fabrica Mundi et Fabricati Figura" weiter verlegte (41 Auflagen bis 1624), sondern auch eine handliche "Volksausgabe" unter dem Titel "Atlas Minor" publizierte, die insgesamt 24 Auflagen in lateinischer, deutscher und englischer Sprache erfuhr.[36] Kātib Čelebi lag die lateinische Ausgabe Arnheim 1621 vor.[37] In den Mercatorschen Text hat Hondius oft genug eigene, neuere Erkenntnisse mit verwoben,[38] doch da die geographiegeschichtliche Forschung ihr Augenmerk nahezu ausschließlich auf die Karten richtet, ist nicht zu sagen, welcher Anteil am Text auf Mercator selbst zurückgeht. Die Ausgaben des Atlas Minor differieren zudem untereinander beträchtlich. Die Fülle von Zitaten aus den antiken Geographen im Kapitel Indien zeigt deutlich, wie dürftig die neueren Quellen des Atlas Minor zu dieser Region waren.[39]

Im Gegensatz zu Mercator verdankt Abraham Ortelius (1527-98) seinen Ruhm nur in geringem Maße seiner Tätigkeit als Kartograph. Er war der erfolg

[32] Peschel 1877. 411f. Obwohl eigentlich eine reine Gelehrtenarbeit, ersetzte diese Projektion wegen ihrer besonderen Eigenschaften bis 1630 alle anderen im Bereich der Seekarten (James 1972. 105ff.).

[33] Ptolemäus hatte die Länge mit 62° angegeben, Mercator korrigierte auf 52° (real 42°), übrigens unter dem Einfluß von Guillaume Postels Übersetzung aus *Taqwīm al-buldān* (Peschel 1877. 421).

[34] Gallois 1890. 241.

[35] Peschel 1877. 420f.

[36] Bagrow/Skelton 1963. 261.

[37] ǦD 9f. Diese Ausgabe mißt im Querformat 21 x 17 cm und hat 682 Seiten.

[38] Zahlreich sind Formulierungen wie: "sed si Mercatoris nostri descriptionem sequamur ..." (Atlas Minor 14).

[39] Atlas Minor 634-37.

reiche Verleger des ersten großen Kartensammelwerkes, "Theatrum Orbis Terrarum", das erstmals 1570 in Antwerpen erschien und dort bis 1624 fast 20 regelmäßig erweiterte Auflagen in allen wichtigen europäischen Sprachen erfuhr.[40] Sein Verdienst besteht im wesentlichen in der (durchaus glücklichen) Auswahl der publizierten Karten,[41] während die beigegebenen Erläuterungen sich oft auf Exzerpte aus antiken Autoren beschränken. Dieselbe Ausrichtung auf die klassische Bildung zeigt sein geographisches Lexikon, erschienen 1578 als "Synonymia Geographica", 1596 als "Thesaurus Geographicus", in dem aktuelle Toponyme, die nicht bei den Alten zu finden waren, in den Anhang verbannt waren.[42]

Kātib Čelebi hat uns den Vorbesitzer der von ihm benutzten Theatrum-Ausgabe mitgeteilt: Qaračelebizāde Maḥmūd Efendi, einst *qāżīʿasker* von Anadolu und Rumeli, zuletzt *qāḍī* von Galata, gest. 23.9.1653. Es ist leider nur ein vereinzelter Beleg für europäische Bücher in osmanischem privatem Besitz. Kātib Čelebi sagte nicht, um welche Ausgabe es sich handelte. Die Originalausgabe im Folioformat war ein kostbares Werk, speziell wenn es sich um ein koloriertes Exemplar handelte. Auf der Basis des Theatrum erschienen zwischen 1576 und 1724 noch einmal etwa 20 verkleinerte Ausgaben, sogar im Duodezformat, die die unterschiedlichsten Titel wie "Speculum", "Enchiridion", "Epitome" o.ä. tragen konnten.[43] Abgesehen davon, daß m.E. die kleinere und billigere Ausgabe schon aufgrund des historischen und sozialen Kontextes die größere Wahrscheinlichkeit für sich hat, deutet auch die Tatsache, daß Kātib Čelebi die Südostasienkarte Gastaldis (s.u.) wegen der größeren Genauigkeit seinen anderen Karten vorzog, auf eine kleinformatige Ortelius-Ausgabe hin. Die verschiedentlich verwendete Schreibung Orteliyū[44] könnte ein Indiz für eine italienische Ausgabe sein.[45]

Im Kapitel Japan hat Bacqué-Grammont einige Paragraphen ausgemacht, die auf Giovanni Petro Maffei zurückgehen: Histoire des Indes, de Iean Pierre Mafee Bergamasque, Lyon 1603.[46] Ich zweifle jedoch etwas, ob Kātib Čelebi dieses Werk selbst benutzt hat. Da Bacqué-Grammont ebenfalls die Ortelius-Ausgabe bislang nicht identifiziert hat, vermute ich, daß dies eine mittelbare

---

[40] Skelton im Vorwort zum Nachdruck des Theatrum, xi.

[41] So Peschel 1877. 420, Gallois 1890. 240, Günther 1904. 138. Für die heutige Forschung von Wert ist auch der Catalogus auctorum, die Liste der Kartographen, die auch Kâtib Čelebi in *Levāmiʿu n-nūr* exzerpiert hatte.

[42] Reinaud 1860. 67.

[43] Bagrow/Skelton 1963. 261. Kâtib Čelebi nennt in ǦD 14 keinen Titel, in den Verweisen in WK schreibt er *tiyatrum*.

[44] ǦD 123, 131, 148 et passim.

[45] Aus einer italienischen Oktavausgabe u.d.T. "Il theatro del mondo" besitze ich zwei Karten. Auffallend, daß die Anatolienkarte İbrāhīm Müteferriqas (ǦD nach p. 629) im Gegenatz zu allen anderen Karten des *Ǧihannümā*-Druckes gesüdet ist wie in dieser Ausgabe, während die Karte der Originalausgabe zwar hochformatig, aber durch die Beschriftung eindeutig genordet ist.

[46] Für diese briefliche Mitteilung bin ich Prof. Dr. Bacqué-Grammont zu Dank verpflichtet.

Entlehnung ist, die dem Ortelius-Atlas entstammt. Es steht zu hoffen, daß es noch gelingen wird, die entsprechende Ausgabe festzustellen.

Der bereits im vorigen Kapitel erwähnte Philippus Cluverius (oder Philip Clüver, 1580-1623) gilt mit seiner historischen Geographie Deutschlands (1616), mit der er sich als Kenner sowohl der antiken Schriftsteller als auch des Landes auszeichnete, als der methodische Begründer dieses Faches.[47] Den Grund für die moderne Länderkunde legte er mit seiner "Introductio in Universam Geographiam tam Veteram quam Novam", Leiden 1624, die, ganz auf dem ptolemäischen Weltbild fußend, für ein Jahrhundert in lateinischen, deutschen und französischen Ausgaben das vorherrschende Lehrbuch der gelehrten Schulen geblieben ist. Es wurde 1729 zuletzt aufgelegt.[48] Im Gegensatz zu den beiden ersten Quellen enthält dieses Werk keine Karten, sondern nur einige Skizzen. Da Kātib Čelebi eine Ausgabe aus Paris (1635) in lateinischer Sprache benutzte,[49] liegt es nahe, in ihrem ursprünglichen Eigentümer jenen französischen Renegaten Meḥmed İḫlāṣī zu vermuten, der die Übersetzungsarbeiten leistete.[50]

Das Werk des Kalabriers Giovanni Lorenzo d'Anania (ca. 1545-1607 oder 1609), L'universale fabrica del mondo, Venedig 1582 und 1596, wird von den mir zugänglichen Geographiehistorikern übergangen. Der Autor studierte Sprachen, Theologie und Naturwissenschaften, gehörte einige Zeit zur engeren Umgebung des neapolitanischen Erzbischofs Mario Carafa, und kehrte nach dessen Tod 1576 wieder nach Kalabrien zurück. Er war Verfasser einer Dämonologie (De natura daemonorum, Venedig 1570, erneut gedruckt zusammen mit De natura angelorum als: De substantiis separatis, Venedig 1654), sowie zweier ungedruckter Werke "De fortuna" und "Contra hebraeos".[51] Seine Kosmographie ist wie alle anderen hier genannten Quellen dem geozentrischen Weltbild verhaftet, hat aber das Verdienst, daß sie nicht nur topographische Angaben aneinanderreiht, sondern zahlreiche landeskundliche Details, wie Sitten und Gebräuche, staatliche Organisation, Tier- und Pflanzenwelt, Produkte und Bodenschätze einschließt.[52] Zur Ausstattung des Buches gehören einige wenige Karten, doch waren diese in Kātib Čelebis Exemplar offenbar nicht vorhanden.[53] Sie waren zu dieser Zeit auch erheblich hinter dem allgemeinen Kenntnisstand zurück.

Die Aristoteleskommentare des sogenannten Collegium Conimbricense, der jesuitischen Gelehrten der Universität Coimbra (gedruckt in fünf Bänden 1596-1606 et pass.), zählen zur Nachblüte der Scholastik auf der Iberischen Halbin

---

[47] Schmithüsen 1970. 115, James 1972. 123.
[48] Günther 1904. 157ff., nach Partsch, J.: Philip Clüver, der Begründer der historischen Länderkunde, Wien 1891.
[49] ĞD 14.
[50] Mir lag stattdessen eine lateinische Ausgabe, Leiden 1629, in einem besonders kleinen Format vor (5,8 x 10,8 cm).
[51] Dizionario biografico degli italiani Bd. 3, Rom 1960, s.v.
[52] Thorndyke 1941. VI, 527f., V, 42.
[53] Cf. ĞD 13.

sel, streng der Tradition verpflichtet, ohne weitere Rezeption, eigentlich ein Anachronismus.[54] Daraus benutzte Kātib Čelebi den Kommentar zur Meteorologika, gedruckt in Köln 1596.[55] Strenggenommen handelt es sich nicht um einen Kommentar, sondern um eine eigenständige Abhandlung über die von Aristoteles behandelten Fragen. Daß Kātib Čelebi schrieb, im Vergleich mit diesem Werk sei Ibn Sīnās achtzehnbändiges *Kitāb aš-šifā'* klein, deutet darauf hin, daß er die gesamte Serie zur Hand hatte.[56] Kātib Čelebi wird aber den von ihm zitierten Ausschnitt kaum selbst herausgesucht haben. Vielmehr dürfte ihn hier sein Übersetzer geleitet haben. Zu diesem als ehemaligem französischen Geistlichen paßt auch der Besitz eines jesuitischen Werkes. Ähnliches gilt im übrigen für die Kosmographie d'Ananias.

Als europäische Quelle muß schließlich in gewisser Weise die von Kātib Čelebi in seiner Bibliographie erwähnte arabische Druckausgabe von al-Idrīsīs *Nuzhat al-muštāq* gelten. Über dieses Buch sagte er, es sei von einigen "Westlern" (*maġāribe*) teilweise, unter Weglassung des Nützlichen, und in fehlerhafter Form gedruckt und verbreitet worden.[57] Dies muß sich auf die 1592 in Rom gedruckte Ausgabe beziehen, deren genaues Verhältnis zum Original strittig ist, deren Mängel aber bekannt sind.[58] Der Import von nichtreligiösen gedruckten Werken ins Osmanische Reich war 1588 freigegeben worden, doch fanden diese wohl aus ästhetischen Gründen nur wenig Anklang.[59] Hier liegt nun ein sicherer Beleg vor, daß der Idrīsī-Druck schon bald den Weg ins Osmanische Reich gefunden hatte.[60]

Europäischer Provenienz waren schließlich auch einige Karten, die Kātib Čelebi zusätzlich zu den Atlanten benutzte. Eine Weltkarte des Jodocus Hondius (1563-1612) bezeichnete er ausdrücklich als in seinem Besitz befindlich.[61] Eine weitere Karte, auf die Kātib Čelebi auch im Text immer wieder verwies,war die Asienkarte des Iacopo Gastaldi (1500-1565) von 1561, aus drei Teilen und insgesamt sechs Blättern bestehend.[62] Diese Karte war im Vergleich mit anderen, die Kātib Čelebi zur Verfügung standen, in vielen Teilen überholt. Auch Kātib Čelebi bemerkte, daß sie an vielen Stellen von den übrigen abwich,

---

[54] Windelband/Heimsoeth 1957. 304, 311.

[55] Dieser Teil stammt aus der Feder von Manoel de Goes (gest. 1597) (LThK s.v. Coimbricenser).

[56] *Kašf aẓ-ẓunūn* 684 s.v. ʿilm al-ḥikma.

[57] ĞD14.

[58] EI 2 s.v. Idrīsī, İA s.v. İdrisi.

[59] Žёltjakov 1972. 16, cf. Faroqhi 1995. 111. Nach Adnan-Adıvar 1982. 119. wurde das Importverbot nur 1596 für die arabische Euklidausgabe Rom 1594 aufgehoben.

[60] Türkay 1958. 5 verzeichnet einen Idrīsī-Druck: Yenicami 795.

[61] ĞD 130. Kâtib Čelebi nennt als Datum 1613, Bagrow/Skelton 1963. 496 kennen Weltkarten von 1608 und 1611, doch wurden sie nach Jodocus Hondius' Tod offenbar von dessen Sohn Henricus weiterverlegt.

[62] Diese Karte bezeichnet Kātib Čelebi als Werk eines Kastilianers namens Ğaqomo (im Druck meist nur Ğaqo), das Herstellungsjahr gibt er mit 1562 an (ĞD 131, 132 et pass.). Über Gastaldi cf. Bagrow/Skelton 1963. 192ff.

wobei das Fehlen der Insel Celebes das auffallendste Moment ist.[63] Kātib Čelebi scheint nur eines der sechs Blätter besessen zu haben, denn seine Hinweise beschränken sich auf ein Gebiet etwa von 110° bis 140° östlicher Länge und vom Äquator bis 45° Nord, d.h. von Borneo im Südwesten bis zum Japanischen Meer im Nordosten. Dies entspricht der östlichen Hälfte jener Karte, die in Gerhard de Jodes Atlas nach Gastaldi als "tertiae partis Asiae ... delineatio" bezeichnet ist.[64]

An anderen Stellen erwähnte Kātib Čelebi Seeatlanten, sowohl Pīrī Re'īs' *Baḥrīye* als auch europäische, mit mehreren Einzelblättern.[65] Daß er mit Seekarten vertraut war, zeigen seine diesbezüglichen Beschreibungen.[66] Evliyā Čelebi berichtet, die Hersteller von Seekarten, deren es in Istanbul zu seiner Zeit acht gegeben habe, verwendeten regelmäßig europäische Vorlagen, doch sind seine näheren Angaben wenig vertrauenswürdig.[67] Nichtsdestoweniger gibt es mehrfach Hinweise auf europäische Karten in Istanbul.[68] Es ist also denkbar, daß Kātib Čelebi seine Karten von solchen Kartographen erworben hatte. Wieviele Karten oder auch Globen er tatsächlich gesehen oder gar für das *Ǧihānnümā* benutzt hat, ist nicht festzustellen.[69]

5. Die Quellen: Die Einleitung

Kātib Čelebi hat seinem Werk eine Bibliographie vorangestellt. Schon bei etwas näherem Hinsehen wird klar, daß er einen beträchtlichen Teil der hier aufgezählten Titel nicht selbst gesehen hat, sondern daß es sich um die Quellen seiner Quellen handelt. Eine deutlich größere Anzahl von Titeln begegnet im Laufe des Textes,[70] doch gilt auch hier, daß zahlreiche davon nicht direkt, sondern aus späteren Werken zitiert sind. Der einzige Weg, die tatsächlichen Quellen festzu

[63] ǦD 139, genauso die Karte ǦD 145a, im Autograph fol. 53r.
[64] Reproduktion in Bagrow/Skelton 1963. 395, Tafel LXVIII.
[65] ǦD 63.
[66] ǦD 62.
[67] Evliyā nennt als verwendete Vorlagen "Atlas Minor", "Ǧuġrafya" und "Papamonta", i.e. eine Weltkarte (mappamondo, I, 548). Diese Angabe ist aber nicht wörtlich zu nehmen, sondern ein Topos, wie das Vorkommen in ganz anderen Zusammenhängen beweist: *Seyāḥatnāme* II, 30, III, 174 (cf. Taeschner 1923. 69), Kreutel 1987. 155.
[68] Cf. Van De Waal 1969, Soucek 1973a zu Seekarten. Mit einem türkischen Kartographen besprach sich 1673 A. Galland und informierte ihn über neueste Erkenntnisse der Europäer (Wurm 1971. 127), ein Beispiel für Übermittlung von Wissen, die anderweitig nicht dokumentiert ist.
[69] Ein Globus gehörte zum Inventar des kurzlebigen Istanbuler Observatoriums um 1580. Es scheint mir aber mehr als fraglich, ob dieser Globus, der auf einer zeitgenössischen Miniatur sehr genau abgebildet ist, wirklich ein Werk osmanischer Gelehrter ist, als welches er von Sayılı analysiert wird (Sayılı 1962 mit Abbildungen).
[70] Die von anderen mehrfach zitierte Behauptung, im *Ǧihannümā* seien keine Quellen genannt, ist ein eklatanter Flüchtigkeitsfehler Taeschners (1923. 63), ähnlich seiner Angabe, die Karten der Druckausgabe seien gesüdet (EI 2, s.v. Djughrafiya VI: The Ottoman geographers), was nur für eine einzige, diejenige Anatoliens, zutrifft.

stellen, ist also der direkte Vergleich, wobei natürlich Kātib Čelebis Bibliographie als Orientierung zu gebrauchen ist. Ob man das *Ğihānnümā* als Referenz für die historische Geographie benutzen will, ob man Kātib Čelebis Arbeitsweise eruieren will, ob man an geographischen Fakten oder an der zugrundeliegenden Denkweise interessiert ist, stets ist es unabdingbar zu wissen, welche Quellen Kātib Čelebi benutzt hat.

Die Abhängigkeiten der Werke untereinander, deren Titel in der Bibliographie und im Text begegnen, habe ich versucht in einer Graphik darzustellen. An dieser Stelle will ich nun, wie zur ersten Fassung, die ermittelten Quellen nacheinander in deskriptiver Form aufzählen.[71] Hierbei habe ich das Schwergewicht auf die geographischen Quellen gelegt, während ich historischen und insbesondere biographischen Angaben i.a. nicht nachgegangen bin, zumal dies wegen der Kürze der Exzerpte oft nicht zuverlässig geschehen könnte. Diese Quellen ebenfalls zu ermitteln, würde letztendlich nichts anderes bedeuten, als die Quellen von *Sullam al-vuṣūl* und *Faḏlakat aqwāl al-aḫyār* zu bestimmen.[72]

Cluverius ist besonders wichtig für die systematischen Partien. Die Exzerpte im Wiener Konzept sind vollständig übertragen, teilweise noch vervollständigt. Der gesamte Aufbau der Einleitung stimmt mit dem bei Cluverius überein.[73]

Begriff Geographie ĞD **14**.25-27; Erdachse, Pole, Kreise **48**.14-**50**.22, cf. WK 1v-4r; Zonen **50**.22-**51**.10[74]; Klimata **52**.1-**53**.1, einschl. Tabelle **51b**/24ff.; Entfernungen **56**, **57**.1-22; Himmels- und Windrichtungen **59**.28-**60**.18, dazu auch vier der fünf Windrosen p. **59b**, cf. WK 5v-6r. Dies entspricht insgesamt Introductio p. 9-32.

Die Entlehnungen aus Mercator beginnen eigentlich schon mit dem Zitat der Vorrede aus *Levāmiᶜu n-nūr* (**10**.28-**11**.11, cf. Atlas Minor, Vorwort des Hondius, s.pag. 1'-2'). Da bei Mercator der theoretische Teil aber bei weitem nicht so ausgearbeitet ist wie bei Cluverius, können seine Angaben nur dazu dienen, dessen Informationen zu ergänzen.

Ziel und Nutzen d. Geogr. ĞD **16**.21-**17**.13/Atlas Minor 2, erweitert; Erddrehung **19**. 13-27/4; Koordinaten **54**.1-7/3'; **55**.11-16/cf. 3', zur Rolle der Anthropogeographie **67**.1-18/190.

Daneben treten die islamischen Quellen weit in den Hintergrund. Eine Ausnahme macht nur das Seefahrtshandbuch des Seydī ʿAlī Re'īs, *al-Muḥīṭ*. Kātib Čelebi schätzte es wegen seiner naturwissenschaftlichen Präzision und seiner umfassenden Darstellung der theoretischen wie praktischen Probleme.

---

[71] Soweit möglich gebe ich dabei fett Seiten- und mager Zeilenzahl der Druckausgabe an. Wenn die entsprechenden Passagen im Autograph am Rand nachgetragen ist, kennzeichne ich die Stelle mit "m".

[72] Über hundert Quellen von *Sullam al-vuṣūl* hat Gökyay zusammengestellt (1957a. 58f.).

[73] Zitate im folgenden nach der lateinischen Ausgabe Leiden 1629.

[74] Dieses Kapitel hatte Kātib Čelebi bei den Exzerpten im Wiener Konzept übersprungen.

Über die Windrose **60**.18-62.4[75], einschl. Zeichnung **59**b, links unten, cf. WK 4'v; Kompaß **62**.27-63[76]; Marginalie IK 15r (nicht in ĠD **62**) zur Etymologie von *vartı*.

Die kosmographische Einleitung zu *Tārīḫ-i Hind-i Ġarbī* leistete Kātib Čelebi immer noch gute Dienste als Quelle.

Sphären **21**.8-25/Goodrich 1990. 77ff., Diagramm der Klimata **51**b/93.

Von seiner einstigen Hauptquelle *Menāẓıru l-ʿavālim* machte Kātib Čelebi nur noch selten Gebrauch (zur Datumsgrenze **21**.5-14 cf. *Menāẓıru l-ʿavālim* 21v). Auch *Taqwīm al-buldān* erwähnt Kātib Čelebi nur einmal, wo er das Problem der verschiedenen Klimata diskutiert (**51**f.).

Al-Ġazzālīs *Tahāfut al-falāsifa* benötigte Kātib Čelebi, um glaubwürdig zu versichern, die Vorstellungen von der konzentrischen Anordnung der Sphären und der Kugelgestalt der Erde widersprächen nicht der *šarīʿa* (**17**.23-**19**.9/65-67).

Im selben Zusammenhang fügte Kātib Čelebi ein Resümee seines *el-İlhāmü l-muqāddes* ein (**21**.24-**22**.4).

Al-Bīrūnīs opus magnum *al-Qānūn al-masʿūdī* zitierte er zum Problem der Feststellung von Koordinaten (**56**.4-6/546).

In einer Marginalie zitierte Kātib Čelebi Pīrī Re'īs zur Etymologie von *ḫartı* (IK 15r/*Baḥrīye* (Alpagot/Kurdoğlu) 28f., nicht ĠD 62). In einer anderen (IK 9r, nicht in ĠD 51) übte er Kritik an Mevlānā Lārī, der die 7-Zahl der Klimata aus einer Legende begründete.[77]

Im Abschnitt über die Irrtümer der früheren Geographen (**66**f.) führte Kātib Čelebi außerdem al-Masʿūdī,[78] Ibn al-Wardī, Ibn Ḥauqal,[79] Suyūṭī,[80] Meḥmed ʿĀšiq,[81] Muṣṭafā ʿĀlī[82] und den Autor von *Tārīḫ-i Hind-i Ġarbī*[83] als besonders spektakuläre Beispiele vor.

---

[75] Cf. Reinaud 1848. I, clxvi, Bittner 1896. 26-31, Hammer 1834, Inhaltsangabe Kap. I.

[76] Reinaud 1848. I, ccxi, wohl Kap. III, cf. Hammer 1834.

[77] Muṣliḥuddīn Meḥmed al-Lārī (gest. 1572) verfaßte neben einer persischen Weltchronik, die auch in einer türkischen Bearbeitung durch Ḫoğa Saʿdeddīn verbreitet war, zahlreiche Werke zu *tafsīr*, *ḥadīṯ* und auch zur Astronomie (GOW 94f., EI 2 s.v. Lārī).

[78] Nach *Tārīḫ-i Hind-i Ġarbī*, cf. Goodrich 1990. 112.

[79] Zum Problem des Unterlaufes des Āmū Daryā, cf. ĠD 359f., wo Ibn Ḥauqal nach *Taqwīm al-buldān* 61f. zitiert ist.

[80] Dieser hatte phantastische Angaben über die Nilquellen gemacht.

[81] Bei Meḥmed ʿĀšiq münden Tunca und Meriç ins Schwarze Meer (58r).

[82] Dieser hatte in *Künhü l-aḫbār* (I, 88) den Geographen al-Idrīsī mit dem Propheten Idrīs verwechselt.

[83] Hier kritisierte Kātib Čelebi einen eklatanten Übersetzungsfehler aus dem Arabischen, cf. auch 76.3-7, Goodrich 1990. 114. Seine Korrektur notierte Kātib Čelebi auch in seinem Exemplar von *Tārīḫ-i Hind-i Ġarbī*, Goodrich 1990. 359, Nr. 39. Daraus ist im übrigen zu schließen, daß Kātib Čelebi auch die arabische Quelle, *at-Tuḥfa aš-šahīya* des Quṭbaddīn Šīrāzī, kannte.

6. Die Quellen: Der Globus und die Kontinente

Als nächstes sollen die Quellen der Kapitel 1 bis 11 des ersten Hauptteils untersucht werden, die der Erde, der Wasserhülle und den Kontinenten gewidmet sind. Die Quellenlage gleicht großenteils der der Einleitung.

Aus dem Aristoteles-Kommentar des Collegium Conimbricense übernahm Kātib Čelebi den auf das Meer bezüglichen Abschnitt fast geschlossen und erweiterte ihn — von einem Einschub aus Cluverius abgesehen — nur ganz geringfügig.

> ǦD **73**.11-**74**.6/Commentarii 77ff.; 10-13/79; 13-15/80; **76**.10-19/80, erweitert; **77**.29-**78**.7/80f.; 8-15, 16-18/81f.; 20-22, 23-**79**.13/82f.; 15-**81**.13/83-86; 14-25, 29-**82**.12/86f. erweitert; 17-**85**.9/88-92; **86**.19-**87**.26 erweitert.

Kātib Čelebis Exzerpte von Cluverius im Wiener Konzept über die Meere und ihre Erforschung fanden hier Verwendung. Die Beschreibungen der Kontinente sind teilweise ununterscheidbar aus Cluverius und dem Atlas Minor gemischt.

> **74**.21-**76**.2/WK 13r-15r; **76**.7-**78**.18/15v-17v, entspricht Introductio 32-40; zu Entdeckungsreisen **88**.21-**89**.12/WK 7v, Introductio 40ff.; die Kontinente **96**.16-29/WK 8r, Introductio 42-25; Europa **97**.31-**98**.30/Introductio 44-47 einschließlich einer in WK nicht übersetzten Passage aus Strabo (**98**.25-30); Afrika **101**.7-9, 17-21/WK 1r, Introductio 318f.; Asien **103**.5-20/WK 1v-2r, Introductio 261f.; Amerika **104-105**,[84] **106**.16-**107**.1, **108**.6f./WK 2v-3v, Introductio 340-44, 348f.; Magellanica **119**.5-9/WK 10r, Introductio 351.

Mercator wird zunächst nur selten herangezogen. Er kommt erst wieder häufiger zu Wort, wo die Kontinente beschrieben werden.

> ǦD **87**.28-**88**.12/Atlas Minor 362; das Lob des Meeres **95**.30-**96**.14/5; Europa **97**.28-31/7; **98**.31-**99**.3, 8-11, 12-100.7/8f.; Afrika **100**.8-29/9-12; **101**.9-17, 21-**102**.3/10; 3-14, 18-23/13; Asien **102**.24-**103**.5/14; **103**.20-30/16; **103**.30-**104**[85]/14; Amerika **105-106**.4/18; **106**.5-10, 12-16/18; **107**.3-23, 24-**108**.3/18ff.; 3-5, 7-10/21; 25-27/18; Nordpolarregion **115**.11-**119**.4/22-25; über die Religionen **122**.22-**123**.14/674.

Ortelius ist nur ausnahmsweise zitiert (**97**.27, **123**.22). Da ich die von Kātib Čelebi benutzte Ausgabe nicht identifizieren konnte, muß ich mich auf die Registrierung der Zitate beschränken. Generell dürfte der Text dabei weit weniger wichtig als die Karten gewesen sein, wie die geringe Zahl der Zitate zeigt.[86] D'Anania ist im ganzen Kapitel nur einmal ergänzend gebraucht (**119**.9-14m/272).

---

[84] Da im von mir benutzten Tübinger Exemplar des *Ǧihannümā* die Seiten 104-105 fehlen, kann ich die Zeilenzahl nicht angeben.

[85] Da im von mir benutzten Tübinger Exemplar des *Ǧihannümā* die Seiten 104-105 fehlen, kann ich die Zeilenzahl nicht angeben.

[86] Wie sich im nächsten Abschnitt zeigen wird, war der Text der von Kātib Čelebi benutzten Ausgabe jedenfalls umfangreicher als der der Originalausgabe von 1570.

Von al-Qazwīnī entlehnte Kātib Čelebi einige kosmographische Elemente.

Element Wasser **70**.24-26/*'Aǧā'ib al-maḫlūqāt* 101ff.; Element Erde **71**.14-16, 21-26/143f.; **74**.6f./cf. 101f.

Weitere kosmographische Elemente nahm Kātib Čelebi erneut aus *Tārīḫ-i Hind-i Ġarbī*, vor allem aber Informationen zu Entdeckungsreisen.

Über die Trennung von Erde und Wasser **70**.30-71.6/Goodrich 1990. 82ff.; erneut Bezug auf den schon p. 66 beklagten Fehler **76**.3-7; Anhang zu Abschn. 10 über den Wechsel von Land und Meer **85**.9-**86**.6, 9-17/135-139; Entfernungen über den Atlantik **88**.12-19/303f.; über die Anwesenheit der Portugiesen im Indischen Ozean **90**.21-24, **91**.3-10/84ff.; Entdeckungsreisen **108**.13-25, 27-**113**.1/149-163 einschließlich Marg. 56, 58; **113**.1-6/173; 6-**114**.12/206-220; die legendäre See-Expedition Alexanders erneut diskutiert **114**.12-30/120 und Marg. 44, p. 360.

Zur Frage, ob eine Verbindung zwischen Atlantik und Indischem Ozean besteht (**89**.13-16), zitiert Kātib Čelebi neben Naṣīruddīn Ṭūsī al-Masʿūdīs *Kitāb at-tanbīh* (51), doch ist dort das genaue Gegenteil ausgeführt, ebenso in einem nahezu gleichen Zitat aus *Murūǧ aḏ-ḏahab* § 243 in *Tārīḫ-i Hind-i Ġarbī* 95. Ich nehme an, daß die Stelle verfälscht aus *Tārīḫ-i Hind-i Ġarbī* übernommen ist, wo sich auch das entsprechende Zitat von Naṣīruddīn Ṭūsī findet (83).

In der Erörterung der Anwesenheit der Portugiesen im Indischem Ozean verweist Kātib Čelebi auf die bisherigen osmanischen Flottenunternehmen unter Pīrī Re'īs und Seydī ʿAlī Re'īs. Im Falle des letzteren stützte er sich auf dessen *Mīr'ātu l-memālik*.[87]

In Kapiteln über die Meere hat Kātib Čelebi selbstverständlich die Seefahrtshandbücher herangezogen, so die Einleitung zur zweiten Fassung der *Baḥrīye*.

Entdeckungsreisen der Portugiesen **89**.16-90.21/*Baḥrīye* (Alpagot/Kurdoglu) 30-40, 43-48; Terra Australis **119**.14-24/54ff.

Über die Monsunzeiten und Winde im Indischen Ozean informierte Kātib Čelebi sich in Seydī ʿAlī Re'īs' *Muḥīṭ*.

92.15-21/Kap. VII[88]; **92**.21-94.1/Kap. VIII[89]; **94**.3-19 stammt sicher aus derselben Quelle, wenn auch bei Hammer nicht zu verifizieren; **94**.23-**95**.15/Kap. X.[90]

Die Wetterregeln der Seeleute dagegen dürften auf mündlichen Informationen beruhen (**95**.15-30).

---

[87] *Mir'ātu l-memālik* 16-27, cf. die entsprechende Stelle in *Tuḥfetü l-kibār* 61-66, die etwa um dieselbe Zeit entstanden sein muß.

[88] Cf. Inhaltsverzeichnis in Hammer 1834.

[89] Paraphrasiert bei Hammer 1834. 545-53.

[90] Cf. Hammer 1837.

Die Maße des Globus sind nach einem mathematisch-physikalischem Traktat angegeben, dem *Sullam as-samā'* des Ǧamšīd al-Kāšī (gest. 1437) über die Größe und Entfernungen der Himmelskörper[91] (**73**.5).

In *Menāẓıru l-ʿavālim* beispielsweise ist die "islamische" Vorstellung eines Kosmos zu finden, der auf den Hörnern eines Stieres ruht, der auf einem Fisch steht (**71**.28).

In einigen Fällen hat es den Anschein, als habe der Übersetzer Meḥmed İḫlāṣī Kātib Čelebi zu einigen Begriffen zusätzliche Erklärungen gegeben. Dies bezieht sich auf die Erläuterungen zu Herkules **76**.14-18 oder die Beschreibung des Tuffsteins **116**. 6f. Eventuell geht die Vermischung des Perserkönigs Xerxes I., der die Schiffsbrücke über den Hellespont schlug, mit dem ersten Sasaniden Ardašīr auf sein Konto (**77**.12f.). Auch die Marginalie, die den römischen Geographen Solinus als notorischen Übertreiber bezeichnet, dürfte eine mündliche Zusatzinformation sein.[92]

7. Die Quellen: Ost- und Südasien

Im Folgenden werden die Quellen der Kapitel 12-20 zusammengestellt, die die Länderbeschreibungen von Japan im äußersten Osten der Ökumene bis Indien umfassen. Die Gruppierung bietet sich insofern an, als in diesem Teil i.a. die europäischen Quellen überwiegen, während sie danach praktisch keine Rolle mehr spielen. Die Trennung dieser Quellen ist nicht immer leicht, da sie oft ihrerseits auf dieselben Berichte zurückgehen.[93]

Die Berichte über die ostasiatische Inselwelt aus islamischen Quellen älteren Datums haben sich als inkompatibel mit den europäischen Quellen erwiesen und sind daher in einem eigenen Abschnitt zusammengefaßt (ǦD 152ff.). Eine Ausnahme bilden teilweise *Tārīḫ-i Hind-i Ġarbī*, das seinerseits auf westlichen Informationen basiert, und *Muḥīṭ*, der viel von Augenzeugen berichtet.

Mercator ist in diesen Teilen relativ knapp. Seine wenigen Angaben sind in der Regel vollständig übernommen. Die folgenden Nachweise beziehen sich nur auf Entlehnungen nach dem Text.

124.21-23/642; 23-25/644; **125**.2f., 7f., 14-19, 26, 29-**126**.2/644f.; 4-7, 29-**127**.3/643; **128**.6-8, 12-14, 18-21, 31-**129**.17/644; 17-23, 28-**130**.2/642; **132**.24-29/641; **133**.7-11, 20-21/638; 22-**134**.8/638 größtenteils; **134**.12-22/638; 28-**135**.2/640; 5-9, 12-**136**.12/640; **139**.22-24, 27-**140**.1/641, **140**.3-12/641; **146**.15-24/641; **148**.17-22, 23f./646; 25-30, 31-**149**.3/648; 3-17/649; 17-**150**.1/646ff.; 13-21, 25-27/648; **151**.15-23/649; **156**.4-10/632; 10-15/633; 26-30/630; 31-**157**.2/633; 15-19/633; **158**.10-**159**.1/633 teilweise; 6-10/632; **163**.21-30/630, 632; **164**.27-**165**.12/630, 632; **167**.25-

[91] Cf. *Kašf aẓ-ẓunūn* s.v., GAL G II, 211, GAL S II, 295.

[92] IK 84 r, nicht in ǦD 228.

[93] So geht die Beschreibung Japans bei Lorenzo d'Anania und Mercator zweifellos auf denselben Ursprung zurück. ǦD 197.30 werden d'Anania und Cluverius gleichermaßen für eine Information in Anspruch genommen.

168.2/629; **179**.4-7/629; **183**.3f./629; **184**.9-26/629 erweitert; **186**.6f./628; **191**.3f.m/628; 8-12m/626; 12-21/626 teilweise; 23-27/626; **192**.6-16/626; **193**.3-5, 15-21/634; **194**.14f./ 634, 636 nicht genau; **212**.9-11/637; **215**.10-16m/636; **224**.2f., 10-17, 19-24/637; **225**.17-22/634; **227**.16-19, 19-25/636 erweitert; **228**.18-21/634; 22-25/637; 30-**229**.2/634; 5-7, 8-10, 14, 15-17, 27-30/6343, 636.

In einigen Fällen bezieht sich Kātib Čelebi nicht auf den Text, sondern auf eine Karte Mercators.

124.7; **130**.15, 31; **131**.19m; **132**.17; **136**.15; **138**.13m; **139**.24; **140**.23; **150**.31; **151**.2; **154**.18; **160-161** pass.; **162**.1; **165**.30; **166**.2; **185**.14; **190**.9; **193**.12; **195**.29; **196**.20; **200**.2; **201**.30, **203**.4; **205**.30; **206**.31; **207**.10; **208**.30.

Ortelius ist nur selten ausdrücklich zitiert.

124-130 pass., cf. **130**.7; **148**.19; zitiert **202**.5-14m, nicht in der Ausgabe 1570 (zu Karte 48) enthalten.

Die Gastaldi-Karte von Südasien hat Kātib Čelebi ausweislich der vielen Erwähnungen gründlich studiert.

131 pass.; **136**.31; **139**.26; **140**.1, 24; **142**.4, 12, 25, 31m; **144**.15, 20; **148**.10; **159**.24; **160**.7, 23, 29; **161**.21; **163**.1.

Vermutlich ist mit *küre* nicht ein Globus gemeint, sondern die Weltkarte des Hondius, die aus zwei kreisförmigen Karten bestanden haben dürfte (**154**.18; **161**.26).[94]

D'Ananias Fabrica del mondo schätzte Kātib Čelebi wegen der vielfältigen landeskundlichen Daten. Er übernahm sie für China und besonders zu Indien, für welche Region d'Anania einen sehr kundigen, persisch-sprachigen Gewährsmann an der Hand hatte.[95]

124.10f.m/275; **128**.1-6, 21-31m/276f.; **130**.16-28m/272; **131**.9-18m/265f.; **131**.26-132.2m/274; **132**.5ff.m/273; **132**.29/271; **136**.23ff.m/273; **137**.26-**138**.13m/273 unsicher; 14-**139**.20m/273f.; **140**.13-20/271; **141**.29-**142**.3, 6-12, 16-25, 27-30/270; **143**.5-144.1/270; **144**.5-25 bis auf die Bezüge auf Gastaldi/267; **145**.7-20, 22-**146**.4/267f.; **147**.3ff., 11/272f.; **148**.1-7/273; **148**.22/245; **150**.27-151.25/246f. bis auf die Vergleiche mit Mercator; **154**.12-18 bis auf einige spätere Zusätze, 24-26/260; **155**.1-31/262 mehrfach umgestellt; **156**.15ff.m/265; 17-25/264; 25f./265; **158**.4f./265; **161**.16/265 offenbar mißverstanden; **163**.4-10, 12-15/265; **165**.25-29/288; **167**.2-25/291f.; **169**.1-3m/292f.; **174**.18-20m/292; **177**.7-10m/293; **178**.10f.m/293; **179**.7-9m/293; **182**.29-**183**.2m, 27-29m/293 teilweise mißverstanden; **185**.17m/291; **188**.26-**189**.1m/289ff., 2-7m/291, 7-10m/293f., 30-**190**.4/289; **190**.8f.,10-13/294; **191**.1 zweifelhaft, 21-23/290; **193**.21-30/236, **194**.21f./238; **197**.11f.m/239; 29/nicht wie 240; **198**.3-7/239, 13-18/240f.; **199**.4f..m/242, 31-**200**.2/241; 3-7, 10f., 12-17/241f.; 23-30m/248; **201**.2-9m/247, 10-14/242; **202**.26-31/244f.; **203**.5-9m/249f.; **204**.27 unklar; **205**.6-16/247f., 22-28/254f.; **206**.4-9, 13-16/ 255f., 19-21/257, 30m/256; **207**.1f.m,10-13/258f.;

---

[94] So jedenfalls die 1590 hergestellte Karte nach den Reisen Francis Drakes.

[95] Einen Satz, der d'Ananias Zuverlässigkeit in dieser Hinsicht lobt, hat Kātib Čelebi allerdings gestrichen (IK 72r, entspr. ĞD 194).

210.15m/252; **212**.12-15/237; **214**.12-24/248f., 24-30/250; **215**.3-7/258; **227**.11f./238, 19/237, 19; **229**.3f./245.

Cluverius ist für die Länderkunden nur noch in Ausnahmefällen benutzt, da die diesbezüglichen Ausführungen bei ihm extrem knapp sind. Nur zu Indien hat Kātib Čelebi ihn von vornherein systematisch konsultiert.

154.22f.m/272; **159**.10-15m, 18m/272; **161**.29f.m/273; **162**.10-17m/272f.; **166**.3-5m/269; **188**.24ff.m/270; **189**.2f.m, 28-30/270f.; **190**.5-8/270; zu Indien **193**.10-12/274; 31-**194**.13/276ff.; 22-26/278; **197**.30f./278; **198**.12f./278; **200**.18-23, 30-**201**.2/278; 26f., 31-**202**.1/279; 17/279; **205**.28f.m/280; **206**.18f./280; **207**.2, 14-16/281; **212**.11f./276ff. abweichend.

Tārīḫ-i Hind-i Ġarbī hat wie im vorigen Abschnitt vor allem Informationen zu Entdeckungsreisen beizusteuern.

132.4f./366, Marg. 75; **132**.29-133.1, **133**.12-20m, 20-**134**.12/206-19 mit geringen Abweichungen; **134**.22-27/212; **137**.1-8, 12-26/208f.; **143**.2m-5/211; **146**.24-31/211 erweitert; **147**.14-31/209f.; **152**.13ff./123; 22f./121f.; **153**.2-5/104.

Informationen zu den Inseln Südostasiens waren auch im *Muḥīṭ* zu finden.

140.13/Bittner/Tomaschek 1897. 73f.; **142**.13-16m/68; **144**.25-29/72; Zitat **145**.2ff. entspricht nicht op. cit. 72; **146**.4ff./72; **151**.25-**152**.1/64f.; 16-21/65f, 68f.

Daneben konnte Kātib Čelebi auch für diese entlegenen Weltgegenden immer wieder die klassischen arabischen Geographen heranziehen, allen voran seine bevorzugte Quelle *Taqwīm al-buldān*.

133.1f.m/366f.; **152**.5-7/369; 8-10, 11f./374f.[96], cf. 368f.; **152**.21f./372f.; **162**.18, 24-27/363ff.; **187**.15ff./366f.; **194**.18f.m/353f.; **196**.3/354; **202**.3ff./374; **207**.24/358; **208**.31-**209**.6/358f.; **210**.23ff./360f.

Bereits seit der Überarbeitung und Fortsetzung der ersten Fassung benutzte Kātib Čelebi Ibn Saʿīds *Kitāb al-ǧuġrāfiyā*.

152.12f./107; **162**.25f./122 nur teilweise; nicht nachzuweisen **152**.23f.

Es ist zweifelhaft, ob die Zitate aus al-Masʿūdīs *Murūǧ aḏ-ḏahab* direkt entlehnt sind. Zum einen war dies eine beliebte Quelle für *ʿaǧāʾib*-Bücher nach Art des Pseudo-Ibn al-Wardī,[97] zum anderen kann ich mir nur so erklären, daß zwar vollkommen läppische Bemerkungen zitiert sind (etwa daß man in Indien an Darmwinden keinen Anstoß nimmt, 225), aus der Überfülle interessanten Materials das meiste aber fehlt.

152.25/§ 371; **162**.21; **215**.17ff.m/§§ 152, 160,162; **225**.2/§ 436f.

Derselbe Zweifel betrifft die Beschreibung der Waqwāq-Inseln (**152**.27-**153**.2), die große Nähe zu al-Qazwīnīs *Āṯār al-bilād* (21f.) aufweist. Ein angeblich aus

[96] Cf. dazu Kračkovskij 1957. 574 nach Tomaschek.
[97] Sellheim 1976. 179, cf. Goodrich 1990 Index s.v. Masʿūdī.

al-Muqāddasīs *Aḥsān at-taqāsīm* stammendes Zitat über den Unterschied zwischen Indien und China ist dort nicht zu finden, da beide Länder von al-Muqāddasī nicht behandelt sind. Stattdessen dürfte die letztendliche Quelle Ibn al-Faqīhs (schr. 903) *Muḫtaṣar kitāb al-buldān* sein (**230**.31-**231**.4/13ff.).[98]

Eine ganze Reihe von ostasiatischen Inseln fand Kātib Čelebi in den Kosmographien des Pseudo-Ibn al-Wardī und Pseudo-Ibn al-Aṯīr erwähnt. Die Kosmographie mit dem Titel *Tuḥfat al-ᶜağā'ib wa ṭurfat al-ġarā'ib*, die einem Ibn al-Aṯīr al-Ǧazarī zugeschrieben wird, wird auch bei dem Pseudo-Ibn al-Wardī zitiert.[99] Nur der Anteil des letzteren läßt sich also bestimmen: In dem Abschnitt **153**.15-**154**.1 sind alle genannten Inseln bis auf eine (**153**.23) in *Ḫarīdat al-ᶜağā'ib* 79-101 zu finden.[100]

Einmal ist an-Nuwairīs (1279-1332) voluminöse *adab*-Enzyklopädie *Nihāyat al-arab* zitiert (**133**.2-4m).[101]

Die umfangreiche Chronik Ġiyāṯuddīn b. Humāmuddīn Muḥammads, gen. Ḫwāndmīr, *Ḥabību s-siyar fī aḫbār afrādi l-bašar* (in der dritten Version vollendet 1529),[102] enthält ein Schlußkapitel, in dem nach Art einer Kosmographie allerhand mirabilia der sieben Klimata, der Gewässer, der Berge und der Tierwelt versammelt sind. Von diesem Kapitel hat Kātib Čelebi ausführlichen Gebrauch gemacht. Insbesondere fand er dort eine wichtige Quelle speziell für den von ihm Ḫitay genannten Nordteil Chinas. Dies war der berühmte Reisebericht des Ġiyāṯuddīn-i Naqqāš von einer Gesandtschaft des Timuriden Šāhruḫ an den chinesischen Hof, der hier nach ᶜAbdurrazzāq Samarqandis *Maṭlaᶜu s-saᶜdain* zitiert ist.[103] Nur in Ausnahmefällen ist Kātib Čelebi über dieses Schlußkapitel hinausgegangen.

169.4-**170**.4/*Ḥabību s-siyar* IV, 639ff.; 4-23/IV, 642f., 646; 23-**171**.6/IV, 634; 8-31/IV, 644; **181**.5-24/IV, 635f.; 24-**182**.1/IV, 637f.; 1-15/IV, 640f.; **185**.20-27/III, 61f.; 27-31/IV, 634; **186**.15-24/IV, 637; 24-**187**.2/IV, 637; 2-15, 17f./IV, 636f.; 18-**188**.16/IV,

---

98 Über ihn, den Prototyp des *adab*-Geographen, Miquel 1973. 153-89, Kračkovskij 1957. 124-127.

99 GAL G I, 417, S I, 581, wo der Autor Abū l-Fidā' Ismāᶜīl b. A. b. Saᶜīd b. M. ᶜImādaddīn b. al-Aṯīr (gest. 1299) ist. Kowalska 1968 dagegen stützt sich auf eine Londoner Handschrift, die als Autor ᶜIzzaddīn b. al-Aṯīr al-Ǧazarī, den bekannten Historiker (gest. 1234), angibt, aber auch schon Qazwīnī zitiert (gest. 1283). Gleichzeitig betont Kowalska, daß das Werk nicht mit der anonymen Kosmographie *Tuḥfat al-ġarā'ib* verwechselt werden dürfe. Cf. auch Sellheim 1976. 179f. In *Kašf aẓ-ẓunūn* 369 s.v. *Tuḥfat al-ᶜağā'ib* hat Kātib Čelebi nur Ibn al-Aṯīr al-Ǧazarī als Autor angegeben, der Name ᶜIzzaddīn ist eine Zutat der Herausgeber.

100 Es ist nicht auszuschließen, daß es mehrere abweichende Texte des Pseudo-Ibn al-Wardī gibt.

101 Über ihn Kračkovskij 1957. 402-407, EI 2 s.v. Die derzeit im Erscheinen befindliche Edition war mir noch nicht zugänglich.

102 Storey/Bregel' 1972. 381-393.

103 So ĞD 166, cf. *Ḥabību s-siyar* IV, 634. Auch die Berichte aus Biğānkar, die Kātib Čelebi aus *Ḥabību s-siyar* entlehnt hat, dürften aus derselben Quelle stammen (cf. Storey/Bregel' 1972. 825f.).

638f.; zu Indien **196**.31-197.4m/IV, 629; **198**.24m nicht explizit in IV, 626; **199**.11-28m/IV, 626f., teilweise identisch mit **213**.5-**214**.9m/IV, 626-629.

Kātib Čelebi zitierte schließlich zu China mehrfach ein *Qānūnnāme*, das er als Werk eines anonymen Kaufmanns und "Schwätzers" sehr abschätzig beurteilte.[104] Im Endeffekt hat er diese Quelle dennoch vielfach benutzt, die Kenntnisnahme dem Leser aber freigestellt.[105] Dabei handelt es sich um die türkische Übersetzung, mit vollem Titel *Qānūnnāme-i Čin u Ḫitay*, von ʿAlī Ekbers *Ḫitaynāme*.[106] Da er sich über Autor und Abfassungszeit offensichtlich im Unklaren war, ist anzunehmen, daß er das persische Original, in dem diesbezügliche Angaben enthalten sind, nicht kannte.[107] Ünver stellte eine "weitgehende Übereinstimmung" zwischen Kātib Čelebis Text und der Istanbuler Hs. Veliyüddīn 1963 fol. 6b-41a fest,[108] die aber, dem Umfang nach zu urteilen, nicht den kompletten Text des *Qānūnnāme* zu enthalten scheint. Kātib Čelebi will jedenfalls den ihm vorliegenden Text nur auszugsweise übernommen haben. Im Vergleich mit dem Text der Berliner Hs. hat er vielfach Umstellungen und Kürzungen vorgenommen.[109]

157.19-**158**.4;[110] **160**.1; **166**.17-26/*Qānūnnāme* 94r-96r; **169**.3-31m/45r-49v, 69v; **169**.20m; **173**.14-26/73v-38v; **173**.27-31/37r-v; **174**.1-15/35r-37r; 15-18, 20-29/39r-41v; **175**.19-176.29/Kap. 6 (45r-63v); **177**.23-28/68b-69r; 28-**178**.7/63v-66r; 7f.m/70v; 8f.m/71v; 11-24/66v-67r, 69v-70v; 24-**179**.4/72r-74r; **179**.9-180.4/84v-89v; **180**.4-8, 11-21/33r-35v; **182**.15-23/22r-24v vielfach umgestellt; **183**.6-9/72r-v; **186**.2-7m; **188**.17; 192.16-28.[111]

Über die Herrscher von Cin wollte sich Kātib Čelebi in der Dynastiengeschichte *Aḫbār ad-duwal wa āṯār al-uwal* des Qaramānī Aḥmed b. Yūsuf kundig machen, fand jedoch dessen Kenntnisse zu spärlich und unzuverlässig. Bezüglich der mongolischen Herrscher Nordchinas verwies er den Leser an seine eigene Dynastiengeschichte.[112]

Im Kapitel über Indien wird erstmals *Haft iqlīm* des Amīn Aḥmad Rāzī zitiert (vollendet 1594), dessen Autor verwandtschaftliche Beziehungen zum

---

[104] ǦD 154.30: ... *ol šaḫṣ-ı meğhūluñ ekṯeri lāf u guzāf olan kelāmına iltifāt ve iʿtibār olınmayub...*

[105] ǦD 165.19: *murād eden vāqıf ola.*

[106] Cf. oben Kap. II.

[107] Kütükoğlu 1957. 12.

[108] Ünver 1957. 139.

[109] Angesichts der unklaren Quellenlage wurde darauf verzichtet, sämtliche Zitate zu verifizieren. Die generelle Übereinstimmung hat auch Béller-Hann 1987. 60 et pass. festgestellt.

[110] Cf. Übersetzung aus dem *Qānūnnāme* bei Kahle 1934. 36ff.

[111] Cf. Bellér-Hann 1987.60.

[112] ǦD 165.14, 193.2. Die Grundlage dürfte in beiden Fällen dieselbe sein, denn wie *Faḏlakat aqwāl al-aḫyār* basiert Qaramānīs Werk auf der Dynastiengeschichte des Ǧenābī (GOW 142f., cf. auch *Kašf aẓ-ẓunūn* 26 s.v.).

Mogulhof hatte, vielleicht auch Indien selbst bereist hatte.[113] Es handelt sich eigentlich nicht um ein geographisches Werk, sondern der Anlage nach um eine Biographiensammlung, wegen ihrer Ausrichtung auf persische Dichtung im Effekt eine geographisch geordnete Anthologie. Dennoch waren die enthaltenen geographischen und einige historische Passagen für Kātib Čelebi von höchstem Interesse und sind großenteils ins *Ǧihānnümā* übernommen. Da Rāzī in dieser Hinsicht kein selbständiger Forscher war, finden sich in diesen Teil besonders viele mittelbare Zitate.

195.6-17/I, 80f.; 18-25/I, 83; **196**.4-16/I, 84f.; **197**.17-23m/I, 350f.; **198**.18f./I, 54; 20-25/I, 75f.; 25f./I, 76f.; 26ff./I, 55; **203**.10ff.m/I, 89; **204**.1-12, 14-25/I, 86ff.; **207**.26-**208**.6, 8-11/I, 337, 346ff.; **209**.6-20/I, 353ff.; 21-210.2/I, 372f.; **210**.2f./I, 377; 4f./I, 349; 7f./I, 381; 28-**211**.6/I, 91; 6-9/I, 77f.; die Aufzählung der Herrscher Indiens **215**.24-**219**.12 ist stark gekürzt und mit geringen Zusätzen aus *Haft iqlīm* I, 387-436 entnommen; ebenso **219**.17-220.6/I, 436-445 sowie **220**.18-**221**.20/I, 5-67; **222**.27-31/I, 381; **223**.15-26/I, 90f.; 29-**224**.2/I, 385f.; **225**.7-11/I, 89f.

Die Herrscherliste, die er aus *Haft iqlīm* exzerpiert hatte, verglich Kātib Čelebi mit den Angaben Ǧenābīs (**220**.17). Auch weitere Dynastienlisten dürften aus dieser Quelle stammen, denn sie enden jeweils etwa 1590 (**222**.8, 14).
Die Ġaznawiden-Chronik *al-Yamīnī fī ta'rīḫ Yamīn ad-daula* des Abū Naṣr Muḥammad al-ᶜUtbī (961-1040) war in ihrem erlesenen Wortschatz und schwülstigen arabischen Stil ein beliebter Text für Studenten und Kommentatoren (**228**.1).[114] Ob der *šeyḫ*, aus dessen *Šifā'* Kātib Čelebi **125**.24f.m eine Weisheit zitiert, wirklich Ibn Sīnā ist, ist nicht zu klären, da in *Kašf aẓ-ẓunūn* dazu zu viele Titel vorhanden sind.[115]

8. Die Quellen: Von Sind bis Āẕarbayǧān

Die nun folgenden Kapitel 23 bis 41 sind sich in ihrer Quellenstruktur so ähnlich, daß es gerechtfertig ist, sie gemeinsam in einem Abschnitt zusammenzufassen.

In den Kapiteln Sind, Mukrān, Zābulistān, Kašmīr konnte ich nur wenige Bruchstücke identifizieren. Die Möglichkeit, daß auch diese, gerade da sie aus "Klassikern" stammen, nach einem unerkannten Werk indirekt zitiert sein könnten, ist nicht auszuschließen. Auffallend ist z.B., daß im Abschnitt Tibet **247**. 28ff. sowohl *Taqwīm al-buldān* als auch Ibn Saᶜīd falsch zitiert sind.[116]

Taqwīm al-buldān ist durchgehend benutzt, hat sich aber offensichtlich für die ferneren Regionen ebenso wie für Armenien und Āẕarbayǧān als wenig er

---

[113] EI 2, s.v. Rāzī, Encyclopedia Iranica s.v. Amīn Aḥmad Rāzī.
[114] Storey/Bregel' 1972. 732f., GAL I, 547. Cf. *Kašf aẓ-ẓunūn* 2052f. s.v. Yamīnī zu Kommentaren.
[115] 1049-1056.
[116] Cf. *Taqwīm al-buldān* 355, *Kitāb al-ǧuġrāfiyā* 176, 190.

giebig herausgestellt. Bei der Berechnung der geographischen Koordinaten hat Kātib Čelebi regelmäßig die Werte Abū l-Fidā's berücksichtigt, doch soll dies getrennt betrachtet werden. Im Kapitel Transoxanien ist gut zu verfolgen, wie Kātib Čelebi sowohl die Angaben des fortlaufenden Textes als auch die der Tafeln gleicherweise übertrug. Da in der Druckausgabe der fortlaufende Text vollständig an den Kapitelanfang gestellt ist, statt jeweils über und unter den Tafeln wie in den Handschriften, sieht es nun so aus, als sei Kātib Čelebi beim Kopieren ständig im Text vor- und zurückgesprungen.

231.9f./348f.; 21-23, 25f., 28f./350f.; **232**.5f., **233**.8f., 24-27/348f.; **233**.5f./347; **235**.8f., **236**.15/348f.; **239**.10ff.m/452f.; **249**.29-**250**.1m/342f.; **250**.6/356; **253**.7-10m, 19f./472f; 15/471; **253**.8-13/466-69; **256**.8f./344; **257**.20f./336f.; **263**.29f.m/325; **264**.7f., 12-15/326f.; 22-24m/326f. unsicher; **267**.19f.m/332ff.; **268**.9/330; **271**.17f.m/323; **272**.10-12/324f.; **274**.25f./323f.; 31-**275**.1/43f.; 3-8/22f., cf. *Kitāb ṣūrat al-arḍ* 276f.; **283**.9-11, 20-24/316f.; 28, 29, 31/314f.; **284**.8-11/314f., cf. *Kitāb ṣūrat al-arḍ* 257; 15-16/312, 318f.; 26f./311f.; **285**.2f./312; **286**.3/58; **289**.8f./408; 18f.m/423; **292**.1, 2f., 13f./420f.; **293**.8-11/406f.; **298**.15-18/409f.; **299**.10/422f.; 23-26/418f.; **300**. 4f., 29/416f.; **302**.12-14, 15f./410; 18-20m, 29-31/414f.; 24-27/412f.; **312**.28f./456f.; **315**.13-21/458f., 460f.; **318**.21, 24-29/449ff.; **319**.14f./452f.; **320**.1f., 7f./450f.; **322**.11-12/422; 30-**323**.2/450f.; 7-9/448f.; 28-**324**.2/458f.; 2-5/457; 8-11/448f.; 12f./454f./ 13-16/456f.; 16-19/445f.; 19-25/460f.; 24-28/435; **325**.3-5/444; 7-10/462f.; 11-12, 16/452f.; **326**.15f./452f.; **339**.2-4, 6, 8/436f.; 14/432; **340**.1f.m/, 9f., 27-30/438f.; 15f., 23f./434f.; 19-21/436f.; **341**.1-2/418f.; 5-11, 16-18/434f.; 24-26/430f.; **343**.6-10/426; **345**.7-9 nicht nachweisbar; 21-23, 25-27/477ff.; **346**.7-9, 10f., 13f./478f.; **348**.27f./483; **350**.26-31/483ff.; **351**.8-10/480f.; **352**.15-21/488f.; **353**.19-22/490f.; 23-30/492f.; 31-**354**.3, 10-13/494f.; 27-30/498; **355**.1-5, 6-9/494f.; 16-19/496f.; 27-**356**.2/484f.; 3-5/496f.; 6f./498f.; 7-9/498f.; 23, 28f./486; **357**.16-18, 25-28/500f..; **358**.1/498f.; 2-6/502f.; 11-13/500f.; 18f./486; 19f./502f.; 20f.m/497; 21-25/504f.; 25f./487; 26-28/485; **359**.2f., 3-8/486f.; 8f./484; 11-15m/502f.; 19f.m/460f.; **360**.8f.m, 16-21, 22-24, 26-28m/61f.; **366**/19-21/504f.; **367**.3-5/504f.; 16-23 nicht zu finden; 23f./500f.; 24f./497; 27f./218f., 203; **368**.18-20, 21/ 492f.; 23f./496; 24-26/504f.; **375**.8f./44; **379**.25-27/386; **380**.4f./400f.; **386**.5-8/398f.; **387**.1f./400f.; 19f. nicht zu finden; 31-**388**.6/42; **391**.20 nicht wie 386; **392**.31m nicht wie 400; **393**.22-25/396f.; **394**.1f./402f.; **401**.24f., 26-28/404f.; **403**.3-6/71f.; **410**.13-16/386f.; 31-**411**.2/cf. 392-408; **412**.28-30/394f.; **416**.6f./392f.; **417**.27f./396f.; 418.8-10/396f.

Nuzhatu l-qulūb ist die zweite Hauptquelle. Es gewinnt an Bedeutung, je näher man den iranischen Kernlanden kommt. Es steuert zu Transoxanien beispielsweise nichts bei, dagegen ist selbst der vergleichsweise dürftige Teil über Ḫurāsān sorgfältig ausgewertet.[117] Die Toponyme sind oft entstellt:[118]

238.11-17m/155; **239**.17ff.m/146; **253**.20-25m/155f.; **254**.6-8m/154; **256**.17-22/139; **257**.10/141; **259**.5-7/138; im Kap. Fārs geht der ganze Kapitelaufbau hierauf zurück; **262**.10-17, 23-**263**. 5/112ff.; **263**.8-19/114ff.; 25-29, 30-**264**.1, 2-5, 15, 17-21, 26-28,

[117] Zum Quellenwert cf. Krawulsky 1978. 33.

[118] Le Strange, der Herausgeber von *Nuzhatu l-qulūb*, hat das *Ǧihānnümā* regelmäßig als Referenz benutzt und geurteilt, Kātib Čelebi müsse eine ausgezeichnete Vorlage gehabt haben (1902. 57). Das kann ich nicht nachvollziehen.

31/116ff.; **265**.3-5, 6-10/118f.; 13-21, 26-**266**.7/120f.; **266**.11-17, 19-23, 25-28, 30-**267**.1/121ff.; **267**.1-13/123f.; 13-18m/74; 29f./124; 30-**268**.1/138; 2-6, 7, 9/139; 25f., 27, 29ff./125; **269**.5-8/125; 9, 11-15, 17, 20/138; 22-24, 26-**270**.1/125f.; 1-8/126f.; 16f., 18-25, 27-**271**.3, 13-17/128ff.; 18-26, 30f./130f.; **272**.2-5/131f.; 6-8/133f.; 17-**273**.3/134ff.; **274**.10-12m, 13-17m, 17-19, 22-24/218f.; **275**.9-16, 20-23/136; **282**.10f., 20-22, 26-**283**.2, 3f., 5-9/109f.; 25f.m/112; **284**.11-13, 18-25/110f.; 30-**285**.1/112; **286**.8f./215; 9-12m/218; 15-18m/195, 200; **289**.12-16, 19-22, 28-**290**.6/47ff.; 7-11, 13-19, 29f., 31/49f.; **291**.1-17/50f.; 21-25. 28f., 31/52; **292**.19, 20-25/53; **293**.6-14/55; 24-28, 30-**294**.2, 8-14, 17-24, 27, 29-**295**.1/56ff:, teilweise ergänzt aus *Tārīḫ-i guzīda* desselben Autors;[119] **295**.23-**296**.1/59; 8f., 11-14, 15f., 18-25, 27-29, 30-**297**.4/59-62; 5-7, 9-17, 19-29/62ff.; **298**.1-8/65; 9f., 11-13, 22-27, 30f./67f.; **299**.2-9, 14-22/68f., cf. *Taqwīm al-buldān* 411, 418f.; **299**.29-31/71f.; **300**.25-301.2/72; **301**.5-12, 15-19, 24-26/72f.; 29-**302**.2/74; **303**.3f., 7-19/191ff.; 28-31/194; **304**.4-9, 12-14/195; 14/198; 15-17/200; 17-29/216ff.; 29-**305**.21/220ff.; 22-**306**.19/181-84; **309**.16-18/147; **312**.29f./152; **313**.24f.m/153; **314**.5m, 11-14/153; **316**.2-4, 16f.m/155; 27-**317**.5/156f.; **318**.1/158; **319**.6-9/150f.; 11-13, 16-18m, 23-26m, 28-30/154; 18-21/153; **320**.3-5m/148; 30-**321**.11/148f.; **322**.12-14/149f.; 22-29m/143; **323**.3-5, 10-13, 20-24, 25-27/1149ff.; **324**.28f./154; 31-**325**.2/156; 5-7/142; 13-16, 18-27/145f.; 28-**326**.15/143-46; 22-28/141; **327**.7-9/142; **328**.28-29/215f.; 30-**329**.3/226f.; 2-5/199; 5-6/157; 7-18/177; 18-28/175; **338**.29-**339**.1, 4-5, 7-10, 11-13/161; 23-25/159; 31-**340**.7/159; 13-15, 21-23, 31/160; 25f./159f.; **341**.3-5/160; 14-16/162; 18-24/161f.; 27-31/214; **343**.16-18, 22-26, 28-29/162f.; **344**.20f./163; **346**.31-**347**.2/241f; **359**.30-**360**.7, 9f./213f.; 16-24/217; 31m, **361**.2-4m/213; **380**.1-4, 7-**381**.1/75ff.; 14f., 28-**382**.6/79; 383.5-9, 10-14/80f.; **384**.2-**386**.4 bis auf Schreibung und biographische Angaben/81-86; 11-16, 25-**387**.1/87; 2-14, 18f./88; 24-28/196f.; **388**.8-26/222ff.; 26-28/217; 28-**389**.6/223f.; 7-23/180ff.; **391**.22f. nicht in 89-93; **392**.7-9/91 mißverstanden; 17-21/89; 21-23/91; 31-**393**.5/89f.; 7-14, 15, 17-21/90f.; 29f./92; **394**.3f., 7-11, 13f./92f.; **395**.3f./254f.; **396**.27-29; **397**.14-19/212; **398**.28-**399**.11 größtenteils/238ff.; **410**.18-24/100; **412**.14-16/100f.; 16-19m/241; **413**.15-17m/197; **416**.20f./106;

Gerade diese zwei Hauptquellen hat Kātib Čelebi bisweilen so ineinander verwoben, daß es nicht möglich ist, hier die einzelnen Passagen genau zu bezeichnen. In einigen Fällen ist gar nicht festzustellen, ob *Nuzhatu l-qulūb* oder *Taqwīm al-buldān* zugrundeliegen:

256.29-31/*Nuzhatu l-qulūb* 139, *Taqwīm al-buldān* 336f.; 257.1-3, 7f./140f./336f.; 284.5-8/110/314f.;

Eine große Zahl von Entlehnungen geht auf Ibn Ḥauqals *Kitāb ṣūrat al-arḍ* zurück. In vielen davon ist der Autor mit Namen genannt. Fast alle diese Zitate sind aus *Taqwīm al-buldān* entlehnt,[120] viele unbezeichnete ebenfalls. Etliche andere, die mit *Masālik al-mamālik* gezeichnet sind, stammen ebenfalls von Ibn Ḥauqal, ohne daß Kātib Čelebi dies erkannte.[121] Da nicht alle diese Zitate bei

[119] Universalgeschichte, reicht bis zum Jahr 1329 (Storey/Bregel' 1972. 328-334).

[120] Die einzige Ausnahme ist 343.11-16, das nicht in *Taqwīm al-buldān* 426 zu finden ist.

[121] ǦD 353ff. und v.a. 360 sind mehrfach Zitate nach "Ibn Ḥauqal" aus *Taqwīm al-buldān* und "*Masālik al-mamālik*" gegenübergestellt.

Ibn Ḥauqal zu finden sind,[122] müssen wir annehmen, diese *Masālik al-mamālik* seien nicht Ibn Ḥauqals Werk. Vielmehr war sein *Kitāb ṣūrat al-arḍ* nur eine Quelle unter mehreren dieses unbekannten Werkes, das allem Anschein nach in persischer Sprache abgefaßt war.[123] Während von Iṣṭaḫrīs Geographie mehrere persische Bearbeitungen, gerade in Istanbuler Bibliotheken, bekannt sind, ist von einer Ibn-Ḥauqal-Übersetzung nichts bekannt. Bezeichnenderweise herrscht sowohl in den entsprechenden Artikeln in *Kašf aẓ-ẓunūn* als auch bei Storey hier eine rechte Verwirrung.[124]

Im Folgenden sind die entsprechenden Stellen gewissermaßen provisorisch dem arabischen Original Ibn Ḥauqals zugeordnet. Die Toponyme sind bisweilen bis zur Unkenntlichkeit entstellt.

231.31-**232**.1/*Kitāb ṣūrat al-arḍ* 231f.; **233**.14, 27-30, **234**.1ff., 5ff./323; **237**.12-16/450; **238**.8-11/449f.; **249**.2-28/414f.; 20f./417; 22-27/419f.; **250**.1-4/418ff.; 29-**251**.1/415f.; 2-11, 12f./417f.; 16-30/421ff.; **252**.23ff./449; **253**.26-28, 29f./448f.; **254**.1-6/444f.; **256**.25-29/311f.; **257**.20-22/338f.; **259**.21-23, 26-28m, 28-31/309ff.; **260**.2-17/313; **262**.17-21/264f., cf. auch 269ff.; **271**.2f./269;[125] 8f./282; **272**.5f.m/ 273; **273**.11-18m/289; **274**.12-13m, 28-30, **275**.1f.m/276f.; **275**.25-**276**.21 fast vollständig wie 282-87; **276**.21-25/273; **282**.7-10/249, cf. *Taqwīm al-buldān* 311; **282**.12-16/252-255; **284**.6-8/253; **286**.18-29/258; **292**.3-6/378f.; **302**.23f.m/362; **309**. 23-25, 27-29/437; **313**.21-23/440; **315**.30-**316**.2/447f.; **317**. 19-24/434; 29-31/445; **319**.4-5/434; **320**.16-28/431ff.; **324**.5-6/441; **326**.17-20/399; 20-22, 29-**327**.7/402f.; 9-**328**.26/403-410; **329**.28-**330**.19/453-458 unsicher; **339**.21-23m, 26-28/381f.; **343**.11-16/376f.; **346**.17-22, 25-31/479ff.; **350**.4-17m/495-99; 31-**351**.5m/491ff.; 14-**352**.1/483ff.; 21-27/489ff.; **354**.4-8, 13-16/508f.; 30-**355**.1 unsicher, cf. 509ff.; 9f./510; 19-26/503f.; **356**.14-17/515 unsicher; **357**.21-24/512; 31-**358**.1/515; 13f., 16f./476; 31/513; **361**.24-30/464f.; 31/474; **362**.5-9m/466; 10-16/466ff.

In dieselbe Tradition geographischer Literatur wie Ibn Ḥauqal, nämlich zu den Bearbeitern des sogenannten *Aṭlas al-Islām*, gehört al-Muqaddasī mit seinem *Aḥsan at-taqāsīm fī maʿrifat al-aqālīm*, das Kātib Čelebi gelegentlich benutzt hat.

263.5-7m, 10m/430; **264**.13m/427; **268**.21-24m, 31-**269**.2m/428; **270**.8-16/432; **271**.9-13m/425; **273**.3-10/439; 19-24/442; 30-**274**.1/445; **286**.4-8m nicht nachzuweisen; **289**.22f, 24, 25-28/388f.; **302**.31-303.1m/396; **349**.9-14/278, cf. *Kitāb ṣūrat al-arḍ* 492ff.; **391**.20.

---

[122] Z.B. 278.29, 340.26.

[123] Nur in diesen Abschnitten finden sich Bezeichnungen wie z.B. *dervāze-i šahrestān* (ĞD355 für Ibn Ḥauqals *bāb al-madīna*, 503f.), was Kātib Čelebis Stil gar nicht entspricht, der sonst fast frei von persischen Elementen ist. Für die Gleichsetzung mit den in Kātib Čelebis Bibliographie erwähnten *Masālik al-mamālik* des Ṣāʿid b. ʿAlī Ğurğānī (st. ca. 1477) liefert PL II, 133f. nicht den geringsten Anhaltspunkt.

[124] Zu den Iṣṭaḫrī-Übersetzungen cf. Ritter 1931. 56, Taeschner 1923.59f. Zur *masālik al-mamālik*-Literatur *Kašf aẓ-ẓunūn* 1664f., PL II 118.

[125] Diese Passage ist nur in der zweiten Version des *Kitāb ṣūrat al-arḍ* enthalten.

Ibn Ḫurdaḏbihs *Kitāb al-masālik wa l-mamālik* ist ebenfalls nur gelegentlich herangezogen.

234.19f./57; **238**.18f.m/37; **379**.9-19/163-170.[126]

Auch in diesen Kapiteln, in denen er z.T. eine Vielfalt von Quellen zur Verfügung hatte, konsultierte Kātib Čelebi regelmäßig *Haft iqlīm*, aus dem er nahezu alles geographische Material übernahm.

237.20-23, 25-**238**.7/II, 102; 26-**239**.1/I, 306f., 317; **241**.18-23, 31-**242**.6/II, 109f.; 21-26/II, 110; **247**.11-28/II, 111; **248**.29ff./I, 284f.; **250**.7-10/I, 302f.; 13-16/I, 300f.; 26-29/II, 285; **252**.25-31/II, 96; **254**.17-22/II, 96f.; 23-26/II, 132; **258**.4-15/I, 52; **261**.27-**262**.4/I, 254ff.; **263**.19-25m/I, 181 unsicher; **266**.29/I, 174; **267**.20-27m/I, 146f.; **268**.10f.m, 13-21/I, 167; **283**.26m/I, 260; **286**.29-31/I, 259f.; **292**.7-13m/III, 4f.; 25-**293**.2m/III, 6f.; **294**.3-8m, 28f.m/III, 154f.; **295**.5-12/III, 155; **296**.29f.m/II, 518; **298**.27-29m/II, 445f.; 31-**299**.2/II, 442; **312**.30-**313**.1/II, 131; **314**.14-19/II, 128; **315**.6-9/II, 129, cf. *Nuzhatu l-qulūb* 153; **315**.23-30/II, 41f., 54f.; **316**.4-14/41ff.; 18/II. 82; 26/II, 3; **317**.8-18/II, 3f. bis auf die Nennung der Quelle *Ḥabību s-siyar*; **318**.2m, 3-6m/II, 36; 21-24/II, 33; **319**.6m/II, 196.198; 31-**320**.1/II, 177; **322**.14-21/II, 283; **323**.15-18/II, 296; **345**.11-21m/313; 24m, 27m, 30f.m/III, 314; **347**.11-13/III, 315; **349**.15-24, 26-**350**.3/III, 352f.; 17-22/III, 334; **352**.6-9/III, 400; **354**.8f., 17-26/III, 466f.; **356**.10.14/III, 440; **357**.10-16/III, 455; 18-21/III, 459; **360**.21m, 31m/III, 332; **366**.7-19/III, 477; 22-**367**.2/III, 478; 5-9/III, 479; 25-27m/III, 494; **368**.22f.m/III, 494; **377**.6f./III, 472; Marginalie IK 145v (nicht ĠD 380)/III, 208; **382**.6-14/III, 208; **383**.18-20/III, 251; **387**.14-18/III, 261; **392**.23-30/III, 305; **393**.26f./III, 268; 31-**394**.1, 5-7/III, 269; 21f./III, 298; **395**.29-**396**.3/III, 269; **400**.16-30/III, 272; **409**.21-29/III, 497f.

Die weiteren Entlehnungen aus geographischen Werken bleiben im Umfang bereits weit hinter den bisher genannten zurück. Wie schon in der Fortsetzung der ersten Fassung, so zitierte Kātib Čelebi auch hier den Weltreisenden Abū Ḥāmid al-Ġirnāṭī. Es handelt sich durchweg um Stellen, an denen Abū Ḥāmid Augenzeugenschaft beansprucht, und die auch heute als interessante Quellen gelten.[127]

296.1-8m;[128] **347**.9-21/*Tuḥfat al-albāb* 86ff.; **383**.14-17/82; **400**.9-15/83f.

Wieder zweifle ich, ob die wenigen Passagen aus al-Masʿūdīs *Murūğ aḏ-ḏahab* direkt zitiert sind.

---

[126] Eine kürzere Fassung dieser Beschreibung des Walles von Gog und Magog kannte Kātib Čelebi schon aus *Nuzhatu l-qulūb* 243ff.

[127] Cf. Matveev/Kubbel' 1985. 14f., Jacob 1892. 69-94.

[128] In *Tuḥfat al-albāb* und auch in Abū Ḥamids zweitem Werk, *al-Muʿrib ʿan baʿḍ ʿağā'ib al-Maġrib* ist dieser Bericht von seinem Aufenthalt in Abhar i.J. 524 nicht zu finden. Nichtsdestoweniger ist er in der Biographie bei Dubler 1953. 128 verzeichnet. Möglich, daß de Sacy, auf den sich Dubler letztendlich stützt, seinerseits unsere Stelle kannte. Bei alledem ist nicht zu vergessen, daß auch *Kašf aẓ-ẓunūn* 1127 s.v. ʿAğā'ib al-maḫluqāt Informationen über Abū Ḥāmids Leben enthält, die seinen erhaltenen Werken oder anderen Quellen nicht zu entnehmen sind.

247.29;[129] 248.8-13/§ 388; 340.16 nicht wie § 463; 347.3/§ 223; 375.11/§ 223; 395.9-12/§ 619, § 442.

Es scheint, als habe Kātib Čelebi von Ibn Saʿīds *Kitāb al-ǧuġrāfiyā* eine Fassung vorgelegen, die etwas ausführlicher war als der Text der Druckausgabe.[130]

247. 31-**248**.2 nicht wie 176, 190; 2-7/175f.; **367**.16-23 ist zweifellos nach *Taqwīm al-buldān* zitiert; **378**.8-27/177 weniger ausführlich; **388**.6f./172; **392**.12f./189; **394**.2f./188;

Neben dem kosmographischen Anhang von *Ḥabību s-siyar* zitierte Kātib Čelebi die Darstellung der Genealogie der Turkvölker.

241.6-16, 27-31/IV, 647f.;[131] **248**.24; **344**.31-**345**.7/IV, 451f.; **351**.12f.;[132] **369**.2f.m, 6f.m/V, 4ff.; 10-13/IV, 634f.; 17-**371**.11/III, 6-16;

Mehrfach ist zitiert al-Ḥimyarīs *ar-Rauḍ al-miʿṭār fī aḫbār al-aqṭār*, eine Kompilation im wesentlichen aus ʿUbaidallāh al-Bakrīs (gest. 1094) *Masālik al-mamālik*, einer Überarbeitung dieses Werkes und aus al-Idrīsīs *Nuzhat al-muštāq*. Es ist 1461 in Ǧidda verfaßt und vor allem für Andalusien und den Maġrib von Bedeutung.[133]

290.11-13m/43; **374**.18f./101; **382**.15 nicht zu finden p. 130 s.v. Tabrīz; **395**.17/77f.; **399**.28 nicht zu finden p. 20f. s.v. Āḏarbaiǧān, 340f. s.v. Šīrwān.

Aus Yāqūts berühmtem *Muʿǧām al-buldān* sind vereinzelte Übernahmen nachweisbar, doch scheint Kātib Čelebi es nicht systematisch ausgewertet zu haben.

282.24-26/II, 29f.; **368**.2-13m/II, 367.

Als *Muḫtaṣar-ı muʿǧam* bezeichnete Kātib Čelebi die Bearbeitung von Yāqūts Wörterbuch, *Marāṣid al-iṭṭilāʿ ʿalā asmāʾ al-amkina wa l-biqāʿ*, die einem Ṣafiyaddīn ʿAbdalmunʿim b. ʿAbdalḥaqq (st. 1338) zugeschrieben wird.[134] Aufgrund des Charakters dieser Bearbeitung, die sich ganz auf den philologischen Aspekt der Toponyme konzentriert, ist es sehr unwahrscheinlich, daß Kātib Čelebi mehr als die ausdrücklich zitierten Stellen entlehnt hat.[135] Allenfalls wird er immer wieder die korrekte Schreibung von Toponymen verifiziert haben.

---

[129] Die hier monierte Schreibung von *Tubbat* mit ṯāʾ ist unter den Varianten in Pellats Edition nicht enthalten.

[130] Es existiert eine gekürzte Fassung, die in einigen Teilen jedoch einen ausführlicheren Text enthalten mag, u.d.T. *Kitāb basṭ al-arḍ fī ṭūliha wa l-ʿarḍ*, deren Edition (J. Vernet-Ginés, Tetuan 1958) mir nicht zugänglich war.

[131] Sowohl dieser Teil als auch derjenige, den Kātib Čelebi aus *Haft iqlīm* entlehnte, basiert letztendlich auf Šarafuddīn ʿAlī Yazdīs *Ẓafarnāme*. Nur die sehr ausführlichen Itinerare zu Kašmīr stammen aus einer anderen Quelle.

[132] Nicht im Schlußkapitel. Dieselbe Information bei Ibn Ḥauqal, *Kitāb ṣūrat al-arḍ* 472.

[133] Kračkovskij 1957. 441-445, EI 2 s.v. Ḥimyarī.

[134] Zur Diskussion um die Autorschaft und die verschiedenen Fassungen cf. Kračkovskij 1957. 341, Reinaud 1860. 90f.

[135] Zahlreiche Stichproben blieben ohne Ergebnis.

302.6f./III, 240f.;[136] 355.14-16/III, 66f.

Ausnahmsweise nimmt Kātib Čelebi einmal auf Abū Saᶜd ᶜAbdalkarīm as-Samᶜānī Bezug, dessen *Kitāb al-ansāb* eine der Quellen für *Taqwīm al-buldān* darstellt[137] (**319**.2-3[138]). Für Kirmāns Abstammung von Yāfiṯ b. Nūḥ (**256**.7) beruft Kātib Čelebi sich auf den großen Genealogen der Araber, Ibn al-Kalbī (gest. 809 o. 821), wohl kaum ein direktes Zitat.

Einige geographische Quellen sind nur jeweils einmal nachweisbar: al-Qazwīnīs *Āṯār al-bilād* (**274**.4-6/95) und *Mir'ātu l-memālik* des Seydī ᶜAlī Re'īs (**275**.17-19/18), zweimal an-Nuwairī, *Nihāyat al-arab* (**302**.4; **320**.10).

Nur in Ausnahmefällen hat Kātib Čelebi noch Meḥmed ᶜĀšıq benutzt. Es ist nicht unmöglich, daß Kātib Čelebi hie und da Stellen aus *Taqwīm al-buldān* oder *Nuzhatu l-qulūb* o.a. nicht direkt, sondern nach *Menāẓıru l-ᶜavālim* zitiert hat, wie dies Mordtmann vermutet hatte,[139] doch hat er zweifellos i.a. die Originalquellen verwendet.[140]

266.8-11/114r; ein Artikel wieder gestrichen IK 111r (entspr. ĠD **297**); **383**.17/134v; **394**.15f./52r; 18-21/58v; **397**.27-398.2/53r.

An zahlreichen Stellen zitiert Kātib Čelebi verschiedene persische Historiker, so *Tārīḫ-i guzīda* des Ḥamdallāh Mustaufī (vermutlich **279**,[141] zur Geschichte Qazwīns **293**ff./*Tārīḫ-i guzīda* 773-86; **306**.26; **307** pass.) und das *Šarafnāme* des Šarafuddīn Bidlīsī, entstanden 1596, benutzt vor allem im letzten Kapitel für die Region von Van und Bitlis[142] (**287**.3-21;[143] **412**.31m; **413**.20; **416**.8, 23, 25[144]).

Der Abschnitt über die Ġuriden in Harāt (**333**f.) ist identisch mit der entsprechenden Passagen in Mīrḫwānds (1433-1498) *Raużatu ṣ-ṣafā'*.[145]

---

[136] Da ausgerechnet das hier übernommene Stichwort im Leidener Codex am Rand angemerkt ist (III, 241, s.v. Nihāwand, cf. IV, vi), halte ich es für sehr wahrscheinlich, daß diese Handschrift aus dem Warner'schen Legat aus Kātib Čelebis Besitz kam.

[137] Über ihn Kračkovskij 1957. 314-18.

[138] Diese Stelle ist allerdings in *Taqwīm al-buldān* 451 nach Yāqūts *Muštarik* zitiert, sodaß ich hier einen Irrtum Kātib Čelebis annehme.

[139] Zit. n. Babinger 1922. 105, auch Taeschner 1950-55. 154.

[140] Nur dort sind auch die Koordinaten zu finden. Ein eindeutiger Fall ist eine Episode zum Kūh-i Sablān in Mūqān, wo Kātib Čelebi Ḥamdallāh Mustaufīs Persisch mißverstanden hat (ĠD 393/*Nuzhatu l-qulūb* 90), während Meḥmed ᶜĀšıq die Stelle richtig wiedergibt (135r).

[141] Für die Dynastie der Šabānkārī ist dieses Werk eine Quelle ersten Ranges (İA s.v. Şebânkâre), was Kātib Čelebi zu schätzten wußte (cf. *Kašf aẓ-ẓunūn* 1474f.).

[142] Storey/Bregel' 1972. 1097-1100.

[143] Charmoy (tr.), Chéref-Name ou Fastes de la Nation Kourde par Chéref-ou'ddine ..., St. Petersburg 1868-75; I, i, 100-116, cf. İA s.v. Lūr-i Buzurg.

[144] Cf. zu diesen Stellen Mīr Šaraf Ḫān Bidlīsī, *Šarafnāme*, Kairo 1931, 440-460 pass., 641 (so Papazjan 1973. 27, 160-64).

[145] So Barbier de Meynard 1861. 438. Zum Werk Mīrḫwānds Storey/Bregel' 1972. 361-78, zu einer türkischen Übersetzung 373f.

Eine weitere Quelle ist *Ṭabaqāt-i Nāṣirī* des Sirāǧ (ud-dīn) b. Minhāǧ Ǧuzǧānī (1193-nach 1265), eine Dynastiengeschichte in 23 Kapiteln[146] (**334**.30m).

Ġaffārīs *Nusaḫ-i ǧahān-ārā*, eine Universalgeschichte bis 1564/65 sind wertvoll, da sie Informationen über sonst unbekannte Dynastien enthält. Diesen Wert erkannte auch Kātib Čelebi (**289**.3, **371**.23).[147]

Šarafuddīn ʿAlī Yazdīs *Ẓafarnāme* ist von mehreren der großen persischen Universalhistorikern zitiert worden und findet sich als indirekte Quelle mehrmals. Nur für ein Zitat ist die mittelbare Herkunft bisher nicht nachgewiesen (**371**.26).

Im Kapitel Ḫurāsān hat Kātib Čelebi in großem Umfang eine eigentlich historische Quelle ausgeschrieben, in der auch zahlreiche geographische Informationen enthalten waren, nämlich *Raużatu l-ǧannāt fī auṣāf madīnat Harāt* des Muʿīnuddīn Muḥammad Zamaǧī (oder Zamčī) Isfizārī, vollendet 1493/4. Die ersten fünf der 26 oder 27 Kapitel enthalten eine ausführliche Beschreibung Ḫurāsāns, die anderen die Geschichte Harāts.[148]

Nachweisbar: **310**.21-**311**.5/Barbier de Meynard 1860.471-475; **311**.7-23/475-79; 26-28/479f.; **312**.2-4/480f.; 10-28/485-488; **313**.1-7/488; 11-19, 23f./491ff.; 27-**314**.1/493; 2-5, 5-7/495-98; 8m/499; 15-19m/501; 19-26/499; **315**.2-6, 10-13/500ff.; zitiert außerdem: 317.6; 321.11; 322.22; 326.16; 330.20; 332.2. Unsicher ist, ob das 320.5m zitierte *Tārīḫ-i Ḫurāsān* auch dieses Werk meint, ebenso ob die Abschnitte über die Herrscher von Harāt 335-38, die weitgehend, aber keineswegs immer mit *Raużatu l-ǧannāt* übereinstimmen, wirklich aus diesem entlehnt sind.[149]

Nāṣiraddīn Muḥammad b. ʿAbdarraḥīm b. al-Furāt (1334-1405) schrieb eine umfangreiche Universalgeschichte, *Ta'rīḫ ad-duwal wa l-mulūk*, die die Zeit nach 500 H./1106-7 umfassen sollte, aber unvollendet blieb. Sie wurde selten kopiert, aber in späteren Werken (z. B. bei al-Maqrīzī) häufig zitiert.[150]

309.15; **345**.9.

---

[146] Storey/Bregel' 1972. 294-98. Nach dem Eintrag in *Kašf aẓ-ẓunūn* 1108 s.v. hat Kātib Čelebi das Buch nicht gekannt.

[147] Storey/Bregel' 1972. 410ff., *Kašf aẓ-ẓunūn* 622 s.v. Ǧahān-ārāy.

[148] Storey/Bregel' 1972. 1045-48. Mir war nur die Teilübersetzung Barbier de Meynard 1860 zugänglich. Die Behauptung Kātib Čelebis, er sei der Autor des (in *Haft iqlīm* mehrfach zitierten) *Tārīḫ-i Mubārakšāhī* (ǦD 313.10, der Autor ist Yaḥyā Aḥmad as-Sihrindī, cf. PL I, 512), ist natürlich ein Irrtum.

[149] Cf. Barbier de Meynard 1861, 1862.

[150] EI 2 s.v. Ibn al-Furāt.

Zur Islamisierung von Bitlis wird Wāqidī zitiert (**415**.6).[151]

Aus Ḫalīl b. Aibak aṣ-Ṣafadīs Biographiensammlung *al-Wāfī bi l-wafāyāt* entlehnte Kātib Čelebi eine Anekdote über Naṣīruddīn Ṭūsī, den Begründer des Observatoriums von Marāġa (**386**.16-25/I, 179).

In einigen Fällen konnte Kātib Čelebi auf seine eigenen Werke zurückgreifen: auf *Faḏlakat aqwāl al-aḫyār* (**343**.2, **401**[152]), auf *İlhāmu l-muqāddes* (**374**. 4-18/Şehsuvaroğlu 1957. 154[153]), sowie auf *Kašf aẓ-ẓunūn* (**413**.10-15/472f. s.v. *Talḫīṣ al-ǧāmiᶜ al-kabīr fī l-furūᶜ*).

Was die osmanische Literatur darüberhinaus beisteuerte, sind wohl nicht die Ergebnisse systematischer Stoffsammlung, sondern allenfalls Früchte gelegentlicher Lektüre. Dies gilt wohl auch für einige der bereits genannten Quellen. Hier bezieht es sich auf Ṭasköprüzāde Aḥmeds biographische Kompilation *Nevādır al-aḫbār fī menāqīb al-aḫyār*[154] (**348**.29 zur Etymologie von Tūrān) und auf Qınalızāde ᶜAlī, wohl sein *Aḫlāq-ı ᶜAlā'ī* (**349**.24-26m). Zweimal ist Kemālpašazāde zitiert (**348**.28 zur Etymologie von Tūrān, 376.26-377.6 zu den Tataren nach *Tevārīḫ-i Āl-ı ᶜOsmān*[155]). Gelegentlich wird auch Ǧenābi zitiert (**355**. 11).

Schließlich sind einige Werke zu nennen, die primär religiösen Inhalts sind. Es sind: Abū s-saᶜādat Mubārak b. al-Aṯīrs *Ǧāmiᶜ al-uṣūl li aḥādīṯ ar-rasūl*[156] (**343**.5), Šaiḫ Naǧmuddīn Abū Bakr b. ᶜAbdullāh al-Asadī ar-Rāzī: *Mirṣād al-ᶜibād min al-mabda' ila l-maᶜād*, verfaßt 1223[157] (**291**.29m), zu den Paradiesesflüssen zwei Kommentare zum *Ṣaḥīḥ* des Muslim, nämlich den des Qāḍī ᶜIyāḍ al-Yaḥṣabī (**361**.7) und den des Nawawī (**361**.11),[158] und schließlich der Korankommentar des Baiḍāwī (**379**.21m). *At-Tafsīr al-kabīr* (**378**.13) ist die gängige Bezeichnung für *Mafātīḥ al-ġaib*, den Koran-Kommentar des Faḫraddīn ar-Rāzī (1149-1209).[159]

Einige Male führte Kātib Čelebi auch Verse an, so von Ibn Ḫālawaih (**300**.4), Badīᶜ az-zamān al-Hamādāni (**300**.7[160]), Šarafuddīn ᶜAbdulqahhār

---

[151] *Futūḥ al-buldān* (Kairo 1302 H.), II, 152ff., cf. İA s.v. Bitlis. Nach den Anmerkungen Papazjans zu seiner Übersetzung dieser Stelle, in der er den Namen al-Wāqidī unterschlagen hat (1973. 62), scheint die Information von Šarafaddīn Bidlīsī zu stammen (op.cit. 161).

[152] IK 155r (entspr. ĞD 401) findet sich eine Marginalie von der Hand Ebū Bekrs, in der als Quelle *Faḏlakat aqwāl al-aḫyār* angegeben ist, und mit dem Text z.T. wörtlich übereinstimmt.

[153] Die gemeinsame Quelle ist *Multaqa al-baḥrain fī l-furūᶜ al-ḥanafīya* von İbrāhīm al-Ḥalabī, gest. 956 H. (cf. *Kašf aẓ-ẓunūn* 1814 s.v.).

[154] GOW 84f., cf. *Kašf aẓ-ẓunūn* 1978 s.v.

[155] So Gökyay 1968. 136.

[156] Ein Standardwerk der *ᶜilmīye*-Ausbildung (Uzunçarşılı 1965. 23) und von Kātib Čelebi gründlich studiert, cf. *Kašf aẓ-ẓunūn* 535ff. s.v.

[157] *Kašf aẓ-ẓunūn* 1605 s.v.

[158] Zu diesen cf. *Kašf aẓ-ẓunūn* 557 s.v. al-Ǧāmiᶜ aṣ-ṣaḥīḥ, GAL G I, 160, S I 265.

[159] *Kašf aẓ-ẓunūn* 1756 s.v. Mafatīḥ al-ġaib, İA s.v. Râzî.

[160] Der Vers findet sich ohne Quellenangabe in *Taqwīm al-buldān* 417, mit dieser in *Āṯār al-bilād*

(**313**.8[161]), Murādī (**320**.15[162]) und Ḥāfiẓ (**397**.25). Auch beim Kommentator der Maqāmen des Ḥarīrī, aš-Šarīšī (st. 1222), fand Kātib Čelebi zufällig etwas Nützliches (**410**.17).[163]

Eine Ausnahme ist der Verweis auf eine offizielle Quelle, ein *defter-i ḫāqānī* zum Steueraufkommen von Muš (**416**.23). Daß Kātib Čelebi sich für die administrative Gliederung im osmanischen Osten an Quellen wie Ǧelālzāde Muṣṭafās *Ṭabaqātu l-memālik* (**411**.12/17b-18a stark entstellt) und ʿAyn ʿAlīs *Qawānīn-i Āl-ı ʿOsmān* (**411**.12) wenden mußte, zeigt, daß er sonst i.a. keinen Zugang zu Akten hatte.

Die Bedeutung der europäischen Quellen ist fast völlig geschwunden. Am wichtigsten ist noch d'Anania, der vor allem fast das ganze Kapitel über die Tatarei stellte.

231.30/250; **241**.24-27/251; **248**.13-16/289f.; **372**.16-**374**.4/279-81; 19-23/281; 23f.m/282; 24-26, 27-29/281; 30-**375**.7/281f.; 15-19/282; 19-30/280; **376**.17-25/282; **377**.7-19/282.

Dahinter muß auch Mercator zurückstehen.

347.4m/627 Karte Zentralasiens; **372**.29/626-29; **379**.8 nicht wie 626-29; **398**.18, 20 wie Karten des Osmanischen Reiches 607 und des Ṣafawidenreiches 623.

Cluverius (**372**.28/265-68) und Ortelius (**257**.29) werden jeweils nur einmal erwähnt.

Im Gegensatz zur ersten Fassung sind die Stellen, an denen man mit mündlichen Quellen rechnen muß, selten. Beispiele sind Überlegungen zur politischen Entwicklung in Indien, insbesondere die Rivalität der jüngeren Kolonialmächte England und Niederlande mit Portugal[164] oder die Erwähnung eines daghestanischen Fürsten, der auf der Pilgerfahrt im Jahr 1048 Istanbul passierte,[165] vielleicht auch ein Teil der Beschreibung von Iṣfahān.[166] Gesondert zu betrachten sind die Beschreibungen, die Kātib Čelebis eigener Beobachtung entsprungen sind.[167]

327.

[161] Lt. Barbier de Meynard 1860. 491 nach *Haft iqlīm*, aber im mir vorliegenden Drucktext nicht enthalten.

[162] Dies war der *maḫlaṣ* u.a. der Sultane Murād III. und Murād IV. Ob einer von diesen arabische Verse über Nišābūr verfaßt hat, ist mir nicht bekannt. Vielleicht handelt es sich um jenen Dichter des frühen 16. Jhdts., der auch die gereimte Einleitung der *Baḥrīye* verfaßt hat (GOW 79, Soucek 1973b. 131).

[163] Kātib Čelebis Exemplar dieses Werkes befindet sich heute in Leiden, cod. Warn. 470.

[164] ǦD 200.

[165] ǦD 401.

[166] ǦD 290.19-29. Die Stelle ist eingeleitet mit "*bu šehri görenler taqrīrinden menqūldur* ..." was aber auch in einer schriftlichen Quelle stehen kann.

[167] Z.B. ǦD 300, 302f.

Abschließend soll darauf hingewiesen werden, daß einige der Quellen, die Kātib Čelebi in seiner Bibliographie aufzählte — sofern es sich nicht um mittelbare handelte — nicht nachweisbar waren. Über die Geographie des Ptolemäus hatte er selbst geschrieben, es sei zwar das Original noch vorhanden, auf dem die europäischen Quellen aufbauten, die arabische Übersetzung aber verloren. Seine Argumentation über den Ort des Walles von Gog und Magog belegt eindeutig, daß er selbst keinen Ptolemäus-Text vor sich hatte.[168] Zitate aus al-Harawīs *Kitāb al-išārāt ilā maʿrifat az-ziyārāt* konnte ich nicht ausmachen. Zwar sind unter den Gräbern von Heiligen, die Kātib Čelebi hie und da nennt, auch solche, die auch al-Harawī erwähnt, doch es sind stets weder alle noch ausschließlich die dort aufgezählten. Außerdem haben wir es hier wieder mit Wissen zu tun, das so verbreitet war, daß es gar nicht sinnvoll ist, dafür nach einer einzelnen Quelle zu suchen.

Aus al-Idrīsīs *Nuzhat al-muštāq* will Kātib Čelebi, trotz der beklagten Mängel des Textes, einiges Nützliche entnommen haben. Abgesehen davon, daß das Werk im Text nie erwähnt ist, blieben auch zahlreiche Stichproben ohne Ergebnis.[169] Es bleibt also nur die Annahme, daß Kātib Čelebi es für spätere Teile, vielleicht speziell für den Mittelmeerraum, zu benutzen gedachte. Vergleichbares gilt für die Geographie Ägyptens, *Zubdat kašf al-mamālik fī bayān aṭ-ṭuruq wa l-masālik* des Ḫalīl b. Šāhīn aẓ-Ẓāhirī (st. 1468), das sicher nur für Ägypten Verwendung finden sollte.[170]

9. Der Aufbau

Nach der Ermittlung der Quellen wollen wir nun das wissenschaftliche Konzept und den Charakter der zweiten Fassung untersuchen. Grundsätzlich ist vorauszuschicken, daß Kātib Čelebi zum einen bemüht war, den Umfang des Werkes angesichts des Übermaßes an Material in überschaubaren Grenzen zu halten. Immer wieder wies er darauf hin, daß er um der Kürze willen einen Aspekt nicht weiter ausführen wolle[171] oder sich zu Auslassungen gezwungen sah.[172] Nicht immer ist sein Auswahlkriterium einsichtig.[173] Zum anderen wollte Kātib Čelebi möglichst allen Ländern die gleiche Aufmerksamkeit zuteil werden lassen. Dem Eurozentrismus Mercators und seiner Kollegen, der dazu führte, daß Asien und Afrika im Vergleich viel zu knapp behandelt wurden, gedachte er

[168] ĞD 13, 379.

[169] Ich konnte mich dabei nur auf die unzulängliche Übersetzung Jaubert 1836-40 stützen.

[170] Kračkovskij 1957. 461-64.

[171] ĞD 361, wo ein *ḥadīṯ* über die Paradiesesflüsse erörtert wird.

[172] In Fārs wollte Kātib Čelebi nur Orte behandeln, in denen das Freitagsgebet gehalten wird (262). Tatsächlich ließ er dann, etwa im Gebiet von Iṣṭaḫr, einfach jeden zweiten Artikel aus seiner Hauptquelle *Nuzhatu l-qulūb* aus (265ff.).

[173] Cf. die beiden im Kap. Fārs beschriebenen Flüsse (ĞD 286) und die große Anzahl in *Nuzhatu l-qulūb*.

eine ausgewogene Darstellung entgegenzusetzen,[174] doch wissen wir nicht, in welchem Maße er diesen Vorsatz verwirklicht hätte.

Das *Ǧihānnümā* in der zweiten Fassung beginnt mit zwei Kapiteln, die man als "formalen Teil" zusammenfassen kann. Ihr Zweck ist die Legitimierung des Werkes. Es sind die Vorrede, die in Kürze und noch wenig konkret Thema und Zweck des Buches erläutert und die Widmung enthält, sowie die Bibliographie. Diese hatte in der arabischen Wissenschaft eine lange Tradition.[175] Sie konnte dazu dienen, einen Überblick über die Vorläufer zu geben und dadurch die Notwendigkeit einer neuen Behandlung des Themas zu demonstrieren. In anderen Fällen sollte sie einen Überblick über das zur Verfügung stehende Quellenmaterial liefern.[176] Die Tatsache, daß Kātib Čelebi bei einigen Werken angibt, in welchem Ausmaß er sie konsultierte, hat dazu geführt, in seiner Bibliographie ein Verzeichnis der benutzten Quellen zu sehen. Stattdessen handelt es sich um die Liste der Quellen, auf die seine Informationen letztendlich zurückgehen, denn es fällt auf, daß Kātib Čelebi etliche der angegebenen Werke mit Sicherheit nicht selbst gelesen hat. Ebenso verhält es sich übrigens auch mit den Bibliographien und Zitaten in Muṣṭafā ᶜĀlīs *Künhü l-aḫbār*.[177] Auf die Funktion als Überblick über die allgemeine Quellenlage deutet hin, daß fast nur Universalgeographien und Seefahrtshandbücher aufgenommen sind,[178] während wichtige Quellen für einzelne Kapitel erst da besprochen sind, wo sie verwendet werden.[179] Insofern unterscheidet sich diese Liste von der Bibliographie, die Teil von *Faḏlakat aqwāl al-aḫyār* gewesen sein und 1300 Titel umfaßt haben soll, also vermutlich alle, die Kātib Čelebi nur kannte.[180]

Im Wiener Konzept findet sich, wie bekannt, auch der Entwurf einer Autobiographie, die nach Ort und Bestimmung ebenfalls zum formalen Teil gehören würde. Doch warum ist keine Autobiographie in der zweiten Fassung enthalten? Eine Antwort darauf könnte lauten, daß Kātib Čelebis Lebenslauf keine hinreichende Rechtfertigung für seine geographische Betätigung enthielt. Daß weite Reisen, beispielsweise in Begleitung des osmanischen Heeres, eine wesentliche Quelle geographischen Wissens sein könnten, hatte Kātib Čelebi selbst in

---

[174] ǦD 123. In der ersten Fassung hatte Kātib Čelebi seinerseits Europa nur *iǧmālen* beschreiben wollen (B 85v).

[175] Cf. Rosenthal 1968. 134.

[176] Rosenthal 1947. 51.

[177] Cf. Schmidt 1991. 22-45, v.a. 37.

[178] Ausnahmen sind *Tārīḫ-i Hind-i Ġarbī* und *Zubdat kašf al-mamālik*.

[179] Z.B. *Qānūnnāme* und der Bericht des Ġiyāṯuddīn für das Kapitel Ḫitay (ǦD 166), oder Kommentar des Collegium Conimbricense ǦD 73.

[180] Gökyay 1957a. 41. Kātib Čelebi gibt auch die Zahl der Werke in *Kašf aẓ-ẓunūn* s.v. ᶜilm at-ta'rīḫ mit 1300 an (271), während Gökyay (loc. cit.) dort nur 914 Titel zählte. 1300 Titel sollen auch schon in *Miftāḥ as-saᶜāda* enthalten sein. Eine Liste aller geographischen Werke aus *Kašf aẓ-ẓunūn* hat Wüstenfeld 1842 zusammengestellt, allerdings nur nach den bis dahin erschienenen Bänden der Flügelschen Ausgabe.

der Vorrede bestritten.[181] Da die Geographie nicht Gegenstand der *ʿilmīye*-Ausbildung war, konnte Kātib Čelebi mit seinen privaten Studien in diesem Bereich nicht argumentieren. Die Beschäftigung mit allerhand Wunderdingen, die er im Wiener Konzept für sich in Anspruch nahm, reichte allein nicht aus, zumal ihre Berührung mit der Geographie nur sporadisch war. So blieb am Schluß nur das Wissen, das Kātib Čelebi im Selbststudium aus neuen und alten Büchern erwerben konnte. Dieses konnte er im Rahmen einer Bibliographie sinnvoller ins Feld führen als in Verbindung mit seinem Lebenslauf.[182]

Stellen wir die Frage anders: Warum hielt Kātib Čelebi mindestens zeitweise eine Autobiographie für erforderlich? Bedurfte das Werk, das er vorlegen wollte, einer solchen Rechtfertigung? Ich kann mir allenfalls vorstellen, daß dieser Lebenslauf entworfen wurde, als Kātib Čelebi erstmals begann, systematisch europäische Quellen zu studieren, und ihm klar wurde, in welchem Maße sein Werk Neuerungen in diese traditionsreiche Wissenschaft einführen würde.

Nach dem formalen Teil war es logisch, den systematischen Teil mit einer Definition des Begriffes Geographie zu beginnen. Wie Kātib Čelebi die Auffassung von Cluverius, Thema der Wissenschaft sei die Darstellung der Erdoberfläche, zu modifizieren suchte, werden wir weiter unten sehen. Hier ist von Belang, daß Kātib Čelebi die Gliederung in Einzelgebiete bei Cluverius in aufschlußreicher Weise mißverstand. Cluverius hatte die mathematische Geographie, innerhalb derer er geographia atmosphaerica, hydrographia und geographia im engeren Sinne unterschied, von der geographia historica abgesetzt, neben die in jüngster Zeit noch die geographia politica getreten sei.[183] Kātib Čelebi dagegen hatte sich nur die strikt hierarchische Gliederung cosmographia — geographia — chorographia — topographia zu eigen gemacht.[184]

Die Gliederung, die Kātib Čelebi dann im Folgenden zugrundelegte, entspricht genau dieser Einteilung.[185] Zu beachten ist, wie überlegt der Aufbau ist. Bevor Kātib Čelebi sich auch nur der Anordnung der kosmischen Sphären zuwenden konnte, mußte er beweisen, daß die Erde kugelförmig ist, also das Modell der islamischen Kosmologie widerlegen. Da dies gleichsam das Fundament des gesamten Werkes ist, wird der Beweis sorgfältig geführt. Die Autorität al-Ġazzālīs sollte gleichzeitig gewährleisten, daß sein Kosmosmodell nicht als un

---

[181] ĞD 1.

[182] Ganz anders lagen die Dinge im Falle von *Mīzānu l-ḥaqq*, für das sich Kātib Čelebi extrem ausführlich darstellte, ein Maßstab dafür, wie sehr er sich mit dem Werk exponierte. Die Autobiographie in *Sullam al-vuṣūl* folgt dagegen einer Konvention innerhalb der biographischen Literatur (so Kātib Čelebi, cf. Gökyay 1968. 202f.).

[183] So die Zusammenfassung İbrāhīm Müteferriqas, der sich schon veranlaßt sah, dieses Mißverständnis zu beheben (ĞD 15f.).

[184] Der Teilsatz, der neben die Geographie als weiteren Zweig der Kosmographie die Hydrographie stellt, ist eine Marginalie (IK 4v, ĞD 15).

[185] Das bedeutet natürlich nicht, daß er sich nach dieser Stelle richtete, sondern daß er bei Cluverius nur das las, was mit seinen übrigen Vorstellungen übereinstimmte.

islamisch verworfen würde.[186] Erst danach konnte er die Sphären beschreiben, allerdings in aller Kürze und nicht auf dem Niveau seiner astronomischen Kenntnisse — ausnahmsweise bot er hier Wissenschaft in usum Delphini.[187] Der Rest der Einleitung folgt im wesentlichen Cluverius, wenn auch mit einigen Hinzufügungen. Diese betreffen nicht die wissenschaftlichen Begriffe, sondern Überlegungen über die Wissenschaft als ganze, z.B. über die Unzulänglichkeit der älteren Geographen und die Kartographie (ĞD 62-67). Der letztgenannte Punkt zeigt zugleich, welches die Neuheit war, die das *Ğihānnümā* in die osmanische Geographie einführte.

Nach der Klärung der methodischen Begriffe begann Kātib Čelebi mit der Beschreibung des Globus als Ganzem. Dabei wandte er sich zunächst den beiden Elementen zu, die in der Geographie von Interesse sind: Erde und Wasser.[188] Während erstere nur kurz behandelt wird, nutzte Kātib Čelebi die Gelegenheit, im zweiten zahlreiche Aspekte unterzubringen, die er sich offenbar aufgrund seiner Vorliebe für Seefahrtsliteratur angeeignet hatte. Er war sich wohl bewußt, daß diese Dinge nicht ganz in den Rahmen paßten, wie die Abschnitte über die Monsunzeiten oder die Winde.[189] Dennoch ist ihr Platz innerhalb des Schemas überlegt gewählt.

Danach folgen die damals bekannten Kontinente Europa, Asien, Afrika, Amerika und die damals noch mehr oder weniger legendäre Terra Australis, der Südkontinent, zu dem sowohl Feuerland als auch die Nordküste Australiens zu gehören schienen. Kātib Čelebi fügte zu diesen eigenständig noch die Nordpolarregion, die Mercator nach der Alten und Neuen Welt beschrieb, ohne sie als eigenen Kontinent einzustufen.[190] Sie werden jeder in seiner Gesamtheit knapp beschrieben, im Falle Amerikas und der Arktis kommt — als Tribut an Kātib Čelebis historische Interessen — eine ausführliche Geschichte der Erforschung dazu. Daß die Gliederung der Erdoberfläche in Kontinente eine Neuerung in der osmanischen Literatur ist, wurde bereits gesagt. Auch die Arktis als eigenen Kontinent aufzufassen, war nach dem damaligen Wissensstand nur konsequent. Während Europa, Asien, Afrika und Amerika später im Detail behandelt werden sollten, scheint mit der Beschreibung von Grönland, "Frislandia"[191] und Novaja

[186] So ausdrücklich ĞD 17.

[187] Kātib Čelebi folgte dem Modell konzentrischer Sphären nach *Tārīḫ-i Hind-i Ġarbī*, während die osmanische Astronomie viel kompliziertere und genauere Entwürfe kannte (cf. z.B. das Modell Čaġmīnīs, Rudloff/Hochheim 1893).

[188] Daß das Element Luft dabei unberücksichtigt blieb, liegt an den Traditionen der kosmographischen Literatur. Allenfalls die Beschäftigung mit Klimakunde hätte Kātib Čelebi veranlassen können, sich mit diesem Element zu befassen.

[189] ĞD 59ff., 92ff. Er begründete die Aufnahme des Abschnitts über die Schiffahrt, die mit Geographie eigentlich nichts zu tun habe, damit, daß das übergeordnete Kapitel ja den Meeren gewidmet sei (ĞD 92).

[190] ĞD 115.

[191] Eine auf einigen alten Karten verzeichnete Insel südlich oder südwestlich von Grönland.

Zemlja die Beschreibung der Arktis abgeschlossen. Über den Südkontinent war ausweislich der von Kātib Čelebi zusammengetragenen Fragmente so gut wie nichts bekannt.

Um bevorzugt jene Gebiete zu erfassen, die in der ersten Fassung nicht enthalten sind, begann Kātib Čelebi dann mit den Länderbeschreibungen im Osten der Ökumene mit Japan, und arbeitete sich nach Westen vor.

10. Die Länderkunde

In der ersten Fassung hatte Kātib Čelebi die allgemeine Charakteristik jedes der beschriebenen Klimata sehr knapp gehalten. Sie umfassen i.a. nur die Abgrenzung mit Hilfe von natürlichen Grenzen oder Koordinaten, im Falle Andalusiens noch einige ganz knappe Anmerkungen zur vorislamischen Zeit. Darüberhinaus erfährt der Leser über die Eigentümlichkeiten, die einer ganzen Region gemeinsam sind und sie prägen, nichts. Auch die Ergänzungen im Wiener Konzept ändern daran nichts. Dagegen gehört zu den Länderartikeln der zweiten Fassung zwar auch noch die Liste der Städte, die in der ersten Fassung die Masse des Materials ausmachte, doch daneben war eine umfangreiche "Länderkunde" getreten. Nach Hettner ist für die Geographie als "Wissenschaft von der Erdoberfläche nach ihren örtlichen Unterschieden" die Bezeichnung "Länderkunde" zutreffender als Erdkunde, doch ist damit eine allgemeine vergleichende Länderkunde gemeint, während hier die "besondere Länderkunde, d.h. die Beschreibung einzelner Länder und Landschaften" betrieben wird.[192]

Kātib Čelebi hat den Idealentwurf einer solchen Länderkunde unter den Notizen auf dem ersten Blatt des Wiener Konzeptes festgehalten. Danach sollte die Länderkunde folgende Aspekte behandeln:[193] 1. Die Benennung, 2. die Begrenzung, 3. die Gliederung. Der letzte dieser Punkte leitet über zu den politisch-rechtlichen Verhältnissen: 4. Herrschaftsverhältnisse, 5. Rechtspflege, 6. die Religion. Daran schließt sich der ganze Komplex der Kultur an: 7. die Wissenschaften, 8. Handwerk und Handel, 9. Kriegskunst,[194] 10. Sitten und Gebräuche.[195] Die folgenden Abschnitte entsprechen dann recht genau den Interessen der islamischen Geographie: 11. die Städte, 12. die berühmten Bauwerke, 13. die sympathetischen Eigenschaften (*ḫavāṣṣ*),[196] 14. die Flüsse, 15. die Berge. Erst nun folgen die natürlichen Gegebenheiten, die z.B. bei Mercator der Ausgangspunkt sind: 16. Klima, 17. Pflanzen und Feldfrüchte, 18. Tierwelt.

---

[192] Hettner 1927. 122f.

[193] WK 1'r (ohne Foliierung), Numerierung im Original.

[194] In WK 1'r unleserlich, doch so im Kap. China ĞD 158 und öfter.

[195] Die Gesamtheit dieser Aspekte nannte Kātib Čelebi historisch, wenn er sagte: "In diese Wissenschaft (sc. die Geographie) sind allenthalben historische Elemente hineingemischt, da man die Geschichtsschreibung das Salz der Wissenschaften nennt" (ĞD 66f.).

[196] Diese hatte Kātib Čelebi aus seinem Schema gestrichen, aber später doch wieder hinzugefügt.

Schon in der ersten Fassung waren die letzten beiden Punkte enthalten: 19. Itinerare, 20. die Herrscher.

Es sind also zwischen jene Aspekte, die jeweils die ganze Region betreffen, die Aufzählung der geographischen Einzelobjekte eingeschoben (Städte, mirabilia, Gewässer, Berge), und auf diese Weise die europäisch inspirierte Länderkunde mit der Darstellungsweise der islamischen Tradition kombiniert. Hatten wir die letztere als synthetisch bezeichnet,[197] so kann die erstere analytisch genannt werden, da sie sich bemüht, einen geographischen Raum in seiner Gesamtheit nach seinen verschiedenen Charakteristika zu beschreiben.

Stellt man — abgesehen von dieser Diskrepanz der Methodik — in Rechnung, daß die Geographie ganz allgemein zu jener Zeit den Schritt von der beschreibenden Darstellung zur ursächlichen Untersuchung, also zur modernen Wissenschaft noch nicht getan hatte, so muß man anerkennen, daß dieses Programm ein nahezu erschöpfendes Konzept der Landeskunde darstellt.[198] Überflüssig aber zu sagen, daß es an keiner Stelle vollständig durchgeführt ist, denn weder die europäischen noch die islamischen Quellen decken alle Aspekte dieser Themenliste ab. Die systematische Behandlung der *ḫavāṣṣ* ist offenbar aus grundsätzlichen Überlegungen heraus völlig weggelassen.[199] Die Geschichte nicht mehr, wie in der ersten Fassung, in einen separaten Teil des Gesamtwerks zu verweisen, sondern innerhalb der Länderkapitel zu behandeln, bedeutet einen weiteren Schritt zur Ganzheitlichkeit, wie sie schon unter den Neuerungen des Wiener Konzeptes festgestellt wurden.

Gemeinsam sind allen dreißig Länderkapiteln die ersten drei Punkte. In den Kapiteln 13-19, die die Inseln Ostasiens behandeln, fehlen die Punkte 11-15 völlig, und auch die Abschnitte 4-10, die die Zivilisation zum Thema haben, sind kaum ausgeführt. Stattdessen reflektiert der Text im Gefolge Mercators und d'Ananias vor allem die Sicht der Gewürzhändler, die sich außer für die Qualität der natürlichen Ressourcen allenfalls noch für die Wehrhaftigkeit der Einwohner jener Regionen interessierten. Über die Geschichte jener Inseln war nichts bekannt, doch Kātib Čelebi konnte immerhin zu den Molukken einen Exkurs über die Teilung des Globus in eine spanische und eine portugiesische Hemisphäre bieten.[200] Im Kapitel 20: Čin u Mačin sind bis auf die *ḫavāṣṣ* und die

---

[197] Cf. Kap. III, Abschn. 12.

[198] In *Haft iqlīm* I, 385ff. ist in der Beschreibung Indien ein Abschnitt über dort gängige Maße, Gewichte und Münzen enthalten, den Kātib Čelebi nicht übernommen hat. Das chinesische Papiergeld ist kurz erwähnt (ĞD 175). Zu anderen Ländern scheinen ihm entsprechende Informationen nicht vorgelegen zu haben.

[199] Wie im Zusammenhang mit Kātib Čelebis theoretischen Überlegungen erwähnt (Kap. III), hat er diese nicht für würdig befunden, als eigenes Stichwort in *Kašf aẓ-ẓunūn* aufgenommen zu werden. Bei den *adab*-Autoren der arabischen Literatur (z.B. Ibn al-Faqīh, al-Muqaddasī) hatten sie eine zentrale Rolle gespielt (Miquel 1988. 128-31).

[200] ĞD 135f. Über den Besitz dieser Inseln hatte sich ein Streit zwischen Spanien und Portugal entzündet.

Itinerare alle Punkte mindestens angesprochen, wenn auch der Abschnitt über die Kriegskunst nur drei Zeilen umfaßt und Kātib Čelebi zugeben mußte, daß ihm über die Herrscher nichts bekannt war. Auch das Kapitel Japan (Nr. 12) zeigt deutlich, wie sich Kātib Čelebi bemühte, die angestrebte Anordnung auch zu verwirklichen. Im Kapitel 21: Ḫitay stieß er dabei auf Schwierigkeiten, obwohl oder gerade weil er dazu über besonders viel Material verfügte. Immerhin enthalten das *Qānūnnāme-i Čin u Ḫitay* und der Gesandtschaftsbericht des Ġiyāsuddīn Naqqāš ungleich mehr, als Kātib Čelebi sonst zu einer einzelnen Region lesen konnte. Doch während der Abschnitt Herrschaftsverhältnisse angesichts der Fülle von Informationen über Institutionen, Zeremonien und Gesetze überproportional anschwoll, blieben andere, etwa die natürlichen Gegebenheiten, unterrepräsentiert. Bezüglich der geringen vorhandenen Kenntnisse der Geschichte verwies Kātib Čelebi den Leser an *Fadlakat aqwāl al-aḫyār*.[201]

In seiner Beschreibung Indiens (22) ist Kātib Čelebi dann beträchtlich von seinem Schema abgewichen, indem er im Abschnitt 3 (Gliederung) gleich die Städte aller neun Teilreiche Indiens mit beschrieb. Dadurch erhält dieser Teil, obwohl viele Einzelheiten darin aus den europäischen Quellen stammen, den Charakter eines traditionellen islamischen Werkes.[202] Den historischen Abriß (Nr. 20) unmittelbar an die Herrschaftsverhältnisse (Nr. 4) anzuhängen,[203] bedeutete, den Fortgang der eigentlichen Länderkunde erneut zu unterbrechen. Diese erscheint dann, obwohl relativ ausführlich, als Anhang zu einer Darstellung im Stile der ersten Fassung.[204]

Es ist festzuhalten, daß Kātib Čelebi in diesen Kapiteln große Anstrengungen unternahm, seinem Entwurf gerecht zu werden, indem er seine Quellen systematisch nach Belegen zu einzelnen Themen durchsuchte. Vieles, was Ġiyāsuddīn als persönliches Erlebnis beschrieb, ist nun allgemeingültig formuliert und auf einen übergeordneten Aspekt bezogen. Ebenso teilte Kātib Čelebi z.B. die Beschreibung von Biğānkar aus *Ḥabību s-siyar* systematisch nach verschiedenen Aspekten auf.[205] Wenn Kātib Čelebi wirklich die ungekürzte Fassung des *Qānūnnāme* vor sich hatte, hat er den gesamten Stoff gesichtet und seinen Interessen gemäß neu geordnet. Da die europäischen Quellen kaum, wie die islamische Literatur, einzelne Städte schildern, trug Kātib Čelebi für Punkt 11 möglichst viel aus Karten zusammen, ebenso Flüsse. Insofern ist in diesen Teilen des *Ǧihānnümā* über die Kompilation zusammenhängender Textteile hinaus eigenständige Arbeit geleistet. In späteren Kapiteln wird dies anders sein.

Denn wie nach dem Kapitel Indien die europäischen Quellen kaum noch verwendet werden, so ist auch das Schema für die Landeskunde hinfällig gewor

[201] ǦD 193.
[202] ǦD 194-212.
[203] ǦD 212-222.
[204] ǦD 222-231.
[205] ǦD 199, 213.

den. An die Stelle der Gliederung (Nr. 3) tritt nun stets wie schon im Fälle Indiens die Aufzählung der einzelnen Städte. Des weiteren werden stets Flüsse (und manchmal Seen) und Berge beschrieben,[206] Itinerare und historischer Abriß folgen. Wir sind also wieder auf den althergebrachten Themenkreis der islamischen geographischen Literatur verwiesen, den Kātib Čelebi um den historischen Aspekt erweitert hatte. Die Landeskunde, d.h. die Punkte 4-10 und 16-18 in seinem Themenkatalog, entfällt nun fast völlig. Im Kapitel Sind bleibt ein acht Zeilen langer Absatz und ein Verweis auf die Details im vorangegangenen Kapitel Indien.[207] Wo der Landeskunde längere Abschnitte gewidmet sind — die nur noch eine allgemeine Überschrift wie *evṣāf ve aḥvāl* tragen —, handelt es sich meist um Stellen, die en bloc aus einem älteren Werk übernommen sind.[208] Kātib Čelebi hat also nicht das mühselige Geschäft auf sich genommen, aus der Fülle von Einzelinformationen, die ihm seine Quellen lieferten, ein allgemeines Bild herauszufiltern, was in gewissem Maße wohl möglich gewesen wäre.[209] Stattdessen beschränkte er sich da, wo ihm keine europäische Quelle eine Basis gab, darauf, ältere Texte im Ganzen wiederzugeben. Im Vergleich zu seinem souveränen Umgang mit dem Material in den Kapiteln 12-21 ist dies reine Kompilation. Eine freiere Handhabung findet sich in den Kapiteln 22-41 vielmehr auf der Ebene der Artikel zu einzelnen Orten. In diesen trägt Kātib Čelebi weiterhin Informationen aus verschiedenen Quellen zusammen und verwebt sie zu einem eigenen Text.

Angesichts der selbstgewählten Abhängigkeit von Quellen bzw. den Zufälligkeiten ihrer Verfügbarkeit kann man aus der Art, wie die landeskundlichen Teile im einzelnen durchgeführt sind, keinen verläßlichen Aufschluß über Kātib Čelebis wissenschaftliches Konzept gewinnen. Wichtig ist jedoch, daß er zu Zeiten auch über sein eigenes Schema hinausging. Es wird beispielsweise durchbrochen durch einen Anhang über die Feuertürme von Fārs oder einen eigenen biographischen Abschnitt im Kapitel Arrān-Mūqān-Šīrwān.[210] In anderen Fällen war es gar nicht anwendbar, da es ganz auf besiedeltes Land mit festen Städten als politischen Zentren ausgerichtet war. Gegenden, in denen Nomaden lebten, waren damit kaum zu erfassen.[211] Dennoch bemühte Kātib Čelebi

[206] Zu Fārs ĞD 303ff. ausnahmsweise in anderer Reihenfolge. Im Kapitel Fārs kommen als weitere Art von Einzelobjekten die Inseln im Persischen Golf hinzu (ĞD 375).

[207] ĞD 234, 235.

[208] Z.B. aus *Haft iqlīm* und *Kitāb ṣūrat al-arḍ* zu Siğistān (ĞD 250f.), aus *Aḥsān at-taqāsīm* zu Fārs (ĞD273), später durch eine Marginalie aus *Kitāb ṣūrat al-arḍ* und einer unbekannten Quelle erweitert. Zu Gīlān stammt der ganze Abschnitt aus *Ḥabību s-siyar* (ĞD 344f.), zu Ḫwārizm (ĞD 346) und zu Transoxanien (ĞD 361f.) aus *Kitāb ṣūrat al-arḍ*. Zu ʿIrāq-ı ʿağem sind unter der Überschrift *ḫaṣā'iṣ ve mensūbāt* ganze zwei Zeilen zu berühmten Produkten aus *Aḥsān at-taqāsīm* nachgetragen (302f.).

[209] Erst Paul Schwarz hat in seinem vielbändigen Werk (1896-1935) über Iran diese Arbeit geleistet.

[210] ĞD 276 nach *Kitāb ṣūrat al-arḍ*, ĞD 396.

[211] Wegen des Fehlens von Siedlungen hatte Kātib Čelebi es ja in der ersten Fassung abgelehnt,

sich, auch diese Nomaden zu behandeln. Exkurse, die mehr ethnographischer als geographischer Art sind, widmete er den Baluğ in den Bergen von Kirmān und den Kurden in Fārs, den Nomaden um Balḫ sowie einigen Turkstämmen nördlich des Kaukasus.[212] Ausführlicher ist die Beschreibung der turkstämmigen Bewohner Zentralasiens.[213] Nicht gebunden durch vorgegebene Themen konnte Kātib Čelebi sich in diesem Kapitel mehrere Exkurse gestatten, so über die Genealogie der Turkvölker,[214] den Wolga-Don-Kanal[215] und den Wall gegen Gog und Magog.[216] Bezeichnenderweise stammen die Schilderungen der Völker selbst größtenteils aus europäischen Quellen, besonders von d'Anania.

11. Die Städte

Die Beschreibung von geographischen Einzelobjekten ist die eigentliche Domäne Kātib Čelebis. Darin steht er in der Tradition Abū l-Fidā's, Ḥamdallāh Mustaufīs und Meḥmed ᶜĀšıqs. Bei Flüssen interessiert den muslimischen Geographen der Verlauf, bei Seen Lage, Form, Größe und vielleicht Fischreichtum, bei Bergen Lage und Ausdehnung, eventuell Besonderheiten der Pflanzenwelt. All dies war längst zu Stereotypen geworden, denen Kātib Čelebi weder in der ersten noch in der zweiten Fassung etwas Wesentliches hinzuzufügen hatte. Natürliche Gegebenheiten waren für ihn — das hat schon die Anordnung der Themen innerhalb der Landeskunde gezeigt — zweitrangig. Sie stehen hinter den Manifestationen menschlichen Wirkens zurück. Daher ist die wichtigste Einheit in seiner Geographie die Stadt.

Für ihre Beschreibung hat Kātib Čelebi kein ideales Schema ausgearbeitet. Zu ungleichmäßig war die Quellenlage, zu sehr unterschieden sich die Blickwinkel und Interessenlagen der einzelnen Quellen. Aus den europäischen konnte er — in den hier behandelten Gebieten — nur wenig über einzelne Städte erfahren. Nicht selten beschränkten sich die Angaben auf den Namen und höchstens einige allgemeine Worte der Charakterisierung.[217] Die ausführlicheren Beschreibungen chinesischer Städte basieren ausnahmslos auf den Angaben von Ġiyāṯuddīn Naqqāš. Für die indischen Städte hatte Kātib Čelebi bereits eine größere Menge Materials zur Verfügung. Es scheint, daß eine — unidentifizierte — Quelle zahlreiche Entfernungsangaben zwischen Städten und allenfalls kurze Beschreibungen der bedeutenderen darunter enthielt, die Kātib Čelebi dann, gestützt auf *Ḥabību s-siyar*, *Haft iqlīm*, d'Anania und Cluverius erweiter

---

die libysche Wüste zu behandeln (WK 43).

[212] ĞD 259, 262, 316, 409f.

[213] Im Kapitel Turkistān, ĞD 366-379.

[214] ĞD 369ff. größtenteils nach *Ḥabību s-siyar*.

[215] ĞD 375f.

[216] ĞD 377ff.

[217] Z.B. eine Liste von Städtenamen aus d'Ananias Kosmographie, ĞD 143.

te. Doch erst im Falle der iranischen Städte ist die Quellenbasis so breit, daß sich aus Kātib Čelebis Darstellung Schlüsse auf sein Konzept ziehen lassen.[218]

Wie in der ersten Fassung gehören im Idealfall zu jeder Stadt die geographischen Koordinaten, die Entfernung von den wichtigsten Nachbarstädten und der *żabṭ* des Namens, die Angabe von Schreibung und Aussprache.[219] Ausgangspunkt für die eigentliche Beschreibung ist wie stets das Bild, das ein Ort dem sich Nähernden bietet: Die Lage in der Landschaft und die exponierten Bauwerke sind dabei die charakteristischen Elemente. Insofern unterscheiden sich die Beschreibungen nicht von denen der ersten Fassung. An die Bauten läßt sich die Geschichte ohne weiteres anknüpfen, in der Erbauung, Zerstörung und Erneuerung der Stadtmauer oder Festung oder die Gründung einer Moschee wichtige Fixpunkte bilden. Nicht selten, besonders wenn Kātib Čelebi ausführliche historische Quellen zur Hand hat, überwiegt die geschichtliche Darstellung die eigentlichen topographischen Angaben bei weitem. Extreme Beispiele sind Qazwīn und Harāt, für die Kātib Čelebi Ḥamdallāh Mustaufīs *Tārīḫ-i guzīda* bzw. Muʿīnuddīns Zamaǧīs *Raużatu l-ǧannāt* benutzte.[220] In anderen Fällen hat die Geschichte die Topographie sogar weitgehend verdrängt.[221] Den von Ḥamdallāh Mustaufīs national-iranischer Ideologie inspirierten Legenden, nach denen zahlreiche Städte von den mythischen Königen Irans gegründet worden sein sollten, mißtraute Kātib Čelebi allerdings und ließ sie weg. Kaum zu erklären ist dagegen, warum er ausgesprochen negative Beschreibungen ebenfalls wegließ.[222] Explizite Bezüge auf die politische oder administrative Situation sind nur in den wenigen Abschnitten, die dem osmanischen Reich gewidmet sind, zu finden. Sie sind so selten, weil ihre Bedeutung auf die unmittelbare Gegenwart beschränkt ist.[223]

Aus *Nuzhatu l-qulūb* konnte Kātib Čelebi viele "wirtschaftsgeographisch" relevante Angaben entnehmen. Dazu gehören zum einen die landwirtschaftlichen Produkte einer Gegend, denen Ḥamdallāh Mustaufī durchgehend große Aufmerksamkeit widmete, zum anderen die Steuersummen, die unmittelbar als Maßstab für die potentielle wirtschaftliche Leistungsfähigkeit einer Region die

[218] Wenn auch im Endeffekt die Ortsbeschreibungen von Fārs fast geschlossen aus *Nuzhatu l-qulūb* stammen, nur um die Entfernungsangaben erweitert.

[219] Im Kapitel Ḫurāsān sind *żabṭ* und Koordinaten in einigen Fällen offenbar vergessen und später nachgetragen (ǦD 358f.).

[220] ǦD 293ff., 309-12.

[221] ǦD 291 zu Rayy, wo bei weitem nicht alle topographischen Angaben aus *Nuzhatu l-qulūb* 53 übernommen sind.

[222] Zu Sīrāf hatte Kātib Čelebi zwar *Aḥsān at-taqāsīm* (426f.) konsultiert, aber die Äußerungen über das schlechte Klima, das schlechte Wasser und die schlimmen Frauen nicht übernommen (ǦD 264). Ebenso ließ er Ḥamdallāh Mustaufīs Schilderung sozialer Mißstände in Šīrāz weg (263).

[223] Cf. die Erwähnung der Reichsgrenze 385, Angaben über Steuern in Bidlis und Muš 414, 416. Zum Problem der Zeitgebundenheit cf. Kapitel VIII.

nen können. Daß sie so verstanden werden müssen, zeigt die Tatsache, daß sie in der Beschreibung Transoxaniens zur Pflanzenwelt und den Mineralien, also zu den natürlichen Ressourcen gestellt sind.[224] Die Gewinnung von Ammonium bei Usrūšana in Transoxanien oder die Schilderung, wie man in China das Eisenerz unter bestimmten Bedingungen mit dem Pflug aus der Erde holt, gehören dagegen mehr zu den mirabilia als zur Wirtschaftsgeographie.[225]

In der ersten Fassung war die philologische Seite der Geographie mit dem *żabṭ* erschöpft. In der zweiten nun wird dieser Aspekt ausgeweitet. In einigen Fällen finden wir ausführliche Etymologien von Toponymen,[226] die ganze Gründungslegenden einschließen können.[227] Zur philologischen Seite gehören auch die Verse, die die behandelte Stadt erwähnen oder preisen, ein Element, das in der zweiten Fassung häufig, wenn auch ungleichmäßig verbreitet ist.[228] Da sie sich größtenteils auf iranische Städte beziehen, sind die meisten davon in persischer Sprache verfaßt, doch sind auch arabische Verse zitiert.[229] Gelegentlich kommt ein auf eine Stadt bezüglicher *ḥadīṯ* vor.[230] Diese Partien haben rein dokumentarischen Charakter. Es ist Kātib Čelebi keineswegs darum zu tun, die *faḍīla* einer bestimmten Stadt zu beweisen, wozu diese Texte oft gebraucht wurden.[231] Die bei den Osmanen so beliebten Chronogramme beschränken sich auf das letzte Kapitel, das osmanisches Gebiet behandelt.[232]

In vielen Artikeln über iranische Städte nennt Kātib Čelebi berühmte Persönlichkeiten, die die *nisba* des jeweiligen Ortes tragen oder anderweitig mit ihm verbunden sind. Auch dies ist mehr ein philologisch-historisches als ein eigentlich geographisches Element. Obwohl es in der islamischen geographischen Literatur eine lange Tradition hat — man denke etwa an Yāqūt —, ist es gegenüber der ersten Fassung und dem Wiener Konzept eine Neuerung. Sofern Kātib Čelebi dabei mehr als den Namen einer Persönlichkeit nennt, verweist er in wenigen Worten auf ihr Verdienst, ein dichterisches oder gelehrtes Werk o.ä. Nur ausnahmsweise wird etwa Naṣīruddīn Ṭūsī mit einer ganzen Anekdote gewürdigt.[233] Bei der Auswahl hat sich Kātib Čelebi im Großen und Ganzen offenbar die Perspektive der gebildeten *ᶜilmīye*-Angehörigen zu eigen gemacht:

---

[224] ǦD 361f., Steuersumme einer ganzen Region ausnahmsweise auch zu Siǧistān 250. Das Gros dieser Angaben bezieht sich auf eine einzelne Stadt mit ihrem Umland.

[225] ǦD 355, 161.

[226] Z.B. ǦD 245 zum Namen Ḫwārizm, über dessen Bedeutung Ibn al-Furāt und Amīn Aḥmad Rāzī uneins sind.

[227] ǦD 349 wird der Name Samarqand mit einem altsüdarabischen König (*tubbaᶜ*) namens Šammar in Verbindung gebracht (*Haft iqlīm* nach *Raużatu ṣ-ṣafā*).

[228] Z.B. Verse von Ibn Ḫālawaih und Badīᶜ az-zamān al-Hamadānī über Hamadān (300), mehrere Verse nach *Haft iqlīm* und *ar-Rauḍ al-miᶜṭār* zu Tabrīz (382).

[229] Ein Mutanabbī-Vers ǦD 271, andere arabische Verse 378, 382.

[230] ǦD 290 zu Iṣfahān nach *Nuzhatu l-qulūb*.

[231] Gruber 1975. 55-78.

[232] ǦD 411, 412, 414, 415.

[233] ǦD 386 zu Marāġa, wo Hülāgü für ihn eine Sternwarte erbauen ließ.

Die zahllosen Dichter Indiens, die in *Haft iqlīm* gewürdigt werden, aber bei den Osmanen sicher kaum bekannt waren, erwähnt er mit keinem Wort. Wenn Kātib Čelebi dagegen unter dem Stichwort Ġazna den "Dichter S̱anā'ī, Autor der *Ḥadīqa*" erwähnt,[234] so war für seine Leser klar, daß es sich um den ersten mystischen Dichter persischer Sprache (st. 1141) und Verfasser des *mas̱nawī Ḥadīqatu l-ḥaqīqa* handelte, das bei den Osmanen offenbar viel gelesen wurde.[235] Dies ist erste Nennung einer Berühmtheit im *Ǧihānnümā*, der im Fortschreiten nach Westen noch zahllose weitere folgen werden. Der Artikel Buḫārā enthält z.B. eine besonders ausführliche Würdigung.[236] Neben Dichtern überwiegen *šeyḫs*, besonders der Naqšbandīya, und Gelehrte.

Im Zusammenhang mit literarischen Elementen in der Geographie sind schließlich, wie schon in der ersten Fassung, die mirabilia zu nennen. Diese sind einerseits oft von unmittelbarem geographischem Interesse, zum anderen erfüllen sie oft eine literarische Funktion, indem sie beispielsweise allzu eintönige Passagen auflockern. Der oben erwähnte Bericht aus China, daß man dort das Eisenerz mit dem Pflug aus der Erde hole, ist eine unterhaltsame Unterbrechung in einer langen Aufzählung von Toponymen.[237] Ebenso bleibt bei der Lektüre der Itinerare des Kapitels Kašmīr der Blick des Lesers allenfalls bei einigen wundersamen Bauwerken hängen.[238]

Es sind allerdings nicht alle mirabilia so im Text plaziert, daß sie diese Funktion einer unterhaltsamen Abschweifung erfüllen. Oft gehören sie zum Textbestand der Quelle und werden mit diesem übernommen: So stammen z.B. fast alle Beschreibungen indischer wunderbarer Bauwerke aus *Haft iqlīm*. Generell sind alle Arten von Wunderdingen vertreten. Wegen des vorherrschenden Interesses für die Stadt mögen die Bauwerke bisweilen überwiegen, doch auch Naturphänomene und Heiligtümer fehlen nicht.[239] Zu den letzteren darf man auch das angebliche Grab des Propheten Daniel in der Stadt Sūs mit der daran geknüpften Legende zählen.[240] Allerdings ist Kātib Čelebi mit Heiligengeschichten meist zurückhaltend. Eine derartige Episode zum Berg Alnaz hat er aus *Nuzhatu l-qulūb* nicht übernommen.[241] Die Ausführungen Ḥamdallāh Mustaufīs zur Lokalisierung der koranischen Moses-Ḫiḍr-Legende in Bāġurvān in Mūqān hat er ebenfalls nicht berücksichtigt,[242] wohl aber die ähnlich gearteten

---

[234] ǦD 238f.

[235] Über ihn Pagliaro/Bausāni 1968. 210-15. Cf. auch den Artikel in *Kašf aẓ-ẓunūn* 645 s.v.

[236] ǦD 352, überwiegend nach *Haft iqlīm*.

[237] ǦD161.

[238] ǦD 242, 243. Cf. auch den Abschnitt über die Feuertürme in Fārs ǦD 276.

[239] Z.B. das Heiligtum für das Schwert des Hišām b. 'Abdalmalik in Šīrwān, ebenfalls eine literarische Digression in der Aufzählung der Herrscher (ǦD 400). Zu Naturphänomenen cf. Kapitel IX.

[240] ǦD 283f.

[241] ǦD 303, cf. *Nuzhatu l-qulūb* 192.

[242] Koran 18. 60-82, ǦD 393, *Nuzhatu l-qulūb* 90. Das Problem wird nochmals kurz gestreift ǦD

Überlegungen, wo denn der Wall des D̲ū l-qarnain gegen Gog und Magog zu suchen sei. Diese Frage erörtert Kātib Čelebi überaus detailliert.[243]

12. Resümee

Die erste Fassung des *Ǧihānnümā* war in der Form eine klassische Kosmographie in der Tradition Qazwīnīs und Meḥmed ᶜĀšiqs, von Kātib Čelebi um einen historischen Teil erweitert. Im geographischen Teil folgte sie allerdings mehr der ptolemäischen Tradition, insbesondere dem Vorbild von Abū l-Fidā's *Taqwīm al-buldān*. Diesen Ansatz hatte ich als synthetisch bezeichnet, da sich die Beschreibung einer größeren geographischen Einheit dabei wesentlich aus der Aneinanderreihung von Einzelbeschreibungen ergibt. Ein geographischer Raum oder eine Landschaft erscheint so in zahlreiche kleinere Einheiten aufgesplittert (Städte, Flüsse, Seen, Berge), deren Zusammenhang untereinander kaum empfunden, vielmehr oft willkürlich zerrissen wird. Wir hatten gesehen, wie Kātib Čelebi in der Überarbeitung und Fortsetzung im Wiener Konzept zwar bestrebt war, innerhalb der Einzelartikel mehr Aspekte, insbesondere aus der Anthropogeographie, einzubeziehen, an der Darstellungsweise selbst hingegen kaum etwas zu ändern fand.

Demgegenüber enthält die zweite Fassung zahlreiche Neuerungen. Angesichts der demonstrierten Vielfalt der Quellen versteht es sich fast von selbst, daß diese auch auf Kātib Čelebis Konzept einer Universalgeographie Einfluß gehabt haben. Betrachten wir also, welche dieser Einflüsse sich in der Gesamtanlage bemerkbar gemacht haben.

Das hervorstechendste Merkmal des *Ǧihānnümā* in seiner zweiten Fassung ist die enge Verbindung von detaillierten Karten mit einem mehr oder weniger umfangreichen Text: genau das Schema, nach dem Ortelius' Theatrum Orbis Terrarum und vor allem der Atlas Minor angelegt sind. Das zweite *Ǧihānnümā* ist als Atlas konzipiert. Dies ist eine Neuheit in der osmanischen geographischen Literatur.[244] Der einzige Vorläufer, der in Frage käme, wäre Pīrī Re'īs, doch hat bei ihm der Text im Grunde nur die Funktion, bestimmte topographische Informationen zu vermitteln, die auf der Karte nicht oder nur unzureichend auszudrücken waren. Von den wenigen Exkursen, die Pīrī Re'īs darüberhinaus macht, können wir in diesem Zusammenhang absehen, denn sie führen von der ursprünglichen Anlage des Werkes weg. Bei Kātib Čelebi hingegen — ebenso wie bei seinen Vorbildern — ist der Text viel mehr als nur eine Erläuterung zu den Karten.[245] Die umfassende — historische, mathematische, landeskundliche — Information ist dabei ein eigenständiger Komplex, noch dazu, wie der Wer

393 s.v. Šamāḫī nach *Nuzhatu l-qulūb* 92.

[243] Koran 18. 83-98, ǦD 377ff. Diese wie die vorgenannte Stelle basieren auf Angaben Ibn Ḫurdād̲bihs.

[244] Selen 1957. 132f.

[245] Zu Parallelen in der Ausstattung mit Karten s.u. Kap. IX, Abschn. 4.

degang des *Ǧihānnümā* deutlich macht, zumindest bei Kātib Čelebi das Primäre.

Näher zu vergleichen wären allenfalls die Werke aus der Tradition des sog. *Aṭlās al-islām*, also al-Balḫīs, al-Iṣṭaḫrīs und Ibn Ḥauqals. Doch die dazugehörigen Karten, eine für jedes Klima, sind extrem abstrahiert und schematisiert und sind insofern von der neuzeitlichen Kartographie, die ein maßstabsgetreues Abbild der Erdoberfläche liefern will, weit entfernt.[246] Außerdem ist nicht bekannt, ob die Ibn Ḥauqal-Bearbeitung, die Kātib Čelebi kannte und benutzte, Karten enthielt, während schon der Iṣṭaḫrī-Übersetzer Šerīf Efendi um 1600 die Karten seiner Vorlage als unzureichend erachtet hatte.[247]

Natürlich hatte auch die erste Fassung des *Ǧihānnümā* Karten — eher Kärtchen — enthalten. Von einem Atlas zu reden, verbietet dabei aber schon das Format der Karten, die mehr als nützliche Verzierung auf den Rand der Handschriften gezeichnet sind. Wir sind also wieder auf das Vorbild Mercator verwiesen. Vor dem *Ǧihānnümā* kannte die osmanische Literatur nur ganz wenige Karten mit Gradnetz, und zwar ausschließlich Weltkarten,[248] während die Karten mit Loxodromen in der Nautik der Normalfall waren. Kātib Čelebis Karten hatten also kein Vorbild außerhalb der europäischen Geographie.

Die Auflistung der Koordinaten von Städten war in der ptolemäischen Geographie in engem Zusammenhang mit der Kartographie gestanden, doch in der arabischen Literatur war diese Verbindung aufgelöst worden. Viele Werke, unter ihnen *Taqwīm al-buldān*, enthielten nur noch die Koordinaten, keine Karten. Damit sind wir bei einem weiteren Vorbild, den von Kātib Čelebi so bezeichneten *eqālīm kitāblarι*. Kātib Čelebi übernahm nicht nur in diesen überlieferte Koordinatenangaben, sondern ermittelte etliche selbst, und sei es, indem er sie von Mercators Karten abgriff.[249] Es muß allerdings zugestanden werden, daß er dies nicht konsequent tat, sondern sich doch bisweilen mit dem Verweis auf die Städte, die er in seine Karte übertragen hatte, begnügte.[250] In Kap. IX soll untersucht werden, ob und wie Kātib Čelebi wieder einen Zusammenhang zwischen Karten und Koordinatenangaben herzustellen suchte.

Die Idee einer umfassenden und systematischen Landeskunde dürfte Kātib Čelebi Mercator, aber vor allem d'Anania verdanken, dessen diesbezügliche Qualitäten er klar erkannt hatte. D'Anania hielt sich i.a. nicht damit auf, das Erscheinungsbild einzelner Städte oder gar ihre Geschichte festzuhalten. Ihm ging es um die großen Linien, um den allgemeinen Charakter des Landes, wie er sich in den natürlichen Gegebenheiten, aber auch in Sitten und Bräuchen der Bewoh

[246] Cf. die Abbildungen bei Kramers 1931, auch Miquel 1975. 18ff., Miller 1926-31.
[247] *Kašf aẓ-ẓunūn* 1665 s.v. Masālik al-mamālik.
[248] Cf. die Weltkarten im sog. Ali Macar Reis Atlası (Goodrich 1990. 12 Abb. 4) und die Weltkarte des Walters Deniz Atlası (Goodrich 1986. 44).
[249] ǦD 55, Koordinaten nach Mercator z.B. 200, 201, 203.
[250] ǦD 163.

ner niederschlägt. Gedanken dieser Art waren dem ersten *Ǧihānnümā* noch völlig fremd. Ich hatte die Darstellung dort zuvor als leblos bezeichnet, wozu ich mich umso eher berechtigt sehe, als Kātib Čelebi sich nun Mercators Gedanken zu eigen machte und selbst erklärte, der Geograph, der nur die Orte beschreibe und nicht die Lebensumstände der Bewohner und sonstige Besonderheiten, gleiche dem Maler, der statt eines lebendigen Porträts einen nackten Leichnam male.[251] In diesem Sinne bezeichnete Kātib Čelebi auch die Definition Cluverius', Geographie sei die Wissenschaft von der Abbildung der Erdoberfläche, als nicht ausreichend. Die Schilderung der Verhältnisse (*aḥvāl*) auf der Erde sei vielmehr der Gegenstand.[252]

Die neue Art der Landeskunde kombinierte Kātib Čelebi nun mit der bisher verfolgten Darstellungsweise nach dem Vorbild der islamischen Geographen. Dies bedeutet, daß das Kernstück eines jeden Länderkapitels, sofern die Quellenlage es zuließ, eine Aufzählung der einzelnen Städte des Landes bildet, ganz wie es in der ersten Fassung war. Die Kenntnisse der islamischen Autoren, allen voran Abū l-Fidā' und Ḥamdallāh Mustaufī, auf die Kātib Čelebi weder verzichten konnte noch wollte, waren in diese Form gegossen, und in ihr wurden sie weiter tradiert.

Die historische Dimension war in den europäischen Geographien weitgehend unberücksichtigt geblieben, sofern man nicht die zahlreichen Rückgriffe auf antike Autoren z.B. bei Ortelius dazurechnen will. Einen Abriß der Geschichte der Länder in ein geographisches Werk mit einzuschließen, ist dagegen, soweit ich sehe, eine Neuerung Kātib Čelebis.[253] Solche Abrisse sind schon im ersten *Ǧihānnümā* enthalten und werden nun deutlich umfassender und detaillierter.

Ebenso wie diese historische Dimension führte die Einbeziehung einer systematischen Einleitung in die Grundlagen der Geographie über die europäische Konzeption eines Atlas hinaus. Cluverius' Introductio, an der Kātib Čelebis Einleitung wesentlich orientiert ist, war ein Lehrbuch der Geographie. Es sollte den Leser mit den Grundbegriffen und Methoden vertraut machen, mit denen der Geograph in seiner Arbeit umging. Dagegen konfrontierte — etwas überspitzt ausgedrückt — ein Mann wie Mercator oder Ortelius seinen Leser lediglich mit den Ergebnissen. Was im Atlas Minor an etwaigen Kenntnissen der mathematischen Geographie vermittelt wird, dient nur dem Verständnis und dem Lesen der Karten, während Cluverius — wenn auch nur ansatzweise — die Er

[251] ǦD 67.

[252] ǦD 14f. In der Vorrede hatte Kātib Čelebi noch, als er eine griffige Formel benötigte, annähernd dieselbe Definition wie Cluverius gegeben: Die Geographie als Kunst des Kartenzeichnens (ǦD 1).

[253] Allenfalls an den für mich nicht nachprüfbaren Einfluß von an-Nuwairīs *Nihāyat al-arab* wäre noch zu denken.

stellung der Karten lehren will. Dies ist es, was sein Werk für Kātib Čelebi interessant machte.

Erneut treffen sich an dieser Stelle europäische und islamische Elemente. Systematische Einleitungen kannte man natürlich schon früher, auch in der osmanischen Literatur. Geographische Koordinaten, die Klimata und die Längenmaße erklärt auch Abū l-Fidā'.[254] Besonders die Einleitung von *Tārīḫ-i Hind-i Ġarbī* hatte Kātib Čelebi schon früher als Quelle benutzt, da dort sowohl der Aufbau des Kosmos als auch die wichtigsten mathematisch-geographischen Termini erklärt sind.[255] Im Anschluß daran greift der Autor wieder das altbekannte Schema auf, nach dem am Anfang eines geographischen Werkes von den Elementen Wasser und Erde gehandelt werden soll, die im Folgenden allein den Gegenstand der Untersuchung bilden.[256] Es war bereits davon die Rede, daß eine solche Einleitung in der osmanischen Geographie zu Zeiten zur schlechthin verbindlichen Form gehört zu haben scheint. Dennoch ist der Einfluß von *Tārīḫ-i Hind-i Ġarbī* im besonderen im *Ǧihānnümā* nachweisbar. Dazu gehört sowohl die Darstellung der Sphären im ersten Teil als auch etliche der Überlegungen zur Trennung von Erde und Wasser,[257] auch wenn Kātib Čelebi diese Teile wesentlich ausführlicher anlegte und etliche weitere Aspekte einbezog, wobei er sich auf Aristoteles und die Jesuiten von Coimbra stützte. Vom Einfluß des kosmographischen Schemas hat er sich insofern freigemacht, als er im Zusammenhang mit dem Element Wasser zwar die Meere, nicht aber die übrigen Gewässer behandelte. Diese wieder im Kontext mit der umgebenden Landschaft zu beschreiben, war eine der Neuheiten im Wiener Konzept gewesen.

Die eingehende Beschreibung eines Klimas in seiner Gesamtheit hatte Kātib Čelebi in der zweiten Fassung neu eingeführt. Das Schema, das er dafür entwarf, zeigt deutlich, wie er auch in dieser Hinsicht europäische und muslimische Ansätze zu kombinieren suchte. In der Praxis jedoch blieb die Landeskunde europäischer Prägung auf jene Gegenden beschränkt, für die entsprechende Quellen vorlagen. Insofern bezeichnet das *Ǧihānnümā* zwar eine der frühesten Phasen, in denen die Ergebnisse europäischer Wissenschaft und Entdeckungsreisen im Osmanischen Reich rezipiert werden, aber es handelt sich nicht um die Übernahme und selbständige Anwendung der Methode.[258]

Innerhalb der Städteartikel kamen zu der erweiterten Perspektive des Wiener Konzeptes neue Aspekte hinzu, die jedoch kaum zur Geographie im engeren

[254] *Taqwīm al-buldān* 3-18.

[255] Goodrich 1990. 77-94.

[256] Goodrich 1990. 94-146. Cf. auch den Aufbau von *ʿAǧāʾib al-maḫlūqāt.*

[257] ǦD22, 70f.

[258] In Anlehnung an die in der Einleitung ausgesprochenen Überlegungen will ich betonen, daß dies nur dann Kritik an Kātib Čelebi bedeutet, wenn man a priori eine Überlegenheit Europas annimmt und unterstellt, diesen nachzueifern sei die einzig mögliche Entwicklung gewesen. Dieser Gedanke findet sich insbesondere in der türkischen Literatur (Adnan-Adıvar, Şehsuvaroğlu u.a.).

Sinne zu rechnen sind. Stattdessen finden wir nun Ansätze, die mehr mit Philologie, Geschichte und Traditionswissenschaft (*ʿilm ar-riǧāl*) zu tun haben.

Angesichts dieser Kombination von Einflüssen wird man der zweiten Fassung wohl am ehesten gerecht, wenn man sie als enzyklopädisch bezeichnet. Alles, was Kātib Čelebi sich in Bezug auf Geographie an Wissen angeeignet hatte, sollte darin Platz finden. In der Tat ist eine solche Sammlung nahezu aller Richtungen ein ganz neuer Schritt in der Entwicklung der osmanischen Geographie. Doch dieser Schritt führte Kātib Čelebi nicht, wie aus seiner Verwendung europäischer Quellen voreilig geschlossen worden ist, in die Nachfolge Mercators und Ortelius', sondern eher der großen Enzyklopädisten der arabischen Literatur, wenn er auch von der alphabetischen Anordnung eines Yāqūt längst Abstand genommen hat. Diese Enzyklopädien dienten der Verwirklichung eines bestimmten "Bildungsideals", über das hinaus die Akkumulation von Wissen keiner Begründung bedurfte. Daneben aber trat bei Kātib Čelebi, wie im folgenden Kapitel u.a. zu zeigen sein wird, ein anderer, europäischer Aspekt.

VI

ZIELGRUPPE, INTENTION UND REZEPTION

> Ist das unsere Bestimmung, bis in die Ewigkeit hinein an Feier- und Wochentagen die Reliquien unserer Gelehrsamkeit zu zeigen wie Mönche die ihrer Heiligen, ohne auch nur ein einziges Wunder damit zu wirken?
>
> Laurence Sterne, Das Leben und die Ansichten Tristram Shandys

In den drei vorangegangenen Kapiteln war von der Entwicklung des *Ǧihān-nümā*-Textes in Abhängigkeit von Kātib Čelebis geographischen Konzeption, von seinem Blick auf den Stoff, die Rede. Nun soll seine Intention nach außen, sein Blick auf den Leser erörtert werden. Gleichsam spiegelbildlich gehört dazu die Untersuchung der Reaktion der Leser, der Rezeption.

1. Subjektive Äußerungen

Gemäß der Konvention gelehrter Literatur tritt Kātib Čelebi als Person in seinen Werken gänzlich hinter den Inhalt zurück. In der arabischen Literatur kommen autobiographische oder persönliche Zeugnisse i.a. nur vor, wenn sie unmittelbar zum Thema beitragen können.[1] Die Beiträge zur Geographie, die auf Kātib Čelebis Augenschein beruhen, sind in den Aufbau der gelehrten Kompilation eingepaßt; was sich in diese Struktur nicht einfügt, wird weggelassen. Auch die Stellen, an denen Kātib Čelebi mit dem formelhaften *faqīr eyider* zu Wort meldet, enthalten keine eigentlich persönlichen Ansichten, sondern sachliche Einwände, gestützt auf Zeugnisse.

Wenn Kātib Čelebi ein Werturteil fällt, dürfen wir also annehmen, daß es sich nicht um seine individuelle Meinung handelt, sondern daß sie durch den allgemeinen Konsens gedeckt ist. Eine der wenigen Ausnahmen von der Regel strikter Objektivität ist es, wenn Kātib Čelebi den alten Gelehrtenstreit aufgreift, welche Gegenden der Welt die schönsten seien. Die Urteile Ḥamdallāh Mustaufīs und al-Mutanabbīs kommentiert er mit den Worten: "Das Goldene Horn in Rūm aber hatten sie nicht gesehen, sonst hätten sie es allen anderen vorangestellt".[2]

[1] Sellheim 1977.
[2] ǦD 271.

Werturteile finden sich vor allem da, wo von Andersgläubigen die Rede ist. Gegen die Nichtmuslime Ostasiens, Chinas oder auch Indiens findet Kātib Čelebi kein böses oder abfälliges Wort. Christen werden, wie üblich, als *küffār* bezeichnet, und allgemein läßt der Text keinerlei Sympathie für sie erkennen, wenn auch einige der polemischen Passagen der ersten Fassung in der dritten Redaktion Kātib Čelebis Streichungen zum Opfer gefallen sind.[3] In der *Fez̲leke* sind Ausdrücke wie *küffār-ı ḫāksār* oder *kefere-i fec̆ere* ganz geläufig.[4] Das schließt nicht grundsätzlich aus, daß Kātib Čelebi privat mit Christen freundschaftlichen Umgang pflog.[5] Seine Ausfälle gegen die Ṣafawiden, meist als *rāfiḍīyān* oder *qızılbaš* bezeichnet, haben dagegen einen überzeugenderen Ton. Seine Abneigung spricht aus seiner Darstellung der Dynastie[6] ebenso wie aus seiner Beschreibung einer Moschee in Tabrīz, über deren Tor die Namen der drei ersten Kalifen von den Šīʿiten herausgemeißelt worden waren.[7] Wenn er auf eine Gruppe der Šīʿa zu sprechen kommt, die den Kalifen ʿAlī für einen Gott hält, scheint sein "Gott bewahre" (*ḥāšā*) von Herzen zu kommen.[8] Kātib Čelebis persönliche Erfahrung von mehreren Feldzügen gegen die Ṣafawiden mögen sein Urteil beeinflußt haben, dennoch handelt es sich gleichermaßen um einen Topos der zeitgenössischen Historiographie.[9] Die Tatsache, daß solche Urteile nirgends über den Rahmen des Üblichen hinausgehen, und nur Gruppen betreffen, die jedem Osmanen geläufig waren, zeigt, daß Kātib Čelebi sich konsequent im Rahmen der Konvention hielt.

Als subjektiv können einige Stellen gelten, an denen es den Anschein hat, als hätte persönliche Anteilnahme Kātib Čelebi die Feder geführt. Es ist deutlich, daß er den europäischen Buchdruck bewunderte und die Einführung dieser Kunst auch unter den Muslimen erhoffte.[10] Dies glaubt man auch zu spüren, wo er von der tausendjährigen Druckkunst der Tanguten berichtet.[11] Vielleicht ist auch seine Würdigung der Zauberkunst und Astronomie der Inder relativ ausführlich ausgefallen, weil er sich persönlich für diese Dinge interessierte.[12] Ebenso scheint es, als bewunderte er die straffe Organisation und die sinnvolle

---

[3] WK 106v, cf. O 368r.

[4] In der Druckausgabe vielfach in das weniger schroffe *aʿdā* geändert. Zur daraus mitunter entstehenden Verwirrung cf. Thomas 1972. 156.

[5] Zu Spekulationen darüber cf. Kapitel I, Abschn. 9.

[6] ǦD 383, 391.

[7] ǦD 381. Vielleicht war Kātib Čelebi der Grund gar nicht bewußt, warum er ausgerechnet im Kapitel Az̲erbayǧān, in dem er auch die Ṣafawiden besprechen wollte, an den Namen des Kalifen ʿUmar die übliche Eulogie *raḍiya llāhu ʿanhu* anfügte, während er sich sonst mit *ḥażret-i ʿÖmer* begnügte (390).

[8] ǦD 409.

[9] Walsh 1962. 205ff.

[10] ǦD 55.

[11] ǦD 190 nach Cluverius.

[12] ǦD 223f.

Regierung des chinesischen Reiches.[13] Keiner dieser Fälle ist aber so eindeutig, daß von einer bewußten Äußerung Kātib Čelebis gesprochen werden könnte. Erst recht ist es zu gewagt, hierin die Darstellung einer Gegenwelt zu sehen, um der eigenen Welt den Spiegel vorzuhalten. Kātib Čelebi bevorzugte für seine Kritik an den Zuständen seiner Heimat direktere Methoden. Auch diese Kritik hat ihr subjektives Element, doch da sie unmittelbar mit den Motiven für die Abfassung zusammenhängt, soll ihre Betrachtung noch aufgeschoben werden.

2. Die Leserschaft

Aus der Überschrift dieses Kapitels soll nicht der Eindruck entstehen, als bestünde zwischen Autor und Publikum zu Kātib Čelebis Zeiten ein scharfer Gegensatz. Zwar sind Literat und Mäzen in sozialer Hinsicht klar unterschieden, aber ihre intellektuellen und ästhetischen Maßstäbe waren im wesentlichen dieselben. Erst recht entstammten beim gelehrten Schrifttum Autor und Leserschaft weitgehend demselben sozialen und intellektuellen Milieu der Bürokratie und Gelehrtenschaft. Natürlich gab es auch Außenseiter, von denen unter den "Geographen" der Seemann Pīrī Re'īs und der Kaufmann ʿAlī Ekber genannt seien.[14] Im ersten Kapitel haben wir darauf hingewiesen, daß Kātib Čelebi wegen seiner beruflichen Stellung ebenfalls in gewissem Maße ein Außenseiter war, was er durch seine wissenschaftliche Betätigung kompensierte. Dank dieser war er in den intellektuellen Kreisen Istanbuls fest integriert.

Diese Kreise waren es auch, für die er seine Bücher schrieb. Das Wiener Konzept enthält den Entwurf einer Widmung an Sultan Meḥmed IV., die dann in der Vorrede zur zweiten Fassung enthalten ist.[15] Doch man darf daraus m.E. nicht schließen, Kātib Čelebi habe nur für den Sultan geschrieben. Zum einen ist die Widmung in der zweiten Fassung nachträglich eingefügt, zum anderen hatte Kātib Čelebi keinen direkten Zugang zum Hof und hätte das Werk allenfalls durch die Vermittlung eines seiner gelehrten Bekannten präsentieren können. In früheren Jahren hatte er sogar den Vorschlag Zekeriyāzāde Yaḥyā Efendis abgelehnt, für den Sultan ein Exemplar von *Faḏlakat aqwāl al-aḫyār* ins Reine zu schreiben.[16] Er ist insofern also in keiner Weise mit Muṣṭafā ʿĀlī zu vergleichen, der sich mit allen seinen Werken an bestimmte Mäzene wandte.

---

[13] Auffallend oft ist z.B. erwähnt, daß die Chinesen keine Fremden in ihr Land ließen (u.a. zweimal ǦD 159), die Praxis, die Soldaten auch in Friedenszeiten durch Befestigungsarbeiten u.ä. ständig beschäftigt zu halten, um Unruhen zu vermeiden (ǦD 174) und ganz allgemein die strikte Einhaltung der überlieferten Gesetze (*qānūn*) (ǦD 166 et pass.).

[14] Bezeichnenderweise entsprach das Werk Pīrī Re'īs' in formaler Hinsicht nicht den Ansprüchen des Publikums, weshalb es von dem Dichter Murādī in eine attraktivere literarische Form gebracht wurde (Soucek 1973b. 132).

[15] WK 5r, ǦD 2.

[16] *Mīzānu l-ḥaqq* 136.

In *Kašf aẓ-ẓunūn* unterschied Kātib Čelebi Autoren, die nur zum Nutzen der Anfänger und Fortgeschrittenen aus allen großen Werken die Perlen und schönsten Stellen auswählten, von jenen, die in einer Wissenschaft vollständig beschlagen seien.[17] Es kann kein Zweifel bestehen, daß er sich selbst unter die letztgenannten Autoren rechnete, die zum Nutzen anderer (*ifāda*) schrieben, während die andere Gruppe vornehmlich den eigenen Nutzen (*istifāda*) im Auge hatte. Wer aber explizit für andere schreibt, wird sich von diesen ein Bild machen. Kātib Čelebi stellt sich offensichtlich einen Leser vor, der nahezu denselben Horizont hat wie er selbst. Ganz selbstverständlich vergleicht er Bauwerke in der Ferne mit allgemein bekannten Denkmälern seiner Heimatstadt, so einen Turm in Tabrīz mit dem Galataturm und den Wall an der Eisernen Pforte am Kaspischen Meer mit der Stadtmauer von Konstantinopel.[18]

Darüberhinaus rechnete Kātib Čelebi bei den Lesern mit einem dem seinen vergleichbaren Bildungsstand. Die Angabe, die Eroberung von Klis in Dalmatien sei "zur Zeit des Ḥāfiẓ Aḥmed Paša" erfolgt, setzt gewisse historische Kenntnisse voraus.[19] In den Städteartikeln sind zahllose berühmte Persönlichkeiten genannt, die aus dem besprochenen Ort stammen oder eine auf ihn bezügliche *nisba* tragen. Diese Erwähnungen sind so knapp, daß sie mehr den Charakter von Anspielungen tragen, wobei die wesentlichen Kenntnisse beim Leser schon vorausgesetzt werden.

Kātib Čelebi nennt von vielen Personen nur den Namen, ohne weitere Angaben, wenn die Person allgemein bekannt ist, wie Abū Saʿīd as-Sīrāfī (den baṣrischen Grammatiker), Sībawaih (den arabischen Grammatiker schlechthin), den Imām Muḥammad b. Mūsā al-Kāẓim, den Gelehrten Saʿduddīn at-Taftāzānī oder im Artikel Baiżā den Korankommentator Naṣīruddīn ʿAbdullāh b. Muḥammad (al-Baiḍāwī).[20] Manchmal genügte eine Kurzform eines Werktitels dem kundigen Leser als Stichwort: *Ḥadīqa* (das *masnawī Ḥadīqatu l-ḥaqīqa* des Dichters Sanā'ī),[21] *Taǧrīd* (Naṣīruddīn Ṭūsīs theologisches Werk *Taǧrīd al-kalām*), *Ṭawāliʿ* (*Ṭawāliʿ al-anwār*, ein theologisches Werk des genannten Baiḍāwī).[22] Ebenso konnte er offenbar voraussetzen, daß seine Leser mit den *šeyḫs* ʿAbdullāh Ḫafīf und Rūzǧihān[23] oder Abū l-Fażl Ḥasan etwas anfangen konnten.[24] Die Verweise auf seine geographischen Quellen kann Kātib Čelebi knapp halten, weil er die wichtigsten Werke in seiner Einleitung besprochen hat. Auf

---

[17] *Kašf aẓ-ẓunūn*, Einleitung, 38.

[18] ǦD 381, 395. Ein ähnlicher Vergleich mit den Verhältnissen seiner Heimat, einfach als *bu diyār* bezeichnet, auch 377.

[19] WK 100r. Ḥāfiẓ Aḥmed Paša war 1625-26 und 1631-32 für insgesamt 14 Monate Großwesir (OT III, ii, 380f.).

[20] ǦD 264, 263, 263, 318, 266.

[21] ǦD 238f.

[22] Beide ǦD 264, *Kašf aẓ-ẓunūn* 346, 1116.

[23] ǦD 263 unter Šīrāz.

[24] ǦD 318 zu Saraḫs. Die Beispiele ließen sich fast beliebig vermehren.

Quellen aus anderen Wissenschaften dagegen verweist er wiederum in einer Form, die einer bloßen Anspielung gleichkommt: So genügt ein *šeyḫ Šifā evāḫırında dedügi gibi* ..., damit der damalige Leser die Quelle erkennt, während der heutige angesichts der Fülle der möglichen Titel ratlos ist.[25]

Nicht immer aber ist konsequent durchdacht, welche Kenntnisse beim Leser vorausgesetzt werden können. So zitiert Kātib Čelebi gerne einige auf bestimmte Städte bezügliche persische Verse, und selbstverständlich durfte das Verständnis dieser Sprache von seinen gebildeten Zeitgenossen erwartet werden. Andererseits sah er sich einige Male veranlaßt, persische Ausdrücke auch türkisch wiederzugeben.[26]

Von Kātib Čelebis schlichtem, manchmal nachlässigen Stil, der noch näher zu betrachten sein wird, hat man allzugern auf die breiteren, wenig gebildeten Volksschichten als Adressaten geschlossen.[27] Der nächstliegende Einwand hiergegen ist der enorme Preis, den ein Werk vom Umfang des *Ǧihānnümā* haben würde, zumal wenn die Karten mit einiger Sorgfalt gezeichnet waren. Gegen das "Volk" als Zielgruppe spricht schon die soziale Wirklichkeit. Dazu kommt Kātib Čelebis eigene Vorstellung vom Volk. Durch *Mīzānu l-ḥaqq* zieht sich wie ein roter Faden die Auffassung, die Volksmassen seien keiner Belehrung zugänglich, sondern hielten starr an einmal eingewurzelten Bräuchen und Traditionen fest. Sie durch noch so wohlgemeinte Versuche aus diesem Herkommen aufzustören, könne allenfalls zu gefährlicher Unruhe führen.[28] Bei dieser elitären Einstellung ist es undenkbar, daß Kātib Čelebi sich mit einem hochgelehrten Werk an diese Menge hätte richten sollen.

3. Stil

Stil, definiert Tietze, ist "eine Art des Ausdrucks, die sich — infolge einer bewußten Bemühung — vom gewöhnlichen oder erwarteten unterscheidet". In dieser Bemühung folgt der Autor einem bereits feststehenden Muster: Es ist ein Bemühen um Übereinstimmung. Gleichzeitig bemüht er sich, von der Folie des so entstandenen "kollektiven Stils" seinen individuellen Stil abzuheben.[29] Es ist nicht leicht, Kātib Čelebis Art des Audrucks als Stil in diesem Sinne zu qualifizieren. In der Tat darf — das Ergebnis dieses Abschnitts vorwegnehmend — gesagt werden, daß sein Stil nur allzuoft dem gewöhnlichen und erwarteten Ausdruck entspricht. Dennoch ist es aufschlußreich, die Sprache des *Ǧihānnü*

[25] ǦD 125. Vermutlich ist Ibn Sīnās *aš-Šifā fī l-manṭiq* gemeint (*Kašf aẓ-ẓunūn* 1055 s.v.).
[26] *Bir pertābdan yaʿnī bir oq atımı miqdārından ziyāde* (ǦD 402), *ḫalqıñ rīš ve sibleti yaʿnī ṣaqalı ve bıyıġı yoqdur* (409).
[27] Levend 1972. 22, weitere Belege für diesen methodisch fragwürdigen Ansatz bei Flemming 1973. 164.
[28] *Mīzānu l-ḥaqq* 74ff., 148-51 et pass.
[29] Tietze 1973. 297.

mā zu dem aus anderen Werken der Zeit bekannten Geschmack des Publikums in Beziehung zu setzen.

Die erste Entscheidung, die Kātib Čelebi zu treffen hatte, betraf die Sprache. Da Persisch in der osmanischen Literatur überwiegend mit der Dichtung konnotiert war und daher von vornherein ausschied, blieb ihm die Wahl zwischen dem Arabischen als der klassischen Wissenschaftssprache[30] und dem Türkischen. In seinen ersten Werken, *Faḏlakat aqwāl al-aḫyār* (1642), *Kašf aẓ-ẓunūn* (begonnen ca. 1643) und *Sullam al-vuṣūl* (1643-49), hatte er sich — wesentlich unter dem Eindruck seiner wichtigsten Quellen *al-ᶜAylam az-zāḫir*, *Miftāḥ as-saᶜāda* bzw. *aš-Šaqā'iq an-nuᶜmānīya* — des Arabischen bedient. In auffallendem Kontrast dazu ist *Taqvīmü t-tevārīḫ* (1648) sehr stark von persischem Wortschatz geprägt.[31] In der Vorrede der türkischen *Feẕleke* hingegen (begonnen 1653) erklärte Kātib Čelebi, er habe das Buch auf Türkisch verfaßt, da dies die Sprache der Menschen seines Landes sei.[32] Wenn in der Sekundärliteratur von Kātib Čelebis persönlichem Stil die Rede ist, ist gemeinhin nicht ein beliebiges Werk gemeint, sondern die Sprache seiner reiferen Werke, *Feẕleke*, *Tuḥfetü l-kibār*, *Mīzānu l-ḥaqq*, *Ǧihānnümā*.[33] Nur auf das letztere will ich mich im Folgenden beziehen, zumal die Zuordnung eines Autors mit allen seinen Werken zu einer bestimmten Stilebene nicht möglich ist:[34] So hatte İz Kātib Čelebi einmal den Autoren zugerechnet, die trotz Einflüssen von Sprache und Stil der höheren Gesellschaftsschichten den sog. *sade nesir* pflegten,[35] sein *Mīzānu l-ḥaqq* und *Düstūru l-ᶜamel* dagegen zum *orta nesir* gezählt, der von der Volkssprache schon recht weit entfernt sei, aber noch nicht vom Wunsch geprägt, durch Stilkunst zu glänzen.[36]

Für beide Fassungen des *Ǧihānnümā* gilt generell, daß — dem trockenen Thema angemessen — die Ausdrucksweise schlicht und die Syntax überschaubar ist. Im Wiener Konzept ist an einigen Stellen zu beobachten, wie Kātib Čelebi den Satzbau nachträglich vereinfacht.[37] Der Wortschatz ist von persischen Ausdrücken nahezu frei, das Arabische dagegen ist als Sprache der Wissenschaft omnipräsent:

> Ve ᶜilm-i ṭabiᶜī aṣlına vuqūf ḥāṣıl olıǧaq bu maqūle tezrīfātla ǧehlden nāšī evhāmı defᶜ tedārükine ḥāǧet qalmaz niteki evā'il-i kitābda bu ḫuṣūṣa müteᶜallıq beyān mürūr eyledi iᶜādeye muḥtāǧ degiliz (ǦD 398).

---

[30] Flemming 1977. 6.

[31] Der Grund dafür dürfte vor allem darin liegen, daß die persische Sprache der Darstellung in Stichworten, d.h. den Nominalkonstruktionen entgegenkam.

[32] Kütükoğlu 1974. 12.

[33] Z.B. Gökyay 1957a. 38.

[34] Ein anschauliches Beispiel zweier Passagen von Lāmiᶜī bei Levend 1972. 22.

[35] İz 1964. vi.

[36] İz 1964. xiii. Das Problem hatte auch İnalcık in seiner Rezension zu İz aufgegriffen (Belleten 29. 116. 1965. 673f.).

[37] WK 4r, cf. die Transkription im Anhang 1.

Die erste Fassung ist, bedingt durch die geringere Zahl der Quellen, im Stil einheitlicher. Hier fallen für Kātib Čelebi ungewöhnliche persische Ausdrücke in einzelnen Artikeln auf,[38] während es in der zweiten Fassung ganze Passagen sind, die sich durch einen ungewöhnlich hohen Anteil an persischem Vokabular vom Rest des Textes abheben.[39] In beiden Fassungen sind ohne System immer wieder stilistische Verbesserungen angebracht, die normalerweise nur wenige Worte betreffen. Dabei ersetzt Kātib Čelebi einmal ein arabisches Wort durch ein türkisches, einmal umgekehrt:[40]

Menbaᶜında «yumurṭa» {bayża} vażᶜ olınsa «pišir» {ṭabḫ eder} idi (WK 60v)
Eski qaplıġa ile Brusa «beyninde» {arasında} (WK 60v)
«ḥālā bu iqlīm anlar ellerindedür» <ḥālā ol gurūh-ı mekrūh żabṭındadur> (ĠD 391)
«re'si» {üstü} (WK 84r)
«ẕirāᶜı ve parmaġı» <ẕirāᶜ ve iṣbaᶜ> (WK 22r)
«diñleyüb» istimāᶜ edüb (WK 4r)

Die Präferenz scheint nicht für die eine oder andere Sprache zu bestehen, sondern für eine wohlausgewogene Mischung unter Vermeidung von Wiederholungen:

ᶜulemā meyānında ve ehl-i divan arasında (WK 4r)
anda iki ṣu aqar ki biri beyāż ṭuz ve biri nemek-i aḥmer olur (ĠD 416)
(Zum Ġayḥūn) ve eyyām-ı šitāda bir mertebe ṭoñar ki [...]
(Zum Ṣayḥūn) ve qıšda münǧemid olur (beides ĠD 360)

Beim Vergleich von Kātib Čelebis Text mit dem seiner Quelle *Tāǧu t-tevārīḫ* war anhand des gewählten Beispieles bereits klar geworden, wie sehr Kātib Čelebi die ornamentierte Prosa Ḫoġa Saᶜdeddīns vereinfacht hat,[41] ein Verfahren, das auch in der *Fezleke* feststellbar ist.[42] In den ersten Redaktionen der ersten Fassung hatte sich Kātib Čelebi noch bisweilen vom rhetorischen Schwung seiner Quellen hinreißen lassen. Es gehört zu den neuen Zügen der dritten Redaktion, daß diese Stellen vereinfacht werden.[43] Die Schilderung der Eroberung Algiers dagegen, die ebenfalls stilistisch aufwendig ist, bleibt unverändert.[44]

In der zweiten Fassung dagegen sind Entlehnungen aus Quellen nicht so weitgehend an den vorherrschenden Ton angeglichen, weshalb ein Zitat von Kemālpašazāde sich besonders stark vom übrigen Text abhebt.[45] Daß Kātib Čelebi an diesen in keiner Weise inhaltlich motivierten Wechseln der Stilebene keinen

[38] Z.B. *hāle-vār* dem Mondhof gleich, *maᶜnā-ras* in der Bedeutung von (WK 66r).
[39] Dies sind die Entlehnungen aus den anonymen *Masālik al-mamālik.*
[40] Hier und im Folgenden bedeuten: <> Hinzufügung am Rand, { } Hinzufügung zwischen den Zeilen, «» Streichung, [...] von mir gekürzt, ... unleserlich.
[41] S.o. Kap. III.
[42] Kütükoğlu 1974. 18-22, 38, 41 et pass.
[43] Z.B. die Eroberung von Istolnī Belġrad, die stark vom Stil Ǧelālzāde Muṣṭafās geprägt ist (cf. O 366v-367r, WK 105v-106r, *Ṭabaqātu l-mesālik* 371a-372b).
[44] WK 41r.
[45] ĠD 376f., zur Quelle cf. Gökyay 1968. 136.

Anstoß nahm, fügt sich in die Reihe der Belege für seine diesbezügliche Anspruchslosigkeit. In Anlehnung an die Wortwahl einer persischen Vorlage benutzt Kātib Čelebi ausnahmsweise Ausdrücke wie *küšte oldı* statt *qatl edildi* o.ä. (ĞD 331), *ol sālda* statt *ol senede* (loc. cit.), *beš ten* statt *beš nefer* (333), *ḫākla bir* statt *yerle bir* (337). Ebenso bilden die folgenden Worte einen markanten Kontrast zum sonstigen Ton des Textes:

> Ğelāluddīn Ekber zamānında ʿimāret-i irem-āsā ve bāġāt-ı rūḥ-efzāsı kemāle erüb revnaq ve revāğını buldı zīrā āb-ı Čūn bu šehriñ meyānından gečüb iki ṭarafı ʿālī qaṣrlar ve sarāylar ve baġčeler ki her biri revże-ı riżvān gibi del-kešā olub ʿarṣa-ı firdevse döndi.[46]

Im allgemeinen ist Kātib Čelebis eigener Text weitgehend, aber nicht völlig frei von stilistischem Zierat wie parallelismus membrorum oder Satzreim. Als auch in künstlerisch anspruchsvollen Werken belesener Autor kannte Kātib Čelebi die *inšā*-Prosa, und es kann kein Zweifel sein, daß sich eine beträchtliche Menge ihrer mnemotechnisch so eingängigen Ausdrücke von selbst einstellten. In der Autobiographie im Wiener Konzept ist dies gut zu beobachten, auch wie Kātib Čelebi diese immer wieder strich, bis sich schließlich ein optimaler Kontext ergab, in den sie paßten. Ich bin sicher, daß Kātib Čelebis Gebrauch von Elementen der Kunstprosa sich solchen Assoziationen, nicht aber einer absichtsvollen Gestaltung des Textes verdankt. So lautet ein Artikel, der nur eine Zeile umfaßt:

> bu iki šehriñ āb-ı revānı wāfir ve ešğārı mütekāṯirdür (ĞD 253).

Ein textimmanenter Grund, diese Stelle hervorzuheben, ist nicht erkennbar. Weitere Beispiele:

> nehr-i SMWR … sarīʿu s-seyr ve ʿasīrü l-ʿubūr nehrdür (ĞD 397)
> ol nāḥiyede nāmdār esb ṣabbār quṭṭār[47] yetišür (ĞD 416)
> šehri yaqub yıqub gitdiler (ĞD 364)

Andererseits hat Kātib Čelebi auch einmal eine reimende Konstruktion nachträglich aufgebrochen:

> meğlis-i ʿulemā ve mešā'iḫe «mülāzemet» {dāḫil oldı} ve […] taḥṣīl-i ʿilme raġbet etdi (WK 4r)

Die vielfache Wiederholung desselben Schemas begünstigt die Erstarrung der Beschreibungen zu Formeln:

---

[46] ĞD 209 nach *Haft iqlīm* I, 372. Zu beachten ist hier auch die Verwendung des Konverbs auf -üb in einem untergeordneten Satzteil, was der bisherigen Beschreibung der Syntax dieser Form (Prokosch 1980. 142f., gestützt auf Kissling) zuwiderläuft, aber bei Kātib Čelebi nicht selten ist.
[47] Ein nach arabischem Muster gebildeter Plural von *qāṭır*.

šehr-i ma'mūr ve sūr-ı metīn u mešhūr (WK 37r et pass.)
ḫākı qavī u naẓīf ve havāsı ġāyet laṭīf (WK 37v)
[bu šehr bilād-ı maḥrūseniñ (o.ä.)] sedd-i sedīdi ve muḥkem kilīdi oldı/idi (WK 102 et pass.)

Eine einmalige Häufung von rein türkischen idiomatischen Wendungen steht demgegenüber wie ein Fremdkörper da:

Venedigiñ beli bökildi oğağına inğir dikildi (WK 91r).

Neben der bisher konstatierten stilistischen Anspruchslosigkeit finden sich vor allem in der zweiten Fassung zahlreiche Belege für eine ausgesprochene Vernachlässigung des sprachlichen Ausdrucks. Ich werde noch im einzelnen zeigen, daß das Autograph zwar eine Reinschrift (*tebyīż*) ist, aber nicht in dem Sinne, daß bereits in einem früheren Arbeitsstadium ein durchformulierter Text vorgelegen hätte. In den *müsvedde*-Teilen des Wiener Konzeptes hatte Kreutel bereits zahlreiche Flüchtigkeiten in der Orthographie — z.B. *mutaṣṣıl* für *muttaṣıl* — und Inkonsequenzen in der Transkription von fremden Namen festgestellt.[48] Dergleichen ist auch in der zweiten Fassung zu beobachten, wie die Schreibung BWRKH für *birket*, *habb* statt *ḥabb*, Bitlis neben Bidlis, Qāspiyūs neben Ġāspiyūm,[49] oder fünf Varianten für die Molukken zwischen MLWKH und M'LWQ' auf einer Druckseite.[50]

Daneben trifft man aber auch auf Konstruktionen, die weniger den Normen der Hochsprache als dem mündlichen Gebrauch, der Vulgärsprache, entsprechen. Dazu gehören zunächst arabisch-türkische oder persisch-türkische Pleonasmen:

ṣuyla pur-āb (O 367r)[51]
Buḫārā'da müteneffis qalmadı ḥattā kilābı ve kedileri bile qırdılar[52] (ĞD 364)
her čend evṣāfına ğevād-ı qaleme ne deñlü irḫā-ı 'inān olınsa (O 328v)
bu šehriñ sā'ir yerlerden fāresi ziyāde čoqdur[53] (ĞD 383)
ve bunlarıñ türk dilinden ġayrī bašqa lisānları vardur (ĞD 367)

Die letzten beiden Beispiele demonstrieren zugleich Kātib Čelebis bisweilen eigenwillige Wortstellung. Besonders gern wird dabei der erste Teil einer Genitivverbindung an den Satzanfang gezogen:[54]

mülūk-ı Fürsiñ anlarla dā'imā ḥarb u qitālı eksik olmayub (ĞD 394)
bu ṭağıñ šāhrāh dibinden gečer (ĞD 304)

---

48 Kreutel 1972. 278.
49 ĞD 265, 238, 415, 78 bzw. 398.
50 ĞD 133.
51 In WK 105v korrigiert in *ṣuyla memlū*.
52 Diese Konstruktion gilt manchen als korrekt und ist auch heute gebräuchlich (Prokosch 1980. 206).
53 Gleichzeitig ein Beispiel für eine ungewöhnliche Satzstellung (s.u.)
54 Cf. Prokosch 1980. 183f.

Aber auch Beispiele mit anderen Kasus finden sich:

lākin Rūm'da ḫalīğ-i Qusṭanṭinīye'yi bunlar görmemišdür (ĞD 271).[55]

Es ist ersichtlich, daß dies nicht die *devrik cümleler* der Volkssprache sind, bei denen der betonte Teil eines Satzes ans Ende gestellt wird.[56]

Als besonderes Kennzeichen der Nähe zur Vulgärsprache gelten Anakoluthe, bei denen das natürliche Subjekt an den Satzanfang gestellt, die Konstruktion dann abgebrochen und in dem erneut begonnenen Satz die Beziehung zu diesem natürlichen Subjekt durch ein rückweisendes Pronomen hergestellt wird:[57]

ve ṣığır ṭulumları ğā'izdür ki iki ṭarafı üzerinde gezmek maṣlaḥatı ičün döšenmiš ola (ĞD 395)

Diese Konstruktion wird aber vor allem da notwendig, wo ein Relativsatz mit *ki* zu einem Nomen tritt, das zusätzlich mit einem Kasussuffix versehen werden soll. In dieser Form gilt sie auch heute als hochsprachlich akzeptabel:

qohendiz-i Herāt ki ḥālā Maṣraḫ derler anıñ bānīsi Buḫtnaṣr olmaq rivāyet ederler (ĞD 310)
dār-ı mülki Qarāqum (l. Qaraqorum) ki Uluġ yurt derler anda idi (ĞD 371)

Manchmal entfällt aber das rückweisende Pronomen:

Behār nām āteškedesi ki māğūsīler arasında ġāyet muᶜteber olub emākin-i baᶜīdeden gelürlerdi baᶜżı ās̱ārı henüz bāqīdir (ĞD 315)[58]

Es kann auch anstelle des Pronomens das natürliche Subjekt selbst — in einem Beispiel wie unserem auch noch ein weiterer Satzteil — wiederholt werden:

amma ᶜamūd-ı Ğayḥūn Ḫārizmi gečüb ᶜaqabe-i ḤLM ki türkler aña Kirlāve derler ve sengistān deredür ve tenkdür nehr-i mezbūr ol ᶜaqabeden [...] aqub (ĞD 360)

Generell werden Anakoluthe dadurch erklärt, daß ein Gedanke während des Sprechens bzw. Niederschreibens modifiziert wird. Einige von Kātib Čelebis unorthodoxen Konstruktionen scheinen dadurch erklärbar, daß er während des Schreibens den Überblick über die Satzkonstruktion verloren hatte:

šehriñ s̱ül̲s̱den azı qaldı (statt šehriñ s̱ül̲s̱ünden az) (ĞD 128)
dört yerden ayaġı deryāya aqar her biri enhār-ı ᶜaẓīmedür (ĞD 164)[59]

Einzelne Sätze erscheinen elliptisch:

bir mürtefiᶜ ṭaġda nehr iḥāṭe metīn ṣaᶜb qalᶜe (ĞD 249)

---

55 Weitere Beispiele z.B. ĞD 304, 412.
56 Beispiele bei İz 1964. xxf.
57 Prokosch 1980. 185.
58 Zu beachten ist hier erneut, daß ein untergeordneter Satz mit dem Konverb auf *-üb* endet.
59 Die Konstruktion von *her biri* als Plural ist allerdings auch heute gebräuchlich.

Prokosch hatte nach seinen Ergebnissen gefordert, den Rahmen des bisher als Standard Betrachteten erheblich weiter zu fassen,[60] doch auch er sieht die Grenze zum Vulgärosmanischen überschritten, wo Anakoluthe und Pleonasmen mit einer gewissen Regelmäßigkeit auftreten.[61] Es ist für unsere Zwecke unerheblich, ob man nach dem hier vorgestellten Befund den Rahmen noch weiter ziehen will, oder ob man diese Phänomene weiter als normwidrig betrachten will: Es ist nicht daran zu rütteln, daß Kātib Čelebi immer wieder wenn nicht sprachliche, so doch stilistische Normen unterläuft. Dies gilt unabhängig davon, daß sein Stil unter den Prämissen des heutigen Geschmacks gemeinhin als angenehm unprätentiös empfunden wird.[62] Solche Urteile sind weithin persönlich, wie die Differenzen über den Stil Evliyā Čelebis zeigen,[63] z.T. politisch und von den Reformbemühungen der modernen Türkei geprägt.[64]

Für das Eindringen nicht hochsprachlicher Konstruktionen in schriftliche Texte hat man bevorzugt den niedrigen Bildungsstand der Autoren verantwortlich gemacht,[65] was natürlich in unserem Fall nicht in Frage kommt. Die Ermittlung der Zielgruppe unabhängig von der Untersuchung des stilistischen Niveaus andererseits hat demonstriert, daß der Stil sich nicht durch Rücksicht auf mindergebildete Leser erklären läßt. Daß hier kein Versuch vorliegt, eine neue, "modernere" stilistische Norm zu etablieren, ist daraus ersichtlich, daß Kātib Čelebi das Prädikat "in zierlichem Stil" *(bi inšā'in laṭīf)* nur im konventionellen Sinne für die Kunstprosa eines Ḫoğa Saᶜdeddīn oder İdrīs Bidlisī verwendet.[66] Die Verletzung stilistischer Normen in einer Zeit, die den kunstvollsten und raffiniertesten *inšā* kannte, konnte Kātib Čelebi seinen Lesern offenbar deshalb zumuten, weil er etwas vermittelte, neben dem der ästhetische Genuß des Lesens als nebensächlich, wenn nicht gar als störend empfunden wurde. Dieses Ziel soll in den nächsten Abschnitten erläutert werden.

---

[60] Prokosch 1980. 2f.

[61] Prokosch 1980. 5.

[62] Z.B. Ǧevdet 1926-27. 1786, Birnbaum 1994. 144, İz 1964. x, Bursalı 1913. 5. İz 1976. 134 zieht einen Text Kātib Čelebis (aus *Tuḥfetü l-kibār*) als Beispiel für Türkisch im Gegensatz zu dem als "Osmanisch" bezeichneten aufwendigen Stil heran. Nach Bombaci (1965. LXIX) entspricht in *Mīzānu l-ḥaqq* die Reife der Gedanken der begrifflichen und formalen Höhe der Sprache. Nicht wenige der hier beobachteten Normwidrigkeiten können jedoch auch in *Mīzānu l-ḥaqq* beobachtet werden.

[63] Die unterschiedlichen Urteile von Lamers und Kreutel zit. bei Lamers 1988.

[64] Etwa wenn Kortantamer 1979. 370 formuliert, nach dem 15. Jhdt. sei das Türkische stark durch Arabisch und Persisch "belastet" worden.

[65] Kreutel 1980. xiii, Prokosch 1980. 2f.

[66] *Kašf aẓ-ẓunūn* 283f. s.v. Ta'rīḫ Āl ᶜUṯmān.

4. Motive: Die Einheit des Wissens

Was veranlaßte Kātib Čelebi dazu, eine Universalgeographie zu verfassen, und was wollte er seinen Lesern vermitteln? Der Text der ersten Fassung, der keine eigene Einleitung enthält, macht dazu keine ausdrücklichen Angaben. In der Einleitung zu *Kašf aẓ-ẓunūn* hatte Kātib Čelebi unter anderem die Motive erörtert, die einen vernünftigen Autor zur Abfassung eines neuen Werkes bewegen könnten: 1. Etwas bislang Unbekanntes zu ersinnen; 2. unvollständig Behandeltes auszuschöpfen; 3. Unverständliches zu erläutern; 4. Überlanges abzukürzen, ohne es inhaltlich zu entstellen; 5. Verstreutes zu sammeln; 6. Verworrenes zu ordnen; 7. Irrtümer anderer richtigzustellen.[67] Sechs dieser Punkte beziehen sich nicht auf die Schaffung von Neuem, sondern auf die Bearbeitung von Vorgängerwerken. In Bezug auf solche Vorgängerwerke lassen sich einige Motive für die Abfassung der ersten Fassung erschließen.

Gestützt auf J.H. Mordtmanns Beobachtung, daß ein beachtlicher Teil des Werkes auf *Menāẓıru l-ᶜavālim* basiert, hatte Taeschner die These aufgestellt, die Entstehung des *Ǧihānnümā* sei "der Anregung von Meḥmed ᶜĀšıqs *Menāẓıru l-ᶜavālim* zu danken".[68] Abgesehen davon, daß Mordtmann diesen übernommenen Teil ganz erheblich überschätzt hatte,[69] relativierte Taeschner selbst seine Aussage sofort dahingehend, daß "das Ganze keineswegs als in Meḥmed ᶜĀšıqs Geist fortgeführt zu betrachten" sei.[70] Von diesem ist m.E. eine positive Anregung insofern ausgegangen, als die eigene Lebenswelt darin erstmals zum Gegenstand der Geographie gemacht wird, allerdings durch den Mangel an Gewährsleuten für etliche Gebiete eingeschränkt. Aus *Menāẓıru l-ᶜavālim* hat Kātib Čelebi demgemäß bevorzugt Meḥmed ᶜĀšıqs eigene Berichte und die von anderen unmittelbaren Augenzeugen übernommen.[71] Diese hat er dann — und das ist ein entscheidender Schritt weiter — systematisch und flächendeckend aufgrund eigener Nachforschungen ergänzt. Ein weiterer Anstoß kam von *Tārīḫ-i Hind-i Ġarbī*: Schon als er den Vorentwurf fixierte, war Kātib Čelebi zu der Überzeugung gelangt, daß eine Universalgeographie die Neue Welt nicht ausklammern dürfe.

[67] *Kašf aẓ-ẓunūn*, Einleitung, 35. Nahezu gleichlautend ist dasselbe Thema in al-ᶜAlmawī (gest. 1573) *al-Muᶜīd fī adab al-mufīd wa l-mustafīd* behandelt (cf. Rosenthal 1947. 64f., zum Autor op. cit. 7).

[68] Taeschner 1923. 57.

[69] Cf. Babinger 1922. 105: "Mordtmann erklärt, daß "der Vielschreiber H(adji) Kh(alfa) seine [von J. Hammer unter dem Titel "Rumili und Bosna" (Wien 1812) verdeutschte] Schrift wörtlich aus diesem Werk abgeschrieben hat. Somit ist der auf Rumelien und Bosnien bezügliche Teil des berühmten Dschihānnümā ... als glatte Entlehnung erwiesen". Ähnlich erneut Babinger 1921/22 (Nachdr.). 48. Mordtmann hatte sich speziell mit Thessaloniki befaßt, und vermutlich die dort tatsächlich vorhandene Übereinstimmung auf das ganze Buch bezogen.

[70] Taeschner 1923. 57f. In Taeschner 1926 wird die These nicht mehr wiederholt.

[71] In diesem Sinne ǦD 14. Auf diese Stelle gestützt hatte schon Adnan-Adıvar Zweifel an der Bedeutung von *Menāẓıru l-ᶜavālim* als Quelle geäußert (1982. 144 Anm.).

Als negative Anregung dürfte Kātib Čelebi aus diesen beiden die Einsicht gewonnen haben, daß sie allzuviel sagenhaften und historisch ungesicherten Ballast vor allem aus den klassischen Kosmographien mitschleppten. Die Rückkehr zur knappen Übersichtlichkeit Abū l-Fidā's, weitgehender Verzicht auf mythologische Elemente und die Beschränkung der historischen Perspektive auf das Notwendigste mußte sein Ziel sein.

Vergleichbare wissenschaftliche Motive gelten auch für die zweite Fassung. Kātib Čelebi hatte die Arbeit wegen der Unzulänglichkeit der verfügbaren Quellen abgebrochen. Beim Neubeginn stützt er sich dann auf neue und bessere Quellen, doch seine wissenschaftlichen Motive sind weitgehend dieselben: Aus dem vorhandenen Material umfassende und gültige Information über die reale Welt zusammenzustellen und dem Publikum in handlicher und übersichtlicher Form vorzulegen. An die erbauende Unterhaltung, die für etliche seiner Vorgängerwerke ein wichtiges Element war, hat er allenfalls nebenbei gedacht. Nur die Exkurse, die in beiden Fassungen existieren und die verschiedene legendäre Motive der traditionellen Literatur aufgreifen, können insofern als Zugeständnis an das Unterhaltungsbedürfnis der Leser aufgefaßt werden, als sie mit abwechslungsreichen Themen die rein deskriptiven Passagen unterbrechen und auflockern.[72] Im vorigen Abschnitt haben wir gesehen, daß Kātib Čelebi auf eventuelle ästhetische Ansprüche keine Rücksicht nahm.

Die von keinerlei Zugeständnis an Äußerlichkeiten getrübte Vermittlung von positivem Faktenwissen ist ein durchgängiges Charakteristikum von Kātib Čelebis "enzyklopädischen" Werken. Nach seinen eigenen Worten wollte er sich grundsätzlich nicht mit einer Einzeldisziplin zufriedengeben, sondern strebte stets danach, eine breite Grundlage an allgemeinen Kenntnissen zu erwerben, ohne sich im Spezialistentum zu verlieren.[73] *Kašf aẓ-ẓunūn*, *Sullam al-vuṣūl*, *Fadlakat aqwāl al-aḫyār* und *Fezleke* zusammengenommen, und schließlich das *Ǧihānnümā* bilden in gewissem Sinne eine Einheit, eine große Enzyklopädie. Man hat längst festgestellt, daß *Sullam al-vuṣūl* gegenüber *Kašf aẓ-ẓunūn* die Funktion eines Autorenindex erfüllen kann.[74] Dies ist sicher zu eng gedacht, zumal *Sullam al-vuṣūl* zwar überwiegend, aber nicht ausschließlich Personen verzeichnet, die als Autoren hervorgetreten sind. Es ist korrekt insofern, als *Kašf aẓ-ẓunūn* und *Sullam al-vuṣūl* in vieler Hinsicht denselben Komplex von positivem Wissen erfassen. Dies wird noch deutlicher, wenn man die beiden Chroniken und das *Ǧihānnümā* hinzunimmt. Die Gesamtheit der Geschichte und Kultur der Menschheit (gewissermaßen die humaniora) wird durch diese

[72] Beispiele aus der Geschichte in Kap. VIII, Abschn. 6, aus der Naturkunde Kap. IX, Abschn. 7.
[73] *Mīzānu l-ḥaqq* 137f. Die Stelle ist von Adnan-Adıvar ganz anders, nämlich als Bekenntnis zur induktiven Methode verstanden worden (1982. 150).
[74] Ǧevdet 1926-27. 1802, Gökyay 1957a. 57, Birnbaum 1994a. 150.

vier Werke von vier verschiedenen Seiten erschlossen: bibliographisch, prosopographisch, chronologisch, chorologisch.[75]

Der Einwand liegt nahe, *Kašf aẓ-ẓunūn* und *Sullam al-vuṣūl* erschienen ganz islamozentrisch, aber sie enthalten doch auch Werke und Namen griechischer Autoren. Das Fehlen anderer Werke und Personen halte ich nicht für grundsätzlich geplant, sondern für eine natürliche Folge von Kātib Čelebis Biographie und Bildung. Denn auch die historischen Werke sind zunächst islamozentrisch angelegt und greifen nur gelegentlich über das *dār al-islām* hinaus.[76] Doch Kātib Čelebi hatte sich schon zuvor für jene andere Welt interessiert (z.B. für das vorosmanische Konstantinopel[77]), und als er Zugang zu entsprechenden Werken hatte, machte er sich umgehend über die nichtislamische Welt kundig. Der universale Anspruch des *Ǧihānnümā* hingegen liegt auf der Hand. Es kommt, da es mehr als alle anderen die Einbeziehung verschiedenster Dinge erlaubt, dem Ideal einer allgemeinen Enzyklopädie besonders nahe. Schon Mercator hatte auf diese Weise für die Überlegenheit der Geographie über die Geschichtswissenschaft argumentiert, doch Kātib Čelebi geht, wie wir sahen, in der Vielfalt der Themen noch weit darüberhinaus.

Dies alles soll nicht heißen, daß Kātib Čelebi seine vier "enzyklopädischen" Werke von vornherein komplementär angelegt hätte. Sie verdanken ihre Entstehung ganz unterschiedlichen Motiven, teils politischen Eindrücken,[78] teils tiefverwurzelten persönlichen Interessen,[79] teils dem Wunsch, Vorgängerwerke zu verbessern.[80] Doch da sie alle in gewisser Weise "enzyklopädisch" konzipiert sind, kommt es zu thematischen Überschneidungen.[81] Alle zielen auf denselben Komplex von reinen Fakten ab. In Kātib Čelebis Anschauung sprechen diese zu allen Zeiten und zu allen Menschen dieselbe Sprache. Sofern es getreulich überliefert wird, wird ein "reines Faktum" weder von der Subjektivität der Überlieferer getrübt noch von unterschiedlichen Rezipienten unterschiedlich verstanden. Die Kompilation — von der modernen Wissenschaft verachtet — wird dadurch zur einzig akzeptablen Form. Was Walsh als Werk eines "servile copyist" schmäht,[82] ist nichts anderes als die Bemühung, die positiven Fak

---

[75] Es sei darauf verwiesen, daß *Tuḥfetü l-kibār* in seinem Bereich ebenfalls verschiedene Ansätze vereint. Das osmanische Flottenwesen wird darin chronologisch, prosopographisch und zuletzt strukturell dargestellt.

[76] Z.B. Erwähnung des Dreißigjährigen Krieges in *Fez̲leke* II, 234 (cf. Lewis 1982. 164).

[77] Cf. seinen Artikel in *Kašf aẓ-ẓunūn* 300 s.v. Ta'rīḫ Qusṭanṭinīya.

[78] Kātib Čelebi begann im Kretakrieg, sich mit Kartographie zu befassen.

[79] Cf. ǦD 9 zu seinem Interesse für Geschichte.

[80] So verstehe ich die Abhängigkeit von *Kašf aẓ-ẓunūn* von *Miftāḥ as-saᶜāda.*

[81] Zusätzlich zu dem, was wir über das Konzept des *Ǧihānnümā* gesagt haben, sei hier etwa auf die Bibliographie zur Geschichte verwiesen, die für *Faḏlakat al-aqwāl* vorgesehen war. Sie wäre zweifellos weitgehend mit der Liste in *Kašf aẓ-ẓunūn* s.v. 'ilm at-ta'rīḫ identisch gewesen.

[82] Walsh 1962. 200 über die *Fez̲leke.*

ten ungeschmälert und ohne eigene Zutaten weiterzugeben.[83] In der Tat war dies auch nach früherer arabischer Ansicht die eigentliche Aufgabe eines Autors.[84]

Kātib Čelebi hat sich Mühe gegeben, seinen Lesern den Zugang zu den in seinen Werken gesammelten Fakten so leicht wie möglich zu machen. Daher sind *Kašf aẓ-ẓunūn* und *Sullam al-vuṣūl* konsequent alphabetisch angeordnet.[85] Die Chronologie der beiden historischen Werke ist durch *Taqvīmü t-tevārīḫ* erschlossen, das explizit als *fihrist* dazu konzipiert ist.[86] *Faḏlakat aqwāl al-aḫyār* enthält einen Personenindex.[87] Eine alphabetische Anordnung war ursprünglich auch für das *Ǧihānnümā* vorgesehen. Die Indices einzelner Kapitel im Wiener Konzept und der Gesamtindex in der zweiten Fassung sind als Zugeständnis an diese Anordnung aufzufassen. Des weiteren legt Kātib Čelebi vor allem in der zweiten Fassung dem Leser regelmäßig Rechenschaft ab, indem er sein weiteres Vorgehen erklärt, insbesondere da, wo er von früheren Autoren abweicht.[88] Um Wiederholungen zu vermeiden, verweist er auf frühere Kapitel.[89]

Wissen galt den arabischen Gelehrten des Mittelalters als Wert an sich. Es zu erwerben und zu genießen gehörte für den Muslim zu den erstrebenswertesten Dingen.[90] Wissen oder Gelehrsamkeit verschafften ihrem Besitzer außerdem ein beträchtliches soziales Prestige, das willkommen war, während der daraus erzielte materielle Gewinn oft mit Mißtrauen betrachtet wurde.[91] Selbst wenn diese Erkenntnisse Rosenthals nicht einfach auf die osmanische Welt übertragen werden können, ist nicht zu bestreiten, daß auch hier der Erwerb von Wissen hohes Ansehen genoß, sowohl beim Einzelnen wegen des daraus resultierenden intellektuellen Vergnügens, als auch als gesellschaftlich als traditionelle muslimische Tugend. Insofern bedürfte Kātib Čelebis Bestreben, selbst Wissen zu erwerben und an andere weiterzugeben, keiner weiteren Motivation. Wir werden jedoch sehen, daß für ihn die Erkenntnis nicht nur zweckfrei ist.

5. Kātib Čelebi als kritischer Beobachter

Um das zweite Motiv Kātib Čelebis neben dem Dienst an der zweckfreien Verbreitung von Wissen zu ermessen, ist es nötig, sich nochmals die historische Si

[83] In *Fezleke* II, 9 sagt Kātib Čelebi, die Pflicht der Geschichtsschreibung sei es, *veqāyiʿi vuqūʿı üzere* zu erklären. Der Vergleich mit Rankes "wie es eigentlich gewesen" drängt sich auf, bleibt aber an der Oberfläche.

[84] Rosenthal 1947. 57.

[85] Alphabetisch ist auch die Anthologie *Tuḥfetü l-aḫyār* angeordnet (Gökyay 1957a. 79).

[86] *Mīzānu l-ḥaqq* 140.

[87] Türek 1957. 32.

[88] Z.B. ǦD 74, 96, 100, 103, 185.

[89] Z.B. ǦD 96.

[90] Rosenthal 1970. 241f.

[91] Rosenthal 1970. 322-26.

tuation vor Augen zu führen. Seit 1580 durchlebte das Osmanische Reich eine Phase des sozialen und politischen Umbruchs, der tradierten Wertvorstellungen hohnsprach und daher vielfach als Verfall empfunden wurde.[92] Dieser Wandel hat zahlreiche osmanische Autoren zum Nachdenken über Ursachen oder Gegenmittel veranlaßt und dadurch das Genre der "decline treatises" hervorgebracht.[93] Mit Werken wie *Mīzānu l-ḥaqq* oder *Düstūru l-ʿamel* hat sich auch Kātib Čelebi an dieser Debatte beteiligt. Doch auch in anderen Werken hat er bewiesen, daß er stets seine Zeit kritisch beobachtete. Vor allem in der *Feẕleke* finden sich immer wieder Äußerungen schroffer Kritik an Maßnahmen oder Zuständen. Da verurteilt er militärische Entschlüsse im Krieg gegen Ungarn (1003 H.),[94] den Bau der Festung Gülʿanber, der den gesamten Zeitplan des Feldzuges von 1039 H. durcheinanderbrachte, und dazu wegen der Unfähigkeit der Soldaten als Bauarbeiter völlig sinnlos war.[95] Der georgische Fürst Maġrāv Ḫān, der von den Persern übergelaufen war, wurde im Verlauf dieses Feldzuges hingerichtet, was weitere potentielle Überläufer abschrecken mußte.[96] Die Ära der bedeutenden Wesire ging seiner Meinung nach zu Ende, als Sultan İbrāhīm, bar jeden Urteilsvermögens, den Einflüssen von Intriganten erlag und den tatkräftigen, gerechten und persönlich bescheidenen Kemānkeš Qara Muṣṭafā Paša 1053 H. hinrichten ließ.[97] Die würdelose Ohrenbläserei des Nachfolgers führte dazu, daß der politisch unfähige Sultan auch sinnvollen Einflüssen immer weniger zugänglich war.[98] Durch das unselige Gesetz des Brudermordes mußte jeder Sultan selbst für einen potentiellen Erben sorgen. Eine Folge war die "Weiberherrschaft" im Palast, die zum Ursprung weiterer Übel wurde, so der finanziellen Nöte des Staates und damit zugleich des Ämterkaufs.[99] Bestechung ist für Kātib Čelebi schon nach seinen persönlichen Erfahrungen indiskutabel.[100] Auch der Kompromiß Melek Aḥmed Pašas, zur Behebung der Finanznot Bestechungsgelder nicht persönlich, wohl aber für die Staatskasse zu akzeptieren, findet vor ihm keine Gnade.[101] Den Einfluß zweifelhafter Existenzen, z. B. des Hofastrologen Ḥüseyn Efendi auf die Politik, speziell auf die Besetzung wichtiger Staatsämter, verurteilt er scharf.[102]

---

[92] Cf. Kafadar 1991, der von der monetären Krise jener Epoche ausgeht, oder auch İnalcık 1980.

[93] Cf. Fodor 1986, aber auch Kafadar 1993 zur osmanischen Sehnsucht nach dem Goldenen Zeitalter Sultan Süleymāns.

[94] *Feẕleke* I, 41. Zu dieser und einigen der folgenden Stellen auch Gökyay 1957a. 35f.

[95] *Feẕleke* II, 118f.

[96] *Feẕleke* II, 115.

[97] *Feẕleke* II, 232f.

[98] *Feẕleke* II, 293.

[99] *Feẕleke* II, 309f.

[100] Cf. Biographie WK 4r.

[101] *Feẕleke* II, 363.

[102] *Feẕleke* II, 365ff. Zweifellos ließen sich in der *Feẕleke* noch zahlreiche Beispiele dieser Art finden. Gleichzeitig darf man nicht vergessen, daß in mindestens zwei der angeführten Fälle

Mißstände anderer Art sind im *Ğihānnümā* aufgegriffen. Kātib Čelebi notiert ohne ausdrückliche Kritik die Tatsache, daß Ḥimṣ im *defter-i ᶜavārıż* zwar mit 4400 Haushalten verzeichnet sei, die Steuerlast aber von nur 1000 Haushalten aufgebracht werde.[103] Daß dies ein Mißstand ist, versteht sich wohl von selbst. Deutlicher wird Kātib Čelebi im Falle von Siebenbürgen, Walachei und Moldau. Dort blute das Land durch Mißwirtschaft und häufigen Herrschaftswechsel aus. Die Zahl der Steuern zahlenden Haushalte der Walachei sei von 48.000 zur Zeit Süleymāns auf 13.000 im Jahre 1000 H. zurückgegangen.[104]

Besonders ausführlich äußert sich Kātib Čelebi im *Ğihānnümā* über zwei Kanalprojekte, die er als wichtig und erfolgversprechend einschätzt, und die zu seinem Zorn aus kleinlichen Motiven heraus unvollendet blieben. Das erste ist der 1591 gefaßte Plan, den Sapanca Gölü durch einen Kanal mit dem Golf von İzmit zu verbinden. Den Niveauverlust des Sees wollte man ausgleichen, indem man den wenig östlich vorbeifließenden Sakarya in den See umleitete.[105] Das hätte leichten Zugang zu den Wäldern um den See bedeutet. Die Gegend wurde damals *ağağ deñizi* genannt. Hier deckten die staatlichen Institutionen ihren Bedarf an Brenn-, Bau- und auch Schiffszimmerholz: Artikel von hohem wirtschaftlichem und strategischem Interesse.[106] In den früheren Redaktionen der ersten Fassung nennt Kātib Čelebi nur sehr allgemeine Begründungen dafür, daß der Kanalbau unvollendet blieb. Es sei dafür "das Geld des Krösus, die Lebensdauer Noahs und die Geduld Hiobs" notwendig gewesen.[107] In einer ersten Korrektur streicht Kātib Čelebi diesen poetischen Passus und fügt eine Marginalie an, in der er Neidern und Intriganten gegen den bei dem Projekt federführenden Sinān Paša die Schuld am Scheitern gibt.[108] In der zweiten Korrektur wird auch diese Marginalie wieder gestrichen und durch eine längere ersetzt, die — neben technischen Angaben — vor allem den Nutzen des Planes ausführlich

---

persönliche Bekannte Kātib Čelebis, nämlich Kemānkeš Qara Muṣṭafā Paša und der unter Einfluß Hüseyn Efendis abgesetzte *šeyḫülislām* ʿAbdürraḥīm Efendi, zu den Opfern gehörten.

[103] WK 139r.

[104] WK 298v. Ähnliche Angaben zur Moldau WK 300v. In *Fezleke* II, 237 zum Stichwort *ḫarāğ-ı Erdel* findet sich solche Kritik nicht.

[105] Ein solches Projekt hatte schon Plinius d.J., 111-113 n. Chr. Statthalter von Bithynien, dem Kaiser Traian vorgeschlagen. Er bezog sich dabei bereits auf Überreste eines noch älteren Versuches (Plinius, Briefe, Buch X, Nrn. 41f., 61f.). Von einem unter Justinian gemachten Ansatz existiert noch eine Brücke über den Abfluß des Sees nahe Adapazarı, die bereits auf eine Flußrichtung zum See hin ausgelegt ist. Der Versuch unter der Leitung des Architekten Sinān ist offenbar nicht weit gediehen. Dokumente zu den späteren osmanischen Anläufen und die spärlichen Erwähnungen der Historiker sind zusammengestellt in Uzunçarşılı 1940. Auch Evliyā Čelebi hat ein solches Projekt begrüßt (*Seyāḥatnāme* II, 171f.).

[106] Mantran 1962. 444f.

[107] WK 20r, O 301r (wörtlich wie *Menāẓıru l-ᶜavālim* 45v): *ḥuṣūlı bez̲l-i māl-ı Qārūn ile ᶜömr-i Nūḥ ṣabr-ı Eyyūba merhūn olmağla ferāğet evlā görildi.*

[108] Von den zeitgenössischen Historikern nennt nur Selanikī, von den späteren Vāṣif Gründe für den Abbruch der Arbeiten (zit. n. Uzunçarşılı 1940. 156f.).

vorrechnet. Neben dem Zugang zu billigem Brennholz allgemein war in einer Zeit intensiver Flottenrüstung und knapper Mittel von besonderem Interesse, daß Sinān Paša dem Arsenal Einsparungen von 5 Millionen *aqče* jährlich in Aussicht gestellt hatte. Die Begründung für das Scheitern ist inhaltlich nicht verändert, aber etwas schärfer formuliert.[109] Die politische Interpretation ist bezeichnend für Kātib Čelebi, während sein "Nachfolger" Ebū Bekr ed-Dimišqī sich zwar für die technischen und geodätischen Maßnahmen interessierte, dem Grund des Scheiterns jedoch nur einen Nebensatz widmete.[110]

Einen Parallelfall zu diesem Mißerfolg sieht Kātib Čelebi in dem Scheitern eines Kanalprojekts zwischen Wolga und Don, das unter Ṣoqollu Meḥmed Paša 1569 in Angriff genommen wurde, um der russischen Expansion nach Süden einen Riegel vorzuschieben und eventuell auch Truppen und Nachschub gegen Iran in Stellung zu bringen.[111] In der ersten Fassung ist das Projekt unter dem Stichwort Wolga kurz behandelt.[112] Abgesehen davon, daß dort als Initiator ein Qara Muṣṭafā Paša gilt,[113] schreibt Kātib Čelebi das Scheitern einerseits dem Fehlen von Proviant und Nachschub zu, gibt aber ohne nähere Angaben die Schuld dem Krim-Khan Meḥmed Girāy.

In der zweiten Fassung ist die Episode ausführlicher besprochen.[114] Warum es im Laufe von drei Monaten nicht gelang, mehr als ein Drittel der Strecke auszuheben, erörtert Kātib Čelebi nicht. Die Schuld dafür, daß bei ersten Anzeichen des Winters die Arbeiter wie auch die Soldaten nicht mehr zu halten waren und auf Abbruch der Arbeiten und Rückzug in Richtung Asow drängten, gibt er von den Tataren gezielt gestreuten Gerüchten.[115] In der Tat konnten diese kein Interesse daran haben, daß die Osmanen Astrachan eroberten und die ganze Region — einschließlich des Krim-Khanates — in eine osmanische Provinz verwandelten.[116] Ganz allgemein konstatiert Kātib Čelebi außerdem, ein Unternehmen dieser Größenordnung hätte der Sultan selbst in die Hand nehmen müssen. Damit ist er wieder bei seinem Thema, der Unzulänglichkeit der osmanischen Herrschaft, und kann unter diesem Aspekt ausdrücklich die Parallele zum Sakarya-Projekt ziehen.

Es braucht nicht eigens betont zu werden, daß Kātib Čelebi einen eindeutigen Zusammenhang zwischen dem inneren Verfall und der äußeren Schwäche

---

[109] Dies gilt, soweit ich die von Kātib Čelebi dick durchgestrichene erste Marginalie entziffern konnte.

[110] Ebū Bekrs Kenntnisse der technischen Seite des Vorgangs gehen deutlich über das hinaus, was Uzunçarşılı aus den *mühimme defterleri* entnehmen konnte (ĞD 666f.).

[111] Die Einordnung dieses Projekts in die langfristige politische Entwicklung der Region bei İnalcık 1948.

[112] O 305v. WK hat an dieser Stelle eine Lücke.

[113] Wie dieser Irrtum zustande kommen konnte, weiß ich nicht.

[114] ĞD 375f.

[115] So auch İnalcık 1948. 380ff.

[116] İnalcık 1948. 383.

des Reiches sieht. Er hatte in *Düstūru l-ʿamel* eine skeptische Prognose gestellt, die er angelegentlich auch in das *Ǧihānnümā* einfließen läßt. So greift er eine Passage aus *Tārīḫ-i Hind-i Ġarbī* auf, in der der Autor eine große Kraftanstrengung fordert, um die Portugiesen aus ihren Basen im Indischen Ozean zu vertreiben. Kātib Čelebi bekräftigt, daß die Portugiesen und auch die Niederländer dem Reich in jenen Regionen großen Schaden zufügten. Doch wenn schon in Zeiten osmanischer Stärke, während der Regierung Süleymāns, Flottenunternehmen unter Pīrī Re'īs und Seydī ʿAlī Re'īs kläglich scheiterten, wie sollte dann in der Gegenwart ein solches Unterfangen Erfolg haben können? Der Kretakrieg demonstrierte die Schwäche der Flotte ja nur zu deutlich.[117]

6. MOTIVE: DIE WIRKUNG DES WISSENS

Eine Tradition, die sich über Jahrhunderte durch die arabische gelehrte Literatur zieht, besagt, daß der Wissende seine Kenntnisse nicht für sich behalten solle, vielmehr verpflichtet sei, auch für ihre Umsetzung in die Praxis zu sorgen.[118] Es bleibe dahingestellt, ob sich Kātib Čelebi unmittelbar von diesen Überlegungen leiten ließ. Mercators protestantische Ethik, die besagt, daß der Mensch nicht um seiner selbst willen geschaffen sei, sondern seinen Mitmenschen zum Nutzen, scheint immerhin bei Kātib Čelebi auf offene Ohren gestoßen zu sein.[119] Jedenfalls hat auch er den Entschluß gefaßt, seine Kenntnisse anderen zugänglich zu machen und dadurch den von ihm erkannten Übelständen abzuhelfen.

Seit Platon kennt die Philosophie die Idealvorstellung vom Philosophen als Herrscher. Sie ist ausgedrückt in Platons Gleichnis vom Steuermann, mit dem er verdeutlicht, daß ein Herrscher seine Aufgabe nur dann gut erfüllen kann, wenn er außer über die Macht auch über eine ganze Reihe von speziellen Kenntnissen verfügt. Der Gedanke Platons, daß im vollkommenen Staat die Philosophen herrschen sollten, hat auch in das muslimische Schrifttum Eingang gefunden.[120] Kātib Čelebi hat das Gleichnis wohl nicht gekannt, doch es hätte sicher seinen Vorstellungen entsprochen. Auch wenn er Kemānkeš Qara Muṣṭafā Paša als den vollendeten Großwesir preist, obwohl dieser weder lesen und schreiben konnte, scheint er doch im allgemeinen der Ansicht gewesen zu sein, daß bestimmte Kenntnisse unabdingbar waren, um das Osmanische Reich vor dem weiteren Verfall zu bewahren.

Hier liegt das zweite Motiv — neben dem allgemeineren, das im vierten Abschnitt behandelt wurde —, das Kātib Čelebi zur Abfassung von etlichen

[117] ǦD 90ff. Allein der Raum, den Kātib Čelebi der Erörterung widmet, ist ein Zeichen für die Wichtigkeit, die er dem Thema beimißt.
[118] Rosenthal 1970. 248ff.
[119] ǦD 67, Atlas Minor 190. Vergleichbare Gedanken gibt es natürlich auch unter den Muslimen (cf. Jwaideh 1959. 3 zu Yāqūts Ausführungen).
[120] Rosenthal 1970. 328f.

Werken veranlaßt hatte. In *İršādu l-ḥayārā* hat er ausdrücklich gesagt, zu welchem Zweck das durch diese Schrift vermittelte Wissen dienen sollte: "Ich war bestrebt, die Könige aller Gruppen der Christen und die Sitten und schlimmen Bräuche einer jeden davon in diesem Buch zu verzeichnen, damit die Muslime nicht über die Verhältnisse dieser Leute des Höllenfeuers völlig unkundig und über die Dinge bei den Glaubensfeinden in ihrer Nachbarschaft ohne Verständnis und unwissend seien, sondern aus dem Schlaf der Nachlässigkeit erwachten. Denn diese Verfluchten haben zuvor dank dieser Nachlässigkeit etliche Länder den Muslimen weggenommen und islamisches Land zum Gebiet des Unglaubens geschlagen".[121] Ganz ähnlich lautet die Begründung für die Abfassung von *Tuḥfetü l-kibār*. Es sei geschrieben, da im Zuge der Eroberung Kretas "zu Wasser und zu Lande etliche Vorfälle geschahen, und (dabei) gewisse mangelhafte Dinge und unzureichende Maßnahmen zu Übeltaten der elenden Ungläubigen führten und diese schon siegreich schienen".[122] Kātib Čelebi wollte die Muslime stärken, indem er ihnen wichtige und nützliche Kenntnisse vermittelte.

Auch *Düstūru l-ᶜamel* und *Mīzānu l-ḥaqq* gehören in dieselbe Reihe. Dies ist insofern einzuschränken, als *Düstūru l-ᶜamel* nicht durch Kātib Čelebis Initiative, sondern durch einen "amtlichen" Auftrag entstand, zudem lange nicht veröffentlicht wurde, sondern in der Schublade liegen blieb. *Mīzānu l-ḥaqq* dagegen führt weniger neues Wissen in den religiösen Kampf der Zeit ein als vielmehr neue Argumente und eine differenziertere Sichtweise der Genese des Konflikts. Gemeinsam bleibt diesen vier Schriften, daß sie die politisch Handelnden unmittelbar zu beeinflussen suchen, indem sie ihnen notwendige Kenntnisse zugänglich machen.

Zu solchen Kenntnissen gehört auch die Geographie. Daher ist das *Ǧihānnümā* das Werk, in dem sich die beiden Motive überschneiden: Es dient einerseits als enzyklopädisches Werk der Gelehrsamkeit, will aber andererseits in besonderem Maße Wissen vermitteln, dessen der Steuermann des Staatsschiffes dringend bedarf. Die Formulierung dieser Notwendigkeit hat Kātib Čelebi bei Mercator gefunden: "Wenn ein Herr eines großen Hauses innerhalb seines Palastes alle Gebäude und Kammern und den Stall und die Küche und die Schatzkammer und die Fenster und (überhaupt) alles kennt, doch nicht weiß, in welchem Teil und welchem Viertel der Stadt sein Palast gelegen ist, so wird er, wenn in der Stadt Unruhen oder ein Brand ausbrechen, die Nähe oder Entfernung zu seinem Haus nicht kennen und in den Maßnahmen (zum Schutz) des Seinigen fehlen".[123] Bei Mercator ist dieser Gedanke durchaus zweitrangig. Weder dürfte er für die Abfassung des Atlas ausschlaggebend gewesen sein,

[121] *İršādu l-ḥayārā* 3r.
[122] *Tuḥfetü l-kibār* 2.
[123] ǦD 17.

noch ist er im Text im einzelnen berücksichtigt. Letzteres gilt auch für das *Ǧihānnümā*. Wir werden noch sehen, wie systematisch Kātib Čelebi vermieden hat, von politischen Grenzen zu sprechen. Damit ist der politisch-strategische Nutzen des Werkes in der Praxis stark eingeschränkt. Hier kommt es jedoch darauf an, daß Kātib Čelebi selbst das Motiv in der Theorie stark betont hat: "In der Zivilisation und Gesellschaft der Menschen ist die Geographie eine der überaus nützlichen Wissenschaften. Sie zu beherrschen ist für die Notabeln des Staates und die Funktionäre der Regierung von besonderer Wichtigkeit".[124] In einem aus dem Atlas Minor übersetzten Abschnitt ist dieser letzte Satz ein bezeichnender Zusatz Kātib Čelebis. In *Tuḥfetü l-kibār* ist dasselbe Argument nochmals ausgeführt: "Es soll nicht verborgen bleiben, daß zu dem, dessen die Leiter des Staates bedürfen, die Wissenschaft der Geographie gehört. Wem es nicht vergönnt ist, die Situation des ganzen Erdballs zu kennen, der soll wenigstens die Karte des Osmanischen Reiches und die Darstellung der ringsum angrenzenden Länder kennen, damit, wenn irgendwohin ein Feldzug oder die Entsendung von Soldaten erforderlich wird, demgemäß verfahren wird. Damit ist es leicht, in Feindesland einzufallen und die (eigenen) Grenzen zu schützen und zu bewahren".[125] Tatsächlich zog Kātib Čelebi ein geographisches Werk, wohl den Atlas Minor, heran, um die eminente strategische Bedeutung der Insel Kreta zu demonstrieren.[126]

In Kātib Čelebis Weltbild erscheint die Verbreitung von Information, "Aufklärung", als eine Art von universalem Heilmittel gegen die Mißstände seiner Zeit. In der Forschung hat der Versuch Schulzes beträchtliches Aufsehen erregt, die Aufklärung nicht als ein spezifisch europäisches Phänomen, sondern als Teil eines welthistorischen Prozesses zu sehen und sie demgemäß auch in der islamischen Welt nachzuweisen.[127] Es erscheint daher sinnvoll, an dieser Stelle in Form eines Exkurses auf Schulzes Thesen einzugehen. Daß Schulze sich dabei auf das 18. Jhdt. bezieht, soll dabei das geringste Problem sein, denn auch die europäische Aufklärung hatte ihre Wurzeln im 17. Jhdt., ja alles, was sie popularisierte, ist im 17. Jhdt. gedacht und geschrieben worden.[128]

Wohl ist Schulze zuzustimmen, wenn er für das 18. Jhdt. ein beträchtliches Forschungsdefizit konstatiert. Und natürlich ist es legitim, bei der Aufarbeitung dieses Defizits auf die Prozesse der autochthonen Erneuerung besonderes Augenmerk zu richten und zu überprüfen, ob sich die "Weltsystemtheorie", die wesentlich an Wallerstein orientiert ist, daran bestätigen läßt. Umgekehrt aber zu postulieren, daß das 18. Jhdt. nur dann verständlich werde, wenn sich die "Universalien" einer aller europaspezifischer Charakteristika entkleideten Aufklärung darin nachweisen ließen (Schulze 1990. 155), also wenn es sich in die verabsolutierte Theorie fügt,

---

[124] ǦD 16, cf. Atlas Minor 2.

[125] *Tuḥfetü l-kibār* 3, engl.Übersetzung Itzkowitz 1972. 106 und Birnbaum 1994a. 140.

[126] *Tuḥfetü l-kibār* 134.

[127] Schulze 1990.

[128] Mann 1960-64. 351 nach Paul Hazard, La Crise de la Conscience Européenne.

kann nur zu verzerrten Ergebnissen führen. Kriterien für einen universellen Prozeß der Aufklärung sollten zunächst allgemein auf einer möglichst breiten Basis historischer Kenntnisse erarbeitet werden. Die vier von Schulze ausgewählten Komplexe sind aber lediglich solche, die geeignet sind, seine These bezüglich der islamischen Welt zu unterstützen. Die Überprüfung, wie weit diese tatsächlich für das 18. Jhdt. charakteristisch sind, steht teils noch aus: So ist die "querelle des anciens et des modernes" schon durch das ganze europäische Mittelalter zu verfolgen (Schulze 1990. 157, cf. aber Le Goff 1977. 56-61). Ob Aufklärung tatsächlich nur in einer spezifischen Verbindung von monistischer Mystik und Rationalität denkbar ist (Schulze 155), will ich dahingestellt lassen. Doch Radtke hat eindringlich dargelegt, daß der "Neosufismus", den Schulze in der Folge als Beweis für seine These heranzieht, dazu durchaus nicht taugt (Radtke 1994). Andererseits hat Schulze den nötigen sozialen und politischen Nährboden, den eine Aufklärung benötigt, sofern sie den Namen verdienen soll, nur oberflächlich angesprochen (cf. Peters 1990. 162). Nicht erwähnt ist dabei aber die zentrale Bedeutung der Öffentlichkeit, die durch rasche und intensive Zirkulation von Ideen und Erkenntnissen geprägt wird.
Wenn wir nun trotz dieser Vorbehalte versuchen, Schulzes Kriterien auf Kātib Čelebi anzuwenden, so sehen wir sofort, daß er sich diesen nicht fügt. Zwar finden wir in Ansätzen eine verstärkt anthropozentrische Weltsicht (cf. seine Ausführung in *Mīzānu l-ḥaqq* 152 und *Taqvīmü t-tevārīḫ* 247, die eine menschengerechte Ordnung der perfekten Verwirklichung der šarīʿa vorziehen), doch werden wir noch zu zeigen haben, wie sehr die tieferen Schichten theozentrisch bestimmt sind (cf. Kap. VIII, Abschn. 8-9). Dabei wird auch deutlich werden, daß Kātib Čelebi in keiner Weise zukunftsorientiert denkt, vielmehr die Rückkehr zu Gesetz und Herkommen der Alten (*qānūn-ı qadīm*) für ihn zentrale Bedeutung hat. Am Fortschrittsglauben der Aufklärung hat er keinen Anteil. Doch selbst wenn es gelungen wäre, Kātib Čelebi für eine Parallele zur europäischen Aufklärung in Anspruch zu nehmen, wäre damit wohl eher Schulzes Gegnern gedient, die sich bemühten nachzuweisen, daß die angeblich neuen Gedanken des 18. Jhdts. schon viel früher gedacht wurden (Schulze 1990. 153). Anders als Schulze halte ich dies für ein sehr legitimes Bestreben, denn das Ziel ist eben die "Lesbarkeit der Bilder" des 18. Jhdts. und das Verständnis der autochthonen Entwicklung, die von Schulze eingeklagt werden.

Schulzes Ansatz ist demnach für unser Bestreben, Kātib Čelebi in seinen Traditionen und in seiner Zeit zu verstehen, ohne Belang.[129] So groß die Versuchung ist, Parallelen zur europäischen Aufklärung zu ziehen, zumal in dieser die Enzyklopädien eine so bedeutende Rolle spielen, wird der Begriff hier lediglich aufgrund der semantischen Übereinstimmung benutzt. Gerade Kātib Čelebis enzyklopädische Werke demonstrieren nur zu deutlich, daß Wissen für ihn nicht ein "subjektiver, rationaler Prozeß" des "kreativen Denkens", sondern "exogen" ist.[130]

Dieses Wissen war weit überwiegend Buchwissen. In der Geographie ist dies nur zu verständlich: Jeder Geograph muß, wo seine eigene Erfahrung nicht ausreicht, den Mangel durch die Heranziehung von geeigneten Quellen ausglei

[129] Zu einer heftigen Kritik an Schulze cf. auch Nagel 1996. 94.
[130] Schulze 1990. 157f.

chen. Kātib Čelebi selbst bevorzugte explizit die Kenntnis von Karten und Büchern gegenüber dem persönlichen Augenschein.[131] Wie manchen anderen Werken des Reformschrifttums, haftet diese Buchgelehrtheit auch *Düstūru l-ʿamel* an. Zwar hatte Kātib Čelebi — wie andere Autoren des Genres auch — unbestritten umfassende praktische Kenntnisse in Finanzdingen, auf die er sich auch beruft,[132] und auch die aus der Analyse abgeleiteten Ratschläge sind sehr konkret. Doch mehr gelehrt als praktisch ist das dahinter sich abzeichnende Konzept, daß politische Entscheidungen nur zwischen "richtigen" und "falschen" Maßnahmen getroffen würden. Eine so verstandene Politk könnte nur auf von außen herantretende Entwicklungen reagieren, nicht aber von sich aus aktiv werden. Sie wäre ihrem Wesen nach auf die Bewahrung des Bestehenden ausgerichtet. In der Tat ist das durchgehende Rezept, das die Gelehrsamkeit empfiehlt, die Rückkehr zum Alten und Bewährten.[133] Die Frage der Durchsetzbarkeit im Konflikt divergierender Interessen, das eigentlich Politische, wird nicht gestellt.

In welcher Form die im *Ǧihānnümā* zusammengetragenen Kenntnisse im Einzelfall umzusetzen seien, führt Kātib Čelebi nirgends im einzelnen aus. Ebenso sind die explizit als nützliches Wissen gedachten Informationen in *İršādu l-ḥayārā* nicht unmittelbar zu gebrauchen. Buchwissen sind schließlich auch die Kenntnisse der Geschichte, die traditionell als erforderlich für die erfolgreiche Bewältigung der Gegenwart, insbesondere in der Sphäre der Politik, gelten.[134] Diese Auffassung von Geschichte als Quelle von *naṣīḥat* zieht sich von Ṭašköprüzāde über Muṣṭafā ʿĀlī bis zu Naʿīmā und Müneǧǧimbašı.[135] Kātib Čelebi selbst hat diese Auffassung in der *Feẕleke* nicht theoretisch ausgeführt.[136] Doch wo er politische oder militärische Maßnahmen kritisiert, merkt er mehrfach an, die Fehler hätten vermieden werden können, wenn der Verantwortliche die Geschichtsbücher studiert hätte.[137] Auch Birgili Meḥmed Efendi, der geistige Ahnherr der Qāḍīzāde-Bewegung, muß sich diesen Vorwurf gefallen lassen. Denn wenn er in der Geschichte bewandert gewesen wäre, so die Implikation, hätte er nicht Forderungen an die Gläubigen gestellt, die durchzusetzen auf

---

[131] ĞD 1, *Tuḥfetü l-kibār* 3.

[132] *Düstūrü l-ʿamel* 121.

[133] Dies gilt für die Ratschläge in *Düstūru l-ʿamel* ebenso wie für die in *Tuḥfetü l-kibār*. Ein gutes Beispiel sind die Empfehlungen in *Tuḥfetü l-kibār*150f.: *qānūn üzere deryā ğengi niğe olur*. Zur Auffassung von *qānūn* cf. Kap. VIII, Abschn. 9. Kātib Čelebis Beschreibung der Schiffstypen spart die reinen Segelschiffe aus, die in Europa aufgekommen waren, und langsam auch in der türkischen Flotte Verwendung fanden (*Tuḥfetü l-kibār*152ff.). Dabei waren es genau diese Schiffe, die einen entscheidenden Fortschritt bildeten und den herkömmlichen Galeeren weit überlegen waren (Vaughan 1954. 237ff.).

[134] Cf. *Kašf aẓ-ẓunūn* 271 s.v. ʿilm at-taʾrīḫ nach *Miftāḥ as-saʿāda*.

[135] Zu Naʿīmā cf. Thomas 1972. 89f., 110f. et pass., zu den übrigen Arıkan 1990. 81f.

[136] *Faḏlakat aqwāl al-aḫyār* enthält einen Abschnitt zum Thema (Türek 1957. 13).

[137] *Feẕleke* II, 4f., 118f., 130.

grund des Wesens und der Gewohnheiten der Menschen allenfalls unter großer Unruhe möglich gewesen wäre.[138] Konsequent empfiehlt Kātib Čelebi im Schlußwort von *Mīzānu l-ḥaqq* dem Sultan, seinen Vorfahren gleich die Geschichtsbücher zu studieren.[139] Schließlich beruht auch seine eigene Autorität als Ratgeber nicht zuletzt auf seiner Kenntnis der Geschichtsbücher.[140]

Unter dem Aspekt der *naṣīḥat* kommt dem historischen Teil von *Tuḥfetü l-kibār* dieselbe Bedeutung zu wie dem praktischen über den Schiffbau oder die Taktik der Seeschlacht. Zwischen technologischen und wissenschaftlich-theoretischen Kenntnissen macht Kātib Čelebi keinen Unterschied, wenn er die Überlegenheit Europas betrachtet: "Und als ausreichenden Beweis für die Notwendigkeit dieser Wissenschaft (scil. der Geographie) genügt es, daß die elenden Ungläubigen durch ihren Eifer in diesen Wissenschaften und ihre Wertschätzung für sie die Neue Welt entdeckten und die Häfen von Sind und Hind besetzten. Sogar ein gottverlassenes Volk wie die Venezianer, die unter den Herrschern der Ungläubigen nur den Rang eines Herzogtums einnehmen[141] und als "Fischer" verschrien sind, drang bis in die osmanischen Meerengen ein und trat dem ruhmreichen, Ost und West regierenden Herrscherhaus entgegen".[142] Dem Buchwissen haftete ganz offenbar nicht der Ruch der Praxisferne an, der heute mit diesem Ausdruck assoziiert wird. Vielmehr konnte sich auch Kātib Čelebi, von dem nicht bekannt ist, daß er je zur See gefahren wäre, durch seine theoretischen Kenntnisse einen Ruf als Experte erwerben.[143]

Damit wird nochmals der exogene Charakter des Wissens augenfällig. Wenn wir aber Kātib Čelebi nicht für eine Aufklärung im europäischen oder im universalen Sinne in Anspruch nehmen können, so ist doch ein gewissen "aufklärerischer" Impetus nicht zu übersehen. Dieser betrifft nicht seine Denkweise, sondern sein Ethos, sein Bestreben, die erworbenen Erkenntnisse zu verbreiten, und zwar nicht zur Erbauung oder zum Vergnügen einer kleinen Schar von Kennern, sondern in der Elite des Reiches zum Nutzen und zur Wohlfahrt des Ganzen.

---

[138] *Mīzānu l-ḥaqq* 123f.

[139] *Mīzānu l-ḥaqq* 148.

[140] Darauf beruft er sich in der Einleitung zu *Düstūru l-ʿamel* (121), so akzeptierte ihn aber auch ʿAbdürraḥīm Efendi (cf. Kap. I, Abschn. 8).

[141] In der Rangfolge der christlichen Herrscher nahm der *duqa* in *İršādu l-ḥayārā* 7v den Rang zwischen König (*qıral*) und Graf (*qomes*) ein.

[142] *Tuḥfetü l-kibār* 3.

[143] Zu Kātib Čelebis Rolle als Deuter politischer Ereignisse auf der Basis seiner historischen Kenntnisse cf. Kap. I, Abschn. 8.

7. Ebū Bekr b. Behrām ed-Dimišqī

War in den bisherigen Abschnitten von den Intentionen Kātib Čelebis gegenüber seinen Lesern die Rede, so soll in den folgenden von der Aufnahme des Werkes durch die Leser betrachtet werden. Als Indikator bietet sich zum einen die Verbreitung von Handschriften an, zum anderen Zahl und Art späterer Bearbeitungen und Fortsetzungen oder anderer Bezugnahmen in Nachfolgewerken. Beide Indikatoren sind nur bedingt zuverlässig. In der Erfassung der Handschriften bestehen bezüglich Entstehungsort und -zeit viele Unsicherheiten. Da in der Forschung lange Zeit die Meinung herrschte, die Zeit der selbständigen wissenschaftlichen Geographie der Osmanen sei mit Kātib Čelebi abgeschlossen, sind die späteren Werke kaum erschlossen. Die folgenden Überlegungen müssen sich fast ausschließlich auf die karge Sekundärliteratur stützen.

In der Rezeption des *Ǧihānnümā* spielt zunächst Ebū Bekr b. Behrām ed-Dimišqī eine wichtige Rolle. Er stammte aus Damaskus und wirkte in Istanbul als *müderris* an verschiedenen Schulen, zuletzt an der Süleymānīye. Er gehörte zu dem gelehrten Zirkel um den mehrfachen *qāḍī'asker* Meḥmed ʿİzzetī Efendi, den Neffen des herausragenden *šeyḫülislām* Zekeriyāzāde Yaḥyā Efendi. Zu diesem Kreis hatte auch Kātib Čelebi gehört, doch wissen wir nicht, wann Ebū Bekr dazustieß, und ob er ihn noch selbst gekannt hat.[144] Ebū Bekr wurde von Köprülüzāde Fāżıl Aḥmed Paša und dessen Günstling Merzifonlu Qara Muṣṭafā Paša protegiert. Er wurde 1690 *qāḍī* von Aleppo und starb dort, kurz nachdem er von diesem Posten abgelöst worden war, im Jahre 1691.[145]

Ebū Bekr verdankt seinen heutigen Ruhm vor allem der großen Übersetzung des Atlas Maior von Willem Jansszon Blaeu, den der niederländische Gesandte Colier 1668 dem Sultan zum Geschenk gemacht hatte.[146] Sie ist auf die Initative der beiden genannten Protektoren hin in den Jahren 1675-1685 entstanden.[147] Erst durch detailliertere Untersuchung könnte festgestellt werden, wie die im Umfang stark schwankenden Fassungen dieser Übersetzung und Bearbeitung untereinander zusammenhängen. In Istanbul ist eine neunbändige Prachtausgabe vorhanden, während die sechsbändige Ausgabe i.a. als die eigentliche Übersetzung gilt.[148] In der Einleitung derselben sagt Ebū Bekr, die sechsbändige Ausgabe sei dem Sultan vorgelegt worden, und er habe danach selbst eine zweibändige Kurzfassung hergestellt.[149] In dieser ist jedoch das osmanische

[144] Wurm 1971. 70. Das Problem des Zusammentreffens hat sich Wurm offenbar nicht gestellt.

[145] İhsanoğlu 1992. 739.

[146] Taeschner 1926. 106f.

[147] Wie weit Meḥmed IV., dem die Übersetzung präsentiert wurde, selbst an der Initiative Anteil hatte, ist nicht festzustellen. Die Geschichte ist ausführlich dargestellt bei Wurm 1971. 39-46.

[148] G. J. Halasi-Kun 1986. 53. Die neunbändige Ausgabe der Topkapı-Bibliothek enthält, wie Koeman verglichen hat, nur 246 Karten im Vergleich zu 593 im Original (1968. 71).

[149] Kahle 1940. 312, der einen Band mit der Beschreibung Afrikas und Asiens in der Chester Beatty Library benutzte. Es scheint, als gehöre die Handschrift in Bologna (Biblioteca Universi-

Reich ausführlicher behandelt als in der eigentlichen Übersetzung.[150] Daneben ist auch eine vierbändige Fassung und eine einbändige sowie eine arabische Fassung vorhanden. Fragmente der Übersetzung finden sich in weiteren Istanbuler Bibliotheken.[151] Darüberhinaus scheinen eine fragmentarische Beschreibung Rußlands, Ungarns und einiger anderer Teile Europas, die in einer Berliner Handschrift vorliegt,[152] eine Beschreibung der Walachei, der Moldau und der Krim in Wien[153] sowie eine Beschreibung Ungarns und Deutschlands, die in Dresden aufbewahrt wird, zu Ebū Bekrs Übersetzungswerk zu gehören. Letztere wurde im Auftrag von Qara Muṣṭafā Paša während der Vorbereitung des Feldzugs gegen Wien 1683 in Auftrag gegeben.[154] Sie ist damit das erste osmanische geographische Werk, das eindeutig zu politisch-militärischen Zwecken geschrieben wurde.

Aus einem Werk aus Ebū Bekrs Feder ergänzte İbrāhīm Müteferriqa das *Ǧihānnümā* für seine Druckausgabe 1732. Die so hinzugefügten Teile sind, in anderer Reihenfolge, in einer anonymen und unbetitelten Londoner Handschrift enthalten, die von Rieu als *Ǧihānnümā*, von Sarıcaoğlu als *Ǧihānnümā ẕeyli* bezeichnet wird.[155] Sie behandelt im wesentlichen die asiatischen Provinzen des osmanischen Reiches. Gleichzeitig kennen wir von Ebū Bekr eine Beschreibung des gesamten Reiches, betitelt "*El-fetḥü r-raḥmānī fī ṭarz-i devlet-i ᶜOs̱mānī*", die offenbar nur in einer einzigen Handschrift erhalten ist. Das erste Drittel dieses Werkes ist den Institutionen des Osmanischen Reiches, besonders dem Militär gewidmet, der Rest einer detaillierten Beschreibung der osmanischen Provinzen.[156] In den parallelen Teilen verhält sich dieser Text zum vorhergenannten wie ein *muḫtaṣar* zur Vollfassung. Trotz der unterschiedlichen Ausführlichkeit stimmen immer wieder ganze Sätze oder Absätze wortwörtlich überein. Ich will nicht annehmen, Ebū Bekr habe einerseits eine detaillierte Beschreibung

---

taria Bologna, Mss. Marsili Turco 3620 und 3608), die in einen Text- und einen Kartenband geteilt ist, nicht zur selben Redaktion (cf. Wurm 1971. 48, 172).

[150] Sarıcaoğlu 1991. 130.

[151] G. J. Halasi-Kun 1986. 53f. meistenteils nach Adnan-Adıvar 1982. 153-56. Zur arabischen Fassung (Köprülü 176) Taeschner in einem Brief an L. Fekete, zit. in Heywood 1992-93. 269. Koeman fand in der Topkapı-Bibliothek zwei einbändige Versionen mit 44 bzw. 47 Karten, dazu eine weitere mit nur einer Karte sowie den 2. Teil einer zweibändigen Ausgabe mit 8 Karten (1968. 72).

[152] Berlin, Staatsbibliothek, Ms. or. fol. 4062, Beschreibung bei Flemming 1968. 251-54, Nr. 317.

[153] ÖNB, H.O. 231, Flügel 1865-67. II, 435, Nr. 1283. Flügels hypothetische Zuschreibung an Ebū Bekr ist von Taeschner 1926. 108, Adnan-Adıvar 1982. 156 und Sarıcaoğlu 1995. 130 mit zunehmender Sicherheit übernommen worden.

[154] Taeschner 1926. 107.

[155] British Museum Or. 1030, cf. Rieu, Catalogue, zit. n. Taeschner 1926. 105, Sarıcaoğlu 1995. 53f.

[156] Dorogı/Hazai 1990. Ich danke Herrn Prof. Dr. Hazai, der auch eine Edition dieses Textes vorbereitet, daß er mich in sein Material Einsicht nehmen ließ.

der asiatischen Hälfte des Reiches verfaßt, um das *Ğihānnümā* zu ergänzen,[157] andererseits aber von demselben Material für eine Beschreibung des ganzen Reiches nur einen kleinen Teil gebraucht. Stattdessen neige ich zu der Hypothese, er habe eine ausführliche Beschreibung des ganzen Reiches geschrieben, die nicht erhalten ist, wenn sie denn außerhalb der Bearbeitung des Atlas Maior existiert hat. Taeschners Formulierung, "die Fortsetzung des *Ğihānnümā*" sei in den Text der zweibändigen Bearbeitung des Atlas Maior "hineingearbeitet", läßt vermuten, der Textbestand beider sei in diesen Teilen identisch.[158] Von dieser Beschreibung hätten wir einerseits eine gekürzte Bearbeitung von der Hand des Autors in Form von *El-fetḥü r-raḥmānī*, andererseits die Auszüge, die İbrāhīm Müteferriqa dem *Ğihānnümā* beigab. Auch dessen Formulierung geht m.E. eindeutig hervor, daß er einen größeren Text vor sich hatte, aus dem er auswählte, und nicht eine bereits auf das *Ğihānnümā* zugeschnittene Ergänzung.[159] Die Londoner Handschrift — wenn sie nicht direkt mit İbrāhīm Müteferriqas Entlehnungen zusammenhängt — wäre dann vielleicht der Versuch eines Unbekannten, sein Exemplar der zweiten Fassung des *Ğihānnümā* nach Art der Druckausgabe zu vervollständigen, ohne dabei, wie İbrāhīm Müteferriqa, die Reihenfolge der Vorlage zu ändern.[160]

Kahle, der Ebū Bekrs Werk wissenschaftlich beträchtlich höher ansetzte als das *Ğihānnümā*, gewann den Eindruck, Ebū Bekr habe sich Kātib Čelebis Werk zum Vorbild genommen.[161] Ich halte es jedoch für möglich, daß diese Übereinstimmung der beiden Werke ihren Grund nicht in der Nachahmung, sondern einfach in den gemeinsamen Wurzeln in der islamischen Geographie hatte. Es fallen jedoch auch Unterschiede auf. Im Gegensatz zu Kātib Čelebis außerhistorischer Darstellung ist Ebū Bekrs Ansatz — nach den Texten im *Ğihānnümā* und dem Berliner "*muḫtaṣar*" zu urteilen[162] — dezidiert gegenwartsbezogen. Das Gebiet des Reiches wird nach Provinzen gegliedert. Regelmäßig erhalten wir Zahlenangaben zum Truppenaufgebot der Provinz, zur Art der Verwaltung und Besteuerung. Darüberhinaus werden die Provinzen nicht als geographische

---

[157] Taeschner betrachtete diese Handschrift als eigenständiges Werk Ebū Bekrs und Fortsetzung der zweiten Fassung (Brief an L. Fekete, in Heywood 1992-93. 268). An anderer Stelle bezeichnet er sie dann gar als Komplement zu ersten Fassung (1935. 45).

[158] Brief an L. Fekete, in Heywood 1992-93. 268f.

[159] ĞD 422. Der gesamte Text, der in der Druckausgabe auf den Textbestand des Istanbuler Konzeptes folgt, ist als *tezyīlü ṭ-ṭābiʿ*, also als Zusatz Müteferriqas bezeichnet. Auch Adnan-Adıvar setzt voraus, daß die Ergänzung des *Ğihānnümā* aus der Bearbeitung der Übersetzung des Atlas Maior stammt (1982. 154f.).

[160] Auch Kahle, der diese Handschrift offenbar neben einem Exemplar der zweibändigen Fassung der Übersetzung des Atlas Maior eingesehen hat, bezeichnet sie als "Teil des Werkes Ebū Bekrs" (1940. 313).

[161] Kahle 1940. 314.

[162] Nach Fekete ist die Beschreibung Ungarns in der zweibändigen Bearbeitung (Köprülü 173) nicht nach Provinzen, sondern nach den Hauptstraßen angelegt (Brief an Taeschner, Heywood 1992-93. 272).

Einheit behandelt. Die eigentlich geographische Beschreibung ist — in islamischer Tradition — die Beschreibung der Städte. Hier finden wir annähernd dieselbe Mischung von Elementen wie in den Ortsbeschreibungen Meḥmed ᶜĀšıqs oder von Kātib Čelebis Gewährsleuten. Sie reichen vom Stadtbild mit seinen markanten Gebäuden und der umgebenden Landschaft über die landwirtschaftlichen Produkte (einschließlich kulinarischer Spezialitäten) bis zu den Heiligengräbern einer Region und den damit verbundenen Riten. An mirabilia religiöser, historischer oder naturgeschichtlicher Art fehlt es nicht. Der Quellenwert des Werkes, soweit es ins *Ǧihānnümā* eingegangen ist, ist seit dem 18. Jahrhundert allgemein anerkannt.[163] Der Stil ist mindestens so anspruchslos und schlicht wie der Kātib Čelebis im *Ǧihānnümā.*

Ebū Bekr ist in der Nachfolge Kātib Čelebis nicht zuletzt deshalb von Bedeutung, weil er dessen Werke als Quellen benutzt hat,[164] und auch darüber hinaus Zugang zu seinen Werken gehabt hat. Daß die Marginalien in einer sehr feinen, stark kursiven und charakteristischen Schrift, die das Wiener Konzept an vielen Stellen aufweist, von ihm stammen müssen, hat schon Taeschner geschlossen.[165] Solche Marginalien finden sich ebenfalls, wenn auch seltener, im Autograph der zweiten Fassung. Wir haben allen Grund zu der Annahme, daß Ebū Bekr beide Werke von seinem Gönner Meḥmed ᶜİzzetī erhielt, der als großer Bibliophile und Verehrer Kātib Čelebis diese und andere Handschriften aus dessen Nachlaß erwarb, darunter z.B. das Autograph von *Levāmiᶜu n-nūr.*[166] Es bleibt zu prüfen, ob es auch Spuren von Ebū Bekrs Lektüre trägt. Zweifelsfrei sind sie auf Kātib Čelebis Exemplar von *Tārīḫ-i Hind-i Ġarbī* zu identifizieren.[167] Ebū Bekr hatte außerdem nach eigenen Angaben das Autograph von *Faḏlakat aqwāl al-aḫyār* vor sich.[168] Im Artikel Erzurum, den er im Wiener Konzept festhielt, zitiert er *Nuzhatu l-qulūb*, ein *Kitāb al-aṭwāl* (eine Quelle von *Taqwīm al-buldān*), Ibn Saᶜīd sowie *Menāẓıru l-ᶜavālim.* Dazu kommt ein Muṣṭafā Čelebi, mit dem sicher Kātib Čelebi selbst gemeint ist.[169] Womöglich hatte

---

[163] Cf. die Stimmen bei Babinger 1919. 16. Manches Lob, das sich auf Ebū Bekrs Beschreibung Anatoliens bezieht, wird gerne auch für Kātib Čelebi in Anspruch genommen (z.B. Selen 1957. 121).

[164] Beispielsweise ist der Artikel Manisa ǦD 634f. vollständig aus WK 116v übernommen. Weitere Beispiele Sarıcaoğlu 1991. 135ff. und Kahle 1940. 321f., 325.

[165] Taeschner 1926. 104f.

[166] Heute Nuruosmaniye Nr. 1998, cf. Wurm 1971. 69.

[167] Heute Topkapı, Revan K. 1488. Es handelt sich um die Marginalien 66-68 und 80 in Goodrichs Übersetzung (1990. 363ff., 366f.). Ich bin Prof. Goodrich zu Dank verpflichtet, daß er mir seine Kopien der Handschrift zur Verfügung stellte. Über die Zuschreibung von Marginalien an Kātib Čelebi und Ebū Bekr habe ich 1994 auf dem 11. CIÉPO-Kongreß in Amsterdam berichtet. Dieser Beitrag soll 1997 in Güney-Doğu Avrupa Araştırmaları erscheinen.

[168] Heute Beyazıt Nr. 10318. Cf. Marginalie Ebū Bekrs IK 155r (nicht in ǦD 401).

[169] WK 159v. In den Artikeln über Malazgirt und Erzincan ist "Kātib Čelebi" angegeben. Sarıcaoğlu 1995. 20 schreibt diese Marginalien einem bislang unbekannten späteren Schreiber dieses Namens zu. Dem kann ich nicht folgen.

Ebū Bekr Notizen vor sich, Rohmaterial Kātib Čelebis, das nicht in das Wiener Konzept eingegangen und verloren ist. Ob die anderen Quellen in diesen Notizen zitiert sind, oder ob Ebū Bekr diese Werke — wiederum aus Kātib Čelebis Nachlaß — selbst benutzt hat, ist nicht zu sagen. *Menāẓıru l-ʿavālim* hat er jedenfalls auch an anderer Stelle benutzt.[170] Schließlich konsultierte Ebū Bekr neben dem Wiener Konzept auch andere Handschriften der ersten Fassung. Der Artikel Preveza im *sanǧaq* Qarlı Eli ist im Wiener Konzept von Ebū Bekrs Hand nachgetragen und stimmt im Wortlaut mit dem entsprechenden Artikel der zweiten Redaktion überein.[171]

Die erste Fassung des *Ǧihānnümā* muß noch während ihrer Entstehung auf beträchtliches Interesse gestoßen sein. Dies bezog sich vor allem auf die Beschreibung Rumeliens, die in allen Handschriften enthalten ist, während die übrigen Kapitel manchmal weggelassen wurden. Eine Abschrift wurde bereits angefertigt, als die Umarbeitung von der ersten zur zweiten Redaktion noch im Gange war: Dies war die Vorlage der Oxforder Handschrift.[172] Leider geht aus den vorliegenden Beschreibungen nicht hervor, welche der Istanbuler Handschriften diesen Textbestand aufweisen. Schwer vorstellbar, daß es sich bei einer so späten Handschrift um ein Unikat handelt. Auch die anderen Handschriften der ersten Fassung gehen letztlich auf Vorlagen zurück, die zu Kātib Čelebis Lebzeiten angefertigt worden sind, während von der dritten Redaktion und der Fortsetzung im Wiener Konzept keine Abschriften bekannt sind.[173]

Das Wiener Konzept gelangte, wie das Autograph der zweiten Fassung, nach Kātib Čelebis Tod an Ebū Bekr b. Behrām ed-Dimišqī. Wenn vom Wiener Konzept danach keine Abschriften mehr gemacht wurden, sollen wir dann annehmen, daß Ebū Bekr Kopien des Autographs der zweiten Fassung machen ließ? Immerhin war er selbst Autor oder Bearbeiter mehrerer geographischer Werke und hatte von Kātib Čelebis Tätigkeit in dieser Wissenschaft nicht die höchste Meinung,[174] sondern ließ dessen Werk allenfalls als Quellenmaterial für die eigenen Bemühungen gelten. Gleichzeitig sehen wir, wie Sultan Meḥmed IV., dem das *Ǧihānnümā* hätte gewidmet werden sollen, etwa zwanzig Jahre nach der ersten großen Adaption eines europäischen Atlas für osmanische Leser eine zweite Übersetzung in Auftrag gibt. Dies legt den Schluß nahe, wenn dem Sultan das *Ǧihānnümā* bekannt geworden sei, müsse er es wohl für unzureichend erachtet haben.[175] Es scheint mir daher plausibler anzunehmen, daß al

[170] Kreiser 1975. 264 zum Art. Edirne in *Terǧüme-i atlas-ı ǧoǧrafya-ı kebīr*, Köprülü Fazıl Ahmed Paşa Nr. 174.

[171] WK 93r, verglichen mit W und W 1.

[172] Cf. Kap. III und den Anhang zur Handschrift O.

[173] Weder bezüglich des *Ǧihānnümā* noch bezüglich anderer Werke kann ich Mantrans Behauptung gelten lassen, Kātib Čelebi sei von den Gelehrten seiner Zeit nicht gelitten gewesen und seine Werke hätten keinen Erfolg gehabt (Mantran 1988. 170).

[174] Zit. bei İhsanoğlu 1992. 740.

[175] Cf. İhsanoğlu 1992. 741.

le Handschriften, die den Text der zweiten Fassung mit Marginalien und Ergänzungen Ebū Bekrs enthalten, erst nach dessen Tod 1691 entstanden. Dies ist der weitaus größte Teil: Nur die Leidener Handschrift, die sicher vor 1665 entstand, sowie drei Istanbuler Handschriften von insgesamt 24 enthalten diese Ergänzungen nicht.[176]

Es zeigt sich also, daß etwa im ersten halben Jahrhundert nach Kātib Čelebis Tod das *Ǧihānnümā* nur eine Etappe in der Entwicklung der osmanischen Geographie sein sollte. Es schien, als sei es nur bestimmt, als Quelle für den auf breiterer Quellenbasis und in zeitgemäßerem Konzept angelegten Atlas Ebū Bekrs zu dienen und mehr oder weniger in diesem aufzugehen. Nur die erste Fassung fand davon unabhängig Verbreitung, doch werden wir sehen, daß sie zur Zeit İbrāhīm Müteferriqas offenbar weithin unbekannt war. İbrāhīm Müteferriqa sollte es sein, der dem *Ǧihānnümā* zu seinem andauernden Ruhm verhalf.

8. İBRĀHĪM MÜTEFERRİQA UND DAMADZĀDE AḤMED EFENDI

Das erste Drittel des 18. Jahrhunderts ist in der osmanischen Geschichte eine Zeit der Krisen. Aufstände im Inneren und Niederlagen nach außen wechseln sich ab, während der einzige militärische Sieg am Pruth ungenutzt bleibt.[177] Gleichzeitig ist dies eine Epoche von faszinierender intellektueller Regsamkeit. Nicht zuletzt die politische Schwäche hat fieberhafte Bemühungen ausgelöst, in der veränderten Welt die eigene Identität zu bestimmen und zu wahren. Politisch-militärische Reformversuche nach europäischen Vorbildern werden ergänzt durch einen kontinuierlich anschwellenden Strom wissenschaftlicher Literatur, die übersetzt und begierig aufgenommen wird. Parallel dazu sehen wir einen hochoffiziellen Versuch, sich der muslimischen Tradition und Identität zu versichern, indem man durch eine hochkarätig besetzte Kommission bedeutende Geschichtswerke übersetzen ließ.[178]

Erneut drängt sich die Bezeichnung "Aufklärung" für die geistige Strömung der Zeit auf.[179] Auf politischer Ebene war ihr wichtigster Repräsentant und Motor der Großwesir Nevšehrli Damad İbrāhīm Paša, der sich auf die Inhaber zahlreicher wichtiger Posten stützen konnte. Ebenso gab es in der *ʿilmīye* eine be

[176] Von diesen vier enden drei genau wie Kātib Čelebis Hand im Autograph. Eine endet noch früher, sodaß sie nicht ohne weiteres zu dieser Gruppe gerechnet werden kann (Ragıp Paşa Nr. 1061, cf. Anhang unter 2 F).

[177] Matuz 1985. 191-98.

[178] OT IV, i, 152-55.

[179] Ich halte es nicht für notwendig, in diesem Rahmen an dieser Epoche erneut Schulzes Ansatz zu überprüfen. Es ist zudem nur zu offensichtlich, daß in der osmanischen Kapitale erheblicher europäischer Einfluß wirksam war, wenn auch die intellektuelle Atmosphäre sicher nicht diesem allein zu danken war.

trächtliche Gruppe, die sich ähnliche Ziele zu eigen machte.[180] Die Tulpe ist zum Symbol der künstlerischen und gesellschaftlichen Tendenz der Zeit geworden. Im politisch-intellektuellen Leben ist der Dreh- und Angelpunkt die Einrichtung der ersten türkischen Druckerei.[181] Damit ist das Augenmerk auf die zweite zentrale Gestalt dieser "Aufklärung" neben Damad İbrāhīm Paša gerichtet, auf İbrāhīm Müteferriqa.

Er stammte aus einer unitarischen Familie aus Kluj, floh nach dem mißglückten Aufstand Imre Thökölys unter osmanischen Schutz und trat dort, offenbar mehr der Form halber als aus Überzeugung, zum Islam über. Seiner vielseitigen Begabung und Gelehrsamkeit, die ihn zu einem idealen Praktiker der Modernisierung machten, verdankte er seinen Aufstieg unter dem Schutz Damad İbrāhīm Pašas. Dabei kam ihm auch seine politische Wendigkeit zustatten, die manchmal an Skrupellosigkeit grenzte.[182] Alle diese Talente setzt er unermüdlich ein, um seine Wahlheimat aus der politischen Krise in eine sichere Zukunft steuern zu helfen. Hier ist das Wort Zukunft bewußt gebraucht, um zu verdeutlichen, daß es wirklich um die Schaffung von Neuem geht. İbrāhīms Reformschrift *Uṣūlu l-ḥikem fi niẓāmi l-ümem* analysiert die Gründe der türkischen Rückständigkeit noch teilweise in den Begriffen der Denkschriften des 17. Jhdts., etwa in der Abweichung von *qānūn* oder der allgegenwärtigen Bestechlichkeit. Doch er fordert gleichzeitig die Öffnung für moderne Wissenschaft sowie für neue Technologien und Institutionsformen. Hier ist der Ausdruck *niẓām-ı ǧedīd* erstmals belegt.[183] İbrāhīm übernahm mit der Zeit zahlreiche wichtige Aufgaben vor allem im Kontakt mit ausländischen Mächten. Seit 1719 befaßte er sich mit Plänen, in Istanbul eine türkische Druckerei zu gründen, deren erstes Werk dann 1729 erschien. Er starb 1745.[184]

---

[180] Dies ergibt sich aus den Namen derer, die der genannten Übersetzerkommission angehörten, sowie derer, die sich für die Einführung der Druckerei einsetzten (OT IV, i, 153, Selīm Nüzhet 1928. 45).

[181] Die wichtigste Quelle für die Geschichte der Druckerei sind die Dokumente und Berichte, die İbrāhīm Müteferriqa seinen Erzeugnissen immer wieder vorangestellt hat, sowie die von ihm publizierten Chroniken des Rāšid und Čelebizāde ʿĀṣim Efendi. Hierauf baut die weitere Literatur auf: Toderini 1787, III, Babinger 1919, Selīm Nüzhet 1928 (mit ausführlichen Zitaten von Dokumenten sowie Faksimiles; die Ausgabe Istanbul 1939 war mir nicht zugänglich). Demgegenüber bringt Žėltjakov 1972 keine nennenswerten Neuheiten. Die Darstellung von Gdoura 1985. 188-230 ist detailliert, krankt aber daran, daß fast keine türkische Literatur verwendet ist. Genaue Aufstellungen aller Drucke bringen Watson 1968 und Rohnström 1988.

[182] Von der nominellen Konversion abgesehen, war er nicht nur der Kontaktmann zwischen dem Hof und der ungarischen Emigrantenkolonie um Ferencz II. Rákóczi in Rodosto, sondern reichte Informationen über diese auch an die österreichische Krone weiter (cf. Kelemen Mikes 1978. 249, Anm. zu Brief Nr. 81/114). Vermutlich ist dies gemeint, wenn Babinger 1919. 10 "die sittliche Festigkeit Ibrahims als Vertrauensperson" in ein "etwas sonderbares Licht" gerückt sieht.

[183] Berkes 1962. 718. Das Werk erschien als 9. Produkt der Müteferriqa-Presse 1732 (Watson 1968. 439).

[184] EI 2 s.v. Ibrāhīm Müteferriḳa, İA s.v. İbrahim Müteferrika zur Laufbahn und Tätigkeit im Osmanischen Reich. Zum geistigen Hintergrund und zur Abstammung grundlegend Berkes 1962.

İbrāhīm Müteferriqa stand zu seiner Zeit mit seinen Reformideen keineswegs allein, sondern stieß offenbar in einflußreichen Kreisen der Bürokratie und der *ʿilmīye* auf Resonanz. In diesem intellektuellen Klima fanden auch Kātib Čelebis Werke nun größeren Anklang, wenn man dies aus der Tatsache folgern darf, daß ein beträchtlicher Teil der datierten *Ǧihānnümā*-Handschriften zwischen 1696 und 1738 entstanden ist.[185] İbrāhīm Müteferriqa trat in mancher Hinsicht in Kātib Čelebis Fußstapfen. 1726 hatte er zwei Traktate verfaßt, in denen er die politische Struktur und die militärische Stärke sowie die Seemacht der europäischen Staaten beschrieb. Er verfolgte damit dasselbe Ziel, das Kātib Čelebi mit *İršādu l-ḥayārā* angestrebt hatte, verfügte jedoch über die besseren Kenntnisse und Quellen.[186] Als zweites Werk seiner Druckerei brachte er Kātib Čelebis *Tuḥfetü l-kibār* heraus. In einer Vorrede würdigte er es nicht nur als historisches Werk, sondern auch als Anleitung für alle, die den Weg des *ǧihād* zu Wasser und zu Lande einschlügen und betont dabei auch die Bedeutung von Kātib Čelebis Verbesserungsvorschlägen für die Marine.[187] Vor allem aber gehörte İbrāhīms besonderes Interesse der Geographie.[188] Nicht nur, daß er sich selbst als İbrāhīmü l-Ǧoġrāfī bezeichnete,[189] seine Kenntnisse in dieser Wissenschaft befanden sich tatsächlich auf der Höhe seiner Zeit.[190] Aus seiner kartographischen Tätigkeit sind vier separat gedruckte Karten bekannt,[191] dazu eine Karte der asiatischen Hälfte des osmanischen Reiches, die in zwei handschriftlichen Exemplaren vorliegt.[192] Für ihn, den Praktiker, steht die politisch-strategische Nutzbarkeit geographischer Kenntnisse im Vordergrund.[193] Vielleicht hat ihn diese Übereinstimmung mit zur Publikation von *Tuḥfetü l-kibār* bewogen. Der Gedanke dieses praktischen Nutzens, zu Kātib Čelebis Zeiten noch neu, war mittlerweile weiter verbreitet. Mit ihm argumentierte auch der nach

---

Zu von İbrāhīm Müteferriqa verfaßten oder übersetzten Werken Ménage 1971. 428f., Adnan-Adıvar 1982. 167-74.

[185] Dies sind eine Handschrift der ersten Fassung, zwei der zweiten sowie vier aus beiden Fassungen kombinierte. Keine datierte ist älter, drei der ersten Fassung und eine kombinierte sind später geschrieben.

[186] Ménage 1971. 423-29.

[187] *Tuḥfetü l-kibār*, p. elif-ǧīm. İbrāhīm Müteferriqa mußte jedoch wissen, daß diese Vorschläge längst obsolet waren.

[188] Ménage 1971. 428 bezeichnet "printing and geography" als İbrāhīms "principal interests". Cf. auch Kračkovskij 1951.

[189] ĞD 3.

[190] Kračkovskij 1957. 638.

[191] Karamustafa 1992. 218. Eigene Karten der Adria, Ägäis und des Mittelmeeres sind den Ausgaben von *Tuḥfetü l-kibār* und dem *Ǧihānnümā* beigefügt. Eine Karte von Ägypten (nach J. Janssonius' Atlas Novus von 1650) findet sich in der Ausgaben von Süheylīs *Tārīḫ Miṣr* (Rohnström 1988. 137f. m. Abb.).

[192] Abb. Karamustafa 1992. 225.

[193] Cf. *Uṣūlu l-ḥikem fi niẓāmi l-ümem*, zit. n. Žëltjakov 1972. 28 und Gdoura 1985. 216 (nach einer handschriftlichen französischen Übersetzung).

malige *šeyḫülislām* Damadzāde Ebū l-Ḫayr Aḥmed Efendi, als er in einer privaten Unterhaltung mit İbrāhīm Müteferriqa diesem vorschlug, das *Ǧihānnümā* im Druck erscheinen zu lassen.[194]

Damadzāde Aḥmed Efendi stammte aus einer alten *ʿilmīye*-Familie. Sein *laqab* bezieht sich darauf, daß sein Vater der Schwiegersohn eines bedeutenden *šeyḫülislām* war. Er absolvierte eine reguläre Laufbahn, wurde *qāżīʿasker* von Anatolien, dreimal von Rumelien (zuletzt 1725) und schließlich 1732-1733 im Alter von fast 70 Jahren *šeyḫülislām*.[195] Damadzāde Aḥmed Efendi starb hochbetagt 1742.[196] Er gehörte zu jenen hochrangigen *ʿulemā*, die frühzeitig durch ihre Empfehlung die Einführung der Druckerei zu befördern gesucht hatten.[197] Nach der Darstellung İbrāhīm Müteferriqas war es Damadzāde Aḥmed Efendi, der nicht nur die Initiative zum Druck des *Ǧihānnümā* ergriff, sondern auch die Textgrundlage beschaffte, das Autograph der zweiten Fassung. Es ist sehr wahrscheinlich, daß er auch die Vorlage für den Druck von *Tārīḫ-i Hind-i Ġarbī* besorgte, da die zugrundegelegte Handschrift Revan 1488 ebenfalls durch Kātib Čelebis und Ebū Bekrs Hände gegangen ist. Das genannte Gespräch muß bereits vor 1730 stattgefunden haben, denn der in jenem Jahr erschienene Druck von *Tārīḫ-i Hind-i Ġarbī* ist bereits durch eine aus dem Autograph des *Ǧihānnümā* entlehnte Tabelle ergänzt.[198] Damadzāde Aḥmed Efendi begleitete auch darüberhinaus das Unternehmen Müteferriqas mit Beifall und Anregungen.[199] Die Druckausgabe des *Ǧihānnümā* soll er sehr wohlwollend aufgenommen haben. Von ihm ging auch die Idee aus, eine Serie osmanischer Historiker zu drucken. Die Chroniken Naʿīmās, Rāšids und Čelebizāde ʿĀṣims, die die Jahre 1000-1141 H. (1591-1729) umfassen, erschienen zwischen 1734 und 1741. Ihnen wurde quasi als Propädeutikum der Weltgeschichte eine Ausgabe von Kātib Čelebis *Taqvīmü t-tevārīḫ* vorausgeschickt, die im Juni 1733 die Presse verließ.[200] İbrāhīm Müteferriqa bezeichnete es selbst als geeignet, weil es die gesamte Weltgeschichte umfasse, und außerdem chronologische und methodologische Ausführungen enthalte.[201]

İbrāhīm Müteferriqa nimmt in seiner Einleitung zum *Ǧihānnümā* für sich in Anspruch, mit möglichst großer Treue zum Text des Autographs gearbeitet zu haben. Dies kann im allgemeinen bestätig werden. Natürlich sind in der Druckausgabe zahlreiche Punktierungsfehler unterlaufen.[202] Doch wichtig ist, daß İb

---

194 ǦD 2'f.

195 OT IV, ii, 469f.

196 OT IV, ii, 469.

197 Selīm Nüzhet 1928. 44f. führt einen Damadzāde auf, der sicher mit unserem identisch ist.

198 Eine Tabelle der Klimata nach Cluverius, IK 10r, ǦD nach p. 51, *Tārīḫ-i Hind-i Ġarbī* (Müteferriqa) nach p. 8, Goodrich 1990. 344 figure 103.

199 Cf. den Bericht İbrāhīm Müteferriqas im Vorwort zu *Taqvīmü t-tevārīḫ*.

200 Babinger 1919.16.

201 *Taqvīmü t-tevārīḫ* 3'-4'.

202 Z.B. wurde aus Kūh-ı Sīnā'ya Kuh-ı SYB'NH (ǦD 380).

rāhīm alle eigenen Kommentare und andere Ergänzungen als solche gekennzeichnet hat. Die ersteren beginnen jeweils mit *tezyīlü ṭ-ṭābi*[c] und enden mit *temme tezyīlü ṭ-ṭābi*[c]. Sie beziehen sich einesteils auf die Theorie der Geographie sowie auf die kosmographischen und astronomischen Fakten, die İbrāhīm vorsichtig auf den neueren Stand zu bringen suchte, indem er unter anderem eine der ersten Darstellungen des heliozentrischen Weltbildes in türkischer Sprache einfügte.[203] Nur ausnahmsweise fügt er in solchen Ergänzungen auch geographische Informationen an.[204] Andere dieser Kommentare beziehen sich auf den schwierigen Textbestand und İbrāhīms Vorgehen bei den Ergänzungen, die er aus einem Werk Ebū Bekr ed-Dimišqīs entnahm. Diese Ergänzungen selbst sind generell als *mülḥaqāt min kitāb Ebū Bekr Efendi* oder *lāḥiqa* kenntlich gemacht.[205] İbrāhīm hat zudem nicht nur nach der neuesten Literatur gearbeitet, sondern gelegentlich auch die von Kātib Čelebi benutzten Quellen erneut konsultiert.[206]

İbrāhīm Müteferriqa hat im allgemeinen die Korrekturen Kātib Čelebis, also Streichungen und mit *ṣaḥḥ* gezeichnete Zusätze, berücksichtigt und an der vorgesehenen Stelle eingefügt. Entgegen seiner Behauptung aber, auch die *minhiyāt* in den Text aufgenommen zu haben,[207] hat er solche Marginalien überwiegend weggelassen. Die plausibelste Erklärung dafür scheint mir zu sein, daß diese, wenn sie denn von İbrāhīm für notwendig für das Verständnis erachtet wurden, nicht sinnvoll in den Text zu integrieren waren, ohne dort den Kontext zu stören. Sie aber als Marginalien oder auch als Fußnoten zu drucken, war wohl technisch nicht möglich. Marginalien von der Hand Ebū Bekrs dagegen sind, ohne daß İbrāhīm erkannt hätte, von wem sie stammen, wie die Korrekturen Kātib Čelebis behandelt und in den Text aufgenommen.[208] Dies führt in den letzten Kapiteln, in denen in Kātib Čelebis Text seine eigenen und Ebū Bekrs Marginalien, *mülḥaqāt* und *tezyīlāt* eingefügt sind, zu beträchtlicher Verwirrung.[209]

İbrāhīm Müteferriqa hat schließlich auch in der Ausstattung des Werkes mit Karten größte Sorgfalt walten lassen. Von den 44 Karten und Schemata, die sich im Autograph des *Ğihānnümā* finden, sind immerhin 27 den entsprechenden Karten der Druckausgabe zugrundegelegt. Etliche der nicht berücksichtig

[203] ĞD 22-48, cf. İhsanoğlu 1992. 741-46.

[204] ĞD 405 zitert er aus einem Erkundungsbericht des Ḫumbarağı Meḥmed Aġa über Georgien von 1135.

[205] In einer dieser *lāḥiqāt* ist jedoch schon einmal das Datum 1135 H. zu finden, sodaß sie nur aus İbrāhīms Feder stammen kann (ĞD 402).

[206] ĞD 15 hat er die Gliederung der geographischen Wissenschaft, die Kātib Čelebi nach Cluverius dargelegt hatte, nach der Quelle präzisiert und korrigiert.

[207] ĞD 3'.

[208] Da diese Marginalien im Drucktext nicht zu erkennen sind, sind sie bei Papazjan als Text aus Kātib Čelebis Feder behandelt (z.B. Papazjan 1973. 103 zu *nehr-i Kurr*).

[209] Cf. ĞD 401-9, Sarıcaoğlu 1995. 28f.

ten basieren ihrerseits nicht auf Mercators Karten, sondern sind Skizzen von Kātib Čelebis Hand. Die Druckausgabe enthält bis zum Ende von Kātib Čelebis Text 49 Karten und Schemata. Neu sind vor allem solche, die astronomische Probleme veranschaulichen sollen, die aus *Tuḥfetü l-kibār* übernommenen Karten der Welt, des Mittelmeers und der Adria und eine Zentralasiens.[210]

Sowohl Damadzāde Aḥmed Efendi als auch İbrāhīm Müteferriqa waren bestrebt, das *Ǧihānnümā* als die Universalgeographie zu publizieren, als die es gedacht war. Im Schlußwort der Druckausgabe ist ein zweiter Band angekündigt, der die verbleibenden Erdteile Europa, Afrika und Amerika umfassen sollte.[211] Dieser Band ist nie zustandegekommen. In der Vorrede des nächsten gedruckten Werkes, *Taqvīmü t-tevārīḫ*, erschienen 1733, gab İbrāhīm Müteferriqa als Grund an, die Abfassung eines solchen Werkes erfordere zunächst allzuviel Aufwand an Zeit und Arbeit.[212] Sarıcaoğlu hat aus diesen und anderen vergleichbaren Äußerungen geschlossen, İbrāhīm Müteferriqa habe zwar das Autograph der ersten Fassung, nicht aber das Wiener Konzept vor Augen gehabt.[213] Es kann in der Tat als sicher gelten, daß İbrāhīm Müteferriqa diesen Text zugrundegelegt hätte, wenn er ihn gekannt hätte. Doch auch auf dieser Basis hätte der zweite Band sehr viel mehr Arbeit erfordert als der erste. İbrāhīm spricht ausdrücklich von mehreren Kladden (*müsveddāt*), die er von Damadzāde Aḥmed erhalten habe.[214] Schließlich weist Sarıcaoğlu selbst darauf hin, daß die Anordnung der Ergänzungen der Druckausgabe weitgehend derjenigen entspricht, die Kātib Čelebi in einer Notiz im Wiener Konzept festgelegt hatte.[215] Ich nehme daher an, daß auch das Wiener Konzept İbrāhīm Müteferriqa vorgelegen hat, und es erst später von den anderen Handschriften getrennt worden ist, die von Kātib Čelebi über Ebū Bekr an İbrāhīm gekommen waren.

Andererseits ergriff Damadzāde Aḥmed Efendi 1740 erneut die Initiative, indem er Aḥmed b. Müẕehhib Saʿīd, genannt Šehrīzāde, mit der Abfassung eines zweiten Teils beauftragte.[216] Das daraufhin entstandene *Ravżatu l-enfüs fī t-tārīḫ* blieb jedoch unvollendet und ist offenbar nur in einer Handschrift, vermutlich dem Autograph, erhalten.[217] Der Autor gibt an, der Auftrag sei an ihn ergangen, nachdem Damadzāde Aḥmed zuvor İbrāhīm Müteferriqa zur Abfassung

---

[210] Komplette Aufstellungen der Karten in Autograph und Druckausgabe im Anhang, mit Einschluß der Schemata bei Sarıcaoğlu 1995. 33-36. Cf. auch Kap. IX, Abschn. 4.
[211] ǦD 697f.
[212] *Taqvīmü t-tevārīḫ* 2'.
[213] Sarıcaoğlu 1991. 139.
[214] ǦD 3'.
[215] Sarıcaoğlu 1991. 141, WK 5r.
[216] Welche Beziehung zwischen diesem Autor und Meḥmed Saʿīd, gen. Šehrīzāde, besteht, der 1730-1768 lebte und als vielseitiger Autor mit Kātib Čelebi verglichen worden ist (cf. GOW 295-98), ist ungeklärt.
[217] Staatsbibliothek Berlin, Ms. or. fol. 3336, Flemming 1968. 260f., Nr. 327.

eines Zusatzbandes über Rumeli aufgefordert hatte. Die Beschränkung auf Rumeli läßt sofort an die erste Fassung des *Ǧihānnümā* denken, doch bleibt unklar, warum man sie ersetzen wollte. Šehrīzādes Werk ist jedenfalls ganz anders angelegt als das *Ǧihānnümā*. Nach einem historischen Überblick über Rumeli in der Einleitung beschreibt das erste Kapitel Istanbul mit seiner Geschichte, seinen Denkmälern und seinen Vororten. Insoweit überschneidet sich das Werk mit dem *Ǧihānnümā*. Doch die folgenden Kapitel, die teilweise nur in Stichworten vorhanden sind, behandeln nicht geographische, sondern politische Themen: Die wichtigsten Staatsämter der drei Funktionsbereiche sowie zahlreiche Insignien und Herrschaftssymbole. Es folgt ein Kapitel über die Geschichte der osmanischen Seemacht.[218]

Von einem weiteren Versuch, das *Ǧihānnümā* zu vervollständigen, berichtet Ignaz v. Stürmer in einem Brief an Toderini 1787. Eine von "İbrāhīm Efendi" übersetzte europäische Geographie mit vielen Karten sollte danach zum Druck gebracht werden, nach einer einzigartigen Handschrift.[219] Auch in diesem Fall ist nichts Näheres über die Grundlage bekannt.

Wenn wir an dieser Stelle auf die Grundfrage des Kapitels zurückkommen, wie nämlich das *Ǧihānnümā* vom Publikum aufgenommen worden sei, so müssen wir eine Frage aufwerfen, die bisher noch kaum gestellt worden ist. Was bewog Damadzāde Aḥmed Efendi und İbrāhīm Müteferriqa dazu, ausgerechnet das *Ǧihānnümā* im Druck zu vervielfältigen? İbrāhīm Müteferriqa hat in *Uṣūlu l-ḥikem fi niẓāmi l-ümem* besonders den praktischen Aspekt der Geographie hervorgehoben.[220] Neben der Kenntnis der Wege und Straßen ist dies besonders die politisch-strategische Nützlichkeit. Sicherlich, das Argument ist auch bei Kātib Čelebi zu finden. Doch sollte İbrāhīm Müteferriqa tatsächlich nicht bemerkt haben, wie wenig das *Ǧihānnümā* im Einzelnen dafür leisten konnte,[221] abgesehen von geographischer Allgemeinbildung, an der es osmanischen Würdenträgern noch im 19. Jhdt. gefehlt haben soll? Ebū Bekrs Geographie dagegen, die İbrāhīm Müteferriqa vorlag, war gegenwartsbezogen und daher für diese Ziele besser geeignet. Darüberhinaus hatte sie den unbestreitbaren Vorteil, daß sie vollständig war und auf Quellen basierte, die ein halbes Jahrhundert jünger waren als der Atlas Minor, eine beträchtliche Zeitspanne im Zeitalter der Entdeckungen. Dies alles konnte İbrāhīm Müteferriqa nicht entgangen sein. Ob er dagegen Kahles Meinung notwendig teilen mußte, daß Ebū Bekr Kātib Čelebi in wissenschaftlicher Methode und Auswahl der islamischen Quellen überlegen war,[222] kann dahingestellt bleiben. Es bleibt der Eindruck, daß nicht so sehr die

---

[218] Auch dies läßt wieder an Kātib Čelebi als Vorbild denken. Meine Inhaltsangabe folgt Flemming 1968. 260f.
[219] Babinger 1919. 23 Anm.
[220] Zit. in Gdoura 1985. 216.
[221] Dazu Kap. VIII.
[222] Kahle 1940. 321 anhand des Vergleiches der Kapitel über China.

wissenschaftliche Qualität für die Auswahl entscheidend war als einerseits der "aufklärerische" Impetus, den İbrāhīm Müteferriqa mit Kātib Čelebi teilt, und andererseits generell der Ruf, der wegen des ungeheuren Gesamtwerkes mit Kātib Čelebis Namen verbunden war.

Das *Ǧihānnümā* war, trotz des beachtlichen Preises, das begehrteste und bedeutendste Erzeugnis der Müteferriqa-Presse.[223] In einer Auflage von 500 Exemplaren gedruckt, war es bei weitem das bekannteste Werk der osmanischen Geographie und daher auch für spätere Autoren der obligatorische Bezugspunkt. Dabei darf nicht übersehen werden, daß das Werk ausgerechnet jenen Teil der Welt, auf den sich zunehmend auch im osmanischen Reich die Blicke richteten, darin nicht behandelt war: Europa. Immerhin hat Kātib Čelebis Übersetzung des Atlas Minor als einschlägige Informationsquelle gedient. Mit seiner Hilfe hat sich offenbar Yigirmisekiz Meḥmed Efendi auf seine berühmte Gesandtschaftsreise nach Paris im Jahre 1720-21 vorbereitet.[224]

Dennoch war das *Ǧihānnümā* mit der Druckausgabe endgültig zum "Hauptwerk der geographischen Literatur der Osmanen"[225] geworden. Es wurde auch schon von europäischen Zeitgenossen wie dem schwedischen Reisenden Johann Otter oder dem französischen Geographen Abbé Lenglet geschätzt.[226] Um diese Quelle einem größeren Publikum zugänglich zu machen, wurden mehrere Übersetzungen angefertigt, die jedoch ungedruckt blieben, wie die französische von Armain oder die lateinische einer Gruppe von österreichischen Gelehrten.[227] Übersetzungen in Auszügen haben Charmoy und Hammer-Purgstall veröffentlicht.[228] Die einzige Übersetzung in Buchform, Norbergs Gihan Numah. Geographia orientalis ex Turcico in Latinum versa (Londini Gothorum 1818) wird von Babinger zu Recht als unvollständig und schlecht abqualifiziert.[229]

---

[223] Toderini 1787. III, 130.

[224] *Paris Sefāretnāmesi* 49. Zur Reise allgemein cf. Unat 1968. 53-58.

[225] So Taeschner 1935.

[226] Babinger 1919. 16.

[227] Zu all diesen Übersetzungen GOW 200. Danach sind Teile der Armain'schen Übersetzung in Vivien de Saint Martins Histoire des découvertes géographiques III, 637ff. (Paris 1846) enthalten. Die Edition der Kapitel über Zentralasien, die J.-L. Bacqué-Grammont vorbereitet und in die er mich freundlicherweise Einblick nehmen ließ, wird neben einer neuen Übersetzung auch die entsprechenden Passagen von Armain enthalten.

[228] Charmoy in der Einleitung zu seiner Übersetzung des *Šerefnāme* (Chèref-Namèh, Petersburg 1868), Hammer in den Jahrbüchern der Literatur 13. 1821. 213-265, 14. 1822. 21-88. Diese letzteren Teile sind jedoch aus Ebū Bekrs Anhang entnommen. Seither ist - abgesehen von der erwähnten Übersetzung Bacqué-Grammonts - nur die Teilübersetzung Papazjan 1973 erschienen. Nur ein Teil der hier übersetzten Beschreibung Armeniens entfällt auf Kātib Čelebi (ǦD 410-22, Papazjan 1973. 53-75, ǦD 397ff., Papazjan 1973. 75-79. ǦD 391f., 397, Papazjan 1973. 101-104).

[229] GOW 200. Abgesehen von zahllosen willkürlichen Kürzungen und Auslassungen im Verlauf des Textes fehlen die systematische Einleitung und der Abriß der osmanischen Geschichte am Schluß. Daß Norberg auch İbrāhīm Müteferriqas Kennzeichnung der Einschübe nicht übersetzt hat, muß den Leser bisweilen beträchtlich verwirrt haben.

Seit dem 18. Jhdt. würdigen auch zahlreiche Orientalisten das Werk teils als leicht zugängliche Referenz für die Zeit des Autors, teils als Quelle für anderweitig nicht erhaltene ältere Texte.[230] Ihre Wertschätzung bezieht sich auf die Druckausgabe, sodaß letztendlich İbrāhīm Müteferriqa als derjenige bezeichnet werden kann, der maßgeblich zum andauernden Ruhm beigetragen hat, während das Buch zuvor handschriftlich in Europa anscheinend kaum rezipiert wurde.[231] Die Druckfassung hat in der europäischen Wahrnehmung die handschriftliche Überlieferung so weit verdrängt, daß Babinger 1919 noch behaupten konnte, das Werk sei, von "mehreren mangelhaften Entwürfen" abgesehen nur in der Druckausgabe erhalten.[232] Erst seit Taeschners Forschungen haben die Handschriften wieder Beachtung gefunden.

9. Nachahmer und Bearbeiter

Werfen wir noch einen Blick auf die weitere Rezeption des *Ǧihānnümā*. Einzelne Ausschnitte des Werkes sind schon im 17. Jahrhundert von anderen Autoren entlehnt worden. Vor allem aus dem 18. Jahrhundert sind dann auch geographische Werke bekannt, die je nach ihrer Nähe zum *Ǧihānnümā* als Bearbeitungen oder als an diesem orientierte Neuschöpfungen bezeichnet werden müssen.

Ḥüseyn Hezārfenn, der Kātib Čelebi selbst nahe gekannt haben muß, hat in seine Weltgeschichte *Tenqīḥü t-tevārīḫ* mehrere Passagen aus dem *Ǧihānnümā* übernommen, um dem Interesse seines Herrschers Meḥmed IV. an exotischen Geschichten Genüge zu tun. Es handelt sich um die Beschreibung Chinas und einiger fernöstlicher Inseln, um die Schilderung der großen Entdeckungen sowie um einen Abschnitt über die Bestimmung geographischer Positionen.[233] Auch eine noch unerforschte Chronik des 17. Jahrhunderts, bekannt als *Tārīḫ-i Nihādī*, die bis 1684 reicht, hat wichtige Informationen zu außerosmanischen Völkern aus dem *Ǧihānnümā* entlehnt.[234] Von der wichtigen Rolle, die das *Ǧihānnümā* im Werk Ebū Bekr ed-Dimišqīs spielte, war bereits die Rede.

Auch der Autor der letzten großen islamischen Enzyklopädie oder Kosmographie, İbrāhīm Ḥaqqī (gest. 1780) aus Erzurum, hat das *Ǧihānnümā* sicher gekannt. Die Geographie nimmt jedoch in seinem *Maᶜrifetnāme* (verf. 1757) nur einen untergeordneten Rang ein. Auffallend ist jedenfalls, daß İbrāhīm Ḥaqqī

---

[230] Reinaud 1848, I, CLXXII.

[231] In d'Herbelots Bibliothèque Orientale findet sich kein Eintrag, während Galland im Vorwort die Bedeutung von *Kašf aẓ-ẓunūn* besonders hervorhebt (d'Herbelot 1776. xvif.), und in einer späteren Auflage auch *Taqvīmü t-tevārīḫ* (Den Haag 1779 s.v. Tocovim) gewürdigt wird (Toderini 1787. III, 134). Wurms These, mehrere Werke Kātib Čelebis verdankten ihre Beliebtheit den Kontakten des Autors mit Europäern (1971. 164), ist auf das *Ǧihānnümā* nicht anwendbar.

[232] Babinger 1919. 16.

[233] Wurm 1971. 97f. Auch aus *Taqvīmü t-tevārīḫ* hat Hezārfenn entlehnt (loc. cit.).

[234] Wurm 1971. 100 Anm. Dort auch einige Mutmaßungen über die Identität des Autors, über den GOW 234 nichts weiß.

genau dieselbe Passage aus Ġazzālīs *Tahāfut al-falāsifa* benutzt wie Kātib Čelebi, um die Kugelgestalt der Erde zu beweisen.[235]

Die Bearbeitungen stehen mit einer Ausnahme unter dem Einfluß der Druckausgabe. Hier ist zunächst ein *muḫtaṣar* zu nennen, den "ein Biedermann namens Meḥmed b. Muṣṭafā" (Taeschner) auf der Basis der Druckfassung herstellte.[236] Daneben existiert eine *Ẕeyl-i Ğihānnümā* betitelte Bearbeitung des länderkundlichen Teils der zweiten Fassung, die ein Meḥmed b. Muṣṭafā, bekannt als Ṣofyavī, 1726 in Modoni auf der Peloponnes verfaßte.[237] Die Qualität der Bearbeitung wird von Sarıcaoğlu sehr abschätzig beurteilt. Nach Taeschner ist dieses Werk vom zuvor genannten unterschieden, während Sarıcaoğlu beide gleichsetzt.[238] Im Privatbesitz von M.F. Köprülü befand sich eine Handschrift, die neben der ersten Fassung eine Bearbeitung der "mathematisch-kosmographischen Teile" der Druckfassung einschließlich der Zusätze İbrāhīm Müteferriqas enthielt.[239]

War bei diesen Büchern die Bezeichnung "Bearbeitung des *Ğihānnümā*" noch unstrittig, so besteht im Falle des Atlas des Bartınlı İbrāhīm Ḥamdī in dieser Hinsicht Uneinigkeit. Das 1750 abgeschlossene, aber durch Marginalien noch nach 1760 ergänzte Werk bestand aus zwei Bänden, von denen nur je ein Exemplar bekannt war. Der erste Band befand sich im Besitz von T. M. Yaman und wurde von ihm als "erweiterte Bearbeitung des *Ğihānnümā*" beschrieben.[240] Einige Jahre später ist diese Handschrift einem Brand zum Opfer gefallen.[241] Der zweite Band befindet sich in einer Istanbuler Bibliothek und wurde von Orhonlu als eigenständiges Werk beschrieben.[242]

Der erste Band basiert im wesentlichen auf der Druckfassung des *Ğihānnümā*. Die systematische Einleitung ist auf zehn Blatt zusammengedrängt, und auch im weiteren sind etliche Kapitel gekürzt.[243] Nur in der Beschreibung Anatoliens und dort insbesondere in der näheren Umgebung seiner Heimat konnte İbrāhīm Ḥamdī aus eigener Anschauung Wertvolles beisteuern.[244] Der zweite Band, der Afrika und Europa behandelt, ist weit weniger von Kātib Čelebi abhängig. Immerhin verrät das Inhaltsverzeichnis in der Anordnung z.B. der rume

[235] Cf. ĞD 17ff., auch Adnan-Adıvar 1982. 184ff. İhsanoğlu hat diese und andere Stellen herangezogen, um İbrāhīm Ḥaqqīs Weltbild zu analysieren, in dem das geo- und das heliozentrische Modell im Widerstreit liegen (1992. 749-57).

[236] Taeschner 1926. 110 über eine 1924 im Buchhandel befindliche Handschrift von 1766.

[237] Taeschner 1926. 104. Sarıcaoğlu 1995. 52f. kennt davon zwei Exemplare.

[238] Nur Taeschner hatte beide Werke gesehen.

[239] Taeschner 1926. 110.

[240] Yaman 1940.

[241] Orhonlu 1964. 127.

[242] Esad Efendi 2044, cf. Orhonlu 1964. In Bezug auf den Atlas selbst enthält Orhonlu 1977 nichts Neues.

[243] Yaman 1940. 43f.

[244] Auszüge davon bei Yaman 1940. 44-49, 248-57.

lischen *sanǧaq*s und in der Auswahl mancher Themen immer wieder seinen Einfluß.[245] Für den Balkan konnte İbrāhīm Ḥamdī sehr viel eigenes Material einbeziehen, denn er hat einen großen Teil seines Lebens, soweit es aus seinem Werk ersichtlich ist, in den Grenzregionen dort zugebracht, in Temesvar, Trnovo und Hotin, und 1736-37 am Krieg gegen Rußland teilgenommen.[246] Unter den zahlreichen Quellen, die im Text genannt werden, spielt das *Ǧihānnümā* nur eine untergeordnete Rolle, doch muß die Zahl der Nennungen nicht maßgeblich sein. Auffallend ist unter den Zitaten die Zahl der antiken Autoren, die sicher nach einem europäischen Werk angeführt werden, vielleicht nach dem Atlas Maior, dessen Übersetzung İbrāhīm Ḥamdī ebenfalls benutzt hat.[247]

Von dem Versuch eines zweiten Bandes zur Druckausgabe, die Beschreibung Rumelis enthaltend, den Šehrīzāde 1740 unternahm, war bereits die Rede.

Natürlich blieb das *Ǧihānnümā* im Verlaufe des 18. Jahrhunderts nicht das einzige Werk der osmanischen geographischen Literatur. Die Zahl der Übersetzungen nahm zu. So übersetzte der Dolmetscher der holländischen Botschaft, Bedros Baronian, 1733 Jacques Robbs' *Méthode pour apprendre facilement la géographie*.[248] Baronian verfertigte auch ein Werk zur zuverlässigen Bestimmung der *qıbla*, bestehend aus einer Weltkarte, einer Darstellung der Kaᶜba und einem erläuternden Text sowie einem Kompaß. Karte, Bild und Text sind von dem Armenier Mgrdič aus Galata, der in der Müteferriqa-Druckerei arbeitete, in Kupfer gestochen worden.[249]

Bemerkenswert ist die Übersetzung von Bernhard Varenius' *Geographia Generalis* (Amsterdam 1650). Varenius, der noch vor der Veröffentlichung des Werkes im Alter von 28 oder 29 Jahren starb, hat darin keine neuen Fakten präsentiert, sondern erstmals aus allem bekannten Material ein "aus dem Wesen des Forschungsgegenstandes abgeleitetes methodisches System" geschaffen, das den Übergang von den "Quantitätsbestimmungen des ptolemäischen Geographie ... zur Ergründung der Ursachen der Erscheinungen" und damit den Beginn der modernen geographischen Wissenschaft darstellt.[250] Die Übersetzung von ᶜOs̱mān b. ᶜAbdülmennān trägt den schlichten Titel *Terǧüme-i kitāb-ı ǧoġrāfyā* und wurde 1751 auf Befehl von Köprülüzāde Ḥāfıẓ Aḥmed Paša angefertigt.[251] Sie soll auch eine ausführliche Beschreibung des Osmanischen Reiches enthalten.[252]

---

245 Eindeutig ist damit, daß İbrāhīm Ḥamdī beide Fassungen gekannt hat.

246 Die biographisch relevanten Belege sind zusammengestellt bei Orhonlu 1964. 118-124.

247 Orhonlu 1964. 127-33 zu den Quellen.

248 Adnan-Adıvar 1982. 174.

249 Nach Toderini 1787. III, 127ff. ließ Baronian davon mehrere hundert Exemplare auf eigene Kosten drucken, um sie Notabeln zum Geschenk zu machen. Ein solches Werk befindet sich im Museo Correr in Venedig (Abb. in Bellingeri/Vercellin 1985. 155).

250 Schmithüsen 1970. 116-127.

251 İhsanoğlu 1992. 747f.

252 Hs. Köprülü, II. kısım, Nr. 175, fol. 241-375 (Orhonlu 1964. 116).

Auf der Lektüre europäischer Werke soll auch die *Ǧoġrāfyā-ı ǧedīd* des bekannten Staatsmanns Aḥmed Resmī (1700-1783) beruhen,[253] der über seine Gesandtschaften nach Wien und Berlin bekannte Berichte verfaßt hat.[254] Dazu kamen mehrere Übersetzungen astronomischer Werke.[255]

Doch das *Ǧihānnümā* hatte durch seine Pionierfunktion, das Ansehen des Autors und durch die Druckausgabe eine Bedeutung gewonnen, die es mit sich brachte, daß sich die Nachfolger auf es bezogen.[256] Der Übersetzer von Jacques Robbs' *Méthode pour apprendre facilement la géographie* gab nicht nur an, er sei durch die Druckausgabe ermutigt worden,[257] er nannte sein Werk in deutlicher Anlehnung daran *Fenn-nümā-ı ǧāmiᶜ-i ǧem ez fenn-i ǧoġrāfyā* bzw. *Ǧemnümā fī fenn-i ǧoġrāfyā*.[258] Und noch zu Beginn des 19. Jahrhunderts ließ der *re'īsülküttāb* Ra'īf Maḥmūd Efendi ein europäisches Werk explizit zu dem Zweck übersetzen, das veraltete *Ǧihānnümā* zu ersetzen.[259]

---

[253] Orhonlu 1977. 277f.

[254] Taeschner 1923. 76f.

[255] İhsanoğlu 1992. 746f., 757-61.

[256] Sarıcaoğlu 1995. 56ff. scheint mir allerdings zu weit zu gehen, wenn er die hier besprochenen und einige andere Werke in der Rubrik "Cihânnümâ tarzında meydana getirilen eserler" zusammenfaßt.

[257] Adnan-Adıvar 1982. 174.

[258] Taeschner 1926. 109f.

[259] So das Kolophon der Hs. British Museum Add. 7897, cf. Rieu, Catalogue p. 112f. Nach Sarıcaoğlu 1995. 57 ist das Werk zu diesem Zweck keineswegs geeignet.

VII

ARBEITSWEISE UND METHODIK

> Bei manchem Werke eines berühmten Mannes möchte ich lieber lesen, was er weggestrichen hat, als was er hat stehen lassen.
> Georg Christoph Lichtenberg, Sudelbücher

In diesem Kapitel steht die Frage im Mittelpunkt, auf welche Weise Kātib Čelebi jene Wahrheiten, die er seinen Lesern vermitteln wollte, selbst erarbeitet hat. Es geht also gewissermaßen um seine Methode der Erkenntnis. Damit ist ganz konkret die Arbeitsweise des Buchgelehrten gemeint, von der Sammlung von Notizen auf losen Blättern bis hin zum zentralen Problem aller Buchgelehrsamkeit, der kritischen Verwendung von Quellen. Die Erkenntnistheorie als philosophisches Problem soll dabei nicht berücksichtigt werden. Suhrawardīs "Philosophie der Erleuchtung", zu der Kātib Čelebi sich bekannte, umfaßt zwar auch diesen Aspekt, doch spielt er in der praktischen Arbeit keine nachweisbare Rolle.

Arabisten können für diese und verwandte Probleme allein auf Rosenthals Technique and Approach of Muslim Scholarship zurückgreifen, während auf dem Feld der Osmanistik vergleichbares völlig fehlt. Die folgenden Beobachtungen sind daher auch als Anregung für weitere Forschungen gemeint, zumal sich manche Unterschiede zwischen osmanischen und arabischen Gelehrten abzeichnen.

1. SPRACHKENNTNISSE

Kātib Čelebis Zugang zu Kenntnissen hing zuerst von seinen Sprachkenntnissen ab, denn nur ein geringer Teil der gelehrten Literatur seiner Zeit war in türkischer Sprache verfaßt.[1] Arabisch lernte Kātib Čelebi zweifellos noch in frühester Jugend bei seinem Hauslehrer. Wann er Persisch lernte, und ob dies systematisch oder eher beiläufig geschah, wissen wir nicht.

Wie an *Kašf aẓ-ẓunūn* zu erkennen ist, beherrschte Kātib Čelebi das Arabische ausgezeichnet. Die Herausgeber haben jedoch einige Verstöße gegen die klassische Grammatik registriert, die überwiegend die arabischen Zahlen und den Gebrauch des bestimmten Artikels in Attribut- und Genitivverbindungen betreffen.[2] Dies ist eher durch Flüchtigkeit als durch Unwissen zu erklären. Im

[1] Nur etwa 7% der in *Kašf aẓ-ẓunūn* verzeichneten Bücher sind türkisch, und davon entfällt der größte Anteil auf Dichtung (Birnbaum 1994a. 153ff.).
[2] *Kašf aẓ-ẓunūn*, Vorwort der Herausgeber, I, 16.

Ǧihānnümā finden sich vor allem Verstöße gegen die arabische Orthographie: *arż* statt *ʿarż*,[3] *isfirār* statt *iṣfirār*,[4] *qaṣr* statt *kesr*,[5] *millel* statt *milel*.[6] Auf etliche Fehler dieses Typs hat schon Kreutel aufmerksam gemacht. Kātib Čelebi ist damit keine Ausnahme. Kreutel hat konsequent postuliert, den Rahmen dessen, was im Osmanischen als korrekt und erlaubt zu gelten habe, weiter zu fassen als bisher, da diese Schreibungen überaus verbreitet seien.[7] Ein Mißverständnis des Textes, das auf flüchtigem Lesen beruht, bleibt eine seltene Ausnahme: In einer Übersetzung aus Abū Ḥāmid al-Ġirnāṭī hat Kātib Čelebi sicher *riǧl* statt *raǧul* gelesen.[8] Unverständlich ist mir, warum Kātib Čelebi in einer Passage Ibn Saʿīds das Wort *birka* konsequent mit *ṣaḥrā* wiedergibt.[9]

Einzelne falsch übersetzte Worte finden sich auch in Übersetzungen aus dem Persischen, z.B. *gorg* als *ṭomuz*,[10] *daḫme* (der "Turm des Schweigens" der Zoroastrier) als *maġāra*,[11] *turbat* einmal als *ḥiṣār*, einmal als *turāb*.[12] Einige dieser Fälle können allerdings zu Lasten einer verderbten Vorlage gehen, ebenso wie ein Fall, in dem Kātib Čelebi die Akkusativendung *-rā* eines Wortes als Teil des nachfolgenden Toponyms auffaßte.[13] Es scheint Kātib Čelebi, der in den betreffenden Kapiteln schnell und routiniert gearbeitet hat, nicht gestört zu haben, daß das Übersetzte manchmal wenig sinnvoll war. Im obengenannten Beispiel fraß im persischen Original ein Wolf den Esel, im Türkischen ist aus dem Wolf ein Schwein geworden. Ḥamdallāh Mustaufī berichtet, in Mūġān sei auf den Weiden, von denen man den Kūh-i Sablān nicht sieht, das *dirmana*-Kraut im Herbst giftig, im Frühling jedoch nicht, wenn es auch für hungriges Vieh schädlicher sei als anderes Futter.[14] Kātib Čelebi macht daraus: "Wo man den Kūh-i Sablān nicht sieht, sind die Kräuter giftig, besonders im Frühling, wenn das hungrige Vieh sie frißt". Hier liegt eindeutig ein Mißverständnis des persischen Originals vor.[15] Ein anderer Übertragungsfehler beruht auf unzureichender Kenntnis des zugrundeliegenden Sachverhalts: Amīn Aḥmad Rāzīs *ḥażrat-i šāhānšāhī* hat Kātib Čelebi, einer naheliegenden Assoziation folgend,

---

[3] WK 28v, bedingt durch das Wort *arż* zuvor im selben Satz.
[4] ĞD 248.
[5] ĞD 358.
[6] IK 135r.
[7] Kreutel 1972. 278.
[8] WK 10v, cf. *Tuḥfat al-albāb* 96f. Falls Kātib Čelebi eine türkische Übersetzung benutzt hat, was möglich ist (cf. Kap. II, Abschn. 3), ist der Fehler natürlich dieser anzulasten.
[9] ĞD 248, *Kitāb al-ǧuġrāfiyā* 175f.
[10] ĞD 314, *Nuzhatu l-qulūb* 153.
[11] ĞD 265, *Nuzhatu l-qulūb* 121.
[12] ĞD 266, *Nuzhatu l-qulūb* 121.
[13] ĞD 326, *Nuzhatu l-qulūb* 145.
[14] *Nuzhatu l-qulūb* 90.
[15] Ebenso Kātib Čelebis Angaben über die Gründung von Iṣṭaḫr ĞD 265, cf. *Nuzhatu l-qulūb* 120.

mit *šāh-i ʿağem* übersetzt, obwohl im Original der Mogulkaiser Akbar gemeint war.[16]

Es gibt keine Hinweise, daß Kātib Čelebi außer diesen beiden eine weitere Sprache beherrschte. Allenfalls wäre auf einige čağatayische Buchtitel in *Kašf aẓ-ẓunūn* zu verweisen.[17] Keine Grundlage hat dagegen Ğevdets Annahme, ein Mann wie Kātib Čelebi müsse im Laufe seiner Beschäftigung mit europäischen Werken notwendig Latein gelernt haben.[18] Nur weil er sich ausschließlich auf den übersetzten Text stützte, konnte ihm ein Irrtum unterlaufen wie *altunlu Avrupa maʿnāsına Avrupa Ḫersonezos.*[19] Kātib Čelebi hat offensichtlich *Avrupa* und *aurea* in seiner Transkription verwechselt, was eindeutig zeigt, daß er die Worte selbst nicht verstand. In seiner Etymologie von mappamondo ist mappa richtig als "Tuch" (*mendil*) erklärt, mondo aber als "verziert" (*munaqqaš* oder *müzeyyen*). Offensichtlich hat sich Kātib Čelebi an eine von Meḥmed İḫlāṣī gegebene Erklärung nicht richtig erinnert. Hätte er auch nur ein wenig Latein gekonnt, hätte er diese Worte nicht als griechische bezeichnet.[20]

2. Die Übersetzungen

Nur in Übersetzungen hatte Kātib Čelebi also Zugang zu Quellen in europäischen Sprachen. Er war dabei auf seinen Helfer Meḥmed İḫlāṣī angewiesen. Alles, was wir über dessen Leben wissen, steht in einem von İbrāhīm Müteferriqas Einschüben im *Ğihānnümā*, nach einem ungenannten Gewährsmann.[21] Darin heißt es, *šeyḫ* Meḥmed İḫlāṣī entstamme einer überaus angesehenen und reichen Familie Frankreichs.[22] Er sei in jungen Jahren in einen Orden eingetreten und habe mit Hilfe seines Vaters und aufgrund seiner Begabung in diversen Wissenschaften außerordentliche Kenntnisse erlangt. In der Absicht, sich mit Dogmen und Praxis des Islams apologetisch auseinanderzusetzen, sei er zur Zeit Meḥmeds IV. nach Istanbul gekommen. Dort habe er rasch Arabisch und Türkisch gelernt und verschiedene Zweige der islamischen Wissenschaften studiert. Bei der Lektüre eines Kommentars zu Sure 11, Vers 44 sei ihm plötzlich die Wortgewalt des Korans in Form und Inhalt klargeworden, und er habe sich zum Islam bekehrt. İbrāhīm Müteferriqa schätzt Meḥmed İḫlāṣīs Anteil an Kātib Čelebis Werken sehr hoch ein, denn er sagt, dieser sei "in der Geographie Kātib Čelebis Lehrer (*ḫoğa*) und bei der Übersetzung des Atlas und aller anderen la

[16] ĞD 247 nach *Haft iqlīm* II, 111.
[17] Birnbaum 1994a. 152.
[18] Ğevdet 1926-27. 1762.
[19] ĞD 124. Mercator 642 hatte Japan mit der aurea Chersonesos der Antike identifiziert, während Lorenzo d'Anania p. 267 diesen Namen auf Sumatra anwandte.
[20] ĞD 62.
[21] ĞD 10.
[22] İbrāhīm Müteferriqa schreibt Firengistān, doch Kātib Čelebis Faransā ĞD 9 ist eindeutig.

teinischen Bücher des Seligen Meister und Lehrer (*üstād ve muʿallim*) gewesen". Über das weitere Schicksal Meḥmed İḫlāṣīs ist nichts bekannt.[23]

Meḥmed İḫlāṣī dürfte danach entweder Jesuit oder Kapuziner gewesen sein.[24] Die Jesuiten waren schon seit dem 16. Jhdt. in Konstantinopel aktiv, wo sie sich besonders bemühten, unter Zuhilfenahme auch unlauterster Mittel eine Union der orthodoxen Kirche mit Rom zustandezubringen.[25] Fast ausschließlich französischstämmig, dienten sie weniger der Kirche als der französischen Krone,[26] weshalb ihr Treiben sowohl von den Venezianern und Spaniern als auch von den protestantischen Mächten Holland und England mißtrauisch verfolgt und möglichst unterbunden wurde. 1627 erreichte der englische Botschafter ihre Ausweisung, doch waren schon wenige Jahre später wieder Jesuiten in weniger exponierter Stellung in Konstantinopel tätig.[27] Die Kapuzinermission in der Levante war ein Projekt der 1622 gegründeten Congregatio de Fidei Propaganda. Sie war rein französisch und stand ganz unter dem Einfluß des Paters Joseph, der "grauen Eminenz" Colberts und seinem antiislamischen Eifer.[28] Noch im selben Jahr erschienen zwei Kapuziner in Konstantinopel, und 1627 wurden Klöster in Istanbul und Galata gegründet.[29] Welchem der beiden Orden Meḥmed İḫlāṣī angehörte, ist nicht festzustellen. Nur von den Kapuzinern ist bezeugt, daß sie sich der Mission unter den Muslimen widmen wollten. Die diesbezügliche Äußerung İbrāhīm Müteferriqas darf aber angezweifelt werden, einerseits wegen des zeitlichen Abstandes, andererseits weil das Klischeehafte der Darstellung der Konversion dadurch auffällig verstärkt wird. Für die Einstufung Meḥmed İḫlāṣīs als Jesuit spricht das bekanntermaßen hohe intellektuelle Niveau dieses Ordens, das ihn von den Kapuzinern abhebt, wie auch die im *Ǧihānnümā* enthaltene Übersetzung aus einem jesuitischen Werk.[30]

Kātib Čelebi hat kurz, aber aufschlußreich beschrieben, wie die gemeinsame Übersetzungsarbeit vor sich ging. Man arbeitete, "indem man, nachdem man sich das Buch vorlesen und referieren ließ, nach Erwägung der Bedeutung einen

[23] Adnan-Adıvar hat ihm ein kurzes Traktat über die Flotten und Häfen der europäischen Mächte zugeschrieben, dessen anonymer Autor sich als konvertierter europäischer Geistlicher ausgibt (1982. 143ff.). Doch aufgrund interner Kriterien ist das Werk auf die Jahre 1723-27 zu datieren. Ménages Zuschreibung an İbrāhīm Müteferriqa hat sehr viel mehr für sich (1971. 425ff.).

[24] Vorschnell ist der Schluß bei Lewis 1962. 185, daß Meḥmed İḫlāṣī Protestant gewesen sein sollte, da zu den von ihm verfertigten Übersetzungen auch ein dezidiert protestantisches Werk, nämlich Johann Carions Chronik gehörte.

[25] Cf. Runciman 1968. 222, 251-75 pass.

[26] Vaughan 1954. 189ff.

[27] Vaughan 1954. 191, cf. auch GOR V, 391. Zu weiteren Orten jesuitischer Tätigkeit OT III, ii, 117ff.

[28] LThK s.v. Kapuziner, Joseph von Paris.

[29] Mantran 1962. 554. Sie gelangten dann vor allem in der Ägäis zu Einfluß (op. cit. 556).

[30] Während die Jesuiten in China, Japan und Indien sich erfolgreich der Mission unter Nichtchristen widmeten (LThK, TRE s.v. Jesuiten), ist mir von einem solchen Ziel im Osmanischen Reich nichts bekannt.

Ausdruck fixierte, der der Intention des Autors entsprach".[31] Dies ist der Idealfall einer Zusammenarbeit, die theoretisch optimale Ergebnisse gewährleistet.

Tatsächlich muß die Arbeit etwas anders abgelaufen sein. Es sieht so aus, als seien die Auszüge aus Cluverius, die in der letzten Arbeitsphase am Wiener Konzept auf dessen ersten Seiten festgehalten wurden, die erste Niederschrift im Zuge der Übersetzung. Dabei ist der Satzbau im Vergleich mit dem Ausgangstext stark vereinfacht. Um den Text zunächst zügig niederschreiben zu können, haben die beiden Übersetzer manchmal auf die Suche nach einem Fachterminus verzichtet.[32] Z.B. sind im Text die lateinischen Ausdrücke für die Tierkreiszeichen verwendet, während die Zuordnung zu den türkischen Bezeichnungen am Rand steht.[33] In der Geschwindigkeit sind auch geographische Bezeichnungen oft einfach transkribiert statt übertragen worden. Das auffallendste Beispiel dabei ist die Schreibung *'arab* statt *ʿarab*.[34] Viele dieser Transkriptionen reflektieren deutlich die französische Aussprache Meḥmed İḫlāṣīs, z.B. *Ežipsiler* für Ägypter, *Ġresiler* für Griechen.[35] Die Transkription ist generell unachtsam gehandhabt, sodaß mitunter zwei verschiedene Schreibungen in derselben Zeile nebeneinanderstehen.[36] Daß Kātib Čelebi nach dem Gehör niederschrieb, was Meḥmed İḫlāṣī übersetzte, zeigen auch einige andere Stellen. So hat er einige Male einen italienischen Artikel zum Eigennamen gezogen: Libāse aus Le Basse, Īġārdīnī aus I Giardini.[37] Auch die — später korrigierte — Schreibung *ṭoṭoġrafya* für *topographia* muß auf einem Hörfehler beruhen.[38]

Bei der Übernahme dieser Passagen in die zweite Fassung hat Kātib Čelebi einiges geändert. So hat er bewußt versucht, die Terminologie der arabischen Wissenschaften zu verwenden.[39] Einige Ausdrücke, die einem europäischen Leser klar waren, sind für türkische Leser erläutert, einzelne Details auch ausgelassen. Einige Eigennamen sind bewußt in islamische Form gebracht,[40] ebenso Buchtitel.[41] Auch in der zweiten Fassung finden sich aber noch Toponyme in

[31] ĞD 9.
[32] Am Eintauchen der Feder ist zu verfolgen, daß Kātib Čelebi schnell geschrieben hat (z.B. WK 2v).
[33] WK 2r.
[34] WK 2r, 7v, aber auch *Hormuz salṭanatı* für *Armuziae* (WK 2r).
[35] WK 7v.
[36] IK 40r *sirqulus* und *sirkulus*.
[37] ĞD 139.
[38] WK 2r.
[39] ĞD 15.
[40] Z.B. *müverriḫ-i yehūd Yūsuf* für Flavius Josephus (ĞD 100), Tūnis für Carthago (ĞD 88). Die Wiedergabe von Xerxes als Ardašīr ist natürlich nicht richtig (ĞD 77, in WK 17v noch KSRKSS). Auch Korinth hätte er nicht mit Qoron auf dem Peloponnes gleichsetzen dürfen (ĞD 77).
[41] Das Werk des Solinus nennt er *ʿAǧā'ibü l-maḫlūqāt kitābı* (ĞD 78), einen von Mercator benutzten Reisebericht *Mesālikü l-memālik kitābı* (ĞD 148f.).

der lateinischen Form ('Arābiyā, Sūriyā, Pālestīnā).[42] Auch die französische Aussprache ist weiter zu verfolgen: Antesi ('NTHSY) für Mercators Antaeci, Periyesi (PRYHSY) für Periaeci.[43] Kaum noch zu erkennen ist der legendäre "Priester Johannes" in Preti Ğen (PRTY ĞN).[44]

Die gesamte Übersetzungsarbeit hätte nicht gelingen können, wenn Meḥmed İḫlāṣī nicht der umfassend gebildete Mann gewesen wäre, als den ihn İbrāhīm Müteferriqa beschreibt. Es ist nicht zu ermitteln, ob er selbst all die Bezeichnungen für Tierarten oder Mineralien im Türkischen kannte, die im Laufe der Arbeit vorkamen. Andernfalls muß er mindestens in der Lage gewesen sein, den bezeichneten Gegenstand so genau zu beschreiben, daß Kātib Čelebi danach die richtige türkische Bezeichnung finden konnte. Dinge, für die Mercator kein lateinisches Wort kannte, sind teilweise durch Umschreibungen wiedergegeben, die zeigen, daß er diese Dinge aus eigener Anschauung kannte. Ein Edelstein, "quos vulgo vocant Ochi di gatta" findet man in der Übersetzung als "*altun renginde kehrübā gibi bir ğins ğevher*" — wohl der Stein, der heute als Tigerauge bekannt ist.[45] Ebenso war Meḥmed İḫlāṣī imstande, den im Lateinischen behelfsweise Tuffus genannten Tuffstein näher zu beschreiben.[46] In der Übersetzung aus dem Aristoteles-Kommentar kamen die beiden Übersetzer zur korrekten philosophischen Terminologie: Die causa finalis ist als *ᶜille-i ġā'īye*, die causa effectrix als *ᶜille-i fāᶜile* übersetzt.[47] Von Meḥmed İḫlāṣīs Belesenheit zeugt das Urteil, das er, ein Zitat bei Mercator kommentierend, über den heute weithin unbekannten römischen Autor Solinus abgab.[48] Die Bildung zeigt sich auch in seiner Deutung der allegorischen Darstellungen auf dem Frontispiz des Atlas Minor, enthalten in der Vorrede von *Levāmiᶜu n-nūr*.[49] In den Übersetzungen aus dem Italienischen gibt es einige Unsicherheiten, doch ist nicht klar, ob die Schwierigkeit das Verständnis der Vorlage oder die Wiedergabe von Lorenzo d'Ananias Satzbau im Türkischen war.[50]

Insgesamt ist die Übersetzung eines umfangreichen Textes wie des Atlas Minor samt der Auszüge aus den übrigen Quellen eine beachtliche Leistung. Nach den Teilen, die in das *Ğihānnümā* Eingang gefunden haben, zu urteilen, darf die Aufgabe als gut gelöst bezeichnet werden. Dennoch blieb Kātib Čelebi grundsätzlich skeptisch gegenüber Übersetzungen: "Was übersetzt wird, behält wegen der vielen Entstellungen (*taḥrīfāt*) im Laufe der Übersetzungsvorgänge seine ursprüngliche Bedeutung nicht, was unvermeidlich ist bei der Übertragung

---

[42] ĞD 103.
[43] ĞD 19.
[44] ĞD 190.
[45] ĞD 149, Atlas Minor 646.
[46] ĞD 116, Atlas Minor 22f.
[47] ĞD 84, 80.
[48] ĞD 228.
[49] Zit. in Gökyay 1968. 178ff.
[50] Cf. z.B. die Beschreibung der Insel Navacara, Fabrica del mondo 268, ĞD 146.

von einer Sprache in die andere. Dies haben wir überprüft und erprobt während unserer Arbeit an der Übersetzung des Atlas aus dem Lateinischen ins Türkische und fanden es genau so".[51]

3. MATERIALSAMMLUNG UND NIEDERSCHRIFT

Betrachten wir nun von den ersten Schritten an, wie Kātib Čelebi vorging. Im Falle des *Ǧihānnümā* arbeitete er auf losen Blättern, die erst später gebunden werden sollten.[52] Er hat sogar, als sparsamer Mensch, zeitweise auf Blättern geschrieben, die aus einzelnen Zetteln zusammengeklebt waren. Solche Blätter finden sich im Autograph von *Sullam al-vuṣūl*.[53] Sie sind mit Blattzahlen versehen, die allerdings einige Male geändert werden. Der Behauptung, die Foliierung von Codices sei bei den Osmanen erst im 19. Jhdt. aufgekommen,[54] kann ich entgegenhalten, daß Kātib Čelebi nicht nur seine eigenen Manuskripte, sondern auch andere Codices in seinem Besitz wie etwa sein Exemplar von *Tārīḫ-i Hind-i Ġarbī* selbst foliiert hat. Auch der Verweis auf andere Quellen mit Titel und Blattzahl setzt die Foliierung voraus.

In den ersten Kapiteln der ersten Fassung hat Kātib Čelebi vermutlich aus wenigen Quellen nacheinander exzerpiert. Hier ist die Arbeitsweise kaum zu verfolgen. Die skizzenhafte Fortsetzung läßt jedoch noch gut erkennen, wie er in der Beschreibung des Osmanischen Reiches vorgegangen ist. Der erste Schritt war es, eine Gliederung aufzustellen. Dafür bot sich die Verwaltungsgliederung an.[55] Für jedes *sanǧaq* ließ er dabei eine halbe Seite frei (Abb. 2: WK 156v-157r). Um diese Gliederung zu füllen, benutzte Kātib Čelebi erzählende und archivalische Quellen. Vermutlich aus Registern über die Besoldung von *qāḍıs* entnahm er eine Liste der zu jedem *sanǧaq* gehörigen *qażās*, die direkt nach dem Stichwort steht. Dazu kommen Exzerpte aus den erzählenden Quellen, die, wenn sie vollständig verwendbar sind, innerhalb des vorgesehenen Schriftspiegels zu stehen kommen, während anderes provisorisch auf dem Rand notiert wird (Abb. 3: WK 127v, Abb. 4: WK 210v-211r). Bisweilen stehen dort auch nur Verweise auf Texte, die Kātib Čelebi wohl in seiner eigenen Bibliothek zur Verfügung hatte (Abb. 5: WK 144v).[56] In dieser Weise hatte er auch für *Sullam al-vuṣūl* auf einer Art von Karteikarten bibliographische Verweise notiert. Deren Verwendung diente der korrekten Alphabetisierung und ist daher

[51] *Kašf aẓ-ẓunūn* 684 s.v. ʿilm al-ḥikma.
[52] Daher sind im Wiener Konzept manche Blattzahlen doppelt vergeben, andere fehlen ganz.
[53] Birnbaum 1994b. Ich bin Prof. Birnbaum sehr zu Dank verpflichtet, daß er mir sein Skript dieses Vortrages zur Einsicht überließ.
[54] Goodrich 1990. 362.
[55] Cf. z.B. WK 156v zum *eyālet* Çıldır.
[56] Weitere Verweise WK 292v auf Ortelius, 210v auf *Ḥabību s-siyar* und *Levāmiʿu n-nūr*. Cf. auch Kap. IV, 4.

für das *Ǧihānnümā* nicht anzunehmen.[57] Dieser frühe Stand der Arbeit, der nur Informationen zum Hauptort eines *sanǧaq* sowie eine Aufzählung der zugehörigen *qażā*s umfaßt, entspricht der ersten Redaktion der ersten Fassung.[58]

Im weiteren Verlauf der Arbeit wurde das Material zunehmend detaillierter. Unter den Archivalien sind zunächst weitere *qāḍīlıq*-Register zu nennen, die nun keine Angaben zur Besoldung, doch stattdessen die geographische Lokalisierung des *qażā* sowie — nur für Rumeli — auch die Entfernung von der Hauptstadt enthielten[59] (Abb. 6: WK 99v-100r). Dazu kommen vereinzelt Exzerpte aus Steuerregistern (Abb. 7: WK 117v). Weiteres Material aus geographischen und historischen Quellen sowie von Gewährsleuten wurde teils innerhalb, teils außerhalb des Schriftspiegels eingetragen. Wo der Raum auf einer Seite nicht ausreichte, sind zusätzlich Zettel eingelegt.[60] Wenn der Text auf der Seite der Kladde beginnt, dort aber keinen Platz hat, ist mit einem Kürzel, das wohl ʿL' (für *ʿilāve*) zu lesen ist, am Ende des zur Verfügung stehenden Raumes auf die Fortsetzung auf dem eingelegten oder in den Seitenfalz geklebten Zettel verwiesen, der am Anfang wieder dasselbe Kürzel trägt (Abb. 8: WK 107a).[61] Neben einem Eintrag findet sich auch einmal eine Notiz, daß dieser Text an anderer Stelle zu verwenden sei.[62]

Aus der so entstandenen Kladde oder Materialsammlung galt es dann einen durchgehenden Text zu formulieren. Daraus sollte nicht noch einmal eine Niederschrift ins Unreine, sondern unmittelbar die Reinschrift entstehen. Dies wird nicht nur durch den Befund des als Reinschrift gemeinten Autographs der zweiten Fassung belegt, sondern auch durch Kātib Čelebis Aussage, er habe mit der Reinschrift des *Ǧihānnümā* begonnen, als die Übersetzung des Atlas Minor zu zwei Dritteln fertig war.[63]

Wo Kātib Čelebi nur wenige und kurze Quellentexte zur Verfügung hatte, formulierte er nach diesem Material eine Reihe von Artikeln frei, in denen die Quelleninformationen demzufolge bis zur Unentwirrbarkeit ineinander verwoben sind.[64] Dies erklärt auch Fälle, in denen Informationen irrtümlich unter

[57] Birnbaum 1994b. Auch Björkman hatte die Vermutung ausgesprochen, daß Kātib Čelebi mit einer Art von Zettelkasten gearbeitet haben müsse (1965. 455), ebenso Gökyay in İA s.v. Kâtib Çelebi.

[58] In der Fortsetzung findet sich genau dieser Arbeitsstand z.B. im Artikel Ḫudāvendigār WK 119v oder Konya WK 127v.

[59] In der Fortsetzung der ersten Fassung sind diese Register für den Westen und Süden Anatoliens teilweise verwendet.

[60] WK zwischen 58v und 59r.

[61] Die Lesung des Kürzels dort ist unsicher, ich folge mit der Interpretation wiederum Birnbaum 1994b nach dem Befund in *Sullam al-vuṣūl*.

[62] WK 118v zur Übertragung des ersten Artikels Sinob zum zweiten auf fol 159r; WK 205v neben einigen Notizen über den Nil: *yerinde degül*.

[63] *Mīzānu l-ḥaqq* 143.

[64] Aus der Aufstellung der Quellen in Kap. V ist ersichtlich, wie oft nur Bruchteile eines kurzen Artikels, eine oder zwei Zeilen lang, zur selben Quelle gehören. In der *Feẕleke* hat Kütükoğlu

einem anderen Stichwort eingetragen sind.[65] Längere Artikel, die noch dazu auf mehreren Quellen beruhen, stellen sich oft einfach als Aneinanderreihung von Zitaten heraus. Im Artikel Marw sind diese Zitate insofern aufeinander abgestimmt, als redundante Passagen nachträglich gestrichen sind, wo sich die Zitate inhaltlich überschneiden.[66] Auch solche längeren Passagen hat Kātib Čelebi anscheinend nicht mit dem Quellentext unmittelbar vor Augen formuliert, sondern aus dem meist arabischen oder persischen Text die Informationen memoriert und in türkischer Sprache zu Papier gebracht. Dafür sprechen zahlreiche Ungenauigkeiten in der Übertragung. So sind einige Male bei direkten oder indirekten Zitaten die Quellen verwechselt.[67] Das Mechanische dieses Vorgangs spiegelt sich besonders wider in zahlreichen Übertragungsfehlern bei Zahlenangaben auch da, wo sie zu offenkundig unrealistischen Daten führen. Schon in der ersten Fassung enthält der Artikel Edirne etliche falsche Jahreszahlen aus Ḥibrīs *Enīsü l-müsāmirīn.*[68] Der Umfang der Stadtmauer von Saloniki ist mit 3 *mīl* angegeben, während in der Quelle *Menāẓıru l-ʿavālim* die Länge 3 *mīl* und die Breite nocheinmal 2 *mīl* beträgt.[69] In anderen Fällen sind neben den Zahlen auch die Maßeinheiten verwechselt: Statt 21.000 Schritt hat Kātib Čelebi 21.000 Ellen, statt 5.550 Schritt 5.500 Klafter, statt 10.000 Schritt 5.000 Klafter.[70] Es ließe sich leicht noch eine große Zahl dieser und ähnlicher Ungenauigkeiten beibringen.

In der eintönigen Kompilationsarbeit unterließ es Kātib Čelebi manches Mal, seinen kritischen Sinn zu gebrauchen. Hatte er in früheren Kapiteln dem Umstand Rechnung getragen, daß sich die religiöse Situation im Iran seit Ḥamdallāh Mustaufīs Zeiten grundlegend gewandelt hatte, so übertrug er im Kapitel Ǧibāl dessen Angaben unverändert.[71] Vorbehalte, die Abū l-Fidā' gegen einen Bericht geäußert hatte, entfielen.[72] Einmal vergaß er, die Zahl der geographischen Länge von Abū l-Fidā's auf seinen Nullmeridian umzurechnen.[73] Nachdem er — offenkundig lustlos — das Kapitel Ṭabaristān-Māzandarān-Qūmis fast völlig aus *Taqwīm al-buldān* und *Nuzhatu l-qulūb* kompiliert

---

zahlreiche Passagen festgestellt, in denen mehrere Quellenberichte ineinander verflochten sind (Kütükoğlu 1974. 36, 45f., 55).

[65] Z.B. ǦD 354f. aus *Kitāb ṣūrat al-arḍ* 509ff., ǦD 299 aus *Kitāb ṣūrat al-arḍ* 368. In diesen Fällen kann die Verantwortung aber auch bei einem Bearbeiter des *Kitāb ṣūrat al-arḍ* liegen.

[66] ǦD 316f. Ich verweise hier und im Folgenden auch dann auf die Druckausgabe, wenn die Marginalien oder Korrekturen im Drucktext nicht erkennbar sind.

[67] ǦD 319 Samʿānī statt Yāqūts *Muštarik*, ǦD 317 *Ḥabību s-siyar* statt *Haft iqlīm*, der Verweis auf *Taqwīm al-buldān* ǦD 391 kann schon aus inhaltlichen Gründen nicht stimmen.

[68] Kreiser 1975. 269f.

[69] WK 76r, *Menāẓıru l-ʿavālim* 69v.

[70] ǦD 289 nach *Nuzhatu l-qulūb* 48, ǦD 295 nach *Nuzhatu l-qulūb* 59, ǦD 296 nach *Nuzhatu l-qulūb* 61.

[71] ǦD 296ff.

[72] ǦD 299 nach *Taqwīm al-buldān* 411.

[73] ǦD 357, nachträglich korrigiert.

hatte, begnügte er sich am Ende für den zugehörigen historischen Teil mit einem Verweis auf *Faḏlakat aqwāl al-aḫyār*, anstatt den entsprechenden Abschnitt nochmals auszuführen.[74]

Es lassen sich demgegenüber aber auch Fälle zeigen, in denen die Übertragung von Rohmaterial sehr überlegt erfolgte. So sind die Übersetzungen aus Cluverius in der zweiten Fassung im Vergleich zu den Rohübersetzungen im Wiener Konzept von überflüssigen Toponymen entlastet[75] und stattdessen mit einigen für den türkischen Leser nötigen zusätzlichen Erläuterungen versehen.[76] Auch stilistisch ist der Text geglättet:

> Andan Sičilya'ya dek tuskus ki Yūnānīler aña tirrenum ve Latinīler inferum yaʿnī ašaġı derler (WK 16v)
> Roma deñizi Ğeneviz'den Sičilya'ya yaʿnī Mesine adasına gelinğe İtalya kenārlarına qaršı tuskus tesmīye olınur Yūnān aña tirrenum Latin aña inferum derlerdi (ĞD 76).

4. Korrekturen und Nachträge

Kātib Čelebis Arbeitsweise, die nötigen Informationen zu memorieren und den frei formulierten Text in einem Zug zu Papier zu bringen, machte eine bestimmte Art von Korrekturen nötig, die sich durch beide Fassungen verfolgen läßt. Dabei handelt es sich um kleine Verbesserungen wie die Einsetzung ausgelassener Wörter:[77]

> ol <šaḫṣa> zen verilüb (WK 13v)
> Uluġ Beg bu iki mevżiʿiñ birine Samarqand ve birine Ḫurāsān <der idi> (ĞD 328)

oder geringfügig veränderte, aber präzisere Formulierungen:

> (über den Elefanten) «čoq» {ikiyüz sene} yašar [...] {erkek} fīlleriñ aġzında iki diš biter ʿaẓīm {büyük} olur aña ʿāğ derler {dišileriniñ olqadar olmaz} (ĞD 150)

Manchmal machte Kātib Čelebi solche Verbesserungen schon während der Niederschrift selbst:

> Sumatra'ya «qırq beš mīl qarīb dir» arada qırq beš mīl boġaz vardur (ĞD 140)

Auch sonst ist nicht anzunehmen, daß zwischen Niederschrift und diesem Korrekturdurchgang viel Zeit verging. Der Abschnitt über Sri Lanka ist erst durch eine Marginalie zu einem eigenen *faṣl* gemacht, das aber in der Zählung der folgenden bereits berücksichtigt ist.[78] Gerade in den späteren Teilen der zweiten Fassung sind solche Korrekturen manchmal sehr zahlreich (Abb. 9: IK 138v).

[74] ĞD 343.
[75] So fehlt nach Sarmasiya: *Lapiya ile Obiyus ırmaġı mābeyninde* (WK 13r, ĞD 74).
[76] Z.B. zu *etiyopikus*: *yaʿnī ḥabeš deñizi* (WK 13v, ĞD 75).
[77] Hier und im Folgenden bedeuten: <> Hinzufügung am Rand, { } Hinzufügung zwischen den Zeilen, «» Streichung, [...] von mir gekürzt, ... unleserlich.
[78] ĞD 148.

Kātib Čelebis Arbeitsweise erlaubte es nicht, eine größere Zahl von Quellen zum selben Ort zu benutzen oder alles in einem Werk verstreute zu einem Ort systematisch zu sammeln.[79] Daher findet man immer wieder Marginalien, in denen er nachtrug, was er in einer längst benutzten Quelle an anderer Stelle gefunden hatte,[80] oder was er in einer Quelle gefunden hatte, die er zuvor nur zu anderen Orten konsultiert hatte.[81] Da es Kātib Čelebi stets um positive Fakten ging, strich er nie ältere Texte ganz, sondern ergänzte nur. Als Beispiel sei hier das Kapitel 25 der zweiten Fassung genannt, das Zābulistān behandelt. Sowohl *Taqwīm al-buldān* als auch *Nuzhatu l-qulūb*, also die zwei wichtigsten Quellen des Gesamtwerks, sind nur in Nachträgen zitiert.[82] Zu Samarqand ergänzte er die Informationen Ibn Ḥauqals, die er *Taqwīm al-buldān* entnahm, durch einen Abschnitt der *Masālik al-mamālik*, die ja nichts anderes als eine Übersetzung eben dieses Ibn Ḥauqal sind, ohne auf die nahezu vollkommene inhaltliche Übereinstimmung einzugehen.[83]

Bei Sammeln von Material für die Kapitel Syrien und ʿIrāq ist er nicht eben systematisch vorgegangen. Dort findet man Exzerpte aus *Menāẓıru l-ʿavālim* und Ibn Saʿīds *Kitāb al-ǧuġrāfiyā*, während Zeugnisse des ortskundigen und zuverlässigen Abū l-Fidā' fehlen.[84] Bei demselben Ibn Saʿīd hat Kātib Čelebi aber nur das vierte Klima durchgesehen, während die übrigen, die wichtige Informationen über Kleinasien enthalten, nicht berücksichtigt sind.[85] Quellen, die er gekannt haben muß, hat er nicht benutzt, obwohl sie von ihm dringend gesuchte Informationen enthielten. Über die Herrscher Chinas hätte er sich etwa in Muṣṭafā ʿĀlīs *Künhü l-aḫbār* kundig machen können, außerdem in den Werken Rašīdaddīns, Naṣīraddīn Ṭūsīs und Uluġ Begs, die nach ihm Ebū Bekr ed-Dimišqī benutzte.[86]

Neu entdeckte Quellen oder andere Lesefrüchte werden nachgetragen. Diese Marginalien sind ebenso wie die oben beschriebenen Korrekturen größtenteils durch ein Kürzel *ṣaḥḥ* markiert, das sie als Teil des Haupttextes kennzeich-

[79] Im Gegensatz dazu behauptet Kātib Čelebi, in seiner (nicht erhaltenen) Sammlung von *fetvās* aus 300 Sammelhandschriften katalogisierte 4000 Traktate verwertet zu haben (*Mīzānu l-ḥaqq* 144). Leider ist dies nicht überprüfbar.

[80] So hat Kātib Čelebi in ǦD 267 primär *Nuzhatu l-qulūb* 123f. benutzt, dann aber auch p. 74 etwas Nützliches gefunden, ähnlich auch ǦD 412 nach *Nuzhatu l-qulūb* 100f. und 241. Weitere Fälle lassen sich leicht im Verzeichnis der Quellen auffinden.

[81] al-Muqaddasīs *Aḥsan at-taqāsīm* ist wesentlich öfter in Marginalien benutzt als im Text. Ähnliches läßt sich mindestens in bestimmten Kapiteln über *Haft iqlīm* sagen (cf. Kap. V, Abschn. 8).

[82] ǦD 237-241.

[83] ǦD 350f., *Taqwīm al-buldān* 483ff., *Ṣūrat al-arḍ* 491ff.

[84] WK 134v-175r passim.

[85] Zum Quellenwert cf. Cahen 1972.

[86] Schmidt 1991. 172, Kahle 1940. 319. Alle Werke hätte er nach *Kašf aẓ-ẓunūn* kennen müssen. Solche Inkonsequenzen können im Manuskriptzeitalter auch dadurch zustande kommen, daß Bücher nicht jederzeit zur Hand sind.

net, im Unterschied zu den mit *minhu* markierten, von denen noch die Rede sein soll. Ergänzungen sind, sofern der Kontext es erfordert, so formuliert, daß sie sich nahtlos in den Satzbau des vorliegenden Textes einfügen:

Ve Ṭomas ḥavārīniñ türbesi andadur deyü taḥrīr eder Lorenso <eyider ol eğlden bu šehre Santomeyo daḫi derler [...] mezbūr Lorenso kitābında> bu šehrler [...] deryā kenārındadur [ergänze: deyü yazar] (ĞD 201)[87]
<[...] medīne-i ẓafer ma'nāsına Fīrūzābād ismini qodı deyü Taqvīm'de mesṭūrdur amma ba'ż-ı nusaḫda> Fīrūz Šāh añı teğdīd etmekle aña mensūb oldı (ĞD 264)
Taqvīm'de nehr-i Tustar Ḥışn-ı Mehdī yanına deryā-yı Fārs'a dökilür dedügi «...» <yerindedür zīrā Aḥsanu t-taqāsīm'de mesṭūrdur ki nehr-i Ahvāz ve Diğle baḥra dökilür [...]> (ĞD 286)
Pes ol göl yerine bir šehr yapdılar <deyü Ḥamdüllāh taḥrīr eder lākin Haft iqlīm'de bir šehr-i qadīmdür [...] deyü yazar (ĞD 296)

In derselben Art und Weise hat Kātib Čelebi schon die erste Fassung überarbeitet. Die Erweiterungen, die er im Wiener Konzept nachtrug, und die größtenteils kein neues Material, sondern zuvor ausgelassene Informationen der alten Quellen umfassen, sind in ganz ähnlicher Weise eingefügt:

buḥayre-i Bišek Selanik'den iki marḥale šarqa ṭūlı on mīl ʿarżı taqrīben üč mīl bir ṭūlānī ġadīrdür <bunıñ ğünūb ṭarafı ṭūlānī bir ğebel-i kebīrdür ve šimālīsi bir miqdār arż-ı müsteviye baʿdehü Sidreqapsı ṭağları evā'ilidür> ayağı Rendene boğaz«ından» {ı nām ile ğebeliñ arasından gečüb} nıṣf-ı marḥale gidüb deryāya varur <maḫreğ-i āb olan mevżiʿ ṭūlan ve ʿarżan iki mīle qarīb neyyistāndur bu neyyistānda ṭūlı bir ẕirāʿ tārr māhīler ṣayd olınur ki ġayrī buḥayrātda ʿadīli maʿdūmdur> Bišek bunıñ sāḥilinde bir qarye-i kebīredür <ḫalqı müsülmān ve naṣārādur müsülmānı piyādegān ṭā'ifesidür bir ğāmiʿi vardur ve Rendene boğazında Qavanoz derler bir qarye daḫi vardur ol daḫi Bišek gibi ... iki ṣınfdur lākin bunıñ naṣārāsı ziyādedür> ve Bāzārgāh-ı Ğedīd nām Meḥmed Paša-ı ʿAtīq vaqfı bir qarye daḫi vardur «mevsiminde» {ğumʿa günleri} ʿaẓīm ğemʿīyeti olur <ḫalqı gelüb ğāmiʿ qurbında beyʿ u širā ederler> <bir ğāmiʿi vardır eṭrāfında ʿimāreti daḫi Meḥmed Paša bināsıdur>[88]

Um diese Redaktion in vielen kleinen Einschüben zu vermeiden, zog es Kātib Čelebi manchmal vor, den Artikel auf dem Seitenrand ganz oder teilweise neu zu schreiben:

ve Selanik ile ġadīr-i mezbūr arasında Ayvasil göli derler bir ġadīr daḫi var«dur on mīle qarīb müdevver ve ṭūlānī» dur bunlarda vāfir māhī ṣayd olınur <bu Ayvasil göli Selanik'iñ ġarb ve ğünūb ṭarafında bir marḥaledür buḥayre-i Bišek ile bunıñ arası nıṣf-ı marḥaledür ve bu buḥayre bir miqdār ṭūla mā'il müdevverdür on mīl qadar bunda daḫi vāfir baʿżı semāk ṣayd olınur ğümleden qarasazan derler bir nevʿ balıq eyyām-ı šitāda bī nihāyet čıqar tüğğār Selanik'e götürürler bunıñ daḫi ṣuyı ... ve ʿumqı seksen ẕirāʿdan

[87] Der ursprüngliche Text stammt aus Fabrica del Mondo 242f., die Marginalie p. 247.

[88] WK 20r zum Volvi-See, ausschließlich nach *Menāẓıru l-ʿavālim* 46r. Ebenso überarbeitet wurden u.a. die Artikel Badajoz 34v nach *Menāẓıru l-ʿavālim*150v, Nachträge zu Granada 36r, Jaen 37r, Toledo 37v.

ziyādedür ve Ayvasil bunıñ sāḥilinde bir qaryedür ekṣer ḫalqı naṣārā ... ve balıqğılardur ehl-i islāmı azdur>[89]

Manchmal ist das Ergebnis einer Einfügung irreführend, da im Folgenden sich die Quellenangabe nur auf den ursprünglichen Text, nicht aber auf die lange Marginalie bezieht:

Fārsnāme'den menqūldur ki <Fārs'da bundan qadīm binā yoqdur [...] ḥiṣār gibi metīn binā evler ve dervāzelerdür> Ğemšīd İṣṭaḫr'da pā-yı kūhda siyāh seng-i ḫārādan bir serāy-ı murabbaʿ ṭarḥ u binā eyledi (ĞD 265[90])

Nicht immer war Kātib Čelebi sich sicher, daß er den Nachtrag auch verwenden wollte. Gestrichene Marginalien sind häufig, doch die Streichung konnte auch wieder rückgängig gemacht werden.[91]

Kātib Čelebi behielt sich die Möglichkeit, weitere Informationen nachzutragen, von vornherein ausdrücklich vor. Er hoffte, die bislang vermißte Darstellung der chinesischen Geschichte an der vorgesehenen Stelle am Rand anfügen zu können.[92] Generell ging er mit der Fülle der Marginalien insofern ein Risiko ein, als diese eine beträchtliche Fehlerquelle für künftige Abschreiber waren. Kreutel hat demonstriert, was "gedankenlose Kopisten" aus den Marginalien in Evliyā Čelebis *Seyāḥatnāme* für ein "haarsträubendes Durcheinander" mit einem "sinn- und zusammenhanglosen Ergebnis" angerichtet haben.[93] Unter diesen Umständen ist besonders zu würdigen, wie getreulich İbrāhīm Müteferriqa in der Druckausgabe die Intentionen Kātib Čelebis nachvollzog.

Die Sorgfalt, die Kātib Čelebi zu Beginn der zweiten Fassung noch walten ließ, schwand im Fortgang der Arbeit dahin. Im ersten Teil des Autographs ist der Charakter der Reinschrift noch gewahrt. Dies setzt voraus, daß der Text abgeschlossen ist, daß keine neuen Informationen aus später erschlossenen Quellen zu erwarten sind. Soweit das Werk auf europäischen Quellen basiert, war dies offenbar der Fall. Je weiter Kātib Čelebi jedoch arbeitete, desto weniger galt es. Mit der Zahl der Nachträge verliert das Autograph immer mehr das Aussehen einer Reinschrift und wird wiederum zu Kladde. Es wiederholt sich hier im Istanbuler Konzept, was bereits im Wiener Konzept geschehen war: Da Kātib Čelebi im Laufe der Jahre und während seiner unablässigen Lektüre immer noch Berücksichtigenswertes fand, konnte er sein Werk nie als abgeschlossen betrachten. Immerhin hat das Istanbuler Konzept noch nicht wieder das Stadium einer reinen Materialsammlung erreicht. Bei allen seinen enzyklopädischen

[89] WK 20r-v zum Hagios-Vasilios-See, ausschließlich nach *Menāẓıru l-ʿavālim* 46r. Einige Worte sind unleserlich, weil zu weit im Seitenfalz.

[90] Das Zitat aus dem *Fārsnāme* stammt aus *Nuzhatu l-qulūb*. In keiner der beiden Quellen aber ist der Zusatz zu finden (*Nuzhatu l-qulūb* 120, *Fārsnāme* 125-128). Zu einem weiteren Fall cf. ĞD 399 (nach *ar-Rauḍ al-miʿṭār*).

[91] IK 51r, ĞD 143 heißt es neben einer gestrichenen Marginalie: *yerindedür yazıla*.

[92] ĞD 165.

[93] Kreutel 1972. 275ff.

Werken sieht es aus, als hätte Kātib Čelebi sich nicht entschließen können, sich von ihnen zu trennen. Blieb ein Werk aber in seiner Hand, so konnte es mit der Sicherheit eines Naturgesetzes nicht ausbleiben, daß er Material fand, das nachzutragen er sich verpflichtet fühlte. Je länger die Zeit und je ausgedehnter die Lektüre, desto größer mußte die Zahl der Nachträge werden. In der türkischen *Fezleke* ist sie noch überschaubar, doch eine Seite der *müsvedde* von *Kašf aẓ-ẓunūn* vermittelt einen guten Eindruck, wie viel Kātib Čelebi dort anzufügen hatte, als er bereits einmal aus seiner Materialsammlung einen fortlaufenden Text zusammengestellt hatte.[94] Diese Werke konnten nicht fertig werden: Es war ihnen von vornherein bestimmt, Fragment zu bleiben. In der Vorrede von *Kašf aẓ-ẓunūn* hatte Kātib Čelebi einen Brief des Rhetorikers al-Qāḍī Baisānī an den Geschichtsschreiber ʿImādaddīn al-Iṣfahānī zitiert: "Niemals sah ich jemanden, der ein Buch geschrieben hatte, und nicht am nächsten Tag sagte: 'Wäre dies anders, so wäre es besser; würde jenes hinzugefügt, so gefiele es besser; würde dies vorangestellt, so wäre es nützlicher; würde jenes weggelassen, so wäre es schöner.' Darin liegt eine überaus wichtige Lehre, denn es zeigt, wie in jedem menschlichen Werk die Unvollkommenheit vorherrscht".[95]

5. Marginalien und Fußnoten

Von den Korrekturen und Nachträgen ist eine andere Gruppe von Marginalien streng zu unterscheiden. Dies sind die Autorenmarginalien, nach dem Kürzel *minhu*, mit dem sie gezeichnet sind, auch *minhiyāt* genannt. Diese stellen ein wichtiges Hilfsmittel im wissenschaftlichen Schrifttum dar, da sie es erlauben, Zusätze und Exkurse anzubringen, ohne die Gedankenführung des Haupttextes zu unterbrechen, und sollen daher als Teil von Kātib Čelebis Arbeitsweise hier untersucht werden (Abb. 10: WK 30v-31r, Abb. 11: IK141v).

Autorenmarginalien finden sich im *Ǧihānnümā* von Anfang an. Im ersten Teil des Wiener Konzeptes sind die meisten von der Hand des professionellen Schreibers sorgfältig ausgeführt,[96] weitere später von Kātib Čelebi hinzugefügt.[97] Auch im autographischen Teil sind sie, wenn auch selten, zu finden,[98] einige Male auch schon bei Artikeln, die noch nicht oder nicht vollständig ausgeführt sind.[99] In der zweiten Fassung ziehen sie sich durch das ganze Werk: Durchschnittlich findet sich auf jedem zweiten Blatt eine Autorenmarginalie.

---

[94] Reproduktion in *Kašf aẓ-ẓunūn*, Einleitung der Herausgeber, zwischen p. 18 u. 19.

[95] *Kašf aẓ-ẓunūn*, muqaddima, 18. Der Interpretation dieser Stelle bei Rosenthal 1947. 67f. als Beweis für ein Konzept des Wandels anstelle von individueller Entwicklung kann ich nicht folgen.

[96] Z.B. WK 29v, zwei weitere 30r.

[97] WK 13v.

[98] Z.B. WK 100r, 104v, 105v.

[99] WK 158v, 172v.

Normalerweise ist anzunehmen, daß sie gleichzeitig mit dem Text geschrieben werden.[100]

Typischer Inhalt einer solchen Marginalie sind zunächst bestimmte Zusatzinformationen zum Text. So sind Fremdwörter,[101] Fachbegriffe,[102] Abkürzungen[103] oder auffallende Toponyme[104] in Marginalien erklärt. Ebenso sind Verweise auf Orte gleichen Namens bevorzugt am Rand geschrieben,[105] doch kommen sie auch im Text vor.[106] Immer wieder sind Teile des beschreibenden Textes in die Marginalien verlagert, ohne daß im nachhinein ein Grund dafür erkennbar wäre.[107] In anderen Fällen dagegen ist deutlich, daß es sich um Exkurse handelt, die nur lose mit dem eigentlichen Thema assoziiert sind, aber dennoch das Interesse von Leser und Autor haben. Dies können Erklärungen technischer oder naturwissenschaftlicher Art sein,[108] oder auch politische Überlegungen.[109] Kommentare beziehen sich auf die Quellen und ihre Autoren.[110] Zahlreich sind darüber hinaus die Marginalien, die vom Haupttext abweichende Informationen aus Texten oder Karten bringen. Der Vorzug für eine Auffassung ist dabei im allgemeinen nur durch die Anordnung ausgedrückt, nicht aber explizit im Text. Solche Marginalien sind die ausführlichsten, sie sind oft mehrere Druckzeilen lang.[111]

Die Trennung von *ṣaḥḥ-* und *minhu*-Marginalien ist nicht ganz konsequent durchgeführt. Immer wieder gibt es *minhiyāt*, die eindeutig dafür bestimmt sind, in den Text eingefügt zu werden.[112] Bei einigen ist sogar durch eine gestrichelte Linie der Ort der Einfügung angezeigt.[113] Auch die Behandlung durch die Ko

---

[100] Eine Marginalie IK122r (ĞD 325) beruht eindeutig auf derselben Quelle wie der Haupttext (*Taqwīm al-buldān* 444).

[101] Aus dem Lateinischen Grad WK 4v, Wind 4r, Archipel 13r, aber auch aus dem persisch-arabischen Wortschatz *kūra* IK 99r (ĞD 262).

[102] Solstitium WK 2v, *ǧoġrāfyā* 32r, *manāṭıq* 29v.

[103] Neben einem Itinerar: *lām menzil ḫā farsaḫa išāretdür* (IK 123r, ĞD 327), neben einem anderen, ohne Sigel: *s sāʿata išāretdür* (WK 126v).

[104] Baḥr-ı varang WK 17r, Allāhu ekber ṭaġı IK 114r, Imaus Mons IK 141v, ĞD 372.

[105] Allein drei solche Verweise IK 111v, ĞD 297, 299.

[106] Zu Kāšān ĞD 357, IK 135v. Auf demselben Blatt des Autographs steht wieder ein solcher Verweis am Rand.

[107] Z.B. daß die im Text genannte Brücke über den Sakarya ein solides, von Sultan Bāyezīd errichtetes Bauwerk sei (WK 25r), daß zwischen den zwei Hauptarmen des Donaudeltas noch mehrere Nebenarme vorhanden seien (WK 27v).

[108] WK 29v über das Vorgehen bei der Messung des Erdmeridians im Auftrag des Kalifen al-Ma'mūn, WK 15r über die Ursachen eines Wirbels im Roten Meer.

[109] WK 16r über das Eindringen der Europäer ins Rote Meer.

[110] Ein Vergleich, wie Abū l-Fidā' und Meèmed ʿĀšıq einen bestimmten Vers interpretieren WK 36v, eine abschätzige Bemerkung über den römischen Geographen Solinus IK 84r, ĞD 228.

[111] Z.B. IK 140v, ĞD 369. Eine Marginalie nach einer Karte IK 50r, ĞD 139.

[112] IK 2v ein Nachtrag zur Bibliographie.

[113] Z.B. IK 71r. Trotzdem ist diese Marginalie nicht in der Druckausgabe (191) und auch nicht in der daraufhin untersuchten Handschrift O (124v) enthalten.

pisten ist uneinheitlich. In der Oxforder Handschrift (Sale 67) sind sie am Beginn regelmäßig am Rand wiedergegeben, fehlen aber später fast durchwegs, ohne daß ein Kriterium erkennbar wäre. In der Leidener Handschrift (cod. Warner 1109) sind sie anscheinend regelmäßig enthalten.[114] İbrāhīm Müteferriqa behauptet zwar in seinem Vorwort der Druckausgabe, er habe die Ergänzungen und auch die *minhiyāt* Kātib Čelebis in seine Ausgabe aufgenommen, doch trifft dies nur für den Anfang zu. Dort sind sie in den fortlaufenden Text integriert. Es scheint, als sei es der Druckerei nicht möglich gewesen, sie als Fußnoten oder Marginalien zu setzen. Andererseits war İbrāhīm Müteferriqa offenbar nicht willens, den Haupttext zu unterbrechen, um die Marginalien einzubeziehen. Also fehlen speziell in den Länderbeschreibungen fast alle *minhiyāt*.

Es geht aus dem Voranstehenden klar hervor, daß die Autorenmarginalien weitgehend dieselbe Funktion haben wie die Fußnoten in gedruckten Werken. Rosenthal hat darauf aufmerksam gemacht, daß der fundamentale Unterschied zwischen Marginalien und Fußnoten darin besteht, daß für eine Fußnote notfalls die ganze Seite oder mehr als Raum genutzt werden kann, während der Platz auf den Seitenrändern beschränkt ist.[115] Keine *minhu*-Marginalie Kātib Čelebis ist jedoch, soweit ich sehe, auch nur annähernd so lang, daß sie ihn in Platznot bringen könnte, zumal die Ränder z.B. im Istanbuler Konzept sehr breit sind.

Die Erscheinung von Autorenmarginalien im osmanischen Schrifttum ist aus kodikologischer Sicht noch nicht systematisch untersucht worden. Im arabischen Schrifttum hat man seit dem 14. Jhdt. das Bedürfnis gehabt, mit einem Text zusätzliche Bemerkungen oder Exkurse zu verknüpfen. Doch angesichts der Praxis der Abschreiber, alles, was nicht ganz fest in Verbindung mit dem Text stand, wegzulassen, schrieb man solche Dinge nicht auf den Rand, sondern in den Text und kennzeichnete sie mit Worten wie *tanbīh*, *fā'ida*, *ta^clīq*, *ḥāšiya* o.ä.[116] Längere Exkurse sind auch im *Ǧihānnümā* mit *tetimme*, *tenbīh* oder *tezyīl* eingeleitet und in den Text integriert.[117] In *İlhāmu l-muqaddes* ist ein längerer Abschnitt im Text mit *minhu* eingeleitet, es folgt ein *tezyīl*.[118]

Möglicherweise handelt es sich also bei den Autorenmarginalien um eine osmanische Neuerung,von der zu klären wäre, wann sie erstmals erscheint.[119] Die Vermutung liegt nahe, daß sie entweder direkt aus dem Kanzleigebrauch übernommen ist oder sich zumindest parallel dazu entwickelte. Im Verlauf eines Vorgangs in der osmanischen Bürokratie wurden die Vermerke zum weiteren

[114] Dies ist mein Eindruck nach einer kurzen Untersuchung der Handschrift.
[115] Rosenthal 1947. 39.
[116] Rosenthal 1947. 40.
[117] Z.B. *tetimme* ǦD 55, 95, 147, 165, *tenbīh* 55, 94, 123, *tezyīl* 90.
[118] Şehsuvaroğlu 1957. 156f., Faksimile ibid. 171f. Ob dies der Anordnung im Autograph entspricht, ist nicht sicher, aber wahrscheinlich.
[119] Z.B. finden sie sich in einer (späten) Handschrift eines Werkes von Sipāhīzāde (gest. 1580) in Wien als *minhu* oder *min ḫaṭṭihi* (Flügel 1865-67. I, Nr. 19).

Vorgehen ebenso wie die Exzerpte diesbezüglicher Akten am Kopf und am Rand der vorgelegten Schriftstücke als Grundlage für die anstehenden Entscheidungen festgehalten.[120] Andere Elemente von Kātib Čelebis Arbeitsweise entstammen mit Sicherheit dem Kanzleigebrauch. Die Sigel *ṣaḥḥ*, mit denen er seine Korrekturen zeichnet, ist dieselbe, die ein Würdenträger gebraucht, um die nach Prüfung eines Vorgangs ergangene Verfügung zu bestätigen.[121] Die Anweisungen, die Kātib Čelebi — sei es für sich, sei es für einen Kopisten — ab und zu an den Rand schreibt, z.B. *yerindedür yazıla*,[122] *naql olına*[123] entsprechen den Anweisungen im Geschäftsgang einer Kanzlei *qaydı görile* oder *der kenār olına*.[124]

Kātib Čelebi verwendet die *minhiyāt* in zahlreichen Werken. In der Edition von *Kašf aẓ-ẓunūn* sind sie als Fußnoten gesetzt, während die nicht oder mit *ṣaḥḥ* gezeichneten Marginalien in den Text integriert sind.[125] Die Marginalien im Autograph der *Fez̲leke* dagegen sind in der unzuverlässigen Druckausgabe nicht enthalten.[126] Einen Gebrauch von Marginalien ähnlich dem im *Ǧihānnümā* kündigt Kātib Čelebi im Vorwort von *Levāmiʿu n-nūr* an: "Um schwierige Ortsnamen zu erläutern und unbekannte Orte zu erklären, wurden nötigenfalls Glossen an den Rand geschrieben".[127] In späteren Werken sind Autorenmarginalien schließlich geläufig. Als Beispiel sei auf ʿUšaqīzādes *Z̲eyl-i šaqā'iq* verwiesen, dessen Autograph nicht zuletzt aufgrund der Marginalien identifiziert werden konnte.[128] Allem Anschein hatten sie sich als Hilfsmittel der wissenschaftlichen Praxis bewährt.

6. Auswahl der Quellen

Kātib Čelebis Umgang mit den Quellen läßt ein klares Bewußtsein für die Problematik der Arbeit mit Quellen erkennen, auch wenn seine ausdrücklichen Äußerungen dazu nicht zahlreich sind. In der Vorrede der zweiten Fassung hatte Kātib Čelebi den Anspruch erhoben, aus "allen Werken" der islamischen geographischen Literatur "alles Nützliche" exzerpiert und seine Übersetzung des Atlas Minor daraus ergänzt zu haben.[129] Diese Behauptung darf aber wegen ihres Platzes in der *dībāče* nicht für bare Münze genommen werden. Wie es sich

---

[120] Velkov 1979. 39-42.

[121] Velkov 1979. 40f., 73.

[122] IK 51r

[123] WK 210v, 118v et pass.

[124] Zu längeren und kürzeren Anweisungen dieser Form Velkov 1979. 44-59.

[125] Eine extrem lange Autorenmarginalie *Kašf aẓ-ẓunūn* 1484, während die meisten nur ein oder zwei Sätze lang sind.

[126] Kütükoğlu 1974. 13.

[127] ǦD 10.

[128] Majer 1978. 68ff.

[129] ǦD 1f.

mit der Vollständigkeit verhält, habe ich im Kapitel V gezeigt. Der zweite Teil der Aussage impliziert, daß Kātib Čelebi seine Quellen nur selektiv ausgewertet habe, indem er nur das Nützliche (*fevā'id*) übernahm.

Zunächst ist darunter alle Information von Augenzeugen oder sonst aus erster Hand zu verstehen. Schon von Ibn Sīnā wird berichtet, er habe neu erworbene Bücher lediglich auf die originären Beiträge des Autors hin durchgesehen.[130] In der Geographie bedeutet dieses Kriterium, daß ein Autor um so wichtiger ist, je mehr er aus eigener Erfahrung und Anschauung berichten kann. Damit kann z.B. erklärt werden, warum Kātib Čelebi die maritime Literatur so hoch schätzte. Wenn er auch wußte, daß dem *Muḥīṭ* eine Reihe von Werken Sulaimān al-Mahrīs zugrundeliegen,[131] so faszinierte ihn doch offenbar die Praxisnähe, die diesem Werk wie auch Pīrī Re'īs' *Baḥrīye* eigen ist. Erfahrungen von Seeleuten empfiehlt er an anderer Stelle ausdrücklich der Aufmerksamkeit der Gelehrten.[132]

Meḥmed ᶜĀšıq, der mit seiner großen Kompilation dem künftigen Kosmographen alles Notwendige hatte an die Hand geben wollen, wurde von Kātib Čelebi allenfalls als Gewährsmann für Selbsterlebtes akzeptiert.[133] Er übernahm in die Fortsetzung der ersten Fassung sofort die Beschreibung von Meḥmed ᶜĀšıqs Vaterstadt Trabzon.[134] Was Meḥmed ᶜĀšıq darüberhinaus selbst erlebt hat, hat Kātib Čelebi wenn nicht umfassend, so doch größtenteils akzeptiert, während er schon mit Informationen, die Meḥmed ᶜĀšıq seinerseits von Gewährsleuten sammelte, wesentlich zurückhaltender war.[135] Meḥmed ᶜĀšıqs irrige Behauptung, die durch Edirne fließenden Flüsse Tunca und Meriç mündeten ins Schwarze Meer, dürfte Kātib Čelebi ein gewisses Mißtrauen eingeflößt haben.[136] Auch an *Nuzhatu l-qulūb* hat Kātib Čelebi zweifellos den Wert als originäre Quelle anerkannt. Eine explizite Aussage dazu fehlt, doch läßt sich dies direkt aus dem Umfang der Entlehnungen ablesen.

In Kātib Čelebis *Fezleke* läßt sich das Streben nach authentischen Berichten ebenfalls verfolgen. Unter diesem Aspekt benutzte Kātib Čelebi die Werke Ḥasanbegzādes, Pečevīs, des Ṭopčular Kātibi, Ḥüseyn Ṭuġīs und anderer.[137] In *Kašf aẓ-ẓunūn* lobte Kātib Čelebi überdies, daß Meḥmed ᶜĀšıq bestrebt gewesen

130 Rosenthal 1947. 63.
131 Cf. ĞD 13 s.v. ᶜUmdat al-mahra.
132 ĞD 94. Es sei auch auf die Bedeutung der *Baḥrīye* als Quelle für die erste Fassung verwiesen.
133 WK 1'r: *Kendiniñ ilḥāqātı intiḫāb olındı.*
134 WK 158vff.
135 Kātib Čelebi hat Meḥmed ᶜĀšıqs Augenzeugenberichte aus dem Langen Türkenkrieg stets ignoriert (cf. *Menāẓıru l-ᶜavālim* 197r, WK 107v zur Belagerung von Esztergom durch die Österreicher), in der Beschreibung Nordgriechenlands den Sammelartikel Maqedonya (*Menāẓıru l-ᶜavālim* 117r) übergangen. Unter den nach Gewährsleuten beschriebenen Städten sei als Beispiel Tırḥala und Budin genannt (177r, 198v).
136 Kātib Čelebis ärgerlicher Kommentar ĞD 66f.
137 Kütükoğlu 1974. 26, 29, 33f.,38ff., 42f.

sei, die veralteten Angaben der früheren Literatur zu aktualisieren, doch war dies, wie an anderer Stelle zu zeigen sein wird, kein Ansatz, den er aufgegriffen hätte.[138]

Zum Streben nach Authentizität gehört in gewisser Weise auch, daß Kātib Čelebi sich um Autographen (*müsvedde*) bemühte. Diese gewährten eine gewisse Sicherheit vor Schreiberversehen und waren daher schon bei den peniblen arabischen Gelehrten des Mittelalters geschätzt.[139] Kātib Čelebi benutzte anscheinend das Autograph von *Menāẓıru l-ʿavālim*.[140] Es ist außerdem bekannt, daß er große Anstrengungen unternahm, um von Meḥmed b. Meḥmed das Autograph seiner *Nuḫbetü t-tevārīḫ* zu erhalten und dann um so enttäuschter war, als der Inhalt alles andere als originell war.[141] Die Verwendung von *müsveddāt* ist in der osmanischen Literatur auch anderweitig bezeugt. So benutzten ʿUšaqīzāde wie Naʿīmā die *müsvedde* des ʿĪsāzāde, Naʿīmā außerdem die des Šāriḥülmenārzāde.[142]

Nicht mit diesem Streben nach Authentizität vereinbar ist eigentlich die Reserviertheit, die Kātib Čelebi grundsätzlich gegenüber Reiseberichten schriftlicher und mündlicher Art — auch den eigenen Beobachtungen — an den Tag legt, denen er gelehrte Bücher stets vorzieht.[143] Die arabische geograpische Literatur hatte, sofern es sich nicht um reinen *adab* handelte, den Augenschein (*ʿiyān*) besonders hoch bewertet.[144] Kātib Čelebi muß selbst ebenso wie Meḥmed ʿĀšıq Berichte von Gewährsleuten verwertet haben, die vielleicht unter Kaufleuten, vielleicht unter den *qāḍī*s zu suchen sind, die, wenn ihre Anstellung irgendwo fern im Reich abgelaufen war, nach Istanbul kamen und dort auf eine neue Berufung warteten.[145] Sowohl in seiner Korrektur einer Darstellung bei Abū l-Fidā' als auch generell in seiner Kritik an europäischen Karten des Nahen Ostens beruft sich Kātib Čelebi auf seine eigene Erfahrung aufgrund von Feldzügen und Pilgerfahrt.[146] Doch in der Praxis ist die Geographie — wie eigentlich jedes Thema — für ihn eine Buchwissenschaft,[147] wie er dies in seiner Ein

---

[138] *Kašf aẓ-ẓunūn* 1833f. s.v. Menāẓıru l-ʿavālim.

[139] Rosenthal 1947. 23.

[140] ǦD 14 heißt es, das Buch liege nur als *müsvedde* vor.

[141] *Kašf aẓ-ẓunūn* 1936 s.v.

[142] Strauß 1991. iiif., Thomas 1972. 138f., 33f.

[143] Es ist wohl kein reiner Zufall, daß unter den vielen Quellen Reiseberichte im engeren Sinne so selten sind.

[144] Zur Bedeutung des *ʿiyān* bei den arabischen Reisenden Miquel 1973. 118, 135, 143; vor allem al-Muqaddasī war es unter den systematischen Geographen, der auf *ʿiyān* größten Wert legte (Miquel 1973. 323).

[145] Zilfi 1988. 43f. Wie viel Wissen die Osmanen auf Wegen erreichte, die sich nicht in Büchern nachvollziehen lassen, hat Vatin 1987 gezeigt. Seydī ʿAlī Re'īs liefert Belege dafür, wie man immer wieder von ausländischen Seeleuten Informationen über fremde Länder einholte (Bittner/Tomaschek 1897. 75f.).

[146] WK 22v, ǦD 66.

[147] So auch Kračkovskij 1957. 601.

leitung der zweiten Fassung ausgedrückt hat. Daß er dort die Lektüre geographischer Werke dem Reisen in persona vorzieht, darf nicht als Rhetorik der *dībāče* abgetan werden.[148] Sichtbar wird diese Haltung immer wieder in seiner Zurückhaltung mit eigenen Beiträgen. Die zweite Fassung enthält zwar eine Bibliographie, in der alle Quellen aufgelistet sind, aus denen seine Berichte stammen, doch keine Autobiographie, mit der er seine eigene Qualifikation als Gewährsmann herausstellen könnte. Daß er selbst einen von Abū l-Fidā' genannten Nebenfluß des Euphrat nicht gefunden hatte, war nicht aussagefähig genug, er mußte sich zusätzlich noch auf eine nicht näher bezeichnete Karte berufen.[149] Die Stationen der Pilgerfahrt in seinem Arabienkapitel scheinen nicht auf seinen eigenen Aufzeichnungen, sondern auf einem unidentifizierten Pilgerbuch zu beruhen.[150] In den Beschreibungen iranischer Städte ist sein eigener Eindruck mit Formulierungen seiner Quellen verschmolzen.[151] Der Gesamteindruck, den er wiedergibt, so wie sich eine Stadt dem Ankommenden präsentiert, ist anschaulich, doch seine Beschreibung im einzelnen ist oft nicht systematisch.[152]

Zu einem befremdlichen Ergebnis führte schließlich, daß sich Kātib Čelebi für sein *İršādu l-ḥayārā* nicht etwa an einen Zeitgenossen — vielleicht an Meḥmed İḫlāṣī oder an Lewinus Warner — wandte, als er Auskunft über den Glauben der Christen suchte, sondern zwei ältere apologetische Pamphlete konsultierte, in denen zwar die längst obsolete Spaltung der alten Kirche in Melkiten, Jakobiten und Nestorianer, nicht aber die jüngere in Protestanten und Katholiken erwähnt ist.[153]

Unter seinen gelehrten Quellen wiederum bemühte sich Kātib Čelebi insofern um Authentizität, als er immer mehr von Kompilationen auf deren Quellen zurückging. Auf diese Weise kam er von *Taqwīm al-buldān* auf Ibn Saʿīds *Kitāb al-ǧuǵrāfiyā* und vielleicht auf al-Bīrūnīs *al-Qānūn al-masʿūdī*, von *Menāẓıru l-ʿavālim* auf *Nuzhatu l-qulūb* und Ibn Ḫurdāḏbih, auf Qazwīnīs Kosmographien und von diesen weiter zu Abū Ḥāmid al-Ġirnāṭī, von *Tārīḫ-i Hind-i Ġarbī* auf den Pseudo-Ibn al-Wardī. Ob er in diesem Vorgehen auch dort konsequent gewesen wäre, wo zahlreiche untereinander abhängige Quellen vorlagen, ist zweifelhaft. In der *Fezleke* hat Kütükoğlu neben dem Streben nach Primärinformationen auch immer wieder Stellen gefunden, an denen Kātib Čelebi Werke, die ihm direkt vorlagen, indirekt zitiert. Dort hat er *Künhü l-aḫbār* oder Ḥasanbegzade einige Male in der Version Pečevīs angeführt, diesen selbst sowie *Künhü l-*

[148] ĞD 1, wiederholt ĞD 17.
[149] WK 22v.
[150] WK 187v-188r einschl. eingelegtem Zettel.
[151] Z.B. zu Bīsutūn ĞD 303 nach *Nuzhatu l-qulūb* 193.
[152] Z.B. seine Beschreibung Hamadāns ĞD 300.
[153] Ménage 1971. 421f., danach Lewis 1982. 81f.

ahbār und den Ṭopčular Kātibi zitiert er dann anderenorts nach Meḥmed b. Meḥmeds *Nuhbetü t-tevārīh*.[154]

In Bezug auf eigene Informationen erwartet Kātib Čelebi von den Autoren Sorgfalt und Sachkenntnis. Wie erwähnt, warf ein schwerer Irrtum Meḥmed ʿĀšıqs ein schlechtes Licht auf seine Zuverlässigkeit. Auch an anderer Stelle berichtet Meḥmed ʿĀšıq wenig glaubwürdige Dinge.[155] al-Masʿūdī wird wegen einer anscheinend nicht richtigen Beobachtung als "unwissend in rationalen Wissenschaften (*maʿqūlāt*)" abqualifiziert.[156] Die Anerkennung von al-Masʿūdīs Leistungen als Historiker enthält vor diesem Hintergrund die Mahnung, sich nicht in Wissenschaften zu betätigen, von denen er nichts verstehe.[157] Dem berüchtigten Vielschreiber as-Suyūṭī gesteht Kātib Čelebi zwar umfassende Kenntnisse der *ʿarabīya* und des Rechtes zu, rügt aber seine Versuche in der Geographie.[158] Irrtümer in der Art des Pseudo-Ibn al-Wardī zu verbreiten, gehört für ihn zu den Gewohnheiten der Philologen und der in den exakten Wissenschaften unkundigen Literaten.[159]

Treue zu den Fakten und ein kritisches Bewußtsein verlangt Kātib Čelebi hingegen von den Autoren, die Berichte anderer weitergeben. Als solche akzeptiert Kātib Čelebi vor allem die Autoren von *Taqwīm al-buldān*, *Nuzhatu l-qulūb* und *Haft iqlīm*.[160] Sein latentes Mißtrauen gegen Meḥmed ʿĀšıq dürfte noch zugenommen haben, als er diesen bei einem Mißverständnis von Abū l-Fidā's Arabisch ertappte.[161] In der Tat ist Meḥmed ʿĀšıq in der zweiten Fassung kaum mehr als Quelle nachzuweisen. Ein grotesker Übersetzungsfehler in *Tārīh-i Hind-i Ġarbī* entrüstete Kātib Čelebi so sehr, daß er ihn sowohl in seinem Exemplar dieses Werkes korrigierte als auch an zwei Stellen im *Ǧihānnümā* aufgriff.[162] Allgemein enthalten seine kritischen Anmerkungen zu anderen Werken oft einen moralisierenden Unterton, als seien die Irrtümer der Alten ethisch verwerflich. Die Anforderungen waren aber nicht immer gleich hoch. Während Mercator über die afrikanischen Küsten nichts Gesichertes zu sagen wußte, gab Pīrī Re'īs unzuverlässige, aber detailreiche Berichte wieder. Diesen schenkt Kātib Čelebi zwar keinen Glauben, doch er macht Pīrī Re'īs keine Vor

---

[154] Kütükoğlu 1974. 16f., 26, 33.
[155] WK 125v zu einer heißen Quelle bei Eskišehr.
[156] ǦD 395.
[157] ǦD 66.
[158] In ǦD 66 ist nur eine unsinnige Angabe zu den Nilquellen aufgegriffen, doch muß man dies im Zusammenhang mit einer Marginalie Kātib Čelebis in *Tārīh-i Hind-i Ġarbī* sehen (Goodrich 1990. 360f., Nr. 48), in der Suyūṭī auf seine eigentlichen Fächer verwiesen wird.
[159] *Kašf aẓ-ẓunūn* 701 s.v. Ḫarīdat al-ʿaǧā'ib.
[160] Es bleibt unklar, warum Kātib Čelebi das große Werk eines anderen zuverlässigen Kompilators, nämlich Yāqūts *Muʿǧam al-buldān*, nicht ausführlicher ausgewertet hat.
[161] WK 36v.
[162] Goodrich 1990. 359, Marg. 39, ǦD 66, 76.

würfe, da die Verifizierung (*taḥqīq*) solcher Dinge nicht zu den Aufgaben des Seemanns gehöre.[163]

Kātib Čelebi schätzt speziell an Abū l-Fidā' neben der getreulichen Überlieferung dessen wissenschaftliches Ethos, das auch, falls nötig, das Eingeständnis der eigenen Unwissenheit mit einschloß. Dies hat in der arabischen Wissenschaftsgeschichte etliche Vorbilder,[164] doch wenn es sich auch um einen Topos handelte, so hat er auf Kātib Čelebi großen Eindruck gemacht, da er mehrfach die Konsequenz zitiert: *Al-ᶜilmu bi l-baᶜḍi ḫayrun mina l-ǧahli bi l-kull.*[165] Eine ähnliche Haltung hat Kātib Čelebi auch bei Mercator festgestellt, der seine Leser aufforderte, eventuelle Fehler zu berichtigen.[166]

In direktem Kontrast zu dieser Sorgfalt und wissenschaftlichen Redlichkeit eines Abū l-Fidā' sieht Kātib Čelebi die kosmographischen Werke, in denen allzuviel Phantastisches und Unglaubwürdiges kolportiert wird. Soweit erkennbar, hat er keine Vorbehalte gegen Qazwīnī, der seine scheinbar unglaubwürdigen Berichte mit dialektischer Raffinesse gegen vordergründigen Zweifel zu verteidigen wußte.[167] Doch dies schützt andere Autoren nicht vor Kātib Čelebis Verachtung. Ganz besonders hat er es auf den Pseudo-Ibn al-Wardī abgesehen, dem er vorwirft, es sei ihm mit seinen Lügen nur um den Eindruck beim Publikum zu tun.[168] In der Folge trifft sein Zorn dann auch die späteren Autoren, die diese Phantastereien — aus Unkenntnis der Sache, wie er unterstellt[169] — weitergeben. Phantastereien (*evhām*) zu verbreiten, ist der schwerste Vorwurf, den Kātib Čelebi erheben kann. Er richtet sich in voller Wucht gegen Muṣṭafā ᶜĀlī,[170] in abgeschwächter Form gegen den Autor von *Tārīḫ-i Hind-i Ġarbī*,[171] gegen Meḥmed ᶜĀšıq[172] und Ḥamdallāh Mustaufī.[173] Generell ist dies der Grund für die Unzulänglichkeit der älteren Literatur: "In den alten Chroniken und Kartenwerken (*ḫarā'iṭ*) entsprangen die einander widersprechenden Texte und die Karten (*šekl*) meist der Ungewißheit und der Phantasie (*šekk ve vehm*). Sie sind alle obsolet und nichtig".[174] Wo Kātib Čelebi sich mit Berichten sol

[163] ǦD 89.
[164] Rosenthal 1947. 62f.
[165] WK 32r, ǦD 12, *Kašf aẓ-ẓunūn* 468f. s.v. Taqwīm al-buldān.
[166] ǦD 67. Kātib Čelebi repliziert mit Stolz, für das Osmanische Reich habe er dies vollständig, für Asien und Afrika bestmöglich erledigt.
[167] *ᶜAǧā'ib al-maḫlūqāt* 4, zit. in *Kašf aẓ-ẓunūn* 1127f. s.v.
[168] ǦD 154.
[169] ǦD 12.
[170] *Kašf aẓ-ẓunūn* 1649 s.v. Mir'ātu l-ᶜavālim.
[171] ǦD 12, 66.
[172] *Kašf aẓ-ẓunūn* 1833f. s.v. Menāẓıru l-ᶜavālim.
[173] *Kašf aẓ-ẓunūn* 1945 s.v. Nuzhat al-qulūb.
[174] WK 13r.

cher Autoren befaßt, tut er es nach eigenen Angaben, um nicht der Unvollständigkeit bezichtigt zu werden und um die Irrtümer richtigzustellen.[175]

7. Kritische Wertung von Berichten

Die Einschätzung von Einzelinformationen ist von der generellen Beurteilung eines ganzen Werkes oder der Person eines Autors zu unterscheiden. Die allgemeine Glaubwürdigkeit, die diesen zugestanden wird, beruht zwar nicht selten auf der Überprüfung von Einzelinformationen,[176] doch enthebt dieses Urteil den Benutzer der Quelle nicht der Mühe, im Zuge seiner Kompilation die Zuverlässigkeit jeder Einzelinformation abzuwägen. Tatsächlich hat Kātib Čelebi immer wieder Angaben von Autoren verworfen, die er schätzte, und andererseits von Autoren entlehnt, die er sonst hart kritisierte.

Den Wahrheitsgehalt einer Überlieferung richtig einzuschätzen, ist das zentrale Problem aller Geschichtsschreibung, insbesondere dort, wo sie vor allem auf die Vermittlung positiver Fakten und weniger auf die subjektive Interpretation abzielt. Diese Ausrichtung bringt es aber gleichzeitig mit sich, daß Quellenkritik zwar praktiziert, aber kaum je theoretisch und systematisch diskutiert wird.[177] Diese Feststellungen lassen sich sinngemäß auf die Geographie als Buchwissenschaft übertragen.

Grundsätzlich lassen sich zwei Verfahren der Quellenkritik in der islamischen Wissenschaftsgeschichte unterscheiden, je nachdem, ob nach äußeren oder inneren Kriterien vorgegangen wird. Den ersten Ansatz hat die mit der Historiographie in gewisser Weise verwandte *ḥadīṯ*-Wissenschaft[178] zu einem perfektionierten System entwickelt, indem sie den *isnād*, die Tradentenkette, einer rigorosen Überprüfung unterzog. Sowohl eine lückenlose Übermittlung, festzustellen anhand der Lebensdaten der einzelnen Überlieferer, als auch deren persönliche Integrität mußten gewährleistet sein.[179] Analoge Kriterien wurden in anderen Bereichen angewandt, wie ein Beispiel von Ǧāḥiẓ zeigt.[180] Auch wo die *ḥadīṯ*-Kritik nicht auf die Person des Tradenten abzielte, bezieht sie sich auf die Wege der Überlieferung, etwa wenn ein "schwacher" *ḥadīṯ* anerkannt wird, wenn er mit einem anderen schwachen übereinstimmt.[181]

Ein Verfahren, eine historische Überlieferung aufgrund innerer Plausibilitätskriterien zu beurteilen, hat in systematischer Form einzig Ibn Ḫaldūn entwickelt, der zu diesem Zweck eine Phänomenologie historischer Entwicklung

---

[175] ǦD 152, 154, danach wohl Gökyay 1957a. 29. Trotzdem findet sich nur ein Bruchteil des Verfügbaren bei ihm.
[176] Zu dieser Relation bei Muṣṭafā ʿĀlī cf. Schmidt 1991. 62-66.
[177] Rosenthal 1968. 113.
[178] Rosenthal 1968. 60.
[179] EI 2 s.v. Ḥadīth.
[180] Rosenthal 1947. 57ff.
[181] EI 2 s.v. Ḥadīth.

ausarbeitete.[182] Doch ein kritisches Bewußtsein für die Problematik, für die vielfältigen beabsichtigten oder unbewußten Verfälschungen, denen eine Überlieferung unterliegt, ist auch andernorts immer wieder festzustellen.[183] De facto wurden historische Überlieferungen, sei es aus der *sunna* des Propheten, sei es aus späterer Zeit, immer wieder auf ihre innere Wahrscheinlichkeit hin befragt. Die ausgefeilte *ḥadīṯ*-Kritik verdankt ihr Entstehen nicht zuletzt dem Mißtrauen gegen offensichtlich unrichtige Überlieferungen.[184] Nur wurde diese Kritik nicht formalisiert wie die der Tradentenkette, sondern blieb gemeinhin dem "Gefühl der Traditionarier" überlassen.[185] Das Problem wird von Yāqūt ironisiert: Er selbst halte viele Phantastereien zwar aufgrund Gottes Allmacht für möglich, aber für unwahrscheinlich. Wahrheit enthalte solches insofern, als er es getreulich wiedergebe, wie ja ein Traditionarier sich den Ruf der Wahrhaftigkeit erwerbe, indem er etwas unverfälscht überliefere, auch wenn es offenkundig unwahr sei.[186]

So überrascht es nicht, daß sich auch in Kātib Čelebis quellenkritischen Äußerungen externe und interne Kriterien mischen oder überlagern und nur in wenigen Fällen klar zu trennen sind. Die Entscheidung aufgrund der Qualifikation des Überlieferers ist eindeutig ein externes Kriterium. So begründet Kātib Čelebi einmal seine Entscheidung für d'Ananias Darstellung damit, dieser sei ein rezenter und kritischer Autor.[187] Berichte Muʿīnuddīn Zamčīs oder Ḥamdallāh Mustaufīs zieht er, wo diese ortskundig sind, anderen vor.[188] Obwohl er aus Mercators Eingeständnis und aus eigenen Erkenntnissen weiß, daß der Atlas Minor für bestimmte Regionen unzuverlässig ist,[189] zieht er ihn für die Koordinaten des Kaspischen Meeres dem sonst hochgeschätzten *Taqwīm al-buldān* vor (der in der Tat die weitaus besseren Daten hat).[190] Wo die Person eines Tradenten ausschlaggebend ist, trifft ein Anonymus auf besonderes Mißtrauen. Kātib Čelebi war im Begriff, sich der besten Quelle für China zu berauben, weil er dem namenlosen Autor des *Qānūnnāme* keinen Glauben schenken wollte, der

---

[182] Dazu al-Azmeh 1990.

[183] al-Bīrūnī ließ nach eigener Aussage plausible Überlieferungen als wahr gelten, solange sie nicht durch zuverlässige Zeugen falsifiziert wurden (zit. in Grunebaum 1963. 313f.).

[184] Ein Beispiel dafür in EI 2 s.v. Ḥadīth III.

[185] *Ḏauq al-muḥaddiṯīn*, cf. Goldziher 1889-90. II, 151ff. Das Problem beim *ḥadīṯ* lag jedoch zum Teil darin, daß das Prophetentum nicht den gängigen Plausibilitätskriterien unterliegt. Daher konnte es dahin kommen, daß noch die dreistesten Fälschungen, mit einem korrekten *isnād* versehen, als Prophetenaussprüche durchgingen (op. cit. 147-150).

[186] Jwaideh 1959. 14.

[187] *Müte'aḫḫır ve muḥaqqıq*, IK 72r (entspr. ĞD 194), später gestrichen.

[188] ĞD 326, 293, beide Male gegen *Taqwīm al-buldān*.

[189] Cf. ĞD 67, 231.

[190] ĞD 398. Die Koordinaten sind von Mercators Karte abgegriffen. Danach erstreckt sich das Kaspische Meer über eine Längendifferenz von 20° (*Taqwīm al-buldān* 14°, real 5°) und eine Breitendifferenz von 5° (*Taqwīm al-buldān* ca. 13°, real ca. 10°), der südlichste Punkt liegt auf 42° 30' nördl. Breite (*Taqwīm al-buldān* wie real 37°).

behauptete, die beiden Länder Čin und Ḫitāy seien identisch.[191] Die Tatsache, daß dieser Autor im Gegensatz zu den Autoritäten selbst in China gewesen sein will, hilft ihm nicht, zumal Kātib Čelebi darüberhinaus seine Berichte als "leeres Gerede" (*lāf u güẕāf*) abtut.[192] Hier mischen sich also externe und interne Kriterien. Gegen den Autor der anonymen *Masālik al-mamālik*, die wir als Übersetzung aus Ibn Ḥauqal identifiziert hatten, macht Kātib Čelebi hingegen keine expliziten Einwände, vielleicht da sich seine Berichte im Rahmen des Bekannten hielten. Daß der Autor des *Qānūnnāme* alle bekannten Autoritäten westlicher oder östlicher Provenienz gegen sich hat, also gewissermaßen den Konsens der Gelehrten, kommt hinzu.[193] Unter den Historikern schätzte Kātib Čelebi İbrāhīm Pečevī so hoch, daß er seine Darstellung auch dort zitierte, wo er den Autor der Parteilichkeit verdächtigte.[194]

Zu den externen Kriterien läßt sich auch die Art der Überlieferung zählen. Kātib Čelebi lehnt in der ersten Fassung al-Qazwīnīs Erzählung ab, das Rote Meer sei einst trockenes Land gewesen, das durch einen Damm am heutigen Bāb al-Mandab vom Meer getrennt gewesen sei. Seine Zweifel stützen sich darauf, daß eine vergleichbare Geschichte auch vom Mittelmeer erzählt werde.[195] Als Kātib Čelebi eine vergleichbare Überlieferung später auch bei Aristoteles findet, tut er sie ohne weiteres als Legende (*efsāne*) ab.[196]

Wenn Kātib Čelebi nicht auf die Autorität anderer Autoren, sondern auf ihre Argumente Bezug nimmt, geht er nach internen Kriterien vor. In allen Fassungen setzt er sich mit der Überlieferung auseinander, daß Alexander d.Gr. bzw. Ḏū l-qarnain eine Expedition über den Ozean sandte, die Kunde von einem fernen Erdteil heimbrachte. In der ersten Fassung hält er dem Autor von *Tārīḫ-i Hind-i Ġarbī*, der dies auf Amerika bezieht, entgegen, dort habe man keine großen Schiffe gekannt. Stattdessen folgte er dem Pseudo-Ibn al-Wardī, der die Geschichte am Kaspischen Meer lokalisierte.[197] Im Wiener Konzept setzt Kātib Čelebi hiergegen das Argument Qāḍīzāde Rūmīs, der angeführt hatte, dieses Meer sei rundum bekannt und für eine Expedition wie diese viel zu klein.[198] In der zweiten Fassung geht die Kritik tiefer. Zunächst stellt Kātib Čelebi die Iden

[191] Daß die Stadt KWNSH als Hauptstadt sowohl des Kaisers von China als auch des Khan von Cathay galt, scheint weder Cluverius noch Kātib Čelebi aufgefallen zu sein (ĞD 162 nach Introductio 272f.).
[192] ĞD 154.
[193] Man vergleiche al-Muqaddasīs Grundsatz, nur Berichte wiederzugeben, über die sich die Gelehrten einig seien.
[194] Ausdrücklich so *Feẕleke* I, 90, cf. Kütükoğlu 1974. 28f.
[195] WK 16r-v nach *Tārīḫ-i Hind-i Ġarbī*, Goodrich 1990. 97f., dieselbe Legende zum Mittelmeer Goodrich 1990. 114, außerdem bei Ğenābī zum Bosporus.
[196] ĞD 85.
[197] WK 13r-v, cf. Goodrich 1990. 120. Das Gegenargument hatte Kātib Čelebi einer älteren Marginalie in *Tārīḫ-i Hind-i Ġarbī* entnommen (Goodrich 1990. 360, Nr. 44).
[198] WK 13v.

tität von Alexander d.Gr. und Ḏū l-qarnain in Frage.[199] Aus der von ihm übersetzten Chronik des Johann Carion weiß Kātib Čelebi, daß von ersterem in den antiken Quellen keine Expedition nach Westen bekannt ist, und zu letzterem gebe es einzig die Offenbarung als Quelle, in der dergleichen ebenfalls nicht enthalten ist.[200]

Die Beurteilung eines Berichtes nach internen Kriterien bedeutet oft genug nichts anderes als die Heranziehung eigener Erfahrungen und den Gebrauch des gesunden Menschenverstandes. Darauf stützt Kātib Čelebi sich, wenn er al-Masʿūdīs mehrfach zitierte Beschreibung der Bauweise unter Wasser verwirft.[201] Schon der einfache Augenschein lehrt, daß Ǧenābīs Behauptung nicht wahr sein könne, Konstantinopel sei einst ganz von Wasser umgeben gewesen und erst ein späterer Herrscher habe die Landverbindung aufschütten lassen.[202] Was für d'Anania ein bemerkenswerter Vorgang ist, daß nämlich die Europäer mit gewissen Völkern der Südsee stummen Tauschhandel trieben, erklärt Kātib Čelebi nüchtern damit, daß keine der beiden Seiten die Sprache der anderen verstand.[203] Ein Detail der Eroberung von Komorn 1003 H. lehnt er in der *Fezleke* mit den Worten ab, solche Berichte kämen nur durch Unkenntnis der Verhältnisse in der Grenzregion zustande.[204] Eine Aussage über das Christentum, die seine unbekannte Quelle dem italienischen Admiral Andrea Doria in den Mund legte, war Kātib Čelebi so suspekt, daß er darüber einen christlichen Gelehrten befragte, der ihm seinen Verdacht bestätigte.[205]

Angaben Marco Polos über die chinesische Hauptstadt hatte schon Cluverius angezweifelt, da sie unwahrscheinlich seien. Kātib Čelebi übernahm diesen Zweifel ebenso wie den Erklärungsversuch, die Stadt sei vielleicht in der Zwischenzeit zerstört worden.[206]

Andererseits bin ich der Ansicht, daß ihm die Beschreibung des *nehr-i Berber*, der angeblich nahe Tunis entsprang, durch Schwarzafrika (Ḥabeš und Nūba in der allgemeinsten Bedeutung) floß und nach 520 *farsaḫ* (über 3000 km) in den westlichen Ozean mündete, hätte auffallen müssen.[207] Auch die Angabe, die Küstenlänge des Mittelmeeres betrage 13.057 Meilen (ca. 26.000 km) ist so

---

[199] Diese Trennung findet sich in der islamischen Literatur erstmals bei Ibn Kaṯīr (İA s.v. Zülkarneyn; in EI 2 s.v. Iskandar ist kein Hinweis auf diese Problematik enthalten).

[200] Koran 18. 83-99, die ganze Diskussion ǦD 114f., nochmals aufgegriffen im Widerspruch gegen Rāzīs *Tefsīr-i kebīr* ǦD 378.

[201] ǦD 395.

[202] W 40r beruft Kātib Čelebi sich auf *baʿż-ı ʿalā'im*.

[203] ǦD 147 nach Fabrica del mondo 272f.

[204] *Fezleke* I, 40.

[205] *Tuḥfetǖ l-kibār* 47f.

[206] ǦD 162: *Lākin bu evṣāfa ʿaql-ı selīm teslīm eylemez ve baʿżılar derler ki Markus'dan ṣoñra bu šehr taḫrīb olınub bu ḥal üzere qalmamıšdur.* Cf. Introductio 272f.

[207] WK 27v.

überhöht, daß Kātib Čelebi hätte stutzig werden müssen.[208] Die Tatsache, daß das von legendären Geschichten und mirabilia übervolle Istanbul-Kapitel im Wiener Konzept fehlt, dürfte u.a. auf Kātib Čelebi gestiegenes kritisches Bewußtsein zurückzuführen sein.

8. Koordination und Konfrontation von Quellen

In der Theorie sind die diskutierten Verfahren auch für die Kritik isolierter Berichte brauchbar, in der Praxis aber werden sie weit überwiegend dort angewandt, wo Kātib Čelebi zwischen konkurrierenden Berichten abzuwägen hat. In den Klimata der *mamlakat al-islām* ist es für den Geographen relativ einfach, die verschiedenen Quellen zu koordinieren, i.e. jeweils festzustellen, auf welchen Ort sich ein Bericht bezieht und ihn dann mit anderen Berichten zum selben Ort zu konfrontieren. Doch wer die Darstellungen Südostasiens bei Cluverius, d'Anania, Gastaldi und Mercator untereinander und mit dem modernen Atlas vergleicht, kann ermessen, welches Unterfangen es für Kātib Čelebi war, ohne weiteres Vorwissen aus diesen Quellen ein einheitliches und korrektes Bild der Region zu gewinnen.[209] Er selbst hielt die Abweichung des Ergebnisses von der Wirklichkeit für relativ gering.[210] Für uns sind seine Bemühungen noch an den Stellen erkennbar, wo er die Divergenzen der Quellen nicht überwinden konnte.[211]

Vergleichbare Schwierigkeiten bereiten ihm die Daten der Geschichte Konstantinopels. Hier stützt er sich weitgehend auf die Chronik des Ǧenābī und versucht, diese mit den Angaben aus al-Bīrūnīs Chronologie und aus der Weltchronik des Ibn al-ᶜIbrī in Einklang zu bringen, die aus ganz anderen Traditionen stammen und dementsprechend schwer vereinbar sind.[212]

Ein besonderes Problem bildet die Koordinierung von europäischen mit orientalischen Quellen, in denen sich die Umschreibungen von fremdartigen Toponymen bis zur Unkenntlichkeit unterscheiden, und die darüberhinaus ganz andere Akzente in der Beschreibung setzen. Nur in den seltensten Fällen sind Berichte aus beiden Quellengruppen in einen einheitlichen Text zusammengeführt. Meist stammt der Haupttext nur aus einer Gruppe, der dann aus der anderen — in Einschüben oder späteren Nachträgen — supplementiert wird. Die südost

[208] ǦD 77.

[209] Die Abhängigkeiten und Schwächen vor allem der Karten sind erwähnt ǦD 130f. und 137ff., die geringe Übereinstimmung der Koordinaten ǦD 55f.

[210] ǦD 131, 139.

[211] Z.B. sein Zögern, Sibaba bei d'Anania (270) mit Zimbombom in *Tārīḫ-i Hind-i Ġarbī* (Goodrich 1990. 211) zu identifizieren. Die entsprechende Marginalie ist durchgestrichen, dann wieder ist daneben notiert: *Yerindedür yazıla* (ǦD 143). Eine Insel Çimbombom ist ǦD 139 erwähnt. Kātib Čelebi stellte auch fest, daß einige Inseln auf Mercators Karte bei Gastaldi noch nicht eingezeichnet waren (ǦD 132). Trotzdem hat Kātib Čelebi Gastaldis Karte kopiert (IK 53r, in ǦD 149a).

[212] W 39v-43r.

asiatische Inselwelt ist vollständig nach europäischen Quellen dargestellt, bis zuletzt einige verstreute Angaben aus islamischen Quellen angehängt werden.[213] An das Kapitel Turkistān hingegen ist ein Anhang aus d'Anania angefügt, den Kātib Čelebi einige Male unterbricht, um durch Kommentare den Bezug zu den islamischen Quellen herzustellen.[214] Es ist zu beobachten, daß sich Kātib Čelebi unschlüssig ist, ob zwei Berichte nun zusammengehören oder nicht. So konstatiert er zunächst, daß der Aralsee in den europäischen Quellen fehle, doch identifiziert er ihn später mit d'Ananias Lago di Chetai, dem angeblichen Quellsee des Ob.[215] Die Malediven der europäischen Quellen sind zwar mit den Fāl-Inseln des *Muḥīṭ* identifiziert, doch sind beide Beschreibungen an verschiedenen Stellen in den Text eingefügt.[216]

Innerhalb derselben Quellengruppe können verschiedene Namen für denselben Ort oder ähnliche Namen Verwirrung stiften. So ist der Ganges zweimal behandelt,[217] andererseits ist die Stadt Yazd mit dem Dorf Yazdiḫwāst in Fārs gleichgesetzt.[218] Von der Identität von Taškent und Šāš scheint Kātib Čelebi nicht überzeugt.[219]

Wo Angaben aus verschiedenen Quellen konfrontiert werden, ist die Nennung der Herkunft unerläßlich. Nicht näher zu untersuchen sind hier die Fälle, in denen eine Quellenangabe mehr beiläufig oder aus stilistischen Gründen erfolgt. Ebensowenig sind für Kātib Čelebis Methode die indirekten Zitate aussagekräftig, die er samt Quellenangabe übernimmt. Dieses indirekte Zitieren rechtfertigt den Vorwurf der wissenschaftlichen Unredlichkeit gegen Kātib Čelebi deshalb nicht, weil die ursprüngliche Funktion der Quellenangabe die ist, dem Leser die eigentliche Herkunft der Information mitzuteilen, nicht die Herkunft des Zitats.[220] Diese Herkunft ist insbesondere dort von Interesse, wo mehrere Berichte zusammenkommen. Da in der ersten Fassung nur selten konkurrierende Berichte vorliegen, fehlen die Quellenangaben dort nahezu vollständig.[221] In der zweiten Fassung wird folgerichtig die Quellenangabe dann notwendig, wenn zum ursprünglichen Text ein Nachtrag aus einer neuen Quelle

---

[213] ǦD 152ff.

[214] In der Form *faqīr eyider ... gerü Lorenso eyider ...*, ǦD 372-375.

[215] ǦD 347, 374f. Welchen See d'Anania wirklich gemeint haben könnte, ist unklar.

[216] ǦD 202 zu den Malediven, 151f. zu den Fāl-Inseln.

[217] ǦD 227f. in den Schreibungen Ġ'NǦ und Ġ'NǦ'.

[218] ǦD 267 kombiniert die Beschreibungen beider Orte aus *Nuzhat al-qulūb* 74 und 124. Dazu wurde Kātib Čelebi offenbar durch *Taqwīm al-buldān* verleitet, wonach Yazd auch Yazdiḫwār genannt werde (332).

[219] ǦD 354. Erneut ist ihm *Taqwīm al-buldān* maßgeblich, in dem der Name Taškent nicht vorkommt.

[220] Es sei hier erneut auf die analoge Funktion der Bibliographie der zweiten Fassung verwiesen.

[221] Die wesentliche Ausnahme ist das Kapitel über Istanbul (s.o.).

kommt.[222] Vielleicht hat sich Kātib Čelebi an die ursprüngliche Quelle nicht mehr erinnert, wenn er zwar die neue Quelle beim Namen nennt, die alte aber pauschal als *baᶜż-ı kütüb* o.ä. bezeichnet.[223] Dagegen ist allerdings auf andere Stellen zu verweisen, an denen Kātib Čelebi nur eine Quellenangabe — korrekt — nachträgt.[224]

Die Angabe der Herkunft der Information hat in der inhaltlichen Auseinandersetzung verschiedene Funktionen. In einen längeren Abschnitt über China ist eine kurzes Zitat aus *Taqwīm al-buldān* eingeschoben, dessen Angaben Kātib Čelebi also mitteilt, aber nicht gelten läßt, denn im Folgenden berücksichtigt er sie nicht.[225] In dem langen Kapitel über die Herrscher Indiens ist die einzige namentlich genannte Quelle die, deren Angaben Kātib Čelebi verwirft.[226] In der ersten Beschreibung des Flusses von Tustar ist nur Abū l-Fidā' als Quelle einer Information genannt, die von der von Kātib Čelebi akzeptierten Version des hier ungenannten Ḥamdallāh Mustaufī abweicht.[227]

Des weiteren kann ein Autor die Herkunftsangabe benutzen, um eine Distanz zwischen seiner Person und der mitgeteilten Information zu schaffen, indem er dem ursprünglichen Autor die Verantwortung für die Richtigkeit zuschiebt (*al-ᶜuhda ᶜalā r-rāwī*).[228] Hier ist ein Vorbehalt bezüglich der Wahrheit spürbar. Andererseits kann die Angabe der Quelle dazu dienen, einen Bericht glaubwürdiger zu machen. Bei einer außergewöhnlichen Zahlenangabe nennt Kātib Čelebi nicht nur Mercator, sondern auch dessen Gewährsmann, um sich abzusichern.[229] Zu einem mirabile in Ḫwārizm setzt Kātib Čelebi hinzu, Abū Ḥāmid behauptete, den fraglichen Ort dreimal besucht zu haben.[230] Auch in dieser Funktion genügen mitunter pauschale Nennungen (*baᶜż-ı ehl-i vuqūf*).[231]

Sekundär ist die Funktion, dem Leser Rechenschaft über die eigene Arbeitsweise abzulegen. Diese hat zwar in der islamischen Wissenschaft eine lange und fundierte Tradition, doch hat Kātib Čelebi erst mit der Zeit begonnen, ihr

[222] Z.B. ĞD 268 ein Nachtrag aus *Aḥsan at-taqāsīm* mit Nennung der Quelle sowie die nachträgliche Bezeichnung der ersten Quelle *Haft iqlīm*; ĞD 178 ein Nachtrag aus d'Anania, der die Nennung des *Qānūnnāme* erfordert.

[223] Z.B. ĞD 254 ein Nachtrag aus *Taqwīm al-buldān*, 264 dasselbe mit einem Nachtrag aus *Nuzhat al-qulūb*.

[224] Z.B. WK 22r, ĞD 198, 200, 268, 298, 380.

[225] ĞD 187.

[226] ĞD 215-222, 220.

[227] IK 107v heißt es zu Abū l-Fidā's Bericht: *Yā ġalaṭ yaḫūd bir ġayrī nehr olmaq gerek.* Dieser Satz wird später gestrichen und die zweite Quelle nachgetragen, als Kātib Čelebi unter dem Eindruck der Beschreibung al-Muqaddasīs seine Fassung überdenkt (ĞD 285f.).

[228] So WK 16r-v. Zu diesem Ausdruck in der arabischen Wissenschaft Rosenthal 1947. 42.

[229] ĞD 160.

[230] ĞD 347. Wie anders wäre der Effekt, wenn Kātib Čelebi geschrieben hätte: Abū Ḥāmid berichtet, es gebe in Ḫwārizm einen Talisman, und er sei selbst dreimal dort gewesen.

[231] ĞD 354, cf. ĞD 231 die Hinzufügung: *baᶜż-ı kütübde mesṭūr ve ehl-i fenn lisānında mešhūrdur.*

regelmäßig zu folgen. In der ersten Fassung hat er z.B. auf Ḥibrī als seine Hauptquelle für den Edirne-Artikel verwiesen. Er gibt schon in den frühen Teilen der zweiten Fassung immer wieder die Herkunft einer Entlehnung an, wenn es sich um längere Passagen handelt. Er hat den benutzten Aristoteles-Kommentar sehr genau bezeichnet.[232] An anderer Stelle gibt er an, das Voranstehende sei mit einigen Ergänzungen aus *Nuzhatu l-qulūb* entnommen.[233] Solche Beispiele sind nicht selten. Doch dann werden auch in Bezug auf kürzere Passagen Quellenangaben im Verlauf der Arbeit häufiger. Daß sie tatsächlich der Verdeutlichung der Arbeitsweise dienen, zeigt die Tatsache, daß immer öfter die Herkunft der Information und des Zitats gleichermaßen angegeben sind.[234] Abgesehen davon, daß, wie erwähnt, immer wieder Quellenangaben nachgetragen sind, haben einige davon gleichzeitig die Funktion, das Ende einer Entlehnung anzuzeigen, ein weiterer Schritt hin zur Transparenz im wissenschaftlichen Arbeiten.[235] Nach längeren Entlehnungen hatte Kātib Čelebi das Ende schon in früheren Teilen explizit angegeben.[236] Auch dies ist allerdings eine Methode, die in der arabischen Wissenschaft schon längst etabliert war.[237]

Wo mehrere widersprüchliche Berichte gegeneinander abzuwägen sind, können prinzipiell verschiedene Lösungswege beschritten werden. Der einfachste ist der binäre, der darin besteht, einen Bericht als wahr anzuerkennen und den oder die anderen als falsch zu verwerfen. Wir haben bereits mehrfach gesehen, wie Kātib Čelebi in dieser Weise vorgeht. Es ist festzuhalten, daß Kātib Čelebi regelmäßig auch die nicht akzeptierten Angaben wiedergibt. Die Konsequenz der Konfrontation kann explizit ausgesprochen werden, ergibt sich aber auch oft einfach aus dem Zusammenhang. Im Abschnitt über die Abmessungen von Ḫitāy stellt Kātib Čelebi die Koordinaten d'Ananias gegen die von Mercators Karte, wobei die ersteren erst nachträglich ausdrücklich als falsch bezeichnet sind.[238]

Manchmal sieht sich Kātib Čelebi außerstande, zwischen zwei widersprüchlichen Berichten zu entscheiden. Dann begnügt er sich damit, die beiden Berichte einfach nebeneinanderzustellen. Im Artikel Sīrāf sind mehrere widersprüchliche Quellen verwendet, ohne daß sie genannt oder voneinander abgehoben wären.[239] Im Artikel ʿAskar Mukram bei Ahwāz hat sich der Konflikt erst durch den Nachtrag ergeben. Während Abū l-Fidā' die Stadt für eine islamische

---

[232] ĞD 73.

[233] ĞD 272, s.a. die Zusammenstellung von islamischen Quellen zu den Inseln Südasiens ĞD 152ff. Die Beispiele ließen sich leicht vermehren.

[234] Z.B. ĞD 339, 345, 348, 349, 355, 358, 360, 367, 392, 393, 394.

[235] Z.B. ĞD 298, 312, 313, 326, 327.

[236] Z.B. ĞD 89: *Muqaddime siyāqı bu maḥalle gelinğedür*. Cf. auch ĞD 95.

[237] Rosenthal 1947. 39.

[238] IK 61v (ĞD 166). Zuletzt hat Kātib Čelebi die falschen Angaben einschließlich der Marginalie durchgestrichen und nur Mercators Angaben stehen lassen.

[239] ĞD 264.

Gründung hält, erklärt der im Nachtrag zitierte Ḥamdallāh Mustaufī den persischen König Ṭahmūraṯ für den Gründer. Welche Angabe zutrifft, ist für Kātib Čelebi schlechterdings nicht festzustellen.[240] Schon der Universalhistoriker Ṭabarī (839-923) hatte in seiner Chronik Berichte unkommentiert und unverbunden, aber unter Nennung der Quelle nebeneinandergestellt, ausdrücklich in der Absicht, die Verantwortung für die Korrektheit bei seinen Gewährsleuten und Quellen zu belassen.[241] Als spätes Beispiel kann Meḥmed ᶜĀšıq dienen, der bewußt kein neues Werk schaffen wollte, sondern nur die alten Berichte sammelte, weil er sich außerstande sah, die Richtigkeit abzuwägen.[242]

Mit der Zeit greift Kātib Čelebi zunehmend zu einer dritten Lösung, dem Kompromiß, der seinem Wesen m.E. am ehesten entspricht. Das bedeutet, daß er nach einer Erklärung sucht, die beiden Autoren möglichst weitgehend recht gibt. Daß auf Gastaldis Südasienkarte im Vergleich mit der Mercators die Inseln Seram und Celebes fehlen, erklärt er nicht als Fehler des Kartographen, sondern durch die langsam fortschreitende Erkundung der Region.[243] Er weiß, daß die Nogayer nicht, wie von d'Anania behauptet, Moskau, sondern — seit 1550 — dem Krimkhan untertan sind, gesteht d'Anania aber zu, daß die Nogayer ihrem Grenznachbarn vielleicht vorgetäuschte Freundschaft (*mudārā*) bezeugen.[244] Hatte er die Frage der Gründung von ʿAskar Mukram offengelassen, so löste er später einen vergleichbaren Fall durch eine diplomatische Formulierung: Dihistān in Ṭabaristān sei in islamischer Zeit von ʿAbdallāh b. Ṭāhir erbaut, doch werde es in früherer Zeit auf Qubād b. Fīrūz zurückgeführt.[245]

Exemplarisch dafür, wie die diversen Funktionen von Quellenangaben und die verschiedenen Ansätze der Quellenkritik neben- und nacheinander angewandt werden, sei hier das Problem der Mündung des Amu Daryā nachvollzogen (Abb. 12: IK 136v). In diesem Punkt widersprechen sich die islamischen Geographen. Le Strange und nach ihm Zeki Velidi Togan waren nach den Textzeugnissen zu dem Ergebnis gekommen, daß der Fluß seit dem 10. Jhdt. dreimal seinen Lauf zwischen dem Aralsee und dem Kaspischen Meer gewechselt haben müsse.[246] Zuvor hatte de Goeje stattdessen den Autoren, die den Fluß nicht in den Aralsee münden ließen, die Glaubwürdigkeit abgesprochen.[247] Zum selben Ergebnis ist auch Spuler gelangt.[248] Die Debatte soll hier nicht aufgegriffen werden. Die Stelle bietet sich als Probe aufs Exempel an, weil diese Quellenlage

[240] ĞD 283, *Taqwīm al-buldān* 361f., *Nuzhatu l-qulūb* 112.
[241] İA s.v. Taberî.
[242] S.o. Kapitel II.
[243] ĞD 132.
[244] ĞD 374.
[245] ĞD 340 nach *Taqwīm al-buldān* 438 und *Nuzhatu l-qulūb* 160. Da nun kein Widerspruch besteht, braucht im Gegensatz zum Problem ʿAskar Mukram die Quelle nicht genannt zu werden.
[246] Le Strange 1905. 455-59, İA s.v. Amu-Derya.
[247] Zit. in İA s.v. Amu-Derya.
[248] EI 2 s.v. Āmū Daryā.

nicht nur einen Buchgeographen wie Kātib Čelebi verwirren konnte.[249] Man sehe sich auch an, was Mgrdič aus Galata, der Kartenstecher İbrāhīm Müteferriqas, auf seiner Zentralasienkarte für ein Durcheinander angerichtet hat.[250]

Kātib Čelebi übernimmt zunächst die Version Ḥamdallāh Mustaufīs, wonach der Amu Daryā ins Kaspische Meer fließe, und verwirft apodiktisch die anderslautende Darstellung des Augenzeugen Ibn Ḥauqal, die sich Abū l-Fidā' zu eigen gemacht hatte.[251] Von diesen Quellen ist nur Ibn Ḥauqal genannt. Daß Kātib Čelebi ihm Ḥamdallāh Mustaufī vorzieht, hat wohl seinen Grund in der zeitlichen Nähe. Jedenfalls hat Kātib Čelebi hier personen-, nicht sachbezogen entschieden. Seine Entscheidung ist binär: Ein Autor hat recht, der andere hat sich geirrt. Als Kātib Čelebi zu diesem Thema zusätzlich die anonymen *Masālik al-mamālik* heranzieht, die wir als Übersetzung Ibn Ḥauqals erkannt haben, findet er darin natürlich dieselbe Darstellung, die er zuvor verworfen hat. Daraufhin wägt er alle Quellen nocheinmal gegeneinander ab und läßt nun auch den Leser an diesen Überlegungen teilhaben. Er gibt nun als Quelle der von ihm akzeptierten Version Ḥamdallāh Mustaufī an. Den Satz, der Ibn Ḥauqals Darstellung als Fehler bezeichnet, ersetzt er durch eine neutrale Formulierung, laut *Taqwīm al-buldān* und den *Masālik al-mamālik* fließe der Amu Daryā in den Aralsee.[252] Als Kompromiß gesteht er zu, möglicherweise handele es sich um einen Nebenarm. In einer Art Schlußwort resümiert er zudem die Differenzen der Quellen und stellt sie diesmal nach internen Kriterien gegeneinander. Er weist darauf hin, daß Abū l-Fidā' Ibn Ḥauqals Version bevorzugt. Gleichzeitig zitiert er eine völlig unrealistische Version einer anderen Quelle Abū l-Fidā's, wonach ein Nebenarm des Amu Daryā in den Indischen Ozean münde. Dies dient allem Anschein nach nur dazu, Abū l-Fidā's Glaubwürdigkeit zu erschüttern. Gegen den Bericht der *Masālik al-mamālik* wendet Kātib Čelebi ein, die dort angegebene Distanz der Mündungen von Syr Daryā und Amu Daryā sei mit 12 Tagereisen unrealistisch hoch. So bleibe die Fassung von Ḥamdallāh Mustaufī als die wahrscheinlichste übrig. Daß der Fluß, wie in *Haft iqlīm* beschrieben, in einem Sumpfgebiet ende, sei zwar möglich, aber eher handele es sich dabei um eine Verwechslung mit dem Syr Daryā.

An diesem Beispiel ist abzulesen, wie die Erörterung eines kontroversen Themas mit der Zeit komplexer wird, da die Zahl der Quellen größer wird, und andererseits differenzierter, da Kātib Čelebi von dem einfachen Schema wahr-falsch immer mehr abkommt. Die zuvor zitierte Beschreibung des Flusses von Tustar ist ein weiteres, ähnlich klares Beispiel für diese Entwicklung,[253] die

[249] IK 136v, ĞD 359f.
[250] ĞD 347a.
[251] *Taqwīm al-buldān* 61 ausdrücklich mit dieser Begründung. Kātib Čelebi hat diesen "Fehler" Ibn Ḥauqals schon in seiner kollektiven Kritik an den älteren Geographen ĞD 66 gerügt.
[252] Der gleichlautende Vorwurf gegen Ibn Ḥauqal ĞD 66 bleibt dagegen stehen.
[253] ĞD 286.

sich allein am Autograph nachvollziehen läßt, während die Druckausgabe nur die letzte Fassung wiedergibt.

VIII

DER HISTORISCHE ASPEKT DER GEOGRAPHIE

> Bu fenne fī l-ğümle baʿż-ı tevārīḫ ḫalṭı anıñičündür ki ʿilm-i tārīḫe nemek-i ʿulūm derler.
> Kātib Čelebi, *Ǧihānnümā*

> Dies ist ein Ding, das keiner voll aussinnt,
> und viel zu grauenvoll, als daß man klage:
> daß alles gleitet und vorüberrinnt ...
> Hugo von Hofmannsthal, Terzinen über Vergänglichkeit

1. DER DUALE CHARAKTER DER GEOGRAPHIE

Jedem Geographen, der eine Universalgeographie schreiben, also die gesamte Erdoberfläche in ihrer örtlichen Verschiedenheit beschreiben will, stellt sich die Frage, wie diese Oberfläche zu unterteilen sei. In der islamischen Geographie sind zahllose Gliederungsversuche gemacht worden. Sie lassen sich einordnen zwischen dem extrem abstrakten mathematisch-astronomischen Klimazonenmodell des Ptolemäus und dem auf den aktuellen politischen Realitäten basierenden Schema der Verwaltungsliteratur.[1] Die Wahl eines Schemas bedeutet zugleich eine Vorentscheidung, ob der Autor die Geographie als "eine Naturwissenschaft mit integrierenden historischen Elementen" oder vielmehr "eine Wissenschaft vom Menschen mit integrierenden naturwissenschaftlichen Elementen" verstanden wissen wollte.[2]

Die ältere Geographie hat sich als Wissenschaft dual verstanden: Sie befaßte sich einerseits mit der Erde als Naturkörper, andererseits mit der Erde als Wohnstatt des Menschen.[3] Dem entspricht die etwas konstruierte Unterscheidung zwischen "nomothetischer" Gesetzeswissenschaft und "idiographischer" Ereigniswissenschaft.[4] Das Schwanken zwischen diesen beiden Polen zieht sich auch durch die gesamte arabisch-islamische geographische Literatur und ist beispielhaft in den beiden Teilen von al-Qazwīnīs Kosmographie, den historischen *Āṯār al-bilād* und den naturkundlichen *ʿAǧāʾib al-maḫlūqāt*, verkörpert. Dahinter steht m.E. die unausgesprochene Erkenntnis, daß die Fakten der Geographie entweder zeitlos gültig, aber "unnatürlich", d.h. ohne Bezug auf die menschli

[1] Ibn Ḫurdāḏbih, cf. Miquel 1988.127.
[2] Der Gegensatz der Begriffe nach Hettner 1927. 126.
[3] Hettner 1927. 107.
[4] W. Windelband und H. Rückert, zit. n. Hettner 1927. 112.

che Sphäre sein konnten, oder aber mit einem solchen Bezug und dafür dem Wandel der Geschichte unterworfen. Diese Spannung zwischen überzeitlicher Gültigkeit und Vergänglichkeit geographischer Sachverhalte ist der Ausgangspunkt dieses Kapitels, das über die Geographie hinaus auch Kātib Čelebis Geschichtsauffassung untersuchen soll.[5]

2. Die Klimata der arabischen Geographen

Die erwähnte Dichotomie zeigt sich bereits in der Terminologie der klassischen Geographen. Die meisten Autoren verwandten für die Großregionen, in die sie Welt (oder die Welt des Islam) unterteilten, den Ausdruck *iqlīm*, das klima des Ptolemäus, das sich von κλινειν "neigen" herleitet. Es bezeichnet "einen Landstrich, dessen Teile den gleichen Neigungswinkel der Sonnenstrahlen gegen den Horizont aufwiesen und somit alle unter der gleichen 'Breite' lagen".[6] Das Wort wird jedoch in der islamischen Geographie meistens von einem astronomischen zu einem historischen Begriff umgedeutet, wobei sich die antike Vorstellung des Klimas mit der iranischen des *kišwar* vermischt. Dies wird durch die ursprüngliche Siebenzahl in beiden Modellen erleichtert. Doch die astronomischen Klimata sind parallele Zonen, die *kišwar* dagegen kreisförmig um ein mittleres (Iran) angeordnet.[7] Die Umdeutung geht auf Iṣṭaḫrī zurück, der mit *iqlīm* im weitesten Sinne eine Großregion bezeichnete, ohne andere Termini wie *bilād*, *arḍ*, *diyār* etc. davon abzugrenzen.[8] Auch die Zahl ist nicht festgelegt: Iṣṭaḫrī und Ibn Ḥauqal kennen 20 *iqlīm*, deren Grenzen sie z.T. selbst festlegen, al-Muqaddasī dagegen kennt nur 14. Bei letzterem ist *iqlīm* eindeutig eine politische Einheit geworden, durch einheitliche Herrschaft sowie durch ethnische und soziale Charakteristika der Bewohner von anderen unterschieden.[9] Ein *adab*-Autor wie Ibn al-Faqīh benutzte eine Terminologie, in der keiner der Begriffe für Region klar vom anderen abgegrenzt ist, alle jedoch der historischen Sphäre angehören.[10]

Bei Abū l-Fidā', der eine Synthese der historisch-landeskundlichen und der astronomischen geographischen Tradition anstrebte, treten beide Klima-Begriffe in Konkurrenz. Die astronomischen Klimata erörtert er theoretisch und betrachtet die Zuordnung eines Ortes zu einem davon als wichtiges Charakteristi

[5] Dieses Problem habe ich bereits in einem Aufsatz mit dem Titel "Überzeitlichkeit und Geschichte in Kātib Čelebis *Ǧihānnümā*" behandelt (Archivum Ottomanicum 14.1995/96, 133-159). Obwohl dort im Vergleich zur Darstellung hier der Blickwinkel enger ist und die Akzente anders gesetzt sind, haben sich einige Wiederholungen ergeben, die ich in Kauf nehme, um ständige Verweise zu vermeiden.

[6] Honigmann 1929. 4-7.

[7] Miquel 1973. 72.

[8] Miquel 1988. 132.

[9] Zur Definition cf. *Aḥsan at-taqāsīm* 260, Miquel 1973. 324f., 1988. 137.

[10] *Ṣuqᶜ*, *ᶜamal*, *kūra*, *iqlīm*, cf. Miquel 1988. 126f. An anderer Stelle ordnet er die 7 Klimata bestimmten Ethnien zu (Miquel 1975. 60).

kum,[11] weshalb er in seinen Tabellen neben den Koordinaten separat angibt, zu welchem Klima der Ort demzufolge zu zählen sei. Doch in der Darstellung gliedert er die Welt in Regionen, die man als "historische Landschaften" bezeichnen kann, womit zugleich gesagt ist, daß diese Gliederung auf tradierten, nicht aktuellen Grenzen beruht. Abū l-Fidā' selbst kann den Begriff nur über Beispiele (etwa Syrien) definieren.[12] Daß er die astronomischen Klimata als *aqālīm ḥaqīqīya* bezeichnete, beweist, daß diese wegen ihrer zeitlosen Gültigkeit die eigentlichen Zonen waren, während die *aqālīm ᶜurfīya* als auf Konvention beruhend nicht dieselbe quasigöttliche Legitimation besaßen.

Meḥmed ᶜĀšıq, der Abū l-Fidā' in vielem verpflichtet ist, übernimmt auch diesen Dualismus, stellt jedoch die astronomischen Klimata höher, indem er seine Liste der Städte der Welt zunächst nach Breitenzonen, bei ihm *eqālīm-i ḥaqīqīye*, ordnet und nur innerhalb dieser dann den *eqālīm-i ᶜörfīye* folgt. Seine Gliederung erhebt also noch stärker den Anspruch, überzeitlichen Kriterien anstelle der vergänglichen Grenzen historischer Einheiten zu folgen. Auf dieser Ebene scheint sich Meḥmed ᶜĀšıq jedoch der Konkurrenz von zeitgebundener zu natürlicher Gliederung nicht bewußt zu sein. Wir werden noch davon sprechen, daß er in ganz anderer Weise als Kātib Čelebi sich um eine auf die eigene Zeit ausgerichtete Darstellung bemüht.

3. Klimata und andere Regionen im Ǧihānnümā

In der ersten Fassung des *Ǧihānnümā* erörtert Kātib Čelebi die ptolemäischen Klimata theoretisch, ganz wie Abū l-Fidā', dem er auch wie Meḥmed ᶜĀšıq in der Termologie folgt. Doch er empfindet sie nicht als natürlich (*qısmet-i ṭabīᶜīye*) und meint daher, sie seien in alter Zeit von den Königen willkürlich festgelegt worden.[13] Er folgt dann in der Gliederung stattdessen dem pragmatischen Ansatz der *eqālīm-i ᶜörfīye*. Allerdings nimmt er sich die Freiheit, die Grenzen verschiedentlich anders zu ziehen. Abū l-Fidā' hatte unter Rūm Kleinasien unter Ausschluß Armeniens verstanden, der christlich gebildete Ibn al-ᶜIbrī hingegen verstand darunter das römische Reich, das im Osten an das Reich der Griechen (Abū l-Fidā's Rūm) grenzte, bis beides unter Augustus in einem Reich vereint wurde und schließlich unter Konstantin die Hauptstadt ins alte Byzanz verlegt wurde. Ibn al-ᶜIbrīs Definition macht Kātib Čelebi sich zu

[11] Ähnlich die Funktion der Koordinaten in der zweiten Fassung des *Ǧihānnümā*, cf. Kap. IX, Abschn. 2.

[12] Die Anzahl 28 zeigt als vielfaches von 7 noch die Ableitung von Ptolemäus.

[13] WK 30v. Dies entspricht exakt der Auffassung der Iḫwān aṣ-ṣafā', cf. Miquel 1973. 57.

eigen,[14] klammert allerdings al-Andalus aus, das er nach Abū l-Fidā' als eigenes Klima schon besprochen hat.[15]

Wie wenig er sich generell um die politischen Zugehörigkeiten kümmerte, zeigt die Tatsache, daß er nur implizit andeutet, daß Teile des *iqlīm-i Maġrib* osmanisch waren,[16] oder die venezianischen Besitztümer in Dalmatien in sein Bosnien-Kapitel einbezog.[17] Kleinere territoriale Einheiten bezeichnet Kātib Čelebi pauschal als *memleket*. So leitet er die einzelnen Städteartikel in den ersten Kapiteln mit *memleket-i* ... ein.[18] Dahinter steht wohl die Grundvorstellung von der Zelle jeder Staatenbildung: eine Stadt mit ihrem Umland. Auf dem Balkan benutzt er meist die administrativen Fachtermini *eyālet - livā - qażā*. Doch oft genug drückt er sich auch weniger präzise aus und verwendet statt eines dieser Ausdrücke einen allgemeineren: *vilāyet*, *memleket*, *qaṣaba*.[19] Gegenüber der administrativen Grenzen bevorzugt er geographische Grenzen. So beschreibt er Titel statt unter dem *sanġaq* Sirem unter Ṭımıšvar, da es wie dieses auf dem linken Ufer der Donau liegt.[20]

In der Überarbeitung der ersten Fassung und der Fortsetzung, wie sie im Wiener Konzept vorliegen, widmet Kātib Čelebi der — zeitgebundenen — administrativen Gliederung vorübergehend mehr Aufmerksamkeit, doch auch hier kommt es vor, daß er das spezifische *eyālet* (Qaraman) streicht und durch das allgemeinere *memleket* ersetzt.[21] War Budin in der ersten Fassung noch als Hauptstadt der *memālik-i Engürüs*, eigenes *eyālet und qażā* bezeichnet, heißt es in der Überarbeitung einfach Hauptstadt von *Hunġarya*.[22]

In der zweiten Fassung hat sich Kātib Čelebi von den überlieferten Gliederungsschemata weitgehend freigemacht. Da sein Horizont weiter ist als der Abū l-Fidā's, kann er dessen Kapitel- und Klimaeinteilung nicht mehr folgen, son

---

[14] W 39r-v. Cf. auch die *ḫātime* der ersten Fassung, in der als Fortsetzung des Kapitels Rūm die Beschreibung Frankreichs, Venedigs und des Kirchenstaates angekündigt wird (wiedergegeben in Gökyay 1957a. 70).

[15] Man kann sich natürlich fragen, ob dieser Kompromiß nicht daraus resultierte, daß Kātib Čelebi sich mit der Definition von Rūm erst befaßte, als er das Kapitel al-Andalus schon fertig hatte.

[16] Tunis ist als Hauptstadt des *eyālet* bezeichnet (WK 42r). Zu welchem Status die Fahrten Ḫayreddīn Pašas gegen Algier geführt haben (41r-v), erfährt der Leser nur am Rande (43v).

[17] So Split im *sanġaq* Klis WK 100v. Die Verluste an Venedig in den Kämpfen seit 1647 (Knin, Šibenik, Zadar, Klis, cf. Eickhoff 1970. 89-94, OT III, i, 326f.) sind ebenfalls nicht berücksichtigt.

[18] WK 34r-42v.

[19] Auf das *memleket-i Hersek* (ein *sanġaq* von Bosnien) folgt *memleket-i Bosna* (das übergeordnete *eyālet*, WK 98r-99r), auf *memleket-i Rahova* (im *sanġaq* Nigbolu) *memleket-i Vidin* (ein eigener *sanġaq*, WK 67v). In der ersten Redaktion der ersten Fassung wird dem *eyālet-i Budin* das *vilāyet-i Bosna* entgegengestellt (363v). *Vilāyet* ist bei Kātib Čelebi stets unspezifisch für "Region" verwendet (zur Verwendung als Fachbegriff der Verwaltung Kornrumpf 1977). Alaġaḥiṣār wird *qaṣaba ve qażā* genannt, der Status als *livā* bleibt unerwähnt (WK 101r).

[20] WK 110v.

[21] WK 127v.

[22] O 367v wie B, WK 106v.

dern entwirft eine ganz pragmatische eigene. Dabei orientiert sich er — bis zum Kapitel über Indien — weitgehend an Mercator. Für die Inseln und Inselreiche im Osten versteht sich die geographische Abgrenzung von selbst. Sie werden in den Überschriften einfach als *ğezīre* bezeichnet.[23] *İqlīm* heißen i.a. nur diejenigen Regionen, denen auch Abū l-Fidā' ein eigenes Kapitel zugestanden hat.[24] Andere Länder, die im *Ğihānnümā* als eigene Region behandelt sind, heißen wieder einfach *memleket*.[25] Mit diesem Wort (oder mit *ülke*) bezeichnet Kātib Čelebi auch kleinere Territorien, Teile eines *iqlīm*.[26] Insbesondere existieren in vielen Ländern kleinere Staaten (oder sonstige politische Einheiten), die als *mustaqill vilāyet* oder *memleket* bezeichnet werden, von einer eigenen Dynastie (*mustaqill devlet*)[27] oder einem eigenen Fürsten (*maḫṣūṣ ḥākim, maḫṣūṣ beg*) regiert werden[28] oder eine eigene Residenz (*dāru l-mülk*) haben.[29] Über den räumlichen und zeitlichen Bestand dieser Territorien und Staatswesen aber erfährt der Leser nichts.

Im Bereich der Ostgrenze des Osmanischen Reiches kommen die osmanischen Verwaltungstermini wieder häufiger vor, etwa wenn Georgien an die *eyālet*s von Čıldır, Qarṣ und Erżurūm angrenzt.[30] Qoṭūr bezeichnet Kātib Čelebi als *livā* im *eyālet* Tabrīz.[31] Sein ganzes Unbehagen gegenüber diesen unbeständigen Abgrenzungen kommt im Kapitel Armenien zum Ausdruck, wo er sich ungern entschlossen hat, die Beschreibung nach den osmanischen *eyālet*s zu gliedern. Er sieht sich nämlich gleich gezwungen, den Leser für die Diskrepanzen zwischen den Listen der *sanğaq*s, die er nach Ğelālzāde Muṣṭafā und ʿAyn ʿAlī zitiert, um Vergebung zu bitten, da diese als "relative Dinge" (*ümūr-ı iʿtibārīye*) nicht beständig, sondern dem Wandel der Zeiten unterworfen seien.[32]

4. Die Unveränderlichkeit der Klimata

Dieser Sprachgebrauch verrät einen tiefsitzenden Vorbehalt gegen politische oder administrative Grenzen, die abhängig von Kriegsglück oder herrscherlicher

---

23 Z.B. ĞD 124, 132.

24 Der Bezug auf Abū l-Fidā' ist eindeutig, wenn Čin als *evvel-i eqālīm-i ʿörfīye* bezeichnet ist (ĞD 154). Eine Ausnahme (Flüchtigkeit?) ist Siğistān, das *memleket* genannt ist (248), weitere Unterschiede existieren, wo bei Abū l-Fidā' mehrere Regionen in einem Kapitel und damit einem Klima zusammengefaßt sind.

25 Z.B. Mukrān und Kašmīr (ĞD 235, 241).

26 Z.B. Zābulistān (ĞD 237), Ḫwāst (238), Ašnāğar (239), Quhistān in Ḫurāsān (325), Malabar (201) u.a.

27 Lūr-i buzurg in Ḫūzistān, ĞD 287.

28 Mehrere Orte in Malabar, ĞD 202.

29 Mehrere Städte in Gīlān, ĞD 343f.

30 ĞD 406.

31 Im 17. Jhdt. gehörte es zu Van (Birken 1976. 180), während es als *sanğaq* des kurzlebigen *eyālet* Tabrīz (1585-1603) nicht belegt ist (op.cit. 172).

32 ĞD 410f.

Willkür jederzeit wie Kreidestriche verwischt und neu gezogen werden können. Kātib Čelebi entwirft demgegenüber eine ewig gültige Landkarte, die in "eigentliche" oder "ursprüngliche" Regionen gegliedert ist.

Der geographische Begriff der "Landschaft" als von gemeinsamen Geofaktoren bestimmtem Naturraum ist Kātib Čelebi ebenso wie den meisten seiner Vorgänger fremd. Wir hatten gesehen, daß in seiner Länderkunde die natürlichen Charakteristika einer Region erst am Schluß als am wenigsten wichtige Kategorie fungieren. Die Regionen sind vielmehr stets durch ihre Bewohner definiert. Die Gemeinsamkeit der Menschen, die sich in modernen Begriffen wie Ethnos oder Nation ausdrückt, wird sowohl von islamischen Autoren wie auch im christlichen Europa durch gemeinsame Abstammung erklärt. Das allen diesen Ansätzen gemeinsame Grundmodell ist die Völkertafel der Genesis (Gen. 10), die Aufteilung der Alten Welt unter die Söhne und Nachkommen Noahs nach der Sintflut, die in der islamischen Literatur vielfach überliefert und variiert ist. Die vielleicht bekannteste islamische Fassung findet sich in aṭ-Ṭabarīs Universalgeschichte, doch Kātib Čelebi kannte außerdem auch die christliche Version in der Zusammenfassung von Cluverius.[33]

Mehrfach führt Kātib Čelebi Völker, die einer Region der Erde den Namen gaben, auf Noah zurück, ohne dabei ein einheitliches Schema zugrundezulegen. Von Yāfiṯs Nachkommen stammen Čin, Kirmān, Arrān und Mūqān ab,[34] von Sāms Nachkommen Fārs und Šiᶜb Bawwān,[35] Sind aber soll ein Sohn Ḥāms gewesen sein.[36] In die Völkertafel ist auch die Abstammungslegende der Türken Zentralasiens integriert, die Kātib Čelebi von Ḫwāndmīr übernommen hat, bei weitem die ausführlichste Genealogie im *Ǧihānnümā*. Die Genealogie war bis zum 16. Jhdt. ein wichtiges Argument in den Legitimitätsstreitigkeiten der Osmanen, Timuriden und Safaviden gewesen.[37] Bei Kātib Čelebi hingegen ist diese Funktion angesichts der klaren politischen Fronten im 17. Jhdt. hinfällig geworden. Seine Genealogie der Türken Zentralasiens reproduziert getreulich die Fassung Ḫwāndmīrs, in der alles auf eine bevorzugte Stellung der Timuriden hinausläuft, während die Osmanen, für die die Abstammung von Oġuz einst von so großer Bedeutung war, unter dessen Nachfahren gar nicht erwähnt werden.[38] Sie fehlen auch in einem Nachtrag über die Nachkommen des Oġuz, in dem unter anderem die Slawen (*Ṣaqālība*) und die Russen erwähnt werden, was Kātib Čelebi aber nicht gelten läßt.[39] Für Kātib Čelebi stammen die Türken demnach von Türk b. Yāfiṯ ab, wenn auch die Verbindung zwischen Türk und seinem

---

[33] *Ta'rīḫ ar-rusul wa l-mulūk* I, 201-11, cf. EI 2 s.v. Nūḥ, zu Cluverius' Version cf. ĞD 96.
[34] ĞD 154, 256, 391, 392.
[35] ĞD 262, 270.
[36] ĞD 231.
[37] Zu dieser Instrumentalisierung der Genealogie cf. Flemming 1988.
[38] ĞD 369ff., cf. *Ḥabību s-siyar* III, 6-14, teilweise auch *Haft iqlīm* III, 472ff.
[39] ĞD 371f.

Nachfolger 'LNĞH,[40] dem Vater von Tatar und Moġul, unklar bleibt. Die Herleitung der zentralasiatischen Türken von einem Urvater Tūr b. Farīdūn dagegen, die auf die vorislamische persische Mythologie zurückgeht, lehnt Kātib Čelebi ab.[41]

Während die Genealogie der Völkertafel also der wesentliche Faktor ist, der Völker konstituiert, sind andere erst später entstanden, sei es durch eine spezifische Mischung anderer Völker,[42] sei es durch Abspaltung von einem bestehenden Volk.[43] In anderen Fällen macht eine eigene Sprache das Volk aus, von dem sich ein Klima herleitet,[44] in wieder anderen Fällen ist der Ethnos nicht näher bezeichnet.[45] Gemeinsam bleibt aber all diesen Definitionen, daß sie die Entstehung eines Volkes, das im folgenden für ein bestimmtes Klima konstitutiv ist, in eine im Wortsinne prähistorische Frühzeit verlegen. Nach dieser Entstehung erfährt es keine Veränderung mehr. Es hat keine Geschichte, sondern bildet lediglich deren Substrat: Die Geschichte geht über es hinweg.

Man könnte einwenden, daß doch die Geschichte viele Fälle von Umwälzungen der Bevölkerung kennt. In diesem System wird dieses Problem nicht erörtert. Augenfällig ist jedoch, daß im Denken mancher osmanischen Autoren die eigene Identität nicht nur religiös (islamisch) und ethnisch-sprachlich (türkisch), sondern auch territorial (aus Rūm stammend) definiert ist.[46] Unter diesem Aspekt sollte es nicht wunder nehmen, daß manche auch eine Genealogie gleich der der Byzantiner, die über ʿIṣū (Esau) auf Sām b. Nūḥ zurückgeht, für

---

[40] Eine Verballhornung von Abūlġa, der von manchen mit Yāfiṯ gleichgesetzt wird? Eine solche Genealogie, die wohl über Kemālpašazāde auf Rašīdaddīn zurückgeht (cf. Flemming 1988. 127f.), wird von Kātib Čelebi in einer Marginalie erwähnt (IK 140v, nicht im Druck). Nach Nešrī, den Kātib Čelebi aber nicht gekannt zu haben scheint, war Abūlġa der Sohn Yāfiṯs (Flemming loc. cit.).

[41] ĞD 348 zur Etymologie von Tūrān nach Kemālpašazāde.

[42] Das Volk von Kašmīr ist aus den Völkern von Hind, Sind sowie aus Türken gemischt (ĞD 241).

[43] So sollen die Ḫwārizmier von einer Gruppe von Männern abstammen, die ein legendärer König in die nördliche Steppe verbannte (ĞD 345), die Dailamiten dagegen von einem Zweig der arabischen Banū Muḍar (ĞD 343).

[44] Die Einwohner von Ḫūzistān sollen eine eigene Sprache gehabt haben (ĞD 282).

[45] Z.B. Dekkan ĞD 198.

[46] Zu Muṣṭafā ʿĀlīs rumtürkischem Patriotismus cf. Fleischer 1986. 254f. Auf ein weiteres Beispiel, den Dichter Lāmiʿī, hat B. Flemming auf der XII. CIÉPO-Konferenz (Sept. 1996 in Prag) aufmerksam gemacht.

die Osmanen in Anspruch nehmen wollten.[47] Es scheint, als träten spätere Einwanderer in die Genealogie der früheren Bewohner ein.[48]

War auf diese Weise der Kern einer Region durch die Herleitung von einem Stammvater auf ewig festgelegt, so ergaben sich immerhin für den Geographen Probleme bei Details wie der äußeren Abgrenzung sowie bei der exakten Trennung kleinerer Einheiten. Die Region von Gīlān und Dailam orientierte sich nach den zwei Zentren Rašt und Lāhiǧān, doch Kātib Čelebi war zu einer Differenzierung zwischen diesen nach eigenen Worten nicht imstande.[49] Im Gegensatz zu Ḥamdallāh Mustaufī trennt er zwischen Qūmis und Ṭabaristān, doch ist nicht zu erkennen, nach welchen Gesichtspunkten.[50] In anderen Fällen schlug er nach eigenem Gutdünken Städte zu anderen Regionen als seine Quellen angaben.[51]

Wo die Zuordnung einer kleineren Region zu einem Klima schwankte oder die Grenzen wechselten, bemühte Kātib Čelebi sich nicht darum, den gegenwärtigen Zustand darzustellen. Seine Formulierung, die drei Territorien Arrān, Mūqān und Šīrwān durchdrängen einander (*tedāḫul*), besagt nichts anderes, als daß er die wechselnde Grenzziehung zwischen diesen aus einer überzeitlichen Perspektive betrachtete.[52] Auch die Zuordnung von Baḥrain "mal zu Fārs, mal zu Arabien" rührt von dieser Darstellungsweise her.[53] Laut *Nuzhatu l-qulūb* hat Šābānkāra am Persischen Golf früher zu Fārs gehört, ist aber inzwischen eine eigene Provinz, wohingegen Kātib Čelebi es unter Fārs behandelt.[54] Hier zieht

[47] Flemming 1988. 134-37, cf. auch Mordtmann 1923. 166f. Schon vor der Eroberung Konstantinopels führten osmanische Sultane den Titel Pādišāh (bzw. Sulṭān bzw. Ḫān)-i Rūm (EI 2 s.v. Rūm). Eine solche Vorstellung vom Übergang des Reiches könnte einiges von dem Widerstand gegen die Gründung eines osmanischen Großreiches erklären, der sich in den türkischen Legenden um Konstantinopel und die Hagia Sophia ausdrückte (dazu Yerasimos 1990. 201-11).

[48] Ob diese Vorstellungen mit dem faktischen, aber wohl eben nicht theoretisch fundierten Verfahren verknüpft werden können, nach dem ein Stamm wie die frühen Osmanen Hinzukommende integrieren, muß sorgfältig erwogen werden, was hier zu weit führen würde.

[49] ǦD 345: *beyāna ẓafer bulınmadı.*

[50] ǦD 338f., *Nuzhatu l-qulūb* 161.

[51] Damāwand zählt er zu Ǧibāl anstatt zu Ṭabaristān wie *Nuzhat al-qulūb* (ǦD341), Qandahār zu Siǧistān (ǦD 250) statt zu Hind wie *Taqwīm al-buldān* 356, bei der Zuordnung von Bāmyān (ǦD 238) zu Kābul (wie *Taqwīm al-buldān* 468f.) statt zu Balḫ (wie *Nuzhatu l-qulūb* 155) argumentierte Kātib Čelebi mit der räumlichen Nähe.

[52] ǦD 391.

[53] ǦD 275 im Gegensatz zu *Nuzhatu l-qulūb* 137, wonach Baḥrain erst zu Arabien und dann zu Fārs gehörte.

[54] *Nuzhatu l-qulūb* 124, ǦD 267f. Dasselbe gilt für die Einordnung von Yazd (267, cf. *Nuzhatu l-qulūb* 75). Hier kann sich Kātib Čelebi immerhin bei der Wahl des älteren Standes auf *Taqwīm al-buldān* 330 stützen.

er offensichtlich den älteren Zustand vor, wie er auch manchmal bewußt nicht die aktuelle, sondern eine ältere Bezeichnung für eine Region benutzte.[55]

All diese Beobachtungen verweisen auf eine zugrundeliegende Auffassung von geographischen Verhältnissen als überzeitlich und unveränderlich. Diese Auffassung ist durchwegs unausgesprochen und auch nicht reflektiert. Sie enthält einen immanenten Widerspruch, da alle erörterten Verhältnisse ja in der Zeit entstanden sind und als solche eine Veränderung darstellen. Wenn sie aber einmal bestehen, gelten sie als der Zeit entzogen, als überzeitlich. Dieselbe Ambivalenz findet man jedoch auch in *Mīzānu l-ḥaqq*: Einerseits erklärt Kātib Čelebi die Entstehung unterschiedlicher Bräuche und Anschauungen der Menschen historisch, andererseits ist der Grundgedanke des Buches der, daß einmal eingewurzelte Bräuche nicht mehr zu ändern seien und in alle Ewigkeit fortbestünden.[56]

Die Unveränderlichkeit der Regionen erleichtert es Kātib Čelebi, zwischen der geographischen Beschreibung und der historischen Darstellung — oder anders: zwischen der räumlichen und der zeitlichen Dimension — scharf zu unterscheiden. Träger der Geschichte ist nach allgemeiner muslimischer Auffassung nicht ein Volk oder ein Gemeinwesen, sondern eine Dynastie.[57] Kātib Čelebi hatte bereits eine Universalgeschichte, nach Dynastien gegliedert, verfaßt und scheint in den historischen Passagen des *Ǧihānnümā* am Ende jedes Kapitels weitgehend auf diese Vorarbeiten zurückgegriffen zu haben, denn sein Autograph ist in diesen Teilen fast völlig frei von Korrekturen und Nachträgen. Generell bestehen diese historischen Abschnitte fast nur aus Aufzählungen von Herrschern, die kaum je zu einer echten narratio findet und keinerlei analytische Ansprüche beinhaltet.[58] Historische Abschnitte in einem geographischen Werk waren, wie wir sahen, eine Neuerung Kātib Čelebis schon in der ersten Fassung. Gleichzeitig besteht keine Verbindung zwischen den Völkern und Regionen einerseits und den Herrschern andererseits. Die Geschichte ergreift diese nicht, sondern macht sie nur zu ihrem Schauplatz. Als Beispiel dafür, daß diese Auffassung angesichts der historischen Realität durchaus nicht völlig unberechtigt war, sei hier auf Ẓāhiraddīn Bābur verwiesen, der aus seinem angestammten Fürstentum in Zentralasien vertrieben wurde und sich zunächst in Kabul eine neue Herrschaft schuf, von welcher er dann zum Gründer der indischen Moguldynastie wurde. Zufällig ist gerade die Geschichte Bāburs im *Ǧihānnümā* mit besonderer Ausführlichkeit dargestellt.[59] Im Gegensatz dazu sieht sich Kātib

---

[55] Cf. die im vorigen Abschnitt erwähnte Bezeichnung für Ungarn. Bei d'Anania heißt die zentralasiatische Steppe Tartaria deserta (279), Kātib Čelebi übernimmt die Bezeichnung der antiken Autoren: Sarmatia (ǦD 373f.). Zum Beispiel Armeniens cf. Hagen 1996.

[56] Cf. *Mīzānu l-ḥaqq* 74f. zum Problem der Neuerung (*bidʿa*). Man beachte dort besonders die Formulierung: *bu ǧümle bidʿatlar beyne n-nās ʿörf ve ʿādete mebnīdir.*

[57] Cf. Al-Azmeh 1990. 12f.

[58] Zu diesen Abschnitten cf. Hagen 1996.

[59] ǦD 364ff.

Čelebi einige Male mit der Schwierigkeit konfrontiert, mit welcher seiner Regionen und Klimata eine Dynastie denn nun zu verbinden sei. Normalerweise hat er sich daher für den Ursprungsort entschieden. So sind die Ilḫāne unter Turkistān, die Ṣafawiden unter Ardabil behandelt, während andererseits z.B. im Kapitel Fārs weder ʿAbbasiden noch Selǧuqen noch Ilḫāne noch Ṣafawiden vorkommen.[60]

5. Die Städte und ihre Geschichte

Bisher haben wir uns auf jene Völker konzentriert, die einer Region oder einem Klima den Namen gaben. Regionen sind in der Form, wie Kātib Čelebi sie versteht, im Prinzip sehr abstrakte Gebilde. Was sie konstituiert, die Gemeinsamkeit der Menschen, die sie bewohnen, ist schwer faßbar, flüchtig und hinterläßt in der Gesamtheit keine Spuren. Ganz anders steht es mit den Städten, in denen die Zeugnisse der Vergangenheit meist mit Händen zu greifen sind, denn die Geschichte der Stadt ist generell mit der ihrer Bauten verknüpft. Für Kātib Čelebi mußte eine Lokalgeschichte ein Geschichtswerk sein, "enthaltend die Berichte über ihre Stadtmauer, ihre Bezirke und ihre Gebäude und alle ihre gewaltigen Bauwerke und Altertümer".[61] Erbauung und Zerstörung, Wiederherstellung und erneute Zerstörung der Stadtmauer vor allem konstituieren im *Ǧihānnümā* die Geschichte einer Stadt.[62] Manche Daten dieser Art sind in der zweiten Fassung in die Herrschergeschichten verlegt.[63] Die Biographie hingegen, die in vielen arabischen Lokalgeschichten die Masse der Information ausmacht, wird in der ersten Fassung überhaupt nicht einbezogen, in der zweiten zwar in zunehmendem Maße, aber letztlich immer noch vergleichsweise marginal. Geschichte ist im Kontext der Geographie an materiellen Dingen festzumachen.

Die Gründung einer Stadt liegt für Kātib Čelebi meist im mythischen Dunkel der Frühzeit. Oft ist eine Gründungslegende aus dem Toponym abgeleitet. So soll Fās nach einem bei der Gründung aufgefundenen Beil (ar. *fās*) benannt sein,[64] Nīšāpūr von *nay-i Šāpūr* abgeleitet sein[65] und Samarqand von einem

---

[60] ǦD 276-82.

[61] Diese Anforderungen stellte Kātib Čelebi an eine zu schreibende Geschichte Konstantinopels (*Kašf aẓ-ẓunūn* 300, s.v. Ta'rīḫ Qusṭanṭinīya).

[62] In der ersten Fassung betrifft dies Fās (WK 40v), mit Einschränkungen Algier (41r-v), in der zweiten besonders ausführlich Qazwīn (ǦD 294), aber auch z.B. Šīrāz (262f.), Rayy (291f.), Qumm (298), Hamadān (300), Balḫ (316), Tabrīz (380ff.). Nīšāpūr wurde zweimal durch Erdbeben zerstört, zweimal bei Eroberungen (320f.).

[63] Die verheerende Überschwemmung in Yazd 1275 ist nur ǦD 281 im historischen Teil, nicht 267 in der Beschreibung der Stadt erwähnt, die Eroberung Harāts durch Timur 337f., nicht 309ff.

[64] WK 40r-v, man vergleiche die Ableitung von Ṭabaristān von ar. *ṭabar* "Axt", welche zur Durchdringung der dichten Wälder nötig gewesen sein soll (ǦD 339 nach *Taqwīm al-buldān* 432).

[65] ǦD 320.

südarabischen König Šammar.[66] Bei dem stark national-iranisch eingestellten Ḥamdallāh Mustaufī las Kātib Čelebi viel von Städten, die von den Königen der persischen Sagen erbaut worden seien. Solches berichtet er z.B. von Fīrūzābād, Nīšāpūr und Iṣṭaḫr.[67] Marw und Bitlis sollen Gründungen İskender Ẕū l-qarneyns sein.[68] Häufig hat Kātib Čelebi jedoch solche Überlieferungen weggelassen, vielleicht weil sie ihm zu wenig zuverlässig erschienen.[69] Zu Harāt hatte er so viele Varianten zur Auswahl, daß er es vorzog, sie alle mit einer gewissen Distanz zu referieren.[70] Die vorislamische Geschichte Konstantinopels referiert Kātib Čelebi im wesentlichen nach Ğenābīs Chronik, die wiederum auf das anonyme *Tārīḫ-i Aya Ṣofya* zurückgeht und sehr viel legendäres Material enthält. Entsprechend schwierig ist es für Kātib Čelebi, die Chronologie mit den Daten von al-Bīrūnī und vor allem Ibn al-ʿIbrī in Einklang zu bringen.[71]

Erst mit der Eroberung durch die Heere der ersten Kalifen treten die Städte ins helle Licht der Geschichte.[72] In den ersten beiden Kapiteln der ersten Fassung sind historische Angaben rar, doch in der Beschreibung Rumelis ist entsprechend die Eroberung durch die Muslime, i.e. die Osmanen, ebenfalls das entscheidende Datum.[73] Nur wenige in der zweiten Fassung beschriebene Städte sind in islamischer Zeit gegründet worden, z.B. Tabrīz,[74] Kāšān[75] und Šīrāz.[76] Solche islamischen Gründungen scheinen die Neugründungen schlechthin zu sein, während vorislamische Städte als gleichsam präexistent gelten, wenn Kātib Čelebi zu ʿAskar Mukram sagt: "... *Ahvāz'da bundan ġayrī iḥdāṯ olınmıš belde yoqdur*".[77] Während die Geschichte Harāts sich vor allem in dem außergewöhnlich ausführlichen historischen Kapitel über Ḫurāsān spiegelt,[78] hat Kātib Čelebi der Stadt Qazwīn eine detaillierte historische Darstellung innerhalb des Städteartikels gewidmet.

---

[66] ĞD 348ff. Gerade diese ahistorische Überlieferung par excellence ist sehr verbreitet, so in *Nuzhatu l-qulūb* 246, in *Āṯār al-bilād* 360 nach Yāqūt, bei Ṭabarī (cf. İA s.v. Semerkand), in *Taqwīm al-buldān* 492 nach Ibn Ḥauqal, der in Samarqand gar eine südarabische Inschrift gesehen haben will.

[67] ĞD 264, 320, 265.

[68] ĞD 316, 413.

[69] Z.B. die Gründung von Šīrāz (ĞD 262, *Nuzhatu l-qulūb* 114) oder die von Nawbandǧān (ĞD 270, *Nuzhatu l-qulūb* 129).

[70] ĞD 310.

[71] W 39v-46v.

[72] Z.B. Iṣṭaḫr ĞD 266, Qazwīn 294, Hamadān 299f., Balḫ 315, Bitlis 413.

[73] Eigens für diese Angaben hatte Kātib Čelebi Ḫoğa Saʿdeddīns *Tāğu t-tevārīḫ* systematisch ausgewertet.

[74] ĞD 380.

[75] Von Zubaida, der Gattin Hārūn ar-Rašīds (ĞD 298).

[76] Von einem Verwandten des umayyadischen Gouverneurs al-Ḥağğāğ b. Yūsuf (ĞD 262).

[77] ĞD 283. In *Taqwīm al-buldān* 317 heißt es *madīna muḥdaṯa*, was einfach "neue Stadt" bedeutet. Sollte Kātib Čelebi diese Bedeutung im Sinn gehabt haben, wäre einzuwenden, daß es sich immerhin um eine umayyadische Gründung handelt (EI 2 s.v. ʿAskar Mukram).

[78] ĞD 330-38.

Ḥamdallāh Mustaufī hat in seinem Geschichtswerk *Tārīḫ-i guzīde* seiner Heimatstadt Qazwīn ein eigenes Kapitel gewidmet, während er die Stadt in seiner Kosmographie nicht speziell ausführlich beschrieben hat. Kātib Čelebi hat in seinem Artikel beide Werke als hauptsächliche Quellen (neben einem Abschnitt aus *Haft iqlīm*) benutzt. In *Tārīḫ-i guzīde* gliedert sich die Darstellung der Geschichte Qazwīns in acht Abschnitte. Der erste bringt die *ḥadīṯe*, die sich auf die Stadt beziehen,[79] der zweite erläutert die Etymologie des Namens, der dritte und vierte gelten der eigentlichen Stadtgeschichte, besonders der Entwicklung der Stadt und der Islamisierung,[80] während der fünfte der Beschreibung zu Ḥamdallāh Mustaufīs Zeit gewidmet ist: den Stadtvierteln und umliegenden Bezirken, den Wasserläufen und Kanälen, den Moscheen und Friedhöfen.[81] Die Abschnitte 6 bis 8 gelten bedeutenden Personen, die mit der Stadt verbunden sind.[82] In *Nuzhatu l-qulūb* fehlen demgegenüber die Teile 1 und 2 sowie die biographischen Teile 6 bis 8, während die historischen Partien nur geringfügig gekürzt sind.[83] Stattdessen sind dort einige Angaben administrativer Art dazugekommen. An dieser Gewichtung hat sich auch Kātib Čelebi orientiert, sie aber noch verstärkt.[84] Er hat ebenfalls vor allem die Teile 3 und 4 übernommen, aber im Vergleich mit *Nuzhatu l-qulūb* zusätzliche Informationen aus *Tārīḫ-i guzīde* hinzugefügt.[85] Nach dem historischen Abschnitt hat er zunächst die natürlichen Gegebenheiten der Stadt geschildert, wie dies in *Nuzhatu l-qulūb* auch geschieht: Das Klima, die Nutzpflanzen und -tiere. Von diesen kann er zwanglos zur Wasserversorgung der Stadt überleiten, wobei er Ḥamdallāh Mustaufīs Daten durch ein Zitat aus *Haft iqlīm* zur Zeit Tahmāsps I. und ʿAbbās' I. ergänzt. Dieses Zitat schließt auch eine kurze Charakteristik der Bewohner ein. Daher erscheinen die Angaben zu den anderen Bauwerken wie den Moscheen oder den Friedhöfen etwas unvermittelt angehängt, die in *Tārīḫ-i guzīde* in einen Abschnitt mit der Wasserversorgung gestellt waren. Darauf folgt nun eine kurze Reminiszenz der Islamisierung Qazwīns, die in *Tārīḫ-i guzīde* direkt an den historischen Teil anschloß. Es folgt eine Übersicht über die Bezirke der Region und schließlich eine Aufzählung von einigen wenigen Persönlichkeiten, die aus Qazwīn stammen. Sowohl die Angaben zu Gräbern von Heiligen als auch zum Steueraufkommen aus *Nuzhatu l-qulūb* hat Kātib Čelebi weggelassen.[86]

Es ist für uns vor allem wichtig zu erkennen, daß Kātib Čelebi die eigentliche Beschreibung der Stadt sehr viel kürzer hält, als es die zur Verfügung ste

[79] *Tārīḫ-i guzīda* 758-773.
[80] Op. cit. 773-77.
[81] Op. cit. 777-786.
[82] Op. cit. 786-814. Man beachte die Gewichtung dieser Abschnitte!
[83] *Nuzhatu l-qulūb* 56-59.
[84] ǦD 392ff.
[85] Vieles davon ist erst in einem zweiten Arbeitsgang als Marginalie nachgetragen, doch auch schon der Grundtext weist diese Tendenz auf.
[86] Die letzteren hat er zunächst übertragen, aber dann gestrichen.

henden Kenntnisse gestatten würden. Die Festung und die Stadtmauer sind die eigentliche Stadt, an ihnen vollzieht sich die Geschichte. Daher werden diese Elemente ausführlich gewürdigt. Die großen Moscheen der Stadt hingegen werden nur gegen Ende des Artikels kurz gestreift. Wichtiger als eine detaillierte Momentaufnahme der Stadt, und sei sie so präzise wie Ḥamdallāh Mustaufīs Schilderung, scheint es Kātib Čelebi gewesen zu sein, den Verlauf der Stadtgeschichte deutlich werden zu lassen, der in diesem Falle einmal in der Zeit Hārūn ar-Rašīds und ein zweites Mal unter den großen Ṣafavidenherrschern kulminiert. Mit anderen Worten: Die Interessen am historischen Verlauf verdrängen die eigentlichen geographischen Themen.

6. Die asynchrone Darstellung der Städte

Der historische Verlauf ist aber keineswegs, wie vermutet werden könnte, deswegen interessant, weil er einen Erklärungswert für den gegenwärtigen Stand besitzt. Im Gegenteil, trotz der Berücksichtigung des diachronischen Aspektes widmet Kātib Čelebi diesem Stand nicht selbstverständlich die größte Aufmerksamkeit. Le Strange hatte bereits moniert, daß Kātib Čelebi zu seiner Zeit längst verfallene Städte mit verzeichnete. Allerdings bezieht er sich auf Städte, von deren Untergang Kātib Čelebi aufgrund der Quellenlage vielleicht gar nichts wußte.[87] Aber Kātib Čelebi würdigt auch das im 13. Jhdt. weitgehend zerstörte Rayy ausführlich, obwohl er es schon im Einleitungssatz seines Artikels als in Trümmern liegend bezeichnet.[88] In derselben Weise beschreibt er ein Dorf bei Alanya: *Bu nāḥiye ʿAlā'īyeye on mīl qadar yerdedür begi daḫi anda oturur bir ǧāmiʿi ve üc ḥamāmı var ḥālā ḫarābedür.*[89] Er weiß, daß z.B. Sūs und Yārkent zu seiner Zeit verfallen sind.[90] Barzand bezeichnet er ausdrücklich als Stadt, obwohl es schon zu Zeiten Ḥamdallāh Mustaufīs nur noch ein Dorf war.[91] Diese Angabe hat er immerhin später nachgetragen, während ein Hinweis, daß Tirmiḏ seit der Zeit Timurs im Niedergang begriffen war, völlig fehlt.[92] Während Amīn Aḥmad Rāzī unter dem Stichwort Mašhad die Vorgängerstadt Ṭūs mit erwähnte, widmet Kātib Čelebi seinen Artikel dem seit dem 14. Jhdt. verfallenen Ṭūs und streift nur darin die Tatsache, daß der Ort heute Mašhad genannt werde.[93] Typisch ist wieder das Beispiel Qazwīn. Während die Beschreibung der monumentalen Stadtmauer in *Tārīḫ-i guzīde* einer bestimmten Epoche, nämlich

[87] Le Strange 1902. 57 nennt speziell Sirǧān in Kirmān, Ẕaranǧ in Sīstān und Arraǧān in Fārs.

[88] ǦD 291.

[89] WK 132v.

[90] ǦD 283, 366.

[91] ǦD 389, *Nuzhatu l-qulūb* 182. Dies ist eine Angabe aus einem Itinerar, nicht eine Städtebeschreibung. Nichtsdestoweniger ist die Formulierung *šehr-i Barzand ki qaryedür* verräterisch.

[92] ǦD 358, cf. *Haft iqlīm* II, 83.

[93] ǦD 318, *Haft iqlīm* II, 192. Korrekterweise muß gesagt werden, daß die zwei Städte nicht identisch sind, sondern lediglich einander ablösten.

der Hārūn ar-Rašīds zugewiesen ist, ist sie in Kātib Čelebis Darstellung aus diesem zeitliche Bezug gelöst und zur Stadtmauer Qazwīns schlechthin geworden. Die Beschreibung endet bei Ḥamdallāh Mustaufī mit der Angabe, nach der Zerstörung durch die Mongolen seien von der Stadtmauer noch Reste zu erkennen. Kātib Čelebi hat diesen Passus später dahingehend korrigiert, daß keinerlei Spuren mehr zu finden seien.[94] Dennoch hat er diese Stadtmauer als Fixpunkt der Stadtgeschichte gewählt. Die Folge dieser Darstellung der Städte ist, daß das daraus entstehende Gesamtbild nicht synchronistisch die Situation eines bestimmten Zeitpunktes wiedergibt, etwa von Kātib Čelebis Gegenwart, sondern ohne Rücksicht auf die Ungleichzeitigkeit die Städte aller Epochen auf einer Landkarte versammelt.

Kātib Čelebis Umgang mit den Angaben aus *Nuzhatu l-qulūb* zum Steueraufkommen iranischer Provinzen und Distrikte kann als weiterer Beleg dafür dienen, daß es ihm nicht um die Darstellung der gegenwärtigen oder bedingt durch die Quellenlage wenigstens einer möglichst zeitnahen Situation zu tun ist. Kātib Čelebi hat von Ḥamdallāh Mustaufī zahlreiche Angaben zum Steueraufkommen von Regionen und Bezirken entlehnt, die dieser aus seinem Beruf als Finanzbeamter kannte.[95] Er ist sich bewußt, daß diese Summen nicht mehr gelten, denn er führt sie häufig im Präteritum an, in weiteren Fällen in zeitlich neutraler Form.[96] Während Steuerangaben sich in der frühesten arabischen geographischen Literatur bereits zu Themen des *adab* gewandelt hatten,[97] sind sie bei Kātib Čelebi insofern als historische Zeugnisse aufgefaßt, als sie wörtlich genommen werden sollen. Sie sollen aber nicht eine bestimmte Epoche illustrieren, sondern ganz allgemein verdeutlichen, welches wirtschaftliche Potential eine Stadt mit ihrem Umland darstellte. Diese Aufgabe kann natürlich auch eine nicht aktuelle Angabe erfüllen. Augenfällig wird dies, wo Kātib Čelebi nicht die Steuerbeträge aus der Zeit Ḥamdallāh Mustaufīs selbst entlehnt, die infolge der mongolischen Verwüstungen stark gesunken waren. Stattdessen zitiert Kātib Čelebi aus derselben Quelle die Angaben von Ḥamdallāh Mustaufīs Vorfahren, die sich auf die selǧuqische Zeit beziehen, als das Land in Blüte stand.[98]

[94] ĞD 293ff.

[95] Auch dies hatte Le Strange mit Unverständnis notiert (1902. 57).

[96] Im Kapitel über Fārs erfolgt die Angabe in der Form *ḥuqūq-ı dīvānīyesi ... idi* ĞD 290, 292, 296, 299, 300, 301, 302, in der Form *ḥuqūq-ı dīvānīyesi ... yazılır* 296, 297, 298. Danach bin ich geneigt, die Angaben im Präsens nicht wörtlich, sondern ebenfalls in diesem zeitneutralen Sinne aufzufassen.

[97] Miquel 1973. 106 verweist auf die Rolle der Steuerangaben bei Ibn Ḫurdāḏbih und Ibn al-Faqīh. Diese Daten verlieren in der Zusammenstellung mit mirabilia ihren dokumentarischen Wert vollständig.

[98] ĞD 289 zu ʿIrāq-ı ʿaǧem, cf. *Nuzhatu l-qulūb* 48. Nur einmal noch wird eine Steuerangabe einer bestimmten Zeit zugeordnet: Im Artikel Muš vergleicht Kātib Čelebi die Summe aus Ḥamdallāh Mustaufī mit einem osmanischen Steuerregister (416).

Ebenso hat Kātib Čelebi bisweilen bei topographischen Angaben spätere Veränderungen zugunsten eines früheren von ihm so empfundenen Normalzustandes übergangen. So gibt er zwar nach Ibn Ḥauqal an, daß Marw drei Moscheen besitze, ignoriert aber dessen Zusatz, daß von diesen dreien nur noch eine in Betrieb sei.[99] Des weiteren berichtet er nach Ḥamdallāh Mustaufī von einer Stelle, an der giftige Erde gefunden werde, läßt jedoch die Angabe weg, daß der Ort zu Ḥamdallāh Mustaufīs Zeit zugeschüttet worden sei.[100]

Auch ethnische, sprachliche und soziale Verhältnisse sind im Prinzip in derselben Weise dargestellt, wobei in den folgenden Beispielen offen bleiben muß, ob Kātib Čelebi die dargestellte Situation lediglich als die "eigentliche" oder auch als die seit der Zeit der Quelle bis zu seiner eigenen Zeit kontinuierlich fortbestehend betrachtete. Kātib Čelebi hat demgemäß Angaben über vorherrschende Gewerbe oder das Aussehen der Bewohner bestimmter Gegenden ohne weiteres aus einer älteren Quelle wie *Nuzhatu l-qulūb* geschöpft.[101] Sprachliche Verhältnisse oder die Ansiedlung bestimmter ethnischer Minderheiten sind ebenfalls nach längst veralteten Quellen beschrieben: In Fārs werde neben Arabisch und Persisch auch Pahlawī gebraucht, eine dem Pahlawī ähnliche Sprache werde auch am Westufer des Kaspischen Meeres gesprochen, um Nihāwand und Dīnawar siedelten Kurden.[102] In denselben Kreis gehört die Kritik an einem Bericht al-Masᶜūdīs über den Bau des Walles an der Eisernen Pforte (*bāb al-abwāb*). Kātib Čelebi setzte dabei voraus, daß man zu jener Zeit für Bauwerke unter Wasser ebenso Senkkästen verwendete wie zu seiner.[103] Als unveränderlichen Brauch betrachtete Kātib Čelebi auch all das, was er über China aus dem *Qānūnnāme* und von Ġiyāṯuddīn Naqqāš erfuhr. Damit erklärt sich auch, daß er die persönlichen Berichte des letzteren in verallgemeinerter Form wiedergibt,[104] eine entscheidende Abwandlung der Vorlage, wie sie auch in der Fortsetzung der ersten Fassung festzustellen ist.[105]

Wenn man versucht, Kātib Čelebis hier durchschimmernde, aber wiederum nirgends explizit ausgeführte Auffassung zu resümieren, so läßt sich sagen, daß Städte ebenso wie Regionen zwar in der Zeit entstehen, aber dann im Verlauf der historischen Zeit keinen Wandel ihres Wesens mehr erfahren. Zerstörung und Verfall treffen sie nur äußerlich. Wichtiger als die flüchtige Gegenwart sind die Möglichkeiten, die einer Stadt offenstehen und die dadurch offenkundig

[99] ĞD 317, *K. ṣūrat al-arḍ* 434f.

[100] ĞD 325, *Nuzhatu l-qulūb* 145.

[101] Z.B. die Handwerke von Ġundiğān ĞD 270 und Rīšahr (271), die Äußerlichkeiten der Bewohner von Guštasfī am Kaspischen Meer (394). Die Beispiele ließen sich leicht vermehren.

[102] ĞD 273 (nach Ibn Ḥauqal), 394, 301f.

[103] ĞD 395.

[104] ĞD 171 besteht der gesamte Abschnitt *qānūn-ı šikār* aus einem Erlebnis Ġiyāṯuddīns.

[105] Meḥmed ᶜĀšiq schrieb, er habe gesehen, wie Menschen ertranken, als sie versuchten, die zugefrorene Straße von Kertsch zu überqueren (179r). Kātib Čelebi formulierte, bei solchen Versuchen kämen bisweilen Menschen ums Leben (WK 229r).

werden, daß sie bereits einmal in der Geschichte verwirklicht waren. Dies dürfte ergänzt werden durch eine tiefverwurzelte Auffassung von der Gegenwärtigkeit der Geschichte. Die scharfe Trennung von Jetztzeit und Vergangenheit[106] sowie die daraus resultierende Verabsolutierung der Gegenwart sind wohl erst in der europäischen Neuzeit in dem uns gewohnten Maße im Denken des Menschen verankert worden.[107]

Neben diese grundsätzliche Überlegung tritt im Falle Kātib Čelebis eine persönliche Motivierung, die allein keine hinreichende Begründung bieten würde, aber sich gut zu einer gewissen Prädisposition fügt. In seinen jungen Jahren auf den Feldzügen in Hamadān ebenso wie in Tabrīz hatte er erlebt, wie osmanische Soldaten unter Aufbietung aller Kräfte große Zerstörungen anrichteten. War nun diese Zerstörung der vorläufige Endpunkt der Entwicklung und als solcher geeignet als Grundlage einer Beschreibung in einer Universalgeographie? Kātib Čelebi wußte oder konnte fest damit rechnen, daß diese Städte nach dem Abzug der osmanischen Truppen alsbald wiedererrichtet werden würden, daß die Zerstörung am Ende nur eine vorübergehende Episode sein würde. Daher hat er im *Ǧihānnümā* die Beschreibung dieser Städte, wie er sie kennenlernte, im Präsens gehalten und in Bezug zu den Schilderungen seiner Vorläufer (namentlich Ḥamdallāh Mustaufīs) gesetzt und erst am Ende kurz vom Zerstörungswerk seiner Landsleute geschrieben.[108]

7. Monumente von geschichtlicher Bedeutung

Wie wir gesehen haben, ist das wichtigste Bauwerk einer Stadt die Stadtmauer oder allgemein Befestigung, die aus einer Siedlung einen Ort der Herrschaft und damit erst eigentlich einen Ort der Geschichte macht. Andere wichtige Bauwerke der Stadt wie etwa die Moscheen oder *ḫān*s werden meist inventarisiert statt in die Narration der Stadtgeschichte integriert. Neben diesen für das Leben der Stadt wichtigen Gebäuden ziehen andere, auffallende oder spektakuläre, qua *ʿaǧāʾib* das Interesse der Geographen an. Natürlich können auch islamische Bauten durch extreme Dimensionen oder bautechnische Besonderheiten als *ʿaǧāʾib* gelten, doch bevorzugt fallen unter diese Kategorie vorislamische Monumente, die, ihrer ursprünglichen Bestimmung entzogen, von ihrer muslimischen Umwelt neu gedeutet werden. Kātib Čelebi folgt nur einer unter den arabischen Geographen sehr verbreiteten Tendenz, wenn er bestimmte Bauwerke in Ḥimṣ

---

[106] Zu diesem Konzept der Gegenwärtigkeit insbesondere der Heilsgeschichte cf. Haarmann 1988. 210f.

[107] Der Verweis auf eine gewissermaßen idealistische Auffassung, daß nichts, das einmal gewesen und dem kollektiven Gedächtnis der Menschheit eingeprägt sei, vollständig vergehen könnte, als habe es nicht existiert, scheint mir kein brauchbarer Erklärungsansatz. Ebenso habe ich bereits erörtert, daß auch eine Verbindung mit einem allgemeinen Ideal der Vergangenheit, das dem islamischen Geschichtsverständnis weithin unterliegt, in unserem Zusammenhang nicht weiterführt.

[108] ǦD 300 zu Hamadān, cf. auch 301 zu Darguzīn, 381 zu Tabrīz.

als ursprüngliche Talismane erklärt, die dazu gedient hätten, Wespen bzw. Skorpione aus der Stadt fernzuhalten. Nicht weniger typisch ist der Schluß, daß nämlich der Zauber durch einen späteren Fürsten gebrochen worden sei, der versucht habe, die Gebäude zu öffnen.[109] Schon in der byzantinischen Literatur finden sich zahlreiche Ansätze, die vorchristlichen Monumente Konstantinopels als Talismane zu deuten, die man dem Urvater der synkretistischen Magie, Apollonius von Tyana zuschrieb.[110] Schon im 10. Jahrhundert haben die ersten Elemente von hier aus den Weg in die arabische geographische Literatur gefunden. Sie sind später auch von den osmanischen Autoren im Rahmen der Geschichte Konstantinopels aufgegriffen und in deren Sinn weiterentwickelt worden. Aus solchen Quellen, namentlich aus Ğenābīs Wiedergabe, hat auch Kātib Čelebi diese Stoffe kennengelernt, hält aber selbst zum Teil Distanz dazu, indem er zur Arkadiussäule lediglich sagt, sie werde vom Volk auch als Talisman aufgefaßt. Die Deutung der Schlangensäule auf dem Hippodrom als apotropäischen Zauber gegen Schlangen gibt er ohne erkennbaren Vorbehalt wieder, während er einen Vogeltalisman auf einem Kloster offenbar für legendär hält.[111]

Morphologisch betrachtet, handelt es sich bei den meisten dieser Sagen um “Ursprungssagen” (aitiologische Sagen), die von einer Lokalisierung ausgehen: Sie sind zunächst “phantasievolle Erklärung eines örtlichen Zustandes”.[112] Zu diesem Typus gehören auch jene Sagen, die ein Bauwerk oder ein anderes Monument mit einer Prophezeiung in Verbindung bringen. Diese sind für uns von besonderem Interesse, da ihnen eine bestimmte Geschichtsauffassung zugrundeliegt. Es handelt sich um ein durchaus häufiges Motiv in der islamischen Geschichtsschreibung und Geographie.[113] Danach wird in einer paganen oder christlichen Stadt ein Bildnis gefunden, das aufgrund eindeutiger Attribute — sei es das Kamel als Reittier, seien es Kleidung und Bewaffnung — als Araber erkennbar ist, und durch eine Inschrift als künftiger Herrscher bzw. Eroberer des Ortes identifiziert wird. In einigen Fällen ist der Dargestellte der Prophet oder ein Heerführer (in Ägypten ʿAmr b. al-ʿĀṣ), manchmal einfach eine anonyme Gestalt.[114] Kātib Čelebi berichtet einige Male von solchen Prophezeiungen, ohne daß ihm in diesem Fall die Motivverwandtschaft aufgefallen zu sein scheint.[115] So soll in der Residenz der Könige von Toledo ein Raum existiert haben, vor den jeder König ein weiteres Schloß hängen läßt, bis der 24. Nach

[109] WK 139r.
[110] Yerasimos 1990. 85-88.
[111] W 46ff. Zu den osmanischen Versionen dieser Legenden cf. Yerasimos 1990. 89-93.
[112] Peuckert 1962. 2656.
[113] Cf. die Beispiele in Haarmann 1988. 214-24, die bis auf eines sich auf ägyptische Monumente beziehen.
[114] Haarmann loc. cit.
[115] Anders als im Falle der Dämme, die angeblich an bestimmten Meerengen bestanden haben (cf. Kap. VII, Abschn. 7).

folger seine Neugier nicht bezähmen kann, und in den Raum eindringt. Dort entdeckt er das Abbild eines mit einem *ṭailasān* angetanen Arabers zusammen mit einer Inschrift, die die Eroberung der Stadt durch so gekleidete Krieger bald nach der Öffnung des ominösen Zimmers prophezeit.[116] Ganz ähnlich soll der Eroberer Salonikis in einem alten Kloster in der Stadt abgebildet sein.[117] In diesen Fällen handelt es sich um Deutungen im nachhinein, doch wird auch aus Rom von einem Bildnis berichtet, das den künftigen Eroberer als Kamelreiter darstelle.[118]

Es ist wichtig, daß zunächst auch für diese Berichte gilt, was Peuckert allgemein von Sagen dieser Art konstatiert: Es seien "Aussagen historischer Qualität, die eine für ihre Denkwelt und ihre Wirklichkeit gültige Wahrheit vortragen".[119] Dies gilt sicherlich für jene Quellen, aus denen Kātib Čelebi diese Legenden geschöpft hat. Doch auch seiner eigenen Geschichtsauffassung dürften diese Legenden weitgehend entsprochen haben. In ihnen äußert sich die Überzeugung, daß der Verlauf der Geschichte gänzlich in Gottes Hand liegt und von ihm von allem Anfang vorherbestimmt ist. Die Eroberung der zentralen Stätten der Christenheit, Konstantinopel und Rom ist zudem bereits im *ḥadīṯ* angekündigt.[120] Andererseits kursierten auch *ḥadīṯe*, die die Eroberung dieser Städte erst am Ende der Zeiten vorhießen. Eine Überlieferung dieser Art erörtert Kātib Čelebi im Zusammenhang mit der Eroberung Konstantinopels, doch da der *ḥadīṯ* die Eroberung durch den *takbīr* verheißt, kann das Ereignis von 1453 nicht gemeint sein. Vielmehr schließt sich Kātib Čelebi hier der Meinung von ʿAlī al-Qārī' al-Harawī in dessen Kommentar zur *ḥadīṯ*-Sammlung *Miškāt al-maṣābīḥ* an,[121] der die Prophezeiung auf Rom bezieht.[122] In der Tat finden wir am Rand des Artikels über Rom im Wiener Konzept wiederum eine solche Prophezeiung: "*Wa yuftaḥu* (sic) *l-Madīnatu r-Rūmīyatu bi-t-takbīri min sabʿīna l-muslimina*[123] *min waladi Isḥāqa wa yakūnu baina l-malḥamati l-ʿuẓmā wa fatḥi r-Rūmīyati sittatu sinīna wa yaḫruğu d-Daǧǧālu fī s-sanati s-sābiʿa*".[124]

---

[116] WK 37v-38r nach *Āṯār al-bilād* 367.

[117] WK 76r nach *Baḥrīye* (Kahle) 16. Abgesehen davon, daß etliche Kopisten *deyr* "Kloster" und *direk* "Säule" verwechselten, ist die Stelle bei Pīrī Re'īs elliptisch, aber dem, der mit solchen Sagen vertraut war, verständlich.

[118] WK 275r. Das Motiv ist sehr ähnlich dem bei Yāqūt in *Muʿǧam al-buldān* s.v. Rūmīya (cf. Abel 1958. 11). Vermutlich ist hier eine aitiologische Sage, ursprünglich eine Prophezeiung ex post, aus einer anderen Stadt übertragen worden.

[119] Peuckert 1962. 2644.

[120] Beispiele bei Canard 1926. 106.

[121] Cf. dazu Kap. III zu den Quellen der ersten Fassung.

[122] W 42v. Der *ḥadīṯ* geht auf Muslim zurück (cf. Canard 1926. 109). Derselbe *ḥadīṯ* findet sich auch in *Künhü l-aḫbār*, cf. Schmidt 1991. 125f.; auf das Vorkommen bei Evliyā Čelebi verweist Abel 1958. 2; zu Belegen bei anderen Autoren cf. EI 2 s.v. Ḳusṭanṭinīyya.

[123] Lies: *Min sabʿīna alfan mina l-muslimīn*.

[124] WK 275v. In dieser Form ist der Text unter den Beispielen bei Canard nicht zu finden. Das Motiv der 70.000 Muslime (eigentlich Banū Isḥāq) gehört zu der verheißenen Eroberung durch

Wir sehen uns bei diesen Beispielen erstmals mit Belegen dafür konfrontiert, wie Kātib Čelebi historische Ereignisse oder Sachverhalte unter einem religiösen Blickwinkel auffaßte. Daß Gottes Wirken auch im Verlauf der Geschichte erkannt wird, sollte bei einem muslimischen Autor nicht überraschen. Der Gegensatz von "kritisch" oder "wissenschaftlich" gegenüber "islamisch-religiös geprägt", der gerade in der modernen türkischen Rezeption aufgestellt wird, wobei Kātib Čelebi für die erstere Auffassung in Anspruch genommen wird, darf unseren Blickwinkel nicht einschränken. Im folgenden will ich versuchen, den spezifisch islamischen Elementen seiner Geschichtsauffassung weiter nachzugehen.

Zunächst ist zwischen verschiedenen Arten religiös geprägter Geschichtsanschauung oder -auffassung zu differenzieren. Eine erste Variante ist bei den *ḥadīṯ*en über den Fall Roms bzw. Konstantinopels angesprochen worden: die Eschatologie, die eine eigene Literaturgattung hervorgebracht hat.[125] Doch damit ist auch schon gesagt, daß sie gemeinhin von der Historiographie weitgehend getrennt ist. Ein Werk wie der *Ǧāmiᶜü l-meknūnāt* des Mevlānā ᶜĪsā (schrieb zwischen 1529 und 1535), der die Darstellung historischer Ereignisse konsequent auf das eigentliche Thema, nämlich das bevorstehende Weltende hinlenkt, scheint zumindest im osmanischen Bereich eine Ausnahme zu sein.[126] Obwohl Kātib Čelebi das Thema aufgreift, scheint es für ihn nicht zu den Dingen gehört zu haben, die in seinem historischen Bewußtsein ständig präsent waren, sondern eher um eine oberflächliche Assoziation. Diese drängte sich umso eher auf, als Kātib Čelebi von den islamischen Eroberungsversuchen handelte, und in den osmanischen Chroniken auch berichtet wird, daß Sultan Meḥmed II. vor den entscheidenden Angriffen 1453 die bekannten Eroberungsverheißungen benutzte, um seine Soldaten anzufeuern.[127] Im Artikel über Rom sollte der *ḥadīṯ* sicher nicht unmittelbar verwendet werden, was daraus ersichtlich ist, daß er flüchtig (und fehlerhaft) am Rand notiert ist.

Im Gegensatz zu eschatologischen Elementen sind in Kātib Čelebis historiographischen Werken genügend Zeugnisse vorhanden, daß göttliche Eingriffe unmittelbar in den historischen Ablauf für ihn nichts ungewöhnliches waren.

---

tahlīl und *takbīr* (Canard 1926. 109), während die Vorhersage der sieben Jahre bis zur Ankunft des Daǧǧāl in einem eigenen *ḥadīṯ* steht, den Canard (1926. 108) nach dem *Muntaḫab Kanz al-ᶜummāl* (einer Bearbeitung einer Sammlung as-Suyūṭīs) zitiert. Zur Bedeutung dieser *ḥadīṯ*e, die alsbald rezipiert wurden, bei den Osmanen s. Flemming 1987. 46f.

[125] Wichtiger Aufsatz als Einführung in das Genre Abel 1954.

[126] B. Flemming hat in einer Reihe von Beiträgen auf dieses Werk aufmerksam gemacht, eine gereimte Chronik der Propheten und der Epoche Süleymāns, die aufschlußreiche Reflexe einer verbreiteten Zeitstimmung bietet. Zu der Einschätzung als primär eschatologisches Werk cf. Flemming 1987. 52f. und1993. 51.

[127] Canard 1926. 106 nach Ḫoǧa Saᶜdeddīns *Tāǧü t-tevārīḫ*.

Weltgeschichte als Handeln Gottes bildet in zahlreichen osmanischen Univeralgeschichten den Rahmen der Darstellung.[128]

Vielerorts in der muslimischen Historiographie liest man Formeln wie *bi ᶜauni llāh*, die andeuten, daß ein Ereignis, insbesondere ein Erfolg auf dem Schlachtfeld, Gottes Mithilfe zu danken sei.[129] Solche Formeln finden sich bei Kātib Čelebi zuhauf, doch standen sie bei der Überarbeitung der ersten Redaktion nicht selten zur Disposition und beweisen allein nur wenig.[130] Aussagekräftiger ist die Darstellung von Ereignissen, bei denen ein glücklicher Ausgang wider alle Wahrscheinlichkeit und in einer völlig verzweifelten Situation eintrat. Immer wieder hat Kātib Čelebi solche Wendungen dem unmittelbaren Eingreifen Gottes zugeschrieben.[131] Ein besonders deutliches Beispiel ist seine Schilderung der Schlacht bei Egri 1596, als die überlegenen christlichen Truppen den Sieg sicher wähnten und bereits begonnen hatten, das osmanische Lager zu plündern, als zwei Ereignisse eine Wendung herbeiführten: Es gelang dem Lehrer des völlig verängstigten und zur Panik neigenden Sultans, dem berühmten Ḫoğa Saᶜdeddīn, seinen Schützling von der Flucht abzuhalten und zum Ausharren zu bewegen. Gleichzeitig rafften sich die Sklaven des großherrlichen Hausstandes plötzlich, mit Äxten und Knüppeln aus den Feuerholzvorräten bewaffnet, zum Widerstand auf, und es gelang ihnen, die vor Gier nach Beute undisziplinierten kaiserlichen Truppen zurückzuschlagen. Als der Wesir Ğigalazāde Sinān Paša mit seinen Truppen zum Entsatz erschien, brach nun die Panik unter den christlichen Truppen aus, und ihr chaotischer Rückzug wurde zu einer vernichtenden Niederlage.[132] Dieser Umschwung im Angesicht der bereits unausweichlich erscheinenden Katastrophe ist von vielen Autoren, darunter etlichen Augenzeugen, sehr unterschiedlich beschrieben worden. Wichtig ist für uns, daß Kātib Čelebis Version in der *Fez̲leke* im Vergleich als die am stärksten "sakralisierte" gilt: Nicht nur, daß Ḫoğa Saᶜdeddīn den Sultan zum Ausharren mahnt, er legt ihm auch den Mantel des Propheten um und entrollt die Heilige Fahne. Hierauf (und offenbar deshalb) sehen sich die Pagen zum Widerstand ermutigt.[133] Ein Beispiel im *Ğihānnümā* ist die Legende um die sogenannte ᶜArab Ğāmiᶜi in Konstantinopel, die angeblich von Maslama b. ᶜAbdalmalik erbaut

[128] Flemming 1981. 81.

[129] Zu aṭ-Ṭabarī in diesem Sinne Radtke 1992. 163.

[130] Z.B. stehen sie in O 356v, 375v, fehlen aber in der späteren Fassung WK 87v, 111r.

[131] *Fez̲leke* I, 142, II, 83f., 120.

[132] Diese Zusammenfassung der Fakten nach Schmidt 1985. 128.

[133] *Fez̲leke* I, 89f., der Vergleich der verschiedenen Versionen bei Schmidt 1985. Danach ist durchaus nicht sicher, ob der Sultan nicht wirklich, wie Gerüchte besagten, geflohen war. In *Fez̲leke* I, 90-93 folgt eine Version Pečevīs, in der der Zusammenhang zwischen der sakralen Aufmachung des Sultans und dem Widerstand der Pagen fehlt. Vielmehr ist dort der Widerstand direkt einem Eingreifen göttlicher Gewalten (*riğāl Allāh*) zu danken.

wurde, dem ersten arabischen Heerführer, der vor der Stadt erschien.[134] Obwohl im Text nicht ausgesprochen, ist es sicher Gottes Macht zu danken, daß die vertragsbrüchigen Christen nicht imstande waren, die Moschee zu zerstören oder in eine Kirche umzuwandeln.[135]

Soweit mir ersichtlich, gibt es im wesentlichen zwei Gründe für ein solches Eingreifen Gottes. Da ist zum einen die allgemeine Vorstellung, daß die Muslime Gottes auserwählte Gemeinde seien, die von ihm stets Unterstützung erfahre. John Wansbrough hat die Entstehung der frühislamischen *sīra-* und *maġāzī-*Literatur in einem umstrittenen, aber höchst anregenden Werk als "composition of salvation history" bezeichnet, schließlich aber dargelegt, daß ein Begriff wie "election history" das Phänomen besser träfe.[136] Wansbrough argumentiert dabei vor allem negativ: Daß in der *sīra-* und *maġāzī*-Literatur jedes Interesse an Eschatologie und dem Ende der Zeiten fehle, spreche gegen die Bezeichnung als "salvation history".[137] Das Selbstverständnis der Muslime als Auserwählte ist im Koran kaum entwickelt. In der späteren religiösen Literatur manifestiert es sich an zahlreichen Stellen.[138] Es ist an dieser Stelle jedoch ein Vorbehalt angebracht. Das Motiv der auserwählten *umma* wird in der religiösen Literatur angeschlagen, jedoch — soweit ich sehe — allenfalls begrenzt in der Historiographie.[139] Es scheint zwar, als seien diese Gedanken auch bei Historikern (wofür Kātib Čelebi zweifellos nicht das einzige Beispiel ist) wirksam, doch gehören sie nicht unmittelbar zu ihrem Thema und werden daher nicht explizit ausgeführt. Zumindest für Kātib Čelebi geht es in den historischen Werken um die Darstellung individueller Ereignisse, nicht aber um eine Deutung der Weltgeschichte als Ganzem.

Eng mit der Vorstellung der auserwählten Gemeinde verwoben ist das zweite Motiv für göttliches Eingreifen in die Geschichte, und es ist sehr viel konkreter: das Motiv der Strafe für Sünden der Gemeinde, repräsentiert meist durch die herrschende Dynastie. Der Gedanke ist durch die zahlreichen Strafle

---

[134] Zu den Belegen für eine solche Moschee in muslimischen und byzantinischen Quellen und die verschiedenen Lokalisierungen cf. Canard 1926. 94-99. Die heute Arap Camii genannten ehemalige Kirche San Paolo in Galata hat sicher mit dieser Moschee nichts zu tun (Müller-Wiener 1977. 79f.).

[135] WK 41v.

[136] Wansbrough 1978. 132-148. Rippin hat in seiner Zusammenfassung der wichtigsten Thesen Wansbroughs vorgeschlagen, auf einer anderen Ebene "salvation history" einfach als "sacred history" aufzufassen (1985. 155). Die christliche Konnotation des Begriffes (oder mit Rippin "the intellectual baggage of Heilsgeschichte") sollte jedoch von der Erörterung der islamischen Geschichtsschreibung streng geschieden werden.

[137] Wansbrough 1978. 147f.

[138] Dies läßt sich an der Verwendung des Begriffes umma deutlich machen, der im Koran sehr unspezifisch gebraucht wird. Eine privilegierte *ummat Muḥammad* ist aber dann schon in den kanonischen *ḥadīṯ*-Sammlungen nachzuweisen (İA s.v. Ümmet).

[139] Dieser religiöse Hintergrund ist von F. Rosenthal in seinem grundlegenden Werk weitgehend außer acht gelassen worden. Mehr dazu bei Radtke 1990.

genden des Korans vorgegeben.[140] Die Eroberung und Verwüstung Alexandrias durch die Kreuzfahrer 1365 ist von Zeitgenossen, z.B. in einer Elegie des Ibn Abī Ḥağala als göttliches Strafgericht interpretiert worden.[141] In der osmanischen Historiographie gilt aber ein Autor wie Ḥasan Kāfī Aqḥiṣārī (gest. 1616), der den Niedergang des osmanischen Reiches als Strafe für die Verfehlungen der Herrscher aufgefaßt hat, als Ausnahme.[142] Doch auch Kātib Čelebi hat bestimmte Ereignisse so verstanden. Ein Beispiel für eine solche göttliche Strafe ist nach dem *Ǧihānnümā* der Verlust Granadas als letzter muslimischer Bastion auf der iberischen Halbinsel 1492. Wie jede Dynastie, die zum Untergang verurteilt sei, müsse sich auch die dortige der Veränderung des Verhaltens und der Ungerechtigkeit und Unterdrückung schuldig gemacht haben, denn "Gott ändert nichts an einem Volk, solange es nicht selbst ändert, was es an sich hat".[143] Doch auf die unzureichende Durchführung seiner Befehle reagierte Gott gemäß seinem Wort "so setzen wir die einen Frevler über die anderen ein (zur Strafe) für das, was sie begangen haben"[144] und strafte sie mit dem Untergang ihres Hauses.[145] Um solche Werke zu verrichten, kommt es vor, daß Gott auch eigentlich Unwürdigen, d.h. den Ungläubigen oder den Šīʿiten die Oberhand über die Gläubigen verleiht.[146] Doch bisweilen werden auch Verluste der Gläubigen an anderer Stelle ausgeglichen: Gott habe Rūm aus den Händen der Ungläubigen in die der Gläubigen gegeben, Andalusien aber von den Gläubigen an die Ungläubigen fallen lassen.[147] Da dem Verlust Ḫurāsāns und des Irak an die Šīʿa kein Ausgleich gefolgt ist, resümiert Kātib Čelebi abschließend, Gott verfüge in seinem Reich, was ihm beliebe. Daß der Ausgleich von Verlusten mit dem Gedanken der Strafe eigentlich nicht vereinbar ist, scheint ihn nicht gestört zu haben.

Eine weitere mögliche religiöse Geschichtsauffassung ist bereits angesprochen worden: der Begriff der Heilsgeschichte. Diesen spezifisch jüdisch-christlichen Begriff hat Spuler auf die islamische Geschichtsauffassung übertragen. Sofern er damit nur, ähnlich wie Wansbrough, "election history" umschreibt, ist ihm zuzustimmen. Doch Spuler benutzt daneben auch den Begriff "Heilsplan", ohne allerdings näher auszuführen, worin dieser Plan oder das mit seiner Hilfe

---

[140] Koran 7. 59-103.
[141] Weintritt 1992. 172.
[142] Fodor 1986. 226f.
[143] Koran 13.11. Kātib Čelebi zitiert ungenau: *yuġayyiru* statt *yuġayyirū*.
[144] Koran 6.129.
[145] WK 37r. Die Stelle war zunächst nur kurz und wurde in einer Marginalie weiter ausgeführt.
[146] *Tuḥfetü l-kibār* 163.
[147] WK 37r, erneut *Tuḥfetü l-kibār* 163. Diese Aufrechnung ist übrigens in der abendländischen Geschichtsschreibung geläufig, in der islamischen aber nur ausnahmsweise belegt (Hoenerbach 1987. 67f.).

erworbene Heil bestehen sollen.[148] Doch der Gedanke eines der gesamten Geschichte zugrundeliegenden göttlichen Planes ist, soweit ich sehe, nur äußerst selten in den Darstellungen der Historiker nachweisbar. Eines der wenigen Beispiele — zudem aus der arabischen Literatur — ist der Versuch von Muḥammad b. Qāsim an-Nuwairī (gest. nach 776/1374), die kurzfristige Eroberung Alexandrias durch die Kreuzfahrer unter König Peter von Zypern 1365 in einem solchen Sinne zu deuten. Eine wichtige Passage in an-Nuwairīs voluminöser *maǧmūʿa*, in der alles um die Erfassung und Deutung dieses Ereignisses kreist, ist eine Gegenüberstellung der Vorgeschichte der Eroberung von Alexandria mit der koranischen Josefsgeschichte. Wie alle Unbill, die Josef widerfuhr, am Ende ihm und auch seinen Brüdern zum Segen ausschlug, so soll — dies will an-Nuwairī damit beweisen — auch die Katastrophe von Alexandria den Gläubigen am Schluß zugute kommen.[149] Doch genau an dieser Stelle scheitert er, da es ihm nicht gelingt, eine positive Entwicklung als Folge der Eroberung namhaft zu machen. Vielmehr muß er sich darauf beschränken aufzuzählen, was alles hätte schlimmer kommen können.[150] Auch bei Pečevī findet sich einmal der Versuch, in die Gestalt eines Traumes gekleidet, eine militärische Niederlage in der ungarischen Grenzprovinz so darzustellen, daß sie in einer längerfristigen Perspektive ihre guten Seiten habe.[151] Bezeichnenderweise wendet sich an-Nuwairī ausdrücklich gegen die Auffassung der Katastrophe als Strafe Gottes, wie sie sein Zeitgenosse, der schon erwähnte Ibn Abī Ḥaǧala, ausgesprochen hatte.[152]

Als heilsgeschichtlich ließe sich im strengen Sinne die Eschatologie des Mevlānā ʿĪsā bezeichnen, insofern sie die Ereignisse in den fest vorgegebenen Ablauf (Heilsplan?) vor dem Eintritt des Jüngsten Tages einordnet. Denn dies ist die eigentliche Intention der Heilsgeschichte: Die Geschichte nach einem "Zweck jenseits der tatsächlichen Ereignisse" zu befragen. Eine Aussage über den Sinn historischer Ereignisse vom Gesichtspunkt eines bestimmten telos kann dabei aber nur gewagt werden, wenn dieser "letzte Sinn" in der Zukunft liegt, also antizipiert wird.[153] Weder bei einem Autor wie aṭ-Ṭabarī, den Radtke als Paradebeispiel der "Heilsgeschichtsschreibung" heranzieht,[154] noch bei Kātib Čelebi vermag ich ein Ziel der Geschichte in diesem Sinne zu erkennen.

Zugleich steht der Versuch einer islamischen Heilsgeschichtsschreibung vor demselben Widerspruch, der bei konsequenter Betrachtung auch eine christ

[148] Allenfalls wäre an eine Ausbreitung des Islams über die ganze Welt zu denken, die im Koran z.B. in Sure 110 oder in 9. 32f. verheißen zu sein scheint. Doch hat dies nicht unmittelbar etwas mit dem "Heil" zu tun.
[149] Cf. die Zusammenfassung Weintritt 1992. 44-48.
[150] Weintritt 1992. 46.
[151] *Tārīḫ-i Pečevī* II, 144.
[152] Weintritt 1992. 47.
[153] So Löwith in seinem grundlegenden Werk (1953. 15).
[154] Radtke 1990. 163.

liche Heilsgeschichte unmöglich macht. Nur eine Gemeinschaft ist Subjekt der Geschichte, und nur ein solches kann das Heil erfahren. Das Volk Israel als auserwählte Gemeinschaft erwirbt das Heil in der historischen Zeit: Der Gedanke an ein Gericht und ein Leben nach dem Tode ist dem Judentum fremd. Im Christentum wie im Islam ist dagegen das Heil individuell. Der einzelne Gläubige hat sich im Diesseits zu bewähren, doch er tut dies eben nicht als in der Geschichte Handelnder. Zudem wird erst am Ende der Zeit über ihn geurteilt, während, wie wir gesehen haben, die Gemeinde der Muslime Gottes Hilfe und im Falle einer Verfehlung auch Gottes Strafe schon im Diesseits erfährt.[155]

Hierbei ist auch zu bedenken, daß Geschichtsschreibung traditionell die Funktion von *ʿibret* hat: sie dient als mahnendes Beispiel.[156] Insofern ist eine Deutung aus der übergeordneten Perspektive des kollektiven Heiles nicht ihr Anliegen. Dagegen lassen sich religiöse Elemente wie Lohn und Strafe Gottes sehr wohl mit dieser rein innerweltlichen Zweckbestimmung der Historiographie vereinbaren.

Ein wesentliches Argument für Radtkes Zuordnung bestimmter Autoren zur Heilsgeschichte ist die Struktur des zeitlichen Ablaufs. Er bezeichnet die Zeitauffassung der antiken Historiker, die in der Geschichte keine Entwicklung und kein Ziel sahen, als "zyklisch" und stellt dem die "lineare" Auffassung der Heilsgeschichte, die in einem Bogen von der Schöpfung bis zum Weltuntergang führe, entgegen.[157] Doch diese Unterscheidung, die sich als griffiges Kriterium darbietet, enthält Schwierigkeiten.

Es liegt nahe, die ewige Wiederkehr des immer Gleichen, die die Geschichtsauffassung der Griechen prägte, als zyklisch zu bezeichen, ebenso wie die Zeitempfindung der vorislamischen Araber.[158] Doch um welche Zyklen handelt es sich hier? In welchen Zeiträumen wiederholt sich die Geschichte? Tatsächlich handelt es sich zumindest im Fall der Araber eher um ein gesichtsloses Einerlei, das nur vom Wechsel der Jahreszeiten strukturiert wird. Nur hie und da sind individuelle Ereignisse aus dem steten Gang des beduinischen Lebens hervorgehoben, die dann rasch aus ihrem zeitlichen Kontext in die Überzeitlichkeit der Sage entrückt werden. Das Gemeinwesen selbst, der Stamm, bleibt unberührt vom Wechsel der Jahre. Eine zyklische Entwicklung in der Geschichte selbst, ein Auf und Ab etwa, findet nicht statt. Sofern man nicht direkt von Geschichtslosigkeit sprechen will, scheint mir ein zielloses Driften auf dem Strom der Zeit gegenüber der Zyklizität das angemessenere Bild zu sein.

Mit mehr Berechtigung wird der Begriff "zyklische Geschichtsauffassung" auf die "Phänomenologie der Geschichte" in Ibn Ḫaldūns (gest. 1406) *Muqaddima* angewandt. Hier findet tatsächlich eine Kreisbewegung statt: Jeder Staat

---

[155] Cf. Löwith 1953. 178f. für die christliche Heilsgeschichte.

[156] Dazu cf. Kap. VI.

[157] Radtke 1992. 160.

[158] So Nagel 1983. Zur zyklischen Auffassung der Griechen Löwith 1953. 15-18.

oder jede Gemeinschaft durchläuft einen klar bestimmten Zyklus von Aufstieg, Größe, Stagnation und Niedergang, bis sie ausgelöscht wird von einem neuen Gemeinwesen, das seinerseits denselben Gang geht.[159]

In dem Sinne, daß sich ein bestimmtes Schema des historischen Verlaufes mehrfach wiederholt, läßt sich aber auch — und hier wird Radtkes Schibboleth problematisch — die Heilsgeschichtsschreibung mittelalterlicher christlicher Prägung[160] als zyklisch bezeichnen. Der fundamentale Unterschied zu den vorhergehenden Arten von Zyklen ist jedoch der, daß es sich um eine endliche Zahl von Zyklen handelt,[161] wobei sich die jeweiligen Autoren als im letzten Zyklus lebend empfinden. Dieser letzte Zyklus neigt sich dem Ende aller Zeit und dem Weltgericht zu. Dieses Modell liegt der überwiegenden Zahl der mittelalterlichen Weltchroniken zugrunde, wobei die Zahl der Weltalter sechs (nach den Lebensaltern des Menschen, zuerst bei Augustinus) oder vier (nach den Reichen der Vision Daniel Kap. 2, zuerst bei Orosius) betragen kann.[162] Eine vergleichbare Kosmologie findet sich auch als Exkurs, verknüpft mit den Legenden um die Hagia Sophia und bezeichnenderweise nicht als Rahmen der historischen Darstellung, in einer anonymen altosmanischen Chronik. Danach wird das Alter der Welt in sieben Zeitalter zu je 7000 Jahren eingeteilt, wobei allerdings die mit Adam beginnende Geschichte der Menschen erst dem letzten Zeitalter zugerechnet wird.[163] Mehrere vergleichbare Schemata kennt auch Muṣṭafā ᶜĀlī, ohne daß völlig sicher ist, welches er bevorzugt.[164] Weitverbreitet sind zyklische Schemata aber auch wiederum im apokalyptischen Schriftum.[165]

Durch diesen Exkurs in die historischen Darstellungen zugrundeliegenden Zeitauffassungen sollte deutlich gemacht werden, wie fragwürdig die binäre Unterscheidung von linearer und zyklischer Geschichtsschreibung ohne weitere Differenzierung ist. Ebenso bedarf die Trennung von "säkularer" oder "Kulturgeschichtsschreibung" und "religiöser" oder "Heilsgeschichtsschreibung" der Präzisierung, wenn damit das Wesen der Geschichtsschreibung der Muslime in

---

[159] Näheres dazu im nächsten Abschnitt.

[160] Löwiths Vorbehalten zum Trotz sei der Begriff, dem Selbstverständnis der Zeit gemäß, hier gebraucht.

[161] Zwar hatte zweifellos auch für den Muslim Ibn Ḫaldūn die Geschichte Anfangs- und Endpunkt in Schöpfung und Weltgericht, doch seine Theorie sieht anscheinend nur einen unaufhörlichen Wechsel von Dynastie zu Dynastie vor, der im Weltgericht zwar sein zeitliches, aber nicht ein logisches Ende findet. Eine notwendige Entwicklung auf dieses Ende hin gibt es bei ihm nicht.

[162] Grundmann 1987. 18f.

[163] Özdemir 1975. 365-70. Diese Überlieferung wird von Özdemir mit yezidischen, parthischen und auch drusischen Mythen in Beziehung gesetzt, was an dieser Stelle nicht verfolgt werden soll. Es möge aber als Indiz gelten, wie wenig diese Dinge genuin "islamisch" waren. Auch in der Ismāᶜīlīya war eine Abfolge von sieben Propheten, deren jeder am Anfang einer Ära stand, geläufig, doch fand dieser Gedanke nie Eingang in die Geschichtsschreibung selbst (F. Rosenthal 1968. 26 Anm.).

[164] Schmidt 1991. 135ff.

[165] Ein Überblick in Abel 1958. 4 Anm.

angemessener Weise beschrieben werden soll. Ein vernachlässigtes Kriterium in dieser Hinsicht ist die historische Blickrichtung: Heilsgeschichte und Eschatologie richten ihren Blick auf die Zukunft, von der sie Neues, Endgültiges erwartet, während eine "säkulare" Geschichtsschreibung ihren Blick auf die Vergangenheit richtet, um eine Gegenwart zu verstehen, die sich von jener im Wesen nicht unterscheidet.

Soll Kātib Čelebi nach diesen Unterscheidungen beurteilt werden, so ist zu sagen, daß seine Geschichtsauffassung eindeutig "metaphysisch" in dem Sinne ist, daß er in der Geschichte vielfach nicht innerweltliche Faktoren, sondern Gottes Hand am Werk sieht. In dem Zeitrahmen, der in seiner *Fez̲leke* erfaßt ist, erzählt er chronologisch-annalistisch, ohne ein durch einen göttlichen Heilsplan vorgegebenes Gliederungsprinzip. Soll aber die ewige Wiederkehr des immer Gleichen als zyklisch gelten, so ist auch Kātib Čelebis Geschichtsverständnis zyklisch, denn für ihn verläuft die Geschichte — was im folgenden zu zeigen sein wird — nach unveränderlichen Grundschemata.

9. Kātib Čelebi und Ibn Ḫaldūn

Dieses Verständnis, daß die Geschichte nach unveränderlichen Gesetzmäßigkeiten ablaufe, hat Kātib Čelebi mit Ibn Ḫaldūn gemeinsam, während die "metaphysischen" Elemente ihn von jenem zu trennen scheinen. Es scheint mir daher sinnvoll, die Rezeption Ibn Ḫaldūnscher Ideen durch Kātib Čelebi an dieser Stelle näher zu untersuchen, zumal diese auch zu einem Streitpunkt mit gewissen nationalem Prestige gemacht worden sind.[166] Vermutlich kannten die Osmanen die Geschichtstheorie Ibn Ḫaldūns schon seit dem 16. Jhdt. Danach vollziehen sich Aufstieg, Stagnation, Niedergang und Zusammenbruch einer Dynastie überall in der Weltgeschichte nach demselben, unerbittlichen Schema in Analogie zu Wachstum, Reife und Alter des Menschen. Über die Qualität dieses grandiosen Entwurfs ist viel gestritten worden.[167] Nach der Interpretation al-Azmehs, der ich hier folge, handelt es sich weniger um eine "Geschichtsphilosophie" als um eine Phänomenologie des Geschichtsverlaufs, verfaßt als Referenz für den Historiker, um die Plausibilität einzelner Quellenberichte daran abschätzen zu können.[168] Da der Schwerpunkt dieser Phänomenologie auf den Phasen des Niedergangs liegt, hat Ibn Ḫaldūns Werk bei osmanischen Autoren, bei denen die Wahrnehmung des politischen Niedergangs vor allem seit dem ausgehenden 16. Jhdt. durchweg verbreitet war, beträchtliches Interesse gefunden. Der erste, der von Ibn Ḫaldūn übernommene Begriffe verwendet, ist der

[166] Die Diskussion entzündete sich an einer weniger historischen als politischen These Ṭāhā Ḥusains, der eine mangelnde Rezeption Ibn Ḫaldūns durch die Türken als intellektuelle Schwäche darstellte. Dies war der Anlaß für die kurze, aber grundlegende Abhandlung Fındıkoğlus (1953).

[167] Cf. zur Interpretationsgeschichte vor allem al-Azmeh 1981.

[168] Al-Azmeh 1990.

Historiker Bostān in seinem um 1542 verfaßten *Süleymānnāme.*[169] Als nächstes unter den Rezipienten ist dann Kātib Čelebi zu nennen, dessen Einleitung zu *Kašf aẓ-ẓunūn* in beträchtlichem Maße auf Ibn Ḫaldūns Überlegungen zu den Wissenschaften basiert.[170] In besonderer Ausführlichkeit ist die Analogie zwischen menschlichem Körper und Staatswesen in *Düstūru l-ʿamel* ausgearbeitet, in dem zusätzlich zu den Altersphasen auch die wesentlichen Gruppen des Staates mit den Körpersäften gemäß der Lehre Galens verglichen werden.[171] Nach Kātib Čelebi haben vor allem Naʿīmā und Müneğğimbašı Elemente von Ibn Ḫaldūn übernommen.[172]

Im Geschichtskonzept Ibn Ḫaldūns vollzieht sich der historische Zyklus von Aufstieg und Niedergang in jedem Staatswesen, d.h. in jeder Dynastie, aufgrund einer unentrinnbaren Eigengesetzlichkeit. Wenn Kātib Čelebi sich diese Auffassung von historischer Gesetzmäßigkeit im Prinzip zu eigen gemacht hat, so hat er doch die Analogie mit den Lebensaltern des Menschen und den Körpersäften nicht in derselben Konsequenz durchgeführt: Er hat die Hoffnung auf ein Aufhalten oder Umkehren des Verfallsprozesses nicht aufgegeben. Seine in *Düstūru l-ʿamel* geäußerte Skepsis, ob dem Reich noch zu helfen sei, rührt nicht aus der Analogie zum menschlichen Körper her, sondern daher, daß der Zustand des Reiches von dem der Ausgewogenheit der einzelnen Elemente allzuweit entfernt sei. Denn — und dies ist der fundamentale Unterschied zu Ibn Ḫaldūn — für Kātib Čelebi scheint es einen Gleichgewichtszustand des Staates zu geben, der grundsätzlich stabil sei. Zentral ist dabei der Begriff des *mīzāğ-i devlet*, der "Konstitution des Staates".[173] Was Kātib Čelebi in *Düstūru l-ʿamel* erörtert, ist eine Störung dieser Konstitution, nicht der endgültige Verfall im Alter. Dies wird unmittelbar ersichtlich, wo er betont, daß ein Übelstand wie der gegenwärtige (*inḥirāf-ı mīzāğ*) auch in früheren Zeiten eingetreten sei, damals aber durch geeignete Maßnahmen wieder behoben werden konnte.[174] Um bei der medizinischen Analogie zu bleiben: Anders als Ibn Ḫaldūn nimmt Kātib Čelebi die Veränderungen weniger als natürliche Entwicklung nach Art eines Alterungsprozesses als vielmehr als pathologisches Phänomen wahr, als Krankheit, die behandelt werden kann. Daher reimt sich auf *mīzāğ*, um das der ganze Traktat kreist, wörtlich wie logisch *ʿilāğ*, das Heilmittel. Kātib Čelebis Ruf nach einem "Mann des Schwertes" als erster Bedingung einer Heilung läßt daher auch unmittelbar an das Universalmittel des Aderlassens denken.

Kātib Čelebi hat das dynamische Modell Ibn Ḫaldūns mit dem statischen des *mīzāğ-ı devlet* verbunden. Es ist daraus allerdings keine echte Synthese ge

---

[169] Kappert 1977. 1205.

[170] Fındıkoğlu 1953. 156f. B. Lewis 1986. 528 bringt demgegenüber nichts Neues.

[171] Cf. Kap. I, Abschn. 9.

[172] Fındıkoğlu 1953, B. Lewis 1986.

[173] *Düstūru l-ʿamel* 119f.,136-40 passim.

[174] *Düstūru l-ʿamel*139.

worden, sondern ein Kompromiß, der darin besteht, daß Entstehung und Untergang des Staates, wie sie Ibn Ḫaldūn thematisiert, an den Rand der historischen Wahrnehmung gedrängt werden. Im Zentrum steht der Reifezustand, der als stabil angenommen wird, und der der eigentlichen Ordnung der Dinge entspricht. So hat Naʿīmā, der Kātib Čelebis Auffassung knapp und präzis zusammengefaßt hat, jenes Stadium der Reife mit *niẓām-ı devlet* schlechthin gleichgesetzt.[175] *Niẓām* entspricht somit jenem Zustand, in dem die Konstitution *mīzāǧ* nicht beeinträchtigt ist.

Während Naʿīmā im abstrakten Sinne von *niẓām-ı devlet* spricht, gehen andere Autoren einen Schritt weiter und sprechen von der stabilen Ordnung als *niẓām-ı ʿālem*.[176] Auch Kātib Čelebi hat *mīzāǧ-ı devlet* und *mīzāǧ-ı ʿālem* ohne weiteres gleichgesetzt.[177] Die Ordnung der Welt, *niẓām-ı ʿālem*, basiert vor allem auf der strikten Orientierung an der Tradition, an *qānūn*.[178] Damit war ursprünglich bei den Osmanen der von der *šarīʿa* nicht erfaßte Bereich des Rechtes gemeint, speziell Verwaltung, Finanzen und Aspekte des Strafrechts. Diese sind unter Meḥmed II. als *qānūn* geregelt worden. *Qānūn* ist damit jedoch nicht als positives Recht zu verstehen, das nach Belieben dekretiert werden kann, sondern hat von jeher auf von alters bestehende Gebräuche zurückgegriffen.[179] An dieser Stelle ist jedoch der Begriff *qānūn* ein wenig näher zu klären. In der Auffassung mancher moderner Autoren steht *qānūn*, aus der Steppentradition der Türken und Mongolen herstammend, neben der *šarīʿa* und bisweilen in scharfer Konkurrenz zu ihr.[180] Kātib Čelebi jedoch verwendet den Begriff bisweilen in sehr viel weniger spezifischer Weise. Bei ihm umfaßt *qānūn* die Gesamtheit der Gebräuche und Sitten einer Kultur, ob sie nun rechtlich geregelt und kodifizert sind oder nicht.[181] In diesem weiten Sinne steht *qānūn* nun nicht im Gegensatz zur *šarīʿa*, sondern begreift auch ihre Umsetzung in sich. Es stehen innerhalb des *qānūn* eine rein rationale und die offenbarte Tradition nebeneinander: *Qānūn-ı šerʿī ve ʿaqlī mūǧibinǧe ḥüsn-i tedbīr ederler ise bu devlet-i ʿalīyeyi ġadrdan gečirüb mādde-i qānūna iletürler*.[182] Naʿīmā hat in seiner Wiedergabe die

[175] *Tārīḫ-i Naʿīmā* I, 31ff.

[176] Cf. z.B. Fodor 1994. 74 über Ḥasan Aqḥiṣārī. Eine systematische Untersuchung dieser Begriffe und ihrer Entwicklung im osmanischen Denken steht noch aus.

[177] *Düstūru l-ʿamel* 139. Auch die Varianten *niẓām-ı ʿālem* und *mīzāǧ-ı mülk u devlet* (*Düstūru l-ʿamel* 119) scheinen mir mehr rhetorisch als inhaltlich begründet.

[178] Kafadar 1993. 38f.

[179] *ʿĀda* (Gewohnheit) oder *amṯāl* (Präzendenzfälle), cf. EI 2 s.v. ḳānūn.

[180] So z.B. İnalcık in EI 2 s.v. ḳanun. Diese Auffassung hat auch C. Fleischer bei Muṣṭafā ʿĀlī herausgearbeitet (1986. 261ff. et pass.), was von Schmidt 1991. 198 aber stark relativiert wird

[181] Cf. seine von ʿAlī Ekber übernommene Darstellung des Lebens in China. Immerhin hieß seine Vorlage ja auch *Qānūnnāme*. Auch eine bestimmte Bautechnik fällt bei Kātib Čelebi unter *qānūn* (ĞD 395).

[182] *Düstūru l-ʿamel* 139 (Lesart z.T. nach Behrnauer 1847. 132). Cf. *Tuḥfetü l-kibār* 164.

ser Stelle von *siyāset-i ᶜaqlī* bzw. *šerᶜī* gesprochen.[183] Andererseits hat natürlich die *šarīᶜa* dem *qānūn* in gewisser Weise den Rahmen vorgegeben, dient also als Korrektiv.[184] Da *qānūn* die Tradition verkörpert und als solche sanktioniert ist, kann neues Recht auch vom Sultan nicht nach Belieben erlassen werden.[185]

Die erwähnte Gleichsetzung von *niẓām-ı devlet* und *niẓām-ı ᶜālem* ist nicht zuletzt ein beredter Ausdruck der Tatsache, daß die osmanischen Autoren nicht wie Ibn Ḫaldūn die Weltgeschichte und das Auf und Ab der Dynastien und Herrscher gleichsam von außen, mit dem gelassenen Blick des distanzierten Gelehrten betrachteten, sondern sich für die Geschichte eines bestimmten Staates interessieren. Mehr noch, ihnen geht es teils implizit und allgemein, teils explizit und auf eine bestimmte historische Situation bezogen, darum, das Osmanische Reich vor dem diagnostizierten Verfall zu retten. Sie sind involviert und müssen allein aus diesem Grund eine andere Auffassung von der Möglichkeit der Rettung haben. Sofern sie nicht selbst Strebende, Handelnde sind, sehen sie sich in Diensten der Handelnden. Allein aus diesem Grund verbietet sich ihnen die Sicht auf die Akteure der Geschichte als bloß Getriebene und Opfer vorbestimmter historischer Gesetzlichkeiten.

Hat Kātib Čelebi somit schon ein zentrales Element der Lehre Ibn Ḫaldūns in bedeutsamer Weise abgewandelt, so scheint seine Auffassung, daß historisches Geschehen nicht sich aus sich selbst heraus entwickle, sondern durch immer wieder neue Eingriffe Gottes geprägt sei, vollends unvereinbar damit. Historische Gesetzmäßigkeiten scheinen in einem solchen Konzept keinen Platz zu haben. Tatsächlich hat Kātib Čelebi sich jedoch bemüht, beiden Auffassungen gerecht zu werden.

Wie Ibn Ḫaldūn ist er davon überzeugt, daß bestimmte soziale oder politische Situationen bestimmte Entwicklungen oder Folgen nach sich ziehen. Die Überzahl der Pfortentruppen, die er in *Düstūru l-ᶜamel* konstatiert, hat Finanznot und Schwäche der Zentralgewalt zur Folge.[186] Diese Mißstände sind eingetreten "gemäß den natürlichen Charakteristika der Zivilisation und der menschlichen Gemeinschaft".[187] Andererseits führt ein gerechtes Regime zu Prosperität und Wohlfahrt und dies wiederum stabilisiert die Herrschaft. Dieser Gedanke, der

---

[183] *Tārīḫ-i Naᶜīmā* I, 33.

[184] Cf. *Tuḥfetü l-kibār* 164, wo Kātib Čelebi darauf verweist, daß *qānūn* von den großen *šeyḫül-islāms* des 16. Jhdts., Kemālpašazāde und Ebū s-Suᶜūd, an die *šarīᶜa* angeglichen worden sei (cf. dazu auch EI 2 s.v. Abū 'l-Suᶜūd).

[185] Kātib Čelebis Protest hiergegen in *Tuḥfetü l-kibār* 164. Damit bestätigt sich eine These K. Dilgers, die jüngst von P. Fodor wieder aufgegriffen worden ist und *qānūn* in erster Linie als Gewohnheitsrecht sieht, das auf einer geheiligten Tradition aufbaut (Fodor 1994. 70). Zu *qānūn* als "traditionalem Recht" im Sinne Max Webers cf. Hagen 1996.

[186] Resümee in *Düstūru l-ᶜamel* 137ff.

[187] *Düstūru l-ᶜamel* 119: *ber … muqteżā-ı ṭabīᶜat-ı temeddün ve iğtimāᶜ-ı bešerīye*.

wohl auf den altbekannten "circle of equity" zurückgeht,[188] wird in *Taqvīmü t-tevārīḫ* aber mit einem anderen verknüpft: Zu der unmittelbaren positiven Folge der gerechten Herrschaft kommt zusätzlich Gottes Unterstützung als Lohn für den guten Herrscher.[189] Hier kommt also erneut das Konzept von Lohn und Strafe in der Geschichte zum Tragen.

Ist die Verknüpfung auf diese Weise noch recht ungefüge geraten, so hat Kātib Čelebi sie später in *Tuḥfetü l-kibār* präzisiert und verfeinert. Er greift darin zusätzlich zu Gottes Lohn und Strafe auf die aš^caritische Lehre von der Kausalität zurück, um mittels ihrer historische Gesetzmäßigkeiten einerseits und Gottes Allmacht andererseits zu verbinden. Nicht zuletzt weil es sich um eines seiner letzten Werke handelt, halte ich die diesbezügliche Passage für einen Schlüsseltext. Darin sind historische Gesetzmäßigkeiten, die Pflichten des gläubigen Herrschers als Handelndem in der Geschichte und Gottes Allmacht auch in dieser Hinsicht in typischer Weise miteinander verbunden. Zugleich ist von dem dynamischen Modell Ibn Ḫaldūns keine Spur geblieben: Alles dreht sich um Bewahrung eines stabilen Zustandes und die Rettung vor dem Niedergang.

Die Passage lautet: "(Gott) der Erhabene hat diese Welt zu einer Welt der Mittelsursachen gemacht.[190] Im Werden und Vergehen läßt er alles, was er beschlossen und verfügt hat, als Folge von Mittelsursachen erscheinen.[191] Also ist alles, was er selbst hinter dem Vorhang der Entrücktheit verfügt und was als Zeugnis seiner Macht in Erscheinung tritt, das Werk der Macht des Erhabenen, der handelnd, mächtig und mit freiem Willen begabt ist. In seiner reinen Güte und Gnade hat er seinen Knechten den freien Willen in kleinen Dingen gegeben. Jedem hat er die Fähigkeit und die Macht verliehen, seinen freien Willen im kleinen in eine bestimmte Richtung aufzuwenden und hat seine Gewohnheit vollzogen, demgemäßes auch zu erschaffen. Um im Falle eines Ansinnens zu lehren, daß man bei den Mittelsursachen anzufangen, sich um die Mittel zu bemühen und sie zu beachten habe, hat er im Koran an einigen Stellen (Offenbarungen) ergehen lassen, in definitiven Dingen durch bindenden Befehl und in potentiellen Dingen durch fakultativen Befehl, wie er zum Beispiel bezüglich des richtigen Unterhalts des Körpers befohlen hat: 'Eßt und trinkt und seid dabei nicht verschwenderisch!'[192] oder wie hinsichtlich des sozialen Lebens die Verse über Gerechtigkeit und gutes Handeln[193] oder hinsichtlich des Krieges 'und rüstet für sie, soviel ihr an Kriegsmacht aufbringen könnt'.[194] Was also

[188] Zu diesem Topos des politischen Denkens nicht nur bei den Osmanen cf. C. Fleischer 1983. 200ff., auch Hagen 1996.

[189] *Taqvīmü t-tevārīḫ* 246.

[190] Übersetzung nach Vorschlag Radtkes, zit. in Weintritt 1992. 43f.

[191] Ebenso *Düstūru l-ᶜamel* 136. Auch in der Einleitung des *Ǧihānnümā* zitiert Kātib Čelebi einmal den Grundsatz: iḏā arāda llāhu šaiᶜan haiya'a asbābahū (ǦD 9).

[192] Koran 7. 31.

[193] Cf. Koran 16. 90: *Inna llāha ya'muru bi l-ᶜadli wa l-iḥsān.*

[194] Koran 8. 60.

dem Knecht Gottes obliegt, ist, bei den Mittelsursachen anzufangen, um seinen edlen Befehl zu befolgen, und nicht etwa Fehlen und Nachlässigkeit in dieser Hinsicht für erlaubt zu halten. Mit diesem Bemühen um die Mittelsursachen hat der Knecht Gottes seine Pflicht erfüllt, und das (tatsächliche) Eintreten der Folge bleibt nun dem Willen dessen überlassen, der die Mittelsursachen wirksam werden läßt. Wenn er will, erschafft er sie, wenn er nicht will, erschafft er sie nicht. Der Erfolg ist keine Verpflichtung des Knechtes Gottes. Da aber Fehlen und Nachlässigkeit beim Bemühen um die Mittelsursachen Mißachtung der Befehle Gottes ist, wird der Knecht zum Übeltäter. Da er Tadel und Strafe verdient, wird er von Gott mit Züchtigungen bestraft wie Armut oder der, daß den Feinden Gewalt (über ihn) verliehen wird. Wenn die Mahnung nicht wirkt und der Betreffende nicht sich bemüht, den über ihn verhängten Verlust wiedergutzumachen, so nehmen Strafe und Tadel zu und erlangen allmählich eine neue Qualität."[195]

Dies sind Kātib Čelebis Argumente dafür, durch entschlossene Rückkehr zum *qānūn* Sultan Selīms I. und Sultan Süleymāns den gegenwärtigen Verfall zu bekämpfen und dabei auf Gottes Lohn zu hoffen.[196] Denn wenn auch der Erfolg von Gott abhängt, so gibt es doch — dank der Regelhaftigkeit der Geschichte — falsche und richtige Wege, die Mittelsursachen für die Rettung des Reiches hervorzubringen. Es sind also hier die drei wichtigsten Elemente in Kātib Čelebis historischem Denken verbunden: Die Überzeugung, daß die Geschichte in gewissen Regelmäßigkeiten verläuft, was gleichzeitig eine Entwicklung auf ein außerhistorisches Ziel im Sinne einer Heilsgeschichte hin ausschließt; der Glaube, daß diese Regelmäßigkeiten davon abhängen, daß Gott die Kausalfolgen gemäß der "göttlichen Gewohnheit"[197] eintreten läßt; dies entspricht dem ašʿaritischen Kausalitätsvorbehalt, um das Dogma der Allmacht Gottes gegenüber der deterministischen Kausalitätslehre eines Avicenna zu wahren;[198] und zuletzt der Glaube, daß Gott in das historische Geschehen direkt eingreife, um seine Gemeinde zu strafen oder zu belohnen.

Mit diesen drei Elementen ist untrennbar ein prinzipiell statisches Wesen der Geschichte verbunden: Zwar sind die Ereignisse und Personen individuell, die Einordnung der Ereignisse in eine absolute Chronologie gegeben, doch die Schemata des Ablaufs gleichen sich von jeher. Nur daher kann die Historiogra

[195] *Tuḥfetü l-kibār* 164.
[196] Unsere Untersuchung hat uns somit recht genau auf jenes Klischee des politischen Denkens osmanischer Intellektueller geführt, das C. Kafadar zu bekämpfen versucht hat (Kafadar 1993, besonders 38ff.).
[197] *ʿĀdet-i ilāhīye*. Der Begriff kommt im erwähnten Abschnitt nicht explizit vor, ist aber eindeutig die Grundlage, wie die Einleitung von *Düstūru l-ʿamel* (199) zeigt, die ihn mit den historischen Gesetzmäßigkeiten in Verbindung bringt: *ber mūğeb-i ʿādet-i ilāhīye ve muqteżā-ı ṭabīʿat-ı temeddün ve iğtimāʿ-ı bešerīye*. Kātib Čelebi verwendet ihn z.B. *Fez̲leke* II, 379, um die vorhersehbare Entwicklung deutlich zu machen.
[198] Dazu auch im folgenden Kapitel Abschnitt 8.

phie ihre ureigenste Aufgabe, den Herrschenden Anleitung zum richtigen Handeln zu bieten, erfüllen.[199] Es sei an dieser Stelle noch einmal betont, daß auch *qānūn*, die Richtschnur des politischen Handelns als gänzlich unveränderlich empfunden wurde.[200] Insofern findet sich die Überzeitlichkeit oder Unabhängigkeit von der historischen Zeit, die wir in Kātib Čelebis Konzept der Geographie konstatiert haben, auch in seinem geschichtlichen Denken. Doch während die Unveränderlichkeit der Geschichte die Voraussetzung für die praktische Nutzung historischer Kenntnisse ist, ist in der Geographie — vom modernen Standpunkt aus — das Gegenteil richtig: Hier ist die Kenntnis der augenblicklichen Situation entscheidend, während der diachronischen Perspektive allenfalls sekundäre Bedeutung zukommt.

Kātib Čelebi hatte den Gedanken, daß geographische Kenntnisse eine Voraussetzung für richtiges politisches Handeln seien, bei Mercator gefunden.[201] Bei Mercator selbst ist dieser Anspruch von mehr deklamatorischer als praktischer Bedeutung. Kātib Čelebis "aufklärerisches" Anliegen aber, in Politik und Kriegführung praktisch anwendbares Wissen zu vermitteln, wird von dieser Darstellung erheblich beeinträchtigt. Zu den Verdiensten der Geographie hat er ausdrücklich gezählt, daß sie helfen könne, Grenzstreitigkeiten zu schlichten.[202] Doch eine Geographie wie die seine, die sich scheut, historische oder politische Grenzen zu berücksichtigen, da sie sie zu den vergänglichen Dingen zählt, kann diesen Dienst nicht leisten.

Zwar sind gerade die von Kātib Čelebi ausgewerteten Kapitel der europäischen Atlanten aufgrund ihrer vergleichsweise jungen Quellen in weiten Teilen "up to date", aber im Indienkapitel hatte Mercator keine Scheu, auch antike Überlieferungen zu benutzen. Die Erkenntnis, daß die Welt nicht nur besser bekannt, sondern seit den Zeiten der Alten eine andere geworden war, hat sich in der europäischen Geographie erst nach 1600 durchgesetzt.[203] Andererseits zeigt Mercator ebenso wie Cluverius und Ortelius keine Scheu, sich bei der Gliederung der Erde politischer Grenzen zu bedienen, und zeigt darüberhinaus Interesse für das Herrschaftssystem seiner Länder. Daß die Kenntnis dieser Dinge die Voraussetzung für die praktische Nutzbarkeit sei, während vergangene Zustände völlig irrelevant blieben, liegt auf der Hand. Es scheint, als habe Kātib Čelebi nicht daran gedacht, die Präsentation von Wissen nur auf unmittelbare Nutzbarkeit auszurichten. Im *Ǧihānnümā* wie in *İršādu l-ḥayārā* argumentierte er zwar

[199] Man vergleiche hiermit die Funktion der Geschichtsschreibung in der griechischen Antike, insbesondere bei Thukydides.

[200] Kātib Čelebis oben referierte Auffassung wird bestätigt durch das Vorwort der Übersetzers von ʿAlī Ekbers *Qānūnnāme*, in dem besonders betont wird, daß — offenbar im Gegensatz zur osmanischen Praxis — dort kein Herrscher die Möglichkeit habe, gegen *qānūn* zu verstoßen oder ihn zu ändern (zit. in Anhegger 1951-53. 366).

[201] ǦD 17.

[202] ǦD 16.

[203] Hettner 1927. 59.

damit, doch jeder Hinweis auf eine mögliche Nutzanwendung im Text fehlt: Wissen ist per se nützlich. Unter diesem Aspekt erhält die Überzeitlichkeit als Darstellungsprinzip noch einmal einen Sinn: Ein Werk, das über den Hinfälligkeiten der Gegenwart stand, würde seinen Nutzen weit über diese Gegenwart hinaus behalten.

10. Mythische Geographie

Kātib Čelebis Geschichtsbild hat sich in den vorangehenden Abschnitten als traditionell islamisch geprägt dargestellt. Um nach diesen Exkursen zur Geographie zurückzukehren, will ich im folgenden zum Schluß auch auf die geographischen Elemente im *Ǧihānnümā* eingehen, die als religiöse oder mythische Geographie ebenfalls das islamische Gepräge des Autors verraten. Dies sind Orte, die mit einem von Hans von Mžik geprägten Begriff als parageographisch bezeichnet werden können. Solche Orte werden in den Quellen beschrieben, doch gehen die diesbezüglichen Angaben nicht auf geographische Kenntnisse, also letztendlich auf Augenzeugen, zurück, sondern auf "Denkprozesse der verschiedensten Art", auf "Verarbeitung von Ergebnissen religiöser, philosophischer und wissenschaftlicher Spekulation, von Mythen, Sagen, Märchen, direkten Fälschungen Produkten der schönen Literatur usw."[204] Mžik hat auch die Mechanismen aufgezeigt, durch die sich feste Vorstellungsgruppen und Denkvoraussetzungen bilden, die durch einen beschränkten Erfahrungsschatz bestimmt sind. Weitere Erfahrungen werden nach diesen Voraussetzungen apperzipiert und in die vorhandenen Vorstellungsgruppen eingepaßt. In der Geographie werden diese Mechanismen bevorzugt im Kontext von Spekulationen über die Verhältnisse am äußersten Rand der Ökumene wirksam und führen zur Etablierung parageographischer Elemente.[205]

Rein theoretisch können die Grundlagen solcher Parageographica auf alle möglichen Arten von Literatur zurückgehen. So sind nach Mžik die Elemente, die al-Ḫwārizmī in seine Ptolemäus-Bearbeitung eingefügt hat, von der Topographie des Alexanderromans hergeleitet.[206] Auch die Parageographica, die wir im *Ǧihānnümā* antreffen, gehen auffallenderweise auf die Alexandersage zurück, doch nicht auf direktem Wege. Vielmehr haben sie zunächst in den Koran Eingang gefunden. Der erste ist der Topos des *maǧmaᶜ al-baḥrain*, dem "Ort, wo die Meere sich treffen".[207] Die Erzählung geht auf eine Episode des Alexanderzuges gegen Indien zurück, die Suche nach dem Quell des Lebens.[208] In dem Ausdruck *maǧmaᶜ al-baḥrain* spiegelt sich nach Mžik die kosmologische Vorstellung einer Scheidewand zwischen "den Wassern des Himmels und der Erde"

[204] Mžik 1929. 172.
[205] Mžik 1938. 89f.
[206] Mžik 1929. 192-202.
[207] Koran 18. 60-82.
[208] Mžik 1938. 98ff.

wider, also eines Ortes außerhalb der realen Geographie. Als solcher ist er auch von etlichen Korankommentaren erkannt worden.[209] Kātib Čelebi dagegen läßt eine solche Interpretation in keiner Weise erkennen, wenn er auch Ḥamdallāh Mustaufīs Lokalisierung dieses Ortes bei Šamāḫī am Kaspischen Meer ablehnt, ohne einen eigenen Vorschlag vorzutragen.[210] Hat er also die mythische Qualität dieses Ortes schon geahnt und deshalb darauf verzichtet, ihn auf seiner eigenen Landkarte zu verzeichnen?

Einen anderen Topos hat er jedenfalls uneingeschränkt als geographische Realität anerkannt. Auch dieser geht über den Koran auf die Alexandersage zurück: Der Wall, den D̲ū l-qarnain gegen die wilden Völker Gog und Magog errichtete.[211] Über dessen Ort kennt Kātib Čelebi die Angaben Ibn Saʿīds sowie einen Bericht Ibn Ḫurdād̲bihs. Grundsätzlich stimmt er mit diesen überein, daß der Wall im äußersten Osten oder Nordosten der Ökumene zu finden sein müsse.[212] Doch die Kenntnis der Welt ist zu Kātib Čelebis natürlich weiter fortgeschritten. Er verfügte über einige Informationen, die ihn hätten zweifeln lassen können, ob der Wall ein Ort der geographischen Realität sei. So verneint er aufgrund seiner Kenntnisse der antiken Geschichte die Identität Alexanders d.Gr. mit D̲ū l-qarnain. Ebenso weiß er, daß der Wall nur in der islamischen Geographie, nicht aber in antiken und zeitgenössischen Autoren bekannt ist. Die Koordinaten, die Ibn Saʿīd angibt, fallen in die Region Čin und Ḫitay, können also nicht richtig sein. Andere Lokalisierungen im Andalus oder in Armenien sind von vornherein inakzeptabel. Allenfalls der äußerste Nordosten Asiens kommt in Frage, und nur da dieser noch nicht erforscht ist, kann Kātib Čelebi hier noch an der Realität des Topos festhalten.

Hingegen hat er selbst zu einer metaphorischen Auslegung der Überlieferung Zuflucht genommen, wo diese definitiv nicht mit der Realität in Einklang gebracht werden kann, wie im Falle der vier Flüsse Euphrat, Nil, Ǧaiḥūn und Ṣaiḥūn, die alle unter dem *sidre*-Baum im Paradies entspringen sollen. Da die Erklärung des Muslim-Kommentators an-Nawawī, daß sie von diesem Ort unterirdisch zu ihren Quellen auf Erden strömen sollten, nach naturwissenschaftlichen Kriterien inakzeptabel ist, schließt sich Kātib Čelebi einem anderen Kommentator, Qāḍī ʿIyāḍ b. Mūsā al-Yaḥṣubī, an. Danach sind die Flüsse insofern Paradiesesflüsse zu nennen, als an ihren Ufern überwiegend Muslime und damit künftige Bewohner des Paradieses wohnen.[213] Koranisch ist schließlich auch der Topos der sieben Meere (31.27), den Kātib Čelebi in der ersten Fas

[209] Mžik 1938. 103, 106f. Alle Versuche, diesen Topos in der realen Geographie zu lokalisieren (dazu cf. auch Parets Kommentar der Koranstelle 1981. 316ff.) können gegenüber dieser Interpretation nicht überzeugen.

[210] ǦD 393, *Nuzhatu l-qulūb* 92.

[211] Koran 18. 83-98.

[212] ǦD 377ff.

[213] ǦD 361. Zu den Kommentaren *Kašf aẓ-ẓunūn* 557 s.v. al-Ǧāmiʿ aṣ-ṣaḥīḥ, GAL G I 160, S I 265.

sung in der Spezifizierung al-Qazwīnīs übernommen hat.[214] Er wird in der zweiten Fassung ohne nähere Erklärung übergangen zugunsten einer rein pragmatischen Gliederung der Meere.

Die Auflösung der mythischen Geographie angesichts der unwiderleglichen Erkenntnisse, die die fortschreitende Erkundung des Globus zutage gefördert hat, vollzieht sich also in Bruchstücken. Die letzte Konsequenz, alle entsprechenden Überlieferungen a priori als Mythen aufzufassen und erst nachträglich nach einer realen Anknüpfung zu fragen, war für Kātib Čelebi nicht zwingend. Die Differenzierung zwischen einer unmittelbaren, "realen" Information und der höheren Wahrheit des Mythos ist ihm fremd. Wo aber eine Überlieferung in historischem Gewande nicht wie die genannten Topoi auf den Koran, sondern auf andere Quellen zurückgeht, ist er wesentlich skeptischer. Von seiner Zurückhaltung gegenüber den auf vorislamische Zeit zurückgehenden Gründungslegenden iranischer Städte war bereits die Rede. Auch glaubt er nicht, daß der Ẓaḥḥāk des *Šāhnāme* tatsächlich in einer Höhle im Berge Damāwand eingesperrt worden sei.[215] Ein angebliches Grab Salomos verweist er ebenso ins Reich der Legende wie die Zuschreibung von nahe Zvornik in Bosnien gefundenen Knochen an die ihm einst dienstbaren Geister.[216] Kritisch steht Kātib Čelebi auch Elementen der islamischen Kosmologie gegenüber, wie er generell, was im folgenden Kapitel zu zeigen sein wird, den Theologen die Kompetenz in Dingen der Naturkunde und Astronomie im weitesten Sinne bestreitet. Den Fisch, der bei der Verankerung der sieben Erden im All eine wichtige Rolle spielt,[217] sowie den Stier, der ebenfalls einige Male in diese Konstruktionen einbezogen wird,[218] läßt Kātib Čelebi nicht gelten. Dies sei lediglich ein Reflex der Sternbilder Fische bzw. Stier.[219] Ein wichtiges Element der islamischen Kosmologie ist weiterhin der Ǧabal Qāf, der einen unüberwindlichen Gebirgsring um die bewohnte Welt und den Ozean bildet.[220] Doch diesen Berg mit dem Elburz zu identifizieren, kann nur "Dummschwätzern" (*lāf u guẕāf erbābı*) einfallen.[221] Unausgesprochen bleibt, ob Kātib Čelebi die Existenz eines Ǧabal Qāf in der realen Geographie überhaupt für möglich hält, doch es ist nach dem Vorangehenden nicht wahrscheinlich. Während in *Tārīḫ-i Hind-i Ġarbī* die vier Paradiesesflüsse, in Anlehnung an as-Suyūṭīs islamische Kosmologie *al-Hai'a as-sanīya*, als Flüsse von Milch, Honig, Wein und Wasser bezeichnet wer

[214] WK 12f., cf. *ʿAǧāʾib al-maḫlūqāt* 104, EI 2 s.v. al-Baḥr al-muḥīṭ.

[215] Dies werde von den persischen Lügnern behauptet (ǦD 303f.).

[216] WK 18v, 100v.

[217] Zu dieser Vorstellung in der Darstellung as-Suyūṭīs Heinen 1982. 138-45 pass. (Übersetzung), 8-14 (Text).

[218] In as-Suyūṭīs Texten nur einmal (Heinen 1982. 144), doch gibt es noch weitere Modelle, in denen dem Stier mehr Bedeutung beigemessen wird (cf. Heinen 1982. 208f.).

[219] ǦD 71.

[220] EI 2 s.v. Ḳāf.

[221] ǦD 398.

den,[222] ist Kātib Čelebi, wie wir sahen, primär an deren Verlauf auf Erden interessiert.

Schließlich gilt sowohl für Kātib Čelebis geschichtliches wie für sein geographisches Denken, daß es ihm nicht vorrangig darum ging, die Offenbarung zu verstehen und in der vorgefundenen Realität wiederzuerkennen, sondern um die Erfassung dieser empirischen Realität. Während die Spekulationen der islamischen Kosmologie offenbar in die Irre führen können — die erwähnten Elemente setzen durchwegs eine scheibenförmige Erde voraus —, ist die Offenbarung selbst Teil der Realität und steht nirgends im Widerspruch zu ihr, sofern sie richtig verstanden wird.

[222] Goodrich 1990. 133, cf. Heinen 1982. 37 (Text), 174 (Übersetzung).

IX

DIE NATURWISSENSCHAFTLICHEN ASPEKTE DER GEOGRAPHIE

Im vorigen Kapitel hatten wir die zwei Auffassungen der Klimata — ptolemäische Klimata oder iranische *kišwars* — als ersten Anhaltspunkt für eine fundamentale Unterscheidung gebraucht: Die Wahl eines Klimamodells sei Ausdruck der Entscheidung, ob Geographie primär historisch-politisch oder mathematisch-astronomisch aufgefaßt werden sollte. Das *Ǧihānnümā*, so war deutlich geworden, ist dem ersteren Ansatz zuzuordnen, auch wenn die Bezeichnung "historisch" relativiert werden muß. Daneben ist aber auch der mathematisch-astronomische Aspekt vorhanden, der hier, wiederum ausgehend vom Klimamodell, untersucht werden soll. Über die Astronomie soll die Perspektive auf die gesamte Naturkunde ausgeweitet werden.

1. DIE ASTRONOMISCHEN KLIMATA

Die Einteilung der Ökumene in schmale parallele Zonen, in denen die maximalen Tageslängen jeweils um eine halbe Stunde differieren, geht auf Eratosthenes zurück.[1] Eine Städteliste, die nach diesem Prinzip gegliedert ist, ist in Buch VIII der *Geographike hyphegesis* des Ptolemäus enthalten und bildete auch einen Teil von dessen astronomischen "Handtafeln" (*Procheiron kanones*). In den übrigen Teilen seiner Geographie rechnete Ptolemäus in Graden, während hier Länge und Breite in Stunden und Minuten angegeben sind.[2] In der Bearbeitung des Theon von Alexandria ist dieses Modell neben anderen Angaben aus dem ptolemäischen Werk in der Geographie rezipiert worden, sodaß die Gliederung des bewohnten Viertels der Welt in sieben parallele Zonen mit gewissem Recht mit dem Namen Ptolemäus verbunden ist.[3] Was bei Eratosthenes ein schmaler Streifen war, von der nächsten durch eine freie Zone getrennt, ist nun zu einer breiten Zone geworden, die unmittelbar an die benachbarte angrenzt. Die maßgebliche maximale Tageslänge gilt jeweils in der Mitte eines solchen Klimas.

Die sieben Klimata haben zunächst vor allem bei den Astronomen Interesse gefunden, so bei al-Ḫwārizmī, al-Farġānī, al-Battānī und anderen. Die Städteliste der Handtafeln wurde mehrfach ins Arabische übertragen und bearbeitet,

[1] Honigmann 1929. 9, 18-21.
[2] Honigmann 1929. 62-72.
[3] Nach Kramers war das Modell schon vor der Übernahme ptolemäischen Materials bekannt (EI 1 Erg.bd. s.v. Djughrāfiyā), doch findet diese Angabe bei keinem der späteren Autoren eine Bestätigung.

d.h. den Erfordernissen der muslimischen Wissenschaftler angepaßt. Von den Geographen wird das Klimazonenmodell oft theoretisch rezipiert, aber in der Praxis selten zur Gliederung der Erdoberfläche benutzt.[4] Der berühmte al-Idrīsī hat die Erdoberfläche in sieben Klimata und diese jeweils in zehn Teilzonen unterteilt, deren jeder er einen eigenen Abschnitt und ein Kartenblatt widmete, doch ist der ursprüngliche Maßstab des Modells, die Tageslänge, mit allen anderen astronomischen Daten völlig aus dem Blick geraten.[5] Ibn Saʿīd folgt demselben Gliederungsprinzip, behält jedoch die genauen Breiten der Klimata bei, wie er auch im Gegensatz zu al-Idrīsī regelmäßig Koordinaten zu Städten angibt. Die Einteilung des Stoffes in diese sieben Klimata findet sich schließlich in den Kosmographien in der Nachfolge al-Qazwīnīs wieder.[6]

Das Klimazonenmodell könnte im Ansatz der erste Versuch sein, nicht politisch-historische, sondern naturwissenschaftliche Kriterien bei der Gliederung der Erdoberfläche anzuwenden und zum Ausgangspunkt geographischer Untersuchungen zu machen. Dies würde mit der Erkenntnis der modernen Geographie übereinstimmen, daß die tektonischen Verhältnisse einerseits und die geographische Breite andererseits es sind, die im Grunde alle Phänomene einer Landschaft bestimmen.[7] In der Tat hat schon in der Antike Poseidonios (ca. 175-90 v. Chr.) versucht, das Modell des Eratosthenes aufgrund vielfacher floristischer, faunistischer und wetterkundlicher Beobachtungen zu einer Lehre der natürlichen Bedingungen auszubauen.[8] Daß Länder gleicher Breite bestimmte Eigenschaften gemeinsam haben, spiegelt sich in der islamischen Geographie in der Zuschreibung eines Klimas an einen Planeten oder ein Tierkreiszeichen[9] oder an bestimmte Ethnien und Rassen.[10]

Kātib Čelebi hat, wie Abū l-Fidā' vor ihm, die ptolemäischen Klimata nur theoretisch erörtert. In der ersten Fassung bietet er eine knappe Darstellung, die nicht mehr, gemäß dem ursprünglichen Modell, die Mitte, sondern nur noch die südliche Grenze angibt, die zugleich die Nordgrenze des vorangehenden Klimas bildet. Wie die Iḫwān aṣ-ṣafā' führt er sie auf Könige der Frühzeit zurück.[11] Die Zahlen dürften aus *Taqwīm al-buldān* stammen, da dort nicht nur die Breiten

---

[4] Beispiele für diese Art der Aufnahme sind *Taqwīm al-buldān*, Yāqūts *Muʿǧam al-buldān* oder *Tārīḫ-i Hind-i Ġarbī*.

[5] Mžik 1915. 165f.

[6] In dessen *Āṯār al-bilād* wie in der Einleitung von Muṣṭafā ʿĀlīs *Künhü l-aḫbār* sind die Städte dann innerhalb eines Klimas alphabetisch angeordnet, während Meḥmed ʿĀšiq hier dann die Anordnung von Abū l-Fidā's "konventionellen Klimata" (*aqālīm ʿurfīya*) zugrundelegt.

[7] Hettner 1927. 308.

[8] Honigmann 1929. 25, 28.

[9] Cf. *Nuzhatu l-qulūb*, *Muʿǧam al-buldān* (Jwaideh 1959. 44-51), aber auch ĞD 119-122.

[10] Z.B. bei Ibn Saʿīd. Diese Zuschreibungen können allerdings auch mit anderen Schemata der Einteilung verbunden sein (Miquel 1975. 31-70).

[11] WK 30v-31r, cf. Miquel 1975. 57.

angegeben sind, sondern auch die absoluten Zahlen in *farsaḫ*.[12] Dazu gehört die Zeichnung einer Erdkugel, als Kreis dargestellt, auf der die sieben parallelen Zonen eingetragen sind. Länderumrisse fehlen, doch sind die Namen etwa an den zugehörigen Stellen in das Schema hineingeschrieben.[13]

Während die ptolemäischen Klimata nur etwa einen Bereich von 12° 30' bis 50° 30' nördlicher Breite erfassen, war die Kenntnis der Welt zur Zeit Kātib Čelebis sehr viel weiter vorgedrungen. In der zweiten Fassung ersetzt er das alte Modell konsequent durch ein neues nach Cluverius, das zwar ebenfalls nach der maximalen Tageslänge rechnet, aber den ganzen Bereich vom Äquator bis zum Polarkreis in 24 Klimata unterteilt. Spiegelverkehrt ist dieses Modell auch auf die Südhalbkugel übertragbar.[14] Ihren Wert hat diese Einteilung laut Kātib Čelebi insofern, als man, wenn man eine Stadt einem Klima zuordnen kann, sofort ihre ungefähre Lage (*iğmālen*), die Tageslänge und ihre allgemeine Beschaffenheit ersehen kann.[15] Hierin ist also ein Reflex der naturwissenschaftlichen Geographie zu sehen. Gleichzeitig bezeichnet Kātib Čelebi diese Gliederung als zur Länderbeschreibung unbrauchbar und nimmt wirklich innerhalb dieser nirgends mehr darauf Bezug. Seine Exposition des ptolemäischen Modells hat den Charakter einer Pflichtübung, während die Dichotomie von astronomischer und beschreibender Geographie, die sich seit den Anfängen durch die islamische Geographie zieht, unaufgelöst bleibt.

2. Koordinaten

Die Sammlung von Koordinaten möglichst vieler geographischer Objekte, insbesondere Städte, ist das zweite Erbe, das die arabische Geographie von Ptolemäus übernahm. Den Hauptteil der *Geographike hyphegesis*, nämlich Buch II-VII, bildet ein ungeheures Konvolut von Daten für ca. 8000 Städte, sowie für Flüsse, Berge, Inseln etc. Es ist gedacht als Material für eine Karte, deren Herstellung im VIII. Buch erklärt wird. Ptolemäus war der erste, der in der Kartographie ein Gradnetz verwandte und aus diesem Grund Koordinaten — von der erwähnten Liste in Buch VIII abgesehen — nicht in Stunden, sondern in Grad angab.[16] Von Anfang an gehören hier also Koordinaten und Karten zusammen.

Viele islamische Autoren haben Koordinaten von Städten aus dem Material des Ptolemäus übernommen und sich bemüht, die Listen durch genauere Daten und neue Städte zu verbessern und zu aktualisieren. Doch sind die Daten hier

[12] *Taqwīm al-buldān* 16f. Die Koordinaten sind nahezu überall fast gleich zu finden, cf. Tabelle bei Honigmann 1929. 163, ebenso *Tārīḫ-i Hind-i Ġarbī*, Goodrich 1990. 87.

[13] Eine solche Zeichnung gibt es in *Tārīḫ-i Hind-i Ġarbī*, Goodrich 1990. 93, doch auch schon bei al-Qazwīnī (Abb. in Karamustafa 1992. 79).

[14] ĞD 53, Tabelle nach p. 51. Dort ist auch noch einmal eine Skizze des ptolemäischen Modells wiedergegeben.

[15] So ĞD 51f.

[16] Honigmann 1929. 65.

meist in einen anderen Zusammenhang gestellt. Solche Listen sind überwiegend in astronomischen Tafelwerken zu finden, wo sie neben Sternbeobachtungen und chronologischen Erörterungen einen wichtigen Bestandteil bilden. Denn einerseits ist die Bestimmung der genauen Koordinaten eines Ortes nur dem astronomisch Geschulten möglich, andererseits muß der Astronom die genaue Breite seines Standortes kennen, damit er seine Beobachtungsdaten richtig interpretieren kann.[17]

Die islamische Wissenschaft hat zahlreiche solche Tafelwerke (*zīǧ*) hervorgebracht, deren ältestes das des al-Ḫwārizmī ist (1.H. 9. Jhdt.). Seine Tafeln gelten als Kommentar zu einer Weltkarte,[18] auch wenn diese Auffassung angezweifelt worden ist, da in seinem Werk zwar Teilkarten enthalten sind, aber keine Weltkarte.[19] Nur im Werk des Suhrāb, manchmal Ibn Serapion genannt (1.H. 10. Jhdt.), ist eindeutig an eine Weltkarte gedacht, wie die im Text enthaltene Anleitung zum Kartenzeichnen beweist.[20] Al-Bīrūnī gibt an, er habe versucht, alle von ihm gesammelten Koordinaten auf einem riesigen, aus Lehm verfertigten Halbglobus aufzutragen.[21] Seine Koordinatenliste in *al-Qānūn al-mas^cūdī* ist jedoch nicht mit einer Karte verbunden.[22] Die übrigen bekannten *zīǧ*s sind alle mehr für den Gebrauch des Astronomen als des Kartographen gedacht.[23]

Andererseits lassen die erhaltenen Karten Ḫwārizmīs kaum noch etwas von der Präzision der schriftlichen Daten erahnen, weniger noch die Karten Idrīsīs,[24] und die Karten des *Aṭlas al-islām*, also der Werke al-Balḫīs, al-Istaḫrīs und Ibn Ḥauqals, gelten den Bewunderern des Ptolemäus vollends als "Absturz in die kartographische Barbarei".[25] In der Tat haben diese nichts mit der mathematisch-astronomischen Geographie zu tun. Sie verzichten auf Maßstäblichkeit, einheitliche Orientierung und Projektion, also auf alles, was für ein Gradnetz erforderlich gewesen wäre. Entsprechend sind auch Koordinaten für die Geographen der Balḫī-Schule nicht von Interesse. Ihre Karten sind vielmehr auf den Routen aufgebaut, die eine Region durchziehen.[26]

Da die präzise Messung von Erscheinungen des Himmels mit großem Aufwand verbunden war, sind viele bedeutende Tafelwerke mit den Namen der Herrscher verbunden, die auch die Observatorien errichteten, so der *Zīǧ-i Īlḫānī*

[17] Aus diesem Grund sind immer wieder Listen von Städten und ihren Koordinaten auf Astrolabien zu finden (cf. die Quellenliste in Kennedy/Kennedy 1987. xv-xxxvii pass.).
[18] Mžik 1915. 162ff., cf. Kračkovskij 1957. 95. Ebenso S. Maqbul Ahmad in EI 2 s.v. Kharīṭa.
[19] Kramers in EI 1 Erg.bd. s.v. Djughrāfiyā.
[20] Kračkovskij 1957. 98.
[21] *K. taḥdīd nihāyat al-amākin*, zit. n. Strohmaier 1988. 19, 92.
[22] *Al-Qānūn al-mas^cūdī* 547-79.
[23] Schoy 1924. 262, Kračkovskij 1957. 117.
[24] Mžik 1915. 168.
[25] Mžik 1915. 168 nach einem Ausdruck von H. Berger.
[26] Tibbetts 1992. 115f.

des Naṣīraddīn Ṭūsī mit Hülägü, der *Zīǧ-i sulṭānī* mit Uluġ Beg, al-Bīrūnīs *al-Qānūn al-masʿūdī* mit Masʿūd von Ġaznā und Abū l-Faḍl ʿAllāmīs *Āyīn-i akbarī* mit dem Mogulkaiser Akbar. Al-Ḫwārizmīs Werk, das unter der Patronage des Kalifen al-Ma'mūn entstand, trägt hingegen den bescheidenen Titel *Kitāb ṣūrat al-arḍ*. Es ist zu beobachten, daß diese Tafeln in Bezug auf die Koordinaten der Städte oft untereinander abhängig sind, da wohl kein Astronom in allen Städten des Erdkreises eigene Messungen durchführen konnte. Es lassen sich drei große Gruppen ausmachen: Die der "ma'mūnischen" Tafeln, die letztlich auf Ḫwārizmī zurückgeht, die "persische", zu der die Werke Ṭūsīs, ʿAllāmīs, Kāšīs und Uluġ Begs gehören, sowie eine letzte, die auf die Daten des weitgehend selbständigen al-Bīrūnī aufbaut.[27]

In der osmanischen Wissenschaft fällt nun als erstes das nahezu vollkommene Fehlen eigenständiger Tafelwerke auf. Es ist bekannt, daß in Galata kurzfristig ein eigenes und gut ausgestattetes Observatorium bestand, dessen wichtigstes Beobachtungsinstrument eine Art von überdimensionaler Armillarsphäre aus Holz war.[28] Der führende Astronom dieses Instituts, Taqīyüddīn, war auch mit der Herstellung eines neuen Tafelwerkes beauftragt, doch es umfaßt nur Messungen der Sonne, keine Städtekoordinaten. Sein *zīǧ* mit dem Titel *Ḫarīdat ad-durar* enthält keine eigenen Messungen.[29] Der Grund dürfte die Zerstörung des Observatoriums im Jahre 1580 sein. Ein anderes Werk dieses Autors, das auch Kātib Čelebi bekannt war, soll eine Anleitung zum Kartenzeichnen enthalten.[30] Darüberhinaus ist nichts Nennenswertes bekannt. E.S. und M.H. Kennedy haben versucht, eine Konkordanz möglichst vieler *zīǧs* und vergleichbarer Werke zu erstellen und das gesamte Korpus der in islamischen Quellen erhaltenen Koordinaten zu erschließen.[31] Eine osmanische Quelle ist nicht darunter, und Kātib Čelebi selbst nennt unter dem Stichwort *zīǧ* nur ein einziges osmanisches Werk eines bei Adnan-Adıvar ungenannten Šemsüddīn, *muvaqqıt* an der Hagia Sophia.[32] In der geographischen Literatur findet man Koordinatenangaben, soweit ich sehe, allenfalls in den Werken des *muvaqqıt* der Selīmīye-Moschee,

[27] Der weitaus größte Teil der 74 von den Kennedys ausgewerteten Tafeln kann einer dieser Gruppen zugeordnet werden (Kennedy/Kennedy 1987. xv-xxxvii). Ergänzend ist *Nuzhatu l-qulūb* heranzuziehen, das weitgehend mit der persischen Gruppe übereinstimmt, aber darüberhinaus viele anderweitig nicht belegte Koordinaten enthält.

[28] Abb. in Sabra 1976. 193.

[29] İhsanoğlu 1992a. 13 zu *Sidrat muntahā al-afkār fi malakūt al-falak ad-dawwār*. Zu den Leistungen Taqīyüddīns cf. auch S. Tekeli (Anhang in Adnan-Adıvar 1982. 101-105), besonders zu *Ālāt-ı raṣadīye li zīǧ-i šāhinšāhīye*, das die Instrumente des Observatoriums beschreibt.

[30] *Raiḥānat ar-rūḥ fī rasm as-sāʿāt ʿalā mustawī s-suṭūḥ*, cf. Adnan-Adıvar 1982. 104, Kašf aẓ-ẓunūn 940 s.v. Der (bei Adnan-Adıvar sichtlich unvollständig zitierte) Titel deutet mehr auf ein Werk über Sonnenuhren hin. Kātib Čelebi geht auf das Werk nirgends im *Ǧihānnümā* ein.

[31] Kennedy/Kennedy 1987. Wo im Folgenden Koordinaten zum Vergleich herangezogen werden, geschieht dies nach diesem Werk, soweit nichts anderes angegeben ist.

[32] *Zīǧ Šamsaddīn*, *Kašf aẓ-ẓunūn* 969f. s.v.

Muṣṭafā b. ʿAlī.[33] Gleichzeitig wurden aber die früheren Tafeln in großem Umfange rezipiert und kommentiert, wie die Liste von 34 Artikeln in *Kašf aẓ-ẓunūn* beweist.[34] Bis auf Abū l-Faḍl ʿAllāmīs *Āyīn-i akbarī* scheint Kātib Čelebi alle bis zu seiner Zeit entstandenen Werke mindestens mittelbar gekannt zu haben. Jedenfalls hatte er Zugang zu Werken aller drei Gruppen.

Welchen Gebrauch hat Kātib Čelebi von dieser Fülle von Zahlanangaben gemacht? In der ersten Fassung des *Ǧihānnümā* können wir eine weitgehende Einheitlichkeit der Daten feststellen. Das Gros der Koordinaten der Kapitel Andalus und Maġrib ist unverändert aus *Taqwīm al-buldān* übernommen. Den Verlauf von Flüssen oder Küsten mit Hilfe von Koordinaten zu beschreiben, ist ein Verfahren, das ebenfalls Abū l-Fidā's Vorbild folgt. Signifikant für Kātib Čelebis Methode sind jedoch die Städtekoordinaten. Wo Abū l-Fidā' mehrere Angaben bietet, zeigt Kātib Čelebi eine deutliche Präferenz für die Zahlen des ortskundigen Ibn Saʿīd. Wo Kātib Čelebis Zahlen mit denen Abū l-Fidā's nicht übereinstimmen, ist Raum für diverse Erklärungsversuche, die jedoch spekulativ bleiben müssen. Da sind zunächst Schreibfehler wie die unvermeidliche Verwechslung der Zahlbuchstaben ḥ=8 und ǧ=3.[35] Des weiteren hat Kātib Čelebi vor allem die Längenangaben manchmal gerundet, was einleuchtet, weil er sicher wußte, daß eine exakte Längenbestimmung mit den Mitteln seiner Zeit unmöglich war.[36] Manchmal hat Kātib Čelebi aus den verschiedenen Koordinatenpaaren, die Abū l-Fidā' anführt, Daten kombiniert.[37] Einige Male scheint es, als hätte er die Zahlen gemittelt.[38]

Im weiteren Teil der ersten Fassung sind, bedingt durch die Quellenlage, nur noch ganz wenige Koordinaten gegeben, die teils wieder von Abū l-Fidā' stammen,[39] teils wohl mehr geschätzt sind,[40] teils zwar scheinbar präzis, aber

---

[33] Taeschner 1923. 46f. Cf. Kap. II, Abschn. 3.

[34] *Kašf aẓ-ẓunūn* 964-82. Artikel, in denen ausschließlich der Titel genannt ist, sind nicht mitgezählt. Werke, die nicht den Titel *zīǧ* tragen, wie al-Bīrūnīs *al-Āṯār al-bāqiya* und *al-Qānūn al-masʿūdī*, die Kātib Čelebi kannte, kommen noch hinzu. Zu den wichtigsten Kommentaren zu Tafelwerken İhsanoğlu 1992a. 22f.

[35] Cf. zu Tunis WK 42r, zu Murcia 38v. Andererseits hat die Druckausgabe von *Taqwīm al-buldān* (137) für Ǧazā'ir Banī Mazġinnān die Breite 38°30', während Kātib Čelebi die sehr viel plausibleren 33°30' hat (WK 41r).

[36] Zu Siǧilmāsa hat *Taqwīm al-buldān* die Länge 13°22', Kātib Čelebi gibt 13°20 (WK 39v). Ebenso 6°15' zu Lissabon, die wohl auf Kāšīs 16°16' zurückgehen (auch der andere Nullmeridian ist berücksichtigt).

[37] Die Länge 33° hat Abū l-Fidā' von Ibn Saʿīd, die Breite 31°40' dagegen aus dem *Kitāb al-aṭwāl wa l-ʿurūḍ*, während Ibn Saʿīd die Breite 31° hat (*Taqwīm al-buldān* 144, WK 42r). Ähnliches auch zu Fes WK 40v.

[38] Die Breite 35° für Málaga ließe sich erklären als Kompromiß zwischen al-Bīrūnīs 34°08' und Ibn Saʿīds 38°54' (beides in *Taqwīm al-buldān*).

[39] Zu Tırnava ist Abū l-Fidā' zwar zitiert, doch gibt er für die Breite 47°30' statt Kātib Čelebis 55° (WK 66r, *Taqwīm al-buldān* 214).

[40] Zu Bursa: 50°/40° (WK 59v).

unrealistisch sind.[41] In der Fortsetzung der ersten Fassung sind Koordinaten nur in einigen Exzerpten aus Ibn Saʿīd enthalten.[42] In einigen Fällen im Kapitel Rumeli werden die Koordinaten vertreten durch die Angabe der maximalen und der minimalen Tageslänge sowie den *qıbla*-Winkel, d.h. die Abweichung der *qıbla* von der Südrichtung. Manchmal kommt dazu noch die Luftlinie bis Konstantinopel.[43] Diese Zahlen können, wenn auch sehr umständlich, theoretisch in Gradkoordinaten umgerechnet werden.[44]

Die Koordinaten im Text haben vor allem die Funktion der Definition — im eigentlichen Sinne des Wortes. Darüberhinaus legen sie bestimmte Eigenschaften eines Ortes fest,[45] zu denen eben auch Tageslänge und *qıbla*-Winkel gehören. Insofern sind die Koordinaten mehr Bestandteil der beschreibenden Geographie, während sie in der ersten Fassung keinerlei Bezug zu den Karten haben, auf denen sowohl Gradnetz als auch Orientierung fehlen.

In der zweiten Fassung bietet sich demgegenüber ein sehr verwirrendes Bild, auch wenn wir es nur noch mit Städtekoordinaten zu tun haben, während Flüsse oder Küstenverläufe ohne die Hilfe von Koordinaten beschrieben werden. Da ist zunächst die Tatsache, daß Kātib Čelebi zu vielen Orten, die in dem von den Kennedys ausgewerteten Textkorpus nicht enthalten sind, die Koordinaten angeben kann. Teilweise sind solche Zahlen aus *Nuzhatu l-qulūb* entnommen, das von den Kennedys nicht erfaßt ist,[46] teilweise sind sie von europäischen Karten abgegriffen, vor allem in den Bereichen Süd- und Südostasiens, wo Kātib Čelebi den Europäern besondere Kompetenz zuerkannte.[47] Doch es existieren gerade für Mittelasien weitere Koordinaten ungeklärter Herkunft. Sie könnten einerseits von Kātib Čelebi selbst errechnet worden sein oder andererseits aus einer bislang unbekannten Quelle stammen. Im ersten Fall müßte gefragt werden, wie Kātib Čelebi sie errechnete. Abū l-Fidā' kalkulierte, wo ihm keine Koordinaten vorlagen, auf der Basis der überlieferten Entfernungsangaben nach einer Faustregel al-Bīrūnīs "näherungsweise, nicht empirisch" (*bi-taqrībin lā bi-taḥqīq*).[48] Doch lassen sich bei Kātib Čelebi immer wieder Beispiele beibringen, in denen nichts darauf hindeutet, daß er solche Entfernungsangaben

---

[41] Die Breite 52°15' für Egriboz.

[42] WK 167v-175v.

[43] Z.B. zu Filibe WK 69r.

[44] Häufiger war allerdings für praktische Zwecke die Berechnung des *qıbla*-Winkels und der Tageslänge aus den Koordinaten gefragt. Eine Tafel zu diesem Zweck z.B. in *Nuzhatu l-qulūb* zu p. 26.

[45] Cf. Kātib Čelebis oben zitierte Äußerung über die Klimata in der zweiten Fassung.

[46] Die große Plattkarte Irans mit einem Gradnetz im 1°-Raster, die in mehreren Handschriften von *Nuzhatu l-qulūb* enthalten ist, scheidet dagegen als Quelle aus (cf. dazu Miller 1926-31. V, 178-82, Abbildungen im Beiheft V, Tafeln 83-86).

[47] Ich verweise auf die zahlreichen Zitationen der Karten Mercators und Gastaldis, cf. Kap. V.

[48] Zit. in *Taqwīm al-buldān* 72ff.

hatte.[49] Im zweiten Fall sollte man erwarten, daß dieser unbekannten Quelle auch andere Daten zuzurechnen sind, die dann einer der drei Gruppen von *zīğ*s zugeordnet werden könnten. Doch Kātib Čelebis Koordinatenpaare stimmen nur in den seltensten Fällen mit einer der bekannten Tafeln überein.

Wenn wir im folgenden annehmen, daß Kātib Čelebi die Koordinaten nicht von einem Unbekannten en bloc übernommen hat, so müssen wir wieder fragen, wie er von den überlieferten Zahlen auf die in seinem Text enthaltenen kommt. So hat Kātib Čelebi zwar eine sehr große Zahl von Koordinaten aufgenommen, manche aber aus unerfindlichen Gründen übergangen.[50] Er hat mit großer Enttäuschung festgestellt, daß die scheinbar so präzisen Zahlen, die so weit wie möglich berichtigt zu haben al-Bīrūnī und Mercator gleichermaßen behaupteten, in Wirklichkeit weit auseinanderklafften. Immer wieder sieht er bestätigt, daß an die Stelle genauer Messung die annähernde Schätzung trete, wie al-Bīrūnī auch behelfsweise vorgegangen war. Ein tiefes Mißtrauen gegen all diese Angaben spricht aus seinen Worten.[51] Dennoch hat er sich die Mühe gemacht, jeweils einen Wert, als den vermeintlich besten, zu ermitteln. Wie schon in der ersten Fassung, entsteht auch hier manchmal der Eindruck, die Zahlen seien aus mehreren Angaben gemittelt, z.B. zu Isfizār in Ḫurāsān,[52] Lāhiğān in Gīlān[53] oder Šāš in Transoxanien.[54] Wenn das letzte Beispiel korrekt ist, müßte Kātib Čelebi also mehrere *zīğ*s der persischen Gruppe gekannt haben. Sicher ist dies für den des Uluġ Beg, aus dem — ausnahmsweise auf die Bogenminute genau — der Wert für Samarqand stammt.[55] Doch gegenüber den anscheinend gemittelten Werten lassen sich bedeutend mehr Werte anführen, die weit außerhalb des von den potentiellen Quellen gegebenen Rahmens liegen.

Kātib Čelebi hat seine Quellen zwar insofern koordiniert, als er regelmäßig die Längenangaben bestimmter Quellen auf seinen Nullmeridian umrechnet, der bei den Kanarischen Inseln liegt,[56] doch er scheint nicht versucht zu haben, seine Daten untereinander in Beziehung zu setzen. Er selbst beklagt, daß wegen der Ungenauigkeit der islamischen Geographen sein Versuch, nach den Koordi-

---

[49] Zu Šīrzān in Ḫurāsān kennt Kātib Čelebi nur die Koordinaten (ĞD 324). Die Lage von Ğāğurm ist definiert als zwischen Nīsābūr und Ğurğān, doch folgt aus deren Positionen nicht zwangsläufig die dritte (ĞD 323, 320, 339).

[50] Zu Aḫlāṭ hat *Taqwīm al-buldān* 394 vier Koordinatenpaare, doch in ĞD 413 ist nichts übernommen.

[51] ĞD 55f.

[52] ĞD 312: 97°30'/34°; *K. al-aṭwāl*: 86°30'/34°30'; al-Bīrūnī 89°20'/33°40' (beides Taqwīm al-buldān 456f.).

[53] ĞD 343: 84°/34°30'; *K. al-aṭwāl*: 74°/36°15'; Nuzhatu l-qulūb 163: 85°/38°.

[54] ĞD 353: 101°30'/42°; *K. al-aṭwāl*: 90°/41°20'; Kāšī, Ṭūsī u.a.: 109°/42°30'; Uluġ Beg: 101°/43°.

[55] ĞD 349. Hier stand schließlich Uluġ Begs Observatorium.

[56] ĞD 54. Kātib Čelebi folgt also Ptolemäus, nicht Abū l-Fidā' und auch nicht den Europäern, die von den Azoren rechneten.

naten in *Taqwīm al-buldān* eine Karte zu zeichnen, scheiterte.[57] Doch zwei ähnliche Proben meinerseits auf seine Koordinaten hatten ein heilloses Durcheinander zur Folge. Weder die Koordinaten der Regionen Hind-Sind-Mukrān noch die von Āẕarbaiǧān und Ostanatolien sind untereinander vereinbar. Besonders in der letzteren Region hätte Kātib Čelebi stutzig werden müssen, zumal er sie auch aus eigener Anschauung kannte. Da liegt Urmiya 2° (d.h. in seiner Kalkulation mehr als zwei Tagereisen) westlich von Bitlis, Bāb al-abwāb 1,5° westlich von Tiflis, Marāġa über 5° östlich von Urmiya, aber 2° westlich von Tabrīz, die Entfernung von Ḫūnǧ nach Marāġa, die im Text mit 13 *farsaḫ* angegeben ist, beträgt nach der Karte mindestens 60 *farsaḫ*, etc.etc.[58]

Eine eigene Karte zu erstellen, war also definitiv nicht das Ziel von Kātib Čelebis Koordinatensammlung. Die Zahlen sind regelmäßig auf ganze oder halbe Grad gerundet, was ihre Verwendbarkeit für die Kartographie erheblich vermindert. Die von Mercators Karten abgegriffenen Zahlen hätten bei einiger Sorgfalt wesentlich genauer ausfallen können.[59] Schließlich stimmen die Koordinaten der südpersischen Städte im Text mit den Positionen auf der zugehörigen Karte keineswegs überein. Städte wie Sīrāf und Hurmuz kämen danach weit im Persischen Golf zu liegen. Sie sind daher ebenso wie Šīrāz und Kāzirūn 2-3° nördlicher als im Text angegeben eingetragen. Weiter im Inland scheint Kātib Čelebi dagegen mindestens in einigen Fällen die Positionen aus dem Text übertragen zu haben.[60]

Es bleibt also zu konstatieren, daß auch in der zweiten Fassung die Koordinaten im Text keinen direkten Bezug zu den Karten haben und insbesondere nicht als Material für eine solche dienen sollen. Trotz der systematischen Einleitung nach Cluverius, trotz der Bekanntschaft mit dem Kartographen Mercator wird das mathematisch-astronomische Element der Geographie in der Praxis nicht aufgegriffen. Die Koordinaten sind also wiederum ein Teil der beschreibenden Geographie. Als solche sind sie eine Neuerung Kātib Čelebis innerhalb der osmanischen Tradition, die zweifellos seinen enzyklopädischen Ambitionen entsprungen ist.

3. Die Karten: Osmanische Vorlagen und Vorbilder

Umfassendere Untersuchungen über die osmanische Kartographie liegen bislang nur für Teilaspekte wie Seekarten oder Städteansichten vor, da auf diesem Gebiet die spektakulärsten Werke geschaffen wurden. Für die Gelehrtenkarten, die uns — neben den Seekarten — im Kontext des *Ǧihānnümā* besonders inte

[57] ǦD 56.
[58] Alle Koordinaten ǦD 380-413.
[59] ǦD 201 zu Goa: 115°/16°, bei Mercator (p. 635) eher 116°/16°. Ebenso ǦD 203 zu Ramaba: 125°/20°, bei Mercator loc. cit. 125°/21°30'.
[60] Karte IK 104r.

ressieren, ist vor allem auf die Arbeit von Karamustafa zu verweisen.[61] Sein Verdienst liegt darin, auf eine Vielzahl von Karten überhaupt erstmals aufmerksam gemacht zu haben, doch sind dies überwiegend Werke aus Militär, Verwaltung und Technik. Diese haben zur Arbeit Kātib Čelebis kaum Bezug.

In den vorangegangenen Abschnitten sind die Hauptströmungen der älteren islamischen Kartographie bereits erwähnt worden: die ptolemäische und die des Islam-Atlas. Ptolemäus hatte für seine Weltkarte nicht nur die erwähnten Koordinaten gesammelt, sondern auch eine seinen Vorstellungen der Ökumene angepaßte konische Kartenprojektion entwickelt. Ob diese Projektion unter den Muslimen Nachahmer fand, ist nicht bekannt. Nur in der für Meḥmed II. angefertigten arabischen Übersetzung ist eine solche Karte enthalten, doch scheint sie in der Palastbibliothek verschlossen geblieben und von den Gelehrten nicht rezipiert worden zu sein.[62] Selbst Kātib Čelebi kannte sie nicht.

Ansonsten scheint islamischen Karten höchstens in Ausnahmefällen eine überlegte Projektion zugrundezuliegen, denn al-Bīrūnī rügte seine Kollegen, sie verwendeten rechtwinklige Koordinatennetze, offenbar sog. quadratische Plattkarten.[63] In diesem Stil waren auch die Karten der iranischen Geographen Ḥamdallāh Mustaufī und Ḥāfiẓ-i Abrū verfertigt. Die Weltkarte des letzteren allerdings war gleichzeitig in den Rahmen einer Radkarte gezwängt, während die Projektion einen rechteckigen Umriß erfordert hätte.[64]

Die Karten des Islam-Atlas, d.h. der Balḫī-Schule, ermangeln, wie erwähnt, jeder mathematischen Projektion. Mehrere Werke dieser Schule waren den Osmanen bekannt, doch scheint man kein Verständnis mehr für dieses kartographische Konzept gehabt zu haben. Der Übersetzer einer persischen Iṣṭaḫrī-Fassung ins Türkische, Šerīf Efendi, soll die Karten weggelassen haben, da sie mit der Wissenschaft nichts zu tun hätten — ein Urteil, dem Kātib Čelebi nicht widerspricht.[65] In der Tradition der Balḫī-Schule stehen zudem die Weltkarten, die in den Kosmographien eines al-Qazwīnī und Pseudo-Ibn al-Wardī enthalten sind. Die Karte des letzteren findet vor Kātib Čelebi ebensowenig Gnade wie der Text.[66] In der Tat enthält sie, ebenso wie die al-Qazwīnīs, nicht nur eine in der üblichen Art und Weise stark stilisierte Abbildung der Ökumene, sondern auch Elemente der mythischen Geographie wie den Ǧabal Qāf, der das Weltmeer umgibt, und den aus diesem entspringenden Quell des Lebens (*ʿain al-ḥayāt*).[67]

[61] Karamustafa 1992, insbesondere pp. 209-27. Cf. auch Lexikon zur Geschichte der Kartographie s.v. Türkische Kartographie (Kreiser).

[62] Abb. in EI 2 s.v. Kharīṭa.

[63] Zit. in EI 2 s.v. Kharīṭa.

[64] Abb. in EI 2 s.v. Kharīṭa.

[65] ǦD 14, *Kašf aẓ-ẓunūn* 1665 s.v. Masālik al-mamālik.

[66] ǦD 13, vor allem aber *Kašf aẓ-ẓunūn* 701 s.v. Ḫarīdat al-ʿaǧā'ib.

[67] EI 2 s.v. Kharīṭa. Abb. einer osmanischen Adaptation in Karamustafa 1992. 220. Interessanterweise ist in einem anderen Exemplar desselben Werkes zwar die Darstellung der Erde deutlich verbessert, die mythischen Elemente jedoch beibehalten (op. cit. 221).

War also der islamische Einfluß auf die kartographischen Erzeugnisse der Osmanen relativ gering anzusetzen, so ist der europäische beträchtlich. Seit der Zeit Meḥmeds II. sind europäische Kartenwerke in die Palastbibliothek gelangt,[68] weitere sind in die praxisorientierte Herstellung von Seekarten eingeflossen. In Pīrī Re'īs' *Baḥrīye* hat man Spuren italienischer *isolarii* erkannt,[69] in seiner berühmten Atlantik-Karte die einer anderweitig verschollenen Kolumbuskarte.[70] Ebenso lassen sich in mehreren der bislang bekannten See-Atlanten europäische Vorbilder namhaft machen.[71] Auch Evliyā Čelebi dient als Zeuge dafür, daß die Hersteller von Seekarten europäische Vorlagen benutzten.[72] Daß diese Vorlagen aber der Atlas Minor, eine "Geographie" (*ǧoġrāfyā*) und Weltkarten (*papamonta*, s.u.) seien, darf nicht wörtlich genommen werden: Das Vorkommen derselben Tripel an anderen Stellen in völlig anderen Kontexten entlarvt sie als Renommiererei des erzählfreudigen Reisenden.[73] Von der tatsächlichen Tätigkeit der Kartographen der Zeit ist allzuwenig überliefert.[74]

Europäische Karten sind außerdem in gelehrten Werken verwendet worden, z.B. in *Tārīḫ-i Hind-i Ġarbī* und in Sipāhīzādes *Auḍaḥ al-masālik*.[75] Die angeblich von einem Ḥāǧǧī Aḥmad aus Tunis verfertigte Weltkarte mit türkischem Begleittext, deren hölzerne Druckstöcke im 18. Jhdt. in Venedig gefunden wurden, erscheint zwar noch manchmal in der Literatur als Werk der osmanischen Kartographie,[76] ist jedoch längst als Arbeit zweier Venezianer erwiesen.[77]

Zwei Typen von Karten sind in der Terminologie klar voneinander geschieden. Als *ḫarīṭa* (vom italienischen *carta*) oder *ḫartı* (vom griechischen carti) wird die Seekarte für den praktischen Gebrauch bezeichnet.[78] Auf diesen Karten sind als Navigationshilfe für den Seefahrer Loxodrome eingezeichnet, Gerade, die sternförmig von einer oder mehreren in einem Kreis angeordneten Kom

---

[68] Dazu van de Waal 1969.

[69] Kahle 1926. VII, bestätigt durch Soucek 1992. 277ff.

[70] So erstmals Kahle 1933. Der Rang dieser Karte als Quelle für Pīrī Re'īs ist inzwischen stark relativiert worden (cf. Soucek 1992. 271).

[71] Dies sind der Atlas des ʿAlī Maǧar Re'īs (Soucek 1971; Kurdoğlu: Ali Macar Reis Atlası lag mir nicht vor), der sog. Atlas-ı Hümayun (Goodrich 1985) und der sog. Walters Deniz Atlası (Goodrich 1986). Alle gehören ins 16. Jhdt. Cf. zu allen zuletzt Soucek 1992. 279-83.

[72] *Seyāḥatnāme* I, 548, zit. in Soucek 1992. 284, Mantran 1962. Tafel IV.

[73] *Seyāḥatnāme* II, 30; III 174; Kreutel 1987. 155.

[74] Goodrich 1994. 168f. vermißt jede Spur ihrer Tätigkeit. Von dem Kartographen, den Galland 1673 in seiner Werkstatt besuchte, ist kein Werk bekannt (Wurm 1971. 127). Genausowenig wissen wir, auf welche Vorarbeiten sich Ebū Bekr stützen konnte, der sich in einer Marginalie im *Ǧihānnümā* ausdrücklich auf eine islamische Karte beruft (IK 151r).

[75] Zu den Karten in *Tārīḫ-i Hind-i Ġarbī* Goodrich 1990. 55, zu Sipāhīzāde Karamustafa 1992. 221.

[76] Lewis 1982. 153. Der in einer Londoner Handschrift vorliegende Text (hg. von Şehsuvaroğlu 1970) wird bei Goodrich noch zu den osmanischen Werken gezählt (1990. 14). Cf. auch Kap. II, Abschn. 3.

[77] Ménage 1958, weitere Einzelheiten bei Bellingeri/Vercellin 1985.

[78] Kahane/Kahane/Tietze 1958. Nr. 177, 875.

paßrosen ausgehen und ein Liniennetz über die gesamte Fläche bilden. Loxodrome schneiden alle Meridiane unter dem selben Winkel und erlauben es daher, mit Hilfe des Kompasses den Kurs eines Schiffes zu peilen. Gleichzeitig schließen sie ein Gradnetz aus, da die Osmanen die einzige Kartenprojektion, auf der die Loxodrome als Gerade erscheinen, den sog. Mercatorentwurf, nicht gekannt zu haben scheinen. Neben den meisten Karten der Seeatlanten ist auch die Atlantikkarte des Pīrī Re'īs mit Loxodromen konzipiert und wird daher vom Autor als *ẖartı* bezeichnet.[79]

Im Gegensatz dazu bezeichnet *papamonta* (vom italienischen *mappamondo*) die Weltkarten der Gelehrten. Pīrī Re'īs kennt dafür auch die Bezeichnung *ǧaᶜfarīye*,[80] eine Verballhornung von *ǧuġrāfyā* bzw. *ǧaᶜrafīya*.[81] Einige von ihnen sind in Seeatlanten enthalten und tragen dann ein Gradnetz anstelle der Loxodrome.[82] Weitere sind in gelehrten Werken enthalten. Tatsächlich waren bis zur Zeit Kātib Čelebis alle Gelehrtenkarten Weltkarten.[83]

Kātib Čelebi selbst kannte die terminologische Differenzierung und legte sie seiner Gliederung des Genus "Karte" mit zugrunde. Im systematischen Teil der zweiten Fassung unterscheidet er je nach erfaßtem Gebiet Geographie, Chorographie, Topographie und Hydrographie, zu denen es jeweils Übersichtskarten (*iǧmālī*) und Detailkarten (*tafṣīlī*) gebe, also insgesamt acht: "Die erste ist die Übersichtskarte der Geographie (d.h. die Weltkarte), die meist auf den europäischen Globen (*ṭoplarda*) gezeichnet und abgebildet wird und im Atlas (Minor) und anderen europäischen Geographiebüchern und in unserer Übersetzung in zwei Kreisen und in manchen auch in einer Ellipse (*mabsūṭ dā'irede*) dargestellt wird. Und diesen Kreis zeichnen die Fachleute auf ein wie ein Tuch ausgebreitetes Pergament oder Papier und nennen das *mapamonda*, wovon *papamonta* eine Entstellung (*taḥrīf*) ist. [...] Die zweite ist die Detailkarte der Geographie. Da die Übersichtsdarstellung für die Untersuchungsgegenstände der Geographie nicht ausreichte, wurde es nötig, jedes Land auf einem (Karten)Blatt darzustellen wie die 150 (Karten)Blätter im Atlas und in unserer Übersetzung. Diese Blätter nennt der Autor des Atlas mal *qartı*, mal *tabula*. [...] Vier Arten (von Karten) entfallen auf die Übersichts- und Detailkarten der Chorographie und Topographie. Die siebte und achte Form sind die Übersichts- beziehungsweise Detailkarten der Meere (*deryā qartıları*), die man entstellterweise *ẖartı* nennt. Das gemeine Volk aber bezeichnet auch die *mapamonda* als *ẖartı*. Da es auf

[79] So im Text auf der Karte, zit. in Kahane/Kahane/Tietze 1958. Nr. 875.
[80] Kahane/Kahane/Tietze 1958. Nr. 875.
[81] Zum letzteren Ausdruck für Karte cf. EI 2 s.v. Kharīṭa.
[82] Die Weltkarte im Atlas des ʿAlī Maġar Re'īs ist von Soucek früher auf eine Karte von Tommaso Porcacchis, dann auf eine Gastaldis zurückgeführt worden (Soucek 1971. 19, Soucek 1992. 282). Das Urteil dürfte auch für die nahe verwandte Karte im Atlas-ı Hümayun gelten. Die Weltkarte des Walters Deniz Atlası ist nicht eindeutig einem Vorbild zuzuordnen (Soucek 1992. 282).
[83] Karamustafa 1992. 221f.

diesen speziellen Seekarten nicht nötig ist, die Längen und Breiten zu bestimmen und zu berücksichtigen, werden sie nicht eingezeichnet. Es werden nur die acht Hauptwindrichtungen schwarz, die dazwischenliegenden grün und die weiteren Nebenwindrichtungen (*kerte*) rot eingezeichnet. Rote Punkten kennzeichnen Sandbänke, schwarze Punkte Riffe, Kreuze unsichtbare Felsen im Wasser, und Einschnitte an der Küstenlinie bezeichnen Wasserläufe. Die Namen berühmter Städte werden an der Küstenlinie rot, die der übrigen schwarz eingetragen. Auf den Seekarten des Indischen Ozeans hast du Osten vor dir und Norden linkerhand, auf denen des Mittelmeeres (*baḥr-i Maġrib*) hast du Westen vor dir und Norden rechterhand [...]".[84] Aus dieser Passage spricht Kātib Čelebis Vertrautheit mit einer Vielzahl von verschiedenartigen Karten (und zugleich seine ganz persönliche Vorliebe für nautische Dinge).[85] Sie zeigt, daß er sich des Dualismus der Kartenkonzeption voll bewußt war. Gleichzeitig muß sie aufgrund ihres programmatischen Charakters an beiden Fassungen des *Ǧihānnümā* überprüft werden.

4. Die Ausstattung des Ǧihānnüma mit Karten

In der ersten Fassung des *Ǧihānnümā* unterscheiden sich die Karten einerseits nach der Art des dargestellten Objektes, andererseits nach der Größe des erfaßten Gebietes. Unter den Gewässern sind Flüsse und Seen jeweils einzeln abgebildet, im Kapitel Erde kommt zunächst die Weltkarte, dann die Karten, die ein ganzes Klima darstellen, schließlich die Karten einer Region (*memleket* bzw. *sanǧaq*). Die Karte eines großen Flusses kann ein ähnlich großes Gebiet betreffen wie die eines Klimas, doch meist können die Gewässerkarten zwanglos zu den Detailkarten gerechnet werden.

Bei der Beurteilung der Karten erhebt sich das Problem, daß die Ausstattung der Handschriften mit Karten sehr uneinheitlich ist, und zudem das Wiener Konzept in dieser Hinsicht offenkundig unvollständig ist. Erst eine Untersuchung aller Handschriften und ihrer Karten könnte die Voraussetzungen ihrer Entstehung erhellen: Wurden Karten in Handschriften ebenso wie die Seekarten von Spezialisten, also Kartographen gezeichnet? Mehrfach enthalten Karten der ersten Fassung mehr oder andere Informationen als der Text. Doch dagegen spricht die geringe Zahl und die gänzlich andere Technik solcher Karten. War dies ein Betätigungsfeld für Miniaturisten? Der bibliophile Wert, der manchen solchen Werken beigemessen wurde spricht dafür. In welchem Maße gibt es Schulen oder andere Abhängigkeiten dieser Karten voneinander? In dieser Hinsicht fehlen selbst die elementarsten Vorarbeiten.

---

[84] ǦD 62. Eine im Drucktext nicht enthaltene Marginalie erläutert die Etymologie von *ḫartı* nach Pīrī Re'īs und Seydī ʿAlī Re'īs.

[85] Er läßt es sich in diesem Zusammenhang nicht nehmen, gleich noch das Navigieren mit Hilfe einer Seekarte und eines daran befestigen Zeigers zum Peilen zu erläutern.

Betrachten wir dennoch die Karten in der hierarchischen Folge. Im Wiener Konzept ist die Weltkarte auf fol. 32v und 33r vorgesehen, aber nicht ausgeführt. Immerhin läßt sich erkennen, daß es sich um eine Weltkarte in zwei Hemisphären handeln sollte, eine bis dahin nur in *Tārīḫ-i Hind-i Ġarbī* gebrauchte Projektion.[86] Aus der Beschreibung im Text geht außerdem hervor, daß sie ein Gradnetz in Einheiten von 10° tragen sollte.[87] Für eine solche Karte ist aus dem osmanischen Raum keine potentielle Vorlage bekannt, denn die Karten in *Tārīḫ-i Hind-i Ġarbī* haben kein Gradnetz, während aus den Seeatlanten nur Weltkarten in ovaler Projektion bekannt sind.[88] Es ist also bereits an eine europäische Vorlage zu denken. Die Beschreibung paßt auf die Karten der Handschrift W, in der zusätzlich zu den Breitenkreisen und Meridianen Wendekreise und Polarkreise eingezeichnet sind. Die Projektion wird von Taeschner etwas irreführend als Mercators Projektion bezeichnet, gemeint ist wohl die Projektion der Planigloben im Atlas Minor.[89] Der Kenntnisstand entspricht dem des späten 16. Jhdts. in Europa. Kātib Čelebi kannte in späterer Zeit mindestens drei Karten dieser Art,[90] doch verbieten sich weitere Spekulationen über seine Vorlage.

Zur Vorsicht gemahnt der Umstand, daß in mindestens drei anderen Handschriften Weltkarten in zwei Sphären enthalten sind, die sehr viel weniger detailliert sind und kein Gradnetz haben. Sie ähneln stark den erwähnten Karten in *Tārīḫ-i Hind-i Ġarbī.*[91] Die Karte der Alten Welt ist traditionsgemaß gesüdet, die der Neuen Welt genordet. Die Umrisse sind sehr flüchtig gezeichnet, Beschriftungen kaum vorhanden. Eine weitere Handschrift kann, obwohl reich mit Karten ausgestattet, nichts zu diesen Überlegungen beitragen, da ihre Weltkarte ein Müteferriqa-Druck ist.[92] Nichtsdestoweniger kann es als sicher gelten, daß Kātib Čelebi die genannte Weltkarte nicht selbst entworfen hat, sondern eine Vorlage zur Hand hatte.[93]

Bedingt kann zu den Weltkarten auch ein Diagramm der sieben Klimata gerechnet werden, das im Wiener Konzept enthalten ist.[94] In einen Kreis, an dessen Rand die Breitengrade aufgetragen sind, sind die ptolemäischen Klimata als Streifen eingezeichnet und zusätzlich etwa an der ihnen zukommenden Stelle die Namen der 28 Klimata Abū l-Fidā's hineingeschrieben. Länderumrisse

---

[86] Abbildungen Goodrich 1990. 46f., 49f.

[87] B 13r. In WK ist von dieser Beschreibung nur der zweite Teil enthalten (33v), während für den ersten um die nicht ausgeführten Karten herum Platz vorgesehen ist.

[88] Eine Karte in der beschriebenen Form findet sich nur in einer sehr viel späteren Baḥrīye-Handschrift (Goodrich 1993-94. 122).

[89] Taeschner 1926. 103.

[90] Cf. Kap. V, Abschn. 4.

[91] Es handelt sich um die Karten in W1, W2 und Kairo (Abb. der letzteren Birnbaum 1994a. 143).

[92] Handschrift B.

[93] Zu seinen eigenen Kartenentwürfen s.u.

[94] WK 31v.

fehlen. Solche Diagramme sind aus der kosmographischen Literatur bekannt.[95] Ein Diagramm ohne Ländernamen ist auch in B enthalten.[96]

Von den vorgesehenen Klimakarten ist im Wiener Konzept immerhin eine enthalten, die der iberischen Halbinsel. Sie gehört indes zum Reinschriftteil und kann deshalb nicht direkt für Kātib Čelebis Konzept in Anspruch genommen werden. Ich halte es allerdings für möglich, daß sie von ihm beschriftet, wenn auch nicht gezeichnet wurde.[97] Die Neuerung, die diese Karten schon der ersten Fassung in der osmanischen Geographie darstellen, ist bislang zu wenig beachtet worden.[98] Wie erwähnt, kannte die Gelehrtenwelt bis dahin nur Weltkarten. Eine Parallele besteht meines Ermessens in Pīrī Re'īs' *Baḥrīye*, dem bis dahin einzigen geographischen Werk, das das zu beschreibende Gebiet in einer Vielzahl von Einzelkarten aufteilt.

Die Klimakarten sind i.a. auf den Seitenrand gezeichnet, den sie bisweilen ganz einnehmen. Ein Gradnetz fehlt ebenso wie — in den untersuchten Handschriften — ein Rahmen. Eingezeichnet sind Küstenlinien, Städte, sowie in Einzelfällen Straßen. Die Orientierung ist uneinheitlich und wird wohl vor allem durch den zur Verfügung stehenden Platz bestimmt. Drei Wiener Handschriften enthalten ohne ersichtlichen Grund zwei Karten des *Maġrib-i aqṣā*, die im Detail erheblich voneinander abweichen.[99] Die Karte des *iqlīm-i Rum* ist in W in drei Teile geteilt, um den Seitenrand voll auszunutzen (Abb. 13: W 39r). Die Längsseite wird von der Darstellung des heutigen Griechenland, der Ägäis und Kleinasiens ausgefüllt, während oben eine Karte Unteritaliens mit Sizilien, unten eine der Peloponnes und Kretas zu sehen sind. In B ist zusätzlich eine Karte des Nordufers der Ägäis vorhanden.[100] Den Charakter einer Klimakarte hat schließlich auch die Darstellung der Donau in W1, die ebenfalls einen ganzen Seitenrand einnimmt.[101]

Die einzige Klimakarte, die mit Sicherheit von Kātib Čelebis Hand stammt, stellt Bosnien dar.[102] Sie reflektiert einen Wandel im Konzept, da Bosnien eigentlich nicht als eigenes Klima behandelt ist. Sie ist insofern von besonderem Interesse, als sich Kātib Čelebis Vorgehen beim Entwurf von Karten daran verfolgen läßt. Sie ist weit von der Feinheit der Spanienkarte entfernt, nimmt aber dafür den gesamten Raum einer Seite ein.[103]

---

[95] Karamustafa 1992. 78f., *Tārīḫ-i Hind-i Ġarbī* Goodrich 1990. 93.

[96] B 15r.

[97] WK 34r. Auch Flügel hat in seiner Beschreibung die Karten einem anderen zugewiesen. Aus technischen Gründen kann die Karte im Anhang nicht reproduziert werden.

[98] Die Verbindung von Text und Karten, die Selen am *Ǧihānnümā* rühmt, bezieht sich nur auf die zweite Fassung (Selen 1957. 130f.).

[99] W, W1, W2. Diese zwei Handschriften sind zweifellos voneinander abhängig.

[100] B 45r.

[101] Reproduziert in Hegyi/Zimányi 1986. 99.

[102] WK nach fol. 98.

[103] Zu dieser Karte cf. den folgenden Abschnitt.

Die Detailkärtchen schließlich, die in den Kapiteln Andalus und Maġrib je einer Stadt und ihrem Umland, in Rumeli je einem *sanǧaq* gewidmet sind, sind im Vergleich mit den größeren Karten anspruchsloser. Sie sind meist rund, mit Rahmen, der Ausschnitt ist extrem klein, erneut fehlen einheitliche Orientierung und Maßstab. Außer den Städten, teilweise einschließlich im Text nicht genannter Ortschaften, und Gewässern sind manchmal auch Straßen eingezeichnet. Diese Karten haben, da sie ohne die Informationen des Textes unverständlich sind, mehr affirmativen als informativen Charakter (Abb. 14: B 83v). Das Wiener Konzept enthält solche Kärtchen nur im Kapitel Andalus sowie einige im autographischen Teil.[104] Letztere sind mehr skizzenhaft ausgeführt, haben keinen Rahmen, dafür sind manchmal die Himmelsrichtungen angegeben (Abb. 15: WK 96r).[105]

Es bleibt darauf hinzuweisen, daß die Qualität der Kartenausstattung sehr unterschiedlich sein kann. Ein Extrem ist die Handschrift O, die gar keine Karten enthält. In den Handschriften W, W1, W2 ist die Zahl der Karten zwar groß, die Qualität aber teilweise recht dürftig. Die Handschrift B dagegen verdient fast den Namen "Prachthandschrift", da die Karten durchgehend detailliert und fein, farbig und mit üppiger Anwendung von Gold angefertigt sind.[106] Allerdings fehlen aus unerfindlichen Gründen im Kapitel Maġrib alle Detailkärtchen, auch zu der erwähnten Donaukarte in W1 und W2 gibt es keine Entsprechung. Die Vermutung liegt nahe, daß die Karten von einem Spezialisten — Miniaturisten oder Kartographen — entsprechend dessen individuellen Kenntnissen angefertigt wurden. So lassen sich auch die objektiven Widersprüche zwischen Karte und Text erklären.[107] Die zahlreichen Handschriften, die hier nicht untersucht werden konnten, mögen da noch einige Überraschungen bereithalten.

Bereits bekannt sind Handschriften, die ein ganz anderes Konzept von Karten haben. An die Stelle der vielen Detailkärtchen sind hier wenige größere Karten getreten. In der Handschrift Topkapı, Revan K. 1629 umfassen diese Karten die Fläche mehrerer *sanǧaq*s, deren Grenzen auch eingezeichnet sind. Diese Karten sind gesüdet, tragen aber mit der Andeutung eines Gradnetzes auf den Rahmen eindeutig die Spuren europäischen Einflusses.[108] Diese Karten gehören zweifellos in eine spätere Zeit.

Der ursprüngliche Kartenbestand der ersten Fassung entspricht etwa den Ziffern 1-3 der im vorigen Abschnitt zitierten Übersicht über die Arten von Karten. Dies paßt auch zu der Einstufung des *Ǧihānnümā* als Geographie (d.h. Uni

---

[104] Eine vollständige Liste im Anhang.

[105] Eine zweite Karte des Sees von Shkodër WK 95v.

[106] Es sei erneut an die *Baḥrīye* erinnert, die im 16. Jhdt. zum bevorzugten Betätigungsfeld für aufwendige Malerei wurde (Soucek 1971. 26).

[107] In B fließen Ṣaiḥūn und Ǧaiḥūn laut Text in der Aralsee, nach den Karten ins Kaspische Meer (5r-v).

[108] Neun dieser Karten zu Rumeli sind reproduziert bei Gökbilgin 1956. Abb. 8-16.

versalgeographie) mit einigen Hinzufügungen aus der Chorographie und Topographie, wie sie Kātib Čelebi im Zusammenhang mit den Zweigen der geographischen Wissenschaft in der zweiten Fassung ausgesprochen hat.[109] War die Kartenausstattung der ersten Fassung originell, so ist die der zweiten Fassung gänzlich vom Vorbild Mercators abhängig. Dort sind nach der Weltkarte die Kontinente Europa, Afrika, Asien, Amerika, Arktis und Antarktis auf je einer Karte dargestellt (Abb. 16: IK 37r).[110] Erst dann kommen die Länderkapitel und mit ihnen die Einzelkarten, die nach Kātib Čelebis Einteilung in die zweite Kategorie fallen.

Wie Mercator will Kātib Čelebi jedem Länderkapitel eine eigene Karte beigeben. Im Osten der Ökumene ist er ganz auf Mercator und andere Quellen angewiesen. Auch seine Gastaldi-Karte verwendet er für eines der Länderkapitel.[111] Die Karte Irans und des persischen Golfes ist wohl ein Ausschnitt aus der Iran-Karte bei Ortelius. Die Quellen für seine Detailkarten der südostasiatischen Inselwelt sind bislang nicht zu identifizieren. Die Karten der zweiten Fassung sind in den wenigsten Fällen voll ausgearbeitet. Eines der wenigen vollständigen Beispiele ist die Karte von Sri Lanka.[112] Viele andere, wie auch die Weltkarte und die Karten der Kontinente, bestehen nur aus dem Rahmen und den eingezeichneten Länderumrissen. Die Kontinentalkarten enthalten Gradnetze auf der Karte selbst, während bei den Länderkarten die Grade auf dem Rahmen angezeigt sind. Die Beschriftungen fehlen fast immer. Entgegen Taeschners Äußerung — auf die Druckausgabe gestützt — sind die Karten der zweiten Fassung keineswegs durchgehend gesüdet, vielmehr bis auf eine genordet.[113]

Westlich von Indien jedoch wird das Wissen der Europäer zusehends dürftiger im Vergleich mit dem, was Kātib Čelebi aus islamischen Quellen kennt. Dementsprechend genügen die Karten Mercators in Anzahl und Detailgenauigkeit seinen Ansprüchen nicht mehr, und er bemüht sich, selbst Karten dieser Regionen zu zeichnen (Abb. 17: IK 88v Mukrān). Sie enthalten selten mehr als Städte und Flüsse. Die Orientierung ist uneinheitlich und durchweg nicht angegeben, ein Gradnetz als Anhaltspunkt fehlt ebenfalls. Auch diese Karten sind oft nicht fertiggestellt. In vielen der späteren Kapitel ist sogar nur Platz gelassen, doch die Karte selbst nicht einmal angefangen. Von allen diesen selbst entworfenen Karten ist die Karte von Āẕarbaiǧān die einzige, die vollständig ausgeführt, beschriftet und sogar mit einem Rahmen versehen ist. Es fehlen aber Gradierung und eine eindeutige Orientierung (Abb. 18: IK 146r).

---

[109] ǦD 15.

[110] Die weiteren Karten IK 21r, 32r, 34r, 35r, 41r, 42r.

[111] Zu Borneo, obwohl der Kartenausschnitt wesentlich größer ist.

[112] IK 55r.

[113] EI 2 s.v. Djughrāfiyā VI. Einige Karten sind im Druck um 90° Grad gedreht. Die Beschriftung stellt dort jedoch den Bezug zur ursprünglichen Orientierung wieder her. Gesüdet ist allein die Anatolienkarte ǦD 629a. Taeschners Irrtum wird auch in dem wertlosen Artikel von Ayyubi 1984. 231 wiederholt.

Erneut ist schließlich auf die unterschiedliche Ausstattung der Handschriften zu verweisen. Taeschner kannte keine Handschrift der zweiten Fassung mit Karten.[114] In der Handschrift O sind zu Beginn noch halbe Seiten freigelassen, später hat der Schreiber das Vorhandensein einer Karte in der Vorlage am Rande vermerkt,[115] zuletzt aber auch dies aufgegeben. Die Leidener Handschrift aus Warners Besitz enthält ebenfalls keine Karten. Karten sind dagegen in den Handschriften Paris und Zürich enthalten, die von mir nicht näher untersucht werden konnten.

Die ganze Problematik der Ausstattung mit Karten rührt daher, daß die Verbreitung von handschriftlichen Karten aufwendig, teuer und nur bedingt getreu war. Nicht umsonst verdankt die europäische Kartographie ihren rasanten Aufschwung im 16. Jhdt. wesentlich der Drucktechnik, die allein es erlaubt, so komplizierte Darstellungen ohne Verzerrungen und Fehler zu vervielfältigen. Dieses Problems war sich Kātib Čelebi nur zu bewußt, weshalb er späteren Abschreibern die Wiedergabe der Karten besonders ans Herz legte. Er fürchtete, daß sein Werk, durch unfähige Kopisten der Karten beraubt, einem geschorenen Tier oder einem an Schwingen und Schwanz gestutzten Vogel gliche.[116] War die Rolle, die Kātib Čelebi der Kartenzeichnung zuwies, auch noch so bedeutend, so waren sie doch nur ein Teil des Ganzen, und er mußte Sorge tragen, daß das Buch auch ohne Karten von Nutzen sein sollte. In Kātib Čelebis Worten klingt gleichzeitig die Hoffnung an, auch in Istanbul würde einst die Druckerei eingeführt und die Produktion von Karten erleichtert werden.[117]

Im nächsten Abschnitt wird zu zeigen sein, wie sehr sich Kātib Čelebis Versuche von der zeitgenössischen europäischen Kartographie unterscheiden. İbrāhīm Müteferriqa hat dies bereits klar erkannt und von den Karten des Autographs bevorzugt die verwendet, die auf europäische Vorlagen zurückgehen. Von Kātib Čelebis eigenen Karten hat nur die Darstellung Āẕerbaiǧāns Aufnahme in die Druckfassung gefunden.[118] Die Beschriftungen hat İbrāhīm Müteferriqa — anscheinend unter Rückgriff auf die Originale — ergänzt.[119] An die Stelle von Kātib Čelebis vielen selbstgezeichneten Regionalkarten sind in der Druckausgabe wenige neuere Karten getreten, die größere Gebiete umfassen und keinen Bezug zum Text haben. Die Weltkarte geht auf eine neuere Vorlage

---

[114] Taeschner 1926. 103f. Das Autograph hatte Taeschner zu diesem Zeitpunkt offenbar noch nicht gesehen (cf. dann Taeschner 1931. 492f.).

[115] Z.B. O 63v: resm-i ʿarẓ-ı tisʿīn, 69r: resm-i Asyadur, weitere Marginalien 96r, 133r.

[116] ǦD 66, 55.

[117] ǦD 55. Gerüchte über entsprechende Versuche aus der Zeit Meḥmeds IV. (1648-85) werden in Quellen des 18. Jhdts. kolportiert (Babinger 1919.8). Tatsächlich hat der Druck von Karten für İbrāhīm Müteferriqa von Anfang an eine große Bedeutung gehabt.

[118] IK 146r, ǦD 389a.

[119] Warum İbrāhīm Müteferriqa die korrekten Gradzahlen im Autograph manchmal abänderte (cf. z.B. ǦD 131a, IK 47v; ǦD 129a, IK 46v), ist mir unverständlich.

zurück als Kātib Čelebis Skizze.[120] Aus seiner Ausgabe von *Tuḥfetü l-kibār* hat İbrāhīm Müteferriqa außerdem die Karten des Mittelmeeres, der Adria und der Ägäis beigegeben. Neu ist schließlich auch die ovale Weltkarte.

5. Kātib Čelebis kartographische Arbeit

Anhand der von Kātib Čelebi selbst gezeichneten Karten lassen sich die verschiedenen Probleme des Kartographen und seine Vorgehensweise gut verfolgen. Da ist zuerst die Abstraktion des Kartenbildes. Die Objekte, die er auf seinen Karten darstellen will, sind Siedlungen, Straßen, Gewässer und Bodenerhebungen. Siedlungen sind als Punkte, stilisierte Türmchen oder Burgen dargestellt. Diese Symbole finden sich nebeneinander und sind i.a. nach der Bedeutung der Orte differenziert. Auf den Karten im Reinschriftteil der ersten Fassung sind sogar stilisierte Städteansichten im Miniaturformat zu erkennen.[121] Wieder scheint eine Parallele zur *Baḥrīye* vorzuliegen,[122] doch ist auch denkbar, daß der Grund eine intuitive Abneigung gegen die Unanschaulichkeit der vollständigen Abstraktion sei. Auffallend ist, daß drei Zeichnungen vorliegen, die sichtlich realistische Züge tragen und auf Autopsie beruhen. Die erste ist eine ganzseitige Skizze von Mekka, auf der die Kaʿba halbperspektivisch dargestellt ist, während die Umgebung als Karte erscheint.[123] Die zweite ist eine winzige Zeichnung von Hamadān, die offenbar eine Ansicht der Stadt wiedergeben soll, von einem steilen Berg überragt, während die Stadt selbst von zwei Minaretten dominiert wird.[124] Schließlich ist die Darstellung von Van auf der Karte von Armenien zu nennen, die in winzigstem Format doch individuelle Züge — den steilen Burghügel und die darangelehnte Stadt — erkennen läßt.[125] Bei den übrigen Objekten besteht dieser Widerstreit von Abstraktion und Abbildung nicht. Berge sind als abgerundete, offene Dreiecke dargestellt, Gebirgszüge als Reihe oder Fläche aus solchen.[126] Flüsse sind als Linien gezeichnet, soweit möglich dem realen Verlauf entsprechend, sonst schematisiert als gleichmäßige Wellenlinie, ebenso die Ufer von Seen oder Meeren. Straßen sind als gerade Linien zwischen den Städten wiedergegeben. Eine Brücke ist als Doppelstrich quer

---

[120] Sie ist identisch mit der Karte İbrāhīm Müteferriqas in den Druckausgabe von *Tārīḫ-i Hind-i Ġarbī* und *Tuḥfetü l-kibār*. Als ihr Vorbild hat Goodrich eine Karte des Nicholas Sanson von 1689 ausgemacht (Goodrich 1990. 54f.). Als ein Indiz für die Wege europäischer Karten im osmanischen Reich möge dienen, daß auch die Weltkarte in Bedros Baronians *Ǧemnümā* (cf. Kap. VI, Abschn. 9) auf dieses Vorbild zurückgeht (Goodrich 1993. 126).

[121] Z.B. Granada WK 35v, Sevilla 34v, Córdoba 35r.

[122] Zu dessen Symbolen und Städteansichten cf. Rogers 1992. 231-35.

[123] WK 182r.

[124] IK 112v.

[125] IK 159v. Aus technischen Gründen kann ich von diesen Zeichnungen keine Reproduktion bringen.

[126] Es scheint, als habe Kātib Čelebi versucht, den Berg Bīsutūn bei Hamadān besonders steil erscheinen zu lassen, doch mag dies Zufall sein (IK 116a).

über einen Fluß gezeichnet.[127] Nur auf einer Karte ist - durch einen Pfeil - die Richtung Nord angezeigt.[128] Von Mercator übernommene Überlegungen, die Religion der Bevölkerung durch das Symbol für die Stadt auszudrücken, hat Kātib Čelebi nicht in die Praxis umgesetzt.[129]

Weitere Informationen waren nicht durch Symbole, sondern nur in Worten auszudrücken. So stehen neben dem in den Urmia-See mündenden Saraw-Rūd die Worte *šūradur.*[130] Die Detailkärtchen von Ungarn enthalten Informationen über Wege (*bundan ... bir marḥaledür mā beyn bīyābāndur*), Anhaltspunkte zur Orientierung (*... bir bayırdadur Bač görinür*), die Art der Ortschaft (*palanqadur* bzw. *ḥarbī ṭaš qalᶜedür*) und über die Maße des Balaton (Abb. 19: WK 105r).[131] Auch die Bosnienkarte enthält zahlreiche Anmerkungen dieser Art.[132]

In seiner theoretischen Erörterung der Karten in der zweiten Fassung beschreibt Kātib Čelebi Kompaßrosen und Maßstäbe auf den Seekarten.[133] Maßstäbe sind auf seinen Karten nach europäischen Vorbildern gelegentlich angedeutet, jedoch nicht ausgeführt. Kompaßrosen dagegen fehlen völlig. Die Orientierung ist manchmal durch die Worte *ğünūb*, *šimāl* etc. auf dem Rand, einmal durch einen Pfeil, meist aber gar nicht angegeben.

Die Karten, die von Kātib Čelebis Hand stammen, lassen sich einteilen in die Gruppe der nach Vorlagen - meist europäischer Provenienz - gezeichneten und die Gruppe der eigenen Kartenentwürfe. Zu den ersteren ist zu bemerken, daß Kātib Čelebi den Umrisse der Länder sehr viel mehr Beachtung schenkte als den Problemen der Projektion.[134] Im Text der zweiten Fassung erläutert Kātib Čelebi, daß er, um Verzerrungen so weit wie möglich zu vermeiden, der Darstellung der Welt in zwei Kreisen den Vorzug gebe vor einer ovalen Projektion,[135] doch im weiteren hat er solche Probleme weitgehend vernachlässigt. Dies ist schon daraus erkennbar, daß er auf der Weltkarte die Länderumrisse zuerst eintrug, während die laut Text vorgesehenen Meridiane, Breitenkreise und Wendekreise noch fehlen.[136] Insbesondere ist dies bei der kleinen Weltkarte ir

[127] So ist nur die große Draubrücke bei Ösek dargestellt, dies allerdings auf zwei Karten (WK 102v, 105r).

[128] WK 95v. Auf der zweiten Karte derselben Gegend WK 96r sind die Himmelsrichtungen in Worten angegeben.

[129] ĞD 122f.

[130] IK 146a.

[131] Cf. auch 108v. In Verbindung mit Itinerarangaben lassen solche Daten an eine Militärkarte als Quelle denken. Doch da an Militärkarten bislang nur Belagerungspläne, aber keine Routenkarten bekannt sind (Karamustafa 1992. 210-215), nehme ich an, daß Kātib Čelebi schriftliche Informationen vor sich hatte, die er selbst erst in eine Karte umsetzte.

[132] WK Zettel nach fol. 98.

[133] ĞD 62f.

[134] Es geht aus dem Text des Atlas Minor nirgends hervor, wie intensiv sich Mercator mit diesen Fragen befaßt hat.

[135] ĞD 72.

[136] IK 21r, ĞD 72, wo sogar die vorgesehenen Farben angegeben sind.

reführend, die im Autograph unmittelbar vor den Länderkapiteln zu finden ist.[137] Da sie in einen rechteckigen Rahmen gezeichnet ist, vermutet man eine zugrundeliegende Zylinderprojektion. Doch bei näherem Hinsehen deutet die starke Verzerrung in Polnähe, insbesondere der Ostküste Nordamerikas darauf hin, daß wir es hier mit einer ovalen Projektion zu tun haben. Ebenso fehlt bei der Karte Nordostasiens jede Andeutung der Meridiane und Breitenkreise. Nur ein Betrachter mit einigen Vorkenntnissen erkennt, daß eine kegelige Projektion zugrundeliegt, und findet sich dann auf der Karte zurecht.[138]

Zum anderen hat Kātib Čelebi die Projektion der Karten der Kontinente stark vereinfacht, indem er die Meridiane nicht wie Mercator gekrümmt, sondern als Gerade zeichnete. In der ersten Fassung ist erkennbar, daß Kātib Čelebi nicht alle Konsequenzen, die die Kugelgestalt der Erde hat, durchdacht hat. So vernachlässigt er die Tatsache, daß zwar ein Meridiangrad überall auf der Welt gleich lang ist, daß aber die Breitenkreise mit dem Fortschreiten zu den Polen kleiner werden.[139] Dahinter steht die schon von al-Bīrūnī getadelte Vorstellung einer Karte, deren Längen- und Breitengrade sich überall rechtwinklig schneiden und die die Erde scheinbar in gleichgroße Quadrate teilt. Soweit erkennbar, sind auch in der zweiten Fassung die Regionalkarten mit Gradangaben (auf dem Rahmen) als quadratische Plattkarten konzipiert. Dies ist im Bereich nahe dem Äquator und in kleineren Ausschnitten ohne weiteres möglich, doch bei der nur skizzierten Karte des Kaspischen Meeres, die immerhin bis fast 60° nördlicher Breite reichen soll, wäre die Verzerrung beträchtlich.[140]

Die bereits erwähnte Donaukarte in W1 demonstriert augenfällig, daß diese Fragen nicht immer als Problem erkannt wurden. Der Flußverlauf ist darauf stark verzerrt, vielleicht damit die Karte in den zur Verfügung stehenden Raum paßt, wobei der Fluß wie der Stamm eines Baumes die Hauptachse der Darstellung bildet, während zahlreiche Nebenflüsse beiderseits einmünden, deren Verlauf abgesehen von der Einmündung gänzlich schematisiert erscheint. Die wichtigsten Wendungen sind zwar angedeutet, doch in gänzlich unrealistischen Proportionen. Insofern ist die Karte keine Projektion — welcher Art auch immer — der Erdoberfläche auf eine Ebene, sondern gibt eher die Perspektive des sich auf dem Fluß fortbewegenden Reisenden wieder, in manchem einer römischen Straßenkarte nicht unähnlich. Auf Kātib Čelebis eigener Karte des Donauabschnittes von der Draumündung bis Orsova mit dem *eyālet* Temesvar auf dem linken Ufer sieht es ähnlich aus. Die ganze Darstellung ist an den Fluß angelehnt, der am linken Rand der Karte als nahezu gerade Linie erscheint, und ist in der Ausdehnung quer zu diesem stark gestaucht.

[137] IK 44r, keine Entsprechung im Druck.

[138] IK 69r.

[139] Längen- wie Breitengrade werden in der ersten Fassung im Verhältnis 1°=22 farsaḫ umgerechnet (z.B. WK 39v).

[140] IK 153r.

An mehreren Beispielen läßt sich verfolgen, wie Kātib Čelebi ein Kartenbild aufbaute, wenn er keine Vorlage hatte, die er nachzeichnen konnte, sondern nach schriftlichen Angaben arbeiten mußte. Eine erste Skizze der Gegend von Ohrid ist ebenso wie die Karte Armeniens um den jeweiligen See aufgebaut und an ihm ausgerichtet. Die Form des Sees scheint schematisiert zu sein. Die Lage der Siedlungen und Berge am Ufer und in der näheren Umgebung ergibt sich aus Entfernungsangaben in Kombination mit Himmelsrichtungen.[141] Die ganzseitige Karte Bosniens dagegen ist deutlich entlang der Flüsse aufgebaut (Abb. 20: WK 94v). Die Donau ist im Bereich Komorn-Semendire annähernd realistisch wiedergegeben. Von Save und Drau wußte Kātib Čelebi den Ort der Einmündung und die allgemeine Richtung, der Verlauf ist als gleichmäßige Wellenlinie angedeutet. Zur Drau sind zwei Nebenflüsse, wohl Drina und Bosna, dargestellt, die jeweils mit zwei Quellflüssen ein Y bilden. Parallel zur Drau und genauso schematisch schließt die Küstenlinie die Karte ab.[142] Entlang dieser Flüsse und der Küste sind dann die Orte aufgereiht und teilweise untereinander durch Wege verbunden.[143] Auch die Karte von Sind ist ganz am Indus ausgerichtet, der fast ganz zu einer schematischen Wellenlinie geworden ist (Abb. 21: IK 87r). Schließlich gibt es Karten, deren Grundgerüst ein Itinerar bildet. Auf der in drei Abschnitte geteilten Donaukarte sind die Etappen von Ösek bis Budin auf einer geraden Strecke in gleichmäßigem Abstand aufgereiht wie Perlen auf einer Schnur (s.o. Abb. 19). Die Donau ist daneben flüchtig und sicherlich nachträglich eingezeichnet. Ähnliche Ansätze finden wir auch weit außerhalb des Osmanischen Reiches auf den Karten von Kašmīr und Afghanistan.[144]

Bei einer letzten Gruppe von Karten ist ganz unklar, wie sie aufgebaut sind. Hier ist die Lage der Städte zueinander wenn nicht exakt, so doch nachvollziehbar. Ein Grundgerüst dagegen ist nicht erkennbar. Gegen die Annahme, daß Kātib Čelebi Koordinaten zugrundegelegt habe, spricht die Tatsache, daß er diese Karten nirgends eindeutig nach einer bestimmten Himmelsrichtung ausgerichtet hat, wie es jeder täte, der ein auch nur gedachtes Koordinatenraster verwenden will. Die Flußläufe sind sichtlich sekundär und oft so fehlerhaft eingetragen, daß sie den Betrachter sehr verwirren können.[145]

Während das Bild Bosniens aufgrund einer großen Zahl von Toponymen und Ortsbestimmungen eine brauchbare Karte ergab - eine beachtliche Leistung -, ist Kātib Čelebi bei vielen seiner asiatischen Teilkarten an der zu geringen Dichte seiner Quellen hoffnungslos gescheitert. Seine Karte von Badaḫšān ist

---

[141] WK Zettel nach fol. 95, IK 159r. Genauso sind die beiden Detailkarten von Shkodër um den See zentriert (WK 95v, 96r).

[142] Oben rechts hat Kātib Čelebi einen Teil dieser Küstenlinie nochmals, diesmal nach einer Vorlage, gezeichnet.

[143] WK Zettel nach fol. 98.

[144] IK 93r, 89v.

[145] So z.B. auf den Karten von Mukrān IK 88v und Ǧibāl IK 116a.

völlig unbrauchbar und auch bei Heranziehung einer modernen Karte kaum verständlich.[146] Teilweise mag dabei auch Unaufmerksamkeit seinerseits eine Rolle gespielt haben.[147] Gleichzeitig bleibt festzustellen, daß Kātib Čelebi weit entfernt von den Leistungen der zeitgenössischen Europäer blieb, die er bewunderte,[148] indem er die wichtigen Hilfsmittel der Koordinaten und der mathematisch erarbeiteten Projektion außer acht ließ.

6. Die Astronomie

Es wurde bereits darauf hingewiesen, daß Kātib Čelebi für die Gesamtheit der Wissenschaften, die heute unter "Geographie" subsumiert werden, keinen Oberbegriff hatte — geschweige denn für alle Aspekte, die er im *Ǧihānnümā* vereinigt. In seiner Gliederung der Wissenschaften, die Ṭašköprüzāde folgt, sind alle Teilbereiche wie die Geographie oder Kartographie und die Kunde der Routen gleichermaßen Teile der Astronomie.[149] Soweit Kātib Čelebi sich mit jenen Wissenschaften befaßt hat, die man heute unter dem Begriff Naturwissenschaften zusammenfaßt, ist Astronomie der einzige Bereich, der versucht, wie die gesamte moderne Physik aus beobachteten Phänomenen mathematische Gesetzmäßigkeiten abzuleiten. Nach seinen eigenen Worten studierte Kātib Čelebi Astronomie bei A‘reğ Muṣṭafā etwa gleichzeitig mit der Kartographie in den Jahren nach 1645.[150] Ursprünglich soll die Astronomie mit anderen Fächern der antiken Wissenschaften auch zum Kanon der *medresen* gehört haben, doch beklagt Kātib Čelebi gerade in dieser Hinsicht deren Niedergang.[151] Für sich selbst jedoch erhebt er den Anspruch, sich in der Astronomie umfassend gebildet zu haben. Bei A‘reğ Muṣṭafā studierte er die knappe und übersichtliche Einführung al-Čaġmīnīs, *al-Mulaḫḫaṣ fī l-hai'a* mit einem Kommentar von Qāḍīzāde Rūmī sowie den *zīǧ* des Uluġ Beg.[152] Auf seine Kenntnis der Werke Quṭbaddīn Šīrāzīs, Naṣīraddīn Ṭūsīs und zahlreicher Tafelwerke habe ich bereits hingewiesen.[153] Im *Ǧihānnümā* finden sich zudem Zitate aus al-Bīrūnīs *al-Qānūn al-masᶜūdī* und einem Werk des Ǧamšīd al-Kāšī.[154] In späteren Jahren unterrichtete Kātib Čelebi selbst Schüler in mehreren astronomischen Werken. Er fühlte

[146] IK 96v.

[147] Immer wieder sind Orte doppelt eingezeichnet (cf. Mukrān IK 88r).

[148] Als Beweis dafür mag dienen, daß er in *Levāmiᶜu n-nūr* den Catalogus Geographorum aus Ortelius' Atlas mit aufnahm.

[149] *Kašf aẓ-ẓunūn*, muqaddima 15f., cf. Kap. III, Abschn. 11.

[150] *Mīzānu l-ḥaqq* 138.

[151] *Mīzānu l-ḥaqq*, zit. n. Adnan-Adıvar 1982. 127. Bei Uzunçarşılı 1965. 20f. finden sich dazu allerdings nur einige Mutmaßungen, die sich wiederum auf Kātib Čelebi (*Kašf aẓ-ẓunūn* 680 s.v. ᶜilm al-ḥikma) stützen.

[152] *Mīzānu l-ḥaqq* 138. al-Čaġmīnīs Werk liegt in deutscher Übersetzung vor in Rudloff/Hochheim 1893.

[153] Cf. Kap. I, Abschn. 5, Kap. V, Abschn. 6.

[154] ǦD 56, 73.

sich so sicher darin, daß er einige knifflige Probleme aus Werken der Astronomen mit Rechtsfragen verknüpfte und darüber vom *šeyḫülislām* Behā'ī Meḥmed Efendi ein *fetvā* erbat. Als Behā'īs Kenntnisse versagten, schrieb er selbst eine kleine *risāle*, *İlhāmu l-muqaddes*, in der er diese Fragen erörterte.[155] Gelegentlich stellte Kātib Čelebi auch eigene Messungen an.[156]

Diese Vorbildung muß man sich vor Augen halten, wenn man Kātib Čelebis astronomische Ausführungen im *Ǧihānnümā* betrachtet. Er verwendet zunächst großen Aufwand darauf, die Kugelgestalt der Erde zu beweisen, denn dies ist die Basis nicht nur der ptolemäischen Klimata, sondern auch der Ortsdefinition durch Koordinaten. Während sie unter den Menschen mit elementaren Kenntnissen der Astronomie unstrittig gewesen sein dürfte,[157] wurde sie von der sogenannten "islamischen Kosmologie" unter Berufung auf zahlreiche Überlieferungen bestritten. Dieses Modell von sieben ebenen Erden übereinander wird von Kātib Čelebi nur einmal erwähnt und ins Reich der Mythologie verwiesen,[158] war aber auch zu seiner Zeit noch verbreitet.[159]

Kātib Čelebi verwendet mehrere Argumentationen. Die erste stammt von al-Ġazzālī und soll eigentlich nicht die Kugelgestalt der Erde beweisen, sondern darlegen, daß es sinnlos sei, solche beweisbaren Wahrheiten von seiten der Religion zu bestreiten.[160] Die zweite stammt von Mercator und ist sehr allgemein gehalten, im wesentlichen auf ein Zitat von Plinius gestützt.[161] Schließlich folgen verschiedene Beobachtungen muslimischer Astronomen. Darunter beweist allerdings nur eine — daß der Reisende von einem entfernten Berg zuerst den Gipfel sieht — die Gestalt der Erde, während die anderen die Kugelgestalt des Himmelsgewölbes und seine Rotation demonstrieren.[162] Eines der wichtigsten Argumente, das auch schon in der Antike bekannt war, hat erst İbrāhīm Müteferriqa nachgetragen: daß der Erdschatten, der bei einer Mondfinsternis auf der Mondscheibe zu sehen ist, rund ist.[163] Kātib Čelebi hat es sich nicht nehmen lassen, einige paradoxe Konsequenzen der Kugelgestalt der Erde zu demonstrieren: die Datumsverschiebung, die vermeintliche Volumensverringerung eines

---

[155] Beide Quellen werden im Text genannt (ed. Şehsuvaroğlu 1957. 154, 159).

[156] "In dieser Nacht" habe er "mit Hilfe astronomischer Instrumente" überprüft, daß die Magnetnadel nicht genau nach Norden zeige (ĞD 54). Seine Koordinaten von Konstantinopel dagegen sind nicht selbst gemessen, sondern von al-Bīrūnī übernommen (W 39v).

[157] Einen Eindruck von solchen Grundkenntnissen vermitteln die Marginalien Behā'ī Efendis in seiner Handschrift von *Tārīḫ-i Hind-i Ġarbī* (Goodrich 1990, Appendix).

[158] ĞD 71, cf. Kap. VIII, Abschn. 10.

[159] Heinen 1982. 8f. zu einer Reihe von entsprechenden Handschriften in türkischen Bibliotheken.

[160] ĞD 17ff.

[161] ĞD 19.

[162] ĞD 19f. Die Argumentation, warum ein Himmelskörper im Zenith kleiner erscheint als nahe dem Horizont, kann ich nicht nachvollziehen.

[163] ĞD 20f.

Gefäßes bei zunehmender Höhe,[164] und die Tatsache, daß beim parallelen Fall zweier Körper die Punkte ihres Auftreffens dichter zusammenliegen als die Punkte des Abwurfs. Schließlich verweist Kātib Čelebi auf die Probleme in *İl-hāmu l-muqaddes*: Wie verhält es sich mit den Gebetszeiten am Nordpol? Kann die Sonne am Ort ihres Untergangs aufgehen?[165] Gibt es einen Punkt außer Mekka, wo sich der Betende nach allen Seiten gleichermaßen wenden kann? Insgesamt bleibt der Eindruck, Kātib Čelebi habe sich sehr viel angelesen, aber die Problematik nicht vollständig durchdrungen.

Die Frage der Kugelgestalt wird noch einmal im Text aufgegriffen, wo Kātib Čelebi eine Beobachtung der Mannschaft des Kolumbus kommentiert, die an einem Ankerplatz an der südamerikanischen Küste keinen der beiden Pole sehen konnte. Ihre Vermutung, die Erde könnte nicht perfekt rund sein, sondern birnenförmig, wobei ihrem Ankerplatz der Ort des Stiels entspräche, wird von Kātib Čelebi, der sich über die Kugelgestalt so viele Gedanken gemacht hat, schlüssig zurückgewiesen.[166]

Im Vergleich zur Kugelgestalt der Erde wird die Anordnung der Sphären geradezu nachlässig behandelt. Danach besteht die Welt aus konzentrischen Schalen: Die Sphäre der Sphären, die keine Sterne trägt, dreht sich in 24 Stunden einmal von Osten nach Westen und treibt alle anderen an, die sich von Westen nach Osten drehen. Die Sphäre der Fixsterne und Tierkreiszeichen dreht sich in 66 Sonnenjahren 1°. Die Sphäre des Saturn dreht sich einmal in 29 Jahren, 5 Monaten, 6 Tagen. Die Sphäre des Jupiter dreht sich einmal in 12 Jahren. Die Sphäre des Mars rotiert in 1 Jahr, 10 Monaten, 22 Tagen. Die Sphäre der Sonne dreht sich einmal in etwa 365 1/4 Tagen. Die Sphären der Venus und des Merkur rotieren beide in 1 Jahr. Der Mond rotiert in 28 Tagen. Dieser Aufbau des Kosmos wird mit einer Zeichnung verdeutlicht.[167]

Diese Zahlen stammen von al-Qazwīnī, doch ist sein Modell wesentlich komplizierter. Diese simplifizierte Form, noch mit einigen astrologischen Anmerkungen versehen, hat Kātib Čelebi in *Tārīḫ-i Hind-i Ġarbī* gefunden.[168] Das Modell ist primitiv — Kātib Čelebi muß gewußt haben, daß sich die Bewegungen der Planeten damit nicht mit befriedigender Genauigkeit beschreiben lassen.

---

[164] Kātib Čelebi erklärt dies nicht durch die Veränderung des Luftdrucks, sondern dadurch, daß die Wölbung der Oberfläche stets einer Kugeloberfläche mit dem Radius des Abstandes zum Erdmittelpunkt entspreche, also mit zunehmender Höhe flacher werde.

[165] Nach Taqīyüddīn vergrößert sich der Neigungswinkel der Ekliptik, wohl eine irrtümliche Auslegung der Tatsache, daß sich die Erdachse infolge der Präzession relativ zum Polarstern bewegt. Die Folge wäre, daß die Erdachse eines Tages parallel zur Ekliptik stünde. Wenn schließlich der uspründliche Nordpol zum Südpol wird, ist der Drehsinn der Erde umgekehrt, und die Sonne geht im Westen auf (cf. Şehsuvaroğlu 1957. 159ff.).

[166] Kātib Čelebi formuliert seine Einwände zunächst in einer Marginalie in *Tārīḫ-i Hind-i Ġarbī* (Nr. 64, Goodrich 1990. 363), und dann ausführlicher in ĞD 111f.

[167] ĞD 22, 21a, IK 6v-7r.

[168] *Tārīḫ-i Hind-i Ġarbī* 77ff., zum Vergleich mit al-Qazwīnī cf. Rudloff/Hochheim 1893. 230.

Schon Ptolemäus hatte zu komplizierten Konstruktionen mit exzentrischen Bahnen und veränderlicher Winkelgeschwindigkeit greifen müssen. Exzentrisch gelagerte Sphären, innerhalb derer sich der Planet bisweilen noch in Epizykeln bewegt, kennen sowohl al-Qazwīnī als auch al-Čaġmīnī.[169]

Kātib Čelebi ist mit seiner Vereinfachung nicht konsequent, da er an anderer Stelle schon in der ersten Fassung die Verteilung von Land und Meer auf der Erde mit dem Temperaturunterschied begründet, der wiederum von der Nähe der Südhalbkugel zur Sonne im Aphel ihrer Bahn herrühren soll. Er setzt also ebenfalls exzentrische Sphären voraus.[170] In der zweiten Fassung referiert er diese Theorie noch,[171] weiß aber inzwischen, daß für die Temperaturunterschiede auf der Erde nicht die Nähe zur Sonne, sondern der Einfallswinkel der Sonnenstrahlen ausschlaggebend ist.[172] Umso weniger verständlich ist es, daß er an jenem simplen Sphärenmodell — gleichsam in usum delphini — festhält, anstatt Wissenschaft auf der Höhe seiner Zeit zu bieten, wie es sonst sein Anspruch ist. Allenfalls die geringe Bedeutung des Aufbaus des Kosmos für die eigentliche Geographie kann als partielle Erklärung dienen.

Diese Frage ist von dem Problem, warum Kātib Čelebi hundert Jahre nach Kopernikus dessen heliozentrisches Weltbild völlig übergeht, verdeckt worden. Letzteres aber, von Adnan-Adıvar und Şehsuvaroğlu aufgeworfen, ist leicht zu lösen.[173] Es beruht auf der irrigen Annahme, das heliozentrische Weltbild sei von jedem Kundigen sogleich als richtig erkannt und nur durch den Fanatismus kirchlicher Kräfte daran gehindert worden, sein Licht überall zu verbreiten.[174] Stattdessen hat sich das heliozentrische System aus internen Gründen so langsam durchgesetzt. Den zwei Auflagen des Kopernikus 1544 und 1595 stehen über 100 Werke im selben Zeitraum gegenüber, die das ptolemäische Weltbild stützen.[175] Noch ein großer Astronom wie Tycho Brahe versuchte, das geozentrische Weltbild zu retten. Erst Keplers Entdeckung der Ellipsengestalt der Planetenbahnen (1618) brachte dem heliozentrischen Weltbild neue Anhänger, bis es 1623 von Galilei definitiv bewiesen wurde.[176] Der Grund ist der, daß Kopernikus' Modell zunächst alles andere als überzeugend war. Es schuf mathema

[169] Rudloff/Hochheim 1893. 221-27.
[170] WK 8v-9v nach *ʿAǧāʾīb al-maḫlūqāt* 102f.
[171] Einschließlich einer Skizze ĞD 49a.
[172] ĞD 70f.
[173] Adnan-Adıvar 1982. 144f., Şehsuvaroğlu 1957. 147f.
[174] So z.B. Ülken 1957. 178f. Abgesehen davon, daß das Festhalten am geozentrischen System in Ülkens Augen geradezu moralisch verwerflich zu sein scheint, hat er nicht beachtet, daß die Erörterung dreier Kosmosmodelle in der Einleitung des *Ğihānnümā* gar nicht von Kātib Čelebi stammt, sondern von İbrāhīm Müteferriqa. Zu einer differenzierten Analyse dieser Stelle cf. İhsanoğlu 1992. 741-46.
[175] Zinner 1943. 263-87.
[176] James 1972. 118f.

tisch mehr Probleme als es löste. Vor allem aber stand hier ein neues, abstraktes Modell gegen das alte, evidente, anschauliche. Die Theorie der sich bewegenden Erde hatten schon die Griechen gekannt, aber meist verworfen, da sie mit den bekannten empirischen Tatsachen nicht vereinbar war.[177] Dieselbe Diskussion zieht sich durch die Werke namhafter islamischer Astronomen wie Naṣīraddīn Ṭūsī und Quṭbaddīn Šīrāzī.[178] Auch al-Qazwīnī und nach ihm Kātib Čelebi wußten davon, doch konnte das Modell sie nicht überzeugen.[179] Ebensowenig muß Meḥmed İḫlāṣī aus "christlichem oder islamischem Fanatismus" (Adnan-Adıvar) dem alten Modell angehangen haben. Speziell für Kātib Čelebi ist hinzuzufügen, daß keine seiner europäischen Quellen Kopernikus erwähnt, Cluverius sogar — wenn auch nebenher — die Erde ausdrücklich als Zentrum des Universums bezeichnet.

Tatsächlich ist das heliozentrische Weltbild schon kurz nach Kātib Čelebis Tod, im Jahre 1660, durch den *tezkireği* Köse İbrāhīm Efendi erstmals im Osmanischen Reich bekannt gemacht worden.[180] In der Druckausgabe des *Ğihān-nümā* hat İbrāhīm Müteferriqa es in der Form einer Hypothese vorgetragen und erst, als die befürchteten relgiösen Einwände ausblieben, gewagt, auch den Himmelsatlas des Andreas Cellarius ins Türkische zu übersetzen.[181]

Wer von der Astronomie der Muslime spricht, muß neben der Himmelsmechanik immer auch die Astrologie erwähnen, die untrennbar damit verbunden ist, auch bei Kātib Čelebi. Sie soll hier aber im Zusammenhang mit naturwissenschaftlichen Erklärungsmodellen erörtert werden.

7. Beobachtungen natürlicher Phänomene

Für den gesamten Komplex dessen, was unter den modernen Begriff Naturwissenschaft — mit wenigen Ausnahmen — fällt, verwendet Kātib Čelebi den Ausdruck *ᶜilm aṭ-ṭabīᶜī*, den ich im folgenden provisorisch mit Naturkunde wiedergeben möchte. Nach Ṭašköprüzādes und Kātib Čelebis Definition gehört sie mit den mathematischen Wissenschaften und der Metaphysik (*al-ᶜilm al-ilāhī*) zur Wissenschaft der materiellen Dinge (*al-ᶜulūm al-mutaᶜallaqa bi l-aᶜyān*).[182] Die Naturkunde gliedert sich in Medizin (*ᶜilm aṭ-ṭibb*), Tierheilkunde (*ᶜilm al-baiṭara*), Falknerei (*ᶜilm al-baizara*), Pflanzenkunde (*ᶜilm an-nabāt*), Tierkunde (*ᶜilm al-ḥayawān*), Gesteinskunde (*ᶜilm al-maᶜādin*), Edelsteinkunde (*ᶜilm al-ğawāhir*), Wetterkunde (*ᶜilm al-kaun wa l-fasād*), Kunde des Regenbogens (*ᶜilm qaus quzaḥ*), Physiognomik (*ᶜilm al-firāsa*), Traumdeuterei (*ᶜilm taᶜbīr ar-ru'yā*),

---

177 Weizsäcker 1990. 97-103.

178 Heinen 1982. 14-22.

179 WK 29r nach *ᶜAğāᶜib al-maḫlūqāt* 144.

180 İhsanoğlu 1992. 729-38.

181 İhsanoğlu 1992. 739-47. Diese Übersetzung ist jedoch nie gedruckt worden, sondern liegt nur in einer einzigen Handschrift vor.

182 *Kašf aẓ-ẓunūn*, muqaddima, 14f.

Astrologie (*ᶜilm aḥkām an-nuǧūm*), Zauberei (*ᶜilm as-siḥr*), Talismankunde (*ᶜilm aṭ-ṭilasmāt*), Gauklerei (*ᶜilm as-sīmiyā'*), Alchimie (*ᶜilm al-kīmiyā'*).[183]

Das Verständnis der Geographie als Wissenschaft von der Erde als Naturkörper verlangt die Einbeziehung mehrerer Bereiche der Naturwissenschaft, insbesondere der Geologie, der Klimatologie und Meteorologie, der Botanik und Zoologie. Wir können erwarten, daß entsprechende Gebiete der Naturkunde auch in Kātib Čelebis Geographie zu finden sind.[184] Sie spielen jedoch im Vergleich zur Anthropogeographie nur eine sehr untergeordnete Rolle. In Kātib Čelebis Themenliste zur Länderkunde sind sie willkürlich weit nach hinten gerückt.[185] Die iranische Wüste ist zwar — ein seltener Fall — als eigener Naturraum vom übrigen Land abgehoben, aber nur unter dem Aspekt der Unbewohnbarkeit und Unpassierbarkeit für den Menschen behandelt.[186] Andererseits befinden wir uns noch in der Zeit der beschreibenden Geographie, während der naturwissenschaftliche Aspekt erst in der erklärenden Wissenschaft seinen eigentlichen Wert gewinnt.

Kātib Čelebi steht hier ganz unter dem Einfluß seiner Vorbilder. Abū l-Fidā' hat die Naturkunde gegenüber seinen Interessen für mathematische und historische Geographie kaum beachtet. Dementsprechend hat Kātib Čelebi in der ersten Fassung nur wenig zu bieten. Andererseits ist die erste Fassung nach dem Muster einer Kosmographie angelegt und hätte demnach die Welt der Tiere, der Pflanzen und der Mineralien einschließen müssen. In den klassischen Kosmographien sind diese Dinge aber — von Einzelbeobachtungen abgesehen[187] — nicht mit der Geographie verknüpft, sondern stehen gleichgeordnet neben dieser, da alle verschiedene Elemente der göttlichen Schöpfung beschreiben. Ein kosmographisches Thema, der Abschnitt über den Kraken, den Kātib Čelebi unter der Überschrift *ᶜaǧā'ib al-baḥr* von Abū Ḥāmid in sein Kapitel über die Meere übernommen hat, bleibt in der ersten Fassung ein Fremdkörper.[188]

Zur Naturkunde nach dem Vorbild der Kosmographie zählt im *Ǧihānnümā* die Charakteristik der Elemente Wasser und Erde, die in beide Fassungen Eingang gefunden hat, sowie eine Reihe von physikalischen Problemen. Neben einigen mirabilia gehört Kātib Čelebis naturkundliches Interesse stets Phänomenen, die Bewegung oder zyklische Wiederholungen aufweisen, während statische, unveränderliche Eigenschaften weniger attraktiv sind. Etliche Autoren

---

[183] *Kašf aẓ-ẓunūn*, muqaddima, 15 nach *Miftāḥ as-saᶜāda* I, 265-84. Die Übersetzungen sind nach den Definitionen bei Kātib Čelebi gewählt. *Sīmiyā'* ist vielfach anders verstanden worden (cf. Ullmann 1972. 361f.). Für *siḥr* vermeide ich das Wort "Magie", das m.E. besser für eine bestimmte Erklärungsweise verwendet würde.

[184] Dazu kommen einige physikalische Dinge, die in Kātib Čelebis Schema nicht erfaßt sind.

[185] Cf. Kap. V, Abschn. 10.

[186] ǦD 326ff.

[187] Al-Qazwīnīs Äußerungen zit. in Ullmann 1972. 93.

[188] WK 10v.

hatten sich darüber gewundert, daß der Spiegel des Kaspischen Meeres nicht steigt, obwohl das Meer mehrere große Zuflüsse und keinen Abfluß hat.[189] Kātib Čelebi stellt Überlegungen an, wie im Persischen Golf bei Baḥrain ein Wirbel zustandekommen könne.[190] Ein beliebtes Problem sind auch Brunnenbecken mit immer gleichbleibendem Pegel, der sich nicht beeinflussen läßt.[191] Von besonderem Interesse aber ist seit jeher das Phänomen von Ebbe und Flut, "darüber sich etliche Weise fast zu Thoren gespintisiret haben".[192] Auch zum Problem des Verhältnisses von Meer und Land und den damit zusammenhängenden Fragen der physikalischen Geographie finden sich Informationen bei den Kosmographen,[193] wenn auch Kātib Čelebi den größten Teil dieses Komplexes in der zweiten Fassung mit der Hilfe des Aristoteles-Kommentars bestritt.[194]

War in den Kosmographien die Naturkunde ein Weg, die Allmacht Gottes in seiner Schöpfung zu erkennen, so waren andere naturkundliche Erkenntnisse ursprünglich für die praktische Nutzung gesammelt worden. Teils wohl direkt von Seeleuten, teils aus Seydī ʿAlī Re'īs' *Muḥīṭ* hat Kātib Čelebi eine Reihe von Wetterregeln und Ermahnungen für Seeleute übernommen.[195] Auch die Ausführungen über den Monsun aus derselben Quelle werden von Kātib Čelebi zur Naturkunde gerechnet.[196]

Informationen über die natürlichen Bedingungen gehören zur Charakteristik einer Region. Das Klima (im heutigen Sinne) eines Ortes finden wir meist pauschal als "gut" oder "schlecht" bezeichnet. Im letzteren Fall wird manchmal noch präzisiert als "heiß" oder "feucht", während ein "gutes" Klima nicht näher spezifiziert wird. Insbesondere Ḥamdallāh Mustaufī und Meḥmed ʿĀšıq haben Kātib Čelebi häufig Informationen dieser Art geboten. Vom Klima hätte sich der Schritt zur Medizin angeboten. Diese Verknüpfung in der Tradition des Hippokrates hatte Kātib Čelebi in seinen theoretischen Ausführungen über Geographie aus der *Taḏkira* des Dāvūd al-Anṭākī zitiert,[197] doch sie ist im *Ǧihānnümā* praktisch nicht angesprochen.[198]

In der europäischen wie in der islamischen Geographie ist es geläufig, eine Region durch ihre Bodenschätze, ihre Tier- und besonders ihre Pflanzenwelt zu

---

[189] WK 17v.
[190] WK 15v.
[191] Z.B. ĞD 242, 297, 354.
[192] So der Übersetzer des Atlas Minor ins Deutsche (Ausgabe Frankfurt/M.1651), Vorwort, s. pag.
[193] Zit. n. *Tārīḫ-i Hind-i Ġarbī*, ĞD 85.
[194] ĞD 73-87.
[195] ĞD 94f.
[196] ĞD 92ff. Gleichzeitig war sich Kātib Čelebi des nur geringen Zusammenhanges mit der Geographie wohl bewußt (cf. ĞD 92).
[197] *Kašf aẓ-ẓunūn* 327 s.v. ʿilm al-ǧuġrāfiyā.
[198] Allenfalls heißt es, in China seien Blinde und Bresthafte wegen des guten Klimas selten (ĞD 164). In der Beschreibung von Lār wird die schwächliche Konstitution der Bewohner auf das heiße Klima zurückgeführt (ĞD 258).

beschreiben. Ḥamdallāh Mustaufī und d'Anania haben solche Angaben meist zu einzelnen Orten, während bei Ibn Ḥauqal ebenso wie bei Mercator jeweils eine ganze Region (etwa ein *iqlīm*) gemeint ist. Das Interesse an Gesteinskunde, Tier- und Pflanzenkunde ist nur selten ein zweckfreies, rein "wissenschaftliches". Vielmehr steht dahinter das Interesse am ökonomischen Potential einer Stadt oder einer Region. Mit Pflanzen sind weit überwiegend Nutzpflanzen gemeint. Gerade bei Ḥamdallāh Mustaufī finden wir regelmäßig die Verbindung von landwirtschaftlicher Produktion und Steueraufkommen. Bei Ibn Ḥauqal stehen neben den landwirtschaftlichen die handwerklichen Produkte und die Handelswaren eines Klimas.[199] Aus seinen Quellen hat Kātib Čelebi nicht zuletzt die Beschreibungen aller wichtigen tropischen Nutzpflanzen entlehnt.[200] Diese Orientierung an praktischen Aspekten entspricht weitgehend Kātib Čelebis eigenen Interessen.[201] Doch daneben besteht die Freude am Außergewöhnlichen, Sensationellen, am mirabile, bei ihm selbst wie bei allen seinen Quellen.

Jede der naturkundlichen Informationen läßt sich irgendwo zwischen diesen drei Motiven einordnen: allgemeine Charakterisierung des Ortes, wirtschaftliche Relevanz und mirabile. Gerade unter dem ersten Aspekt finden sich interessante Beobachtungen. Eine Festung in Ḫurāsān liegt so hoch in den Bergen, daß die Rosen dort erst im Juli blühen.[202] Auf einem Berg in ʿIrāq al-ʿağam ist der Boden so salzig, daß dort kein Schnee liegenbleibt und der Fuß besonders leicht ausgleitet.[203] Zu den Besonderheiten von Manisa gehört eine wild nur dort gedeihende Tulpensorte, die andernorts zu hohen Preisen gehandelt wird.[204]

Ausschließlich vom Interesse des Händlers bestimmt sind die Beschreibungen der erwähnten tropischen Bäume. Ein Fluß, der — dem Nil ähnlich — im Sommer Hochwasser führt, ist dagegen nicht nur für naturkundliche Spekulationen interessant, sondern auch für die Landwirtschaft, da er gerade in der heißen Zeit die Bewässerung ermöglicht.[205] Die Fruchtbarkeit mancher Orte in Ḫurāsān, in denen Melonen von 10 oder gar 20 *mann* oder 100 Sorten von Trauben wachsen, grenzt ans mirabile.[206] Mercator betont in seiner Beschreibung des Elefanten zunächst seinen wirtschaftlichen Nutzen als Arbeitstier und seinen Wert, kann sich aber nicht enthalten, zur Veranschaulichung der Intelligenz

[199] Zit. in ǦD 346, 361.

[200] Z.B. die Kokospalme ǦD 137, den Kampferbaum 145, Zimt 165 nach dem Atlas Minor, dazu nach d'Anania das Sandelholz 140, weitere nach *Tārīḫ-i Hind-i Ġarbī* ǦD 133f.

[201] Der Artikel über die Tierkunde in *Kašf aẓ-ẓunūn* 695f. s.v. ʿilm al-ḥayawān ist ganz auf den praktischen Nutzen abgestellt. Die Artikel *ʿilm an-nabāt* und *ʿilm al-maʿādin* sind nicht ausgeführt. Zu den sympathetischen Eigenschaften (*aḥwāl ḫawāṣṣ anwāʿ al-ḥayawān*), die die Nutzung möglich machen, s. u. Abschn. 10.

[202] ǦD 314.

[203] ǦD 304.

[204] WK 117v, cf. ǦD 635.

[205] ǦD 225.

[206] ǦD 313f.

dieses Tieres auch noch eine Anekdote hinzuzufügen, die von Kātib Čelebi bereitwillig übernommen wird.[207] Ammonium ist ein wertvolles Mineral, das in Transoxanien gewonnen wird, die Beschreibung des entsprechenden Prozesses erfüllt aber gleichzeitig die Funktion eines mirabile.[208] Dasselbe gilt für die Schilderung, wie man in China Eisenerz in der heißen Jahreszeit mit dem Pflug aus der Erde holt.[209]

Mirabilia sind schließlich auch in Reinform immer wieder enthalten. Da gibt es einen Baum auf Borneo, dessen Blätter lebendig werden, wenn sie auf die Erde fallen,[210] den berühmten Waqwāq-Baum mit Früchten in Form von Frauen, Mercator weiß von einer Pflanze in China, deren Frucht einem lebendigen Lamm gleicht,[211] d'Anania von einem Wesen mit dem Gesicht einer Frau, dem Körper eines Löwen und dem Schwanz eines Skorpions.[212] Dasselbe Wesen soll nach einer anderen Quelle in Indien vorkommen, wie denn die gesamte Tierwelt Indiens in Kātib Čelebis Darstellung aus *mirabilia* besteht.[213] Mitunter hat ein solches Kuriosum nicht einmal eine spezifische Beziehung zu dem Ort, an dem es auftritt. Zu Urla nahe Izmir erwähnt Kātib Čelebi auch die Mauleselin mit einem Jungen, die einst Meḥmed ᶜĀšıq dort gesehen haben will.[214]

8. Erklärungen natürlicher Phänomene: Kausalität

Um Kātib Čelebis Gedankenwelt zu erkennen, sind die Erklärungsansätze noch wichtiger als die im vorigen Abschnitt vorgestellten naturkundlichen Interessen. Es sind dabei zunächst einige Relativierungen angebracht. Es ist zu betonen, daß Kātib Čelebi hier nicht ein geschlossenes System der Welterklärung, gar eine Kosmologie entwickelt. Wir haben es mit einem Mosaik von Indizien zu tun, die ein nur begrenzt konsistentes Gesamtbild ergeben. Kātib Čelebi war sich der Differenzen der Naturkundler nur zu bewußt, da er die Zerstrittenheit der indischen Sekten mit ihnen vergleicht: *bunlarıñ iḫtilāfı ḥükemānıñ ümūr-ı ṭabīᶜīye-de iḫtilāfından ziyādedür.*[215]

[207] ĞD 149f.
[208] ĞD 355f.
[209] ĞD 161. Kātib Čelebi hat aber auch interessante Dinge dieser Art übergangen, wie etwa die Insekten in der Gegend von Marand in Āẕarbaiğān, aus denen sich der Karmesin-Farbstoff gewinnen läßt (cf. *Nuzhatu l-qulūb* 88).
[210] ĞD 148.
[211] Zit. in ĞD 192.
[212] Zit. in ĞD 191.
[213] ĞD 229.
[214] WK 118r. Mauleselinnen sind normalerweise nicht fortpflanzungsfähig. Es sei hier erwähnt, daß auch in der *Fezleke* mirabilia vorkommen, wie etwa ein Fall von Vierzehnlingen, die in Istanbul geboren wurden (I, 106f.).
[215] ĞD 223. Diese Differenzen dürften jedoch mehr die Einzelfälle betroffen haben als die zugrundeliegenden Ansätze.

Die Zahl der Textbelege zu naturkundlichen Aspekten, die das *Ǧihānnümā* bereithält, ist relativ gering. Von diesen wiederum ist, wie aus dem vorigen Abschnitt hervorgeht, eine große Zahl nur deskriptiv, nicht analytisch, und kann zur hier gestellten Frage nicht beitragen. Insbesondere in der ersten Fassung hat sich Kātib Čelebi sehr konsequent jeder Erklärung enthalten. Seine Erläuterung, wie der Wirbel im Golf von Baḥrain wohl entstanden sein könnte, hat er nicht in den Haupttext aufgenommen, sondern in eine Marginalie verbannt.[216] Mirabilia, die einen beträchtlichen Teil der naturkundlichen Beobachtungen ausmachen, sind quasi per definitionem unerklärlich.[217]

Die Suche nach den Ursachen natürlicher Phänomene berührt die Frage nach dem Wesen der Kausalität, die in der islamischen Philosophiegeschichte heftig debattiert worden ist. Diese Debatte zwischen Philosophen (*falāsifa*) und Theologen (*mutakallimūn*) hatte grundsätzlichen Charakter, während in der Naturkunde allenfalls bei Einzelproblemen Reflexe davon erscheinen. So ist es auch bei Kātib Čelebi. Die ausführlichste Erörterung eines Naturphänomens ist die Diskussion um Ebbe und Flut, die er aus dem Aristoteles-Kommentar der Jesuiten von Coimbra entlehnt hat. Nach Aristoteles können auf jedes Ding vier Begriffe gleichermaßen angewendet werden: zwei causae internae, die causa formalis und die causa materialis, und zwei causae externae, die causa efficiens (oder effectrix) und die causa finalis. Den ersten beiden entsprechen die Fragen "was ist es" und "woraus besteht es", die anderen beiden "wie ist es" und "wozu ist es".[218] Nur die zwei causae externae werden in der von Kātib Čelebi entlehnten Passage über die Gezeiten betrachtet. Als causa efficiens (*ʿille-i fāʿile*) werden zahlreiche Erklärungsansätze der Antike und des Mittelalters diskutiert, einschließlich der Begründung durch die Einwirkung des Mondes, gegen die allerdings zahlreiche Einwände vorgebracht werden. Als causa finalis (*ʿille-i ġā'īye*) werden die zahlreichen günstigen Auswirkungen angeführt, die eine solche ständige Bewegung des Meeres hat.[219] Daß diese sinnvolle Ordnung von Gott ist, ist hier nicht ausgesprochen, dürfte sich aber für Kātib Čelebi wie für Manoel de Goes von selbst verstehen. In al-Qazwīnīs Begründung, warum das Meerwasser salzig ist, die in ähnlichen Bahnen, wenn auch ohne diesen theoretischen und terminologischen Unterbau verläuft, ist die göttliche Weisheit direkt angesprochen.[220]

Das Verhältnis der vier causae zueinander ist ein wichtiges Thema der Philosophie. Ibn Sīnā (gest. 1037), der die komplexeste Analyse der Kausalität in der islamischen Philosophie erarbeitet hat, hat gelehrt, die causa finalis sei die

---

[216] WK 15r, ebenso die Beschreibung der Salinen von Aḫyolu WK 65r. Cf. Kap. VII zu den *minhiyāt*.
[217] Miquel 1973. 181.
[218] Weizsäcker 1990. 138-40.
[219] ǦD 80-84.
[220] Zit. in WK 8v-9v.

"causa efficiens aller causae efficientes" oder "causa aller causae" sei. An anderer Stelle hat Ibn Sīnā Gott als erste causa efficiens bezeichnet.[221] As-Suhrawardīs "Philosophie der Erleuchtung" ist wie die Lehre Ibn Sīnās eng mit dem Ansatz des Aristoteles verbunden, trägt aber der neoplatonischen Emanationslehre stärker Rechnung.[222] Doch auch wenn Kātib Čelebi hier aus seiner Quelle die philosophisch-scholastische Terminologie übernimmt, hat er an der philosophischen Debatte keinen Anteil und kein Interesse. Sein Denken bewegt sich vielmehr ganz in den Bahnen der islamischen Theologie.

Ibn Sīnā behauptete in der Nachfolge des Aristoteles die Notwendigkeit kausaler Beziehungen: Ein Ereignis müsse zwangsläufig eintreten, sofern alle Voraussetzungen vorliegen. Dieser Determinismus ist von theologischer Seite scharf attackiert worden. Am nachhaltigsten und scharfsinnigsten sind die theologischen Einwände von al-Ġazzālī (gest. 1111) vorgetragen und untermauert worden. Al-Ġazzālīs Werke hatte Kātib Čelebi in seiner ersten Studienzeit bei Qāḍīzāde Meḥmed Efendi gelesen.[223] Al-Ġazzālī argumentiert, daß diese Notwendigkeit eine Beschränkung der Allmacht Gottes implizieren würde.[224] Nach ihm bewirkt allein Gott die Verknüpfung zwischen zwei Erscheinungen und kann daher in jedem einzelnen Vorgang nach Belieben die Folge einer Ursache eintreten lassen oder unterdrücken. Damit wird die menschliche Erfahrung, die auf der Generalisierung von Beobachtungen beruht, und die Gesamtheit menschlichen Wissens eigentlich hinfällig.[225] Doch nach al-Ġazzālī ist die Generalisierung zulässig, weil Gott, der seine Knechte nicht täuschen will, mit Regelmäßigkeit handelt, einer "Gewohnheit" folgt.[226]

Tatsächlich ist dieser Schlüsselbegriff der "Gewohnheit" (*ādet-i ilāhīye*) auch im *Ǧihānnümā* zu finden. Gleichzeitig steht in diesem Kontext für Ursache nicht mehr das *ʿilla* bzw. *ʿillet* der philosophischen Terminologie, sondern das bei den Theologen gebräuchliche *sebeb*, das allerdings auch bei Ibn Sīnā als Synonym zu *ʿilla* zu finden ist.[227] Die natürliche Tendenz des Wassers, so zitiert Kātib Čelebi einen Astronomen, ist es, die Erdkugel ganz zu umhüllen. Warum aber ragen Teile der Erdkugel über das Weltmeer hinaus? Manche Autoren führten dies auf den Willen Gottes zurück, der für die Landtiere und den Menschen eine Heimstatt schaffen wollte. Äußerlich sei kein Grund dafür erkennbar.

---

[221] EI 2 s.v. ʿilla.

[222] EI 2 s.v. ʿilla.

[223] Namentlich *Iḥyāʾ ʿulūm ad-dīn*, cf. *Mīzānu l-ḥaqq* 131. Aus *Tahāfut al-falāsifa* hat Kātib Čelebi in der Einleitung des *Ǧihānnümā* zitiert (ǦD 17ff.).

[224] Leaman 1985. 74f.

[225] So der Einwand von Ibn Rušd, zit. Leaman 1985. 76f.

[226] Leaman 1985. 77f.

[227] EI 2 s.v. ʿilla. Der Gegensatz zur Orthodoxie ist hier die Philosophie, nicht die Mystik, die sich die Erklärung, daß Gott die Kausalbeziehung in jedem Moment neu schafft, gerne zu eigen gemacht hat, da sich dadurch Wunder von Heiligen gut erklären lassen (ein Beispiel von Ibn ʿArabī bei Schimmel 1985. 297).

Andere gestehen dies zwar zu, wenden aber ein, daß in der materiellen Welt alles eine Ursache habe, und gemäß Gottes Gewohnheit aus einer Ursache entstehe (*lākin ᶜālem-i esbābda her šeyiñ sebebi olub sebeb yolından vüǧuda gelmek ᶜādet-i ilāhīyedür*).[228]

Anstelle der vier aristotelischen causae ist hier also nur vom Willen Gottes die Rede, der durch Mittelsursachen[229] (*esbāb*, sg. *sebeb*) ins Werk gesetzt wird: "Wenn Gott von einer Sache will, daß sie geschieht, so arrangiert er die entsprechenden Mittelsursachen (*iḏā arāda llāhu šai'an haiya'a asbābahu*)", zitiert Kātib Čelebi anderenorts.[230] Auch hier dürfen wir annehmen, daß die Wirksamkeit der Mittelsursachen durch die *ᶜādet-i ilāhīye* gewährleistet ist. Es handelt sich somit um nichts anderes als das ašᶜaritische Dogma, das wir im vorigen Kapitel bereits als Grundlage von Kātib Čelebis historischem Denken nachweisen konnten.[231]

Die Auffassung, daß der kausale Zusammenhang erst durch den Willen Gottes geschaffen würde, spiegelt sich auch in dem phrasenhaften *bi-emri llāh* wieder, das Kātib Čelebi bei naturkundlichen Vorgängen einige Male benutzt. Die Sterne wirken durch Gottes Befehl (*bi-emri llāh*) auf die Erde, während die Beziehung (*irtibāṭ ve intisāb*) zwischen den Sternen und Sphären und den drei Naturreichen und den Elementen, insbesondere der Erdkugel, nur die Mittelsursache (*sebeb*) dafür bilden.[232] Durch Gottes Befehl sind die Kälte und Trockenheit des Elementes Erde die Ursache (*ᶜillet*) der Vermischung, woraus Mineralien und Pflanzen entstehen.[233]

Ähnlich wie bei Kātib Čelebi finden sich auch bei Ibn Ḫaldūn Kausalitätsvorstellungen, die teils aristotelischem, teils platonischem, teils ašᶜaritischem Gedankengut entspringen, sodaß eine einheitliche Idee nicht festzustellen ist.[234] Das Nebeneinander verschiedener Erklärungsansätze bei Kātib Čelebi hat sicher seinen Grund darin, daß Kātib Čelebi es weder im *Ǧihānnümā* noch anderswo als seine Aufgabe angesehen hat, ein eigenes Denkgebäude zu errichten. Dennoch deutet m.E. die Parallele zu seiner Geschichtsauffassung darauf hin, daß er bei konsequenter Analyse des Problems eher der ašᶜaritischen Auffassung zugeneigt hätte als etwa der deterministischen Ibn Sīnās oder auch der eher neoplatonischen der *ḥikmat al-išrāq*, zu der er sich bekannte.

---

[228] ǦD 70. Vermutlich stammt die gesamte Passage aus dem Kommentar zu Naṣīraddīn Ṭūsīs *Taḏkira*. Die anschließenden Zeilen finden sich jedenfalls mit dieser Quellenangabe in *Tārīḫ-i Hind-i Ġarbī* (Goodrich 1990. 82ff.).

[229] Diese Übersetzung des Wortes ist von Radtke vorgeschlagen worden (zit. in Weintritt 1992. 43f.).

[230] ǦD 9. Diese Auffassung ist sicherlich weithin Gemeingut. Cf. an-Nuwairī: *Iḏā arāda amran qaddama asbābahu* (zit. in Weintritt 1992. 43f.).

[231] Cf. Kap. VIII, Abschn. 9.

[232] ǦD 119.

[233] WK 28v, s.u.

[234] Meuleman 1991. 121-24.

Während der Wille Gottes nur konstatiert werden kann, bilden die *esbāb*, die Verknüpfungen der Phänomene untereinander, die eigentliche Herausforderung für den Naturforscher. Die Einschränkung, daß sie "nur" dank der göttlichen Gewohnheit wirken, ist für ihn de facto kein Problem.[235] Die Quellen bieten Kātib Čelebi mehrere teils konkurrierende, teils sich ergänzende Erklärungsmuster an. Ein Erklärungsmodell eigener Art ist dabei der von Radtke sogenannte "phantastische Realismus",[236] den ich, da "phantastisch" in diesem Kontext eine unangemessene Kategorie ist, lieber als "transzendenten Realismus" bezeichnen möchte. Er zeichnet sich dadurch aus, daß die Ursachen der Phänomene ins Außerweltliche verlegt werden. Das Paradebeispiel dafür ist die Erklärung der Gezeiten durch einen Engel, der in bestimmten zeitlichen Abständen seinen Fuß ins Weltmeer taucht und wieder herauszieht. Phänomene werden durch ganz rational gedachte, aber außerhalb der sinnlich wahrnehmbaren Welt liegende Vorgänge erklärt. Neben dieses Modell treten andere in der Tradition der antiken Naturphilosophie, die die Erklärungen in den Dingen selbst sucht. Sie alle sind in den Blütenlesen eines al-Qazwīnī, eines Meḥmed ʿĀšıq oder auch in den kosmologischen Kapiteln eines Muṣṭafā ʿĀlī ohne Bedenken gegen auftretende Widersprüche vereinigt.[237]

Bei Kātib Čelebi dagegen ist die Naturerklärung insofern widerspruchsfrei, als der "transzendente Realismus" bei ihm nicht einmal in Spuren vorkommt. Er wird durch sein Konzept von Kausalbeziehungen der Phänomene logisch ausgeschlossen. Engel, *ğinn* und ähnliche Wesen treten in seinen Vorstellungen natürlicher Phänomene nicht auf. Er sucht die Ursachen stets in der "materiellen Welt" (*ʿālem-i esbāb*). Dabei läßt er sich, aufbauend auf eigenen und mehr noch auf überlieferten "Erfahrungen", grundsätzlich von strikt logischen Überlegungen leiten.[238] Daß er dabei zu Ergebnissen kommt, über die man heute den Kopf schütteln würde, liegt nicht an mangelnder gedanklicher Schärfe, sondern an der Unzulänglichkeit der empirischen Basis: ein Dilemma des Buchgelehrten. Damit geht eine grundsätzliche Skepsis einher, die sich sowohl gegen Mystifikationen als auch gegen vorschnelles Abstreiten von Erscheinungen richtet. Sein Diktum über bestimmte Formen der Zauberei gilt auch hier: "Daß man es nicht gesehen hat, bedeutet nicht, daß es nicht existiert".[239] In zahllosen Varian

[235] In der oben zitierten Passage über die Verteilung von Land und Meer (ĞD 70) interessiert sich Kātib Čelebis Quelle nur für die Mittelsursachen.

[236] Radtke 1992. 162.

[237] Zu Meḥmed ʿĀšıq oben Kap. II, zu Muṣṭafā ʿĀlī Schmidt 1991. 128-132. Zu den Aufgaben der Engel bei al-Qazwīnī cf. *ʿAǧāʾib al-maḫlūqāt* 55. Die zitierte Erklärung der Gezeiten ist bei al-Qazwīnī offenbar metaphorisch zu verstehen (*ʿAǧāʾib al-maḫlūqāt* 103f.).

[238] Es ist allerdings auch ein Kennzeichen des "transzendenten Rationalismus", daß seine Erklärungen empirische Erkenntnisse in in sich logischer Weise verarbeiten.

[239] *Kašf aẓ-ẓunūn* 716 s.v. ʿilm al-ḫafāʾ.

ten ist die Beschreibung der Waqwāq-Inseln in der geographischen Literatur verbreitet, auf denen ein Baum wächst, der Früchte in Menschenform, genauer Frauenform trägt.[240] Diese Früchte leben, wenn sie vom Baum abgeschnitten werden, noch einige Tage, und einige Seeleute wohnen ihnen bei. Kātib Čelebi hält es für sehr wahrscheinlich, daß es sich um eine Fabel handelt, doch sei, wie er umständlich erklärt, eine solche Erscheinung in der Natur durchaus denkbar.[241]

In der Erklärung von Phänomenen aufgrund von Beobachtungen und Erfahrungen spielt bei Kātib Čelebi der Begriff *müǧerreb* bzw. *teğrübe ile s̱ābit* eine zentrale Rolle. Ullmann hat davor gewarnt, dies direkt als "erprobt" oder "durch Erfahrung bestätigt" zu verstehen, denn es werde bevorzugt für die unglaubwürdigsten Erscheinungen verwendet und sei "nur Ausdruck der Leichtgläubigkeit oder der gewissenlosen Reklame".[242] Kātib Čelebi hingegen benutzt die Ausdrücke, wo er von den Wetterregeln und Erfahrungen der Seeleute spricht.[243] Tatsächlich enthalten diese differenzierte Beobachtungen, z.B. über die Entstehung von auf- und ablandigem Wind oder die maximale Dauer eines Sturmes.[244] In den Überlegungen, woher der Name des Roten Meeres kommen könnte, spielt die Beobachtung der portugiesischen Seeleute eine zentrale Rolle.[245]

Ein Verweis auf erprobte Tatsachen liegt auch vor, wo Kātib Čelebi von einer Erscheinung sagt, sie sei möglich und real (*ǧā'iz ve vāqiᶜ*)[246] oder real und tatsächlich festgestellt (*vāqiᶜ ve muqarrer*).[247] Da Meerestiere, wie sie in Versteinerungen gefunden werden, auch in der Erde entstehen können (*tekevvüni ǧā'iz ve vāqiᶜdür*), können solche Versteinerungen nicht beweisen, daß die Erdoberfläche an bestimmten Stellen einst von Meer bedeckt gewesen sei, wie dies in *Tārīḫ-i Hind-i Ġarbī* behauptet wurde.[248]

Allgemein anerkannte Tatsachen und Phänomene werden oft einfach vorausgesetzt. Da Natürliches vergänglich ist, muß ein Tier sich fortpflanzen können. Eine Tierart kann also nicht nur in einem einzigen Exemplar existieren. Also kann nicht sein, was die Alten berichten, daß nämlich der Phönix nur ein Ein

---

[240] EI 1 s.v. Vaq-vâq, cf. *Tārīḫ-i Hind-i Ġarbī*, Goodrich 1990. 104, in mehreren Hss. auch mit Abbildung.

[241] ǦD 153.

[242] Ullmann 1972. 396f., ebenso Ullmann 1970. 311. Die Übersetzung als "experimentell" bei Grunebaum 1963. 423f. dagegen trifft nicht zu.

[243] ǦD 95, auch zu Problemen der Navigation ǦD 63 pass.

[244] ǦD 92, 95. Allerdings ist auch die "Heilung" des Magnetismus der Kompaßnadel durch Ziegenblut als *müǧerreb* bezeichnet (ǦD 63).

[245] ǦD 77.

[246] ǦD 192 über die chinesische Frucht in Gestalt eines Lammes.

[247] ǦD 153 generell zu Früchten in Menschenform nach Art des Waqwāq-Baumes.

[248] ǦD 85, Goodrich 1990. 135-39. Mit solchen Fossilien hatte schon al-Bīrūnī argumentiert (Strohmaier 1988. 78f.).

zelexemplar sei.[249] Wasser, das strömt, bildet Wirbel. Also könnte der Wirbel im Persischen Golf entweder dadurch entstehen, daß die Gezeiten das Meerwasser in eine tiefe Stelle im Meeresgrund fließen lassen, oder dadurch, daß es durch einen Durchlaß im Meeresboden ständig in den Ozean abfließt.[250] Andererseits ist es nicht nötig, einen Durchlaß zwischen dem Kaspischen Meer und dem Schwarzen Meer anzunehmen, denn der gleichbleibende Pegel des Kaspischen Meeres erklärt sich zwanglos durch das bekannte Phänomen der Verdunstung.[251] Gegen Mercators Behauptung, in der Neuen Welt habe es vor Kolumbus keine Mäuse gegeben, setzt Kātib Čelebi die "Erfahrung", daß Mäuse überall "entstehen" (*tevellüd*), wo Fäulnis vorhanden ist.[252]

Neben diesen auf der einfachen Beobachtung beruhenden Erklärungen stehen andere, die den Einblick in das Wesen oder die verborgenen Eigenschaften der Dinge notwendig machen. Dies erst ist die eigentliche Naturkunde (*al-ᶜilm aṭ-ṭabīᶜī*). Ṭašköprüzāde definiert: "Darin werden die Verhältnisse der Naturkörper (*ağsām ṭabīᶜīya*) in ihren (verschiedenen) Arten erörtert. Ihr Gegenstand ist der Körper insofern, als er sich verändert, und ihr Nutzen ist die Erkenntnis der Verhältnisse der einfachen Körper, nämlich der Sphären und der Elemente, und der zusammengesetzten Körper wie der drei Naturreiche und die Wesen des Luftreiches und anderer Dinge von wundersamen Vorkommnissen und eigenartigen Natureigenschaften (*mīzāğāt*) bei Steinen, Pflanzen und Tieren".[253]

Die Naturkunde ist also, soweit die sublunare Welt gemeint ist, die Kunde der vier Elemente, Feuer, Luft, Wasser und Erde, auf denen schon Aristoteles seine Naturlehre aufgebaut hatte, indem er ihnen bestimmte Eigenschaften zuschrieb: zentripetal oder zentrifugal (auf den Erdmittelpunkt bezogen), warm oder kalt, trocken oder feucht. Diese Lehre ist vielfach in der islamischen Welt rezipiert worden: in diesen Begriffen ist auch die Definition der Elemente Wasser und Erde gehalten, die Kātib Čelebi nach al-Qazwīnī in beiden Fassungen den jeweiligen Kapiteln vorangestellt hat.[254] Die durch diese Eigenschaften determinierten Reaktionen der Elemente erklären verschiedene Phänomene. Auf der Tendenz der kalten und trockenen Eigenschaften zur Vermischung beruht die Möglichkeit, daß daraus Mineralien und Pflanzen entstehen.[255] Die Kälte der Erdteilchen bewirkt die Kristallisation (verstanden analog zum Vorgang des Gefrierens) des Salzes in einer Saline.[256]

---

[249] ǦD 205.
[250] WK 15r.
[251] WK 17v.
[252] ǦD 107.
[253] *Miftāḥ as-saᶜāda* I, 265f. Daß der entsprechende Artikel in *Kašf aẓ-ẓunūn* nicht ausgeführt ist, kann bedeuten, daß Kātib Čelebi Ṭaškoprüzādes Definition nicht einfach übernehmen wollte. Trotzdem wird zu zeigen sein, daß er weitestgehend in denselben Begriffen dachte.
[254] WK 8v-9v, 28v-29r, ǦD 70f.
[255] WK 28v.
[256] WK 65r.

Der Begriff des "Konkreten", unter dem ich diese Erklärungsmodelle zusammengefaßt habe, soll besagen, daß sie alle direkt auf beobachtete Erscheinungen und Eigenschaften der materiellen Welt zurückgehen, während die Kausalitäten im nächsten Abschnitt von anderer Art sind. Dabei wird deutlich werden, warum ich sowohl den Begriff des "Rationalen" als auch den des "Empirischen" vermieden habe.

10. ERKLÄRUNGEN NATÜRLICHER PHÄNOMENE: MAGISCHES

Die Naturkunde ist bei Kātib Čelebi nicht von magischen Elementen abgegrenzt. Das hatten schon Gökyay und G. Lewis bemerkt und darin — mehr oder weniger deutlich ausgesprochen — einen Widerspruch zu Kātib Čelebis sonstigen Ansichten sehen wollen.[257] Diesen Widerspruch gilt es zu überprüfen.

Über die Definition von Magie ist viel gestritten worden. Die strengen Gegensätze Magie-Religion und Magie-Wissenschaft, die einst aufgestellt worden sind, haben sich als nicht haltbar erwiesen.[258] Als im vorliegenden Fall brauchbar erweist sich die Definiton von Mowinckel als Weltanschauung oder Weltbild, das am ehesten der modernen Naturwissenschaft vergleichbar sei. Darin sei die Welt durch Beziehungen und kausale Formulierungen geordnet, die sich jedoch gänzlich von denen des modernen Westens unterscheiden. Die Magie unterscheide nicht zwischen Kraft und Stoff, auch nicht zwischen persönlich und unpersönlich, im Grunde auch nicht zwischen Lebendem und Totem, vielmehr werde in Ganzheiten gedacht. Magie sei nicht nur Theorie als Weltanschauung, sondern in allen Richtungen "ein praktisches Verhalten zur Wirklichkeit". Weltbewältigung durch Magie sei das Verhalten gegen und die Beeinflussung von "geheimnisvollen Mächten und Kräften", die dennoch eine unmittelbare Realität darstellen.[259]

Als magische Welterklärung treten uns im *Ǧihānnümā* vor allem Elemente der Astrologie und der Lehre der *ḫavāṣṣ*, den sympathetischen Eigenschaften der Naturkörper entgegen. Diese Lehre basiert auf der Annahme, daß alle Dinge in Sympathie oder Antipathie zueinander in Beziehung stehen. Nach Ullmann handelt es sich um eine "magische Naturbetrachtung", charakterisiert durch "mangelhaftes theoretisches Fundament", "ausdrücklichen Verzicht auf rationale Erklärung, Eklektizismus". Sie stehe demnach in scharfem Gegensatz zur Lehre des Aristoteles und seiner Schüler, die "die Tier-, Pflanzen- und Gesteinskunde zu einer rationalen Naturwissenschaft ausgebaut" hätten.[260] Ullmann ge

---

[257] Gökyay 1957a. 31ff. sowie İA s.v. Kâtib Çelebi, G. Lewis 1957. 10f.

[258] Dazu Wax/Wax 1963. 325-41.

[259] TRE s.v. Magie, cf. Wax/Wax 1963. 346, die nicht zu Unrecht einwenden, daß diese Definition großenteils eine negative ist. Als "magische Kultur" bezeichnet O. Spengler ein Gedankensystem, das die gesamte Natur und den Himmel mit der Erde verbindet, ein "Gemisch von Wunderglaube und Religion, Philosophie und Naturwissenschaften" (zit. in Ruska 1927. 322).

[260] Ullmann 1972. 393f., cf. auch ders. in EI 2 s.v. khāṣṣa.

steht zu, daß die beschränkten Erkenntnismöglichkeiten des antiken Menschen die Skepsis gegenüber der Erklärbarkeit aller Naturphänomene steigern und so zur Entstehung solcher "irrationaler" Erklärungsmodelle beitragen konnten.[261]

Ullmanns Begriff "rational" scheint primär die Erklärungsansätze der aristotelischen Philosophie zu meinen. Es ist einzuwenden, daß auch die Magie in ihrer Weise rational strukturiert ist. Max Weber hat zwischen objektiver "Richtigkeitsrationalität" und subjektiver "Zweckrationalität" im Handeln unterschieden und darauf hingewiesen, daß an magischen Vorstellungen orientiertes Handeln subjektiv überaus zweckrational sein kann, ohne daß es irgendwie am objektiv Gültigen orientiert, d.h. richtigkeitsrational erscheint.[262] Ein vergleichbares Denkmuster hat Arnold Gehlen näher erläutert. Danach beruht die magische Deutung der Welt im Prinzip auf empirischen Beobachtungen von Kausalzusammenhängen. Magische Praxis bedeute dann, einen einmal beobachteten Zusammenhang um seiner selbst willen "rein", abgelöst von der ursprünglichen Situation zu reproduzieren — die Situation des naturwissenschaftlichen Experimentes. "Unvernünftig und paradox" — oder mit Ullmann "irrational" - wirkt nur die ungenügende Differenzierung zwischen Erfolgen dieser Praxis, die auf erkannten, und solchen, die auf objektiv vorhandenen, aber unerkannten und in die Praxis nicht einbezogenen Kausalitäten beruhen. Diese Differenzierung werde im magischen Weltbild durch spezifischen Form der Kausalität, nämlich die der "sympathetischen Zusammenhänge" verhindert. Als Modell für diese Zusammenhänge dient das eigene, erlebbare Streben und Widerstreben.[263]

Es scheint, als könne man die Lehre von den *ḫavāṣṣ* in gewissem Maße als Ergänzung und Erweiterung der peripatetischen Naturlehre auffassen, hervorgerufen durch das Bedürfnis, Phänomene, die jene nicht hatte aufhellen können, wie etwa den Magnetismus, auf spekulativem Wege zu deuten. Dann wucherte die Lehre weiter, nicht gezügelt durch die methodische Strenge eines Aristoteles, bis schließlich noch die entlegensten Dinge damit begründet und legitimiert werden konnten.[264]

Sowohl Naturgegenstände — die Tierkreiszeichen, die Planeten, die Klimata, die drei Naturreiche etc. — als auch der Koran, die Namen Gottes, die Buchstaben, die Zahlen verfügen über sympathetische Eigenschaften.[265] In diesem Sinne gehören auch die Kräfte, die in der Astrologie wirksam sind, zu den *ḫavāṣṣ*. Daß die Astrologie in Kātib Čelebis Systematik unter die Naturkunde fällt, belegt, wie eng die beiden Zweige verknüpft sind. Dorthin gehören

[261] Ullmann 1972. 395.
[262] Weber 1913. 103.
[263] Gehlen 1964. 296ff. Einen ähnlichen Bezug zwischen "Wissenschaft" und Magie hat auch C. Lévi-Strauss hergestellt (1962. 22-26).
[264] Ullmann 1972. 396f.
[265] *Kašf aẓ-ẓunūn* 725f. s.v. ʿilm al-ḫavāṣṣ.

schließlich auch diverse magische Künste, die sich sympathetische Eigenschaften zunutze machen.

Die ganze Problematik dieser Verwandtschaften machen die Regeln der Seefahrer im *Ǧihānnümā* deutlich. Ich habe darauf hingewiesen, daß darunter sehr differenzierte Beobachtungen empirischer Art sein können. Im selben Kontext heißt es: Wenn der Wind aus der Richtung eines Sternes weht, der bei seinem Aufgang in der Morgendämmerung groß zu sehen war, gibt es Sturm aus dieser Richtung. Hier wird einem wohl korrekten Erfahrungswert - wenn es bei Ostwind morgens besonders klar ist, frischt der Wind auf - durch die Verbindung mit dem Stern eine magische Erklärung unterlegt. Je drei Tierkreiszeichen werden in der Astrologie zu einer triplicitas, die jeweils einem der vier Elemente untersteht, angeordnet.[266] Eine Wetterregel besagt nun, wenn der Mond in einem der drei Luftsternzeichen stehe, gebe es Sturm. Ein Erdzeichen bewirkt Windstille, ein Feuerzeichen Schönwetter, ein Wasserzeichen Regen. Hier befinden wir uns ganz innerhalb des magischen Denkens. Unabhängig davon, wie solide die empirische Basis objektiv (richtigkeitsrational) ist, kommen magische Erklärungsmuster zur Anwendung.[267]

Zu der Diskussion der Einwirkung des Mondes auf die Gezeiten in der Übersetzung des Aristoteles-Kommentars macht Kātib Čelebi einige astrologische Anmerkungen. Es ist schließlich nur natürlich, daß man sich die Kräfte, durch die der Mond das Meerwasser bewegt, als magische vorstellt. Beachtlich ist hier zusätzlich, daß Kātib Čelebi die "rationale" Erklärung des Aristoteles mit magischem Gedankengut verknüpft.[268]

Der Einwirkung der Sterne auf die ihnen zugeordneten Gegenden der Erdoberfläche hat Kātib Čelebi sogar ein eigenes Kapitel gewidmet,[269] auf das er auch an anderer Stelle verweist.[270] Das Vorkommen von Drachen und anderen ungeheueren Tieren in Afrika schreibt er dem Einfluß der Sphären zu.[271] Auch aus der *Fezleke* lassen sich Belege beibringen, wie sehr Kātib Čelebi die Macht der Sterne als Realität ansieht.[272] Zuletzt sei darauf verwiesen, daß er in seiner Autobiographie im Wiener Konzept seinen Aszendenten nennt, sicherlich, weil er diesem als Erklärung seines Lebenslaufes gewissen Wert beimißt.[273] Osmanische Historiker bieten zahlreiche Belege dafür, daß privates und politisches

---

[266] İA s.v. Mıntaka.
[267] ǦD 95.
[268] ǦD 81.
[269] ǦD 119-122.
[270] ǦD 99f. zu den Eigenschaften der Europäer.
[271] ǦD 101.
[272] *Fezleke* II, 9, 367.
[273] WK 4r. Meḥmed ʿİzzetī hat diese Angabe jedenfalls als wertvolle Erläuterung aufgenommen (Bemerkung IK 1r).

Handeln regelmäßig auf die Konstellationen der Gestirne Rücksicht nahm und sich von astrologischen und anderen Prognosen leiten ließ.[274]

Gelegentlich wird im *Ǧihānnümā* von angewandter Magie berichtet. In einigen Städten existieren Talismane, die bestimmte Arten von Ungeziefer fernhalten sollen. Als solche ist z.B. die Schlangensäule in Istanbul auf dem Hippodrom gedeutet worden. Ein Talisman gegen Flöhe und Schlangen soll in Ḥamā bestanden haben, einer gegen Ameisen in Ḥimṣ, wiederum ein Schlangentalisman in Bitlis.[275] Von den Turkvölkern in West- und Zentralasien berichtet Kātib Čelebi mehrfach, sie beherrschten den Zauber des Jadesteins, mit dem ihr Stammvater Yāfiṯ b. Nūḥ Regen bewirken konnte.[276] Bei d'Anania fand er einen Bericht über einen Fruchtbarkeitszauber.[277] Berührung mit der Magie hat auch die Alchimie.[278] In anderen Werken Kātib Čelebis werden magische Praktiken mit den *ḫavāṣṣ* von Worten oder Buchstaben erwähnt.[279] Ganz in magischen Vorstellungen wurzelt, was Abū Ḥāmid al-Ġirnāṭī von einem Heiligtum für das Schwert des Hišām b. ʿAbdalmalik in Šīrwān berichtet: Im Sommer dürfe es nur in weißen Kleidern besucht werden, da anderenfalls Regenfälle die Ernte der Region vernichteten.[280]

Daneben werden die sympathetischen Eigenschaften nur selten unmittelbar zur Erklärung von Naturphänomenen herangezogen. Kātib Čelebi erwägt, ob es eine sympathetische Kraft ähnlich der des Magneten sein könnte, die alle schweren Gegenstände zum Erdmittelpunkt hin zieht.[281] Seinen zitierten Erfahrungssatz, daß Mäuse überall dort entstehen, wo Fäulnis sei, ergänzt er durch den Satz, andernfalls sei dies nur denkbar, wo *ḫavāṣṣ* im Spiele seien.[282] Kātib Čelebis Diskussion des Waqwāq-Baumes sei an dieser Stelle ganz zitiert, da sie nicht nur die *ḫavāṣṣ*, sondern fast alle in den letzten Abschnitten erörterten Ansätze verbindet: "Man neigt dem zu, daß einige dieser Eigenschaften unsinnig

---

[274] Flemming 1988a.

[275] WK 139r zu den syrischen Städten, ǦD 414 (mit einer gewissen Distanz) zu Bitlis.

[276] ǦD 369, 409. Zu den Ursprüngen *Ḥabību s-siyar* V, 4-6, *Haft iqlīm* III, 473.

[277] Fabrica del Mondo 271, ǦD 140.

[278] Aus *Haft iqlīm* I, 167 hat Kātib Čelebi eine Beschreibung entlehnt, wie man künstliches Steinöl (*mūmiyā*) herstellt, indem man einen menschlichen Körper in einem Steinsarg mit Honig liegen läßt (ǦD 268).

[279] Während einer langen Krankheit versuchte Kātib Čelebi sich durch Buchstabenzauber und die Namen Gottes zu heilen (*Mīzānu l-ḥaqq* 139). In *Tuḥfetü l-kibār* wird berichtet, daß Ḫayreddīn Barbarossa eine gefährliche Gefechtssituation dadurch vermied, daß er durch zwei Koranverse eine Windstille hervorrief. In diesem Zusammenhang fordert Kātib Čelebi ausdrücklich, nicht nur die Physis (*esbāb-ı ǧismānīye*), sondern auch die spirituellen Kräfte (*esbāb-ı rūḥānīye*) im Kampf zu nutzen (55f.).

[280] ǦD 400.

[281] WK 29r.

[282] ǦD 107.

und eine Geschichte nach Art des Vaqvāq-nāme[283] sind, wenn es auch nicht unmöglich ist, daß aus den Wirkungen der Natur und dem Wechselspiel der natürlichen Eigenschaften (*emziğe*) und Qualitäten solche Dinge hervorgehen, denn es gibt Pflanzen in der Form von Menschen. Daß aus einer Pflanze ein Tier hervorgeht, ist real und tatsächlich festgestellt.[284] Die (Gegenstände der) drei Naturreiche können durch gewisse Mischungen (*imtizāğāt*) einer aus dem anderen entstehen. Wer etwas von der Kunde des Elixiers,[285] von der Landwirtschaft[286] und den Prinzipien der Philosophie versteht, leugnet diese Dinge nicht ab. Es ist möglich, daß die Materie (*mādde*) dieses Baumes etwas aus menschlicher und pflanzlicher Materie Zusammengesetztes ist. Abgesehen davon ist es nicht ausgeschlossen, daß ein kenntnisreicher Weiser, der die Geheimnisse der sympathetischen Eigenschaften der Naturgegenstände (*ḫavāṣṣ-ı ṭabīᶜāt*) und die Rätsel der Prinzipien der Philosophie kennt, indem er die ursprünglichen Materien dieser beiden Arten vereinigte (*te'līf ve terkīb*), eine aus beiden zusammengesetzte (*mürekkeb*) neue Art hervorgebracht hat."[287]

11. Religiöse Probleme

Nach allem, was über die magischen Elemente in Kātib Čelebis Naturvorstellung gesagt worden ist, überrascht es nicht, daß in seinen theoretischen Ausführungen über magische Praktiken in *Kašf aẓ-ẓunūn* praktisch keine Diskussion über deren Wirksamkeit und Wahrhaftigkeit geführt wird[288] . Die Existenz und die Möglichkeit magischer Wirkungen stehen für ihn - wie wohl für die Mehr

[283] Das Motiv des Waqwāq-Baumes ist außerhalb der Geo- und Kosmographie auch aus den 1001 Nächten bekannt (cf. die Nachweise in İA s.v. Vakvâk). Darüberhinaus existiert es als göstermelik im Karagözspiel, ohne daß aber ein Spiel mit diesem Thema bekannt wäre. Daher sind sehr unterschiedliche Deutungen dieses göstermelik vorgetragen worden. Außer dem bekannten parageographischen Topos soll es an mehrere als *vaqvāq vaqᶜası* bezeichnete historische Vorfälle erinnern, oder gar an die Esther-Geschichte des Alten Testamentes (zu allen cf. Başgöz 1994). Keine dieser Deutungen kann aber überzeugen, da sie z.B. alle die Schlange, die auf diesen göstermeliks am Fuß des Baumes zu sehen ist, übergehen.

A.I. Ševjakov (1994) hat den kühnen Versuch unternommen, die gesamte Legende der Waqwāq-Inseln in der Fassung der 1001 Nächte in Schliemann'scher Manier auf die geographische Realität zurückzuführen, doch hat er damit allenfalls einzelne Elemente des Komplexes aufhellen können, nicht aber die Entwicklung der Sage.

[284] Cf. ĞD 192.

[285] Dies ist die zentrale Substanz der Alchimisten, die die Metalle in Gold verwandelt (Ullmann 1972. 257ff.).

[286] Die Lehre von der Landwirtschaft ist "ein Exponent der magischen Naturbetrachtung" (Ullmann 1972. 427).

[287] ĞD 153.

[288] Ṭašköprüzāde hatte beispielsweise die Wirkung des *ᶜilm al-ḫafā'*, des Unsichtbarmachens von Personen, in Zweifel gezogen, worauf Kātib Čelebi mit dem schon zitierten Satz antwortete: "Daß man es nicht gesehen hat, bedeutet nicht, daß es das nicht gibt." (*Kašf aẓ-ẓunūn* 716 s.v. ᶜilm al-ḫafā').

heit seiner Zeitgenossen — außer Zweifel.[289] Das bedeutet — auch dies sollte aus dem Vorangegangenen klar geworden sein — nicht, daß sein Weltbild primär ein magisches gewesen sei. So sehr die Theorie die Geschlossenheit eines magischen Weltbildes voraussetzt, so wenig trifft dies auf Kātib Čelebi zu. Einige magische Praktiken waren verbreitet, insbesondere diejenigen, die die Vorhersage von Ereignissen zum Ziel hatten wie die Astrologie und die Geomantik (s.u.). Das Vertrauen in Talismane und die Macht von Buchstabenzauber und Amuletten wird von Kātib Čelebi bezeugt.[290] Von einer "Weltbewältigung" magischer Art kann aber m. E. nicht die Rede sein, da es sich bei diesen Dingen um Nischen handelt, die die Religion der Magie belassen hat, während sie selbst den größten Teil des Lebens beherrscht.

Die Diskussion, die sich um die Magie entspinnt, fragt weniger, ob diese wahr oder möglich sei, als vielmehr, ob diese religionsgesetzlich zulässig sei. Ibn an-Nadīm unterschied im 10. Jhdt. zwischen weißer und schwarzer Magie. Zur ersten zählte er, gestützt auf den einschlägigen Vers des Koran (2. 102), die Beschwörung der Geister, zur zweiten die Praktiken, die durch die Begriffe *ḫavāṣṣ*, Talisman u.a. gekennzeichnet sind.[291] Kātib Čelebi sieht sich ebenfalls genötigt, audrücklich festzustellen, daß die Geisterbeschwörung möglich und zulässig sei (*mina l-mumkini l-ǧā'izi ʿaqlan wa šarʿan*).[292] Talismane sind seiner Ansicht nach nicht strittig. Ihre Anwendung sei leicht und ihr Nutzen offensichtlich.[293] Die Zauberei allgemein (*siḥr*) dagegen (die sich wohl der *ḫavāṣṣ* bediente) ist eigentlich gesetzlich verboten. Doch was tun, wenn es gilt, einen Zauberer abzuwehren, der sich als Prophet geriert? Dazu muß ein Mann in der Gemeinde sein, der die Zauberei beherrscht, und dies hat dazu geführt, daß man zwar den Gebrauch verboten, die Kenntnis aber erlaubt und sogar zur Pflicht nach dem Modus der Genüge (*farḍ kifāya*) erklärt hat.[294]

Wunder des Propheten (*muʿǧize*) oder der Heiligen (*kerāmet*) unterscheiden sich untereinander nicht dem Wesen, sondern lediglich der Person des Wirkenden nach.[295] Beide werden von Kātib Čelebi in Gegensatz zur Magie gestellt.[296] Der Unterschied zwischen beiden ist nicht erklärt. Vermutlich aber besteht er darin, daß Magie zwar geheime, aber regelmäßige Kausalbeziehungen nutzt, also auf der "göttlichen Gewohnheit" beruht, während Wunder dadurch

[289] Neben Ṭašköprüzāde, der beileibe nicht allen magischen Künsten gegenüber so skeptisch ist, ist hier vor allem auf Muṣṭafā ʿĀlī hinzuweisen, in dessen *Künhü l-aḫbār* nahezu alle Arten von Manifestationen magischer Kräfte vorkommen (Schmidt 1991. 116-121).

[290] *Kašf aẓ-ẓunūn* 1114 s.v. ʿilm aṭ-ṭilasmāt.

[291] Ullmann 1972. 360.

[292] *Kašf aẓ-ẓunūn* 1137f. s.v. ʿilm al-ʿazā'im.

[293] *Kašf aẓ-ẓunūn* 1114f. s.v. ʿilm aṭ-ṭilasmāt.

[294] *Kašf aẓ-ẓunūn* 980f. s.v. ʿilm as-siḥr.

[295] Kātib Čelebi in *Dürer-i münteşire* 159v, zit. in Gökyay 1968. 150f.

[296] Zu *muʿǧiza* in der Geomantik (*ʿilm ar-ramal*) *Kašf aẓ-ẓunūn* 912f. s.v., zu *karāma* beim Unsichtbarmachen (*ʿilm al-ḫafā'*) *Kašf aẓ-ẓunūn* 716f.

zustandekommen, daß dem Propheten oder Heiligen eine Ausnahme von dieser gewährt wird.[297] Die Diskussion über die Zulässigkeit von Magie wird also durch die Existenz von Wundern nicht berührt.

Kātib Čelebi hält die Geomantik, deren zwölf Figuren sich auf die Tierkreiszeichen beziehen, für methodisch fragwürdig. Ihre Aussagen können wegen des beschränkten Zeichenvorrates höchstens näherungsweise gelten. Vor allem aber ist sie eine Domäne für die Wundertaten des Propheten.[298] In ähnlicher Weise ist die Wahrsagerei (*ʿilm al-ǧafr wa l-ǧāmiʿa*) zwar gültig und möglich, doch ist sie für Kātib Čelebi wie für Ṭaşköprüzāde eine Geheimwissenschaft, die auf ʿAlī b. Abī Ṭālib zurückgeht und nur innerhalb dessen Nachkommenschaft und unter maximaler Geheimhaltung weitergegeben werde.[299] Diese Vorbehalte gegenüber jeder Einsicht in das zukünftige Schicksal resultieren aus dem Bemühen der spekulativen Theologie, das Dogma der Allmacht Gottes und der Prädestination nicht durch solche Prophezeiungen gefährden zu lassen. Nichtsdestoweniger hat sich die Wahrsagerei bei den Osmanen fest etabliert. Nach Evliyā Čelebi hatten die Wahrsager sogar eine eigene Zunft mit 300 Mitgliedern.[300] Wenn ein Mann wie Kemālpašazāde die verbreitete Technik, Prophezeiungen aus dem Koran herauszulesen, durch eine *risāle* lächerlich machte, so nicht, weil er sie für verboten, sondern weil er sie für unsinnig hielt.[301]

Die Differenz zum Dogma hat auch die Diskussion um die Astrologie bestimmt. Der Determinismus des Sternenglaubens hatte in der Frühzeit des Islams noch als vereinbar mit der Lehre der Prädestination gegolten, doch war die Konkurrenz schon bald zutage getreten. Zahlreiche bedeutende Gelehrte waren dezidierte Gegner der Astrologie, darunter al-Ǧāḥiẓ und al-Ġazzālī.[302] Ibn Ḫaldūn hat sowohl die sachliche Unmöglichkeit als auch die religionsgesetzliche Unzulässigkeit der Astrologie ausführlich dargelegt.[303] Kātib Čelebi selbst hielt die mathematische (*ḥesābīyat*) und die naturkundliche Astronomie (*ṭabīʿīyāt*) für religionsgesetzlich erlaubt.[304] Die Astrologie im engeren Sinne dagegen (*wahmīyāt*), die Befragung der Sterne über die irdischen Dinge, hielt er für verboten, wobei er sich auf mehrere *ḥadīṯ* stützen konnte. Im Weiteren ist in diesem Fall auch ausgeführt, welche Gründe gegen die Wahrhaftigkeit der Astrologie sprechen. Rational ist einzuwenden, daß die Wirkung nicht direkt beobachtet werden kann, methodisch aber, daß einerseits die Gestirne aus einem ei

---

[297] Ein Beispiel für diese Erklärung Schimmel 1985. 297, s.o. Abschn. 8.

[298] *Kašf aẓ-ẓunūn* 912f. s.v. ʿilm ar-ramal.

[299] *Kašf aẓ-ẓunūn* 591f. s.v.

[300] *Seyāḥatnāme* I, 526.

[301] Schmidt 1991. 113.

[302] Ullmann 1972. 274.

[303] F. Rosenthal 1958. III, 258-67.

[304] *Kašf aẓ-ẓunūn* 1930f. s.v. ʿilm an-nuǧūm. Unter dem zweiten Teilaspekt versteht er die Verknüpfung des Laufes der Sonne durch die Tierkreiszeichen mit den Jahreszeiten: auch dies ein Beispiel für magische Naturerklärung.

genen, fünften Element bestehen sollen, andererseits ihnen Eigenschaften wie Wärme, Kälte, Trockenheit und Feuchte zugeschrieben werden, die die vier irdischen Elemente kennzeichnen.[305] Diese Einwände haben nicht verhindert, daß auch die Sterndeuterei sich in osmanischer Zeit so weit etabliert hatte, daß am Hof ein eigener Astrologe tätig war und die Zunft der Sterndeuter, wenn man Evliyā Čelebi glauben darf, 70 Mitglieder umfaßte.[306]

Für die Sternkunde hat aš-Šāfiʿī nach Aussage von Kātib Čelebi die entscheidende Einschränkung gemacht: "Wenn ein Astrologe (*munağğim*) daran glaubt, daß Gott der eigentlich Wirkende ist, und im Eintreten von Situationen aufgrund der beobachteten Bewegungen und Konstellationen (der Sterne) seine (d.h. Gottes) Gewohnheit gilt, so habe ich dagegen nichts einzuwenden."[307] Dieses Bestreben, im beobachteten Geschehen Gott als die eigentliche Ursache anzunehmen, verweist auf die Wurzel des Konfliktes, der zwischen dem orthodoxen Dogma und nicht nur der Astronomie bzw. Astrologie, sondern allen antiken Wissenschaften entbrannte.

Die gesamte Naturkunde als Teil der "alten Wissenschaften" ist in der islamischen Geschichte vom Moment ihres ersten Kontaktes an mit Mißtrauen betrachtet worden, das sich sowohl auf die magischen Künste als auch auf die "exakten Wissenschaften" wie Astronomie, Mathematik und Logik bezog. Dieses Mißtrauen hat mehrere Wurzeln. Zum einen ist da die grundlegende Abneigung der "Orthodoxie" gegen die Wissenschaften der Antike. Es darf vermutet werden, daß der Anspruch der Religion auf das Monopol der Erkenntnisvermittlung dadurch gefährdet schien.[308] Diese Gefahr ging in erster Linie von der aristotelischen Metaphysik aus, erstreckte sich aber schon auf die propädeutischen Wissenschaften.[309] So sehr ein al-Ġazzālī bemüht war, Widersprüche zwischen den exakten Wissenschaften und dem Dogma zu vermeiden, so sehr er die Ergebnisse der ersten respektierte, so sehr war er gleichzeitig bemüht, vor ihnen zu warnen.[310] Ein weiterer Grund entspricht den Einwänden gegen die Astrologie und andere Vorhersagen. Auch die Naturkunde kann so verstanden werden, daß sie Gesetzmäßigkeiten der Schöpfung erkundet und auf diese Weise die Allmacht Gottes einschränken oder in Frage stellen könnte. Das Kosmosmodell, daß auf diesen "anfechtbaren" Wissenschaften und ihren Methoden beruht, nämlich auf Beobachtung und streng logischen Schlußfolgerungen, tritt in Konkurrenz zum Modell der "islamischen Kosmologie", das für sich die religiöse Legitimation in Anspruch nehmen kann. Letzteres bleibt stets innerhalb der

---

[305] *Kašf aẓ-ẓunūn* 1930f. s.v. ʿilm an-nuğūm.
[306] *Fezleke* II, 9, 367, *Seyāḥatnāme* I, 526.
[307] *Kašf aẓ-ẓunūn* 1931.
[308] Diese Abneigung steht in Goldzihers klassischer Darstellung a priori soweit fest, daß sie gar nicht genau begründet werden muß (Goldziher 1915).
[309] Goldziher 1915. 15-20.
[310] Goldziher 1915. 39-34.

Vorgaben der Offenbarung, seine wichtigsten Autoritäten die frühen Korankommentatoren, sein Ursprung nicht die Suche nach der Erkenntnis des Kosmos, sondern nach Einsicht in die Größe Gottes.[311]

Nicht nur Astronomen und Naturkundler, auch Geographen mußten sich immer wieder gegen den Vorwurf verteidigen, sie widersprächen islamischen Dogmen.[312] Aus demselben Grund hatte Kātib Čelebi zu Beginn der zweiten Fassung so ausführlich von der Kugelgestalt der Erde gehandelt. Die Auseinandersetzung mit den orthodoxen Anfeindungen der exakten Wissenschaften spiegelt sich allgemein in seinem Werk wider. Verglichen mit einer Zeit, in denen jede Befassung mit diesen Themen verdächtig war und besser verborgen blieb, hatten sich die Fronten jedoch verschoben. In der Einleitung zu *Kašf aẓ-ẓunūn* hatte Kātib Čelebi in der Nachfolge Ṭašköprüzādes vor der pauschalen Verdammung der antiken Wissenschaften (*ᶜilm al-ḥikma, falsafa*) gewarnt, die nur aus Ignoranz resultieren könne.[313] Die Beschäftigung mit ihnen hat er aber nur dann für legitim erklärt, wenn der Studierende in seinem Glauben gefestigt sei und Dinge, die dem Gesetz widersprächen, nur studiere, um sie zu widerlegen. Sonst sei die Beschäftigung auf das für die Praxis des gottgefälligen Lebens Notwendigste zu beschränken.[314]

Hat sich Kātib Čelebi selbst daran gehalten? Die Grenze des Erlaubten ist nicht klar definiert, sondern kann von jedem nach seiner eigenen Überzeugung gezogen werden. Es ist nirgends zu erkennen, daß er aus Rücksicht auf Glaubensdinge vor einem Thema zurückgeschreckt wäre. Auch die rechtlich suspekten Fächer der Magie hat er gründlich studiert. In naturkundlichen Dingen hat er sich insofern sicher gefühlt, als er seinen Glaubensüberzeugungen nirgends Gewalt antun mußte. Stets hat er Gott als den ersten Grund bezeichnet, durch den erst alle sichtbaren Phänomene geschehen, und seine Allmacht nirgends in Zweifel gezogen. Stattdessen sehen wir ihn in der Offensive gegen die *ᶜulemā*, die die exakten Wissenschaften verteufeln.

Dabei verficht er zum einen die These, daß die exakten Wissenschaften nicht nur gesetzeskonform sind, sondern sogar notwendig, damit der Gläubige die Offenbarung verstehen und seine Pflichten gegenüber Gott erfüllen kann. Gesetzeswissenschaft (*mešrūᶜāt*) und antike Wissenschaften (*maᶜqūlāt*) sind die beiden Flügel, deren der Gelehrte bedarf.[315] In der Einleitung zu *Mīzānu l-ḥaqq* ist zunächst festgestellt, daß alle Wissenschaften, ob spekulativ oder rational (*ᶜulūm-ı naẓarīye ve ᶜulūm-ı ᶜaqlīye*) den Gesetzen der Logik gehorchen.[316] Für

---

[311] Heinen 1994. 104, 108.

[312] So z.B. Ibn Rustah (zit. Miquel 1973. 9) und al-Masᶜūdī (zit. in Rosenthal 1968. 108).

[313] Cf. sein Eintreten für die Logik unter Berufung auf al-Fārābī, al-Ġazzālī, Ibn Sīnā und andere *Kašf aẓ-ẓunūn* 1862f. s.v. ᶜilm al-manṭiq.

[314] *Kašf aẓ-ẓunūn*, muqaddima, 46f., cf. *Miftāḥ as-saᶜāda* I, 24-27.

[315] *Mīzānu l-ḥaqq* 147.

[316] *Mīzānu l-ḥaqq* 4f.

die Notwendigkeit speziell der Naturwissenschaften dienen als Beweis ein Irrtum des Korankommentators al-Baiḍāwī, die Mondbahn betreffend, eine alte Geschichte von einem *qāḍī*, der in Unkenntnis der elementaren Geometrie in einem Streit um ein Stück Land ein ungerechtes Urteil fällt,[317] sowie wieder einmal die Probleme, die Kātib Čelebi selbst in *İlhāmu l-muqaddes* behandelt hat.[318] In dem Streit zwischen ultraorthodoxen Qāḍīzādeliler und den Derwischorden ist *Mīzānu l-ḥaqq* keine Parteinahme für eine der beiden Seiten. Es gibt in diesem Streit keine Frontlinie zwischen Religion und Wissenschaft,[319] sondern eine zwischen Orthodoxie und Mystik, neben denen die exakten Wissenschaften und die Philosophie zur Bedeutungslosigkeit herabgesunken sind.[320] Die Schuld dafür wird, ungeachtet der individuellen Orientierung zwischen Mystik und Orthodoxie, den Repräsentanten der *ᶜilmīye* gegeben, die die unter Meḥmed II. begonnene Pflege der exakten Wissenschaften aufgegeben haben.[321] Wer aber darin unbewandert ist, kann nicht als Gelehrter gelten, sondern als "Ignorant, der von Himmel und Erde nichts weiß", und muß sich vorwerfen lassen, er mißachte Gottes Wort: "Haben sie denn nicht über das Reich des Himmels und der Erde Betrachtungen angestellt?"[322]

Einen zweiten Aspekt gewinnt die Auseinandersetzung im *Ǧihānnümā* selbst. Hier versucht Kātib Čelebi, die Einmischungen seitens der Religionsgelehrten als Vertreter der "islamischen Kosmologie" in die Naturwissenschaft abzuwehren.[323] Seine Verachtung für die, die ungeachtet der wissenschaftlichen Erkenntnisse an der Erde als Scheibe festhalten, ist groß: "Der Verstand derer, die an den exakten Wissenschaften keinen Anteil haben, reicht nicht über das, was ihr Auge sieht, hinaus. Da sie den Ort, an dem sie sich befinden, eben sehen, halten sie das Ganze für eben".[324] Die Texte, auf die diese Gelehrten sich berufen, erheben keinen Anspruch auf Exaktheit im wissenschaftlichen Sinne. Es seien Erläuterungen außerreligiöser Probleme in volkstümlicher Einkleidung (*kallimū n-nāsa ᶜalā qadri ᶜuqūlihim feḥvāsınğa ḥekīm üslūbı üzere*). Diese seien nur gegeben, um die Menschen nicht von der Aneignung und Weitergabe der Glaubensregeln abzulenken. Eigentlich aber sei die Aufgabe der Propheten und ihrer Genossen die Unterweisung in religiösen Fragen (*ümūr-ı dīnīye*), nicht die Erläuterung des Wesens der Dinge (*ḥaqā'iq-i ešyā beyānı*). Daher sei auf die Frage der Menschen nach den verschiedenen Gestalten des Mondes lediglich of

[317] Diese Geschichte steht schon bei dem unter Bāyezīd II. hingerichteten Molla Luṭfī aus Ṭoqat (Gökbilgin 1971. 74).

[318] *Mīzānu l-ḥaqq* 12-14.

[319] Auch keine zwischen Liberalen und Fanatikern, wie Gökbilgin suggeriert (1971. 73).

[320] Dazu allgemein van Nieuwenhuijze1993. 281f.

[321] Dieser Vorwurf wird auch in *Kašf aẓ-ẓunūn* 680 s.v. ᶜilm al-ḥikma erhoben.

[322] *Mīzānu l-ḥaqq* 10f., Koran 7. 185. Der Kontext erfordert die Abweichung von Parets Übersetzung.

[323] Ein Ansatz dazu auch in der ersten Fassung, WK 28v-29r.

[324] ǦD 71.

fenbart worden: "Sprich: Sie sind (von Gott gesetzt) als feste Zeiten für die Menschen, und für die Pilgerfahrt" (Koran 2. 189). Auf eine Frage nach Blütenstaub und Befruchtung der Palmen soll der Prophet die unwirsche Antwort gegeben haben: "Ihr kennt die Dinge eurer Welt am besten".[325]

Kātib Čelebis Weltbild ist frei von Widersprüchen zur Offenbarung selbst. Selbstverständlich geht alles Geschehen in Geschichte und Natur von Gott aus. Doch vor allem in der Natur ist Gott von den Phänomenen weit getrennt. Zwar ist er es, der alles wirkt, doch insofern, als sich die Naturwissenschaft nur mit den Phänomenen und ihren direkten Ursachen befaßt, bedarf sie seiner nicht mehr. Widersprüche von seiten der religiösen Tradition in Form der Offenbarungswissenschaften hat Kātib Čelebi im Einzelfall ausgeschlossen, indem er Theologen und Juristen in diesen Dingen für nicht kompetent erklärte,[326] insgesamt aber, indem er die ganze Offenbarungswissenschaft für nicht berufen hielt. Die strikte Trennung von Offenbarungswissenschaft und exakten Wissenschaften aber resultiert fast zwangsläufig in der Unterordnung der ersteren unter die letztere, denn im Konfliktfall werden gemeinhin nicht die naturwissenschaftlichen Erkenntnisse an die Offenbarung, sondern die Auslegung der Offenbarung an diese Erkenntnisse angepaßt. Schließlich sind diese Erkenntnisse — im Idealfall — in objektiver Weise aus allgemeingültigen Prinzipien gewonnen. Diesen Konflikt meint al-Ġazzālī, wenn er sagt: "Wer dem Gesetz in nichtkonformer Weise zum Sieg verhilft, schadet ihm mehr als der, der es in konformer Weise kritisiert".[327] In der Praxis flüchtete er sich im Konfliktfall in die harmonisierende Auslegung.[328] Kātib Čelebis metaphorische Deutung des *ḥadīṯ* über die Paradiesesflüsse ist ein Beispiel dafür, wie die Anerkennung naturwissenschaftlicher Fakten ein neues Verständnis der Offenbarung erzwingt.[329]

In Europa hat die Diskrepanz zwischen naturwissenschaftlichen Erkenntnissen und den Aussagen der Offenbarung zu einer tiefen Kluft zwischen beiden und einer völligen Säkularisierung der Naturwissenschaft geführt.[330] In der laizistischen Türkei wird dieser Weg gern als unausweichlich und als der einzig wahre Fortschritt aufgefaßt. Kātib Čelebi gilt als einer der ersten, die ihn beschritten. Dabei wird leicht übersehen, daß zwischen Kātib Čelebis Gedankenwelt und der modernen Naturwissenschaft ein radikaler Bruch liegt, ein Wechsel, der nicht durch eine eigenständige Entwicklung, sondern durch den en-bloc-Import europäischer Methoden und Erkenntnisse induziert ist. Eigenständige

[325] ǦD 71f. Diese Stelle konnte ich in Wensincks Konkordanz der kanonischen *ḥadīṯ*-Sammlungen nicht nachweisen.

[326] Cf. Kap. VII, Abschn. 6 zu seinem Urteil über as-Suyūṭī.

[327] Zit. in ǦD 18.

[328] Goldziher 1915. 23.

[329] ǦD 361, cf. Kap. VIII, Absch. 8.

[330] Bezeichnend dafür ist der französische Astronom Laplace, der von Napoleon gefragt wurde, wo in seinem System noch Raum für Gott sei, und zur Antwort gab: "Sire, je n'avais besoin de cette hypothèse-là" (zit. in Weizsäcker 1990. 17f.).

Traditionen, in denen etwa İbrāhīm Ḥaqqī Erżurūmlus *Maᶜrifetnāme* zu stehen scheinen, sind dagegen offenbar abgerissen. Ob Kātib Čelebi, der islamischen Traditionen und Werten so tief verpflichtet war, die Säkularisierung der Wissenschaft in dieser Weise begrüßt hätte, scheint mir zumindest zweifelhaft.

SCHLUSS

> [Es hat ein Forscher ...] eingewandt, daß man fast immer Gefahr läuft, einerseits mühsam das Offensichtliche aufzudecken, und andererseits sich bei dem aufzuhalten, was historisch abwegig ist.
> Carlo Ginzburg, Der Käse und die Würmer

Das *Ǧihānnümā* hatte sich, wie wir sahen, in seiner ersten Fassung nicht in einzelnen Zügen, sondern in der Kombination bestimmter Ansätze von der Tradition der osmanischen geographischen Literatur abgehoben. Der Gesamtanlage nach eine Kosmographie, in den geographischen Partien vor allem *Taqwīm al-buldān* verpflichtet, ist eine wesentliche Neuerung darin — neben der Verwendung von zahlreichen Einzelkarten anstelle einer Weltkarte — nur die Einbeziehung der historischen Dimension, die vorgesehen war, aber in den erhaltenen Rezensionen der ersten Fassung nicht enthalten ist. In der erhaltenen Teilen jedoch liegt der Wert des ersten *Ǧihānnümā* nicht im Konzept, sondern im verwendeten Material. Insofern war Hammer-Purgstalls Anliegen, die Information über die europäischen Reichsteile zugänglich zu machen, nur zu berechtigt. Eine Edition dieser Teile wäre ein wichtiger Dienst an der Osmanistik.

So deutlich es aus Kātib Čelebis eigener Aussage sowie aus dem historischen Kontext hervorgeht, daß seine Beschäftigung mit der Geographie durch die politischen Ereignisse seiner Zeit, namentlich durch den Seekrieg mit Venedig, motiviert ist, sowenig ist dies aus dem Text der ersten Fassung selbst ersichtlich. Explizite Äußerungen in einer Einleitung fehlen ebenso wie jede Art von aktueller Anspielung im Text. Im Wiener Konzept finden wir zwar eine Reihe von Modifikationen des ursprünglichen Konzeptes, aber die wesentliche Neuerung bringen erst die Übersetzung des Atlas Minor und die zweite Fassung. Neu ist darin - im Rahmen des gelehrten geographischen Schrifttums - zum einen die enge Verknüpfung von Karten und Text und zum anderen der enzyklopädische Ansatz. Das *Ǧihānnümā* verbindet die systematische Darstellung der Grundlagen mit der deskriptiven Geographie. Innerhalb der letzteren kombiniert Kātib Čelebi den Ansatz Mercators, der auf die Darstellung größerer Gebiete abzielt, mit der "atomistischen" Vorgehensweise der meisten seiner islamischen Quellen, die bevorzugt Stadt um Stadt beschreiben. Wir finden den größten Teil der Themen versammelt, die im Laufe der Zeit in der Literatur der islamischen Welt unter geographischen Aspekten behandelt worden sind, von der astronomischen Geographie bis zur Biographie. Wenn auch — vor allem im systematischen Teil — der mathematisch-astronomischen Richtung mehr Platz eingeräumt wird als in der ersten Fassung, so bleibt doch der Mensch im geographischen Raum im Mittelpunkt von Kātib Čelebis Interesse. Menschliche

Siedlungen sind es, einzeln oder nach historisch-politischen Gesichtspunkten zusammengefaßt, über die sich der Raum erschließt.

Zweck des Werkes ist es, dem Leser eine Wissensbasis zu vermitteln, die die Geschichte bis in die Gegenwart hinein verstehen und - in gewissem Maße - politische Entscheidungen zu treffen hilft. Wir haben allerdings gesehen, daß durch die überzeitliche Perspektive der Darstellung die aktuellen politischen Gegebenheiten vernachlässigt werden, weshalb das Werk diesem Zweck nur bedingt dienlich ist. Es wäre jedoch falsch, anzunehmen, das *Ǧihānnümā* ließe sich allein an der Elle dieser Intention zu messen. Dies ist nicht einmal bei jenen Werken Kātib Čelebis möglich, die stärker und eindeutiger im historischen Kontext ihrer Entstehungszeit verankert sind, wie *Düstūru l-āmel* oder *Mīzānu l-ḥaqq*. Geht Kātib Čelebi schon in diesen weit über das zugrundeliegende Motiv weit hinaus, um wieviel mehr dann in einem Werk, das die ganze Welt umfassen soll.

Die Intention, die Kātib Čelebi mit dem *Ǧihānnümā* verfolgt, ist also nicht literarisch: Ästhetische Kriterien spielen bei der Auswahl des Materials und der Gestaltung praktisch keine Rolle. Ebenso ist die Intention keine wissenschaftliche, sofern man darunter das Streben nach fortschreitender Erkenntnis versteht. Erkenntnisfortschritt in der Geographie bedeutet für Kātib Čelebi, durch Entdeckungsreisen bislang unbekannte Gegenden zu erforschen. Das kann der Buchgelehrte Kātib Čelebi nicht leisten, und es ist auch nicht sein Bestreben, ebensowenig wie die Vertiefung der Kenntnisse durch systematische Auswertung des vorhandenen Materials unter neuen Fragestellungen, wie dies sein Zeitgenosse Varenius getan hat, der so zum Vater der modernen geographischen Wissenschaft geworden ist. Den historischen Veränderungen, die seit den Tagen der Vorgänger eingetreten sind, in der geographischen Darstellung Rechnung zu tragen, bedeutet nicht Erkenntnisfortschritt, sondern fortschreitende Aktualisierung des Wissens. Kātib Čelebi war gezwungen, schon in der ersten Fassung Material von Gewährsleuten zu sammeln, da der gesamte Raum der europäischen Reichshälfte in schriftlichen Quellen nur fragmentarisch beschrieben ist. Insofern hat er zweifellos zu einem objektiven Erkenntnisfortschritt beigetragen, doch halte ich dieses Ergebnis für sekundär.

Die wesentliche Leistung liegt vielmehr in Zusammentragen und kritischen Sichten des bisher von den älteren Geographen Erreichten. Ich habe im Überblick über die geographische Literatur darauf hingewiesen, daß die Kompilation als Vorgehensprinzip die Verachtung, die ihr seitens der modernen Forschung zuteil geworden ist, nicht grundsätzlich verdient. Kātib Čelebi hat im Gegensatz zu seinem Vorgänger Meḥmed ʿĀšıq nicht einfach Abschnitt um Abschnitt aus den unterschiedlichsten Quellen einschließlich der eigenen Erinnerungen aneinandergereiht. Er hat vielmehr mit zeitweise großem methodischem Aufwand die ihm erreichbaren Überlieferungen miteinander konfrontiert und sich bemüht, Widersprüche aufzuklären und Fehlerhaftes auszuscheiden. Nur so konnte er hoffen, dem eigenen Anspruch zu genügen, nicht historische oder unterhaltsam-erbauliche Texte, sondern gültige Informationen zu vermitteln. Der lange Entstehungszeitraum, durch den wir das *Ǧihānnümā* verfolgen konnten, hat es erlaubt, bei Kātib Čelebi einen Lernprozeß zu beobachten. Wir sehen, wie sich sein kritischer Ansatz mit der Zeit differenziert und verfeinert. Er erreicht ein methodisches Niveau, das der islamischen Wissenschaftstradition entspricht, und seinen europäischen Quellen bisweilen überlegen ist.

Das Bestreben, selbst umfassendes Wissen zu erwerben und an die Zeitgenossen weiterzugeben, ist eine Konstante in Kātib Čelebis Leben. Dagegen ist es nach unseren Ergebnissen irreführend, ihn als selbständigen Forscher und Denker zu apostrophieren. In den Einzelwissenschaften, die zusammen zum Wissensschatz der Geographie beitragen, ist er jeweils nicht über die Wiedergabe bekannter Fakten hinausgegangen. Dies gilt vor allem in der Astronomie. Auch wenn wir seine anderen diesbezüglichen Schriften mit heranziehen, entsteht nicht der Eindruck, Kātib Čelebi habe darin über wirklich fundierte Kenntnisse verfügt und den Gegenstand tatsächlich durchdrungen. Ebenso erhebt sich die Frage, wie gründlich die kartographische Unterweisung war, die am Anfang seiner geographischen Studien stand. Die Karten des *Ǧihānnümā* stellen sich teils als übermäßige Vereinfachungen europäischer Vorlagen heraus, teils beruhen sie auf so unzureichendem Datenmaterial, daß sie realiter kaum zu gebrauchen sind. Kātib Čelebi hat seine Kenntnisse der mathematischen Geographie und seine gesammelten Koordinaten nicht verwendet, um Karten mit Gradnetz und bewußt definierter Projektion zu zeichnen.

Von den historischen Partien des *Ǧihānnümā* wesentliche Neuerungen für die Historiographie zu erwarten wäre unrealistisch. Sie erweisen sich als Faktenreihung ohne analytische Ambition. Nur in einzelnen Andeutungen enthüllt sich Kātib Čelebis zugrundeliegendes Geschichtsbild. Wollen wir Kātib Čelebi auf eine klare Vorstellung des Geschichtsverlaufes festlegen, so stoßen wir auf Schwierigkeiten. Einerseits hat die Geschichte eindeutig Anfang (Schöpfung) und Ende (Weltgericht), andererseits findet dazwischen keine Entwicklung statt, wie sie etwa der christlich-jüdische Begriff der Heilsgeschichte voraussetzt. Aufstieg und Niedergang von Staatswesen werden mit den Lebensaltern des Menschen verglichen, also zyklisch verstanden, andererseits hilft Gott dem gerechten Herrscher, den vorgezeichneten Zyklus zu durchbrechen und in einen stabilen Idealzustand überzuführen.

Das Geschichtsbild trägt der Zweideutigkeit aller Geschichte - als Handlung und als Geschehen - dergestalt Rechnung, daß zwar einerseits alle Handlungen von Menschen getan werden, daß aber Gott es ist, der nach eigenem Willen entscheidet, ob ihr Bestreben Früchte trägt oder nicht. Dieser Vorbehalt Gottes in der kausalen Verknüpfung von Handlung und Geschehen entspricht dem Kausalitätsbegriff, wie ihn das aš'aritische Dogma in der Auseinandersetzung mit der Philosophie Ibn Sīnās postuliert hat.

Denselben Vorbehalt haben wir auch in Kātib Čelebis Vorstellung natürlicher Prozesse wiedergefunden, wenn auch dort sich in einzelnen Passagen andere Modelle nachweisen lassen. Magische Vorstellungen von den sympathetischen Eigenschaften der Dinge haben ihren festen Platz in Kātib Čelebis Weltbild, da sie grundsätzlich ähnlich geartete Kausalbeziehungen voraussetzen. Wundertaten von Propheten und Heiligen beweisen, daß diese Beziehung nicht zwangsläufig ist, sondern von Gott in jedem Moment neu geschaffen wird. Mit diesen Feststellungen ist gezeigt, daß Kātib Čelebi weit entfernt von dem Kausalitätsbegriff der modernen Naturwissenschaften entfernt ist. Es muß deutlich gesagt werden, daß auch seine europäischen Quellen nicht geeignet waren, einen solchen zu vermitteln. Ebenso haben wir in diesem Zusammenhang gezeigt, daß die Frage, ob Kātib Čelebi dem kopernikanischen oder dem ptolemäischen Kosmosmodell anhing, nicht dazu taugt, über "Fortschrittlichkeit" oder "Rückständigkeit" seiner Anschauungen zu entscheiden.

Diese Begriffe haben wir im Zuge unserer Untersuchung bewußt vermieden. Kātib Čelebis Weltbild ist geschlossen, es bezieht seine religiöse Prägung ebenso ein wie alles erworbene Wissen der materiellen Welt, und es ist in sich rational, logisch strukturiert. Gleichzeitig ist es das Weltbild eines Buchgelehrten, der auf überlieferte Autoritäten vertraut, und verfügt damit nur über eine indirekte empirische Basis. Es ist eindeutig unterschieden vom Weltbild der modernen Naturwissenschaften. Diese basiert seit Bacon (1561-1626) auf abstrakten Experimenten, die aus dem komplexen natürlichen Geschehen möglichst viele Faktoren eliminieren. Sie werden mit strengsten Methoden voraussetzungslos ausgewertet, um zu mathematisch formulierten Gesetzmäßigkeiten zu kommen. Ein Übergang von Kātib Čelebis Gedankenwelt zu dieser Wissenschaft ist kein gerader Weg oder eine Evolution, auch wenn dies häufig unterstellt wird (M. Ǧevdet, teilweise Adnan-Adıvar), sondern ein radikaler Paradigmenwechsel, ein Bruch.

Wir dürfen annehmen, daß ein Geschichtsbild wie das Kātib Čelebis, auch wenn es bei anderen osmanischen Historikern nicht explizit dargelegt wird, kein singuläres Phänomen ist, sondern dem Denken zahlreicher Zeitgenossen entspricht. Seine Auffassung von Naturerscheinungen läßt sich nicht auf ein einzelnes Erklärungsmodell festlegen und stellt sich daher nicht als Ergebnis systematischen Denkens heraus. Beide Auffassungen tragen sowohl der Analyse des isolierten Einzelphänomens als auch dem über allem stehenden Dogma von der Allmacht Gottes Rechnung. Gerade diese Ambivalenz läßt sie als geistiges Gemeingut erscheinen, das von der großen Mehrheit der Zeitgenossen akzeptiert werden kann. Kātib Čelebi hebt sich in dieser Hinsicht wohl nur wenig von ihnen ab.

Wenn wir nun diese Ergebnisse in das in der Einleitung gebrauchte Bild Gadamers vom "historischen Horizont" bringen, so können wir sagen, daß Kātib Čelebi zeitlebens bestrebt war, seinen Horizont zu erweitern. Besonders war er bestrebt, Europa in seinen Gesichtskreis einzubeziehen. Historischer Horizont bedeutet auch, daß das Naheliegende, das Eigene, nicht zu Lasten der übrigen Welt überbewertet wird.[1] Tatsächlich kann man beobachten, wie wenig Kātib Čelebi an einer spezifisch osmanischen Perspektive gelegen ist, wie sehr er sich bemüht, allen beschriebenen Regionen gleichermaßen gerecht zu werden. Die Maßstäbe und Vorstellungen jedoch, nach denen Kātib Čelebis Gesichtskreis organisiert ist, sind sich gleichgeblieben, sie sind vom Kontakt mit Europa nur minimal tangiert worden.

Kātib Čelebis unablässiges Bestreben, Wissen zu erwerben und zum Nutzen der Allgemeinheit weiterzugeben, hat äußerlich aufklärerische Züge an sich. Doch jene Charakteristika, die für eine Epoche der Aufkläurng konstitutiv sind, anthropozentrisches anstelle von theozentrischem Denken, Vernunftglaube und komplementär dazu die Infragestellung der Tradition, fehlen ihm vollkommen. Daher kennt er auch die Orientierung auf die Zukunft und den Fortschrittsglauben nicht, der so viele Autoren prägt, die ihn als ihren Vorläufer verstehen wollen. Kātib Čelebi ist kein bewußter Neuerer, sondern wollte ein Restaurator des Alten sein. Daß der Pfad, den er mit der Öffnung für europäische Wissenschaften eingeschlagen hat, nicht dorthin führte, konnte er nicht absehen.

Lassen wir vor diesem Hintergrund einige wesentliche Aspekte der Rezeption Revue passieren, um zu untersuchen, worauf nach bisheriger Meinung Kātib Čelebis Bedeutung beruht.

Zeitgenossen schätzten viele seiner Werke als das, was sie nach der Intention des Autors sein sollten, bequem zu gebrauchende Faktensammlungen. In diesem Sinne hat Hammer-Purgstall Kātib Čelebi gelobt,[2] was wiederum von Späteren gern zitiert wird.[3] Unter diesem Aspekt der Brauchbarkeit war *Taqvīmü t-tevāriḫ* eines der wichtigsten Werke Kātib Čelebis, während es angesichts der Verfügbarkeit unmittelbarer Quellen heute fast völlig ohne Interesse ist. In derselben Weise hat das *Ǧihānnümā* seinen Wert als Referenzwerk weitgehend verloren.[4] Dieser Wert beruhte zudem großenteils auf der Beschreibung Anatoliens in der Druckausgabe, die gar nicht - oder nur mittelbar - von Kātib Čelebi stammt, teils auch auf der irrigen Annahme, der geschilderte historische Zustand müsse der Zeit des Autors entsprechen.[5] Die *Fezleke* wird heute nur noch in ihren originalen Partien vom Historiker geschätzt.[6] Allenfalls *Kašf aẓ-ẓunūn* wird heute noch seiner ursprünglichen Bestimmung gemäß als Nachschlage

---

[1] Gadamer 1960. 286.
[2] Z.B. Hammer 1804. iv-v.
[3] Z.B. Bursalı 1913. 5.
[4] Reinaud 1848, I, clxxii, Selen 1957. 121.
[5] Daher die Kritik Le Stranges (1902. 57). Aufgrund dieser Annahme (und in Unkenntnis der gesamten Textgeschichte) hat Birken 1976 die Aussagen der Druckausgabe des *Ǧihānnümā* zur Verwaltungsgliederung des Osmanischen Reiches dem Jahr 1732 zugeordnet.
[6] Kütükoğlu 1974. 24.

werk benutzt.[7] Daß seine Werke jedoch zum raschen Nachschlagen geeignet sind, bezeugt zwar, polemisch gesagt, den Fleiß eines Gelehrten, ist aber kein Maßstab für seinen wissenschaftlichen Rang. Als Beispiel dafür mag der Fall Ǧenābīs gelten, dessen Dynastiengeschichte zwar oft kopiert und bearbeitet wurde,[8] für den sich aber niemand mehr interessiert.

Während Kātib Čelebi im Lexikon des Šemseddīn Sāmī, *Qāmūsu l-aᶜlām*, zwar als bedeutender Gelehrter gewürdigt wird, aber dabei vollständig historisiert ist,[9] finden wir seit jener Zeit auch eine Tendenz, Kātib Čelebis Werke in aktuellen politischen Fragen als Vorbild und Orientierungshilfe heranzuziehen. Die Art dieser Vorgänge wirft vor allem auf deren eigene Zeit ein deutliches Licht, während für unsere Zwecke nur die Tatsache als solche wichtig ist. Wir können uns daher auf die Registrierung beschränken und die detaillierte Analyse den Erforschern des osmanisch-türkischen Selbstverständnisses im 19. und 20. Jahrhundert ans Herz legen.

Aḥmed Vefīq Paša (1823-91) gilt als eine der eigentümlichsten Persönlichkeiten seiner Zeit. Hochgebildet, in der europäischen, besonders der französischen, und der osmanischen Kultur gleichermaßen zuhause, dabei von völliger intellektueller Unabhängigkeit, hatte er zahlreiche hohe Staatsämter inne, zweimal für kurze Zeit auch das des Großwesirs, wobei er sich allerdings als "Premierminister" verstand und bezeichnete.[10] Neben zahlreichen belletristischen Arbeiten und Übersetzungen verfaßte er ein berühmtes Wörterbuch sowie historische Werke. Seine *Fezleke-i tārīḫ-i ᶜos̠mānī* verweist nicht nur im Titel auf Kātib Čelebi. Das Werk befaßt sich besonders mit Aufstieg und Niedergang des Reiches. Diesen hatte Kātib Čelebi in *Düstūru l-āmel* untersucht, ein Werk, das Aḥmed Vefīq Paša ebenso wie die Reformtraktate des Qoči Beg und des ᶜAyn ᶜAlī neu publizierte. Babinger hat bereits vermutet, daß Aḥmed Vefīq Paša damit "einen besonderen Zweck verfolgte".[11]

Hat Aḥmed Vefiq Pasa die Texte selbst sprechen lassen und die Konsequenz dem Leser überlassen, so gibt ᶜAlī Ǧānib (Yöntem) seine Absicht deutlich zu erkennen. Er sieht in Kātib Čelebis *Mīzānu l-ḥaqq* ein Vorbild des Liberalismus,[12] da Kātib Čelebi darin sich dagegen ausspricht, den Menschen bestimmte religiöse Praktiken aufzuzwingen. Auch M. T. Gökbilgin hat das Buch ähnlich verstanden, doch hat seine Interpretation, publiziert in einer Fachzeitschrift, natürlich nicht dieselbe Wirkung in der Öffentlichkeit.[13] Ich habe darauf hingewiesen, daß Kātib Čelebi in *Mīzānu l-ḥaqq* sich zwar tatsächlich in der genann

---

[7] Ein anschauliches Beispiel Birnbaum 1994a. 152.
[8] GOW Index s.v.
[9] Šemseddīn Sāmī 1888-98. V, 3806f., s.v.
[10] Über ihn Tansel 1964, İA s.v., OT VIII, 280-84.
[11] GOW 374.
[12] ᶜAlī Ǧānib 1927.
[13] Gökbilgin 1971.

ten Weise äußert, daß aber der Grund nicht Liberalität oder Toleranz war, sondern das Wissen um die Aussichtslosigkeit und Gefährlichkeit aller versuchten Zwangsmaßnahmen.[14]

H. Z. Ülken hat im selben Werk eine Vorwegnahme des Laizismus der modernen Türkei gesehen.[15] Diese Deutung ist m.E. berechtigter als die vorige, da Kātib Čelebi in der Beurteilung der Qāḍīzāde-Unruhen zwei getrennte Maßstäbe anlegt, einen religionsrechtlichen und einen politischen. Indem er der Staatsgewalt allein den letzteren empfiehlt, macht er in gewisser Weise die Religionsausübung zur Privatsache, an der die öffentliche Gewalt keinen Anteil hat.

M. Ğevdet sieht in der Tatsache, daß Kātib Čelebis seine *Fez̲leke* türkisch schrieb, eine Art von Nationalismus.[16] Bei unserer Untersuchung von Kātib Čelebis Stil hatten wir bereits darauf hingewiesen, daß auch die Beurteilung dieser anspruchslosen Prosa vom heutigen Geschmack bestimmt ist, der seinerseits von den Sprachreformbemühungen der Neuzeit geprägt ist.

Allenthalben herrscht die Überzeugung, daß Kātib Čelebi mit seiner Verwendung von europäischen Quellen "die Entwicklung einer neuzeitlichen, europa-orientierten Geisteshaltung bei den Osmanen" eingeläutet habe.[17] In diesem Sinne feierte Bursalı Meḥmed Ṭāhir ihn als "Siegel der Alten und Führer der Neuen".[18] Adnan-Adıvar hat in Kātib Čelebis Bestreben, den "Wall zwischen westlicher und orientalischer Wissenschaft einzureißen", dessen wesentliches Verdienst gesehen.[19] Daß er sich der grundlegenden methodischen Schwäche der orientalischen Wissenschaft bewußt geworden sei und erst im Kontakt mit dem Westen seinen kritischen Sinn voll entwickelt habe,[20] scheint mir allerdings mehr auf Adnan-Adıvar selbst als auf Kātib Čelebi zu passen. Hier ist die Verwestlichung das politische Programm, für das ein moderner Autor Rückhalt bei Kātib Čelebi sucht. Adnan-Adıvar hat dies noch deutlicher in einem Artikel in Cumhuriyet mit dem Titel "Garbe açılan ilk pencere" ausgesprochen.[21]

Schon Bombaci hat eingewandt, daß Kātib Čelebi keineswegs der erste war, der europäische Quellen verwendet hat.[22] Vor ihm haben dies bereits in der Geographie Pīrī Re'īs[23] und der anonyme Autor des *Tārīḫ-i Hind-i Ġarbī* getan,[24] in der Geschichtsschreibung Ferīdūn Aḥmed und İbrāhīm Pečevī.[25] Ein

[14] Kap. I, Abschn. 9.
[15] Ülken 1957. 182, 193.
[16] Ğevdet 1926-27. 1790.
[17] Wurm 1971. 5. Der Begriff "neuzeitlich-europäisch" bedarf allerdings der Klärung.
[18] 1913. 4.
[19] 1982. 151.
[20] Adnan-Adıvar 1982. 150.
[21] Adnan-Adıvar 1948.
[22] 1969. 365.
[23] Soucek 1992. 270, 277.
[24] Goodrich 1990 pass.

flüsse europäischer Karten finden sich in osmanischen gelehrten Werken schon im 16. Jahrhundert.[26] Darüberhinaus gibt es vereinzelt weitere Belege, die auf intellektuelle Kontakte mit Europa hindeuten.[27] Dies alles spricht dafür, daß ein Interesse an den Erkenntnissen der Europäer bereits vor Kātib Čelebi verbreitet war. Er wäre dann nicht der Initiator, wohl aber ein besonders exponierter Vertreter dieser Entwicklung, die in der zweiten Hälfte des 17. Jhdts. an Breite und Tiefe gewann.[28] Ein scharfer Gegensatz zwischen einem modern gesinnten Kātib Čelebi und den engstirnigen, rückständigen *ʿulemā* der Zeit, wie ihn M. Ǧevdet und dann Adnan-Adıvar betonen, diente vor allem dazu, eine düsteren Hintergrund zu schaffen, vor der sich die Lichtgestalt eines "Aufklärers" Kātib Čelebi deutlicher abheben würde.[29] Dies läßt sich mit unseren Ergebnissen nicht aufrechterhalten. Vielmehr sieht es aus, als habe Kātib Čelebi ebenso wie zahlreiche *ʿulemā* Anteil an einer intellektuellen Atmosphäre der Offenheit und vorurteilslosen Interesses gehabt. Schließlich ist die uneingeschränkte Begrüßung der Verwestlichung nur vor dem politischen Hintergrund der modernen Türkei zu verstehen, in der sich gerade Adnan-Adıvar auch politisch engagiert hatte.[30]

Insgesamt entspricht die Tendenz, Kātib Čelebi zum Zeugen in bestimmten Situationen der Gegenwart anzurufen, weitestgehend der "monumentalischen Historie" Nietzsches,[31] die dem Tätigen das Leitbild liefert: "Wodurch also

---

[25] Lewis 1962. 184ff. Ein *Tārīḫ-i mulūk-ı Rūm ve İfreng̃* des İbrāhīm Mülhemī (gest. 1650) ist offenbar verschollen (Lewis loc. cit. nach GOW 170).

[26] Karamustafa 1992. 221.

[27] Dies ist zum ersten die Tatsache, daß ein osmanischer *ʿālim* einen niederländischen Atlas besaß, zum zweiten weisen auch einige Marginalien in Kātib Čelebis Handschrift von *Tārīḫ-i Hind-i Ġarbī* darauf hin, daß bereits die Vorbesitzer vereinzelt über Wissen über die Neue Welt verfügten, das nicht in osmanischen schriftlichen Quellen nachweisbar ist (cf. Marginalie 44, Goodrich 1990. 360).

[28] Diese Phase hat Wurm 1971 ausführlich dargestellt.

[29] Adnan-Adıvar 1982. 126, 140, 150, Ǧevdet 1926-27. 1696f., 1753, 1759 et pass. Ausgerechnet Behāʾī Efendi, den Kātib Čelebi sehr schätzte, muß in diesem Zusammenhang als Prototyp dieser *ʿulemā* herhalten.

[30] Orhan Pamuk hat in seinem Roman Beyaz Kale (erstmals erschienen 1985; deutsch als: Die weiße Festung) das ganze Problem der Verwestlichung an den Personen Kātib Čelebis und Meḥmed İḫlaṣīs exemplifiziert. Beide sind nicht mit Namen genannt, doch unschwer zu erkennen. Von der Gesamtsituation abgesehen soll der *hoca* des Romans beispielsweise ein Traktat über astronomische Fragen geschrieben haben, das exakt mit Kātib Čelebis *İlhāmu l-muqaddes* übereinstimmt. Schlüsselszene des Buches ist eine Episode, in der die beiden Protagonisten, Repräsentanten ihrer jeweiligen Kultur, ihre Person zu tauschen scheinen, nachdem sie zuvor schon ihr Wissen so weit wie möglich ausgetauscht haben. Es soll keine Kritik an dem Roman sein, wenn ich darauf hinweise, daß das, was hier allegorisch ausgedrückt ist, nicht der historischen Wirklichkeit entspricht, da Kātib Čelebi zwar Wissen, aber keine neue Denkweise aus seiner Bekanntschaft mit Europa aufgenommen hat. Der symbolisierte Wechsel der Persönlichkeit hat tatsächlich erst in einer sehr viel späteren Phase der Beziehungen zu Europa stattgefunden.

[31] Cemal Kafadar hat es begrüßt, daß die kemalistische Türkei eine Kluft zwischen die gegenwärtigen Historiker und die Größen der osmanischen Geschichte gelegt hat, die einen kritischen Ansatz fördere und den Mißbrauch der Geschichte im Nietzsche'schen Sinne

nützt dem Gegenwärtigen die (...) Beschäftigung mit dem Klassischen und Seltenen früherer Zeiten? Er entnimmt daraus, daß das Große, das einmal da war, jedenfalls einmal möglich war und deshalb auch wohl wieder einmal möglich sein wird".[32] Doch Nietzsche hat auch gewarnt, daß die monumentalische Historie "durch Analogien täuscht": "Solange die Seele der Geschichtsschreibung in den großen Antrieben liegt, die ein Mächtiger aus ihr entnimmt, solange die Vergangenheit als nachahmungswürdig, als nachahmbar und zum zweiten Male möglich beschrieben werden muß, ist sie jedenfalls in der Gefahr, etwas verschoben, ins Schöne umgedeutet (...) zu werden". Auf diese Weise "leidet die Vergangenheit selbst Schaden: ganze große Teile derselben werden vergessen, verachtet, und fließen fort wie eine graue, ununterbrochene Flut, und nur einzelne geschmückte Fakta heben sich als Inseln heraus".[33]

Gegen die Versuchung, Kātib Čelebi zum Heros einer monumentalischen Historie zu machen, der vor allem M. Ğevdet verfallen ist, hat M. H. Yinanç scharf polemisiert: Kātib Čelebi könne, verglichen mit den Größen der abendländischen Wissenschaften im 17. Jahrhundert, voran Descartes und Leibniz, als ein einfacher Mann, der eben lesen und schreiben konnte, bezeichnet werden. Dennoch sei Ğevdet in seinem Lob Kātib Čelebis so weit gegangen, ihn als Gelehrten von Weltruf (beynelmilel bir alim) darzustellen.[34] In seinem Angriff auf die monumentalische Geschichte können wir Yinanç nur recht geben, da wir im Gegensatz zu dieser nach der Historie "in voller ikonischer Wahrhaftigkeit, das heißt jedes Faktum in seiner genau geschilderten Eigentümlichkeit" streben.[35] In seiner Einschätzung Kātib Čelebis hat Yinanç scheinbar recht: "Jenen Menschen des Altertums gleich," so schrieb Fontenelle über Leibniz, "die bis zu acht Pferden auf einmal zu lenken vermochten, lenkte er alle Wissenschaften im Sturmschritt vorwärts".[36] Wir sind dagegen zu dem Schluß gelangt, daß Kātib Čelebi in keiner Einzelwissenschaft über die Errungenschaften seiner Vorgänger hinausgegangen ist. Descartes ist zum Ahnherrn der modernen Philosophie geworden, während man Kātib Čelebi wohl schwerlich einen Philosophen nennen kann. Doch eben hier liegt Yinançs Fehler, den Adnan-Adıvar in der arabischen Terminologie *qiyās maʿa l-fāriq* genannt hat. Denn weder wollte Kātib Čelebi durch selbständige Forschung die Wissenschaften voranbringen, noch ein eigenständiges philosophisches System aufstellen. Die Tatsache, daß seit den ersten Arbeiten Gökyays so wenig Neues über Kātib Čelebi geschrieben worden ist, scheint mir jedoch darauf hinzudeuten, daß viele moderne Forscher

verhindere (1989. 123). Abgesehen davon, daß zweifelhaft ist, in welcher Weise diese Kluft heute noch besteht, ist diese Überlegung auf Kātib Čelebi nicht anwendbar.

[32] Nietzsche 1989. 28.

[33] Nietzsche 1989. 30f.

[34] Yinanç 1937. 557.

[35] Nietzsche 1989. 29.

[36] Zit. n. Mann 1960-64. 378.

unausgesprochen Yinanç beipflichteten und noch beipflichten. Allzuleicht wurde eben "das osmanische intellektuelle Leben am Maßstab des Europa seit der Renaissance gemessen".[37]

Die Beschäftigung mit Kātib Čelebi wird bei angemessener historischer Genauigkeit weder das Leitbild für gegenwärtiges Handeln im Sinne der "monumentalischen Historie" produzieren noch einen großen Denker und Gelehrten zutage fördern, der, seinen Mitmenschen weit voraus, zu neuen Erkenntnissen strebt. Vielmehr liegt ihr Wert gerade in der Tatsache, daß Kātib Čelebi so wenig zu seiner Zeit im Gegensatz steht.

Der Historiker, der eine erzählende Quelle untersucht, sieht sich stets einer Dreiheit gegenüber. Der Text selbst, die Person des Autors und sein historisches Umfeld bedingen einander, sie gleichen den drei Seiten eines Prismas: Wer die eine Seite betrachtet, wird durch sie hindurch und hinter ihr stets die anderen beiden sehen, und man wird eine davon erst dann ganz erkennen, wenn man sie auch bewußt durch die anderen beiden anblickt. Kātib Čelebis intellektuelle Persönlichkeit kennenzulernen, ist zunächst ein Wert an sich und bedarf keiner weiteren Rechtfertigung. In der ersten Hälfte des 17. Jahrhunderts kennen wir eine Fülle von Charakteren - Gelehrte, Staatsmänner, Dichter und andere -, deren Vielfalt in den biographischen Sammelwerken oft angedeutet ist, doch nur wenige darunter treten uns plastischer entgegen. Zur Bereicherung dieses Bildes soll die vorliegende Arbeit beigetragen haben.

Zum zweiten soll die Beschäftigung mit dem *Ǧihānnümā* und mit der Person Kātib Čelebis, wie sie sich darin widerspiegelt, sein Gesamtwerk besser verstehen helfen. Man wird dieses nicht - wie teilweise geschehen - losgelöst als Produkt weltabgewandter Gelehrsamkeit ansehen dürfen, sondern seine feste Verankerung in einer bestimmten Denkart und in einem bestimmten Umfeld jeder Betrachtung zugrundelegen müssen.

Vor allem aber wird sich das Gesamtbild der Epoche deutlicher zeichnen lassen. Kātib Čelebis Bedeutung in der osmanischen Geistesgeschichte ist nicht die eines einsamen Vorreiters des Fortschrittes, sondern die eines Repräsentanten seiner Zeit, bei dem wir in besonders hohem Maße Züge vereinigt finden, die sich auch bei seinen Mitmenschen finden werden lassen. Eine Erscheinung wie Pīrī Re'īs ist einzigartig, doch sie ist auch gleichzeitig von ihrer Umwelt weitgehend isoliert. Im Sinne des eingangs dieses Kapitels zitierten Satzes Ginzburgs ist er im Grunde "historisch abwegig".[38] Kātib Čelebi dagegen steht für seine Zeit, sie spiegelt sich in ihm. Unter diesem Aspekt sollte sich auch die Beschäftigung mit einigen seiner Werke lohnen, die bislang — in merkwürdigem Kontrast zur Popularität anderer — nahezu ungelesen blieben. Möglicherweise lassen sich aus *Faḏlakat aqwāl al-aḫyār* noch weitere Belege zum Ge

[37] Kafadar 1989. 123. Er hat allerdings Kātib Čelebi hiervon ausgenommen.
[38] Cf. Soucek 1994. 134f.

schichtsdenken beibringen. Im Hinblick auf die Ethik und die Ideale der Zeit können die lehrhaften Anekdoten dort und in *Sullam al-vuṣūl* wie auch die Anthologien *Tuḥfetü l-aḫyār* und *Dürer-i münteṯire* Aufschluß geben. Eine Vorstellung vom "Bildungsideal" der Zeit sollte sich aus der Wissenschaftsanthologie *Ǧāmiᶜ al-mutūn* gewinnen lassen.

Historische Größe hat J. Burckhardt in seinen berühmten Vorlesungen primär den Philosophen, Dichtern und Künstlern zuerkannt, die "es mit dem Weltganzen zu tun haben".[39] In der Wissenschaft aber erwerbe man durch "absolute Fähigkeit, (...), das sittliche Verdienst und die Hingebung an die Sache" nicht Größe, aber Würde.[40] Bei allen Einschränkungen, die wir hier gemacht haben, wird niemand Kātib Čelebi diese Würde absprechen. Kātib Čelebis uneingeschränkte Wißbegier, die sich auch durch sprachliche und kulturell-religiöse Schranken nicht hemmen ließ, ist zudem unserer Sympathie gewiß. Sein Wissen um die Unveränderlichkeit des Menschen, das sich weniger im *Ǧihānnümā* als etwa in *Mīzānu l-ḥaqq* ausdrückt, führt ihn zu einer gewissen skeptischen Grundhaltung. Und doch hat er seine ganze Kraft eingesetzt, zu lernen und zu lehren, weil er gleichzeitig der Überzeugung war, durch die Verbreitung von Wissen jenen allgegenwärtigen Mißständen ein wenig abhelfen zu können, die durch Unkenntnis hervorgerufen werden. Das Wissen, das er zu diesem Zweck zusammentrug und in Form von Büchern und Lektionen weitergab, ist meistenteils überholt, doch das Ethos, das aus seinem Handeln spricht, ist ein Wert, der auch heute noch gültig ist.

---

[39] Burckhardt 1978. 214.
[40] Burckhardt 1978. 216.

ANHANG 1

DIE AUTOBIOGRAPHIE WK 4R

Abweichend von ähnlichen Passagen in Kapitel VII sind im folgenden gestrichene Textteile ~~durchgestrichen~~ gesetzt, um größere Übersichtlichkeit zu gewährleisten. Geschweifte Klammern bedeuten wie dort "Einfügung zwischen den Zeilen". Die Einteilung in Paragraphen ist von mir. Um die Einheitlichkeit des Textes nicht zu durchbrechen, habe ich auch arabische Ausdrücke in türkischer Lautung transkribiert.

Terğüme-i muṣannıf: Bu kitabıñ mü'ellifi {Muṣṭafā ~~Ḥāğğī Ḫalīfe~~ bin ʿAbdullāh ki ʿulemā meyānında Kātib Čelebi ve ehl-i dīvān arasında Ḥāğğī Ḫalīfe demekle maʿrūfdur} Sulṭān Aḥmed ʿaṣrında {şehr-i Qusṭanṭinīye'de} ʿUṭārıd šerefinde tevellüd etdi. Kevkebi daḫi ʿUṭārıd idi. Vālidi {ʿAbdullāh} ḥarem-i hümāyūndan {čıqma ... ğihād ...} ~~perverīde olub Sulṭan Meḥmed Ḫān-ı ṯāliṯ ʿaṣrında ğülusında Sipāh bölüginde čıqub vāqiʿ olan seferlerinde qırq otuz sene qadar ġazā eyledi etmišdür. Ḥall ve ḥürmet ḫuṣūṣında ġāyet mütedeyyin ve mütešerriʿ kimse olub ekṯer evqātın ʿibādete ṣarf ederdi. İbtidā ʿulūfesinden on aqčesin verüb~~ biñ otuz beš senesinde Baġdād seferi ʿavdetinde vefāt etdi.

~~Kendüsi muqaddemā muqaddemāt~~ Bu muṣannıf ʿālem-i ṣabāvetde ṣarf ve naḥv ve baʿż-ı muqaddemāt ~~oquyub~~ gördükden ṣoñra biñ otuz bir tārīḫinde dīvān aqlāmından Anaṭolı muḥāsebesine šāgird ol~~mıš~~ ~~idi~~dı. Qur'ān-ı ʿaẓīmü š-šānı ~~dāru l-qurrālarda niğe~~ mešā'iḫ ... Otuz üčde ~~Terğān serdār Meḥmed Pašayla Abaza~~ Paša {Terğān} seferini ve otuz bešde ~~Ḥāfıẓ Pašayla~~ Baġdād seferin seferleyüb ~~muqabele ...~~ {ol zamān} muqābele-i süvārīde šāgird oldı. Baʿdehü ~~Ḫusrev Pašayla Ḫalīl Paša Ḫusrev~~ Paša ile Erżurūm ~~seferlerin ...~~ {ʿasker ile} seferleyüb Der-i Devlet'e ~~geld{i}ükde meyl-i ṭabīʿī ḥasebi ile vālidi vaṣīyeti ile ʿāmil olub meğlis-i ʿulemā ve mešā'iḫe mülāzemet ve taḥṣīl-i ʿilme raġbet etdi. Lākin čoq gečmeyüb Ḫusrev Pašayla~~ Gerü Hemedān ve Baġdād seferine gidüb qırq bir senesinde ~~tekrār Āsitāne'ye~~ ʿumūm-ı ʿasker ile ~~tekrār~~ Āsitāne'ye ~~ʿavdet etdi. Bu defʿa meyl-i ṭabīʿī ḥasebi ile muqteżāsınğa~~ {geldükde} vālidi vaṣīyeti ile ʿāmil olub meğlis-i ʿulemā ve mešā'iḫe ~~mülāzemet~~ {dāḫil oldı} ve meyl-i ṭabīʿī ḥasebi ile taḥṣīl-i ʿilme raġbet etdi.

Dīvān aqlāmında müškil ʿadd olınan qavāʿid-i siyāqat ve ḥisābīyāt bunıñ naẓarında evvelīyātdan görünmekle aña qanāʿat ~~evqāta żarār deyü~~ {etmeyüb} ʿilm-i šerīf taḥṣīline himmetini ʿālī qıldı. Tekrār muqaddemāt görüb iʿrāb ve terkīb melekesine mālik olduqdan ṣoñra vāʿıẓ-ı mešhūr Qāḍīzāde Efendi dersini diñleyüb merḥūmıñ ʿilme terġībi ~~tāziyāne ve~~ semend-i ṭabʿa tāziyāne ve ğidd ve saʿya sebeb ve bahāne oldı.

Nāgāh gerü šarq ṭarafına sefer ẓuhūr edüb rükn-i İslāmi istilām vāğib olmağla ~~vezīr-i aᶜ~~ serdār Meḥmed Paša ile Ḥaleb'de iken biñ qırq üčde ḥağğ etdi. Biñ qırq dörtde ~~Revān seferine~~ Sulṭān Murād Ḫān ile Revān seferin seferledi ve dönüšde min baᶜd ᶜazīmet ~~etdükde~~ etdi ki ~~muqadder olan ...~~ bāqīye-i ᶜömrini ᶜilm-i šerīf taḥṣīline ṣarf ve maqdūrın anıñ sebebine bezl eyleye. Ve bu niyet-i ~~ṣādıqa bereketi~~ ile ... Der-i Devlet'e geldükde ~~vālidesi ... vālide~~ {vālidesinden ...} māl-ı mevrūs̱ı kitāba verüb teveğğüh-i tāmm ile šuġl eyledi. Ve bu niyet-i ḫayr ve ᶜazīmet-i ṣādıqa bereketi ile aqrabādan olan bir tāğir-i mümsik~~den üč~~ {nāgāh vefāt edüb bir qač} biñ ~~altun~~ mümsek altunı irsiyle ~~...~~ intiqāl~~-etmekle fetḥ-i bāb-ı ebvāb bāb ve teyessür-i esbāb müyesser olub~~ {olmıš idi}. Šehr-i Qusṭanṭinīye'nin ḫazā'in-i kütübüne dest-res müyesser oldı.

Bu es̱nāda Sulṭān Murād Ḫān {ile} Bağdād'a seferine revāne olub~~-faqīri muqābele~~ {bunı} {müᶜellifi} mānde-i muqābelesinde ~~defteriñ~~ ikinği ḫalīfe{lik} ~~fermān etdiler ilā devr~~ ile qalmaq fermān etdiler. Bu es̱nālarda ... Kürd ᶜAbdullāh Efendi ve Ders-i ᶜĀmm Meḥmed Efendi derslerini ~~diñleyüb~~ istimāᶜ edüb ᶜAbdullāh ~~Ermenakī~~ Aḥmed Ḥaydar Sührānī ~~...~~ ṭalebesinden Ermenakī Velī Efendi'den ~~...~~ manṭıq fennini gör~~ild~~idi. Baᶜdehü ᶜAreğ Muṣṭafā Efendi'ye varub ğümleden mütebaḫḫır ve her fende māhir metīn-i {ᶜaql} ve dervīš-nehād kimse bulmağla üč sene qadar zamānda tefsīr-i šerīf ve ~~...~~ {Tevẓīḥ} ve Qāḍī Mīr ve İṣfahānī derslerini ve daḫi niğe dersler istimāᶜ edüb ~~Qāḍī ᶜAḍud~~ Šerḥ-i ᶜAḍud ve Šerḥ-i Eškāl ve Šerḥ-i Čaġmīnī-i Qāḍīzāde ve ᶜArūż oquyub ṣoñra Uluġ Beg zīğinden düstūr ve taqvīm istiḫrāğı ṭarīqi görüldi. On sene kāmil šuġl eyledükden ṣoñra ~~...~~ biñ ~~qırq~~ elli üč ḥudūdında ṭalebe~~ye ders ve ifāde~~ üšüb ẕikr olınan fennleri on sene qadar zamānında {daḫi} {kendiden[1] } oqudılar.

~~Ders dedi ki bu es̱nāda~~ {Baᶜdehü semt-i taḥrīre sülūk etdi} ve sābıqā olan fetḥ-i bāb ve teyessür-i esbāb ḫasebi ile šehr-i Qusṭanṭinīye'nin ḫazā'in-i kütübe dest-res ve ẓafer müyesser olub niğe biñ ğild kitāb ~~elinden~~ görmiš idi. ... Kem tereke l-evvel li-l-āḫır fehvāsınğa vādī-yi taḥrīrde niğe ğedīd ṭarzlar ~~iḫrāğ~~ ve pesendīde vażᶜlar gösterdi. Ğümleden biri kütüb-i tevārīḫi ğemᶜ tetebbuᶜ edüb kütüb-i islāmīyede yüz elli qadar devlet ve biñ beš yüz qadar pādišāhi Fez̲leke nam bir kitābda ğemᶜ etdi ve bunın fihrisi ṭarzında türkī ve fārsīden mülemmaᶜ Taqvīmü t-tevārīḫ nām ğedvellü bir muḫtaṣarı bir iki ayda tesvīd edüb muqābelesinde süvārī qaleminiñ ikinği ḫalīfesi oldı.

Čoq gečmeyüb muᶜārıżı olan baš ḫalīfe intiqāl etdükde ~~muḫālifler ittifā~~ qānūn ve šerᶜle yeri bunıñ ḥaqqı iken ḫiyānet erbābından degüldür deyü ~~üč biñ ġurūša beyᶜ etdiler~~ ḫā'in-i dīn u devlet Qoğa Paša üč biñ ġurūšı rüšvetle ~~ḫāriğden~~ āḫıra verdi ki ḥaqīqatı bilenler evvelü qārūretin küsiret fī l-İslām ~~bu ... ḫuṣūṣında vārid olmıšdur~~ dediler. Lākin bu bābda nizāᶜ irtikāb etmeyüb emrünā

[1] Sic!

ilā llāh deyü ~~bu kā ... ʿasā en tekrehū šey'en ve hüve ḫayrün leküm~~[2] {felyaṣbir men ra'ā min emīrihi šey'en} mefhūmıyla ʿāmil oldı.

Ve bu muṣannıf Ḥażret-i Ādem zamānından berü gečen muṣannıflarıñ te'līf etdügi kitābların ḥurūf tertībi ile Kešfü ẓ-ẓunūn ʿan esāmī l-kütüb ve l-fünūn nām kitābda ğemʿ eyledi ve anda üč yüz qadar fenn yazdı ğümle kitābların muṣannıfların beyān eyledi. Ve ... Süllemü l-vuṣūl ilā ṭabaqāti l-fuḥūl nām kitābda daḫi muṣannıfları ve sā'ir aʿyān-ı bešerī ğemʿ u tertīb eyledi. ʿİlm-i ḥurūf ve esmā ve ḫavāṣṣ ve reml ve vefq ve ṭıbb ve nīrenğāt ve sā'ir-i ʿulūm-ı ġarībede daḫi taḥrīrler ve taṣarruflar eyledi. Te'līf ve taḥrīriniñ kimi tamam olub beyāża čıqdı ve kimi daḫi nā-tamāmdur. Ğümleden biri daḫi bu kitābdur.

[2] Koran 2. 216.

ANHANG 2

KARTEN DER AUTOGRAPHEN UND DER DRUCKAUSGABE

1. Die Karten im Wiener Konzept

WK fol.	Beschreibung
31v	Diagramm der sieben ptolemäischen Klimata mit den Namen der "konventionellen" Klimata
32v-33r	Platz für die Karte der Alten und Neuen Welt, lt. Beschreibung als Planigloben mit Gradnetz
34a marg.	Iberische Halbinsel, farbig, geostet, kein Rahmen, wie die folgenden wohl von der Hand eines professionellen Malers
34a marg.	Region Lissabon, Galizien; die folgenden Karten sind unterschiedlich orientiert, farbig, mit rundem Rahmen
34v marg.	Region Mérida
34v marg.	Region Sevilla
35r marg.	Region Córdoba
35v marg.	Region Málaga
36r marg.	Region Granada
55r marg.	Edirne und seine Flüsse; wie die folgenden von der Hand Kātib Čelebis; einfarbig, ohne Rahmen
95v marg.	See von Shkodër; Himmelsrichtungen in Worten angegeben
96r marg.	See von Shkodër; Norden durch Pfeil bezeichnet
98av marg.	ganzseitige Karte von Bosnien; Norden etwa links oben
102v marg.	Belgrad und Umgebung
105r marg.	in drei Abschnitte geteilte Karte der Donau: 1. von der Großen Schüttinsel bis Budin, 2. von Budin bis Seksar, 3. von Seksar bis zur Draumündung; vereinzelt zusätzliche Erläuterungen
108v marg.	*eyalet* Qanıže; zusätzliche Erläuterungen
110r marg.	Abschnitt der Donau von der Draumündung bis Orsova samt dem *eyalet* Temesvar; stark verzerrt
181ar	ganzseitiger Entwurf einer Karte von Mekka und Umgebung; Kaʿba halbperspektivisch, sehr wenige Objekte eingezeichnet
228v	Karte des Asowschen Meeres; vermutlich nach einer türkischen Vorlage (Seekarte?)

2. DIE KARTEN DER ZWEITEN FASSUNG IM VERGLEICH MIT DER DRUCKAUSGABE

IK	ĞD	Beschreibung[1]
21r		Weltkarte (Planisphäre) in zwei Kreisen, ohne Gradnetz, nach Mercator
	71a	Weltkarte (Planisphäre) in zwei Kreisen, mit Gradnetz und einigen zusätzlichen Diagrammen, nach Sanson
	75a	Mittelmeer und Schwarzes Meer[2]
	77a	Adria
	77b	Ägäis
	95a	Weltkarte oval
32r	99a	Europa nach Mercator; mit Rahmen, Gradnetz, Maßstab, unbeschriftet
34r	101a	Afrika nach Mercator; mit Rahmen, Gradnetz, Maßstab, unbeschriftet
35r	103a	Asien nach Mercator; mit Rahmen, Gradnetz, Maßstab, unbeschriftet
37r	113a	Amerika nach Mercator; mit Rahmen, Gradnetz, Maßstab, unbeschriftet
41r		Arktis; mit Rahmen, Gradnetz, Maßstab, unbeschriftet
	119a	Arktis nach Mercator
42r		Antarktis; mit Rahmen, Gradnetz, Maßstab, Beschriftung
	119a	Antarktis
44r		Weltkarte, rechteckig, nach einer europäischen Karte in ovaler Projektion, mit Rahmen, ohne Gradnetz und Beschriftung
45r	125a	Japan nach Ortelius; ohne Gradierung auf dem Rahmen, Maßstab, unbeschriftet
46v	129a	Guinea; mit Gradierung auf dem Rahmen, Maßstab, Beschriftung
47v	131a	Südostasien nach Mercator; mit Gradierung auf dem Rahmen, teilweise beschriftet
49r		Molukken; mit Gradierung auf dem Rahmen, Beschriftung
	133a	Südostasien

[1] Beschreibungen beziehen sich immer auf die Karten im Autograph. Fehlende Beschriftungen sind von İbrāhīm Müteferriqa in der Druckausgabe ergänzt, Kompaßrosen sind seine Zutat. Sofern nicht anders angegeben, sind die Karten - zumindest näherungsweise - genordet.

[2] Sofern nichts anderes angegeben ist, ist eine europäische Vorlage anzunehmen. Es war mir nicht möglich, die von Kātib Čelebi benutzte Ausgabe des Ortelius-Atlas zu identifizieren.

50r	135a	Java (bez. als Ǧezā'ir-i Maluke); mit Gradierung auf dem Rahmen, Beschriftung
52r	143a	Sumatra; mit Gradierung auf dem Rahmen, Beschriftung
53r	145a	Borneo, Paloha und Mindanao nach Gastaldi; mit Gradierung auf dem Rahmen, Beschriftung
55r		Sri Lanka nach Mercator; mit Gradierung auf dem Rahmen, Maßstab, Beschriftung
58r	153a	China nach Mercator; ohne Rahmen, unbeschriftet
69a		Nordasien nach Mercator (Tartaria); ohne Rahmen, unbeschriftet
	165a	Nordasien
75a		Indien nach Mercator; ohne Rahmen, unbeschriftet
	195a	Indien
87r		Sind nach Kātib Čelebi; nur Gewässer und Städte
88r		Makrān nach Kātib Čelebi; nur Gewässer und Städte, Verlauf der Flüsse sehr fehlerhaft
89v		Zābulistān, Ḫwāst nach Kātib Čelebi; nur Gewässer und Städte
93r		Kašmīr und Tibet nach Kātib Čelebi; nur Gewässer und Städte, Anordnung der Städte stark schematisiert
95r		Siǧistān nach Kātib Čelebi; nur Gewässer und Städte
96v		Badaḫšān nach Kātib Čelebi; nur Gewässer, Berge und Städte, Lokalisierungen (z.B. von Balḫ) falsch, Flußläufe verzerrt
98r		Kirmān, Hormuz, Lār; Gradierung auf dem Rahmen, unbeschriftet
104r		Fārs und der Persische Golf; Gradierung auf dem Rahmen, Umrisse nach einer europäischen Karte, Toponyme von Kātib Čelebi eingezeichnet
	289a	Ṣafawidenreich nach Mercator
112r marg.		Skizze von Hamadān von Kātib Čelebi
108r		Ḫūzistān und Lūristān; nur Küstenlinie und zwei Flüsse, wohl von Kātib Čelebi in Anlehnung an europäische Vorlage
116r		Ǧibāl (ʿIrāq al-ʿaǧam) nach Kātib Čelebi; nur Gewässer, Berge und Städte, Verlauf der Flüsse teilweise, stark verschoben, ebenso einige Berge
	347a	Transoxanien
146r	389a	Āẕarbayǧān nach Kātib Čelebi; Rahmen, Städte, Berge und Gewässer, teilweise Text

159r		Skizze des Kaspischen Meeres, Rahmen mit Gradierung
	407a	Kaukasien
159v		Armenien nach Kātib Čelebi; Städte, Berge und Flüsse um den Van-See zentriert

ANHANG 3

DIE HANDSCHRIFTEN DES *ĞIHĀNNÜMĀ*

Die folgende Aufstellung der bekannten Handschriften basiert überwiegend auf der Sekundärliteratur und nur in einigen Fällen auf Autopsie. Vor allem über die in Istanbul aufbewahrten Handschriften liegen stark divergierende Aussagen vor. Die zuverlässigsten, weil neuesten und gründlichsten dürften die von Sarıcaoğlu sein, denen ich i.a. folge. Leider sind dort die Karten nicht berücksichtigt. Der Vollständigkeit halber sind auch Handschriften verzeichnet, die von ihm nicht genannt werden, aber in den älteren Listen von Gökyay, Derin und Türkay zu finden sind.

1. ERSTE FASSUNG

A

Wien, Nationalbibliothek, mxt. 389 (zit. als WK)
253 Blatt, ca. 22 x 15 cm. Fol. 15-93 von einem professionellen Schreiber, Schriftspiegel mit goldener Einfassung, Überschriften rot, *nesḫī*, 25 Zeilen pro Seite. Rest Autograph, sehr unregelmäßige Schrift.[1] Das sogenannte Wiener Konzept enthält als einzige Handschrift das Kapitel "Wasser" vollständig. Andererseits fehlt das Kapitel Konstantinopel.[2] Zahlreiche Marginalien von der Hand Kātib Čelebīs und Ebū Bekr b. Behrām ed-Dimišqīs. Text der ersten Fassung bis fol. 111b (Artikel Ḥatvan im *eyālet* Egri),[3] danach nur teilweise ausgearbeitete Fortsetzung, am Ende Auszüge aus europäischen Quellen wohl als Material für die zweite Fassung. Für eine Weltkarte ist fol. 34v-35r Platz freigelassen. Auf den Rändern finden sich zahlreiche, meist rund umrandete Detailkärtchen, jedoch nur ein kleiner Teil der in Gruppe C vorhandenen (vollständige Liste Anhang 2). Zur weiteren Beschreibung dieser Handschrift siehe Text sowie v.a. Taeschner 1923-26.

---

[1] Flügel 1865-67. II, 434f., Nr. 1282.

[2] Fol. 45-54 sind offenbar herausgetrennt worden, ebenso fehlt Blatt 26. Einige andere Lücken in der Foliierung sind wahrscheinlich durch fehlerhafte Zählung zu erklären, da beim Binden der Handschrift am Ende einige Blätter vertauscht worden sind.

[3] Von fol. 103v (*sanğaq* Sirem) bis 111v (Ende der ersten Fassung) sind die langen Artikel, in denen die Hauptorte der sanğaqs und vor allem ihre Eroberung beschrieben wird, gegenüber dem Text der ausgearbeiteten ersten Fassung etwas gekürzt und vereinfacht.

B

Ragıp Paşa Nr. 907/1061, Teil 2
Größe 30 x 19, Schriftspiegel 20 x 10, 340 Blatt, 27 Zeilen pro Seite, *nesḫī*. Abschrift von Meḥmed Emīn b. ʿAlī b. Aḥmed, nicht datiert. Beginnt mit dem Kapitel Wasser, das jedoch zwei große Lücken aufweist (entsprechend WK fol 15v, Z. 19 bis fol. 17v. Z. 14 und fol. 19v, Z. 13 bis 20v, Z. 13).[4] Enthält im Teil 1 die zweite Fassung (s.u. 2 F).

Privatbesitz M.F. Köprülü, Teil 2
Textbestand wie die Vorige. Karten wie Gruppe E.
Der erste Teil ist eine "Neubearbeitung der mathematisch-kosmographischen Teile" der zweiten Fassung einschließlich der Zusätze İbrāhīm Müteferriqas.[5]

Wien, Nationalbibliothek, mxt. 762 (zit. als W)
Größe 23,5 x 14,5 cm, Schriftspiegel 7 x 16 cm mit roter Umrandung. 131 Blatt, 21 Zeilen pro Seite, sorgfältiges *nastaʿlīq*. Textbestand wie die Vorigen. Karten wie Gruppe 1 C.[6]

Topkapı, Revan Köşkü Nr. 1624, Teil 2 (fol. 160r-200v)
Größe 34 x 26 cm, Schriftspiegel 25 x 11,5 cm, 39 Zeilen pro Seite, *taʿlīq*. Textbestand wie die Vorigen.[7]
Enthält im 1. Teil das Autograph der zweiten Fassung (s.u. 2 A).

Topkapı, Revan Köşkü Nr. 1629, Teil 2
Größe 32 x 20 cm, Schriftspiegel 21,5 x 10 cm, 314 Blatt, 29 Zeilen pro Seite, *nesḫī*. Einige Karten, jeweils zu einem oder mehreren *sanǧaq*s, mit Andeutung des Gradnetzes (ev. wie Gruppe E).[8] Enthält im Teil 1 die zweite Fassung (s.u. 2 C).

Topkapı, Revan Köşkü Nr. 1630, Teil 2
Größe 31 x 18 cm, Schriftspiegel 21 x 9,5 cm, 361 Blatt, 25 Zeilen pro Seite, *taʿlīq*. Abschrift von ʿAbdülḥayy b. İbrāhīm 1138/1725.[9] Enthält im Teil 1 die zweite Fassung (s.u.2 B).

---

[4] Derin 1957. 28, Sarıcaoğlu 1995. 22, Taeschner 1926. 101, GOW 200.
[5] Taeschner 1926. 110, 101 Anm. 5. Über den Verbleib dieser Handschrift ist mir nichts bekannt. Auch Sarıcaoğlu hat darüber keine Kenntnisse (briefl. Mitteilung).
[6] Taeschner 1926. 101 Anm. 5, GOW 198. Die Weltkarte weist jedoch im Gegensatz zu denen in Wien, H.O.191 und mxt. 826 in Gruppe 1 C ein Gradnetz samt Polar- und Wendekreisen und insgesamt wesentlich mehr Details auf.
[7] Derin 1957. 28, Sarıcaoğlu 1995. 22.
[8] Abbildung in Gökbilgin 1956. Abb. 8-16, Derin 1957. 28, Gökyay 1957a. 72, Sarıcaoğlu 1995. 22.
[9] Derin 1957. 28, Gökyay 1957a. 72, Sarıcaoğlu 1995. 22.

Süleymaniye, Mihrişah Sultan Nr. 308, Teil 2
Größe 27,5 x 17 cm, Schriftspiegel 19 x 9 cm, 325 Blatt, 29 Zeilen pro Seite, *taᶜlīq.*[10] Enthält im Teil 1 die zweite Fassung (s.u. 2 C).

Süleymaniye, Murad Molla, Hamidiye Nr. 988, Teil 2
Größe 32 x 21, Schriftspiegel 22 x 10, 308 Blatt, 31 Zeilen pro Seite, *nesḫī.* Abschrift von Maḥmūd b. eš-šeyḫ ᶜAbdullāh b. el-Müstaqīm 1141/1728.[11] Enthält im Teil 1 die zweite Fassung (s.u. 2 D).
Sarıcaoğlu nennt außerdem:
Süleymaniye, Hacı Beşir Ağa (Eyüp) Nr. 111, Teil 2.[12]

C

Wien, Nationalbibliothek, H.O. 191, Teil 2 (zit. als W1)
Ca. 20,5 x 15 cm, 118 Blatt, 21 Zeilen pro Seite, *nesḫī,*[13] Stichwörter rot. Abschrift von İbrāhīm el-Qırīmī.[14] Teil 1 der Handschrift bildet der Beginn von Sipāhīzādes *Auḍaḥ al-masālik ilā maᶜrifat al-mamālik* (1-4v), den Hauptteil nimmt jedoch der Text des *Ǧihānnümā* ein (fol. 11r-118v). Im Vergleich mit der vorigen Gruppe fehlt der Anfang bis zum Ende der zweiten Lücke (WK fol. 20v, Z. 13). Der Text beginnt im Artikel "See von Damiette" mit den Worten "gölü ġarb ṭarafına düšer". Enthält eine Weltkarte ohne Gradnetz[15] und ca. 100 Detailkärtchen auf den Rändern. Die Karten zu den Flüssen oder zu einem *iqlīm* können die gesamte Seitenhöhe einnehmen, die Detailkärtchen, die jeweils einen *sanǧaq* darstellen, sind kreisrund umrandet, mit wenigen Zentimetern Durchmesser.

Wien, Nationalbibliothek mxt. 826 (zit. als W2)
Größe 14,5 x 20,5 cm, Schriftspiegel 6,5 x 14,5 cm, ohne Umrandung. 121 Blatt, 21 Zeilen pro Seite. Mäßiges *nesḫī,* Stichworte teils rot, teils rot überstrichen. Textbestand und Karten wie die Vorige.[16] Die Ähnlichkeit der Karten ei

[10] Derin 1957. 28, Sarıcaoğlu 1995. 22, wohl identisch mit Gökyays Husrev Paşa Nr. 308 (1957a. 70).
[11] Derin 1957. 28, Gökyay 1957a. 72, Sarıcaoğlu 1995. 22.
[12] Sarıcaoğlu 1995. 22. Sollte diese Handschrift auch mit den sonst nicht verifizierbaren Angaben bei Türkay 1958. 20 (Hüsrev Paşa, Hacı Beşir Ağa Nr. 112) und Derin 1957. 28 (Süleymaniye, Beşir Ağa Nr. 110) gemeint sein? Zu Teil 1 cf. 2 C.
[13] Nicht, wie von Flügel angegeben, *nastaᶜlīq.*
[14] Flügel 1865-67. II, 430f., Nr. 1278. Der Name Aḥmed el-Qırīmī bei Sarıcaoğlu 1991. 139 beruht wohl auf einem Irrtum, sodaß die Spekulation über die Identität mit einem Mitarbeiter İbrāhīm Müteferriqas hinfällig wird. Vgl. a. Taeschner 1926. 101, GOW 198.
[15] Abgebildet in Hegyi/Zimányi 1988. 96.
[16] Taeschner 1926. 101 Anm. 6, GOW 198. Zwischen fol. 82v und 83r fehlen einige Blätter (entspr. WK 84v-92v), die letzten beiden davon finden sich als fol. 91-92.

nerseits und kleine Unterschiede in der Beschriftung andererseits legen die Annahme nahe, daß diese Handschrift von der vorigen kopiert ist.[17]

Bayezid, Veliyüddin Efendi Nr. 2336
Textbestand und Karten wie die Vorigen.[18]

Nuruosmaniye Nr. 2568 (alt Nr. 3003)
65 Blatt.
Textbestand wie die Vorigen.[19]
Nur bei Sarıcaoğlu genannt:[20]
Süleymaniye, Reşid Efendi Nr. 609

D

Süleymaniye, Halet Efendi Nr. 640
Größe 29 x 17 cm, Schriftspiegel 19,5 x 9,5 cm, 169 Blatt, 27 Zeilen pro Seite, *nesḫī*. Datiert 15. Muḥarrem 1108/15.8.1696.[21] Gegenüber der vorigen Gruppe fehlen am Anfang die letzten Worte des Artikels "See von Damiette", der Text beginnt mit dem Artikel "See von Bāniyās".

Millet Kütüphanesi, Ali Emiri Nr. 267 umumî/1326 hususî, 2. Teil
Datiert 11. Ševvāl 1153/23.1.1739, signiert Ṭašğı İbrāhīm Čelebī b. ʿAlī Fuẕūlğızāde. Textbestand wie die Vorige.[22]
Enthält im 1. Teil die zweite Fassung (s.u. 2 D).

Millet Kütüphanesi, Ali Emiri Nr. 1205 umumî/2266 hususî, 2. Teil
Datiert 1223/1808, signiert Šerīf Sirrī Selīm b. Šerīf Yūsuf Bey Edrenevī. Textbestand wie die Vorigen.[23]
Enthält im 1. Teil die zweite Fassung (s.u. 2 D).

---

[17] Die Karten in H.O. 191 weisen i.a. einen sichereren Strich auf als die in mxt. 826 und sind teilweise ausführlicher beschriftet. Einige Karten in mxt. 826 sind später eingeklebt (z.B. die des Nils fol. 4r).

[18] Taeschner 1926. 101 Anm. 6, GOW 200, Sarıcaoğlu 1995. 22. Bei Gökyay 1957a und Derin 1957 nicht erwähnt.

[19] Gökyay 1957a. 72, Sarıcaoğlu 1995. 22.

[20] Sarıcaoğlu 1995. 22f.

[21] Derin 1957. 28, Taeschner 1926. 101 Anm. 7, Gökyay 1957a. 71, GOW 200, Sarıcaoğlu 1995. 23.

[22] Taeschner 1926. 101 Anm. 7, GOW 200. Diese und die folgende Handschrift sind wohl identisch mit Ali Emiri, Coğrafya Nr. 90 bzw. Coğrafya Nr. 2 bei Sarıcaoğlu 1995. 23.

[23] Taeschner 1926. 101 Anm. 7, GOW 200.

Berlin, Staatsbibliothek, Ms. or. fol. 4056 (zit. als B)
Größe 30 x 17,5 cm, Schriftspiegel 22 x 11 cm, 95 Blatt, 25 Zeilen, *nesḫī*. Enthält neben zahlreichen farbigen Detailkärtchen auf den Rändern auch mehrere handkolorierte Karten aus der Druckausgabe.[24] Textbestand wie die Vorigen.

Süleymaniye, Şazeli Tekkesi Nr. 122
Größe 21,5 x 16 cm, Schriftspiegel 16 x 7,5 cm, 117 Blatt, 19 Zeilen pro Seite, *nesḫī*.[25] Textbestand wie die Vorigen.

Topkapı, Revan Köşkü Nr. 1622, Teil 2
Größe 33 x 22,5 cm, Schriftspiegel 20 x 10,5 cm, insgesamt 300 Blatt, 31 Zeilen pro Seite, *nesḫī*. Besitzervermerk vom Jahre 1159/1746.[26] Enthält im Teil 1 die zweite Fassung (s.u. 2 D).

Ayasofya Nr. 2604, Teil 2
Größe 32 x 17,5, Schriftspiegel 23,5 x 10,5, 257 Blatt, 25 Zeilen pro Seite, *nesḫī*.[27] Enthält im Teil 1 die zweite Fassung (s.u. 2 D).

Sarıcaoğlu 1995. 23 nennt außerdem:
Üniversite Kitaplığı TY Nr. 9589
Topkapı, Revan Köşkü Nr. 1642

E

Bayezid, Umumi Kütüphanesi Nr. 4966
Größe 30 x 18 cm, Schriftspiegel 18 x 9,5 cm, 125 Blatt, 25 Zeilen pro Seite, *nesḫī*, datiert 1186/1772, signiert ʿOs̱mān b. Muṣṭafā Keskinzāde.[28] Gegenüber den vorigen Gruppen fehlen die Kapitel über das Element Wasser und über Andalusien und den Maġrib. Stattdessen beginnt der Text erst mit dem Kapitel Rumeli (entspricht WK fol. 45v). Enthält einige wenige Karten mit Gradnetz.

Leiden, Universitätsbibliothek, Handschrift aus dem Nachlaß Taeschner
Datiert 1203/1788, signiert es-Seyyid Muṣṭafā Sidqī.
Textbestand und Karten wie die Vorige.

Topkapı, Emanet Hazinesi Nr. 443
80 Blatt, datiert 1187/1773, signiert ʿOs̱mān b. Muṣṭafā Keskinzāde. Textbestand wie die Vorigen.[29]

---

[24] Taeschner 1931. 491, genaue Beschreibung Sohrweide 1981. 150, Nr. 163.
[25] Derin 1957. 28, Gökyay 1957a. 71.
[26] Derin 1957. 28, Gökyay 1957a. 72, Sarıcaoğlu 1995. 23.
[27] Derin 1957. 28, Gökyay 1957a. 72, Sarıcaoğlu 1995. 23.
[28] Taeschner 1926. 101 Anm. 8, Derin 1957. 28., GOW 200, Sarıcaoğlu 1995. 23.
[29] Gökyay 1957a. 72, Sarıcaoğlu 1995. 23.

Topkapı, Revan Köşkü Nr. 1651
67 Blatt.
Der Text beginnt wie die Vorigen, endet jedoch schon mit dem Abschnitt Vallıova im *sanǧaq* Semendire (entspricht WK 103v).[30] Enthält 18 Karten.[31]

F

Oxford, Ms. Sale 67, Teil 2 (fol. 297r-376v, zit. als O)
Datiert Šaʿbān 1138/April 1725.[32] Diese Handschrift scheint auf eine Abschrift zurückzugehen, die noch vor der "Vollendung" der ersten Fassung, wie sie im Reinschriftfragment des Wiener Konzeptes und den anderen Handschriften vorliegt, gefertigt wurde. Vom Kapitel "Morea" (entspr. WK 89v) an wird nach einem kurzen Artikel, der den Hauptort des *sanǧaq*s beschreibt (und bis auf kleine Unterschiede der Wortwahl mit dem Text der anderen Handschriften übereinstimmt), meist nur eine Liste der zugehörigen *qażā*s gegeben, während die anderen Handschriften diese *qażā*s näher beschreiben. In diesem Teil enthält der Text zahlreiche Schreibfehler wie Verwechslung von Buchstaben, Auslassung einzelner Wörter oder ganzer Satzteile, sowie sinnentstellende Lesungen, die vielleicht durch eine flüchtig geschriebene Vorlage, etwa eine halbfertige Kladde, erklärt werden können.[33] Lücken im Kap. Istanbul (321r-328v), keine Karten.

G

London, Library of the SOAS
Größe 15 x 14 cm, 58 Karten, drei davon mehrfach, die übrigen einfach gefaltet. 4 Tintenzeichnungen von Ansichten griechischer Städte (Nauplia, Monemvasia, Modoni, Lepanto). Auf 29 dazwischen eingeschobenen und ebenfalls gefalteten Blättern der Text, Zeilenverlauf parallel zum Buchrücken. Besitzervermerk ʿO̱smān Nūrī Paša, muḥaṣṣil von Išqodra, 13. Ẕū l-Ḥiǧǧa 1251/31.3.1836. Datierung anhand der Karten: Terminus post quem 1718 (Verlust von Temesvar), Terminus ante quem 1774 (Verlust der Krim). Fol. 26-86 enthalten den größten Teil des Textes der ersten Fassung, beginnend mit dem *sanǧaq* Vize (also ohne die Einleitung zu Rumeli und ohne die drei Hauptstädte Istanbul, Edirne und Bursa).[34]

---

[30] Gökyay 1957a. 72, Sarıcaoğlu 1995. 23.
[31] Adnan-Adıvar 1970. 130.
[32] Taeschner 1926. 101, GOW 198, ohne daß von diesen die Unterschiede zu Gruppe B erkannt worden wären.
[33] Daß hier eine spätere Kürzung vorliegt, möchte ich ausschließen, da diese Listen einige Male auch Orte enthalten, die in den anderen Versionen nicht oder an anderer Stelle angeführt sind.
[34] Menage 1963. 174f.

H

Die folgende Handschrift der ersten Fassung kann nach der vorliegenden Beschreibung nicht näher klassifiziert werden:

Zürich, Privatbesitz, Teil 3 (ab fol. 298*)
Größe 28,5 x 18,5 cm, 583 beschriebene und 4 leere Blätter, 29 Zeilen, *taᶜlīq*. Enthält in Teil 1 (fol. 1-297) die zweite Fassung, in Teil 2 (später eingebunden, foliiert 297-497) Ergänzungen aus der Druckausgabe. Diese Handschrift ist beschrieben im Katalog 562 des Zürcher Antiquariats Schumann, Nr. 100, jedoch mittlerweile in private Hände verkauft und mir vorläufig nicht zugänglich. Aller Wahrscheinlichkeit ist sie identisch mit der Handschrift im Privatbesitz H.S. Selens, die dieser seinem Artikel über das *Ǧihānnümā* zugrundegelegt hat.[35]

Da der Anfang fehlt, kann auch die folgende Handschrift nicht zuverlässig klassifiziert werden:

Cairo University Library, Nr. 5450 T
Kleines Quartformat.[36] Der Text beginnt mit den letzten Zeilen der Einleitung zum Kapitel Erde (entspricht WK 33r, Z. 6 v.u.). Auch das Ende ist defekt. Karte der östlichen Hemisphäre fol. 1b, der westlichen 45b. Zahlreiche Detailkarten auf den Rändern. Nach den Karten zu urteilen, gehört die Abschrift zu Gruppe C.[37]

2. Zweite Fassung

A

Topkapı, Revan Köşkü Nr. 1624, Teil 1 (fol. 1-159v)
Größe 34 x 26 cm, Schriftspiegel 25 x 11,5 cm, 39-42 Zeilen pro Seite, *nesḫī*,[38] teilweise Autograph. Die Handschrift stammt fol. 1-158v, Z. 22 von der Hand Kātib Čelebīs. Dieser Teil endet im Abschnitt Sökmānābād (entspr. 418, Z. 12 der Druckausgabe). Er umfaßt auch zahlreiche Marginalien des Autors. Seite 158v ist dann von Ebū Bekr b. Behrāms Hand vervollständigt worden (bis 419, Z. 2 der Druckausgabe). Von seiner Hand stammen auch die Marginalien sowie der Text fol. 159v, der dem Text der Druckausgabe bis 422,[39] Z. 1 entspricht.[40] Auch weitere Marginalien Ebū Bekr b. Behrāms sind - ungekennzeichnet - in der Druckausgabe sowie in etlichen späteren Handschriften in den Text über

[35] Selen 1957. 122. Als Privatbesitz Selen wird sie auch bei Sarıcaoğlu 1995. 22 nach einer Beschreibung Selens von 1965 geführt und der Gruppe 1 B zugewiesen.

[36] "About the size of an average paperback book".

[37] Birnbaum 1994a. 142ff. mit einer Reproduktion der Karte der westlichen Hemisphäre.

[38] Derin 1957. 28.

[39] Taeschner 1931. 493 hat 419, Z. 1, was nach dem Vorangegangenen sicher ein Versehen ist.

[40] Diese Beschreibung folgt Taeschner 1931. 492f. Ebenso Sarıcaoğlu 1991. 125. Sicher inkorrekt ist Gökyay 1957a. 69f., wonach der gesamte Text bis fol. 159v. von Kātib Čelebis Hand stammt, nach dem dort zitierten Schluß also bis 422, Z. 1 der Druckausgabe.

nommen.[41] Nach diesem Befund steht fest, daß mit dem Autograph, das nach der Einleitung İbrāhīm Müteferriqas der Druckausgabe zugrundeliegt, diese Handschrift gemeint ist.[42] Die Handschrift enthält zahlreiche Karten.[43]
Auf fol. 160v-200 ist eine spätere Abschrift der ersten Fassung hinzugefügt (dazu s.o.).

B

Leiden, cod. Warner 1109
Eine der frühesten Handschriften, aus dem Besitz von Lewinus Warner (starb 1665). Der ursprüngliche Textbestand deckte sich genau mit dem autographischen Teil von Topkapı, Revan Köşkü Nr. 1624 (s.o),[44] allerdings weist die Handschrift zwischen p. 239 und 240 eine enorme Lücke auf, die S. 136, Z. 12 bis 375, Z. 10 der Druckausgabe entspricht.[45]

Topkapı, Revan Köşkü Nr. 1630, Teil 1
Größe 31 x 18 cm, Schriftspiegel 21 x 9,5 cm, 361 Blatt, 25 Zeilen pro Seite, *taᶜlīq*. Abschrift von ʿAbdülḥayy b. İbrāhīm 1138/1725.[46] Textbestand wie die Vorige (abgesehen von der Lücke der Leidener Handschrift). Enthält im Teil 2 die erste Fassung (s.o. 1 B).

Nur bei Sarıcaoğlu 1995. 25 genannt:

Topkapı, Revan Köşkü Nr. 1623
Größe 34 x 22 cm, Schriftspiegel 20 x 10 cm, 237 Blatt, 31 Zeilen pro Seite, *nesḫī*.[47] Textbestand wie die Vorige.
Im Katalog irrtümlich als Autograph bezeichnet.[48]

C

Oxford, Ms. Sale 67, Teil 1 (fol. 1-296v)
Datiert Šaᶜbān 1138/April 1725. Der Textbestand dieser Handschrift entspricht dem des Autographs einschließlich der ersten Ergänzung von Ebū Bekr b. Behrām, d.h. bis S. 419, Z. 2 der Druckausgabe.[49] Fol. 297r-376v enthalten die erste Fassung (dazu s.o. 1 F).

---

[41] Sarıcaoğlu 1991. 132.
[42] Sarıcaoğlu 1991. 139.
[43] Vollständige Liste Anhang 2.
[44] Taeschner 1931. 493, GOW 200.
[45] Cf. Dozy, Catalogus II, p. 140, No. DCCXLII. Dozy konnte seinerzeit das Ende der Lücke nicht genauer bestimmen, da im Leidener Exemplar der Druckausgabe die entsprechenden Seiten fehlten.
[46] Derin 1957. 28, Gökyay 1957a. 70, Sarıcaoğlu 1995. 24.
[47] Derin 1957. 28.
[48] Sarıcaoğlu 1995. 25. Gökyay 1957a. 70 ordnet diese Handschrift in Gruppe D ein.
[49] Taeschner 1931. 493.

Topkapı, Bağdat Köşkü Nr. 335
225 Blatt, Textbestand wie die vorige.[50]

Topkapı, Revan Köşkü Nr. 1629, Teil 1
Größe 32 x 20 cm, Schriftspiegel 21,5 x 10 cm, 314 Blatt, 29 Zeilen pro Seite, *nesḫī*, Textbestand wie die vorige.[51] Enthält im Teil 2 die erste Fassung (s.o. 1 B).

Süleymaniye, Mihrişah Sultan Nr. 308, Teil 1
Größe 27,5 x 17 cm, Schriftspiegel 19 x 9 cm, 325 Blatt, 29 Zeilen pro Seite, *taᶜlīq*.[52] Enthält im Teil 2 die erste Fassung (s.o. 1 B).
Sarıcaoğlu 1995. 24 nennt außerdem:
Süleymaniye, Hacı Beşir Ağa (Eyüp) Nr. 111, Teil 1.[53]

D

Topkapı, Revan Köşkü Nr. 1626
Größe 32 x 22 cm, Schriftspiegel 23 x 11,5 cm, 230 Blatt, 28 Zeilen pro Seite, *nesḫī*. Der Textbestand dieser Handschrift entspricht dem des Autographs einschließlich aller Ergänzungen von Ebū Bekr b. Behrām, d.h. bis S. 422, Z. 1 der Druckausgabe.[54]

Topkapı, Revan Köşkü Nr. 1627
Größe 22 x 20,5 cm, Schriftspiegel 22 x 13,5 cm, 180 Blatt, 27 Zeilen pro Seite, *nesḫī*. Textbestand wie die Vorige.[55]

Bayezid, Halil Şerif Paşa Kitapları Nr. 4672
329 Blatt. Textbestand wie die Vorige.[56]

Topkapı, Revan Köşkü Nr. 1622, Teil 1
Größe 33 x 22,5 cm, Schriftspiegel 20 x 10,5 cm, 300 Blatt, 31 Zeilen pro Seite, *nesḫī*. Besitzervermerk vom Jahre 1159/1746.[57] Enthält im Teil 2 die erste Fassung (s.o. 1 D).

---

[50] Gökyay 1957a. 71f., Sarıcaoğlu 1995. 24.
[51] Derin 1957. 28, Gökyay 1957a. 70, Sarıcaoğlu 1995. 24.
[52] Derin 1957. 28, Sarıcaoğlu 1995. 24, wohl identisch mit der Gökyays Husrev Paşa Nr. 308 (1957a. 70).
[53] Vielleicht identisch mit den bei Türkay 1958. 20 (Hüsrev Paşa, Hacı Beşir Ağa Nr. 112) und Derin 1957. 28 (Süleymaniye, Beşir Ağa Nr. 110) genannten Handschriften (s.o. zu Teil 2 unter 1 B).
[54] Derin 1957. 28, Gökyay 1957a. 71, Sarıcaoğlu 1995. 24.
[55] Derin 1957. 28, Gökyay 1957a. 71, Sarıcaoğlu 1995. 24.
[56] Gökyay 1957a. 71, Sarıcaoğlu 1995. 24.
[57] Gökyay 1957a. 71, Derin 1957. 28, Sarıcaoğlu 1995. 24.

Ayasofya Nr. 2604, Teil 1
Größe 32 x 17,5, Schriftspiegel 23,5 x 10,5, 257 Blatt, 25 Zeilen pro Seite, *nesḫī.*[58] Enthält im Teil 2 die erste Fassung (s.o. 1 D).

Süleymaniye, Murad Molla, Hamidiye Nr. 988, Teil 1
Größe 32 x 21, Schriftspiegel 22 x 10, 308 Blatt, 31 Zeilen pro Seite, *nesḫī.*[59] Abschrift von Maḥmūd b. eš-Šeyḫ ʿAbdullāh b. el-Müstaqīm 1141/1728. Enthält im Teil 2 die erste Fassung (s.o. 1 B).

Millet Kütüphanesi, Ali Emiri Nr. 267 umumî/1326 hususî, 1. Teil
Datiert 18. Ǧum. II 1151/4.10.1738.[60]
Enthält im 2. Teil die erste Fassung (s.o. 1 D).

Millet Kütüphanesi, Ali Emiri Nr. 1205 umumî/2266 hususî, 1. Teil[61]
Enthält im 2. Teil die erste Fassung (s.o.).

Nuruosmaniye Nr. 2803 (alt Nr. 3275)
Größe 32 x 21 cm, Schriftspiegel 23 x 10 cm, 271 Blatt, 27 Zeilen pro Seite, *nesḫī.*[62]

Sarıcaoğlu 1995. 24. nennt zusätzlich:
Ankara, Türk Tarih Kurumu Ktb., Y Nr. 535

E

Süleymaniye, Hacı Mahmud Efendi Nr. 5616
Größe 34 x 22 cm, Schriftspiegel 26 x 14 cm, 349 Blatt, 31 Zeilen pro Seite, *nesḫī.* Datiert 1145/1732. Stimmt in Text, Seiteneinteilung und berschriften mit der Druckausgabe überein. Nach Sarıcaoğlu handelt es sich um eine Abschrift der Druckausgabe, nach Gökyay ist sie unmittelbar als Druckvorlage erstellt.[63]

Nuruosmaniye Nr. 2570 (alt Nr. 3006)
706 Blatt, *nesḫī.*[64]
Nach Sarıcaoğlu 1995. 25 gehören zu diesem Typus auch:
Eskişehir İl Halk Ktb., Yazma Eserler Nr. HK 555

---

58 Gökyay 1957a. 71, Derin 1957. 28, Sarıcaoğlu 1995. 24.
59 Gökyay 1957a. 70, Derin 1957. 28, Sarıcaoğlu 1995. 24.
60 Taeschner 1926. 103.
61 Taeschner 1926. 103. Die Einordnung erfolgt auch hier unter der Prämisse, daß die Identifizierung mit Sarıcaoğlus Ali Emiri, Coğrafya Nr. 90 bzw. Nr. 2 richtig ist (1995. 24, s.o. zu Teil 2).
62 Sarıcaoğlu 1995. 24, Derin 1957. 28, Gökyay 1957a. 71.
63 1957a.71. Derin 1957. 28, Sarıcaoğlu 1995. 25.
64 Sarıcaoğlu 1995. 24, Gökyay 1957a. 71.

F

Ragıp Paşa Nr. 907/1061, Teil 1
Größe 30 x 19, Schriftspiegel 20 x 10, 340 Blatt, 27 Zeilen pro Seite, *nesḫī*. Abschrift von Meḥmed Emīn b. ʿAlī b. Aḥmed, nicht datiert. Endet S. 415, Z. 3 v.u. der Druckausgabe.[65]
Enthält im Teil 2 die erste Fassung (s.o. 1 B).

G

Folgende Handschriften lassen sich nach der vorliegenden Beschreibung nicht eindeutig einer der vorhergehenden Gruppen zuordnen:
Paris, Bibliotheque Nationale, Cat. Man. Turcs. F.T. suppl. 215
Größe 33 x 21,5 cm, 243 Blatt, Abschrift von Maḥmūd b. eš-Šeyḫ ʿAbdüllāh b. eš-Šeyḫ Müstaqīm. Datiert 28. Rab. II 1142/21.11.1729. Enthält farbige Karten.[66]

Zürich, Privatbesitz, Teil 1 (fol. 1-297)
Größe 28,5 x 18,5 cm, 583 beschriebene und 4 leere Blätter, 29 Zeilen, *taᶜlīq*. Besitzervermerke von 1170/1756 (?) und 1188/1774. Die Handschrift enthält im Teil 1 eine Abschrift der ersten Fassung. 45 ganzseitige farbige Karten. Im 19. Jhdt. wurde auf zusätzlich eingebundenen Blättern (nachträglich foliiert 297-497) Teil 2 eingefügt, der zusätzliches Material aus der Druckfassung enthält. Teil 3 enthält die erste Fassung.[67]

H

Eine Weiterbearbeitung des länderkundlichen Teils der zweiten Fassung ist:
Süleymaniye, Halet Efendi Nr. 641
Größe 27 x 15 cm, Schriftspiegel 21 x 18 cm,[68] 187 Blatt, 25 Zeilen pro Seite, *taᶜlīq*. Abschrift von Meḥmed b. Muṣṭafā Ṣofyavī, datiert 10. Reğeb 1138/15.3.1726 zu Metoni auf der Peloponnes.[69]

---

65 Taeschner 1926. 104, GOW 200, Derin 1957. 28, Sarıcaoğlu 1995. 25.
66 Adnan-Adıvar 1982. 141. Vgl. GAL II, 428, Blochet, Catalogue des manuscrits turcs, I, 265. Diese Handschrift wird von Sarıcaoğlu 1995. 24 ohne nähere Angaben Gruppe D zugeordnet.
67 Zum Verbleib cf. die Bemerkungen zu Teil 3, 1 H.
68 Angaben so bei Derin 1957. 28.
69 Derin 1957. 28, Taeschner 1926. 104. Die Klassifizierung bei Gökyay 1957a. 71 ist sicher fehlerhaft.

3. AUSSCHNITTE

In einigen Sammelhandschriften in Istanbuler Bibliotheken sind Texte enthalten, die als *Ǧihānnümā* bezeichnet werden:

Süleymaniye, Düğümlü Baba Nr. 469, fol. 11r-48v
Größe 32 x 19 cm, Schriftspiegel 24 x 10,5 cm, insgesamt 201 Blatt, 29 Zeilen pro Seite, *taᶜlīq*. Enthält das Kapitel Rumeli.[70]

Süleymaniye, Hacı Mahmud Efendi Nr. 3916, Teil 2 und 5, fol. 28-42 und 3916/11, fol. 94-99
Größe 22,5 x 15,5 cm, *taᶜlīq*.
Die Abschnitte umfassen die Kapitel "Trabzon" und "Herrscher von Qaramān" aus der Druckausgabe.[71]

British Museum, Add. 11,726 Teil 3
Fol. 30v-43r enthalten die Geschichte der Türken aus dem *Ǧihānnümā* ǦD 369-74.[72]

Arkeoloji Müzeleri, Diyarbakırlı Said Paşa Nr. 537
39 Blatt, 21 Zeilen pro Seite.
Enthält die Kapitel 20 (Čin) und 21 (Ḫitāy) der zweiten Fassung.[73]

4. ZWEIFELHAFTE HANDSCHRIFTEN

Eine *Ǧihānnümā*-Handschrift besitzt die Rumänische Akademie der Wissenschaften in Bukarest, doch liegen mir keine Angaben vor, welcher Textgruppe sie angehört.[74]

Türkay 1958 verzeichnet einige weitere Handschriften, die in den Bibliothekskatalogen als *Ǧihānnümā* gelten, die aber in anderen Aufstellungen nicht aufgeführt wurden:
Arkeoloji Müzesi Nr. 522 (op.cit. p. 6)
Hüsrev Paşa, Hacı Beşir Ağa Nr. 112 (p. 20: Tarih Cihannüma)[75]
Millet Kütüphanesi Nr. 90 (p. 26)
Muradmolla Nr. 1398 (p. 27)
Esad Efendi Nr. 2046 (p. 43)[76]
Topkapı, Ahmed III. Kitapları Nr. 3092 (p. 59)

---

70 Derin 1957. 28, Gökyay 1957a. 72.
71 Derin 1957. 28, Sarıcaoğlu 1995. 25.
72 Sarıcaoğlu 1995. 25f.
73 Sarıcaoğlu 1995. 25.
74 Cf. Guboglu 1965. 88.
75 Vgl. Derin 1957. 28: Süleymaniye, Beşir Ağa Nr. 110.
76 Diese Handschrift nennt auch Adnan-Adıvar 1982. 147, scheint sie aber nicht näher untersucht zu haben.

Derin 1957. 28 nennt außerdem:
Bayezid Umumî Nr. 4672

5. Druckausgaben in Istanbuler Bibliotheken

Die folgende Liste basiert auf Türkay 1958.[77]
Atıf Efendi Nr. 1688 und 1689 (p. 7)
Ayasofya Nr. 2606 (p.8)
Belediye B. 6 (p. 13)
Belediye O. 453 (p. 14)
Bayezid Umumî Nr. 4678 und 4679 (p. 14)
Husrev Paşa Nr. 271 (p. 19)
Millet Kütüphanesi Nr. 91 und 92 (p. 26)
Hamid-i Evvel Nr. 931 (p. 27)
Nuruosmaniye Nr. 2549/3005 (p. 29)
Ragıp Paşa Nr. 1062 (p. 32)
Selimağa Nr. 737 und 738 (p. 32)
Pertevniyal Sultan Nr. 640 (p. 39)
Reisülküttab Mustafa Efendi Nr. 634 (p. 41)
Laleli Nr. 1987 (p. 42)
Çelebi Abdullah Nr. 259 (p. 48)
Düğümlü Baba Nr. 468 (p. 50)
Halet Efendi Nr. 638 (p. 52)
Topkapı, Hazine Kitaplığı 1. defter Nr. 438 (p. 54)
Topkapı, Revan Köşkü Nr. 1616 (p. 55)
Üniversite Kitaplığı Nr. 11591 und 83665 (p. 81)

In folgenden europäischen Bibliotheken sind mir Druckausgaben bekannt:
Universitätsbibliothek Tübingen
Bayrische Staatsbibliothek München
Staatsbibliothek Preußischer Kulturbesitz Berlin
Universitätsbibliothek Leiden
Bibliothèque Nationale Paris (3 Exemplare)

[77] In einigen Fällen gibt Türkay als Datum der Druckausgaben 1657 an. Dabei handelt es sich um das im Vorwort des Müteferriqa-Drucks angegebene Jahr der Niederschrift.

QUELLEN UND LITERATUR

Im folgenden Quellenverzeichnis sind nur originalsprachliche Quellen aufgenommen, während die Übersetzungen i.a. unter dem Namen des Übersetzers unter der Sekundärliteratur verzeichnet sind. Gegebenenfalls ist ein Verweis angebracht. Bei der Sekundärliteratur erfolgt die Anordnung nach der im Text verwendeten Zitierform, d.h. gegebenenfalls auch unter der Abkürzung.

1. QUELLEN

ᶜAǧā'ib al-maḫlūqāt = Zakarīyā b. Muḥammad al-Qazwīnī: *ᶜAǧā'ib al-maḫlūqāt wa ġarā'ib al-mauǧūdāt*. Ed. F. Wüstenfeld. Göttingen 1849.

Aḥsan at-taqāsīm = Šamsaddīn Abū ᶜAbdallāh Muḥ. b. Aḥm. al-Muqaddasī: *Aḥsan at-taqāsīm fī maᶜrifat al-aqālīm*. Ed. M.J. de Goeje. Bibliotheca Geographorum Arabicorum. 3.2. Aufl. Leiden 1906.

Āṯār al-bilād = Zakarīyā b. Muḥammad al-Qazwīnī: *Āṯār al-bilād wa aḫbār al-ᶜibād*. Ed. F. Wöstenfeld. Göttingen 1848.

Atlas Minor = Atlas Minor Gerardi Mercatoris, J. Hondio plurimis aeneis auctus et illustratus. Arnheim 1621.

Baḥrīye (Alpagot/Kurdoğlu) = Pīrī Re'īs: *Baḥrīye*. Ed. Fevzi Kurdoğlu, Haydar Alpagot. Türk Tarih Kurumu Yayınları. 2. Istanbul 1935.

Baḥrīye (Kahle) = Pīrī Re'īs: *Baḥrije*. Das türkische Segelhandbuch für das Mittelländische Meer vom Jahre 1521. Herausgegeben, übersetzt und erklärt von Paul Kahle. 1. Text. 2. Übersetzung. Berlin, Leipzig 1926.

Beyān-ı menāzil = Matrakçı Nasuh: Beyān-i menāzil-i sefer-i ᶜIrakeyn-i Sultan Süleymān Ḫān. Ed. Hüseyin G. Yurdaydın. Türk Tarih Kurumu Yayınlarından 1. Seri. 3. Ankara 1976.

Commentarii = Commentarii Collegii Conimbricensis societatis iesu in libros meteorum Aristotelis Stagiritae. Coloniae, imp. Lazari Zetzneri 1596.

Düstūrü l-ᶜamel = Kātib Čelebi: *Düstūrü l-ᶜamel li-ıṣlāḥi l-ḫalel*. Gedruckt im Anhang zu ᶜAyn ᶜAlī: *Qavānīn-i āl-i ᶜOs̱mān*, Istanbul 1280 H. 119-140. Übersetzungen Can 1982, Behrnauer 1847.

Esālību l-mekātīb = Walsh, J.R.: The Esālību 'l-mekātīb (Münše'āt) of Meḥmed Nergisī Efendi. In: Archivum Ottomanicum 1.1969. 213-302.

Fabrica del mondo = Giovanni Lorenzo d'Anania: L'universale Fabrica del Mondo, ovvero Cosmographia. Venedig 1582.

Fārsnāme = The Farsname of Ibnu 'l-Balkhi. Ed. by G. Le Strange and R. A. Nicholson. Gibb Memorial Series, n.s. 1. London 1921.

Fezleke = *Fezleke-i Kātib Čelebi*. Ğerīde-i Ḥavādis̱ Maṭbaʿası. Bd. 1-2. Istanbul 1286-87 H.

Ğihānnümā: ĞD = Kātib Čelebi: *Ğihānnümā*. Ed. İbrāhīm Müteferriqa. Istanbul 1732. Verwendete Handschriften: IK = "Istanbuler Konzept", Topkapı, Revan Köşkü 1624, Teil 1; WK = "Wiener Konzept", Wien, ÖNB, cod. mxt. 389; W = Wien, ÖNB, cod. mxt. 762; W1 = Wien, ÖNB, H.O. 191; W2 = Wien, ÖNB, cod. mxt. 826; B = Berlin, Staatsbibliothek SMPK, ms. or. fol. 4056; O = Oxford, Bodleian Library, Ms. Sale 67; I = Topkapı, Revan Köşkü 1624, Teil 2.

Ḥabību s-siyar = Ġiyās̱uddīn b. Humāmuddīn Muḥ. gen. Ḫwānd-Mīr: *Ḥabību s-siyar fī aḫbār afrādi l-bašar*. Bd. 1-4. Teheran 1954-55.

Haft iqlīm = Amīn Aḥmad Rāzī: *Haft iqlīm*. Ed. Ğawād Fāżil. Bd. 1-3. Teheran 1962.

Ḥālātu l-Qāhire = Muṣṭafā ʿĀlī: *Ḥālātü l-Qāhire mine l-ʿādāti ẓ-ẓāhire*. Description of Cairo 1599. Ed., tr. et ann. Andreas Tietze. Österr. Akad. d. Wiss. Phil.-hist. Kl. Denkschriften. 120. Forschungen zur islamischen Philologie und Kulturgeschichte. 5. Wien 1975.

Ḫarīdat al-ʿağā'ib = Abū Ḥafṣ ʿUmar Ibn al-Wardī (fälschlich zugeschrieben): *Ḫarīdat al-ʿağā'ib wa farīdat al-ġarā'ib*. Kairo 1324 H./1906.

Introductio = Philippi Cluverii Introductio in Universam Geographiam tam Veteram quam Novam. Leiden 1629.

İršādu l-ḥayārā = Kātib Čelebi: *İršādu l-ḥayārā ilā tārīḫi l-Yūnān ve r-Rūm ve n-Naṣārā*. Staatsbibliothek Berlin, Hs. or. oct. 866.

Kašf aẓ-ẓunūn = Kâtip Çelebi: Keşf-el-zunun. Ed. Šerefettin Yaltkaya und Kilisli Rifat Bilge. 2 Bde. Istanbul 1941-43.

Kitāb ṣūrat al-arḍ= Opus geographicum auctore Ibn Ḥauḳal (=Abū l-Qāsim Muḥ. b. Ḥauqal). Ed. J.H. Kramers. Bibliotheca geographorum arabicorum II, 1-2. Leiden 1938-9.

Kitāb al-išārāt = Abū l-Ḥasan ʿAlī b. Abī Bakr al-Harawī: Guide des lieux de pelerinage [=*Kitāb al-išārāt ilā maʿrifat az-ziyārāt*]. Ed. Janine Sourdel-Thomine. Damaskus 1953. Transl. Janine Sourdel-Thomine. Damaskus 1957.

Kitāb al-masālik wa l-mamālik = Abū l-Qāsim ʿUbaidallāh b. Ḫurdād̠bih: Kitāb al-masālik wa l-mamālik. Ed. M.J. de Goeje. Bibliotheca Geographorum Arabicorum. 6. Leiden 1889.

Kitāb al-ğuġrāfiyā = Abū Ḥusain ʿAlī b. Mūsā b. Saʿīd al-Maġribī: *Kitāb al-ğuġrāfiyā*. Ed. Ismāʿīl al-ʿArabī. Bairut 1970.

Künhü l-aḫbār = Muṣṭafā b. Aḥmed, gen. ʿĀlī: *Künhü l-aḫbār*. Bd. 1-5. Istanbul 1277-85 H. (1860-68).

Marāṣid al-iṭṭilāᶜ =T. G. Juynboll (ed.): Lexicon geographicum cui titulus est *Marāṣid al-iṭṭilāᶜ ilā asmā' al-amkina wa l-biqāᶜ* [irrtümlich Yāqūt al-Ḥamawī statt Ṣafīyaddīn ᶜAbdal-mu'min zugeschrieben]. 6 Bde. Leiden 1852-64.

Menāsik-i mesālik = ᶜAbdürraḥmān Ḥibrī: *Menāsik-i mesālik*. Ed. Sevim İlgürel. Tarih Enstitüsü Dergisi 6. 1975. 111-128; Tarih Dergisi 30.1976. 55-72; 31.1978. 147-162.

Miftāḥ as-saᶜāda = Ṭašköprüzāde Ebū l-Ḫayr Aḥmed: *Miftāḥ as-saᶜāda wa miṣbāḥ as-siyāda*. Bd. 1-3. Hyderabad Deccan 1910-1937.

Mir'ātu l-memālik = Seydī ᶜAlī Re'īs: *Mir'ātu l-memālik*. Ed. Aḥmed Ğevdet. Istanbul 1313/1895. Übersetzung Vambéry 1899.

Mīzānu l-ḥaqq =Kātib Čelebi: *Mīzānu l-ḥaqq fī iḫtiyāri l-aḥaqq*. Ebū ẓ-Ẓiyā Maṭbaᶜası. Istanbul 1306 H. (1888/9). Übersetzung Gökyay 1972.

Menāẓıru l-ᶜavālim = Meḥmed ᶜĀšıq b. ᶜÖmer b. Bāyezīd: *Menāẓıru l-ᶜavālim*. Manchester, University Library, Lindsay Collection Nr. 78.

Muᶜğam al-buldān = Yāqūt b. ᶜAbdallāh ar-Rūmī al-Ḥamawī: *Muᶜğam al-buldān*. Bd. 1-5. Beirut 1955-57.

Münše'ātu s-selāṭīn = Ferīdūn Aḥmed: *Meğmūᶜa-ı münše'ātu s-selāṭīn*. Bd. 1-2. Istanbul 1858.

Muqaddima = *Muqaddimat Ibn Ḫaldūn*. O.O. u.J., Nachdruck Bairut 1981. Übersetzung s. F. Rosenthal 1958.

Murūğ aḏ-ḏahab = [Abū l-Ḥasan ᶜAlī b. al-Ḥusain al-] Masᶜūdī: Les Prairies d'or [= *Murūğ aḏ-ḏahab wa maᶜādin al-ğauhar*]. Edition Barbier de Meynard et Pavet de Courteille, revue et corrigée par Charles Pellat. Bd. 1-7. Beirut 1966-79.

Muḫtaṣar kitāb al-buldān = Abū Bakr Aḥmad b. Muḥ. b. al-Faqīh al-Hamaḏānī: *Muḫtaṣar kitāb al-buldān*. Ed. M.J. de Goeje. Bibliotheca geographorum arabicorum. 5. Leiden 1885.

Nuḫbetü t-tevārīḫ = Meḥmed b. Meḥmed Edirnevī: *Nuḫbetü t-tevārīḫ ve l-aḫbār*. Istanbul 1859-60.

Nuzhat al-muštāq s. Jaubert 1836-40.

Nuzhatu l-qulūb = The Geographical Part of the Nuzhat al-qulūb composed by Ḥamd-Allāh Mustawfī of Qazwīn. 1. Ed. Guy Le Strange. Leiden, London 1915. Übersetzung Le Strange 1919.

Paris Sefāretnāmesi = Yigirmisekiz Meḥmed Efendi: *Paris Sefāretnāmesi*. Istanbul 1306 H.

Plinius = Caius Plinius Caecilius Secundus: Briefe. Lateinisch-deutsch ed. Helmut Kasten. 5. Aufl. München u. Zürich 1984.

Al-Qānūn al-masᶜūdī = Abū Raiḥān Muḥammad b. Aḥmad al-Bīrūnī: *Al-Qānūn al-masᶜūdī*. Haydarabad 1954-56.

Qānūnnāme = *Qānūnnāme-i Ḫitāy ve Ḫotan* (in anderen Hss. *Qānūnnāme-i Čin u Ḫitāy*), türkisch, nach dem persischen *Ḫitāyname* des ʿAlī Ekber. Staatsbibliothek Berlin, ms. or. quart. 989.

Qavānīn-i Āl-ı ᶜOsmān = ʿAyn ʿAlī: *Qavānīn-i Āl-i ᶜOsmān der ḫulāṣe-i meḍāmīn-i defter-i dīvān*. Istanbul 1280 H.

Ar-Rauḍ al-miᶜṭār = Abū ʿAbdallāh Muḥammad b. ʿAbdalmu'min al-Ḥimyarī: *Kitāb ar-rauḍ al-miᶜṭār fi ḫabar al-aqṭār*. Ed. Iḥsān ʿAbbās. Beirut 1975.

Raużatu l-ğannāt s. Barbier de Meynard 1860-62.

Aš-Šaqā'iq an-nuᶜmānīya = Tâşköprülüzade Ahmet: Eş-şeḳā'iḳu n-nuᶜmānīye fi ᶜulemā'i d-devleti l-ᶜOsmānīye. Ed. Ahmet Furat. Istanbul 1985.

Seyāḥatnāme = Evliyā Čelebi: *Seyāḥatnāme*. Bd. 1-10. Istanbul 1896-1938.

Seyfī Čelebi s. Matuz 1968.

Silāḥdār Tārīḫi = Fındıqlılı Meḥmed Aġa, gen. Silāḥdār: *Tārīḫ*. Ed. Aḥmed Refīq. Bd. 1-2. Istanbul 1928.

Ṣubḥ al-aᶜšā = Abū l-ʿAbbās Aḥmad al-Qalqašandī: *Kitāb ṣubḥ al-aᶜšā*. Bd. 1-14. Kairo 1914-1928.

Ṭabaqātu l-memālik = Geschichte Sultan Süleymān Ḳānūnīs von 1520-1557 oder Ṭabaḳāt ül-Memālik ve Derecāt ül-Mesālik von Celālzāde Muṣṭafā, gen. Ḳoca Nişāncı. Ed. Petra Kappert. Wiesbaden 1981.

Tāğu t-tevārīḫ = Saᶜdeddīn Meḥmed b. Ḥasan Ğan, gen. Ḫoğa Saᶜdeddīn: *Tāğu t-tevārīḫ*. Bd. 1-2. Istanbul 1863.

Tahāfut al-falāsifa = Abū Ḥāmid Muḥ. b. Muḥ. al-Ġazzālī: *Tahāfut al-falāsifa*. Ed. Sulaimān Dunyā. Kairo o.J.

Tanbīh = Abū l-Ḥasan ʿAlī b. al-Ḥusain al-Masᶜūdī: *Kitāb at-tanbīh wa l-išrāf*. Ed. de Goeje. Bibliotheca Geographorum Arabicorum. 8. Leiden 1894.

Taqwīm al-buldān = Geographie d'Aboulfeda. Texte arabe publie ... par M. Reinaud et Mac Guckin de Slane. [Abū l-Fidā' ᶜimādaddīn Ismāᶜīl b. ʿAlī al-Ayyūbī, al-Malik al-Mu'ayyad: *Taqwīm al-buldān*]. Paris 1840.

Taqvīmü t-tevārīḫ = Kātib Čelebi: *Taqvīmü t-tevārīḫ*. Istanbul (Müteferriqa) 1733.

Ta'rīḫ ar-rusul wa l-mulūk = Abū Ğaᶜfar Muḥ. b. Ğarīr aṭ-Ṭabarī: *Ta'rīḫ ar-rusul wa l-mulūk*. Ed. Muḥammad Abū l-Faḍl Ibrāhīm. Bd. 1-10. Kairo 1960-69.

Ta'rīḫ muḫtaṣar ad-duwal = Ġrigūriyūs Abū l-Farağ b. al-ᶜIbrī: *Ta'rīḫ muḫtaṣar ad-duwal*. Ed. Anṭūn Ṣālḥānī. Beirut 1890.

Tārīḫ-i Ğenābī = Muṣṭafā b. Ḥasan Ğenābī: *Al-ᶜaylam az-zāḫir fī aḥwāl al-awā'il wa l-awāḫir*. Türkische Vollfassung Wien, ÖNB, A.F. 12, türkische gekürzte Fassung Wien, ÖNB, H.O. 9.

Tārīḫ-i Hind-i Ġarbī (Müteferriqa) = *Ta'rīḫü l-Hindi l-Ġarbī l-musammā bi ḥadīs̱-i nev*. Istanbul 1730. Übersetzung s. Goodrich 1990.

Tārīḫ-i Naᶜīmā = Muṣṭafā Naᶜīmā: *Ravżatu l-Ḥüseyn fī ḫulāṣat aḫbāri l-ḫāfiqayn*, bez. als *Tārīḫ-i Naᶜīmā*. Bd. 1-6. s.l., s.d. (Istanbul 1280 H.=1864/5).

Tārīḫ-i Pečevī = İbrāhīm Pečevī: *Tārīḫ*. Bd. 1-2. Istanbul 1281-1283.

Theatrum = Abraham Ortelius: Theatrum Orbis Terrarum. Antwerpen 1570. Nachdruck Amsterdam 1964.

Tuḥfat al-albāb = Le Tuḥfat al-albāb de Abū Ḥāmid al-Andalusī al-Ġarnāṭī edite d'aprés les Mss. 2167, 2168, 2170 de la Bibliothéque Nationale et le Ms. d'Alger par G. Ferrand. In: Journal Asiatique 207. 1925. 1-148, 193-304.

At-Tuḥfa as-sanīya = Ibn al-Ǧīᶜān, Yaḥyā b. Šākir: *At-tuḥfa as-sanīya fī asmā' al-bilād al-miṣrīya*. Ed. Bernhard Moritz. Kairo 1898. Nachdruck Frankfurt/M. 1992.

Tuḥfetü l-kibār = Kātib Čelebi: *Tuḥfetü l-kibār fī esfāri l-biḥār*. Maṭbaᶜa-ı Baḥrīye. Istanbul 1329 Mal. (1913). Übersetzung Gökyay 1973.

Al-Wāfī bi l-wafayāt = Ṣalāḥaddīn Ḫalīl b. Aibak aṣ-Ṣafadī: *Kitāb al-wāfī bi l-wafayāt*. Das biographische Lexikon des Ṣalāḥaddīn Ḫalīl b. Aibak aṣ-Ṣafadī. Teil 1 ed. Helmut Ritter. 2. Aufl. Wiesbaden 1962.

Ẕeyl-i Šaqā'iq = ᶜUšaqīzāde İbrāhīm: *Ẕeyl-i Šaqā'iq*. Ed. H.J. Kissling. Wiesbaden 1965.

Zubdat kašf al-mamālik = Zoubdat Kachf el-Mamālik. Tableau politique et administratif de l'Égypte, de Syrie et du Hidjaz sous la domination des sultans mamloûks du 13éme siécle par Khalil eḍ-Ḍahiry [Ḫalīl b. Šāhīn aẓ-Ẓāhirī: *Zubdat kašf al-mamālik*]. Texte arabe publie par P. Ravaisse. Paris 1894.

2. SEKUNDÄRLITERATUR

Abel 1954 = Abel, Armand: Changements politiques et littérature eschatologique dans le monde Musulman. In: Studia Islamica 2. 1954. 23-43.

Abel 1958 = Abel, Armand: Un ḥadīṯ sur la prise de Rome dans la tradition eschatologique de l'Islam. In: Arabica 5. 1958. 1-14.

Adnan-Adıvar 1946 = Adnan-Adıvar, Abdülhak: İlim yolunda ışıklar. (Zeitungsart. vom 26.4.1946). Nachgedruckt in: Ders.: Dur, Düşün. Istanbul 1950. 146ff.

Adnan-Adıvar 1948 = Adnan-Adıvar, Abdülhak: Garba açılan ilk pencere, Kâtip Çelebi. In: Cumhuriyet Gazetesi no. 8678, 8.10.1948. Nachgedruckt in: Ders.: Dur , Düşün. Istanbul 1950. 220ff.

Adnan-Adıvar 1982 = Adnan-Adıvar, Abdülhak: Osmanlı Türklerinde İlim. 4. Aufl. von A. Kazançıgıl und S. Tekeli. Istanbul 1982. Nachdr. 1992.

Aḥmed Refiq 1932 = Ahmed Refik (Altınay): Kâtib Çelebi. Istanbul 1932. Nicht gesehen.

Ak 1991 = Ak, Mahmut: Menâzırü 'l-avâlim ve kaynağı Takvîmü 'l-büldan. In: Prof. Dr. Bekir Kütükoğlu'na Armağan. Istanbul 1991. 101-120.

Ak 1995 = Ak, Mahmut: Aynı adı taşıyan iki Osmanlı müellifi (Âşık Mehmed b. Ömer). In: İlmî Araştırmalar 1. 1995. 9-14.

Akkutay 1984 = Akkutay, Ülker: Enderûn mektebi. Ankara 1984.

Aktepe 1952-56 = Aktepe, M. Münir: Damad İbrahim Paşa devrinde lâle. In: Tarih Dergisi. (Istanbul Üniversitesi: Edebiyat Fakültesi Dergisi). Nr. 4. Jg. 7, Sept. 1952. 85-126. Nr. 5. Jg. 8, Sept. 1953. 85-104. Nr. 6. Jg. 9, März 1956. 23-38.

Aktepe 1957 = Aktepe, M. Münir: Devletin malî durumunun ıslahına dair bir risale: Düsturu'l-amel li ıslahi'l-halel. In: Bilgi 11. 126-127. Kasım 1957. 7-9.

Akyol 1940 = Akyol, İ. H.: Tanzimat devrinden evvel bizde coğrafya. In: Tanzimat. I. 100üncü yıldönümü münasebetiyle. Istanbul 1940. 513-27.

Alasania 1973 = Alasania, G. G.: Džichan-njuma Kjatiba Čelebi i ee svedenija o Gruzii. In: Gruzinskoe istočnikovedenije (Tbilisi). 4. 1973. 65-78. Dieser Artikel war mir nicht zugänglich, da er in georgischer Sprache verfaßt ist.

ʿAlī Ğanib 1927 = ʿAlī Ğanib (Yöntem): *Kātib Čelebi'de liberallik.* In: Ḥayāt Meğmūʿası. 3. 20. 1927. 462.

Altunsu 1972 = Altunsu, Abdülkadir: Osmanlı Şeyhülislamları. Ankara 1972.

Anhegger 1951-53 = Anhegger, Robert: Hezarfenn Hüseyin Efendi'nin Osmanlı Devlet Teşkilâtına dâir Mülâhazalar. In: Türkiyat Mecmuası. 10. 1951-53. 365-393.

Arıkan 1990 = Arıkan, Zeki: Osmanlı tarih anlayışının evrimi. In: Tarih ve Sosyoloji Semineri (28.-29.5.1990). Bildiriler. Istanbul 1991. 77-91.

Atsız 1977 = Atsız, Buğra: Das Osmanische Reich um die Mitte des 17. Jahrhunderts. Nach den Chroniken des Vecihi (1637-1660) und des Mehmed Halifa (1633-1660). Diss. München 1977.

Aydın 1985 = Aydın, M.: Kâtip Çelebi'nin İrşadu'l-hayâra adlı eseri. In: 5. Milletlerarası Türkoloji Kongresi. Tebliğler. Bd. 3.1. Istanbul 1985. 95-100.

Ayyubi 1984 = Ayyubi, Akmal: Turkish Contribution to Cartography. In: Islamic Culture (Hyderabad) 58. 3. 1984. 227-232.

Ayyubi 1987 = Ayyubi, Akmal: Contributions of Muslim Turks to Cartography. In: Belleten 51. 199. 1987. 67-74.

al-Azmeh 1981 = al-Azmeh, Aziz: Ibn Khaldun in modern scholarship. A study in orientalism. London 1981.

al-Azmeh 1990 = al-Azmeh, Aziz: Ibn Khaldun. London 1990.

Babinger 1919 = Babinger, Franz: Stambuler Buchwesen im 18. Jahrhundert. Leipzig 1919.

Babinger 1921 = Babinger, Franz: Schejch Bedr ed-Din, der Sohn des Richters von Simaw. In: Der Islam. 11. 1921. 1-106.

Babinger 1921/22 = Babinger, Franz: Ein türkischer Stiftungsbrief des Nerkesi. In: Mitteilungen zu osmanischen Geschichte 1. 1921/22. 163.

Babinger 1922 = Babinger, Franz: Paralipomena II. Zu "Der Islam" 11. In: Der Islam 12. 1922. 101-109.

Babinger 1955 = Babinger, Franz: Seyyid Nuh and his Turkish Sailing Handbook. In: Imago Mundi. 12. 1955. 180-82.

Bagrow/Skelton 1963 = Bagrow, Leo; Skelton, R. A.: Meister der Kartographie. Berlin 1963.

Barbier de Meynard 1860-62 = Extraits de la chronique pérsane d'Hérat, traduits et annotés par M. Barbier de Meynard (= Muʿīnuddīn Zamaǧī: *Raużatu l-ǧannāt*). In: Journal Asiatique, 5e série, 16. 1860. 461-520, 17.1861. 438-57, 18.1862. 268-319.

Barkan 1975 = Barkan, Ömer Lütfü: The price revolution of the sixteenth century: A turning point in the economic history of the Near East. In: International Journal of Middle Eastern Studies 6. 1975. 3-28.

Bayrak 1979 = Bayrak, M. Orhan: Istanbul'da gömülü meşhur adamlar (1453-1978). Istanbul 1979.

Baysun 1951-53 = Baysun, M. Cavid: Hasan-Beyzade Ahmed Paşa. In: Türkiyat Mecmuası 10. 1951-53. 321-340.

Behrnauer 1847 = Behrnauer, W.F.A.: Ḥâġ'i Chalfa's Dustûru'lʿamel. Ein Beitrag zur osmanischen Finanzgeschichte. In: Zeitschrift der Deutschen Morgenländischen Gesellschaft 11. 1847. 111-132, 12. 1847. 330.

Béller-Hann 1984 = Béller-Hann, Ildikó: Ottoman perception of China. In: Comité Internationale d'Études Pré-Ottomanes et Ottomanes. 6th Symposium. Cambridge 1.-4.7.1984. Proceedings ed. J.-L. Bacqué-Grammont und E. van Donzel. Varia Turcica. 4. Istanbul u.a. 1987. 55-64.

Bellingeri/Vercellin 1985 = Bellingeri, Giampiero/Vercellin, Giorgio: Del mappamondo turco a forma di cuore. In: Venezia e i Turchi. Scontri e confronti di due civiltá. Mailand 1985.154-59.

Bergsträßer 1935 = G. Bergsträßer's Grundzüge des islamischen Rechts, bearbeitet und herausgegeben von Joseph Schacht. Berlin, Leipzig 1935.

Berkes 1962 = Berkes, Niyazi: Ilk Türk matbaası kurucusunun dinî ve fikrî kimliği. In: Belleten 26.104.1962.715-737.

Bibliotheca Lindesiana = Bibliotheca Lindesiana. A Hand-List of Oriental Manuscripts. Arabian Persian Turkish. Aberdeen 1898.

Birken 1976 = Birken, Andreas: Die Provinzen des Osmanischen Reiches. Beihefte zum Tübinger Atlas des Vorderen Orients. B. 13. Wiesbaden 1976.

Birnbaum 1994a = Birnbaum, Eleazar: The Questing Mind: Katib Chelebi, 1609-1657. A Chapter in Ottoman Intellectual History. In: Corolla Torontonensis. Fs. Ronald Morton Smith. Ed. E. Robbins, Stella Sandahl. Toronto 1994. 133-158.

Birnbaum 1994b = Birnbaum, Eleazar: Katib Chelebi (1609-57) and alphabetization: A methodological investigation of the autographs of his Kashf al-Ẓunūn and Sullam al-Wuṣūl. Paper read at: Journées de Codicologie et de Paléographie des Mss. du Moyen-Orient, Paris 17.6.1994. Prof. Birnbaum war so freundlich, mir sein unveröffentlichtes Manuskript zur Verfügung zu stellen.

Bittner 1896 = Bittner, Maximilian: Zum "Indischen Ocean des Seidî ʿAlî". Bemerkungen zu einer Übersetzung aus dem Türkischen. In: Wiener Zeitschrift für die Kunde des Morgenlandes 10. 1896. 21-36.

Bittner/Tomaschek 1897 = Bittner, Max: Die topographischen Kapitel des indischen Seespiegels Moḥîṭ, übersetzt von Dr. M. Bittner mit einer Einleitung von Dr. W. Tomaschek. Festschrift zur Erinnerung an die Eröffnung des Seeweges nach Ostindien durch Vasco da Gama (1497), hg. von der K.K. Geographischen Gesellschaft in Wien. Wien 1897.

Björkman 1965 = Björkman, Walther: Die klassisch-osmanische Literatur. In: Philologiae Turcicae Fundamenta. II. Ed. Pertev Naili Boratav et al. Wiesbaden 1965. 427-65.

Blochet 1932-33 = Blochet, Edgar: Bibliothèque Nationale. Catalogue des manuscrits turcs. Bd. 1-2. Paris 1932-33.

Bombaci 1965 = Bombaci, Alessio: The Turkic Literatures. Introductory notes on the history and style. In: Philologiae Turcicae Fundamenta. II. Ed. Pertev Naili Boratav et al. Wiesbaden 1965.

Bombaci 1969 = Bombaci, Alessio: La letteratura turchesca. 2. Aufl. Florenz, Mailand 1969.

Bonelli 1892 = Bonelli, Luigi: La scoperta dell'America secondo un'opera turca del secolo decimosesto. Verona 1892.

Bonelli 1894 = Bonelli, Luigi: Del Muḥîṭ o "Descrizione dei mari delle Indie" dell'ammiraglio turco Sîdî 'Alî detto Kiâtib-i-Rûm. In: Rendiconti della Accademia Nazionale dei Lincei. Classe di Scienze Morali. 5. serie. 3. 1894. 751-77.

Boškov 1974 = Boškov, Vanco: Zum Problem des Objekts der Liebe in der osmanischen Divan-Poesie. In: XVIII. Deutscher Orientalistentag vom 1. bis 5. Okt. 1972 in Lübeck. Vorträge. Hg. Wolfgang Voigt. Zeitschrift der Deutschen Morgenländischen Gesellschaft. Supplement II. Wiesbaden 1974.

Brentjes 1978 = Brentjes, Burchard: Die iranische Welt vor Muhammad. 2. Aufl. Leipzig 1978.

Brice/Imber/Lorch 1976 = Brice, Willliam; Imber, Colin; Lorch, R.: The Da'ire-yi muᶜaddel of Seydi ᶜAli Reis. Manchester 1976.

Brice/Imber/Lorch 1977 = Brice, Willliam; Imber, Colin; Lorch, R.: The Aegean Sea Chart of Mehmed Reis ibn Menemenli A.D. 1590/91. Manchester 1977.

Brusalı 1913 = Brusalı Meḥmed Ṭahir b. Rifᶜat: Kātib Čelebi. Istanbul 1329 H.

Burckhardt 1978 = Burckhardt, Jacob: Weltgeschichtliche Betrachtungen. Ed. et ann. Rudolf Marx. Stuttgart 1978.

Cahen 1972 = Cahen, Claude: Ibn Saᶜīd sur l'Asie Mineure seldjuqide. In: Tarih Araştırmaları Dergisi 10-11. 1972. 41-50.

Can 1982 = Kâtip Çelebi: Bozuklukların düzeltilmesine tutulacak yollar (Düsturu l-ᶜamel fi islahi l-halel). Tr. Ali Can. Ankara 1982.

Canard 1926 = Canard, Marius: Les expéditions des Arabes contre Constantinople dans l'histoire et dans la légende. In: Journal Asiatique 208. 1926. 61-121.

Crane 1987 = Crane, Howard (ed.): Ǧaᶜfer Efendi: *Risāle-i miᶜmārīye*: An early seventeenth century treatise on architecture. Leiden 1987.

Danişmend 1947-55 = Danişmend, İsmail Hami: İzahlı Osmanlı tarihi kronolojisi. Bd. 1-4. Istanbul 1947-55. Nachdruck Istanbul 1971-72.

De Groot 1973 = De Groot, Alexander H.: Old Dutch graves at Istanbul. In: Archivum Ottomanicum 5. 1973. 5-16.

De Groot 1980 = De Groot, A.H.: The legacy of a seventeenth century orientalist. In: Priloži za orijentalnu filologiju 30. 1987. 159-165.

De Groot 1986 = De Groot, Alexander: Schatten uit Turkije achtergronden. Nederland en Turkije. Zeshonderd Jaar Politieke, Economische en Culturele Contacten. Leiden 1986.

Demandt 1984 = Demandt, Alexander: Ungeschehene Geschichte. Ein Traktat über die Frage: Was wäre geschehen, wenn ...? Göttingen 1984.

Derin 1957 = Derin, Fahri Ç.: Kâtip Çelebi - Hayatı. In: Bilgi. 11. 126-127. Kasım 1957. 4-5, 9. Kâtip Çelebi'nin Türkçe Fezlekesi. In: Bilgi. 11. 126-127. Kasım 1957. 15, 29. İstanbul kütüphanelerinde Kâtip Çelebi'ye aid yazma eserler. Bibliyografya denemesi. In: Bilgi. 11. 126-127. Kasım 1957. 24-29.

DeWaal 1969 = DeWaal, E. H. van: Manuscript Maps in the Topkapı Saray Library, Istanbul. In: Imago Mundi 23. 1969. 81-95.

Dorogı/Hazai 1990 = Dorogı, İlona; Hazai, György: Ebu Bekr Dimîşki'nin Osmanlı devletinin tarihi yapısı ve durumuna ait eseri hakkında. In: 11inci Türk Tarih Kongresi. Ankara, 5-9 Eylül 1990. Kongreye sunulan bildiriler. Ankara 1994. 879-882.

Drewes 1970 = Drewes, G.J.W.: The legatum Warnerianum of Leiden University Library. In: Levinus Warner and his Legacy. Leiden 1970. 1-31.

Dubler 1953 = Abū Ḥamid el-grenadino y su relación de viaje por tierras eurasiáticas. Texto árabe, traducción y interpretación por César E. Dubler. Madrid 1953.

Dubler 1954 = Dubler, César E.: El extremo oriente visto por los musulmanes anteriores a la invasión de los Mongoles en el siglo XIII (la deformación del saber geográfico y etnológico en los cuentos orientales). In: Homenaje a Millás-Vallicrosa. Barcelona 1954. 465-519.

EI 1 = Enzyklopädie des Islam. Geographisches, ethnographisches und biographisches Wörterbuch der muhammedanischen Völker. 4 Bde., Ergänzungsband. Leiden 1913-38.

EI 2 = The Encyclopedia of Islam. New Edition. Leiden 1954-.

Eickhoff 1970 = Eickhoff, Ekkehard: Venedig, Wien und die Osmanen. Umbruch in Südosteuropa 1645-1700. München 1970.

Ekrem Kâmil 1937 = Ekrem Kâmil: Hicrı onuncu - milâdî on altıncı asırda yurdumuzu dolaşan Arab seyyahlarından Gazzi - Mekki Seyahatnamesi. Tarih Semineri Dergisi 1. 1937. 1-90.

Encyclopedia Iranica = Encyclopedia Iranica. Ed. Ehsan Yarshater. Bd. 1-. London 1985-.

Faroqhi 1978 = Faroqhi, Suraiya: The early history of the Balkan Fairs. In: Südostforschungen 37. 1978. 50-67.

Faroqhi 1990 = Faroqhi, Suraiya: Herrscher über Mekka. Die Geschichte der Pilgerfahrt. München, Zürich 1990.

Faroqhi 1995 = Faroqhi, Suraiya: Kultur und Alltag im Osmanischen Reich. Vom Mittelalter bis zum Anfang des 20. Jahrhunderts. München 1995.

Fekete 1949 = Fekete, Lajos: Osmanlı Türkleri ve Macarlar 1366-1699. In: Belleten 13. 52. 1949. 663-743.

Fındıkoğlu 1953 = Fındıkoğlu, Z. Fahri: Türkiye'de Ibn Haldunizm. In: Fuad Köprülü Armağanı (Mélanges Fuad Köprülü). Istanbul 1953. 153-163.

Fisher/Fisher1985 (1987) = Fisher, C.G./Fisher, A.W.: Topkapı Sarayı in the Mid-Seventeenth Century: Bobovis's Description. In: Archivum Ottomanicum 10. 1985 [1987]. 5-81.

Fleischer, C. 1983 = Fleischer, Cornell H.: Royal Authority, Dynastic Cyclism and "Ibn Khaldānism" in Sixteenth-Century Ottoman Letters. In: Journal of Asian and African Studies 18. 3-4. 1983. 198-220.

Fleischer, C. 1986 = Fleischer, Cornell H.: Bureaucrat and Intellectual in the Ottoman Empire. The Historian Mustafa Âli (1541-1600). Princeton (New Jersey) 1986.

Fleischer, H. 1851 = Fleischer, Heinrich Leberecht: Über das türkische Chatâî-nâmeh. In: Berichte über die Verhandlungen der Kgl. Sächs. Ges. der Wissenschaften. Phil.-hist. Klasse 1851. Nachgedruckt in: Ders.: Kleinere Schriften. III. 214-225.

Flemming 1968 = Verzeichnis der orientalischen Handschriften in Deutschland. XIII. Türkische Handschriften. 1. Beschrieben von Barbara Flemming. Wiesbaden 1968.

Flemming 1973 = Flemming, Barbara: Bemerkungen zur türkischen Prosa vor der Tanzimat-Zeit. In: Der Islam 50. 1973. 157-167.

Flemming 1981 = Flemming, Barbara: Der Ǧāmiᶜ ül-meknūnāt. Eine Quelle ᶜĀlīs aus der Zeit Sultan Süleymāns. In: Studien zur Geschichte und Kultur des Vorderen Orients. Festschrift B. Spuler. Ed. H.R. Roemer und A. Noth. Leiden 1981. 79-92.

Flemming 1987 = Flemming, Barbara: Ṣaḥib-Ḳirān und Mahdī: Türkische Endzeiterwartungen im ersten Jahrzehnt der Regierung Süleymāns. In: Between the Danube and the Caucasus. Oriental sources on the history of the peoples of Central and Southeastern Europe. Ed. György Kara. Budapest 1987. 43-62.

Flemming 1988 = Flemming, Barbara: Political genealogies in the sixteenth century. In: Osmanlı Araştırmaları 7-8. 1988. 123-137.

Flemming 1988a = Flemming, Barbara: Prognostika und Geschichte. In: IX. Türk Tarih Kongresi. Ankara, 21-25 Eylül 1981. Kongreye sunulan bildiriler. II. Ankara 1988. 745-751.

Flemming 1993 = Flemming, Barbara: Public opinion under Sultan Süleymân. In: Süleyman the Second and his time. Ed. H. İnalcık, C. Kafadar. Istanbul 1993. 49-57.

Flügel 1865-67 = Flügel, Gustav: Die arabischen, persischen und türkischen Handschriften der Kaiserlich-königlichen Hofbibliothek zu Wien. Bd. 1-3. Wien 1865-67.

Fodor 1986 = Fodor, Pál: State and society, crisis and reform, in 15th-17th century Ottoman mirror for princes. In: Acta Orientalia Academiae Scientiarum Hung. 40. 2-3. 1986. 217-240.

Fodor 1994 = Fodor, Pál: Sultan, Imperial Council, Grand Vizier: Changes in the Ottoman ruling elite and the formation of the grand vizieral telḫīṣ. In: Acta Orientalia Academiae Scientiarum Hung. 67. 1-2. 1994. 67-85.

Frejdenberg 1989 = Frejdenberg, M. M.: Dubrovnik i Osmanskaja imperija. 2. Aufl. Moskau 1989.

Friedell 1927-31 = Friedell, Egon: Kulturgeschichte der Neuzeit. Die Krisis der europäischen Seele von der schwarzen Pest bis zum Ersten Weltkrieg. München 1927-31. Nachdruck München 1976.

Gadamer 1960 = Gadamer, Hans-Georg: Wahrheit und Methode. Grundzüge einer philosophischen Hermeneutik. Tübingen 1960.

GAL = Brockelmann, Carl: Geschichte der arabischen Litteratur. Bd. 1-3. 2. Aufl. Leipzig 1943-39 (GAL G). Supplement Bd. 1-2. Leipzig 1937-42 (GAL S).

Gallois 1890 = Gallois, L.: Les géographes allemandes de la renaissance. O.O.u.J. (Paris 1890). Nachdruck Amsterdam 1963.

Gaudefroy-Desmombynes 1912 = Gaudefroy-Desmombynes: Les sources arabes du "Muḥiṭ" turc. In: Journal Asiatique. 10éme série. 20. 1912. 547-55.

Gehlen 1964 = Gehlen, Arnold: Magie. In: Urmensch und Spätkultur. Philosophische Ergebnisse und Aussagen. 2. Aufl. Frankfurt/M. 1964. 232-236. Nachgedruckt in: L. Petzoldt (ed.): Magie und Religion. Beiträge zu einer Theorie der Magie. Darmstadt 1978. 296-301.

Gellens 1990 = Gellens, Sam I.: The search for knowledge in medieval Muslim societies: A comparative approach. In: Eickelman, Dale F.; Piscatori, James (edd.): Muslim travellers. Pilgrimage, migration and the religious imagination. London 1990. 50-65.

Ğevdet 1926-27 = Muʿallim M. Ğevdet: Kātib Čelebi. In: Muʿallimler Meğmūʿası. 4. 38. Feb. 1926. 1625-1631. 4. 39. März 1926. 1657-1666. 4. 40-41. Apr.-Mai 1926. 1689-1698. 4. 42. Juni 1926. 1753-1767. 5. 43-44. Sept.-Okt. 1926. 1785-1808. 5. 45. Nov. 1926. 1854-1869. 5. 46. Dez. 1926. 1933-1948. 5. 47-48. Jan.-Feb. 1927. 1973-1982.

Gildemeister 1888 = Gildemeister, J.: Orientalische Literatur über die Entdeckung Amerikas. In: Zentralblatt für Bibliothekswesen. 5. 7. 1888. 303-305.

Ginzburg 1976 = Ginzburg, Carlo: Der Käse und die Würmer. Die Welt eines Müllers um 1600. Ital. Ausgabe Turin 1976, dt. Berlin 1990.

Göçek 1987 = Göçek, Fatma Müge: East encounters West. France and the Ottoman Empire in the Eighteenth Century. New York/Oxford 1987.

Gökbilgin 1956 = Gökbilgin, M. Tayyib: Kanunı Sultan Süleyman devri başlarında Rumeli eyaleti, livaları, şehir ve kasabaları. In: Belleten 20. 1956. 247-85.

Gökbilgin 1957a = Gökbilgin, M. Tayyib: Kâtip Çelebi'nin kronolojik eseri: Takvimüttevarih. In: Kâtip Çelebi. Hayatı ve eserleri hakkında incelemeler. Türk Tarih Kurumu Yayınları. VII, 33. Ankara 1957. Nachdruck Ankara 1985. 101-119.

Gökbilgin 1957b = Gökbilgin, M. Tayyib: XVII. Asırda Osmanlı devletinde ıslâhat ihtiyâç ve temayülleri ve Kâtip Çelebi. In: Kâtip Çelebi. Hayatı ve eserleri hakkında incelemeler. Türk Tarih Kurumu Yayınları. VII, 33. Ankara 1957. Nachdruck Ankara 1985. 197-218.

Gökbilgin 1965 = Gökbilgin, M. Tayyib: Edirne hakkında yazılmış tarihler ve Enisü'l-müsamirin. In: Edirne. Edirne'nin 600. Fetih Yıldönümü Armağan Kitabı. Ankara 1965. Türk Tarih Kurumu Yayınları VII. 43. 77-117.

Gökbilgin 1971 = Gökbilgin, M. Tayyib: Kātip Çelebi, interpréte et rénovateur des traditions religieuses au XVIIe siécle. In: Turcica. 3. 1971. 71-79.

Gökyay 1957a = Gökyay, Orhan Şaik: Kâtip Çelebi. Hayatı - şahsiyeti - eserleri. In: Kâtip Çelebi. Hayatı ve eserleri hakkında incelemeler. Türk Tarih Kurumu Yayınları. VII, 33. Ankara 1957. Nachdruck Ankara 1985. 3-90.

Gökyay 1957b = Gökyay, Orhan Şaik: Kâtip Çelebi - şahsiyeti. In: Bilgi. 11. 126-127. Kasım 1957. 6, 17.

Gökyay 1968 = Kâtip Çelebi'den Seçmeler. Haz. Orhan Şaik Gökyay. Istanbul 1968.

Gökyay 1972 = Kâtip Çelebi: Mîzanü'l-hakk fi ihtiyari'l-ahakk (En Doğruyu Sevmek İçin Hak Terazisi). Tr. Orhan Şaik Gökyay. Türk Kültürü Kaynak Eserleri Dizisi. Istanbul 1972.

Gökyay 1973 = Kâtib Çelebi: Tuhfetü'l-kibar fî esfari'l-bihar (Deniz Savaşları Hakkında Büyüklere Armağan). Tr. Orhan Şaik Gökyay. Başbakanlık Kültür Müsteşarlığı: 1000 Temel Eserleri. Istanbul 1973.

Gökyay 1982 = Gökyay, Orhan Şaik: Kâtip Çelebi. Yaşamı, Kişiliği ve Yapıtlarından Seçmeler. Ankara 1982.

Gökyay 1986 = Gökyay, Orhan Şaik: Katip Çelebi. Kültür ve Turizm Bakanlığı Yayınları. 653. Türk Büyükleri. 4. Dieses Buch war mir nicht zugänglich.

Gökyay 1988 = Gökyay, Orhan Şaik: Katip Çelebi. Hayatı, Kişiliği ve Eserlerinden Seçmeler. Ankara 1998. Dieses Buch war mir nicht zugänglich.

Goldziher 1889-90 = Goldziher, Ignaz: Muhammedanische Forschungen. Bd. 1-2. Halle/S. 1889-90.

Goldziher 1915 = Goldziher, Ignaz: Die Stellung der alten islamischen Orthodoxie zu den antiken Wissenschaften. In: Abhandlungen der Kgl. Preuß. Akademie der Wissenschaften. 1915. Phil.-hist.- Klasse, 8. Separatdruck Berlin 1916.

Goodrich 1982 = Goodrich, Thomas D.: Ottoman Americana: The Search for the Sources of the Sixteenth-century Tarih-i Hind-i Garbi. In: Bulletin of Research in the Humanities. 1982. 269-94.

Goodrich 1984a = Goodrich, Thomas D.: Special Information about the New World from the Tarih-i Hind-i Garbi. In: Journal of Turkish Studies 8. 1984. 113-120.

Goodrich 1984b = Goodrich, Thomas D.: Some unpublished sixteenth century Ottoman maps. In: Comité Internationale d'Études Pré-Ottomanes et Ottomanes. 6th Symposium. Cambridge 1.-4.7.1984. Proceedings ed. J.-L. Bacqué-Grammont und E. van Donzel. Varia Turcica. 4. Istanbul u.a. 1987. 99-103.

Goodrich 1985 = Goodrich, Thomas D.: Atlas-i Hümayun: A sixteenth century ottoman maritime Atlas discovered in 1984. In: Archivum Ottomanicum. 10. 1985. 83-93.

Goodrich 1986 = Goodrich, Thomas D.: The earliest Ottoman maritime atlas - the Walters Deniz Atlası. In: Archivum Otomanicum. 11. 1986 (1988). 25-50.

Goodrich 1987 = Goodrich, Thomas D.: Tarih-i Hind-i Garbi: An Ottoman book on the New World. In: Journal of the American Oriental Society 107. 1987. 317-319.

Goodrich 1990 = Goodrich, Thomas D.: The Ottoman Turks and the New World. A study of Tarih-i Hind-i Garbi and sixteenth century Ottoman Americana. Near and Middle East monographs. N.s. 3. Wiesbaden 1990.

Goodrich 1993-4 = Goodrich, Thomas D.: Supplemental Maps in the Kitab-ı bahriye of Piri Reis. In: Archivum Ottomanicum 13. 1993-94. 117-25.

Goodrich 1994 = Goodrich, Thomas D.: Rezension zu: Kemal Özdemir, Ottoman Nautical Charts. Transl. P. Mary Işın. Istanbul 1992. In: Turkish Studies Association Bulletin 18. 1994. 1. 167ff.

GOR = Hammer-Purgstall, Joseph v.: Geschichte des Osmanischen Reiches. 1-10. Pest 1827-1835.

Götz 1979 = Verzeichnis der orientalischen Handschriften in Deutschland. XIII. Türkische Handschriften 4. Beschrieben von Manfred Götz. Wiesbaden 1979.

GOW = Babinger, Franz: Die Geschichtsschreiber der Osmanen und ihre Werke. Leipzig 1927.

Gribetz 1991 = Gribetz, A.: The samā[c] controversy: Sufi vs. legalist. In: Studia Islamica 74. 1991. 43-62.

Gruber 1975 = Gruber, Ernst A.: Verdienst und Rang. Die faḍā'il als literarisches und gesellschaftliches Problem im Islam. Freiburg 1975.

Grundmann 1987 = Grundmann, Herbert: Geschichtsschreibung im Mittelalter. Gattungen - Epochen - Eigenart. 4. Aufl. Göttingen 1987.

Grunebaum 1962 = Grunebaum, Gustave E. von: Self-image and approach to history. In: B. Lewis, P. M. Holt (eds.): Historians of the Middle East. London 1962. 457-83.

Grunebaum 1963 = Grunebaum, Gustave E. von: Der Islam im Mittelalter. Zürich, Stuttgart 1963.

Guboglu 1965 = Guboglu, Mihail: L'historiographie Ottomane des XVe-XVIIIe siécles. Bref aperçu. In: Revue des Études sud-est européennes 3. 1965. 81-93.

Günther 1904 = Günther, Siegmund: Geschichte der Erdkunde. Leipzig, Wien 1904.

Haarmann 1988 = Haarmann, Ulrich: Heilszeichen im Heidentum - Muḥammad-Statuen aus vorislamischer Zeit. In: Die Welt des Islams 28. 1988. 210-24.

Hagen 1995-96 = Gottfried Hagen: Überzeitlichkeit und Geschichte in Kātib Čelebis Ǧihānnümā. In: Archivum Ottomanicum 14. 1995-96. 133-159.

Halasi-Kun, G.J.1986 = Halasi-Kun, G.J.: The Map of "şekl-i yeni felemenk maa ingiliz" in Ebubekir Dimişki's "tercüme-i atlas mayor". In: Archivum Ottomanicum 11. 1986. 51-70.

Hammer 1804 = Hammer, Joseph v.: Encyclopädische Übersicht der Wissenschaften des Orients, aus 7 arabischen, persischen und türkischen Werken übersetzt... Bd. 1-2. Leipzig 1804.

Hammer 1812 = Hammer, Joseph v.: Rumeli und Bosna, geographisch beschrieben von Mustafa ben Abdalla Hadschi Chalfa, aus dem Türkischen übersetzt von Joseph von Hammer. Wien 1812.

Hammer 1834-39 = Hammer, Joseph v.: Extracts from the Moḥit, that is the Ocean, a Turkish Work on Navigation in the Indian Seas. In: Journal and Proceedings of the Asiatic Society of Bengal. 1834. 545-553, 1836. 441-468, 1837. 805-812, 1838. 767-780, 1839. 823-30.

Hammer-Purgstall 1815 = Hammer-Purgstall, Joseph v.: Des osmanischen Reiches Staatsverfassung und Staatsverwaltung. Bd. 1-2. Wien 1815. Nachdruck Hildesheim 1963.

Hegyi/Zimányi 1986 = Hegyi, Klára/Zimányi, Vera: Muslime und Christen. Das Osmanische Reich in Europa. Orig. Budapest 1986. Dt. Ausgabe Budapest 1988.

Heinen 1982 = Heinen, Anton: Islamic cosmology. A study of as-Suyūṭīs al-Hai'a as-sanīya fī l-hai'a as-sunnīya with critical edition, translation, and commentary. Beiruter Texte und Studien. 27. Beirut 1982.

Heinen 1994 = Heinen, Anton: Tafakkur and Muslim Science. In: Journal of Turkish Studies 18. 1994 (Festschrift Annemarie Schimmel). 103-110.

Heinz = Heinz, Wilhelm: Die Kultur der Tulpenzeit des osmanischen Reiches. In: Wiener Zeitschrift für die Kunde des Morgenlandes 61. 1967. 62-116.

d'Herbelot 1776 = d'Herbelot: Bibliothéque orientale ou Dictionnaire universel. Maastricht 1776.

Hess 1974 = Hess, A. C.: Piri Reis and the Ottoman Response to the Voyages of Discovery. In: Terrae Incognitae 6. 1974. 19-37.

Hettner 1927 = Hettner, A.: Die Geographie, ihre Geschichte, ihr Wesen und ihre Methode. Breslau 1927, Nachdr. London 1980.

Heywood 1992-3 = Heywood, Colin: Three letters of Lajos Fekete on the geography of Ottoman Hungary. In: Acta Orientalia Academiae Scientiarum Hungariae. 46. 2-3. 257-75.

Hoenerbach 1987 = Hoenerbach, Wilhelm: Hieronymus Münzer im eroberten Granada. In: Welt des Islam 27. 1987. 45-69.

Honigmann 1929 = Honigmann, Ernst: Die sieben Klimata und die poleis episemoi. Heidelberg 1929.

HOP = Gibb, E. J. W.: A history of Ottoman poetry. Bd. 1-6. London 1900-1909.

Horten 1912 = Horten, Max: Die Philosophie der Erleuchtung nach Suhrawardi (1191+). Übersetzt und erläutert von Max Horten. Halle/Saale 1912.

Houtsma 1888 = Houtsma, M. Th.: Uit de oostersche Correspondentie van Th. Erpenius, Jac. Golius en Lev. Warner, eene Bijdrage tot de Geschiedenis van den Beoefening der Oosterschen Lettern in Nederland. In: Verhandelingen der Koninklijken Akademie van Wetenschappen, Afdeling Letterkunde, 17. 1888. 1-116.

Howard 1988 = Howard, Douglas A.: Ottoman historiography and the literature of "decline" of the sixteenth and seventeenth centuries. In: Journal of Asian History. 22. 1. 1988. 52-77.

Howard 1995-96 =Howard, Douglas A.: Historical Scholarship and the Classical Ottoman Ḳānūnnāmes. In: Archivum Ottomanicum 14. 1995-96. 79-109.

İA = İslâm Ansiklopedisi. İslâm âlemi coğrafya, etnografya ve biyografya lugati. Bd. 1-13. İstanbul 1940-1988.

İhsanoğlu 1992 = İhsanoğlu, Ekmeleddin: Batı bilim ve Osmanlı dünyası: Bir inceleme örneği olarak modern astronomi'nin Osmanlı'ya girişi. In: Belleten 217. 56. 1992. 727-774. [Engl. Fassung in: Ders. (ed.): Transfer of modern science & technology to the Muslim world. Proceedings or the International symposium on "Modern sciences and the Muslim world" ... (Istanbul, 2.-4. 9. 1987). Studies and sources on the history of science. 5. Istanbul 1992.]

İhsanoğlu 1992a = İhsanoğlu, Ekmeleddin: Ottoman Science in the classical period and early contacts with European science and technology. Separatdruck aus: Ders. (ed.): Transfer of modern science & technology to the Muslim world. Proceedings or the International symposium on "Modern sciences and the Muslim world" ... (Istanbul, 2.-4. 9. 1987). Studies and sources on the history of science. 5. Istanbul 1992.

İnalcık 1948 =İnalcık, Halil: Osmanlı-Rus rekabetinin menşei ve Don-Volga Kanalı teşebbüsü (1569). In: Belleten 12. 46. 1948. 349-402.

İnalcık 1962 =İnalcık, Halil: The rise of Ottoman historiography. In: B. Lewis, P. M. Holt (eds.): Historians of the Middle East. London 1962. 152-67.

İnalcık 1980 = İnalcık, Halil: Military and fiscal transformation in the Ottoman Empire, 1600-1700. In: Archivum Ottomanicum 6. 1980. 283-337.

İnan 1937 = Âfet (İnan): Bir Türk Amiralı: 16ıncı asrın büyük geografı: Piri Reis. In: Belleten 1. 1937. 317-349.

İnan 1975 =İnan, Âfet: Piri Reis: His Life and Works. Ankara 1975. Dieses Buch war mir nicht zugänglich.

Iorga 1908-13 = Iorga, Nicolae: Geschichte des Osmanischen Reiches. Bd. 1-5. Gotha 1908-13. Nachdruck Frankfurt/M. 1990.

İpekten 1957 = İpekten, Halûk: Mizanü'l-hakk. In: Bilgi. 11. 126-127. Kasım 1957. 16-17. Katip Çelebi'nin hayatı ve eserleri hakkında bibliyografya denemesi. In: Bilgi. 11. 126-127. Kasım 1957. 30-32.

Itzkowitz 1962 = Itzkowitz, Norman: Eighteenth century Ottoman realities. In: Studia Islamica 16. 1962. 73-94.

Itzkowitz 1972 = Itzkowitz, Norman: Ottoman Empire and Islamic Tradition. New York 1972.

İz 1964 =İz, Fahir: Eski Türk edebiyatında nesir. I. Istanbul 1964.

İz 1976 =İz, Fahir: Ottoman and Turkish. In: Donald P. Little (ed.): Essays on Islamic civilization. Presented to Niyazi Berkes. Leiden 1976. 118-139.

Jacob 1892 = Jacob, Georg: Des spanisch-arabischen Reisenden Abû Ḥâmid Kosmographie "tuḥfat al-albâb" und ihre wissenschaftliche Ausbeute. Studien in arabischen Geographen. 3. Berlin 1892.

Jahn 1969 = Jahn, Karl: Der Islam. In: Mensch und Weltgeschichte. Zur Geschichte der Universalgeschichtsschreibung. Ed. Alexander Randa. Salzburg, München 1969.

James 1972 = James, Preston E.: All possible worlds. A history of geographical ideas. Indianapolis, New York 1972.

Jaubert 1836-40 = Géographie d'Édrisi traduite de l'arabe en français d'après deux manuscrits de la Bibliothèque du Roi et accompagnée des notes par P. Amedée Jaubert [al-Idrīsī: *Nuzhat al-muštāq fī iḫtirāq al-āfāq*]. Bd. 1-2. Paris 1836-40.

Jwaideh 1959 = The introductory chapters of Yaqūt's Muᶜǧam al-buldān. Transl. and ann. by Wadie Jwaideh. Leiden 1959.

Kafadar 1989 = Kafadar, Cemal: Self and others: The diary of a dervish in seventeenth century Istanbul and first person narratives in Ottoman literature. In: Studia Islamica 69. 1989. 121-50.

Kafadar 1993 = Kafadar, Cemal: The myth of the Golden Age: Ottoman historical consciousness in the post-süleymanic era. In: H. İnalcık, C. Kafadar (eds.): Süleyman the Second and his time. Istanbul 1993. 37-48.

Kahane/Kahane/Tietze 1958 = Kahane, Henry; Kahane, Renée; Tietze, Andreas: The lingua franca in the Levant. Turkish nautical terms of Italian and Greek origin. Urbana (Ilinois) 1958.

Kahle 1926 = Einleitung zu: *Baḥrīye* (Kahle), q.v.

Kahle 1933 = Kahle, Paul: A Lost Map of Columbus. In: The Geographical Review 23. 1933. 621-638. Nachgedruckt in: Ders.: Opera minora. Leiden 1965. 247-265.

Kahle 1933a = Kahle, Paul: Eine islamische Quelle über China (das Khitayname des ᶜAli Ekber). In: Acta Orientalia 12. 1933. 90-110.

Kahle 1940 = Kahle, Paul: China as described by Turkish geographers from Iranian sources. In: Proceedings of the Iran Society. II. 4 (25.1.1940). 48-59. Nachgedruckt in: Ders.: Opera minora. Leiden 1965. 312-325.

Kappert 1976 = Kappert, Petra: Die osmanischen Prinzen und ihre Residenz Amasya im 15. und 16. Jahrhundert. Leiden 1976.

Kappert 1977 = Kappert, Petra: Zur Charakteristik osmanischer historisch-narrativer Quellen des 16. Jahrhunderts. In: XIX. Deutscher Orientalistentag vom 18. Sept. bis 4. Okt. 1975 in Freiburg i.Br. Vorträge. Hg. Wolfgang Voigt. Zeitschrift der Deutschen Morgenländischen Gesellschaft, Supplement III. Wiesbaden 1977. 1204-1209.

Kappert 1981 = Einleitung zu: *Ṭabaqātu l-memālik*, q.v.

Karamustafa 1992 = Karamustafa, Ahmet T.: Military, Administrative, and Scholarly Maps and Plans. In: The History of Cartography. Vol. 2, Book 1: Cartography in the Traditional Islamic and South Asian Societies. Ed. J.B. Harley, David Woodward et al. Chicago, London 1992. 209-27.

Kennedy/Kennedy 1987 = Kennedy, Edward S. und Mary H.: Geographical Coordinates of Localities from Islamic Sources. Institut für die Geschichte der Arabisch-Islamischen Wissenschaften. A-2. Frankfurt/Main 1987.

Kissling 1952 = Kissling, Hans Joachim: Šaʿbān Velī und die Šaʿbānijje. In: Serta Monacensia. Franz Babinger zum 15. Januar 1951. München 1952. 88-109. Nachgedruckt in: Ders.: Dissertationes orientales et balcanicae collectae. 1. Das Derwischtum. München 1986.

Kissling 1953 = Kissling, Hans Joachim: Aus der Geschichte des Chalvetijje-Ordens. In: Zeitschrift der Deutschen Morgenländischen Gesellschaft 103. 1953. 233-287. Nachgedruckt in: Ders.: Dissertationes orientales et balcanicae collectae. 1. Das Derwischtum. 123-179. München 1986.

Kissling 1966 = Kissling, Hans Joachim (ed.): Der Seeatlas des Seyyid Nuh. 1. Einleitung und Karten. Beiträge zur Kenntnis Südosteuropas und des Nahen Orients. 1. München 1966.

Koeman 1968 = Koeman, C.: Turkse transcripties van 17' eeuwse Nederlandse atlassen. In: Kartengeschichte und Kartenbearbeitung. Festschrift zum 80. Geburtstag von Wilhelm Bonacker, Geograph und wissenschaftlicher Kartograph in Berlin. Bad Godesberg 1968. 71-76.

Köhbach 1981 = Köhbach, Markus: Der osmanische Historiker Topçular Kâtibi ʿAbdu l-qādir Efendi. Leben und Werk. In: Osmanlı Araştırmaları 2. 1981. 75-96.

Kornrumpf 1977 = Kornrumpf, Hans-Jürgen: Das früh-osmanische Vilayet und seine Bedeutung für die Erschließung vorosmanischer Herrschaftsgebiete. In: XIX. Deutscher Orientalistentag vom 18. Sept. bis 4. Okt. 1975 in Freiburg i.Br. Vorträge. Hg. Wolfgang Voigt. Zeitschrift der Deutschen Morgenländischen Gesellschaft, Supplement III. Wiesbaden 1977. 1210-1215.

Kortantamer 1979 = Kortantamer, Tunca: Die rhetorischen Elemente in der klassischen türkischen Literatur. In: Die islamische Welt zwischen Mittelalter und Neuzeit. Festschrift Hans Robert Roemer. Beiruter Texte und Studien 22. Beirut 1979. 365-86.

Kowalska 1968 = Kowalska, Maria: Remarks on the unidentified cosmography Tuḥfat al-ġarā'ib. In: Folia Orientalia 9. 1968. 11-19.

Kračkovskij 1951 = Kračkovskij, Ignatij Julianovič: Tureckij pervopečatnik Ibrachim Mutafarriqa i jego raboty po geografii. In: Tjurkologičeskij Sbornik 1. 1951. 120-126.

Kračkovskij 1957 = Kračkovskij, Ignatij Julianovič: Izbrannye sočinenija. 4. (Arabskaja geografičeskaja literatura). Moskau 1957.

Kramers 1931 = Kramers, J.H.: La Question Balḫī-Iṣṭaḫrī-Ibn Ḥawḳal et l'Atlas de l'Islam. In: Acta Orientalia 10.1931. 9-30.

Krawulsky 1978 = Krawulsky, Dorothea: Īrān - Das Reich der Īlḫāne. Eine topographisch-historische Studie. Tübinger Atlas des Vorderen Orients. Beihefte. B. 17. Wiesbaden 1978.

Kreiser 1975 = Kreiser, Klaus: Edirne im 17. Jahrhundert nach Evliyā Čelebi. Ein Beitrag zur Kenntnis der osmanischen Stadt. Freiburg 1975.

Kreutel 1965 = Kreutel, Richard F.: Osmanisch-türkische Chrestomathie. Wiesbaden 1965.

Kreutel 1972 = Kreutel, Richard F.: Neues zur Evliya Çelebi-Forschung. In: Der Islam 48. 1972. 269-79.

Kreutel 1980 = Kreutel, Richard F.: Einleitung zu: Ders. (ed.): Die Autobiographie des Dolmetschers ʿOs̱mān Aġa aus Temeschvar. Gibb Memorial Series, n.s. 28. London 1980.

Kreutel 1987 = Ewliyā Čelebi: Im Reiche des Goldenen Apfels. Des Türkischen Weltenbummlers Ewliyā Čelebi denkwürdige Reise in das Giaurenland und in die Stadt und Festung Wien anno 1665. Übersetzt und erläutert von Richard F. Kreutel. Stark vermehrte Ausgabe besorgt von Erich Prokosch und Karl Teply. Graz, Wien, Köln 1987.

Kropp 1982 = Die Geschichte der "reinen Araber" vom Stamme Qaḥṭān. Aus dem Kitāb našwat aṭ-ṭarab fi ta'rīḫ ǧāhiliyyat al-ʿArab des Ibn Saʿīd al-Maġribī. Hg., übers., eingel. u. komm. von Manfred Kropp. 2. Aufl. Frankfurt/M. 1982.

Kunt 1983 = Kunt, İ. Metin: The Sultan's Servants. The Transformation of Ottoman Provincial Government 1550-1650. New York 1983.

Kurdoğlu 1935 = Kurdoglu, F.: Ali Macar Reis Atlası. Istanbul 1935. Dieses Werk war mir nicht zugänglich.

Kütükoğlu 1957 = Kütükoğlu, Bekir S.: Cihânnümâ'ya Dâir. In: Bilgi. 11. 126-127. Kasım 1957. 10-12.

Kütükoğlu 1974 = Kütükoğlu, Bekir S.: Kâtib Çelebi "Fezleke"sinin kaynakları. Istanbul 1974.

Kütükoğlu 1979 = Kütükoğlu, Bekir S.: Fezleke-i Katib Çelebi'nin mahiyet ve kıymeti. In: I. Milletlerarası Türkoloji Kongresi, Istanbul 15-20 Ekim 1973. Tebliğler I. Istanbul 1979. 195-99.

Lamers 1988 = Lamers, Hanneke: On Evliyā's Style. In: Evliya Çelebi in Diyarbakir. The relevant section of the Seyahatname ed. with translation, commentary and introduction by Martin van Bruinessen and Hendrik Boeschoten. Leiden 1988. 64-70.

Le Goff 1977 = Le Goff, Jacques: Storia e memoria. Turin 1977. Französische Ausgabe: Histoire et mémoire. Paris 1986. Danach die hier zitierte deutsche Ausgabe: Geschichte und Gedächtnis. Frankfurt/M. 1992.

Le Strange 1902 = Le Strange, Guy: Description of Persia and Mesopotamia in the year 1340 A.D. from the Nuzhat-al-Ḳulūb of Ḥamd-Allāh Mustawfī, with a summary of that work. In: Journal of the Royal Asiatic Society. 1902. 49-74, 237-66, 509-36, 733-84.

Le Strange 1905 = Le Strange, Guy: The Lands of the Eastern Caliphate. S.l. 1905. Nachdruck London 1966.

Le Strange 1919 = The Geographical Part of the Nuzhat al-qulūb composed by Ḥamd-Allāh Mustawfī of Qazwīn. 2. Transl. Guy Le Strange. Leiden, London 1919.

Leaman 1985 = Leaman, Oliver: An introduction to medieval Islamic philosophy. Cambridge u.a. 1985.

Levend 1958 = Levend, Agâh Sırrı: Türk edebiyatında şehr-engizler ve şehr-engizlerde İstanbul. Istanbul 1958.

Levend 1972 = Levend, Agâh Sırrı: Türk dilinde gelişme ve sadeleşme safhaları. 3. Aufl. Ankara 1972.

Lévi-Strauss 1981 = Lévi-Strauss, Claude: La pensée sauvage. Paris 1962. Deutsche Ausgabe: Das wilde Denken. 8. Aufl. Frankfurt/M. 1991.

Lewis, B. 1951 = Lewis, Bernard: The Ottoman archives as a source for the history of the arab lands. In: Journal of the Royal Asiatic Society 1951. 139-155.

Lewis, B. 1958 = Lewis, Bernard: Some Reflections on the Decline of the Ottoman Empire. In: Studia Islamica 9. 1958. 111-127.

Lewis, B. 1962 = Lewis, Bernard: The use by Muslim historians of non-Muslim sources. In: Historical writings of the peoples of Asia. 4. Historians of the Middle East. Ed. P.M.Holt and Bernard Lewis. London 1962. 180-191. Nachgedruckt in: Ders.: Islam in History. London 1973. 101-14.

Lewis, B. 1962a = Lewis, Bernard: Ottoman observers of Ottoman decline. In: Islamic Studies. 1. März 1962. 1. 71-87.

Lewis, B. 1982 = Lewis, Bernard: The Muslim Discovery of Europe (1982). Zit. nach der dt. Ausgabe: Die Welt der Ungläubigen. Wie der Islam Europa entdeckte. Frankfurt/Main, Berlin 1987.

Lewis, B. 1986 = Lewis, Bernard: Ibn Khaldun in Turkey. In: Studies in Islamic History and Civilization in Honour of Professor David Ayalon. Ed. by M. Sharon. Jerusalem/Leiden 1986. 527-30.

Lewis, G. 1957 = The Balance of Truth by Katib Chelebi. Translated with an introduction and notes by Geoffrey L. Lewis. London 1957.

Lexikon zur Geschichte der Kartographie = Lexikon zur Geschichte der Kartographie. Von den Anfängen bis zum Ersten Weltkrieg. Bearb. I. Kretschmer, J. Dörflinger, F. Wawrik. 2 Bde. Wien 1986.

Löwith 1953 = Löwith, Karl: Weltgeschichte und Heilsgeschehen. 2. Aufl. Stuttgart 1953.

Lowry 1981 = Lowry, Heath W.: Trabzon şehrinin islâmlaşma ve türkleşmesi. 1461-1583. Boğaziçi Üniversitesi Yayınları. 159. Istanbul 1981.

LThK = Lexikon für Theologie und Kirche. 3. Aufl. Bd. 1-. Freiburg 1993-.

Majer 1978 = Majer, H.G.: Vorstudien zur Geschichte der ʿilmīye im Osmanischen Reich. I. Zu Uşakîzade, seiner Familie und seinem Zeyl-i şakayık. Beiträge zur Kenntnis Südosteuropas und des Nahen Orients. 32. München 1978.

Mann 1960-64 = Mann, Golo: Der europäische Geist im späten 17. Jahrhundert. In: Propyläen Weltgeschichte. Ed. Golo Mann und August Nitschke. Bd. 1-10. Frankfurt/M. 1960-64. 7. 349-84.

Mantran 1962 = Mantran, Robert: Istanbul dans la seconde moitié du XVIIe siècle. Bibliothéque Archéologique et Historique de l'Institut Français d'Archéologie d'Istanbul. 12. Paris 1962.

Mantran 1986 = Mantran, Robert: La description des côtes de l'Andalusie dans le Kitab-ı Bahriye du Pîrî Reîs. In: Actas del XII. congreso de la U.E.A.I. (Málaga 1984). Madrid 1986. 497-507.

Mantran 1988 = Mantran, Robert: Écrivains, penseurs et novateurs dans l'Empire Ottoman aux 17e et 18e siècles. In: Cahiers de la Mediterranée 37. 1988. 161-175.

Matuz 1968 = Matuz, Josef: L'ouvrage de Seyfi Çelebi, historien ottoman du XVIe siècle. Édition critique, traduction et commentaires. Paris 1968.

Matuz 1985 = Matuz, Josef: Das osmanische Reich. Grundlinien seiner Geschichte. Darmstadt 1985.

Matveev/Kubbel' 1985 = Matveev, V. V.; Kubbel', L. Ye.: Arabskie istočniki XII-XIII vekov po etnografii i istorii Afriki južnee Sachary. Leningrad 1985.

Ménage 1958 = Ménage, V. L.: The map of Hajji Ahmet and its makers. In: Bulletin of the School of Oriental and African Studies 20. 1958. 291-314.

Ménage 1963 = Ménage, V.L.: Katib Čelebiana. In: Bulletin of the School of Oriental and African Studies 26. 1963. 173-175.

Ménage 1965 = Ménage, V.L.: The mission of an Ottoman secret agent in France in 1486. In: Journal of the Royal Asiatic Society 1965. 112-132.

Ménage 1971 = Ménage, V.L.: Three Ottoman treatises on Europe. In: C.E.Bosworth (ed.): Iran and Islam. In Memory of the late Victor Minorsky. Edinburgh 1971. 421-433.

Meuleman 1991 = Meuleman, Johan H.: La causalité dans la Muqaddimah d'Ibn Khaldūn. In: Studia Islamica 74. 1991. 105-142.

Mikes 1978 = Kelemen Mikes: Briefe aus der Türkei. Ausgew. und eingel. von Gy. Zathureczky, übers. von. S. Baronin Manteuffel-Szöege, komm. von Th. v. Bogyay, mit einem literaturgesch. Beitrag von A. Szerb. Ungarns Geschichtsschreiber. 2. Graz, Wien, Köln 1978.

Miller 1926-31 = Miller, Karl: Mappae Arabicae. Arabische Welt- und Landkarten des 9.-12. Jahrhunderts. 6 Bde. mit 4 Beiheften. Stuttgart 1926-31.

Miquel 1973 = Miquel, André: La géographie humaine du monde musulman jusqu'au milieu du XIe siècle. 1. Géographie et géographie humaine dans la litterature arabe des origines á 1050. 2. Aufl. Paris 1973.

Miquel 1975 = Miquel, André: La géographie humaine du monde musulman jusqu'au milieu du XIe siécle. 2. Géographie arabe et la representation du monde: La terre et l'étranger. Paris 1975.

Miquel 1980 = Miquel, André: La géographie humaine du monde musulman jusqu'au milieu du XIe siécle. 3. Le milieu naturel. Paris 1980.

Miquel 1988 = Miquel, André: La géographie humaine du monde musulman jusqu'au milieu du XIe siécle. 4. Les travaux et les jours. Paris 1988.

Mitler 1988 = Mitler, Louis: Ottoman Turkish Writers. A Bibliographical Dictionary of Significant Figures in pre-Republican Turkish Literature. American University Studies. Ser. 19: General Literature. 15. New York u.a. 1988.

Mordtmann, J.H. 1923 = Mordtmann, J.H.: Rez. zu "Mitteilungen zur osmanischen Geschichte 1. 1921-22". In: Der Islam 13. 1923. 152-169.

Müller-Wiener 1977 = Müller-Wiener, Wolfgang: Bildlexikon zur Topographie Istanbuls. Byzantion - Konstantinupolis - Istanbul bis zum Beginn des 17. Jahrhunderts. Tübingen 1977.

Murphey 1979 = Murphey, Rhoads: The Veliüddin Telhis: Notes on the Sources and Interrelations between Koçi Bey and Contemporary Writers of Advice to Kings. In: Belleten 43. 171. 1979. 547-71.

Murphey 1987-92 = Murphey, Rhoads: Rez. zu Goodrich 1990. In: Archivum Ottomanicum 12. 1987-92. 277-80.

Murphey 1989 = Murphey, Rhoads: Mustafa Ali and the politics of cultural despair (Rez. zu Fleischer 1986). In: International Journal of Middle Eastern Studies 21. 1989. 243-255.

Murphey 1993-94 = Murphey, Rhoads: Ottoman historical writing in the seventeenth-century: A survey of the general development of the genre after the reign of Sultan Ahmed I (1603-1617). Archivum Ottomanicum 13. 1993-94. 277-311.

Mžik 1915 = Mžik, Hans von: Ptolemaeus und die Karten der arabischen Geographen. In: Mitteilungen der geographischen Gesellschaft Wien 58. 1915. 152-76.

Mžik 1929 = Mžik, Hans von: Parageographische Elemente in den Berichten der arabischen Geographen über Südostasien. In: Ders. (ed.): Beiträge zur historischen Geographie, Kulturgeographie, Ethnographie und Kartographie (Fs. Eugen Oberhummer). Leipzig, Wien 1929. 172-202.

Mžik 1938 = Mžik, Hans von: Mythische Geographie. In: Wiener Zeitschrift für die Kunde des Morgenlandes 45. 1938. 85-108.

Nagel 1983 = Nagel, Tilman: Der Koran. Einführung - Texte - Erläuterungen. München 1983.

Nagel 1996 = Nagel, Tilman: Autochthone Wurzeln des islamischen Modernismus. Bemerkungen zum Werk des Damaszeners Ibn ʿĀbidīn (1784-1836). In. Zeitschrift der Deutschen Morgenländischen Gesellschaft 146. 1. 1996. 92-111.

Nietzsche 1874 = Nietzsche, Friedrich: Vom Nutzen und Nachteil der Historie für das Leben. Leipzig 1874. Zit. n. Ausgabe Frankfurt/M. 1989.

Nieuwenhuijze 1993 = Nieuwenhuijze, C.A.O. van: Religion versus science in Islam: A past and future question. In: Welt des Islams 33. 1993. 276-88.

Niewöhner-Eberhard 1975 = Niewöhner-Eberhard, Elke: Machtpolitische Aspekte des osmanisch-safawidischen Kampfes um Bagdad. In: Turcica 6. 1975. 103-127.

Norris 1994 = Norris, H.T.: From Asia to Africa. The Tuḥfat al-albāb by Abū Ḥāmid al-Ġarnāṭī (4743/1080-565/1169) as a source for the chronology and content af the Sīrat ʿAntar b. Shaddād. In: Bulletin of the School of Oriental and African Studies 57. 1994. 1. 174-183.

ʿOM = Brusalı Meḥmed Ṭāhir: ʿOs̱mānlı mü'ellifleri. Bd. 1-3. Istanbul 1333-1342 H.

Orgun 1957 = Orgun, Ünsan: Osmanlı deniz tarihinin kaynakları ve Tuhfetü'l-Kibar. In: Bilgi. 11. 126-127. Kasım 1957. 18-19, 21.

Orhonlu 1964 = Orhonlu, Cengiz: 18. yüzyılda osmanlılarda coğrafya ve Bartınlı İbrahim Hamdi'nin atlası. In: İstanbul Üniversitesi Edebiyat Fakültesi Tarih Dergisi 19. 1964. 115-140.

Orhonlu 1970 = Orhonlu, Cengiz: Hint Kaptanlığı ve Piri Reis. In: Belleten 24. 134. 1970. 235-254.

Orhonlu 1977 = Orhonlu, Cengiz: Geographical Knowledge amongst the Ottomans and the Balkans in the 18th Century according to Bartinli Ibrahim Hamdi's Atlas. In: Carter, Francis William: An Historical Geography of the Balkans. New York 1977. 271-292.

OT = Uzunçarşılı, İsmail Hakkı; Karal, Enver Ziya: Osmanlı tarihi. Türk Tarih Kurumu Yayınlarından. XIII. 16. Bd. 1-8. Ankara 1943-1962. Nachdr. Ankara 1988.

Özdemir 1975 = Özdemir, Hasan: Die altosmanischen Chroniken als Quelle zur türkischen Volkskunde. Freiburg/Br. 1975. Islamkundliche Untersuchungen. 32.

Özergin 1976 = Özergin, M. Kemal: Rumeli Kadılıkları'nda 1078 Düzenlemesi. In: İ.H. Uzunçarşılı'ya Armağan. Ed. O. Aslanapa. Ankara 1976. 251-309.

Özkırımlı = Özkırımlı, Atilla: Türk edebiyatı ansiklopedisi. O.O. u.J.

Pagliaro/Bausani 1968 = Pagliaro, Antonino; Bausani, Alessandro: La letteratura persiana. 2. Aufl. Florenz, Mailand 1968.

Pakalın 1946 = Pakalın, Mehmet Zeki: Osmanlı Tarih Deyimleri ve Terimleri Sözlüğü. 3 Bde. O.O. u.J. (İstanbul 1946-56).

Papazjan 1973 = Papazjan, A.A.: "Džichan-njuma" i "Fezleke" Kjatiba Čelebi kak istočnik po istorii Armenii (XVII. v.). Jerevan 1973.

Peschel 1877 = Peschel, O.: Geschichte der Erdkunde bis auf A.v.Humboldt und C. Ritter. 2. Aufl. ed. Sophus Ruge. München 1877.

Peters 1979 = Peters, Rudolph: Jihad and colonialism. The doctrine of jihad in modern history. Den Haag 1979.

Peters 1990 = Peters, Rudolph: Reinhard Schulzes quest for an islamic enlightenment. In: Welt des Islams 30. 1990. 160ff.

Peuckert 1962 = Peuckert, Will-Erich: Sage. In: Deutsche Philologie im Aufriß. Bd. 3. 2. Aufl. Berlin 1962. Sp. 2641-2676.

Pitcher 1972 = Pitcher, Donald Edgar: An Historical Geography of the Ottoman Empire from earliest times to the end of the sixteenth century. Leiden 1972.

PL = Storey, Charles A.: Persian Literature. A bio-bibliographical survey. Bd. I, 1-2. London 1927-1953. Bd. II. 1-3. London 1958-1977.

Prokosch/Teply 1987 = Prokosch, Erich und Teply, Karl: Einleitung zu: Kreutel 1987.

Prokosch 1980 = Prokosch, Erich: Studien zur Grammatik des Osmanisch-Türkischen unter besonderer Berücksichtigung des Vulgärosmanisch-Türkischen. Studien zur Sprache, Geschichte und Kultur der Türkvölker. 2. Freiburg 1980.

Radtke 1987 = Radtke, Bernd: Die älteste islamische Kosmographie, Muḥammad-i Ṭūsīs ʿAǧā'ib ul-maḫlūqāt. In: Der Islam 64. 1987. 278-88.

Radtke 1992 = Radtke, Bernd: Weltgeschichte und Weltbeschreibung im mittelalterlichen Islam. Beiruter Texte und Studien. 51. Beirut 1992.

Radtke 1994 = Radtke, Bernd: Erleuchtung und Aufklärung: Islamische Mystik und europäischer Rationalismus. In: Die Welt des Islams 34. 1994. 48-66.

Raymond 1973-74 = Raymond, André: Artisans et commerçants au Caire au 18e siécle. Damas 1973-74.

Rebstock 1992 = Rebstock, Ulrich: Rechnen im islamischen Orient. Die literarischen Spuren der praktischen Rechenkunst. Darmstadt 1992.

Reşidoğlu 1957 = Reşidoğlu, M.: Bizde Ansiklopedi ve Keşfü'z-Zunûn. In: Bilgi. 11. 126-127. Kasım 1957. 22, 32.

Reinaud 1848-83 = Reinaud, M.: Géographie d'Aboulféda, traduit de l'arabe en français par M. Reinaud. I. Introduction générale a la géographie des orientaux. Paris 1848. II. 1-2. Traduction. Paris 1848-83.

Reinaud 1860 = Reinaud, M.: Notice sur les dictionnaires géographiques arabes. In: Journal Asiatique, 5éme série, 16. 1860. 65-106.

Rippin 1985 = Rippin, Andrew: Literary analysis of Qur'an, tafsīr, and sīra. In: Richard C. Martin (ed.): Approachs to Islam in religious studies. Arizona 1985.

Ritter 1931 = Ritter, Hellmut: Rezension zu: Hans von Mžik: Das Kitab ṣūrat al-arḍ des Abū Ǧaʿfar Muḥ. b. Mūsa al-Ḫwarizmī. In: Der Islam 19. 1931. 52-57.

Ritter 1937 = Ritter, Hellmut: Philologika IX: Die vier Suhrawardīs. Ihre Werke in Stambuler Handschriften. In: Der Islam 24. 1937. 270-286.

Rogers 1992 = Rogers, J.M.: Itineraries and town views in Ottoman histories. In: The History of Cartography. Vol. 2, Book 1: Cartography in the Traditional Islamic and South Asian Societies. Ed. J.B. Harley, David Woodward et al. Chicago, London 1992. 228-55.

Rohnström 1988 = Rohnström, John: The Turkish incunabula in the Royal Library, Stockholm. A catalogue. In: Turcica et Orientalia. Festschrift Gunnar Jarring. Swedish Research Institute in Istanbul. Transactions. 1. Istanbul 1988. 121-38.

Römer 1989 = Römer, Claudia: Die osmanische Belagerung Bagdads 1034-35 (1625-26). Ein Augenzeugenbericht. In: Der Islam 66.1.1989. 119-136.

Rosenthal, E. 1958 = Rosenthal, E.I.J.: Political Thought in Medieval Islam. Cambridge 1958.

Rosenthal, F. 1937 = Rosenthal, Franz: Die arabische Autobiographie. In: Studia Arabica I (=Analecta Orientalia. 14.). Rom 1937.

Rosenthal, F. 1947 = Rosenthal, Franz: The Technique and Approach of Muslim Scholarship. Analecta Orientalia. 24. Rom 1947.

Rosenthal, F. 1958 = Rosenthal, Franz: The Muqaddimah. An introduction to history. Bd. 1-3. London, New York 1958.

Rosenthal, F. 1968 = Rosenthal, Franz: A History of Muslim Historiography. 2. Aufl. Leiden 1968.

Rosenthal, F. 1970 = Rosenthal, Franz: Knowledge triumphant. The concept of knowledge in medieval Islam. Leiden 1970.

Rossi 1952 = Rossi, Ettore: Scritti turchi su Cristoforo Colombo e la scoperta dell'America. In: Studi Colombiani. 2. 563-566. Genova 1952. Diese Arbeit lag mir nicht vor.

Rudloff/Hochheim 1893 = Rudloff, G., Hochheim, Ad.: Die Astronomie des Maḥmûd ibn Muḥammed ibn ᶜOmar al-Ǧaġmînî. In: Zeitschrift der Deutschen Morgenländischen Gesellschaft 47. 1893. 213-275.

Runciman 1968 = Runciman, Steven: The great church in captivity. A study of the Patriarchate of Constantinople from the eve of the Turkish conquest to the Greek war of independence. Cambridge 1968. Zit. nach der dt. Ausgabe: Das Patriarchat von Konstantinopel. München 1970.

Ruska 1927 = Ruska, Julius: Zur geographischen Literatur im islamischen Kulturbereich. In: Geographische Zeitschrift 33. 1927. 519-528. 589-599.

Šabanović 1959 = Šabanović, Hazim: Bosanski pašaluk. Postanak i upravna podjela. Sarajevo 1959.

Sabra 1976 = Sabra, A. I.: The scientific enterprise. Islamic contributions to the development of science. In: The world of Islam. London 1976. 181-200.

Said 1978 = Said, Edward W.: Orientalism. London 1978.

Sakaoğlu 1991 = Sakaoğlu, Necdet: Dürr-ü Meknun'da evren, cennet, cehennem, dünya, kıt'alar, denizler. In: Tarih ve Toplum 15. 85. 1991. 31-37.

Sanal 1957 = Sanal, Haydar: Kâtip Çelebi'ye isnad olunan besteler. In: Bilgi. 11. 126-127. Kasım 1957. 23.

Sarıcaoğlu 1990 = Sarıcaoğlu, Fikret: Kâtib Çelebi'nin Cihânnümâ'sı ve Kaynakları. İ.Ü. Sosyal Bilimler Enstitüsü, Yeniçağ Tarihi Anabilim Dalı. Basılmamış Yüksek Lisans Tezi. Istanbul 1990. Diese Arbeit lag mir nicht vor.

Sarıcaoğlu 1991 = Sarıcaoğlu, Fikret: Ciẖânnümâ ve Ebûbekir b. Behrâm ed-Dımeşkî-İbrahim Müteferrika. In: Prof. Dr. Bekir Kütükoğlu'na Armağan. Istanbul 1991. 121-142.

Sarıcaoğlu 1995 = Sarıcaoğlu, Fikret: Einleitung zu: Kātib Čelebi: *Ǧihānnümā*. Istanbul 1732. Nachdruck (Türk Tarih Kurumu) voraussichtlich 1996. Ich danke dem Autor, daß er mich in diese Arbeit Einsicht nehmen ließ.

Sayılı 1961 = Sayılı, A.: Üçüncü Murat'ın Istanbul rasathanesindeki mücessem yer küresi ve Avrupa ile kültürel temaslar. In: Belleten 25. 99. 1961. 397-445.

Schacht 1963 = Schacht, Joseph: An introduction to Islamic law. Oxford 1964.

Schimmel 1985 = Schimmel, Annemarie: Mystische Dimensionen des Islam. Die Geschichte des Sufismus. München 1985.

Schmidt 1985 = Schmidt, Jan: The Egri-Campaign of 1596: Military history and the problem of sources. In: Habsburgisch-Osmanische Beziehungen. Ciépo-Colloque, Wien, 26.-30. September 1983. Wien 1985. Beihefte zur Wiener Zeitschrift für die Kunde des Morgenlandes. 13. 125-44.

Schmidt 1991 = Schmidt, Jan: Pure water for thirsty Muslims. A study of Muṣṭafa ʿĀlī of Gallipoli's Künhü l-Aḫbār. Leiden o.J. (1991).

Schmithüsen 1970 = Schmithüsen, J.: Geschichte der geographischen Wissenschaft. Mannheim, Wien, Zürich 1970.

Schoy 1924 = Schoy, Carl: The Geography of the Muslims in the Middle Ages. In: Geographical Review (N.Y.) 14. 1924. 257-269.

Schulze 1990 = Schulze, Reinhard: Das islamische achtzehnte Jahrhundert. Versuch einer historiographischen Kritik. In: Welt des Islams 30. 1990. 140-59.

Schwarz 1896-1935 = Schwarz, Paul: Iran im Mittelalter nach den arabischen Geographen. 1. Leipzig 1896. 2. Leipzig 1910. 3. Leipzig 1912. 4. Leipzig 1921. 5. Leipzig 1925. 6. Leipzig 1926. 7. Leipzig 1929. 8. Zwickau 1932. 9. Stuttgart, Berlin 1935. Nachdruck in einem Band Hildesheim, New York 1969. Ergänzungsband Hildesheim, New York 1970.

Şehsuvaroğlu 1957 = Şehsuvaroğlu, Bedi N.: İlham-al Mukaddes Min-al Feyz-al Akdes risâlesi ve Kâtip Çelebi'nin ilmî zihniyeti hakkında birkaç söz. In: Kâtip Çelebi. Hayatı ve eserleri hakkında incelemeler. Türk Tarih Kurumu Yayınları. VII, 33. Ankara 1957. Nachdruck Ankara 1985. 141-176.

Şehsuvaroğlu 1970 = Şehsuvaroğlu, Bedi N.: Kânûnî devrinde yazılmış ve şimdiye kadar bilinmeyen bir coğrafya kitabı. In: Kānûnı Armağanı. Ankara 1970. 207-25.

Selen 1957 = Selen, Ḫâmit Sadi: Cihânnüma. In: Kâtip Çelebi. Hayatı ve eserleri hakkında incelemeler. Türk Tarih Kurumu Yayınları. VII, 33. Ankara 1957. Nachdruck Ankara 1985. 121-136.

Selen 1965 = Selen; Hâmit Sadi: Yazma Cihannümâ'ya göre Edirne şehri. In: Edirne. Edirne'nin 600. Fetih Yıldönümü Armağan Kitabı. Türk Tarih Kurumu Yayınları VII. 43. Ankara 1965. 303-309.

Selīm Nüzhet 1928 = Selīm Nüzhet (Gerçek): *Türk maṭbaʿağılığı*. Istanbul 1928.
Sellheim 1976 = Sellheim, Rudolf: Materialien zur arabischen Literaturgeschichte. Bd. 1. Verzeichnis der orientalischen Handschriften in Deutschland. XVII, A, I. Wiesbaden 1976.
Sellheim 1977 = Sellheim, Rudolf: Gedanken zur Autobiographie im islamischen Mittelalter. In: XIX. Deutscher Orientalistentag vom 18. Sept. bis 4. Okt. 1975 in Freiburg i.Br. Vorträge. Hg. Wolfgang Voigt. Zeitschrift der Deutschen Morgenländischen Gesellschaft, Supplement III. Wiesbaden 1977. 607-612.
Šemseddīn Sāmī 1888-98 = Šemseddīn Sāmī Frāšerī: *Qāmūsu l-aʿlām*. Bd. 1-6. Istanbul 1888-1898.
Shaw 1962 = Shaw, Stanford J.: The Financial and Administrative Organization of Ottoman Egypt 1517-1798. Princeton 1962.
Shaw 1976 = Shaw, Stanford J.: History of the Ottoman Empire and Modern Turkey. I. Empire of the Gazis 1280-1808. Cambridge u.a. 1976.
Shinder 1973 = Shinder, Joel: Career Line Formation in the Ottoman Bureaucracy 1648-1750. A New Perspective. In: Journal of the economic and social history of the Orient 16. 1973. 3. 217-237.
Sohrweide 1976 = Sohrweide, Hanna: Meḥmed Šerīf, ein Heeresrichter und Literat um 1600. In: Hungaro-Turcica. Studies in Honour of Julius Németh. Ed. Gyula Káldy-Nagy. Budapest 1976. 309-14.
Sohrweide 1981 = Verzeichnis der orientalischen Handschriften in Deutschland. XIII. Türkische Handschriften. 5. Beschrieben von Hanna Sohrweide. Wiesbaden 1981.
Somogyi 1958 = Somogyi, Joseph de: The development of arabic historiography. In: Journal of Semitic Studies 3. 1958. 379-85.
Soucek 1971 = Soucek, Svatopluk: The "Ali Macar Reis Atlas" and the Deniz kitabı. In: Imago Mundi 25. 1971. 17-27.
Soucek 1973a = Soucek, Svatopluk: A propos du livre d'instruction nautique de Pîrî Reis. In: Revue des études islamiques 41. 1973. 241-55.
Soucek 1973b = Soucek, Svatopluk: Tunisia in the Kitab-i bahriye by Piri Reis. In: Archivum Ottomanicum 5. 1973. 129-296.
Soucek 1986 = Soucek, S.: Harant's Putowánj and ʿĀlīs Ḥālāt al-Qāhire. In: Wiener Zeitschrift für die Kunde des Morgenlandes 76. 1986. (Festschr. Andreas Tietze) 263-72.
Soucek 1992 = Soucek, S.: Islamic Charting in the Mediterranean. In: The History of Cartography. Vol. 2, Book 1: Cartography in the Traditional Islamic and South Asian Societies. Ed. J.B. Harley, David Woodward et al. Chicago, London 1992. 263-92.
Soucek 1994 = Soucek, Svat: Piri Reis and Ottoman Discovery of the Great Discoveries. In: Studia Islamica 79. 1994. 121-142.

Spuler 1955 = Bertold Spuler: Islamische und abendländische Geschichtsschreibung. Eine Grundsatz-Betrachtung. In: Saeculum 6. 1955. 125-137.

Stajnova 1983 = Stajnova, Michaila: Neue Richtungen des künstlerisch-literarischen Schaffens der osmanischen Türkei zu Beginn des 18. Jahrhunderts. In: Das Osmanische Reich und Europa 1683-1789: Konflikt, Entspannung und Austausch. Ed. G. Heiss, G. Klingenstein. Wiener Beiträge zur Geschichte der Neuzeit 10. 1983. 179-92.

Storey/Bregel' 1972 = Storey, C. A.: Persidskaja literatura. Bio-bibliografičeskij obzor. Perevel s anglijskogo, pererabotal i dopolnil Ju. E. Bregel'. Bd. 1-3. Moskau 1972.

Strauss 1991 = Strauss, Johann: Die Chronik des ᶜĪsāzāde. Ein Beitrag zur osmanischen Historiographie des 17. Jahrhunderts. Islamkundliche Untersuchungen. 108. Berlin 1991.

Strohmaier 1988 = Al-Bīrūnī: In den Gärten der Wissenschaft. Ausgewählte Texte aus den Werken des muslimischen Universalgelehrten übersetzt und erläutert von Gotthard Strohmaier. 2. Aufl. Leipzig 1988.

Süßheim 1909 = Süßheim, Karl: Aus anatolischen Bibliotheken. In: Beiträge zur Kenntnis des Orients 7. 1909. 77-88.

Taeschner 1923 = Taeschner, Franz: Die geographische Literatur der Osmanen. In: Zeitschrift der Deutschen Morgenländischen Gesellschaft 77. 1923. 31-80, 144. (Türkische Übersetzung: *ᶜOs̱mānlılarda ǧoġrāfyā*. In: Türkīyāt Meǧmūᶜası 2. 1926 [1928]. 281-314.)

Taeschner 1923-26 = Taeschner, Franz: Die Vorlage von Hammers "Rumeli und Bosna". In: Mitteilungen zur osmanischen Geschichte 2. 1923-26. 308-310.

Taeschner 1924-26 = Taeschner, Franz: Das anatolische Wegenetz nach osmanischen Quellen. Bd. 1-2. Türkische Bibliothek. 23-24. Leipzig 1924-26.

Taeschner 1926 = Taeschner, Franz: Zur Geschichte des Djihannuma. In: Mitteilungen des Seminars für Orientalische Sprachen. 2. Abt. 29. 1926. 99-110.

Taeschner 1931 = Taeschner, Franz: Rezension zu GOW. In: Byzantinisch-Neugriechische Jahrbücher 7. 1931. 489-494.

Taeschner 1935 = Taeschner, Franz: Das Hauptwerk der geographischen Literatur der Osmanen, Katib Čelebi's Ǧihānnumā. In: Imago Mundi 1. 1935. 44-47.

Taeschner 1950-55 = Taeschner, Franz: Ankara bei den osmanischen Geographen des 17. Jhdts. In: 60. doğum yılı münasebetiyle Zeki Velidi Togan'a armağan. Symbolae in honorem Z. V. Togan. Istanbul 1950-55. 147-156.

Taeschner 1965 = Taeschner, Franz: Maṭrakçı Naṣûḥ. In: Der Islam 40. 1965. 200-206.
Tansel 1964 = Tansel, F. A.: Ahmed Vefik Paşa (3 Haziran, 1823 - 2 Nisan, 1891). In: Belleten 28. 1964. 117-139, 249-183.
Tauer 1933 = Tauer, Felix: Geographisches aus den Stambuler Bibliotheken (arabische Handschriften). In: Archiv Orientálny 6. 1933. 95-111.
Tauer 1950 = Tauer, Felix: Annotations critiques au texte du Tuḥfat al-albāb d'Abū Ḥāmid al-Māzinī édité par G. Ferrand. In: Archiv Orientálny 18. 4. 1950. 298-316.
Thomas 1972 = Thomas, Lewis V.: A Study of Naima. Ed. by Norman Itzkowitz. New York University Studies in Near Eastern Civilizations. 4. New York 1972.
Thorndike 1941 = Throndike, Lynn: A history of magic and experimental science. Bd. 5-6: The sixteenth century. New York 1941.
Tietze 1973 = Tietze, Andreas: Muṣṭafā ᶜĀlī of Gallipoli's Prose Style. In: Archivum Ottomanicum 5. 1973. 297-319.
Tietze 1975 s. *Ḥālātu l-Qāhire*.
Toderini 1787 = Toderini, Giambatista: Letteratura Turchesca. Bd. 1-3. Venedig 1787.
TRE = Theologische Realenzyklopädie. Bd. 1-. Berlin u.a. 1977-.
TT = Türkiye Tarihi. Ed. Sina Akşin. Bd. 1-4. Istanbul 1988-92.
Tuckerman 1964 = Tuckerman, Bryant: Planetary, Lunar and Solar Positions A.D. 2 to A.D. 1649. Memoirs of the American Philosophical Society. 59. Philadelphia 1964.
Turan 1961 = Turan, Şerafettin: XVII. yüzyılda Osmanlı İmparatorluğunun idarî taksimatı (H. 1041/M. 1631-32 tarihli bir idarî taksimat defteri). In: Ankara Üniversitesi Yıllığı 1961. 201-32.
Türek 1957 = Türek, Ahmet: Kâtip Çelebi'nin Fezleketü'l-Akvali hakkında. In: Bilgi. 11. 126-127. Kasım 1957. 13-14, 32. Kâtip Çelebi'nin Sullemü'l-Vusûlu. In: Bilgi. 11. 126-127. Kasım 1957. 20-21.
Türk Klasikleri = Başlangıcından Günümüze kadar Büyük Türk Klasikleri. Tarih. Antoloji. Ansiklopedi. Bd. 5. Istanbul 1975.
Türkay 1958 = Türkay, Cevdet: İstanbul kütüphanelerinde Osmanlı devrine ait Türkçe-Arapça-Farsça yazma ve basma coğrafya eserleri bibliyografyası. Istanbul 1958.
Türkay 1959 = Türkay, Cevdet: Osmanlı Türklerinde coğrafya. Istanbul 1959.
Uğur 1986 = Uğur, Ali: The Ottoman Ulema in the Mid-Seventeenth Century. An Analysis of Vaḳā'iᶜ ul-Fużalā of Meḥmed Şeyḫī Efendi. Islamkundliche Untersuchungen. 131. Berlin 1986.

Ülken 1957 = Ülken, Hilmi Ziya: Kâtip Çelebi ve fikir hayatımız. In: Kâtip Çelebi. Hayatı ve eserleri hakkında incelemeler. Türk Tarih Kurumu Yayınları. VII, 33. Ankara 1957. Nachdruck Ankara 1985. 177-193.

Ullmann 1970 = Ullmann, Manfred: Die Medizin im Islam. Handbuch der Orientalistik 1. Ergänzungsband 6/1. Leiden 1970.

Ullmann 1972 = Ullmann, Manfred: Die Natur- und Geheimwissenschaften im Islam. Handbuch der Orientalistik 1. Ergänzungsband 6/2. Leiden 1972.

Unat 1968 = Unat, Faik Reşit: Osmanlı sefirleri ve sefaretnameleri. Tamamlayıp yayımlıyan B. S. Baykal. Ankara 1968.

Ünver 1952 = Ünver, A. Süheyl: Dördüncü Sultan Murad'ın Revan Seferi kronolojisi. In: Belleten 16. 64. 1952. 547-76.

Ünver 1957 = Ünver, A. Süheyl: Kâtip Çelebi'nin Cihannüma'sında Çin ve Hatay hakkında verilen malûmatın kaynağı üzerine. In: Kâtip Çelebi. Hayatı ve eserleri hakkında incelemeler. Türk Tarih Kurumu Yayınları. VII, 33. Ankara 1957. Nachdruck Ankara 1985. 137-140.

Uzluk 1954 = Uzluk, Feridun Nafiz: Vorwort zu: Seyfi Serâyî: Gülistan tercümesi. Türk Dil Kurumu Yayınları C. II. 34. Ankara 1954.

Uzunçarşılı 1940 = Uzunçarşılı, İsmail Hakkı: Sakarya nehrinin İzmit körfezine akıtılmasiyle Marmara ve Karadenizin birleştirilmesi hakkında vesikalar ve tetkik raporları. In: Belleten 4. 14-15. 1940. 149-174.

Uzunçarşılı 1943-44 = Uzunçarşılı, İsmail Hakkı: Osmanlı devleti teşkilâtından kapukulu ocakları. Bd. 1-2. Ankara 1943-44.

Uzunçarşılı 1945 = Uzunçarşılı, İsmail Hakkı: Osmanlı devletinin seray teşkilâtı. Türk Tarih Kurumu Yayınlarından. VIII. 15. Ankara 1945.

Uzunçarşılı 1947 = Uzunçarşılı, İsmail Hakkı: Osmanlı devletinin merkez ve bahriye teşkilâtı. Türk Tarih Kurumu Yayınlarından. VIII. 16. Ankara 1947.

Uzunçarşılı1965 = Uzunçarşılı, İsmail Hakkı: Osmanlı devletinin ilmiye teşkilâtı. Türk Tarih Kurumu Yayınlarından VIII. 17. Ankara 1965.

Valîdi 1934 = Valîdi (Togan), A.- Z.: Der Islam und die geographische Wissenschaft. In: Geographische Zeitschrift (Leipzig) 1934. 361-372.

Vambéry 1899 = The travels and adventures of the Turkish admiral Sidi Ali Reis [= *Mir'ātu l-memālik*]. Transl. from the Turkish with notes by A. Vambéry. London 1899. Nachdruck Lahore 1975.

Vatin 1987 = Vatin, Nicolas: Itinéraires d'agents de la porte en Italie (1483-1495). Réflexions sur l'organisation des missions ottomanes et sur la transcription turque des noms de lieux italiens. In: Turcica 19. 1987. 29-50.

Vaughan 1954 = Vaughan, Dorothy: Europe and the Turk 1350-1700. Liverpool 1954.

Velkov 1979 = Velkov, Asparouch: Les notes complementaires dans les documents financiers Ottomans des XVIe-XVIIIe siécles (étude diplomatique et paléographique. In: Turcica 11. 1979. 37-77.

Walsh 1962 = Walsh, John R.: The historiography of Ottoman-Safavid relations in the sixteenth and seventeenth centuries. In: B. Lewis, P.M. Holt (eds.): Historians of the Middle East. London 1962. 197-211.

Wansbrough 1978 = Wansbrough, John: Content and composition of Islamic salvation history. London Oriental Series. 31. Oxford 1978.

Watson 1968 = Watson, William J.: Ibrahim Müteferriḳa and Turkish Incunabula. In: Journal of the American Oriental Society 88. 1968. 435-441.

Watt 1963 = Watt, William Montgomery: Muslim intellectual. A study of al-Ghazali. Oxford 1963.

Wax/Wax1963 = Wax, Murray; Wax, Rosalie: The notion of magic. In: Current Anthropology 4. 1963. 495-513. Zit. nach dt. Übers.: Der Begriff der Magie. In: L. Petzoldt (ed.): Magie und Religion. Beiträge zu einer Theorie der Magie. Darmstadt 1978. 35-52.

Weber 1913 = Weber, Max: Über einige Kategorien der verstehenden Soziologie. In: Logos 4. 1913. 253-94. Zit. nach Nachdruck in: Ders.: Soziologie. Universalgeschichtliche Analysen. Politik. Einl. E. Baumgarten, hg. J. Winckelmann. Stuttgart 1992.

Weber 1922 = Weber, Max: Die drei reinen Typen der legitimen Herrschaft. In: Preußische Jahrbücher 187. 1922. 1-12. Zit. nach Nachdruck in: Ders.: Soziologie. Universalgeschichtliche Analysen. Politik. Einl. E. Baumgarten, hg. J. Winckelmann. Stuttgart 1992.

Weintritt 1992 = Weintritt, Otfried: Formen spätmittelalterlicher islamischer Geschichtsdarstellung. Untersuchungen zu an-Nuwairī al-Iskandarānīs Kitāb al-Ilmām und verwandten zeitgenössischen Texten. Beiruter Texte und Studien. 45. Beirut 1992.

Weizsäcker 1990 = Weizsäcker, Carl Friedrich v.: Die Tragweite der Wissenschaft. 6. Aufl. Stuttgart 1990.

Wickerhauser 1853 = Wickerhauser, Moriz: Wegweiser zum Verständniss der türkischen Sprache. Eine deutsch-türkische Chresthomatie. Wien 1853.

Windelband/Heimsoeth 1957 = Windelband, Wilhelm: Lehrbuch der Geschichte der Philosophie. Bearb. u. erg. v. Heinz Heimsoeth. 15. Aufl. Tübingen 1957.

Wurm 1971 = Wurm, Heidrun: Der osmanische Historiker Ḥüseyn b. Ǧaʿfer, gen. Hezārfenn, und die Istanbuler Gesellschaft des 17. Jahrhunderts. Islamkundliche Untersuchungen. 13. Freiburg i.Br. 1971.

Wüstenfeld 1842 = Wüstenfeld, Ferdinand: Literatur der Erdbeschreibung bei den Arabern. In: Zeitschrift für vergleichende Erdkunde 1. 1842. 24-67.

Yaman 1940 = Yaman, T. M.: Cihannüma'nın ilaveli nüshası. In: Ülkü 15. 1940. 85-87.

Yerasimos 1990 = Yerasimos, Stéphane: La fondation de Constantinople et de Sainte Sophie dans les traditions turques. Bibliothéque de l'Institut français d'études anatoliennes d'Istanbul. 31. Paris 1990.

Yih-Min Liu 1983 = Yih-Min Liu: A comparative and critical study of Ali Akbar's Khitāy-nāma with reference to Chinese sources (English summary). In: Central Asiatic Journal 27. 1983. 58-77.

Yıldız 1993 = Yıldız, Mustafa: Ġazavāt-ı Ḫayreddīn Paşa. Aachen 1993.

Yinanç 1937 = Yinanç, Mükrimin Halil: [Nachruf auf M. Ǧevdet]. In: Muallim M. Cevdet'in Hayatı, Eserleri ve Kütüphanesi. Derleyip toplayan Osman Ergin. Istanbul 1937. 557ff.

Yinanç 1957 = Yinanç, Mükrimin Halil: Fezleket Ekvâl al-Ahyâr hakkında. In: Kâtip Çelebi. Hayatı ve eserleri hakkında incelemeler. Türk Tarih Kurumu Yayınları. VII, 33. Ankara 1957. Nachdruck Ankara 1985. 93-100.

Yücel 1957 = Yücel, Hasan-Âli: Kâtip Çelebi ve Keşf-ez-Zunun. In: Kâtip Çelebi. Hayatı ve eserleri hakkında incelemeler. Türk Tarih Kurumu Yayınları. VII, 33. Ankara 1957. Nachdruck Ankara 1985. 219-20.

Yurdaydın 1976 = Einleitung zu *Beyān-ı menāzil* q.v.

Žëltjakov 1972 = Žëltjakov, A.D.: Pečat' v obščestvenno-političeskoj i kul'turnoj žizni Turcii (1729-1908 gg.). Moskau 1972.

Zenker 1861 = Zenker, J. Th.: Das chinesische Reich, nach dem türkischen Khatāi-nāme. In: Zeitschrift der Deutschen Morgenländischen Gesellschaft 1861. 785-805.

Zilfi 1986 = Zilfi, Madeline C.: The Kadızadelis: Discordant Revivalism in Seventeenth-Century Istanbul. In: Near Eastern Studies 45. 1986. 4. 251-269.

Zilfi 1988 = Zilfi, Madeline C.: The Politics of Piety: The Ottoman Ulema in the Postclassical Age (1600-1800). Bibliotheca Islamica. Studies in Middle Eastern History. 8. Minneapolis 1988.

Zinner 1943 = Zinner, Ernst: Entstehung und Ausbreitung der kopernikanischen Lehre. Erlangen 1943.

INDEX

Dieser Index verzeichnet Personennamen, arabische, persische und türkische Buchtitel (jeweils abgesehen von Angaben rein bibliographischer Art), geographische Begriffe, Sachbegriffe. Von Autorennamen wird auf Buchtitel verwiesen, ebenso in umgekehrter Richtung. Buchtitel werden in der im Text gebrauchten verkürzten Form aufgenommen, orientalische Personennamen erscheinen unter dem gängigsten Namenselement. Stichworte wie Kātib Čelebi, *Ǧihānnümā,* Geographie oder Osmanen wurden nicht aufgenommen. Autoren von Sekundärliteratur sind selektiv aufgenommen.

Toponyme, die in Originalzitaten erscheinen, sind nicht vollständig verzeichnet. Wenn neben der osmanischen eine andere gängige Form eines Toponyms verwendet wurde, ist ein Verweis auf die andere Form angegeben, sofern die Beziehung nicht eindeutig ist. Angesichts der Vielfalt der Quellen ist Einheitlichkeit bei der Schreibung von Toponymen und anderen Namen nur begrenzt erreichbar.

Diakritische Zeichen und der arabische Artikel sind in der Anordnung nicht berücksichtigt.

Abb. 1: WK 4r

Abb. 2: WK 156v-157r

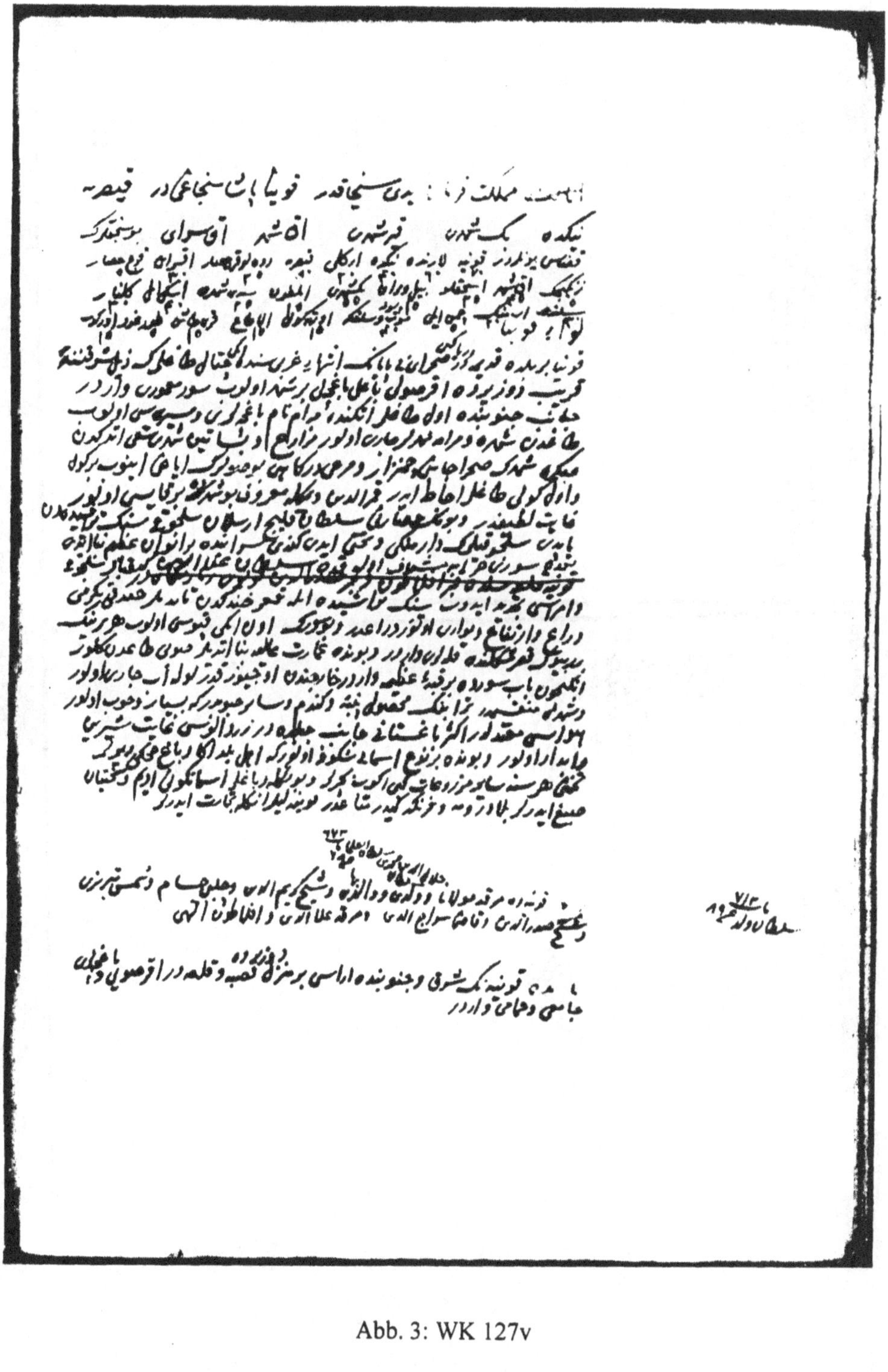

Abb. 3: WK 127v

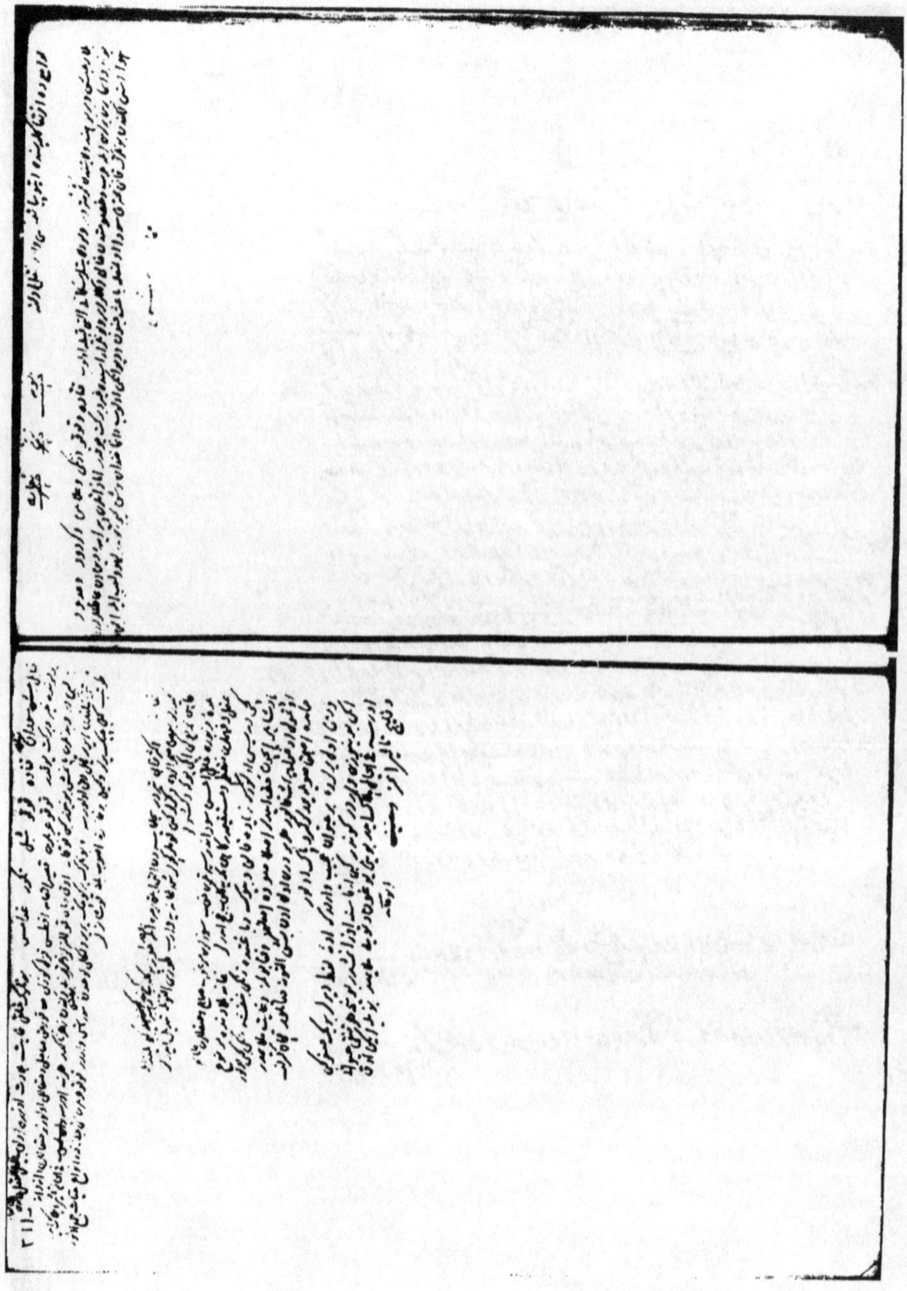

Abb. 4: WK 210-211r

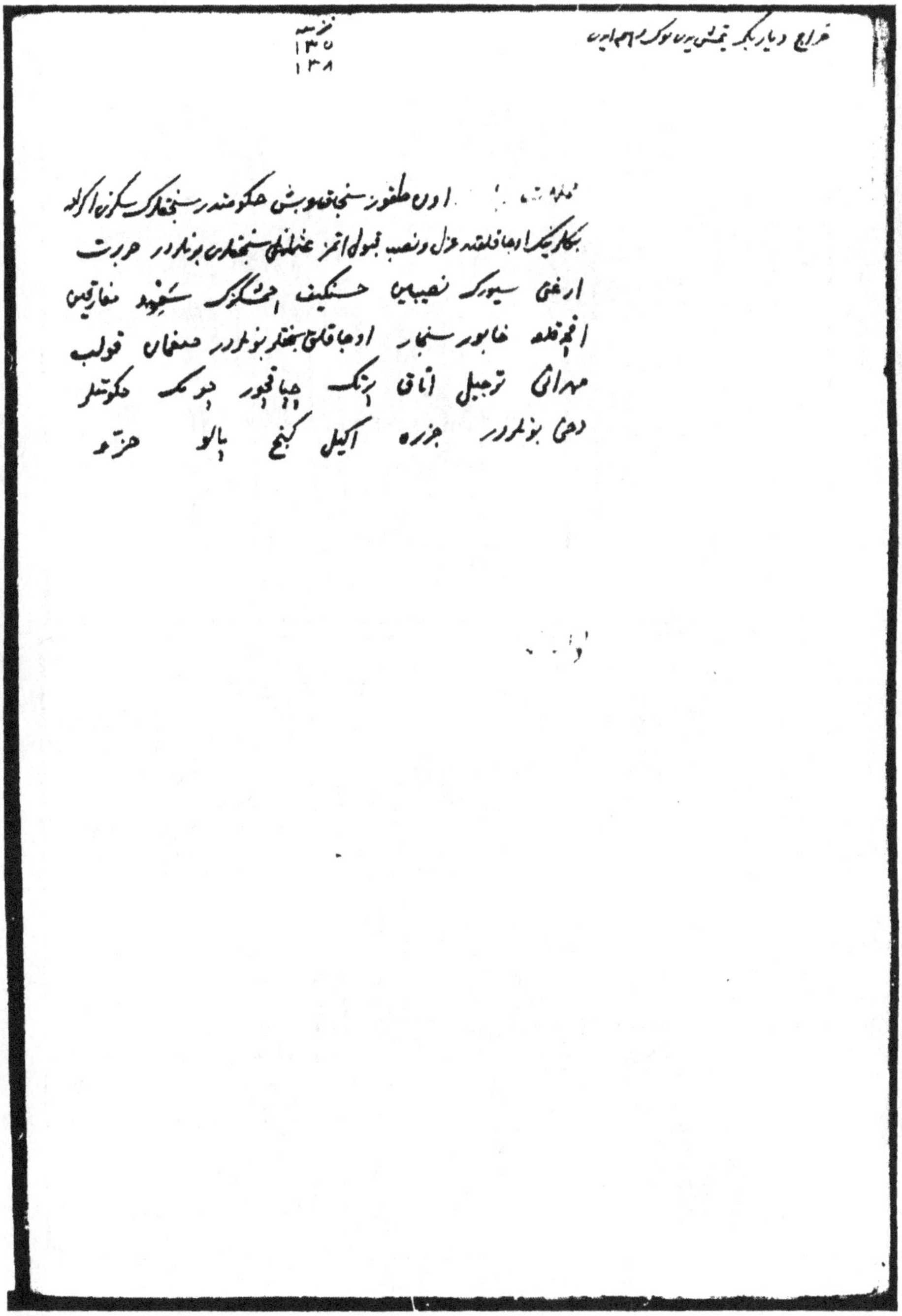

خراج دیاربکر تیمشی یوز سکز بیك اقچه ایدی

۱۳۵
۱۳۸

... اون طقوز سنجقدر بش حکومتدر سنجقلرك سکزی اکراده
بکلربکی اوجاقلقده عزل ونصب قبول اتمز عثمانلی سنجقلری بونلردر حربرت
ارغنی سیورک نصیبین حسنکیف جمشکزک سعرد معادن
اقچه قلعه خابور سنجار اوجاقلق سنجقلر بونلردر صغمان قولب
مهرانی ترجیل اتاق پرتک چپاقجور چرمک حکومتلر
دخی بونلردر جزره اکیل کنج پالو حزو

Abb. 5: WK 144v

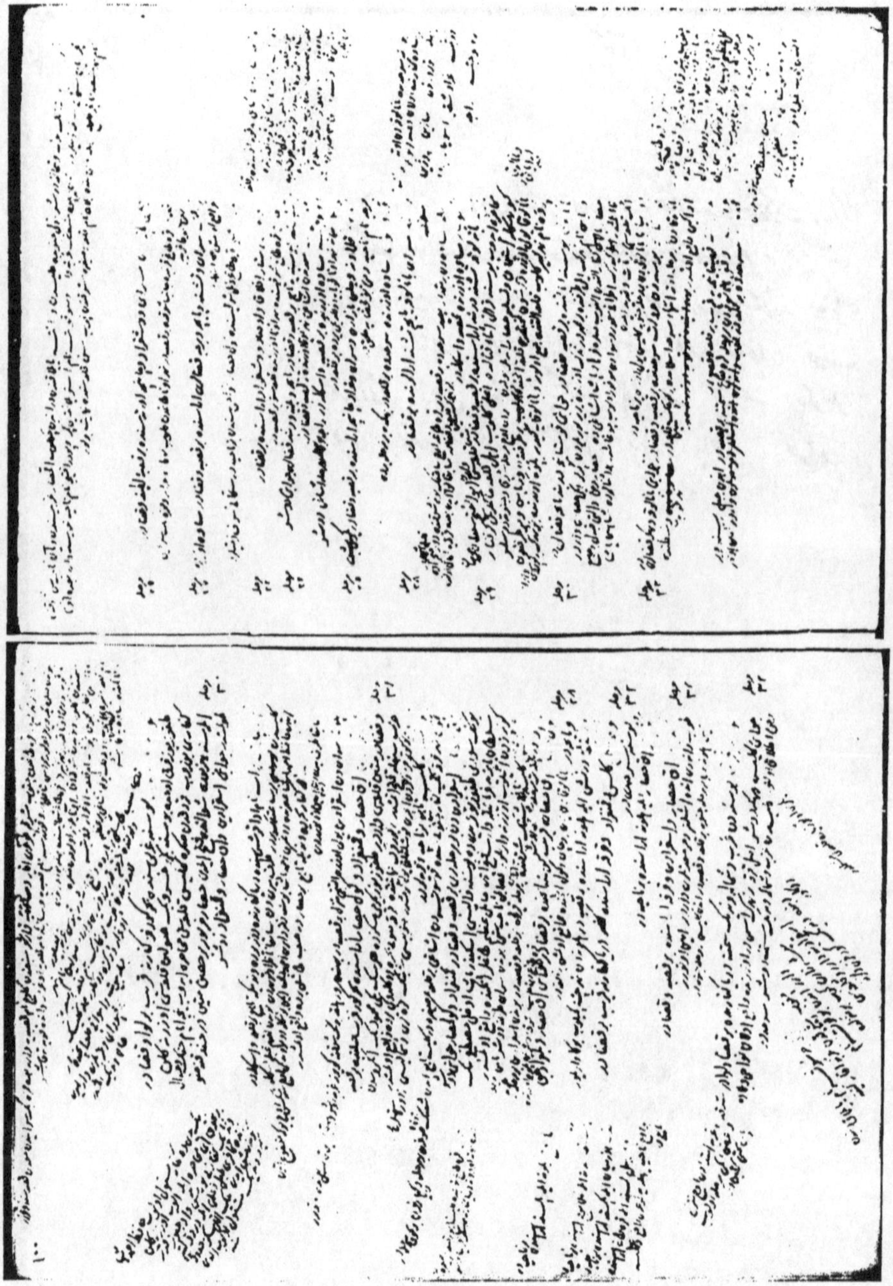

Abb. 6: WK 99v-100rv

Abb. 7: WK 117v

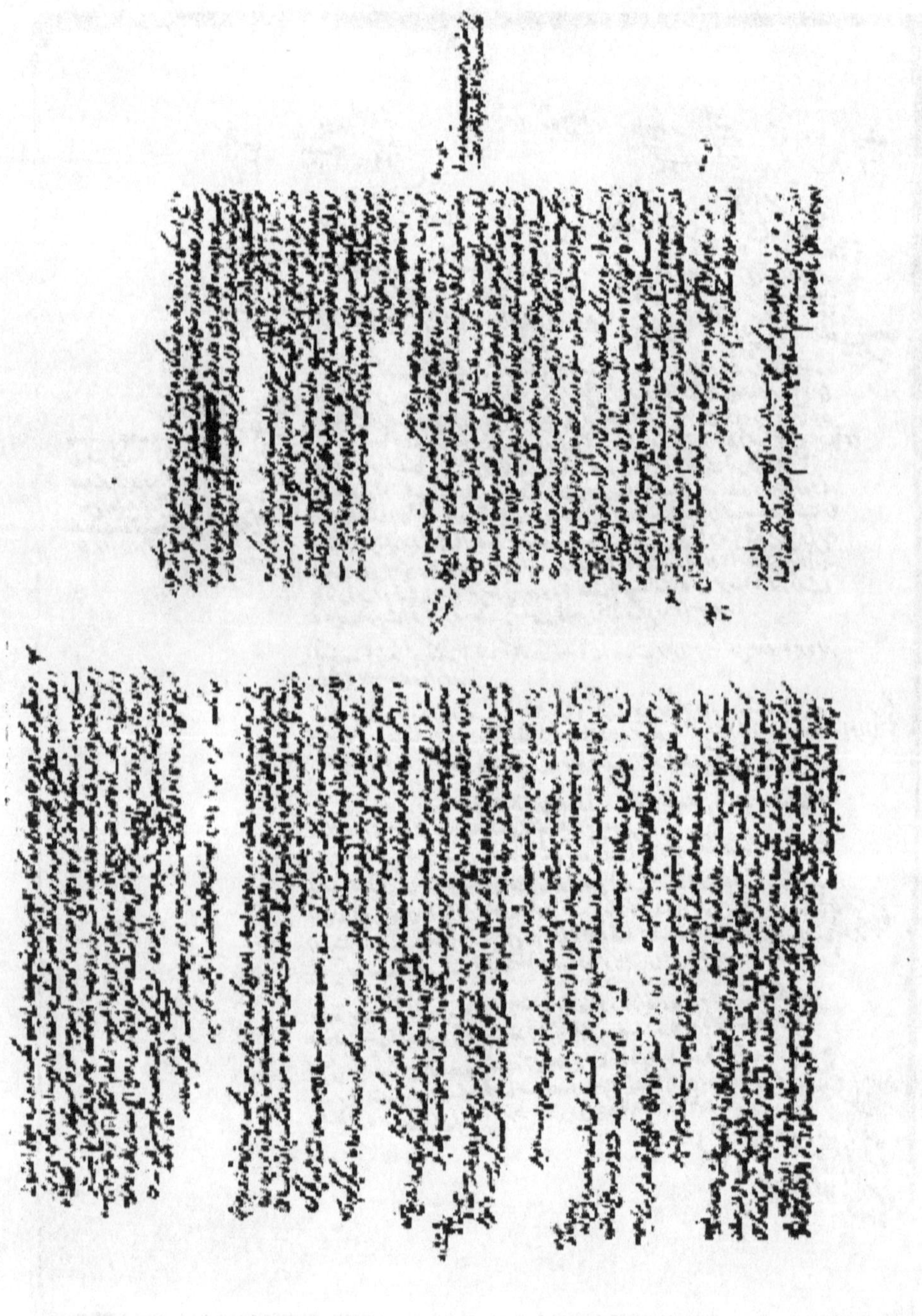

Abb. 8: WK 117a

Abb 9: IK 138v

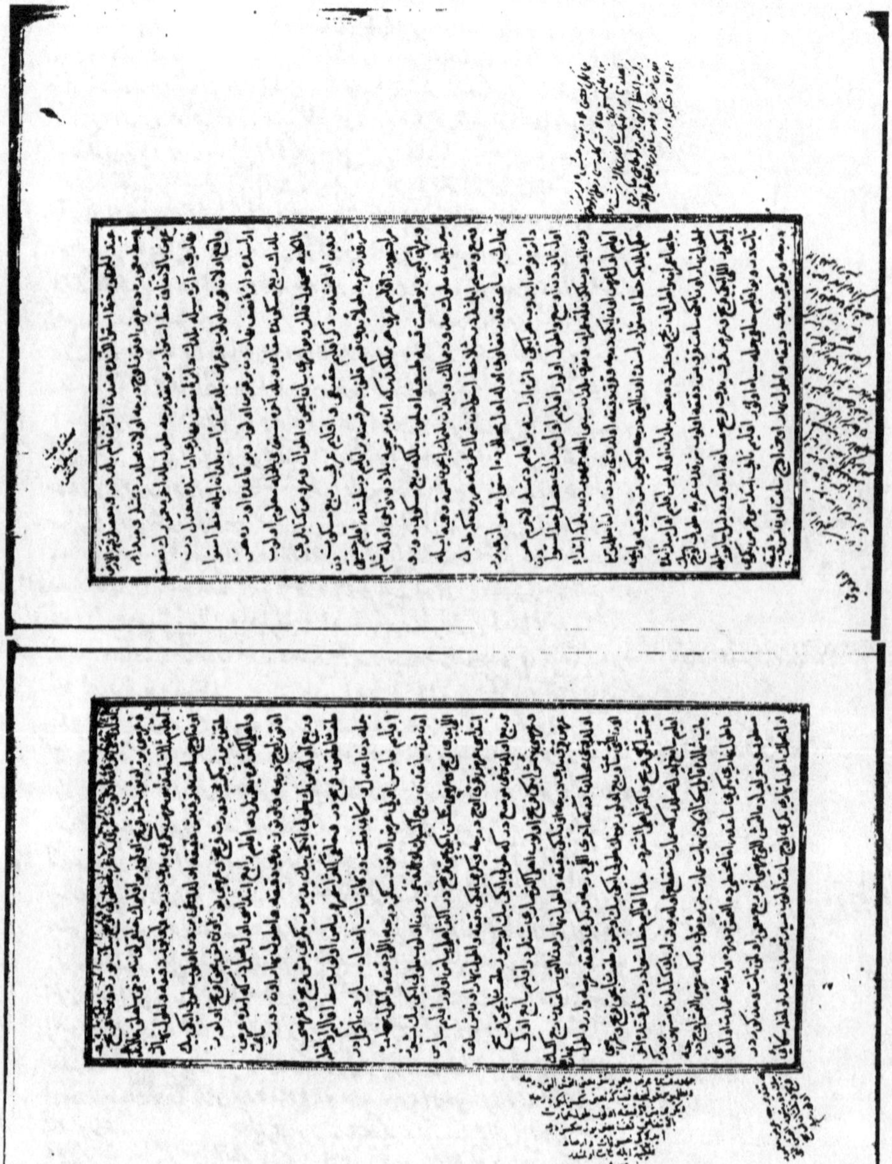

Abb. 10: WK 30v-31r

Abb 11: IK 141v

Abb 12: IK 136v

Abb 13: W 39r

Abb. 14. B 83v

Abb. 15: WK 96r

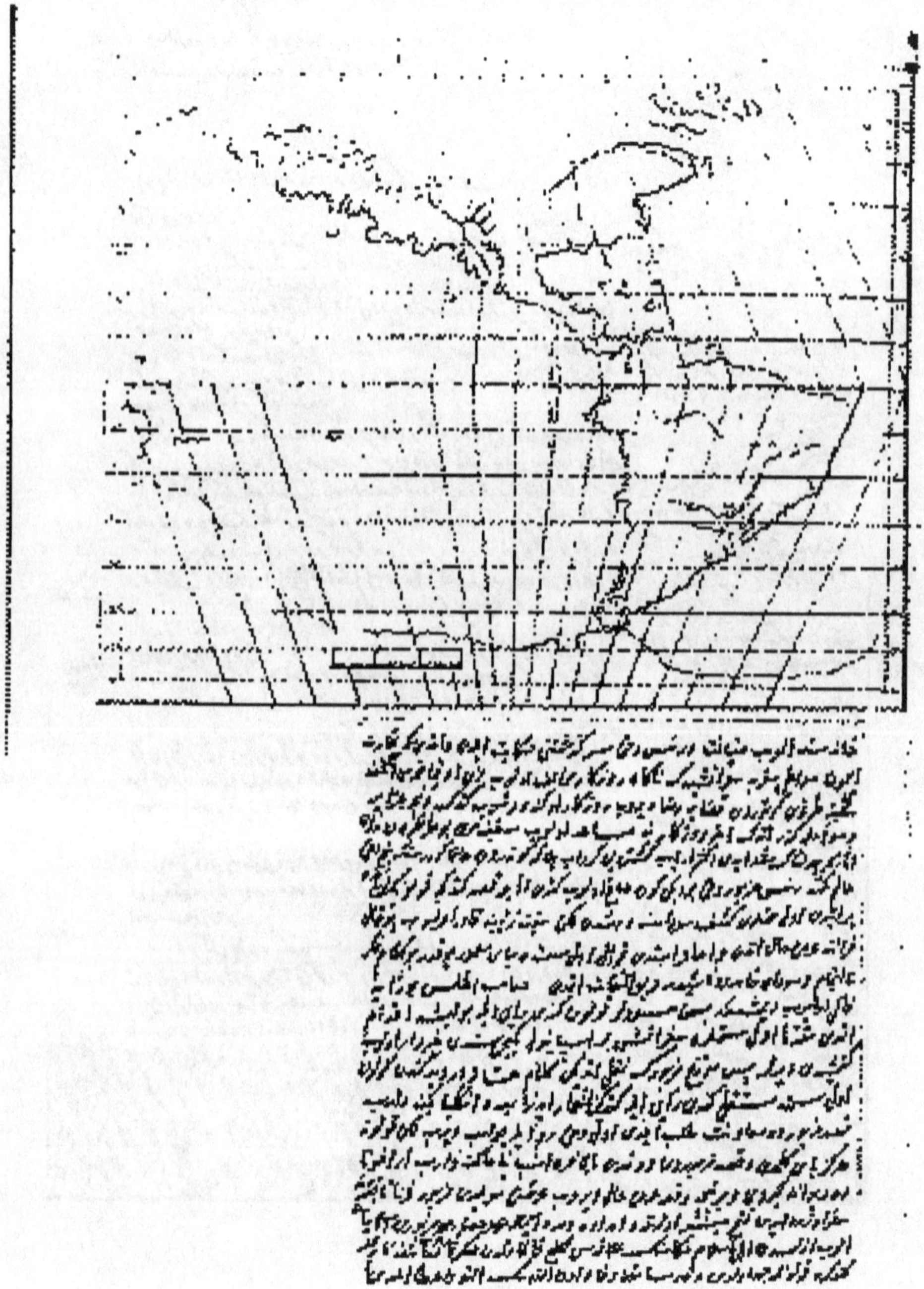

Abb 16: IK 37r

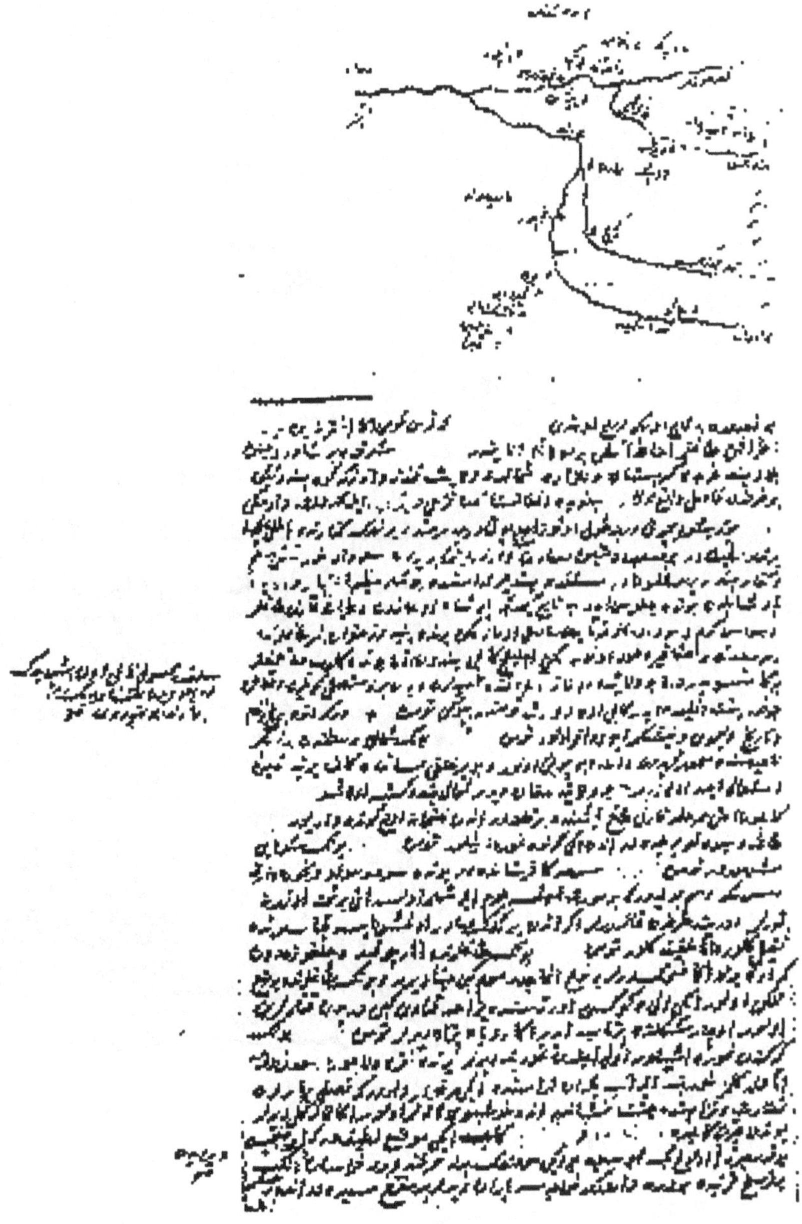

Abb 17: IK 88v

Abb 18: IK 146v

Abb. 19: WK 105r

Abb. 20: WK 94v

Abb 21: IK 87r

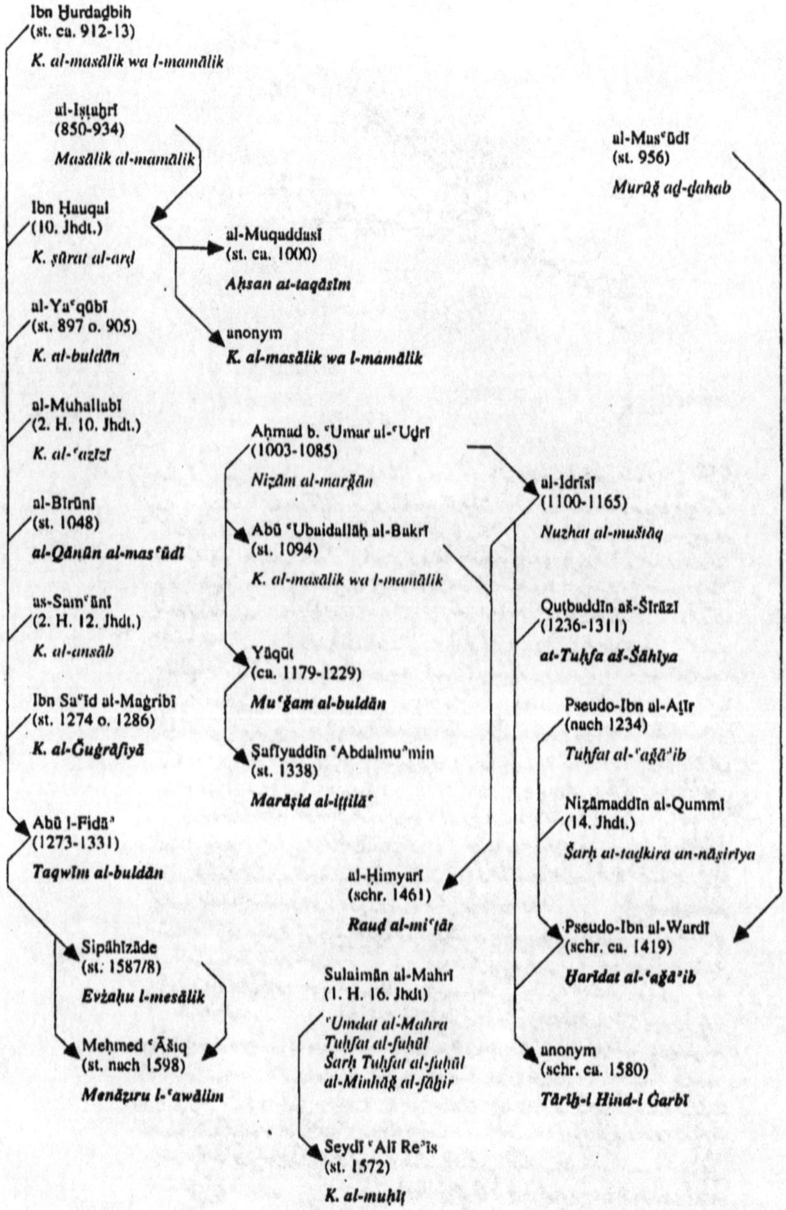

Abb. 22a: Interdependenzen der Quellen

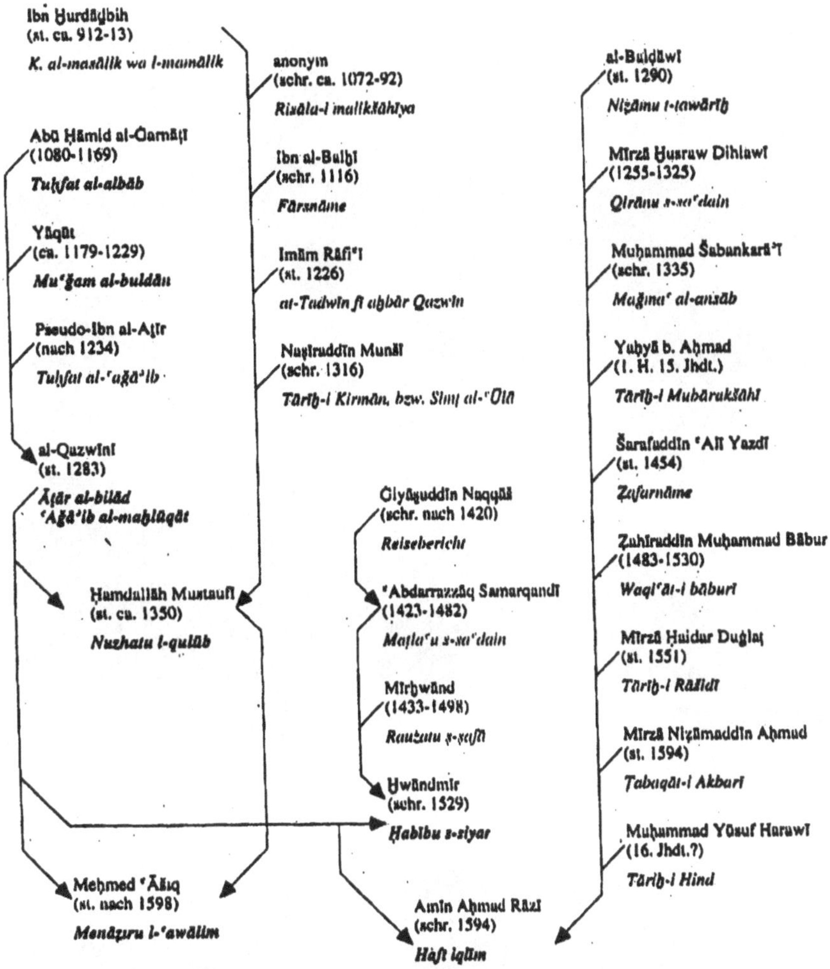

In diesen beiden Graphiken ist aufgeschlüsselt, wie die von Kātib Čelebi benutzten Quellen und die im Text und in der Einleitung genannten Werke voneinander abhängig sind. Sie sollen dazu dienen, sich einen raschen Überblick über die mögliche Herkunft eines indirekten Zitates zu verschaffen. Genaueres ist in den Quellenaufstellungen im Text zu finden. Die Graphiken beruhen auf den Belegen im Text und auf den Angaben der Sekundärliteratur; sie erheben keinen Anspruch auf Vollständigkeit jenseits der Zitate im *Ǧihānnümā*. Werke, aus denen keine indirekten Zitate entnommen sind, sind nicht berücksichtigt.
Werke, die Kātib Čelebi selbst benutzt hat, sind fett gedruckt. Der Übersichtlichkeit halber sind einige Werke in beiden Graphiken eingetragen. Die relative Chronologie konnte nicht immer dargestellt werden.

Abb. 22b: Interdependenzen der Quellen

FSC
www.fsc.org
MIX
Papier | Fördert
gute Waldnutzung
FSC® C083411

Zeitfracht Medien GmbH
Ferdinand-Jühlke-Straße 7
99095 Erfurt, Deutschland
produktsicherheit@kolibri360.de